HMO *Hückel Molecular Orbitals*

HMO *Hückel Molecular Orbitals*

Hückel Molecular Orbitals HMO

Heilbronner · Straub

Springer-Verlag Berlin Heidelberg GmbH

ISBN 978-3-642-49074-3 ISBN 978-3-642-94963-0 (eBook)
DOI 10.1007/978-3-642-94963-0

Ursprünglich erschienen bei Springer-Verlag Berlin Heidelberg 1966

Library of Congress Catalog Card Number 65-28287

Titel-Nr. 1305

Hückel Molecular Orbitals HMO

Heilbronner · Straub

Springer-Verlag Berlin Heidelberg GmbH

ISBN 978-3-642-49074-3 ISBN 978-3-642-94963-0 (eBook)
DOI 10.1007/978-3-642-94963-0

Ursprünglich erschienen bei Springer-Verlag Berlin Heidelberg 1966

Library of Congress Catalog Card Number 65-28287

Title No. 1305

Julius Beltz, Weinheim/Bergstr.

Inhaltsverzeichnis/Contents

VI. Systeme mit Z = 7
Systems with Z = 7

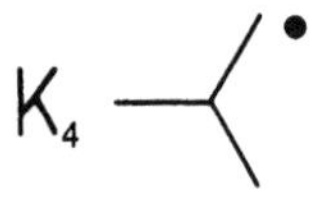
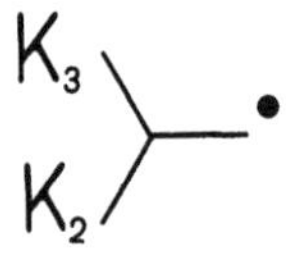
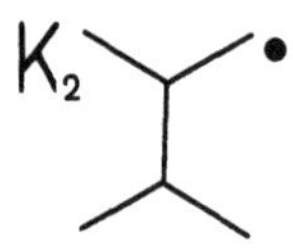
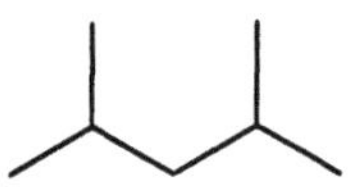
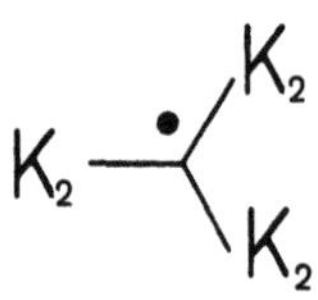
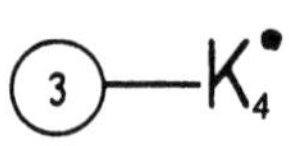
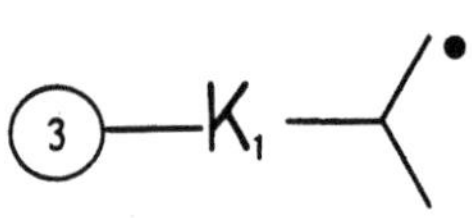
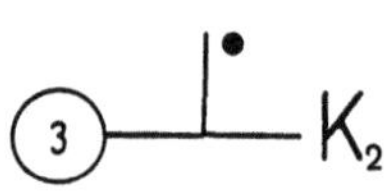
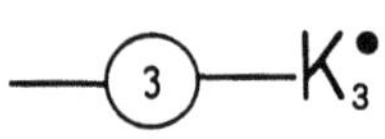
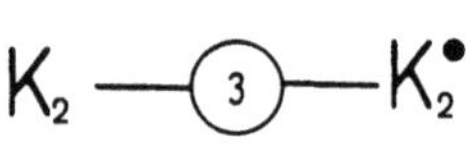
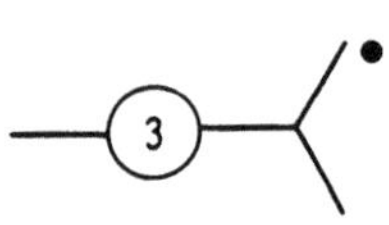
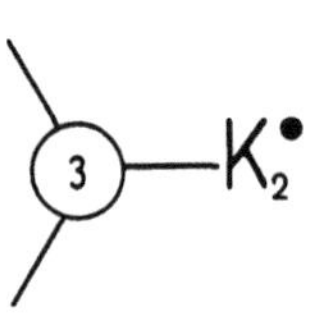
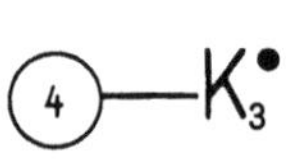
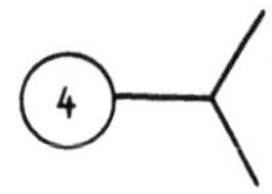
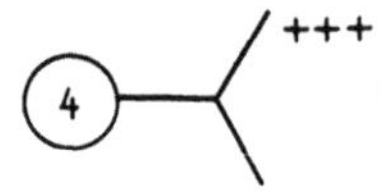
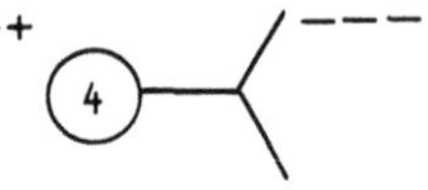
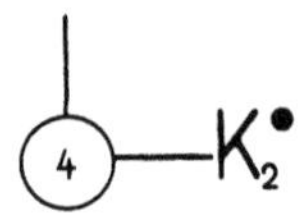
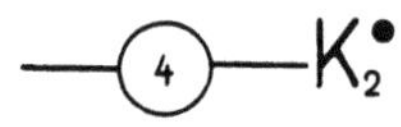
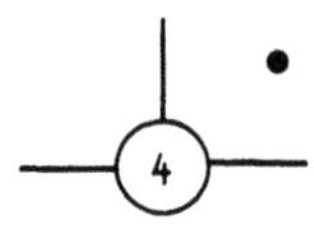
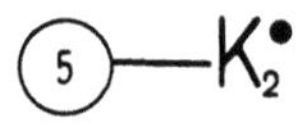
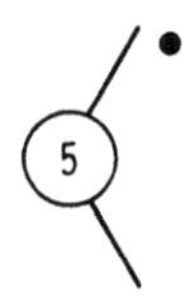
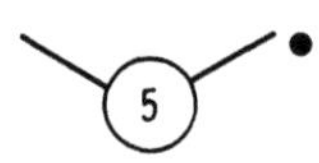
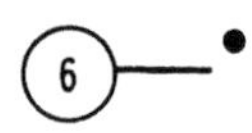
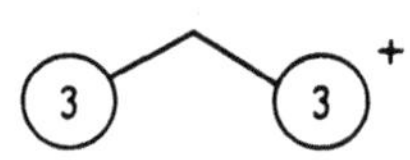
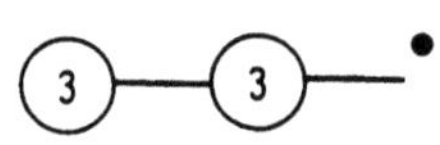
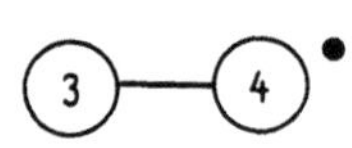
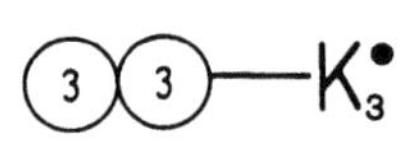
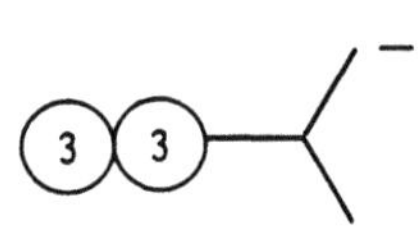
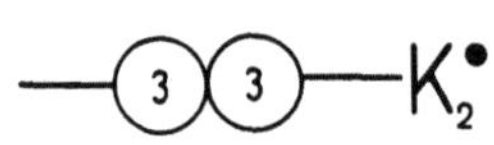
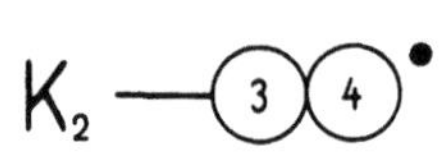
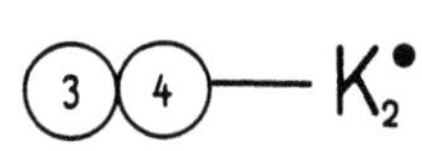

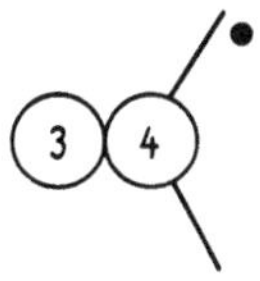

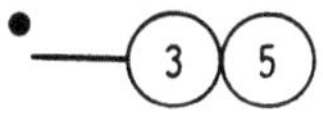

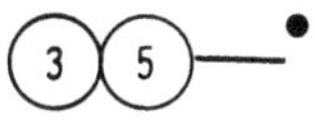

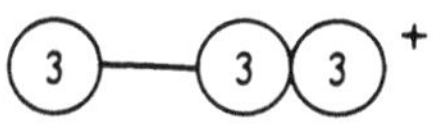

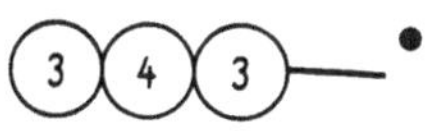

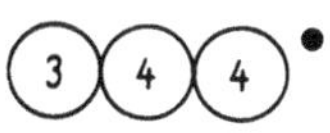

VII. Katakondensierte, benzenoide Kohlenwasserstoffe
Cata-Condensed Benzenoid Hydrocarbons

( bedeutet stets / stands for )

Z

10 

14 

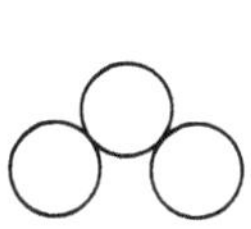

18 

Z

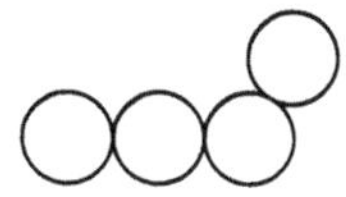

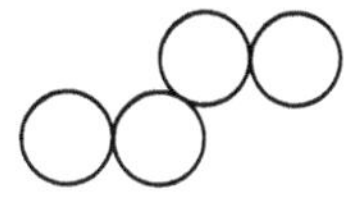

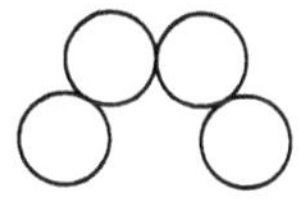

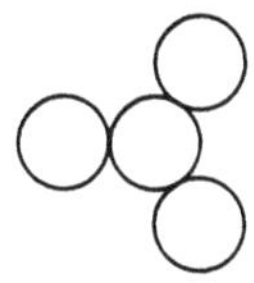

22 

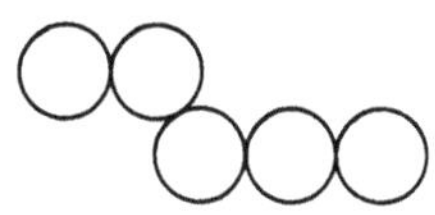

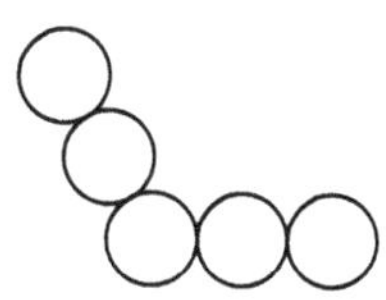

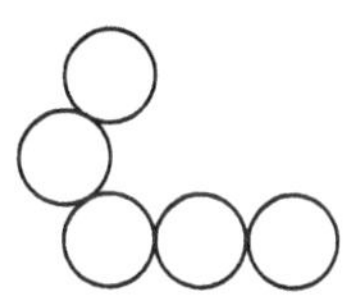

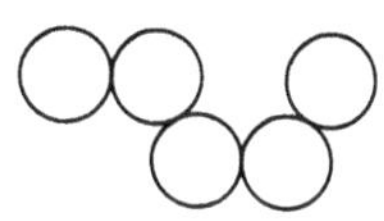

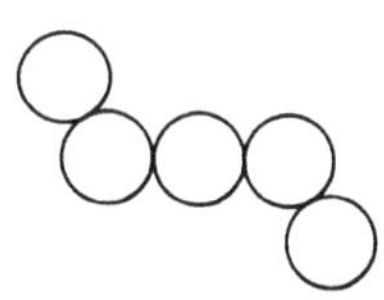

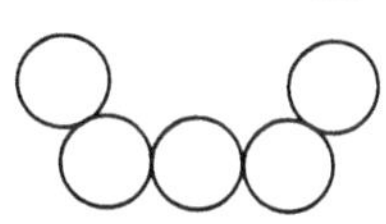

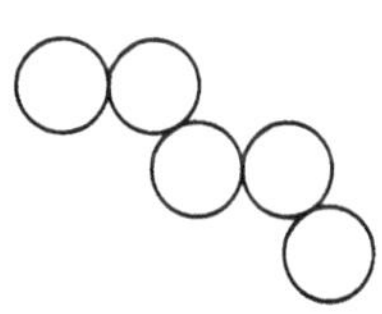

Z

22 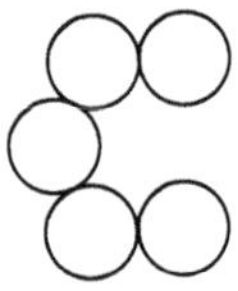

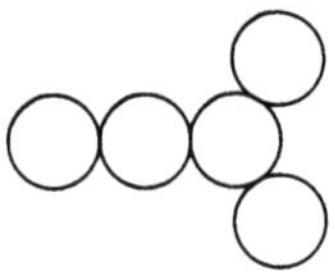

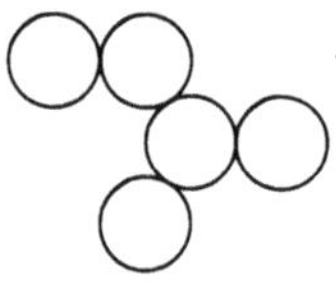

26 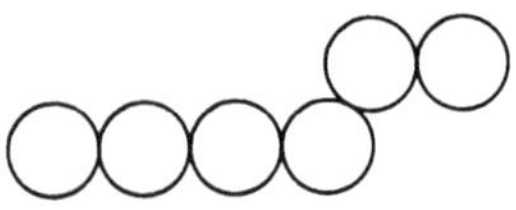

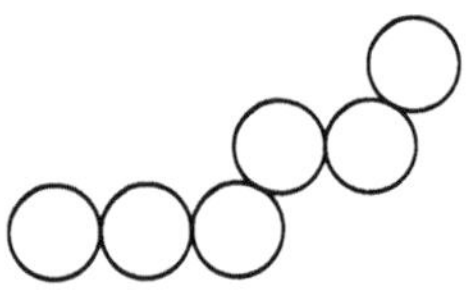

30 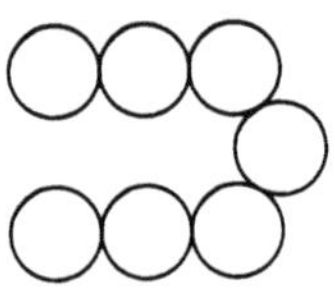

VIII. Perikondensierte, benzenoide Kohlenwasserstoffe
Peri-Condensed Benzenoid Hydrocarbons

(○ bedeutet stets / stands for (6))

Z

16 

20 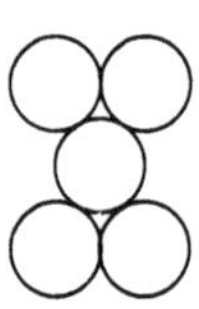

22 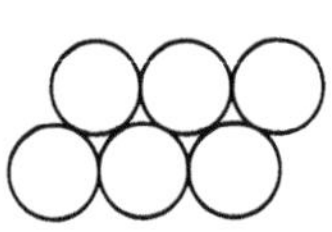

Z

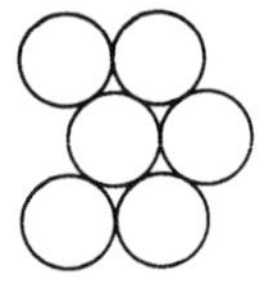

24 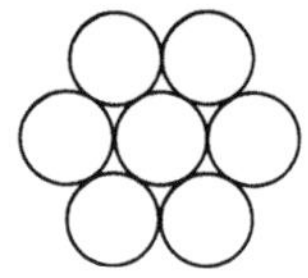

32 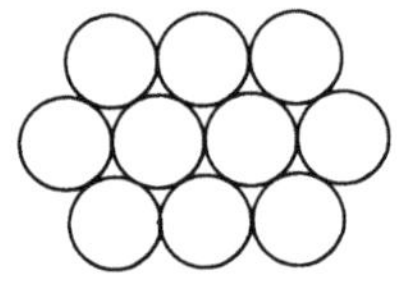

IX. Verzweigte aromatische Systeme
Branched Aromatic Systems

(○ bedeutet stets / stands for (6))

Z

8 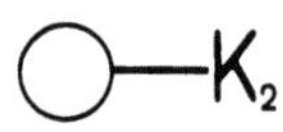

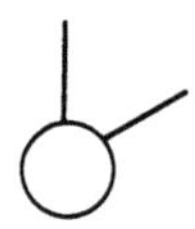

10 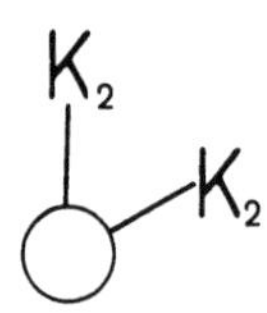

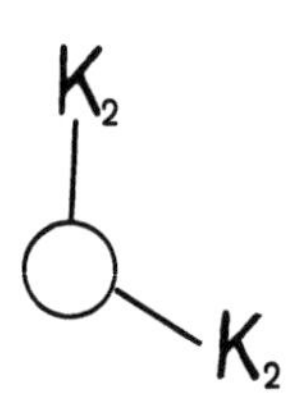

Z

11

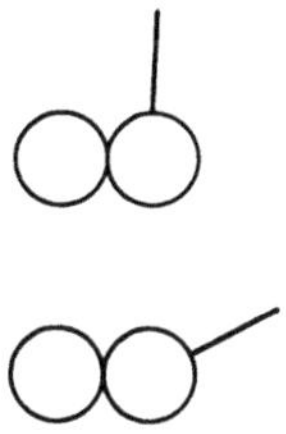

12

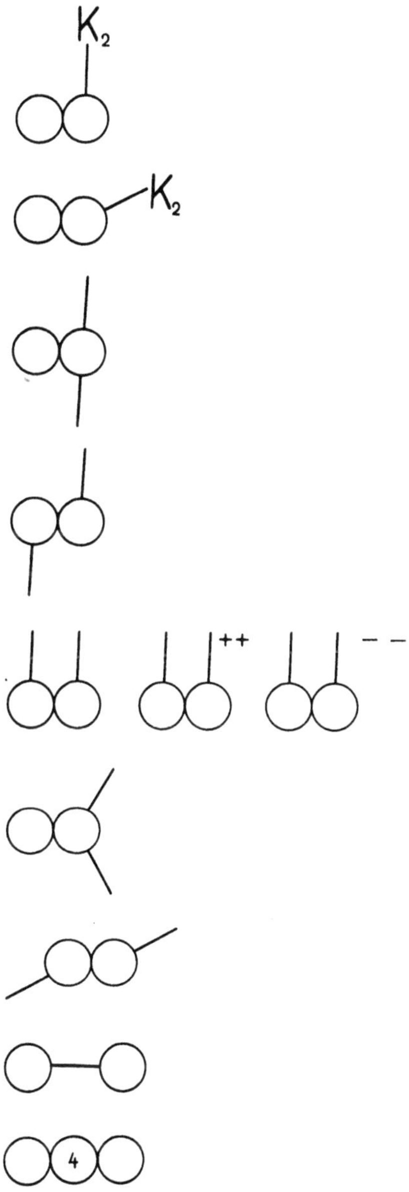

Z
13

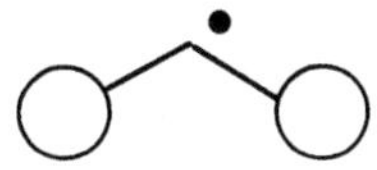

14

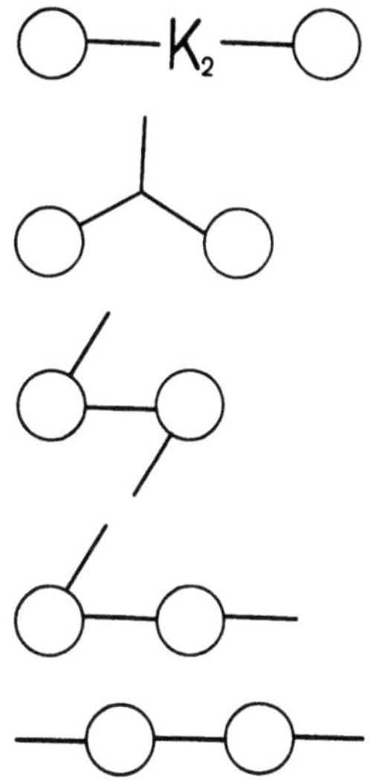

16

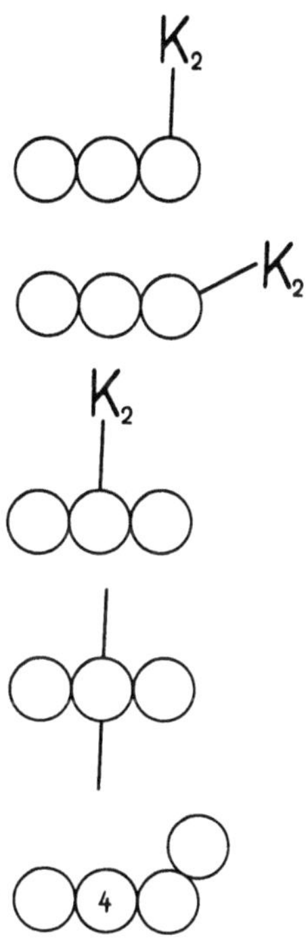

18

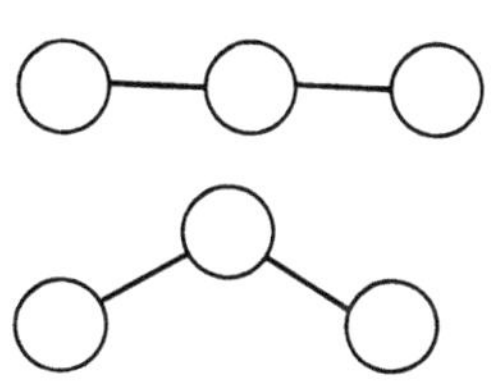

19

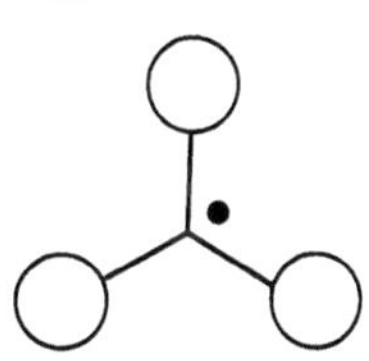

X. Nicht-alternierende aromatische Systeme
Nonalternant Aromatic Systems

Z (○ bedeutet stets / stands for ⑥)

8 

9 

10 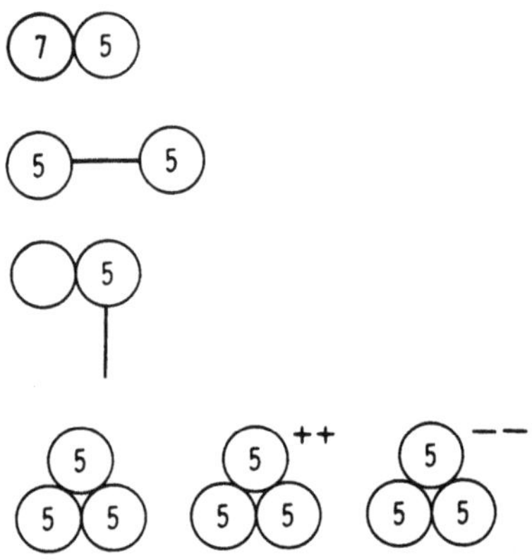

11 

12 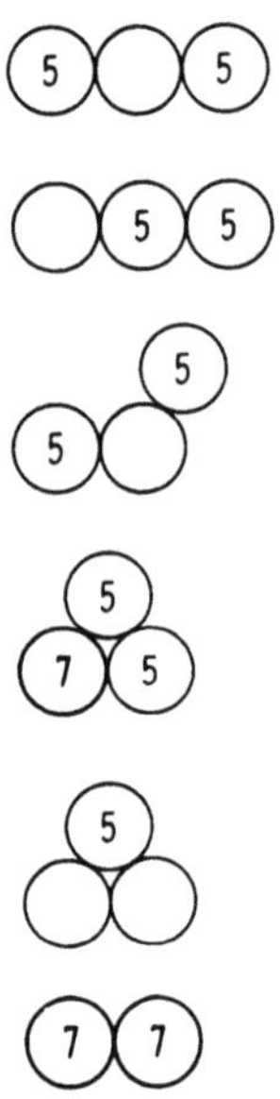

13 

14 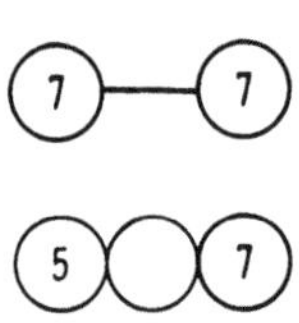

Z

14 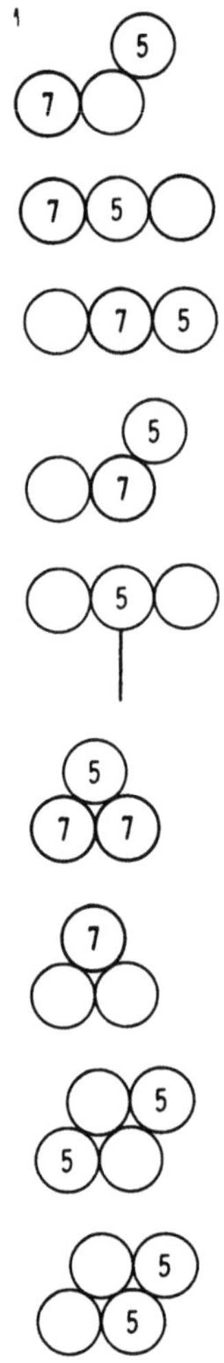

15 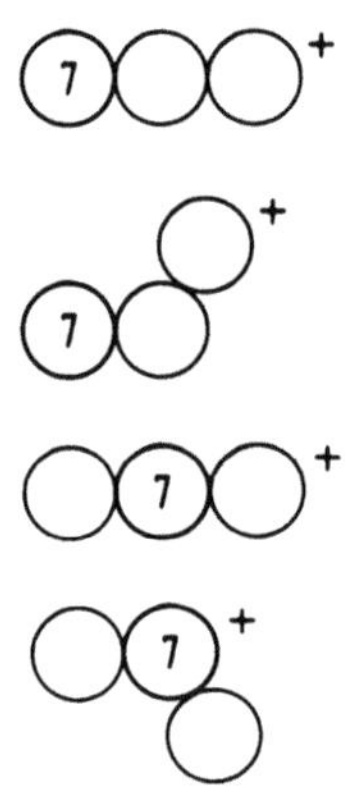

16 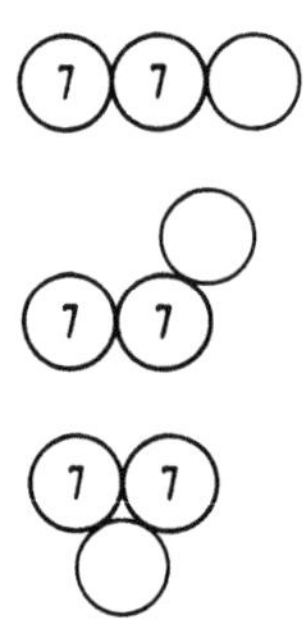

Z
16

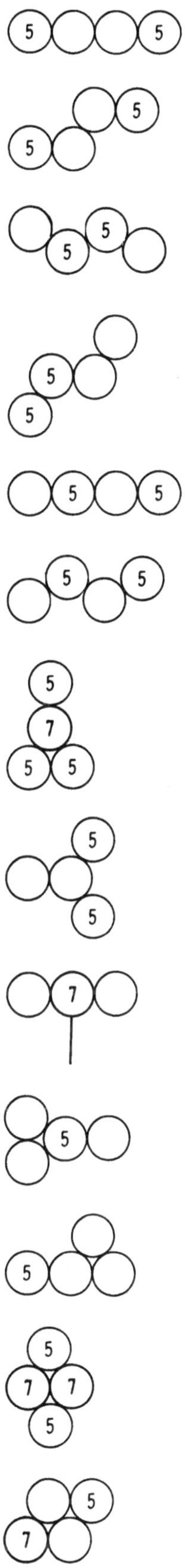

Z
16

18

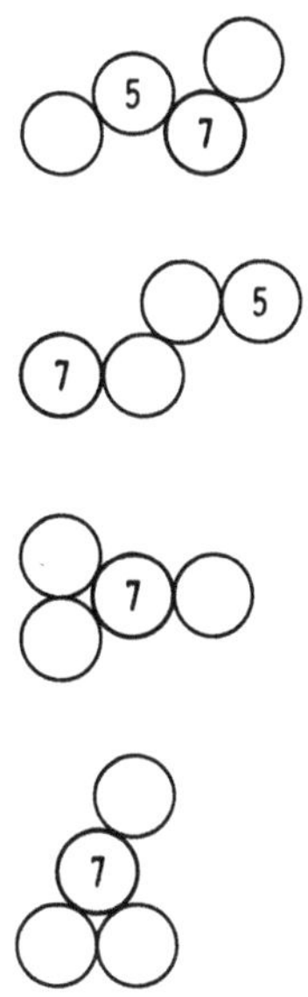

19

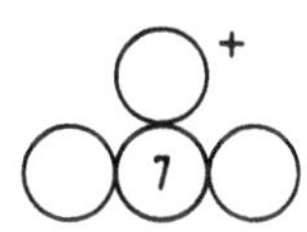

20

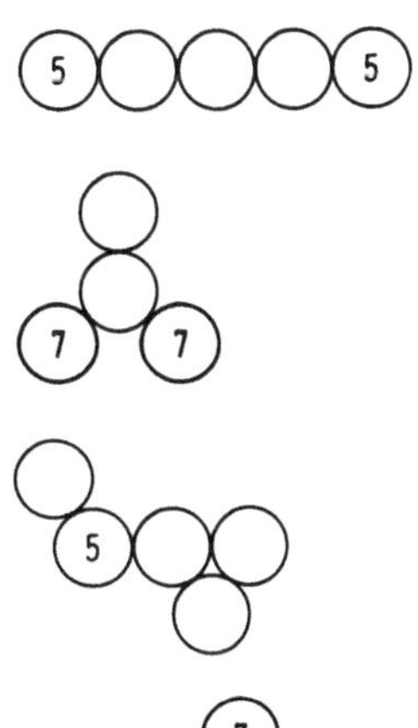

24

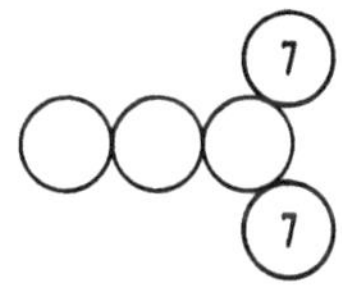

Einleitung

Die vorliegenden Tabellen enthalten für eine Auswahl einfacher Bausteine die Resultate der Berechnung von Einelektronen-Eigenfunktionen und Einelektronen-Eigenwerten nach dem HÜCKELschen Verfahren, dessen Kenntnis vorausgesetzt wird. Die tabellierten Funktionen und Eigenwerte sowie die aus ihnen abgeleiteten Größen sollen als Basis für weitere Berechnungen, vor allem unter Verwendung von Störungsmethoden dienen, wofür im Anschluß an die nachstehende Beschreibung der Tabellen einige Beispiele gegeben werden.

I. Hückel-Molecular-Orbitals

HÜCKEL-Molecular-Orbitals (HMO) sind Linearkombinationen von Atomic-Orbitals (AOs):

$$\psi = \sum_{\mu} c_{\mu} \Phi_{\mu}$$

Φ_{μ} sind die, an den Zentren μ lokalisierten Basisfunktionen (meist AOs vom $2p_z$-Typus), c_{μ} die Variationsparameter.
Dem HMO-Verfahren liegen die folgenden Annahmen zugrunde:
a) Die (reellen) AOs Φ_{μ} bilden einen ortho-normalen Satz von Basisfunktionen:

$$\int \Phi_{\mu} \Phi_{\nu} \, dv = \begin{cases} 0 & \mu \neq \nu \\ 1 & \mu = \nu \end{cases}$$

b) Bezüglich des HMO-Energieoperators soll gelten:

$$\int \Phi_{\mu} \, H \Phi_{\nu} dv = \begin{cases} = \alpha_{\mu} & \text{wenn } \mu = \nu \\ = \beta_{\mu\nu} & \text{wenn } \mu \text{ und } \nu \text{ gebunden} \\ = 0 & \text{in allen übrigen Fällen} \end{cases}$$

c) In der in den vorliegenden Tabellen stets verwendeten ersten Näherung (isokonjugierte Näherung) setzt man:

$$\alpha_{\mu} = \alpha \quad \text{für alle } \mu$$
$$\beta_{\mu\nu} = \beta \quad \text{für alle gebundenen Paare } \mu, \nu.$$

Unter Verwendung der Abkürzung $-x = (\alpha - \varepsilon)/\beta$ führt diese Näherung zum Eigenwertproblem

$$\|\mathbf{H} - x\mathbf{I}\| = 0 \qquad (1)$$

in welchem $\mathbf{H} = (H_{\mu\nu})$ die HÜCKELsche Matrix $\mathbf{I} = (\delta_{\mu\nu})$ die Einheitsmatrix, bedeuten. Die Matrixelemente $H_{\mu\nu}$ der letzteren sind:

$$H_{\mu\nu} = 1, \text{ wenn } \mu \text{ und } \nu \text{ gebunden}$$
$$= 0 \text{ in allen übrigen Fällen (speziell auch } H_{\mu\mu} = 0)$$

Die Dimension des Eigenwertproblems (1) entspricht der Zahl Z der am System beteiligten Zentren $\mu = 1, 2, \ldots, Z$. Die Lösung desselben liefert die Z Eigenwerte x_J ., Z) (J = 1,2 . . . , Z) und die dazugehörigen Eigenvektoren $\mathbf{C}_J = (c_{J1} \ldots c_{J\mu}, \ldots c_{JZ})$ die ihrerseits die Eigenwerte ε_J sowie die dazugehörigen Linearkombinationen ψ_J definieren:

$$\varepsilon_J = \alpha + x_J \beta \qquad (2)$$

$$\psi_J = \sum_{\mu=1}^{Z} c_{J\mu} \Phi_{\mu} \qquad (3)$$

II. Charakteristische Größen

Die vorliegenden Tabellen enthalten für eine Reihe ausgewählter Systeme
a) die Koeffizienten x_J der Eigenwerte ε_J (Formel (2)),
b) die Koeffizienten $c_{J\mu}$ der zugehörigen Linearkombinationen ψ_J (Formel (3)), und
c) abgeleitete Größen, nämlich Ladungs- und Bindungsordnungen, sowie Polarisierbarkeiten.

Jedes System ist eindeutig durch eine Strichformel (chemische Formel) gekennzeichnet, die den topologischen Zusammenhang zwischen den Z Zentren und deren Numerierung $(1, 2, \ldots \mu, \ldots Z)$ festlegt. Letztere ist so weit als möglich der üblichen chemischen Numerierung angepaßt. Ferner ist jedes System durch ein Signet charakterisiert und – in vielen Fällen – durch den, dem Ring-Index entnommenen Namen.
Die unter c) erwähnten Größen wurden jeweils für den Grundzustand jenes Mehrelektronensystems berechnet, das sich nach dem Aufbauprinzip durch Besetzung der HMOs $\psi_1, \psi_2, \ldots, \psi_J, \ldots$ mit je b_J Elektronen unter Berücksichtigung des PAULI-Verbots und der HUNDschen Regel erhalten läßt. Die Besetzungszahlen b_J können für ein HMO ψ_J nur die Werte $b_J = 0, 1, 2$ annehmen. Die Gesamtzahl der π-Elektronen Z_E beträgt

$$Z_E = \sum_{J=1}^{Z} b_J$$

Ist $Z_E = Z$, so ist das System neutral, ist $Z_E = Z - L$ bzw. $Z_E = Z + L$, so liegt das System als L-fach positiv bzw. L-fach negativ geladenes Ion (oder Radikal-Ion) vor. Der Ladungstyp (L) ist jeweils aus der Zahl der dem Signet beigefügten Plus- oder Minus-Zeichen ersichtlich.
Ist das oberste besetzte Niveau eines neutralen Systems entartet und nur mit zwei Elektronen besetzt, d. h. daß das System in der HMO-Näherung nach der HUNDschen Regel im Triplett-Zustand vorliegt, so ist dies durch zwei Punkte neben dem Signet gekennzeichnet. (In diesen Fällen lassen sich für das System keine Polarisierbarkeiten berechnen.)

III. Inhalt der Tabellen

Die hier tabellierten HMOs beziehen sich durchwegs auf Systeme, die vernünftigerweise als π-Elektronensysteme formuliert werden können. Demzufolge kann ein Zentrum höchstens an drei nächste Nachbarn gebunden sein, so daß in der Matrix **H** in keiner Zeile oder Kolonne mehr als drei mal die Zahl 1 stehen kann, wodurch zugleich die Werte x_J auf das Intervall -3 bis +3 beschränkt werden. Die behandelten Systeme lassen sich in sechs Gruppen einteilen:

a) Ketten von Z AOs, Z = 2 bis 22; (Signet K_Z).
b) Ringe von Z AOs, Z = 3 bis 22; (Signet ⓩ bzw. R_Z).
c) Sämtliche, als π-Elektronensysteme formulierbare Anordnungen von Z = 4, 5, 6 und 7 AOs.
d) Kondensierte, benzenoide Systeme:
   1) kata-kondensierte Systeme, geordnet nach steigender Zahl Z von AOs,
   2) benzenoide Systeme, die außer einem peripheren Ring von AOs zusätzliche zentrale Inseln enthalten, geordnet nach steigender Zahl Z von AOs.
e) Alternierende Systeme mit ungesättigten Seitenketten und nichtbenzenoide, alternierende Systeme, geordnet nach steigender Zahl Z von AOs.
f) Nichtalternierende Systeme, geordnet nach steigender Zahl Z von AOs.

Abgesehen von den unter a), b) und c) angegebenen Systemen, die in sich abgeschlossene Gruppen bilden, sind die Tabellen der Systeme d), e) und f) so gedruckt, daß sie nach Belieben umgestellt und ergänzt werden können. Aus diesem Grund wurde auch auf eine Numerierung der Seiten verzichtet, um so mehr, als sich die Tabellen eines bestimmten Systems anhand der Zahl Z und des betreffenden Signets leicht finden lassen.

IV. Anordnung der Tabellen

Die Anordnung der Resultate in den einzelnen Tabellen soll am Beispiel der Kette K_4 von vier AOs („Butadien") erklärt werden.

Butadien

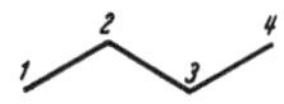

K₄

Eigenwerte und Hückelkoeffizienten

		1	2	3	4	← (1)
(3) →	1	1.618034	.618034	-.618034	-1.618034	← (2)
(4) →	1	.371748	.601501	.601501	.371748	
	2	.601501	.371748	-.371748	-.601501	← (5)
	3	.601501	-.371748	-.371748	.601501	
	4	.371748	-.601501	.601501	-.371748	

TOTALE PI ELEKTRONEN ENERGIE 4.472136 ← (6)

allgemeine Bindungsordnungen

		1	2	3	4	← (8)
(7) →	1	1.000000				
	2	.894427	1.000000			
	3	0	.447214	1.000000		← (9)
	4	-.447214	0	.894427	1.000000	← (10)

Atom- Atom Polarisierbarkeiten

		1	2	3	4	← (12)
(11) →	1	.626099				
	2	-.402492	.402492			
	3	.044721	-.044721	.402492		← (13)
	4	-.268328	.044721	-.402492	.626099	

Bindungs- Atom Polarisierbarkeiten

		1	2	3	4	← (15)
	1 2	0	0	0	0	
	1 3	-.134164	-.089443	-.089443	.313050	
(14) →	1 4	0	0	0	0	← (16)
	2 3	0	0	0	0	
	3 4	0	0	0	0	

Bindungs- Bindungs Polarisierbarkeiten

		1 2	1 3	1 4	2 3	3 4	← (18)
	1 2	.089443					
	1 3	0	.536656				
(17) →	1 4	.178885	0	.357771			
	2 3	-.178885	0	-.357771	.357771		
	3 4	.089443	0	.178885	-.178885	.089443	← (19)

Eigenwerte und HÜCKEL-Koeffizienten

Unter den Laufzahlen J = 1, 2, ..., Z ① sind die Koeffizienten x_J der Engergie-Eigenwerte ε_J angegeben ② (Siehe Formel (2)). Sie sind nach steigender Energie geordnet: positive x_J beziehen sich auf bindende HMOs, negative x_J auf antibindende. Müssen die Eigenwerte und HÜCKEL-Koeffizienten in mehreren Blöcken tabelliert werden ($Z > 8$), so ist jedem Block der erste Index J als Blocknumerierung vorangestellt ③.

Die Zeilennumerierung ④ entspricht den Laufzahlen μ der einzelnen AOs, wie sie am Kopf jeder Seite im Formelschema angegeben ist. Die HÜCKEL-Koeffizienten $c_{J\mu}$ der Linearkombinationen ψ_J (Siehe Formel (3)) sind als Kolonnenvektoren unter den Eigenwert-Koeffizienten x_J aufgeführt ⑤.
In alternierenden Systemen gilt bekanntlich:

$$\varepsilon_J = \alpha + x_J\beta \qquad \psi_J = \sum_{\mu}{}^{*} c_{J\mu}\Phi_\mu + \sum_{\mu'}{}^{\circ} c_{J\mu'}\Phi_{\mu'}$$

$$\varepsilon_{Z-J+1} = \alpha - x_J\beta \qquad \psi_{Z-J+1} = \sum_{\mu}{}^{*} c_{J\mu}\Phi_\mu - \sum_{\mu'}{}^{\circ} c_{J\mu'}\Phi_{\mu'}$$

In den vorliegenden Tabellen wurden die Vorzeichen der Linearkombinationen ψ_J, ψ_{Z-J+1} so gewählt, daß in allen Paaren alternierender HMOs eines Systems stets der gleiche (besternte) Satz von AOs sein Vorzeichen in ψ_J und ψ_{Z-J+1} beibehält.
Die totale π-Elektronenenergie, definiert durch

$$E_\pi = \sum_{J=1}^{Z} b_J\varepsilon_J = Z_E\alpha + \beta\sum_{J=1}^{Z} x_J b_J = Z_E\alpha + \beta X_\pi$$

wird durch Angabe der Summe $X_\pi = \sum_{J=1}^{Z} b_J x_J$ ⑥ festgelegt.

Allgemeine Bindungsordnungen

Die allgemeinen Bindungsordnungen $P_{\mu\nu}$ sind für beliebige Paare μ, ν von AOs wie folgt definiert:

$$P_{\mu\nu} = \sum_{J=1}^{Z} b_J c_{J\mu} c_{J\nu}$$

Sie bilden, nach μ ⑦ und ν ⑧ tabelliert, eine symmetrische Matrix, deren untere Hälfte angegeben wird ⑨.
Ist μ gleich ν, so entspricht $P_{\mu\mu}$ der Ladungsordnung q_μ:

$$\mu = \nu, \quad \text{dann } P_{\mu\mu} = q_\mu$$

Diese Werte liegen auf der Hauptdiagonalen ⑩.
Für μ und ν gebunden, entspricht $P_{\mu\nu}$ der üblichen Bindungsordnung $p_{\mu\nu}$:

$$\mu \text{ und } \nu \text{ gebunden, dann } P_{\mu\nu} = p_{\mu\nu}$$

Atom-Atom-Polarisierbarkeiten

Die Atom-Atom-Polarisierbarkeiten $\pi_{\mu\nu}$ wurden nach folgender Formel berechnet:

$$\pi_{\mu\nu} = \sum_{J=1}^{Z} \sum_{\substack{K=1 \\ K \neq J}}^{Z} b_J(2 - b_K)\frac{c_{J\mu}c_{K\mu}c_{J\nu}c_{K\nu}}{x_J - x_K}$$

Sie bilden, nach μ ⑪ und ν ⑫ tabelliert, eine symmetrische Matrix, deren untere Hälfte angegeben wird ⑬.

Bindungs-Atom-Polarisierbarkeiten

Die Bindungs-Atom-Poliarisierbarkeiten $\pi_{\mu\nu,\varrho}$ wurden nach folgender Formel berechnet:

$$\pi_{\mu\nu,\varrho} = \frac{1}{2} \sum_{J=1}^{Z} \sum_{\substack{K=1\\K\neq J}}^{Z} b_J(2-b_K) \frac{c_{J\varrho}c_{K\varrho}(c_{J\mu}c_{K\nu} + c_{J\nu}c_{K\mu})}{x_J - x_K}$$

Sie bilden, nach den Bindungs-Indexpaaren μ, ν ⑭ und den AO-Indices ϱ ⑮ aufgetragen, eine Rechteckmatrix, die vollständig tabelliert wird ⑯.
Für die Ketten K_Z und die Ringe R_Z wurden die Bindungs-Atom-Polarisierbarkeiten auch für „Bindungen" zwischen nicht benachbarten AOs berechnet, um die Verwendung dieser Systeme im Rahmen von Störungsrechnungen zu erleichtern.
In alternierenden Systemen sind die Bindungs-Atom-Polarisierbarkeiten für Bindungen zwischen nächsten Nachbarn Null.
Für die Atom-Bindungs-Polarisierbarkeiten $\pi_{\varrho,\mu\nu}$ gilt:

$$\pi_{\varrho,\mu\nu} = 2\pi_{\mu\nu,\varrho}$$

Bindungs-Bindungs-Polarisierbarkeiten

Die Bindungs-Bindungs-Polarisierbarkeiten $\pi_{\mu\nu,\varrho\sigma}$ wurden nach folgender Formel berechnet:

$$\pi_{\mu\nu,\varrho\sigma} = \frac{1}{2} \sum_{J=1}^{Z} \sum_{\substack{K=1\\K\neq J}}^{Z} b_J(2-b_K) \frac{(c_{J\mu}c_{K\nu} + c_{J\nu}c_{K\mu})(c_{J\varrho}c_{K\sigma} + c_{J\sigma}c_{K\varrho})}{x_J - x_K}$$

Sie bilden, nach den Bindungs-Indexpaaren μ, ν ⑰ und ⑱ aufgetragen, eine symmetrische Matrix, deren untere Hälfte tabelliert wird ⑲.

V. Ausführung der Berechnungen

Sämtliche Resultate wurden auf einem digitalen Rechenautomaten CDC 1604 gerechnet. Rundungsfehler sind in Anbetracht der verwendeten Genauigkeit höchstens in der letzten Stelle, im Betrag einer Einheit (d. h. ± 0,000001), zu erwarten. Das verwendete Rechenprogramm (FORTRAN) wird im Anhang beschrieben.

VI. Zusammenhänge zwischen den charakteristischen Größen

Der Leser sei zunächst an die folgenden Zusammenhänge zwischen den abgeleiteten Größen erinnert:

$$\text{a)}\ P_{\mu\nu} = \frac{1}{2} \frac{\partial X_\pi}{\partial H_{\mu\nu}} \qquad \text{für } \mu \neq \nu$$

$$\text{b)}\ P_{\mu\mu} = q_\mu = \frac{\partial X_\pi}{\partial H_{\mu\mu}}$$

$$\text{c)}\ \pi_{\mu\nu} = \frac{\partial q_\mu}{\partial H_{\nu\nu}}$$

$$\text{d)}\ \pi_{\mu\nu,\varrho} = \frac{1}{2} \frac{\partial q_\varrho}{\partial H_{\mu\nu}} = \frac{\partial p_{\mu\nu}}{\partial H_{\varrho\varrho}}$$

$$\text{e)}\ \pi_{\mu\nu,\varrho\sigma} = \frac{\partial p_{\mu\nu}}{\partial H_{\varrho\sigma}} = \frac{\partial p_{\varrho\sigma}}{\partial H_{\mu\nu}} = \frac{1}{2} \frac{\partial^2 X_\pi}{\partial H_{\mu\nu} \partial H_{\varrho\sigma}}$$

Außerdem gelten für die abgeleiteten Größen z. B. folgende Summenregeln:

$$\text{f)}\ \sum_{\mu=1}^{Z} P_{\mu\mu} = \sum_{\mu=1}^{Z} q_\mu = Z_E$$

$$\text{g)}\ \sum_{\mu\nu} P_{\mu\nu} = \frac{1}{2} \sum_{J=1}^{Z} b_J x_J = \frac{X_\pi}{2}$$

(wobei sich die Summation über alle gebundenen Zentren μ, ν (d. h. solche für die $H_{\mu\nu}$ = 1 ist) erstreckt).

$$\text{h)} \sum_{\mu=1}^{Z} \pi_{\mu\nu} = 0$$

$$\text{i)} \sum_{\mu=1}^{Z} \pi_{\varrho\sigma,\mu} = \sum_{\varrho\sigma} \pi_{\varrho\sigma,\mu} = 0$$

(Summation über ϱ, σ wie bei g).)

$$\text{k)} \sum_{\mu\nu} \pi_{\mu\nu,\varrho\sigma} = 0$$

(Summation über $\mu\nu$ wie bei g).)

VII. Beispiele zur Verwendung der Tabellen

Die in den Tabellen enthaltenen Größen lassen sich als Ausgangspunkt für die Berechnung von Systemen, welche Hetero-Atome enthalten oder sonst gestört sind, verwenden. Dies soll an zwei Beispielen demonstriert werden:

A) Berechnung der Eigenwerte x_J', der totalen π-Elektronenenergie E_π' der Ladungsordnungen $q_\mu' = P_{\mu\mu}'$ und Bindungsordnungen $p_{\mu\nu}' = P_{\mu\nu}'$ des Naphthalins I und des Azulens II, ausgehend vom Zehnring R_{10} III.

Bei symmetriegerechter Verwendung der HMOs von R_{10} ist folgende Störung (= zusätzliche Bindung im Betrag $\delta H_{\varrho\sigma} = \beta$) anzubringen:

Naphthalin: $\delta H_{16} = \beta$

Azulen: $\delta H_{39} = \beta$

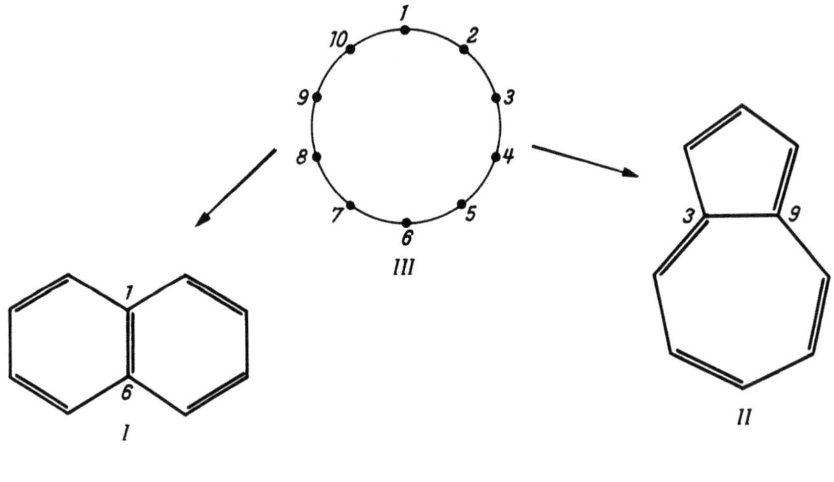

Es gelten folgende Beziehungen (ϱ, σ neu verknüpfte Zentren, $\delta H_{\varrho\sigma} = 1$):

$$x_J' = x_J(R_{10}) + 2c_{J\varrho}c_{J\sigma}$$

$$q_\mu' = P_{\mu\mu}' = P_{\mu\mu}(R_{10}) + 2\pi_{\varrho\sigma,\mu} = 1{,}0 + 2\pi_{\varrho\sigma,\mu}$$

$$p_{\mu\nu}' = P_{\mu\nu}' = P_{\mu\nu}(R_{10}) + \pi_{\mu\nu,\varrho\sigma}$$

$$X_\pi' = X_\pi(R_{10}) + 2P_{\varrho\sigma} + \pi_{\varrho\sigma,\varrho\sigma}$$

Im Speziellen:

a) Naphthalin-Modell aus R_{10}

$$x'_J = x^\circ_J + 2c_{J1}c_{J6}$$
$$q'_\mu = 1{,}0$$
$$p'_{\mu\nu} = 0{,}647214 + \pi_{16,\mu\nu}$$
$$p'_{16} = 0{,}2 + \pi_{16,16}$$
$$X'_\pi = 12{,}944 + 2 \cdot P_{16} + \pi_{16,16}$$

b) Azulen-Modell aus R_{10}

$$x'_J = x^\circ_J + 2c_{J3} \cdot c_{J9}$$
$$q'_\mu = 1{,}0 + \pi_{\mu,39}$$
$$p'_{\mu\nu} = 0{,}647214$$
$$p'_{39} = \pi_{39,39} = \pi_{15,15}$$
$$X'_\pi = 12{,}944 + 2P_{39} + \pi_{39,39} \quad (\pi_{39,39} = \pi_{15,15})$$

In der nachstehenden Tabelle werden die nach dem Störungsverfahren berechneten Werte (Formeln a) und b)) mit jenen verglichen, die man durch Diagonalisierung der HÜCKEL-Matrix exakt erhalten hätte (vgl. Tabellen ⑥⑥ und ⑤⑦).

Koeffizienten x_J der Eigenwerte ε_J

Perimeter R_{10}		Naphthalin		Azulen	
J	x_J	gestört: x'_J	exakt: x_J	gestört: x'_J	exakt: x_J
1	2,000	2,200	2,303	2,200	2,310
2	1,618	1,618	1,618	1,256	1,356
3	1,618	1,218	1,303	1,656	1,652
4	0,618	1,018	1,000	0,880	0,887
5	0,618	0,618	0,618	0,480	0,477
6	-0,618	-0,618	-0,618	-0,756	-0,738
7	-0,618	-1,018	-1,000	-0,356	-0,400
8	-1,618	-1,218	-1,303	-1,580	-1,579
9	-1,618	1,618	-1,618	-1,980	-2,095
10	-2,000	-2,200	-2,303	-1,800	-1,869

Ladungsordnungen q_μ des Azulen-Modells

μ	1	2	4	5	6	9
gestört: q'_μ	1,185	1,056	0,837	0,985	0,856	1,037
exakt: q_μ	1,173	1,047	0,855	0,986	0,870	1,027

Bildungsordnungen $p_{\mu\nu}$

Naphthalin			Azulen		
Bindung μ ν	gestört: $p'_{\mu\nu}$	exakt: $p_{\mu\nu}$	Bindung μ ν	gestört: $p'_{\mu\nu}$	exakt: $p_{\mu\nu}$
1 2	0,732	0,725	1 2	0,647	0,656
2 3	0,603	0,603	4 5	0,647	0,664
1 9	0,584	0,555	5 6	0,647	0,639
9 10	0,575	0,518	3 9	0,647	0,596
			4 9	0,647	0,586
			9 10	0,439	0,400

Totale π-Elektronenenergie E'_π

Naphthalin: gestört : X'_π = 13,719 exakt X_π = 13,683
Azulen : gestört : X'_π = 13,383 exakt X_π = 13,364

B) Berechnung der Eigenwerte x'_J, der totalen π-Elektronenenergie E'_π, der Ladungsordnungen $q'_\mu = P'_{\mu\mu}$ und der Bindungsordnungen $p'_{\mu\nu} = P'_{\mu\nu}$ von Modellen des Benzalanilins I und des Azobenzols II, ausgehend von den HMOs des Stilbens III.

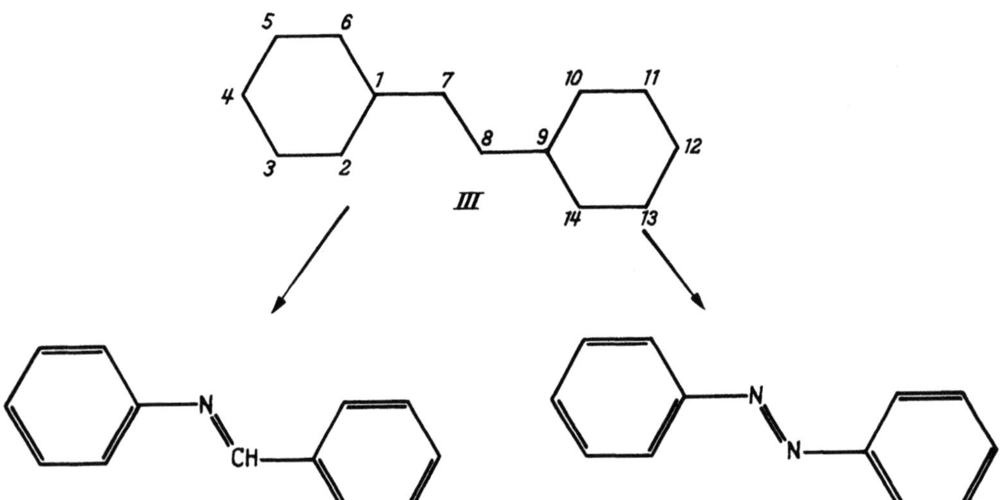

I II

Es wurden die folgenden Störungsparameter verwendet:

Stickstoff-AO: $\alpha_N = \delta + \frac{\beta}{2}$, so daß δH_{NN} = 0,5
und somit in I δH_{77} = 0,5
in II $\delta H_{77} = \delta H_{88}$ = 0,5

C-N-Bindung: β = 0,8β, so daß δH_{CN} = -0,2
und somit in I δH_{17} = -0,2
in II $\delta H_{17} = \delta H_{89}$ = -0,2

N=N-Bindung: $\beta_{NN'}$ = 1,4β, so daß $\delta H_{NN'}$ = 0,4
und somit in II δH_{78} = 0,4

Es gelten folgende Beziehungen:

$$q'_\varrho = q_\varrho + \sum_\mu \pi_{\varrho\mu}\delta H_{\mu\mu} + 2\sum_{\mu\nu}\pi_{\mu\nu,\varrho}\delta H_{\mu\nu}$$

$$P'_{\varrho\sigma} = P_{\varrho\sigma} + \sum_\mu \pi_{\varrho\sigma,\mu}\delta H_{\mu\mu} + \sum_{\mu\nu}\pi_{\varrho\sigma,\mu\nu}\delta H_{\mu\nu}$$

$$X'_\pi = X_\pi + \sum_\mu q_\mu \delta H_{\mu\mu} + 2\sum_{\mu\nu} p_{\mu\nu}\delta H_{\mu\nu} + \frac{1}{2}\sum_\mu\sum_\nu \pi_{\mu\nu}\delta H_{\mu\mu}\delta H_{\nu\nu}$$

$$+ \sum_{\mu\nu}\sum_{\varrho\sigma}\pi_{\mu\nu,\varrho\sigma}\delta H_{\mu\nu}\delta H_{\varrho\sigma} + \sum_\mu\sum_{\varrho\sigma}\pi_{\varrho\sigma,\mu}\delta H_{\mu\mu}\delta H_{\varrho\sigma}$$

Dabei ist zu berücksichtigen, daß die Atom-Bindungs-Polarisierbarkeiten für alternierende Systeme, und somit auf für III, Null betragen. Im speziellen Fall reduzieren sich die Formeln auf:

I Benzalanilin

$$x'_J = x_J + 0{,}5\, c_{J7}^2 - 0{,}4\, c_{J1}c_{J7}$$

$$q'_\varrho = 1{,}0 + 0{,}5\, \pi_{7,\varrho}$$

$$P'_{\varrho\sigma} = P_{\varrho\sigma} - 0{,}2\, \pi_{\varrho\sigma,17}$$

$$X'_\pi = 18{,}8778 + 0{,}5 - 0{,}4\, p_{17} + 0{,}125\, \pi_{77} + 0{,}04\, \pi_{17,17}$$

II Azobenzol

$$x'_J = x_J + c_{J7}^2 + 0{,}8(c_{J7}c_{J8} - c_{J1}c_{J7})$$

$$q'_\varrho = 1{,}0 + 0{,}5(\pi_{7,\varrho} + \pi_{8,\varrho})$$

$$P'_{\varrho\sigma} = P_{\varrho\sigma} + 0{,}4\, \pi_{\varrho\sigma,78} - 0{,}2(\pi_{\varrho\sigma,17} + \pi_{\varrho\sigma,89})$$

$$X'_\pi = 18{,}8778 + 1{,}0 + 0{,}8(p_{78} - p_{17}) + 0{,}25(\pi_{77} + \pi_{78})$$

$$+ 0{,}08(\pi_{17,17} + \pi_{17,89} - 4\,\pi_{17,78} + 2\,\pi_{78,78})$$

In den nachstehenden Tabellen werden die nach dem Störungsverfahren berechneten Werte mit jenen verglichen, die man durch Diagonalisierung der HÜCKEL-Matrix mit den Störungs-Parametern erhalten hätte.

Koeffizienten x_J der Eigenwerte ε_J.

Nr.	Stilben	Benzalanilin			Azobenzol		
		gestört	exakt	Diff.	gestört	exakt	Diff.
1	2,2105	2,2121	2,2183	0,0062	2,2932	2,4034	0,1102
2	2,0641	2,0554	2,0548	-0,0006	2,0372	2,0404	0,0032
3	1,5047	1,5535	1,5711	0,0176	1,7332	1,7838	0,0506
4	1,1554	1,1434	1,1441	0,0007	1,1050	1,1072	0,0022
5	1,0000	1,0000	1,0000	0,0000	1,0000	1,0000	0,0000
6	1,0000	1,0000	1,0000	0,0000	1,0000	1,0000	0,0000
7	0,5043	0,6383	0,6533	0,0150	0,9259	0,8146	-0,1113
8	-0,5043	-0,4464	-0,4380	0,0084	-0,5420	-0,5417	0,0003
9	-1,0000	-1,0000	-1,0000	0,0000	-1,0000	-1,0000	0,0000
10	-1,0000	-1,0000	-1,0000	0,0000	-1,0000	-1,0000	0,0000
11	-1,1554	-1,1104	-1,1038	0,0066	-1,0389	-1,0723	-0,0334
12	-1,5047	-1,3898	-1,4094	-0,0196	-1,4059	-1,3911	0,0148
13	-2,0641	-2,0435	-2,0405	0,0030	-2,0144	-2,0294	-0,0150
14	-2,2105	-2,1127	-2,1499	-0,0372	-2,0944	-2,1148	-0,0204

Ladungsdichten q_μ für I und II

$\mu =$	Benzalanilin		Azobenzol	
	gestört	exakt	gestört	exakt
1	0,980	0,986	0,990	0,999
2	1,013	1,008	0,981	0,989
3	0,999	0,999	1,000	1,000
4	1,008	1,005	0,980	0,989
7	1,289	1,249	1,068	1,034
8	0,829	0,824	1,068	1,034
9	1,011	1,011	0,990	0,999
10	0,968	0,968	0,979	0,989
11	1,001	1,001	1,000	1,000
12	0,972	0,971	0,981	0,989

Bindungsordnungen $p_{\mu\nu}$

Bindung		Stilben	Benzalanilin		Azobenzol	
μ	ν		gestört	exakt	gestört	exakt
1	2	0,6014	0,624	0,625	0,645	0,632
2	3	0,6812	0,676	0,676	0,670	0,674
3	4	0,6566	0,660	0,660	0,665	0,662
1	7	0,4311	0,361	0,347	0,290	0,310
7	8	0,8201	0,851	0,821	0,937	0,903
8	9	0,4311	0,423	0,431	0,290	0,310
9	10	0,6014	0,604	0,601	0,645	0,632
10	11	0,6812	0,680	0,681	0,670	0,674
11	12	0,6566	0,657	0,656	0,665	0,662

Totale π-Elektronenenergie E_π

		gestört	exakt
Benzalanilin II	X_π =	19,275	19,283
Azobenzol III	X_π =	20,302	20,299

Anhang

FORTRAN Programm zur Berechnung von HMOs

Die vorliegenden Tabellen wurden mit Hilfe des nachstehend angegebenen Programms gerechnet. Die Eingabe-Formate wurden so gewählt, daß die Eingabe-Karten möglichst übersichtlich werden und sich leicht kontrollieren lassen. (Dies kann z. B. mittels eines separaten, hier nicht angegebenen Kontrollprogramms geschehen.)
Die Eingabe besteht aus:

a) Titelkarte
b) Steuerkarte
c) Kartensatz: „Matrixelemente der HÜCKEL-Matrix"
d) Endkarte
e) Kartensatz: „Symmetriekarten"
f) Karte: „Besetzungszahlen"

(Eine Liste der Eingabe für das Beispiel eines zehngliedrigen Ringes (R_{10}) befindet sich auf Seite 23.)

Der Programmablauf wird dadurch gestoppt, daß nach einer Reihe von Eingabesätzen [a)..f)] eine Steuerkarte mit $Z > 50$ eingelesen wird. Es können demzufolge nur Systeme mit $Z \leq 50$ mittels des Programms in seiner hier angegebenen Form gerechnet werden.

a) Die Titelkarten enthalten eine fünfstellige Kontrollnummer und 49 alphamerische Zeichen über die nach Belieben verfügt werden kann (Name der Verbindung, Code-Nummer, Name des Auftraggebers, etc.). Diese Zeichen werden nicht zur Rechnung gebraucht. Der Inhalt der Titelkarte wird auf jedes Resultatblatt als Kopf gedruckt und erlaubt somit, eine eindeutige Identifizierung und Klassifizierung der Resultatblätter.

b) Die Steuerkarte enthält die Zahl Z der AOs des zu berechnenden Systems, sowie vier weitere Steuerindizes, von denen die ersten drei die Entscheidung erlauben, welche Polarisierbarkeiten gerechnet werden sollen.
Es steuern:
1. Index : Atom-Atom-Polarisierbarkeiten
2. Index : Bindungs-Atom-Polarisierbarkeiten
3. Index : Bindungs-Bindungs-Polarisierbarkeiten
Die Berechnung der betreffenden Größe wird nur dann übersprungen, wenn der entsprechende Index verschieden von Null gewählt wird.
Der vierte Index erlaubt eine rationellere Durchführung der Berechnungen, wenn für ein vorgegebenes System die totale π-Elcktronenenergie, die Bindungsordnungen und die Polarisierbarkeiten für eine Reihe verschiedener Besetzungen gewünscht werden (vgl. Abschnitt II). In diesem Fall braucht die HÜCKEL-Matrix **H** nur einmal diagonalisiert zu werden. Wird in der Steuerkarte der vierte Index verschieden von Null gesetzt, so bleibt die von der vorhergehenden Rechnung im Speicher befindliche Matrix der Koeffizienten $c_{J\mu}$ erhalten, und als nächste Karte wird diejenige mit der neuen Besetzung, d. h. Karte f), eingelesen. Die Karten c), d) und e) fallen fort.

c) Es werden nur Matrixelemente eingelesen, die von Null verschieden sind. Beträgt das von Null verschiedene Element $H_{\mu\nu} = 1$, so enthält die betreffende Karte nur das Indexpaar μ, ν. Sollen Matrixelemente $H_{\mu\nu}$ eingelesen werden, die einen von Null und Eins verschiedenen Wert aufweisen (z. B. Berechnung von Modellen, in denen Hetero-AOs durch variable α_μ simuliert oder Bindungen $\beta_{\mu\nu} \neq \beta$ eingeführt werden), so sind die betreffenden Werte explizit in der Matrixelement-Karte anzugeben. Wünscht man, daß Bindungs-Atom- oder Bindungs-Bindungs-Polarisierbarkeiten für nicht gebundene AOs berechnet werden, so ist für das betreffende Paar ein Matrixelement von der Größenordnung der Rundungsfehler, d. h. $H_{\mu\nu} \approx 10^{-7}$ einzulesen.

d) Die Endkarte ist für Systeme ohne ebene Symmetrien leer. Besitzt das System hingegen ebene Symmetrien, so wird in der Endkarte die Zahl der zweizähligen Symmetrie-Elemente in der System-Ebene angegeben, die man zur Berechnung von symmetrieangepaßten Linearkombinationen entarteter HMOs zu verwenden wünscht.
In der Praxis kommen in Frage:
1. Spiegelung an einer in der Systemebene liegenden Achse S.
2. Spiegelung an zwei aufeinander senkrecht stehenden, in der Systemebene liegenden Achsen S_1 und S_2.
2. Inversion an einem Symmetriezentrum i.
Beispiel: Die HMOs der entarteten Eigenwerte des Zehnringes R_{10} wurden als symmetrisch, bzw. antisymmetrisch zu den beiden Spiegelungen S_1 und S_2 berechnet.

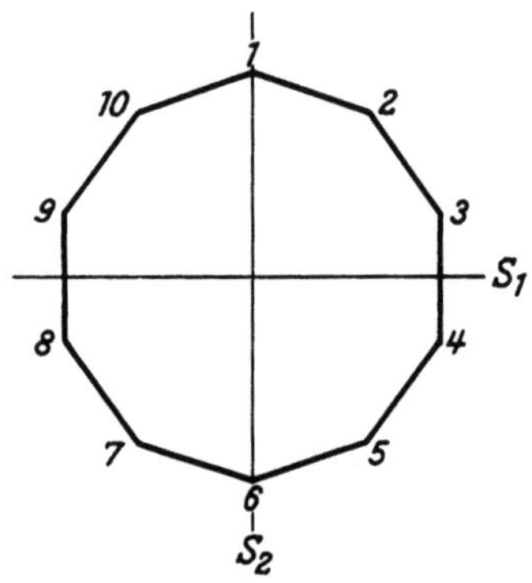

Die Endkarte enthält demzufolge die Zahl 2.

e) Die Symmetriekarten enthalten die Indizes jener Zentren ϱ, in welche die Zentren $\mu = 1, 2, \ldots, Z$ bei Ausübung der Symmetrie-Operationen S_j übergehen.
Für das Beispiel des Zehnringes sind dies die beiden folgenden Sequenzen von Indizes:

S_1 : 6	5	4	3	2	1	10	9	8	7
S_2 : 1	10	9	8	7	6	5	4	3	2

f) Die Besetzungszahlen b_J werden fortlaufend, beginnend bei J = 1 bis J = Z gelocht. Es können somit auch abgeleitete Größen für elektronisch angeregte Zustände und für beliebig geladene Systeme berechnet werden.
Der Rechenaufwand beträgt auf einer CDC 1604 für Z = 18 (Fluoranthen) inklusive der Berechnung sämtlicher Polarisierbarkeiten ca. 90 Sekunden.

EINGABEDATEN FUER DEN 10 GLIEDERIGEN PERIMETER.
****

```
BESCHREIBUNG                        INHALT DER KARTEN

                                    1...5...10...15...20...25...30...

TITELKARTE                            322  R10
STEUERKARTE                          10  0  0  0  0
MATRIXELEMENTE                        1  2
                                      2  3
                                      3  4
                                      4  5
                                      5  6
                                      6  7
                                      7  8
                                      8  9
                                      9 10
                                     10  1
FIKTIVE MATRIXELEMENTE                1  3     .000000001
                                      1  4     .000000001
                                      1  5     .000000001
                                      1  6     .000000001
ENDKARTE                              2
SYMMETRIEKARTE          S1            6  5  4  3  2  1 10  9  8  7
                        S2            1 10  9  8  7  6  5  4  3  2
BESETZUNGSZAHLEN                     2 2 2 2 2
```

```
      PROGRAM HMO
C     HUECKEL UND STOERUNGSRECHNUNG   HMO.
C     INPUT 5-STELLIGE RUN NUMMER UND TITEL (WIRD AUF JEDE SEITE
C     AUSGESCHRIEBEN)
C     N = ANZAHL ZENTREN UND 3 KENNZIFFERN JKEN IN 4I3.
C     JKEN = KENNZIFFER ZUM RECHNEN. 0 HEISST MIT POLARISIERB. 1 OHNE.
C     HUECKELMATRIX NUR ELEMENTE VON 0 VERSCHIEDEN, REIHENFOLGE
C     IRRELEVANT. FORMAT 2I3 4X F10.6 EIN MATRIXELEMENT 1. MUSS NICHT
C     GELOCHT WERDEN.
      DIMENSION  X(50,50),C(50,50),JB(50),JORDN(50), EIWER(50),JKEN(3)
      DIMENSION JBIND(2,50),HC(50),BJ(50)
      DIMENSION MUS(4,50),T(50,50)
      DIMENSION NAME(10)
      COMMON X,C,N,JBIND
C     DEFINITION DER MAGNETBAENDER.
      ITI = 12
      ITO = 3
      LBLOC = 8
C     LESEN TITEL
    1 READ INPUT TAPE ITI,126,NRUN,(NAME(I),I=1,10)
  126 FORMAT (I5,10A5)
      WRITE OUTPUT TAPE ITO,100,NRUN,(NAME(I),I=1,10)
  100 FORMAT (1H1//I6,10A5///)
C     LESEN DER INPUTDATEN. N=ANZAHL ATOME.
      READ INPUT TAPE ITI,146,N,(JKEN(I),I=1,3),JQQQ
      IF(N-50) 3000,3000,2
    2 STOP
C     AUFFUELLEN MIT 0 DER HUECKELMATRIX.
 3000 IF(JQQQ) 3,3,1102
    3 DO 5 J=1,N
        DO 4 I=1,N
    4     X(J,I) = 0.
        BJ(J) = 0.
    5   JB(J) = 0
C     EINLESEN DER HUECKEL-MATRIX, ENDE ENTWEDER LEERKARTE  ODER NS
C     ANSCHLIESSEND NS SYMMETRIEELEMENTE
  103 FORMAT (2I3,F14.6)
   18 READ INPUT TAPE ITI, 103, K,L,H
      IF (L) 8,149,8
    8 IF (H) 7,6,7
    6 H = 1.0
    7 X(K,L) = H
      X(L,K) = H
      GO TO 18
  149 NS = K
      NBIND = 0
      N1 = N-1
      DO 150 K=1,N1
        I = K+1
        DO 150 L = I,N
          IF (X(K,L)) 151,148,151
  151     NBIND = NBIND + 1
          JBIND(1,NBIND) = K
          JBIND(2,NBIND) = L
  148     CONTINUE
  150     CONTINUE
C     EINLESEN SYMMETRIEELEMENTE
C     NS = ZAHL SYMMETRIEELEMENTE (MAX 4)
C     MUS(ISY,MU) SYMMETRIEOPERATOR MIT NUR POSITIVEN INDIZES
      IF (NS) 147,147,144
  144 DO 145 ISY = 1,NS
  145   READ INPUT TAPE ITI,146, (MUS(ISY,MU),MU=1,N)
  146 FORMAT (20I3)
  147 CONTINUE
```

```
C        LESEN DER BESETZUNGSMATRIX
 1102      READ INPUT TAPE ITI,102,(JB(J),J=1,N)
  102      FORMAT (35I2)
           DO 25 J=1,N
   25        BJ(J) = JB(J)
C        DRUCKEN INPUT-MATRIX
           DO 167 J=1,N
  167        JB(J) = J
           IF(JQQQ) 1167,1167,160
 1167      WRITE OUTPUT TAPE ITO,166, N,NBIND
  166      FORMAT(9H MATRIX  ,I5,8H ZENTREN,I5,10H BINDUNGEN)
           DO 127 JBLOC = 1,N,LBLOC
             J1 = JBLOC + LBLOC - 1
             IF (N-J1) 170,171,171
  170        J1 = N
  171        WRITE OUTPUT TAPE ITO, 172, (JB(J),J=JBLOC,J1)
  172        FORMAT (1X//4X,10I12)
             WRITE OUTPUT TAPE ITO, 101
  101        FORMAT(1X,/)
             DO 127 I = JBLOC,N
               J1 = JBLOC + LBLOC - 1
               IF (I-J1) 128,129,129
  128          J1 = I
  129          WRITE OUTPUTTAPE ITO,109,I,(X(I,J), J=JBLOC,J1)
  127          CONTINUE
           IF (NS) 160,160,161
  161      WRITE OUTPUT TAPE ITO,162,NS
  162      FORMAT(1X//I4,19H  SYMMETRIEELEMENTE/)
           DO 163 ISY = 1,NS
  163        WRITE OUTPUTTAPE ITO,146,(MUS(ISY,MU),MU=1,N)
  160      WRITE OUTPUT TAPE ITO,164
  164      FORMAT (1X//10H BESETZUNG/)
           WRITE OUTPUT TAPE ITO,165,(BJ(J),J=1,N)
  165      FORMAT(1X,35F3.0)
C        BERECHNUNG DER EIGENWERTE UND VEKTOREN VON X
           IF(JQQQ) 1009,1009,20
 1009      CALL SYMANA (X,N,MUS,NS)
           CALL MATRIX (X,C,N)
           CALL SYMSYN (C,N,MUS,NS)
C        ORDNEN DER WERTE UND VEKTOREN.
           DO 11 K=1,N
             H = -1000.
             DO 10 I=1,N
               IF (X(I,I)-H)10,10,9
    9          H = X(I,I)
               JORDN(K) = I
   10          CONTINUE
             I = JORDN(K)
             EIWER(K) = X(I,I)
   11        X(I,I) = -1001.
           DO 12 J=1,N
             K= JORDN(J)
             DO 12 I=1,N
   12          X(J,I) = C(I,K)
C        BERUECKSICHTIGUNG DER SYMMETRIE
           IF (NS) 142,142,143
C        SUCHEN VON ENTARTUNGEN
  143      J = 1
  130      K = 1
           J1 = J
  133      IF (ABSF(EIWER(J+1)-EIWER(J))-1.0E-6) 131,131,132
  131      K = K + 1
           J = J+1
           IF (N-J) 135,135,133
```

```
  132      IF (K-1) 134,134,135
  134      J = J+1
           IF (J-N) 130,142,142
C         ENTARTUNGSGRAD K, BEGINN J1
  135      IF(K-8) 182,182,142
  182      DO 136 ISY = 1,NS
             DO 137 I1 = 1,K
               N1 = J1-1+I1
               DO 137 I2 = I1,K
                 N2 = J1-1+I2
                 Z = 0.
                 DO 138 MU = 1,N
                   MUI = MUS(ISY,MU)
  138              Z = Z+X(N1,MU)*X(N2,MUI)
                 IF (ABSF(Z) - 1.0E-5) 701,701,702
  701            Z = 0.
  702            C(I1,I2) = Z
  137            C(I2,I1) = Z
             CALL MATRIX(C,T,K)
C          TRANSFORMATION DER MOS
             DO 139 MU = 1,N
               DO 140 I1 = 1,K
                 C(1,I1) = 0.
                 DO 140 I2 = 1,K
                   N2 = J1-1+I2
  140              C(1,I1) = C(1,I1)+X(N2,MU)*T(I2,I1)
               DO 141 I1 = 1,K
                 N1 = J1-1+I1
  141            X(N1,MU) = C(1,I1)
  139          CONTINUE
  136        CONTINUE
           GO TO 134
C          VORZEICHEN DER VEKTOREN
  142      CONTINUE
C          VORZEICHEN DER VEKTOREN.
           DO 17 J=1,N
             DO 13 I=1,N
               IF (ABSF(X(I,J))-1.0E-5) 17,17,13
   13          CONTINUE
   19        DO 16 K=1,N
               IF(X(K,J)) 14,16,16
   14          DO 15 L=1,N
   15            X(K,L) = -X(K,L)
   16          CONTINUE
             GO TO 20
   17        CONTINUE
           J=1
           GO TO 19
C          UMSPEICHERN DER EIGENWERTE UND VEKTOREN AUF MAGNETBAENDER.
   20      WRITE OUTPUT TAPE ITO,100,NRUN,(NAME(I),I=1,10)
           WRITE OUTPUTTAPE ITO,104
  104      FORMAT (24H EIGENWERTE UND VEKTOREN)
           DO 200 J=1,N
             IF (ABSF(EIWER(J))-1.0E-7) 201,201,202
  201        EIWER(J) = 1.0E-10
  202        DO 200 MU=1,N
               IF (ABSF(X(J,MU))-1.0E-7) 203,203,200
  203          X(J,MU) = 1.0E-20
  200          CONTINUE
           DO 24 I=1,N,LBLOC
             K = I+LBLOC - 1
             IF(N-K) 21,22,22
   21        K = N
   22        WRITE OUTPUT TAPE ITO, 172, (JB(L),L=I,K)
```

```
            WRITE OUTPUT TAPE ITO, 101
            WRITE OUTPUT TAPE ITO,105,I,(EIWER(L), L=I,K)
  105       FORMAT (1X,I3,3X,10F12.6)
            WRITE OUTPUT TAPE ITO, 101
            DO 23 J=1,N
   23         WRITE OUTPUTTAPE ITO ,106, J,(X(L,J),L=I,K)
  106       FORMAT (4X,I3,10F12.6)
   24       CONTINUE
C       BERECHNUNG DER PI ELEKTR. ENERGIE.
          H = 0.
          DO 30 J=1,N
   30       H = BJ(J)*EIWER(J) + H
          WRITE OUTPUT TAPE ITO,107,H
  107     FORMAT (1X//31H TOTALE PI ELEKTRONEN ENERGIE  F12.6)
C       BERECHNUNG DER ALLGEMEINEN BINDUNGSORDNUNGEN.
          WRITE OUTPUT TAPE ITO,100,NRUN,(NAME(I),I=1,10)
          WRITE OUTPUT TAPE ITO, 108
  108     FORMAT (30H ALLGEMEINE BINDUNGSORDNUNGEN )
          DO 35 JBLOC = 1,N,LBLOC
            J1 = JBLOC + LBLOC - 1
            IF (N-J1) 178,179,179
  178       J1 = N
  179       WRITE OUTPUT TAPE ITO, 172,(JB(J),J=JBLOC,J1)
            WRITE OUTPUT TAPE ITO, 101
            DO 34 I=JBLOC,N
              J1 = JBLOC + LBLOC - 1
              IF(I-J1) 31,32,32
   31         J1 = I
   32         DO 233 J=JBLOC,J1
                HC(J) = 0.
                DO 33 K=1,N
   33             HC(J) = BJ(K)*X(K,I)*X(K,J)+HC(J)
                IF (ABSF(HC(J)) -1.0E-7) 234,234,233
  234           HC(J) = 1.0E-20
  233           CONTINUE
   34         WRITE OUTPUT TAPE ITO,109,I,(HC(J),J=JBLOC,J1)
  109       FORMAT (1X,I6,10F12.6)
   35       CONTINUE
C       ALLGEMEINE STOERUNGSRECHNUNG.
C       SPEICHERUNG DER REZIPROKEN ENERGIEN
          DO 1352 J=1,N
            DO 1352 I=1,N
              DELTA = EIWER(J)-EIWER(I)
              IF(DELTA) 1351,1350,1351
 1350         DELTA = 1.0E-20
 1351         C(J,I) = 1.0/DELTA
 1352         CONTINUE
          DO 122 INDEX = 1,3
            IF(JKEN(INDEX)) 122,39,122
   39       N1 = N
            N2 = N
            IF(INDEX-2) 43,42,41
   41       N1=NBIND
   42       N2=NBIND
   43       GO TO (80,81,82),INDEX
   44       DO 56 JBLOC = 1,N1,LBLOC
              J2 = JBLOC + LBLOC - 1
              IF(N1-J2) 180,181,181
  180         J2 = N1
  181         J1 = 1
              IF(INDEX-2) 45,46,45
   45         J1 = JBLOC
   46         GO TO (174,174,175),INDEX
  174         WRITE OUTPUT TAPE ITO, 172,(JB(J), J=JBLOC,J2)
```

```
              GO TO 177
  175         WRITE OUTPUT TAPE ITO,176,((JBIND(1,J),JBIND(2,J)),J=JBLOC,J2)
  176         FORMAT (1X///5X,10(I9,I3))
  177         WRITE OUTPUT TAPE ITO, 101
              DO 55 I=J1,N2
                J2 = JBLOC + LBLOC - 1
                IF(INDEX-2) 47,49,47
   47           IF(I-J2) 48,49,49
   48           J2 = I
   49           IF(N1-J2) 183,50,50
  183           J2 = N1
   50           DO124 J=JBLOC,J2
C       AUFSUMMIERUNG
                  HC(J) = 0.
                  DO123 K=1,N
                    IF(2.-BJ(K))51,123,51
   51               DO 54 L=1,N
                      IF(BJ(L)) 52,54,52
   52                 IF(K-L)53,54,53
   53                 DELTA = C(L,K)
                      F = (2.0-BJ(K))*BJ(L)
                      IF(ABSF(DELTA)-1.0E+9) 58,57,57
   57                 WRITE OUTPUT TAPE ITO,111
  111                 FORMAT (1X,34H ENTARTETER EIGENWERT HALB BESETZT)
                      GO TO 1
   58                 CALL GIRL (I,J,K,L,H,INDEX)
                      HC(J) = HC(J)+F*H*DELTA
   54                 CONTINUE
  123               CONTINUE
                  IF (ABSF(HC(J)) -1.0E-7) 224,224,124
  224             HC(J) = 1.0E-20
  124             CONTINUE
                LBIN1 =  I
                LBIN2 = 0
                IF (INDEX-2) 61,60,60
   60           LBIN1 = JBIND(1,I)
                LBIN2 = JBIND(2,I)
  110           FORMAT (1X,2I3,   10F12.6)
   61           IF (INDEX-1)190,190,191
  190           WRITE OUTPUT TAPE ITO,109,LBIN1,(HC(J),J=JBLOC,J2)
                GO TO 55
  191           WRITE OUTPUT TAPE ITO,110,LBIN1,LBIN2,(HC(J),J=JBLOC,J2)
   55           CONTINUE
   56         CONTINUE
  122       CONTINUE
          GO TO 1
C       DRUCKEN DER TITEL
   80     WRITE OUTPUT TAPE ITO,100,NRUN,(NAME(I),I=1,10)
          WRITE OUTPUT TAPE ITO,115
  115     FORMAT (31H ATOM-ATOM-POLARISIERBARKEITEN //)
          GO TO 44
   81     WRITE OUTPUT TAPE ITO,100,NRUN,(NAME(I),I=1,10)
          WRITE OUTPUT TAPE ITO,116
  116     FORMAT (34H BINDUNGS-ATOM-POLARISIERBARKEITEN//)
          GO TO 44
   82     WRITE OUTPUT TAPE ITO,100,NRUN,(NAME(I),I=1,10)
          WRITE OUTPUT TAPE ITO,117
  117     FORMAT (38H BINDUNGS-BINDUNGS-POLARISIERBARKEITEN//)
          GO TO 44
          END

    1         2         3         4         5         6         7         8
    9        10        11        12        13        14        15        16
```

17	18	19	20	21	22	23	24
25	30	31	32	33	34	35	39
41	42	43	44	45	46	47	48
49	50	51	52	53	54	55	56
57	58	60	61	80	81	82	100
101	102	103	104	105	106	107	108
109	110	111	115	116	117	122	123
124	126	127	128	129	130	131	132
133	134	135	136	137	138	139	140
141	142	143	144	145	146	147	148
149	150	151	160	161	162	163	164
165	166	167	170	171	172	174	175
176	177	178	179	180	181	182	183
190	191	200	201	202	203	224	233
234	701	702	1009	1102	1167	1350	1351
1352	3000						

```
      SUBROUTINE GIRL (I,J,K,L,H,INDEX)
C     BERECNUNG DES SUMMATIONSGLIEDES.
      DIMENSION X(50,50),C(50,50),JBIND(2,50)
      COMMON X,C,N,JBIND
      IF(INDEX-2)  73,71,70
   70 I1 = JBIND(1,J)
      I2 = JBIND(2,J)
   71 J1 = JBIND(1,I)
      J2 = JBIND(2,I)
      HCC = (X(K,J1)*X(L,J2)+X(K,J2)*X(L,J1))*0.5
   72 IF (INDEX-2) 73,74,75
   73 H = X(K,I)*X(K,J)*X(L,I)*X(L,J)
      GO TO 76
   74 H = X(K,J)*X(L,J)*HCC
      GO TO 76
   75 H = (X(K,I1)*X(L,I2)+X(K,I2)*X(L,I1))*HCC
   76 RETURN
      END
```

70	71	72	73	74	75	76

```
      SUBROUTINE MATRIX(A,V,N)
C     SUBROUTINE JACOBI EINGANG N,A,V
C     BERECHNUNG DER EIGENWERTE UND VEKTOREN NACH JACOBI.
      DIMENSION A(50,50),V(50,50)
C     BILDUNG DER EINHEITSMATRIX V
      N1 = N-1
      DO 1001 J=1,N
        DO 1000 I=1,N
 1000     V(I,J) = 0.
 1001   V(J,J) = 1.0
      ZETA = 10.
C     SUMME DER NICHTDIAGONALELEMENTE
 1018 SS = 0.
      DO 1002 J=1,N1
        DO 1002 I=J,N1
 1002     SS=SS+ABSF(A(I+1,J))
      IF(SS-1.0E-9)1020,1020,1004
C     BEGINN DER ROTATIONEN
 1004 TAU = 0.
      DO 1029 I=1,N
        I1 = I+1
        IF (N-I1) 1029,1003,1003
 1003   DO 1019 J=I1,N
          IF (A(J,I))1005,1019,1005
 1005     THETA = 0.5*(A(J,J)- A(I,I))/A(J,I)
          IF(ABSF(THETA)-ZETA)1006,1006,1019
 1006     T = 1.0
          IF(THETA)1021,1022,1022
 1021     T = -1.0
 1022     T = 1.0/(THETA+T*SQRTF(1.+THETA*THETA))
          C = 1.0/SQRTF(1.+T*T)
          S = C*T
          H = C*C*A(I,I)-2.*S*C*A(J,I)+S*S*A(J,J)
          A(J,J) = S*S*A(I,I) +2.*S*C*A(J,I)+C*C*A(J,J)
          A(I,I) = H
          A(J,I) = 0.
          TAU = TAU + 1.0
          IF(I-2)1009,1007,1007
 1007     DO 1008 IG=2,I
            H = C*A(I,IG-1)-S*A(J,IG-1)
            A(J,IG-1) = S*A(I,IG-1)+C*A(J,IG-1)
 1008       A(I,IG-1) = H
 1009     L = J-1
          IF(L-I1)1012,1010,1010
 1010     DO 1011 IG=I1,L
            H = C*A(IG,I)-S*A(J,IG)
            A(J,IG) = S*A(IG,I)+C*A(J,IG)
 1011       A(IG,I) = H
 1012     IF(N1-J)1015,1013,1013
 1013     DO 1014 IG=J,N1
            H = C*A(IG+1,I)-S*A(IG+1,J)
            A(IG+1,J)= S*A(IG+1,I)+C*A(IG+1,J)
 1014       A(IG+1,I) = H
 1015     DO 1016 IG=1,N
            H = C*V(IG,I)-S*V(IG,J)
            V(IG,J) = S*V(IG,I)+C*V(IG,J)
 1016       V(IG,I) = H
 1019     CONTINUE
 1029   CONTINUE
      H = N*(N-1)/2
      ZETA =ZETA**(2.5-TAU/H)
      GO TO 1018
C     DIE EIGENWERTE SIND IN A(I,I).  DIE VEKTOREN IN V
 1020 CONTINUE
```

```
      RETURN
      END

 1000    1001    1002    1003    1004    1005    1006    1007
 1008    1009    1010    1011    1012    1013    1014    1015
 1016    1018    1019    1020    1021    1022    1029
```

```
      SUBROCUTINE SYMANA(H,N,ISYM,NSYM)
      DIMENSICN ISYM(4,50)
      DIMENSICN H(50,50)
C     DIESES UNTERPRCGRAMM FAKTCRISIERT DIE MATRIX H NACH DEN SYMMETRIE-
C     ELEMENTEN ISYM
      DC 6 J=1,NSYM
        DC 3 K=1,N
          L = ISYM(J,K)
          IF(K-L) 1,3,3
    1     DC 2 M=1,N
            C = (H(K,M)+H(L,M))*0.70710678
            H(L,M) = (H(K,M)-H(L,M))*0.70710678
    2       H(K,M) = C
    3     CCNTINUE
        DC 6 K=1,N
          L = ISYM(J,K)
          IF(K-L) 4,6,6
    4     DC 5 M=1,N
            C = (H(M,K)+H(M,L))*0.70710678
            H(M,L) = (H(M,K)-H(M,L))*0.70710678
    5       H(M,K) = C
    6     CCNTINUE
      RETURN
      END

    1      2      3      4      5      6
```

```
      SUBROCUTINE SYMSYN(C,N,ISYM,NSYM)
      DIMENSICN ISYM(4,50)
      DIMENSICN C(50,50)
      DC 3 J1 = 1,NSYM
        J = NSYM-J1+1
        DC 3 K=1,N
          L = ISYM(J,K)
          IF(K-L) 1,3,3
    1     DC 2 M=1,N
            C1 = (C(K,M)+C(L,M))*0.70710678
            C(L,M) = (C(K,M)-C(L,M))*0.70710678
    2       C(K,M) = C1
    3     CCNTINUE
      RETURN
      END

    1      2      3

      END

    1      2      3
      FINIS
```

Introduction

I. Hückel Molecular Orbitals

Hückel molecular orbitals ψ (=HMO) are linear combinations of $2p_z$-type atomic orbitals Φ_μ (=AO).

$$\psi = \sum_\mu c_\mu \Phi_\mu$$

The c_μ's are the variational parameters and μ refers to the individual centers of the system over which ψ extends.
The following assumptions are made in the standard HMO procedure:
a) The (real) AO's Φ_μ form an orthonormal set of basis functions, i. e.

$$\int \Phi_\mu \Phi_\nu \, dv = \begin{cases} 0 & \mu \neq \nu \\ 1 & \mu = \nu \end{cases}$$

b) The HMO Hamiltonian H is defined in such a way that

$$\int \Phi_\mu H \Phi_\nu dv = \begin{cases} = \alpha_\mu & \text{when } \mu = \nu \\ = \beta_{\mu\nu} & \mu \text{ bonded to } \nu \\ = 0 & \text{otherwise} \end{cases}$$

c) If the following additional simplifications are introduced, one obtains the isoconjugate approximation of HMO theory (zero'th approximation) which has been used throughout these tables:

$$\alpha_\mu = \alpha \quad \text{for all } \mu$$
$$\beta_{\mu\nu} = \beta \quad \text{for all bonded pairs } \mu, \nu.$$

When the abbrevation $-x = (\alpha - \varepsilon)/\beta$ introduced, this approximation leads to an eigenvalue – eigenvector problem which can be expressed in the following form

$$\|\mathbf{H} - x\mathbf{I}\| = 0 \qquad (1)$$

H is the Hückel matrix $\mathbf{H} = (H_{\mu\nu})$, **I** the unit matrix. The matrix elements of **H** are

$$H_{\mu\nu} \begin{cases} = 1, & \mu \text{ bonded to } \nu \\ = 0 & \text{otherwise (especially } H_{\mu\mu} = 0) \end{cases}$$

The dimension of **H** (and therefore of the determinant (1)) corresponds to the number Z of centers $\mu = 1,2,\ldots Z$ over which ψ extends. The solution of (1) yields Z eigenvalues x_J ($J = 1,2,\ldots Z$) and Z corresponding eigenvectors $\mathbf{C}_J = (c_{J\mu})$. The eigenvalues x_J and the vectors $\mathbf{C}_J$ define the orbital energies ε_J and the corresponding linear combinations ψ_J

$$\varepsilon_J = \alpha + x_J \beta \qquad (2)$$

$$\psi_J = \sum_{\mu=1}^{Z} c_{J\mu} \Phi_\mu \qquad (3)$$

II. Characteristic Values

For a choice of isoconjugated systems the tables contain the following data:

a) The coefficients x_J of the orbital energies ε_J (formula (2)).

b) The coefficients $c_{J\mu}$ of the corresponding linear combinations ψ_J (formula (3)).

c) Characteristic values derived from b), namely charge orders, bond orders and polarizabilities.

Each system is characterized uniquely by its formula which gives the topological connection of the Z centers and their numbering ($\mu = 1,2,\ldots Z$). The latter corresponds as far as possible to the conventional numbering of the corresponding molecule. Furthermore, each system has been assigned a symbol which is listed in the table of contents, and – in many cases – the name of the system (according to the ring index) is given.
The characteristic values quoted under c) have been computed for the electronic ground state of the many electron system which is obtained by placing b_J electrons in each of the HMOs ψ_J, taking account of the PAULI-principle and HUND's rule (Aufbau-principle). The numbers b_J of electrons per HMO can assume only the values $b_J = 0,1$ or 2. The total number of electrons Z_E is given by

$$Z_E = \sum_{J=1}^{Z} b_J$$

The system under consideration will be neutral if $Z = Z_E$. It will have the charge $\pm L$ according as $Z_E = Z \pm L$. The sign and the number L of excess charges is indicated by the corresponding number of + or – signs in the symbol of the system.
A neutral system will be in a triplet ground state if the highest occupied level is degenerate and contains only two electrons (HUND's rule). This is indicated by two dots in the symbol of the system. No polarizabilities can be calculated in that case.

III. Content of Tables

The HMOs given in these tables refer exclusively to isoconjugated systems which may be reasonably formulated as π-electron systems. Therefore no center may have more than three neighbours, which limits the number of non-vanishing matrix elements $H_{\mu\nu}$ in each column and row of **H** to three. As a direct consequence all eigenvalues of **H** are restricted to the interval -3 to +3. The systems have been subdivided into the following groups.

a) Chains of Z AOs, Z = 2 to 22 (Symbol: K_Z).

b) Rings of Z AOs, Z = 3 to 22 (Symbol: Ⓩ or R_Z).

c) All systems of Z = 4,5,6 and 7 AOs that can be formulated as π-electron systems.

d) Condensed benzenoid systems:
   1) cata-condensed systems ordered according to increasing values of Z.
   2) peri-condensed benzenoid systems, ordered according to increasing values of Z.

e) Alternant systems with unsaturated side chains, and non-benzenoid alternant systems, ordered according to increasing values of Z.

f) Non-alternant systems, ordered according to increasing values of Z.

IV. Arrangement of the Tables

The HMOs of butadiene shall serve as an example in explaining how the different characteristic values are tabulated.

Butadien

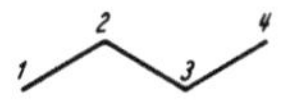

K_4

Eigenwerte und Hückelkoeffizienten

	1	2	3	4	← (1)
(3) → 1	1.618034	.618034	-.618034	-1.618034	← (2)
(4) → 1	.371748	.601501	.601501	.371748	
2	.601501	.371748	-.371748	-.601501	← (5)
3	.601501	-.371748	-.371748	.601501	
4	.371748	-.601501	.601501	-.371748	

TOTALE PI ELEKTRONEN ENERGIE 4.472136 ← (6)

allgemeine Bindungsordnungen

	1	2	3	4	← (8)
(7) → 1	1.000000				
2	.894427	1.000000			
3	0	.447214	1.000000		← (9)
4	-.447214	0	.894427	1.000000	← (10)

Atom- Atom Polarisierbarkeiten

	1	2	3	4	← (12)
(11) → 1	.626099				
2	-.402492	.402492			
3	.044721	-.044721	.402492		← (13)
4	-.268328	.044721	-.402492	.626099	

Bindungs- Atom Polarisierbarkeiten

	1	2	3	4	← (15)
1 2	0	0	0	0	
1 3	-.134164	-.089443	-.089443	.313050	
(14) → 1 4	0	0	0	0	← (16)
2 3	0	0	0	0	
3 4	0	0	0	0	

Bindungs- Bindungs Polarisierbarkeiten

	1 2	1 3	1 4	2 3	3 4	← (18)
1 2	.089443					
1 3	0	.536656				
(17) → 1 4	.178885	0	.357771			
2 3	-.178885	0	-.357771	.357771		← (19)
3 4	.089443	0	.178885	-.178885	.089443	

Orbital energies and coefficients of the linear combinations.

These are listed under the heading: „Eigenwerte und Hückel-Koeffizienten".

1 Indices J = 1,2, . . . , Z of the HMOs ψ_J

2 Coefficients x_J of the orbital energies ε_J (see formula (2)).
Positive and negative values of x_J refer respectively to bonding and anti-bonding HMOs.

3 Blocknumber
If Z exceeds 8, the orbital energies and the coefficients of the linear combinations have to be tabulated in blocks. The block-number corresponds to the first value of J in the particular block.

4 Incices μ = 1,2, . . . , Z of the AOs Φ_μ

5 Coefficients $c_{J\mu}$ of the linear combinations ψ_J (see formula (3)).

For alternant systems the orbital energies and the corresponding HMOs occur in pairs as follows (where the upper indices * and o refer to the two interlocking sets of AOs):

$$\varepsilon_J = \alpha + x_J\beta \qquad \psi_J = \sum_{\mu}{}^{*} c_{J\mu}\Phi_\mu + \sum_{\mu'}{}^{\circ} c_{J\mu'}\Phi_{\mu'}$$

$$\varepsilon_{Z-J+1} = \alpha - x_J\beta \qquad \psi_{Z-J+1} = \sum_{\mu}{}^{*} c_{J\mu}\Phi_\mu - \sum_{\mu'}{}^{\circ} c_{J\mu'}\Phi_{\mu'}$$

The signs of the linear combinations ψ_J for alternant systems have been chosen so that, for all values of J the same set of centers (e. g. the starred set) retains its sign (positive) both in ψ_J and in ψ_{Z-J+1}.

6 Total π-electron energy.
The total π-electron energy is defined as

$$E_\pi = \sum_{J=1}^{Z} b_J\varepsilon_J = Z_E\alpha + \beta\sum_{J=1}^{Z} x_Jb_J = Z_E\alpha + \beta X_\pi$$

The value quoted as "Totale Pi-Elektronenenergie" ⑥ is

$$X_\pi = \sum_{J=1}^{Z} b_Jx_J$$

Generalised bond orders.

These are given under the heading: "allgemeine Bindungsordnungen". Generalized bond orders $P_{\mu\nu}$ are defined as

$$P_{\mu\nu} = \sum_{J=1}^{Z} b_Jc_{J\mu}c_{J\nu}$$

⑦, ⑧ Indices μ and ν of $P_{\mu\nu}$

⑨ Generalised bond order $P_{\mu\nu}$

For $\mu=\nu$ we find that $P_{\mu\mu} = q_\mu$ = charge order ("π-electron density"):
The values $P_{\mu\mu} = q_\mu$ are found on the main diagonal ⑩ of the table. Where μ and ν are bonded, $P_{\mu\nu} = P_{\mu\nu}$ = bond order.

Atom-Atom Polarizabilities.

These are given under the heading: "Atom-Atom Polarisierbarkeiten".
The atom-atom polarizabilities $\pi_{\mu\nu}$ are defined as

$$\pi_{\mu\nu} = \sum_{J=1}^{Z}\sum_{\substack{K=1\\K\neq J}}^{Z} b_J(2-b_K)\frac{c_{J\mu}c_{K\mu}c_{J\nu}c_{K\nu}}{x_J - x_K}$$

⑪ , ⑫ Indices μ and ν of $\pi_{\mu\nu}$

⑬ Atom-atom polarizabilities $\pi_{\mu\nu}$

Bond-Atom Polarizabilities.

These are given under the heading: "Bindungs-Atom Polarisierbarkeiten". The bond-atom polarizabilities are defined as

$$\pi_{\mu\nu,\varrho} = \frac{1}{2} \sum_{J=1}^{Z} \sum_{\substack{K=1 \\ K \neq J}}^{Z} b_J(2-b_K) \frac{c_{J\varrho}c_{K\varrho}(c_{J\mu}c_{K\nu} + c_{J\nu}c_{K\mu})}{x_J - x_K}$$

The quantities have also been calculated for non-bonded centers in the case of the chains K_Z and the rings R_Z.

⑭ Indices μ and ν of the centers of the "bond" $\mu - \nu$

⑮ Index ϱ of the AO Φ_ϱ

⑯ Bond-atom polarizability $\pi_{\mu\nu,\varrho}$

In alternant systems the bond-atom polarizabilities are zero for a bonded pair μ, ν and arbitrary ϱ.

The atom-bond polarizabilities $\pi_{\varrho,\mu\nu}$ are given by

$$\pi_{\varrho,\mu\nu} = 2\pi_{\mu\nu,\varrho}$$

Bond-Bond Polarizabilities.

These are given under the heading: "Bindungs-Bindungs Polarisierbarkeiten". The bond-bond polarizabilities $\pi_{\mu\nu,\varrho\sigma}$ are defined as

$$\pi_{\mu\nu,\varrho\sigma} = \frac{1}{2} \sum_{J=1}^{Z} \sum_{\substack{K=1 \\ K \neq J}}^{Z} b_J(2-b_K) \frac{(c_{J\mu}c_{K\nu} + c_{J\nu}c_{K\mu})(c_{J\varrho}c_{K\sigma} + c_{J\sigma}c_{K\varrho})}{x_J - x_K}$$

⑰ , ⑱ Indices μ, ν and $\varrho\sigma$ of the bonds

⑲ Bond-bond polarizabilities $\pi_{\mu\nu,\varrho\sigma}$

V. Precision of the Results

All values have been calculated on a CDC 1604 computer. The precision used should lead to rounding errors not exceeding one unit in the last decimal place (± 0.000 001).

The program used is described in the appendix.

VI. Some Useful Relationships Among the Characteristic Values

Under the heading "Zusammenhänge zwischen den charakteristischen Größen" we have summarized some useful formulae and a few sum rules for the characteristic values contained in the tables.

VII. Examples

The use of the tabulated values for first and second order perturbation calculations is demonstrated on two simple examples, which are self explanatory.

Appendix

A FORTRAN Program for the Calculation of HMOs.

These tables have been calculated with the help of the ıollowing FORTRAN program. The input format has been chosen in such a way that the data cards can be checked easily.
The input deck consists of:

a) Title card
b) Control card
c) Card – deck: "Matrix-elements of the Hückel-matrix"
d) End card
e) Card – deck: "Symmetry"
f) Card: "b_J-values".

(As an example we have given on page 23 a complete listing of the input deck for the ten-membered ring R_{10}.)
After a series of card decks a)... f)a)... f)a)... etc., has been processed in sequence, the calculation is stopped by reading in a control card b) with $Z > 50$. Therefore, the program in its present form allows the calculation to be made only for systems with $Z \leq 50$.

Comments:

a) The title card contains a control number of five digits and 49 alphamerical signs which can be used freely. (Name of compound, code number, etc.) These signs are not used in the computation, but are printed as a heading on each of the output sheets for identification and classification purposes.

b) The control card contains the number Z of centers ($Z \leq 50$ for computation, $Z > 50$ for stopping the computation) and four indices. The first three indices allow a choice of the polarizabilities to be computed:
Index:1: Atom- atom polarizabilities
Index 2: Bond- atom polarizabilities
Index 3: Bond- bond polarizabilities
The computation of the corresponding polarizability is skipped if the index is set different from zero.
The fourth index expedites the calculation, if for a given system the π-electron-energies, the bond orders and the polarizabilities have to be calculated for different sets of occupancy values b_J (e. g. first for the ground state and then for the first excited state).
Since in this case the Hückel matrix needs to be diagonalized only once, the coefficients $c_{J\mu}$ from the previous calculations are not chared when the fourth index on the control card b) is set different from zero. Naturally the cards c), d) and e) must be omitted from the input deck in this care, and the next card read is f) "b_J-values".

c) This card deck includes only matrix elements which are different from zero. For matrix elements $H_{\mu\nu} = 1$ (standard Hückel calculation) only the pair of indices μ, ν has to be punched. For all other cases, that is $H_{\mu\nu}$ different from zero and from one (e. g. calculation of models with heteroatom parameters), the corresponding value of $h_\mu (\alpha_\mu = \alpha + h_\mu \beta)$ and of $k_{\mu\nu}$ $(\beta_{\mu\nu} = k_{\mu\nu}\beta)$ has to be given explicitly.
If bond-atom or bond-bond polarizabilities are desired for pairs of centers ϱ, σ which are not bonded in the system, dummy matrix elements $H_{\varrho\sigma}$ of the order of the rounding errors have to be included: $H_{\varrho\sigma} \approx 10^{-7}$. These will have no significant effect on the eigenvalues and linear combinations, but will induce the calculation of the desired polarizabilities.

d) For systems without planar symmetry the end card is empty. For systems with symmetry the end card contains the number of symmetry operations of order two, which one wishes to use for obtaining linear combinations of the proper symmetry type. (This is necessary if the model leads to accidental degeneracies or – in the case of systems with higher symmetry – to truly degenerate eigenvalues.)

The following symmetry elements of order two can be used:

1. Reflection in a mirror plane S perpendicular to the plane of the molecule.
2. Reflection in two mutually perpendicular mirror planes S_1, S_2 each of which is oriented perpendicular to the plane of the molecule.
3. Inversion through a center of symmetry i.

   Example: It is desired to obtain the degenerate HMOs of a ten membered ring R_{10} as linear combinations symmetric or antisymmetric with respect to a reflection in the mirror planes S_1 and S_2. The end card d) contains, therefore, the number 2.

e) The card deck "Symmetry" contains the list of indices ϱ into which the sequence $\mu = 1,2,\ldots,Z$ is transformed by one of the symmetry operations S_j or i.
For example the indices $\mu = 1,2,\ldots,10$ of the ten membered ring R_{10} are transformed into the indices ϱ as follows:

S_1	6	5	4	3	2	1	10	9	8	7
S_2	1	10	9	8	7	6	5	4	3	2

f) The numbers b_J are punched in sequence, starting with J = 1 up to J = Z. According to the choice of b_J one can compute the characteristic quantities for electronically excited states and/or charged species.

The computing time for a system with Z = 18 centers (Fluoranthene) including all characteristic values is ca. 90 seconds on a CDC 1604 computer.

Aethylen

K_2

Eigenwerte und Hückelkoeffizienten

	1	2
1	1.000000	-1.000000

	1	2
1	.707107	.707107
2	.707107	-.707107

TOTALE PI ELEKTRONEN ENERGIE 2.000000

allgemeine Bindungsordnungen

	1	2
1	1.000000	
2	1.000000	1.000000

Atom- Atom Polarisierbarkeiten

	1	2
1	.500000	
2	-.500000	.500000

Bindungs- Bindungs Polarisierbarkeiten

	1 2
1 2	0

K_3

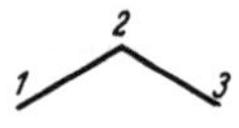

Propenyl-Radikal

Eigenwerte und Hückelkoeffizienten

	1	2	3
1	1.414214	.000000	-1.414214

	1	2	3
1	.500000	.707107	.500000
2	.707107	0	-.707107
3	.500000	-.707107	.500000

TOTALE PI ELEKTRONEN ENERGIE 2.828427

allgemeine Bindungsordnungen

	1	2	3
1	1.000000		
2	.707107	1.000000	
3	0	.707107	1.000000

Atom- Atom Polarisierbarkeiten

	1	2	3
1	.441942		
2	-.176777	.353553	
3	-.265165	-.176777	.441942

Bindungs- Atom Polarisierbarkeiten

	1	2	3
1 2	0	0	0
1 3	.088388	-.176777	.088388
2 3	0	0	0

Bindungs- Bindungs Polarisierbarkeiten

	1 2	1 3	2 3
1 2	.353553		
1 3	0	.176777	
2 3	-.353553	0	.353553

Butadien

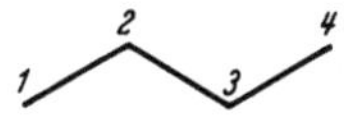

K_4

Eigenwerte und Hückelkoeffizienten

	1	2	3	4
1	1.618034	.618034	-.618034	-1.618034
1	.371748	.601501	.601501	.371748
2	.601501	.371748	-.371748	-.601501
3	.601501	-.371748	-.371748	.601501
4	.371748	-.601501	.601501	-.371748

TOTALE PI ELEKTRONEN ENERGIE 4.472136

allgemeine Bindungsordnungen

	1	2	3	4
1	1.000000			
2	.894427	1.000000		
3	0	.447214	1.000000	
4	-.447214	0	.894427	1.000000

Atom- Atom Polarisierbarkeiten

	1	2	3	4
1	.626099			
2	-.402492	.402492		
3	.044721	-.044721	.402492	
4	-.268328	.044721	-.402492	.626099

Bindungs- Atom Polarisierbarkeiten

	1	2	3	4
1 2	0	0	0	0
1 3	-.134164	-.089443	-.089443	.313050
1 4	0	0	0	0
2 3	0	0	0	0
3 4	0	0	0	0

Bindungs- Bindungs Polarisierbarkeiten

	1 2	1 3	1 4	2 3	3 4
1 2	.089443				
1 3	0	.536656			
1 4	.178885	0	.357771		
2 3	-.178885	0	-.357771	.357771	
3 4	.089443	0	.178885	-.178885	.089443

K_5

Pentadienyl- Radikal

Eigenwerte und Hückelkoeffizienten

	1	2	3	4	5
1	1.732051	1.000000	.000000	-1.000000	-1.732051
1	.288675	.500000	.577350	.500000	.288675
2	.500000	.500000	0	-.500000	-.500000
3	.577350	0	-.577350	0	.577350
4	.500000	-.500000	0	.500000	-.500000
5	.288675	-.500000	.577350	-.500000	.288675

TOTALE PI ELEKTRONEN ENERGIE 5.464102

allgemeine Bindungsordnungen

	1	2	3	4	5
1	1.000000				
2	.788675	1.000000			
3	0	.577350	1.000000		
4	-.211325	0	.577350	1.000000	
5	0	-.211325	0	.788675	1.000000

Atom- Atom Polarisierbarkeiten

	1	2	3	4	5
1	.591506				
2	-.254719	.380181			
3	-.096225	-.096225	.384900		
4	-.043394	.014156	-.096225	.380181	
5	-.197169	-.043394	-.096225	-.254719	.591506

Pentadienyl- Radikal

K_5

Bindungs- Atom Polarisierbarkeiten

	1	2	3	4	5
1 2	0	0	0	0	0
1 3	-,057550	-,153775	0	.057550	.153775
1 4	0	0	0	0	0
1 5	-,052831	.100944	-,096225	.100944	-.052831
2 3	0	0	0	0	0
2 4	.100944	-,052831	-,096225	-.052831	.100944
3 4	0	0	0	0	0
4 5	0	0	0	0	0

Bindungs- Bindungs Polarisierbarkeiten

	1 2	1 3	1 4	1 5	2 3	2 4	3 4	4 5
1 2	,279238							
1 3	0	,384900						
1 4	-,009437	0	,490563					
1 5	0	,096225	0	,394338				
2 3	-,307550	0	-,096225	0	.384900			
2 4	0	-,096225	0	-,298113	0	.394338		
3 4	,115100	0	-,096225	0	-.192450	0	,384900	
4 5	-,086788	0	,201887	0	.115100	0	-.307550	,279238

K_6

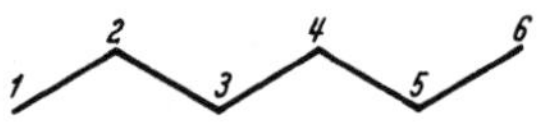

Hexatrien

Eigenwerte und Hückelkoeffizienten

	1	2	3	4	5	6
1	1.801938	1.246980	.445042	-.445042	-1.246980	-1.801938
1	.231921	.417907	.521121	.521121	.417907	.231921
2	.417907	.521121	.231921	-.231921	-.521121	-.417907
3	.521121	.231921	-.417907	-.417907	.231921	.521121
4	.521121	-.231921	-.417907	.417907	.231921	-.521121
5	.417907	-.521121	.231921	.231921	-.521121	.417907
6	.231921	-.417907	.521121	-.521121	.417907	-.231921

TOTALE PI ELEKTRONEN ENERGIE 6.987918

allgemeine Bindungsordnungen

	1	2	3	4	5	6
1	1.000000					
2	.871119	1.000000				
3	0	.483435	1.000000			
4	-.387685	0	.784851	1.000000		
5	0	-.086268	0	.483435	1.000000	
6	.301417	0	-.387685	0	.871119	1.000000

Atom- Atom Polarisierbarkeiten

	1	2	3	4	5	6
1	.684451					
2	-.373671	.392091				
3	.081646	-.056813	.475166			
4	-.219770	.029455	-.309685	.475166		
5	.014013	-.005076	.029455	-.056813	.392091	
6	-.186668	.014013	-.219770	.081646	-.373671	.684451

Hexatrien

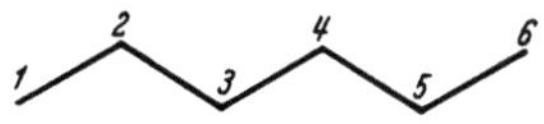

K_6

Bindungs- Atom Polarisierbarkeiten

	1	2	3	4	5	6
1 2	0	0	0	0	0	0
1 3	-.187003	-.105357	-.138459	.249226	-.019089	.200682
1 4	0	0	0	0	0	0
1 5	.067633	.034531	.048544	.048544	.034531	-.233784
1 6	0	0	0	0	0	0
2 3	0	0	0	0	0	0
2 4	.268315	-.070826	-.089915	-.089915	.015442	-.033102
2 5	0	0	0	0	0	0
3 4	0	0	0	0	0	0
4 5	0	0	0	0	0	0
5 6	0	0	0	0	0	0

Bindungs- Bindungs Polarisierbarkeiten

	1 2	1 3	1 4	1 5	1 6	2 3	2 4	2 5
1 2	.123776							
1 3	0	.646727						
1 4	.148945	0	.345311					
1 5	0	-.152472	0	.511461				
1 6	-.166151	0	.013679	0	.497782			
2 3	-.210714	0	-.290596	0	.235213	.369810		
2 4	0	-.290596	0	-.124446	0	0	.456078	
2 5	.069062	0	-.124446	0	-.359658	-.055384	0	.387015
3 4	.097088	0	.110767	0	-.138124	-.179829	0	-.027357
4 5	-.038178	0	.097088	0	.235213	.058911	0	-.055384
5 6	.028026	0	-.066204	0	-.166151	-.038178	0	.069062

	3 4	4 5	5 6
3 4	.165481		
4 5	-.179829	.369810	
5 6	.097088	-.210714	.123776

K_7

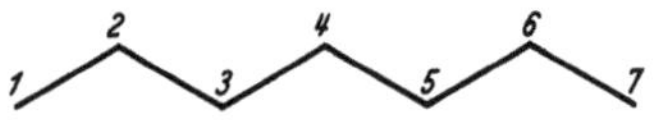

Heptatrienyl- Radikal

Eigenwerte und Hückelkoeffizienten

	1	2	3	4	5	6	7
1	1.847759	1.414214	.765367	.000000	-.765367	-1.414214	-1.847759
1	.191342	.353553	.461940	.500000	.461940	.353553	.191342
2	.353553	.500000	.353553	0	-.353553	-.500000	-.353553
3	.461940	.353553	-.191342	-.500000	-.191342	.353553	.461940
4	.500000	0	-.500000	0	.500000	0	-.500000
5	.461940	-.353553	-.191342	.500000	-.191342	-.353553	.461940
6	.353553	-.500000	.353553	0	-.353553	.500000	-.353553
7	.191342	-.353553	.461940	-.500000	.461940	-.353553	.191342

TOTALE PI ELEKTRONEN ENERGIE 8.054679

allgemeine Bindungsordnungen

	1	2	3	4	5	6	7
1	1.000000						
2	.815493	1.000000					
3	0	.544895	1.000000				
4	-.270598	0	.653281	1.000000			
5	0	-.162212	0	.653281	1.000000		
6	.108386	0	-.162212	0	.544895	1.000000	
7	0	.108386	0	-.270598	0	.815493	1.000000

Atom- Atom Polarisierbarkeiten

	1	2	3	4	5	6	7
1	.662588						
2	-.287973	.385308					
3	-.007145	-.078112	.432727				
4	-.081660	.019814	-.149310	.422312			
5	-.115531	-.024287	-.058343	-.149310	.432727		
6	-.017375	.002625	-.024287	.019814	-.078112	.385308	
7	-.152905	-.017375	-.115531	-.081660	-.007145	-.287973	.662588

Heptatrienyl- Radikal

K_7

Bindungs- Atom Polarisierbarkeiten

	1	2	3	4	5	6	7
1 2	0	0	0	0	0	0	0
1 3	-.135068	-.142212	-.070968	.101474	.091244	.019999	.135530
1 4	0	0	0	0	0	0	0
1 5	.010230	.081475	-.034056	.101474	-.034056	-.026911	-.098156
1 6	0	0	0	0	0	0	0
1 7	.033871	-.064285	.071245	-.081660	.071245	-.064285	.033871
2 3	0	0	0	0	0	0	0
2 4	.145760	-.060737	-.105024	-.067650	.057188	-.006912	.037374
2 5	0	0	0	0	0	0	0
2 6	-.064285	.017190	.037189	.019814	.037189	.017190	-.064285
3 4	0	0	0	0	0	0	0
3 5	.071245	.037189	-.033779	-.149310	-.033779	.037189	.071245
4 5	0	0	0	0	0	0	0
5 6	0	0	0	0	0	0	0
6 7	0	0	0	0	0	0	0

Bindungs- Bindungs Polarisierbarkeiten

	1 2	1 3	1 4	1 5	1 6	1 7	2 3	2 4
1 2	.239548							
1 3	0	.530605						
1 4	.020923	0	.489961					
1 5	0	-.019722	0	.422220				
1 6	-.020184	0	-.087464	0	.510146			
1 7	0	-.087926	0	.000462	0	.509683		
2 3	-.284425	0	-.142398	0	.054564	0	.388671	
2 4	0	-.142398	0	-.250784	0	.183134	0	.422312
2 5	.162950	0	-.250784	0	-.122213	0	-.087834	0
2 6	0	.054564	0	-.122213	0	-.305348	0	-.067650
3 4	.128200	0	-.067650	0	.019814	0	-.210047	0
3 5	0	-.068112	0	.020276	0	-.122675	0	-.047835
4 5	-.088572	0	.202949	0	.019814	0	.114376	0
5 6	.039999	0	-.088572	0	.054564	0	-.048574	0
6 7	-.034750	0	.074748	0	-.128571	0	.039999	0

	2 5	2 6	3 4	3 5	4 5	5 6	6 7
2 5	.442496						
2 6	0	.387932					
3 4	-.047835	0	.354662				
3 5	0	-.102399	0	.374384			
4 5	-.047835	0	-.298619	0	.354662		
5 6	.074378	0	.114376	0	-.210047	.388671	
6 7	-.053823	0	-.088572	0	.128200	-.284425	.239548

K_8

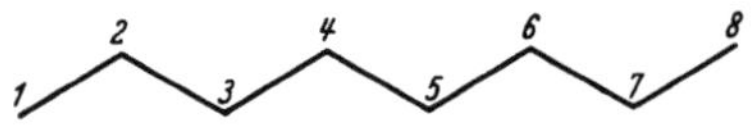

Eigenwerte und Hückelkoeffizienten

	1	2	3	4	5	6	7	8
1	1,879385	1,532089	1,000000	.347296	-.34/296	-1,000000	-1,532089	-1,879385
1	.161230	.303013	.408248	.464243	.464243	.408248	.303013	.161230
2	.303013	.464243	.408248	.161230	-.161230	-.408248	-.464243	-.303013
3	.408248	.408248	0	-.408248	-.408248	0	.408248	.408248
4	.464243	.161230	-.408248	-.303013	.303013	.408248	-.161230	-.464243
5	.464243	-.161230	-.408248	.303013	.303013	-.408248	-.161230	.464243
6	.408248	-.408248	0	.408248	-.408248	0	.408248	-.408248
7	.303013	-.464243	.408248	-.161230	-.161230	.408248	-.464243	.303013
8	.161230	-.303013	.408248	-.464243	.464243	-.408248	.303013	-.161230

TOTALE PI ELEKTRONEN ENERGIE 9.517541

allgemeine Bindungsordnungen

	1	2	3	4	5	6	7	8
1	1,000000							
2	.862086	1,000000						
3	0	.494818	1,000000					
4	-.367267	0	.758105	1.000000				
5	0	-.103980	0	.528752	1.000000			
6	.263287	0	-.333333	0	.758105	1,000000		
7	0	.033934	0	-.103980	0	.494818	1.000000	
8	-.229353	0	.263287	0	-.367267	0	.862086	1,000000

Atom- Atom Polarisierbarkeiten

	1	2	3	4	5	6	7	8
1	.718405							
2	-.361036	.389612						
3	.105918	-.060749	.508969					
4	-.198910	.025901	-.280155	.453164				
5	.030443	-.008033	.053179	-.075589	.453164			
6	-.157369	.009297	-.179090	.053179	-.280155	.508969		
7	.006231	-.001225	.009297	-.008033	.025901	-.060749	.389612	
8	-.143681	.006231	-.157369	.030443	-.198910	.105918	-.361036	.718405

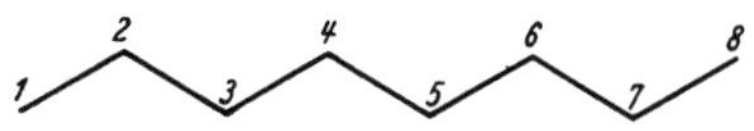

K_8

Bindungs- Atom Polarisierbarkeiten

	1	2	3	4	5	6	7	8
1 2	0	0	0	0	0	0	0	0
1 3	-,217335	-,111437	-,166667	,224812	-,038475	,166667	-,007457	,149912
1 4	0	0	0	0	0	0	0	0
1 5	,099687	,044457	,074900	,061211	,061211	-,188388	,010523	-,163601
1 6	0	0	0	0	0	0	0	0
1 7	-,041541	-,017330	-,031018	-,024787	-,024787	-,031018	-,017330	,187812
1 8	0	0	0	0	0	0	0	0
2 3	0	0	0	0	0	0	0	0
2 4	,249599	-,066980	-,091767	-,081244	,022736	-,021721	,003066	-,013688
2 5	0	0	0	0	0	0	0	0
2 6	-,205142	,027127	,043881	,036424	,036424	,043881	-,006807	,024211
2 7	0	0	0	0	0	0	0	0
3 4	0	0	0	0	0	0	0	0
3 5	-,055230	,019670	-,122785	-,106031	-,106031	,210548	-,014264	,174124
3 6	0	0	0	0	0	0	0	0
4 5	0	0	0	0	0	0	0	0
5 6	0	0	0	0	0	0	0	0
6 7	0	0	0	0	0	0	0	0
7 8	0	0	0	0	0	0	0	0

Bindungs- Bindungs Polarisierbarkeiten

	1 2	1 3	1 4	1 5	1 6	1 7	1 8	2 3
1 2	,140014							
1 3	0	,706654						
1 4	,131930	0	,360284					
1 5	0	-,214439	0	,589638				
1 6	-,146997	0	,014914	0	,443367			
1 7	0	,082356	0	-,131357	0	,507281		
1 8	,146271	0	-,063914	0	-,067443	0	,574724	
2 3	-,222874	0	-,265891	0	,201250	0	-,180931	,373321
2 4	0	-,265891	0	-,153554	0	,054980	0	0
2 5	,088914	0	-,153554	0	-,299825	0	,235911	-,064640
2 6	0	,201250	0	-,299825	0	-,118894	0	0
2 7	-,034660	0	,054980	0	-,118894	0	-,354805	,020320
3 4	,101377	0	,082356	0	-,113488	0	,118894	-,183534
3 5	0	,149799	0	-,180931	0	,067443	0	0
3 6	-,062037	0	-,113488	0	0	0	-,051451	,087762
4 5	-,049574	0	,122422	0	,186337	0	-,168468	,072849
5 6	,033509	0	-,076951	0	-,113488	0	,118894	-,043442
6 7	-,014914	0	,033509	0	-,062037	0	-,180931	,018595
7 8	,012463	0	-,027377	0	,048422	0	,146271	-,014914

	2 4	2 5	2 6	2 7	3 4	3 5	3 6	4 5
2 4	,442641							
2 5	0	,408707						
2 6	-,098574	0	,443367					
2 7	0	-,063914	0	,388387				
3 4	0	-,031132	0	,005406	,197796			
3 5	-,031132	0	-,113488	0	0	,531129		
3 6	0	-,113488	0	-,051451	,087762	0	,329879	
4 5	0	-,058508	0	,017869	-,212062	0	-,226976	,377575
5 6	0	,072849	0	,005406	,106357	0	,087762	-,212062
6 7	0	-,028528	0	,020320	-,043442	0	,087762	,072849
7 8	0	,021046	0	-,034660	,033509	0	-,062037	-,049574

	5 6	6 7	7 8
5 6	,197796		
6 7	-,183534	,373321	
7 8	,101377	-,222874	,140014

K_9

Eigenwerte und Hückelkoeffizienten

	1	2	3	4	5	6	7	8
1	1,902113	1,618034	1,175571	.618034	.000000	-,618034	-1,175570	-1,618034
1	,138197	.262866	,361803	.425325	.447214	.425325	.361803	.262866
2	,262866	.425325	,425325	.262866	0	-,262866	-,425325	-,425325
3	,361803	,425325	,138197	-,262866	-,447214	-,262866	,138197	,425325
4	,425325	.262866	-,262866	-,425325	0	,425325	,262866	-,262866
5	,447214	0	-,447214	0	,447214	0	-,447214	0
6	,425325	-,262866	-,262866	,425325	0	-,425325	,262866	,262866
7	,361803	-,425325	,138197	,262866	-,447214	,262866	,138197	-,425325
8	,262866	-,425325	,425325	-,262866	0	,262866	-,425325	,425325
9	,138197	-,262866	,361803	-,425325	,447214	-,425325	,361803	-,262866

	9
9	-1,902113
1	,138197
2	-,262866
3	,361803
4	-,425325
5	,447214
6	-,425325
7	,361803
8	-,262866
9	,138197

TOTALE PI ELEKTRONEN ENERGIE 10,627503

allgemeine Bindungsordnungen

	1	2	3	4	5	6	7	8
1	1,000000							
2	,827636	1,000000						
3	0	.531375	1,000000					
4	-,296261	0	,682328	1,000000				
5	0	-,145309	0	,615537	1,000000			
6	,150953	0	-,212099	0	,615537	1,000000		
7	0	,084162	0	-,212099	0	,682328	1,000000	
8	-,066791	0	,084162	0	-,145309	0	,531375	1,000000
9	0	-,066791	0	,150953	0	-,296261	0	,827636

	9
9	1,000000

K•

Atom- Atom Polarisierbarkeiten

	1	2	3	4	5	6	7	8
1	,703491							
2	-,304959	.386844						
3	,044982	-,071673	,471006					
4	-,104968	,021783	-,177205	.433268				
5	-,061554	-,017961	-,017961	-.119677	.434306			
6	-,038177	,004413	-,049267	,029831	-.119677	.433268		
7	-,105971	-,010526	-,083384	-,049267	-,017961	-,177205	,471006	
8	-,008698	,000778	-,010526	,004413	-,017961	,021783	-,071673	,386844
9	-,124145	-,008698	-,105971	-,038177	-,061554	-,104968	,044982	-,304959

	9
9	,703491

Bindungs- Atom Polarisierbarkeiten

		1	2	3	4	5	6	7	8
1	2	0	0	0	0	0	0	0	0
1	3	-,180814	-,135832	-,116655	,126751	,043593	,042589	,095445	,009476
1	4	0	0	0	0	0	0	0	0
1	5	,053680	,072858	,011304	,097273	0	-,053680	-,072858	-,011304
1	6	0	0	0	0	0	0	0	0
1	7	,001003	-,051852	,034116	-,071855	,043593	-,071855	,034116	,014939
1	8	0	0	0	0	0	0	0	0
1	9	-,023377	,044417	-,052855	,062592	-,061554	,062592	-,052855	,044417
2	3	0	0	0	0	0	0	0	0
2	4	,169127	-,062975	-,105351	-,072237	,043593	-,011091	,022587	-,001828
2	5	0	0	0	0	0	0	0	0
2	6	-,096269	,021005	,045420	,025418	,043593	,025418	-,038741	,003635
2	7	0	0	0	0	0	0	0	0
2	8	,044417	-,007435	-,018739	-,009263	-,017961	-,009263	-,018739	-,007435
3	4	0	0	0	0	0	0	0	0
3	5	,019178	,030482	-,071234	-,144092	-,058123	,068007	,056704	,013111
3	6	0	0	0	0	0	0	0	0
3	7	-,052855	-,018739	-,007435	,088010	-,017961	,088010	-,007435	-,018739
4	5	0	0	0	0	0	0	0	0
4	6	,062592	-,009263	,088010	-,081500	-,119677	-,081500	,088010	-,009263
5	6	0	0	0	0	0	0	0	0
6	7	0	0	0	0	0	0	0	0
7	8	0	0	0	0	0	0	0	0
8	9	0	0	0	0	0	0	0	0

		9
1	2	0
1	3	,115447
1	4	0
1	5	-,097273
1	6	0
1	7	,067794
1	8	0
1	9	-,023377
2	3	0
2	4	,018175
2	5	0
2	6	-,029478
2	7	0
2	8	,044417
3	4	0
3	5	,085969
3	6	0
3	7	-,052855
4	5	0
4	6	,062592
5	6	0
6	7	0
7	8	0
8	9	0

K_9

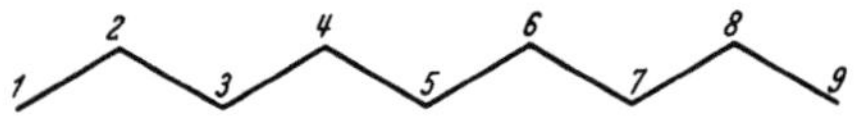

Bindungs- Bindungs Polarisierbarkeiten

	1 2	1 3	1 4	1 5	1 6	1 7	1 8	1 9
1 2	,217717							
1 3	0	.621339						
1 4	,041993	0	,472392					
1 5	0	-,106953	0	.492429				
1 6	-,041586	0	-,086916	0	.539183			
1 7	0	-,021549	0	-.040162	0	.470386		
1 8	,022043	0	,025205	0	-,108959	0	.513978	
1 9	0	,068797	0	-,043593	0	,065367	0	.579345
2 3	-,271665	0	-,167943	0	.083597	0	-,036913	0
2 4	0	-,167943	0	-,230061	0	.150388	0	-,125748
2 5	,145715	0	-,230061	0	-.163270	0	.061554	0
2 6	0	,083597	0	-.163270	0	-,252104	0	.187302
2 7	-,103704	0	,150388	0	-,252104	0	-,126356	0
2 8	0	-,036913	0	.061554	0	-,126356	0	-,313658
3 4	,128319	0	-,042759	0	.007244	0	-,000564	0
3 5	0	,022608	0	-,058123	0	-,061554	0	.105146
3 6	-,067355	0	,007244	0	-,126921	0	.044157	0
3 7	0	,068233	0	-,061554	0	-,021210	0	-,060989
4 5	-,084752	0	,194545	0	.043593	0	-,017961	0
4 6	0	-,143709	0	.043593	0	.169340	0	-,143145
5 6	,048830	0	-,107360	0	.043593	0	-,017961	0
6 7	-,040005	0	,085179	0	-,143709	0	-,000564	0
7 8	,018952	0	-,040005	0	.066227	0	-,036913	0
8 9	-,017397	0	,036349	0	-.058957	0	.088834	0

	2 3	2 4	2 5	2 6	2 7	2 8	3 4	3 5
2 3	,388029							
2 4	0	.429633						
2 5	-,084345	0	,434306					
2 6	0	-,079672	0	.412262				
2 7	,046684	0	-,101716	0	.440176			
2 8	0	,024640	0	-.064803	0	.387622		
3 4	-,210702	0	-,035516	0	.006679	0	.327917	
3 5	0	-,035516	0	-.119677	0	.043593	0	.434306
3 6	,090841	0	-,119677	0	-,082764	0	-,036080	0
3 7	0	,006679	0	-,082764	0	-,082199	0	-,014531
4 5	,109793	0	-,058123	0	.025631	0	-,288184	0
4 6	0	,050835	0	-,083328	0	.026196	0	-,076085
5 6	-,058530	0	,087185	0	.025631	0	.136015	0
6 7	,045174	0	-,058530	0	.006679	0	-.098535	0
7 8	-,021052	0	,026222	0	-,037478	0	.045174	0
8 9	,018952	0	-,022608	0	.029878	0	-.040005	0

	3 6	3 7	4 5	4 6	5 6	6 7	7 8	8 9
3 6	.455855							
3 7	0	.387622						
4 5	-,076085	0	,376183					
4 6	0	-,226473	0	.463099				
5 6	-,076085	0	-,239354	0	.376183			
6 7	,176020	0	,136015	0	-,288184	.327917		
7 8	-,077482	0	-,058530	0	.109793	-,210702	.388029	
8 9	,066227	0	,048830	0	-,084752	.128319	-.271665	.217717

K_{10}

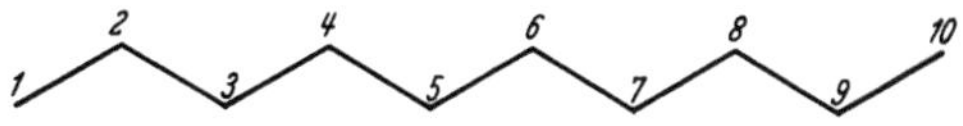

Eigenwerte und Hückelkoeffizienten

	1	2	3	4	5	6	7	8
1	1.918986	1.682507	1.309721	.830830	.284630	-.284630	-.830830	-1.309721
1	.120131	.230530	.322253	.387868	.422061	.422061	.387868	.322253
2	.230530	.387869	.422061	.322253	.120131	-.120131	-.322253	-.422061
3	.322253	.422061	.230530	-.120131	-.387868	-.387868	-.120131	.230530
4	.387868	.322253	-.120131	-.422061	-.230530	.230530	.422061	.120131
5	.422061	.120131	-.387868	-.230530	.322253	.322253	-.230530	-.387868
6	.422061	-.120131	-.387868	.230530	.322253	-.322253	-.230530	.387868
7	.387868	-.322253	-.120131	.422061	-.230530	-.230530	.422061	-.120131
8	.322253	-.422061	.230530	.120131	-.387868	.387868	-.120131	-.230530
9	.230530	-.387868	.422061	-.322253	.120131	.120131	-.322253	.422061
10	.120131	-.230530	.322253	-.387868	.422061	-.422061	.387868	-.322253

	9	10
9	-1.682507	-1.918985
1	.230530	.120131
2	-.387868	-.230530
3	.422061	.322253
4	-.322253	-.387868
5	.120131	.422061
6	.120131	-.422061
7	-.322253	.387868
8	.422061	-.322253
9	-.387868	.230530
10	.230530	-.120131

TOTALE PI ELEKTRONEN ENERGIE 12.053348

allgemeine Bindungsordnungen

	1	2	3	4	5	6	7	8
1	1.000000							
2	.857628	1.000000						
3	0	.499967	1.000000					
4	-.357661	0	.746852	1.000000				
5	0	-.110775	0	.544042	1.000000			
6	.246886	0	-.313586	0	.729698	1.000000		
7	0	.044075	0	-.127930	0	.544042	1.000000	
8	-.202811	0	.220731	0	-.313586	0	.746852	1.000000
9	0	-.017155	0	.044075	0	-.110775	0	.499967
10	.185656	0	-.202811	0	.246886	0	-.357661	0

	9	10
9	1.000000	
10	.857628	1.000000

K_{10}

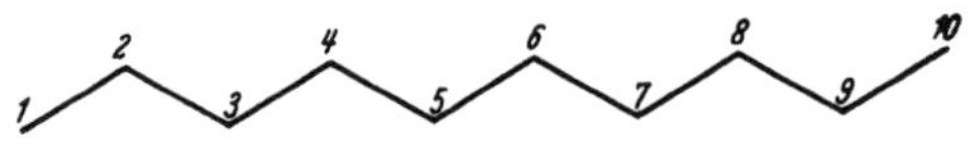

Bindungs- Atom Polarisierbarkeiten

	1	2	3	4	5	6	7	8
1 2	0	0	0	0	0	0	0	0
1 3	-.237392	-.114512	-.185301	.212410	-.052757	.150054	-.017322	.128285
1 4	0	0	0	0	0	0	0	0
1 5	.119559	.048770	.092140	.066803	.078555	-.168331	.022728	-.137591
1 6	0	0	0	0	0	0	0	0
1 7	-.063732	-.023683	-.049020	-.033948	-.041005	-.041005	-.033948	.153791
1 8	0	0	0	0	0	0	0	0
1 9	.028297	.010017	.021769	.014712	.018033	.018033	.014712	.021769
1 10	0	0	0	0	0	0	0	0
2 3	0	0	0	0	0	0	0	0
2 4	.239829	-.065742	-.093161	-.078449	.025798	-.018277	.005406	-.009306
2 5	0	0	0	0	0	0	0	0
2 6	-.191059	.025087	.043120	.032855	.037550	.037550	-.011220	.016199
2 7	0	0	0	0	0	0	0	0
2 8	.167376	-.013666	-.027251	-.019236	-.022972	-.022972	-.019236	-.027251
2 9	0	0	0	0	0	0	0	0
3 4	0	0	0	0	0	0	0	0
3 5	-.070789	.021351	-.142181	-.112397	-.125982	.187604	-.028542	.144485
3 6	0	0	0	0	0	0	0	0
3 7	.040049	-.008971	.064889	.047567	.055582	.055582	.047567	-.164843
3 8	0	0	0	0	0	0	0	0
4 5	0	0	0	0	0	0	0	0
4 6	.160319	-.012707	.193174	-.097685	-.107949	-.107949	.030245	-.036557
4 7	0	0	0	0	0	0	0	0
5 6	0	0	0	0	0	0	0	0
6 7	0	0	0	0	0	0	0	0
7 8	0	0	0	0	0	0	0	0
8 9	0	0	0	0	0	0	0	0
9 10	0	0	0	0	0	0	0	0

	9	10
1 2	0	0
1 3	-.003736	.120270
1 4	0	0
1 5	.004695	-.127327
1 6	0	0
1 7	-.006528	.139078
1 8	0	0
1 9	.010017	-.157359
1 10	0	0
2 3	0	0
2 4	.000959	-.007057
2 5	0	0
2 6	-.001833	.011752
2 7	0	0
2 8	.003489	-.018280
2 9	0	0
3 4	0	0
3 5	-.005570	.132022
3 6	0	0
3 7	.008184	-.145607
3 8	0	0
4 5	0	0
4 6	.004447	-.025337
4 7	0	0
5 6	0	0
6 7	0	0
7 8	0	0
8 9	0	0
9 10	0	0

K_{10}

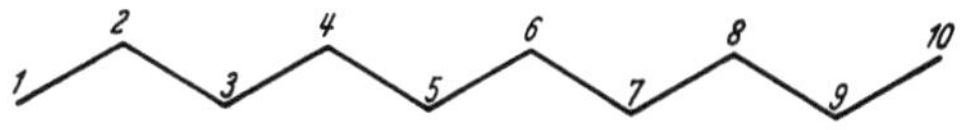

Atom- Atom Polarisierbarkeiten

	1	2	3	4	5	6	7	8
1	.740679							
2	-.354341	.388775						
3	.122880	-.062421	.529685					
4	-.187738	.024671	-.266187	.446717				
5	.043370	-.009387	.069168	-.082612	.479462			
6	-.142286	.007768	-.160563	.045318	-.260236	.479462		
7	.015072	-.002249	.020478	-.013469	.045318	-.082612	.446717	
8	-.124006	.004279	-.133312	.020478	-.160563	.069168	-.266187	.529685
9	.003320	-.000416	.004279	-.002249	.007768	-.009387	.024671	-.062421
10	-.116949	.003320	-.124006	.015072	-.142286	.043370	-.187738	.122880

	9	10
9	.388775	
10	-.354341	.740679

Bindungs- Bindungs Polarisierbarkeiten

	1 2	1 3	1 4	1 5	1 6	1 7	1 8	1 9
1 2	.148946							
1 3	0	.745726						
1 4	.121997	0	.371376					
1 5	0	-.252354	0	.630781				
1 6	-.135232	0	.007052	0	.445125			
1 7	0	.124173	0	-.178604	0	.574186		
1 8	.131941	0	-.061483	0	-.049543	0	.498840	
1 9	0	-.053715	0	.067579	0	-.124889	0	.506608
1 10	-.129061	0	.075346	0	-.007767	0	-.117122	0
2 3	-.229023	0	-.253480	0	.185406	0	-.159273	0
2 4	0	-.253480	0	-.165614	0	.073499	0	-.030211
2 5	.097540	0	-.165614	0	-.277521	0	.202561	0
2 6	0	.185406	0	-.277521	0	-.148460	0	.053465
2 7	-.047366	0	.073499	0	-.148460	0	-.297555	0
2 8	0	-.159273	0	.202561	0	-.297555	0	-.118248
2 9	.020034	0	-.030211	0	.053465	0	-.118248	0
3 4	.104181	0	.067158	0	-.099167	0	.104770	0
3 5	0	.184280	0	-.216289	0	.103644	0	-.044325
3 6	-.061480	0	-.099167	0	-.013478	0	-.045452	0
3 7	0	-.098040	0	.103644	0	-.162573	0	.060106
3 8	.043538	0	.104770	0	-.045452	0	-.057016	0
4 5	-.054839	0	.133605	0	.164876	0	-.143242	0
4 6	0	-.346053	0	.164876	0	.089530	0	-.037684
4 7	.029424	0	-.067896	0	.089530	0	.195088	0
5 6	.036065	0	-.082009	0	-.089777	0	.097298	0
6 7	-.020529	0	.045455	0	-.082009	0	-.143242	0
7 8	.016031	0	-.034643	0	.059569	0	.104770	0
8 9	-.007473	0	.016031	0	-.027170	0	.043538	0
9 10	.006641	0	-.014114	0	.023504	0	-.036561	0

K10

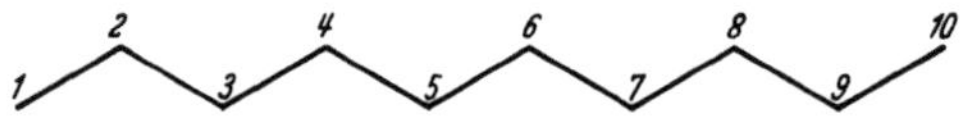

Bindungs- Bindungs Polarisierbarkeiten

	1 10	2 3	2 4	2 5	2 6	2 7	2 8	2 9
1 10	.623729							
2 3	.149096	.375124						
2 4	0	0	.438533					
2 5	-.179307	-.068074	0	.414492				
2 6	0	0	-.092115	0	.431647			
2 7	.232772	.026133	0	-.074960	0	.411613		
2 8	0	0	.043288	0	-.094994	0	.441825	
2 9	-.351020	-.010177	0	.023254	0	-.064783	0	.388359
3 4	-.105558	-.186322	0	-.032009	0	.005604	0	-.000787
3 5	0	0	-.032009	0	-.112645	0	.059319	0
3 6	.061232	.086239	0	-.112645	0	-.058929	0	.015781
3 7	0	0	.005604	0	-.058929	0	-.102467	0
3 8	-.001126	-.054503	0	.059319	0	-.102467	0	-.058142
4 5	.134982	.078766	0	-.059179	0	.021635	0	-.008260
4 6	0	0	.065710	0	-.103254	0	.051846	0
4 7	-.172666	-.038471	0	.021635	0	-.073043	0	.022422
5 6	-.098917	-.045944	0	.075100	0	.007521	0	-.001619
6 7	.134982	.024926	0	-.036554	0	.021635	0	-.008260
7 8	-.105558	-.018612	0	.024926	0	-.038471	0	-.000787
8 9	.149096	.008558	0	-.011139	0	.016368	0	-.010177
9 10	-.129061	-.007473	0	.009390	0	-.013057	0	.020034

	3 4	3 5	3 6	3 7	3 8	4 5	4 6	4 7
3 4	.214477							
3 5	0	.571602						
3 6	.072761	0	.341870					
3 7	0	-.156970	0	.501143				
3 8	-.099954	0	.002303	0	.396373			
4 5	-.224794	0	-.202421	0	.156616	.378817		
4 6	0	-.202421	0	-.140939	0	0	.506747	
4 7	.095134	0	-.140939	0	-.245709	-.067439	0	.433248
5 6	.111165	0	.061622	0	-.091396	-.215899	0	-.037295
6 7	-.057084	0	.111165	0	.156616	.090636	0	-.067439
7 8	.040957	0	-.073115	0	-.099954	-.057084	0	.095134
8 9	-.018612	0	.032399	0	-.054503	.024926	0	-.038471
9 10	.016031	0	-.027170	0	.043538	-.020529	0	.029424

	5 6	6 7	7 8	8 9	9 10
5 6	.229226				
6 7	-.215899	.378817			
7 8	.111165	-.224794	.214477		
8 9	-.045944	.078766	-.186322	.375124	
9 10	.036065	-.054839	.104181	-.229023	.148946

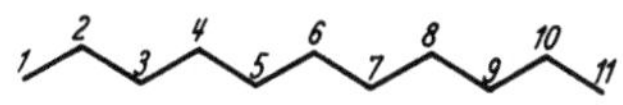

K_{11}

Eigenwerte und Hückelkoeffizienten

	1	2	3	4	5	6	7	8
1	1,931852	1,732051	1,414214	1,000000	,517638	,000000	-,517638	-1,000000
1	,105662	,204124	,288675	,353553	,394338	,408248	,394338	,353553
2	,204124	,353553	,408248	,353553	,204124	0	-,204124	-,353553
3	,288675	,408248	,288675	0	-,288675	-,408248	-,288675	0
4	,353553	,353553	0	-,353553	-,353553	0	,353553	,353553
5	,394338	,204124	-,288675	-,353553	,105662	,408248	,105662	-,353553
6	,408248	0	-,408248	0	,408248	0	-,408248	0
7	,394338	-,204124	-,288675	,353553	,105662	-,408248	,105662	,353553
8	,353553	-,353553	0	,353553	-,353553	0	,353553	-,353553
9	,288675	-,408248	,288675	0	-,288675	,408248	-,288675	0
10	,204124	-,353553	,408248	-,353553	,204124	0	-,204124	,353553
11	,105662	-,204124	,288675	-,353553	,394338	-,408248	,394338	-,353553

	9	10	11
9	-1,414214	-1,732051	-1,931852
1	,288675	,204124	,105662
2	-,408248	-,353553	-,204124
3	,288675	,408248	,288675
4	0	-,353553	-,353553
5	-,288675	,204124	,394338
6	,408248	0	-,408248
7	-,288675	-,204124	,394338
8	0	,353553	-,353553
9	,288675	-,408248	,288675
10	-,408248	,353553	-,204124
11	,288675	-,204124	,105662

TOTALE PI ELEKTRONEN ENERGIE 13,191508

allgemeine Bindungsordnungen

	1	2	3	4	5	6	7	8
1	1,000000							
2	,834164	1,000000						
3	0	,524377	1,000000					
4	-,309787	0	,696923	1,000000				
5	0	-,137241	0	,598462	1,000000			
6	,172546	0	-,235702	0	,643951	1,000000		
7	0	,074084	0	-,190213	0	,643951	1,000000	
8	-,098462	0	,119573	0	-,190213	0	,598462	1,000000
9	0	-,052973	0	,119573	0	-,235702	0	,696923
10	,045489	0	-,052973	0	,074084	0	-,137241	0
11	0	,045489	0	-,098462	0	,172546	0	-,309787

	9	10	11
9	1,000000		
10	,524377	1,000000	
11	0	,834164	1,000000

K_{11}

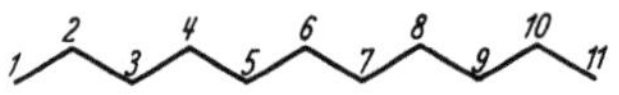

Atom- Atom Polarisierbarkeiten

	1	2	3	4	5	6	7	8
1	.729893							
2	-.314761	.387434						
3	.078522	-.068792	.498505					
4	-.119616	.022600	-.193659	.437303				
5	-.025232	-.015201	.012581	-.107505	.450587			
6	-.053663	.005263	-.066631	.034021	-.142756	.447532		
7	-.070721	-.007717	-.054020	-.036865	-.003151	-.142756	.450587	
8	-.021154	.001488	-.024557	.007943	-.036865	.034021	-.107505	.437303
9	-.094024	-.005636	-.082289	-.024557	-.054020	-.066631	.012581	-.193659
10	-.004975	.000297	-.005636	.001488	-.007717	.005263	-.015201	.022600
11	-.104270	-.004975	-.094024	-.021154	-.070721	-.053663	-.025232	-.119616

	9	10	11
9	.498505		
10	-.068792	.387434	
11	.078522	-.314761	.729893

Bindungs- Bindungs Polarisierbarkeiten

	1 2	2 3	3 4	4 5	5 6	6 7	7 8	8 9
1 2	.204641							
2 3	-.263938	.386794						
3 4	.126354	-.208788	.309605					
4 5	-.081154	.105901	-.280010	.383452				
5 6	.050752	-.060678	.140625	-.245286	.358439			
6 7	-.040226	.045267	-.098521	.135141	-.285512	.358439		
7 8	.024792	-.027299	.058194	-.073729	.135141	-.245286	.383452	
8 9	-.021815	.023470	-.049114	.058194	-.098521	.140625	-.280010	.309605
9 10	.010543	-.011271	.023470	-.027299	.045267	-.060678	.105901	-.208788
10 11	-.009950	.010543	-.021815	.024792	-.040226	.050752	-.081154	.126354

	9 10	10 11
9 10	.386794	
10 11	-.263938	.204641

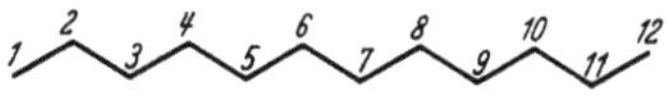

K$_{12}$

Eigenwerte und Hückelkoeffizienten

	1	2	3	4	5	6	7	8
1	1.941884	1.770912	1.497021	1.136129	.709210	.241073	-.241073	-.709210
1	.093867	.182279	.260098	.322801	.366744	.389372	.389372	.366744
2	.182279	.322801	.389372	.366744	.260098	.093867	-.093867	-.260098
3	.260098	.389372	.322801	.093867	-.182279	-.366744	-.366744	-.182279
4	.322801	.366744	.093867	-.260098	-.389372	-.182279	.182279	.389372
5	.366744	.260098	-.182279	-.389372	-.093867	.322801	.322801	-.093867
6	.389372	.093867	-.366744	-.182279	.322801	.260098	-.260098	-.322801
7	.389372	-.093867	-.366744	.182279	.322801	-.260098	-.260098	.322801
8	.366744	-.260098	-.182279	.389372	-.093867	-.322801	.322801	.093867
9	.322801	-.366744	.093867	.260098	-.389372	.182279	.182279	-.389372
10	.260098	-.389372	.322801	-.093867	-.182279	.366744	-.366744	.182279
11	.182279	-.322801	.389372	-.366744	.260098	-.093867	-.093867	.260098
12	.093867	-.182279	.260098	-.322801	.366744	-.389372	.389372	-.366744

	9	10	11	12
9	-1.136129	-1.497021	-1.770912	-1.941884
1	.322801	.260098	.182279	.093867
2	-.366744	-.389372	-.322801	-.182279
3	.093867	.322801	.389372	.260098
4	.260098	-.093867	-.366744	-.322801
5	-.389372	-.182279	.260098	.366744
6	.182279	.366744	-.093867	-.389372
7	.182279	-.366744	-.093867	.389372
8	-.389372	.182279	.260098	-.366744
9	.260098	.093867	-.366744	.322801
10	.093867	-.322801	.389372	-.260098
11	-.366744	.389372	-.322801	.182279
12	.322801	-.260098	.182279	-.093867

TOTALE PI ELEKTRONEN ENERGIE 14.592460

allgemeine Bindungsordnungen

	1	2	3	4	5	6	7	8
1	1.000000							
2	.855098	1.000000						
3	0	.502759	1.000000					
4	-.352339	0	.740940	1.000000				
5	0	-.114158	0	.551298	1.000000			
6	.238181	0	-.303800	0	.717397	1.000000		
7	0	.048539	0	-.137701	0	.561248	1.000000	
8	-.189642	0	.214638	0	-.293849	0	.717397	1.000000
9	0	-.023543	0	.058489	0	-.137701	0	.551298
10	.166097	0	-.179691	0	.214638	0	-.303800	0
11	0	.009951	0	-.023543	0	.048539	0	-.114158
12	-.156148	0	.166099	0	-.189642	0	.238181	0

	9	10	11	12
9	1.000000			
10	.740940	1.000000		
11	0	.502759	1.000000	
12	-.352339	0	.855098	1.000000

K_{12}

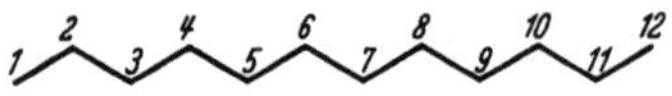

Atom- Atom Polarisierbarkeiten

	1	2	3	4	5	6	7	8
1	.756433							
2	-.350358	.388428						
3	.135381	-.063257	.543994					
4	-.180992	.024146	-.258293	.444188				
5	.053419	-.010083	.080726	-.085906	.495246			
6	-.133259	.007122	-.150131	.042245	-.235835	.469858		
7	.022890	-.002829	.029560	-.016244	.058014	-.091391	.469858	
8	-.112680	.003510	-.120320	.016849	-.142939	.058014	-.235835	.495246
9	.008650	-.000849	.010560	-.004355	.016849	-.016244	.042245	-.085906
10	-.102799	.002362	-.107783	.010560	-.120320	.029560	-.150131	.080726
11	.001981	-.000173	.002362	-.000849	.003510	-.002829	.007122	-.010083
12	-.098665	.001981	-.102799	.008650	-.112680	.022890	-.133259	.053419

	9	10	11	12
9	.444188			
10	-.258293	.543994		
11	.024146	-.063257	.388428	
12	-.180992	.135381	-.350358	.756433

Bindungs- Bindungs Polarisierbarkeiten

	1 2	2 3	3 4	4 5	5 6	6 /	7 8	8 9
1 2	.154382							
2 3	-.232623	.376245						
3 4	.106109	-.188292	.224353					
4 5	-.057816	.081982	-.231519	.3/9487				
5 6	.037651	-.047534	.114321	-.218941	.245/26			
6 7	-.023407	.028032	-.063576	.098279	-.228561	.3/8467		
7 8	.017749	-.020350	.044428	-.060518	.116028	-.228561	.245726	
8 9	-.010730	.012089	-.026010	.033698	-.060518	.098279	-.218941	.379487
9 10	.009032	-.009967	.021121	-.026010	.044428	-.063576	.114321	-.231519
10 11	-.004307	.004724	-.009967	.012089	-.020350	.028032	-.047534	.081982
11 12	.003961	-.004307	.009032	-.010730	.017749	-.023407	.037651	-.057816

	9 10	10 11	11 12
9 10	.224353		
10 11	-.188292	.376245	
11 12	.106109	-.232623	.154382

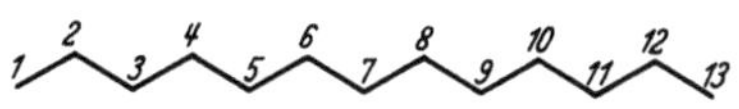

K13

Eigenwerte und Hückelkoeffizienten

	1	2	3	4	5	6	7	8
1	1.949856	1.801938	1.563663	1.246980	.867767	.445042	.000000	-.445042
1	.084105	.163993	.235657	.295505	.340534	.368488	.377964	.368488
2	.163993	.295505	.368488	.368488	.295505	.163993	0	-.163993
3	.235657	.368488	.340534	.163993	-.084105	-.295505	-.377964	-.295505
4	.295505	.368488	.163993	-.163993	-.368488	-.295505	0	.295505
5	.340534	.295505	-.084105	-.368488	-.235657	.163993	.377964	.163993
6	.368488	.163993	-.295505	-.295505	.163993	.368488	0	-.368488
7	.377964	0	-.377964	0	.377964	0	-.377964	0
8	.368488	-.163993	-.295505	.295505	.163993	-.368488	0	.368488
9	.340534	-.295505	-.084105	.368488	-.235657	-.163993	.377964	-.163993
10	.295505	-.368488	.163993	.163993	-.368488	.295505	0	-.295505
11	.235657	-.368488	.340534	-.163993	-.084105	.295505	-.377964	.295505
12	.163993	-.295505	.368488	-.368488	.295505	-.163993	0	.163993
13	.084105	-.163993	.235657	-.295505	.340534	-.368488	.377964	-.368488

	9	10	11	12	13
9	-.867767	-1.246980	-1.563663	-1.801938	-1.949856
1	.340534	.295505	.235657	.163993	.084105
2	-.295505	-.368488	-.368488	-.295505	-.163993
3	-.084105	.163993	.340534	.368488	.235657
4	.368488	.163993	-.163993	-.368488	-.295505
5	-.235657	-.368488	-.084105	.295505	.340534
6	-.163993	.295505	.295505	-.163993	-.368488
7	.377964	0	-.377964	0	.377964
8	-.163993	-.295505	.295505	.163993	-.368488
9	-.235657	.368488	-.084105	-.295505	.340534
10	.368488	-.163993	-.163993	.368488	-.295505
11	-.084105	-.163993	.340534	-.368488	.235657
12	-.295505	.368488	-.368488	.295505	-.163993
13	.340534	-.295505	.235657	-.163993	.084105

TOTALE PI ELEKTRONEN ENERGIE 15.750491

allgemeine Bindungsordnungen

	1	2	3	4	5	6	7	8
1	1.000000							
2	.838077	1.000000						
3	0	.520268	1.000000					
4	-.317809	0	.705375	1.000000				
5	0	-.132703	0	.589065	1.000000			
6	.185106	0	-.249013	0	.658940	1.000000		
7	0	.068796	0	-.179137	0	.625898	1.000000	
8	-.116310	0	.138672	0	-.212179	0	.625898	1.000000
9	0	-.046435	0	.105630	0	-.212179	0	.658940
10	.069875	0	-.079477	0	.105630	0	-.179137	0
11	0	.036833	0	-.079477	0	.138672	0	-.249013
12	-.033042	0	.036833	0	-.046435	0	.068796	0
13	0	-.033042	0	.069875	0	-.116310	0	.185106

	9	10	11	12	13
9	1.000000				
10	.589065	1.000000			
11	0	.705375	1.000000		
12	-.132703	0	.520268	1.000000	
13	0	-.317809	0	.838077	1.000000

K_{13}

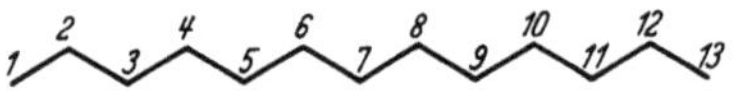

Atom- Atom Polarisierbarkeiten

	1	2	3	4	5	6	7	8
1	.748283							
2	-.320920	.387699						
3	.101668	-.067305	.518576					
4	-.129309	.022987	-.204184	.439099				
5	.000348	-.013792	.035250	-.101476	.466550			
6	-.064768	.005693	-.078659	.036008	-.157248	.453396		
7	-.044707	-.006320	-.030891	-.030891	.013336	-.127415	.453776	
8	-.031726	.001901	-.036016	.009854	-.050698	.039677	-.127415	.453396
9	-.069527	-.004191	-.060778	-.018368	-.039406	-.050698	.013336	-.157248
10	-.012999	.000625	-.014366	.003019	-.018368	.009854	-.030891	.036008
11	-.083439	-.003399	-.076458	-.014366	-.060778	-.036016	-.030891	-.078659
12	-.003111	.000133	-.003399	.000625	-.004191	.001901	-.006320	.005693
13	-.089794	-.003111	-.083439	-.012999	-.069527	-.031726	-.044707	-.064768

	9	10	11	12	13
9	.466550				
10	-.101476	.439099			
11	.035250	-.204184	.518576		
12	-.013792	.022987	-.067305	.387699	
13	.000348	-.129309	.101668	-.320920	.748283

Bindungs- Bindungs Polarisierbarkeiten

	1 2	2 3	3 4	4 5	5 6	6 7	7 8	8 9
1 2	.196237							
2 3	-.258916	.385658						
3 4	.124306	-.206721	.297007					
4 5	-.078333	.102944	-.273934	.386112				
5 6	.050748	-.060725	.140785	-.245725	.344445			
6 7	-.039362	.044329	-.096551	.132782	-.281552	.371068		
7 8	.026722	-.029338	.062402	-.078478	.142807	-.254830	.371068	
8 9	-.022919	.024562	-.051272	.060243	-.101396	.142807	-.281552	.344445
9 10	.014537	-.015446	.032034	-.036736	.060243	-.078478	.132782	-.245725
10 11	-.013286	.013961	-.028733	.032034	-.051272	.062402	-.096551	.140785
11 12	.006489	-.006798	.013961	-.015446	.024562	-.029338	.044329	-.060725
12 13	-.006222	.006489	-.013286	.014537	-.022919	.026722	-.039362	.050748

	9 10	10 11	11 12	12 13
9 10	.386112			
10 11	-.273934	.297007		
11 12	.102944	-.206721	.385658	
12 13	-.078333	.124306	-.258916	.196237

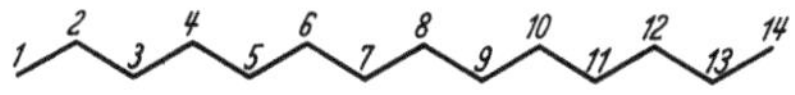

K_{14}

Eigenwerte und Hückelkoeffizienten

	1	2	3	4	5	6	7	8
1	1.956295	1.827091	1.618034	1.338261	1.000000	.618034	.209057	-.209057
1	.075919	.148519	.214629	.271358	.316228	.347277	.363148	.363148
2	.148519	.271358	.347277	.363148	.316228	.214629	.075919	-.075919
3	.214629	.347277	.347277	.214629	0	-.214629	-.347277	-.347277
4	.271358	.363148	.214629	-.075919	-.316228	-.347277	-.148519	.148519
5	.316228	.316228	0	-.316228	-.316228	0	.316228	.316228
6	.347277	.214629	-.214629	-.347277	0	.347277	.214629	-.214629
7	.363148	.075919	-.347277	-.148519	.316228	.214629	-.271358	-.271358
8	.363148	-.075919	-.347277	.148519	.316228	-.214629	-.271358	.271358
9	.347277	-.214629	-.214629	.347277	0	-.347277	.214629	.214629
10	.316228	-.316228	0	.316228	-.316228	0	.316228	-.316228
11	.271358	-.363148	.214629	.075919	-.316228	.347277	-.148519	-.148519
12	.214629	-.347277	.347277	-.214629	0	.214629	-.347277	.347277
13	.148519	-.271358	.347277	-.363148	.316228	-.214629	.075919	.075919
14	.075919	-.148519	.214629	-.271358	.316228	-.347277	.363148	-.363148

	9	10	11	12	13	14
9	-.618034	-1.000000	-1.338261	-1.618034	-1.827091	-1.956295
1	.347277	.316228	.271358	.214629	.148519	.075919
2	-.214629	-.316228	-.363148	-.347277	-.271358	-.148519
3	-.214629	0	.214629	.347277	.347277	.214629
4	.347277	.316228	.075919	-.214629	-.363148	-.271358
5	0	-.316228	-.316228	0	.316228	.316228
6	-.347277	0	.347277	.214629	-.214629	-.347277
7	.214629	.316228	-.148519	-.347277	.075919	.363148
8	.214629	-.316228	-.148519	.347277	.075919	-.363148
9	-.347277	0	.347277	-.214629	-.214629	.347277
10	0	.316228	-.316228	0	.316228	-.316228
11	.347277	-.316228	.075919	.214629	-.363148	.271358
12	-.214629	0	.214629	-.347277	.347277	-.214629
13	-.214629	.316228	-.363148	.347277	-.271358	.148519
14	.347277	-.316228	.271358	-.214629	.148519	-.075919

TOTALE PI ELEKTRONEN ENERGIE 17.133544

allgemeine Bindungsordnungen

	1	2	3	4	5	6	7	8
1	1.000000							
2	.853523	1.000000						
3	0	.504451	1.000000					
4	-.349071	0	.737417	1.000000				
5	0	-.116106	0	.555380	1.000000			
6	.232965	0	-.298142	0	.710761	1.000000		
7	0	.050929	0	-.142762	0	.569629	1.000000	
8	-.182036	0	.206309	0	-.283894	0	.704451	1.000000
9	0	-.026656	0	.065177	0	-.149071	0	.569629
10	.155380	0	-.167788	0	.200000	0	-.283894	0
11	0	.014248	0	-.032965	0	.065177	0	-.142762
12	-.141132	0	.149071	0	-.167788	0	.206309	0
13	0	-.006309	0	.014248	0	-.026656	0	.050929
14	.134823	0	-.141132	0	.155380	0	-.182036	0

	9	10	11	12	13	14
9	1.000000					
10	.710761	1.000000				
11	0	.555380	1.000000			
12	-.298142	0	.737417	1.000000		
13	0	-.116106	0	.504451	1.000000	
14	.232965	0	-.349071	0	.853523	1.000000

K_{14}

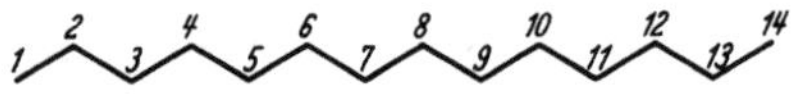

Atom- Atom Polarisierbarkeiten

	1	2	3	4	5	6	7	8
1	.768170							
2	-.347794	.388263						
3	.144976	-.063723	.554576					
4	-.176587	.023890	-.253340	.443013				
5	.061382	-.010476	.089524	-.087680	.506160			
6	-.127359	.006805	-.143558	.040806	-.227522	.465766		
7	.029436	-.003169	.036828	-.017783	.067133	-.095738	.483293	
8	-.105387	.003140	-.112243	.015182	-.132867	.053333	-.221159	.483293
9	.013773	-.001134	.016291	-.005655	.024160	-.019969	.053333	-.095738
10	-.093998	.001931	-.098069	.008622	-.108299	.024160	-.132867	.067133
11	.005450	-.000383	.006281	-.001817	.008622	-.005655	.015182	-.017783
12	-.087989	.001454	-.091008	.006281	-.098069	.016291	-.112243	.036828
13	.001277	-.000082	.001454	-.000383	.001931	-.001134	.003140	-.003169
14	-.085352	.001277	-.087989	.005450	-.093998	.013773	-.105387	.029436

	9	10	11	12	13	14
9	.465766					
10	-.227522	.506160				
11	.040806	-.087680	.443013			
12	-.143558	.089524	-.253340	.554576		
13	.006805	-.010476	.023890	-.063723	.388263	
14	-.127359	.061382	-.176587	.144976	-.347794	.768170

Bindungs- Bindungs Polarisierbarkeiten

	1 2	2 3	3 4	4 5	5 6	6 7	7 8	8 9
1 2	.157934							
2 3	-.234931	.377005						
3 4	.107484	-.189705	.230736					
4 5	-.059704	.083978	-.235633	.380020				
5 6	.038751	-.048648	.116557	-.221204	.255716			
6 7	-.025141	.029860	-.067343	.102489	-.235271	.378153		
7 8	.018804	-.021414	.046560	-.062662	.119189	-.231545	.262134	
8 9	-.012523	.013981	-.029909	.038065	-.067484	.106667	-.231545	.378153
9 10	.010254	-.011214	.023635	-.028601	.048319	-.067484	.119189	-.235271
10 11	-.006392	.006935	-.014534	.017243	-.028601	.038065	-.062662	.102489
11 12	.005627	-.006038	.012562	-.014534	.023635	-.029909	.046560	-.067343
12 13	-.002719	.002908	-.006038	.006935	-.011214	.013981	-.021414	.029860
13 14	.002554	-.002719	.005627	-.006392	.010254	-.012523	.018804	-.025141

	9 10	10 11	11 12	12 13	13 14
9 10	.255716				
10 11	-.221204	.380020			
11 12	.116557	-.235633	.230736		
12 13	-.048648	.083978	-.189705	.377005	
13 14	.038751	-.059704	.107484	-.234931	.157934

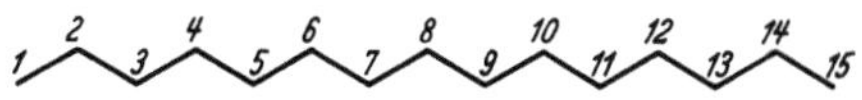

K_{15}

Eigenwerte und Hückelkoeffizienten

	1	2	3	4	5	6	7	8
1	1.961571	1.847759	1.662939	1.414214	1.111140	.765367	.390181	.000000
1	.068975	.135299	.196424	.250000	.293969	.326641	.346760	.353553
2	.135299	.250000	.326641	.353553	.326641	.250000	.135299	0
3	.196424	.326641	.346760	.250000	.068975	-.135299	-.293969	-.353553
4	.250000	.353553	.250000	0	-.250000	-.353553	-.250000	0
5	.293969	.326641	.068975	-.250000	-.346760	-.135299	.196424	.353553
6	.326641	.250000	-.135299	-.353553	-.135299	.250000	.326641	0
7	.346760	.135299	-.293969	-.250000	.196424	.326641	-.068975	-.353553
8	.353553	0	-.353553	0	.353553	0	-.353553	0
9	.346760	-.135299	-.293969	.250000	.196424	-.326641	-.068975	.353553
10	.326641	-.250000	-.135299	.353553	-.135299	-.250000	.326641	0
11	.293969	-.326641	.068975	.250000	-.346760	.135299	.196424	-.353553
12	.250000	-.353553	.250000	0	-.250000	.353553	-.250000	0
13	.196424	-.326641	.346760	-.250000	.068975	.135299	-.293969	.353553
14	.135299	-.250000	.326641	-.353553	.326641	-.250000	.135299	0
15	.068975	-.135299	.196424	-.250000	.293969	-.326641	.346760	-.353553

	9	10	11	12	13	14	15
9	-.390181	-.765367	-1.111140	-1.414214	-1.662939	-1.847759	-1.961571
1	.346760	.326641	.293969	.250000	.196424	.135299	.068975
2	-.135299	-.250000	-.326641	-.353553	-.326641	-.250000	-.135299
3	-.293969	-.135299	.068975	.250000	.346760	.326641	.196424
4	.250000	.353553	.250000	0	-.250000	-.353553	-.250000
5	.196424	-.135299	-.346760	-.250000	.068975	.326641	.293969
6	-.326641	-.250000	.135299	.353553	.135299	-.250000	-.326641
7	-.068975	.326641	.196424	-.250000	-.293969	.135299	.346760
8	.353553	0	-.353553	0	.353553	0	-.353553
9	-.068975	-.326641	.196424	.250000	-.293969	-.135299	.346760
10	-.326641	.250000	.135299	-.353553	.135299	.250000	-.326641
11	.196424	.135299	-.346760	.250000	.068975	-.326641	.293969
12	.250000	-.353553	.250000	0	-.250000	.353553	-.250000
13	-.293969	.135299	.068975	-.250000	.346760	-.326641	.196424
14	-.135299	.250000	-.326641	.353553	-.326641	.250000	-.135299
15	.346760	-.326641	.293969	-.250000	.196424	-.135299	.068975

TOTALE PI ELEKTRONEN ENERGIE 18.306341

K_{15}

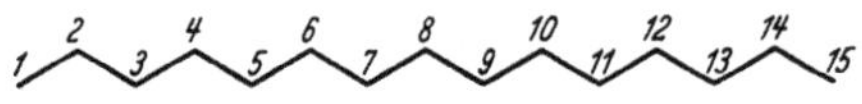

allgemeine Bindungsordnungen

	1	2	3	4	5	6	7	8
1	1.000000							
2	.840608	1.000000						
3	0	.517644	1.000000					
4	-.322964	0	.710730	1.000000				
5	0	-.129878	0	.583281	1.000000			
6	.193086	0	-.257327	0	.667980	1.000000		
7	0	.065637	0	-.172628	0	.615614	1.000000	
8	-.127449	0	.150336	0	-.224994	0	.640729	1.000000
9	0	-.042750	0	.097970	0	-.199879	0	.640729
10	.084699	0	-.095116	0	.123085	0	-.199879	0
11	0	.032333	0	-.070001	0	.123085	0	-.224994
12	-.052366	0	.057448	0	-.070001	0	.097970	0
13	0	-.027251	0	.057448	0	-.095116	0	.150336
14	.025115	0	-.027251	0	.032333	0	-.042750	0
15	0	.025115	0	-.052366	0	.084699	0	-.127449

	9	10	11	12	13	14	15
9	1.000000						
10	.615614	1.000000					
11	0	.667980	1.000000				
12	-.172628	0	.583281	1.000000			
13	0	-.257327	0	.710730	1.000000		
14	.065637	0	-.129878	0	.517644	1.000000	
15	0	.193086	0	-.322964	0	.840608	1.000000

Atom- Atom Polarisierbarkeiten

	1	2	3	4	5	6	7	8
1	.761801							
2	-.325039	.387833						
3	.118495	-.066459	.533667					
4	-.136024	.023189	-.211327	.440004				
5	.019129	-.012994	.052395	-.098120	.480069			
6	-.072841	.005927	-.087225	.037050	-.167037	.456247		
7	-.025134	-.005540	-.012916	-.027611	.027770	-.119323	.461746	
8	-.040046	.002141	-.044839	.010920	-.060770	.042586	-.140222	.460461
9	-.050248	-.003404	-.043113	-.015059	-.025314	-.042528	.020896	-.140222
10	-.020475	.000845	-.022306	.003999	-.027461	.012543	-.042528	.042586
11	-.065570	-.002578	-.060274	-.010910	-.048335	-.027461	-.025314	-.060770
12	-.008576	.000302	-.009220	.001382	-.010910	.003999	-.015059	.010920
13	-.074590	-.002217	-.070071	-.009220	-.060274	-.022306	-.043113	-.044839
14	-.002075	.000067	-.002217	.000302	-.002578	.000845	-.003404	.002141
15	-.078807	-.002075	-.074590	-.008576	-.065570	-.020475	-.050248	-.040046

	9	10	11	12	13	14	15
9	.461746						
10	-.119323	.456247					
11	.027770	-.167037	.480069				
12	-.027611	.037050	-.098120	.440004			
13	-.012916	-.087225	.052395	-.211327	.533667		
14	-.005540	.005927	-.012994	.023189	-.066459	.387833	
15	-.025134	-.072841	.019129	-.136024	.118495	-.325039	.761801

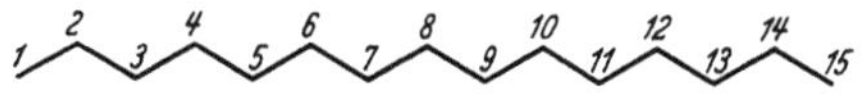

K_{15}

Bindungs- Bindungs Polarisierbarkeiten

	1 2	2 3	3 4	4 5	5 6	6 7	7 8	8 9
1 2	.190530							
2 3	-.255473	.384727						
3 4	.122556	-.204944	.288075					
4 5	-.076177	.100718	-.269402	.387041				
5 6	.050190	-.060173	.139694	-.244682	.333906			
6 7	-.038335	.043260	-.094361	.130391	-.277784	.376969		
7 8	.027256	-.029904	.063574	-.079806	.144946	-.257470	.360285	
8 9	-.022974	.024598	-.051322	.060196	-.101224	.142289	-.280444	.360285
9 10	.016167	-.017134	.035476	-.040444	.066035	-.085057	.142289	-.257470
10 11	-.014477	.015162	-.031141	.034471	-.054921	.066035	-.101224	.144946
11 12	.009322	-.009723	.019916	-.021819	.034471	-.040444	.060196	-.079806
12 13	-.008718	.009038	-.018441	.019916	-.031141	.035476	-.051322	.063574
13 14	.004284	-.004434	.009038	-.009723	.015162	-.017134	.024598	-.029904
14 15	-.004150	.004284	-.008718	.009322	-.014477	.016167	-.022974	.027256

	9 10	10 11	11 12	12 13	13 14	14 15
9 10	.376969					
10 11	-.277784	.333906				
11 12	.130391	-.244682	.387041			
12 13	-.094361	.139694	-.269402	.288075		
13 14	.043260	-.060173	.100718	-.204944	.384727	
14 15	-.038335	.050190	-.076177	.122556	-.255473	.190530

K_{16}

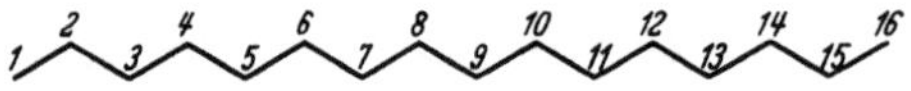

Eigenwerte und Hückelkoeffizienten

	1	2	3	4	5	6	7	8
1	1.965946	1.864944	1.700434	1.478018	1.205269	.891477	.547326	.184537
1	.063026	.123905	.180565	.231076	.273718	.307038	.329903	.341534
2	.123905	.231076	.307038	.341534	.329903	.273718	.180565	.063026
3	.180565	.307038	.341534	.273718	.123905	-.063026	-.231076	-.329903
4	.231076	.341534	.273718	.063026	-.180565	-.329903	-.307038	-.123905
5	.273718	.329903	.123905	-.180565	-.341534	-.231076	.063026	.307038
6	.307038	.273718	-.063026	-.329903	-.231076	.123905	.341534	.180565
7	.329903	.180565	-.231076	-.307038	.063026	.341534	.123905	-.273718
8	.341534	.063026	-.329903	-.123905	.307038	.180565	-.273718	-.231076
9	.341534	-.063026	-.329903	.123905	.307038	-.180565	-.273718	.231076
10	.329903	-.180565	-.231076	.307038	.063026	-.341534	.123905	.273718
11	.307038	-.273718	-.063026	.329903	-.231076	-.123905	.341534	-.180565
12	.273718	-.329903	.123905	.180565	-.341534	.231076	.063026	-.307038
13	.231076	-.341534	.273718	-.063026	-.180565	.329903	-.307038	.123905
14	.180565	-.307038	.341534	-.273718	.123905	.063026	-.231076	.329903
15	.123905	-.231076	.307038	-.341534	.329903	-.273718	.180565	-.063026
16	.063026	-.123905	.180565	-.231076	.273718	-.307038	.329903	-.341534

	9	10	11	12	13	14	15	16
9	-.184537	-.547326	-.891477	-1.205269	-1.478018	-1.700434	-1.864944	-1.965946
1	.341534	.329903	.307038	.273718	.231076	.180565	.123905	.063026
2	-.063026	-.180565	-.273718	-.329903	-.341534	-.307038	-.231076	-.123905
3	-.329903	-.231076	-.063026	.123905	.273718	.341534	.307038	.180565
4	.123905	.307038	.329903	.180565	-.063026	-.273718	-.341534	-.231076
5	.307038	.063026	-.231076	-.341534	-.180565	.123905	.329903	.273718
6	-.180565	-.341534	-.123905	.231076	.329903	.063026	-.273718	-.307038
7	-.273718	.123905	.341534	.063026	-.307038	-.231076	.180565	.329903
8	.231076	.273718	-.180565	-.307038	.123905	.329903	-.063026	-.341534
9	.231076	-.273718	-.180565	.307038	.123905	-.329903	-.063026	.341534
10	-.273718	-.123905	.341534	-.063026	-.307038	.231076	.180565	-.329903
11	-.180565	.341534	-.123905	-.231076	.329903	-.063026	-.273718	.307038
12	.307038	-.063026	-.231076	.341534	-.180565	-.123905	.329903	-.273718
13	.123905	-.307038	.329903	-.180565	-.063026	.273718	-.341534	.231076
14	-.329903	.231076	-.063026	-.123905	.273718	-.341534	.307038	-.180565
15	-.063026	.180565	-.273718	.329903	-.341534	.307038	-.231076	.123905
16	.341534	-.329903	.307038	-.273718	.231076	-.180565	.123905	-.063026

TOTALE PI ELEKTRONEN ENERGIE 19.675903

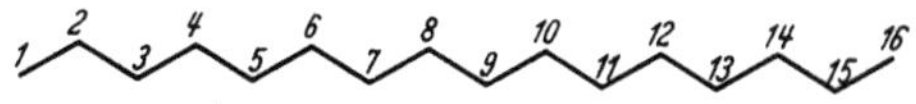

K_{16}

allgemeine Bindungsordnungen

	1	2	3	4	5	6	7	8
1	1.000000							
2	.852475	1.000000						
3	0	.505558	1.000000					
4	-.346918	0	.735137	1.000000				
5	0	-.117338	0	.557929	1.000000			
6	.229579	0	-.294547	0	.706713	1.000000		
7	0	.052371	0	-.145762	0	.574443	1.000000	
8	-.177208	0	.201155	0	-.278032	0	.697369	1.000000
9	0	-.028424	0	.068885	0	-.155106	0	.578703
10	.148784	0	-.160694	0	.191811	0	-.273772	0
11	0	.016514	0	-.037768	0	.073145	0	-.155106
12	-.132270	0	.139440	0	-.156434	0	.191811	0
13	0	-.009344	0	.020774	0	-.037768	0	.068885
14	.122926	0	-.128010	0	.139440	0	-.160694	0
15	0	.004260	0	-.009344	0	.016514	0	-.028424
16	-.118666	0	.122926	0	-.132270	0	.148784	0

	9	10	11	12	13	14	15	16
9	1.000000							
10	.697369	1.000000						
11	0	.574443	1.000000					
12	-.278032	0	.706713	1.000000				
13	0	-.145762	0	.557929	1.000000			
14	.201155	0	-.294547	0	.735137	1.000000		
15	0	.052371	0	-.117338	0	.505558	1.000000	
16	-.177208	0	.229579	0	-.346918	0	.852475	1.000000

Atom- Atom Polarisierbarkeiten

	1	2	3	4	5	6	7	8
1	.777257							
2	-.346046	.388176						
3	.152574	-.064004	.562760					
4	-.173544	.023753	-.250008	.442402				
5	.067829	-.010717	.096472	-.088730	.514307			
6	-.123267	.006634	-.139107	.040049	-.222194	.463733		
7	.034903	-.003379	.042735	-.018706	.074099	-.098186	.492446	
8	-.100355	.002942	-.106795	.014309	-.126415	.051010	-.212620	.477924
9	.018311	-.001318	.021215	-.006465	.030019	-.022135	.061152	-.100779
10	-.088023	.001705	-.091621	.007631	-.100718	.021543	-.122962	.061152
11	.009002	-.000537	.010157	-.002499	.013291	-.007495	.021543	-.022135
12	-.080955	.001193	-.083429	.005141	-.089191	.013291	-.100718	.030019
13	.003665	-.000194	.004078	-.000882	.005141	-.002499	.007631	-.006465
14	-.077005	.000963	-.078986	.004078	-.083429	.010157	-.091621	.021215
15	.000872	-.000043	.000963	-.000194	.001193	-.000537	.001705	-.001318
16	-.075218	.000872	-.077005	.003665	-.080955	.009002	-.088023	.018311

	9	10	11	12	13	14	15	16
9	.477924							
10	-.212620	.492446						
11	.051010	-.098186	.463733					
12	-.126415	.074099	-.222194	.514307				
13	.014309	-.018706	.040049	-.088730	.442402			
14	-.106795	.042735	-.139107	.096472	-.250008	.562760		
15	.002942	-.003379	.006634	-.010717	.023753	-.064004	.388176	
16	-.100355	.034903	-.123267	.067829	-.173544	.152574	-.346046	.777257

K_{16}

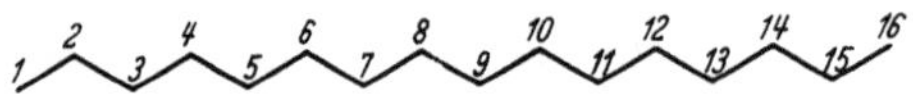

Bindungs- Bindungs Polarisierbarkeiten

	1 2	2 3	3 4	4 5	5 6	6 7	7 8	8 9
1 2	.160384							
2 3	-.236506	.377550						
3 4	.108498	-.190744	.235122					
4 5	-.060993	.085322	-.238383	.380469				
5 6	.039560	-.049468	.118210	-.222901	.262325			
6 7	-.026292	.031058	-.069790	.105145	-.239425	.378071		
7 8	.019534	-.022152	.048042	-.064166	.121444	-.233801	.272129	
8 9	-.013650	.015154	-.032305	.040663	-.071545	.111291	-.238180	.377145
9 10	.011014	-.011983	.025181	-.030179	.050690	-.069879	.122305	-.238180
10 11	-.007604	.008197	-.017114	.020050	-.032995	.043086	-.069879	.111291
11 12	.006531	-.006961	.014426	-.016472	.026581	-.032995	.050690	-.071545
12 13	-.004145	.004399	-.009093	.010282	-.016472	.020050	-.030179	.040663
13 14	.003756	-.003961	.008155	-.009093	.014426	-.017114	.025181	-.032305
14 15	-.001830	.001926	-.003961	.004399	-.006961	.008197	-.011983	.015154
15 16	.001743	-.001830	.003756	-.004145	.006531	-.007604	.011014	-.013650

	9 10	10 11	11 12	12 13	13 14	14 15	15 16
9 10	.272129						
10 11	-.233801	.378071					
11 12	.121444	-.239425	.262325				
12 13	-.064166	.105145	-.222901	.380469			
13 14	.048042	-.069790	.118210	-.238383	.235122		
14 15	-.022152	.031058	-.049468	.085322	-.190744	.377550	
15 16	.019534	-.026292	.039560	-.060993	.108498	-.236506	.160384

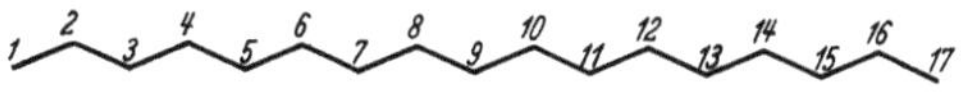

K_{17}

Eigenwerte und Hückelkoeffizienten

	1	2	3	4	5	6	7	8
1	1.969616	1.879385	1.732051	1.532089	1.285575	1.000000	.684040	.347296
1	.057883	.114007	.166667	.214263	.255348	.288675	.313231	.328269
2	.114007	.214263	.288675	.328269	.328269	.288675	.214263	.114007
3	.166667	.288675	.333333	.288675	.166667	0	-.166667	-.288675
4	.214263	.328269	.288675	.114007	-.114007	-.288675	-.328269	-.214263
5	.255348	.328269	.166667	-.114007	-.313231	-.288675	-.057883	.214263
6	.288675	.288675	0	-.288675	-.288675	0	.288675	.288675
7	.313231	.214263	-.166667	-.328269	-.057883	.288675	.255348	-.114007
8	.328269	.114007	-.288675	-.214263	.214263	.288675	-.114007	-.328269
9	.333333	0	-.333333	0	.333333	0	-.333333	0
10	.328269	-.114007	-.288675	.214263	.214263	-.288675	-.114007	.328269
11	.313231	-.214263	-.166667	.328269	-.057883	-.288675	.255348	.114007
12	.288675	-.288675	0	.288675	-.288675	0	.288675	-.288675
13	.255348	-.328269	.166667	.114007	-.313231	.288675	-.057883	-.214263
14	.214263	-.328269	.288675	-.114007	-.114007	.288675	-.328269	.214263
15	.166667	-.288675	.333333	-.288675	.166667	0	-.166667	.288675
16	.114007	-.214263	.288675	-.328269	.328269	-.288675	.214263	-.114007
17	.057883	-.114007	.166667	-.214263	.255348	-.288675	.313231	-.328269

	9	10	11	12	13	14	15	16
9	.000000	-.347296	-.684040	-1.000000	-1.285575	-1.532089	-1.732051	-1.8/9385
1	.333333	.328269	.313231	.288675	.255348	.214263	.166667	.114007
2	0	-.114007	-.214263	-.288675	-.328269	-.328269	-.288675	-.214263
3	-.333333	-.288675	-.166667	0	.166667	.288675	.333333	.288675
4	0	.214263	.328269	.288675	.114007	-.114007	-.288675	-.328269
5	.333333	.214263	-.057883	-.288675	-.313231	-.114007	.166667	.328269
6	0	-.288675	-.288675	0	.288675	.288675	0	-.288675
7	-.333333	-.114007	.255348	.288675	-.057883	-.328269	-.166667	.214263
8	0	.328269	.114007	-.288675	-.214263	.214263	.288675	-.114007
9	.333333	0	-.333333	0	.333333	0	-.333333	0
10	0	-.328269	.114007	.288675	-.214263	-.214263	.288675	.114007
11	-.333333	.114007	.255348	-.288675	-.057883	.328269	-.166667	-.214263
12	0	.288675	-.288675	0	.288675	-.288675	0	.288675
13	.333333	-.214263	-.057883	.288675	-.313231	.114007	.166667	-.328269
14	0	-.214263	.328269	-.288675	.114007	.114007	-.288675	.328269
15	-.333333	.288675	-.166667	0	.166667	-.288675	.333333	-.288675
16	0	.114007	-.214263	.288675	-.328269	.328269	-.288675	.214263
17	.333333	-.328269	.313231	-.288675	.255348	-.214263	.166667	-.114007

	17
17	-1.969616
1	.057883
2	-.114007
3	.166667
4	-.214263
5	.255348
6	-.288675
7	.313231
8	-.328269
9	.333333
10	-.328269
11	.313231
12	-.288675
13	.255348
14	-.214263
15	.166667
16	-.114007
17	.057883

TOTALE PI ELEKTRONEN ENERGIE 20.860105

K_{17}

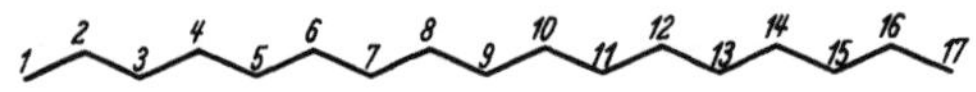

allgemeine Bindungsordnungen

	1	2	3	4	5	6	7	8
1	1.000000							
2	.842339	1.000000						
3	0	.515864	1.000000					
4	-.326475	0	.714344	1.000000				
5	0	-.127995	0	.579447	1.000000			
6	.198481	0	-.262892	0	.673903	1.000000		
7	0	.063584	0	-.168436	0	.609097	1.000000	
8	-.134897	0	.158040	0	-.233242	0	.649889	1.000000
9	0	-.040441	0	.093233	0	-.192450	0	.630142
10	.094456	0	-.105248	0	.134025	0	-.212197	0
11	0	.029650	0	-.064455	0	.114279	0	-.212197
12	-.064806	0	.070442	0	-.084202	0	.114279	0
13	0	-.024014	0	.050695	0	-.084202	0	.134025
14	.040792	0	-.043761	0	.050695	0	-.064455	0
15	0	.021045	0	-.043761	0	.070442	0	-.105248
16	-.019747	0	.021045	0	-.024014	0	.029650	0
17	0	-.019747	0	.040792	0	-.064806	0	.094456

	9	10	11	12	13	14	15	16
9	1.000000							
10	.630142	1.000000						
11	0	.649889	1.000000					
12	-.192450	0	.609097	1.000000				
13	0	-.233242	0	.673903	1.000000			
14	.093233	0	-.168436	0	.579447	1.000000		
15	0	.158040	0	-.262892	0	.714344	1.000000	
16	-.040441	0	.063584	0	-.127995	0	.515864	1.000000
17	0	-.134897	0	.198481	0	-.326475	0	.842339

	17
17	1.000000

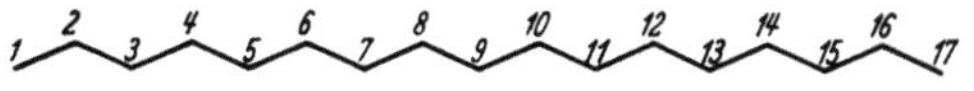

K_{17}

Atom- Atom Polarisierbarkeiten

	1	2	3	4	5	6	7	8
1	.772144							
2	-.327928	.387906						
3	.131228	-.065941	.545343					
4	-.140859	.023304	-.216400	.440503				
5	.033403	-.012506	.065675	-.096093	.491198			
6	-.078843	.006063	-.093510	.037642	-.173992	.457/90		
7	-.010043	-.005067	.001210	-.025646	.039813	-.114586	.470179	
8	-.046527	.002285	-.051621	.011546	-.068260	.044216	-.149124	.464098
9	-.035008	-.002933	-.028831	-.013104	-.013104	-.037818	.029517	-.130858
10	-.026780	.000986	-.028905	.004612	-.034753	.014139	-.051206	.046152
11	-.050835	-.002098	-.046516	-.008917	-.036691	-.022654	-.017336	-.051206
12	-.014037	.000428	-.014944	.001930	-.017254	.005431	-.022654	.014139
13	-.061053	-.001715	-.057558	-.007130	-.049982	-.017254	-.036691	-.034753
14	-.005962	.000161	-.006300	.000713	-.007130	.001930	-.008917	.004612
15	-.067253	-.001530	-.064149	-.006300	-.057558	-.014944	-.046516	-.028905
16	-.001453	.000037	-.001530	.000161	-.001715	.000428	-.002098	.000986
17	-.070195	-.001453	-.067253	-.005962	-.061053	-.014037	-.050835	-.026780

	9	10	11	12	13	14	15	16
9	.464277							
10	-.130858	.464098						
11	.029517	-.149124	.470179					
12	-.037818	.044216	-.114586	.457790				
13	-.013104	-.068260	.039813	-.173992	.491198			
14	-.013104	.011546	-.025646	.037642	-.096093	.440503		
15	-.028831	-.051621	.001210	-.093510	.065675	-.216400	.545343	
16	-.002933	.002285	-.005067	.006063	-.012506	.023304	-.065941	.387906
17	-.035008	-.046527	-.010043	-.078843	.033403	-.140859	.131228	-.327928

	17
17	.772144

K_{17}

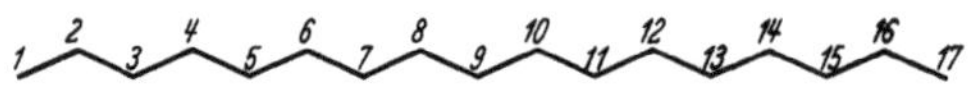

Bindungs- Bindungs Polarisierbarkeiten

	1 2	2 3	3 4	4 5	5 6	6 7	7 8	8 9
1 2	.186483							
2 3	-.253010	.383983						
3 4	.121129	-.203497	.281545					
4 5	-.074522	.099022	-.265966	.387261				
5 6	.049509	-.059490	.138325	-.243305	.325920			
6 7	-.037383	.042281	-.092376	.128290	-.274541	.379925		
7 8	.027250	-.029907	.063592	-.079869	.145083	-.257749	.351640	
8 9	-.022679	.024289	-.050688	.059495	-.100116	.140986	-.278529	.368427
9 10	.016814	-.017802	.036834	-.041895	.068288	-.087572	.145864	-.261716
10 11	-.014841	.015523	-.031861	.035174	-.055954	.066998	-.102413	.145864
11 12	.010646	-.011080	.022666	-.024718	.038935	-.045309	.066998	-.087572
12 13	-.009790	.010122	-.020621	.022143	-.034508	.038935	-.055954	.068288
13 14	.006361	-.006562	.013350	-.014260	.022143	-.024718	.035174	-.041895
14 15	-.006038	.006207	-.012600	.013350	-.020621	.022666	-.031861	.036834
15 16	.002979	-.003059	.006207	-.006562	.010122	-.011080	.015523	-.017802
16 17	-.002906	.002979	-.006038	.006361	-.009790	.010646	-.014841	.016814

	9 10	10 11	11 12	12 13	13 14	14 15	15 16	16 17
9 10	.368427							
10 11	-.278529	.351640						
11 12	.140986	-.257749	.379925					
12 13	-.100116	.145083	-.274541	.325920				
13 14	.059495	-.079869	.128290	-.243305	.387261			
14 15	-.050688	.063592	-.092376	.138325	-.265966	.281545		
15 16	.024289	-.029907	.042281	-.059490	.099022	-.203497	.383983	
16 17	-.022679	.027250	-.037383	.049509	-.074522	.121129	-.253010	.186483

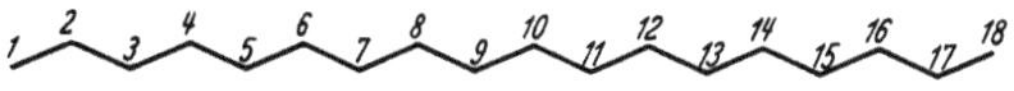

K_{18}

Eigenwerte und Hückelkoeffizienten

	1	2	3	4	5	6	7	8
1	1.972723	1.891634	1.758948	1.578281	1.354563	1.093896	.803391	.490971
1	.053402	.105346	.154418	.199277	.238700	.271613	.297116	.314515
2	.105346	.199277	.271613	.314515	.323335	.297116	.238700	.154418
3	.154418	.271613	.323335	.297116	.199277	.053402	-.105346	-.238700
4	.199277	.314515	.297116	.154418	-.053402	-.238700	-.323335	-.271613
5	.238700	.323335	.199277	-.053402	-.271613	-.314515	-.154418	.105346
6	.271613	.297116	.053402	-.238700	-.314515	-.105346	.199277	.323335
7	.297116	.238700	-.105346	-.323335	-.154418	.199277	.314515	.053402
8	.314515	.154418	-.238700	-.271613	.105346	.323335	.053402	-.297116
9	.323335	.053402	-.314515	-.105346	.297116	.154418	-.271613	-.199277
10	.323335	-.053402	-.314515	.105346	.297116	-.154418	-.271613	.199277
11	.314515	-.154418	-.238700	.271613	.105346	-.323335	.053402	.297116
12	.297116	-.238700	-.105346	.323335	-.154418	-.199277	.314515	-.053402
13	.271613	-.297116	.053402	.238700	-.314515	.105346	.199277	-.323335
14	.238700	-.323335	.199277	.053402	-.271613	.314515	-.154418	-.105346
15	.199277	-.314515	.297116	-.154418	-.053402	.238700	-.323335	.271613
16	.154418	-.271613	.323335	-.297116	.199277	-.053402	-.105346	.238700
17	.105346	-.199277	.271613	-.314515	.323335	-.297116	.238700	-.154418
18	.053402	-.105346	.154418	-.199277	.238700	-.271613	.297116	-.314515

	9	10	11	12	13	14	15	16
9	.165159	-.165159	-.490971	-.803391	-1.093896	-1.354563	-1.578281	-1.758948
1	.323335	.323335	.314515	.297116	.271613	.238700	.199277	.154418
2	.053402	-.053402	-.154418	-.238700	-.297116	-.323335	-.314515	-.271613
3	-.314515	-.314515	-.238700	-.105346	.053402	.199277	.297116	.323335
4	-.105346	.105346	.271613	.323335	.238700	.053402	-.154418	-.297116
5	.297116	.297116	.105346	-.154418	-.314515	-.271613	-.053402	.199277
6	.154418	-.154418	-.323335	-.199277	.105346	.314515	.238700	-.053402
7	-.271613	-.271613	.053402	.314515	.199277	-.154418	-.323335	-.105346
8	-.199277	.199277	.297116	-.053402	-.323335	-.105346	.271613	.238700
9	.238700	.238700	-.199277	-.271613	.154418	.297116	-.105346	-.314515
10	.238700	-.238700	-.199277	.271613	.154418	-.297116	-.105346	.314515
11	-.199277	-.199277	.297116	.053402	-.323335	.105346	.271613	-.238700
12	-.271613	.271613	.053402	-.314515	.199277	.154418	-.323335	.105346
13	.154418	.154418	-.323335	.199277	.105346	-.314515	.238700	.053402
14	.297116	-.297116	.105346	.154418	-.314515	.271613	-.053402	-.199277
15	-.105346	-.105346	.271613	-.323335	.238700	-.053402	-.154418	.297116
16	-.314515	.314515	-.238700	.105346	.053402	-.199277	.297116	-.323335
17	.053402	.053402	-.154418	.238700	-.297116	.323335	-.314515	.271613
18	.323335	-.323335	.314515	-.297116	.271613	-.238700	.199277	-.154418

	17	18
17	-1.891634	-1.972723
1	.105346	.053402
2	-.199277	-.105346
3	.271613	.154418
4	-.314515	-.199277
5	.323335	.238700
6	-.297116	-.271613
7	.238700	.297116
8	-.154418	-.314515
9	.053402	.323335
10	.053402	-.323335
11	-.154418	.314515
12	.238700	-.297116
13	-.297116	.271613
14	.323335	-.238700
15	-.314515	.199277
16	.271613	-.154418
17	-.199277	.105346
18	.105346	-.053402

TOTALE PI ELEKTRONEN ENERGIE 22.219131

K_{18}

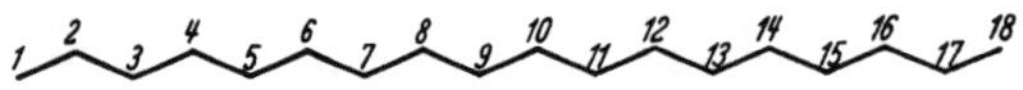

allgemeine Bindungsordnungen

	1	2	3	4	5	6	7	8
1	1.000000							
2	.851743	1.000000						
3	0	.506322	1.000000					
4	-.345422	0	.733573	1.000000				
5	0	-.118170	0	.559636	1.000000			
6	.227251	0	-.292108	0	.704040	1.000000		
7	0	.053314	0	-.147703	0	.577501	1.000000	
8	-.173938	0	.197718	0	-.274242	0	.692992	1.000000
9	0	-.029533	0	.071179	0	-.158751	0	.583986
10	.144405	0	-.156072	0	.186670	0	-.267757	0
11	0	.017866	0	-.040581	0	.077664	0	-.161766
12	-.126539	0	.133357	0	-.149587	0	.183655	0
13	0	-.011048	0	.024351	0	-.043596	0	.077664
14	.115491	0	-.120054	0	.130342	0	-.149587	0
15	0	.006485	0	-.014063	0	.024351	0	-.040581
16	-.109006	0	.112476	0	-.120054	0	.133357	0
17	0	-.003015	0	.006485	0	-.011048	0	.017866
18	.105991	0	-.109006	0	.115491	0	-.126539	0

	9	10	11	12	13	14	15	16
9	1.000000							
10	.689977	1.000000						
11	0	.583986	1.000000					
12	-.267757	0	.692992	1.000000				
13	0	-.158751	0	.577501	1.000000			
14	.186670	0	-.274242	0	.704040	1.000000		
15	0	.071179	0	-.147703	0	.559636	1.000000	
16	-.156072	0	.197718	0	-.292108	0	.733573	1.000000
17	0	-.029533	0	.053314	0	-.118170	0	.506322
18	.144405	0	-.173938	0	.227251	0	-.345422	0

	17	18
17	1.000000	
18	.851743	1.000000

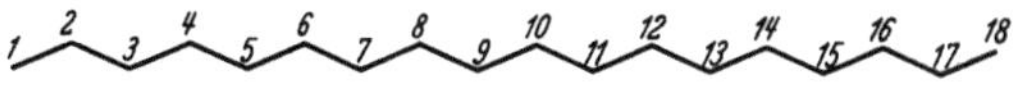

K_{18}

Atom- Atom Polarisierbarkeiten

	1	2	3	4	5	6	7	8
1	.784501							
2	-.344800	.388127						
3	.158741	-.064184	.569298					
4	-.171351	.023673	-.247650	.442057				
5	.073149	-.010872	.102113	-.089395	.520685			
6	-.120304	.006534	-.135936	.039616	-.218537	.462615		
7	.039508	-.003516	.047624	-.019296	.079643	-.099689	.499245	
8	-.096713	.002826	-.102914	.013810	-.121975	.049728	-.207095	.475136
9	.022259	-.001441	.025417	-.006992	.034809	-.023485	.067079	-.103701
10	-.083732	.001575	-.087059	.007071	-.095533	.020111	-.116576	.058065
11	.012293	-.000644	.013671	-.002963	.017324	-.008691	.026594	-.024748
12	-.075983	.001047	-.078154	.004512	-.083218	.011692	-.093415	.026594
13	.006235	-.000284	.006834	-.001269	.008335	-.003506	.011692	-.008691
14	-.071256	.000796	-.072890	.003360	-.076538	.008335	-.083218	.017324
15	.002587	-.000107	.002812	-.000474	.003360	-.001269	.004512	-.002963
16	-.068511	.000673	-.069886	.002812	-.072890	.006834	-.078154	.013671
17	.000622	-.000025	.000673	-.000107	.000796	-.000284	.001047	-.000644
18	-.067243	.000622	-.068511	.002587	-.071256	.006235	-.075983	.012293

	9	10	11	12	13	14	15	16
9	.486056							
10	-.203922	.486056						
11	.058065	-.103701	.475136					
12	-.116576	.067079	-.207095	.499245				
13	.020111	-.023485	.049728	-.099689	.462615			
14	-.095533	.034809	-.121975	.079643	-.218537	.520685		
15	.007071	-.006992	.013810	-.019296	.039616	-.089395	.442057	
16	-.087059	.025417	-.102914	.047624	-.135936	.102113	-.247650	.569298
17	.001575	-.001441	.002826	-.003516	.006534	-.010872	.023673	-.064184
18	-.083732	.022259	-.096713	.039508	-.120304	.073149	-.171351	.158741

	17	18
17	.388127	
18	-.344800	.784501

K_{18}

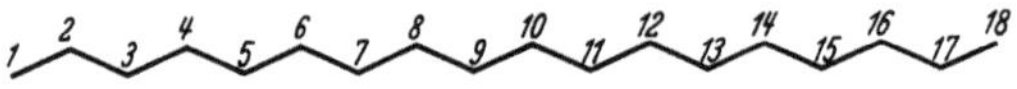

Bindungs- Bindungs Polarisierbarkeiten

	1 2	2 3	3 4	4 5	5 6	6 7	7 8	8 9
1 2	.162144							
2 3	-.237633	.377954						
3 4	.109265	-.191529	.238274					
4 5	-.061918	.086279	-.240331	.380847				
5 6	.040175	-.050094	.119470	-.224200	.266967			
6 7	-.027107	.031899	-.071500	.106967	-.242242	.378124		
7 8	.020074	-.022699	.049141	-.065288	.123136	-.235528	.278802	
8 9	-.014422	.015950	-.033923	.042383	-.074204	.114220	-.242286	.376583
9 10	.011541	-.012516	.026252	-.031269	.052334	-.071551	.124522	-.240380
10 11	-.008392	.009010	-.018766	.021809	-.035713	.046084	-.074082	.116130
11 12	.007104	-.007542	.015596	-.017671	.028395	-.034863	.053188	-.074082
12 13	-.005011	.005294	-.010913	.012226	-.019481	.023384	-.034863	.046084
13 14	.004444	-.004663	.009572	-.010565	.016670	-.019481	.028395	-.035713
14 15	-.002853	.002986	-.006121	.006720	-.010565	.012226	-.017671	.021809
15 16	.002638	-.002750	.005624	-.006121	.009572	-.010913	.015596	-.018766
16 17	-.001292	.001346	-.002750	.002986	-.004663	.005294	-.007542	.009010
17 18	.001243	-.001292	.002638	-.002853	.004444	-.005011	.007104	-.008392

	9 10	10 11	11 12	12 13	13 14	14 15	15 16	16 17
9 10	.282134							
10 11	-.240380	.376583						
11 12	.124522	-.242286	.278802					
12 13	-.071551	.114220	-.235528	.378124				
13 14	.052334	-.074204	.123136	-.242242	.266967			
14 15	-.031269	.042383	-.065288	.106967	-.224200	.380847		
15 16	.026252	-.033923	.049141	-.071500	.119470	-.240331	.238274	
16 17	-.012516	.015950	-.022699	.031899	-.050094	.086279	-.191529	.377954
17 18	.011541	-.014422	.020074	-.027107	.040175	-.061918	.109265	-.237633

	17 18
17 18	.162144

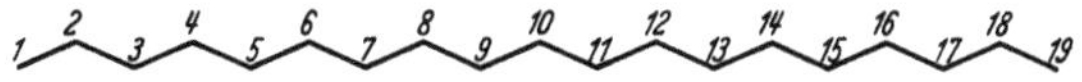

K_{19}

Eigenwerte und Hückelkoeffizienten

	1	2	3	4	5	6	7	8
1	1.975377	1.902113	1.782013	1.618034	1.414214	1.175571	.907981	.618034
1	.049469	.097720	.143564	.185874	.223607	.255834	.281761	.300750
2	.097720	.185874	.255834	.300750	.316228	.300750	.255834	.185874
3	.143564	.255834	.312334	.300750	.223607	.097720	-.049469	-.185874
4	.185874	.300750	.300750	.185874	0	-.185874	-.300750	-.300750
5	.223607	.316228	.223607	0	-.223607	-.316228	-.223607	0
6	.255834	.300750	.097720	-.185874	-.316228	-.185874	.097720	.300750
7	.281761	.255834	-.049469	-.300750	-.223607	.097720	.312334	.185874
8	.300750	.185874	-.185874	-.300750	0	.300750	.185874	-.185874
9	.312334	.097720	-.281761	-.185874	.223607	.255834	-.143564	-.300750
10	.316228	0	-.316228	0	.316228	0	-.316228	0
11	.312334	-.097720	-.281761	.185874	.223607	-.255834	-.143564	.300750
12	.300750	-.185874	-.185874	.300750	0	-.300750	.185874	.185874
13	.281761	-.255834	-.049469	.300750	-.223607	-.097720	.312334	-.185874
14	.255834	-.300750	.097720	.185874	-.316228	.185874	.097720	-.300750
15	.223607	-.316228	.223607	0	-.223607	.316228	-.223607	0
16	.185874	-.300750	.300750	-.185874	0	.185874	-.300750	.300750
17	.143564	-.255834	.312334	-.300750	.223607	-.097720	-.049469	.185874
18	.097720	-.185874	.255834	-.300750	.316228	-.300750	.255834	-.185874
19	.049469	-.097720	.143564	-.185874	.223607	-.255834	.281761	-.300750

	9	10	11	12	13	14	15	16
9	.312869	.000000	-.312869	-.618034	-.907981	-1.175571	-1.414214	-1.618034
1	.312334	.316228	.312334	.300750	.281761	.255834	.223607	.185874
2	.097720	0	-.097720	-.185874	-.255834	-.300750	-.316228	-.300750
3	-.281761	-.316228	-.281761	-.185874	-.049469	.097720	.223607	.300750
4	-.185874	0	.185874	.300750	.300750	.185874	0	-.185874
5	.223607	.316228	.223607	0	-.223607	-.316228	-.223607	0
6	.255834	0	-.255834	-.300750	-.097720	.185874	.316228	.185874
7	-.143564	-.316228	-.143564	.185874	.312334	.097720	-.223607	-.300750
8	-.300750	0	.300750	.185874	-.185874	-.300750	0	.300750
9	.049469	.316228	.049469	-.300750	-.143564	.255834	.223607	-.185874
10	.316228	0	-.316228	0	.316228	0	-.316228	0
11	.049469	-.316228	.049469	.300750	-.143564	-.255834	.223607	.185874
12	-.300750	0	.300750	-.185874	-.185874	.300750	0	-.300750
13	-.143564	.316228	-.143564	-.185874	.312334	-.097720	-.223607	.300750
14	.255834	0	-.255834	.300750	-.097720	-.185874	.316228	-.185874
15	.223607	-.316228	.223607	0	-.223607	.316228	-.223607	0
16	-.185874	0	.185874	-.300750	.300750	-.185874	0	.185874
17	-.281761	.316228	-.281761	.185874	-.049469	-.097720	.223607	-.300750
18	.097720	0	-.097720	.185874	-.255834	.300750	-.316228	.300750
19	.312334	-.316228	.312334	-.300750	.281761	-.255834	.223607	-.185874

	17	18	19
17	-1.782013	-1.902113	-1.975377
1	.143564	.097720	.049469
2	-.255834	-.185874	-.097720
3	.312334	.255834	.143564
4	-.300750	-.300750	-.185874
5	.223607	.316228	.223607
6	-.097720	-.300750	-.255834
7	-.049469	.255834	.281761
8	.185874	-.185874	-.300750
9	-.281761	.097720	.312334
10	.316228	0	-.316228
11	-.281761	-.097720	.312334
12	.185874	.185874	-.300750
13	-.049469	-.255834	.281761
14	-.097720	.300750	-.255834
15	.223607	-.316228	.223607
16	-.300750	.300750	-.185874
17	.312334	-.255834	.143564
18	-.255834	.185874	-.097720
19	.143564	-.097720	.049469

TOTALE PI ELEKTRONEN ENERGIE 23.412410

K_{19}

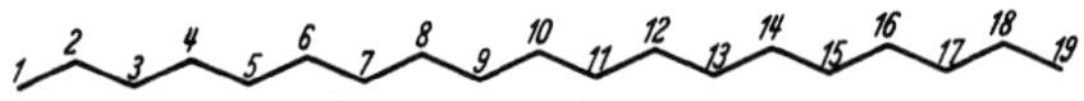

allgemeine Bindungsordnungen

	1	2	3	4	5	6	7	8
1	1.000000							
2	.843575	1.000000						
3	0	.514600	1.000000					
4	-.328976	0	.716903	1.000000				
5	0	-.126672	0	.576768	1.000000			
6	.202303	0	-.266807	0	.678014	1.000000		
7	0	.062168	0	-.165561	0	.604670	1.000000	
8	-.140135	0	.163415	0	-.238905	0	.656021	1.000000
9	0	-.038889	0	.090071	0	-.187554	0	.623306
10	.101247	0	-.112233	0	.141421	0	-.220269	0
11	0	.027902	0	-.060882	0	.108707	0	-.204330
12	-.073344	0	.079253	0	-.093597	0	.124646	0
13	0	-.021993	0	.046539	0	-.077657	0	.124646
14	.051351	0	-.054708	0	.062478	0	-.077657	0
15	0	.018636	0	-.038769	0	.062478	0	-.093597
16	-.032715	0	.034575	0	-.038769	0	.046539	0
17	0	-.016776	0	.034575	0	-.054708	0	.079253
18	.015939	0	-.016776	0	.018636	0	-.021993	0
19	0	.015939	0	-.032715	0	.051351	0	-.073344

	9	10	11	12	13	14	15	16
9	1.000000							
10	.639245	1.000000						
11	0	.639245	1.000000					
12	-.204330	0	.623306	1.000000				
13	0	-.220269	0	.656021	1.000000			
14	.108707	0	-.187554	0	.604670	1.000000		
15	0	.141421	0	-.238905	0	.678014	1.000000	
16	-.060882	0	.090071	0	-.165561	0	.576768	1.000000
17	0	-.112233	0	.163415	0	-.266807	0	.716903
18	.027902	0	-.038889	0	.062168	0	-.126672	0
19	0	.101247	0	-.140135	0	.202303	0	-.328976

	17	18	19
17	1.000000		
18	.514600	1.000000	
19	0	.843575	1.000000

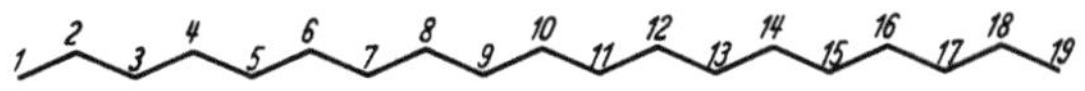

K_{19}

Atom- Atom Polarisierbarkeiten

	1	2	3	4	5	6	7	8
1	.780307							
2	-.330032	.387949						
3	.141170	-.065606	.554605					
4	-.144450	.023372	-.220133	.440796				
5	.044565	-.012191	.076198	-.094792	.500357			
6	-.083408	.006146	-.098247	.037998	-.179122	.458691		
7	.001861	-.004762	.012496	-.024391	.049785	-.111606	.477947	
8	-.051612	.002376	-.056893	.011933	-.073959	.045193	-.155625	.466163
9	-.022797	-.002633	-.017230	-.011866	-.002798	-.034881	.037653	-.125181
10	-.031962	.001078	-.034277	.005004	-.040557	.015129	-.057822	.048244
11	-.038736	-.001796	-.035029	-.007673	-.026507	-.019701	-.009336	-.045497
12	-.018897	.000515	-.019985	.002303	-.022707	.006374	-.028883	.016138
13	-.049490	-.001405	-.046624	-.005854	-.040384	-.014221	-.029338	-.028883
14	-.010064	.000237	-.010560	.001039	-.011751	.002756	-.014221	.006374
15	-.056681	-.001205	-.054238	-.004959	-.049055	-.011751	-.040384	-.022707
16	-.004315	.000093	-.004507	.000401	-.004959	.001039	-.005854	.002303
17	-.061133	-.001101	-.058905	-.004507	-.054238	-.010560	-.046624	-.019985
18	-.001057	.000021	-.001101	.000093	-.001205	.000237	-.001405	.000515
19	-.063268	-.001057	-.061133	-.004315	-.056681	-.010064	-.049490	-.018897

	9	10	11	12	13	14	15	16
9	.468954							
10	-.138985	.468298						
11	.034039	-.138985	.468954					
12	-.045497	.048244	-.125181	.466163				
13	-.009336	-.057822	.037653	-.155625	.477947			
14	-.019701	.015129	-.034881	.045193	-.111606	.458691		
15	-.026507	-.040557	-.002798	-.073959	.049785	-.179122	.500357	
16	-.007673	.005004	-.011866	.011933	-.024391	.037998	-.094792	.440796
17	-.035029	-.034277	-.017230	-.056893	.012496	-.098247	.076198	-.220133
18	-.001796	.001078	-.002633	.002376	-.004762	.006146	-.012191	.023372
19	-.038736	-.031962	-.022797	-.051612	.001861	-.083408	.044565	-.144450

	17	18	19
17	.554605		
18	-.065606	.387949	
19	.141170	-.330032	.780307

K19

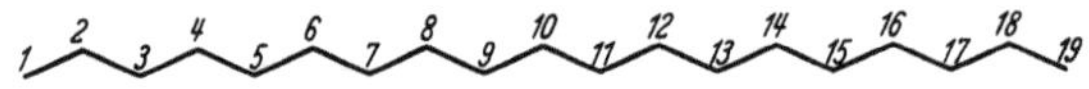

Bindungs- Bindungs Polarisierbarkeiten

	1 2	2 3	3 4	4 5	5 6	6 7	7 8	8 9
1 2	.183510							
2 3	-.251188	.383388						
3 4	.119977	-.202330	.276638					
4 5	-.073233	.097709	-.263313	.387183				
5 6	.048851	-.058826	.136993	-.241953	.319770			
6 7	-.036558	.041440	-.090676	.126519	-.271831	.381458		
7 8	.027034	-.029693	.063166	-.079452	.144468	-.257167	.344771	
8 9	-.022282	.023882	-.049862	.058625	-.098776	.139526	-.276491	.372945
9 10	.017017	-.018013	.037264	-.042359	.069012	-.088389	.147029	-.263109
10 11	-.014861	.015539	-.031886	.035179	-.055943	.066926	-.102262	.145551
11 12	.011269	-.011717	.023955	-.026065	.041000	-.047527	.070070	-.090993
12 13	-.010238	.010573	-.021524	.023052	-.035871	.040304	-.057766	.070070
13 14	.007428	-.007650	.015549	-.016548	.025640	-.028443	.040304	-.047527
14 15	-.006954	.007133	-.014462	.015253	-.023502	.025640	-.035871	.041000
15 16	.004544	-.004655	.009431	-.009918	.015253	-.016548	.023052	-.026065
16 17	-.004359	.004455	-.009014	.009431	-.014462	.015549	-.021524	.023955
17 18	.002157	-.002203	.004455	-.004655	.007133	-.007650	.010573	-.011717
18 19	-.002114	.002157	-.004359	.004544	-.006954	.007428	-.010238	.011269

	9 10	10 11	11 12	12 13	13 14	14 15	15 16	16 17
9 10	.361275							
10 11	-.277970	.361275						
11 12	.145551	-.263109	.372945					
12 13	-.102262	.147029	-.276491	.344771				
13 14	.066926	-.088389	.139526	-.257167	.381458			
14 15	-.055943	.069012	-.098776	.144468	-.271831	.319770		
15 16	.035179	-.042359	.058625	-.079452	.126519	-.241953	.387183	
16 17	-.031886	.037264	-.049862	.063166	-.090676	.136993	-.263313	.276638
17 18	.015539	-.018013	.023882	-.029693	.041440	-.058826	.097709	-.202330
18 19	-.014861	.017017	-.022282	.027034	-.036558	.048851	-.073233	.119977

	17 18	18 19
17 18	.383388	
18 19	-.251188	.183510

K_{20}

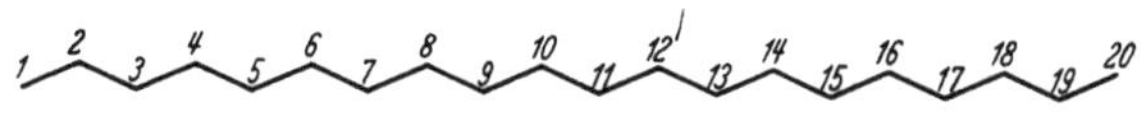

Eigenwerte und Hückelkoeffizienten

	1	2	3	4	5	6	7	8
1	1.977662	1.911146	1.801938	1.652478	1.466104	1.246980	1.000000	.730682
1	.045995	.090963	.133899	.173844	.209906	.241278	.267261	.287274
2	.090963	.173844	.241278	.287274	.307744	.300869	.267261	.209906
3	.133899	.241278	.300869	.300869	.241278	.133899	0	-.133899
4	.173844	.287274	.300869	.209906	.045995	-.133899	-.267261	-.307744
5	.209906	.307744	.241278	.045995	-.173844	-.300869	-.267261	-.090963
6	.241278	.300869	.133899	-.133899	-.300869	-.241278	0	.241278
7	.267261	.267261	0	-.267261	-.267261	0	.267261	.267261
8	.287274	.209906	-.133899	-.307744	-.090963	.241278	.267261	-.045995
9	.300869	.133899	-.241278	-.241278	.133899	.300869	0	-.300869
10	.307744	.045995	-.300869	-.090963	.287274	.133899	-.267261	-.173844
11	.307744	-.045995	-.300869	.090963	.287274	-.133899	-.267261	.173844
12	.300869	-.133899	-.241278	.241278	.133899	-.300869	0	.300869
13	.287274	-.209906	-.133899	.307744	-.090963	-.241278	.267261	.045995
14	.267261	-.267261	0	.267261	-.267261	0	.267261	-.267261
15	.241278	-.300869	.133899	.133899	-.300869	.241278	0	-.241278
16	.209906	-.307744	.241278	-.045995	-.173844	.300869	-.267261	.090963
17	.173844	-.287274	.300869	-.209906	.045995	.133899	-.267261	.307744
18	.133899	-.241278	.300869	-.300869	.241278	-.133899	0	.133899
19	.090963	-.173844	.241278	-.287274	.307744	-.300869	.267261	-.209906
20	.045995	-.090963	.133899	-.173844	.209906	-.241278	.267261	-.287274

	9	10	11	12	13	14	15	16
9	.445042	.149460	-.149460	-.445042	-.730682	-1.000000	-1.246980	-1.466104
1	.300869	.307744	.307744	.300869	.287274	.267261	.241278	.209906
2	.133899	.045995	-.045995	-.133899	-.209906	-.267261	-.300869	-.307744
3	-.241278	-.300869	-.300869	-.241278	-.133899	0	.133899	.241278
4	-.241278	-.090963	.090963	.241278	.307744	.267261	.133899	-.045995
5	.133899	.287274	.287274	.133899	-.090963	-.267261	-.300869	-.173844
6	.300869	.133899	-.133899	-.300869	-.241278	0	.241278	.300869
7	0	-.267261	-.267261	0	.267261	.267261	0	-.267261
8	-.300869	-.173844	.173844	.300869	.045995	-.267261	-.241278	.090963
9	-.133899	.241278	.241278	-.133899	-.300869	0	.300869	.133899
10	.241278	.209906	-.209906	-.241278	.173844	.267261	-.133899	-.287274
11	.241278	-.209906	-.209906	.241278	.173844	-.267261	-.133899	.287274
12	-.133899	-.241278	.241278	.133899	-.300869	0	.300869	-.133899
13	-.300869	.173844	.173844	-.300869	.045995	.267261	-.241278	-.090963
14	0	.267261	-.267261	0	.267261	-.267261	0	.267261
15	.300869	-.133899	-.133899	.300869	-.241278	0	.241278	-.300869
16	.133899	-.287274	.287274	-.133899	-.090963	.267261	-.300869	.173844
17	-.241278	.090963	.090963	-.241278	.307744	-.267261	.133899	.045995
18	-.241278	.300869	-.300869	.241278	-.133899	0	.133899	-.241278
19	.133899	-.045995	-.045995	.133899	-.209906	.267261	-.300869	.307744
20	.300869	-.307744	.307744	-.300869	.287274	-.267261	.241278	-.209906

K_{20}

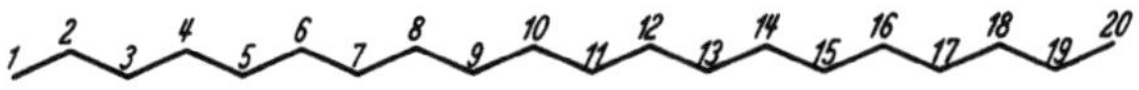

Eigenwerte und Hückelkoeffizienten

	17	18	19	20
17	-1.652478	-1.801938	-1.911146	-1.977662
1	.173844	.133899	.090963	.045995
2	-.287274	-.241278	-.173844	-.090963
3	.300869	.300869	.241278	.133899
4	-.209906	-.300869	-.287274	-.173844
5	.045995	.241278	.307744	.209906
6	.133899	-.133899	-.300869	-.241278
7	-.267261	0	.267261	.267261
8	.307744	.133899	-.209906	-.287274
9	-.241278	-.241278	.133899	.300869
10	.090963	.300869	-.045995	-.307744
11	.090963	-.300869	-.045995	.307744
12	-.241278	.241278	.133899	-.300869
13	.307744	-.133899	-.209906	.287274
14	-.267261	0	.267261	-.267261
15	.133899	.133899	-.300869	.241278
16	.045995	-.241278	.307744	-.209906
17	-.209906	.300869	-.287274	.173844
18	.300869	-.300869	.241278	-.133899
19	-.287274	.241278	-.173844	.090963
20	.173844	-.133899	.090963	-.045995

TOTALE PI ELEKTRONEN ENERGIE 24.762980

allgemeine Bindungsordnungen

	1	2	3	4	5	6	7	8
1	1.000000							
2	.851212	1.000000						
3	0	.506872	1.000000					
4	-.344339	0	.732452	1.000000				
5	0	-.118760	0	.560839	1.000000			
6	.225579	0	-.290373	0	.702174	1.000000		
7	0	.053966	0	-.149038	0	.579580	1.000000	
8	-.171613	0	.195301	0	-.271632	0	.690067	1.000000
9	0	-.030278	0	.072708	0	-.161145	0	.587381
10	.141335	0	-.152872	0	.183195	0	-.263831	0
11	0	.018742	0	-.042385	0	.080508	0	-.165841
12	-.122594	0	.129228	0	-.145071	0	.178498	0
13	0	-.012107	0	.026542	0	-.047081	0	.082722
14	.110487	0	-.114793	0	.124532	0	-.142857	0
15	0	.007801	0	-.016803	0	.028756	0	-.047081
16	-.102686	0	.105790	0	-.112579	0	.124532	0
17	0	-.004696	0	.010014	0	-.016803	0	.026542
18	.097990	0	-.100472	0	.105790	0	-.114793	0
19	0	.002214	0	-.004696	0	.007801	0	-.012107
20	-.095776	0	.097990	0	-.102686	0	.110487	0

	9	10	11	12	13	14	15	16
9	1.000000							
10	.685371	1.000000						
11	0	.589595	1.000000					
12	-.261617	0	.685371	1.000000				
13	0	-.165841	0	.587381	1.000000			
14	.178498	0	-.263831	0	.690067	1.000000		
15	0	.080508	0	-.161145	0	.579580	1.000000	
16	-.145071	0	.183195	0	-.271632	0	.702174	1.000000
17	0	-.042385	0	.072708	0	-.149038	0	.560839
18	.129228	0	-.152872	0	.195301	0	-.290373	0
19	0	.018742	0	-.030278	0	.053966	0	-.118760
20	-.122594	0	.141335	0	-.171613	0	.225579	0

	17	18	19	20
17	1.000000			
18	.732452	1.000000		
19	0	.506872	1.000000	
20	-.344339	0	.851212	1.000000

K_{20}

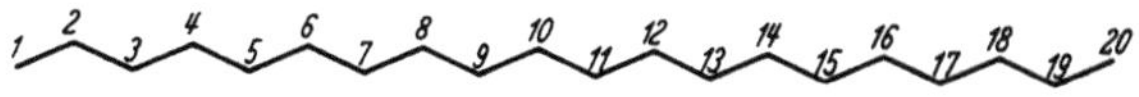

Atom- Atom Polarisierbarkeiten

	1	2	3	4	5	6	7	8
1	.790411							
2	-.343881	.388098						
3	.163846	-.064304	.574651					
4	-.169718	.023625	-.245916	.441849				
5	.077612	-.010976	.106792	-.089837	.525844			
6	-.118085	.006472	-.133589	.039353	-.215901	.461953		
7	.043428	-.003610	.051737	-.019692	.084186	-.100670	.504570	
8	-.093983	.002754	-.100036	.013505	-.118763	.048964	-.203265	.473543
9	.025691	-.001525	.029021	-.007350	.038803	-.024374	.071786	-.105540
10	-.080525	.001494	-.083687	.006730	-.091788	.019261	-.112148	.056302
11	.015251	-.000720	.016785	-.003285	.020791	-.009495	.030709	-.026421
12	-.072299	.000958	-.074287	.004135	-.078940	.010754	-.088387	.024660
13	.008703	-.000350	.009439	-.001552	.011251	-.004216	.015186	-.010180
14	-.067059	.000696	-.068489	.002940	-.071681	.007294	-.077533	.015186
15	.004509	-.000162	.004848	-.000709	.005654	-.001862	.007294	-.004216
16	-.063723	.000560	-.064866	.002336	-.067354	.005654	-.071681	.011251
17	.001896	-.000063	.002027	-.000274	.002336	-.000709	.002940	-.001552
18	-.061733	.000489	-.062729	.002027	-.064866	.004848	-.068489	.009439
19	.000459	-.000015	.000489	-.000063	.000560	-.000162	.000696	-.000350
20	-.060801	.000459	-.061733	.001896	-.063723	.004509	-.067059	.008703

	9	10	11	12	13	14	15	16
9	.492034							
10	-.198269	.482630						
11	.063349	-.106965	.482630					
12	-.110218	.063349	-.198269	.492034				
13	.024660	-.026421	.056302	-.105540	.473543			
14	-.088387	.030709	-.112148	.071786	-.203265	.504570		
15	.010754	-.009495	.019261	-.024374	.048964	-.100670	.461953	
16	-.078940	.020791	-.091788	.038803	-.118763	.084186	-.215901	.525844
17	.004135	-.003285	.006730	-.007350	.013505	-.019692	.039353	-.089837
18	-.074287	.016785	-.083687	.029021	-.100036	.051737	-.133589	.106792
19	.000958	-.000720	.001494	-.001525	.002754	-.003610	.006472	-.010976
20	-.072299	.015251	-.080525	.025691	-.093983	.043428	-.118085	.077612

	17	18	19	20
17	.441849			
18	-.245916	.574651		
19	.023625	-.064304	.388098	
20	-.169718	.163846	-.343881	.790411

K_{20}

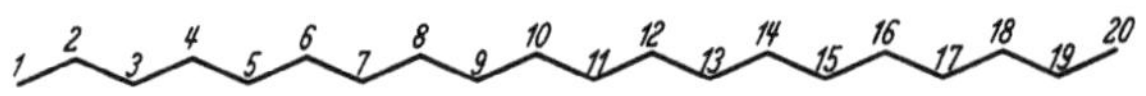

Bindungs- Bindungs Polarisierbarkeiten

	1 2	2 3	3 4	4 5	5 6	6 7	7 8	8 9
1 2	.163451							
2 3	-.238467	.378264						
3 4	.109859	-.192135	.240620					
4 5	-.062609	.086988	-.241770	.381164				
5 6	.040656	-.050582	.120454	-.225214	.270372			
6 7	-.027712	.032519	-.072756	.108288	-.244272	.378240		
7 8	.020492	-.023121	.049990	-.066155	.124447	-.236877	.283537	
8 9	-.014983	.016524	-.035086	.043605	-.076079	.116241	-.245083	.376300
9 10	.011934	-.012912	.027048	-.032079	.053555	-.072799	.126192	-.242076
10 11	-.008945	.009576	-.019913	.023012	-.037560	.048074	-.076835	.119191
11 12	.007506	-.007948	.016412	-.018502	.029650	-.036149	.054910	-.075838
12 13	-.005591	.005888	-.012116	.013490	-.021423	.025481	-.037767	.049319
13 14	.004891	-.005116	.010484	-.011500	.018086	-.020948	.030372	-.037767
14 15	-.003498	.003648	-.007464	.008136	-.012742	.014588	-.020948	.025481
15 16	.003173	-.003295	.006724	-.007261	.011309	-.012742	.018086	-.021423
16 17	-.002053	.002129	-.004340	.004671	-.007261	.008136	-.011500	.013490
17 18	.001926	-.001992	.004055	-.004340	.006724	-.007464	.010484	-.012116
18 19	-.000947	.000979	-.001992	.002129	-.003295	.003648	-.005116	.005888
19 20	.000918	-.000947	.001926	-.002053	.003173	-.003498	.004891	-.005591

	9 10	10 11	11 12	12 13	13 14	14 15	15 16	16 17
9 10	.288834							
10 11	-.244433	.375664						
11 12	.126697	-.244433	.288834					
12 13	-.075838	.119191	-.242076	.376300				
13 14	.054910	-.076835	.126192	-.245083	.283537			
14 15	-.036149	.048074	-.072799	.116241	-.236877	.378240		
15 16	.029650	-.037560	.053555	-.076079	.124447	-.244272	.270372	
16 17	-.018502	.023012	-.032079	.043605	-.066155	.108288	-.225214	.381164
17 18	.016412	-.019913	.027048	-.035086	.049990	-.072756	.120454	-.241770
18 19	-.007948	.009576	-.012912	.016524	-.023121	.032519	-.050582	.086988
19 20	.007506	-.008945	.011934	-.014983	.020492	-.027712	.040656	-.062609

	17 18	18 19	19 20
17 18	.240620		
18 19	-.192135	.378264	
19 20	.109859	-.238467	.163451

K_{21}

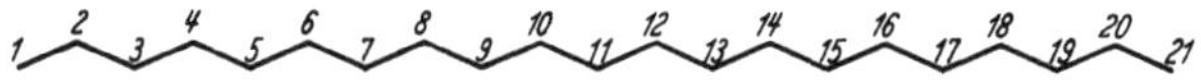

Eigenwerte und Hückelkoeffizienten

	1	2	3	4	5	6	7	8
1	1.979643	1.918986	1.819264	1,682507	1,511499	1.309721	1.081282	,830830
1	.042910	.084946	.125252	.163009	.197448	.227867	.253647	,274264
2	.084946	.163009	.227867	,274264	,298442	,298442	,274264	,227867
3	.125252	.227867	.289298	,298442	,253647	,163009	.042910	-,084946
4	.163009	.274264	.298442	.227867	.084946	-,084946	-,227867	-,298442
5	.197448	.298442	.253647	,084946	-.125252	-,274264	-,289298	-,163009
6	.227867	.298442	.163009	-,084946	-,274264	-,274264	-,084946	,163009
7	.253647	.274264	.042910	-,227867	-,289298	-,084946	.197448	,298442
8	.274264	.227867	-.084946	-,298442	-,163009	,163009	.298442	,084946
9	.289298	.163009	-,197448	-,274264	,042910	,298442	.125252	-,227867
10	.298442	.084946	-,274264	-,163009	,227867	,227867	-.163009	-,274264
11	.301511	0	-.301511	0	.301511	0	-,301511	0
12	,298442	-.084946	-,274264	.163009	,227867	-,227867	-,163009	,274264
13	.289298	-.163009	-.197448	,274264	,042910	-.298442	.125252	,227867
14	.274264	-.227867	-.084946	.298442	-.163009	-,163009	.298442	-,084946
15	.253647	-,274264	.042910	.227867	-.289298	.084946	.197448	-,298442
16	.227867	-,298442	.163009	.084946	-,274264	.274264	-,084946	-,163009
17	.197448	-,298442	.253647	-,084946	-.125252	.274264	-,289298	,163009
18	.163009	-,274264	.298442	-,227867	,084946	.084946	-,227867	,298442
19	.125252	-.227867	.289298	-,298442	,253647	-.163009	.042910	,084946
20	.084946	-.163009	,227867	-,274264	.298442	-,298442	.274264	-,227867
21	.042910	-.084946	.125252	-,163009	.197448	-.227867	.253647	-,274264

	9	10	11	12	13	14	15	16
9	.563465	.284630	.000000	-,284630	-,563465	-,830830	-1.081282	-1,309721
1	.289298	.298442	.301511	.298442	.289298	.274264	.253647	.227867
2	.163009	.084946	0	-,084946	-,163009	-.227867	-.274264	-,298442
3	-.197448	-.274264	-.301511	-,274264	-.197448	-.084946	.042910	.163009
4	-.274264	-.163009	0	.163009	.274264	.298442	.227867	.084946
5	.042910	.227867	.301511	.227867	.042910	-,163009	-.289298	-,274264
6	.298442	.227867	0	-,227867	-,298442	-.163009	,084946	.274264
7	.125252	-.163009	-.301511	-.163009	.125252	.298442	.197448	-,084946
8	-,227867	-,274264	0	.274264	.227867	-.084946	-,298442	-.163009
9	-.253647	.084946	.301511	.084946	-.253647	-.227867	.125252	,298442
10	.084946	.298442	0	-,298442	-.084946	.274264	.163009	-,227867
11	,301511	0	-.301511	0	.301511	0	-.301511	0
12	.084946	-,298442	0	.298442	-,084946	-,274264	.163009	.227867
13	-.253647	-.084946	.301511	-,084946	-.253647	.227867	.125252	-,298442
14	-.227867	.274264	0	-,274264	.227867	.084946	-,298442	.163009
15	.125252	.163009	-.301511	.163009	.125252	-,298442	.197448	,084946
16	.298442	-.227867	0	.227867	-,298442	.163009	.084946	-,274264
17	.042910	-.227867	.301511	-,227867	.042910	.163009	-.289298	.274264
18	-.274264	.163009	0	-.163009	.274264	-,298442	.227867	-,084946
19	-.197448	.274264	-.301511	.274264	-.197448	.084946	.042910	-,163009
20	.163009	-.084946	0	.084946	-.163009	.227867	-,274264	,298442
21	.289298	-.298442	.301511	-.298442	.289298	-.274264	.253647	-,227867

K_{21}

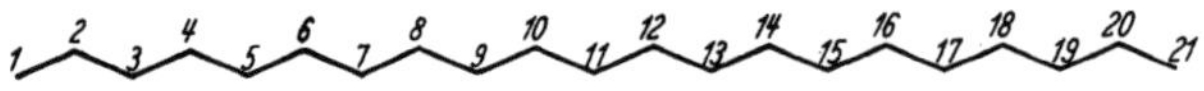

Eigenwerte und Hückelkoeffizienten

	17	18	19	20	21
17	-1.511499	-1.682507	-1.819264	-1.918986	-1.979643
1	.197448	.163009	.125252	.084946	.042910
2	-.298442	-.274264	-.227867	-.163009	-.084946
3	.253647	.298442	.289298	.227867	.125252
4	-.084946	-.227867	-.298442	-.274264	-.163009
5	-.125252	.084946	.253647	.298442	.197448
6	.274264	.084946	-.163009	-.298442	-.227867
7	-.289298	-.227867	.042910	.274264	.253647
8	.163009	.298442	.084946	-.227867	-.274264
9	.042910	-.274264	-.197448	.163009	.289298
10	-.227867	.163009	.274264	-.084946	-.298442
11	.301511	0	-.301511	0	.301511
12	-.227867	-.163009	.274264	.084946	-.298442
13	.042910	.274264	-.197448	-.163009	.289298
14	.163009	-.298442	.084946	.227867	-.274264
15	-.289298	.227867	.042910	-.274264	.253647
16	.274264	-.084946	-.163009	.298442	-.227867
17	-.125252	-.084946	.253647	-.298442	.197448
18	-.084946	.227867	-.298442	.274264	-.163009
19	.253647	-.298442	.289298	-.227867	.125252
20	-.298442	.274264	-.227867	.163009	-.084946
21	.197448	-.163009	.125252	-.084946	.042910

TOTALE PI ELEKTRONEN ENERGIE 25.963654

K_{21}

313 K 21

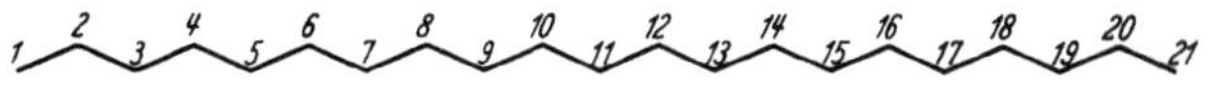

allgemeine Bindungsordnungen

	1	2	3	4	5	6	7	8
1	1.000000							
2	.844489	1.000000						
3	0	.513669	1.000000					
4	-.330820	0	.718781	1.000000				
5	0	-.125707	0	.574817	1.000000			
6	.205112	0	-.269671	0	.680992	1.000000		
7	0	.061148	0	-.163497	0	.601511	1.000000	
8	-.143964	0	.167323	0	-.242978	0	.660358	1.000000
9	0	-.037789	0	.087842	0	-.184131	0	.618584
10	.106175	0	-.117271	0	.146688	0	-.225905	0
11	0	.026693	0	-.058424	0	.104915	0	-.199063
12	-.079481	0	.085540	0	-.100197	0	.131756	0
13	0	-.020634	0	.043766	0	-.073356	0	.118617
14	.058847	0	-.062408	0	.070608	0	-.086495	0
15	0	.017073	0	-.035567	0	.057469	0	-.086495
16	-.041774	0	.043915	0	-.048706	0	.057469	0
17	0	-.014932	0	.030776	0	-.048706	0	.070608
18	.026842	0	-.028071	0	.030776	0	-.035567	0
19	0	.013703	0	-.028071	0	.043915	0	-.062408
20	-.013139	0	.013703	0	-.014932	0	.017073	0
21	0	-.013139	0	.026842	0	-.041774	0	.058847

	9	10	11	12	13	14	15	16
9	1.000000							
10	.645426	1.000000						
11	0	.632287	1.000000					
12	-.212202	0	.632287	1.000000				
13	0	-.212202	0	.645426	1.000000			
14	.118617	0	-.199063	0	.618584	1.000000		
15	0	.131756	0	-.225905	0	.660358	1.000000	
16	-.073356	0	.104915	0	-.184131	0	.601511	1.000000
17	0	-.100197	0	.146688	0	-.242978	0	.680992
18	.043766	0	-.058424	0	.087842	0	-.163497	0
19	0	.085540	0	-.117271	0	.167323	0	-.269671
20	-.020634	0	.026693	0	-.037789	0	.061148	0
21	0	-.079481	0	.106175	0	-.143964	0	.205112

	17	18	19	20	21
17	1.000000				
18	.574817	1.000000			
19	0	.718781	1.000000		
20	-.125707	0	.513669	1.000000	
21	0	-.330820	0	.844489	1.000000

K_{21}

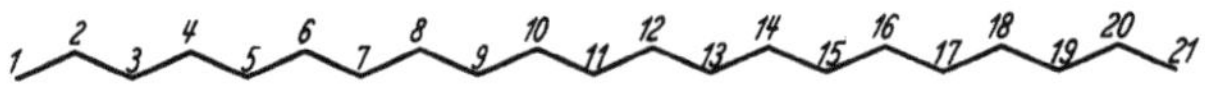

Atom- Atom Polarisierbarkeiten

	1	2	3	4	5	6	7	8
1	.786910							
2	-.331612	.387975						
3	.149132	-.065379	.562108					
4	-.147189	.023415	-.222960	.440979				
5	.053503	-.011978	.084703	-.093918	.507954			
6	-.086952	.006200	-.101901	.038223	-.183021	.459248		
7	.011444	-.004557	.021664	-.023549	.058079	-.109628	.484808	
8	-.055650	.002435	-.061053	.012182	-.078388	.045808	-.160541	.467421
9	-.012866	-.002431	-.007707	-.011041	.005869	-.032943	.044916	-.121502
10	-.036206	.001139	-.038647	.005263	-.045206	.015768	-.062976	.049546
11	-.028740	-.001595	-.025440	-.006850	-.017770	-.017770	-.001997	-.041831
12	-.023067	.000576	-.024278	.002558	-.027277	.007004	-.033950	.017424
13	-.039708	-.001202	-.037253	-.005021	-.031878	-.012266	-.022248	-.025169
14	-.013876	.000294	-.014488	.001278	-.015937	.003345	-.018874	.007578
15	-.047403	-.000996	-.045383	-.004101	-.041091	-.009735	-.033882	-.018874
16	-.007471	.000141	-.007763	.000605	-.008437	.001546	-.009735	.003345
17	-.052672	-.000882	-.050889	-.003605	-.047159	-.008437	-.041091	-.015937
18	-.003225	.000056	-.003341	.000240	-.003605	.000605	-.004101	.001278
19	-.055980	-.000820	-.054325	-.003341	-.050889	-.007763	-.045383	-.014488
20	-.000793	.000013	-.000820	.000056	-.000882	.000141	-.000996	.000294
21	-.057579	-.000793	-.055980	-.003225	-.052672	-.007471	-.047403	-.013876

	9	10	11	12	13	14	15	16
9	.474071							
10	-.145015	.470769						
11	.039239	-.132679	.470867					
12	-.051431	.050685	-.132679	.470769				
13	-.004414	-.051431	.039239	-.145015	.474071			
14	-.025169	.017424	-.041831	.049546	-.121502	.467421		
15	-.022248	-.033950	-.001997	-.062976	.044916	-.160541	.484808	
16	-.012266	.007004	-.017770	.015768	-.032943	.045808	-.109628	.459248
17	-.031878	-.027277	-.017770	-.045206	.005869	-.078388	.058079	-.183021
18	-.005021	.002558	-.006850	.005263	-.011041	.012182	-.023549	.038223
19	-.037253	-.024278	-.025440	-.038647	-.007707	-.061053	.021664	-.101901
20	-.001202	.000576	-.001595	.001139	-.002431	.002435	-.004557	.006200
21	-.039708	-.023067	-.028740	-.036206	-.012866	-.055650	.011444	-.086952

	17	18	19	20	21
17	.507954				
18	-.093918	.440979			
19	.084703	-.222960	.562108		
20	-.011978	.023415	-.065379	.387975	
21	.053503	-.147189	.149132	-.331612	.786910

$K_{21}^{\bullet}$

Bindungs- Bindungs- Polarisierbarkeiten

	1 2	2 3	3 4	4 5	5 6	6 7	7 8	8 9
1 2	.181264							
2 3	-.249803	.382911						
3 4	.119044	-.201387	.272861					
4 5	-.072214	.096675	-.261228	.386982				
5 6	.048259	-.058229	.135793	-.240733	.314950			
6 7	-.035859	.040730	-.089245	.125042	-.269583	.382254		
7 8	.026745	-.029404	.062587	-.078871	.143596	-.256294	.339275	
8 9	-.021876	.023468	-.049027	.057759	-.097455	.138128	-.274572	.375581
9 10	.017013	-.018011	.037265	-.042371	.069039	-.088448	.147135	-.263292
10 11	-.014734	.015408	-.031621	.034896	-.055506	.066442	-.101583	.144766
11 12	.011544	-.011997	.024522	-.026656	.041905	-.048496	.071407	-.092469
12 13	-.010392	.010725	-.021828	.023352	-.036318	.040736	-.058327	.070589
13 14	.007988	-.008219	.016696	-.017734	.027447	-.030347	.042909	-.050339
14 15	-.007401	.007583	-.015365	.016167	-.024879	.027041	-.037748	.042909
15 16	.005410	-.005534	.011203	-.011745	.018034	-.019470	.027041	-.030347
16 17	-.005128	.005232	-.010576	.011025	-.016873	.018034	-.024879	.027447
17 18	.003365	-.003430	.006930	-.007211	.011025	-.011745	.016167	-.017734
18 19	-.003252	.003310	-.006682	.006930	-.010576	.011203	-.015365	.016696
19 20	.001612	-.001640	.003310	-.003430	.005232	-.005534	.007583	-.008219
20 21	-.001585	.001612	-.003252	.003365	-.005128	.005410	-.007401	.007988

	9 10	10 11	11 12	12 13	13 14	14 15	15 16	16 17
9 10	.355395							
10 11	-.276902	.366929						
11 12	.147503	-.265358	.366929					
12 13	-.102861	.147503	-.276902	.355395				
13 14	.070589	-.092469	.144766	-.263292	.375581			
14 15	-.058327	.071407	-.101583	.147135	-.274572	.339275		
15 16	.040736	-.048496	.066442	-.088448	.138128	-.256294	.382254	
16 17	-.036318	.041905	-.055506	.069039	-.097455	.143596	-.269583	.314950
17 18	.023352	-.026656	.034896	-.042371	.057759	-.078871	.125042	-.240733
18 19	-.021828	.024522	-.031621	.037265	-.049027	.062587	-.089245	.135793
19 20	.010725	-.011997	.015408	-.018011	.023468	-.029404	.040730	-.058229
20 21	-.010392	.011544	-.014734	.017013	-.021876	.026745	-.035859	.048259

	17 18	18 19	19 20	20 21
17 18	.386982			
18 19	-.261228	.272861		
19 20	.096675	-.201387	.382911	
20 21	-.072214	.119044	-.249803	.181264

K_{22}

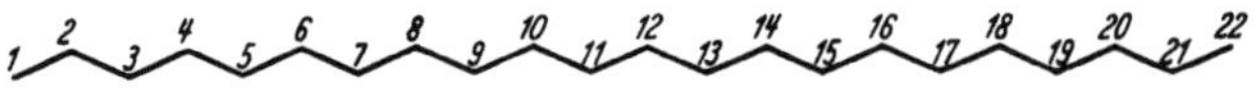

Eigenwerte und Hückelkoeffizienten

	1	2	3	4	5	6	7	8
1	1,981372	1,925835	1,834423	1,708839	1,551423	1,365106	1,153361	,920130
1	,040153	,079559	,117482	,153217	,186098	,215512	,240911	,261823
2	,079559	,153217	,215512	,261823	,288716	,294196	,277858	,240911
3	,117482	,215512	,277858	,294196	,261823	,186098	,079559	-,040153
4	,153217	,261823	,294196	,240911	,117482	-,040153	-,186098	-,277858
5	,186098	,288716	,261823	,117482	-,079559	-,240911	-,294196	-,215512
6	,215512	,294196	,186098	-,040153	-,240911	-,288716	-,153217	,079559
7	,240911	,277858	,079559	-,186098	-,294196	-,153217	,117482	,288716
8	,261823	,240911	-,040153	-,277858	-,215512	,079559	,288716	,186098
9	,277858	,186098	-,153217	-,288716	-,040153	,261823	,215512	-,117482
10	,288716	,117482	-,240911	-,215512	,153217	,277858	-,040153	-,294196
11	,294196	,040153	-,288716	-,079559	,277858	,117482	-,261823	-,153217
12	,294196	-,040153	-,288716	,079559	,277858	-,117482	-,261823	,153217
13	,288716	-,117482	-,240911	,215512	,153217	-,277858	-,040153	,294196
14	,277858	-,186098	-,153217	,288716	-,040153	-,261823	,215512	,117482
15	,261823	-,240911	-,040153	,277858	-,215512	-,079559	,288716	-,186098
16	,240911	-,277858	,079559	,186098	-,294196	,153217	,117482	-,288716
17	,215512	-,294196	,186098	,040153	-,240911	,288716	-,153217	-,079559
18	,186098	-,288716	,261823	-,117482	-,079559	,240911	-,294196	,215512
19	,153217	-,261823	,294196	-,240911	,117482	,040153	-,186098	,277858
20	,117482	-,215512	,277858	-,294196	,261823	-,186098	,079559	,040153
21	,079559	-,153217	,215512	-,261823	,288716	-,294196	,277858	-,240911
22	,040153	-,079559	,117482	-,153217	,186098	-,215512	,240911	-,261823

	9	10	11	12	13	14	15	16
9	,669759	,406912	,136485	-,136485	-,406912	-,669759	-,920130	-1,153361
1	,277858	,288716	,294196	,294196	,288716	,277858	,261823	,240911
2	,186098	,117482	,040153	-,040153	-,117482	-,186098	-,240911	-,277858
3	-,153217	-,240911	-,288716	-,288716	-,240911	-,153217	-,040153	,079559
4	-,288716	-,215512	-,079559	,079559	,215512	,288716	,277858	,186098
5	-,040153	,153217	,277858	,277858	,153217	-,040153	-,215512	-,294196
6	,261823	,277858	,117482	-,117482	-,277858	-,261823	-,079559	,153217
7	,215512	-,040153	-,261823	-,261823	-,040153	,215512	,288716	,117482
8	-,117482	-,294196	-,153217	,153217	,294196	,117482	-,186098	-,288716
9	-,294196	-,079559	,240911	,240911	-,079559	-,294196	-,117482	,215512
10	-,079559	,261823	,186098	-,186098	-,261823	,079559	,294196	,040153
11	,240911	,186098	-,215512	-,215512	,186098	,240911	-,153217	-,261823
12	,240911	-,186098	-,215512	,215512	,186098	-,240911	-,153217	,261823
13	-,079559	-,261823	,186098	,186098	-,261823	-,079559	,294196	-,040153
14	-,294196	,079559	,240911	-,240911	-,079559	,294196	-,117482	-,215512
15	-,117482	,294196	-,153217	-,153217	,294196	-,117482	-,186098	,288716
16	,215512	,040153	-,261823	,261823	-,040153	-,215512	,288716	-,117482
17	,261823	-,277858	,117482	,117482	-,277858	,261823	-,079559	-,153217
18	-,040153	-,153217	,277858	-,277858	,153217	,040153	-,215512	,294196
19	-,288716	,215512	-,079559	-,079559	,215512	-,288716	,277858	-,186098
20	-,153217	,240911	-,288716	,288716	-,240911	,153217	-,040153	-,079559
21	,186098	-,117482	,040153	,040153	-,117482	,186098	-,240911	,277858
22	,277858	-,288716	,294196	-,294196	,288716	-,277858	,261823	-,240911

K_{22}

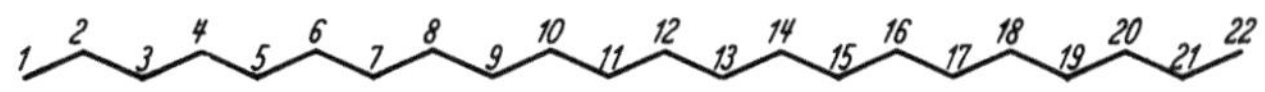

Eigenwerte und Hückelkoeffizienten

	17	18	19	20	21	22
17	-1.365106	-1,551423	-1,708839	-1,834423	-1,925835	-1,981372
1	.215512	.186098	.153217	.117482	.079559	.040153
2	-.294196	-.288716	-.261823	-,215512	-,153217	-,079559
3	.186098	.261823	.294196	.277858	,215512	,117482
4	.040153	-.117482	-,240911	-,294196	-,261823	-,153217
5	-.240911	-.079559	.117482	.261823	.288716	,186098
6	.288716	.240911	.040153	-.186098	-,294196	-,215512
7	-.153217	-.294196	-.186098	.079559	.277858	.240911
8	-,079559	.215512	.277858	,040153	-.240911	-.261823
9	.261823	-.040153	-.288716	-,153217	.186098	.277858
10	-,277858	-.153217	.215512	,240911	-.117482	-,288716
11	.117482	.277858	-.079559	-.288716	.040153	.294196
12	.117482	-.277858	-.079559	.288716	,040153	-,294196
13	-.277858	.153217	.215512	-.240911	-.117482	.288716
14	.261823	.040153	-.288716	.153217	.186098	-.277858
15	-.079559	-.215512	.277858	-.040153	-.240911	,261823
16	-.153217	.294196	-.186098	-.079559	.277858	-,240911
17	.288716	-.240911	.040153	.186098	-.294196	,215512
18	-.240911	.079559	.117482	-.261823	.288716	-,186098
19	.040153	.117482	-.240911	.294196	-.261823	,153217
20	.186098	-.261823	.294196	-.277858	.215512	-,117482
21	-.294196	.288716	-.261823	.215512	-.153217	.079559
22	.215512	-.186098	.153217	-.117482	.079559	-,040153

TOTALE PI ELEKTRONEN ENERGIE 27.307287

K_{22}

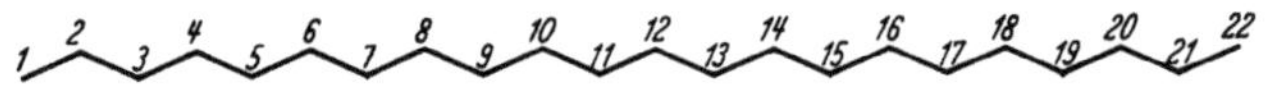

allgemeine Bindungsordnungen

	1	2	3	4	5	6	7	8
1	1,000000							
2	,850814	1,000000						
3	0	,507282	1,000000					
4	-,343531	0	,731620	1,000000				
5	0	-,119194	0	,561721	1,000000			
6	,224337	0	-,289093	0	,700814	1,000000		
7	0	,054438	0	-,149999	0	,581065	1,000000	
8	-,169899	0	,193532	0	-,269748	0	,688001	1,000000
9	0	-,030805	0	,073783	0	-,162812	0	,589712
10	,139093	0	-,150554	0	,180719	0	-,261101	0
11	0	,019345	0	-,043618	0	,082430	0	-,168546
12	-,119749	0	,126280	0	-,141907	0	,174985	0
13	0	-,012813	0	,027991	0	-,049352	0	,085945
14	,106936	0	-,111102	0	,120547	0	-,138392	0
15	0	,008647	0	-,018547	0	,031507	0	-,051026
16	-,098289	0	,101202	0	-,107586	0	,118872	0
17	0	-,005734	0	,012163	0	-,020221	0	,031507
18	,092555	0	-,094773	0	,099528	0	-,107586	0
19	0	,003516	0	-,007408	0	,012163	0	-,018547
20	-,089040	0	,090881	0	-,094773	0	,101202	0
21	0	-,001674	0	,003516	0	-,005734	0	,008647
22	,087365	0	-,089040	0	,092555	0	-,098289	0

	9	10	11	12	13	14	15	16
9	1,000000							
10	,682268	1,000000						
11	0	,593228	1,000000					
12	-,257586	0	,680593	1,000000				
13	0	-,170220	0	,593228	1,000000			
14	,173311	0	-,257586	0	,682268	1,000000		
15	0	,085945	0	-,168546	0	,589712	1,000000	
16	-,138392	0	,174985	0	-,261101	0	,688001	1,000000
17	0	-,049352	0	,082430	0	-,162812	0	,581065
18	,120547	0	-,141907	0	,180719	0	-,269748	0
19	0	,027991	0	-,043618	0	,073783	0	-,149999
20	-,111102	0	,126280	0	-,150554	0	,193532	0
21	0	-,012813	0	,019345	0	-,030805	0	,054438
22	,106936	0	-,119749	0	,139093	0	-,169899	0

	17	18	19	20	21	22
17	1,000000					
18	,700814	1,000000				
19	0	,561721	1,000000			
20	-,289093	0	,731620	1,000000		
21	0	-,119194	0	,507282	1,000000	
22	,224337	0	-,343531	0	,850814	1,000000

K

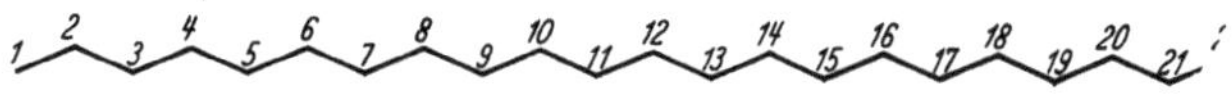

Atom- Atom Polarisierbarkeiten

	1	2	3	4	5	6	7	8
1	.795326							
2	-.343183	.388079						
3	.168143	-.064388	.579119					
4	-.168467	.023594	-.244602	.441718				
5	.081409	-.011050	.110739	-.090145	.530120			
6	-.116377	.006433	-.131800	.039186	-.213930	.461539		
7	.046802	-.003676	.055245	-.019967	.087990	-.101342	.508892	
8	-.091878	.002708	-.097835	.013309	-.116352	.048484	-.200477	.472568
9	.028686	-.001585	.032140	-.007601	.042190	-.024986	.075647	-.106768
10	-.078055	.001442	-.081111	.006511	-.088976	.018725	-.108919	.055221
11	.017890	-.000774	.019536	-.003513	.023787	-.010055	.034141	-.027547
12	-.069475	.000900	-.071345	.003895	-.075740	.010166	-.084732	.023479
13	.010985	-.000399	.011822	-.001759	.013856	-.004723	.018187	-.011205
14	-.063869	.000633	-.065170	.002676	-.068080	.006651	-.073434	.013899
15	.006411	-.000205	.006838	-.000890	.007841	-.002309	.009832	-.005124
16	-.060134	.000490	-.061135	.002044	-.063310	.004944	-.067089	.009832
17	.003372	-.000099	.003576	-.000424	.004047	-.001078	.004944	-.002309
18	-.057684	.000411	-.058519	.001698	-.060304	.004047	-.063310	.007841
19	.001431	-.000039	.001513	-.000168	.001698	-.000424	.002044	-.000890
20	-.056194	.000368	-.056940	.001513	-.058519	.003576	-.061135	.006838
21	.000348	-.000009	.000368	-.000039	.000411	-.000099	.000490	-.000205
22	-.055488	.000348	-.056194	.001431	-.057684	.003372	-.060134	.006411

	9	10	11	12	13	14	15	16
9	.496692							
10	-.194329	.480617						
11	.067518	-.109056	.488074					
12	-.105793	.061164	-.192519	.488074				
13	.028338	-.028336	.061164	-.109056	.480617			
14	-.083455	.028338	-.105793	.067518	-.194329	.496692		
15	.013899	-.011205	.023479	-.027547	.055221	-.106768	.472568	
16	-.073434	.018187	-.084732	.034141	-.108919	.075647	-.200477	.508892
17	.006651	-.004723	.010166	-.010055	.018725	-.024986	.048484	-.101342
18	-.068080	.013856	-.075740	.023787	-.088976	.042190	-.116352	.087990
19	.002676	-.001759	.003895	-.003513	.006511	-.007601	.013309	-.019967
20	-.065170	.011822	-.071345	.019536	-.081111	.032140	-.097835	.055245
21	.000633	-.000399	.000900	-.000774	.001442	-.001585	.002708	-.003676
22	-.063869	.010985	-.069475	.017890	-.078055	.028686	-.091878	.046802

	17	18	19	20	21	22
17	.461539					
18	-.213930	.530120				
19	.039186	-.090145	.441718			
20	-.131800	.110739	-.244602	.579119		
21	.006433	-.011050	.023594	-.064388	.388079	
22	-.116377	.081409	-.168467	.168143	-.343183	.795326

K22

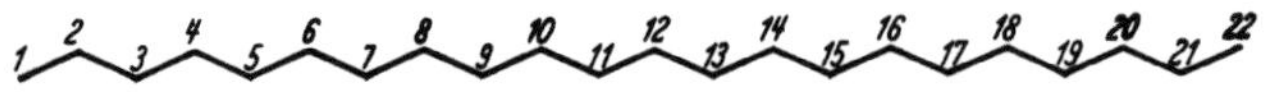

Bindungs- Bindungs- Polarisierbarkeiten

	1 2	2 3	3 4	4 5	5 6	6 7	7 8	8 9
1 2	.164448							
2 3	-.239103	.378507						
3 4	.110328	-.192613	.242416					
4 5	-.063140	.087531	-.242869	.381431				
5 6	.041040	-.050972	.121238	-.226020	.272955			
6 7	-.028175	.032992	-.073712	.109285	-.245797	.378381		
7 8	.020823	-.023456	.050665	-.066844	.125489	-.237950	.287048	
8 9	-.015408	.016957	-.035961	.044515	-.077469	.117720	-.247111	.376176
9 10	.012238	-.013220	.027666	-.032708	.054505	-.073771	.127496	-.243412
10 11	-.009354	.009993	-.020755	.023887	-.038897	.049494	-.078782	.121307
11 12	.007806	-.008250	.017019	-.019120	.030582	-.037102	.056188	-.077146
12 13	-.006005	.006311	-.012970	.014379	-.022779	.026922	-.039743	.051469
13 14	.005207	-.005435	.011126	-.012154	.019075	-.021964	.031737	-.039173
14 15	-.003940	.004100	-.008376	.009086	-.014194	.016135	-.023071	.027797
15 16	.003530	-.003656	.007450	-.008005	.012436	-.013910	.019664	-.023071
16 17	-.002549	.002635	-.005365	.005742	-.008900	.009888	-.013910	.016135
17 18	.002351	-.002424	.004926	-.005240	.008093	-.008900	.012436	-.014194
18 19	-.001530	.001575	-.003200	.003397	-.005240	.005742	-.008005	.009086
19 20	.001451	-.001491	.003026	-.003200	.004926	-.005365	.007450	-.008376
20 21	-.000715	.000735	-.001491	.001575	-.002424	.002635	-.003656	.004100
21 22	.000697	-.000715	.001451	-.001530	.002351	-.002549	.003530	-.003940

	9 10	10 11	11 12	12 13	13 14	14 15	15 16	16 17
9 10	.293610							
10 11	-.247191	.375115						
11 12	.128333	-.246087	.295555					
12 13	-.078641	.122328	-.246087	.375115				
13 14	.056676	-.078641	.128333	-.247191	.293610			
14 15	-.039173	.051469	-.077146	.121307	-.243412	.376176		
15 16	.031737	-.039743	.056188	-.078782	.127496	-.247111	.287048	
16 17	-.021964	.026922	-.037102	.049494	-.073771	.117720	-.237950	.378381
17 18	.019075	-.022779	.030582	-.038897	.054505	-.077469	.125489	-.245797
18 19	-.012154	.014379	-.019120	.023887	-.032708	.044515	-.066844	.109285
19 20	.011126	-.012970	.017019	-.020755	.027666	-.035961	.050665	-.073712
20 21	-.005435	.006311	-.008250	.009993	-.013220	.016957	-.023456	.032992
21 22	.005207	-.006005	.007806	-.009354	.012238	-.015408	.020823	-.028175

	17 18	18 19	19 20	20 21	21 22
17 18	.272955				
18 19	-.226020	.381431			
19 20	.121238	-.242869	.242416		
20 21	-.050972	.087531	-.192613	.378507	
21 22	.041040	-.063140	.110328	-.239103	.164448

Cyclopropenyl- Kation

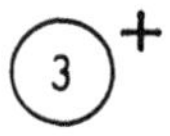

Eigenwerte und Hückelkoeffizienten

	1	2	3
1	2.000000	-1.000000	-1.000000

	1	2	3
1	.577350	0	-.816497
2	.577350	.707107	.408248
3	.577350	-.707107	.408248

TOTALE PI ELEKTRONEN ENERGIE 4.000000

allgemeine Bindungsordnungen

	1	2	3
1	.666667		
2	.666667	.666667	
3	.666667	.666667	.666667

Atom- Atom Polarisierbarkeiten

	1	2	3
1	.296296		
2	-.148148	.296296	
3	-.148148	-.148148	.296296

Bindungs- Atom Polarisierbarkeiten

	1	2	3
1 2	.074074	.074074	-.148148
1 3	.074074	-.148148	.074074
2 3	-.148148	.074074	.074074

Bindungs- Bindungs Polarisierbarkeiten

	1 2	1 3	2 3
1 2	.148148		
1 3	-.074074	.148148	
2 3	-.074074	-.074074	.148148

(4)

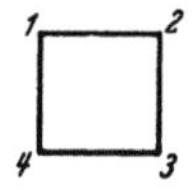

Cyclobutadien

Eigenwerte und Hückelkoeffizienten

	1	2	3	4
1	2.000000	.000000	.000000	-2.000000

	1	2	3	4
1	.500000	.500000	.500000	.500000
2	.500000	.500000	-.500000	-.500000
3	.500000	-.500000	-.500000	.500000
4	.500000	-.500000	.500000	-.500000

TOTALE PI ELEKTRONEN ENERGIE 4.000000

allgemeine Bindungsordnungen

	1	2	3	4
1	1.000000			
2	.500000	1.000000		
3	0	.500000	1.000000	
4	.500000	0	.500000	1.000000

Cyclobutadien Di - Kation

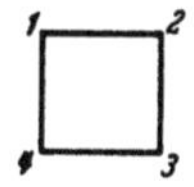

(4)$^{++}$

allgemeine Bindungsordnungen

	1	2	3	4
1	.500000			
2	.500000	.500000		
3	.500000	.500000	.500000	
4	.500000	.500000	.500000	.500000

Atom- Atom Polarisierbarkeiten

	1	2	3	4
1	.312500			
2	-.062500	.312500		
3	-.187500	-.062500	.312500	
4	-.062500	-.187500	-.062500	.312500

Bindungs- Atom Polarisierbarkeiten

	1	2	3	4
1 2	.125000	.125000	-.125000	-.125000
1 4	.125000	-.125000	-.125000	.125000
2 3	-.125000	.125000	.125000	-.125000
3 4	-.125000	-.125000	.125000	.125000

Bindungs- Bindungs Polarisierbarkeiten

	1 2	1 3	1 4	2 3	3 4
1 2	.250000				
1 3	0	.125000			
1 4	0	0	.250000		
2 3	0	0	-.250000	.250000	
3 4	-.250000	0	0	0	.250000

④⁻⁻

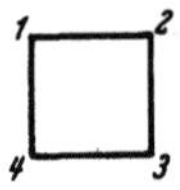

Cyclobutadien Di - Anion

allgemeine Bindungsordnungen

	1	2	3	4
1	1,500000			
2	,500000	1,500000		
3	-,500000	,500000	1,500000	
4	,500000	-,500000	,500000	1,500000

Atom- Atom Polarisierbarkeiten

	1	2	3	4
1	,312500			
2	-,062500	,312500		
3	-,187500	-,062500	,312500	
4	-,062500	-,187500	-,062500	,312500

Bindungs- Atom Polarisierbarkeiten

	1	2	3	4
1 2	-,125000	-,125000	,125000	,125000
1 3	,062500	-,062500	,062500	-,062500
1 4	-,125000	,125000	,125000	-,125000
2 3	,125000	-,125000	-,125000	,125000
3 4	,125000	,125000	-,125000	-,125000

Bindungs- Bindungs Polarisierbarkeiten

	1 2	1 3	1 4	2 3	3 4
1 2	,250000				
1 3	0	,125000			
1 4	0	0	,250000		
2 3	0	0	-,250000	,250000	
3 4	-,250000	0	0	0	,250000

Cyclopentadienyl- Anion

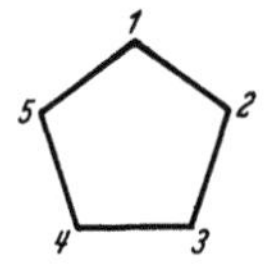

(5)$^-$

Eigenwerte und Hückelkoeffizienten

	1	2	3	4	5
1	2.000000	.618034	.618034	-1.618034	-1.618034
1	.447214	.632456	0	0	-.632456
2	.447214	.195440	.601501	.371748	.511667
3	.447214	-.511667	.371748	-.601501	-.195440
4	.447214	-.511667	-.371748	.601501	-.195440
5	.447214	.195440	-.601501	-.371748	.511667

TOTALE PI ELEKTRONEN ENERGIE 6.472136

allgemeine Bindungsordnungen

	1	2	3	4	5
1	1.200000				
2	.647214	1.200000			
3	-.247214	.647214	1.200000		
4	-.247214	-.247214	.647214	1.200000	
5	.647214	-.247214	-.247214	.647214	1.200000

Atom- Atom Polarisierbarkeiten

	1	2	3	4	5
1	.374663				
2	-.143108	.374663			
3	-.044223	-.143108	.374663		
4	-.044223	-.044223	-.143108	.374663	
5	-.143108	-.044223	-.044223	-.143108	.374663

5$^-$

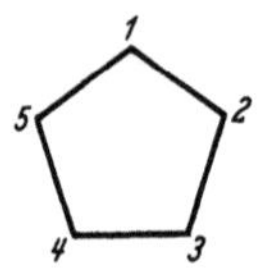

Cyclopentadienyl- Anion

Bindungs- Atom Polarisierbarkeiten

	1	2	3	4	5
1 2	-.063108	-.063108	.085220	-.044223	.085220
1 3	-.013666	-.143108	-.013666	.085220	.085220
1 5	-.063108	.085220	-.044223	.085220	-.063108
2 3	.085220	-.063108	-.063108	.085220	-.044223
3 4	-.044223	.085220	-.063108	-.063108	.085220
4 5	.085220	-.044223	.085220	-.063108	-.063108

Bindungs- Bindungs Polarisierbarkeiten

	1 2	1 3	1 5	2 3	3 4	4 5
1 2	.231554					
1 3	.022111	.330440				
1 5	-.156774	.071554	.231554			
2 3	-.156774	.022111	.040997	.231554		
3 4	.040997	.071554	.040997	-.156774	.231554	
4 5	.040997	-.187331	-.156774	.040997	-.156774	.231554

Benzol

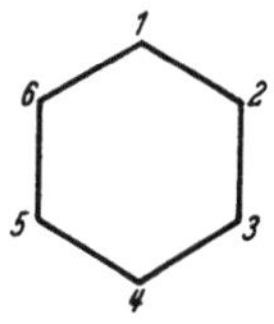

6

Eigenwerte und Hückelkoeffizienten

	1	2	3	4	5	6
1	2.000000	1.000000	1.000000	-1.000000	-1.000000	-2.000000

1	.408248	0	.577350	-.577350	0	-.408248
2	.408248	.500000	.288675	.288675	.500000	.408248
3	.408248	.500000	-.288675	.288675	-.500000	-.408248
4	.408248	0	-.577350	-.577350	0	.408248
5	.408248	-.500000	-.288675	.288675	.500000	-.408248
6	.408248	-.500000	.288675	.288675	-.500000	.408248

TOTALE PI ELEKTRONEN ENERGIE 8.000000

allgemeine Bindungsordnungen

	1	2	3	4	5	6
1	1.000000					
2	.666667	1.000000				
3	0	.666667	1.000000			
4	-.333333	0	.666667	1.000000		
5	0	-.333333	0	.666667	1.000000	
6	.666667	0	-.333333	0	.666667	1.000000

Atom- Atom Polarisierbarkeiten

	1	2	3	4	5	6
1	.398148					
2	-.157407	.398148				
3	.009259	-.157407	.398148			
4	-.101852	.009259	-.157407	.398148		
5	.009259	-.101852	.009259	-.157407	.398148	
6	-.157407	.009259	-.101852	.009259	-.157407	.398148

Benzol

6

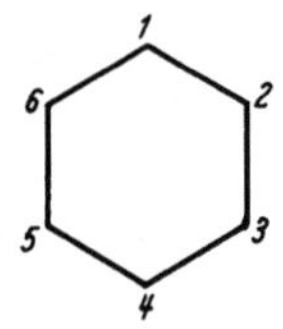

Bindungs- Atom Polarisierbarkeiten

	1	2	3	4	5	6
1 2	0	0	0	0	0	0
1 3	-.046296	-.157407	-.046296	.120370	.009259	.120370
1 4	0	0	0	0	0	0
1 6	0	0	0	0	0	0
2 3	0	0	0	0	0	0
3 4	0	0	0	0	0	0
4 5	0	0	0	0	0	0
5 6	0	0	0	0	0	0

Bindungs- Bindungs Polarisierbarkeiten

	1 2	1 3	1 4	1 6	2 3	3 4	4 5	5 6
1 2	.240741							
1 3	0	.407407						
1 4	.074074	0	.296296					
1 6	-.203704	0	.074074	.240741				
2 3	-.203704	0	-.148148	.129630	.240741			
3 4	.129630	0	.074074	-.092593	-.203704	.240741		
4 5	-.092593	0	.074074	.129630	.129630	-.203704	.240741	
5 6	.129630	0	-.148148	-.203704	-.092593	.129630	-.203704	.240741

Cycloheptatrienyl- Kation

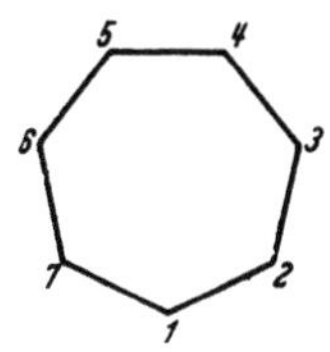

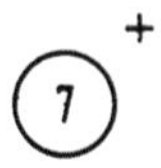

Eigenwerte und Hückelkoeffizienten

	1	2	3	4	5	6	7
1	2,000000	1,246980	1,246980	-,445042	-,445042	-1,801938	-1,801938

	1	2	3	4	5	6	7
1	.377964	.534522	0	-.534522	0	0	-.534522
2	.377964	.333269	.417907	.118942	.521121	.231921	.481588
3	.377964	-.118942	.521121	.481588	-.231921	-.417907	-.333269
4	.377964	-.481588	.231921	-.333269	-.417907	.521121	.118942
5	.377964	-.481588	-.231921	-.333269	.417907	-.521121	.118942
6	.377964	-.118942	-.521121	.481588	.231921	.417907	-.333269
7	.377964	.333269	-.417907	.118942	-.521121	-.231921	.481588

OTALE PI ELEKTRONEN ENERGIE 8,987918

allgemeine Bindungsordnungen

	1	2	3	4	5	6	7
1	.857143						
2	.641994	.857143					
3	.158559	.641994	.357143				
4	-.229125	.158559	.641994	.857143			
5	-.229125	-.229125	.158559	.641994	.857143		
6	.158559	-.229125	-.229125	.158559	.641994	.857143	
7	.641994	.158559	-.229125	-.229125	.158559	.641994	.857143

Atom- Atom Polarisierbarkeiten

	1	2	3	4	5	6	7
1	.409796						
2	-.140484	.409796					
3	-.009556	-.140484	.409796				
4	-.054858	-.009556	-.140484	.409796			
5	-.054858	-.054858	-.009556	-.140484	.409796		
6	-.009556	-.054858	-.054858	-.009556	-.140484	.409796	
7	-.140484	-.009556	-.054858	-.054858	-.009556	-.140484	.409796

7 +

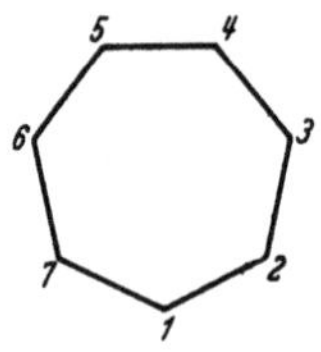

Cycloheptatrienyl- Kation

Bindungs- Atom Polarisierbarkeiten

	1	2	3	4	5	6	7
1 2	.051915	.051915	-.061341	.036855	-.054858	.036855	-.061341
1 3	-.048771	-.140484	-.048771	.082158	.036855	.036855	.082158
1 4	-.016039	-.061341	-.061341	-.016039	.082158	-.009556	.082158
1 7	.051915	-.061341	.036855	-.054858	.036855	-.061341	.051915
2 3	-.061341	.051915	.051915	-.061341	.036855	-.054858	.036855
3 4	.036855	-.061341	.051915	.051915	-.061341	.036855	-.054858
4 5	-.054858	.036855	-.061341	.051915	.051915	-.061341	.036855
5 6	.036855	-.054858	.036855	-.061341	.051915	.051915	-.061341
6 7	-.061341	.036855	-.054858	.036855	-.061341	.051915	.051915

Bindungs- Bindungs Polarisierbarkeiten

	1 2	1 3	1 4	1 7	2 3	3 4	4 5	5 6
1 2	.269312							
1 3	-.009426	.400241						
1 4	.033387	.088771	.354938					
1 7	-.189255	-.077380	.066119	.269312				
2 3	-.189255	-.009426	-.150040	.072602	.269312			
3 4	.072602	-.077380	.033387	-.018003	-.189255	.269312		
4 5	-.018003	.119013	.066119	-.018003	.072602	-.189255	.269312	
5 6	-.018003	-.064414	-.024486	.072602	-.018003	.072602	-.189255	.269312
6 7	.072602	.119013	-.024486	-.189255	-.018003	-.018003	.072602	-.189255

	6 7
6 7	.269312

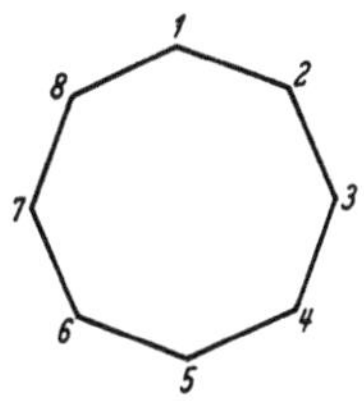

R₈

Eigenwerte und Hückelkoeffizienten

	1	2	3	4	5	6	7	8
1	2,000000	1,414214	1,414214	.000000	.000000	-1,414214	-1,414214	-2,000000
1	.353553	0	.500000	0	.500000	0	.500000	.353553
2	.353553	.353553	.353553	.500000	0	.353553	-.353553	-.353553
3	.353553	.500000	0	0	-.500000	-.500000	0	.353553
4	.353553	.353553	-.353553	-.500000	0	.353553	.353553	-.353553
5	.353553	0	-.500000	0	.500000	0	-.500000	.353553
6	.353553	-.353553	-.353553	.500000	0	-.353553	.353553	-.353553
7	.353553	-.500000	0	0	-.500000	.500000	0	.353553
8	.353553	-.353553	.353553	-.500000	0	-.353553	-.353553	-.353553

TOTALE PI ELEKTRONEN ENERGIE 9.656854

allgemeine Bindungsordnungen

	1	2	3	4	5	6	7	8
1	1,000000							
2	.603553	1,000000						
3	0	.603553	1,000000					
4	-.103553	0	.603553	1,000000				
5	0	-.103553	0	.603553	1,000000			
6	-.103553	0	-.103553	0	.603553	1,000000		
7	0	-.103553	0	-.103553	0	.603553	1,000000	
8	.603553	0	-.103553	0	-.103553	0	.603553	1,000000

R_8^{++}

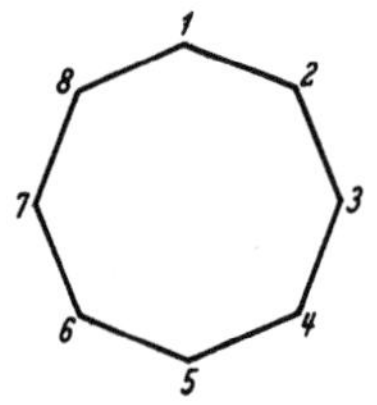

allgemeine Bindungsordnungen

	1	2	3	4	5	6	7	8
1	.750000							
2	.603553	.750000						
3	.250000	.603553	.750000					
4	-.103553	.250000	.603553	.750000				
5	-.250000	-.103553	.250000	.603553	.750000			
6	-.103553	-.250000	-.103553	.250000	.603553	.750000		
7	.250000	-.103553	-.250000	-.103553	.250000	.603553	.750000	
8	.603553	.250000	-.103553	-.250000	-.103553	.250000	.603553	.750000

Atom- Atom Polarisierbarkeiten

	1	2	3	4	5	6	7	8
1	.416513							
2	-.111596	.416513						
3	-.046875	-.111596	.416513					
4	-.008042	-.046875	-.111596	.416513				
5	-.083487	-.008042	-.046875	-.111596	.416513			
6	-.008042	-.083487	-.008042	-.046875	-.111596	.416513		
7	-.046875	-.008042	-.083487	-.008042	-.046875	-.111596	.416513	
8	-.111596	-.046875	-.008042	-.083487	-.008042	-.046875	-.111596	.416513

Bindungs- Atom Polarisierbarkeiten

	1	2	3	4	5	6	7	8
1 2	.093750	.093750	-.093750	.031250	-.031250	-.031250	.031250	-.093750
1 3	-.036152	-.111596	-.036152	.028569	.067402	-.008042	.067402	.028569
1 4	-.031250	-.093750	-.093750	-.031250	.093750	.031250	.031250	.093750
1 5	-.010263	.028569	-.046875	.028569	-.010263	.028569	-.046875	.028569
1 8	.093750	-.093750	.031250	-.031250	-.031250	.031250	-.093750	.093750
2 3	-.093750	.093750	.093750	-.093750	.031250	-.031250	-.031250	.031250
3 4	.031250	-.093750	.093750	.093750	-.093750	.031250	-.031250	-.031250
4 5	-.031250	.031250	-.093750	.093750	.093750	-.093750	.031250	-.031250
5 6	-.031250	-.031250	.031250	-.093750	.093750	.093750	-.093750	.031250
6 7	.031250	-.031250	-.031250	.031250	-.093750	.093750	.093750	-.093750
7 8	-.093750	.031250	-.031250	-.031250	.031250	-.093750	.093750	.093750

Bindungs- Bindungs Polarisierbarkeiten

	1 2	1 3	1 4	1 5	1 8	2 3	3 4	4 5
1 2	.304917							
1 3	0	.369638						
1 4	-.007583	.125000	.408471					
1 5	.062500	.031250	.062500	.333027				
1 8	-.147748	-.125000	.018306	.062500	.304917			
2 3	-.147748	0	-.158471	-.062500	-.018306	.304917		
3 4	-.018306	-.125000	-.007583	-.062500	.059359	-.147748	.304917	
4 5	.059359	.125000	.018306	.062500	-.091529	-.018306	-.147748	.304917
5 6	-.091529	0	.095971	.062500	.059359	.059359	-.018306	-.147748
6 7	.059359	0	-.054917	-.062500	-.018306	-.091529	.059359	-.018306
7 8	-.018306	.125000	.095971	-.062500	-.147748	.059359	-.091529	.059359

	5 6	6 7	7 8
5 6	.304917		
6 7	-.147748	.304917	
7 8	-.018306	-.147748	.304917

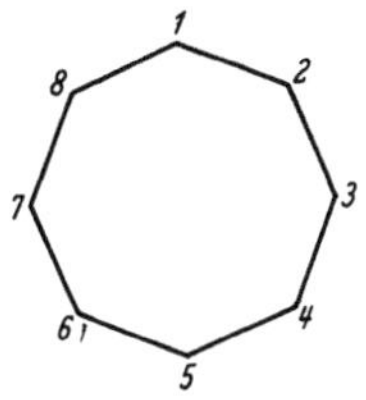

R_8^{--}

allgemeine Bindungsordnungen

	1	2	3	4	5	6	7	8
1	1.250000							
2	.603553	1.250000						
3	-.250000	.603553	1.250000					
4	-.103553	-.250000	.603553	1.250000				
5	.250000	-.103553	-.250000	.603553	1.250000			
6	-.103553	.250000	-.103553	-.250000	.603553	1.250000		
7	-.250000	-.103553	.250000	-.103553	-.250000	.603553	1.250000	
8	.603553	-.250000	-.103553	.250000	-.103553	-.250000	.603553	1.250000

Atom- Atom Polarisierbarkeiten

	1	2	3	4	5	6	7	8
1	.416513							
2	-.111596	.416513						
3	-.046875	-.111596	.416513					
4	-.008042	-.046875	-.111596	.416513				
5	-.083487	-.008042	-.046875	-.111596	.416513			
6	-.008042	-.083487	-.008042	-.046875	-.111596	.416513		
7	-.046875	-.008042	-.083487	-.008042	-.046875	-.111596	.416513	
8	-.111596	-.046875	-.008042	-.083487	-.008042	-.046875	-.111596	.416513

Bindungs- Atom Polarisierbarkeiten

	1	2	3	4	5	6	7	8
1 2	-.093750	-.093750	.093750	-.031250	.031250	.031250	-.031250	.093750
1 3	-.036152	-.111596	-.036152	.028569	.067402	-.008042	.067402	.028569
1 4	.031250	.093750	.093750	.031250	-.093750	-.031250	-.031250	-.093750
1 5	-.010263	.028569	-.046875	.028569	-.010263	.028569	-.046875	.028569
1 8	-.093750	.093750	-.031250	.031250	.031250	-.031250	.093750	-.093750
2 3	.093750	-.093750	-.093750	.093750	-.031250	.031250	.031250	-.031250
3 4	-.031250	.093750	-.093750	-.093750	.093750	-.031250	.031250	.031250
4 5	.031250	-.031250	.093750	-.093750	-.093750	.093750	-.031250	.031250
5 6	.031250	.031250	-.031250	.093750	-.093750	-.093750	.093750	-.031250
6 7	-.031250	.031250	.031250	-.031250	.093750	-.093750	-.093750	.093750
7 8	.093750	-.031250	.031250	.031250	-.031250	.093750	-.093750	-.093750

Bindungs- Bindungs Polarisierbarkeiten

	1 2	1 3	1 4	1 5	1 8	2 3	3 4	4 5
1 2	.304917							
1 3	0	.369638						
1 4	-.007583	-.125000	.408471					
1 5	-.062500	.031250	-.062500	.333027				
1 8	-.147748	.125000	.018306	-.062500	.304917			
2 3	-.147748	0	-.158471	.062500	-.018306	.304917		
3 4	-.018306	.125000	-.007583	.062500	.059359	-.147748	.304917	
4 5	.059359	-.125000	.018306	-.062500	-.091529	-.018306	-.147748	.304917
5 6	-.091529	0	.095971	-.062500	.059359	.059359	-.018306	-.147748
6 7	.059359	0	-.054917	.062500	-.018306	-.091529	.059359	-.018306
7 8	-.018306	-.125000	.095971	.062500	-.147748	.059359	-.091529	.059359

	5 6	6 7	7 8
5 6	.304917		
6 7	-.147748	.304917	
7 8	-.018306	-.147748	.304917

R_9^-

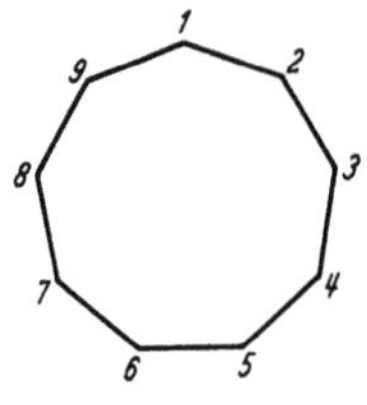

Eigenwerte und Hückelkoeffizienten

	1	2	3	4	5	6	7	8
1	2,000000	1,532089	1,532089	,347296	,347296	-1,000000	-1,000000	-1,879385
1	,333333	0	,471405	,471405	0	0	-,471405	-,471405
2	,333333	,303013	,361117	,081859	,464243	,408248	,235702	,442975
3	,333333	,464243	,081859	-,442975	,161230	-,408248	,235702	-,361117
4	,333333	,408248	-,235702	-,235702	-,408248	0	-,471405	,235702
5	,333333	,161230	-,442975	,361117	-,303013	,408248	,235702	-,081859
6	,333333	-,161230	-,442975	,361117	,303013	-,408248	,235702	-,081859
7	,333333	-,408248	-,235702	-,235702	,408248	0	-,471405	,235702
8	,333333	-,464243	,081859	-,442975	-,161230	,408248	,235702	-,361117
9	,333333	-,303013	,361117	,081859	-,464243	-,408248	,235702	,442975

	9
9	-1,879385
1	0
2	,161230
3	-,303013
4	,408248
5	-,464243
6	,464243
7	-,408248
8	,303013
9	-,161230

TOTALE PI ELEKTRONEN ENERGIE 11,517541

allgemeine Bindungsordnungen

	1	2	3	4	5	6	7	8
1	1,111111							
2	,639863	1,111111						
3	-,118242	,639863	1,111111					
4	-,222222	-,118242	,639863	1,111111				
5	,145045	-,222222	-,118242	,639863	1,111111			
6	,145045	,145045	-,222222	-,118242	,639863	1,111111		
7	-,222222	,145045	,145045	-,222222	-,118242	,639863	1,111111	
8	-,118242	-,222222	,145045	,145045	-,222222	-,118242	,639863	1,111111
9	,639863	-,118242	-,222222	,145045	,145045	-,222222	-,118242	,639863

	9
9	1,111111

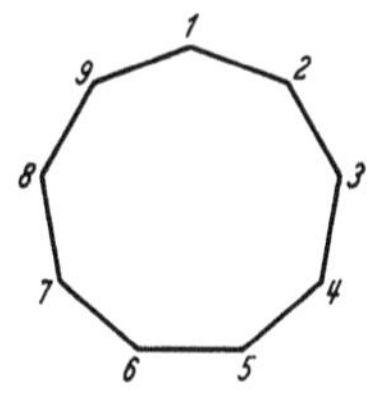

R_9^-

Atom- Atom Polarisierbarkeiten

	1	2	3	4	5	6	7	8	9
1	.429617								
2	-.139150	.429617							
3	.008998	-.139150	.429617						
4	-.055466	.008998	-.139150	.429617					
5	-.029190	-.055466	.008998	-.139150	.429617				
6	-.029190	-.029190	-.055466	.008998	-.139150	.429617			
7	-.055466	-.029190	-.029190	-.055466	.008998	-.139150	.429617		
8	.008998	-.055466	-.029190	-.029190	-.055466	.008998	-.139150	.429617	
9	-.139150	.008998	-.055466	-.029190	-.029190	-.055466	.008998	-.139150	.429617

Bindungs- Atom Polarisierbarkeiten

	1	2	3	4	5	6	7	8	9
1 2	-.043554	-.043554	.048412	-.032169	.041906	-.029190	.041906	-.032169	.048412
1 3	-.068054	-.139150	-.068054	.080094	.015630	.041906	.041906	.015630	.080094
1 4	.022136	.048412	.048412	.022136	-.058445	.015630	-.055466	.015630	-.058445
1 5	.006020	.080094	.008998	.080094	.006020	-.058445	-.032169	-.032169	-.058445
1 9	-.043554	.048412	-.032169	.041906	-.029190	.041906	-.032169	.048412	-.043554
2 3	.048412	-.043554	-.043554	.048412	-.032169	.041906	-.029190	.041906	-.032169
3 4	-.032169	.048412	-.043554	-.043554	.048412	-.032169	.041906	-.029190	.041906
4 5	.041906	-.032169	.048412	-.043554	-.043554	.048412	-.032169	.041906	-.029190
5 6	-.029190	.041906	-.032169	.048412	-.043554	-.043554	.048412	-.032169	.041906
6 7	.041906	-.029190	.041906	-.032169	.048412	-.043554	-.043554	.048412	-.032169
7 8	-.032169	.041906	-.029190	.041906	-.032169	.048412	-.043554	-.043554	.048412
8 9	.048412	-.032169	.041906	-.029190	.041906	-.032169	.048412	-.043554	-.043554

R_9^-

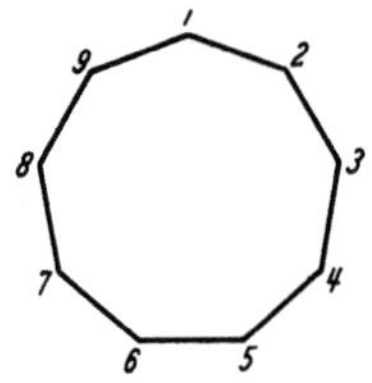

Bindungs- Bindungs Polarisierbarkeiten

	1 2	1 3	1 4	1 5	1 9	2 3	3 4	4 5
1 2	.290467							
1 3	.004858	.438616						
1 4	.012040	-.075722	.374151					
1 5	-.036308	-.052425	-.001648	.400427				
1 9	-.207204	.070548	.086114	-.052425	.290467			
2 3	-.207204	.004858	-.130152	.016244	.089092	.290467		
3 4	.089092	.070548	.012040	.016244	-.039837	-.207204	.290467	
4 5	-.039837	-.090613	.086114	-.036308	.012715	.089092	-.207204	.290467
5 6	.012715	.057535	-.042815	-.052425	.012715	-.039837	.089092	-.207204
6 7	.012715	-.084657	.009737	.095724	-.039837	.012715	-.039837	.089092
7 8	-.039837	.057535	.009737	-.046468	.089092	.012715	.012715	-.039837
8 9	.089092	-.090613	-.042815	.095724	-.207204	-.039837	.012715	.012715

	5 6	6 7	7 8	8 9
5 6	.290467			
6 7	-.207204	.290467		
7 8	.089092	-.207204	.290467	
8 9	-.039837	.089092	-.207204	.290467

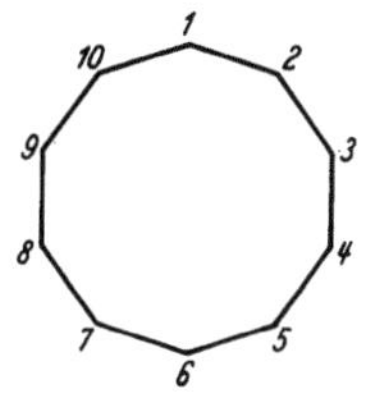

R_{10}

Eigenwerte und Hückelkoeffizienten

	1	2	3	4	5	6	7	8
1	2.000000	1.618034	1.618034	.618034	.618034	-.618034	-.618034	-1.618034
1	.316228	0	.447214	.447214	0	0	-.447214	0
2	.316228	.262866	.361803	.138197	.425325	.425325	.138197	.262866
3	.316228	.425325	.138197	-.361803	.262866	-.262866	.361803	-.425325
4	.316228	.425325	-.138197	-.361803	-.262866	-.262866	-.361803	.425325
5	.316228	.262866	-.361803	.138197	-.425325	.425325	-.138197	-.262866
6	.316228	0	-.447214	.447214	0	0	.447214	0
7	.316228	-.262866	-.361803	.138197	.425325	-.425325	-.138197	.262866
8	.316228	-.425325	-.138197	-.361803	.262866	.262866	-.361803	-.425325
9	.316228	-.425325	.138197	-.361803	-.262866	.262866	.361803	.425325
10	.316228	-.262866	.361803	.138197	-.425325	-.425325	.138197	-.262866

	9	10
9	-1.618034	-2.000000
1	-.447214	-.316228
2	.361803	.316228
3	-.138197	-.316228
4	-.138197	.316228
5	.361803	-.316228
6	-.447214	.316228
7	.361803	-.316228
8	-.138197	.316228
9	-.138197	-.316228
10	.361803	.316228

TOTALE PI ELEKTRONEN ENERGIE 12.944272

allgemeine Bindungsordnungen

	1	2	3	4	5	6	7	8
1	1.000000							
2	.647214	1.000000						
3	0	.647214	1.000000					
4	-.247214	0	.647214	1.000000				
5	0	-.247214	0	.647214	1.000000			
6	.200000	0	-.247214	0	.647214	1.000000		
7	0	.200000	0	-.247214	0	.647214	1.000000	
8	-.247214	0	.200000	0	-.247214	0	.647214	1.000000
9	0	-.247214	0	.200000	0	-.247214	0	.647214
10	.647214	0	-.247214	0	.200000	0	-.247214	0

	9	10
9	1.000000	
10	.647214	1.000000

R_{10}

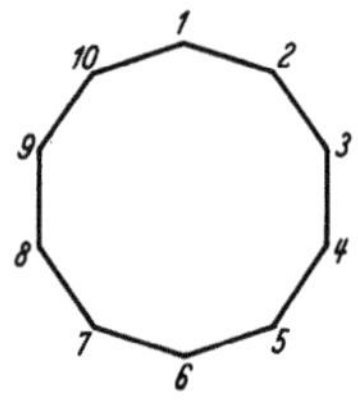

Atom- Atom Polarisierbarkeiten

	1	2	3	4	5	6	7	8
1	.437331							
2	-.145161	.437331						
3	.027889	-.145161	.437331					
4	-.072111	.027889	-.145161	.437331				
5	.002053	-.072111	.027889	-.145161	.437331			
6	-.062669	.002053	-.072111	.027889	-.145161	.437331		
7	.002053	-.062669	.002053	-.072111	.027889	-.145161	.437331	
8	-.072111	.002053	-.062669	.002053	-.072111	.027889	-.145161	.437331
9	.027889	-.072111	.002053	-.062669	.002053	-.072111	.027889	-.145161
10	-.145161	.027889	-.072111	.002053	-.062669	.002053	-.072111	.027889

	9	10
9	.437331	
10	-.145161	.437331

Bindungs- Atom Polarisierbarkeiten

	1	2	3	4	5	6	7	8
1 2	0	0	0	0	0	0	0	0
1 3	-.080440	-.145161	-.080440	.092610	-.007390	.066774	.002053	.066774
1 4	0	0	0	0	0	0	0	0
1 5	.018446	.092610	.027889	.092610	.018446	-.081554	-.007390	-.072111
1 6	0	0	0	0	0	0	0	0
1 10	0	0	0	0	0	0	0	0
2 3	0	0	0	0	0	0	0	0
3 4	0	0	0	0	0	0	0	0
4 5	0	0	0	0	0	0	0	0
5 6	0	0	0	0	0	0	0	0
6 7	0	0	0	0	0	0	0	0
7 8	0	0	0	0	0	0	0	0
8 9	0	0	0	0	0	0	0	0
9 10	0	0	0	0	0	0	0	0

	9	10
1 2	0	0
1 3	-.007390	.092610
1 4	0	0
1 5	-.007390	-.081554
1 6	0	0
1 10	0	0
2 3	0	0
3 4	0	0
4 5	0	0
5 6	0	0
6 7	0	0
7 8	0	0
8 9	0	0
9 10	0	0

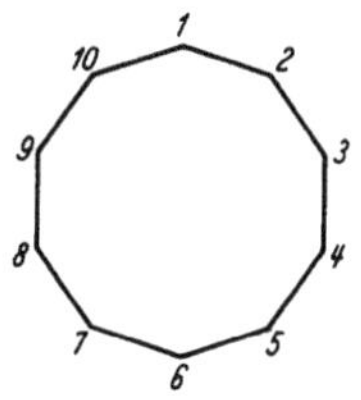

R_{10}

Bindungs- Bindungs- Polarisierbarkeiten

	1 2	1 3	1 4	1 5	1 6	1 10	2 3	3 4
1 2	.292170							
1 3	0	.465220						
1 4	.012170	0	.365220					
1 5	0	-.087830	0	.439384				
1 6	-.063108	0	-.013666	0	.374663			
1 10	-.225601	0	.111056	0	-.063108	.292170		
2 3	-.225601	0	-.117272	0	.085220	.120498	.292170	
3 4	.120498	0	.012170	0	-.044223	-.079502	-.225601	.292170
4 5	-.079502	0	.111056	0	.085220	.068827	.120498	-.225601
5 6	.068827	0	-.088944	0	-.063108	-.060616	-.079502	.120498
6 7	-.060616	0	.059384	0	-.063108	.068827	.068827	-.079502
7 8	.068827	0	-.070059	0	.085220	-.079502	-.060616	.068827
8 9	-.079502	0	.059384	0	-.044223	.120498	.068827	-.060616
9 10	.120498	0	-.088944	0	.085220	-.225601	-.079502	.068827

	4 5	5 6	6 7	7 8	8 9	9 10
4 5	.292170					
5 6	-.225601	.292170				
6 7	.120498	-.225601	.292170			
7 8	-.079502	.120498	-.225601	.292170		
8 9	.068827	-.079502	.120498	-.225601	.292170	
9 10	-.060616	.068827	-.079502	.120498	-.225601	.292170

R_{11}^{+}

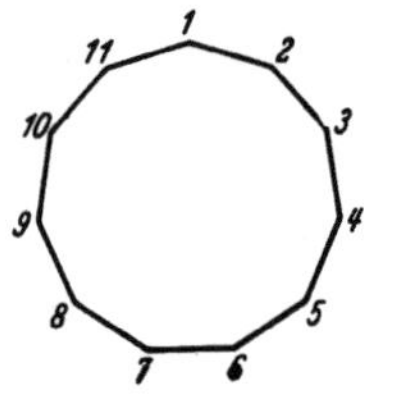

Eigenwerte und Hückelkoeffizienten

	1	2	3	4	5	6	7	8
1	2.000000	1.682507	1.682507	.830830	.830830	-.284630	-.284630	-1.309721
1	.301511	0	.426401	.426401	0	-.426401	0	0
2	.301511	.230530	.358712	.177134	.387868	.060683	.422061	.322253
3	.301511	.387868	.177134	-.279234	.322253	.409129	-.120131	-.422061
4	.301511	.422061	-.060683	-.409129	-.120131	-.177134	-.387868	.230530
5	.301511	.322253	-.279234	-.060683	-.422061	-.358712	.230530	.120131
6	.301511	.120131	-.409129	.358712	-.230530	.279234	.322253	-.387868
7	.301511	-.120131	-.409129	.358712	.230530	.279234	-.322253	.387868
8	.301511	-.322253	-.279234	-.060683	.422061	-.358712	-.230530	-.120131
9	.301511	-.422061	-.060683	-.409129	.120131	-.177134	.387868	-.230530
10	.301511	-.387868	.177134	-.279234	-.322253	.409129	.120131	.422061
11	.301511	-.230530	.358712	.177134	-.387868	.060683	-.422061	-.322253

	9	10	11
9	-1.309721	-1.918986	-1.918986
1	-.426401	-.426401	0
2	.279234	.409129	.120131
3	.060683	-.358712	-.230530
4	-.358712	.279234	.322253
5	.409129	-.177134	-.387868
6	-.177134	.060683	.422061
7	-.177134	.060683	-.422061
8	.409129	-.177134	.387868
9	-.358712	.279234	-.322253
10	.060683	-.358712	.230530
11	.279234	.409129	-.120131

TOTALE PI ELEKTRONEN ENERGIE 14.053348

allgemeine Bindungsordnungen

	1	2	3	4	5	6	7	8
1	.909091							
2	.638789	.909091						
3	.094747	.638789	.909091					
4	-.218839	.094747	.638789	.909091				
5	-.108064	-.218839	.094747	.638789	.909091			
6	.138822	-.108064	-.218839	.094747	.638789	.909091		
7	.138822	.138822	-.108064	-.218839	.094747	.638789	.909091	
8	-.108064	.138822	.138822	-.108064	-.218839	.094747	.638789	.909091
9	-.218839	-.108064	.138822	.138822	-.108064	-.218839	.094747	.638789
10	.094747	-.218839	-.108064	.138822	.138822	-.108064	-.218839	.094747
11	.638789	.094747	-.218839	-.108064	.138822	.138822	-.108064	-.218839

	9	10	11
9	.909091		
10	.638789	.909091	
11	.094747	.638789	.909091

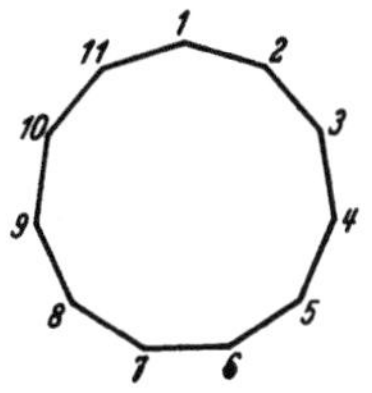

R_{11}^{+}

Atom- Atom Polarisierbarkeiten

	1	2	3	4	5	6	7	8
1	.442320							
2	-.138397	.442320						
3	.020759	-.138397	.442320					
4	-.054962	.020759	-.138397	.442320				
5	-.015666	-.054962	.020759	-.138397	.442320			
6	-.032893	-.015666	-.054962	.020759	-.138397	.442320		
7	-.032893	-.032893	-.015666	-.054962	.020759	-.138397	.442320	
8	-.015666	-.032893	-.032893	-.015666	-.054962	.020759	-.138397	.442320
9	-.054962	-.015666	-.032893	-.032893	-.015666	-.054962	.020759	-.138397
10	.020759	-.054962	-.015666	-.032893	-.032893	-.015666	-.054962	.020759
11	-.138397	.020759	-.054962	-.015666	-.032893	-.032893	-.015666	-.054962

	9	10	11
9	.442320		
10	-.138397	.442320	
11	.020759	-.138397	.442320

Bindungs- Atom Polarisierbarkeiten

	1	2	3	4	5	6	7	8
1 2	.037348	.037348	-.040172	.028596	-.034505	.025179	-.032893	.025179
1 3	-.080325	-.138397	-.080325	.078830	.003109	.042405	.025179	.025179
1 4	-.022945	-.040172	-.040172	-.022945	.045823	-.017278	.042405	-.015666
1 5	.019147	.078830	.020759	.078830	.019147	-.056574	-.017278	-.034505
1 6	.006527	.045823	.028596	.028596	.045823	.006527	-.056574	.003109
1 11	.037348	-.040172	.028596	-.034505	.025179	-.032893	.025179	-.034505
2 3	-.040172	.037348	.037348	-.040172	.028596	-.034505	.025179	-.032893
3 4	.028596	-.040172	.037348	.037348	-.040172	.028596	-.034505	.025179
4 5	-.034505	.028596	-.040172	.037348	.037348	-.040172	.028596	-.034505
5 6	.025179	-.034505	.028596	-.040172	.037348	.037348	-.040172	.028596
6 7	-.032893	.025179	-.034505	.028596	-.040172	.037348	.037348	-.040172
7 8	.025179	-.032893	.025179	-.034505	.028596	-.040172	.037348	.037348
8 9	-.034505	.025179	-.032893	.025179	-.034505	.028596	-.040172	.037348
9 10	.028596	-.034505	.025179	-.032893	.025179	-.034505	.028596	-.040172
10 11	-.040172	.028596	-.034505	.025179	-.032893	.025179	-.034505	.028596

	9	10	11
1 2	-.034505	.028596	-.040172
1 3	.042405	.003109	.078830
1 4	.042405	-.017278	.045823
1 5	-.034505	-.017278	-.056574
1 6	-.054962	.003109	-.056574
1 11	.028596	-.040172	.037348
2 3	.025179	-.034505	.028596
3 4	-.032893	.025179	-.034505
4 5	.025179	-.032893	.025179
5 6	-.034505	.025179	-.032893
6 7	.028596	-.034505	.025179
7 8	-.040172	.028596	-.034505
8 9	.037348	-.040172	.028596
9 10	.037348	.037348	-.040172
10 11	-.040172	.037348	.037348

R_{11}^{+}

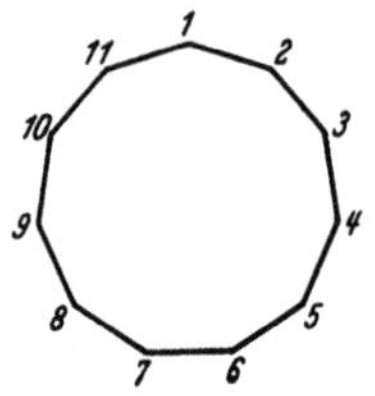

Bindungs- Bindungs Polarisierbarkeiten

	1 2	1 3	1 4	1 5	1 6	1 11	2 3	3 4
1 2	.303923							
1 3	-.002823	.463079						
1 4	-.001495	.065945	.387358					
1 5	.022878	-.077216	.002844	.426654				
1 6	-.037427	-.040223	-.037920	.062527	.409427			
1 11	-.218722	-.063117	.097978	.052350	-.050047	.303923		
2 3	-.218722	-.002823	-.117638	-.011576	.081940	.099589	.303923	
3 4	.099589	-.063117	-.001495	-.011576	-.034204	-.051853	-.218722	.303923
4 5	-.051853	.074419	.097978	.022878	.081940	.026739	.099589	-.218722
5 6	.026739	-.051783	-.053465	.052350	-.037427	-.007714	-.051853	.099589
6 7	-.007714	.067584	.025127	-.073852	-.050047	-.007714	.026739	-.051853
7 8	-.007714	-.048559	-.009326	.045515	.028545	.026739	-.007714	.026739
8 9	.026739	.067584	-.009326	-.070629	-.005909	-.051853	-.007714	-.007714
9 10	-.051853	-.051783	.025127	.045515	-.005909	.099589	.026739	-.007714
10 11	.099589	.074419	-.053465	-.073852	.028545	-.218722	-.051853	.026739

	4 5	5 6	6 7	7 8	8 9	9 10	10 11
4 5	.303923						
5 6	-.218722	.303923					
6 7	.099589	-.218722	.303923				
7 8	-.051853	.099589	-.218722	.303923			
8 9	.026739	-.051853	.099589	-.218722	.303923		
9 10	-.007714	.026739	-.051853	.099589	-.218722	.303923	
10 11	-.007714	-.007714	.026739	-.051853	.099589	-.218722	.303923

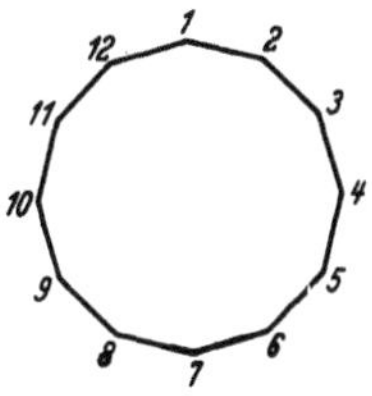

R_{12}

Eigenwerte und Hückelkoeffizienten

	1	2	3	4	5	6	7	8
1	2.000000	1.732051	1.732051	1.000000	1.000000	.000000	.000000	-1.000000
1	.288675	0	.408248	0	.408248	.408248	0	0
2	.288675	.204124	.353553	-.353553	.204124	0	-.408248	.353553
3	.288675	.353553	.204124	-.353553	-.204124	-.408248	0	-.353553
4	.288675	.408248	0	0	-.408248	0	.408248	0
5	.288675	.353553	-.204124	.353553	-.204124	.408248	0	.353553
6	.288675	.204124	-.353553	.353553	.204124	0	-.408248	-.353553
7	.288675	0	-.408248	0	.408248	-.408248	0	0
8	.288675	-.204124	-.353553	-.353553	.204124	0	.408248	.353553
9	.288675	-.353553	-.204124	-.353553	-.204124	.408248	0	-.353553
10	.288675	-.408248	0	0	-.408248	0	-.408248	.0
11	.288675	-.353553	.204124	.353553	-.204124	-.408248	0	.353553
12	.288675	-.204124	.353553	.353553	.204124	0	.408248	-.353553

	9	10	11	12
9	-1.000000	-1.732051	-1.732051	-2.000000
1	.408248	.408248	0	.288675
2	-.204124	-.353553	.204124	-.288675
3	-.204124	.204124	-.353553	.288675
4	.408248	0	.408248	-.288675
5	-.204124	-.204124	-.353553	.288675
6	-.204124	.353553	.204124	-.288675
7	.408248	-.408248	0	.288675
8	-.204124	.353553	-.204124	-.288675
9	-.204124	-.204124	.353553	.288675
10	.408248	0	-.408248	-.288675
11	-.204124	.204124	.353553	.288675
12	-.204124	-.353553	-.204124	-.288675

TOTALE PI ELEKTRONEN ENERGIE 14.928203

allgemeine Bindungsordnungen

	1	2	3	4	5	6	7	8
1	1.000000							
2	.622008	1.000000						
3	0	.622008	1.000000					
4	-.166667	0	.622008	1.000000				
5	0	-.166667	0	.622008	1.000000			
6	.044658	0	-.166667	0	.622008	1.000000		
7	0	.044658	0	-.166667	0	.622008	1.000000	
8	.044658	0	.044658	0	-.166667	0	.622008	1.000000
9	0	.044658	0	.044658	0	-.166667	0	.622008
10	-.166667	0	.044658	0	.044658	0	-.166667	0
11	0	-.166667	0	.044658	0	.044658	0	-.166667
12	.622008	0	-.166667	0	.044658	0	.044658	0

	9	10	11	12
9	1.000000			
10	.622008	1.000000		
11	0	.622008	1.000000	
12	-.166667	0	.622008	1.000000

R_{12}^{++}

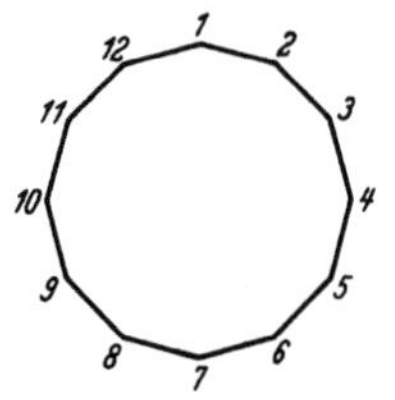

allgemeine Bindungsordnungen

	1	2	3	4	5	6	7	8
1	.833333							
2	.622008	.833333						
3	.166667	.622008	.833333					
4	-.166667	.166667	.622008	.833333				
5	-.166667	-.166667	.166667	.622008	.833333			
6	.044658	-.166667	-.166667	.166667	.622008	.833333		
7	.166667	.044658	-.166667	-.166667	.166667	.622008	.833333	
8	.044658	.166667	.044658	-.166667	-.166667	.166667	.622008	.833333
9	-.166667	.044658	.166667	.044658	-.166667	-.166667	.166667	.622008
10	-.166667	-.166667	.044658	.166667	.044658	-.166667	-.166667	.166667
11	.166667	-.166667	-.166667	.044658	.166667	.044658	-.166667	-.166667
12	.622008	.166667	-.166667	-.166667	.044658	.166667	.044658	-.166667

	9	10	11	12
9	.833333			
10	.622008	.833333		
11	.166667	.622008	.833333	
12	-.166667	.166667	.622008	.833333

Atom- Atom Polarisierbarkeiten

	1	2	3	4	5	6	7	8
1	.445762							
2	-.124412	.445762						
3	.000588	-.124412	.445762					
4	-.025463	.000588	-.124412	.445762				
5	-.044071	-.025463	.000588	-.124412	.445762			
6	-.002404	-.044071	-.025463	.000588	-.124412	.445762		
7	-.054238	-.002404	-.044071	-.025463	.000588	-.124412	.445762	
8	-.002404	-.054238	-.002404	-.044071	-.025463	.000588	-.124412	.445762
9	-.044071	-.002404	-.054238	-.002404	-.044071	-.025463	.000588	-.124412
10	-.025463	-.044071	-.002404	-.054238	-.002404	-.044071	-.025463	.000588
11	.000588	-.025463	-.044071	-.002404	-.054238	-.002404	-.044071	-.025463
12	-.124412	.000588	-.025463	-.044071	-.002404	-.054238	-.002404	-.044071

	9	10	11	12
9	.445762			
10	-.124412	.445762		
11	.000588	-.124412	.445762	
12	-.025463	.000588	-.124412	.445762

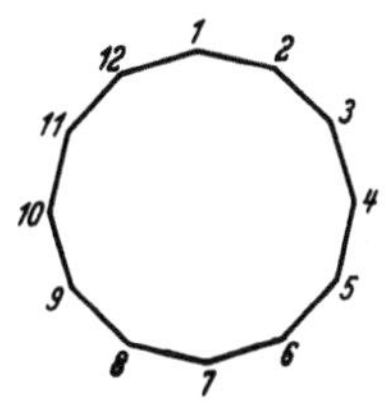

R_{12}^{++}

Bindungs- Atom Polarisierbarkeiten

	1	2	3	4	5	6	7	8
1 2	.069444	.069444	-.069444	.041667	-.041667	.013889	-.013889	-.013889
1 3	-.072578	-.124412	-.072578	.052422	.026371	.007763	.049430	-.002404
1 4	-.041667	-.069444	-.069444	-.041667	.069444	-.013889	.041667	.013889
1 5	.010755	.052422	.000588	.052422	.010755	-.015296	-.033903	.007763
1 6	.013889	.069444	.041667	.041667	.069444	.013889	-.069444	-.013889
1 12	.069444	-.069444	.041667	-.041667	.013889	-.013889	-.013889	.013889
2 3	-.069444	.069444	.069444	-.069444	.041667	-.041667	.013889	-.013889
3 4	.041667	-.069444	.069444	.069444	-.069444	.041667	-.041667	.013889
4 5	-.041667	.041667	-.069444	.069444	.069444	-.069444	.041667	-.041667
5 6	.013889	-.041667	.041667	-.069444	.069444	.069444	-.069444	.041667
6 7	-.013889	.013889	-.041667	.041667	-.069444	.069444	.069444	-.069444
7 8	-.013889	-.013889	.013889	-.041667	.041667	-.069444	.069444	.069444
8 9	.013889	-.013889	-.013889	.013889	-.041667	.041667	-.069444	.069444
9 10	-.041667	.013889	-.013889	-.013889	.013889	-.041667	.041667	-.069444
10 11	.041667	-.041667	.013889	-.013889	-.013889	.013889	-.041667	.041667
11 12	-.069444	.041667	-.041667	.013889	-.013889	-.013889	.013889	-.041667

	9	10	11	12
1 2	.013889	-.041667	.041667	-.069444
1 3	.049430	.007763	.026371	.052422
1 4	.013889	.041667	-.013889	.069444
1 5	-.044071	.007763	-.033903	-.015296
1 6	-.041667	-.041667	-.013889	-.069444
1 12	-.041667	.041667	-.069444	.069444
2 3	-.013889	.013889	-.041667	.041667
3 4	-.013889	-.013889	.013889	-.041667
4 5	.013889	-.013889	-.013889	.013889
5 6	-.041667	.013889	-.013889	-.013889
6 7	.041667	-.041667	.013889	-.013889
7 8	-.069444	.041667	-.041667	.013889
8 9	.069444	-.069444	.041667	-.041667
9 10	.069444	.069444	-.069444	.041667
10 11	-.069444	.069444	.069444	-.069444
11 12	.041667	-.069444	.069444	.069444

R_{12}^{++}

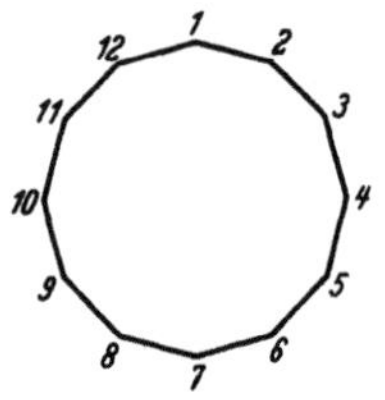

Bindungs- Bindungs Polarisierbarkeiten

	1 2	1 3	1 4	1 5	1 6	1 12	2 3	3 4
1 2	.321350							
1 3	0	.446350						
1 4	-.020157	.111111	.420299					
1 5	.027778	-.046207	.027778	.401692				
1 6	-.004541	-.055556	-.064815	.083333	.443358			
1 12	-.196991	-.111111	.063177	.083333	-.011984	.321350		
2 3	-.196991	0	-.123825	-.027778	.078793	.053009	.321350	
3 4	.053009	-.111111	-.020157	-.027778	-.024875	.000908	-.196991	.321350
4 5	.000908	.111111	.063177	.027778	.078793	-.036307	.053009	-.196991
5 6	-.036307	-.055556	.011075	.083333	-.004541	.047026	.000908	.053009
6 7	.047026	.055556	-.026140	-.083333	-.011984	-.056642	-.036307	.000908
7 8	-.056642	0	.057194	.027778	-.049199	.047026	.047026	-.036307
8 9	.047026	0	-.046474	-.027778	.034135	-.036307	-.056642	.047026
9 10	-.036307	.055556	.057194	-.027778	-.069534	.000908	.047026	-.056642
10 11	.000908	-.055556	-.026140	.027778	.034135	.053009	-.036307	.047026
11 12	.053009	.111111	.011075	-.083333	-.049199	-.196991	.000908	-.036307

	4 5	5 6	6 7	7 8	8 9	9 10	10 11	11 12
4 5	.321350							
5 6	-.196991	.321350						
6 7	.053009	-.196991	.321350					
7 8	.000908	.053009	-.196991	.321350				
8 9	-.036307	.000908	.053009	-.196991	.321350			
9 10	.047026	-.036307	.000908	.053009	-.196991	.321350		
10 11	-.056642	.047026	-.036307	.000908	.053009	-.196991	.321350	
11 12	.047026	-.056642	.047026	-.036307	.000908	.053009	-.196991	.321350

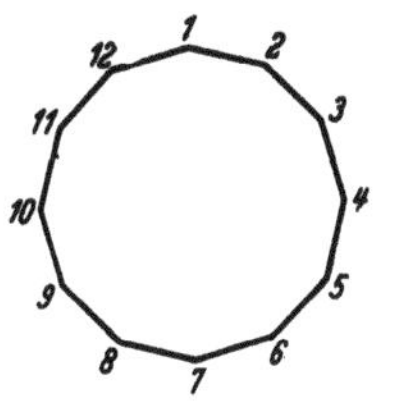

R_{12}^{--}

allgemeine Bindungsordnungen

	2	2	2	2	2	2	2	-0
1	1,166667							
2	,622008	1,166667						
3	-,166667	,622008	1,166667					
4	-,166667	-,166667	,622008	1,166667				
5	,166667	-,166667	-,166667	,622008	1,166667			
6	,044658	,166667	-,166667	-,166667	,622008	1,166667		
7	-,166667	,044658	,166667	-,166667	-,166667	,622008	1,166667	
8	,044658	-,166667	,044658	,166667	-,166667	-,166667	,622008	1,166667
9	,166667	,044658	-,166667	,044658	,166667	-,166667	-,166667	,622008
10	-,166667	,166667	,044658	-,166667	,044658	,166667	-,166667	-,166667
11	-,166667	-,166667	,166667	,044658	-,166667	,044658	,166667	-,166667
12	,622008	-,166667	-,166667	,166667	,044658	-,166667	,044658	,166667

	-0	-0	-0	-0
9	1,166667			
10	,622008	1,166667		
11	-,166667	,622008	1,166667	
12	-,166667	-,166667	,622008	1,166667

Atom- Atom Polarisierbarkeiten

	2	2	2	2	2	2	2	-0
1	,445762							
2	-,124412	,445762						
3	,000588	-,124412	,445762					
4	-,025463	,000588	-,124412	,445762				
5	-,044071	-,025463	,000588	-,124412	,445762			
6	-,002404	-,044071	-,025463	,000588	-,124412	,445762		
7	-,054238	-,002404	-,044071	-,025463	,000588	-,124412	,445762	
8	-,002404	-,054238	-,002404	-,044071	-,025463	,000588	-,124412	,445762
9	-,044071	-,002404	-,054238	-,002404	-,044071	-,025463	,000588	-,124412
10	-,025463	-,044071	-,002404	-,054238	-,002404	-,044071	-,025463	,000588
11	,000588	-,025463	-,044071	-,002404	-,054238	-,002404	-,044071	-,025463
12	-,124412	,000588	-,025463	-,044071	-,002404	-,054238	-,002404	-,044071

	-0	-0	-0	-0
9	,445762			
10	-,124412	,445762		
11	,000588	-,124412	,445762	
12	-,025463	,000588	-,124412	,445762

R_{12}^{--}

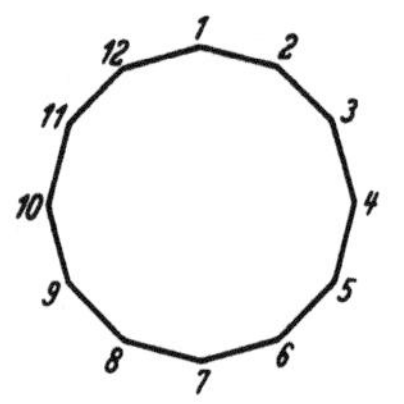

Bindungs- Atom Polarisierbarkeiten

	2	2	2	2	2	2	2	-0
1 2	-.069444	-.069444	.069444	-.041667	.041667	-.013889	.013889	.013889
1 3	-.072578	-.124412	-.072578	.052422	.026371	.007763	.049430	-.002404
1 4	.041667	.069444	.069444	.041667	-.069444	.013889	-.041667	-.013889
1 5	.010755	.052422	.000588	.052422	.010755	-.015296	-.033903	.007763
1 6	-.013889	-.069444	-.041667	-.041667	-.069444	-.013889	.069444	.013889
1 12	-.069444	.069444	-.041667	.041667	-.013889	.013889	.013889	-.013889
2 3	.069444	-.069444	-.069444	.069444	-.041667	.041667	-.013889	.013889
3 4	-.041667	.069444	-.069444	-.069444	.069444	-.041667	.041667	-.013889
4 5	.041667	-.041667	.069444	-.069444	-.069444	.069444	-.041667	.041667
5 6	-.013889	.041667	-.041667	.069444	-.069444	-.069444	.069444	-.041667
6 7	.013889	-.013889	.041667	-.041667	.069444	-.069444	-.069444	.069444
7 8	.013889	.013889	-.013889	.041667	-.041667	.069444	-.069444	-.069444
8 9	-.013889	.013889	.013889	-.013889	.041667	-.041667	.069444	-.069444
9 10	.041667	-.013889	.013889	.013889	-.013889	.041667	-.041667	.069444
10 11	-.041667	.041667	-.013889	.013889	.013889	-.013889	.041667	-.041667
11 12	.069444	-.041667	.041667	-.013889	.013889	.013889	-.013889	.041667

	-0	-0	-0	-0
1 2	-.013889	.041667	-.041667	.069444
1 3	.049430	.007763	.026371	.052422
1 4	-.013889	-.041667	.013889	-.069444
1 5	-.044071	.007763	-.033903	-.015296
1 6	.041667	.041667	.013889	.069444
1 12	.041667	-.041667	.069444	-.069444
2 3	.013889	-.013889	.041667	-.041667
3 4	.013889	.013889	-.013889	.041667
4 5	-.013889	.013889	.013889	-.013889
5 6	.041667	-.013889	.013889	.013889
6 7	-.041667	.041667	-.013889	.013889
7 8	.069444	-.041667	.041667	-.013889
8 9	-.069444	.069444	-.041667	.041667
9 10	-.069444	-.069444	.069444	-.041667
10 11	.069444	-.069444	-.069444	.069444
11 12	-.041667	.069444	-.069444	-.069444

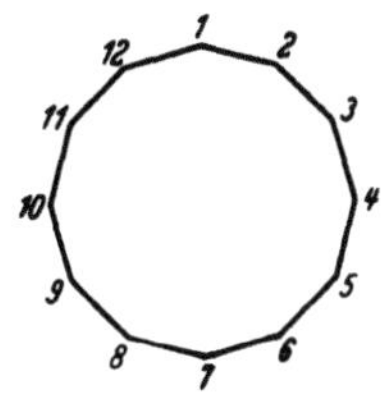

R_{12}^{--}

Bindungs- Bindungs Polarisierbarkeiten

	1 2	1 3	1 4	1 5	1 6	1 12	2 3	3 4
1 2	.321350							
1 3	0	.446350						
1 4	-.020157	-.111111	.420299					
1 5	-.027778	-.046207	-.027778	.401692				
1 6	-.004541	.055556	-.064815	-.083333	.443358			
1 12	-.196991	.111111	.063177	-.083333	-.011984	.321350		
2 3	-.196991	0	-.123825	.027778	.078793	.053009	.321350	
3 4	.053009	.111111	-.020157	.027778	-.024875	.000908	-.196991	.321350
4 5	.000908	-.111111	.063177	-.027778	.078793	-.036307	.053009	-.196991
5 6	-.036307	.055556	.011075	-.083333	-.004541	.047026	.000908	.053009
6 7	.047026	-.055556	-.026140	.083333	-.011984	-.056642	-.036307	.000908
7 8	-.056642	0	.057194	-.027778	-.049199	.047026	.047026	-.036307
8 9	.047026	0	-.046474	.027778	.034135	-.036307	-.056642	.047026
9 10	-.036307	-.055556	.057194	.027778	-.069534	.000908	.047026	-.056642
10 11	.000908	.055556	-.026140	-.027778	.034135	.053009	-.036307	.047026
11 12	.053009	-.111111	.011075	.083333	-.049199	-.196991	.000908	-.036307

	4 5	5 6	6 7	7 8	8 9	9 10	10 11	11 12
4 5	.321350							
5 6	-.196991	.321350						
6 7	.053009	-.196991	.321350					
7 8	.000908	.053009	-.196991	.321350				
8 9	-.036307	.000908	.053009	-.196991	.321350			
9 10	.047026	-.036307	.000908	.053009	-.196991	.321350		
10 11	-.056642	.047026	-.036307	.000908	.053009	-.196991	.321350	
11 12	.047026	-.056642	.047026	-.036307	.000908	.053009	-.196991	.321350

R_{13}^{-}

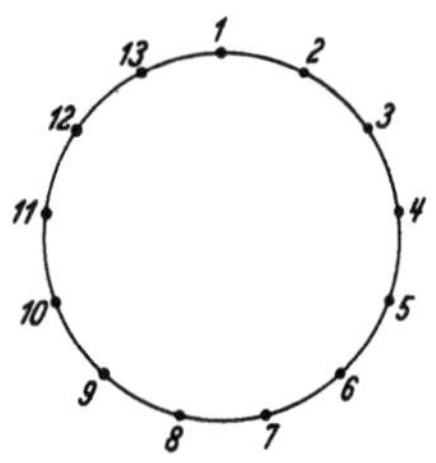

Eigenwerte und Hückelkoeffizienten

	1	2	3	4	5	6	7	8
1	2,000000	1,770912	1,770912	1,136129	1,136129	,241073	,241073	-,709210
1	,277350	0	,392232	0	,392232	,392232	0	0
2	,277350	,182279	,347304	,322801	,222813	,047278	,389372	,366744
3	,277350	,322801	,222813	,366744	-,139087	-,380835	,093867	-,260098
4	,277350	,389372	,047278	,093867	-,380835	-,139087	-,366744	-,182279
5	,277350	,366744	-,139087	-,260098	-,293590	,347304	-,182279	,389372
6	,277350	,260098	-,293590	-,389372	,047278	,222813	,322801	-,093867
7	,277350	,093867	-,380835	-,182279	,347304	-,293590	,260098	-,322801
8	,277350	-,093867	-,380835	,182279	,347304	-,293590	-,260098	,322801
9	,277350	-,260098	-,293590	,389372	,047278	,222813	-,322801	,093867
10	,277350	-,366744	-,139087	,260098	-,293590	,347304	,182279	-,389372
11	,277350	-,389372	,047278	-,093867	-,380835	-,139087	,366744	,182279
12	,277350	-,322801	,222813	-,366744	-,139087	-,380835	-,093867	,260098
13	,277350	-,182279	,347304	-,322801	,222813	,047278	-,389372	-,366744

	9	10	11	12	13
9	-,709210	-1,497021	-1,497021	-1,941884	-1,941884
1	-,392232	0	-,392232	-,392232	0
2	,139087	,260098	,293590	,380835	,093867
3	,293590	-,389372	-,047278	-,347304	-,182279
4	-,347304	,322801	-,222813	,293590	,260098
5	-,047278	-,093867	,380835	-,222813	-,322801
6	,380835	-,182279	-,347304	,139087	,366744
7	-,222813	,366744	,139087	-,047278	-,389372
8	-,222813	-,366744	,139087	-,047278	,389372
9	,380835	,182279	-,347304	,139087	-,366744
10	-,047278	,093867	,380835	-,222813	,322801
11	-,347304	-,322801	-,222813	,293590	-,260098
12	,293590	,389372	-,047278	-,347304	,182279
13	,139087	-,260098	,293590	,380835	-,093867

TOTALE PI ELEKTRONEN ENERGIE 16,592460

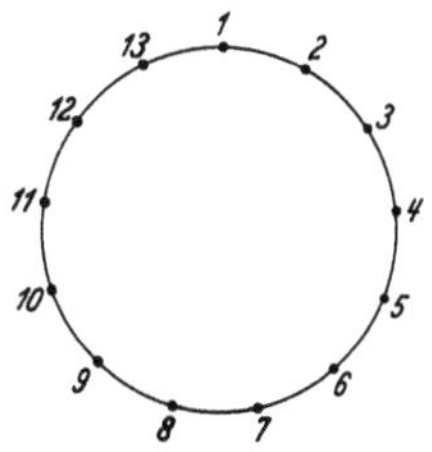

R_{13}^{-}

allgemeine Bindungsordnungen

	1	2	3	4	5	6	7	8
1	1,076923							
2	.638172	1,076923						
3	-.079225	.638172	1,076923					
4	-.216926	-.079225	.638172	1,076923				
5	.086874	-.216926	-.079225	.638172	1,076923			
6	.135413	.086874	-.216926	-.079225	.638172	1,076923		
7	-.102768	.135413	.086874	-.216926	-.079225	.638172	1,076923	
8	-.102768	-.102768	.135413	.086874	-.216926	-.079225	.638172	1,076923
9	.135413	-.102768	-.102768	.135413	.086874	-.216926	-.079225	.638172
10	.086874	.135413	-.102768	-.102768	.135413	.086874	-.216926	-.079225
11	-.216926	.086874	.135413	-.102768	-.102768	.135413	.086874	-.216926
12	-.079225	-.216926	.086874	.135413	-.102768	-.102768	.135413	.086874
13	.638172	-.079225	-.216926	.086874	.135413	-.102768	-.102768	.135413

	9	10	11	12	13
9	1,076923				
10	.638172	1,076923			
11	-.079225	.638172	1,076923		
12	-.216926	-.079225	.638172	1,076923	
13	.086874	-.216926	-.079225	.638172	1,076923

Atom- Atom Polarisierbarkeiten

	1	2	3	4	5	6	7	8
1	.451147							
2	-.137934	.451147						
3	.028932	-.137934	.451147					
4	-.054398	.028932	-.137934	.451147				
5	-.006967	-.054398	.028932	-.137934	.451147			
6	-.033697	-.006967	-.054398	.028932	-.137934	.451147		
7	-.021509	-.033697	-.006967	-.054398	.028932	-.137934	.451147	
8	-.021509	-.021509	-.033697	-.006967	-.054398	.028932	-.137934	.451147
9	-.033697	-.021509	-.021509	-.033697	-.006967	-.054398	.028932	-.137934
10	-.006967	-.033697	-.021509	-.021509	-.033697	-.006967	-.054398	.028932
11	-.054398	-.006967	-.033697	-.021509	-.021509	-.033697	-.006967	-.054398
12	.028932	-.054398	-.006967	-.033697	-.021509	-.021509	-.033697	-.006967
13	-.137934	.028932	-.054398	-.006967	-.033697	-.021509	-.021509	-.033697

	9	10	11	12	13
9	.451147				
10	-.137934	.451147			
11	.028932	-.137934	.451147		
12	-.054398	.028932	-.137934	.451147	
13	-.006967	-.054398	.028932	-.137934	.451147

R_{13}^{-}

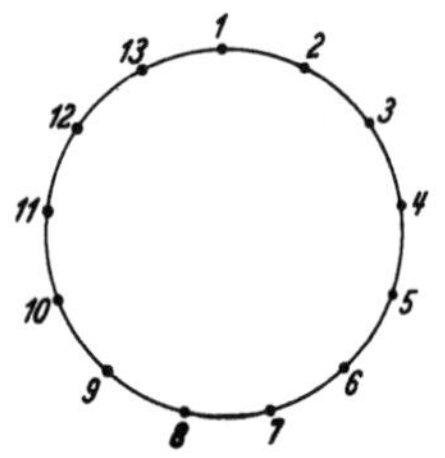

Bindungs- Atom Polarisierbarkeiten

	1	2	3	4	5	6	7	8
1 2	-.032627	-.032627	.034410	-.025734	.029603	-.022479	.027581	-.021509
1 3	-.088844	-.137934	-.088844	.078022	-.005308	.042123	.015393	.027581
1 4	.022221	.034410	.034410	.022221	-.037922	.017414	-.034667	.015393
1 5	.027963	.078022	.028932	.078022	.027963	-.055368	-.007937	-.034667
1 6	-.011192	-.037922	-.025734	-.025734	-.037922	-.011192	.044145	-.007937
1 13	-.032627	.034410	-.025734	.029603	-.022479	.027581	-.021509	.027581
2 3	.034410	-.032627	-.032627	.034410	-.025734	.029603	-.022479	.027581
3 4	-.025734	.034410	-.032627	-.032627	.034410	-.025734	.029603	-.022479
4 5	.029603	-.025734	.034410	-.032627	-.032627	.034410	-.025734	.029603
5 6	-.022479	.029603	-.025734	.034410	-.032627	-.032627	.034410	-.025734
6 7	.027581	-.022479	.029603	-.025734	.034410	-.032627	-.032627	.034410
7 8	-.021509	.027581	-.022479	.029603	-.025734	.034410	-.032627	-.032627
8 9	.027581	-.021509	.027581	-.022479	.029603	-.025734	.034410	-.032627
9 10	-.022479	.027581	-.021509	.027581	-.022479	.029603	-.025734	.034410
10 11	.029603	-.022479	.027581	-.021509	.027581	-.022479	.029603	-.025734
11 12	-.025734	.029603	-.022479	.027581	-.021509	.027581	-.022479	.029603
12 13	.034410	-.025734	.029603	-.022479	.027581	-.021509	.027581	-.022479

	9	10	11	12	13
1 2	.027581	-.022479	.029603	-.025734	.034410
1 3	.027581	.015393	.042123	-.005308	.078022
1 4	-.033697	.015393	-.034667	.017414	-.037922
1 5	-.022479	-.022479	-.034667	-.007937	-.055368
1 6	.042123	-.006967	.042123	-.007937	.044145
1 13	-.022479	.029603	-.025734	.034410	-.032627
2 3	-.021509	.027581	-.022479	.029603	-.025734
3 4	.027581	-.021509	.027581	-.022479	.029603
4 5	-.022479	.027581	-.021509	.027581	-.022479
5 6	.029603	-.022479	.027581	-.021509	.027581
6 7	-.025734	.029603	-.022479	.027581	-.021509
7 8	.034410	-.025734	.029603	-.022479	.027581
8 9	-.032627	.034410	-.025734	.029603	-.022479
9 10	-.032627	-.032627	.034410	-.025734	.029603
10 11	.034410	-.032627	-.032627	.034410	-.025734
11 12	-.025734	.034410	-.032627	-.032627	.034410
12 13	.029603	-.025734	.034410	-.032627	-.032627

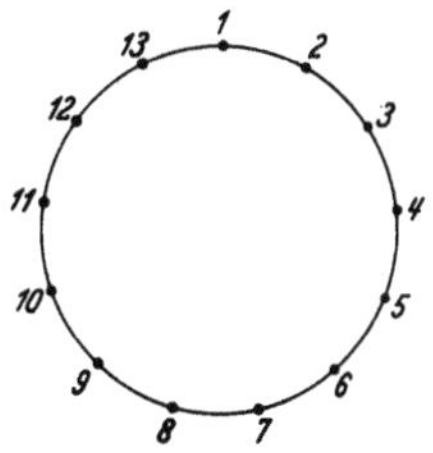

R_{13}^{-}

Bindungs- Bindungs Polarisierbarkeiten

	1 2	1 3	1 4	1 5	1 6	1 13	2 3	3 4
1 2	.313213							
1 3	.001783	.480080						
1 4	-.010821	-.058361	.396749					
1 5	-.015701	-.094152	-.003024	.444180				
1 6	-.027406	.039636	-.046721	-.055106	.417450			
1 13	-.226778	.056631	.105985	-.049114	-.058655	.313213		
2 3	-.226778	.001783	-.109002	.008676	.072714	.106955	.313213	
3 4	.106955	.056631	-.010821	.008676	-.025466	-.059707	-.226778	.313213
4 5	-.059707	-.063656	.105985	-.015701	.072714	.035156	.106955	-.226778
5 6	.035156	.047017	-.060677	-.049114	-.027406	-.018305	-.059707	.106955
6 7	-.018305	-.057146	.034186	.061559	-.058655	.006072	.035156	-.059707
7 8	.006072	.042974	-.019275	-.042604	.036208	.006072	-.018305	.035156
8 9	.006072	-.055206	.005102	.057516	-.017253	-.018305	.006072	-.018305
9 10	-.018305	.042974	.005102	-.040665	.007124	.035156	.006072	.006072
10 11	.035156	-.057146	-.019275	.057516	.007124	-.059707	-.018305	.006072
11 12	-.059707	.047017	.034186	-.042604	-.017253	.106955	.035156	-.018305
12 13	.106955	-.063656	-.060677	.061559	.036208	-.226778	-.059707	.035156

	4 5	5 6	6 7	7 8	8 9	9 10	10 11	11 12
4 5	.313213							
5 6	-.226778	.313213						
6 7	.106955	-.226778	.313213					
7 8	-.059707	.106955	-.226778	.313213				
8 9	.035156	-.059707	.106955	-.226778	.313213			
9 10	-.018305	.035156	-.059707	.106955	-.226778	.313213		
10 11	.006072	-.018305	.035156	-.059707	.106955	-.226778	.313213	
11 12	.006072	.006072	-.018305	.035156	-.059707	.106955	-.226778	.313213
12 13	-.018305	.006072	.006072	-.018305	.035156	-.059707	.106955	-.226778

	12 13
12 13	.313213

R_{14}

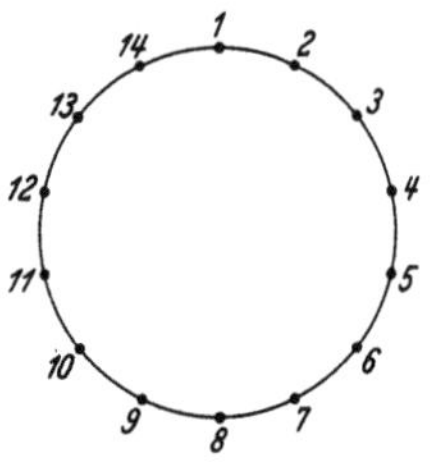

Eigenwerte und Hückelkoeffizienten

	1	2	3	4	5	6	7	8
1	2,000000	1,801938	1.801938	1.246980	1.246980	,445042	,445042	-,445042
1	,267261	0	,377964	0	,377964	0	,377964	0
2	,267261	,163993	,340534	,295505	,235657	,368488	,084105	,368488
3	,267261	,295505	,235657	,368488	-,084105	,163993	-,340534	-,163993
4	,267261	,368488	,084105	,163993	-,340534	-,295505	-,235657	-,295505
5	,267261	,368488	-,084105	-,163993	-,340534	-,295505	,235657	,295505
6	,267261	,295505	-,235657	-,368488	-,084105	,163993	,340534	,163993
7	,267261	,163993	-,340534	-,295505	,235657	,368488	-,084105	-,368488
8	,267261	0	-,377964	0	,377964	0	-,377964	0
9	,267261	-,163993	-,340534	,295505	,235657	-,368488	-,084105	,368488
10	,267261	-,295505	-,235657	,368488	-,084105	-,163993	,340534	-,163993
11	,267261	-,368488	-,084105	,163993	-,340534	,295505	,235657	-,295505
12	,267261	-,368488	,084105	-,163993	-,340534	,295505	-,235657	,295505
13	,267261	-,295505	,235657	-,368488	-,084105	-,163993	-,340534	,163993
14	,267261	-,163993	,340534	-,295505	,235657	-,368488	,084105	-,368488

	9	10	11	12	13	14
9	-,445042	-1.246980	-1.246980	-1.801938	-1.801938	-2,000000
1	-,377964	0	-,377964	-,377964	0	-,267261
2	,084105	,295505	,235657	,340534	,163993	,267261
3	,340534	-,368488	,084105	-,235657	-,295505	-,267261
4	-,235657	,163993	-,340534	,084105	,368488	,267261
5	-,235657	,163993	,340534	,084105	-,368488	-,267261
6	,340534	-,368488	-,084105	-,235657	,295505	,267261
7	,084105	,295505	-,235657	,340534	-,163993	-,267261
8	-,377964	0	,377964	-,377964	0	,267261
9	,084105	-,295505	-,235657	,340534	,163993	-,267261
10	,340534	,368488	-,084105	-,235657	-,295505	,267261
11	-,235657	-,163993	,340534	,084105	,368488	-,267261
12	-,235657	-,163993	-,340534	,084105	-,368488	,267261
13	,340534	,368488	,084105	-,235657	,295505	-,267261
14	,084105	-,295505	,235657	,340534	-,163993	,267261

TOTALE PI ELEKTRONEN ENERGIE 17,975837

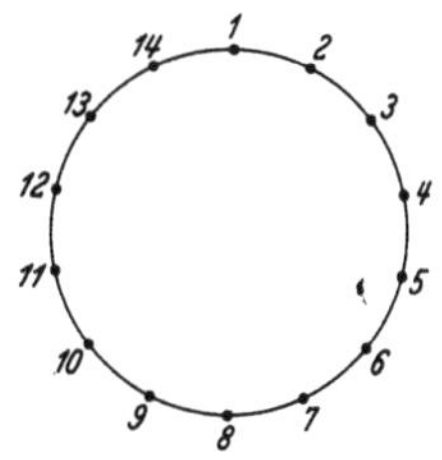

R_{14}

allgemeine Bindungsordnungen

	1	2	3	4	5	6	7	8
1	1.000000							
2	.641994	1.000000						
3	0	.641994	1.000000					
4	-.229125	0	.641994	1.000000				
5	0	-.229125	0	.641994	1.000000			
6	.158559	0	-.229125	0	.641994	1.000000		
7	0	.158559	0	-.229125	0	.641994	1.000000	
8	-.142857	0	.158559	0	-.229125	0	.641994	1.000000
9	0	-.142857	0	.158559	0	-.229125	0	.641994
10	.158559	0	-.142857	0	.158559	0	-.229125	0
11	0	.158559	0	-.142857	0	.158559	0	-.229125
12	-.229125	0	.158559	0	-.142857	0	.158559	0
13	0	-.229125	0	.158559	0	-.142857	0	.158559
14	.641994	0	-.229125	0	.158559	0	-.142857	0

	9	10	11	12	13	14
9	1.000000					
10	.641994	1.000000				
11	0	.641994	1.000000			
12	-.229125	0	.641994	1.000000		
13	0	-.229125	0	.641994	1.000000	
14	.158559	0	-.229125	0	.641994	1.000000

Atom- Atom Polarisierbarkeiten

	1	2	3	4	5	6	7	8
1	.454898							
2	-.141239	.454898						
3	.038788	-.141239	.454898					
4	-.063143	.038788	-.141239	.454898				
5	.008285	-.063143	.038788	-.141239	.454898			
6	-.048343	.008285	-.063143	.038788	-.141239	.454898		
7	.000755	-.048343	.008285	-.063143	.038788	-.141239	.454898	
8	-.045102	.000755	-.048343	.008285	-.063143	.038788	-.141239	.454898
9	.000755	-.045102	.000755	-.048343	.008285	-.063143	.038788	-.141239
10	-.048343	.000755	-.045102	.000755	-.048343	.008285	-.063143	.038788
11	.008285	-.048343	.000755	-.045102	.000755	-.048343	.008285	-.063143
12	-.063143	.008285	-.048343	.000755	-.045102	.000755	-.048343	.008285
13	.038788	-.063143	.008285	-.048343	.000755	-.045102	.000755	-.048343
14	-.141239	.038788	-.063143	.008285	-.048343	.000755	-.045102	.000755

	9	10	11	12	13	14
9	.454898					
10	-.141239	.454898				
11	.038788	-.141239	.454898			
12	-.063143	.038788	-.141239	.454898		
13	.008285	-.063143	.038788	-.141239	.454898	
14	-.048343	.008285	-.063143	.038788	-.141239	.454898

R$_{14}$

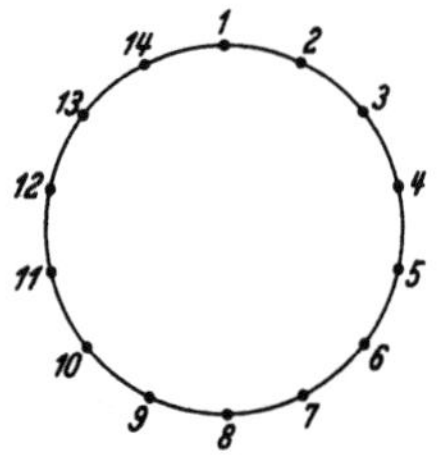

Bindungs- Atom Polarisierbarkeiten

	1	2	3	4	5	6	7	8
1 2	0	0	0	0	0	0	0	0
1 3	-.095382	-.141239	-.095382	.084644	-.017287	.054142	-.002487	.046612
1 4	0	0	0	0	0	0	0	0
1 5	.035546	.084644	.038788	.084644	.035546	-.066385	.005044	-.051585
1 6	0	0	0	0	0	0	0	0
1 7	-.009757	-.066385	-.017287	-.063143	-.017287	-.066385	-.009757	.061672
1 8	0	0	0	0	0	0	0	0
1 14	0	0	0	0	0	0	0	0
2 3	0	0	0	0	0	0	0	0
3 4	0	0	0	0	0	0	0	0
4 5	0	0	0	0	0	0	0	0
5 6	0	0	0	0	0	0	0	0
6 7	0	0	0	0	0	0	0	0
7 8	0	0	0	0	0	0	0	0
8 9	0	0	0	0	0	0	0	0
9 10	0	0	0	0	0	0	0	0
10 11	0	0	0	0	0	0	0	0
11 12	0	0	0	0	0	0	0	0
12 13	0	0	0	0	0	0	0	0
13 14	0	0	0	0	0	0	0	0

	9	10	11	12	13	14
1 2	0	0	0	0	0	0
1 3	.000755	.046612	-.002487	.054142	-.017287	.084644
1 4	0	0	0	0	0	0
1 5	-.002487	-.048343	-.002487	-.051585	.005044	-.066385
1 6	0	0	0	0	0	0
1 7	.005044	.054142	.008285	.054142	.005044	.061672
1 8	0	0	0	0	0	0
1 14	0	0	0	0	0	0
2 3	0	0	0	0	0	0
3 4	0	0	0	0	0	0
4 5	0	0	0	0	0	0
5 6	0	0	0	0	0	0
6 7	0	0	0	0	0	0
7 8	0	0	0	0	0	0
8 9	0	0	0	0	0	0
9 10	0	0	0	0	0	0
10 11	0	0	0	0	0	0
11 12	0	0	0	0	0	0
12 13	0	0	0	0	0	0
13 14	0	0	0	0	0	0

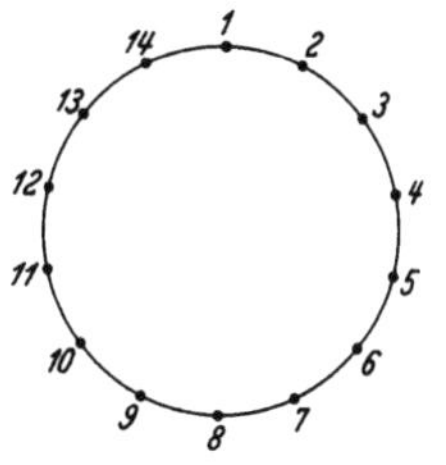

R_{14}

Bindungs- Bindungs Polarisierbarkeiten

	1 2	1 3	1 4	1 5	1 6	1 /	1 8	1 14
1 2	.313659							
1 3	0	.493686						
1 4	-.010738	0	.391755					
1 5	0	-.112669	0	.463183				
1 6	-.030839	0	-.041241	0	.406555			
1 7	0	.040590	0	-.097869	0	.455653		
1 8	.051915	0	-.016039	0	-.048771	0	.409796	
1 14	-.236622	0	.120190	0	-.076142	0	.051915	.313659
2 3	-.236622	0	-.102452	0	.067358	0	-.061341	.123432
3 4	.123432	0	-.010738	0	-.024356	0	.036855	-.080430
4 5	-.080430	0	.120190	0	.067358	0	-.054858	.062427
5 6	.062427	0	-.083672	0	-.030839	0	.036855	-.050830
6 7	-.050830	0	.059185	0	-.076142	0	-.061341	.047367
7 8	.047367	0	-.054071	0	.066716	0	.051915	-.044347
8 9	-.044347	0	.044125	0	-.046541	0	.051915	.047367
9 10	.047367	0	-.047588	0	.051655	0	-.061341	-.050830
10 11	-.050830	0	.044125	0	-.040058	0	.036855	.062427
11 12	.062427	0	-.054071	0	.051655	0	-.054858	-.080430
12 13	-.080430	0	.059185	0	-.046541	0	.036855	.123432
13 14	.123432	0	-.083672	0	.066716	0	-.061341	-.236622

	2 3	3 4	4 5	5 6	6 7	7 8	8 9	9 10
2 3	.313659							
3 4	-.236622	.313659						
4 5	.123432	-.236622	.313659					
5 6	-.080430	.123432	-.236622	.313659				
6 7	.062427	-.080430	.123432	-.236622	.313659			
7 8	-.050830	.062427	-.080430	.123432	-.236622	.313659		
8 9	.047367	-.050830	.062427	-.080430	.123432	-.236622	.313659	
9 10	-.044347	.047367	-.050830	.062427	-.080430	.123432	-.236622	.313659
10 11	.047367	-.044347	.047367	-.050830	.062427	-.080430	.123432	-.236622
11 12	-.050830	.047367	-.044347	.047367	-.050830	.062427	-.080430	.123432
12 13	.062427	-.050830	.047367	-.044347	.047367	-.050830	.062427	-.080430
13 14	-.080430	.062427	-.050830	.047367	-.044347	.047367	-.050830	.062427

	10 11	11 12	12 13	13 14
10 11	.313659			
11 12	-.236622	.313659		
12 13	.123432	-.236622	.313659	
13 14	-.080430	.123432	-.236622	.313659

R_{15}^{+}

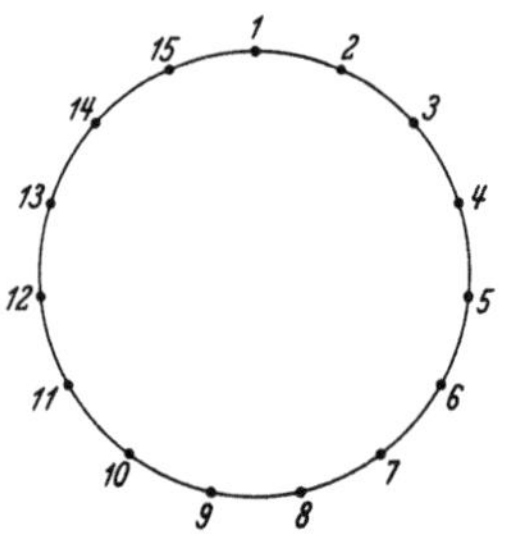

Eigenwerte und Hückelkoeffizienten

	1	2	3	4	5	6	7	8
1	2.000000	.827091	1.827091	1.338261	1.338261	.618034	.618034	-.209057
1	.258199	0	.365148	0	.365148	0	.365148	0
2	.258199	.148519	.333580	.271358	.244332	.347277	.112837	.363148
3	.258199	.271358	.244332	.363148	-.038168	.214629	-.295411	-.075919
4	.258199	.347277	.112837	.214629	-.295411	-.214629	-.295411	-.347277
5	.258199	.363148	-.038168	-.075919	-.357169	-.347277	.112837	.148519
6	.258199	.316228	-.182574	-.316228	-.182574	0	.365148	.316228
7	.258199	.214629	-.295411	-.347277	.112837	.347277	.112837	-.214629
8	.258199	.075919	-.357169	-.148519	.333580	.214629	-.295411	-.271358
9	.258199	-.075919	-.357169	.148519	.333580	-.214629	-.295411	.271358
10	.258199	-.214629	-.295411	.347277	.112837	-.347277	.112837	.214629
11	.258199	-.316228	-.182574	.316228	-.182574	0	.365148	-.316228
12	.258199	-.363148	-.038168	.075919	-.357169	.347277	.112837	-.148519
13	.258199	-.347277	.112837	-.214629	-.295411	.214629	-.295411	.347277
14	.258199	-.271358	.244332	-.363148	-.038168	-.214629	-.295411	.075919
15	.258199	-.148519	.333580	-.271358	.244332	-.347277	.112837	-.363148

	9	10	11	12	13	14	15
9	-.209057	-1.000000	-1.000000	-1.618034	-1.618034	-1.956295	-1.956295
1	-.365148	0	-.365148	-.365148	0	-.365148	0
2	.038168	.316228	.182574	.295411	.214629	.357169	.075919
3	.357169	-.316228	.182574	-.112837	-.347277	-.333580	-.148519
4	-.112837	0	-.365148	-.112837	.347277	.295411	.214629
5	-.333580	.316228	.182574	.295411	-.214629	-.244332	-.271358
6	.182574	-.316228	.182574	-.365148	0	.182574	.316228
7	.295411	0	-.365148	.295411	.214629	-.112837	-.347277
8	-.244332	.316228	.182574	-.112837	-.347277	.038168	.363148
9	-.244332	-.316228	.182574	-.112837	.347277	.038168	-.363148
10	.295411	0	-.365148	.295411	-.214629	-.112837	.347277
11	.182574	.316228	.182574	-.365148	0	.182574	-.316228
12	-.333580	-.316228	.182574	.295411	.214629	-.244332	.271358
13	-.112837	0	-.365148	-.112837	-.347277	.295411	-.214629
14	.357169	.316228	.182574	-.112837	.347277	-.333580	.148519
15	.038168	-.316228	.182574	.295411	-.214629	.357169	-.075919

TOTALE PI ELEKTRONEN ENERGIE 19.133544

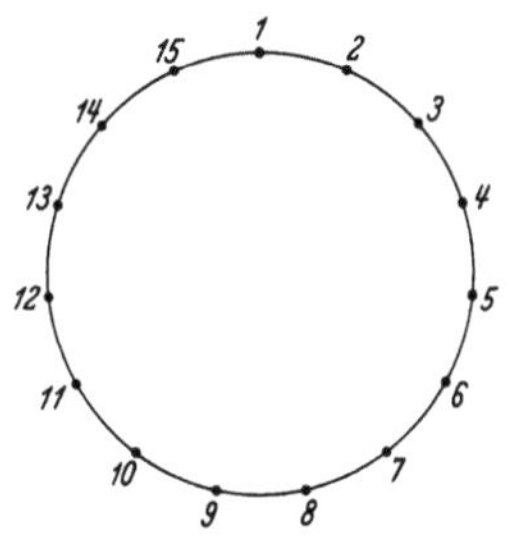

R_{15}^{+}

allgemeine Bindungsordnungen

	1	2	3	4	5	6	7	8
1	.933333							
2	.637785	.933333						
3	.068156	.637785	.933333					
4	-.215738	.068156	.637785	.933333				
5	-.072976	-.215738	.068156	.637785	.933333			
6	.133333	-.072976	-.215738	.068156	.637785	.933333		
7	.082405	.133333	-.072976	-.215738	.068156	.637785	.933333	
8	-.099632	.082405	.133333	-.072976	-.215738	.068156	.637785	.933333
9	-.099632	-.099632	.082405	.133333	-.072976	-.215738	.068156	.637785
10	.082405	-.099632	-.099632	.082405	.133333	-.072976	-.215738	.068156
11	.133333	.082405	-.099632	-.099632	.082405	.133333	-.072976	-.215738
12	-.072976	.133333	.082405	-.099632	-.099632	.082405	.133333	-.072976
13	-.215738	-.072976	.133333	.082405	-.099632	-.099632	.082405	.133333
14	.068156	-.215738	-.072976	.133333	.082405	-.099632	-.099632	.082405
15	.637785	.068156	-.215738	-.072976	.133333	.082405	-.099632	-.099632

	9	10	11	12	13	14	15
9	.933333						
10	.637785	.933333					
11	.068156	.637785	.933333				
12	-.215738	.068156	.637785	.933333			
13	-.072976	-.215738	.068156	.637785	.933333		
14	.133333	-.072976	-.215738	.068156	.637785	.933333	
15	.082405	.133333	-.072976	-.215738	.068156	.637785	.933333

Atom- Atom Polarisierbarkeiten

	1	2	3	4	5	6	7	8
1	.457636							
2	-.137630	.457636						
3	.034960	-.137630	.457636					
4	-.053929	.034960	-.137630	.457636				
5	-.000792	-.053929	.034960	-.137630	.457636			
6	-.033754	-.000792	-.053929	.034960	-.137630	.457636		
7	-.014293	-.033754	-.000792	-.053929	.034960	-.137630	.457636	
8	-.023381	-.014293	-.033754	-.000792	-.053929	.034960	-.137630	.457636
9	-.023381	-.023381	-.014293	-.033754	-.000792	-.053929	.034960	-.137630
10	-.014293	-.023381	-.023381	-.014293	-.033754	-.000792	-.053929	.034960
11	-.033754	-.014293	-.023381	-.023381	-.014293	-.033754	-.000792	-.053929
12	-.000792	-.033754	-.014293	-.023381	-.023381	-.014293	-.033754	-.000792
13	-.053929	-.000792	-.033754	-.014293	-.023381	-.023381	-.014293	-.033754
14	.034960	-.053929	-.000792	-.033754	-.014293	-.023381	-.023381	-.014293
15	-.137630	.034960	-.053929	-.000792	-.033754	-.014293	-.023381	-.023381

	9	10	11	12	13	14	15
9	.457636						
10	-.137630	.457636					
11	.034960	-.137630	.457636				
12	-.053929	.034960	-.137630	.457636			
13	-.000792	-.053929	.034960	-.137630	.457636		
14	-.033754	-.000792	-.053929	.034960	-.137630	.457636	
15	-.014293	-.033754	-.000792	-.053929	.034960	-.137630	.457636

R_{15}^{+}

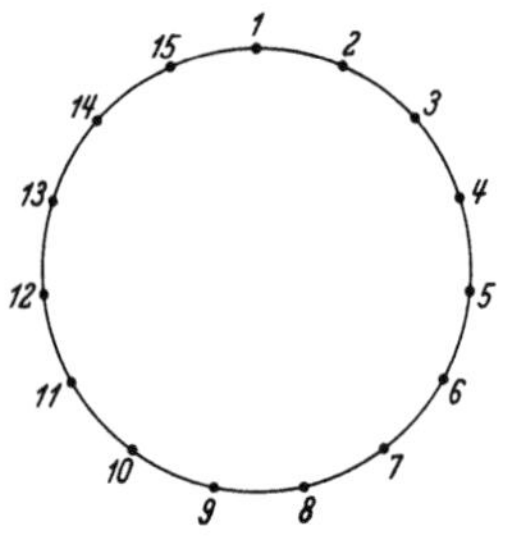

Bindungs- Atom Polarisierbarkeiten

	1	2	3	4	5	6	7	8
1 2	.028936	.028936	-.030133	.023383	-.026060	.020435	-.024009	.019138
1 3	-.095111	-.137630	-.095111	.077479	-.011410	.041727	.008765	.028226
1 4	-.021045	-.030133	-.030133	-.021045	.032470	-.016972	.029523	-.014922
1 5	.034332	.077479	.034960	.077479	.034332	-.054557	-.001420	-.034382
1 6	.013010	.032470	.023383	.023383	.032470	.013010	-.036432	.010062
1 7	-.010113	-.054557	-.011410	-.053929	-.011410	-.054557	-.010113	.043024
1 15	.028936	-.030133	.023383	-.026060	.020435	-.024009	.019138	-.023381
2 3	-.030133	.028936	.028936	-.030133	.023383	-.026060	.020435	-.024009
3 4	.023383	-.030133	.028936	.028936	-.030133	.023383	-.026060	.020435
4 5	-.026060	.023383	-.030133	.028936	.028936	-.030133	.023383	-.026060
5 6	.020435	-.026060	.023383	-.030133	.028936	.028936	-.030133	.023383
6 7	-.024009	.020435	-.026060	.023383	-.030133	.028936	.028936	-.030133
7 8	.019138	-.024009	.020435	-.026060	.023383	-.030133	.028936	.028936
8 9	-.023381	.019138	-.024009	.020435	-.026060	.023383	-.030133	.028936
9 10	.019138	-.023381	.019138	-.024009	.020435	-.026060	.023383	-.030133
10 11	-.024009	.019138	-.023381	.019138	-.024009	.020435	-.026060	.023383
11 12	.020435	-.024009	.019138	-.023381	.019138	-.024009	.020435	-.026060
12 13	-.026060	.020435	-.024009	.019138	-.023381	.019138	-.024009	.020435
13 14	.023383	-.026060	.020435	-.024009	.019138	-.023381	.019138	-.024009
14 15	-.030133	.023383	-.026060	.020435	-.024009	.019138	-.023381	.019138

	9	10	11	12	13	14	15
1 2	-.023381	.019138	-.024009	.020435	-.026060	.023383	-.030133
1 3	.019138	.019138	.028226	.008765	.041727	-.011410	.077479
1 4	.028226	-.014293	.028226	-.014922	.029523	-.016972	.032470
1 5	-.014922	-.024009	-.024009	-.014922	-.034382	-.001420	-.054557
1 6	-.034382	.008765	-.033754	.008765	-.034382	.010062	-.036432
1 7	.010062	.029523	.020435	.020435	.029523	.010062	.043024
1 15	.019138	-.024009	.020435	-.026060	.023383	-.030133	.028936
2 3	.019138	-.023381	.019138	-.024009	.020435	-.026060	.023383
3 4	-.024009	.019138	-.023381	.019138	-.024009	.020435	-.026060
4 5	.020435	-.024009	.019138	-.023381	.019138	-.024009	.020435
5 6	-.026060	.020435	-.024009	.019138	-.023381	.019138	-.024009
6 7	.023383	-.026060	.020435	-.024009	.019138	-.023381	.019138
7 8	-.030133	.023383	-.026060	.020435	-.024009	.019138	-.023381
8 9	.028936	-.030133	.023383	-.026060	.020435	-.024009	.019138
9 10	.028936	.028936	-.030133	.023383	-.026060	.020435	-.024009
10 11	-.030133	.028936	.028936	-.030133	.023383	-.026060	.020435
11 12	.023383	-.030133	.028936	.028936	-.030133	.023383	-.026060
12 13	-.026060	.023383	-.030133	.028936	.028936	-.030133	.023383
13 14	.020435	-.026060	.023383	-.030133	.028936	.028936	-.030133
14 15	-.024009	.020435	-.026060	.023383	-.030133	.028936	.028936

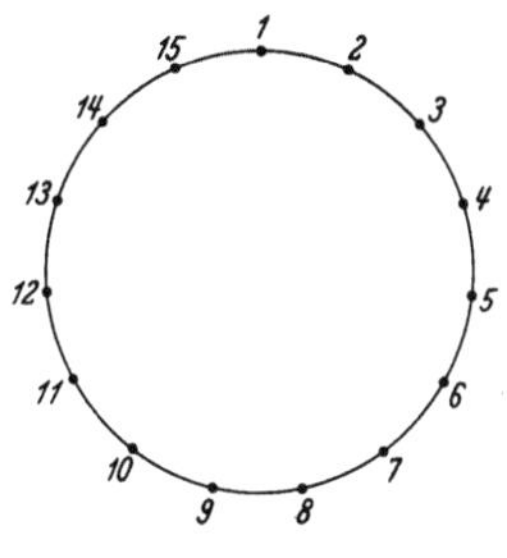

R_{15}^{+}

Bindungs- Bindungs- Polarisierbarkeiten

	1 2	1 3	1 4	1 5	1 6	1 7	1 15	2 3
1 2	.320006							
1 3	-.001197	.492596						
1 4	-.017632	.052319	.403707					
1 5	.011425	-.106521	.002876	.456844				
1 6	-.020226	-.038017	-.053384	.049371	.423882			
1 7	-.023422	.032911	.008477	-.086346	.004927	.443342		
1 15	-.232741	-.051178	.111811	.045481	-.064670	-.039903	.320006	
2 3	-.232741	-.001197	-.102670	-.006750	.066070	.015498	.112439	.320006
3 4	.112439	-.051178	-.017632	-.006750	-.018968	-.002677	-.065338	-.232741
4 5	-.065338	.055853	.111811	.011425	.066070	-.002677	.040936	.112439
5 6	.040936	-.043032	-.065967	.045481	-.020226	.015498	-.024988	-.065338
6 7	-.024988	.049958	.040307	-.053405	-.064670	-.023422	.013932	.040936
7 8	.013932	-.038931	-.025617	.039585	.041604	-.039903	-.004243	-.024988
8 9	-.004243	.047364	.013304	-.049304	-.024320	.053086	-.004243	.013932
9 10	-.004243	-.037674	-.004871	.036991	.014601	-.035802	.013932	-.004243
10 11	.013932	.047364	-.004871	-.048047	-.003574	.050493	-.024988	-.004243
11 12	-.024988	-.038931	.013304	.036991	-.003574	-.034545	.040936	.013932
12 13	.040936	.049958	-.025617	-.049304	.014601	.050493	-.065338	-.024988
13 14	-.065338	-.043032	.040307	.039585	-.024320	-.035802	.112439	.040936
14 15	.112439	.055853	-.065967	-.053405	.041604	.053086	-.232741	-.065338

	3 4	4 5	5 6	6 7	7 8	8 9	9 10	10 11
3 4	.320006							
4 5	-.232741	.320006						
5 6	.112439	-.232741	.320006					
6 7	-.065338	.112439	-.232741	.320006				
7 8	.040936	-.065338	.112439	-.232741	.320006			
8 9	-.024988	.040936	-.065338	.112439	-.232741	.320006		
9 10	.013932	-.024988	.040936	-.065338	.112439	-.232741	.320006	
10 11	-.004243	.013932	-.024988	.040936	-.065338	.112439	-.232741	.320006
11 12	-.004243	-.004243	.013932	-.024988	.040936	-.065338	.112439	-.232741
12 13	.013932	-.004243	-.004243	.013932	-.024988	.040936	-.065338	.112439
13 14	-.024988	.013932	-.004243	-.004243	.013932	-.024988	.040936	-.065338
14 15	.040936	-.024988	.013932	-.004243	-.004243	.013932	-.024988	.040936

	11 12	12 13	13 14	14 15
11 12	.320006			
12 13	-.232741	.320006		
13 14	.112439	-.232741	.320006	
14 15	-.065338	.112439	-.232741	.320006

R_{16}

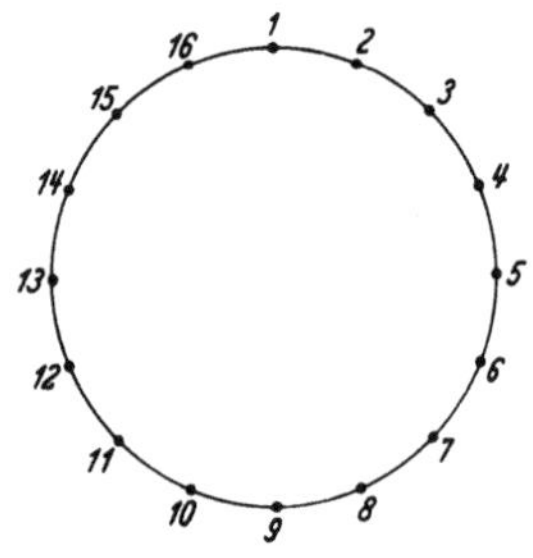

Eigenwerte und Hückelkoeffizienten

	1	2	3	4	5	6	7	8
1	2.000000	1.847759	1.847759	1.414214	1.414214	.765367	.765367	.000000
1	.250000	0	.353553	0	.353553	0	.353553	.353553
2	.250000	.135299	.326641	-.250000	.250000	.326641	.135299	0
3	.250000	.250000	.250000	-.353553	0	.250000	-.250000	-.353553
4	.250000	.326641	.135299	-.250000	-.250000	-.135299	-.326641	0
5	.250000	.353553	0	0	-.353553	-.353553	0	.353553
6	.250000	.326641	-.135299	.250000	-.250000	-.135299	.326641	0
7	.250000	.250000	-.250000	.353553	0	.250000	.250000	-.353553
8	.250000	.135299	-.326641	.250000	.250000	.326641	-.135299	0
9	.250000	0	-.353553	0	.353553	0	-.353553	.353553
10	.250000	-.135299	-.326641	-.250000	.250000	-.326641	-.135299	0
11	.250000	-.250000	-.250000	-.353553	0	-.250000	.250000	-.353553
12	.250000	-.326641	-.135299	-.250000	-.250000	.135299	.326641	0
13	.250000	-.353553	0	0	-.353553	.353553	0	.353553
14	.250000	-.326641	.135299	.250000	-.250000	.135299	-.326641	0
15	.250000	-.250000	.250000	.353553	0	-.250000	-.250000	-.353553
16	.250000	-.135299	.326641	.250000	.250000	-.326641	.135299	0

	9	10	11	12	13	14	15	16
9	.000000	-.765367	-.765367	-1.414214	-1.414214	-1.847759	-1.847759	-2.000000
1	0	0	.353553	0	.353553	.353553	0	.250000
2	-.353553	.326641	-.135299	.250000	-.250000	-.326641	.135299	-.250000
3	0	-.250000	-.250000	-.353553	0	.250000	-.250000	.250000
4	.353553	-.135299	.326641	.250000	.250000	-.135299	.326641	-.250000
5	0	.353553	0	0	-.353553	0	-.353553	.250000
6	-.353553	-.135299	-.326641	-.250000	.250000	.135299	.326641	-.250000
7	0	-.250000	.250000	.353553	0	-.250000	-.250000	.250000
8	.353553	.326641	.135299	-.250000	-.250000	.326641	.135299	-.250000
9	0	0	-.353553	0	.353553	-.353553	0	.250000
10	-.353553	-.326641	.135299	.250000	-.250000	.326641	-.135299	-.250000
11	0	.250000	.250000	-.353553	0	-.250000	.250000	.250000
12	.353553	.135299	-.326641	.250000	.250000	.135299	-.326641	-.250000
13	0	-.353553	0	0	-.353553	0	.353553	.250000
14	-.353553	.135299	.326641	-.250000	.250000	-.135299	-.326641	-.250000
15	0	.250000	-.250000	.353553	0	.250000	.250000	.250000
16	.353553	-.326641	-.135299	-.250000	-.250000	-.326641	-.135299	-.250000

TOTALE PI ELEKTRONEN ENERGIE 20.109358

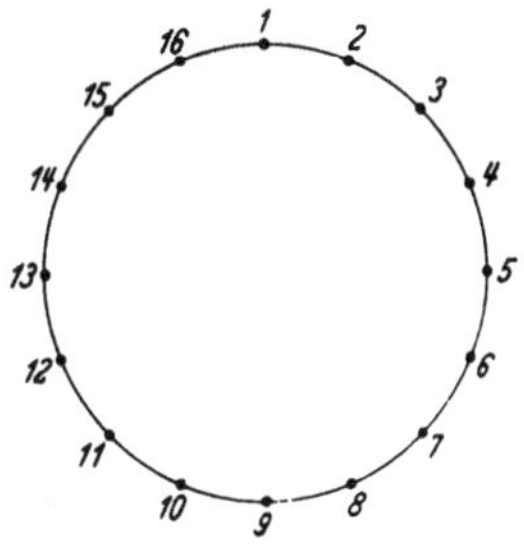

R_{16}

allgemeine Bindungsordnungen

	1	2	3	4	5	6	7	8
1	1,000000							
2	.628417	1,000000						
3	0	.628417	1,000000					
4	-.187076	0	.628417	1,000000				
5	0	-.187076	0	.628417	1,000000			
6	.083522	0	-.187076	0	.628417	1,000000		
7	0	.083522	0	-.187076	0	.628417	1,000000	
8	-.024864	0	.083522	0	-.187076	0	.628417	1,000000
9	0	-.024864	0	.083522	0	-.187076	0	.628417
10	-.024864	0	-.024864	0	.083522	0	-.187076	0
11	0	-.024864	0	-.024864	0	.083522	0	-.187076
12	.083522	0	-.024864	0	-.024864	0	.083522	0
13	0	.083522	0	-.024864	0	-.024864	0	.083522
14	-.187076	0	.083522	0	-.024864	0	-.024864	0
15	0	-.187076	0	.083522	0	-.024864	0	-.024864
16	.628417	0	-.187076	0	.083522	0	-.024864	0

	9	10	11	12	13	14	15	16
9	1,000000							
10	.628417	1,000000						
11	0	.628417	1,000000					
12	-.187076	0	.628417	1,000800				
13	0	-.187076	0	.628417	1,000000			
14	.083522	0	-.187076	0	.628417	1,000000		
15	0	.083522	0	-.187076	0	.628417	1,000000	
16	-.024864	0	.083522	0	-.187076	0	.628417	1,000000

R_{16}^{++}

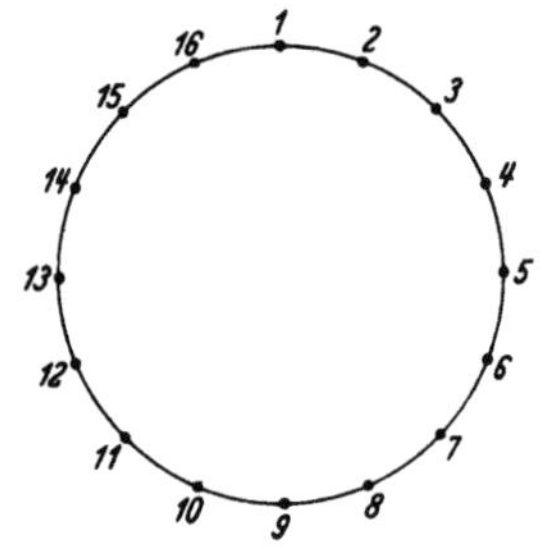

allgemeine Bindungsordnungen

	1	2	3	4	5	6	7	8
1	.875000							
2	.628417	.875000						
3	.125000	.628417	.875000					
4	-.187076	.125000	.628417	.875000				
5	-.125000	-.187076	.125000	.628417	.875000			
6	.083522	-.125000	-.187076	.125000	.628417	.875000		
7	.125000	.083522	-.125000	-.187076	.125000	.628417	.875000	
8	-.024864	.125000	.083522	-.125000	-.187076	.125000	.628417	.875000
9	-.125000	-.024864	.125000	.083522	-.125000	-.187076	.125000	.628417
10	-.024864	-.125000	-.024864	.125000	.083522	-.125000	-.187076	.125000
11	.125000	-.024864	-.125000	-.024864	.125000	.083522	-.125000	-.187076
12	.083522	.125000	-.024864	-.125000	-.024864	.125000	.083522	-.125000
13	-.125000	.083522	.125000	-.024864	-.125000	-.024864	.125000	.083522
14	-.187076	-.125000	.083522	.125000	-.024864	-.125000	-.024864	.125000
15	.125000	-.187076	-.125000	.083522	.125000	-.024864	-.125000	-.024864
16	.628417	.125000	-.187076	-.125000	.083522	.125000	-.024864	-.125000

	9	10	11	12	13	14	15	16
9	.875000							
10	.628417	.875000						
11	.125000	.628417	.875000					
12	-.187076	.125000	.628417	.875000				
13	-.125000	-.187076	.125000	.628417	.875000			
14	.083522	-.125000	-.187076	.125000	.628417	.875000		
15	.125000	.083522	-.125000	-.187076	.125000	.628417	.875000	
16	-.024864	.125000	.083522	-.125000	-.187076	.125000	.628417	.875000

Atom- Atom Polarisierbarkeiten

	1	2	3	4	5	6	7	8
1	.459706							
2	-.129435	.459706						
3	.022564	-.129435	.459706					
4	-.034858	.022564	-.129435	.459706				
5	-.020872	-.034858	.022564	-.129435	.459706			
6	-.009994	-.020872	-.034858	.022564	-.129435	.459706		
7	-.036094	-.009994	-.020872	-.034858	.022564	-.129435	.459706	
8	-.001018	-.036094	-.009994	-.020872	-.034858	.022564	-.129435	.459706
9	-.040294	-.001018	-.036094	-.009994	-.020872	-.034858	.022564	-.129435
10	-.001018	-.040294	-.001018	-.036094	-.009994	-.020872	-.034858	.022564
11	-.036094	-.001018	-.040294	-.001018	-.036094	-.009994	-.020872	-.034858
12	-.009994	-.036094	-.001018	-.040294	-.001018	-.036094	-.009994	-.020872
13	-.020872	-.009994	-.036094	-.001018	-.040294	-.001018	-.036094	-.009994
14	-.034858	-.020872	-.009994	-.036094	-.001018	-.040294	-.001018	-.036094
15	.022564	-.034858	-.020872	-.009994	-.036094	-.001018	-.040294	-.001018
16	-.129435	.022564	-.034858	-.020872	-.009994	-.036094	-.001018	-.040294

	9	10	11	12	13	14	15	16
9	.459706							
10	-.129435	.459706						
11	.022564	-.129435	.459706					
12	-.034858	.022564	-.129435	.459706				
13	-.020872	-.034858	.022564	-.129435	.459706			
14	-.009994	-.020872	-.034858	.022564	-.129435	.459706		
15	-.036094	-.009994	-.020872	-.034858	.022564	-.129435	.459706	
16	-.001018	-.036094	-.009994	-.020872	-.034858	.022564	-.129435	.459706

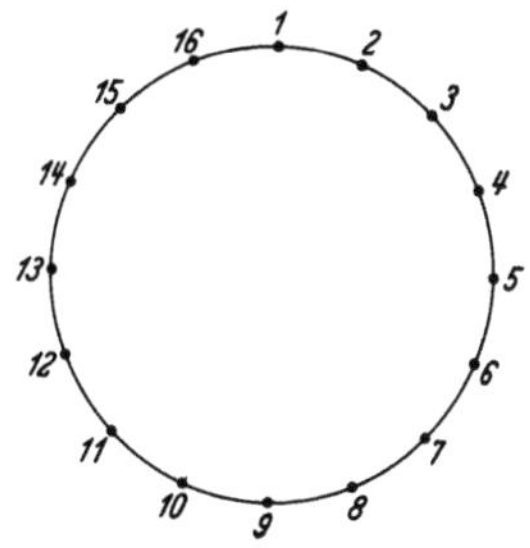

R_{16}^{++}

Bindungs- Atom Polarisierbarkeiten

	1	2	3	4	5	6	7	8
1 2	.054688	.054688	-.054688	.039063	-.039062	.023438	-.023438	.007812
1 3	-.090159	-.129435	-.090159	.061840	.004418	.018404	.029282	.003182
1 4	-.039063	-.054688	-.054688	-.039063	.054687	-.023437	.039063	-.007812
1 5	.026763	.061840	.022564	.061840	.026763	-.030658	-.016672	-.005794
1 6	.023437	.054688	.039063	.039063	.054687	.023437	-.054688	.007813
1 7	-.004558	-.030658	.004418	-.034858	.004418	-.030658	-.004558	.009428
1 8	-.007813	-.054687	-.023438	-.039063	-.039062	-.023437	-.054688	-.007813
1 16	.054688	-.054687	.039063	-.039063	.023437	-.023437	.007813	-.007812
2 3	-.054688	.054688	.054688	-.054688	.039062	-.039063	.023438	-.023437
3 4	.039063	-.054687	.054688	.054687	-.054688	.039063	-.039063	.023437
4 5	-.039062	.039063	-.054688	.054688	.054687	-.054688	.039063	-.039063
5 6	.023437	-.039063	.039063	-.054688	.054688	.054688	-.054687	.039063
6 7	-.023438	.023438	-.039063	.039063	-.054687	.054687	.054687	-.054688
7 8	.007813	-.023437	.023438	-.039063	.039063	-.054687	.054688	.054688
8 9	-.007812	.007813	-.023437	.023438	-.039063	.039062	-.054688	.054688
9 10	-.007813	-.007813	.007812	-.023438	.023437	-.039062	.039062	-.054688
10 11	.007813	-.007812	-.007812	.007813	-.023437	.023437	-.039062	.039063
11 12	-.023438	.007812	-.007813	-.007813	.007812	-.023437	.023437	-.039063
12 13	.023438	-.023438	.007813	-.007812	-.007812	.007812	-.023437	.023437
13 14	-.039062	.023438	-.023438	.007812	-.007812	-.007812	.007813	-.023438
14 15	.039063	-.039063	.023438	-.023438	.007812	-.007812	-.007813	.007813
15 16	-.054688	.039063	-.039063	.023438	-.023437	.007812	-.007813	-.007813

	9	10	11	12	13	14	15	16
1 2	-.007813	-.007813	.007812	-.023438	.023438	-.039063	.039063	-.054688
1 3	.038258	-.001018	.038258	.003182	.029282	.018404	.004418	.061840
1 4	.023438	.007813	.007813	.023438	-.007812	.039063	-.023438	.054688
1 5	-.031895	.003182	-.036094	.003182	-.031895	-.005794	-.016672	-.030658
1 6	-.039063	-.007813	-.023437	-.023438	-.007812	-.039062	.007812	-.054687
1 7	.020306	-.005794	.029282	-.009994	.029282	-.005794	.020306	.009428
1 8	.054688	.007813	.039063	.023438	.023437	.039063	.007813	.054688
1 16	-.007813	.007813	-.023438	.023438	-.039062	.039062	-.054687	.054687
2 3	.007813	-.007812	-.007812	.007813	-.023438	.023438	-.039063	.039063
3 4	-.023438	.007812	-.007813	-.007813	.007812	-.023438	.023438	-.039063
4 5	.023438	-.023437	.007813	-.007812	-.007812	.007813	-.023438	.023438
5 6	-.039062	.023437	-.023437	.007812	-.007812	-.007812	.007812	-.023437
6 7	.039063	-.039062	.023437	-.023437	.007812	-.007813	-.007812	.007812
7 8	-.054688	.039062	-.039063	.023437	-.023438	.007813	-.007813	-.007813
8 9	.054688	-.054688	.039062	-.039063	.023438	-.023438	.007813	-.007813
9 10	.054687	.054688	-.054687	.039063	-.039063	.023438	-.023437	.007813
10 11	-.054687	.054688	.054687	-.054688	.039063	-.039063	.023437	-.023438
11 12	.039063	-.054688	.054687	.054688	-.054687	.039063	-.039062	.023438
12 13	-.039063	.039063	-.054687	.054687	.054687	-.054687	.039063	-.039062
13 14	.023438	-.039063	.039063	-.054687	.054688	.054688	-.054688	.039062
14 15	-.023438	.023437	-.039063	.039062	-.054688	.054688	.054688	-.054687
15 16	.007813	-.023437	.023438	-.039062	.039063	-.054687	.054687	.054687

R_{16}^{++}

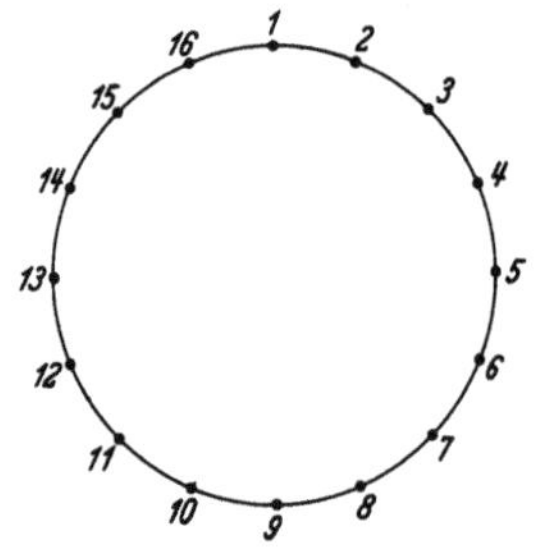

Bindungs- Bindungs Polarisierbarkeiten

	1 2	1 3	1 4	1 5	1 6	1 7	1 8	1 16
1 2	.330271							
1 3	0	.482270						
1 4	-.028319	.093750	.424849					
1 5	.015625	-.085741	.015625	.438835				
1 6	-.003895	-.062500	-.071755	.078125	.449713			
1 7	-.031250	.010091	0	-.060877	.031250	.423612		
1 8	.004871	.031250	.020969	-.046875	-.086977	.062500	.458689	
1 16	-.219594	-.093750	.088603	.078125	-.035216	-.062500	.007979	.330271
2 3	-.219594	0	-.106871	-.015625	.066258	.031250	-.047331	.084404
3 4	.084404	-.093750	-.028319	-.015625	-.012294	0	.022823	-.030439
4 5	-.030439	.093750	.088603	.015625	.066258	0	-.055729	-.002467
5 6	-.002467	-.062500	-.026240	.078125	-.003895	.031250	.022823	.019289
6 7	.019289	.062500	.001732	-.078125	-.035216	-.031250	-.047331	-.032913
7 8	-.032913	-.031250	.023488	.046875	-.007244	-.062500	.004871	.037241
8 9	.037241	.031250	-.028713	-.046875	.014512	.062500	.007979	-.041311
9 10	-.041311	0	.041440	.015625	-.037689	-.031250	.029735	.037241
10 11	.037241	0	-.037112	-.015625	.032464	.031250	-.022467	-.032913
11 12	-.032913	.031250	.041440	-.015625	-.046088	0	.047687	.019289
12 13	.019289	-.031250	-.028713	.015625	.032464	0	-.030865	-.002467
13 14	-.002467	.062500	.023488	-.046875	-.037689	.031250	.047687	-.030439
14 15	-.030439	-.062500	.001732	.046875	.014512	-.031250	-.022467	.084404
15 16	.084404	.093750	-.026240	-.078125	-.007244	.062500	.029735	-.219594

	2 3	3 4	4 5	5 6	6 7	7 8	8 9	9 10
2 3	.330271							
3 4	-.219594	.330271						
4 5	.084404	-.219594	.330271					
5 6	-.030439	.084404	-.219594	.330271				
6 7	-.002467	-.030439	.084404	-.219594	.330271			
7 8	.019289	-.002467	-.030439	.084404	-.219594	.330271		
8 9	-.032913	.019289	-.002467	-.030439	.084404	-.219594	.330271	
9 10	.037241	-.032913	.019289	-.002467	-.030439	.084404	-.219594	.330271
10 11	-.041311	.037241	-.032913	.019289	-.002467	-.030439	.084404	-.219594
11 12	.037241	-.041311	.037241	-.032913	.019289	-.002467	-.030439	.084404
12 13	-.032913	.037241	-.041311	.037241	-.032913	.019289	-.002467	-.030439
13 14	.019289	-.032913	.037241	-.041311	.037241	-.032913	.019289	-.002467
14 15	-.002467	.019289	-.032913	.037241	-.041311	.037241	-.032913	.019289
15 16	-.030439	-.002467	.019289	-.032913	.037241	-.041311	.037241	-.032913

	10 11	11 12	12 13	13 14	14 15	15 16
10 11	.330271					
11 12	-.219594	.330271				
12 13	.084404	-.219594	.330271			
13 14	-.030439	.084404	-.219594	.330271		
14 15	-.002467	-.030439	.084404	-.219594	.330271	
15 16	.019289	-.002467	-.030439	.084404	-.219594	.330271

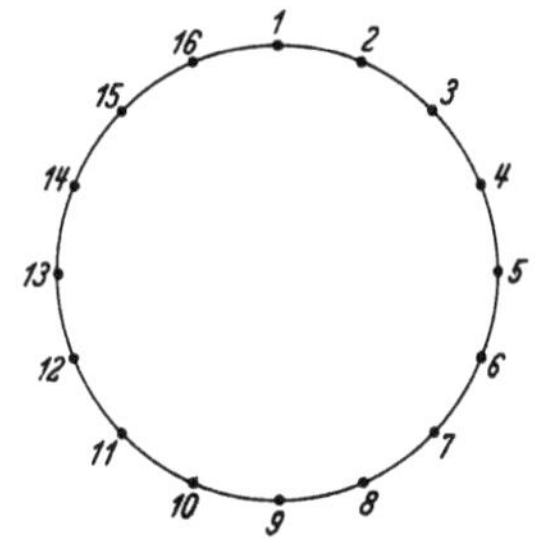

R_{16}^{--}

allgemeine Bindungsordnungen

	1	2	3	4	5	6	7	8
1	1.125000							
2	.628417	1.125000						
3	-.125000	.628417	1.125000					
4	-.187076	-.125000	.628417	1.125000				
5	.125000	-.187076	-.125000	.628417	1.125000			
6	.083522	.125000	-.187076	-.125000	.628417	1.125000		
7	-.125000	.083522	.125000	-.187076	-.125000	.628417	1.125000	
8	-.024864	-.125000	.083522	.125000	-.187076	-.125000	.628417	1.125000
9	.125000	-.024864	-.125000	.083522	.125000	-.187076	-.125000	.628417
10	-.024864	.125000	-.024864	-.125000	.083522	.125000	-.187076	-.125000
11	-.125000	-.024864	.125000	-.024864	-.125000	.083522	.125000	-.187076
12	.083522	-.125000	-.024864	.125000	-.024864	-.125000	.083522	.125000
13	.125000	.083522	-.125000	-.024864	.125000	-.024864	-.125000	.083522
14	-.187076	.125000	.083522	-.125000	-.024864	.125000	-.024864	-.125000
15	-.125000	-.187076	.125000	.083522	-.125000	-.024864	.125000	-.024864
16	.628417	-.125000	-.187076	.125000	.083522	-.125000	-.024864	.125000

	9	10	11	12	13	14	15	16
9	1.125000							
10	.628417	1.125000						
11	-.125000	.628417	1.125000					
12	-.187076	-.125000	.628417	1.125000				
13	.125000	-.187076	-.125000	.628417	1.125000			
14	.083522	.125000	-.187076	-.125000	.628417	1.125000		
15	-.125000	.083522	.125000	-.187076	-.125000	.628417	1.125000	
16	-.024864	-.125000	.083522	.125000	-.187076	-.125000	.628417	1.125000

Atom- Atom Polarisierbarkeiten

	1	2	3	4	5	6	7	8
1	.459706							
2	-.129435	.459706						
3	.022564	-.129435	.459706					
4	-.034858	.022564	-.129435	.459706				
5	-.020872	-.034858	.022564	-.129435	.459706			
6	-.009994	-.020872	-.034858	.022564	-.129435	.459706		
7	-.036094	-.009994	-.020872	-.034858	.022564	-.129435	.459706	
8	-.001018	-.036094	-.009994	-.020872	-.034858	.022564	-.129435	.459706
9	-.040294	-.001018	-.036094	-.009994	-.020872	-.034858	.022564	-.129435
10	-.001018	-.040294	-.001018	-.036094	-.009994	-.020872	-.034858	.022564
11	-.036094	-.001018	-.040294	-.001018	-.036094	-.009994	-.020872	-.034858
12	-.009994	-.036094	-.001018	-.040294	-.001018	-.036094	-.009994	-.020872
13	-.020872	-.009994	-.036094	-.001018	-.040294	-.001018	-.036094	-.009994
14	-.034858	-.020872	-.009994	-.036094	-.001018	-.040294	-.001018	-.036094
15	.022564	-.034858	-.020872	-.009994	-.036094	-.001018	-.040294	-.001018
16	-.129435	.022564	-.034858	-.020872	-.009994	-.036094	-.001018	-.040294

	9	10	11	12	13	14	15	16
9	.459706							
10	-.129435	.459706						
11	.022564	-.129435	.459706					
12	-.034858	.022564	-.129435	.459706				
13	-.020872	-.034858	.022564	-.129435	.459706			
14	-.009994	-.020872	-.034858	.022564	-.129435	.459706		
15	-.036094	-.009994	-.020872	-.034858	.022564	-.129435	.459706	
16	-.001018	-.036094	-.009994	-.020872	-.034858	.022564	-.129435	.459706

R_{16}^{--}

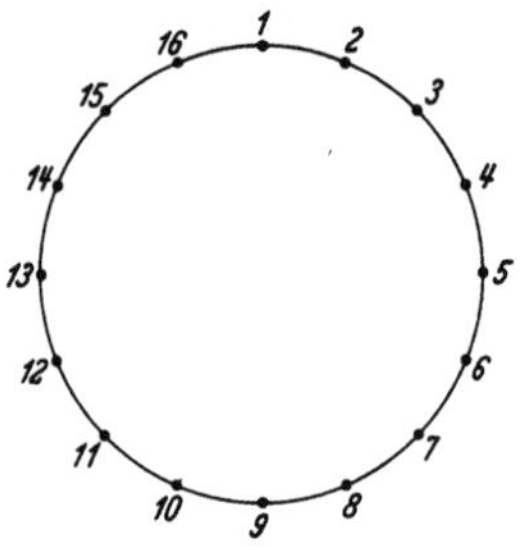

Bindungs- Atom Polarisierbarkeiten

	1	2	3	4	5	6	7	8
1 2	-.054688	-.054688	.054687	-.039063	.039063	-.023438	.023437	-.007812
1 3	-.090159	-.129435	-.090159	.061840	.004418	.018404	.029282	.003182
1 4	.039062	.054688	.054687	.039062	-.054688	.023438	-.039062	.007812
1 5	.026763	.061840	.022564	.061840	.026763	-.030658	-.016672	-.005794
1 6	-.023438	-.054687	-.039063	-.039062	-.054688	-.023438	.054687	-.007812
1 7	-.004558	-.030658	.004418	-.034858	.004418	-.030658	-.004558	.009428
1 8	.007812	.054688	.023438	.039063	.039063	.023438	.054688	.007812
1 16	-.054688	.054688	-.039063	.039062	-.023438	.023438	-.007813	.007812
2 3	.054687	-.054688	-.054688	.054688	-.039063	.039063	-.023438	.023438
3 4	-.039062	.054688	-.054688	-.054688	.054687	-.039063	.039063	-.023438
4 5	.039063	-.039063	.054687	-.054688	-.054687	.054688	-.039062	.039063
5 6	-.023438	.039063	-.039063	.054688	-.054687	-.054687	.054688	-.039063
6 7	.023438	-.023437	.039063	-.039062	.054688	-.054688	-.054688	.054688
7 8	-.007812	.023438	-.023438	.039063	-.039063	.054688	-.054688	-.054688
8 9	.007812	-.007813	.023437	-.023438	.039062	-.039063	.054688	-.054687
9 10	.007813	.007813	-.007812	.023438	-.023437	.039063	-.039062	.054687
10 11	-.007813	.007813	.007812	-.007813	.023437	-.023438	.039063	-.039062
11 12	.023438	-.007813	.007813	.007812	-.007812	.023438	-.023437	.039062
12 13	-.023438	.023438	-.007813	.007813	.007812	-.007812	.023438	-.023438
13 14	.039063	-.023438	.023438	-.007813	.007813	.007812	-.007813	.023437
14 15	-.039063	.039063	-.023438	.023437	-.007812	.007812	.007813	-.007813
15 16	.054688	-.039063	.039063	-.023437	.023437	-.007812	.007813	.007813

	9	10	11	12	13	14	15	16
1 2	.007813	.007813	-.007812	.023438	-.023438	.039063	-.039063	.054688
1 3	.038258	-.001018	.038258	.003182	.029282	.018404	.004418	.061840
1 4	-.023437	-.007813	-.007812	-.023438	.007813	-.039062	.023438	-.054687
1 5	-.031895	.003182	-.036094	.003182	-.031895	-.005794	-.016672	-.030658
1 6	.039062	.007813	.023437	.023438	.007813	.039063	-.007813	.054688
1 7	.020306	-.005794	.029282	-.009994	.029282	-.005794	.020306	.009428
1 8	-.054687	-.007813	-.039062	-.023438	-.023438	-.039062	-.007813	-.054687
1 16	.007813	-.007813	.023438	-.023438	.039063	-.039063	.054688	-.054688
2 3	-.007813	.007813	.007812	-.007813	.023438	-.023438	.039063	-.039063
3 4	.023438	-.007813	.007812	.007813	-.007813	.023437	-.023438	.039062
4 5	-.023437	.023438	-.007812	.007812	.007813	-.007812	.023437	-.023437
5 6	.039062	-.023438	.023437	-.007812	.007812	.007813	-.007812	.023438
6 7	-.039063	.039063	-.023438	.023437	-.007813	.007813	.007812	-.007813
7 8	.054687	-.039062	.039063	-.023437	.023438	-.007812	.007813	.007813
8 9	-.054687	.054688	-.039062	.039063	-.023437	.023438	-.007813	.007813
9 10	-.054688	-.054688	.054688	-.039063	.039062	-.023438	.023438	-.007813
10 11	.054688	-.054687	-.054688	.054687	-.039063	.039063	-.023438	.023438
11 12	-.039063	.054687	-.054687	-.054687	.054688	-.039062	.039063	-.023437
12 13	.039062	-.039062	.054688	-.054688	-.054688	.054687	-.039062	.039062
13 14	-.023437	.039062	-.039063	.054687	-.054687	-.054687	.054687	-.039062
14 15	.023438	-.023437	.039063	-.039062	.054687	-.054687	-.054688	.054687
15 16	-.007813	.023437	-.023438	.039062	-.039062	.054687	-.054688	-.054687

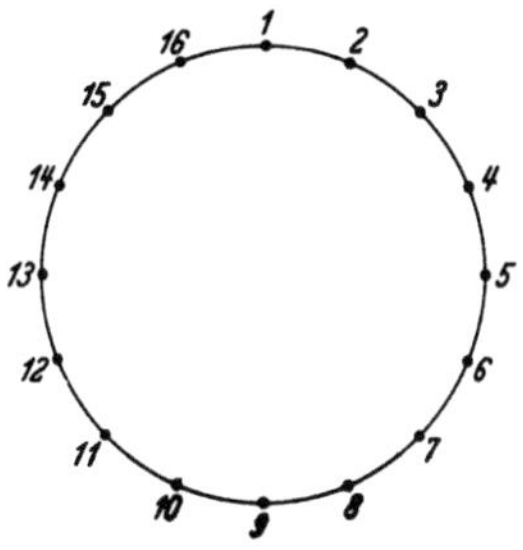

R_{16}^{--}

Bindungs- Bindungs Polarisierbarkeiten

	1 2	1 3	1 4	1 5	1 6	1 7	1 8	1 16
1 2	.330271							
1 3	0	.482270						
1 4	-.028319	-.093750	.424849					
1 5	-.015625	-.085741	-.015625	.438835				
1 6	-.003895	.062500	-.071755	-.078125	.449713			
1 7	.031250	.010091	0	-.060877	-.031250	.423612		
1 8	.004871	-.031250	.020969	.046875	-.086977	-.062500	.458689	
1 16	-.219594	.093750	.088603	-.078125	-.035216	.062500	.007979	.330271
2 3	-.219594	0	-.106871	.015625	.066258	-.031250	-.047331	.084404
3 4	.084404	.093750	-.028319	.015625	-.012294	0	.022823	-.030439
4 5	-.030439	-.093750	.088603	-.015625	.066258	0	-.055729	-.002467
5 6	-.002467	.062500	-.026240	-.078125	-.003895	-.031250	.022823	.019289
6 7	.019289	-.062500	.001732	.078125	-.035216	.031250	-.047331	-.032913
7 8	-.032913	.031250	.023488	-.046875	-.007244	.062500	.004871	.037241
8 9	.037241	-.031250	-.028713	.046875	.014512	-.062500	.007979	-.041311
9 10	-.041311	0	.041440	-.015625	-.037689	.031250	.029735	.037241
10 11	.037241	0	-.037112	.015625	.032464	-.031250	-.022467	-.032913
11 12	-.032913	-.031250	.041440	.015625	-.046088	0	.047687	.019289
12 13	.019289	.031250	-.028713	-.015625	.032464	0	-.030865	-.002467
13 14	-.002467	-.062500	.023488	.046875	-.037689	-.031250	.047687	-.030439
14 15	-.030439	.062500	.001732	-.046875	.014512	.031250	-.022467	.084404
15 16	.084404	-.093750	-.026240	.078125	-.007244	-.062500	.029735	-.219594

	2 3	3 4	4 5	5 6	6 7	7 8	8 9	9 10
2 3	.330271							
3 4	-.219594	.330271						
4 5	.084404	-.219594	.330271					
5 6	-.030439	.084404	-.219594	.330271				
6 7	-.002467	-.030439	.084404	-.219594	.330271			
7 8	.019289	-.002467	-.030439	.084404	-.219594	.330271		
8 9	-.032913	.019289	-.002467	-.030439	.084404	-.219594	.330271	
9 10	.037241	-.032913	.019289	-.002467	-.030439	.084404	-.219594	.330271
10 11	-.041311	.037241	-.032913	.019289	-.002467	-.030439	.084404	-.219594
11 12	.037241	-.041311	.037241	-.032913	.019289	-.002467	-.030439	.084404
12 13	-.032913	.037241	-.041311	.037241	-.032913	.019289	-.002467	-.030439
13 14	.019289	-.032913	.037241	-.041311	.037241	-.032913	.019289	-.002467
14 15	-.002467	.019289	-.032913	.037241	-.041311	.037241	-.032913	.019289
15 16	-.030439	-.002467	.019289	-.032913	.037241	-.041311	.037241	-.032913

	10 11	11 12	12 13	13 14	14 15	15 16
10 11	.330271					
11 12	-.219594	.330271				
12 13	.084404	-.219594	.330271			
13 14	-.030439	.084404	-.219594	.330271		
14 15	-.002467	-.030439	.084404	-.219594	.330271	
15 16	.019289	-.002467	-.030439	.084404	-.219594	.330271

R_{17}^{-}

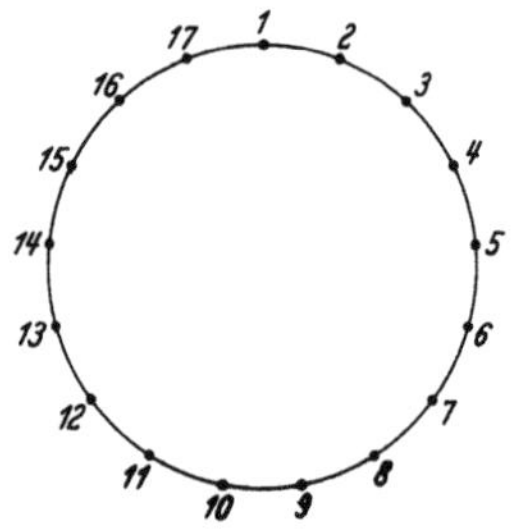

Eigenwerte und Hückelkoeffizienten

	1	2	3	4	5	6	7	8
1	2,000000	1,864944	1,864944	1.478018	1.478018	.891477	.891477	.184537
1	.242536	0	.342997	0	.342997	0	.342997	.342997
2	.242536	.123905	.319835	.231076	.253478	.307038	.152887	.031648
3	.242536	.231076	.253478	.341534	.031648	.273718	-.206702	-.337157
4	.242536	.307038	.152887	.273718	-.206702	-.063026	-.337157	-.093866
5	.242536	.341534	.031648	.063026	-.337157	-.329903	-.093866	.319835
6	.242536	.329903	-.093866	-.180565	-.291622	-.231076	.253478	.152887
7	.242536	.273718	-.206702	-.329903	-.093866	.123905	.319835	-.291622
8	.242536	.180565	-.291622	-.307038	.152887	.341534	.031648	-.206702
9	.242536	.063026	-.337157	-.123905	.319835	.180565	-.291622	.253478
10	.242536	-.063026	-.337157	.123905	.319835	-.180565	-.291622	.253478
11	.242536	-.180565	-.291622	.307038	.152887	-.341534	.031648	-.206702
12	.242536	-.273718	-.206702	.329903	-.093866	-.123905	.319835	-.291622
13	.242536	-.329903	-.093866	.180565	-.291622	.231076	.253478	.152887
14	.242536	-.341534	.031648	-.063026	-.337157	.329903	-.093866	.319835
15	.242536	-.307038	.152887	-.273718	-.206702	.063026	-.337157	-.093866
16	.242536	-.231076	.253478	-.341534	.031648	-.273718	-.206702	-.337157
17	.242536	-.123905	.319835	-.231076	.253478	-.307038	.152887	.031648

	9	10	11	12	13	14	15	16
9	.184537	-.547326	-.547326	-1.205269	-1.205269	-1.700434	-1.700434	-1.965946
1	0	0	-.342997	0	-.342997	-.342997	0	-.342997
2	.341534	.329903	.093866	.273718	.206702	.291622	.180565	.337157
3	.063026	-.180565	.291622	-.329903	.093866	-.152887	-.307038	-.319835
4	-.329903	-.231076	-.253478	.123905	-.319835	-.031648	.341534	.291622
5	-.123905	.307038	-.152887	.180565	.291622	.206702	-.273718	-.253478
6	.307038	.063026	.337157	-.341534	-.031648	-.319835	.123905	.206702
7	.180565	-.341534	-.031648	.231076	-.253478	.337157	.063026	-.152887
8	-.273718	.123905	-.319835	.063026	.337157	-.253478	-.231076	.093866
9	-.231076	.273718	.206702	-.307038	-.152887	.093866	.329903	-.031648
10	.231076	-.273718	.206702	.307038	-.152887	.093866	-.329903	-.031648
11	.273718	-.123905	-.319835	-.063026	.337157	-.253478	.231076	.093866
12	-.180565	.341534	-.031648	-.231076	-.253478	.337157	-.063026	-.152887
13	-.307038	-.063026	.337157	.341534	-.031648	-.319835	-.123905	.206702
14	.123905	-.307038	-.152887	-.180565	.291622	.206702	.273718	-.253478
15	.329903	.231076	-.253478	-.123905	-.319835	-.031648	-.341534	.291622
16	-.063026	.180565	.291622	.329903	.093866	-.152887	.307038	-.319835
17	-.341534	-.329903	.093866	-.273718	.206702	.291622	-.180565	.337157

	17
17	-1.965946
1	0
2	.063026
3	-.123905
4	.180565
5	-.231076
6	.273718
7	-.307038
8	.329903
9	-.341534
10	.341534
11	-.329903
12	.307038
13	-.273718
14	.231076
15	-.180565
16	.123905
17	-.063026

TOTALE PI ELEKTRONEN ENERGIE 21.675903

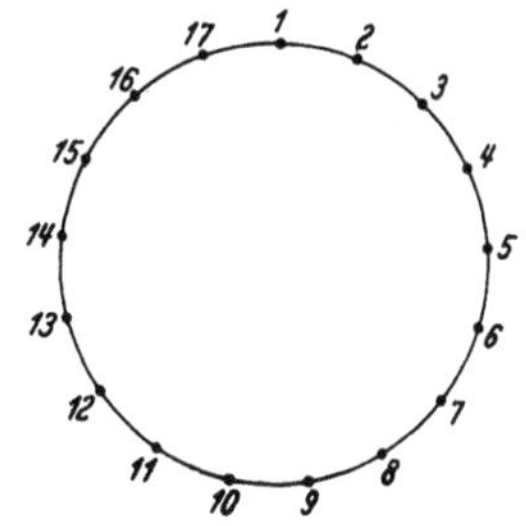

R_{17}^{-}

allgemeine Bindungsordnungen

	1	2	3	4	5	6	7	8
1	1,058824							
2	,637527	1,058824						
3	-,059842	,637527	1,058824					
4	-,214949	-,059842	,637527	1,058824				
5	,063083	-,214949	-,059842	,637527	1,058824			
6	,131969	,063083	-,214949	-,059842	,637527	1,058824		
7	-,069186	,131969	,063083	-,214949	-,059842	,637527	1,058824	
8	-,097611	-,069186	,131969	,063083	-,214949	-,059842	,637527	1,058824
9	,079598	-,097611	-,069186	,131969	,063083	-,214949	-,059842	,637527
10	,079598	,079598	-,097611	-,069186	,131969	,063083	-,214949	-,059842
11	-,097611	,079598	,079598	-,097611	-,069186	,131969	,063083	-,214949
12	-,069186	-,097611	,079598	,079598	-,097611	-,069186	,131969	,063083
13	,131969	-,069186	-,097611	,079598	,079598	-,097611	-,069186	,131969
14	,063083	,131969	-,069186	-,097611	,079598	,079598	-,097611	-,069186
15	-,214949	,063083	,131969	-,069186	-,097611	,079598	,079598	-,097611
16	-,059842	-,214949	,063083	,131969	-,069186	-,097611	,079598	,079598
17	,637527	-,059842	-,214949	,063083	,131969	-,069186	-,097611	,079598

	9	10	11	12	13	14	15	16
9	1,058824							
10	,637527	1,058824						
11	-,059842	,637527	1,058824					
12	-,214949	-,059842	,637527	1,058824				
13	,063083	-,214949	-,059842	,637527	1,058824			
14	,131969	,063083	-,214949	-,059842	,637527	1,058824		
15	-,069186	,131969	,063083	-,214949	-,059842	,637527	1,058824	
16	-,097611	-,069186	,131969	,063083	-,214949	-,059842	,637527	1,058824
17	,079598	-,097611	-,069186	,131969	,063083	-,214949	-,059842	,637527

	17
17	1,058824

R_{17}^{-}

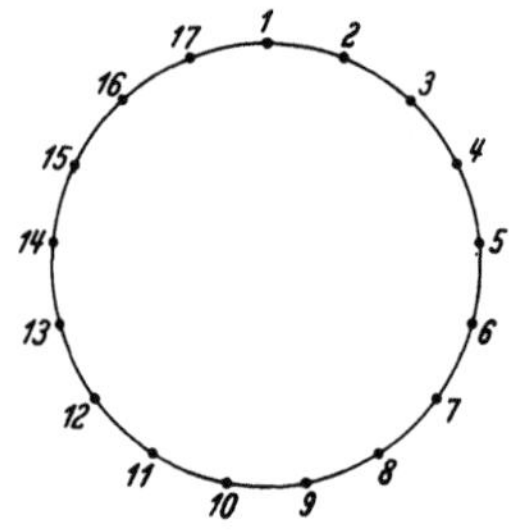

Atom- Atom Polarisierbarkeiten

	1	2	3	4	5	6	7	8
1	.462605							
2	-.137420	.462605						
3	.039596	-.137420	.462605					
4	-.053558	.039596	-.137420	.462605				
5	.003860	-.053558	.039596	-.137420	.462605			
6	-.033598	.003860	-.053558	.039596	-.137420	.462605		
7	-.009179	-.033598	.003860	-.053558	.039596	-.137420	.462605	
8	-.024022	-.009179	-.033598	.003860	-.053558	.039596	-.137420	.462605
9	-.016982	-.024022	-.009179	-.033598	.003860	-.053558	.039596	-.137420
10	-.016982	-.016982	-.024022	-.009179	-.033598	.003860	-.053558	.039596
11	-.024022	-.016982	-.016982	-.024022	-.009179	-.033598	.003860	-.053558
12	-.009179	-.024022	-.016982	-.016982	-.024022	-.009179	-.033598	.003860
13	-.033598	-.009179	-.024022	-.016982	-.016982	-.024022	-.009179	-.033598
14	.003860	-.033598	-.009179	-.024022	-.016982	-.016982	-.024022	-.009179
15	-.053558	.003860	-.033598	-.009179	-.024022	-.016982	-.016982	-.024022
16	.039596	-.053558	.003860	-.033598	-.009179	-.024022	-.016982	-.016982
17	-.137420	.039596	-.053558	.003860	-.033598	-.009179	-.024022	-.016982

	9	10	11	12	13	14	15	16
9	.462605							
10	-.137420	.462605						
11	.039596	-.137420	.462605					
12	-.053558	.039596	-.137420	.462605				
13	.003860	-.053558	.039596	-.137420	.462605			
14	-.033598	.003860	-.053558	.039596	-.137420	.462605		
15	-.009179	-.033598	.003860	-.053558	.039596	-.137420	.462605	
16	-.024022	-.009179	-.033598	.003860	-.053558	.039596	-.137420	.462605
17	-.016982	-.024022	-.009179	-.033598	.003860	-.053558	.039596	-.137420

	17
17	.462605

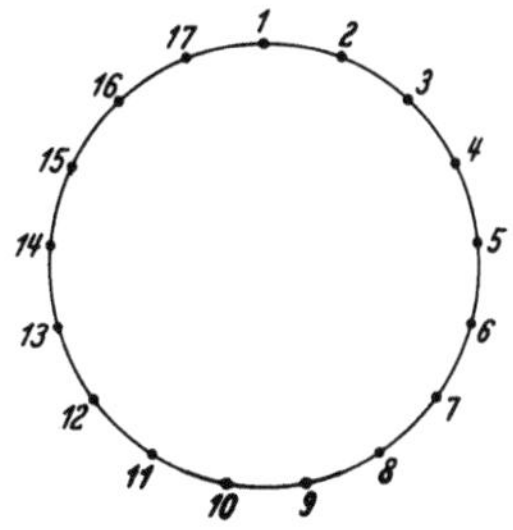

R_{17}^-

Bindungs- Atom Polarisierbarkeiten

	1	2	3	4	5	6	7	8
1 2	-.025980	-.025980	.026822	-.021418	.023349	-.018791	.021402	-.017412
1 3	-.099919	-.137420	-.099919	.077098	-.016056	.041362	.003904	.028323
1 4	.019782	.026822	.026822	.019782	-.028459	.016309	-.025831	.014362
1 5	.039166	.077098	.039596	.077098	.039166	-.053989	.003429	-.034028
1 6	-.013616	-.028459	-.021418	-.021418	-.028459	-.013616	.031152	-.010988
1 7	-.015174	-.053989	-.016056	-.053558	-.016056	-.053989	-.015174	.042244
1 8	.006733	.031152	.016309	.023349	.023349	.016309	.031152	.006733
1 17	-.025980	.026822	-.021418	.023349	-.018791	.021402	-.017412	.020520
2 3	.026822	-.025980	-.025980	.026822	-.021418	.023349	-.018791	.021402
3 4	-.021418	.026822	-.025980	-.025980	.026822	-.021418	.023349	-.018791
4 5	.023349	-.021418	.026822	-.025980	-.025980	.026822	-.021418	.023349
5 6	-.018791	.023349	-.021418	.026822	-.025980	-.025980	.026822	-.021418
6 7	.021402	-.018791	.023349	-.021418	.026822	-.025980	-.025980	.026822
7 8	-.017412	.021402	-.018791	.023349	-.021418	.026822	-.025980	-.025980
8 9	.020520	-.017412	.021402	-.018791	.023349	-.021418	.026822	-.025980
9 10	-.016982	.020520	-.017412	.021402	-.018791	.023349	-.021418	.026822
10 11	.020520	-.016982	.020520	-.017412	.021402	-.018791	.023349	-.021418
11 12	-.017412	.020520	-.016982	.020520	-.017412	.021402	-.018791	.023349
12 13	.021402	-.017412	.020520	-.016982	.020520	-.017412	.021402	-.018791
13 14	-.018791	.021402	-.017412	.020520	-.016982	.020520	-.017412	.021402
14 15	.023349	-.018791	.021402	-.017412	.020520	-.016982	.020520	-.017412
15 16	-.021418	.023349	-.018791	.021402	-.017412	.020520	-.016982	.020520
16 17	.026822	-.021418	.023349	-.018791	.021402	-.017412	.020520	-.016982

	9	10	11	12	13	14	15	16
1 2	.020520	-.016982	.020520	-.017412	.021402	-.018791	.023349	-.021418
1 3	.013479	.020520	.020520	.013479	.028323	.003904	.041362	-.016056
1 4	-.024453	.013479	-.024022	.013479	-.024453	.014362	-.025831	.016309
1 5	-.009610	-.024453	-.017412	-.017412	-.024453	-.009610	-.034028	.003429
1 6	.029205	-.009610	.028323	-.009179	.028323	-.009610	.029205	-.010988
1 7	.004786	.029205	.014362	.021402	.021402	.014362	.029205	.004786
1 8	-.035407	.004786	-.034028	.003904	-.033598	.003904	-.034028	.004786
1 17	-.016982	.020520	-.017412	.021402	-.018791	.023349	-.021418	.026822
2 3	-.017412	.020520	-.016982	.020520	-.017412	.021402	-.018791	.023349
3 4	.021402	-.017412	.020520	-.016982	.020520	-.017412	.021402	-.018791
4 5	-.018791	.021402	-.017412	.020520	-.016982	.020520	-.017412	.021402
5 6	.023349	-.018791	.021402	-.017412	.020520	-.016982	.020520	-.017412
6 7	-.021418	.023349	-.018791	.021402	-.017412	.020520	-.016982	.020520
7 8	.026822	-.021418	.023349	-.018791	.021402	-.017412	.020520	-.016982
8 9	-.025980	.026822	-.021418	.023349	-.018791	.021402	-.017412	.020520
9 10	-.025980	-.025980	.026822	-.021418	.023349	-.018791	.021402	-.017412
10 11	.026822	-.025980	-.025980	.026822	-.021418	.023349	-.018791	.021402
11 12	-.021418	.026822	-.025980	-.025980	.026822	-.021418	.023349	-.018791
12 13	.023349	-.021418	.026822	-.025980	-.025980	.026822	-.021418	.023349
13 14	-.018791	.023349	-.021418	.026822	-.025980	-.025980	.026822	-.021418
14 15	.021402	-.018791	.023349	-.021418	.026822	-.025980	-.025980	.026822
15 16	-.017412	.021402	-.018791	.023349	-.021418	.026822	-.025980	-.025980
16 17	.020520	-.017412	.021402	-.018791	.023349	-.021418	.026822	-.025980

	17
1 2	.026822
1 3	.077098
1 4	-.028459
1 5	-.053989
1 6	.031152
1 7	.042244
1 8	-.035407
1 17	-.025980
2 3	-.021418
3 4	.023349
4 5	-.018791
5 6	.021402
6 7	-.017412
7 8	.020520
8 9	-.016982
9 10	.020520
10 11	-.017412
11 12	.021402
12 13	-.018791
13 14	.023349
14 15	-.021418
15 16	.026822
16 17	-.025980

R_{17}^{-}

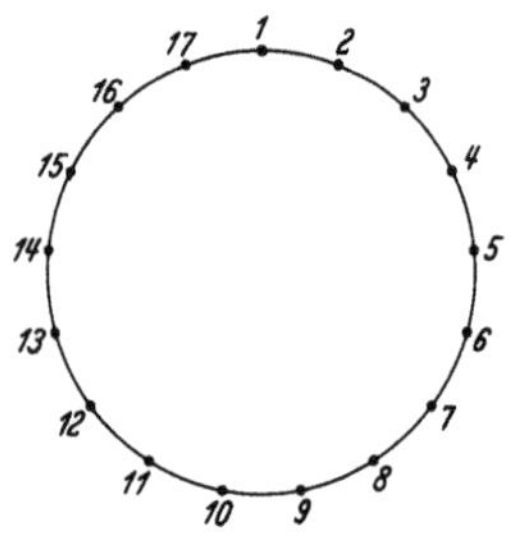

Bindungs- Bindungs Polarisierbarkeiten

	1 2	1 3	1 4	1 5	1 6	1 7	1 8	1 17
1 2	.325185							
1 3	.000842	.502281						
1 4	-.022821	-.047399	.409047					
1 5	-.008677	-.115975	-.002631	.466465				
1 6	-.014823	.036091	-.058557	-.044771	.429007			
1 7	.017537	.042595	-.006049	-.096015	-.004578	.453426		
1 8	.027070	-.024603	.005138	.034143	-.071596	-.043393	.438583	
1 17	-.237339	.046603	.116264	-.042074	-.069163	.037886	.044295	.325185
2 3	-.237339	.000842	-.097824	.005403	.061042	-.012150	-.050559	.116694
3 4	.116694	.046603	-.022821	.005403	-.013961	.001931	.025305	-.069614
4 5	-.069614	-.049877	.116264	-.008677	.061042	.001931	-.049698	.045222
5 6	.045222	.039658	-.070045	-.042074	-.014823	-.012150	.025305	-.029694
6 7	-.029694	-.044622	.044791	.047461	-.069163	.017537	-.050559	.019144
7 8	.019144	.035763	-.030125	-.036819	.045673	.037886	.027070	-.010543
8 9	-.010543	-.041865	.018713	.043566	-.029242	-.046394	.044295	.003538
9 10	.003538	.033999	-.010973	-.034062	.019595	.033991	-.030621	.003538
10 11	.003538	-.041004	.003107	.041802	-.010091	-.043638	.018217	-.010543
11 12	-.010543	.033999	.003107	-.033201	.003989	.032226	-.011469	.019144
12 13	.019144	-.041865	-.010973	.041802	.003989	-.042777	.002611	-.029694
13 14	-.029694	.035763	.018713	-.034062	-.010091	.032226	.002611	.045222
14 15	.045222	-.044622	-.030125	.043566	.019595	-.043638	-.011469	-.069614
15 16	-.069614	.039658	.044791	-.036819	-.029242	.033991	.018217	.116694
16 17	.116694	-.049877	-.070045	.047461	.045673	-.046394	-.030621	-.237339

	2 3	3 4	4 5	5 6	6 7	7 8	8 9	9 10
2 3	.325185							
3 4	-.237339	.325185						
4 5	.116694	-.237339	.325185					
5 6	-.069614	.116694	-.237339	.325185				
6 7	.045222	-.069614	.116694	-.237339	.325185			
7 8	-.029694	.045222	-.069614	.116694	-.237339	.325185		
8 9	.019144	-.029694	.045222	-.069614	.116694	-.237339	.325185	
9 10	-.010543	.019144	-.029694	.045222	-.069614	.116694	-.237339	.325185
10 11	.003538	-.010543	.019144	-.029694	.045222	-.069614	.116694	-.237339
11 12	.003538	.003538	-.010543	.019144	-.029694	.045222	-.069614	.116694
12 13	-.010543	.003538	.003538	-.010543	.019144	-.029694	.045222	-.069614
13 14	.019144	-.010543	.003538	.003538	-.010543	.019144	-.029694	.045222
14 15	-.029694	.019144	-.010543	.003538	.003538	-.010543	.019144	-.029694
15 16	.045222	-.029694	.019144	-.010543	.003538	.003538	-.010543	.019144
16 17	-.069614	.045222	-.029694	.019144	-.010543	.003538	.003538	-.010543

	10 11	11 12	12 13	13 14	14 15	15 16	16 17
10 11	.325185						
11 12	-.237339	.325185					
12 13	.116694	-.237339	.325185				
13 14	-.069614	.116694	-.237339	.325185			
14 15	.045222	-.069614	.116694	-.237339	.325185		
15 16	-.029694	.045222	-.069614	.116694	-.237339	.325185	
16 17	.019144	-.029694	.045222	-.069614	.116694	-.237339	.325185

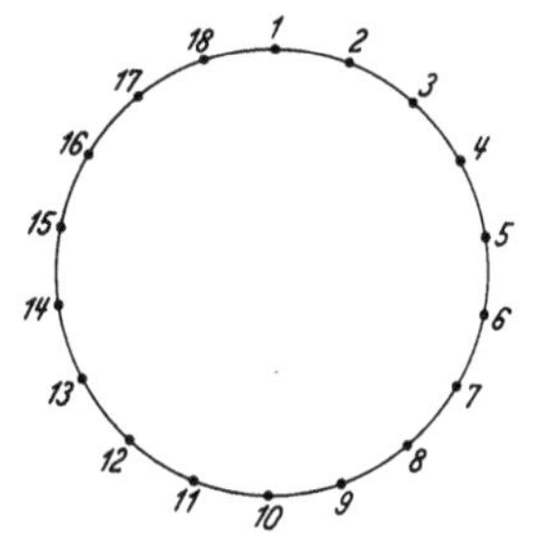

R_{18}

Eigenwerte und Hückelkoeffizienten

	1	2	3	4	5	6	7	8
1	2.000000	1.879385	1.879385	1.532089	1.532089	1.000000	1.000000	.347296
1	.235702	0	.333333	0	.333333	0	.333333	.333333
2	.235702	.114007	.313231	.214263	.255348	.288675	.166667	.057883
3	.235702	.214263	.255348	.328269	.057883	.288675	-.166667	-.313231
4	.235702	.288675	.166667	.288675	-.166667	0	-.333333	-.166667
5	.235702	.328269	.057883	.114007	-.313231	-.288675	-.166667	.255348
6	.235702	.328269	-.057883	-.114007	-.313231	-.288675	.166667	.255348
7	.235702	.288675	-.166667	-.288675	-.166667	0	.333333	-.166667
8	.235702	.214263	-.255348	-.328269	.057883	.288675	.166667	-.313231
9	.235702	.114007	-.313231	-.214263	.255348	.288675	-.166667	.057883
10	.235702	0	-.333333	0	.333333	0	-.333333	.333333
11	.235702	-.114007	-.313231	.214263	.255348	-.288675	-.166667	.057883
12	.235702	-.214263	-.255348	.328269	.057883	-.288675	.166667	-.313231
13	.235702	-.288675	-.166667	.288675	-.166667	0	.333333	-.166667
14	.235702	-.328269	-.057883	.114007	-.313231	.288675	.166667	.255348
15	.235702	-.328269	.057883	-.114007	-.313231	.288675	-.166667	.255348
16	.235702	-.288675	.166667	-.288675	-.166667	0	-.333333	-.166667
17	.235702	-.214263	.255348	-.328269	.057883	-.288675	-.166667	-.313231
18	.235702	-.114007	.313231	-.214263	.255348	-.288675	.166667	.057883

	9	10	11	12	13	14	15	16
9	.347296	-.347296	-.347296	-1.000000	-1.000000	-1.532089	-1.532089	-1.879385
1	0	-.333333	0	0	-.333333	-.333333	0	0
2	.328269	.057883	.328269	.288675	.166667	.255348	.214263	.114007
3	.114007	.313231	-.114007	-.288675	.166667	-.057883	-.328269	-.214263
4	-.288675	-.166667	-.288675	0	-.333333	-.166667	.288675	.288675
5	-.214263	-.255348	.214263	.288675	.166667	.313231	-.114007	-.328269
6	.214263	.255348	.214263	-.288675	.166667	-.313231	-.114007	.328269
7	.288675	.166667	-.288675	0	-.333333	.166667	.288675	-.288675
8	-.114007	-.313231	-.114007	.288675	.166667	.057883	-.328269	.214263
9	-.328269	-.057883	.328269	-.288675	.166667	-.255348	.214263	-.114007
10	0	.333333	0	0	-.333333	.333333	0	0
11	.328269	-.057883	-.328269	.288675	.166667	-.255348	-.214263	.114007
12	.114007	-.313231	.114007	-.288675	.166667	.057883	.328269	-.214263
13	-.288675	.166667	.288675	0	-.333333	.166667	-.288675	.288675
14	-.214263	.255348	-.214263	.288675	.166667	-.313231	.114007	-.328269
15	.214263	-.255348	-.214263	-.288675	.166667	.313231	.114007	.328269
16	.288675	-.166667	.288675	0	-.333333	-.166667	-.288675	-.288675
17	-.114007	.313231	.114007	.288675	.166667	-.057883	.328269	.214263
18	-.328269	.057883	-.328269	-.288675	.166667	.255348	-.214263	-.114007

	17	18
17	-1.879385	-2.000000
1	-.333333	-.235702
2	.313231	.235702
3	-.255348	-.235702
4	.166667	.235702
5	-.057883	-.235702
6	-.057883	.235702
7	.166667	-.235702
8	-.255348	.235702
9	.313231	-.235702
10	-.333333	.235702
11	.313231	-.235702
12	-.255348	.235702
13	.166667	-.235702
14	-.057883	.235702
15	-.057883	-.235702
16	.166667	.235702
17	-.255348	-.235702
18	.313231	.235702

TOTALE PI ELEKTRONEN ENERGIE 23.035082

R_{18}

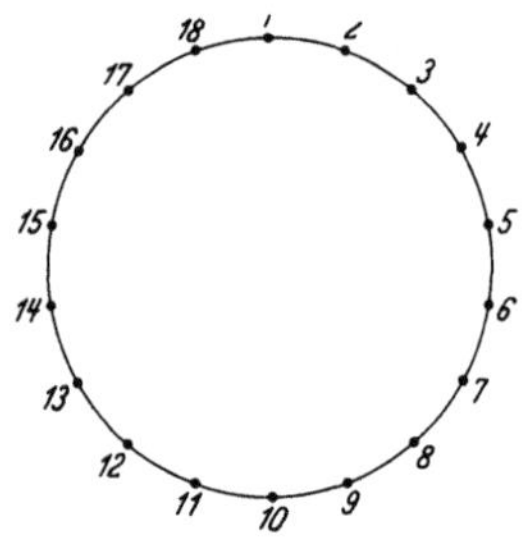

allgemeine Bindungsordnungen

	1	2	3	4	5	6	7	8
1	1.000000							
2	.639863	1.000000						
3	0	.639863	1.000000					
4	-.222222	0	.639863	1.000000				
5	0	-.222222	0	.639863	1.000000			
6	.145045	0	-.222222	0	.639863	1.000000		
7	0	.145045	0	-.222222	0	.639863	1.000000	
8	-.118242	0	.145045	0	-.222222	0	.639863	1.000000
9	0	-.118242	0	.145045	0	-.222222	0	.639863
10	.111111	0	-.118242	0	.145045	0	-.222222	0
11	0	.111111	0	-.118242	0	.145045	0	-.222222
12	-.118242	0	.111111	0	-.118242	0	.145045	0
13	0	-.118242	0	.111111	0	-.118242	0	.145045
14	.145045	0	-.118242	0	.111111	0	-.118242	0
15	0	.145045	0	-.118242	0	.111111	0	-.118242
16	-.222222	0	.145045	0	-.118242	0	.111111	0
17	0	-.222222	0	.145045	0	-.118242	0	.111111
18	.639863	0	-.222222	0	.145045	0	-.118242	0

	9	10	11	12	13	14	15	16
9	1.000000							
10	.639863	1.000000						
11	0	.639863	1.000000					
12	-.222222	0	.639863	1.000000				
13	0	-.222222	0	.639863	1.000000			
14	.145045	0	-.222222	0	.639863	1.000000		
15	0	.145045	0	-.222222	0	.639863	1.000000	
16	-.118242	0	.145045	0	-.222222	0	.639863	1.000000
17	0	-.118242	0	.145045	0	-.222222	0	.639863
18	.111111	0	-.118242	0	.145045	0	-.222222	0

	17	18
17	1.000000	
18	.639863	1.000000

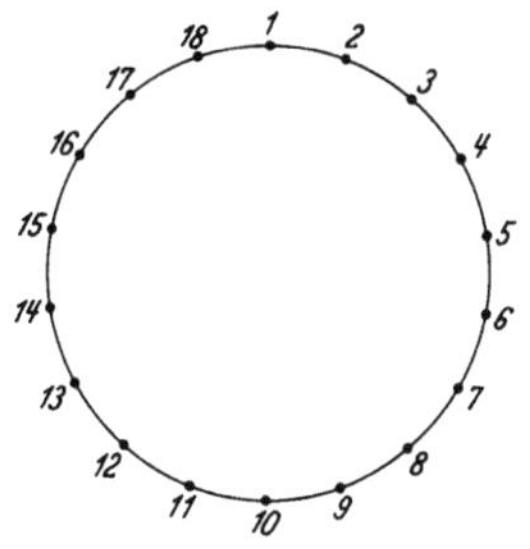

R_{18}

Atom- Atom Polarisierbarkeiten

	1	2	3	4	5	6	7	8
1	.464809							
2	-.139507	.464809						
3	.045678	-.139507	.464809					
4	-.059076	.045678	-.139507	.464809				
5	.013183	-.059076	.045678	-.139507	.464809			
6	-.042373	.013183	-.059076	.045678	-.139507	.464809		
7	.003610	-.042373	.013183	-.059076	.045678	-.139507	.464809	
8	-.036680	.003610	-.042373	.013183	-.059076	.045678	-.139507	.464809
9	.000357	-.036680	.003610	-.042373	.013183	-.059076	.045678	-.139507
10	-.035191	.000357	-.036680	.003610	-.042373	.013183	-.059076	.045678
11	.000357	-.035191	.000357	-.036680	.003610	-.042373	.013183	-.059076
12	-.036680	.000357	-.035191	.000357	-.036680	.003610	-.042373	.013183
13	.003610	-.036680	.000357	-.035191	.000357	-.036680	.003610	-.042373
14	-.042373	.003610	-.036680	.000357	-.035191	.000357	-.036680	.003610
15	.013183	-.042373	.003610	-.036680	.000357	-.035191	.000357	-.036680
16	-.059076	.013183	-.042373	.003610	-.036680	.000357	-.035191	.000357
17	.045678	-.059076	.013183	-.042373	.003610	-.036680	.000357	-.035191
18	-.139507	.045678	-.059076	.013183	-.042373	.003610	-.036680	.000357

	9	10	11	12	13	14	15	16
9	.464809							
10	-.139507	.464809						
11	.045678	-.139507	.464809					
12	-.059076	.045678	-.139507	.464809				
13	.013183	-.059076	.045678	-.139507	.464809			
14	-.042373	.013183	-.059076	.045678	-.139507	.464809		
15	.003610	-.042373	.013183	-.059076	.045678	-.139507	.464809	
16	-.036680	.003610	-.042373	.013183	-.059076	.045678	-.139507	.464809
17	.000357	-.036680	.003610	-.042373	.013183	-.059076	.045678	-.139507
18	-.035191	.000357	-.036680	.003610	-.042373	.013183	-.059076	.045678

	17	18
17	.464809	
18	-.139507	.464809

R_{18}

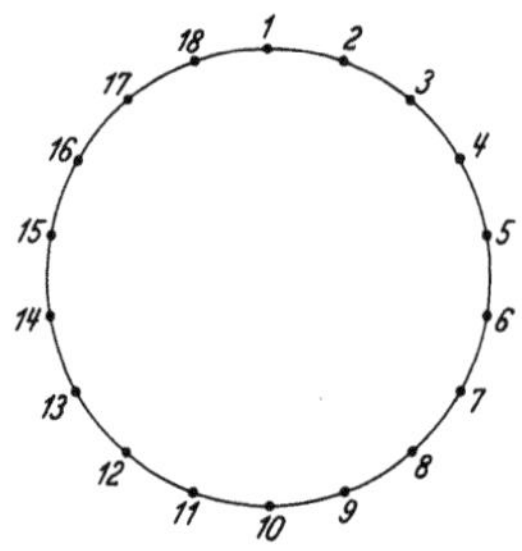

Bindungs- Atom Polarisierbarkeiten

	1	2	3	4	5	6	7	8
1 2	0	0	0	0	0	0	0	0
1 3	-.103959	-.139507	-.103959	.081226	-.023528	.048731	-.006825	.039158
1 4	0	0	0	0	0	0	0	0
1 5	.044189	.081226	.045678	.081226	.044189	-.060565	.011693	-.043862
1 6	0	0	0	0	0	0	0	0
1 7	-.020275	-.060565	-.023528	-.059076	-.023528	-.060565	-.020275	.051984
1 8	0	0	0	0	0	0	0	0
1 9	.006001	.051984	.011693	.048731	.013183	.048731	.011693	.051984
1 10	0	0	0	0	0	0	0	0

	9	10	11	12	13	14	15	16
1 2	0	0	0	0	0	0	0	0
1 3	-.001132	.035905	.000357	.035905	-.001132	.039158	-.006825	.048731
1 4	0	0	0	0	0	0	0	0
1 5	.002121	-.038169	-.001132	-.036680	-.001132	-.038169	.002121	-.043862
1 6	0	0	0	0	0	0	0	0
1 7	-.003572	.042411	.002121	.039158	.003610	.039158	.002121	.042411
1 8	0	0	0	0	0	0	0	0
1 9	.006001	-.049555	-.003572	-.043862	-.006825	-.042373	-.006825	-.043862
1 10	0	0	0	0	0	0	0	0

	17	18
1 2	0	0
1 3	-.023528	.081226
1 4	0	0
1 5	.011693	-.060565
1 6	0	0
1 7	-.003572	.051984
1 8	0	0
1 9	-.003572	-.049555
1 10	0	0

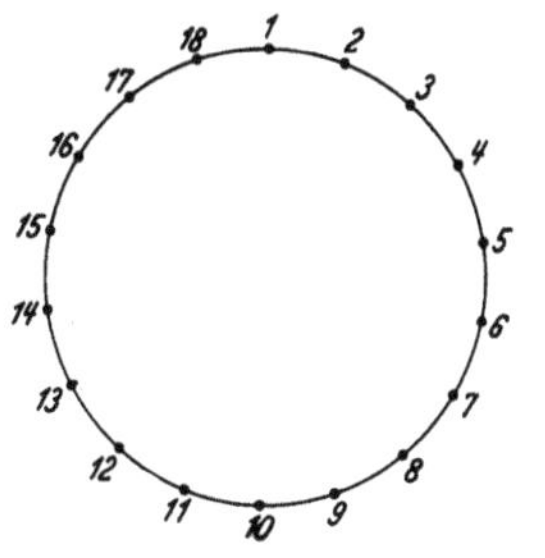

R_{18}

Bindungs- Bindungs-Polarisierbarkeiten

	1 2	1 3	1 4	1 5	1 6	1 7	1 8	1 9
1 2	.325302							
1 3	0	.510487						
1 4	-.022732	0	.405732					
1 5	0	-.127487	0	.477991				
1 6	-.016376	0	-.055228	0	.422436			
1 7	0	.055883	0	-.110784	0	.468419		
1 8	.031709	0	.000327	0	-.064801	0	.428128	
1 9	0	-.023847	0	.046310	0	-.105091	0	.465165
1 10	-.043554	0	.022136	0	.006020	0	-.068054	0
1 18	-.243465	0	.125416	0	-.080841	0	.057985	0
2 3	-.243465	0	-.093828	0	.057698	0	-.048872	0
3 4	.126905	0	-.022732	0	-.013398	0	.025202	0
4 5	-.082605	0	.125416	0	.057698	0	-.045894	0
5 6	.061913	0	-.084094	0	-.016376	0	.025202	0
6 7	-.049198	0	.060424	0	-.080841	0	-.048872	0
7 8	.042768	0	-.050687	0	.063677	0	.031709	0
8 9	-.037813	0	.041279	0	-.047434	0	.057985	0
9 10	.036261	0	-.039302	0	.044532	0	-.053126	0
10 11	-.034835	0	.034772	0	-.036048	0	.038840	0
11 12	.036261	0	-.036324	0	.038026	0	-.041741	0
12 13	-.037813	0	.034772	0	-.033070	0	.032333	0
13 14	.042768	0	-.039302	0	.038026	0	-.038763	0
14 15	-.049198	0	.041279	0	-.036048	0	.032333	0
15 16	.061913	0	-.050687	0	.044532	0	-.041741	0
16 17	-.082605	0	.060424	0	-.047434	0	.038840	0
17 18	.126905	0	-.084094	0	.063677	0	-.053126	0

	1 10	1 18	2 3	3 4	4 5	5 6	6 7	7 8
1 10	.429617							
1 18	-.043554	.325302						
2 3	.048412	.126905	.325302					
3 4	-.032169	-.082605	-.243465	.325302				
4 5	.041906	.061913	.126905	-.243465	.325302			
5 6	-.029190	-.049198	-.082605	.126905	-.243465	.325302		
6 7	.041906	.042768	.061913	-.082605	.126905	-.243465	.325302	
7 8	-.032169	-.037813	-.049198	.061913	-.082605	.126905	-.243465	.325302
8 9	.048412	.036261	.042768	-.049198	.061913	-.082605	.126905	-.243465
9 10	-.043554	-.034835	-.037813	.042768	-.049198	.061913	-.082605	.126905
10 11	-.043554	.036261	.036261	-.037813	.042768	-.049198	.061913	-.082605
11 12	.048412	-.037813	-.034835	.036261	-.037813	.042768	-.049193	.061913
12 13	-.032169	.042768	.036261	-.034835	.036261	-.037813	.042768	-.049198
13 14	.041906	-.049198	-.037813	.036261	-.034835	.036261	-.037813	.042768
14 15	-.029190	.061913	.042768	-.037813	.036261	-.034835	.036261	-.037813
15 16	.041906	-.082605	-.049198	.042768	-.037813	.036261	-.034835	.036261
16 17	-.032169	.126905	.061913	-.049198	.042768	-.037813	.036261	-.034835
17 18	.048412	-.243465	-.082605	.061913	-.049198	.042768	-.037813	.036261

	8 9	9 10	10 11	11 12	12 13	13 14	14 15	15 16
8 9	.325302							
9 10	-.243465	.325302						
10 11	.126905	-.243465	.325302					
11 12	-.082605	.126905	-.243465	.325302				
12 13	.061913	-.082605	.126905	-.243465	.325302			
13 14	-.049198	.061913	-.082605	.126905	-.243465	.325302		
14 15	.042768	-.049198	.061913	-.082605	.126905	-.243465	.325302	
15 16	-.037813	.042768	-.049198	.061913	-.082605	.126905	-.243465	.325302
16 17	.036261	-.037813	.042768	-.049198	.061913	-.082605	.126905	-.243465
17 18	-.034835	.036261	-.037813	.042768	-.049198	.061913	-.082605	.126905

	16 17	17 18
16 17	.325302	
17 18	-.243465	.325302

R_{19}^{+}

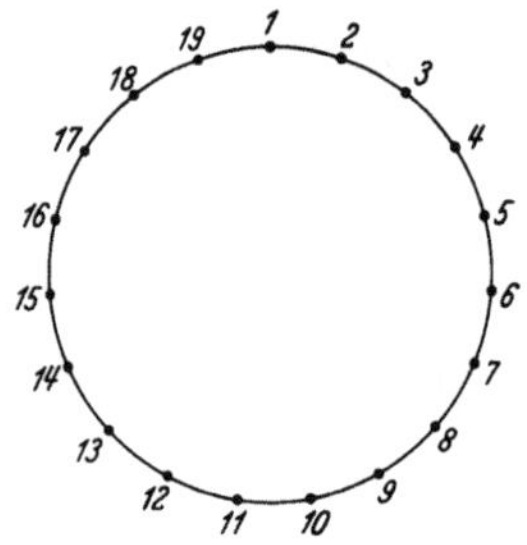

Eigenwerte und Hückelkoeffizienten

	1	2	3	4	5	6	7	8
1	2.000000	1.891634	1.891634	1.578281	1.578281	1.093896	1.093896	.490971
1	.229416	0	.324443	0	.324443	0	.324443	.324443
2	.229416	.105346	.306864	.199277	.256031	.271613	.177453	.079646
3	.229416	.199277	.256031	.314515	.079646	.297116	-.130327	-.285339
4	.229416	.271613	.177453	.297116	-.130327	.053402	-.320018	-.219739
5	.229416	.314515	.079646	.154418	-.285339	-.238700	-.219739	.177453
6	.229416	.323335	-.026792	-.053402	-.320018	-.314515	.079646	.306864
7	.229416	.297116	-.130327	-.238700	-.219739	-.105346	.306864	-.026792
8	.229416	.238700	-.219739	-.323335	-.026792	.199277	.256031	-.320018
9	.229416	.154418	-.285339	-.271613	.177453	.323335	-.026792	-.130327
10	.229416	.053402	-.320018	-.105346	.306864	.154418	-.285339	.256031
11	.229416	-.053402	-.320018	.105346	.306864	-.154418	-.285339	.256031
12	.229416	-.154418	-.285339	.271613	.177453	-.323335	-.026792	-.130327
13	.229416	-.238700	-.219739	.323335	-.026792	-.199277	.256031	-.320018
14	.229416	-.297116	-.130327	.238700	-.219739	.105346	.306864	-.026792
15	.229416	-.323335	-.026792	.053402	-.320018	.314515	.079646	.306864
16	.229416	-.314515	.079646	-.154418	-.285339	.238700	-.219739	.177453
17	.229416	-.271613	.177453	-.297116	-.130327	-.053402	-.320018	-.219739
18	.229416	-.199277	.256031	-.314515	.079646	-.297116	-.130327	-.285339
19	.229416	-.105346	.306864	-.199277	.256031	-.271613	.177453	.079646

	9	10	11	12	13	14	15	16
9	.490971	-.165159	-.165159	-.803391	-.803391	-1.354563	-1.354563	-1.758948
1	0	0	-.324443	0	-.324443	0	-.324443	-.324443
2	.314515	.323335	.026792	.297116	.130327	.238700	.219739	.285339
3	.154418	-.053402	.320018	-.238700	.219739	-.323335	.026792	-.177453
4	-.238700	-.314515	-.079646	-.105346	-.306864	.199277	-.256031	.026792
5	-.271613	.105346	-.306864	.323335	.026792	.053402	.320018	.130327
6	.105346	.297116	.130327	-.154418	.285339	-.271613	-.177453	-.256031
7	.323335	-.154418	.285339	-.199277	-.256031	.314515	-.079646	.320018
8	.053402	-.271613	-.177453	.314515	-.079646	-.154418	.285339	-.306864
9	-.297116	.199277	-.256031	-.053402	.320018	-.105346	-.306864	.219739
10	-.199277	.238700	.219739	-.271613	-.177453	.297116	.130327	-.079646
11	.199277	-.238700	.219739	.271613	-.177453	-.297116	.130327	-.079646
12	.297116	-.199277	-.256031	.053402	.320018	.105346	-.306864	.219739
13	-.053402	.271613	-.177453	-.314515	-.079646	.154418	.285339	-.306864
14	-.323335	.154418	.285339	.199277	-.256031	-.314515	-.079646	.320018
15	-.105346	-.297116	.130327	.154418	.285339	.271613	-.177453	-.256031
16	.271613	-.105346	-.306864	-.323335	.026792	-.053402	.320018	.130327
17	.238700	.314515	-.079646	.105346	-.306864	-.199277	-.256031	.026792
18	-.154418	.053402	.320018	.238700	.219739	.323335	.026792	-.177453
19	-.314515	-.323335	.026792	-.297116	.130327	-.238700	.219739	.285339

	17	18	19
17	-1.758948	-1.972723	-1.972723
1	0	-.324443	0
2	.154418	.320018	.053402
3	-.271613	-.306864	-.105346
4	.323335	.285339	.154418
5	-.297116	-.256031	-.199277
6	.199277	.219739	.238700
7	-.053402	-.177453	-.271613
8	-.105346	.130327	.297116
9	.238700	-.079646	-.314515
10	-.314515	.026792	.323335
11	.314515	.026792	-.323335
12	-.238700	-.079646	.314515
13	.105346	.130327	-.297116
14	.053402	-.177453	.271613
15	-.199277	.219739	-.238700
16	.297116	-.256031	.199277
17	-.323335	.285339	-.154418
18	.271613	-.306864	.105346
19	-.154418	.320018	-.053402

TOTALE PI ELEKTRONEN ENERGIE 24.219131

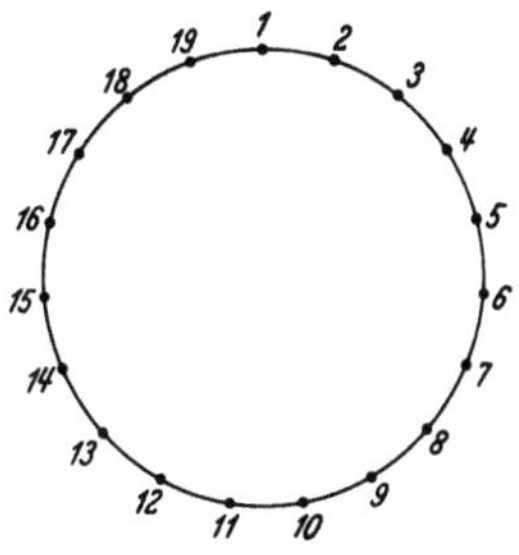

R_{19}^{+}

allgemeine Bindungsordnungen

	1	2	3	4	5	6	7	8
1	.947368							
2	.637346	.947368						
3	.053359	.637346	.947368					
4	-.214398	.053359	.637346	.947368				
5	-.055647	-.214398	.053359	.637346	.947368			
6	.131024	-.055647	-.214398	.053359	.637346	.947368		
7	.059844	.131024	-.055647	-.214398	.053359	.637346	.947368	
8	-.096228	.059844	.131024	-.055647	-.214398	.053359	.637346	.947368
9	-.066695	-.096228	.059844	.131024	-.055647	-.214398	.053359	.637346
10	.077710	-.066695	-.096228	.059844	.131024	-.055647	-.214398	.053359
11	.077710	.077710	-.066695	-.096228	.059844	.131024	-.055647	-.214398
12	-.066695	.077710	.077710	-.066695	-.096228	.059844	.131024	-.055647
13	-.096228	-.066695	.077710	.077710	-.066695	-.096228	.059844	.131024
14	.059844	-.096228	-.066695	.077710	.077710	-.066695	-.096228	.059844
15	.131024	.059844	-.096228	-.066695	.077710	.077710	-.066695	-.096228
16	-.055647	.131024	.059844	-.096228	-.066695	.077710	.077710	-.066695
17	-.214398	-.055647	.131024	.059844	-.096228	-.066695	.077710	.077710
18	.053359	-.214398	-.055647	.131024	.059844	-.096228	-.066695	.077710
19	.637346	.053359	-.214398	-.055647	.131024	.059844	-.096228	-.066695

	9	10	11	12	13	14	15	16
9	.947368							
10	.637346	.947368						
11	.053359	.637346	.947368					
12	-.214398	.053359	.637346	.947368				
13	-.055647	-.214398	.053359	.637346	.947368			
14	.131024	-.055647	-.214398	.053359	.637346	.947368		
15	.059844	.131024	-.055647	-.214398	.053359	.637346	.947368	
16	-.096228	.059844	.131024	-.055647	-.214398	.053359	.637346	.947368
17	-.066695	-.096228	.059844	.131024	-.055647	-.214398	.053359	.637346
18	.077710	-.066695	-.096228	.059844	.131024	-.055647	-.214398	.053359
19	.077710	.077710	-.066695	-.096228	.059844	.131024	-.055647	-.214398

	17	18	19
17	.947368		
18	.637346	.947368	
19	.053359	.637346	.947368

R_{19}^{+}

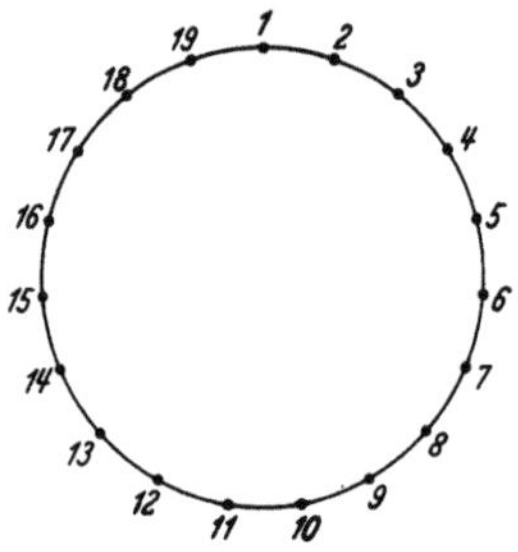

Atom- Atom Polarisierbarkeiten

	1	2	3	4	5	6	7	8
1	.466532							
2	-.137269	.466532						
3	.043276	-.137269	.466532					
4	-.053267	.043276	-.137269	.466532				
5	.007508	-.053267	.043276	-.137269	.466532			
6	-.033392	.007508	-.053267	.043276	-.137269	.466532		
7	-.005310	-.033392	.007508	-.053267	.043276	-.137269	.466532	
8	-.024208	-.005310	-.033392	.007508	-.053267	.043276	-.137269	.466532
9	-.012493	-.024208	-.005310	-.033392	.007508	-.053267	.043276	-.137269
10	-.018110	-.012493	-.024208	-.005310	-.033392	.007508	-.053267	.043276
11	-.018110	-.018110	-.012493	-.024208	-.005310	-.033392	.007508	-.053267
12	-.012493	-.018110	-.018110	-.012493	-.024208	-.005310	-.033392	.007508
13	-.024208	-.012493	-.018110	-.018110	-.012493	-.024208	-.005310	-.033392
14	-.005310	-.024208	-.012493	-.018110	-.018110	-.012493	-.024208	-.005310
15	-.033392	-.005310	-.024208	-.012493	-.018110	-.018110	-.012493	-.024208
16	.007508	-.033392	-.005310	-.024208	-.012493	-.018110	-.018110	-.012493
17	-.053267	.007508	-.033392	-.005310	-.024208	-.012493	-.018110	-.018110
18	.043276	-.053267	.007508	-.033392	-.005310	-.024208	-.012493	-.018110
19	-.137269	.043276	-.053267	.007508	-.033392	-.005310	-.024208	-.012493

	9	10	11	12	13	14	15	16
9	.466532							
10	-.137269	.466532						
11	.043276	-.137269	.466532					
12	-.053267	.043276	-.137269	.466532				
13	.007508	-.053267	.043276	-.137269	.466532			
14	-.033392	.007508	-.053267	.043276	-.137269	.466532		
15	-.005310	-.033392	.007508	-.053267	.043276	-.137269	.466532	
16	-.024208	-.005310	-.033392	.007508	-.053267	.043276	-.137269	.466532
17	-.012493	-.024208	-.005310	-.033392	.007508	-.053267	.043276	-.137269
18	-.018110	-.012493	-.024208	-.005310	-.033392	.007508	-.053267	.043276
19	-.018110	-.018110	-.012493	-.024208	-.005310	-.033392	.007508	-.053267

	17	18	19
17	.466532		
18	-.137269	.466532	
19	.043276	-.137269	.466532

Bindungs- Atom Polarisierbarkeiten

	1	2	3	4	5	6	7	8
1 2	.023564	.023564	-.024178	.019753	-.021193	.017420	-.019390	.016062
1 3	-.103725	-.137269	-.103725	.076821	-.019723	.041052	.000152	.028234
1 4	-.018562	-.024178	-.024178	-.018562	.025370	-.015576	.023037	-.013773
1 5	.042968	.076821	.043276	.076821	.042968	-.053575	.007200	-.033700
1 6	.013655	.025370	.019753	.019753	.025370	.013655	-.027291	.011322
1 7	-.019095	-.053575	-.019723	-.053267	-.019723	-.053575	-.019095	.041680
1 8	-.008393	-.027291	-.015576	-.021193	-.021193	-.015576	-.027291	-.008393
1 9	.006228	.041680	.007200	.041052	.007508	.041052	.007200	.041680
1 19	.023564	-.024178	.019753	-.021193	.017420	-.019390	.016062	-.018418
2 3	-.024178	.023564	.023564	-.024178	.019753	-.021193	.017420	-.019390
3 4	.019753	-.024178	.023564	.023564	-.024178	.019753	-.021193	.017420
4 5	-.021193	.019753	-.024178	.023564	.023564	-.024178	.019753	-.021193
5 6	.017420	-.021193	.019753	-.024178	.023564	.023564	-.024178	.019753
6 7	-.019390	.017420	-.021193	.019753	-.024178	.023564	.023564	-.024178
7 8	.016062	-.019390	.017420	-.021193	.019753	-.024178	.023564	.023564
8 9	-.018418	.016062	-.019390	.017420	-.021193	.019753	-.024178	.023564
9 10	.015435	-.018418	.016062	-.019390	.017420	-.021193	.019753	-.024178
10 11	-.018110	.015435	-.018418	.016062	-.019390	.017420	-.021193	.019753
11 12	.015435	-.018110	.015435	-.018418	.016062	-.019390	.017420	-.021193
12 13	-.018110	.015435	-.018110	.015435	-.018418	.016062	-.019390	.017420
13 14	.016062	-.018418	.015435	-.018110	.015435	-.018418	.016062	-.019390
14 15	-.019390	.016062	-.018418	.015435	-.018110	.015435	-.018418	.016062
15 16	.017420	-.019390	.016062	-.018418	.015435	-.018110	.015435	-.018418
16 17	-.021193	.017420	-.019390	.016062	-.018418	.015435	-.018110	.015435
17 18	.019753	-.021193	.017420	-.019390	.016062	-.018418	.015435	-.018110
18 19	-.024178	.019753	-.021193	.017420	-.019390	.016062	-.018418	.015435

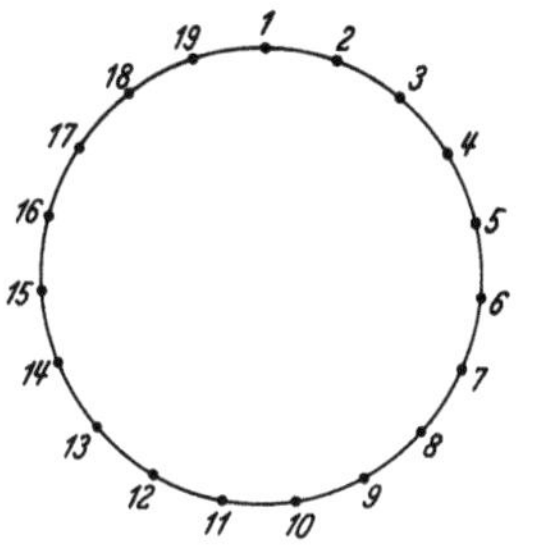

R_{19}^{+}

Bindungs- Atom Polarisierbarkeiten

	9	10	11	12	13	14	15	16
1 2	-.018418	.015435	-.018110	.015435	-.018418	.016062	-.019390	.017420
1 3	.009336	.021051	.015435	.015435	.021051	.009336	.028234	.000152
1 4	.021679	-.012801	.021051	-.012493	.021051	-.012801	.021679	-.013773
1 5	-.005618	-.024516	-.012801	-.018418	-.018418	-.012801	-.024516	-.005618
1 6	-.025488	.009964	-.024516	.009336	-.024208	.009336	-.024516	.009964
1 7	.000780	.028862	.009964	.021679	.016062	.016062	.021679	.009964
1 8	.030220	-.006590	.028862	-.005618	.028234	-.005310	.028234	-.005618
1 9	.006228	-.034672	-.006590	-.025488	-.013773	-.019390	-.019390	-.013773
1 19	.015435	-.018110	.015435	-.018418	.016062	-.019390	.017420	-.021193
2 3	.016062	-.018418	.015435	-.018110	.015435	-.018418	.016062	-.019390
3 4	-.019390	.016062	-.018418	.015435	-.018110	.015435	-.018418	.016062
4 5	.017420	-.019390	.016062	-.018418	.015435	-.018110	.015435	-.018418
5 6	-.021193	.017420	-.019390	.016062	-.018418	.015435	-.018110	.015435
6 7	.019753	-.021193	.017420	-.019390	.016062	-.018418	.015435	-.018110
7 8	-.024178	.019753	-.021193	.017420	-.019390	.016062	-.018418	.015435
8 9	.023564	-.024178	.019753	-.021193	.017420	-.019390	.016062	-.018418
9 10	.023564	.023564	-.024178	.019753	-.021193	.017420	-.019390	.016062
10 11	-.024178	.023564	.023564	-.024178	.019753	-.021193	.017420	-.019390
11 12	.019753	-.024178	.023564	.023564	-.024178	.019753	-.021193	.017420
12 13	-.021193	.019753	-.024178	.023564	.023564	-.024178	.019753	-.021193
13 14	.017420	-.021193	.019753	-.024178	.023564	.023564	-.024178	.019753
14 15	-.019390	.017420	-.021193	.019753	-.024178	.023564	.023564	-.024178
15 16	.016062	-.019390	.017420	-.021193	.019753	-.024178	.023564	.023564
16 17	-.018418	.016062	-.019390	.017420	-.021193	.019753	-.024178	.023564
17 18	.015435	-.018418	.016062	-.019390	.017420	-.021193	.019753	-.024178
18 19	-.018110	.015435	-.018418	.016062	-.019390	.017420	-.021193	.019753

	17	18	19
1 2	-.021193	.019753	-.024178
1 3	.041052	-.019723	.076821
1 4	.023037	-.015576	.025370
1 5	-.033700	.007200	-.053575
1 6	-.025488	.011322	-.027291
1 7	.028862	.000780	.041680
1 8	.028862	-.006590	.030220
1 9	-.025488	-.006590	-.034672
1 19	.019753	-.024178	.023564
2 3	.017420	-.021193	.019753
3 4	-.019390	.017420	-.021193
4 5	.016062	-.019390	.017420
5 6	-.018418	.016062	-.019390
6 7	.015435	-.018418	.016062
7 8	-.018110	.015435	-.018418
8 9	.015435	-.018110	.015435
9 10	-.018418	.015435	-.018110
10 11	.016062	-.018418	.015435
11 12	-.019390	.016062	-.018418
12 13	.017420	-.019390	.016062
13 14	-.021193	.017420	-.019390
14 15	.019753	-.021193	.017420
15 16	-.024178	.019753	-.021193
16 17	.023564	-.024178	.019753
17 18	.023564	.023564	-.024178
18 19	-.024178	.023564	.023564

R_{19}^{+}

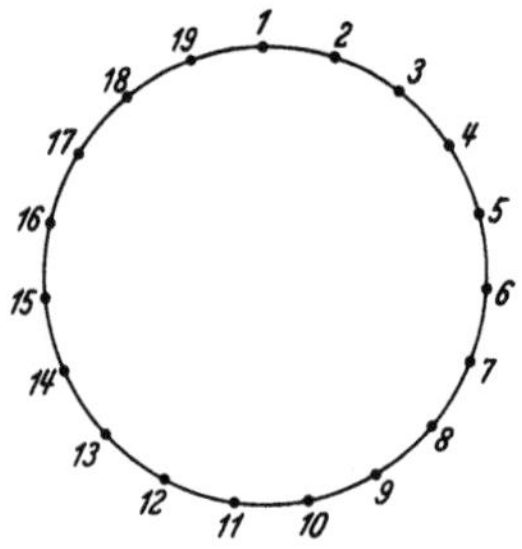

Bindungs- Bindungs Polarisierbarkeiten

	1 2	1 3	1 4	1 5	1 6	1 7	1 8	1 9
1 2	.329262							
1 3	-.000614	.509808						
1 4	-.026904	.043317	.413264					
1 5	.006808	-.123448	.002371	.474040				
1 6	-.010607	-.034138	-.062672	.040984	.433140			
1 7	-.013636	.050169	.004475	-.103572	.004174	.461222		
1 8	.022585	.024976	.009269	-.032335	-.075490	.039626	.442323	
1 9	.021827	-.018315	-.011834	.037351	.003117	-.094389	.005147	.454039
1 19	-.240994	-.042740	.119789	.039025	-.072671	-.035684	.047908	.032358
2 3	-.240994	-.000614	-.093993	-.004425	.057098	.009794	-.046375	-.015970
3 4	.120097	-.042740	-.026904	-.004425	-.009991	-.001440	.021330	.007460
4 5	-.072990	.045123	.119789	.006808	.057098	-.001440	-.045759	-.003773
5 6	.048560	-.036769	-.073298	.039025	-.010607	.009794	.021330	-.003773
6 7	-.033240	.040457	.048253	-.042867	-.072671	-.013636	-.046375	.007460
7 8	.022924	-.033164	-.033547	.034358	.048880	-.035684	.022585	-.015970
8 9	-.014872	.037741	.022617	-.039262	-.032920	.041541	.047908	.021827
9 10	.008558	-.031219	-.015180	.031643	.023244	-.032079	-.033892	.032358
10 11	-.002675	.036486	.008250	-.037317	-.014552	.038826	.022272	-.041263
11 12	-.002675	-.030603	-.002983	.030388	.008878	-.030134	-.015525	.029642
12 13	.008558	.036486	-.002983	-.036701	-.002356	.037571	.007906	-.039318
13 14	-.014872	-.031219	.008250	.030388	-.002356	-.029518	-.003328	.028387
14 15	.022924	.037741	-.015180	-.037317	.008878	.037571	-.003328	-.038702
15 16	-.033240	-.033164	.022617	.031643	-.014552	-.030134	.007906	.028387
16 17	.048560	.040457	-.033547	-.039262	.023244	.038826	-.015525	-.039318
17 18	-.072990	-.036769	.048253	.034358	-.032920	-.032079	.022272	.029642
18 19	.120097	.045123	-.073298	-.042867	.048880	.041541	-.033892	-.041263

	1 19	2 3	3 4	4 5	5 6	6 7	7 8	8 9
1 19	.329262							
2 3	.120097	.329262						
3 4	-.072990	-.240994	.329262					
4 5	.048560	.120097	-.240994	.329262				
5 6	-.033240	-.072990	.120097	-.240994	.329262			
6 7	.022924	.048560	-.072990	.120097	-.240994	.329262		
7 8	-.014872	-.033240	.048560	-.072990	.120097	-.240994	.329262	
8 9	.008558	.022924	-.033240	.048560	-.072990	.120097	-.240994	.329262
9 10	-.002675	-.014872	.022924	-.033240	.048560	-.072990	.120097	-.240994
10 11	-.002675	.008558	-.014872	.022924	-.033240	.048560	-.072990	.120097
11 12	.008558	-.002675	.008558	-.014872	.022924	-.033240	.048560	-.072990
12 13	-.014872	-.002675	-.002675	.008558	-.014872	.022924	-.033240	.048560
13 14	.022924	.008558	-.002675	-.002675	.008558	-.014872	.022924	-.033240
14 15	-.033240	-.014872	.008558	-.002675	-.002675	.008558	-.014872	.022924
15 16	.048560	.022924	-.014872	.008558	-.002675	-.002675	.008558	-.014872
16 17	-.072990	-.033240	.022924	-.014872	.008558	-.002675	-.002675	.008558
17 18	.120097	.048560	-.033240	.022924	-.014872	.008558	-.002675	-.002675
18 19	-.240994	-.072990	.048560	-.033240	.022924	-.014872	.008558	-.002675

	9 10	10 11	11 12	12 13	13 14	14 15	15 16	16 17
9 10	.329262							
10 11	-.240994	.329262						
11 12	.120097	-.240994	.329262					
12 13	-.072990	.120097	-.240994	.329262				
13 14	.048560	-.072990	.120097	-.240994	.329262			
14 15	-.033240	.048560	-.072990	.120097	-.240994	.329262		
15 16	.022924	-.033240	.048560	-.072990	.120097	-.240994	.329262	
16 17	-.014872	.022924	-.033240	.048560	-.072990	.120097	-.240994	.329262
17 18	.008558	-.014872	.022924	-.033240	.048560	-.072990	.120097	-.240994
18 19	-.002675	.008558	-.014872	.022924	-.033240	.048560	-.072990	.120097

	17 18	18 19
17 18	.329262	
18 19	-.240994	.329262

R_{20}

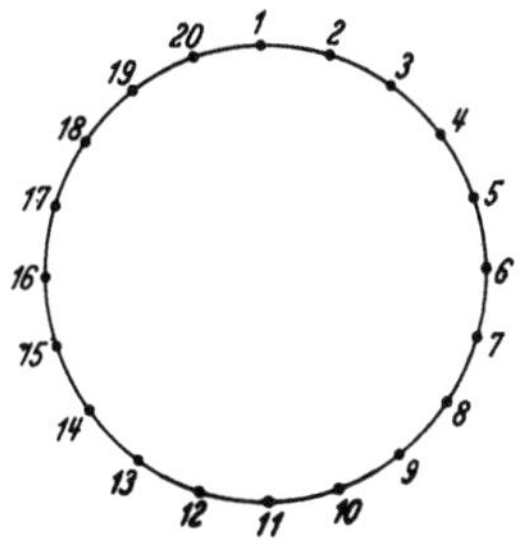

Eigenwerte und Hückelkoeffizienten

	1	2	3	4	5	6	7	8
1	2,000000	1,902113	1,902113	1.618034	1.618034	1.175571	1.175571	.618034
1	.223607	0	.316228	0	.316228	0	.316228	.316228
2	.223607	.097720	.300750	-.185874	.255834	-.255834	.185874	.097720
3	.223607	.185874	.255834	-.300750	.097720	-.300750	-.097720	-.255834
4	.223607	.255834	.185874	-.300750	-.097720	-.097720	-.300750	-.255834
5	.223607	.300750	.097720	-.185874	-.255834	.185874	-.255834	.097720
6	.223607	.316228	0	0	-.316228	.316228	0	.316228
7	.223607	.300750	-.097720	.185874	-.255834	.185874	.255834	.097720
8	.223607	.255834	-.185874	.300750	-.097720	-.097720	.300750	-.255834
9	.223607	.185874	-.255834	.300750	.097720	-.300750	.097720	-.255834
10	.223607	.097720	-.300750	.185874	.255834	-.255834	-.185874	.097720
11	.223607	0	-.316228	0	.316228	0	-.316228	.316228
12	.223607	-.097720	-.300750	-.185874	.255834	.255834	-.185874	.097720
13	.223607	-.185874	-.255834	-.300750	.097720	.300750	.097720	-.255834
14	.223607	-.255834	-.185874	-.300750	-.097720	.097720	.300750	-.255834
15	.223607	-.300750	-.097720	-.185874	-.255834	-.185874	.255834	.097720
16	.223607	-.316228	0	0	-.316228	-.316228	0	.316228
17	.223607	-.300750	.097720	.185874	-.255834	-.185874	-.255834	.097720
18	.223607	-.255834	.185874	.300750	-.097720	.097720	-.300750	-.255834
19	.223607	-.185874	.255834	.300750	.097720	.300750	-.097720	-.255834
20	.223607	-.097720	.300750	.185874	.255834	.255834	.185874	.097720

	9	10	11	12	13	14	15	16
9	.618034	,000000	,000000	-.618034	-.618034	-1,175571	-1.175571	-1,618034
1	0	.316228	0	0	.316228	.316228	0	0
2	-.300750	0	.316228	.300750	-.097720	-.185874	.255834	.185874
3	-.185874	-.316228	0	-.185874	-.255834	-.097720	-.300750	-.300750
4	.185874	0	-.316228	-.185874	.255834	.300750	.097720	.300750
5	.300750	.316228	0	.300750	.097720	-.255834	.185874	-.185874
6	0	0	.316228	0	-.316228	0	-.316228	0
7	-.300750	-.316228	0	-.300750	.097720	.255834	.185874	.185874
8	-.185874	0	-.316228	.185874	.255834	-.300750	.097720	-.300750
9	.185874	.316228	0	.185874	-.255834	.097720	-.300750	.300750
10	.300750	0	.316228	-.300750	-.097720	.185874	.255834	-.185874
11	0	-.316228	0	0	.316228	-.316228	0	0
12	-.300750	0	-.316228	.300750	-.097720	.185874	-.255834	.185874
13	-.185874	.316228	0	-.185874	-.255834	.097720	.300750	-.300750
14	.185874	0	.316228	-.185874	.255834	-.300750	-.097720	.300750
15	.300750	-.316228	0	.300750	.097720	.255834	-.185874	-.185874
16	0	0	-.316228	0	-.316228	0	.316228	0
17	-.300750	.316228	0	-.300750	.097720	-.255834	-.185874	.185874
18	-.185874	0	.316228	.185874	.255834	.300750	-.097720	-.300750
19	.185874	-.316228	0	.185874	-.255834	-.097720	.300750	.300750
20	.300750	0	-.316228	-.300750	-.097720	-.185874	-.255834	-.185874

	17	18	19	20
17	-1,618034	-1,902113	-1,902113	-2,000000
1	.316228	.316228	0	.223607
2	-.255834	-.300750	.097720	-.223607
3	.097720	.255834	-.185874	.223607
4	.097720	-.185874	.255834	-.223607
5	-.255834	.097720	-.300750	.223607
6	.316228	0	.316228	-.223607
7	-.255834	-.097720	-.300750	.223607
8	.097720	.185874	.255834	-.223607
9	.097720	-.255834	-.185874	.223607
10	-.255834	.300750	.097720	-.223607
11	.316228	-.316228	0	.223607
12	-.255834	.300750	-.097720	-.223607
13	.097720	-.255834	.185874	.223607
14	.097720	.185874	-.255834	-.223607
15	-.255834	-.097720	.300750	.223607
16	.316228	0	-.316228	-.223607
17	-.255834	.097720	.300750	.223607
18	.097720	-.185874	-.255834	-.223607
19	.097720	.255834	.185874	.223607
20	-.255834	-.300750	-.097720	-.223607

TOTALE PI ELEKTRONEN ENERGIE 25,255006

R_{20}

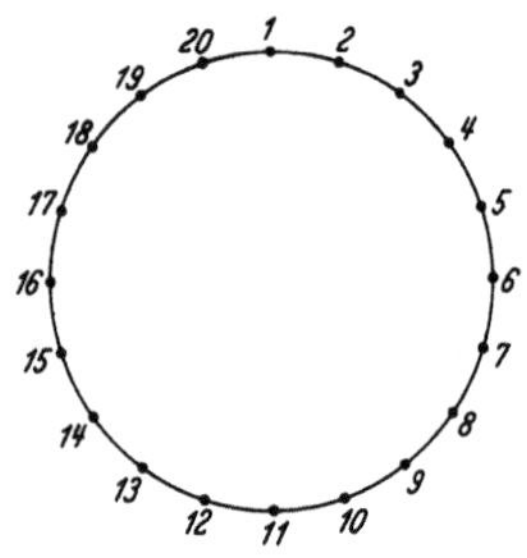

allgemeine Bindungsordnungen

	1	2	3	4	5	6	7	8
1	1,000000							
2	.631375	1,000000						
3	0	.631375	1,000000					
4	-.196261	0	.631375	1,000000				
5	0	-.196261	0	.631375	1,000000			
6	.100000	0	-.196261	0	.631375	1,000000		
7	0	.100000	0	-.196261	0	.631375	1,000000	
8	-.050953	0	.100000	0	-.196261	0	.631375	1,000000
9	0	-.050953	0	.100000	0	-.196261	0	.631375
10	.015838	0	-.050953	0	.100000	0	-.196261	0
11	0	.015838	0	-.050953	0	.100000	0	-.196261
12	.015838	0	.015838	0	-.050953	0	.100000	0
13	0	.015838	0	.015838	0	-.050953	0	.100000
14	-.050953	0	.015838	0	.015838	0	-.050953	0
15	0	-.050953	0	.015838	0	.015838	0	-.050953
16	.100000	0	-.050953	0	.015838	0	.015838	0
17	0	.100000	0	-.050953	0	.015838	0	.015838
18	-.196261	0	.100000	0	-.050953	0	.015838	0
19	0	-.196261	0	.100000	0	-.050953	0	.015838
20	.631375	0	-.196261	0	.100000	0	-.050953	0

	9	10	11	12	13	14	15	16
9	1,000000							
10	.631375	1,000000						
11	0	.631375	1,000000					
12	-.196261	0	.631375	1,000000				
13	0	-.196261	0	.631375	1,000000			
14	.100000	0	-.196261	0	.631375	1,000000		
15	0	.100000	0	-.196261	0	.631375	1,000000	
16	-.050953	0	.100000	0	-.196261	0	.631375	1,000000
17	0	-.050953	0	.100000	0	-.196261	0	.631375
18	.015838	0	-.050953	0	.100000	0	-.196261	0
19	0	.015838	0	-.050953	0	.100000	0	-.196261
20	.015838	0	.015838	0	-.050953	0	.100000	0

	17	18	19	20
17	1,000000			
18	.631375	1,000000		
19	0	.631375	1,000000	
20	-.196261	0	.631375	1,000000

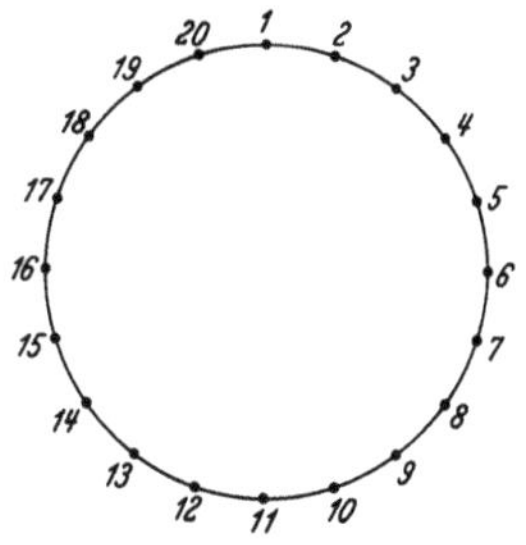

R_{20}^{++}

allgemeine Bindungsordnungen

	1	2	3	4	5	6	7	8
1	.900000							
2	.631375	.900000						
3	.100000	.631375	.900000					
4	-.196261	.100000	.631375	.900000				
5	-.100000	-.196261	.100000	.631375	.900000			
6	.100000	-.100000	-.196261	.100000	.631375	.900000		
7	.100000	.100000	-.100000	-.196261	.100000	.631375	.900000	
8	-.050953	.100000	.100000	-.100000	-.196261	.100000	.631375	.900000
9	-.100000	-.050953	.100000	.100000	-.100000	-.196261	.100000	.631375
10	.015838	-.100000	-.050953	.100000	.100000	-.100000	-.196261	.100000
11	.100000	.015838	-.100000	-.050953	.100000	.100000	-.100000	-.196261
12	.015838	.100000	.015838	-.100000	-.050953	.100000	.100000	-.100000
13	-.100000	.015838	.100000	.015838	-.100000	-.050953	.100000	.100000
14	-.050953	-.100000	.015838	.100000	.015838	-.100000	-.050953	.100000
15	.100000	-.050953	-.100000	.015838	.100000	.015838	-.100000	-.050953
16	.100000	.100000	-.050953	-.100000	.015838	.100000	.015838	-.100000
17	-.100000	.100000	.100000	-.050953	-.100000	.015838	.100000	.015838
18	-.196261	-.100000	.100000	.100000	-.050953	-.100000	.015838	.100000
19	.100000	-.196261	-.100000	.100000	.100000	-.050953	-.100000	.015838
20	.631375	.100000	-.196261	-.100000	.100000	.100000	-.050953	-.100000

	9	10	11	12	13	14	15	16
9	.900000							
10	.631375	.900000						
11	.100000	.631375	.900000					
12	-.196261	.100000	.631375	.900000				
13	-.100000	-.196261	.100000	.631375	.900000			
14	.100000	-.100000	-.196261	.100000	.631375	.900000		
15	.100000	.100000	-.100000	-.196261	.100000	.631375	.900000	
16	-.050953	.100000	.100000	-.100000	-.196261	.100000	.631375	.900000
17	-.100000	-.050953	.100000	.100000	-.100000	-.196261	.100000	.631375
18	.015838	-.100000	-.050953	.100000	.100000	-.100000	-.196261	.100000
19	.100000	.015838	-.100000	-.050953	.100000	.100000	-.100000	-.196261
20	.015838	.100000	.015838	-.100000	-.050953	.100000	.100000	-.100000

	17	18	19	20
17	.900000			
18	.631375	.900000		
19	.100000	.631375	.900000	
20	-.196261	.100000	.631375	.900000

R_{20}^{++}

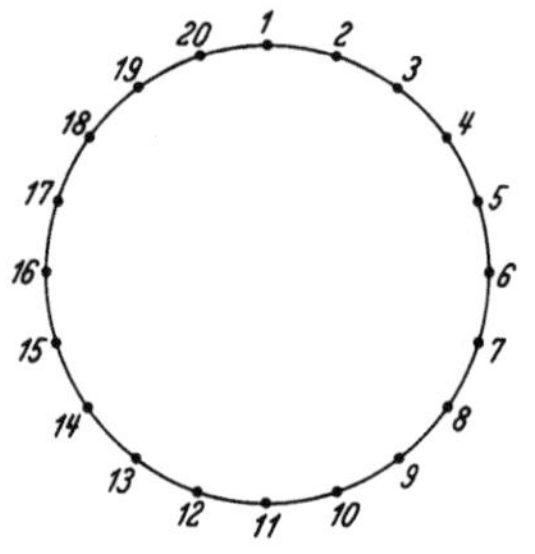

Atom- Atom Polarisierbarkeiten

	1	2	3	4	5	6	7	8
1	.467909							
2	-.131897	.467909						
3	.034925	-.131897	.467909					
4	-.040075	.034925	-.131897	.467909				
5	-.006956	-.040075	.034925	-.131897	.467909			
6	-.015667	-.006956	-.040075	.034925	-.131897	.467909		
7	-.022794	-.015667	-.006956	-.040075	.034925	-.131897	.467909	
8	-.004961	-.022794	-.015667	-.006956	-.040075	.034925	-.131897	.467909
9	-.029961	-.004961	-.022794	-.015667	-.006956	-.040075	.034925	-.131897
10	-.000522	-.029961	-.004961	-.022794	-.015667	-.006956	-.040075	.034925
11	-.032091	-.000522	-.029961	-.004961	-.022794	-.015667	-.006956	-.040075
12	-.000522	-.032091	-.000522	-.029961	-.004961	-.022794	-.015667	-.006956
13	-.029961	-.000522	-.032091	-.000522	-.029961	-.004961	-.022794	-.015667
14	-.004961	-.029961	-.000522	-.032091	-.000522	-.029961	-.004961	-.022794
15	-.022794	-.004961	-.029961	-.000522	-.032091	-.000522	-.029961	-.004961
16	-.015667	-.022794	-.004961	-.029961	-.000522	-.032091	-.000522	-.029961
17	-.006956	-.015667	-.022794	-.004961	-.029961	-.000522	-.032091	-.000522
18	-.040075	-.006956	-.015667	-.022794	-.004961	-.029961	-.000522	-.032091
19	.034925	-.040075	-.006956	-.015667	-.022794	-.004961	-.029961	-.000522
20	-.131897	.034925	-.040075	-.006956	-.015667	-.022794	-.004961	-.029961

	9	10	11	12	13	14	15	16
9	.467909							
10	-.131897	.467909						
11	.034925	-.131897	.467909					
12	-.040075	.034925	-.131897	.467909				
13	-.006956	-.040075	.034925	-.131897	.467909			
14	-.015667	-.006956	-.040075	.034925	-.131897	.467909		
15	-.022794	-.015667	-.006956	-.040075	.034925	-.131897	.467909	
16	-.004961	-.022794	-.015667	-.006956	-.040075	.034925	-.131897	.467909
17	-.029961	-.004961	-.022794	-.015667	-.006956	-.040075	.034925	-.131897
18	-.000522	-.029961	-.004961	-.022794	-.015667	-.006956	-.040075	.034925
19	-.032091	-.000522	-.029961	-.004961	-.022794	-.015667	-.006956	-.040075
20	-.000522	-.032091	-.000522	-.029961	-.004961	-.022794	-.015667	-.006956

	17	18	19	20
17	.467909			
18	-.131897	.467909		
19	.034925	-.131897	.467909	
20	-.040075	.034925	-.131897	.467909

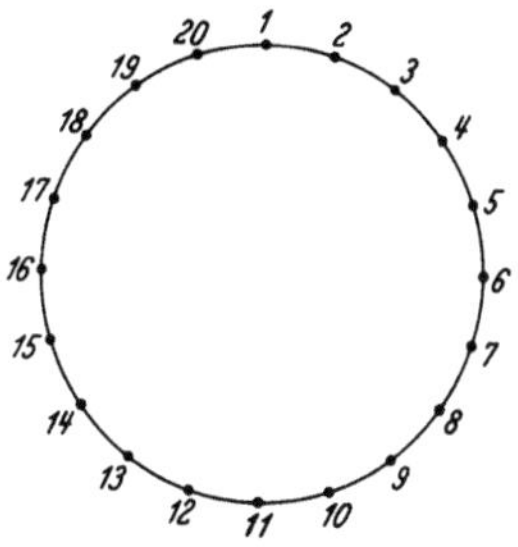

R^{++}_{20}

Bindungs- Atom Polarisierbarkeiten

	1	2	3	4	5	6	7	8
1 2	.045000	.045000	-.045000	.035000	-.035000	.025000	-.025000	.015000
1 3	-.100328	-.131897	-.100328	.066494	-.008506	.024613	.015902	.008774
1 4	-.035000	-.045000	-.045000	-.035000	.045000	-.025000	.035000	-.015000
1 5	.037054	.066494	.034925	.066494	.037054	-.037946	-.004826	-.013538
1 6	.025000	.045000	.035000	.035000	.045000	.025000	-.045000	.015000
1 7	-.012946	-.037946	-.008506	-.040075	-.008506	-.037946	-.012946	.020174
1 8	-.015000	-.045000	-.025000	-.035000	-.035000	-.025000	-.045000	-.015000
1 9	.002340	.020174	-.004826	.024613	-.006956	.024613	-.004826	.020174
1 10	.005000	.045000	.015000	.035000	.025000	.025000	.035000	.015000
1 20	.045000	-.045000	.035000	-.035000	.025000	-.025000	.015000	-.015000
2 3	-.045000	.045000	.045000	-.045000	.035000	-.035000	.025000	-.025000
3 4	.035000	-.045000	.045000	.045000	-.045000	.035000	-.035000	.025000
4 5	-.035000	.035000	-.045000	.045000	.045000	-.045000	.035000	-.035000
5 6	.025000	-.035000	.035000	-.045000	.045000	.045000	-.045000	.035000
6 7	-.025000	.025000	-.035000	.035000	-.045000	.045000	.045000	-.045000
7 8	.015000	-.025000	.025000	-.035000	.035000	-.045000	.045000	.045000
8 9	-.015000	.015000	-.025000	.025000	-.035000	.035000	-.045000	.045000
9 10	.005000	-.015000	.015000	-.025000	.025000	-.035000	.035000	-.045000
10 11	-.005000	.005000	-.015000	.015000	-.025000	.025000	-.035000	.035000
11 12	-.005000	-.005000	.005000	-.015000	.015000	-.025000	.025000	-.035000
12 13	.005000	-.005000	-.005000	.005000	-.015000	.015000	-.025000	.025000
13 14	-.015000	.005000	-.005000	-.005000	.005000	-.015000	.015000	-.025000
14 15	.015000	-.015000	.005000	-.005000	-.005000	.005000	-.015000	.015000
15 16	-.025000	.015000	-.015000	.005000	-.005000	-.005000	.005000	-.015000
16 17	.025000	-.025000	.015000	-.015000	.005000	-.005000	-.005000	.005000
17 18	-.035000	.025000	-.025000	.015000	-.015000	.005000	-.005000	-.005000
18 19	.035000	-.035000	.025000	-.025000	.015000	-.015000	.005000	-.005000
19 20	-.045000	.035000	-.035000	.025000	-.025000	.015000	-.015000	.005000

	9	10	11	12	13	14	15	16
1 2	-.015000	.005000	-.005000	-.005000	.005000	-.015000	.015000	-.025000
1 3	.026608	.001608	.031047	-.000522	.031047	.001608	.026608	.008774
1 4	.025000	-.005000	.015000	.005000	.005000	.015000	-.005000	.025000
1 5	-.020665	-.002831	-.027831	.001608	-.029961	.001608	-.027831	-.002831
1 6	-.035000	.005000	-.025000	-.005000	-.015000	-.015000	-.005000	-.025000
1 7	.011462	.004335	.022169	-.002831	.026608	-.004961	.026608	-.002831
1 8	.045000	-.005000	.035000	.005000	.025000	.015000	.015000	.025000
1 9	.002340	-.006371	-.013498	.004335	-.020665	.008774	-.022794	.008774
1 10	.045000	.005000	-.045000	-.005000	-.035000	-.015000	-.025000	-.025000
1 20	.005000	-.005000	-.005000	.005000	-.015000	.015000	-.025000	.025000
2 3	.015000	-.015000	.005000	-.005000	-.005000	.005000	-.015000	.015000
3 4	-.025000	.015000	-.015000	.005000	-.005000	-.005000	.005000	-.015000
4 5	.025000	-.025000	.015000	-.015000	.005000	-.005000	-.005000	.005000
5 6	-.035000	.025000	-.025000	.015000	-.015000	.005000	-.005000	-.005000
6 7	.035000	-.035000	.025000	-.025000	.015000	-.015000	.005000	-.005000
7 8	-.045000	.035000	-.035000	.025000	-.025000	.015000	-.015000	.005000
8 9	.045000	-.045000	.035000	-.035000	.025000	-.025000	.015000	-.015000
9 10	.045000	.045000	-.045000	.035000	-.035000	.025000	-.025000	.015000
10 11	-.045000	.045000	.045000	-.045000	.035000	-.035000	.025000	-.025000
11 12	.035000	-.045000	.045000	.045000	-.045000	.035000	-.035000	.025000
12 13	-.035000	.035000	-.045000	.045000	.045000	-.045000	.035000	-.035000
13 14	.025000	-.035000	.035000	-.045000	.045000	.045000	-.045000	.035000
14 15	-.025000	.025000	-.035000	.035000	-.045000	.045000	.045000	-.045000
15 16	.015000	-.025000	.025000	-.035000	.035000	-.045000	.045000	.045000
16 17	-.015000	.015000	-.025000	.025000	-.035000	.035000	-.045000	.045000
17 18	.005000	-.015000	.015000	-.025000	.025000	-.035000	.035000	-.045000
18 19	-.005000	.005000	-.015000	.015000	-.025000	.025000	-.035000	.035000
19 20	-.005000	-.005000	.005000	-.015000	.015000	-.025000	.025000	-.035000

R_{20}^{++}

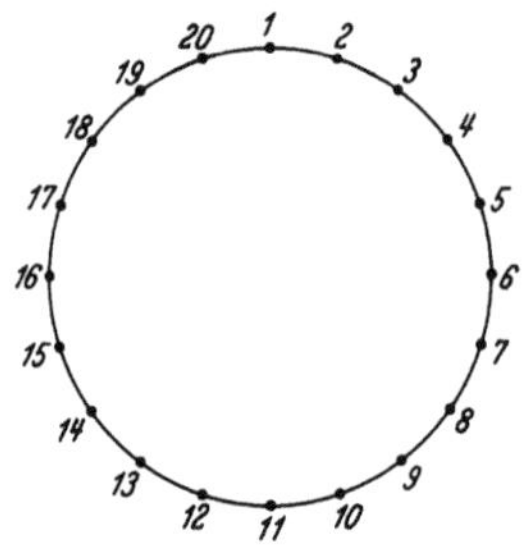

Bindungs- Atom Polarisierbarkeiten

	17	18	19	20
1 2	.025000	-.035000	.035000	-.045000
1 3	.015902	.024613	-.008506	.066494
1 4	-.015000	.035000	-.025000	.045000
1 5	-.020665	-.013538	-.004826	-.037946
1 6	.005000	-.035000	.015000	-.045000
1 7	.022169	.004335	.011462	.020174
1 8	.005000	.035000	-.005000	.045000
1 9	-.020665	.004335	-.013498	-.006371
1 10	-.015000	-.035000	-.005000	-.045000
1 20	-.035000	.035000	-.045000	.045000
2 3	-.025000	.025000	-.035000	.035000
3 4	.015000	-.025000	.025000	-.035000
4 5	-.015000	.015000	-.025000	.025000
5 6	.005000	-.015000	.015000	-.025000
6 7	-.005000	.005000	-.015000	.015000
7 8	-.005000	-.005000	.005000	-.015000
8 9	.005000	-.005000	-.005000	.005000
9 10	-.015000	.005000	-.005000	-.005000
10 11	.015000	-.015000	.005000	-.005000
11 12	-.025000	.015000	-.015000	.005000
12 13	.025000	-.025000	.015000	-.015000
13 14	-.035000	.025000	-.025000	.015000
14 15	.035000	-.035000	.025000	-.025000
15 16	-.045000	.035000	-.035000	.025000
16 17	.045000	-.045000	.035000	-.035000
17 18	.045000	.045000	-.045000	.035000
18 19	-.045000	.045000	.045000	-.045000
19 20	.035000	-.045000	.045000	.045000

Bindungs- Bindungs Polarisierbarkeiten

	1 2	1 3	1 4	1 5	1 6	1 7	1 8	1 9
1 2	.336012							
1 3	0	.502834						
1 4	-.033835	.080000	.427834					
1 5	.010000	-.108835	.010000	.460953				
1 6	-.000891	-.060000	-.075716	.070000	.452242			
1 7	-.020000	.032228	0	-.084427	.020000	.445115		
1 8	.007228	.040000	.023517	-.050000	-.091554	.060000	.462948	
1 9	.030000	-.001483	-.010000	.016390	-.010000	-.073721	.030000	.437948
1 10	-.004031	-.020000	-.008610	.030000	.034223	-.040000	-.098721	.050000
1 20	-.232225	-.080000	.103548	.070000	-.050891	-.060000	.022514	.050000
2 3	-.232225	0	-.096972	-.010000	.057987	.020000	-.042772	-.030000
3 4	.101418	-.080000	-.033835	-.010000	-.005150	0	.016106	.010000
4 5	-.048582	.080000	.103548	.010000	.057987	0	-.047031	-.010000
5 6	.017657	-.060000	-.046452	.070000	-.000891	.020000	.016106	-.010000
6 7	.000234	.060000	.019786	-.070000	-.050891	-.020000	-.042772	.010000
7 8	-.014020	-.040000	.002364	.050000	.015347	-.060000	.007228	-.030000
8 9	.021647	.040000	-.011891	-.050000	-.002075	.060000	.022514	.030000
9 10	-.028353	-.020000	.023776	.030000	-.016330	-.040000	.005091	.050000
10 11	.030525	.020000	-.026224	-.030000	.019337	.040000	-.009163	-.050000
11 12	-.032613	0	.032654	.010000	-.030663	-.020000	.026504	.030000
12 13	.030525	0	-.030483	-.010000	.028215	.020000	-.023496	-.030000
13 14	-.028353	.020000	.032654	-.010000	-.034922	0	.035382	.010000
14 15	.021647	-.020000	-.026224	.010000	.028215	0	-.027756	-.010000
15 16	-.014020	.040000	.023776	-.030000	-.030663	.020000	.035382	-.010000
16 17	.000234	-.040000	-.011891	.030000	.019337	-.020000	-.023496	.010000
17 18	.017657	.060000	.002364	-.050000	-.016330	.040000	.026504	-.030000
18 19	-.048582	-.060000	.019786	.050000	-.002075	-.040000	-.009163	.030000
19 20	.101418	.080000	-.046452	-.070000	.015347	.060000	.005091	-.050000

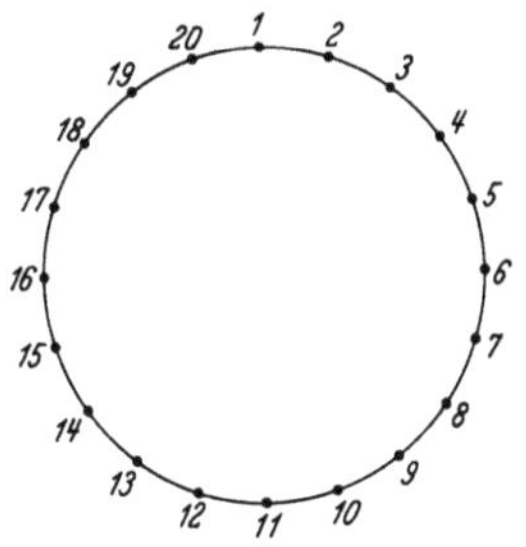

R^{++}_{20}

Bindungs- Bindungs Polarisierbarkeiten

	1 10	1 20	2 3	3 4	4 5	5 6	6 7	7 8
1 10	.467387							
1 20	-.005615	.336012						
2 3	.031636	.101418	.336012					
3 4	-.018364	-.048582	-.232225	.336012				
4 5	.040514	.017657	.101418	-.232225	.336012			
5 6	-.022623	.000234	-.048582	.101418	-.232225	.336012		
6 7	.040514	-.014020	.017657	-.048582	.101418	-.232225	.336012	
7 8	-.018364	.021647	.000234	.017657	-.048582	.101418	-.232225	.336012
8 9	.031636	-.028353	-.014020	.000234	.017657	-.048582	.101418	-.232225
9 10	-.004031	.030525	.021647	-.014020	.000234	.017657	-.048582	.101418
10 11	-.005615	-.032613	-.028353	.021647	-.014020	.000234	.017657	-.048582
11 12	-.019869	.030525	.030525	-.028353	.021647	-.014020	.000234	.017657
12 13	.015798	-.028353	-.032613	.030525	-.028353	.021647	-.014020	.000234
13 14	-.034202	.021647	.030525	-.032613	.030525	-.028353	.021647	-.014020
14 15	.024676	-.014020	-.028353	.030525	-.032613	.030525	-.028353	.021647
15 16	-.038462	.000234	.021647	-.028353	.030525	-.032613	.030525	-.028353
16 17	.024676	.017657	-.014020	.021647	-.028353	.030525	-.032613	.030525
17 18	-.034202	-.048582	.000234	-.014020	.021647	-.028353	.030525	-.032613
18 19	.015798	.101418	.017657	.000234	-.014020	.021647	-.028353	.030525
19 20	-.019869	-.232225	-.048582	.017657	.000234	-.014020	.021647	-.028353

	8 9	9 10	10 11	11 12	12 13	13 14	14 15	15 16
8 9	.336012							
9 10	-.232225	.336012						
10 11	.101418	-.232225	.336012					
11 12	-.048582	.101418	-.232225	.336012				
12 13	.017657	-.048582	.101418	-.232225	.336012			
13 14	.000234	.017657	-.048582	.101418	-.232225	.336012		
14 15	-.014020	.000234	.017657	-.048582	.101418	-.232225	.336012	
15 16	.021647	-.014020	.000234	.017657	-.048582	.101418	-.232225	.336012
16 17	-.028353	.021647	-.014020	.000234	.017657	-.048582	.101418	-.232225
17 18	.030525	-.028353	.021647	-.014020	.000234	.017657	-.048582	.101418
18 19	-.032613	.030525	-.028353	.021647	-.014020	.000234	.017657	-.048582
19 20	.030525	-.032613	.030525	-.028353	.021647	-.014020	.000234	.017657

	16 17	17 18	18 19	19 20
16 17	.336012			
17 18	-.232225	.336012		
18 19	.101418	-.232225	.336012	
19 20	-.048582	.101418	-.232225	.336012

R_{20}^{--}

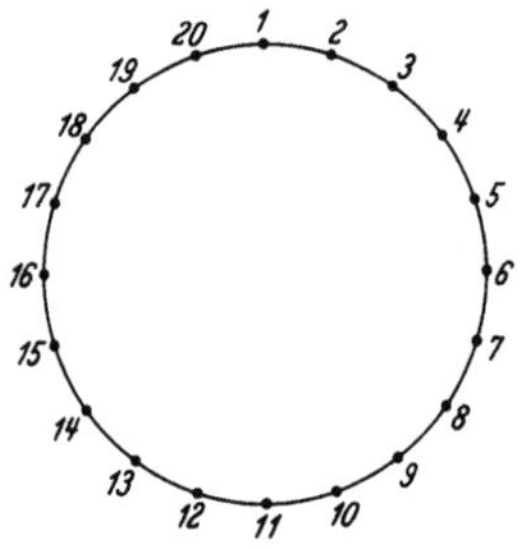

allgemeine Bindungsordnungen

	1	2	3	4	5	6	7	8
1	1,100000							
2	,631375	1,100000						
3	-,100000	,631375	1,100000					
4	-,196261	-,100000	,631375	1,100000				
5	,100000	-,196261	-,100000	,631375	1,100000			
6	,100000	,100000	-,196261	-,100000	,631375	1,100000		
7	-,100000	,100000	,100000	-,196261	-,100000	,631375	1,100000	
8	-,050953	-,100000	,100000	,100000	-,196261	-,100000	,631375	1,100000
9	,100000	-,050953	-,100000	,100000	,100000	-,196261	-,100000	,631375
10	,015838	,100000	-,050953	-,100000	,100000	,100000	-,196261	-,100000
11	-,100000	,015838	,100000	-,050953	-,100000	,100000	,100000	-,196261
12	,015838	-,100000	,015838	,100000	-,050953	-,100000	,100000	,100000
13	,100000	,015838	-,100000	,015838	,100000	-,050953	-,100000	,100000
14	-,050953	,100000	,015838	-,100000	,015838	,100000	-,050953	-,100000
15	-,100000	-,050953	,100000	,015838	-,100000	,015838	,100000	-,050953
16	,100000	-,100000	-,050953	,100000	,015838	-,100000	,015838	,100000
17	,100000	,100000	-,100000	-,050953	,100000	,015838	-,100000	,015838
18	-,196261	,100000	,100000	-,100000	-,050953	,100000	,015838	-,100000
19	-,100000	-,196261	,100000	,100000	-,100000	-,050953	,100000	,015838
20	,631375	-,100000	-,196261	,100000	,100000	-,100000	-,050953	,100000

	9	10	11	12	13	14	15	16
9	1,100000							
10	,631375	1,100000						
11	-,100000	,631375	1,100000					
12	-,196261	-,100000	,631375	1,100000				
13	,100000	-,196261	-,100000	,631375	1,100000			
14	,100000	,100000	-,196261	-,100000	,631375	1,100000		
15	-,100000	,100000	,100000	-,196261	-,100000	,631375	1,100000	
16	-,050953	-,100000	,100000	,100000	-,196261	-,100000	,631375	1,100000
17	,100000	-,050953	-,100000	,100000	,100000	-,196261	-,100000	,631375
18	,015838	,100000	-,050953	-,100000	,100000	,100000	-,196261	-,100000
19	-,100000	,015838	,100000	-,050953	-,100000	,100000	,100000	-,196261
20	,015838	-,100000	,015838	,100000	-,050953	-,100000	,100000	,100000

	17	18	19	20
17	1,100000			
18	,631375	1,100000		
19	-,100000	,631375	1,100000	
20	-,196261	-,100000	,631375	1,100000

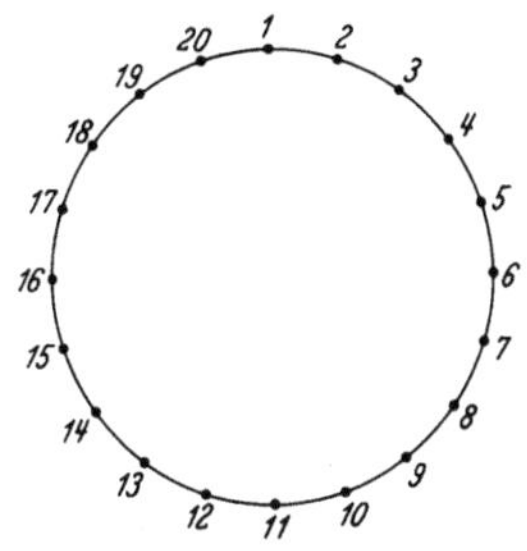

R^{--}_{20}

Atom- Atom Polarisierbarkeiten

	1	2	3	4	5	6	7	8
1	.467909							
2	-.131897	.467909						
3	.034925	-.131897	.467909					
4	-.040075	.034925	-.131897	.467909				
5	-.006956	-.040075	.034925	-.131897	.467909			
6	-.015667	-.006956	-.040075	.034925	-.131897	.467909		
7	-.022794	-.015667	-.006956	-.040075	.034925	-.131897	.467909	
8	-.004961	-.022794	-.015667	-.006956	-.040075	.034925	-.131897	.467909
9	-.029961	-.004961	-.022794	-.015667	-.006956	-.040075	.034925	-.131897
10	-.000522	-.029961	-.004961	-.022794	-.015667	-.006956	-.040075	.034925
11	-.032091	-.000522	-.029961	-.004961	-.022794	-.015667	-.006956	-.040075
12	-.000522	-.032091	-.000522	-.029961	-.004961	-.022794	-.015667	-.006956
13	-.029961	-.000522	-.032091	-.000522	-.029961	-.004961	-.022794	-.015667
14	-.004961	-.029961	-.000522	-.032091	-.000522	-.029961	-.004961	-.022794
15	-.022794	-.004961	-.029961	-.000522	-.032091	-.000522	-.029961	-.004961
16	-.015667	-.022794	-.004961	-.029961	-.000522	-.032091	-.000522	-.029961
17	-.006956	-.015667	-.022794	-.004961	-.029961	-.000522	-.032091	-.000522
18	-.040075	-.006956	-.015667	-.022794	-.004961	-.029961	-.000522	-.032091
19	.034925	-.040075	-.006956	-.015667	-.022794	-.004961	-.029961	-.000522
20	-.131897	.034925	-.040075	-.006956	-.015667	-.022794	-.004961	-.029961

	9	10	11	12	13	14	15	16
9	.467909							
10	-.131897	.467909						
11	.034925	-.131897	.467909					
12	-.040075	.034925	-.131897	.467909				
13	-.006956	-.040075	.034925	-.131897	.467909			
14	-.015667	-.006956	-.040075	.034925	-.131897	.467909		
15	-.022794	-.015667	-.006956	-.040075	.034925	-.131897	.467909	
16	-.004961	-.022794	-.015667	-.006956	-.040075	.034925	-.131897	.467909
17	-.029961	-.004961	-.022794	-.015667	-.006956	-.040075	.034925	-.131897
18	-.000522	-.029961	-.004961	-.022794	-.015667	-.006956	-.040075	.034925
19	-.032091	-.000522	-.029961	-.004961	-.022794	-.015667	-.006956	-.040075
20	-.000522	-.032091	-.000522	-.029961	-.004961	-.022794	-.015667	-.006956

	17	18	19	20
17	.467909			
18	-.131897	.467909		
19	.034925	-.131897	.467909	
20	-.040075	.034925	-.131897	.467909

R_{20}^{--}

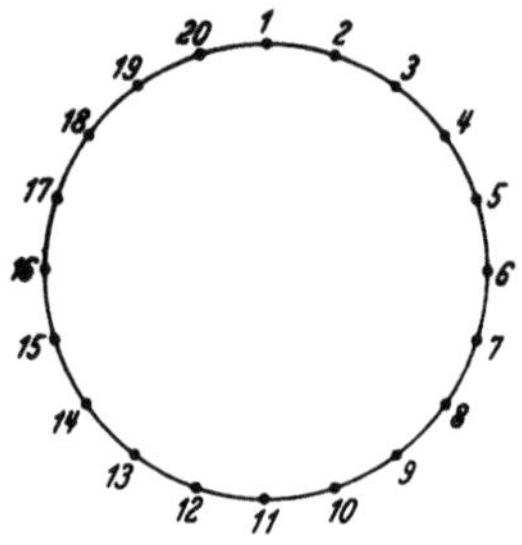

Bindungs- Atom Polarisierbarkeiten

	1	2	3	4	5	6	7	8
1 2	-.045000	-.045000	.045000	-.035000	.035000	-.025000	.025000	-.015000
1 3	-.100328	-.131997	-.100328	.066494	-.008506	.024613	.015902	.008774
1 4	.035000	.045000	.045000	.035000	-.045000	.025000	-.035000	.015000
1 5	.037054	.066494	.034925	.066494	.037054	-.037946	-.004826	-.013538
1 6	-.025000	-.045000	-.035000	-.035000	-.045000	-.025000	.045000	-.015000
1 7	-.012946	-.037946	-.008506	-.040075	-.008506	-.037946	-.012946	.020174
1 8	.015000	.045000	.025000	.035000	.035000	.025000	.045000	.015000
1 9	.002340	.020174	-.004826	.024613	-.006956	.024613	-.004826	.020174
1 10	-.005000	-.045000	-.015000	-.035000	-.025000	-.025000	-.035000	-.015000
1 20	-.045000	.045000	-.035000	.035000	-.025000	.025000	-.015000	.015000
2 3	.045000	-.045000	-.045000	.045000	-.035000	.035000	-.025000	.025000
3 4	-.035000	.045000	-.045000	-.045000	.045000	-.035000	.035000	-.025000
4 5	.035000	-.035000	.045000	-.045000	-.045000	.045000	-.035000	.035000
5 6	-.025000	.035000	-.035000	.045000	-.045000	-.045000	.045000	-.035000
6 7	.025000	-.025000	.035000	-.035000	.045000	-.045000	-.045000	.045000
7 8	-.015000	.025000	-.025000	.035000	-.035000	.045000	-.045000	-.045000
8 9	.015000	-.015000	.025000	-.025000	.035000	-.035000	.045000	-.045000
9 10	-.005000	.015000	-.015000	.025000	-.025000	.035000	-.035000	.045000
10 11	.005000	-.005000	.015000	-.015000	.025000	-.025000	.035000	-.035000
11 12	.005000	.005000	-.005000	.015000	-.015000	.025000	-.025000	.035000
12 13	-.005000	.005000	.005000	-.005000	.015000	-.015000	.025000	-.025000
13 14	.015000	-.005000	.005000	.005000	-.005000	.015000	-.015000	.025000
14 15	-.015000	.015000	-.005000	.005000	.005000	-.005000	.015000	-.015000
15 16	.025000	-.015000	.015000	-.005000	.005000	.005000	-.005000	.015000
16 17	-.025000	.025000	-.015000	.015000	-.005000	.005000	.005000	-.005000
17 18	.035000	-.025000	.025000	-.015000	.015000	-.005000	.005000	.005000
18 19	-.035000	.035000	-.025000	.025000	-.015000	.015000	-.005000	.005000
19 20	.045000	-.035000	.035000	-.025000	.025000	-.015000	.015000	-.005000

	9	10	11	12	13	14	15	16
1 2	.015000	-.005000	.005000	.005000	-.005000	.015000	-.015000	.025000
1 3	.026608	.001608	.031047	-.000522	.031047	.001608	.026608	.008774
1 4	-.025000	.005000	-.015000	-.005000	-.005000	-.015000	.005000	-.025000
1 5	-.020665	-.002831	-.027831	.001608	-.029961	.001608	-.027831	-.002831
1 6	.035000	-.005000	.025000	.005000	.015000	.015000	.005000	.025000
1 7	.011462	.004335	.022169	-.002831	.026608	-.004961	.026608	-.002831
1 8	-.045000	.005000	-.035000	-.005000	-.025000	-.015000	-.015000	-.025000
1 9	.002340	-.006371	-.013498	.004335	-.020665	.008774	-.022794	.008774
1 10	-.045000	-.005000	.045000	.005000	.035000	.015000	.025000	.025000
1 20	-.005000	.005000	.005000	-.005000	.015000	-.015000	.025000	-.025000
2 3	-.015000	.015000	-.005000	.005000	.005000	-.005000	.015000	-.015000
3 4	.025000	-.015000	.015000	-.005000	.005000	.005000	-.005000	.015000
4 5	-.025000	.025000	-.015000	.015000	-.005000	.005000	.005000	-.005000
5 6	.035000	-.025000	.025000	-.015000	.015000	-.005000	.005000	.005000
6 7	-.035000	.035000	-.025000	.025000	-.015000	.015000	-.005000	.005000
7 8	.045000	-.035000	.035000	-.025000	.025000	-.015000	.015000	-.005000
8 9	-.045000	.045000	-.035000	.035000	-.025000	.025000	-.015000	.015000
9 10	-.045000	-.045000	.045000	-.035000	.035000	-.025000	.025000	-.015000
10 11	.045000	-.045000	-.045000	.045000	-.035000	.035000	-.025000	.025000
11 12	-.035000	.045000	-.045000	-.045000	.045000	-.035000	.035000	-.025000
12 13	.035000	-.035000	.045000	-.045000	-.045000	.045000	-.035000	.035000
13 14	-.025000	.035000	-.035000	.045000	-.045000	-.045000	.045000	-.035000
14 15	.025000	-.025000	.035000	-.035000	.045000	-.045000	-.045000	.045000
15 16	-.015000	.025000	-.025000	.035000	-.035000	.045000	-.045000	-.045000
16 17	.015000	-.015000	.025000	-.025000	.035000	-.035000	.045000	-.045000
17 18	-.005000	.015000	-.015000	.025000	-.025000	.035000	-.035000	.045000
18 19	.005000	-.005000	.015000	-.015000	.025000	-.025000	.035000	-.035000
19 20	.005000	.005000	-.005000	.015000	-.015000	.025000	-.025000	.035000

	17	18	19	20
1 2	-.025000	.035000	-.035000	.045000
1 3	.015902	.024613	-.008506	.066494
1 4	.015000	-.035000	.025000	-.045000
1 5	-.020665	-.013538	-.004826	-.037946
1 6	-.005000	.035000	-.015000	.045000
1 7	.022169	.004335	.011462	.020174
1 8	-.005000	-.035000	.005000	-.045000
1 9	-.020665	.004335	-.013498	-.006371
1 10	.015000	.035000	.005000	.045000
1 20	.035000	-.035000	.045000	-.045000
2 3	.025000	-.025000	.035000	-.035000
3 4	-.015000	.025000	-.025000	.035000
4 5	.015000	-.015000	.025000	-.025000
5 6	-.005000	.015000	-.015000	.025000
6 7	.005000	-.005000	.015000	-.015000
7 8	.005000	.005000	-.005000	.015000
8 9	-.005000	.005000	.005000	-.005000
9 10	.015000	-.005000	.005000	.005000
10 11	-.015000	.015000	-.005000	.005000
11 12	.025000	-.015000	.015000	-.005000
12 13	-.025000	.025000	-.015000	.015000
13 14	.035000	-.025000	.025000	-.015000
14 15	-.035000	.035000	-.025000	.025000
15 16	.045000	-.035000	.035000	-.025000
16 17	-.045000	.045000	-.035000	.035000
17 18	-.045000	-.045000	.045000	-.035000
18 19	.045000	-.045000	-.045000	.045000
19 20	-.035000	.045000	-.045000	-.045000

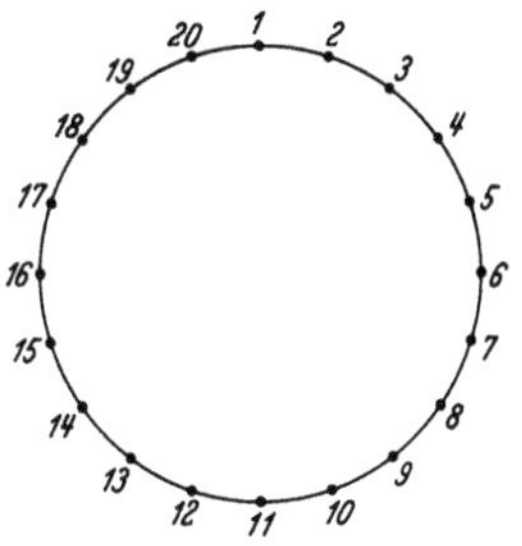

R_{20}^{--}

Bindungs- Bindungs Polarisierbarkeiten

	1 2	1 3	1 4	1 5	1 6	1 7	1 8	1 9
1 2	.336012							
1 3	0	.502834						
1 4	-.033835	-.080000	.427834					
1 5	-.010000	-.108835	-.010000	.460953				
1 6	-.000891	.060000	-.075716	-.070000	.452242			
1 7	.020000	.032228	0	-.084427	-.020000	.445115		
1 8	.007228	-.040000	.023517	.050000	-.091554	-.060000	.462948	
1 9	-.030000	-.001483	.010000	.016390	.010000	-.073721	-.030000	.437948
1 10	-.004031	.020000	-.008610	-.030000	.034223	.040000	-.098721	-.050000
1 20	-.232225	.080000	.103548	-.070000	-.050891	.060000	.022514	-.050000
2 3	-.232225	0	-.096972	.010000	.057987	-.020000	-.042772	.030000
3 4	.101418	.080000	-.033835	.010000	-.005150	0	.016106	-.010000
4 5	-.048582	-.080000	.103548	-.010000	.057987	0	-.047031	.010000
5 6	.017657	.060000	-.046452	-.070000	-.000891	-.020000	.016106	.010000
6 7	.000234	-.060000	.019786	.070000	-.050891	.020000	-.042772	-.010000
7 8	-.014020	.040000	.002364	-.050000	.015347	.060000	.007228	.030000
8 9	.021647	-.040000	-.011891	.050000	-.002075	-.060000	.022514	-.030000
9 10	-.028353	.020000	.023776	-.030000	-.016330	.040000	.005091	-.050000
10 11	.030525	-.020000	-.026224	.030000	.019337	-.040000	-.009163	.050000
11 12	-.032613	0	.032654	-.010000	-.030663	.020000	.026504	-.030000
12 13	.030525	0	-.030483	.010000	.028215	-.020000	-.023496	.030000
13 14	-.028353	-.020000	.032654	.010000	-.034922	0	.035382	-.010000
14 15	.021647	.020000	-.026224	-.010000	.028215	0	-.027756	.010000
15 16	-.014020	-.040000	.023776	.030000	-.030663	-.020000	.035382	.010000
16 17	.000234	.040000	-.011891	-.030000	.019337	.020000	-.023496	-.010000
17 18	.017657	-.060000	.002364	.050000	-.016330	-.040000	.026504	.030000
18 19	-.048582	.060000	.019786	-.050000	-.002075	.040000	-.009163	-.030000
19 20	.101418	-.080000	-.046452	.070000	.015347	-.060000	.005091	.050000

	1 10	1 20	2 3	3 4	4 5	5 6	6 7	7 8
1 10	.467387							
1 20	-.005615	.336012						
2 3	.031636	.101418	.336012					
3 4	-.018364	-.048582	-.232225	.336012				
4 5	.040514	.017657	.101418	-.232225	.336012			
5 6	-.022623	.000234	-.048582	.101418	-.232225	.336012		
6 7	.040514	-.014020	.017657	-.048582	.101418	-.232225	.336012	
7 8	-.018364	.021647	.000234	.017657	-.048582	.101418	-.232225	.336012
8 9	.031636	-.028353	-.014020	.000234	.017657	-.048582	.101418	-.232225
9 10	-.004031	.030525	.021647	-.014020	.000234	.017657	-.048582	.101418
10 11	-.005615	-.032613	-.028353	.021647	-.014020	.000234	.017657	-.048582
11 12	-.019869	.030525	.030525	-.028353	.021647	-.014020	.000234	.017657
12 13	.015798	-.028353	-.032613	.030525	-.028353	.021647	-.014020	.000234
13 14	-.034202	.021647	.030525	-.032613	.030525	-.028353	.021647	-.014020
14 15	.024676	-.014020	-.028353	.030525	-.032613	.030525	-.028353	.021647
15 16	-.038462	.000234	.021647	-.028353	.030525	-.032613	.030525	-.028353
16 17	.024676	.017657	-.014020	.021647	-.028353	.030525	-.032613	.030525
17 18	-.034202	-.048582	.000234	-.014020	.021647	-.028353	.030525	-.032613
18 19	.015798	.101418	.017657	.000234	-.014020	.021647	-.028353	.030525
19 20	-.019869	-.232225	-.048582	.017657	.000234	-.014020	.021647	-.028353

	8 9	9 10	10 11	11 12	12 13	13 14	14 15	15 16
8 9	.336012							
9 10	-.232225	.336012						
10 11	.101418	-.232225	.336012					
11 12	-.048582	.101418	-.232225	.336012				
12 13	.017657	-.048582	.101418	-.232225	.336012			
13 14	.000234	.017657	-.048582	.101418	-.232225	.336012		
14 15	-.014020	.000234	.017657	-.048582	.101418	-.232225	.336012	
15 16	.021647	-.014020	.000234	.017657	-.048582	.101418	-.232225	.336012
16 17	-.028353	.021647	-.014020	.000234	.017657	-.048582	.101418	-.232225
17 18	.030525	-.028353	.021647	-.014020	.000234	.017657	-.048582	.101418
18 19	-.032613	.030525	-.028353	.021647	-.014020	.000234	.017657	-.048582
19 20	.030525	-.032613	.030525	-.028353	.021647	-.014020	.000234	.017657

	16 17	17 18	18 19	19 20
16 17	.336012			
17 18	-.232225	.336012		
18 19	.101418	-.232225	.336012	
19 20	-.048582	.101418	-.232225	.336012

R_{21}^{-}

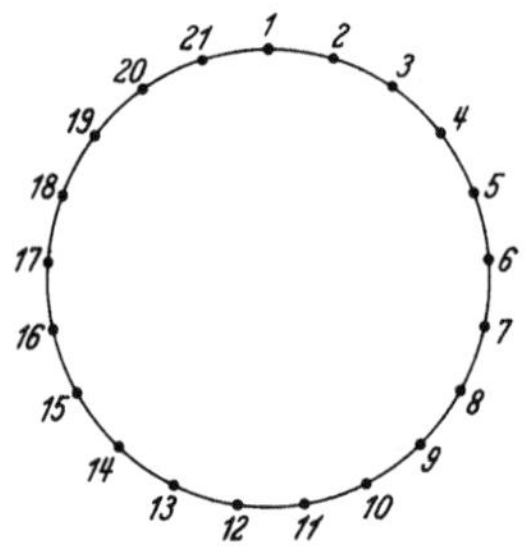

Eigenwerte und Hückelkoeffizienten

	1	2	3	4	5	6	7	8
1	2,000000	1,911146	1,911146	1,652478	1,652478	1,246980	1,246980	,730682
1	,218218	0	,308607	0	,308607	0	,308607	0
2	,218218	,090963	,294896	,173844	,254983	,241278	,192413	,287274
3	,218218	,173844	,254983	,287274	,112747	,300869	-,068671	,209906
4	,218218	,241278	,192413	,300869	-,068671	,133899	-,278045	-,133899
5	,218218	,287274	,112747	,209906	-,226225	-,133899	-,278045	-,307744
6	,218218	,307744	,023062	,045995	-,305160	-,300869	-,068671	-,090963
7	,218218	,300869	-,068671	-,133899	-,278045	-,241278	,192413	,241278
8	,218218	,267261	-,154303	-,267261	-,154303	0	,308607	,267261
9	,218218	,209906	-,226225	-,307744	,023062	,241278	,192413	-,045995
10	,218218	,133899	-,278045	-,241278	,192413	,300869	-,068671	-,300869
11	,218218	,045995	-,305160	-,090963	,294896	,133899	-,278045	-,173844
12	,218218	-,045995	-,305160	,090963	,294896	-,133899	-,278045	,173844
13	,218218	-,133899	-,278045	,241278	,192413	-,300869	-,068671	,300869
14	,218218	-,209906	-,226225	,307744	,023062	-,241278	,192413	,045995
15	,218218	-,267261	-,154303	,267261	-,154303	0	,308607	-,267261
16	,218218	-,300869	-,068671	,133899	-,278045	,241278	,192413	-,241278
17	,218218	-,307744	,023062	-,045995	-,305160	,300869	-,068671	,090963
18	,218218	-,287274	,112747	-,209906	-,226225	,133899	-,278045	,307744
19	,218218	-,241278	,192413	-,300869	-,068671	-,133899	-,278045	,133899
20	,218218	-,173844	,254983	-,287274	,112747	-,300869	-,068671	-,209906
21	,218218	-,090963	,294896	-,173844	,254983	-,241278	,192413	-,287274

	9	10	11	12	13	14	15	16
9	,730682	,149460	,149460	-,445042	-,445042	-1,000000	-1,000000	-1,466104
1	,308607	,308607	0	0	-,308607	0	-,308607	0
2	,112747	,023062	,307744	,300869	,068671	,267261	,154303	,209906
3	-,226225	-,305160	,045995	-,133899	,278045	-,267261	,154303	-,307744
4	-,278045	-,068671	-,300869	-,241278	-,192413	0	-,308607	,241278
5	,023062	,294896	-,090963	,241278	-,192413	,267261	,154303	-,045995
6	,294896	,112747	,287274	,133899	,278045	-,267261	,154303	-,173844
7	,192413	-,278045	,133899	-,300869	,068671	0	-,308607	,300869
8	-,154303	-,154303	-,267261	0	-,308607	,267261	,154303	-,267261
9	-,305160	,254983	-,173844	,300869	,068671	-,267261	,154303	,090963
10	-,068671	,192413	,241278	-,133899	,278045	0	-,308607	,133899
11	,254983	-,226225	,209906	-,241278	-,192413	,267261	,154303	-,287274
12	,254983	-,226225	-,209906	,241278	-,192413	-,267261	,154303	,287274
13	-,068671	,192413	-,241278	,133899	,278045	0	-,308607	-,133899
14	-,305160	,254983	,173844	-,300869	,068671	,267261	,154303	-,090963
15	-,154303	-,154303	,267261	0	-,308607	-,267261	,154303	,267261
16	,192413	-,278045	-,133899	,300869	,068671	0	-,308607	-,300869
17	,294896	,112747	-,287274	-,133899	,278045	,267261	,154303	,173844
18	,023062	,294896	,090963	-,241278	-,192413	-,267261	,154303	,045995
19	-,278045	-,068671	,300869	,241278	-,192413	0	-,308607	-,241278
20	-,226225	-,305160	-,045995	,133899	,278045	,267261	,154303	,307744
21	,112747	,023062	-,307744	-,300869	,068671	-,267261	,154303	-,209906

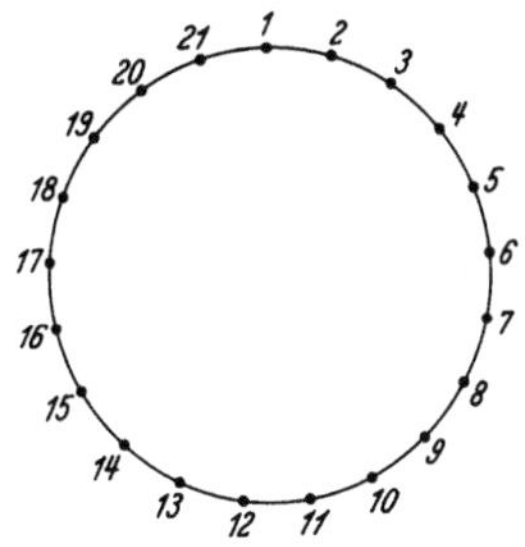

R_{21}^-

Eigenwerte und Hückelkoeffizienten

	17	18	19	20	21
17	-1,466104	-1,801938	-1,801938	-1,977662	-1,977662
1	-,308607	-,308607	0	-,308607	0
2	,226225	,278045	,133899	,305160	,045995
3	-,023062	-,192413	-,241278	-,294896	-,090963
4	-,192413	,068671	,300869	,278045	,133899
5	,305160	,068671	-,300869	-,254983	-,173844
6	-,254983	-,192413	,241278	,226225	,209906
7	,068671	,278045	-,133899	-,192413	-,241278
8	,154303	-,308607	0	,154303	,267261
9	-,294896	,278045	,133899	-,112747	-,287274
10	,278045	-,192413	-,241278	,068671	,300869
11	-,112747	,068671	,300869	-,023062	-,307744
12	-,112747	,068671	-,300869	-,023062	,307744
13	,278045	-,192413	,241278	,068671	-,300869
14	-,294896	,278045	-,133899	-,112747	,287274
15	,154303	-,308607	0	,154303	-,267261
16	,068671	,278045	,133899	-,192413	,241278
17	-,254983	-,192413	-,241278	,226225	-,209906
18	,305160	,068671	,300869	-,254983	,173844
19	-,192413	,068671	-,300869	,278045	-,133899
20	-,023062	-,192413	,241278	-,294896	,090963
21	,226225	,278045	-,133899	,305160	-,045995

TOTALE PI ELEKTRONEN ENERGIE 26,762980

R_{21}^{-}

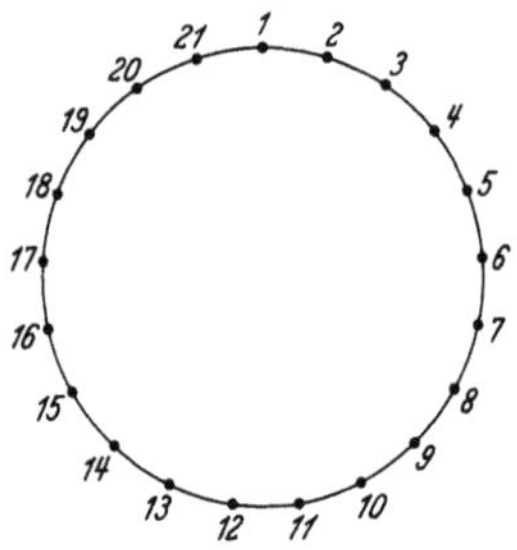

allgemeine Bindungsordnungen

	1	2	3	4	5	6	7	8
1	1.047619							
2	.637214	1.047619						
3	-.048157	.637214	1.047619					
4	-.213998	-.048157	.637214	1.047619				
5	.049833	-.213998	-.048157	.637214	1.047619			
6	.130341	.049833	-.213998	-.048157	.637214	1.047619		
7	-.052853	.130341	.049833	-.213998	-.048157	.637214	1.047619	
8	-.095238	-.052853	.130341	.049833	-.213998	-.048157	.637214	1.047619
9	.057634	-.095238	-.052853	.130341	.049833	-.213998	-.048157	.637214
10	.076375	.057634	-.095238	-.052853	.130341	.049833	-.213998	-.048157
11	-.064960	.076375	.057634	-.095238	-.052853	.130341	.049833	-.213998
12	-.064960	-.064960	.076375	.057634	-.095238	-.052853	.130341	.049833
13	.076375	-.064960	-.064960	.076375	.057634	-.095238	-.052853	.130341
14	.057634	.076375	-.064960	-.064960	.076375	.057634	-.095238	-.052853
15	-.095238	.057634	.076375	-.064960	-.064960	.076375	.057634	-.095238
16	-.052853	-.095238	.057634	.076375	-.064960	-.064960	.076375	.057634
17	.130341	-.052853	-.095238	.057634	.076375	-.064960	-.064960	.076375
18	.049833	.130341	-.052853	-.095238	.057634	.076375	-.064960	-.064960
19	-.213998	.049833	.130341	-.052853	-.095238	.057634	.076375	-.064960
20	-.048157	-.213998	.049833	.130341	-.052853	-.095238	.057634	.076375
21	.637214	-.048157	-.213998	.049833	.130341	-.052853	-.095238	.057634

	9	10	11	12	13	14	15	16
9	1.047619							
10	.637214	1.047619						
11	-.048157	.637214	1.047619					
12	-.213998	-.048157	.637214	1.047619				
13	.049833	-.213998	-.048157	.637214	1.047619			
14	.130341	.049833	-.213998	-.048157	.637214	1.047619		
15	-.052853	.130341	.049833	-.213998	-.048157	.637214	1.047619	
16	-.095238	-.052853	.130341	.049833	-.213998	-.048157	.637214	1.047619
17	.057634	-.095238	-.052853	.130341	.049833	-.213998	-.048157	.637214
18	.076375	.057634	-.095238	-.052853	.130341	.049833	-.213998	-.048157
19	-.064960	.076375	.057634	-.095238	-.052853	.130341	.049833	-.213998
20	-.064960	-.064960	.076375	.057634	-.095238	-.052853	.130341	.049833
21	.076375	-.064960	-.064960	.076375	.057634	-.095238	-.052853	.130341

	17	18	19	20	21
17	1.047619				
18	.637214	1.047619			
19	-.048157	.637214	1.047619		
20	-.213998	-.048157	.637214	1.047619	
21	.049833	-.213998	-.048157	.637214	1.047619

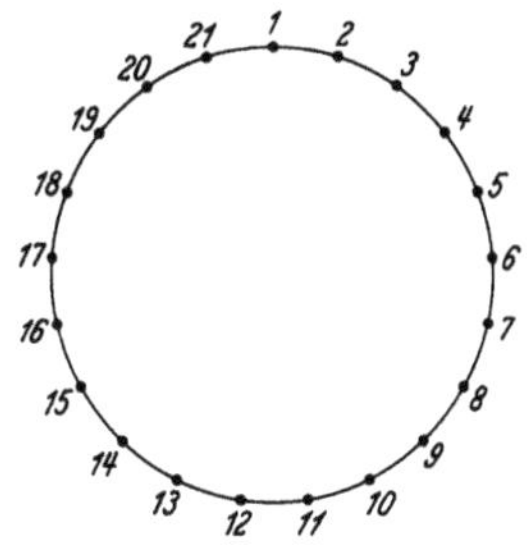

R_{21}^{-}

Atom- Atom Polarisierbarkeiten

	1	2	3	4	5	6	7	8
1	.469713							
2	-.137157	.469713						
3	.046270	-.137157	.469713					
4	-.053038	.046270	-.137157	.469713				
5	.010454	-.053038	.046270	-.137157	.469713			
6	-.033189	.010454	-.053038	.046270	-.137157	.469713		
7	-.002256	-.033189	.010454	-.053038	.046270	-.137157	.469713	
8	-.024211	-.002256	-.033189	.010454	-.053038	.046270	-.137157	.469713
9	-.009110	-.024211	-.002256	-.033189	.010454	-.053038	.046270	-.137157
10	-.018602	-.009110	-.024211	-.002256	-.033189	.010454	-.053038	.046270
11	-.014016	-.018602	-.009110	-.024211	-.002256	-.033189	.010454	-.053038
12	-.014016	-.014016	-.018602	-.009110	-.024211	-.002256	-.033189	.010454
13	-.018602	-.014016	-.014016	-.018602	-.009110	-.024211	-.002256	-.033189
14	-.009110	-.018602	-.014016	-.014016	-.018602	-.009110	-.024211	-.002256
15	-.024211	-.009110	-.018602	-.014016	-.014016	-.018602	-.009110	-.024211
16	-.002256	-.024211	-.009110	-.018602	-.014016	-.014016	-.018602	-.009110
17	-.033189	-.002256	-.024211	-.009110	-.018602	-.014016	-.014016	-.018602
18	.010454	-.033189	-.002256	-.024211	-.009110	-.018602	-.014016	-.014016
19	-.053038	.010454	-.033189	-.002256	-.024211	-.009110	-.018602	-.014016
20	.046270	-.053038	.010454	-.033189	-.002256	-.024211	-.009110	-.018602
21	-.137157	.046270	-.053038	.010454	-.033189	-.002256	-.024211	-.009110

	9	10	11	12	13	14	15	16
9	.469713							
10	-.137157	.469713						
11	.046270	-.137157	.469713					
12	-.053038	.046270	-.137157	.469713				
13	.010454	-.053038	.046270	-.137157	.469713			
14	-.033189	.010454	-.053038	.046270	-.137157	.469713		
15	-.002256	-.033189	.010454	-.053038	.046270	-.137157	.469713	
16	-.024211	-.002256	-.033189	.010454	-.053038	.046270	-.137157	.469713
17	-.009110	-.024211	-.002256	-.033189	.010454	-.053038	.046270	-.137157
18	-.018602	-.009110	-.024211	-.002256	-.033189	.010454	-.053038	.046270
19	-.014016	-.018602	-.009110	-.024211	-.002256	-.033189	.010454	-.053038
20	-.014016	-.014016	-.018602	-.009110	-.024211	-.002256	-.033189	.010454
21	-.018602	-.014016	-.014016	-.018602	-.009110	-.024211	-.002256	-.033189

	17	18	19	20	21
17	.469713				
18	-.137157	.469713			
19	.046270	-.137157	.469713		
20	-.053038	.046270	-.137157	.469713	
21	.010454	-.053038	.046270	-.137157	.469713

R_{21}^{-}

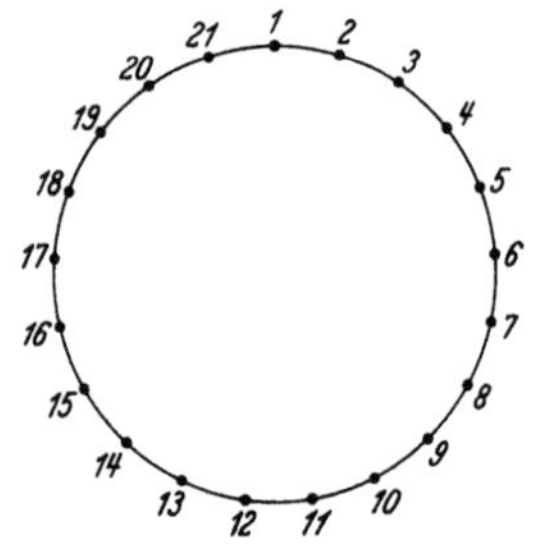

Bindungs- Atom Polarisierbarkeiten

	1	2	3	4	5	6	7	8
1 2	-.021554	-.021554	.022016	-.018325	.019427	-.016250	.017776	-.014956
1 3	-.106814	-.137157	-.106814	.076613	-.022695	.040797	-.002845	.028088
1 4	.017430	.022016	.022016	.017430	-.022911	.014841	-.020837	.013190
1 5	.046042	.076613	.046270	.076613	.046042	-.053266	.010226	-.033417
1 6	-.013419	-.022911	-.018325	-.018325	-.022911	-.013419	.024333	-.011345
1 7	-.022232	-.053266	-.022695	-.053038	-.022695	-.053266	-.022232	.041260
1 8	.009232	.024333	.014841	.019427	.019427	.014841	.024333	.009232
1 9	.009514	.041260	.010226	.040797	.010454	.040797	.010226	.041260
1 10	-.004490	-.026446	-.011345	-.020837	-.016250	-.016250	-.020837	-.011345
1 21	-.021554	.022016	-.018325	.019427	-.016250	.017776	-.014956	.016790
2 3	.022016	-.021554	-.021554	.022016	-.018325	.019427	-.016250	.017776
3 4	-.018325	.022016	-.021554	-.021554	.022016	-.018325	.019427	-.016250
4 5	.019427	-.018325	.022016	-.021554	-.021554	.022016	-.018325	.019427
5 6	-.016250	.019427	-.018325	.022016	-.021554	-.021554	.022016	-.018325
6 7	.017776	-.016250	.019427	-.018325	.022016	-.021554	-.021554	.022016
7 8	-.014956	.017776	-.016250	.019427	-.018325	.022016	-.021554	-.021554
8 9	.016790	-.014956	.017776	-.016250	.019427	-.018325	.022016	-.021554
9 10	-.014244	.016790	-.014956	.017776	-.016250	.019427	-.018325	.022016
10 11	.016328	-.014244	.016790	-.014956	.017776	-.016250	.019427	-.018325
11 12	-.014016	.016328	-.014244	.016790	-.014956	.017776	-.016250	.019427
12 13	.016328	-.014016	.016328	-.014244	.016790	-.014956	.017776	-.016250
13 14	-.014244	.016329	-.014016	.016328	-.014244	.016790	-.014956	.017776
14 15	.016790	-.014244	.016328	-.014016	.016328	-.014244	.016790	-.014956
15 16	-.014956	.016790	-.014244	.016328	-.014016	.016328	-.014244	.016790
16 17	.017776	-.014956	.016790	-.014244	.016328	-.014016	.016328	-.014244
17 18	-.016250	.017776	-.014956	.016790	-.014244	.016328	-.014016	.016328
18 19	.019427	-.016250	.017776	-.014956	.016790	-.014244	.016328	-.014016
19 20	-.018325	.019427	-.016250	.017776	-.014956	.016790	-.014244	.016328
20 21	.022016	-.018325	.019427	-.016250	.017776	-.014956	.016790	-.014244

	9	10	11	12	13	14	15	16
1 2	.016790	-.014244	.016328	-.014016	.016328	-.014244	.016790	-.014956
1 3	.006132	.021233	.011741	.016328	.016328	.011741	.021233	.006132
1 4	-.019542	.012204	-.018830	.011741	-.018602	.011741	-.018830	.012204
1 5	-.002483	-.024439	-.009338	-.018830	-.014244	-.014244	-.018830	-.009338
1 6	.022682	-.010050	.021696	-.009338	.021233	-.009110	.021233	-.009338
1 7	-.002383	.028550	.006595	.021696	.012204	.016790	.016790	.012204
1 8	-.026446	.007591	-.025151	.006595	-.024439	.006132	-.024211	.006132
1 9	.009514	-.034129	-.003196	-.025151	-.010050	-.019542	-.014956	-.014956
1 10	-.026446	-.004490	.029537	-.003196	.028550	-.002483	.028088	-.002256
1 21	-.014244	.016329	-.014016	.016328	-.014244	.016790	-.014956	.017776
2 3	-.014956	.016790	-.014244	.016328	-.014016	.016328	-.014244	.016790
3 4	.017776	-.014956	.016790	-.014244	.016328	-.014016	.016328	-.014244
4 5	-.016250	.017776	-.014956	.016790	-.014244	.016328	-.014016	.016328
5 6	.019427	-.016250	.017776	-.014956	.016790	-.014244	.016328	-.014016
6 7	-.018325	.019427	-.016250	.017776	-.014956	.016790	-.014244	.016328
7 8	.022016	-.018325	.019427	-.016250	.017776	-.014956	.016790	-.014244
8 9	-.021554	.022016	-.018325	.019427	-.016250	.017776	-.014956	.016790
9 10	-.021554	-.021554	.022016	-.018325	.019427	-.016250	.017776	-.014956
10 11	.022016	-.021554	-.021554	.022016	-.018325	.019427	-.016250	.017776
11 12	-.018325	.022016	-.021554	-.021554	.022016	-.018325	.019427	-.016250
12 13	.019427	-.018325	.022016	-.021554	-.021554	.022016	-.018325	.019427
13 14	-.016250	.019427	-.018325	.022016	-.021554	-.021554	.022016	-.018325
14 15	.017776	-.016250	.019427	-.018325	.022016	-.021554	-.021554	.022016
15 16	-.014956	.017776	-.016250	.019427	-.018325	.022016	-.021554	-.021554
16 17	.016790	-.014956	.017776	-.016250	.019427	-.018325	.022016	-.021554
17 18	-.014244	.016790	-.014956	.017776	-.016250	.019427	-.018325	.022016
18 19	.016328	-.014244	.016790	-.014956	.017776	-.016250	.019427	-.018325
19 20	-.014016	.016328	-.014244	.016790	-.014956	.017776	-.016250	.019427
20 21	.016328	-.014016	.016328	-.014244	.016790	-.014956	.017776	-.016250

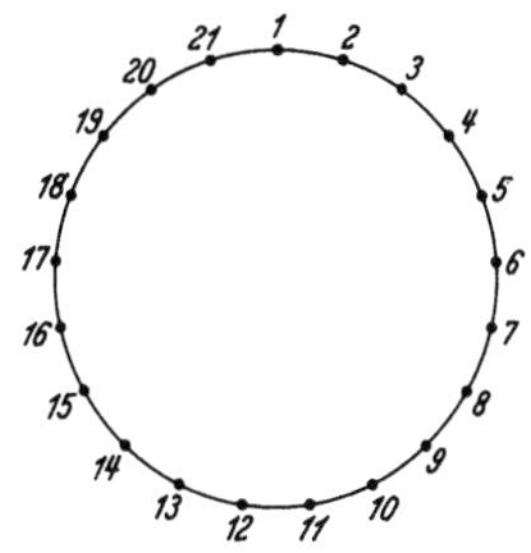

R_{21}^{-}

Bindungs- Atom Polarisierbarkeiten

	17	18	19	20	21
1 2	.017776	-.016250	.019427	-.018325	.022016
1 3	.028088	-.002845	.040797	-.022695	.076613
1 4	-.019542	.013190	-.020837	.014841	-.022911
1 5	-.024439	-.002483	-.033417	.010226	-.053266
1 6	.021696	-.010050	.022682	-.011345	.024333
1 7	.021696	.006595	.028550	-.002383	.041260
1 8	-.024439	.006595	-.025151	.007581	-.026446
1 9	-.019542	-.010050	-.025151	-.003196	-.034129
1 10	.028088	-.002483	.028550	-.003196	.029537
1 21	-.016250	.019427	-.018325	.022016	-.021554
2 3	-.014956	.017776	-.016250	.019427	-.018325
3 4	.016790	-.014956	.017776	-.016250	.019427
4 5	-.014244	.016790	-.014956	.017776	-.016250
5 6	.016328	-.014244	.016790	-.014956	.017776
6 7	-.014016	.016328	-.014244	.016790	-.014956
7 8	.016328	-.014016	.016328	-.014244	.016790
8 9	-.014244	.016328	-.014016	.016328	-.014244
9 10	.016790	-.014244	.016328	-.014016	.016328
10 11	-.014956	.016790	-.014244	.016328	-.014016
11 12	.017776	-.014956	.016790	-.014244	.016328
12 13	-.016250	.017776	-.014956	.016790	-.014244
13 14	.019427	-.016250	.017776	-.014956	.016790
14 15	-.018325	.019427	-.016250	.017776	-.014956
15 16	.022016	-.018325	.019427	-.016250	.017776
16 17	-.021554	.022016	-.018325	.019427	-.016250
17 18	-.021554	-.021554	.022016	-.018325	.019427
18 19	.022016	-.021554	-.021554	.022016	-.018325
19 20	-.018325	.022016	-.021554	-.021554	.022016
20 21	.019427	-.018325	.022016	-.021554	-.021554

Bindungs- Bindungs Polarisierbarkeiten

	1 2	1 3	1 4	1 5	1 6	1 7	1 8	1 9
1 2	.332556							
1 3	.000462	.515983						
1 4	-.030201	-.039879	.416675					
1 5	-.005481	-.129508	-.002127	.480167				
1 6	-.007224	.032271	-.066016	-.037805	.436524			
1 7	.010914	.056258	-.003407	-.109659	-.003778	.467457		
1 8	.019028	-.024764	.012625	.030620	-.078726	-.036510	.445502	
1 9	-.017214	-.024615	.009263	.043559	-.002113	-.100682	-.004764	.460603
1 10	-.024615	.016813	.006318	-.023470	.021603	.029633	-.085581	-.035798
1 21	-.243971	.039446	.122655	-.036330	-.075498	.033565	.050774	-.030936
2 3	-.243971	.000462	-.090888	.003691	.053918	-.008070	-.043039	.012988
3 4	.122883	.039446	-.030201	.003691	-.006769	.001103	.018103	-.005996
4 5	-.075733	-.041236	.122655	-.005481	.053918	.001103	-.042584	.003177
5 6	.051251	.034268	-.075960	-.036330	-.007224	-.008070	.018103	.003177
6 7	-.036034	-.037087	.051024	.039174	-.075498	.010914	-.043039	-.005996
7 8	.025832	.030966	-.036262	-.032182	.051486	.033565	.019028	.012988
8 9	-.018079	-.034498	.025605	.035872	-.035800	-.037791	.050774	-.017214
9 10	.012123	.028994	-.018307	-.029593	.026067	.030263	-.036512	-.030936
10 11	-.006861	-.033074	.011895	.033899	-.017844	-.035202	.025355	.037117
11 12	.002312	.028069	-.007089	-.028168	.012358	.028290	-.018556	-.028347
12 13	.002312	-.032618	.002084	.032974	-.006626	-.033777	.011645	.035145
13 14	-.006861	.028069	.002084	-.027713	.002546	.027365	-.007339	-.026922
14 15	.012123	-.033074	-.007089	.032974	.002546	-.033322	.001834	.034220
15 16	-.018079	.028994	.011895	-.028168	-.006626	.027365	.001834	-.026467
16 17	.025832	-.034498	-.018307	.033899	.012358	-.033777	-.007339	.034220
17 18	-.036034	.030966	.025605	-.029593	-.017844	.028290	.011645	-.026922
18 19	.051251	-.037087	-.036262	.035872	.026067	-.035202	-.018556	.035145
19 20	-.075733	.034268	.051024	-.032182	-.035800	.030263	.025355	-.028347
20 21	.122883	-.041236	-.075960	.039174	.051486	-.037791	-.036512	.037117

R_{21}^{-}

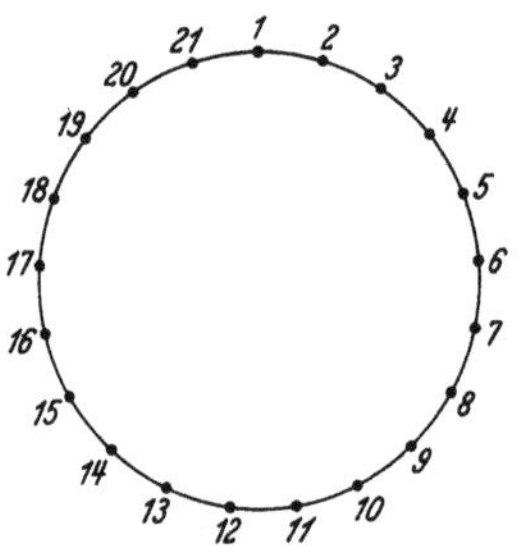

Bindungs- Bindungs Polarisierbarkeiten

	1 10	1 21	2 3	3 4	4 5	5 6	6 7	7 8
1 10	.451111							
1 21	-.035526	.332556						
2 3	.038877	.122883	.332556					
3 4	-.023190	-.075733	-.243971	.332556				
4 5	.037952	.051251	.122883	-.243971	.332556			
5 6	-.022735	-.036034	-.075733	.122883	-.243971	.332556		
6 7	.037952	.025832	.051251	-.075733	.122883	-.243971	.332556	
7 8	-.023190	-.018079	-.036034	.051251	-.075733	.122883	-.243971	.332556
8 9	.038877	.012123	.025832	-.036034	.051251	-.075733	.122883	-.243971
9 10	-.024615	-.006861	-.018079	.025832	-.036034	.051251	-.075733	.122883
10 11	-.035526	.002312	.012123	-.018079	.025832	-.036034	.051251	-.075733
11 12	.026341	.002312	-.006861	.012123	-.018079	.025832	-.036034	.051251
12 13	-.017570	-.006861	.002312	-.006861	.012123	-.018079	.025832	-.036034
13 14	.012631	.012123	.002312	.002312	-.006861	.012123	-.018079	.025832
14 15	-.006353	-.018079	-.006861	.002312	.002312	-.006861	.012123	-.018079
15 16	.002820	.025832	.012123	-.006861	.002312	.002312	-.006861	.012123
16 17	.002820	-.036034	-.018079	.012123	-.006861	.002312	.002312	-.006861
17 18	-.006353	.051251	.025832	-.018079	.012123	-.006861	.002312	.002312
18 19	.012631	-.075733	-.036034	.025832	-.018079	.012123	-.006861	.002312
19 20	-.017570	.122883	.051251	-.036034	.025832	-.018079	.012123	-.006861
20 21	.026341	-.243971	-.075733	.051251	-.036034	.025832	-.018079	.012123

	8 9	9 10	10 11	11 12	12 13	13 14	14 15	15 16
8 9	.332556							
9 10	-.243971	.332556						
10 11	.122883	-.243971	.332556					
11 12	-.075733	.122883	-.243971	.332556				
12 13	.051251	-.075733	.122883	-.243971	.332556			
13 14	-.036034	.051251	-.075733	.122883	-.243971	.332556		
14 15	.025832	-.036034	.051251	-.075733	.122883	-.243971	.332556	
15 16	-.018079	.025832	-.036034	.051251	-.075733	.122883	-.243971	.332556
16 17	.012123	-.018079	.025832	-.036034	.051251	-.075733	.122883	-.243971
17 18	-.006861	.012123	-.018079	.025832	-.036034	.051251	-.075733	.122883
18 19	.002312	-.006861	.012123	-.018079	.025832	-.036034	.051251	-.075733
19 20	.002312	.002312	-.006861	.012123	-.018079	.025832	-.036034	.051251
20 21	-.006861	.002312	.002312	-.006861	.012123	-.018079	.025832	-.036034

	16 17	17 18	18 19	19 20	20 21
16 17	.332556				
17 18	-.243971	.332556			
18 19	.122883	-.243971	.332556		
19 20	-.075733	.122883	-.243971	.332556	
20 21	.051251	-.075733	.122883	-.243971	.332556

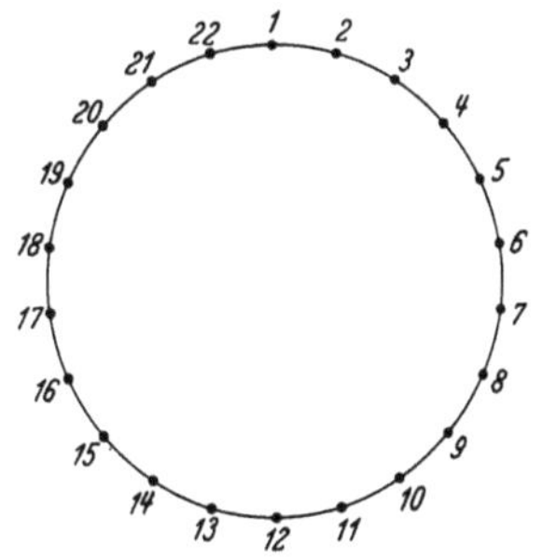

R_{22}

Eigenwerte und Hückelkoeffizienten

	1	2	3	4	5	6	7	8
1	2.000000	1.918986	1.918986	1.682507	1.682507	1.309721	1.309721	.830830
1	.213201	0	.301511	0	.301511	0	.301511	.301511
2	.213201	.084946	.289298	.163009	.253647	.227867	.197448	.125252
3	.213201	.163009	.253647	.274264	.125252	.298442	-.042910	-.197448
4	.213201	.227867	.197448	.298442	-.042910	.163009	-.253647	-.289298
5	.213201	.274264	.125252	.227867	-.197448	-.084946	-.289298	-.042910
6	.213201	.298442	.042910	.084946	-.289298	-.274264	-.125252	.253647
7	.213201	.298442	-.042910	-.084946	-.289298	-.274264	.125252	.253647
8	.213201	.274264	-.125252	-.227867	-.197448	-.084946	.289298	-.042910
9	.213201	.227867	-.197448	-.298442	-.042910	.163009	.253647	-.289298
10	.213201	.163009	-.253647	-.274264	.125252	.298442	.042910	-.197448
11	.213201	.084946	-.289298	-.163009	.253647	.227867	-.197448	.125252
12	.213201	0	-.301511	0	.301511	0	-.301511	.301511
13	.213201	-.084946	-.289298	.163009	.253647	-.227867	-.197448	.125252
14	.213201	-.163009	-.253647	.274264	.125252	-.298442	.042910	-.197448
15	.213201	-.227867	-.197448	.298442	-.042910	-.163009	.253647	-.289298
16	.213201	-.274264	-.125252	.227867	-.197448	.084946	.289298	-.042910
17	.213201	-.298442	-.042910	.084946	-.289298	.274264	.125252	.253647
18	.213201	-.298442	.042910	-.084946	-.289298	.274264	-.125252	.253647
19	.213201	-.274264	.125252	-.227867	-.197448	.084946	-.289298	-.042910
20	.213201	-.227867	.197448	-.298442	-.042910	-.163009	-.253647	-.289298
21	.213201	-.163009	.253647	-.274264	.125252	-.298442	-.042910	-.197448
22	.213201	-.084946	.289298	-.163009	.253647	-.227867	.197448	.125252

	9	10	11	12	13	14	15	16
9	.830830	.284630	.284630	-.284630	-.284630	-.830830	-.830830	-1.309721
1	0	.301511	0	0	-.301511	0	-.301511	-.301511
2	.274264	.042910	.298442	.298442	.042910	.274264	.125252	.197448
3	.227867	-.289298	.084946	-.084946	.289298	-.227867	.197448	.042910
4	-.084946	-.125252	-.274264	-.274264	-.125252	-.084946	-.289298	-.253647
5	-.298442	.253647	-.163009	.163009	-.253647	.298442	.042910	.289298
6	-.163009	.197448	.227867	.227867	.197448	-.163009	.253647	-.125252
7	.163009	-.197448	.227867	-.227867	.197448	-.163009	-.253647	-.125252
8	.298442	-.253647	-.163009	-.163009	-.253647	.298442	-.042910	.289298
9	.084946	.125252	-.274264	.274264	-.125252	-.084946	.289298	-.253647
10	-.227867	.289298	.084946	.084946	.289298	-.227867	-.197448	.042910
11	-.274264	-.042910	.298442	-.298442	.042910	.274264	-.125252	.197448
12	0	-.301511	0	0	-.301511	0	.301511	-.301511
13	.274264	-.042910	-.298442	.298442	.042910	-.274264	-.125252	.197448
14	.227867	.289298	-.084946	-.084946	.289298	.227867	-.197448	.042910
15	-.084946	.125252	.274264	-.274264	-.125252	.084946	.289298	-.253647
16	-.298442	-.253647	.163009	.163009	-.253647	-.298442	-.042910	.289298
17	-.163009	-.197448	-.227867	.227867	.197448	.163009	-.253647	-.125252
18	.163009	.197448	-.227867	-.227867	.197448	.163009	.253647	-.125252
19	.298442	.253647	.163009	-.163009	-.253647	-.298442	.042910	.289298
20	.084946	-.125252	.274264	.274264	-.125252	.084946	-.289298	-.253647
21	-.227867	-.289298	-.084946	.084946	.289298	.227867	.197448	.042910
22	-.274264	.042910	-.298442	-.298442	.042910	-.274264	.125252	.197448

R_{22}

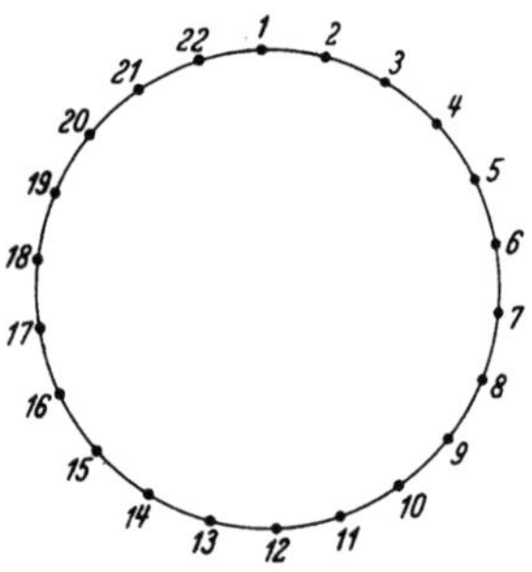

Eigenwerte und Hückelkoeffizienten

	17	18	19	20	21	22
17	-1.309721	-1.682507	-1.682507	-1.918986	-1.918986	-2.000000
1	0	0	-.301511	0	-.301511	-.213201
2	.227867	.163009	.253647	.084946	.289298	.213201
3	-.298442	-.274264	-.125252	-.163009	-.253647	-.213201
4	.163009	.298442	-.042910	.227867	.197448	.213201
5	.084946	-.227867	.197448	-.274264	-.125252	-.213201
6	-.274264	.084946	-.289298	.298442	.042910	.213201
7	.274264	.084946	.289298	-.298442	.042910	-.213201
8	-.084946	-.227867	-.197448	.274264	-.125252	.213201
9	-.163009	.298442	.042910	-.227867	.197448	-.213201
10	.298442	-.274264	.125252	.163009	-.253647	.213201
11	-.227867	.163009	-.253647	-.084946	.289298	-.213201
12	0	0	.301511	0	-.301511	.213201
13	.227867	-.163009	-.253647	.084946	.289298	-.213201
14	-.298442	.274264	.125252	-.163009	-.253647	.213201
15	.163009	-.298442	.042910	.227867	.197448	-.213201
16	.084946	.227867	-.197448	-.274264	-.125252	.213201
17	-.274264	-.084946	.289298	.298442	.042910	-.213201
18	.274264	-.084946	-.289298	-.298442	.042910	.213201
19	-.084946	.227867	.197448	.274264	-.125252	-.213201
20	-.163009	-.298442	-.042910	-.227867	.197448	.213201
21	.298442	.274264	-.125252	.163009	-.253647	-.213201
22	-.227867	-.163009	.253647	-.084946	.289298	.213201

TOTALE PI ELEKTRONEN ENERGIE 28.106697

allgemeine Bindungsordnungen

	1	2	3	4	5	6	7	8
1	1.000000							
2	.638789	1.000000						
3	0	.638789	1.000000					
4	-.218839	0	.638789	1.000000				
5	0	-.218839	0	.638789	1.000000			
6	.138822	0	-.218839	0	.638789	1.000000		
7	0	.138822	0	-.218839	0	.638789	1.000000	
8	-.108064	0	.138822	0	-.218839	0	.638789	1.000000
9	0	-.108064	0	.138822	0	-.218839	0	.638789
10	.094747	0	-.108064	0	.138822	0	-.218839	0
11	0	.094747	0	-.108064	0	.138822	0	-.218839
12	-.090909	0	.094747	0	-.108064	0	.138822	0
13	0	-.090909	0	.094747	0	-.108064	0	.138822
14	.094747	0	-.090909	0	.094747	0	-.108064	0
15	0	.094747	0	-.090909	0	.094747	0	-.108064
16	-.108064	0	.094747	0	-.090909	0	.094747	0
17	0	-.108064	0	.094747	0	-.090909	0	.094747
18	.138822	0	-.108064	0	.094747	0	-.090909	0
19	0	.138822	0	-.108064	0	.094747	0	-.090909
20	-.218839	0	.138822	0	-.108064	0	.094747	0
21	0	-.218839	0	.138822	0	-.108064	0	.094747
22	.638789	0	-.218839	0	.138822	0	-.108064	0

	9	10	11	12	13	14	15	16
9	1.000000							
10	.638789	1.000000						
11	0	.638789	1.000000					
12	-.218839	0	.638789	1.000000				
13	0	-.218839	0	.638789	1.000000			
14	.138822	0	-.218839	0	.638789	1.000000		
15	0	.138822	0	-.218839	0	.638789	1.000000	
16	-.108064	0	.138822	0	-.218839	0	.638789	1.000000
17	0	-.108064	0	.138822	0	-.218839	0	.638789
18	.094747	0	-.108064	0	.138822	0	-.218839	0
19	0	.094747	0	-.108064	0	.138822	0	-.218839
20	-.090909	0	.094747	0	-.108064	0	.138822	0
21	0	-.090909	0	.094747	0	-.108064	0	.138822
22	.094747	0	-.090909	0	.094747	0	-.108064	0

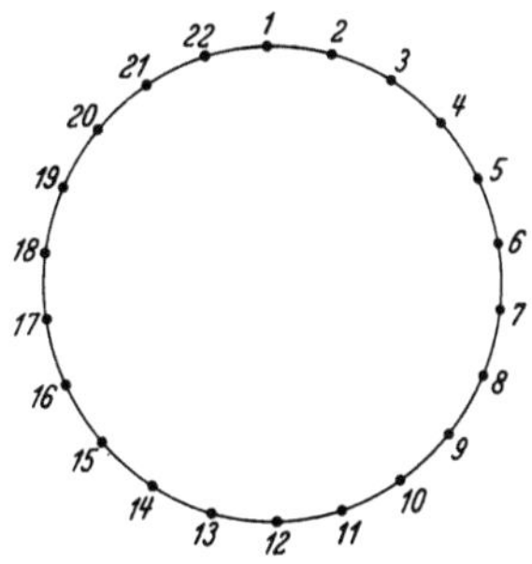

R_{22}

allgemeine Bindungsordnungen

	17	18	19	20	21	22
17	1.000000					
18	.638789	1.000000				
19	0	.638789	1.000000			
20	-.218839	0	.638789	1.000000		
21	0	-.218839	0	.638789	1.000000	
22	.138822	0	-.218839	0	.638789	1.000000

Atom- Atom Polarisierbarkeiten

	1	2	3	4	5	6	7	8
1	.471160							
2	-.138593	.471160						
3	.050405	-.138593	.471160					
4	-.056867	.050405	-.138593	.471160				
5	.016813	-.056867	.050405	-.138593	.471160			
6	-.039174	.016813	-.056867	.050405	-.138593	.471160		
7	.006281	-.039174	.016813	-.056867	.050405	-.138593	.471160	
8	-.032479	.006281	-.039174	.016813	-.056867	.050405	-.138593	.471160
9	.001905	-.032479	.006281	-.039174	.016813	-.056867	.050405	-.138593
10	-.029646	.001905	-.032479	.006281	-.039174	.016813	-.056867	.050405
11	.000196	-.029646	.001905	-.032479	.006281	-.039174	.016813	-.056867
12	-.028840	.000196	-.029646	.001905	-.032479	.006281	-.039174	.016813
13	.000196	-.028840	.000196	-.029646	.001905	-.032479	.006281	-.039174
14	-.029646	.000196	-.028840	.000196	-.029646	.001905	-.032479	.006281
15	.001905	-.029646	.000196	-.028840	.000196	-.029646	.001905	-.032479
16	-.032479	.001905	-.029646	.000196	-.028840	.000196	-.029646	.001905
17	.006281	-.032479	.001905	-.029646	.000196	-.028840	.000196	-.029646
18	-.039174	.006281	-.032479	.001905	-.029646	.000196	-.028840	.000196
19	.016813	-.039174	.006281	-.032479	.001905	-.029646	.000196	-.028840
20	-.056867	.016813	-.039174	.006281	-.032479	.001905	-.029646	.000196
21	.050405	-.056867	.016813	-.039174	.006281	-.032479	.001905	-.029646
22	-.138593	.050405	-.056867	.016813	-.039174	.006281	-.032479	.001905

	9	10	11	12	13	14	15	16
9	.471160							
10	-.138593	.471160						
11	.050405	-.138593	.471160					
12	-.056867	.050405	-.138593	.471160				
13	.016813	-.056867	.050405	-.138593	.471160			
14	-.039174	.016813	-.056867	.050405	-.138593	.471160		
15	.006281	-.039174	.016813	-.056867	.050405	-.138593	.471160	
16	-.032479	.006281	-.039174	.016813	-.056867	.050405	-.138593	.471160
17	.001905	-.032479	.006281	-.039174	.016813	-.056867	.050405	-.138593
18	-.029646	.001905	-.032479	.006281	-.039174	.016813	-.056867	.050405
19	.000196	-.029646	.001905	-.032479	.006281	-.039174	.016813	-.056867
20	-.028840	.000196	-.029646	.001905	-.032479	.006281	-.039174	.016813
21	.000196	-.028840	.000196	-.029646	.001905	-.032479	.006281	-.039174
22	-.029646	.000196	-.028840	.000196	-.029646	.001905	-.032479	.006281

	17	18	19	20	21	22
17	.471160					
18	-.138593	.471160				
19	.050405	-.138593	.471160			
20	-.056867	.050405	-.138593	.471160		
21	.016813	-.056867	.050405	-.138593	.471160	
22	-.039174	.016813	-.056867	.050405	-.138593	.471160

R_{22}

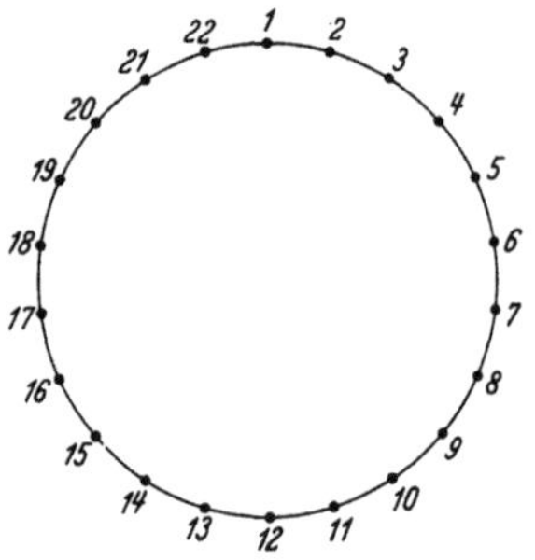

Bindungs- Atom Polarisierbarkeiten

	1	2	3	4	5	6	7	8
1 2	0	0	0	0	0	0	0	0
1 3	-.109557	-.138593	-.109557	.079441	-.027831	.045849	-.010138	.035317
1 4	0	0	0	0	0	0	0	0
1 5	.049599	.079441	.050405	.079441	.049599	-.057673	.016007	-.039980
1 6	0	0	0	0	0	0	0	0
1 7	-.026122	-.057673	-.027831	-.056867	-.027831	-.057673	-.026122	.047558
1 8	0	0	0	0	0	0	0	0
1 9	.013174	.047558	.016007	.045849	.016813	.045849	.016007	.047558
1 10	0	0	0	0	0	0	0	0
1 11	-.004053	-.042813	-.008429	-.039980	-.010138	-.039174	-.010138	-.039980
1 12	0	0	0	0	0	0	0	0

	9	10	11	12	13	14	15	16
1 2	0	0	0	0	0	0	0	0
1 3	-.003444	.030940	-.000610	.029232	.000196	.029232	-.000610	.030940
1 4	0	0	0	0	0	0	0	0
1 5	.005475	-.033285	.001099	-.030452	-.000610	-.029646	-.000610	-.030452
1 6	0	0	0	0	0	0	0	0
1 7	-.008429	.037025	-.001735	.032649	.001099	.030940	.001905	.030940
1 8	0	0	0	0	0	0	0	0
1 9	.013174	-.042813	.002641	-.036119	-.001735	-.033285	-.003444	-.032479
1 10	0	0	0	0	0	0	0	0
1 11	-.008429	-.042813	-.004053	.041402	.002641	.037025	.005475	.035317
1 12	0	0	0	0	0	0	0	0

	17	18	19	20	21	22
1 2	0	0	0	0	0	0
1 3	-.003444	.035317	-.010138	.045849	-.027831	.079441
1 4	0	0	0	0	0	0
1 5	.001099	-.033285	.005475	-.039980	.016007	-.057673
1 6	0	0	0	0	0	0
1 7	.001099	.032649	-.001735	.037025	-.008429	.047558
1 8	0	0	0	0	0	0
1 9	-.003444	-.033285	-.001735	-.036119	.002641	-.042813
1 10	0	0	0	0	0	0
1 11	.006281	.035317	.005475	.037025	.002641	.041402
1 12	0	0	0	0	0	0

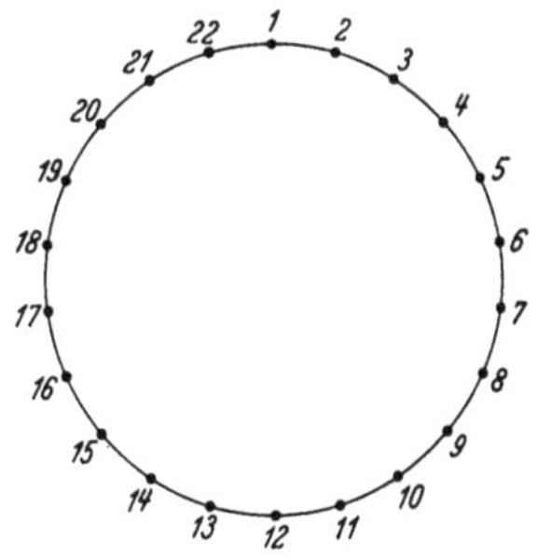

R_{22}

Bindungs- Bindungs Polarisierbarkeiten

	1 2	1 3	1 4	1 5	1 6	1 7	1 8	1 9
1 2	.332567							
1 3	0	.521565						
1 4	-.030116	0	.414293					
1 5	0	-.137388	0	.487973				
1 6	-.008074	0	-.063708	0	.431986			
1 7	0	.065606	0	-.119695	0	.477441		
1 8	.021435	0	.009619	0	-.074240	0	.438681	
1 9	0	-.034551	0	.055074	0	-.113001	0	.473064
1 10	-.029639	0	.010903	0	.016314	0	-.078617	0
1 11	0	.015815	0	-.027857	0	.050698	0	-.110167
1 12	.037348	0	-.022945	0	.006527	0	.019147	0
1 22	-.248150	0	.129039	0	-.083795	0	.060731	0
2 3	-.248150	0	-.088188	0	.051610	0	-.041666	0
3 4	.129845	0	-.030116	0	-.006462	0	.018018	0
4 5	-.084698	0	.129039	0	.051610	0	-.040054	0
5 6	.062662	0	-.085504	0	-.008074	0	.018018	0
6 7	-.049312	0	.061856	0	-.083795	0	-.041666	0
7 8	.041597	0	-.050118	0	.063565	0	.021435	0
8 9	-.035923	0	.040791	0	-.048409	0	.060731	0
9 10	.032845	0	-.036729	0	.042500	0	-.051242	0
10 11	-.030256	0	.032039	0	-.035020	0	.039667	0
11 12	.029427	0	-.031062	0	.033748	0	-.037854	0
12 13	-.028644	0	.028622	0	-.029353	0	.030914	0
13 14	.029427	0	-.029450	0	.030330	0	-.032187	0
14 15	-.030256	0	.028622	0	-.027741	0	.027497	0
15 16	.032845	0	-.031062	0	.030330	0	-.030575	0
16 17	-.035923	0	.032039	0	-.029353	0	.027497	0
17 18	.041597	0	-.036729	0	.033748	0	-.032187	0
18 19	-.049312	0	.040791	0	-.035020	0	.030914	0
19 20	.062662	0	-.050118	0	.042500	0	-.037854	0
20 21	-.084698	0	.061856	0	-.048409	0	.039667	0
21 22	.129845	0	-.085504	0	.063565	0	-.051242	0

	1 10	1 11	1 12	1 22	2 3	3 4	4 5	5 6
1 10	.441514							
1 11	0	.471356						
1 12	-.080325	0	.442320					
1 22	-.046866	0	.037348	.332567				
2 3	.039128	0	-.040172	.129845	.332567			
3 4	-.023972	0	.028596	-.084698	-.248150	.332567		
4 5	.035711	0	-.034505	.062662	.129845	-.248150	.332567	
5 6	-.022361	0	.025179	-.049312	-.084698	.129845	-.248150	.332567
6 7	.035711	0	-.032893	.041597	.062662	-.084698	.129845	-.248150
7 8	-.023972	0	.025179	-.035923	-.049312	.062662	-.084698	.129845
8 9	.039128	0	-.034505	.032845	.041597	-.049312	.062662	-.084698
9 10	-.029639	0	.028596	-.030256	-.035923	.041597	-.049312	.062662
10 11	-.046866	0	-.040172	.029427	.032845	-.035923	.041597	-.049312
11 12	.044043	0	.037348	-.028644	-.030256	.032845	-.035923	.041597
12 13	-.033477	0	.037348	.029427	.029427	-.030256	.032845	-.035923
13 14	.035291	0	-.040172	-.030256	-.028644	.029427	-.030256	.032845
14 15	-.027810	0	.028596	.032845	.029427	-.028644	.029427	-.030256
15 16	.031873	0	-.034505	-.035923	-.030256	.029427	-.028644	.029427
16 17	-.026199	0	.025179	.041597	.032845	-.030256	.029427	-.028644
17 18	.031873	0	-.032893	-.049312	-.035923	.032845	-.030256	.029427
18 19	-.027810	0	.025179	.062662	.041597	-.035923	.032845	-.030256
19 20	.035291	0	-.034505	-.084698	-.049312	.041597	-.035923	.032845
20 21	-.033477	0	.028596	.129845	.062662	-.049312	.041597	-.035923
21 22	.044043	0	-.040172	-.248150	-.084698	.062662	-.049312	.041597

R_{22}

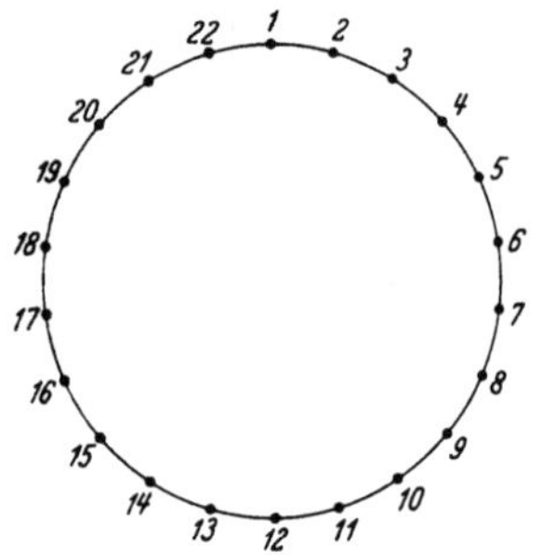

Bindungs- Bindungs Polarisierbarkeiten

	6 7	7 8	8 9	9 10	10 11	11 12	12 13	13 14
6 7	.332567							
7 8	-.248150	.332567						
8 9	.129845	-.248150	.332567					
9 10	-.084698	.129845	-.248150	.332567				
10 11	.062662	-.084698	.129845	-.248150	.332567			
11 12	-.049312	.062662	-.084698	.129845	-.248150	.332567		
12 13	.041597	-.049312	.062662	-.084698	.129845	-.248150	.332567	
13 14	-.035923	.041597	-.049312	.062662	-.084698	.129845	-.248150	.332567
14 15	.032845	-.035923	.041597	-.049312	.062662	-.084698	.129845	-.248150
15 16	-.030256	.032845	-.035923	.041597	-.049312	.062662	-.084698	.129845
16 17	.029427	-.030256	.032845	-.035923	.041597	-.049312	.062662	-.084698
17 18	-.028644	.029427	-.030256	.032845	-.035923	.041597	-.049312	.062662
18 19	.029427	-.028644	.029427	-.030256	.032845	-.035923	.041597	-.049312
19 20	-.030256	.029427	-.028644	.029427	-.030256	.032845	-.035923	.041597
20 21	.032845	-.030256	.029427	-.028644	.029427	-.030256	.032845	-.035923
21 22	-.035923	.032845	-.030256	.029427	-.028644	.029427	-.030256	.032845

	14 15	15 16	16 17	17 18	18 19	19 20	20 21	21 22
14 15	.332567							
15 16	-.248150	.332567						
16 17	.129845	-.248150	.332567					
17 18	-.084698	.129845	-.248150	.332567				
18 19	.062662	-.084698	.129845	-.248150	.332567			
19 20	-.049312	.062662	-.084698	.129845	-.248150	.332567		
20 21	.041597	-.049312	.062662	-.084698	.129845	-.248150	.332567	
21 22	-.035923	.041597	-.049312	.062662	-.084698	.129845	-.248150	.332567

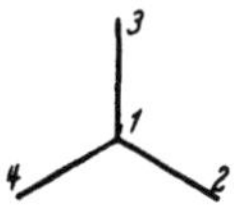

Z=4

Eigenwerte und Hückelkoeffizienten

	1	2	3	4
1	1.732051	.000000	.000000	-1.732051
1	.707107	0	0	-.707107
2	.408248	0	-.816497	.408248
3	.408248	.707107	.408248	.408248
4	.408248	-.707107	.408248	.408248

TOTALE PI ELEKTRONEN ENERGIE 3.464102

allgemeine Bindungsordnungen

	1	2	3	4
1	1.000000			
2	.577350	1.000000		
3	.577350	0	1.000000	
4	.577350	0	0	1.000000

Z=4 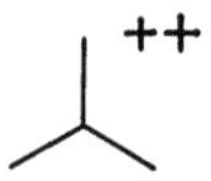

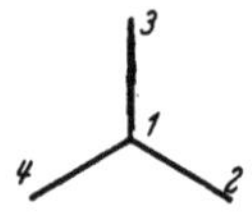

allgemeine Bindungsordnungen

	1	2	3	4
1	1.000000			
2	.577350	.333333		
3	.577350	.333333	.333333	
4	.577350	.333333	.333333	.333333

Atom- Atom Polarisierbarkeiten

	1	2	3	4
1	.288675			
2	-.096225	.288675		
3	-.096225	-.096225	.288675	
4	-.096225	-.096225	-.096225	.288675

Bindungs- Atom Polarisierbarkeiten

	1	2	3	4
1 2	0	.222222	-.111111	-.111111
1 3	0	-.111111	.222222	-.111111
1 4	0	-.111111	-.111111	.222222

Bindungs- Bindungs Polarisierbarkeiten

	1 2	1 3	1 4
1 2	.384900		
1 3	-.192450	.384900	
1 4	-.192450	-.192450	.384900

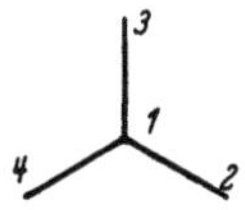

Z=4

allgemeine Bindungsordnungen

	1	2	3	4
1	1.000000			
2	.577350	1.666667		
3	.577350	-.333333	1.666667	
4	.577350	-.333333	-.333333	1.666667

Atom- Atom Polarisierbarkeiten

	1	2	3	4
1	.288675			
2	-.096225	.288675		
3	-.096225	-.096225	.288675	
4	-.096225	-.096225	-.096225	.288675

Bindungs- Atom Polarisierbarkeiten

	1	2	3	4
1 2	0	-.222222	.111111	.111111
1 3	0	.111111	-.222222	.111111
1 4	0	.111111	.111111	-.222222

Bindungs- Bindungs Polarisierbarkeiten

	1 2	1 3	1 4
1 2	.384900		
1 3	-.192450	.384900	
1 4	-.192450	-.192450	.384900

Z=4 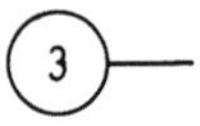 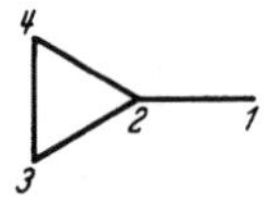 Methylencyclopropen

Eigenwerte und Hückelkoeffizienten

	1	2	3	4
1	2.170086	.311108	-1.000000	-1.481194
1	.281845	-.815225	0	.505937
2	.611628	-.253623	0	-.749390
3	.522721	.368160	.707107	.302028
4	.522721	.368160	-.707107	.302028

TOTALE PI ELEKTRONEN ENERGIE 4.962389

allgemeine Bindungsordnungen

	1	2	3	4
1	1.488056			
2	.758288	.876828		
3	-.305614	.452674	.817558	
4	-.305614	.452674	.817558	.817558

Atom- Atom Polarisierbarkeiten

	1	2	3	4
1	.401936			
2	-.246553	.310767		
3	-.077692	-.032107	.434044	
4	-.077692	-.032107	-.324245	.434044

Bindungs- Atom Polarisierbarkeiten

	1	2	3	4
1 2	-.214445	.077692	.068377	.068377
2 3	.146069	-.022792	-.032003	-.091273
2 4	.146069	-.022792	-.091273	-.032003
3 4	-.077692	-.032107	.054900	.054900

Bindungs- Bindungs Polarisierbarkeiten

	1 2	2 3	2 4	3 4
1 2	.265183			
2 3	-.200968	.329189		
2 4	-.200968	-.004945	.329189	
3 4	.136753	-.123276	-.123276	.109799

Bicyclo (0,1,1) Butadien 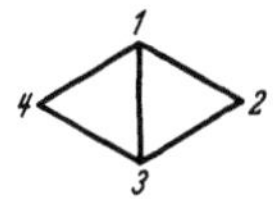  Z = 4

Eigenwerte und Hückelkoeffizienten

	1	2	3	4
1	2.561553	.000000	-1.000000	-1.561553

	1	2	3	4
1	.557345	0	.707107	.435162
2	.435162	.707107	0	-.557345
3	.557345	0	-.707107	.435162
4	.435162	-.707107	0	-.557345

TOTALE PI ELEKTRONEN ENERGIE 5.123106

allgemeine Bindungsordnungen

	1	2	3	4
1	.621268			
2	.485071	1.378732		
3	.621268	.485071	.621268	
4	.485071	-.621268	.485071	1.378732

Atom- Atom Polarisierbarkeiten

	1	2	3	4
1	.231505			
2	-.057067	.454920		
3	-.117370	-.057067	.231505	
4	-.057067	-.340785	-.057067	.454920

Bindungs- Atom Polarisierbarkeiten

	1	2	3	4
1 2	.053831	-.141050	-.082365	.169584
1 3	.057067	-.057067	.057067	-.057067
1 4	.053831	.169584	-.082365	-.141050
2 3	-.082365	-.141050	.053831	.169584
3 4	-.082365	.169584	.053831	-.141050

Bindungs- Bindungs Polarisierbarkeiten

	1 2	1 3	1 4	2 3	3 4
1 2	.681571				
1 3	-.028534	.114134			
1 4	-.560965	-.028534	.681571		
2 3	-.424768	-.028534	.332696	.681571	
3 4	.332696	-.028534	-.424768	-.560965	.681571

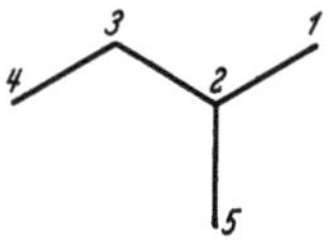

K_2 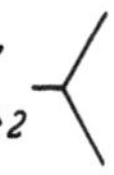

Z=5

Eigenwerte und Hückelkoeffizienten

	1	2	3	4	5
1	1.847759	.765367	.000000	-.765367	-1.847759
1	.353553	.353553	.707107	.353553	.353553
2	.653281	.270598	0	-.270598	-.653281
3	.500000	-.500000	0	-.500000	.500000
4	.270598	-.653281	0	.653281	-.270598
5	.353553	.353553	-.707107	.353553	.353553

TOTALE PI ELEKTRONEN ENERGIE 5.226252

allgemeine Bindungsordnungen

	1	2	3	4	5
1	1.000000				
2	.653281	1.000000			
3	0	.382683	1.000000		
4	-.270598	0	.923880	1.000000	
5	0	.653281	0	-.270598	1.000000

Atom- Atom Polarisierbarkeiten

	1	2	3	4	5
1	.567518				
2	-.149310	.306827			
3	.019814	-.028021	.422312		
4	-.081660	.019814	-.433918	.577425	
5	-.356362	-.149310	.019814	-.081660	.567518

Bindungs- Bindungs Polarisierbarkeiten

	1 2	2 3	2 5	3 4
1 2	.354662			
2 3	-.095671	.326641		
2 5	-.298619	-.095671	.354662	
3 4	.039628	-.135299	.039628	.056043

Z=5 ③-K_2

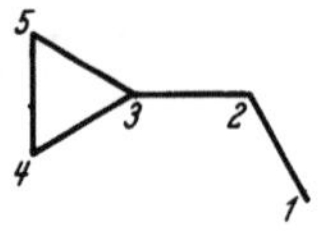

Eigenwerte und Hückelkoeffizienten

	1	2	3	4	5
1	2.214320	1,000000	-,539189	-1,000000	-1,675131
1	.154668	-.632456	.671384	0	-,354007
2	.342485	-.632456	-.362003	0	,593007
3	.603704	0	-.476196	0	-,639358
4	.497154	.316228	.309381	,707107	,239001
5	.497154	.316228	.309381	-,707107	.239001

TOTALE PI ELEKTRONEN ENERGIE 5,889451

allgemeine Bindungsordnungen

	1	2	3	4	5
1	1,298602				
2	,662900	1.165639			
3	-.132963	.585904	,955679		
4	-,038498	-,171461	,452941	.790040	
5	-,038498	-.171461	.452941	.790040	.790040

Atom- Atom Polarisierbarkeiten

	1	2	3	4	5
1	.419611				
2	-,182837	.413161			
3	-.127354	-,169805	.376452		
4	-.054710	-.030259	-.039647	,523810	
5	-,054710	-,030259	-,039647	-,399194	,523810

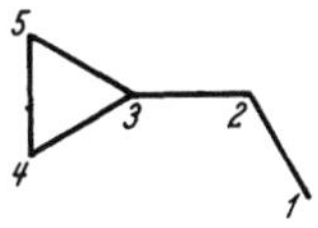

③-K_2 Z=5

Bindungs- Atom Polarisierbarkeiten

	1	2	3	4	5
1 2	-.074046	-.097095	.128756	.021192	.021192
2 3	-.023048	-.027255	-.001402	.025853	.025853
3 4	.075902	.077304	-.043854	-.121158	.011805
3 5	.075902	.077304	-.043854	.011805	-.121158
4 5	-.054710	-.030259	-.039647	.062308	.062308

Bindungs- Bindungs Polarisierbarkeiten

	1 2	2 3	3 4	3 5	4 5
1 2	.297225				
2 3	-.133803	.246294			
3 4	-.102903	-.082098	.506611		
3 5	-.102903	-.082098	-.212256	.506611	
4 5	.042385	.051706	-.109353	-.109353	.124616

Z = 5

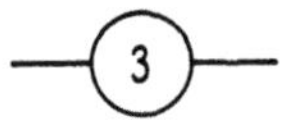

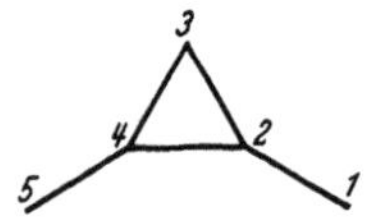

Eigenwerte und Hückelkoeffizienten

	1	2	3	4	5
1	2.302776	.618034	.000000	-1.302776	-1.618034
1	.245399	.601501	.577350	.326260	.371748
2	.565100	.371748	0	-.425044	-.601501
3	.490799	0	-.577350	.652521	0
4	.565100	-.371748	0	-.425044	.601501
5	.245399	-.601501	.577350	.326260	-.371748

TOTALE PI ELEKTRONEN ENERGIE 5.841619

allgemeine Bindungsordnungen

	1	2	3	4	5
1	1.177382				
2	.724564	.915068			
3	-.092450	.554700	.815100		
4	-.169863	.362282	.554700	.915068	
5	-.269832	-.169863	-.092450	.724564	1.177382

Atom- Atom Polarisierbarkeiten

		1	2	3	4	5
1	0	.704364				
2	0	-.206987	.323310			
3	0	-.115365	-.085338	.401407		
4	0	-.014568	-.016417	-.085338	.323310	
5	0	-.367445	-.014568	-.115365	-.206987	.704364

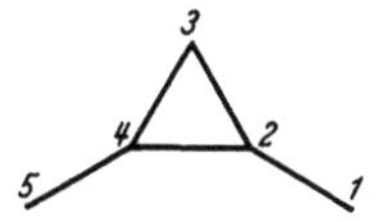

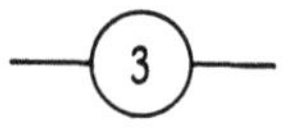

Z=5

Bindungs- Atom Polarisierbarkeiten

	1	2	3	4	5
1 2	-.006590	.045331	.045040	.022777	-.106558
2 3	-.016187	-.010057	-.002371	-.032612	.061227
2 4	.068108	-.025439	-.085338	-.025439	.068108
3 4	.061227	-.032612	-.002371	-.010057	-.016187
4 5	-.106558	.022777	.045040	.045331	-.006590

Bindungs- Bindungs Polarisierbarkeiten

	1 2	2 3	2 4	3 4	4 5
1 2	.310591				
2 3	-.277757	.361468			
2 4	-.110777	-.042669	.306893		
3 4	.107080	-.148122	-.042669	.361468	
4 5	-.029136	.107080	-.110777	-.277757	.310591

Z=5

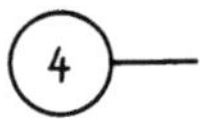

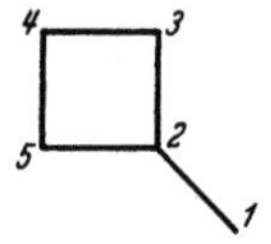

Eigenwerte und Hückelkoeffizienten

	1	2	3	4	5
1	2.135779	.662153	.000000	-.662153	-2.135779
1	.260956	-.657192	0	-.657192	.260956
2	.557345	-.435162	0	.435162	-.557345
3	.464705	.184524	.707107	.184524	.464705
4	.435162	.557345	0	-.557345	-.435162
5	.464705	.184524	-.707107	.184524	.464705

TOTALE PI ELEKTRONEN ENERGIE 5.595865

allgemeine Bindungsordnungen

	1	2	3	4	5
1	1.000000				
2	.862856	1.000000			
3	0	.357407	1.000000		
4	-.505449	0	.610131	1.000000	
5	0	.357407	0	.610131	1.000000

Atom- Atom Polarisierbarkeiten

	1	2	3	4	5
1	.651870				
2	-.385773	.366862			
3	.016141	-.022827	.373261		
4	-.298380	.064566	-.129705	.493225	
5	.016141	-.022827	-.236870	-.129705	.373261

Bindungs- Bindungs Polarisierbarkeiten

	1 2	2 3	2 5	3 4	4 5
1 2	.091310				
2 3	-.110221	.564476			
2 5	-.110221	-.298380	.564476		
3 4	.064566	-.330663	.174787	.603445	
4 5	.064566	.174787	-.330663	-.512135	.603445

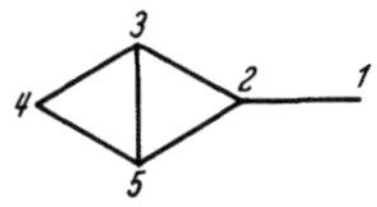

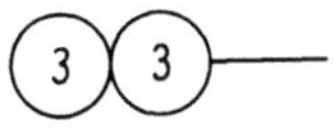

Z=5

Eigenwerte und Hückelkoeffizienten

	1	2	3	4	5
1	2.641186	.723742	-.589216	-1.000000	-1.775713
1	.179749	-.695031	-.598917	0	.354853
2	.474750	-.503023	.352891	0	-.630118
3	.537077	.165486	.195494	.707107	.382027
4	.406694	.457306	-.663574	0	-.430280
5	.537077	.165486	.195494	-.707107	.382027

TOTALE PI ELEKTRONEN ENERGIE 6.140641

allgemeine Bindungsordnungen

	1	2	3	4	5
1	1.389456				
2	.658551	1.081371			
3	-.154043	.412456	.669892		
4	-.092053	-.308085	.458482	1.189387	
5	-.154043	.412456	.669892	.458482	.669892

Atom- Atom Polarisierbarkeiten

	1	2	3	4	5
1	.448293				
2	-.186450	.390547			
3	-.026341	-.049367	.345591		
4	-.209161	-.105362	-.048977	.412476	
5	-.026341	-.049367	-.220907	-.048977	.345591

Z=5

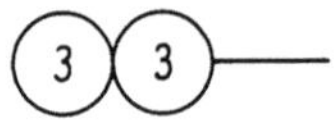

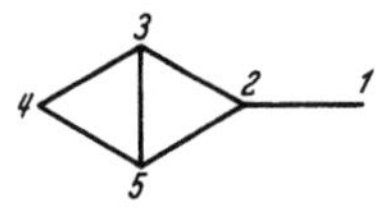

Bindungs- Atom Polarisierbarkeiten

	1	2	3	4	5
1 2	-.114522	-.054897	.044091	.081237	.044091
2 3	.029812	-.036049	.085042	.047562	-.126368
2 5	.029812	-.036049	-.126368	.047562	.085042
3 4	.040619	.088181	-.086562	-.063693	.021455
3 5	-.026341	-.049367	.062342	-.048977	.062342
4 5	.040619	.088181	.021455	-.063693	-.086562

Bindungs- Bindungs Polarisierbarkeiten

	1 2	2 3	2 5	3 4	3 5	4 5
1 2	.285651					
2 3	-.081554	.467764				
2 5	-.081554	-.252777	.467764			
3 4	-.105362	-.411506	.319399	.833998		
3 5	.088181	-.041326	-.041326	-.065107	.124684	
4 5	-.105362	.319399	-.411506	-.571422	-.065107	.833998

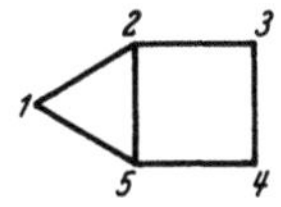

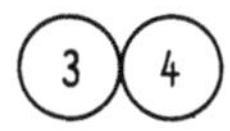

Z=5

Eigenwerte und Hückelkoeffizienten

	1	2	3	4	5
1	2,481194	,688892	,000000	-1,170086	-2,000000
1	,427132	,520657	0	-,739239	0
2	,529899	,179338	,500000	,432487	,500000
3	,357751	-,576451	,500000	-,199295	-,500000
4	,357751	-,576451	-,500000	-,199295	,500000
5	,529899	,179338	-,500000	,432487	-,500000

TOTALE PI ELEKTRONEN ENERGIE 6,340173

allgemeine Bindungsordnungen

	1	2	3	4	5
1	,907052				
2	,639422	,875911			
3	-,294653	,422385	1,170563		
4	-,294653	-,077615	,670563	1,170563	
5	,639422	,375911	-,077615	,422385	,875911

Atom- Atom Polarisierbarkeiten

	1	2	3	4	5
1	,427978				
2	-,143508	,367458			
3	-,070481	-,138747	,532554		
4	-,070481	,016293	-,339619	,532554	
5	-,143508	-,101496	,016293	-,138747	,367458

Z=5  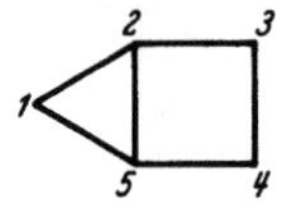

Bindungs- Atom Polarisierbarkeiten

	1	2	3	4	5
1 2	-.002546	.012742	-.003755	.042814	-.049255
1 5	-.002546	-.049255	.042814	-.003755	.012742
2 3	.109540	-.009906	-.006151	-.068148	-.025334
2 5	-.143508	.007981	.063773	.063773	.007981
3 4	-.070481	.063773	-.028532	-.028532	.063773
4 5	.109540	-.025334	-.068148	-.006151	-.009906

Bindungs- Bindungs Polarisierbarkeiten

	1 2	1 5	2 3	2 5	3 4	4 5
1 2	.336978					
1 5	-.271588	.336978				
2 3	-.189008	.121072	.346499			
2 5	-.036513	-.036513	-.035241	.265962		
3 4	.039059	.039059	-.074300	-.122454	.192936	
4 5	.121072	-.189008	-.169024	-.035241	-.074300	.346499

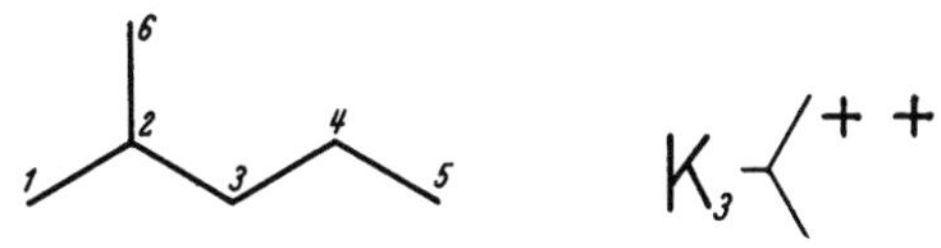

Z=6

Eigenwerte und Hückelkoeffizienten

	1	2	3	4	5	6
1	1.902113	1.175571	.000000	.000000	-1.175571	-1.902113
1	.316228	.316228	.316228	.707107	.316228	.316228
2	.601501	.371748	0	0	-.371748	-.601501
3	.511667	-.195440	-.632456	0	-.195440	.511667
4	.371748	-.601501	0	0	.601501	-.371748
5	.195440	-.511667	.632456	0	-.511667	.195440
6	.316228	.316228	.316228	-.707107	.316228	.316228

TOTALE PI ELEKTRONEN ENERGIE 6.155367

allgemeine Bindungsordnungen

	1	2	3	4	5	6
1	.400000					
2	.615537	1.000000				
3	.200000	.470228	.600000			
4	-.145309	0	.615537	1.000000		
5	-.200000	-.145309	.400000	.760845	.600000	
6	.400000	.615537	.200000	-.145309	-.200000	.400000

Atom- Atom Polarisierbarkeiten

	1	2	3	4	5	6
1	.383853					
2	-.119677	.300098				
3	-.017961	-.050453	.372752			
4	-.017961	.007670	-.119677	.372752		
5	-.061554	-.017961	-.166700	-.224823	.532592	
6	-.166700	-.119677	-.017961	-.017961	-.061554	.383853

Bindungs- Bindungs Polarisierbarkeiten

	1 2	2 3	2 6	3 4	4 5
1 2	.376183				
2 3	-.152169	.369322			
2 6	-.239354	-.152169	.376183		
3 4	.051263	-.152169	.051263	.376183	
4 5	-.035922	.087185	-.035922	-.326539	.311199

Z=6

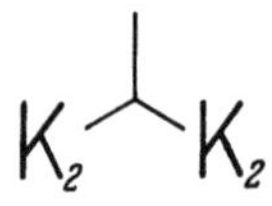

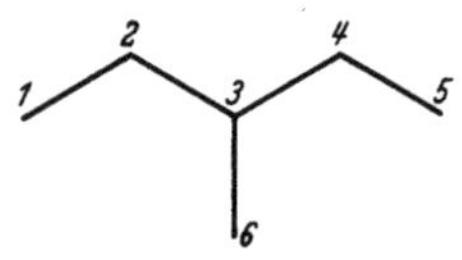

Eigenwerte und Hückelkoeffizienten

	1	2	3	4	5	6
1	1.931852	1.000000	.517638	-.517638	-1.000000	-1.931852

	1	2	3	4	5	6
1	.229850	.500000	.444037	.444037	.500000	.229850
2	.444037	.500000	.229850	-.229850	-.500000	-.444037
3	.627963	0	-.325058	-.325058	0	.627963
4	.444037	-.500000	.229850	-.229850	.500000	-.444037
5	.229850	-.500000	.444037	.444037	-.500000	.229850
6	.325058	0	-.627963	.627963	0	-.325058

TOTALE PI ELEKTRONEN ENERGIE 6.898979

allgemeine Bindungsordnungen

	1	2	3	4	5	6
1	1.000000					
2	.908248	1.000000				
3	0	.408248	1.000000			
4	-.091752	0	.408248	1.000000		
5	0	-.091752	0	.908248	1.000000	
6	-.408248	0	.816497	0	-.408248	1.000000

Atom- Atom Polarisierbarkeiten

	1	2	3	4	5	6
1	.607990					
2	-.414176	.414176				
3	.034021	-.034021	.340207			
4	-.005928	.005928	-.034021	.414176		
5	.016238	-.005928	.034021	-.414176	.607990	
6	-.238145	.034021	-.340207	.034021	-.238145	.748455

Bindungs- Bindungs Polarisierbarkeiten

	1 2	2 3	3 4	3 6	4 5
1 2	.079897				
2 3	-.159793	.340207			
3 4	.023710	-.068041	.340207		
3 6	.068041	-.136083	-.136083	.136083	
4 5	-.011855	.023710	-.159793	.068041	.079897

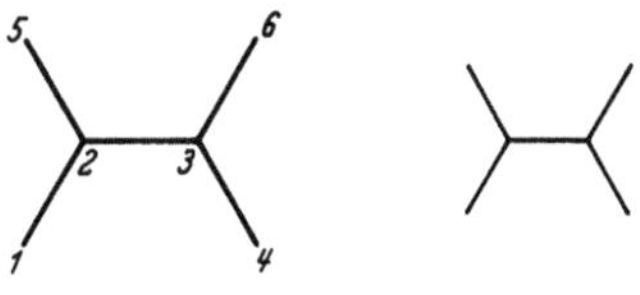

Z=6

Eigenwerte und Hückelkoeffizienten

	1	2	3	4	5	6
1	2.000000	1.000000	.000000	.000000	-1.000000	-2.000000
1	.288675	.408248	.500000	.500000	.408248	.288675
2	.577350	.408248	0	0	-.408248	-.577350
3	.577350	-.408248	0	0	-.408248	.577350
4	.288675	-.408248	.500000	-.500000	.408248	-.288675
5	.288675	.408248	-.500000	-.500000	.408248	.288675
6	.288675	-.408248	-.500000	.500000	.408248	-.288675

TOTALE PI ELEKTRONEN ENERGIE 6.000000

allgemeine Bindungsordnungen

	1	2	3	4	5	6
1	1.000000					
2	.666667	1.000000				
3	0	.333333	1.000000			
4	-.166667	0	.666667	1.000000		
5	0	.666667	0	-.166667	1.000000	
6	-.166667	0	.666667	0	-.166667	1.000000

Z=6 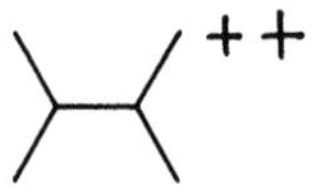 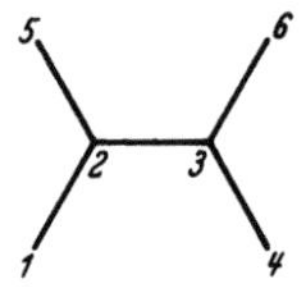

allgemeine Bindungsordnungen

	1	2	3	4	5	6
1	.500000					
2	.666667	1.000000				
3	0	.333333	1.000000			
4	-.166667	0	.666667	.500000		
5	.500000	.666667	0	-.166667	.500000	
6	-.166667	0	.666667	.500000	-.166667	.500000

Bindungs- Atom Polarisierbarkeiten

	1	2	3	4	5	6
1	.516204					
2	-.157407	.314815				
3	.009259	-.018519	.314815			
4	-.025463	.009259	-.157407	.516204		
5	-.317130	-.157407	.009259	-.025463	.516204	
6	-.025463	.009259	-.157407	-.317130	-.025463	.516204

Bindungs- Atom Polarisierbarkeiten

	1	2	3	4	5	6
1 2	.250000	0	0	0	-.250000	0
2 3	0	0	0	0	0	0
2 5	-.250000	0	0	0	.250000	0
3 4	0	0	0	.250000	0	-.250000
3 6	0	0	0	-.250000	0	.250000

Bindungs- Bindungs Polarisierbarkeiten

	1 2	2 3	2 5	3 4	3 6
1 2	.351852				
2 3	-.074074	.296296			
2 5	-.314815	-.074074	.351852		
3 4	.018519	-.074074	.018519	.351852	
3 6	.018519	-.074074	.018519	-.314815	.351852

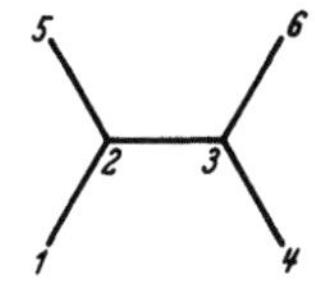

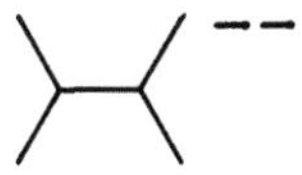

Z=6

allgemeine Bindungsordnungen

	1	2	3	4	5	6
1	1.500000					
2	.666667	1.000000				
3	0	.333333	1.000000			
4	-.166667	0	.666667	1.500000		
5	-.500000	.666667	0	-.166667	1.500000	
6	-.166667	0	.666667	-.500000	-.166667	1.500000

Atom- Atom Polarisierbarkeiten

	1	2	3	4	5	6
1	.516204					
2	-.157407	.314815				
3	.009259	-.018519	.314815			
4	-.025463	.009259	-.157407	.516204		
5	-.317130	-.157407	.009259	-.025463	.516204	
6	-.025463	.009259	-.157407	-.317130	-.025463	.516204

Bindungs- Atom Polarisierbarkeiten

	1	2	3	4	5	6
1 2	-.250000	0	0	0	.250000	0
2 3	0	0	0	0	0	0
2 5	.250000	0	0	0	-.250000	0
3 4	0	0	0	-.250000	0	.250000
3 6	0	0	0	.250000	0	-.250000

Bindungs- Bindungs Polarisierbarkeiten

	1 2	2 3	2 5	3 4	3 6
1 2	.351852				
2 3	-.074074	.296296			
2 5	-.314815	-.074074	.351852		
3 4	.018519	-.074074	.018519	.351852	
3 6	.018519	-.074074	.018519	-.314815	.351852

Z=6 ③-K₃

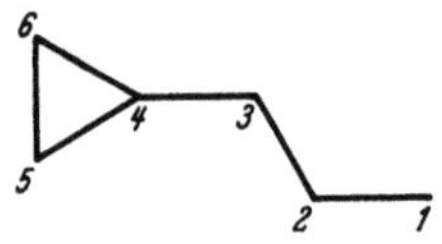

Eigenwerte und Hückelkoeffizienten

	1	2	3	4	5	6
1	2.228328	1.360409	.185885	-1.000000	-1.000000	-1.774623
1	.090080	-.485029	.632089	0	-.534522	.267174
2	.200728	-.659838	.117496	0	.534522	-.474133
3	.357208	-.412621	-.610248	0	0	.574233
4	.595249	.098505	-.230932	0	-.534522	-.544915
5	.484601	.273314	.283660	.707107	.267261	.196392
6	.484601	.273314	.283660	-.707107	.267261	.196392

TOTALE PI ELEKTRONEN ENERGIE 7.549246

allgemeine Bindungsordnungen

	1	2	3	4	5	6
1	1.285808					
2	.824781	.978967				
3	-.306840	.544526	1.340512			
4	-.280255	.054704	.625816	.834707		
5	.180772	-.099482	-.225550	.499748	.780003	
6	.180772	-.099482	-.225550	.499748	.780003	.780003

Atom- Atom Polarisierbarkeiten

	1	2	3	4	5	6
1	.582010					
2	-.306142	.378635				
3	-.076633	-.074257	.364216			
4	-.100391	.010439	-.140227	.322642		
5	-.049422	-.004338	-.036550	-.046232	.412753	
6	-.049422	-.004338	-.036550	-.046232	-.276211	.412753

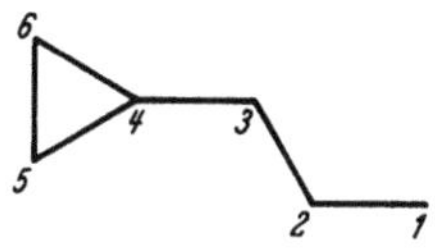

(3)-K_3 $Z = 6$

Bindungs- Atom Polarisierbarkeiten

	1	2	3	4	5	6
1 2	-.184972	.022721	.088919	.026701	.023315	.023315
2 3	.207693	-.010229	-.105396	-.034855	-.028607	-.028607
3 4	-.118774	-.006248	-.098924	.087882	.068032	.068032
4 5	.072737	-.000953	.075976	-.016748	-.019986	-.111026
4 6	.072737	-.000953	.075976	-.016748	-.111026	-.019986
5 6	-.049422	-.004338	-.036550	-.046232	.068271	.068271

Bindungs- Bindungs Polarisierbarkeiten

	1 2	2 3	3 4	4 5	4 6	5 6
1 2	.212497					
2 3	-.280007	.396013				
3 4	.131494	-.207354	.345363			
4 5	-.055308	.074281	-.202783	.316246		
4 6	-.055308	.074281	-.202783	-.001424	.316246	
5 6	.046631	-.057213	.136065	-.131012	-.131012	.136542

Z=6

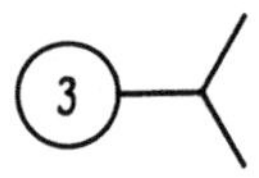

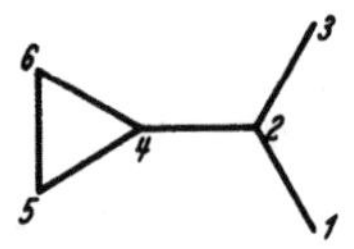

Eigenwerte und Hückelkoeffizienten

	1	2	3	4	5	6
1	2.278414	1.317431	.000000	-.704624	-1.000000	-1.891220
1	.183073	.438831	.707107	.398002	0	.339862
2	.417116	.578129	0	-.280442	0	-.642754
3	.183073	.438831	-.707107	.398002	0	.339862
4	.584217	-.116017	0	-.598397	0	.535865
5	.456986	-.365487	0	.351043	-.707107	-.185342
6	.456986	-.365487	0	.351043	.707107	-.185342

TOTALE PI ELEKTRONEN ENERGIE 7.191688

allgemeine Bindungsordnungen

	1	2	3	4	5	6
1	1.452177					
2	.660128	1.016439				
3	-.547823	.660128	1.452177			
4	.112086	.353228	.112086	.709539		
5	-.153450	-.041365	-.153450	.618763	.684834	
6	-.153450	-.041365	-.153450	.618763	.684834	.684834

Atom- Atom Polarisierbarkeiten

	1	2	3	4	5	6
1	.670672					
2	-.152537	.311442				
3	-.472860	-.152537	.670672			
4	-.003043	-.019149	-.003043	.272254		
5	-.021115	.006391	-.021115	-.123509	.322359	
6	-.021115	.006391	-.021115	-.123509	-.163009	.322359

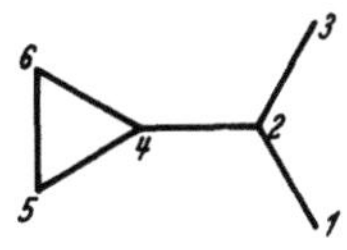

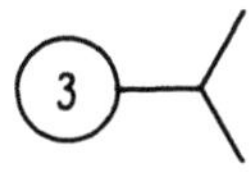

Z = 6

Bindungs- Atom Polarisierbarkeiten

	1	2	3	4	5	6
1 2	-.257057	-.009434	.290767	-.012594	-.005841	-.005841
2 3	.290767	-.009434	-.257057	-.012594	-.005841	-.005841
2 4	-.043144	.013203	-.043144	.037666	.017709	.017709
4 5	.015275	-.000363	.015275	.055516	.056881	-.142584
4 6	.015275	-.000363	.015275	.055516	-.142584	.056881
5 6	-.021115	.006391	-.021115	-.123509	.079675	.079675

Bindungs- Bindungs Polarisierbarkeiten

	1 2	2 3	2 4	4 5	4 6	5 6
1 2	.355054					
2 3	-.305074	.355054				
2 4	-.087224	-.087224	.314930			
4 5	.024463	.024463	-.087950	.172280		
4 6	.024463	.024463	-.087950	-.047553	.172280	
5 6	-.011682	-.011682	.035419	-.085703	-.085703	.159349

Z=6 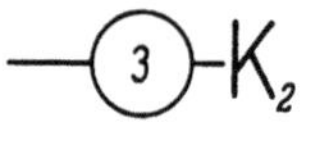 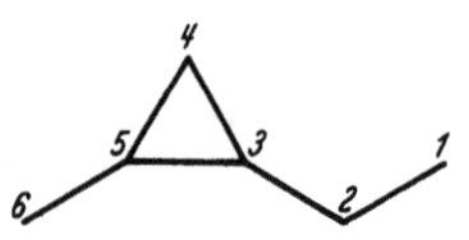

Eigenwerte und Hückelkoeffizienten

	1	2	3	4	5	6
1	2,334201	1,099585	,274205	-,594523	-1,373790	-1,739677
1	,126814	,585740	,341199	,627402	,201225	,300475
2	,296008	,644071	,093559	-,373005	-,276441	-,522730
3	,564129	,122470	-,315545	-,405642	,178547	,608906
4	,475350	-,184291	-,388970	,514275	-,561016	-,097794
5	,545433	-,325114	,208888	,099893	,592172	-,438776
6	,233670	-,295669	,761793	-,168022	-,431050	,252217

TOTALE PI ELEKTRONEN ENERGIE 7,415980

allgemeine Bindungsordnungen

	1	2	3	4	5	6
1	,951180					
2	,893436	1,022403				
3	,071222	,432689	,865619			
4	-,360764	-,028761	,736652	,822437		
5	-,099983	-,056801	,403928	,475871	,893659	
6	,232741	-,099983	-,289542	-,261502	,765413	1,444702

Atom- Atom Polarisierbarkeiten

	1	2	3	4	5	6
1	,639074					
2	-,394582	,406595				
3	,047960	-,038424	,369218			
4	-,193636	,023930	-,266643	,502116		
5	-,001132	,003613	-,020302	-,045731	,319760	
6	-,097685	-,001132	-,091809	-,020037	-,256206	,466870

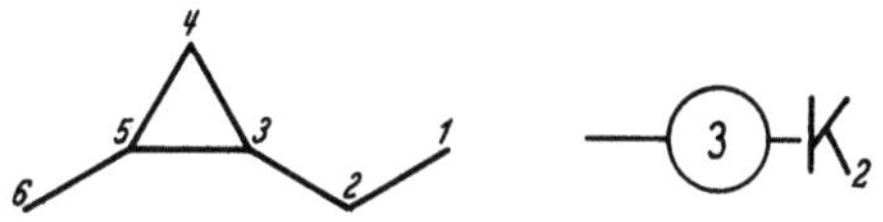

Z = 6

Bindungs- Atom Polarisierbarkeiten

	1	2	3	4	5	6
1 2	.016379	-.019335	-.020229	.000075	-.007599	.030709
2 3	-.035714	.015279	.037437	.006747	.014558	-.038308
3 4	.026934	-.002904	.025946	.041506	-.031514	-.059968
3 5	-.011449	.004832	-.032666	-.085662	-.026198	.151143
4 5	-.026859	.009726	-.063355	-.025359	-.016814	.122661
5 6	.030709	-.007599	.052867	.062693	.067567	-.206237

Bindungs- Bindungs Polarisierbarkeiten

	1 2	2 3	3 4	3 5	4 5	5 6
1 2	.104273					
2 3	-.184520	.355841				
3 4	.073021	-.140205	.160185			
3 5	.034650	-.082656	-.083528	.320141		
4 5	-.025162	.042052	-.128142	-.019846	.341227	
5 6	-.002263	.009489	.118668	-.168762	-.210130	.252998

Z=6  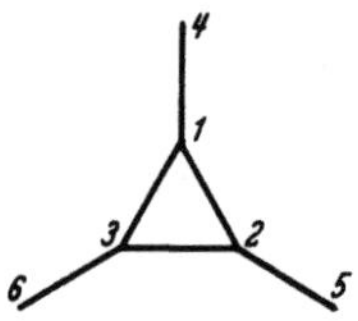

Eigenwerte und Hückelkoeffizienten

	1	2	3	4	5	6
1	2.414214	.618034	.618034	-.414214	-1.618034	-1.618034
1	.533402	0	-.429258	.220942	0	-.694553
2	.533402	.371748	.214629	.220942	.601501	.347277
3	.533402	-.371748	.214629	.220942	-.601501	.347277
4	.220942	0	-.694553	-.533402	0	.429258
5	.220942	.601501	.347277	-.533402	-.371748	-.214629
6	.220942	-.601501	.347277	-.533402	.371748	-.214629

TOTALE PI ELEKTRONEN ENERGIE 7.300563

allgemeine Bindungsordnungen

	1	2	3	4	5	6
1	.937560					
2	.384773	.937560				
3	.384773	.384773	.937560			
4	.831987	-.062440	-.062440	1.062440		
5	-.062440	.831987	-.062440	-.384773	1.062440	
6	-.062440	-.062440	.831987	-.384773	-.384773	1.062440

Atom- Atom Polarisierbarkeiten

	1	2	3	4	5	6
1	.349662					
2	-.026111	.349662				
3	-.026111	-.026111	.349662			
4	-.349662	.026111	.026111	.719434		
5	.026111	-.349662	.026111	-.210997	.719434	
6	.026111	.026111	-.349662	-.210997	-.210997	.719434

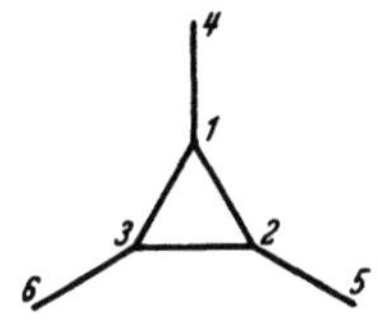

Z=6

Bindungs- Atom Polarisierbarkeiten

	1	2	3	4	5	6
1 2	-.017110	-.017110	-.026111	.017110	.017110	.026111
1 3	-.017110	-.026111	-.017110	.017110	.026111	.017110
1 4	.032112	.014110	.014110	-.002109	-.029111	-.029111
2 3	-.026111	-.017110	-.017110	.026111	.017110	.017110
2 5	.014110	.032112	.014110	-.029111	-.002109	-.029111
3 6	.014110	.014110	.032112	-.029111	-.029111	-.002109

Bindungs- Bindungs Polarisierbarkeiten

	1 2	1 3	1 4	2 3	2 5	3 6
1 2	.323551					
1 3	-.043221	.323551				
1 4	-.132664	-.132664	.132664			
2 3	-.043221	-.043221	.028220	.323551		
2 5	-.132664	.028220	.052222	-.132664	.132664	
3 6	.028220	-.132664	.052222	-.132664	.052222	.132664

Z=6 ④-K_2 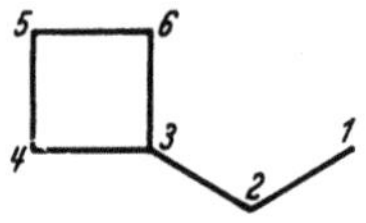 Vinyl- Cyclobutadien

Eigenwerte und Hückelkoeffizienten

	1	2	3	4	5	6
1	2.175328	1.126033	.000000	.000000	-1.126033	-2.175328
1	.149429	.557678	.577350	0	.557678	.149429
2	.325058	.627963	0	0	-.627963	-.325058
3	.557678	.149429	-.577350	0	.149429	.557678
4	.444037	-.229850	0	.707107	.229850	-.444037
5	.408248	-.408248	.577350	0	-.408248	.408248
6	.444037	-.229850	0	-.707107	.229850	-.444037

TOTALE PI ELEKTRONEN ENERGIE 6.602720

allgemeine Bindungsordnungen

	1	2	3	4	5	6
1	1.000000					
2	.797548	1.000000				
3	0	.550227	1.000000			
4	-.123661	0	.426566	1.000000		
5	0	-.247321	0	.550227	1.000000	
6	-.123661	0	.426566	0	.550227	1.000000

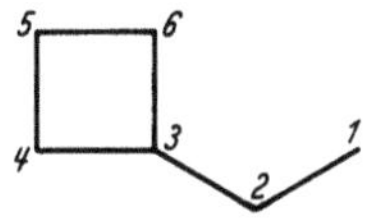

④-K_2^{++} Z=6

Vinyl- Cyclobutadien Di - Kation

allgemeine Bindungsordnungen

	1	2	3	4	5	6
1	.666667					
2	.797548	1.000000				
3	.333333	.550227	.666667			
4	-.123661	0	.426566	.500000		
5	-.333333	-.247321	.333333	.550227	.666667	
6	-.123661	0	.426566	.500000	.550227	.500000

Atom- Atom Polarisierbarkeiten

	1	2	3	4	5	6
1	.571028					
2	-.261217	.387428				
3	-.114206	-.087072	.323707			
4	-.012621	.005673	-.037863	.341055		
5	-.170363	-.050484	-.046702	-.087072	.441694	
6	-.012621	.005673	-.037863	-.209172	-.087072	.341055

Bindungs- Atom Polarisierbarkeiten

	1	2	3	4	5	6
1 2	.222222	0	-.111111	0	-.111111	0
2 3	-.222222	0	.111111	0	.111111	0
3 4	.055556	0	.055556	.083333	-.111111	-.083333
3 6	.055555	0	.055556	-.083333	-.111111	.083333
4 5	-.055556	0	-.055556	.166667	.111111	-.166667
5 6	-.055555	0	-.055556	-.166667	.111111	.166667

Bindungs- Bindungs Polarisierbarkeiten

	1 2	2 3	3 4	3 6	4 5	5 6
1 2	.275113					
2 3	-.297806	.376082				
3 4	.061830	-.112315	.300355			
3 6	.061830	-.112315	-.025242	.300355		
4 5	-.050484	.073176	-.061830	-.162799	.325598	
5 6	-.050484	.073176	-.162799	-.061830	-.123661	.325598

Z=6 ④-K_2^{--}

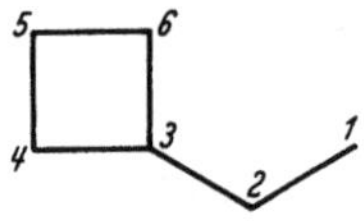

Vinyl- Cyclobutadien Di - Anion

allgemeine Bindungsordnungen

	1	2	3	4	5	6
1	1.333333					
2	.797548	1.000000				
3	-.333333	.550227	1.333333			
4	-.123661	0	.426566	1.500000		
5	.333333	-.247321	-.333333	.550227	1.333333	
6	-.123661	0	.426566	-.500000	.550227	1.500000

Atom- Atom Polarisierbarkeiten

	1	2	3	4	5	6
1	.571028					
2	-.261217	.387428				
3	-.114206	-.087072	.323707			
4	-.012621	.005673	-.037863	.341055		
5	-.170363	-.050484	-.046702	-.087072	.441694	
6	-.012621	.005673	-.037863	-.209172	-.087072	.341055

Bindungs- Atom Polarisierbarkeiten

	1	2	3	4	5	6
1 2	-.222222	0	.111111	0	.111111	0
2 3	.222222	0	-.111111	0	-.111111	0
3 4	-.055556	0	-.055556	-.083333	.111111	.083333
3 6	-.055556	0	-.055556	.083333	.111111	-.083333
4 5	.055556	0	.055556	-.166667	-.111111	.166667
5 6	.055556	0	.055556	.166667	-.111111	-.166667

Bindungs- Bindungs Polarisierbarkeiten

	1 2	2 3	3 4	3 6	4 5	5 6
1 2	.275113					
2 3	-.297806	.376082				
3 4	.061830	-.112315	.300355			
3 6	.061830	-.112315	-.025242	.300355		
4 5	-.050484	.073176	-.061830	-.162799	.325598	
5 6	-.050484	.073176	-.162799	-.061830	-.123661	.325598

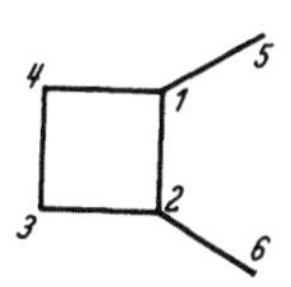

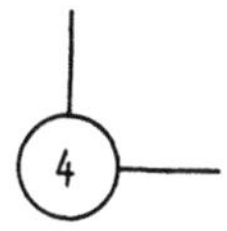

Z=6

Dimethylen- Cyclobuten

Eigenwerte und Hückelkoeffizienten

	1	2	3	4	5	6
1	2.246980	.801938	.554958	-.554958	-.801938	-2.246980
1	.521121	.417907	.231921	.231921	.417907	.521121
2	.521121	-.417907	.231921	-.231921	.417907	-.521121
3	.417907	-.231921	-.521121	-.521121	-.231921	.417907
4	.417907	.231921	-.521121	.521121	-.231921	-.417907
5	.231921	.521121	.417907	-.417907	-.521121	-.231921
6	.231921	-.521121	.417907	.417907	-.521121	.231921

TOTALE PI ELEKTRONEN ENERGIE 7.207751

allgemeine Bindungsordnungen

	1	2	3	4	5	6
1	1.000000					
2	.301417	1.000000				
3	0	.387685	1.000000			
4	.387685	0	.784851	1.000000		
5	.871119	0	-.483435	0	1.000000	
6	0	.871119	0	-.483435	-.086268	1.000000

Atom- Atom Polarisierbarkeiten

	1	2	3	4	5	6
1	.373671					
2	-.014013	.373671				
3	.056813	-.029455	.546327			
4	-.029455	.056813	-.324793	.546327		
5	-.392091	.005076	-.279895	.031004	.641197	
6	.005076	-.392091	.031004	-.279895	-.005291	.641197

Bindungs- Bindungs Polarisierbarkeiten

	1 2	1 4	1 5	2 3	2 6	3 4
1 2	.359658					
1 4	-.124446	.415042				
1 5	-.069062	-.141651	.086937			
2 3	-.124446	.027357	.030884	.415042		
2 6	-.069062	.030884	.010151	-.141651	.086937	
3 4	.027357	-.207186	.082741	-.207186	.082741	.221534

Z=6 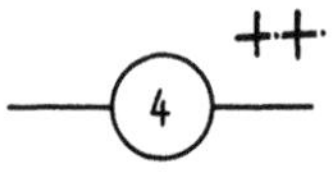 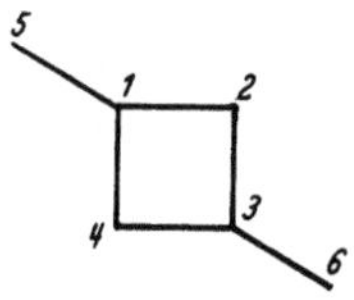

Eigenwerte und Hückelkoeffizienten

	1	2	3	4	5	6
1	2.236068	1.000000	.000000	.000000	-1.000000	-2.236068

	1	2	3	4	5	6
1	.500000	.500000	0	0	.500000	.500000
2	.447214	0	-.316228	.707107	0	-.447214
3	.500000	-.500000	0	0	-.500000	.500000
4	.447214	0	-.316228	-.707107	0	-.447214
5	.223607	.500000	.632456	0	-.500000	-.223607
6	.223607	-.500000	.632456	0	.500000	-.223607

TOTALE PI ELEKTRONEN ENERGIE 6.472136

allgemeine Bindungsordnungen

	1	2	3	4	5	6
1	1.000000					
2	.447214	.400000				
3	0	.447214	1.000000			
4	.447214	.400000	.447214	.400000		
5	.723607	.200000	-.276393	.200000	.600000	
6	-.276393	.200000	.723607	.200000	-.400000	.600000

Atom- Atom Polarisierbarkeiten

	1	2	3	4	5	6
1	.335410					
2	-.044721	.250440				
3	.026393	-.044721	.335410			
4	-.044721	-.107331	-.044721	.250440		
5	-.205279	-.026833	-.067082	-.026833	.593915	
6	-.067082	-.026833	-.205279	-.026833	-.267889	.593915

Bindungs- Bindungs Polarisierbarkeiten

	1 2	1 4	1 5	2 3	3 4	3 6
1 2	.495967					
1 4	-.227639	.495967				
1 5	-.182918	-.182918	.313050			
2 3	-.227639	.048754	.093475	.495967		
3 4	.048754	-.227639	.093475	-.227639	.495967	
3 6	.093475	.093475	-.134164	-.182918	-.182918	.313050

Fulven

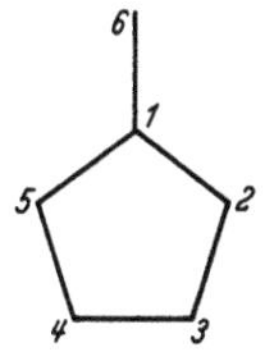

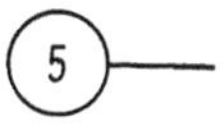

Z = 6

Eigenwerte und Hückelkoeffizienten

	1	2	3	4	5	6
1	2.114908	1.000000	.618034	-.254102	-1.618034	-1.860806
1	.522966	-.500000	0	-.190443	0	.663504
2	.429374	0	.601501	-.350542	-.371748	-.439042
3	.385121	.500000	.371748	.279516	.601501	.153468
4	.385121	.500000	-.371748	.279516	-.601501	.153468
5	.429374	0	-.601501	-.350542	.371748	-.439042
6	.247276	-.500000	0	.749476	0	-.356568

TOTALE PI ELEKTRONEN ENERGIE 7.465883

allgemeine Bindungsordnungen

	1	2	3	4	5	6
1	1.046987					
2	.449096	1.092331				
3	-.097190	.777936	1.073030			
4	-.097190	-.116491	.520243	1.073030		
5	.449096	-.354882	-.116491	.777936	1.092331	
6	.758634	.212348	-.309538	-.309538	.212348	.622291

Atom- Atom Polarisierbarkeiten

	1	2	3	4	5	6
1	.320692					
2	-.040501	.507192				
3	.009384	-.292430	.433526			
4	.009384	.036410	-.067416	.433526		
5	-.040501	-.180295	.036410	-.292430	.507192	
6	-.258458	-.030376	-.119474	-.119474	-.030376	.558158

Z=6 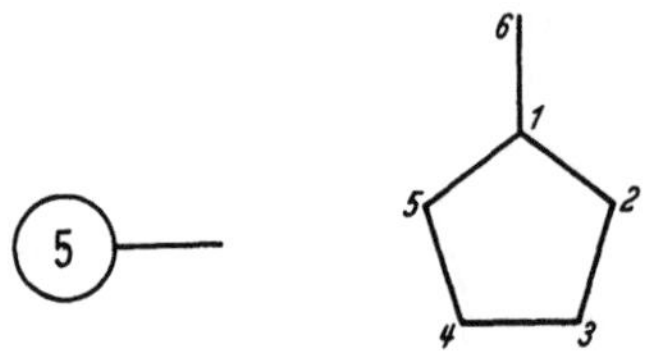

Fulven

Bindungs- Atom Polarisierbarkeiten

	1	2	3	4	5	6
1 2	.007643	.015421	.038044	.018742	.041463	-.121313
1 5	.007643	.041463	.018742	.038044	.015421	-.121313
1 6	-.039760	-.041696	-.039857	-.039857	-.041696	.202866
2 3	.007545	-.046053	-.033222	.012123	-.020010	.079617
3 4	.009384	.050875	.004170	.004170	.050875	-.119474
4 5	.007545	-.020010	.012123	-.033222	-.046053	.079617

Bindungs- Bindungs Polarisierbarkeiten

	1 2	1 5	1 6	2 3	3 4	4 5
1 2	.348793					
1 5	-.061700	.348793				
1 6	-.179484	-.179484	.241719			
2 3	-.153344	-.011050	.098482	.173775		
3 4	.056786	.056786	-.079715	-.199984	.366110	
4 5	-.011050	-.153344	.098482	.092121	-.199984	.173775

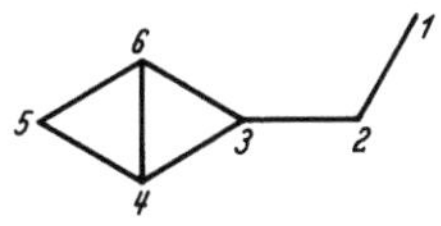

(3)(3)-K_2 $Z=6$

Eigenwerte und Hückelkoeffizienten

	1	2	3	4	5	6
1	2,655442	1,210756	,000000	-1,000000	-1,000000	-1,866198
1	,079020	,561009	,577350	,020645	,534124	,244902
2	,209833	,679245	0	-,020645	-,534124	-,457036
3	,478180	,261391	-,577350	0	0	,608018
4	,529973	-,181382	0	,716901	,239752	-,338823
5	,399160	-,299618	,577350	-,020645	-,534124	,363116
6	,529973	-,181382	0	-,696257	,294372	-,338823

TOTALE PI ELEKTRONEN ENERGIE 7,732397

allgemeine Bindungsordnungen

	1	2	3	4	5	6
1	1,308617					
2	,795287	1,010807				
3	-,297810	,555772	1,260628			
4	-,119757	-,023994	,412021	,627541		
5	,393573	-,239515	-,441562	,531778	1,164865	
6	-,119757	-,023994	,412021	,627541	,531778	,627541

Atom- Atom Polarisierbarkeiten

	1	2	3	4	5	6
1	,613328					
2	-,259264	,385694				
3	-,073024	-,088805	,371743			
4	-,011853	,004893	-,033487	,243075		
5	-,257335	-,047411	-,142939	-,078832	,605349	
6	-,011853	,004893	-,033487	-,123796	-,078832	,243075

Z=6

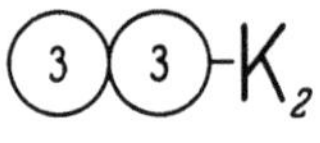

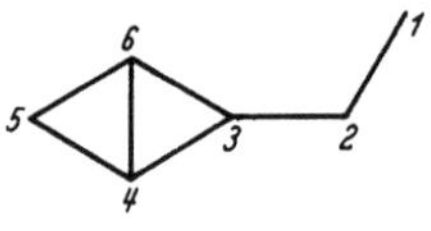

Bindungs- Atom Polarisierbarkeiten

	1	2	3	4	5	6
1 2	-.219611	-.007526	.091931	-.002163	.139533	-.002163
2 3	.212085	.006207	-.080645	.005270	-.148186	.005270
3 4	-.060077	.002540	-.073532	.034053	.158725	-.061710
3 6	-.060077	.002540	-.073532	-.061710	.158725	.034053
4 5	.069766	-.004327	.084632	.064908	-.114983	-.099998
4 6	-.011853	.004893	-.033487	.059639	-.078832	.059639
5 6	.069766	-.004327	.084632	-.099998	-.114983	.064908

Bindungs- Bindungs Polarisierbarkeiten

	1 2	2 3	3 4	3 6	4 5	4 6	5 6
1 2	.276758						
2 3	-.300658	.378163					
3 4	.061524	-.111006	.565827				
3 6	.061524	-.111006	-.287755	.565827			
4 5	-.047411	.066984	-.417010	.216077	.525751		
4 6	-.004327	.010539	-.027656	-.027656	-.035089	.119279	
5 6	-.047411	.066984	.216077	-.417010	-.309302	-.035089	.525751

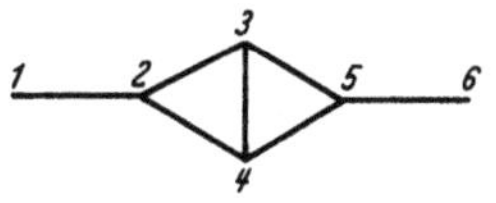

Z=6

Eigenwerte und Hückelkoeffizienten

	1	2	3	4	5	6
1	2,709275	1,000000	,193937	-1,000000	-1,000000	-1,903212
1	,164892	,500000	,627664	0	,500000	,280801
2	,446737	,500000	,121727	0	-,500000	-,534424
3	,522721	0	-,302028	-,707107	0	,368160
4	,522721	0	-,302028	,707107	0	,368160
5	,446737	-,500000	,121727	0	,500000	-,534424
6	,164892	-,500000	,627664	0	-,500000	,280801

TOTALE PI ELEKTRONEN ENERGIE 7,806424

allgemeine Bindungsordnungen

	1	2	3	4	5	6
1	1,342302					
2	,800133	,928782				
3	-,206760	,393507	,728916			
4	-,206760	,393507	,728916	,728916		
5	-,199867	-,071218	,393507	,393507	,928782	
6	,342302	-,199867	-,206760	-,206760	,800133	1,342302

Atom- Atom Polarisierbarkeiten

	1	2	3	4	5	6
1	,550566					
2	-,291998	,347094				
3	-,029653	-,026047	,355834			
4	-,029653	-,026047	-,244433	,355834		
5	-,020913	,017912	-,026047	-,026047	,347094	
6	-,178350	-,020913	-,029653	-,029653	-,291998	,550566

Z=6

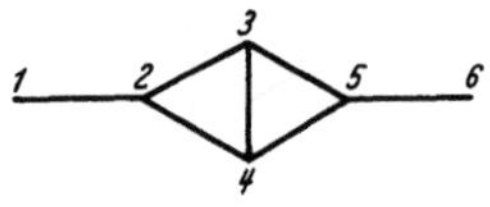

Bindungs- Atom Polarisierbarkeiten

	1	2	3	4	5	6
1 2	-.188876	.046989	.035061	.035061	-.017336	.089101
2 3	.117932	-.018706	.000707	-.063618	.016903	-.053219
2 4	.117932	-.018706	-.063618	.000707	.016903	-.053219
3 4	-.029653	-.026047	.055700	.055700	-.026047	-.029653
3 5	-.053219	.016903	.000707	-.063618	-.018706	.117932
4 5	-.053219	.016903	-.063618	.000707	-.018706	.117932
5 6	.089101	-.017336	.035061	.035061	.046989	-.188876

Bindungs- Bindungs Polarisierbarkeiten

	1 2	2 3	2 4	3 4	3 5	4 5	5 6
1 2	.216138						
2 3	-.161042	.335873					
2 4	-.161042	-.046556	.335873				
3 4	.070122	-.062911	-.062911	.111401			
3 5	.038825	-.110880	.006690	-.062911	.335873		
4 5	.038825	.006690	-.110880	-.062911	-.046556	.335873	
5 6	-.041827	.038825	.038825	.070122	-.161042	-.161042	.216138

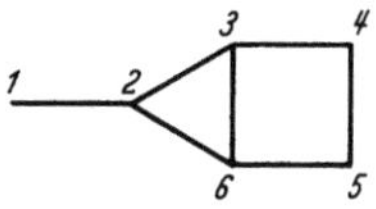

Z=6

Eigenwerte und Hückelkoeffizienten

	1	2	3	4	5	6
1	2.561553	1.000000	.000000	.000000	-1.561553	-2.000000
1	.184524	-.500000	0	.707107	-.464705	0
2	.472668	-.500000	0	0	.725662	0
3	.513120	0	.500000	-.353553	-.334227	-.500000
4	.328596	.500000	.500000	.353553	.130478	.500000
5	.328596	.500000	-.500000	.353553	.130478	-.500000
6	.513120	0	-.500000	-.353553	-.334227	.500000

TOTALE PI ELEKTRONEN ENERGIE 7.123106

allgemeine Bindungsordnungen

	1	2	3	4	5	6
1	1.068098					
2	.674437	.946830				
3	-.060634	.485071	.901585			
4	-.128732	-.189366	.462219	1.090951		
5	-.128732	-.189366	-.037781	.590951	1.090951	
6	-.060634	.485071	.401585	-.037781	.462219	.901585

Z=6 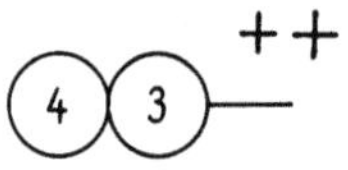 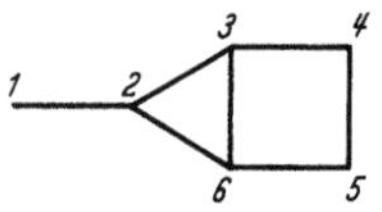

allgemeine Bindungsordnungen

	1	2	3	4	5	6
1	.568098					
2	.674437	.946830				
3	.189366	.485071	.526585			
4	-.378732	-.189366	.337219	.715951		
5	-.378732	-.189366	.337219	.715951	.715951	
6	.189366	.485071	.526585	.337219	.337219	.526585

Atom- Atom Polarisierbarkeiten

	1	2	3	4	5	6
1	.618023					
2	-.160180	.319707				
3	-.022696	-.057067	.240433			
4	-.205225	-.022696	-.011185	.553662		
5	-.205225	-.022696	-.068905	-.244651	.553662	
6	-.022696	-.057067	-.080579	-.068905	-.011185	.240433

Bindungs- Atom Polarisierbarkeiten

	1	2	3	4	5	6
1 2	.263945	.022696	-.040208	-.103113	-.103113	-.040208
2 3	-.120624	-.011675	.079764	-.009729	.130353	-.068089
2 6	-.120624	-.011675	-.068089	.130353	-.009729	.079764
3 4	.103113	.040208	.068252	.077981	-.209954	-.079600
3 6	-.022696	-.057067	.079927	-.040045	-.040045	.079927
4 5	-.206225	-.022696	-.040045	.154506	.154506	-.040045
5 6	.103113	.040208	-.079600	-.209954	.077981	.068252

Bindungs- Bindungs Polarisierbarkeiten

	1 2	2 3	2 6	3 4	3 6	4 5	5 6
1 2	.354078						
2 3	-.194551	.363166					
2 6	-.194551	-.106354	.363166				
3 4	.160832	-.195844	.001293	.397211			
3 6	-.080416	.011675	.011675	-.011348	.159853		
4 5	-.206225	.120624	.120624	-.131973	-.080090	.309011	
5 6	.160832	.001293	-.195844	-.220172	-.011348	-.131973	.397211

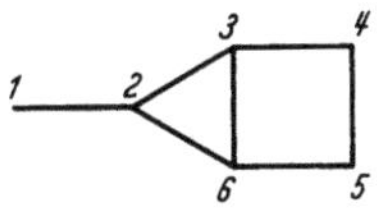

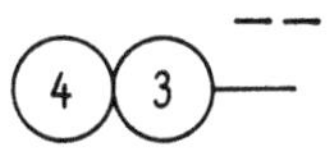

Z=6

allgemeine Bindungsordnungen

	1	2	3	4	5	6
1	1.568098					
2	.674437	.946830				
3	-.310634	.485071	1.276585			
4	.121268	-.189366	.587219	1.465951		
5	.121268	-.189366	-.412781	.465951	1.465951	
6	-.310634	.485071	.276585	-.412781	.587219	1.276585

Atom- Atom Polarisierbarkeiten

	1	2	3	4	5	6
1	.368023					
2	-.160180	.319707				
3	-.085196	-.057067	.381058			
4	-.018725	-.022696	-.120560	.319287		
5	-.018725	-.022696	-.115780	-.041526	.319287	
6	-.085196	-.057067	-.002454	-.115780	-.120560	.381058

Bindungs- Atom Polarisierbarkeiten

	1	2	3	4	5	6
1 2	-.236055	.022696	.084792	.021887	.021887	.084792
2 3	.129376	-.011675	-.107736	.052771	-.057147	-.005589
2 6	.129376	-.011675	-.005589	-.057147	.052771	-.107736
3 4	.040613	.040208	-.072373	-.125144	.086921	.029775
3 6	-.085196	-.057067	-.060698	.131830	.131830	-.060698
4 5	-.018725	-.022696	.131830	-.111119	-.111119	.131830
5 6	.040613	.040208	.029775	.086921	-.125144	-.072373

Bindungs- Bindungs Polarisierbarkeiten

	1 2	2 3	2 6	3 4	3 6	4 5	5 6
1 2	.354078						
2 3	-.194551	.363166					
2 6	-.194551	-.106364	.363166				
3 4	-.089168	-.070844	.126293	.240961			
3 6	.169584	-.113325	-.113325	-.042598	.378603		
4 5	.043775	-.004376	-.004376	-.038223	-.236340	.277761	
5 6	-.089168	.126293	-.070844	-.126422	-.042598	-.038223	.240961

Z=6 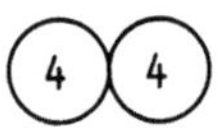 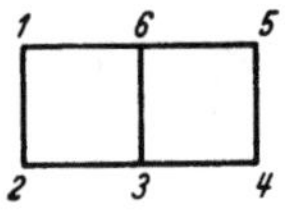

Eigenwerte und Hückelkoeffizienten

	1	2	3	4	5	6
1	2.414214	1.000000	.414214	-.414214	-1.000000	-2.414214
1	.353553	.500000	.353553	.353553	.500000	.353553
2	.353553	.500000	-.353553	.353553	-.500000	-.353553
3	.500000	0	-.500000	-.500000	0	.500000
4	.353553	-.500000	-.353553	.353553	.500000	-.353553
5	.353553	-.500000	.353553	.353553	-.500000	.353553
6	.500000	0	.500000	-.500000	0	-.500000

TOTALE PI ELEKTRONEN ENERGIE 7.656854

allgemeine Bindungsordnungen

	1	2	3	4	5	6
1	1.000000					
2	.500000	1.000000				
3	0	.707107	1.000000			
4	-.500000	0	.707107	1.000000		
5	0	-.500000	0	.500000	1.000000	
6	.707107	0	0	0	.707107	1.000000

Atom- Atom Polarisierbarkeiten

	1	2	3	4	5	6
1	.507583					
2	-.065641	.507583				
3	.088388	-.265165	.530330			
4	-.272748	.007583	-.265165	.507583		
5	.007583	-.272748	.088388	-.065641	.507583	
6	-.265165	.088388	-.176777	.088388	-.265165	.530330

Bindungs- Bindungs Polarisierbarkeiten

	1 2	1 6	2 3	3 4	3 6	4 5	5 6
1 2	.441942						
1 6	-.250000	.250000					
2 3	-.250000	.103553	.250000				
3 4	.250000	-.103553	-.250000	.250000			
3 6	-.176777	0	0	0	.353553		
4 5	-.265165	.250000	.250000	-.250000	-.176777	.441942	
5 6	.250000	-.250000	-.103553	.103553	0	-.250000	.250000

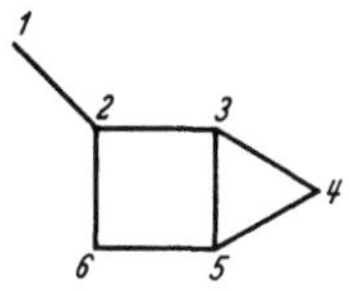

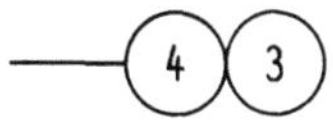

Z=6

Eigenwerte und Hückelkoeffizienten

	1	2	3	4	5	6
1	2.539484	1.082474	.261144	-.540632	-1.206076	-2.136393
1	.160500	.537755	.389951	.658409	.175857	.261859
2	.407586	.582105	.101833	-.355957	-.212097	-.559434
3	.516252	-.154127	.367659	-.493355	.329892	.471517
4	.401098	-.433653	.286912	.281530	-.699326	-.020772
5	.502329	-.315291	-.292733	.341151	.513548	-.427141
6	.358307	.246486	-.731016	.027388	-.249944	.461795

TOTALE PI ELEKTRONEN ENERGIE 7.766202

allgemeine Bindungsordnungen

	1	2	3	4	5	6
1	.934003					
2	.836314	1.030686				
3	.286689	.316277	.850887			
4	-.113883	-.119465	.758781	.862505		
5	-.406154	-.017200	.400594	.508442	.874871	
6	-.190006	.430160	-.243556	-.345821	.632532	1.447047

Atom- Atom Polarisierbarkeiten

	1	2	3	4	5	6
1	.725157					
2	-.349077	.357266				
3	-.155968	-.004481	.445623			
4	.016854	-.002727	-.281906	.440587		
5	-.208192	.036142	.004453	-.061825	.382918	
6	-.028774	-.037124	-.007721	-.110983	-.153496	.338099

Z=6

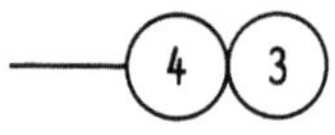

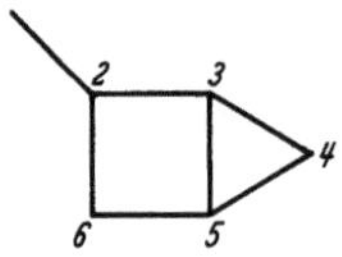

Bindungs- Atom Polarisierbarkeiten

	1	2	3	4	5	6
1 2	.016788	-.023484	-.010487	-.018782	.002124	.033842
2 3	-.212564	.031789	.059623	.041345	.036425	.043383
2 6	.172293	-.015719	-.033683	-.007451	-.032384	-.083056
3 4	.021360	.001250	.041914	.029769	-.032096	-.062198
3 5	.180717	-.017587	-.075250	-.103732	-.061696	.077547
4 5	-.040142	.013862	-.074532	-.013684	-.012785	.127282
5 6	-.138450	.009889	.092415	.072534	.100413	-.136801

Bindungs- Bindungs Polarisierbarkeiten

	1 2	2 3	2 6	3 4	3 5	4 5	5 6
1 2	.138161						
2 3	-.081934	.397216					
2 6	-.178009	-.148358	.445811				
3 4	.049498	-.087924	-.005708	.158619			
3 5	.023476	-.149708	.061313	-.088731	.415083		
4 5	-.054951	.033379	.058684	-.171114	-.003858	.348442	
5 6	.103760	.037329	-.233733	.145360	-.257575	-.210581	.415439

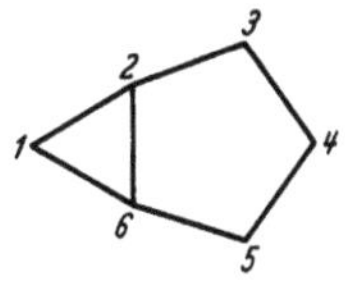

Z=6

Eigenwerte und Hückelkoeffizienten

	1	2	3	4	5	6
1	2.438283	1.138564	.618034	-.820249	-1.618034	-1.756598

	1	2	3	4	5	6
1	.426789	.409509	0	-.735838	0	-.329690
2	.520316	.233126	.371748	.301785	.601501	.289567
3	.321573	-.377206	.601501	.186514	-.371748	-.468529
4	.263770	-.662599	0	-.454773	0	.533450
5	.321573	-.377206	-.601501	.186514	.371748	-.468529
6	.520316	.233126	-.371748	.301785	-.601501	.289567

TOTALE PI ELEKTRONEN ENERGIE 8.389763

allgemeine Bindungsordnungen

	1	2	3	4	5	6
1	.699693					
2	.635065	.926547				
3	-.034451	.605980	1.214994			
4	-.317532	-.034451	.669516	1.017225		
5	-.034451	-.288447	-.232219	.669516	1.214994	
6	.635065	.373760	-.288447	-.034451	.605980	.926547

Atom- Atom Polarisierbarkeiten

	1	2	3	4	5	6
1	.350552					
2	-.136632	.337405				
3	.007418	-.117612	.380179			
4	-.092123	.007418	-.158645	.394578		
5	.007418	-.068692	-.042648	-.158645	.380179	
6	-.136632	-.021887	-.068692	.007418	-.117612	.337405

Z=6

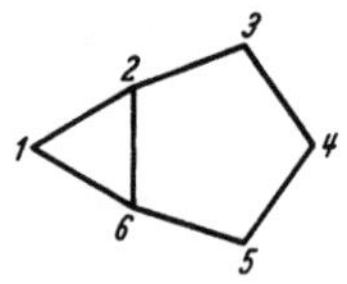

Bindungs- Atom Polarisierbarkeiten

	1	2	3	4	5	6
1 2	.063055	-.018543	-.001023	-.009454	.006285	-.040320
1 6	.063055	-.040320	.006285	-.009454	-.001023	-.018543
2 3	.014716	.044598	-.041136	.007297	-.055605	.030129
2 6	-.136632	-.021126	.085734	.007418	.085734	-.021126
3 4	-.009454	-.001023	-.085123	-.001552	.090868	.006285
4 5	-.009454	.006285	.090868	-.001552	-.085123	-.001023
5 6	.014716	.030129	-.055605	.007297	-.041136	.044598

Bindungs- Bindungs Polarisierbarkeiten

	1 2	1 6	2 3	2 6	3 4	4 5	5 6
1 2	.237485						
1 6	-.148950	.237485					
2 3	-.181131	.121785	.275526				
2 6	-.058862	-.058862	-.104158	.315518			
3 4	.117375	-.087702	-.186392	.005261	.256995		
4 5	-.087702	.117375	.116524	.005261	-.222060	.256995	
5 6	.121785	-.181131	-.042154	-.104158	.116524	-.186392	.275526

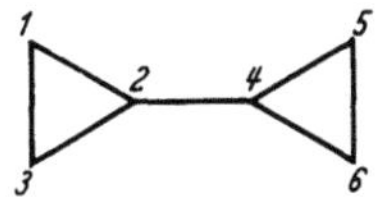

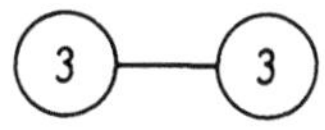

Z=6

Eigenwerte und Hückelkoeffizienten

	1	2	3	4	5	6
1	2.414214	1.732051	-.414214	-1.000000	-1.000000	-1.732051
1	.353553	.444037	.353553	.500000	.500000	.229850
2	.500000	.325058	-.500000	0	0	-.627963
3	.353553	.444037	.353553	-.500000	-.500000	.229850
4	.500000	-.325058	-.500000	0	0	.627963
5	.353553	-.444037	.353553	-.500000	.500000	-.229850
6	.353553	-.444037	.353553	.500000	-.500000	-.229850

TOTALE PI ELEKTRONEN ENERGIE 7.464102

allgemeine Bindungsordnungen

	1	2	3	4	5	6
1	.894338					
2	.288675	1.211325				
3	.894338	.288675	.894338			
4	-.288675	.788675	-.288675	1.211325		
5	.105662	-.288675	.105662	.288675	.894338	
6	.105662	-.288675	.105662	.288675	.894338	.894338

Atom- Atom Polarisierbarkeiten

	1	2	3	4	5	6
1	.682781					
2	.028775	.442450				
3	-.605894	.028775	.682781			
4	-.076887	-.346225	-.076887	.442450		
5	-.014387	-.076887	-.014387	.028775	.682781	
6	-.014387	-.076887	-.014387	.028775	-.605894	.682781

Z=6

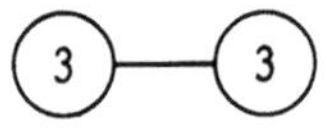

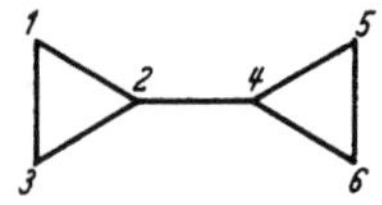

Bindungs- Atom Polarisierbarkeiten

	1	2	3	4	5	6
1 2	-.254950	-.120281	.139387	.168394	.033725	.033725
1 3	.038444	.028775	.038444	-.076887	-.014387	-.014387
2 3	.139387	-.120281	-.254950	.168394	.033725	.033725
2 4	.024056	-.048113	.024056	-.048113	.024056	.024056
4 5	.033725	.168394	.033725	-.120281	-.254950	.139387
4 6	.033725	.168394	.033725	-.120281	.139387	-.254950
5 6	-.014387	-.076887	-.014387	.028775	.038444	.038444

Bindungs- Bindungs Polarisierbarkeiten

	1 2	1 3	2 3	2 4	4 5	4 6	5 6
1 2	.740563						
1 3	-.115563	.076887					
2 3	-.336788	-.115563	.740563				
2 4	-.048113	.048113	-.048113	.096225			
4 5	-.153775	.067450	-.153775	-.048113	.740563		
4 6	-.153775	.067450	-.153775	-.048113	-.336788	.740563	
5 6	.067450	-.028775	.067450	.048113	-.115563	-.115563	.076887

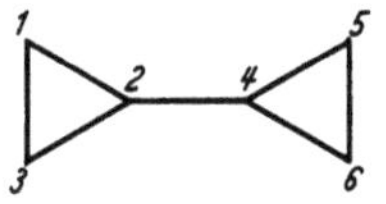

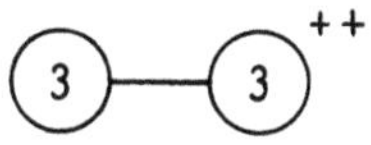

Z=6

allgemeine Bindungsordnungen

	1	2	3	4	5	6
1	.644338					
2	.642229	.711325				
3	.644338	.642229	.644338			
4	.064878	.288675	.064878	.711325		
5	-.144338	.064878	-.144338	.642229	.644338	
6	-.144338	.064878	-.144338	.642229	.644338	.644338

Atom- Atom Polarisierbarkeiten

	1	2	3	4	5	6
1	.303990					
2	-.140419	.280838				
3	-.131132	-.140419	.303990			
4	.003918	-.007837	.003918	.280838		
5	-.018179	.003918	-.018179	-.140419	.303990	
6	-.018179	.003918	-.018179	-.140419	-.131132	.303990

Bindungs- Atom Polarisierbarkeiten

	1	2	3	4	5	6
1 2	.072715	.056495	-.136501	-.008383	.007837	.007837
1 3	.086429	-.140419	.086429	.003918	-.018179	-.018179
2 3	-.136501	.056495	.072715	-.008383	.007837	.007837
2 4	-.020138	.040276	-.020138	.040276	-.020138	-.020138
4 5	.007837	-.008383	.007837	.056495	.072715	-.136501
4 6	.007837	-.008383	.007837	.056495	-.136501	.072715
5 6	-.018179	.003918	-.018179	-.140419	.086429	.086429

Bindungs- Bindungs Polarisierbarkeiten

	1 2	1 3	2 3	2 4	4 5	4 6	5 6
1 2	.152174						
1 3	-.063786	.172858					
2 3	-.071623	-.063786	.152174				
2 4	-.048113	-.040276	-.048113	.273002			
4 5	.007837	.015673	.007837	-.048113	.152174		
4 6	.007837	.015673	.007837	-.048113	-.071623	.152174	
5 6	.015673	-.034357	.015673	-.040276	-.063786	-.063786	.172858

Z=6

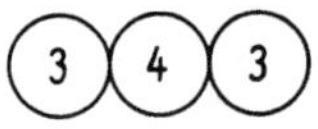

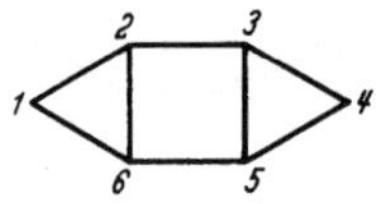

Eigenwerte und Hückelkoeffizienten

	1	2	3	4	5	6
1	2.732051	1.414214	.000000	-.732051	-1.414214	-2.000000
1	.325058	.500000	0	-.627963	-.500000	0
2	.444037	.353553	.500000	.229850	.353553	.500000
3	.444037	-.353553	.500000	.229850	-.353553	-.500000
4	.325058	-.500000	0	-.627963	.500000	0
5	.444037	-.353553	-.500000	.229850	-.353553	.500000
6	.444037	.353553	-.500000	.229850	.353553	-.500000

TOTALE PI ELEKTRONEN ENERGIE 8.292529

allgemeine Bindungsordnungen

	1	2	3	4	5	6
1	.711325					
2	.642229	1.144338				
3	-.064878	.644338	1.144338			
4	-.288675	-.064878	.642229	.711325		
5	-.064878	-.355662	.144338	.642229	1.144338	
6	.642229	.144338	-.355662	-.064878	.644338	1.144338

Atom- Atom Polarisierbarkeiten

	1	2	3	4	5	6
1	.345717					
2	-.140419	.434045				
3	.003918	-.148234	.434045			
4	-.072715	.003918	-.140419	.345717		
5	.003918	-.105685	-.043626	-.140419	.434045	
6	-.140419	-.043626	-.105685	.003918	-.148234	.434045

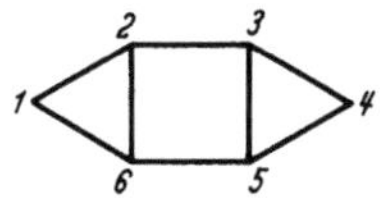

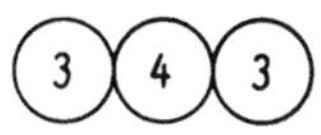

Z = 6

Bindungs- Atom Polarisierbarkeiten

	1	2	3	4	5	6
1 2	.063786	-.148193	-.021256	-.015673	.029639	.091697
1 6	.063786	.091697	.029639	-.015673	-.021256	-.148193
2 3	.020138	.025488	.025488	.020138	-.045626	-.045626
2 6	-.140419	-.054790	.123041	.003918	.123041	-.054790
3 4	-.015673	-.021256	-.148193	.063786	.091697	.029639
3 5	.003918	.123041	-.054790	-.140419	-.054790	.123041
4 5	-.015673	.029639	.091697	.063786	-.148193	-.021256
5 6	.020138	-.045626	-.045626	.020138	.025488	.025488

Bindungs- Bindungs Polarisierbarkeiten

	1 2	1 6	2 3	2 6	3 4	3 5	4 5	5 6
1 2	.445778							
1 6	-.365226	.445778						
2 3	-.273002	.224889	.285811					
2 6	-.056495	-.056495	-.020138	.390419				
3 4	.214233	-.198560	-.273002	.008383	.445778			
3 5	.008383	.008383	-.020138	-.253918	-.056495	.390419		
4 5	-.198560	.214233	.224889	.008383	-.365226	-.056495	.445778	
5 6	.224889	-.273002	-.149310	-.020138	.224889	-.020138	-.273002	.285811

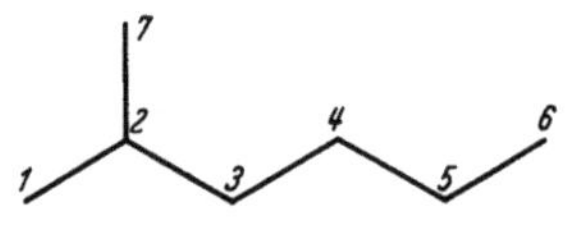

K_4 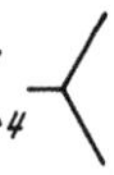

Z=7

Eigenwerte und Hückelkoeffizienten

	1	2	3	4	5	6	7
1	1.931852	1.414214	.517638	.000000	-.517638	-1.414214	-1.931852
1	.288675	.288675	.288675	.707107	.288675	.288675	.288675
2	.557678	.408248	.149429	0	-.149429	-.408248	-.557678
3	.500000	0	-.500000	0	-.500000	0	.500000
4	.408248	-.408248	-.408248	0	.408248	.408248	-.408248
5	.288675	-.577350	.288675	0	.288675	-.577350	.288675
6	.149429	-.408248	.557678	0	-.557678	.408248	-.149429
7	.288675	.288675	.288675	-.707107	.288675	.288675	.288675

TOTALE PI ELEKTRONEN ENERGIE 7.727407

allgemeine Bindungsordnungen

	1	2	3	4	5	6	7
1	1.000000						
2	.643951	1.000000					
3	0	.408248	1.000000				
4	-.235702	0	.816497	1.000000			
5	0	-.063156	0	.471405	1.000000		
6	.172546	0	-.408248	0	.879653	1.000000	
7	0	.643951	0	-.235702	0	.172546	1.000000

Atom- Atom Polarisierbarkeiten

	1	2	3	4	5	6	7
1	.637982						
2	-.142756	.303366					
3	.034021	-.034021	.510310				
4	-.066631	.013346	-.340207	.447532			
5	.005263	-.002443	.034021	-.052630	.395280		
6	-.053663	.005263	-.238145	.065221	-.384754	.659740	
7	-.414216	-.142756	.034021	-.066631	.005263	-.053663	.637982

Bindungs- Bindungs Polarisierbarkeiten

	1 2	2 3	2 7	3 4	4 5	5 6
1 2	.358439					
2 3	-.110146	.340207				
2 7	-.285512	-.110146	.358439			
3 4	.042104	-.136083	.042104	.136083		
4 5	-.015411	.042104	-.015411	-.178187	.366144	
5 6	.010526	-.025937	.010526	.093979	-.199239	.110146

Z=7

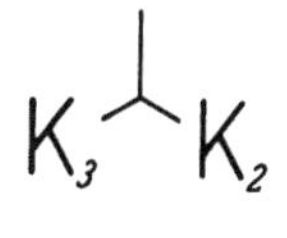

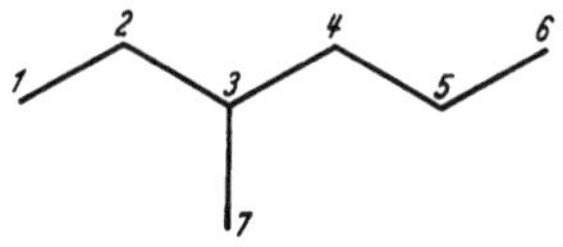

Eigenwerte und Hückelkoeffizienten

	1	2	3	4	5	6	7
1	1.969616	1,285575	.684040	.000000	-.684040	-1,285575	-1.969616
1	.207273	-.317561	-.596819	0	.596819	.317561	-.207273
2	.408248	-.408248	-.408248	0	-.408248	-.408248	.408248
3	.596819	-.207273	.317561	0	-.317561	.207273	-.596819
4	.464243	.303013	.161230	.577350	.161230	.303013	.464243
5	.317561	.596819	-.207273	0	.207273	-.596819	-.317561
6	.161230	.464243	-.303013	-.577350	-.303013	.464243	.161230
7	.303013	-.161230	.464243	-.577350	.464243	-.161230	.303013

TOTALE PI ELEKTRONEN ENERGIE 7,878462

allgemeine Bindungsordnungen

	1	2	3	4	5	6	7
1	1,000000						
2	.915826	1.000000					
3	0	.397251	1,000000				
4	-.192450	0	.530926	1,000000			
5	0	-.058776	0	.589701	1,000000		
6	.133674	0	-.192450	0	.782151	1.000000	
7	-.326125	0	.723376	0	-.192450	0	1,000000

Atom- Atom Polarisierbarkeiten

	1	2	3	4	5	6	7
1	.591327						
2	-.424408	.417472					
3	.025964	-.031446	.324931				
4	-.037818	.010793	-.078692	.429269			
5	.003684	-.002059	.010793	-.102337	.376598		
6	-.028391	.003684	-.037818	-.070948	-.248863	.619032	
7	-.130359	.025964	-.213732	-.150268	-.037818	-.236697	.742910

Bindungs- Bindungs Polarisierbarkeiten

	1 2	2 3	3 4	3 7	4 5	5 6
1 2	.067010					
2 3	-.147892	.334359				
3 4	.033072	-.081747	.373542			
3 7	.051927	-.114820	-.254606	.295912		
4 5	-.011486	.021586	-.178970	.097222	.385028	
5 6	.007369	-.011486	.108708	-.075636	-.313381	.284426

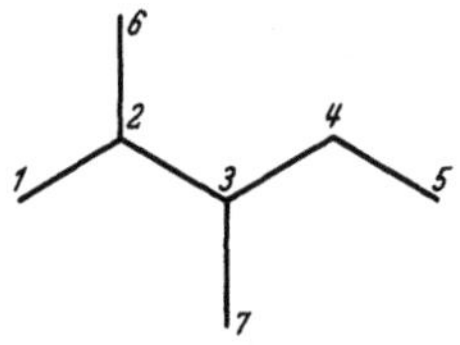

K_2 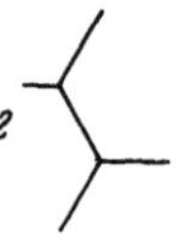

Z=7

Eigenwerte und Hückelkoeffizienten

	1	2	3	4	5	6	7
1	2.052881	1.208640	.569973	.000000	-.569973	-1.208640	-2.052881
1	.260329	.369619	.213566	.707107	.213566	.369619	.260329
2	.534424	.446737	.121727	0	-.121727	-.446737	-.534424
3	.576451	-.199295	-.357751	0	-.357751	-.199295	.576451
4	.368160	-.522721	.302028	0	-.302028	.522721	-.368160
5	.179338	-.432487	.529899	0	.529899	-.432487	.179338
6	.260329	.369619	.213566	-.707107	.213566	.369619	.260329
7	.280801	-.164892	-.627664	0	.627664	.164892	-.280801

TOTALE PI ELEKTRONEN ENERGIE 7.662988

allgemeine Bindungsordnungen

	1	2	3	4	5	6	7
1	1.000000						
2	.660490	1.000000					
3	0	.350978	1.000000				
4	-.065724	0	.416702	1.000000			
5	0	-.065724	0	.904279	1.000000		
6	0	.660490	0	-.065724	0	1.000000	
7	-.243789	0	.838555	0	-.421853	-.243789	1.000000

Atom- Atom Polarisierbarkeiten

	1	2	3	4	5	6	7
1	.554965						
2	-.153035	.312171					
3	.014631	-.021476	.352621				
4	-.002700	.003443	-.036462	.411302			
5	.005788	-.002700	.037395	-.410277	.614096		
6	-.349314	-.153035	.014631	-.002700	.005788	.554965	
7	-.070335	.014631	-.361340	.037395	-.250089	-.070335	.700073

Bindungs- Bindungs Polarisierbarkeiten

	1 2	2 3	2 6	3 4	3 7	4 5
1 2	.354421					
2 3	-.084500	.308026				
2 6	-.306069	-.084500	.354421			
3 4	.012286	-.055238	.012286	.343778		
3 7	.029262	-.101475	.029262	-.147713	.115875	
4 5	-.005400	.017686	-.005400	-.165399	.074789	.083724

Z=7

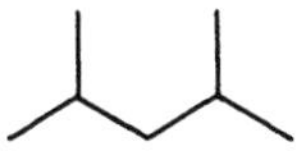

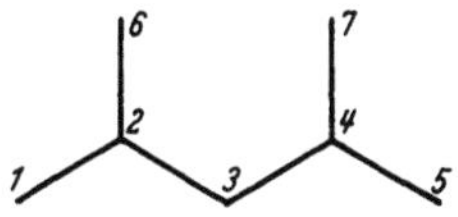

Eigenwerte und Hückelkoeffizienten

	1	2	3	4	5	6	7
1	2,000000	1,414214	,000000	,000000	,000000	-1,414214	-2,000000
1	.250000	.353553	.500000	.602510	.109462	,353553	,250000
2	.500000	.500000	0	0	0	-,500000	-.500000
3	.500000	0	0	-,504875	,495077	0	.500000
4	.500000	-,500000	0	0	0	,500000	-.500000
5	.250000	-.353553	-.500000	,602510	.109462	-,353553	.250000
6	.250000	.353553	-.500000	-,097635	-,604539	,353553	,250000
7	.250000	-.353553	.500000	-.097635	-,604539	-,353553	,250000

TOTALE PI ELEKTRONEN ENERGIE 6,828427

allgemeine Bindungsordnungen

	1	2	3	4	5	6	7
1	1,000000						
2	.603553	1.000000					
3	0	.500000	1,000000				
4	-.103553	0	.500000	1,000000			
5	0	-.103553	0	,603553	1.000000		
6	0	.603553	0	-,103553	0	1,000000	
7	0	-,103553	0	,603553	0	0	1,000000

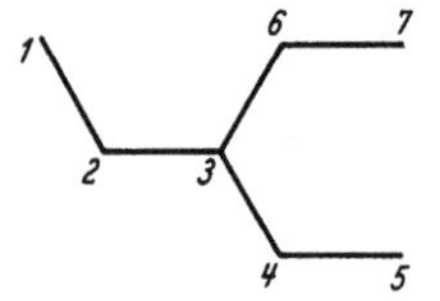

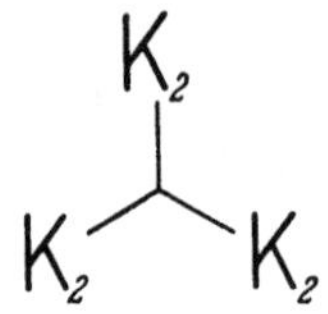

Z=7

Eigenwerte und Hückelkoeffizienten

	1	2	3	4	5	6	7
1	2.000000	1.000000	1.000000	.000000	-1.000000	-1.000000	-2.000000
1	.204124	.288675	.500000	.500000	.288675	.500000	.204124
2	.408248	.288675	.500000	0	-.288675	-.500000	-.408248
3	.612372	0	0	-.500000	0	0	.612372
4	.408248	.288675	-.500000	0	-.288675	.500000	-.408248
5	.204124	.288675	-.500000	.500000	.288675	-.500000	.204124
6	.408248	-.577350	0	0	.577350	0	-.408248
7	.204124	-.577350	0	.500000	-.577350	0	.204124

TOTALE PI ELEKTRONEN ENERGIE 8.000000

allgemeine Bindungsordnungen

	1	2	3	4	5	6	7
1	1.000000						
2	.833333	1.000000					
3	0	.500000	1.000000				
4	-.166667	0	.500000	1.000000			
5	0	-.166667	0	.833333	1.000000		
6	-.166667	0	.500000	0	-.166667	1.000000	
7	0	-.166667	0	-.166667	0	.833333	1.000000

Atom- Atom Polarisierbarkeiten

	1	2	3	4	5	6	7
1	.615162						
2	-.303241	.398148					
3	-.046875	-.062500	.328125				
4	-.025463	.009259	-.062500	.398148			
5	-.107060	-.025463	-.046875	-.303241	.615162		
6	-.025463	.009259	-.062500	.009259	-.025463	.398148	
7	-.107060	-.025463	-.046875	-.025463	-.107060	-.303241	.615162

Bindungs- Bindungs Polarisierbarkeiten

	1 2	2 3	3 4	3 6	4 5	6 7
1 2	.226852					
2 3	-.263889	.375000				
3 4	.069444	-.125000	.375000			
3 6	.069444	-.125000	-.125000	.375000		
4 5	-.050926	.069444	-.263889	.069444	.226852	
6 7	-.050926	.069444	.069444	-.263889	-.050926	.226852

Z = 7 ③-K_4

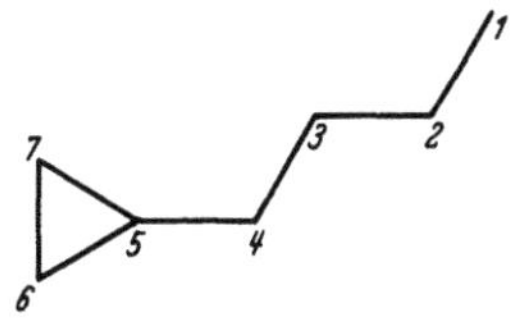

Eigenwerte und Hückelkoeffizienten

	1	2	3	4	5	6	7
1	2.233210	1.564293	.672910	-.364731	-1.000000	-1.2/2399	-1.833283
1	.054075	-.379651	.550522	-.564156	0	.432095	-.211869
2	.120760	-.593885	.370452	.205765	0	-.549/9/	.388415
3	.215609	-.549360	-.301241	.489107	0	.267466	-.500206
4	.360739	-.265474	-.573160	-.384158	0	.209473	.528604
5	.589996	.134080	-.084444	-.348993	0	-.534000	-.468875
6	.478423	.237608	.258168	.255723	.707107	.234994	.165488
7	.478423	.237608	.258168	.255723	-.707107	.234994	.165488

TOTALE PI ELEKTRONEN ENERGIE 8.576095

allgemeine Bindungsordnungen

	1	2	3	4	5	6	7
1	1.218539						
2	.755799	1.051375					
3	-.167165	.582038	1.117285				
4	-.173760	-.101254	.604663	1.205820			
5	.065910	-.151136	-.012719	.585348	.868204		
6	.011312	.077223	-.085225	-.175167	.495406	.769389	
7	.011312	.077223	-.085225	-.175167	.495406	.769389	.769389

Atom- Atom Polarisierbarkeiten

	1	2	3	4	5	6	7
1	.568976						
2	-.225658	.402573					
3	-.088733	-.128102	.428651				
4	-.098623	.011017	-.159835	.435415			
5	-.076649	-.036905	-.007688	-.142103	.356677		
6	-.039657	-.011463	-.022147	-.022936	-.046666	.439676	
7	-.039657	-.011463	-.022147	-.022936	-.046666	-.296808	.439676

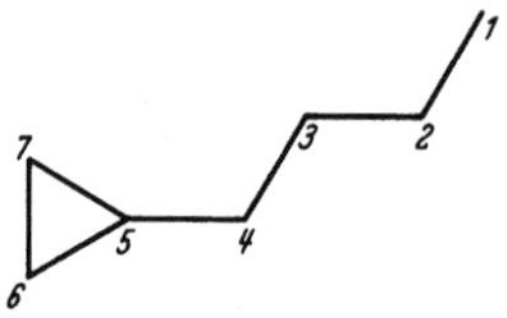

(3)-K_4 $Z=7$

Bindungs- Atom Polarisierbarkeiten

		1	2	3	4	5	6	7
1	2	-.113353	-.051530	.107307	-.013657	.045704	.012/65	.012765
2	3	.061824	.001966	-.065502	.031731	-.024516	-.002/51	-.002751
3	4	.045483	.039839	-.024040	-.081845	.028899	-.004167	-.004167
4	5	-.059140	-.021765	-.026074	-.042961	.057808	.046066	.046066
5	6	.052422	.021476	.015228	.064834	-.030614	-.045220	-.078126
5	7	.052422	.021476	.015228	.064834	-.030614	-.078126	-.045220
6	7	-.039657	-.011463	-.022147	-.022936	-.046666	.071434	.071434

Bindungs- Bindungs Polarisierbarkeiten

		1 2	2 3	3 4	4 5	5 6	5 /	6 7
1	2	.304483						
2	3	-.255136	.325835					
3	4	-.001067	-.129309	.284993				
4	5	.023100	.028918	-.141249	.301142			
5	6	-.048455	.017597	-.002517	-.152021	.369169		
5	7	-.048455	.017597	-.002517	-.152021	-.060427	.369169	
6	7	.025530	-.005503	-.008335	.092131	-.123346	-.123346	.142868

Z=7

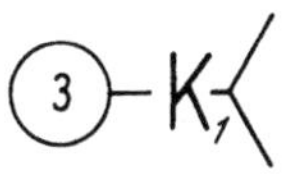

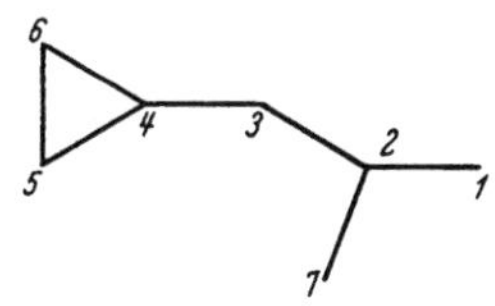

Eigenwerte und Hückelkoeffizienten

	1	2	3	4	5	6	7
1	2.253272	1.644850	.232661	.000000	-1.000000	-1.203313	-1.927470
1	.122766	.390249	.355651	.707107	0	.339470	.301507
2	.276626	.641901	.082746	0	0	-.408489	-.581147
3	.377781	.275333	-.692050	0	0	-.167401	.517128
4	.574617	-.189019	-.243759	0	0	.633991	-.415602
5	.458493	-.293120	.317668	0	-.707107	-.287744	.141966
6	.458493	-.293120	.317668	0	.707107	-.287744	.141966
7	.122766	.390249	.355651	-.707107	0	.339470	.301507

TOTALE PI ELEKTRONEN ENERGIE 8.261566

allgemeine Bindungsordnungen

	1	2	3	4	5	6	7
1	1.087706						
2	.627780	.990811					
3	-.184602	.447952	1.394920				
4	-.179828	.034905	.667459	.850662			
5	.109753	-.070074	-.254676	.482857	.794098		
6	.109753	-.070074	-.254676	.482857	.794098	.794098	
7	.087706	.627780	-.184602	-.179828	.109753	.109753	1.087706

Atom- Atom Polarisierbarkeiten

	1	2	3	4	5	6	7
1	.891232						
2	-.129992	.299344					
3	-.014783	-.041606	.352772				
4	-.034692	.005941	-.176241	.320756			
5	-.015634	-.001847	-.052680	-.040536	.421102		
6	-.015634	-.001847	-.052680	-.040536	-.294772	.421102	
7	-.680499	-.129992	-.014783	-.034692	-.015634	-.015634	.891232

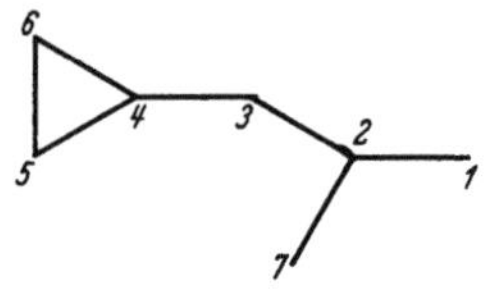

(3)-K_1 Z=7

Bindungs- Atom Polarisierbarkeiten

	1	2	3	4	5	6	7
1 2	.010624	.005995	.033615	.009639	.008605	.008605	-.077083
2 3	.072454	-.006079	-.075744	-.023341	-.019872	-.019872	.072454
2 7	-.077083	.005995	.033615	.009639	.008605	.008605	.010624
3 4	-.038839	-.002435	-.141359	.084535	.068469	.068469	-.038839
4 5	.024239	-.000814	.101276	-.019968	-.025375	-.103598	.024239
4 6	.024239	-.000814	.101276	-.019968	-.103598	-.025375	.024239
5 6	-.015634	-.001847	-.052680	-.040536	.063165	.063165	-.015634

Bindungs- Bindungs Polarisierbarkeiten

	1 2	2 3	2 7	3 4	4 5	4 6	5 6
1 2	.367797						
2 3	-.136906	.364739					
2 7	-.259983	-.136906	.367797				
3 4	.053693	-.155313	.053693	.314977			
4 5	-.020906	.052065	-.020906	-.201994	.323562		
4 6	-.020906	.052065	-.020906	-.201994	-.002848	.323562	
5 6	.017211	-.039745	.017211	.136938	-.128973	-.128973	.126330

Z=7

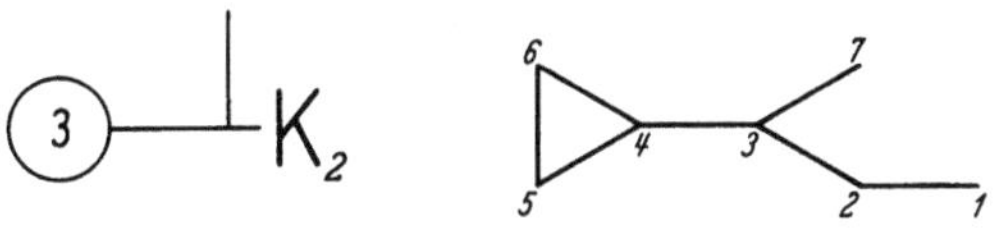

Eigenwerte und Hückelkoeffizienten

	1	2	3	4	5	6	7
1	2.297009	1.493302	.639987	-.463136	-1.000000	-1.000000	-1.967161
1	.100888	.364000	.602094	.402611	.161868	.509424	.216793
2	.231740	.543561	.385332	-.186464	-.161868	-.509424	-.426467
3	.431421	.447701	-.355486	-.316253	0	0	.622136
4	.571419	-.174814	-.057380	-.349919	.161868	.509424	-.481114
5	.440567	-.354376	.159382	.239156	.592971	-.468843	.162146
6	.440567	-.354376	.159382	.239156	-.754839	-.040581	.162146
7	.187819	.299806	-.555459	.682851	0	0	-.316261

TOTALE PI ELEKTRONEN ENERGIE 8.397458

allgemeine Bindungsordnungen

	1	2	3	4	5	6	7
1	1.172477						
2	.831411	1.030055					
3	-.142422	.471671	1.125878				
4	-.221943	.095823	.487973	.843188			
5	.119123	-.102820	-.126120	.525421	.747364		
6	.119123	-.102820	-.126120	.525421	.747364	.747364	
7	-.137797	-.142422	.509468	-.065373	-.060747	-.060747	1.333673

Atom- Atom Polarisierbarkeiten

	1	2	3	4	5	6	7
1	.663026						
2	-.275455	.436856					
3	-.012031	-.060265	.340669				
4	-.144008	-.045287	-.080546	.411269			
5	-.049763	-.021909	-.009809	-.043518	.436500		
6	-.049763	-.021909	-.009809	-.043518	-.275489	.436500	
7	-.132007	-.012031	-.168209	-.054392	-.036011	-.036011	.438662

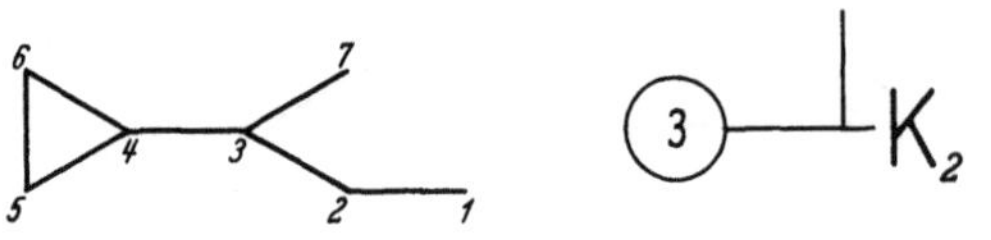

Z=7

Bindungs- Atom Polarisierbarkeiten

	1	2	3	4	5	6	7
1 2	-.163888	-.053459	.041790	.089743	.036168	.036168	.013480
2 3	.110429	.009797	-.029753	-.065960	-.026411	-.026411	.028310
3 4	-.082119	-.039549	-.009686	.074939	.045076	.045076	-.033739
3 7	.013480	.041790	-.058063	.046856	.004286	.004286	-.052635
4 5	.085931	.031666	.032760	-.051030	-.052124	-.087500	.040297
4 6	.085931	.031666	.032760	-.051030	-.087500	-.052124	.040297
5 6	-.049763	-.021909	-.009809	-.043518	.080505	.080505	-.036011

Bindungs- Bindungs Polarisierbarkeiten

	1 2	2 3	3 4	3 7	4 5	4 6	5 6
1 2	.280502						
2 3	-.238201	.351141					
3 4	.141734	-.141473	.326881				
3 7	-.024062	-.096467	-.104711	.273049			
4 5	-.116154	.088911	-.156292	-.028190	.403010		
4 6	-.116154	.088911	-.156292	-.028190	-.051661	.403010	
5 6	.072335	-.052823	.090153	.008572	-.139624	-.139624	.161011

Z=7

—(3)—$K_3^{\bullet}$

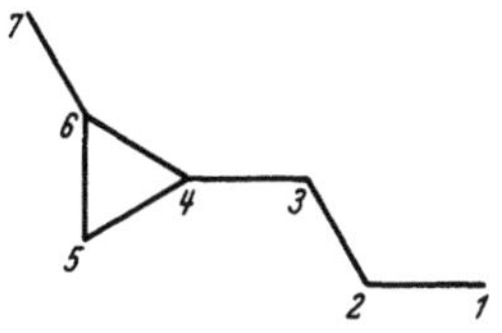

Eigenwerte und Hückelkoeffizienten

	1	2	3	4	5	6	7
1	2.342923	1.414214	.470683	.000000	-1.000000	-1.414214	-1.813607

1	.068571	.461940	.435811	.500000	.500000	.191342	.235302
2	.160658	.653281	.205129	0	-.500000	-.270598	-.426745
3	.307837	.461940	-.339260	-.500000	0	.191342	.538646
4	.560581	0	-.364813	0	.500000	0	-.550146
5	.468495	-.191342	-.134131	.500000	-.500000	.461940	.111901
6	.537066	-.270598	.301680	0	0	-.653281	.347202
7	.229229	-.191342	.540940	-.500000	0	.461940	-.191443

TOTALE PI ELEKTRONEN ENERGIE 8.455640

allgemeine Bindungsordnungen

	1	2	3	4	5	6	7
1	1.066043						
2	.804381	.989331					
3	-.076712	.563282	1.096498				
4	-.241099	.030456	.592668	.894678			
5	.020562	-.154494	-.047326	.623123	.798180		
6	.086605	-.057220	-.124038	.382024	.525849	.905347	
7	.163317	.086605	-.220537	-.210643	-.133931	.736492	1.249922

Atom- Atom Polarisierbarkeiten

	1	2	3	4	5	6	7
1	.709651						
2	-.275944	.380109					
3	.032886	-.086067	.496211				
4	-.065356	.013526	-.113435	.346564			
5	-.129988	-.022352	-.078110	-.132669	.448515		
6	-.008631	-.000641	-.005468	-.018530	-.067875	.321289	
7	-.262618	-.008631	-.245997	-.030099	-.017521	-.220125	.784991

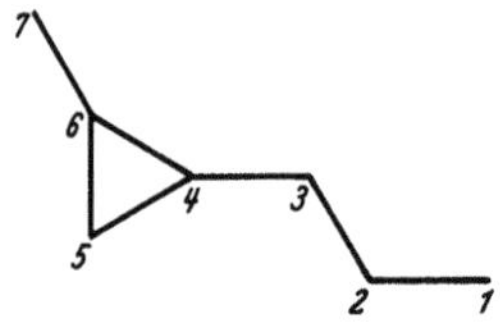

$-(3)-K_3$ Z=7

Bindungs- Atom Polarisierbarkeiten

	1	2	3	4	5	6	7
1 2	-.020517	.010110	.041002	.010866	.004929	.004842	-.051231
2 3	.030627	-.005083	-.050413	-.016380	-.007614	-.007210	.056073
3 4	.010374	-.004328	.024450	.046479	.022028	.020351	-.119355
4 5	-.025326	.001669	-.028180	-.001600	.026580	-.033725	.060583
4 6	.025818	-.002855	.033829	-.028846	-.093130	-.025990	.091175
5 6	.030255	-.004355	.042595	-.042922	-.013413	-.012198	.000038
6 7	-.051231	.004842	-.063283	.032403	.060621	.053930	-.037282

Bindungs- Bindungs Polarisierbarkeiten

	1 2	2 3	3 4	4 5	4 6	5 6	6 7
1 2	.252493						
2 3	-.296656	.391147					
3 4	.124521	-.199914	.365797				
4 5	-.079077	.100418	-.259630	.327330			
4 6	-.018393	.030390	-.101866	-.055388	.314508		
5 6	.034373	-.041365	.098048	-.155805	-.036995	.359644	
6 7	-.017262	.015981	-.026956	.122151	-.132256	-.257900	.296242

Z=7 K_2-③-K_2

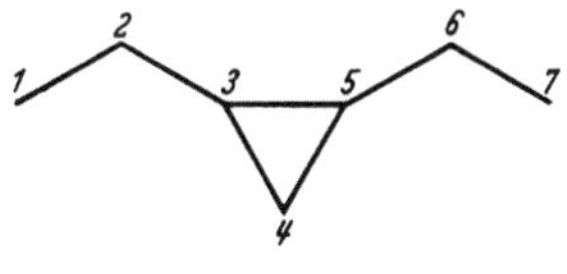

Eigenwerte und Hückelkoeffizienten

	1	2	3	4	5	6	7
1	2.362340	1.246980	.825785	-,445042	-,679643	-1,508481	-1,801938
1	.119382	,417907	.490310	,521121	.407903	,280996	,231921
2	.282021	.521121	.404891	-,231921	-,277228	-,423878	-,417907
3	.546847	.231921	-.155958	-,417907	-,219486	,358415	.521121
4	.462970	0	-.377720	0	.645887	-,475200	0
5	.546847	-.231921	-.155958	,417907	-,219486	,358415	-,521121
6	.282021	-,521121	.404891	,231921	-,277228	-,423878	,417907
7	.119382	-.417907	.490310	-,521121	.407903	,280996	-.231921

TOTALE PI ELEKTRONEN ENERGIE 8,425166

allgemeine Bindungsordnungen

	1	2	3	4	5	6	7
1	1.130171						
2	.779082	1.083866					
3	-,046306	,520791	.928949				
4	-,259860	-.044737	.624165	,714029			
5	.001569	-,156486	.364508	,624165	,928949		
6	.149680	-.109977	-.156486	-,044737	.520791	1,083866	
7	-,111546	,149680	.001569	-,259860	-,046306	,779082	1,130171

Atom- Atom Polarisierbarkeiten

	1	2	3	4	5	6	7
1	,864806						
2	-.169138	.441521					
3	.086440	-,056553	.428563				
4	-.075747	.016409	-.131136	,380947			
5	-.174989	-,058325	-.094000	-.131136	.428563		
6	-.132574	-.041340	-.058325	.016409	-,056553	,441521	
7	-.398797	-,132574	-.174989	-.075747	,086440	-,169138	,864806

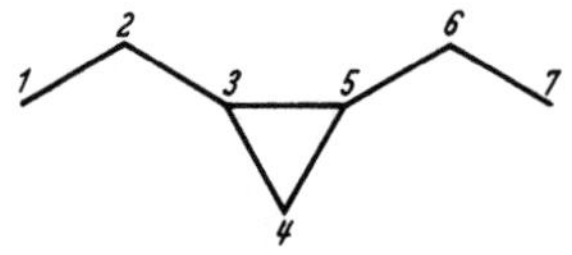

K_2-③-K_2 $Z=7$

Bindungs- Atom Polarisierbarkeiten

	1	2	3	4	5	6	7
1 2	-.234054	-.118792	-.024288	-.011085	.087461	.077397	.223361
2 3	.115262	.044668	.063773	.020159	-.039397	-.058502	-.145963
3 4	-.192030	-.051338	-.106269	.056494	.051786	.060412	.180945
3 5	.052479	.046154	-.033066	-.131136	-.033066	.046154	.052479
4 5	.180945	.060412	.051786	.056494	-.106269	-.051338	-.192030
5 6	-.145963	-.058502	-.039397	.020159	.063773	.044668	.115262
6 7	.223361	.077397	.087461	-.011085	-.024288	-.118792	-.234054

Bindungs- Bindungs Polarisierbarkeiten

	1 2	2 3	3 4	3 5	4 5	5 6	6 7
1 2	.440805						
2 3	-.336845	.407686					
3 4	.277838	-.298636	.519949				
3 5	-.054099	-.058700	-.054483	.334563			
4 5	-.245020	.220677	-.420326	-.054483	.519949		
5 6	.182468	-.116651	.220677	-.058700	-.298636	.407686	
6 7	-.265148	.182468	-.245020	-.054099	.277838	-.336845	.440805

Z=7

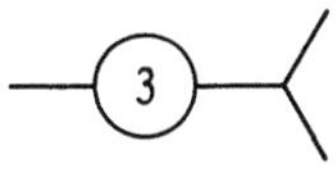

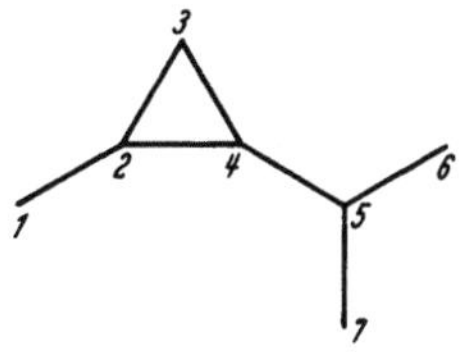

Eigenwerte und Hückelkoeffizienten

	1	2	3	4	5	6	7
1	2.3/9878	1.414214	.291367	.000000	-.751024	-1.414214	-1.920221
1	.215856	-.252725	.787857	0	-.122734	-.4/9841	.153318
2	.513711	-.357407	.229555	0	.092176	.6/8598	-.294404
3	.449846	-.252725	-.380540	0	.585132	-.479841	-.127794
4	.556868	0	-.340432	0	-.531624	0	.539796
5	.361720	.610131	.051794	0	-.278045	-.198757	-.614331
6	.151991	.431428	.177762	.707107	.370221	.140542	.319927
7	.151991	.431428	.177762	-.707107	.370221	.140542	.319927

TOTALE PI ELEKTRONEN ENERGIE 8.170917

allgemeine Bindungsordnungen

	1	2	3	4	5	6	7
1	1.462364						
2	.764140	.888669					
3	-.277679	.468123	.822084				
4	-.296017	.415842	.760106	.851991			
5	-.070619	-.040712	-.022373	.367596	1.011569		
6	.127653	-.070619	-.216611	.048246	.654826	.981661	
7	.127653	-.070619	-.216611	.048246	.654826	-.018339	.981661

Atom- Atom Polarisierbarkeiten

	1	2	3	4	5	6	7
1	.435051						
2	-.253427	.317625					
3	-.044933	-.041153	.475888				
4	-.088028	-.023041	-.286432	.382789			
5	-.001163	.002321	.010545	-.023522	.309679		
6	-.023750	-.001163	-.056957	.019117	-.148931	.60538/	
7	-.023750	-.001163	-.056957	.019117	-.148931	-.393/03	.60538/

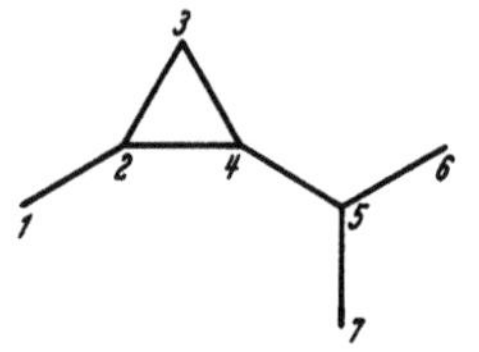

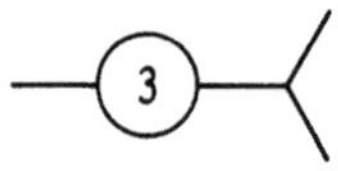

Z=7

Bindungs- Atom Polarisierbarkeiten

	1	2	3	4	5	6	7
1 2	-.211357	.071225	.064538	.058419	-.003331	.010254	.010254
2 3	.132431	-.018586	-.027443	-.071661	.005020	-.009880	-.009880
2 4	.150151	-.025324	-.087074	-.032733	.002389	-.003705	-.003705
3 4	-.067894	-.031393	.045926	.035590	-.000967	.009369	.009369
4 5	-.023839	.010741	.005077	.029022	.008963	-.014982	-.014982
5 6	.010254	-.003331	-.000512	-.009318	-.006037	-.004697	.013642
5 7	.010254	-.003331	-.000512	-.009318	-.006037	.013642	-.004697

Bindungs- Bindungs Polarisierbarkeiten

	1 2	2 3	2 4	3 4	4 5	5 6	5 7
1 2	.257286						
2 3	-.206552	.337571					
2 4	-.179623	-.014539	.321513				
3 4	.124246	-.125901	-.095076	.138996			
4 5	.009294	.028891	-.065680	-.103914	.320552		
5 6	-.002325	-.009735	.016703	.030825	-.094571	.356965	
5 7	-.002325	-.009735	.016703	.030825	-.094571	-.297861	.356965

Z=7

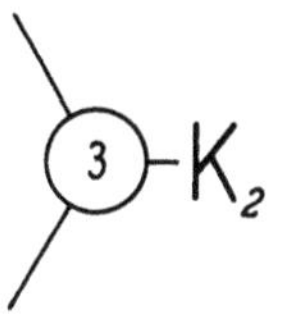

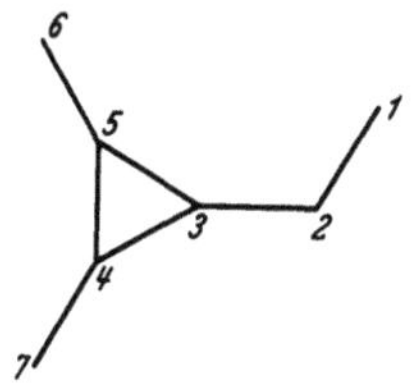

Eigenwerte und Hückelkoeffizienten

	1	2	3	4	5	6	7
1	2.438283	1.138564	.618034	.000000	-.820249	-1.618034	-1.756598
1	.108179	-.581961	0	.500000	-.554433	0	.303683
2	.263770	-.662599	0	0	.454773	0	-.533450
3	.534968	-.172452	0	-.500000	.181406	0	.633374
4	.520316	.233126	-.371748	0	-.301785	.601501	-.289567
5	.520316	.233126	.371748	0	-.301785	-.601501	-.289567
6	.213394	.204754	.601501	.500000	.367919	.371748	.164845
7	.213394	.204754	-.601501	.500000	.367919	-.371748	.164845

TOTALE PI ELEKTRONEN ENERGIE 8.389763

allgemeine Bindungsordnungen

	1	2	3	4	5	6	7
1	.950761						
2	.828282	1.017225					
3	.066464	.510750	.881860				
4	-.158766	-.034451	.476299	.926547			
5	-.158766	-.034451	.476299	.373760	.926547		
6	.057851	-.158766	-.092302	-.129681	.764746	1.148530	
7	.057851	-.158766	-.092302	.764746	-.129681	-.298684	1.148530

Atom- Atom Polarisierbarkeiten

	1	2	3	4	5	6	7
1	.625953						
2	-.298090	.394578					
3	-.039854	-.065262	.345512				
4	-.023031	.007418	-.052704	.337405			
5	-.023031	.007418	-.052704	-.021887	.337405		
6	-.120974	-.023031	-.067494	.003397	-.250599	.732139	
7	-.120974	-.023031	-.067494	-.250599	.003397	-.273439	.732139

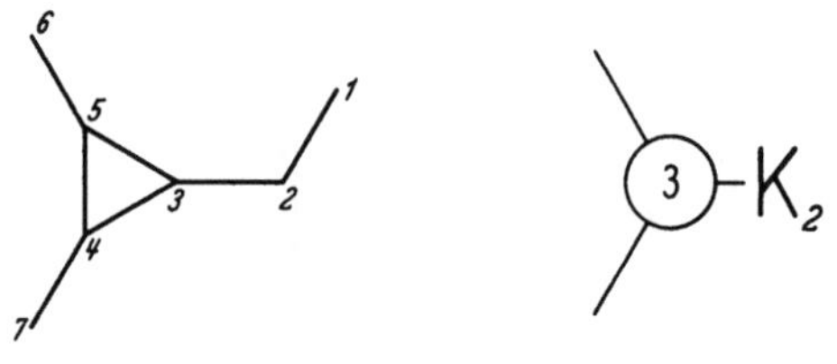

Z=7

Bindungs- Atom Polarisierbarkeiten

	1	2	3	4	5	6	7
1 2	.012114	-.013577	-.030301	-.004727	-.004727	.020609	.020609
2 3	-.025691	.010472	.045913	.009988	.009988	-.025336	-.025336
3 4	-.002305	.002570	-.016779	-.014839	-.029308	.052673	.007986
3 5	-.002305	.002570	-.016779	-.029308	-.014839	.007986	.052673
4 5	-.023031	.007418	-.052704	-.021126	-.021126	.055285	.055285
4 7	.020609	-.004727	.035324	.040894	.019117	-.088841	-.022377
5 6	.020609	-.004727	.035324	.019117	.040894	-.022377	-.088841

Bindungs- Bindungs Polarisierbarkeiten

	1 2	2 3	3 4	3 5	4 5	4 7	5 6
1 2	.232102						
2 3	-.271229	.380225					
3 4	.070352	-.125384	.356422				
3 5	.070352	-.125384	-.090938	.356422			
4 5	-.009454	.019977	-.044147	-.044147	.315518		
4 7	-.046062	.060898	-.234611	.068306	-.118874	.263548	
5 6	-.046062	.060898	.068306	-.234611	-.118874	.006795	.263548

Z = 7 (4)-K_3

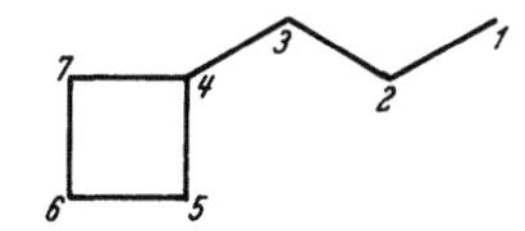

Eigenwerte und Hückelkoeffizienten

	1	2	3	4	5	6	7
1	2.188901	1.414214	.456850	.000000	-.456850	-1.414214	-2.188901

	1	2	3	4	5	6	7
1	.090324	-.447214	.540224	0	.540224	-.447214	.090324
2	.197710	-.632456	.246801	0	-.246801	.632456	-.197710
3	.342443	-.447214	-.427472	0	-.427472	-.447214	.342443
4	.551865	0	-.442092	0	.442092	0	-.551865
5	.432767	.223607	.112751	.707107	.112751	.223607	.432767
6	.395419	.316228	.493603	0	-.493603	-.316228	-.395419
7	.432767	.223607	.112751	-.707107	.112751	.223607	.432767

TOTALE PI ELEKTRONEN ENERGIE 8.119930

allgemeine Bindungsordnungen

	1	2	3	4	5	6	7
1	1.000000						
2	.868057	1.000000					
3	0	.490093	1.000000				
4	-.377964	0	.755929	1.000000			
5	0	-.056064	0	.377964	1.000000		
6	.321900	0	-.434029	0	.594979	1.000000	
7	0	-.056064	0	.377964	0	.594979	1.000000

Atom- Atom Polarisierbarkeiten

	1	2	3	4	5	6	7
1	.689878						
2	-.370902	.390001					
3	.085568	-.059386	.488441				
4	-.215980	.026997	-.296972	.431959			
5	.004258	-.001870	.010485	-.026997	.364491		
6	-.197079	.017030	-.238620	.107990	-.119877	.550434	
7	.004258	-.001870	.010485	-.026997	-.230488	-.119877	.364491

Bindungs- Bindungs Polarisierbarkeiten

	1 2	2 3	3 4	4 5	4 /	5 6	6 7
1 2	.126253						
2 3	-.214309	.371320					
3 4	.095536	-.174439	.161985				
4 5	-.020770	.033225	-.107990	.701934			
4 7	-.020770	.033225	-.107990	-.431959	.701934		
5 6	.017030	-.024511	.066449	-.465184	.290745	.733189	
6 7	.017030	-.024511	.066449	.290745	-.465184	-.617719	.733189

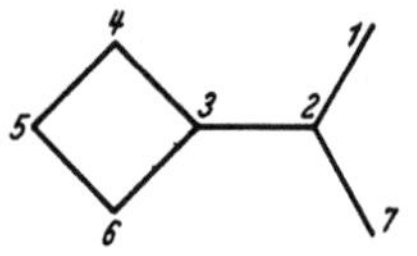

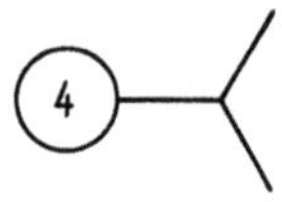

Z = 7

Eigenwerte und Hückelkoeffizienten

	1	2	3	4	5	6	7
1	2,236068	1,414214	,000000	,000000	,000000	-1,414214	-2,236068
1	,182574	,408248	,648832	,316228	,281099	,408248	,182574
2	,408248	,577350	0	0	0	-,577350	-,408248
3	,547723	0	0	-,632456	0	0	,547723
4	,408248	-,288675	-,281099	0	,648832	,288675	-,408248
5	,365148	-,408248	0	,632456	0	-,408248	,365148
6	,408248	-,288675	,281099	0	-,648832	,288675	-,408248
7	,182574	,408248	-,648832	,316228	-,281099	,408248	,182574

TOTALE PI ELEKTRONEN ENERGIE 7,300563

allgemeine Bindungsordnungen

	1	2	3	4	5	6	7
1	1,000000						
2	,620476	1,000000					
3	0	,447214	1,000000				
4	-,086631	0	,447214	1,000000			
5	0	-,173262	0	,533845	1,000000		
6	-,086631	0	,447214	0	,533845	1,000000	
7	0	,620476	0	-,086631	0	-,086631	1,000000

Z=7

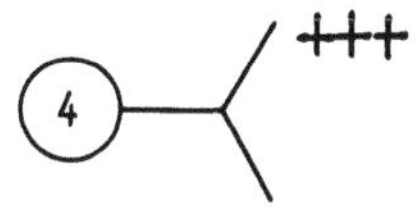

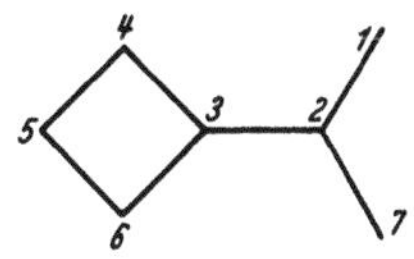

allgemeine Bindungsordnungen

	1	2	3	4	5	6	7
1	.400000						
2	.620476	1.000000					
3	.200000	.447214	.600000				
4	-.086631	0	.447214	.500000			
5	-.200000	-.173262	.400000	.533845	.600000		
6	-.086631	0	.447214	.500000	.533845	.500000	
7	.400000	.620476	.200000	-.086631	-.200000	-.086631	.400000

Atom- Atom Polarisierbarkeiten

	1	2	3	4	5	6	7
1	.371073						
2	-.122039	.303736					
3	-.026833	-.044721	.295161				
4	-.005360	.003251	-.044721	.332028			
5	-.051522	-.021438	-.107331	-.078021	.387854		
6	-.005360	.003251	-.044721	-.201817	-.078021	.332028	
7	-.159960	-.122039	-.026833	-.005360	-.051522	-.005360	.371073

Bindungs- Atom Polarisierbarkeiten

	1	2	3	4	5	6	7
1 2	.240000	0	-.040000	0	-.040000	0	-.160000
2 3	-.080000	0	.080000	0	.080000	0	-.080000
2 7	-.160000	0	-.040000	0	-.040000	0	.240000
3 4	.020000	0	.080000	.100000	-.120000	-.100000	.020000
3 6	.020000	0	.080000	-.100000	-.120000	.100000	.020000
4 5	-.020000	0	-.080000	.150000	.120000	-.150000	-.020000
5 6	-.020000	0	-.080000	-.150000	.120000	.150000	-.020000

Bindungs- Bindungs Polarisierbarkeiten

	1 2	2 3	2 7	3 4	3 6	4 5	5 6
1 2	.376397						
2 3	-.145322	.357771					
2 7	-.244078	-.145322	.376397				
3 4	.027940	-.089443	.027940	.268328			
3 6	.027940	-.089443	.027940	0	.268328		
4 5	-.021438	.055880	-.021438	-.027940	-.206825	.288361	
5 6	-.021438	.055880	-.021438	-.206825	-.027940	-.066599	.288361

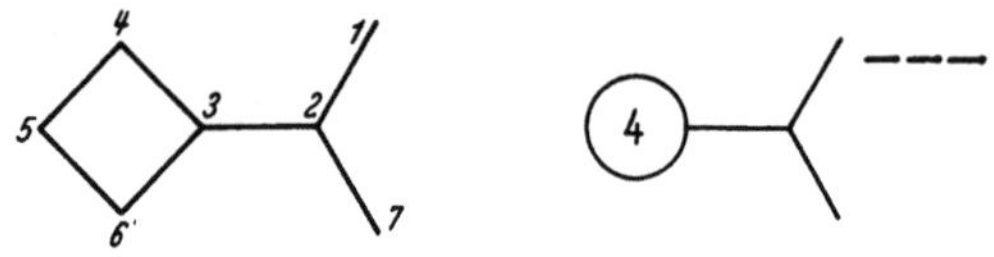

Z=7

allgemeine Bindungsordnungen

	1	2	3	4	5	6	7
1	1,600000						
2	.620476	1.000000					
3	-.200000	.447214	1,400000				
4	-.086631	0	,447214	1.500000			
5	.200000	-.173262	-,400000	.533845	1.400000		
6	-.086631	0	,447214	-.500000	.533845	1.500000	
7	-,400000	.620476	-,200000	-.086631	.200000	-.086631	1.600000

Atom- Atom Polarisierbarkeiten

	1	2	3	4	5	6	7
1	,371073						
2	-,122039	.303736					
3	-,026833	-,044721	,295161				
4	-,005360	,003251	-,044721	,332028			
5	-,051522	-,021438	-,107331	-,078021	,387654		
6	-,005360	,003251	-,044721	-,201817	-,078021	,332028	
7	-,159960	-,122039	-,026833	-,005360	-,051522	-,005360	,371073

Bindungs- Atom Polarisierbarkeiten

	1	2	3	4	5	6	7
1 2	-,240000	0	,040000	0	,040000	0	.160000
2 3	,080000	0	-,080000	0	-,080000	0	.080000
2 7	,160000	0	,040000	0	,040000	0	-,240000
3 4	-,020000	0	-,080000	-.100000	.120000	.100000	-,020000
3 6	-,020000	0	-,080000	.100000	,120000	-,100000	-,020000
4 5	,020000	0	,080000	-,150000	-,120000	,150000	,020000
5 6	,020000	0	,080000	,150000	-,120000	-,150000	,020000

Bindungs- Bindungs Polarisierbarkeiten

	1 2	2 3	2 7	3 4	3 6	4 5	5 6
1 2	,376397						
2 3	-,145322	,357771					
2 7	-,244078	-,145322	,376397				
3 4	,027940	-,089443	,027940	,268328			
3 6	,027940	-,089443	,027940	0	,268328		
4 5	-,021438	,055880	-,021438	-,027940	-,206825	,288361	
5 6	-,021438	,055880	-,021438	-,206825	-,027940	-,066599	,288361

Z=7

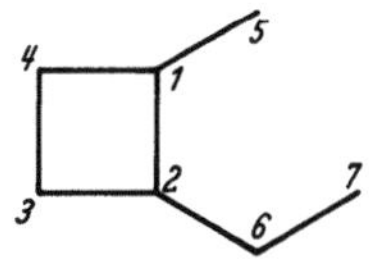

Eigenwerte und Hückelkoeffizienten

	1	2	3	4	5	6	7
1	2.276388	1.185926	.641589	.000000	-.641589	-1.185926	-2.276388
1	.503308	-.293634	-.400574	0	.400574	.293634	-.503308
2	.525094	.218520	.099292	.577350	.099292	.218520	.525094
3	.406181	-.084853	.572553	0	-.572553	.084853	-.406181
4	.399532	-.319149	.268052	-.577350	.268052	-.319149	.399532
5	.221099	-.247599	-.624347	0	-.624347	-.247599	.221099
6	.285828	.637635	-.108274	0	.108274	-.637635	-.285828
7	.125562	.537669	-.168760	-.577350	-.168760	.537669	.125562

TOTALE PI ELEKTRONEN ENERGIE 8.207806

allgemeine Bindungsordnungen

	1	2	3	4	5	6	7
1	1.000000						
2	.320691	1.000000					
3	0	.503182	1.000000				
4	.374852	0	.685673	1.000000			
5	.868165	0	-.493312	0	1.000000		
6	0	.557344	0	-.236653	-.054162	1.000000	
7	-.054162	0	-.182491	0	0	.793996	1.000000

Atom- Atom Polarisierbarkeiten

	1	2	3	4	5	6	7
1	.371648						
2	-.016411	.346549					
3	.059946	-.070112	.520351				
4	-.026574	-.077326	-.194431	.514359			
5	-.389368	.009196	-.289641	.022402	.645891		
6	.002488	-.090232	.009196	-.046995	-.001729	.385314	
7	-.001729	-.101664	-.035309	-.191435	.003250	-.258043	.584930

Bindungs- Bindungs Polarisierbarkeiten

	1 2	1 4	1 5	2 3	2 6	3 4	6 7
1 2	.470360						
1 4	-.223748	.504195					
1 5	-.087996	-.126301	.089428				
2 3	-.233704	.112887	.046740	.545450			
2 6	-.059648	.026826	.008435	-.158615	.376880		
3 4	.112887	-.280444	.073152	-.411724	.107401	.479303	
6 7	.021849	-.013415	-.003458	.098967	-.301279	-.080575	.277911

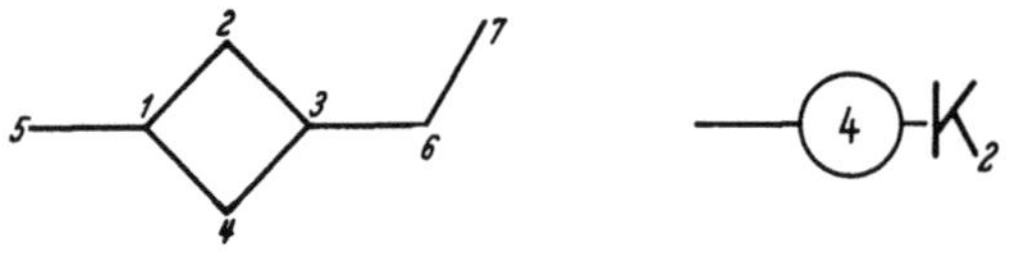

Z=7

Eigenwerte und Hückelkoeffizienten

	1	2	3	4	5	6	7
1	2.263821	1.279325	.488306	.000000	-.488306	-1.279325	-2.263821
1	.477260	.437605	-.284121	0	.284121	-.437605	-.477260
2	.434806	.108890	.221556	.707107	.221556	.108890	.434806
3	.507062	-.298299	.392309	0	-.392309	.298299	-.507062
4	.434806	.108890	.221556	-.707107	.221556	.108890	.434806
5	.210821	.342059	-.581851	0	-.581851	.342059	.210821
6	.278286	-.599401	-.251546	0	-.251546	-.599401	.278286
7	.122927	-.468529	-.515140	0	.515140	.468529	-.122927

TOTALE PI ELEKTRONEN ENERGIE 8.062904

allgemeine Bindungsordnungen

	1	2	3	4	5	6	7
1	1.000000						
2	.384434	1.000000					
3	0	.549820	1.000000				
4	.384434	0	.549820	1.000000			
5	.831238	0	-.446804	0	1.000000		
6	-.116033	0	.442451	0	0	1.000000	
7	0	-.223402	0	-.223402	.330771	.889255	1.000000

Atom- Atom Polarisierbarkeiten

	1	2	3	4	5	6	7
1	.351754						
2	-.028603	.462948					
3	.045380	-.102293	.396462				
4	-.028603	-.310274	-.102293	.462948			
5	-.350259	.029286	-.249636	.029286	.727349		
6	-.008154	.011345	-.044089	.011345	.018485	.403452	
7	.018485	-.062409	.056470	-.062409	-.204511	-.392384	.646759

Bindungs- Bindungs Polarisierbarkeiten

	1 2	1 4	1 5	2 3	3 4	3 6	6 7
1 2	.550630						
1 4	-.280608	.550630					
1 5	-.129225	-.129225	.130721				
2 3	-.303170	.143633	.072019	.568635			
3 4	.143633	-.303170	.072019	-.427989	.568635		
3 6	.045380	.045380	-.053279	-.102458	-.102458	.354273	
6 7	-.026640	-.026640	.036971	.049329	.049329	-.186837	.104486

Z=7

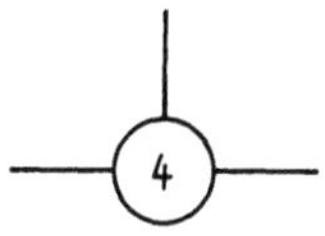

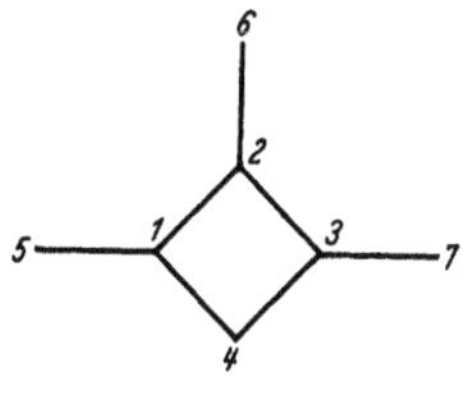

Eigenwerte und Hückelkoeffizienten

	1	2	3	4	5	6	7
1	2.334414	1.000000	.741964	.000000	-.741964	-1.000000	-2.334414
1	.476510	.500000	.151453	0	-.151453	-.500000	-.476510
2	.500000	0	-.500000	0	-.500000	0	.500000
3	.476510	-.500000	.151453	0	-.151453	.500000	-.476510
4	.408248	0	.408248	-.577350	.408248	0	.408248
5	.204124	.500000	.204124	.577350	.204124	.500000	.204124
6	.214186	0	-.673887	0	.673887	0	-.214186
7	.204124	-.500000	.204124	.577350	.204124	-.500000	.204124

TOTALE PI ELEKTRONEN ENERGIE 8.152756

allgemeine Bindungsordnungen

	1	2	3	4	5	6	7
1	1.000000						
2	.325058	1.000000					
3	0	.325058	1.000000				
4	.512730	0	.512730	1.000000			
5	.756365	0	-.243635	0	1.000000		
6	0	.888074	0	-.375344	-.187672	1.000000	
7	-.243635	0	.756365	0	0	-.187672	1.000000

Atom- Atom Polarisierbarkeiten

	1	2	3	4	5	6	7
1	.346663						
2	-.017173	.384547					
3	.021605	-.017173	.346663				
4	-.074006	.039660	-.074006	.565609			
5	-.237338	.009915	-.049665	-.154622	.640521		
6	.009915	-.409691	.009915	-.148012	-.037003	.611879	
7	-.049665	.009915	-.237338	-.154622	-.171807	-.037003	.640521

Bindungs- Bindungs Polarisierbarkeiten

	1 2	1 4	1 5	2 3	2 6	3 4	3 7
1 2	.346674						
1 4	-.110139	.420680					
1 5	-.083051	-.261678	.281690				
2 3	-.090309	.001787	.028875	.346674			
2 6	-.093836	.039660	.019830	-.093836	.068693		
3 4	.001787	-.203975	.113666	-.110139	.039660	.420680	
3 7	.028875	.113666	-.099331	-.083051	.019830	-.261678	.281690

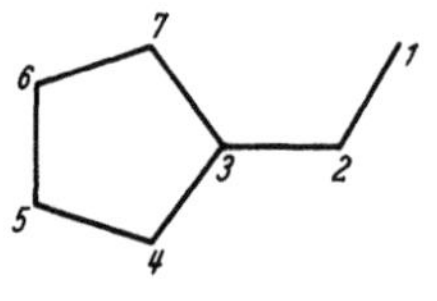

(5)-K_2 $Z=7$

Eigenwerte und Hückelkoeffizienten

	1	2	3	4	5	6	7
1	2.151538	1.268480	.618034	.420632	-.895/93	-1.618034	-1.944856
1	.146077	-.456012	0	-.575023	.622937	0	-.228062
2	.314291	-.578442	0	-.241873	-.558023	0	.443547
3	.530131	-.277730	0	.473284	-.123064	0	-.634574
4	.413153	.113073	.601501	.220476	.334131	.371748	.395304
5	.358784	.421161	.371748	-.380545	-.176249	-.601501	-.134235
6	.358784	.421161	-.371748	-.380545	-.176249	.601501	-.134235
7	.413153	.113073	-.601501	.220476	.334131	-.3/1748	.395304

TOTALE PI ELEKTRONEN ENERGIE 8.496736

allgemeine Bindungsordnungen

	1	2	3	4	5	6	7
1	.789222						
2	.758456	.925249					
3	.136027	.540057	.940344				
4	-.109200	.075561	.479591	1.139179			
5	-.060466	-.169666	-.033639	.755023	1.033413		
6	-.060466	-.169666	-.033639	-.139405	.480627	1.033413	
7	-.109200	.075561	.479591	-.308035	-.139405	.755023	1.139179

Atom- Atom Polarisierbarkeiten

	1	2	3	4	5	6	7
1	.554378						
2	-.219591	.424114					
3	-.099238	-.116792	.351831				
4	-.026720	.006143	-.063251	.578576			
5	-.091054	-.050008	-.004650	-.404349	.610036		
6	-.091054	-.050008	-.004650	.145478	-.205453	.610036	
7	-.026720	.006143	-.063251	-.235877	.145478	-.404349	.578576

Z=7 (5)-K_2

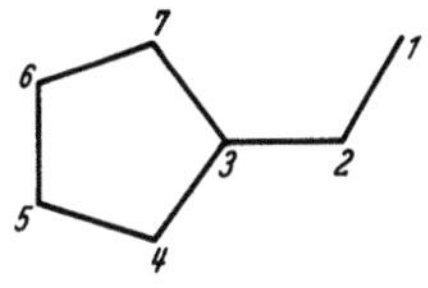

Bindungs- Atom Polarisierbarkeiten

	1	2	3	4	5	6	7
1 2	.120246	.075126	-.096959	.007964	-.057171	-.057171	.007964
2 3	-.045120	-.006051	.041586	-.017498	.022290	.022290	-.017498
3 4	-.025919	-.024661	.014646	.144651	-.173218	.161644	-.097142
3 7	-.025919	-.024661	.014646	-.097142	.161644	-.173218	.144651
4 5	.033883	.015127	.015365	-.143130	.079538	-.056489	.055705
5 6	-.091054	-.050008	-.004650	.049450	.023406	.023406	.049450
6 7	.033883	.015127	.015365	.055705	-.056489	.079538	-.143130

Bindungs- Bindungs Polarisierbarkeiten

	1 2	2 3	3 4	3 7	4 5	5 6	6 7
1 2	.319274						
2 3	-.229502	.306473					
3 4	-.002041	-.088989	.687952				
3 7	-.002041	-.088989	-.461364	.687952			
4 5	.014326	.028213	-.337424	.213440	.281186		
5 6	-.114342	.044580	-.011575	-.011575	-.155836	.404583	
6 7	.014326	.028213	.213440	-.337424	-.043906	-.155836	.281186

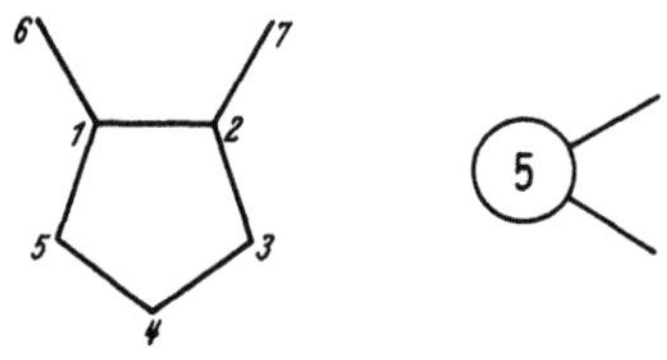

Z=7

Eigenwerte und Hückelkoeffizienten

	1	2	3	4	5	6	7
1	2.214320	1.000000	1.000000	.000000	-.539189	-1.675131	-2.000000
1	.497154	-.316228	-.408248	0	.309381	-.239001	.577350
2	.497154	-.316228	.408248	0	.309381	-.239001	-.577350
3	.379186	.316228	.408248	.500000	.097594	.496682	.288675
4	.342485	.632456	0	0	-.362003	-.593007	0
5	.379186	.316228	-.408248	-.500000	.097594	.496682	-.288675
6	.224518	-.316228	-.408248	.500000	-.573790	.142676	-.288675
7	.224518	-.316228	.408248	-.500000	-.573790	.142676	.288675

TOTALE PI ELEKTRONEN ENERGIE 8.428639

allgemeine Bindungsordnungen

	1	2	3	4	5	6	7
1	1.027657						
2	.360990	1.027657					
3	-.156306	.510361	1.070897				
4	-.059464	-.059464	.659731	1.034592			
5	.510361	-.156306	-.095769	.659731	1.070897		
6	.756573	.089906	-.113066	-.246212	.053601	.884150	
7	.089906	.756573	.053601	-.246212	-.113066	-.282517	.884150

Atom- Atom Polarisierbarkeiten

	1	2	3	4	5	6	7
1	.334711						
2	-.021958	.334711					
3	-.017775	-.065983	.453535				
4	.012942	.012942	-.152446	.411301			
5	-.065983	-.017775	-.052505	-.152446	.453535		
6	-.246235	.004298	-.132994	-.066147	-.031831	.771991	
7	.004298	-.246235	-.031831	-.066147	-.132994	-.299083	.771991

Z=7 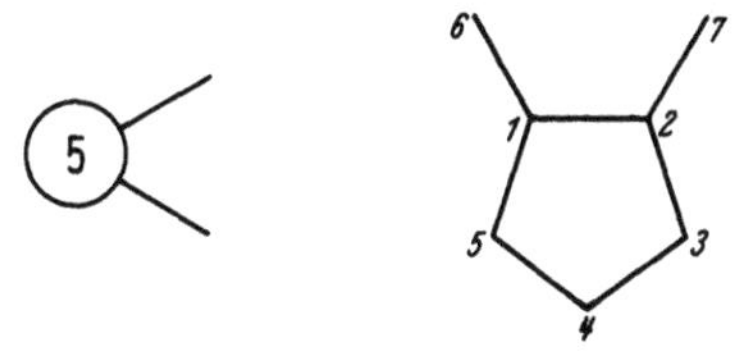

Bindungs- Atom Polarisierbarkeiten

	1	2	3	4	5	6	7
1 2	.008228	.008228	.032195	.012942	.032195	-.046894	-.046894
1 5	.002368	.009304	.010004	.014052	.003068	-.001245	-.037550
1 6	-.021182	-.009926	-.029451	-.015786	-.025130	.026957	.074518
2 3	.009304	.002368	.003068	.014052	.010004	-.037550	-.001245
2 7	-.009926	-.021182	-.025130	-.015786	-.029451	.074518	.026957
3 4	.003444	.007764	-.019123	-.004737	.028438	.008099	-.023885
4 5	.007764	.003444	.028438	-.004737	-.019123	-.023885	.008099

Bindungs- Bindungs Polarisierbarkeiten

	1 2	1 5	1 6	2 3	2 7	3 4	4 5
1 2	.312753						
1 5	-.062402	.374073					
1 6	-.105182	-.246072	.264103				
2 3	-.062402	-.031230	.052669	.374073			
2 7	-.105182	.052669	.008596	-.246072	.264103		
3 4	.011208	.105851	-.088220	-.192890	.114105	.350518	
4 5	.011208	-.192890	.114105	.105851	-.088220	-.300572	.350518

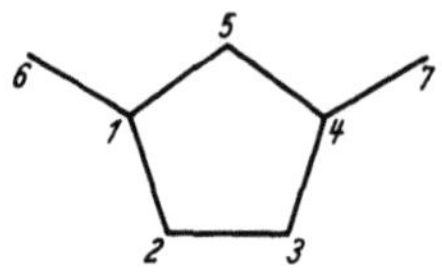

Z=7

Eigenwerte und Hückelkoeffizienten

	1	2	3	4	5	6	7
1	2.198691	1.246980	.713538	.000000	-.445042	-1.801938	-1.912229
1	.464585	.521121	.161888	0	-.231921	-.417907	-.507891
2	.387577	.231921	-.565127	0	-.417907	.521121	.174399
3	.387577	-.231921	-.565127	0	.417907	-.521121	.174399
4	.464585	-.521121	.161888	0	.231921	.417907	-.507891
5	.422602	0	.453760	-.577350	0	0	.531203
6	.211301	.417907	.226880	.577350	.521121	.231921	.265601
7	.211301	-.417907	.226880	.577350	-.521121	-.231921	.265601

TOTALE PI ELEKTRONEN ENERGIE 8.318418

allgemeine Bindungsordnungen

	1	2	3	4	5	6	7
1	1.027228						
2	.418869	1.046744					
3	-.064566	.831595	1.046744				
4	-.059040	-.064566	.418869	1.027228			
5	.539585	-.185283	-.185283	.539585	1.102314		
6	.705352	.101201	-.286484	-.165767	.051157	.874870	
7	-.165767	-.286484	.101201	.705352	.051157	.176287	.874870

Atom- Atom Polarisierbarkeiten

	1	2	3	4	5	6	7
1	.317321						
2	-.035302	.473648					
3	.015275	-.352421	.473648				
4	.005132	.015275	-.035302	.317321			
5	-.081731	-.021425	-.021425	-.081731	.482442		
6	-.195994	.020471	-.100246	-.024701	-.138065	.828350	
7	-.024701	-.100246	.020471	-.195994	-.138065	-.389816	.828350

Z=7  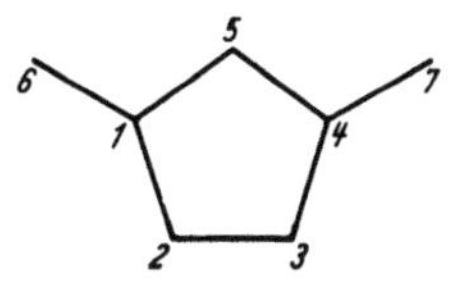

Bindungs- Atom Polarisierbarkeiten

	1	2	3	4	5	6	7
1 2	.005930	.010488	.024477	.008867	.045230	-.044/33	-.050259
1 5	.001125	.014666	.009139	.009588	-.005959	.013506	-.042064
1 6	-.018819	-.015558	-.021084	-.010356	-.028558	.012408	.081967
2 3	.003665	-.022127	-.022127	.003665	-.021425	.029175	.029175
3 4	.008867	.024477	.010488	.005930	.045230	-.050259	-.044733
4 5	.009588	.009139	.014666	.001125	-.005959	-.042064	.013506
4 7	-.010356	-.021084	-.015558	-.018819	-.028558	.081967	.012408

Bindungs- Bindungs Polarisierbarkeiten

	1 2	1 5	1 6	2 3	3 4	4 5	4 7
1 2	.342739						
1 5	-.087078	.370597					
1 6	-.131050	-.253024	.313364				
2 3	-.144865	.023805	.060447	.121227			
3 4	.036076	.014075	-.029897	-.144865	.342/39		
4 5	.014075	-.157936	.089562	.023805	-.087078	.3/0597	
4 7	-.029897	.089562	-.049401	.060447	-.131050	-.253024	.313364

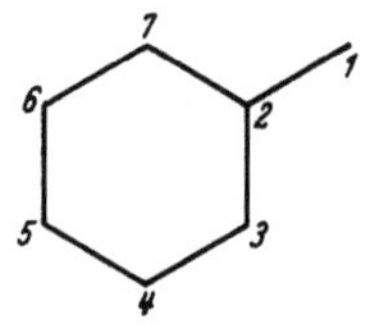

(6)—

Z=7

Eigenwerte und Hückelkoeffizienten

	1	2	3	4	5	6	7
1	2.101003	1.259280	1.000000	.000000	-1.000000	-1.259280	-2.101003

	1	2	3	4	5	6	7
1	.237982	.397052	0	-.755929	0	.397052	.237982
2	.500000	.500000	0	0	0	-.500000	-.500000
3	.406260	.116294	.500000	.377964	.500000	.116294	.406260
4	.353553	-.353553	.500000	0	-.500000	.353553	-.353553
5	.336557	-.561517	0	-.377964	0	-.561517	.336557
6	.353553	-.353553	-.500000	0	.500000	.353553	-.353553
7	.406260	.116294	-.500000	.377964	-.500000	.116294	.406260

TOTALE PI ELEKTRONEN ENERGIE 8.720566

allgemeine Bindungsordnungen

	1	2	3	4	5	6	7
1	1.000000						
2	.635034	1.000000					
3	0	.522554	1.000000				
4	-.112480	0	.705037	1.000000			
5	0	-.224960	0	.635034	1.000000		
6	-.112480	0	-.294963	0	.635034	1.000000	
7	0	.522554	0	-.294963	0	.705037	1.000000

Atom- Atom Polarisierbarkeiten

	1	2	3	4	5	6	7
1	.411548						
2	-.132314	.307555					
3	-.071584	-.072768	.468839				
4	-.009917	.004981	-.189504	.393163			
5	-.116232	-.039667	-.004244	-.132314	.429014		
6	-.009917	.004981	-.077024	.010615	-.132314	.393163	
7	-.071584	-.072768	-.053715	-.077024	-.004244	-.189504	.468839

Bindungs- Bindungs Polarisierbarkeiten

	1 2	2 3	2 7	3 4	4 5	5 6	6 7
1 2	.370407						
2 3	-.195165	.307015					
2 7	-.195165	-.075533	.307015				
3 4	.049629	-.160434	.064526	.256026			
4 5	-.039667	.099798	-.040208	-.245334	.300403		
5 6	-.039667	-.040208	.099798	.119632	-.194624	.300403	
6 7	.049629	.064526	-.160434	-.084045	.119632	-.245334	.256026

Z=7

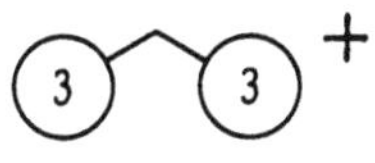

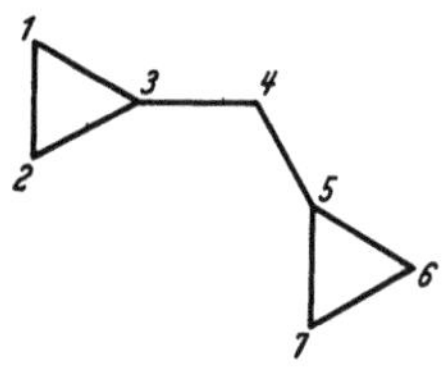

Eigenwerte und Hückelkoeffizienten

	1	2	3	4	5	6	7
1	2.342923	2.000000	.470683	-1.000000	-1.000000	-1.000000	-1.813607
1	.334805	.408248	.322430	.500000	.500000	.288675	.184240
2	.334805	.408248	.322430	-.500000	-.500000	.288675	.184240
3	.449618	.408248	-.170668	0	0	-.577350	-.518379
4	.383909	0	-.725190	0	0	0	.571655
5	.449618	-.408248	-.170668	0	0	.577350	-.518379
6	.334805	-.408248	.322430	.500000	-.500000	-.288675	.184240
7	.334805	-.408248	.322430	-.500000	.500000	-.288675	.184240

TOTALE PI ELEKTRONEN ENERGIE 9.627213

allgemeine Bindungsordnungen

	1	2	3	4	5	6	7
1	.765445						
2	.765445	.765445					
3	.524345	.524345	.795900				
4	-.210643	-.210643	.592668	1.346421			
5	-.142321	-.142321	.129234	.592668	.795900		
6	.098778	.098778	-.142321	-.210643	.524345	.765445	
7	.098778	.098778	-.142321	-.210643	.524345	.765445	.765445

Atom- Atom Polarisierbarkeiten

	1	2	3	4	5	6	7
1	.388587						
2	-.250519	.388587					
3	-.063441	-.063441	.294069				
4	-.030099	-.030099	-.113435	.347267			
5	-.019898	-.019898	-.013956	-.113435	.294069		
6	-.012315	-.012315	-.019898	-.030099	-.063441	.388587	
7	-.012315	-.012315	-.019898	-.030099	-.063441	-.250519	.388587

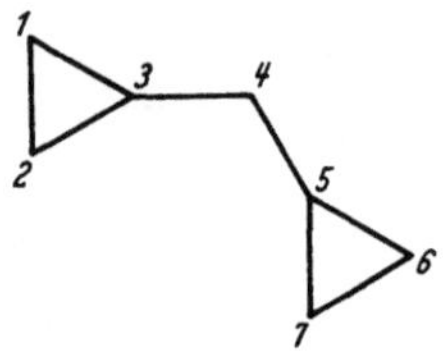

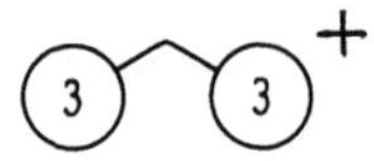

Z = 7

Bindungs- Atom Polarisierbarkeiten

	1	2	3	4	5	6	7
1 2	.069034	.069034	-.063441	-.030099	-.019898	-.012315	-.012315
1 3	.002037	-.124302	.006766	.062502	.019854	.016572	.016572
2 3	-.124302	.002037	.006766	.062502	.019854	.016572	.016572
3 4	.065590	.065590	.079666	-.094905	-.049567	-.033188	-.033188
4 5	-.033188	-.033188	-.049567	-.094905	.079666	.065590	.065590
5 6	.016572	.016572	.019854	.062502	.006766	.002037	-.124302
5 7	.016572	.016572	.019854	.062502	.006766	-.124302	.002037
6 7	-.012315	-.012315	-.019898	-.030099	-.063441	.069034	.069034

Bindungs- Bindungs Polarisierbarkeiten

	1 2	1 3	2 3	3 4	4 5	5 6	5 7	6 7
1 2	.138068							
1 3	-.122265	.271124						
2 3	-.122265	-.000544	.271124					
3 4	.131181	-.193254	-.193254	.365797				
4 5	-.066375	.091388	.091388	-.226870	.365797			
5 6	.033143	-.039796	-.039796	.091388	-.193254	.271124		
5 7	.033143	-.039796	-.039796	.091388	-.193254	-.000544	.271124	
6 7	-.024629	.033143	.033143	-.066375	.131181	-.122265	-.122265	.138068

Z=7

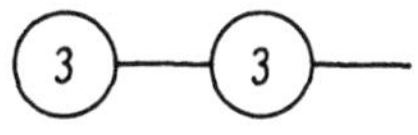

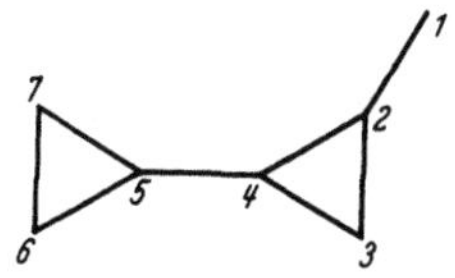

Eigenwerte und Hückelkoeffizienten

	1	2	3	4	5	6	7
1	2.476347	1.840827	.353734	-.502315	-1.000000	-1.382275	-1.786318
1	.172020	-.234827	.783221	-.228145	0	-.446512	.224518
2	.425980	-.432275	.277052	.114601	0	.617202	-.401061
3	.376497	-.349614	-.301512	.573012	0	-.550836	-.115530
4	.506358	-.211303	-.383706	-.402433	0	.144205	.607433
5	.451439	.392916	-.111270	-.485465	0	-.265697	-.568478
6	.305781	.467297	.172173	.323145	.707107	.111531	.204025
7	.305781	.467297	.172173	.323145	-.707107	.111531	.204025

TOTALE PI ELEKTRONEN ENERGIE 8.839500

allgemeine Bindungsordnungen

	1	2	3	4	5	6	7
1	1.448387						
2	.757413	.903290					
3	-.309303	.521618	1.038122				
4	-.235794	.355347	.529818	1.058508			
5	-.092763	-.072377	-.145885	.571887	.976799		
6	.081709	-.011054	-.015154	-.149985	.448110	.787447	
7	.081709	-.011054	-.015154	-.149985	.448110	.787447	.787447

Atom- Atom Polarisierbarkeiten

	1	2	3	4	5	6	7
1	.469577						
2	-.242996	.331695					
3	-.095250	-.090667	.528515				
4	-.072328	-.007903	-.117151	.412709			
5	-.021033	.004692	-.125130	-.165378	.381325		
6	-.018985	.002590	-.050158	-.024974	-.037238	.525522	
7	-.018985	.002590	-.050158	-.024974	-.037238	-.396757	.525522

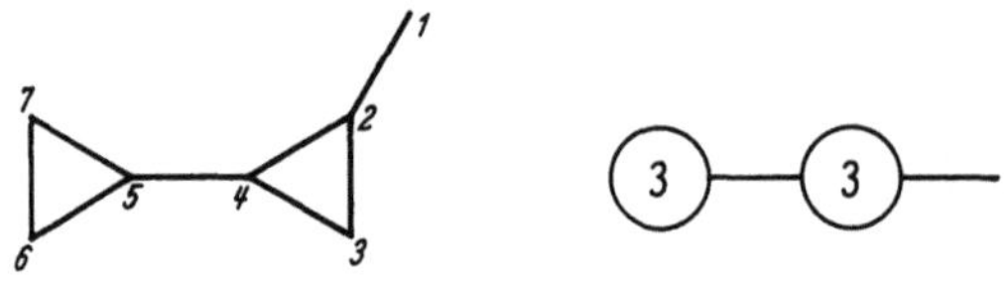

Z=7

Bindungs- Atom Polarisierbarkeiten

	1	2	3	4	5	6	7
1 2	-.209064	.053769	.120513	.034937	-.004793	.002319	.002319
2 3	.150504	.001714	-.122022	-.021214	-.006421	-.001281	-.001281
2 4	.112329	-.048528	-.013894	-.062751	.018786	-.002971	-.002971
3 4	-.029991	-.017117	-.049272	-.074080	.121254	.024603	.024603
4 5	-.047400	.016616	-.032129	.008671	.008043	.023099	.023099
5 6	.021304	-.004522	.073481	.069706	-.049815	-.122492	.012339
5 7	.021304	-.004522	.073481	.069706	-.049815	.012339	-.122492
6 7	-.018985	.002590	-.050158	-.024974	-.037238	.064383	.064383

Bindungs- Bindungs Polarisierbarkeiten

	1 2	2 3	2 4	3 4	4 5	5 6	5 7	6 7
1 2	.271420							
2 3	-.261335	.401607						
2 4	-.104109	-.095557	.400864					
3 4	.080001	-.089110	-.103752	.356839				
4 5	.008302	.043359	-.087505	-.082990	.241132			
5 6	.000541	.001798	-.002000	-.105097	-.084248	.508465		
5 7	.000541	.001798	-.002000	-.105097	-.084248	-.209308	.508465	
6 7	.004638	-.002561	-.005942	.049206	.046199	-.110153	-.110153	.128766

Z=7

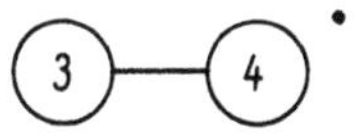

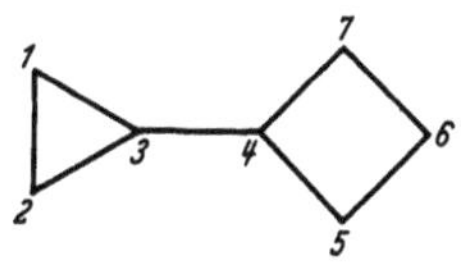

Eigenwerte und Hückelkoeffizienten

	1	2	3	4	5	6	7
1	2,378543	1,779457	,187173	,000000	-1,000000	-1,150120	-2,195053
1	,367393	,413914	,286596	0	,707107	,314860	,111461
2	,367393	,413914	,286596	0	-,707107	,314860	,111461
3	,506468	,322628	-,232953	0	0	-,676987	-,356123
4	,469868	-,253725	-,616794	0	0	,148896	,558787
5	,305567	-,387061	,058753	,707107	0	,252869	-,435222
6	,256936	-,435032	,627791	0	0	-,439726	,396548
7	,305567	-,387061	,058753	-,707107	0	,252869	-,435222

TOTALE PI ELEKTRONEN ENERGIE 8,690346

allgemeine Bindungsordnungen

	1	2	3	4	5	6	7
1	,776879						
2	,776879	,776879					
3	,505700	,505700	,829730				
4	-,218329	-,218329	,599596	1,331174			
5	-,062216	-,062216	,032393	,411090	,993278		
6	,188505	,188505	-,312938	-,312224	,567559	1,298781	
7	-,062216	-,062216	,032393	,411090	-,006722	,567559	,993278

Atom- Atom Polarisierbarkeiten

	1	2	3	4	5	6	7
1	,409594						
2	-,273519	,409594					
3	-,048604	-,048604	,326086				
4	-,038003	-,038003	-,132280	,312702			
5	-,001587	-,001587	,004102	-,032681	,349413		
6	-,046294	-,046294	-,104802	-,039054	-,099514	,435472	
7	-,001587	-,001587	,004102	-,032681	-,218146	-,099514	,349413

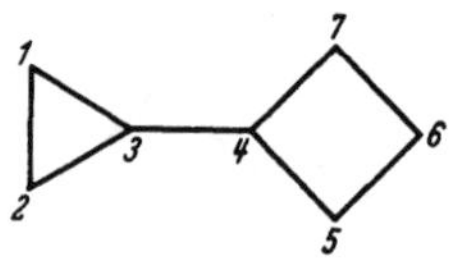

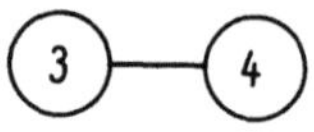

Z=7

Bindungs- Atom Polarisierbarkeiten

	1	2	3	4	5	6	7
1 2	.068037	.068037	-.048604	-.038003	-.001587	-.046294	-.001587
1 3	-.018298	-.112064	-.015687	.074247	-.000286	.072374	-.000286
2 3	-.112064	-.018298	-.015687	.074247	-.000286	.072374	-.000286
3 4	.066071	.066071	.086152	-.099800	-.002515	-.113464	-.002515
4 5	-.014913	-.014913	-.018729	-.053620	-.079472	.105007	.076641
4 7	-.014913	-.014913	-.018729	-.053620	.076641	.105007	-.079472
5 6	.013040	.013040	.015642	.048275	.078448	-.097502	-.070943
6 7	.013040	.013040	.015642	.048275	-.070943	-.097502	.078448

Bindungs- Bindungs Polarisierbarkeiten

	1 2	1 3	2 3	3 4	4 5	4 7	5 6	6 7
1 2	.136075							
1 3	-.130362	.314725						
2 3	-.130362	-.003442	.314725					
3 4	.132141	-.196186	-.196186	.335036				
4 5	-.029826	.040060	.040060	-.118668	1.301707			
4 7	-.029826	.040060	.040060	-.118668	-1.021343	1.30170/		
5 6	.026080	-.032428	-.032428	.081265	-1.061975	.849985	1.324510	
6 7	.026080	-.032428	-.032428	.081265	.849985	-1.061975	-1.155008	1.324510

Z=7

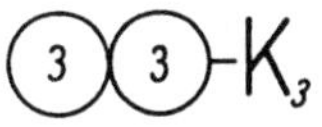

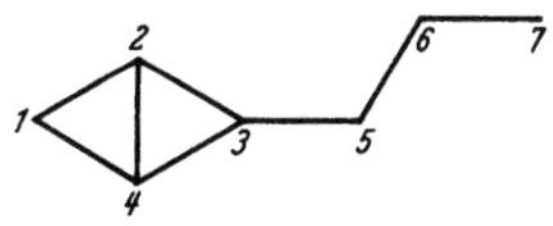

Eigenwerte und Hückelkoeffizienten

	1	2	3	4	5	6	7
1	2.658250	1.487735	.479841	-.428962	-1.000000	-1.285284	-1.911580
1	.397106	.216198	.423404	-.573622	0	-.429444	-.320672
2	.527804	.160823	.101583	.123031	.707107	.275979	.306495
3	.478125	-.137759	-.476243	.397815	0	-.201246	-.571712
4	.527804	.160823	.101583	.123031	-.707107	.275979	.306495
5	.215367	-.526595	-.431688	-.416710	0	-.293299	.479884
6	.094374	-.645675	.269102	-.219062	0	.578219	-.345625
7	.035502	-.433998	.560814	.510679	0	-.449876	.180806

TOTALE PI ELEKTRONEN ENERGIE 8.822691

allgemeine Bindungsordnungen

	1	2	3	4	5	6	7
1	1.096454						
2	.504176	.644657					
3	-.311316	.412589	1.107034				
4	.504176	.644657	.412589	.644657			
5	-.183174	-.081007	.596435	-.081007	1.193726		
6	.149302	-.080336	-.075322	-.080336	.579617	1.044424	
7	.022502	.074651	-.177489	.074651	-.224624	.757106	1.269048

Atom- Atom Polarisierbarkeiten

	1	2	3	4	5	6	7
1	.534386						
2	-.061746	.275173					
3	-.086560	-.042569	.418326				
4	-.061746	-.151922	-.042569	.275173			
5	-.096390	.003011	-.162762	.003011	.446571		
6	-.054834	-.008237	.014065	-.008237	-.125440	.406950	
7	-.173109	-.013708	-.097930	-.013708	-.068001	-.224268	.590726

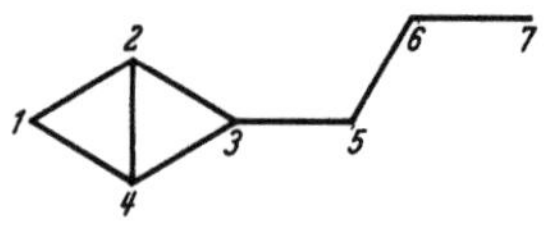

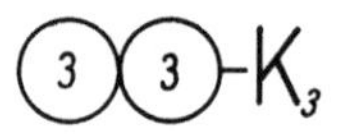

Z=7

Bindungs- Atom Polarisierbarkeiten

	1	2	3	4	5	6	7
1 2	-.076132	.011558	.082262	-.065523	-.010425	.024743	.033517
1 4	-.076132	-.065523	.082262	.011558	-.010425	.024743	.033517
2 3	.083913	.055444	-.050125	-.085037	.016975	-.013734	-.007437
2 4	-.061746	.061625	-.042569	.061625	.003011	-.008237	-.013708
3 4	.083913	-.085037	-.050125	.055444	.016975	-.013734	-.007437
3 5	-.003304	.019160	-.032168	.019160	-.049985	.037932	.009205
5 6	-.017547	-.009600	.016132	-.009600	-.081011	-.004056	.105681
6 7	.067034	.012372	-.005668	.012372	.114886	-.047657	-.153338

Bindungs- Bindungs Polarisierbarkeiten

	1 2	1 4	2 3	2 4	3 4	3 5	5 6	6 7
1 2	.599741							
1 4	-.342550	.599741						
2 3	-.376357	.215921	.483108					
2 4	-.053965	-.053965	-.029592	.123250				
3 4	.215921	-.376357	-.240797	-.029592	.483108			
3 5	-.009841	-.009841	-.080178	.038319	-.080178	.270911		
5 6	.021885	.021885	.014278	-.019199	.014278	-.130089	.328738	
6 7	-.054834	-.054834	.013616	.024743	.013616	.000898	-.251777	.308571

Z=7

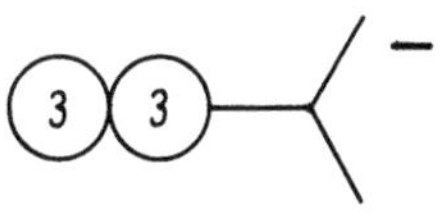

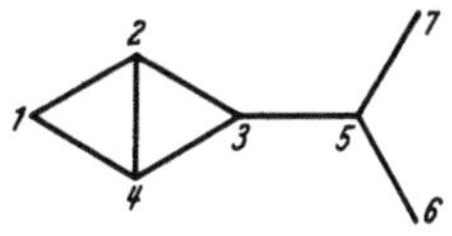

Eigenwerte und Hückelkoeffizienten

	1	2	3	4	5	6	7
1	2.675131	1.539189	.000000	.000000	-1.000000	-1.214320	-2.000000
1	.387863	.272129	0	.632456	0	.546429	.277350
2	.518792	.209429	0	0	.707107	-.331770	-.277350
3	.481182	-.159207	0	-.632456	0	.188215	.554700
4	.518792	.209429	0	0	-.707107	-.331770	-.277350
5	.249640	-.663909	0	0	0	.434986	-.554700
6	.093319	-.431337	.707107	.316228	0	-.358214	.277350
7	.093319	-.431337	-.707107	.316228	0	-.358214	.277350

TOTALE PI ELEKTRONEN ENERGIE 8.428639

allgemeine Bindungsordnungen

	1	2	3	4	5	6	7
1	1.248984						
2	.516424	.626011					
3	-.513385	.432581	1.313765				
4	.516424	.626011	.432581	.626011			
5	-.167686	-.019062	.451642	-.019062	1.006189		
6	.237631	-.083843	-.172850	-.083843	.619328	1.589519	
7	.237631	-.083843	-.172850	-.083843	.619328	-.410481	1.589519

Atom- Atom Polarisierbarkeiten

	1	2	3	4	5	6	7
1	.549613						
2	-.070723	.240023					
3	-.228288	-.040068	.372338				
4	-.070723	-.122008	-.040068	.240023			
5	-.020045	.002799	-.045695	.002799	.302970		
6	-.079917	-.005011	-.009109	-.005011	-.121414	.398494	
7	-.079917	-.005011	-.009109	-.005011	-.121414	-.178032	.398494

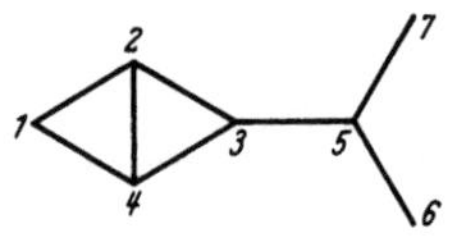

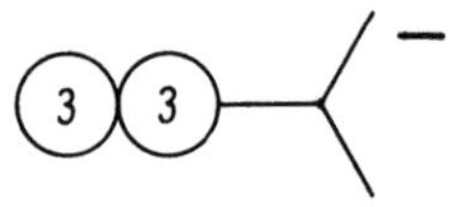

Z=7

Bindungs- Atom Polarisierbarkeiten

	1	2	3	4	5	6	7
1 2	-.129794	.060612	.114375	-.093781	-.002193	.025391	.025391
1 4	-.129794	-.093781	.114375	.060612	-.002193	.025391	.025391
2 3	.167349	.040864	-.097952	-.068723	.001414	-.021476	-.021476
2 4	-.070723	.059007	-.040068	.059007	.002799	-.005011	-.005011
3 4	.167349	-.068723	-.097952	.040864	.001414	-.021476	-.021476
3 5	-.105948	.004213	-.053671	.004213	.004395	.073399	.073399
5 6	.050781	-.001096	.030447	-.001096	-.002818	-.243349	.167132
5 7	.050781	-.001096	.030447	-.001096	-.002818	.167132	-.243349

Bindungs- Bindungs Polarisierbarkeiten

	1 2	1 4	2 3	2 4	3 4	3 5	5 6	5 7
1 2	.586864							
1 4	-.353333	.586864						
2 3	-.472060	.260500	.609137					
2 4	-.033169	-.033169	-.027859	.118015				
3 4	.260500	-.472060	-.336829	-.027859	.609137			
3 5	.051287	.051287	-.088563	.008426	-.088563	.360252		
5 6	-.020045	-.020045	.027836	-.002193	.027836	-.147064	.376501	
5 7	-.020045	-.020045	.027836	-.002193	.027836	-.147064	-.242827	.376501

Z=7

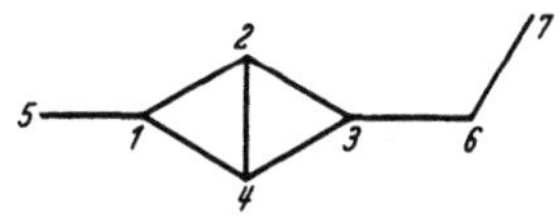

Eigenwerte und Hückelkoeffizienten

	1	2	3	4	5	6	7
1	2.720917	1.300850	.584343	-.393796	-1.000000	-1.253747	-1.958568
1	.439789	.369257	-.378940	.195925	0	-.510/26	-.476877
2	.517499	.098245	.213529	.210188	.707107	.116481	.345256
3	.450783	-.339700	.290185	-.488884	0	.248208	-.544588
4	.517499	.098245	.213529	.210188	-.707107	.116481	.345256
5	.161633	.283858	-.648488	-.497530	0	.407360	.243482
6	.191546	-.638389	-.257489	-.227855	0	-.544151	.376099
7	.070398	-.490747	-.440648	.578613	0	.434020	-.192028

TOTALE PI ELEKTRONEN ENERGIE 8.818425

allgemeine Bindungsordnungen

	1	2	3	4	5	6	7
1	.985108						
2	.407088	.690282					
3	-.170085	.420980	1.044626				
4	.407088	.690282	.420980	.690282			
5	.745799	-.158452	-.180260	-.158452	1.302012		
6	-.152476	-.085043	.568368	-.085043	.146819	1.0/2979	
7	.146819	-.090130	-.141732	-.090130	.027783	.748628	1.214711

Atom- Atom Polarisierbarkeiten

	1	2	3	4	5	6	7
1	.371649						
2	-.038330	.345570					
3	.009020	-.045522	.397552				
4	-.038330	-.219969	-.045522	.345570			
5	-.231014	-.019881	-.096493	-.019881	.578396		
6	-.026088	.002255	-.127676	.002255	-.046907	.410911	
7	-.046907	-.024123	-.091361	-.024123	-.164219	-.214751	.565484

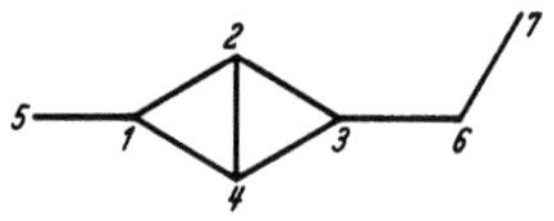

Z=7

Bindungs- Atom Polarisierbarkeiten

	1	2	3	4	5	6	7
1 2	-.016241	.032389	.032148	-.087266	.063936	-.018284	-.006683
1 4	-.016241	-.087266	.032148	.032389	.063936	-.018284	-.006683
1 5	-.012604	.039138	-.023201	.039138	-.140476	.042320	.055686
2 3	.038832	-.026124	-.027888	-.031211	-.004917	.026302	.025006
2 4	-.038330	.062801	-.045522	.062801	-.019881	.002255	-.024123
3 4	.038832	-.031211	-.027888	-.026124	-.004917	.026302	.025006
3 6	-.036567	.016074	-.039469	.016074	-.013367	.007596	.049658
6 7	.042320	-.005800	.099670	-.005800	.055686	-.068209	-.117867

Bindungs- Bindungs Polarisierbarkeiten

	1 2	1 4	1 5	2 3	2 4	3 4	3 6	6 7
1 2	.360421							
1 4	-.106653	.360421						
1 5	-.143136	-.143136	.283771					
2 3	-.192445	.106851	-.011799	.474496				
2 4	-.054877	-.054877	.078275	-.057335	.125601			
3 4	.106851	-.192445	-.011799	-.235603	-.057335	.4/4496		
3 6	.009020	.009020	.041639	-.079456	.032148	-.079456	.313017	
6 7	.020820	.020820	-.093814	-.004709	-.011600	-.004709	-.245934	.319127

Z=7 K_2-(3)(4)

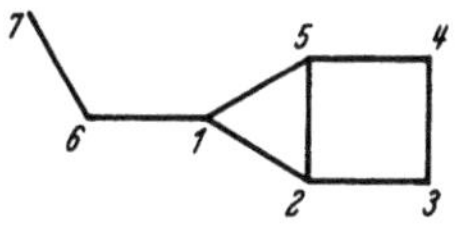

Eigenwerte und Hückelkoeffizienten

	1	2	3	4	5	6	7
1	2.577225	1.292005	.521948	.000000	-.667698	-1.723480	-2.000000
1	.477170	-.323539	.364369	0	-.351553	-.641310	0
2	.505905	.103281	.225787	.500000	.329148	.272168	.500000
3	.320756	.353697	-.472307	.500000	-.197367	-.099934	-.500000
4	.320756	.353697	-.472307	-.500000	-.197367	-.099934	.500000
5	.505905	.103281	.225787	-.500000	.329148	.272168	-.500000
6	.217964	-.624576	-.261393	0	-.423565	.560949	0
7	.084573	-.483416	-.500802	0	.634366	-.325475	0

TOTALE PI ELEKTRONEN ENERGIE 8.782356

allgemeine Bindungsordnungen

	1	2	3	4	5	6	7
1	.930265						
2	.580513	.885173					
3	-.266947	.434323	1.152119				
4	-.266947	-.065677	.652119	1.152119			
5	.580513	.385173	-.065677	.434323	.885173		
6	.421674	-.026514	-.055079	-.055079	-.026514	1.011858	
7	.028566	-.240433	.185353	.185353	-.240433	.902539	.983293

Atom- Atom Polarisierbarkeiten

	1	2	3	4	5	6	7
1	.357738						
2	-.115582	.427625					
3	-.063517	-.174640	.576252				
4	-.063517	.060037	-.349881	.576252			
5	-.115582	-.141589	.060037	-.174640	.427625		
6	-.037369	.013615	.004665	.004665	.013615	.409601	
7	.037829	-.069466	-.052917	-.052917	-.069466	-.408791	.615726

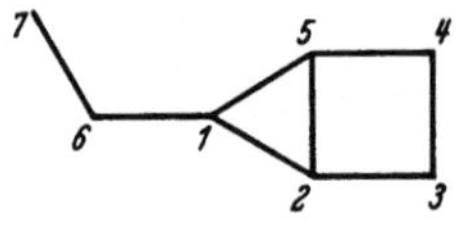

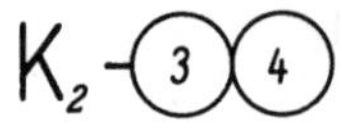

Z=7

Bindungs- Atom Polarisierbarkeiten

	1	2	3	4	5	6	7
1 2	-.007207	.005464	.002271	.041608	-.045172	.000926	.002109
1 5	-.007207	-.045172	.041608	.002271	.005464	.000926	.002109
1 6	.018177	.008599	-.015717	-.015717	.008599	.008301	-.012242
2 3	.091679	-.016860	-.019131	-.075523	-.033914	-.009775	.063524
2 5	-.115582	.018018	.067699	.067699	.018018	.013615	-.069466
3 4	-.063517	.067699	-.011814	-.011814	.067699	.004665	-.052917
4 5	.091679	-.033914	-.075523	-.019131	-.016860	-.009775	.063524
6 7	-.008023	-.003833	.010607	.010607	-.003833	-.008883	.003358

Bindungs- Bindungs Polarisierbarkeiten

	1 2	1 5	1 6	2 3	2 5	3 4	4 5	6 7
1 2	.338050							
1 5	-.219866	.338050						
1 6	-.101765	-.101765	.346936					
2 3	-.172807	.105438	.019563	.359057				
2 5	-.039708	-.039708	.017198	-.050774	.286036			
3 4	.043879	.043879	-.031434	-.094654	-.114602	.226371		
4 5	.105438	-.172807	.019563	-.153939	-.050774	-.094654	.359057	
6 7	.046779	.046779	-.168296	-.011884	-.007666	.021214	-.011884	.084958

Z=7 (3)(4)-K_2

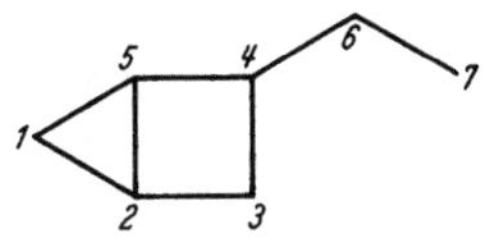

Eigenwerte und Hückelkoeffizienten

	1	2	3	4	5	6	7
1	2.551604	1.371962	.518482	.000000	-1.000000	-1.265851	-2.176197
1	.393408	.327814	.427196	0	-.500000	-.551980	-.024292
2	.493643	.293115	.018363	-.447214	0	.557671	-.398830
3	.355997	-.082305	-.620805	-.447214	0	-.295002	.440531
4	.414720	-.406034	-.340240	.447214	0	-.184243	-.559852
5	.510178	.156633	.203130	.447214	.500000	.141053	.451693
6	.192027	-.631392	.241266	0	-.500000	.387173	.326125
7	.075258	-.460211	.465332	-.447214	.500000	-.305860	-.149860

TOTALE PI ELEKTRONEN ENERGIE 8.884096

allgemeine Bindungsordnungen

	1	2	3	4	5	6	7
1	.889456						
2	.596270	.859875					
3	-.304267	.480422	1.237813				
4	-.230597	-.041077	.584560	1.105239			
5	.677662	.402975	-.114748	.357739	.852154		
6	-.056732	-.171694	-.058903	.507832	.096159	.987479	
7	.155062	.021601	-.248422	-.080504	-.078333	.834588	1.067983

Atom- Atom Polarisierbarkeiten

	1	2	3	4	5	6	7
1	.433083						
2	-.110150	.359464					
3	-.076305	-.111001	.603293				
4	-.039375	.003439	-.248214	.413814			
5	-.176800	-.069303	.044242	-.093809	.405455		
6	.002797	-.021154	.005952	-.063380	-.008246	.393067	
7	-.033250	-.051294	-.217968	.027525	-.101539	-.309036	.685562

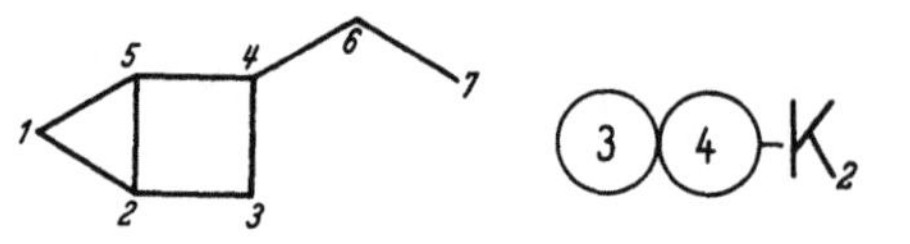

Z=7

Bindungs- Atom Polarisierbarkeiten

	1	2	3	4	5	6	7
1 2	-.004336	.006157	.005905	.039482	-.067661	-.004738	.025192
1 5	.005307	-.046999	.041419	-.013406	.029441	-.000029	-.015733
2 3	.102075	.028071	.027163	-.069263	.020544	-.012087	-.096504
2 5	-.138582	-.009246	.033000	.045295	-.022717	.014434	.077815
3 4	-.054752	.037997	-.088933	.010333	.030738	.016669	.047947
4 5	.095054	-.013589	-.023137	-.002708	.014590	-.019340	-.050870
4 6	-.014227	-.008894	.053141	-.044993	-.016147	-.007063	.038182
6 7	.009459	.006503	-.048558	.035259	.011213	.012153	-.026029

Bindungs- Bindungs Polarisierbarkeiten

	1 2	1 5	2 3	2 5	3 4	4 5	4 6	6 7
1 2	.353481							
1 5	-.254676	.301574						
2 3	-.229877	.158343	.433171					
2 5	-.019441	-.060765	-.115622	.312494				
3 4	.073874	-.003858	-.149005	-.068824	.262885			
4 5	.090077	-.152995	-.120893	-.062249	-.054504	.344872		
4 6	-.066482	.059825	.096751	.036889	-.145339	-.097747	.381072	
6 7	.053042	-.047448	-.072867	-.022483	.084771	.053439	-.264970	.216516

Z=7

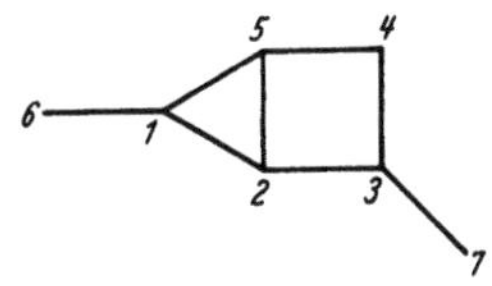

Eigenwerte und Hückelkoeffizienten

	1	2	3	4	5	6	7
1	2.609496	1.259785	.446847	.000000	-.608381	-1.5/1054	-2.136694
1	.447802	.467318	.219360	0	-.136625	-.716481	-.030937
2	.504457	.054597	.039228	.577350	.321391	.281124	.474707
3	.376103	-.561709	.230283	0	.403940	-.113635	-.560284
4	.332853	-.316353	-.451678	-.577350	.096819	-.1/492/	.460228
5	.492475	.163172	-.432114	0	-.462843	.388455	-.423083
6	.171605	.370951	.490907	-.577350	.224572	.456051	.014479
7	.144128	-.445877	.515351	0	-.663960	.0/2331	.262220

TOTALE PI ELEKTRONEN ENERGIE 8.632257

allgemeine Bindungsordnungen

	1	2	3	4	5	6	7
1	.934063						
2	.520033	.851327					
3	-.087125	.336187	1.020002				
4	-.195732	-.067495	.397/43	1.163100			
5	.403991	.480780	-.011886	.614956	.911/59		
6	.715764	-.081178	-.061556	-.230595	-.134176	1.14941/	
7	-.061556	.137159	.846674	-.087489	-.448932	.224648	.970332

Atom- Atom Polarisierbarkeiten

	1	2	3	4	5	6	7
1	.323132						
2	-.0/3826	.389332					
3	-.001572	-.015091	.360427				
4	-.023344	-.069958	-.030823	.617122			
5	-.029795	-.054440	.045663	-.143226	.418919		
6	-.200849	-.160985	.006254	-.367415	.015313	.792014	
7	.006254	-.015031	-.364859	.017643	-.252434	-.084331	.692759

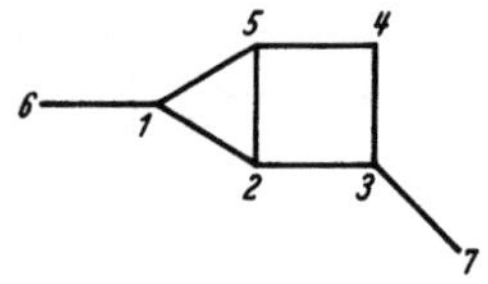

Z = 7

Bindungs- Atom Polarisierbarkeiten

	1	2	3	4	5	6	7
1 2	-.010770	-.005158	.005029	.058363	-.032160	-.010545	-.004759
1 5	-.016828	-.065179	.009407	.061227	-.022113	.050606	-.017120
1 6	.033654	.037489	-.006325	-.097243	.023277	-.006407	.015554
2 3	.018064	.065985	.020474	.035078	.021518	-.067460	-.093660
2 5	-.040142	-.057097	-.012032	-.055589	-.035162	.115495	.084527
3 4	-.003628	-.038621	-.009700	-.049172	-.020202	.045581	.075742
3 7	-.006325	-.013892	-.013641	.011181	.002846	.015554	.004278
4 5	.025975	.076473	.006787	.036155	.061995	-.142824	-.064561

Bindungs- Bindungs Polarisierbarkeiten

	1 2	1 5	1 6	2 3	2 5	3 4	3 7	4 5
1 2	.358696							
1 5	-.066601	.330718						
1 6	-.251332	-.132233	.314066					
2 3	-.072868	.028894	.016751	.476168				
2 5	-.109241	-.043201	.086928	-.227952	.513510			
3 4	.018623	.038368	-.032403	-.222330	.108301	.506260		
3 7	.021986	-.037638	.012508	-.099529	.047362	-.143248	.116957	
4 5	.100735	-.118308	-.014285	.100866	-.375706	-.273572	.081602	.498667

Z=7

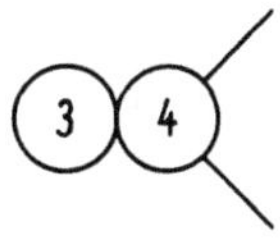

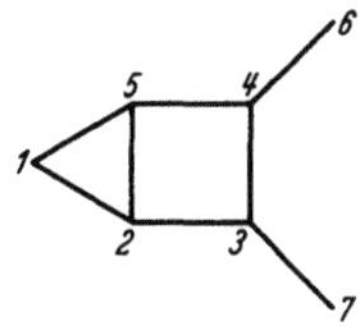

Eigenwerte und Hückelkoeffizienten

	1	2	3	4	5	6	7
1	2.596155	1.182644	.801938	-.515722	-.554958	-1.263077	-2.246980
1	.377720	.475200	0	-.462970	0	-.645887	0
2	.490310	.280996	.231921	.119382	.521121	.407903	.417907
3	.404891	-.423878	.417907	.282021	.231921	-.277228	-.521121
4	.404891	-.423878	-.417907	.282021	-.231921	-.277228	.521121
5	.490310	.280996	-.231921	.119382	-.521121	.407903	-.417907
6	.155958	-.358415	-.521121	-.546847	.417907	.219486	-.231921
7	.155958	-.358415	.521121	-.546847	-.417907	.219486	.231921

TOTALE PI ELEKTRONEN ENERGIE 8.645752

allgemeine Bindungsordnungen

	1	2	3	4	5	6	7
1	.951317						
2	.582189	.760553					
3	-.227549	.386339	1.116045				
4	-.227549	-.001346	.417461	1.116045			
5	.582189	.545404	-.001346	.386339	.760553		
6	.030353	-.355492	-.159642	.711478	.127943	1.147744	
7	.030353	.127943	.711478	-.159642	-.355492	.061476	1.147744

Atom- Atom Polarisierbarkeiten

	1	2	3	4	5	6	7
1	.531701						
2	-.084411	.529855					
3	-.075033	.169515	.584339				
4	-.075033	-.179546	-.250090	.584339			
5	-.084411	-.273451	-.179546	.169515	.529855		
6	-.106407	-.831448	-.762006	.512820	.669486	3.154269	
7	-.106407	.669486	.512820	-.762006	-.831448	-2.636715	3.154269

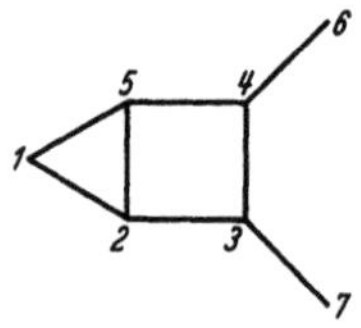

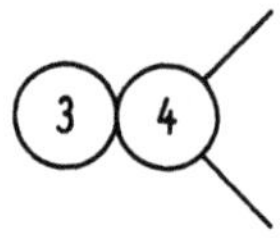

Z=7

Bindungs- Atom Polarisierbarkeiten

	1	2	3	4	5	6	7
1 2	-.069225	-.341379	-.346057	.419971	.265584	1.392694	-1.321589
1 5	-.069225	.265584	.419971	-.346057	-.341379	-1.321589	1.392694
2 3	.077842	.328365	.289202	-.286062	-.246899	-1.055351	.892904
2 5	-.084411	.017435	-.018694	-.018694	.017435	.043465	.043465
3 4	-.075033	-.018694	-.012704	-.012704	-.018694	.068915	.068915
3 7	.071105	-.385221	-.470101	.424446	.380807	1.410883	-1.431920
4 5	.077842	-.246899	-.286062	.289202	.328365	.892904	-1.055351
4 6	.071105	.380807	.424446	-.470101	-.385221	-1.431920	1.410883

Bindungs- Bindungs Polarisierbarkeiten

	1 2	1 5	2 3	2 5	3 4	3 7	4 5	4 6
1 2	1.786359							
1 5	-1.541813	1.786359						
2 3	-1.198174	1.105573	1.142336					
2 5	-.075794	-.075794	-.125720	.256404				
3 4	.073914	.073914	-.121306	-.010031	.334250			
3 7	1.425901	-1.575967	-1.165199	.078327	-.114717	1.737117		
4 5	1.105573	-1.198174	-.776059	-.125720	-.121306	1.138548	1.142336	
4 6	-1.575967	1.425901	1.138548	.078327	-.114717	-1.524011	-1.165199	1.737117

Z=7 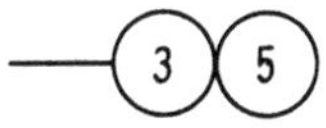 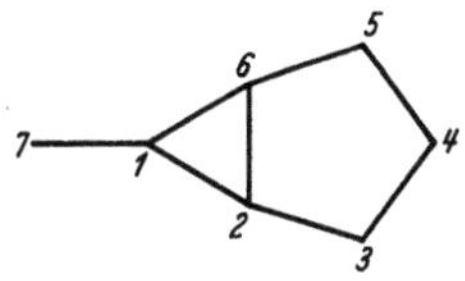

Eigenwerte und Hückelkoeffizienten

	1	2	3	4	5	6	7
1	2.520636	1.284472	.618034	.271831	-1.231178	-1.618034	-1.845761
1	.476355	.424681	0	-.205929	-.571336	0	-.473181
2	.505867	.107432	.371748	.350793	.119680	.601501	.308509
3	.292885	-.394120	.601501	-.049507	.304309	-.371748	-.404763
4	.232390	-.613668	0	-.364250	-.494339	0	.438586
5	.292885	-.394120	-.601501	-.049507	.304309	.371748	-.404763
6	.505867	.107432	-.371748	.350793	.119680	-.601501	.308509
7	.188982	.330627	0	-.757563	.464057	0	.256361

TOTALE PI ELEKTRONEN ENERGIE 9.118115

allgemeine Bindungsordnungen

	1	2	3	4	5	6	7
1	.856942						
2	.500955	.934335					
3	-.045521	.641487	1.208282				
4	-.224816	-.024514	.637877	.993865			
5	-.045521	-.252940	-.238932	.637877	1.208282		
6	.500955	.381549	-.252940	-.024514	.641487	.934335	
7	.616871	-.003508	-.112408	-.042012	-.112408	-.003508	.863959

Atom- Atom Polarisierbarkeiten

	1	2	3	4	5	6	7
1	.321775						
2	-.068722	.427781					
3	.001305	-.160977	.383026				
4	-.053372	-.001032	-.131629	.434785			
5	.001305	-.030950	-.047431	-.131629	.383026		
6	-.068722	-.104686	-.030950	-.001032	-.160977	.427781	
7	-.133569	-.061414	-.013343	-.116091	-.013343	-.061414	.399173

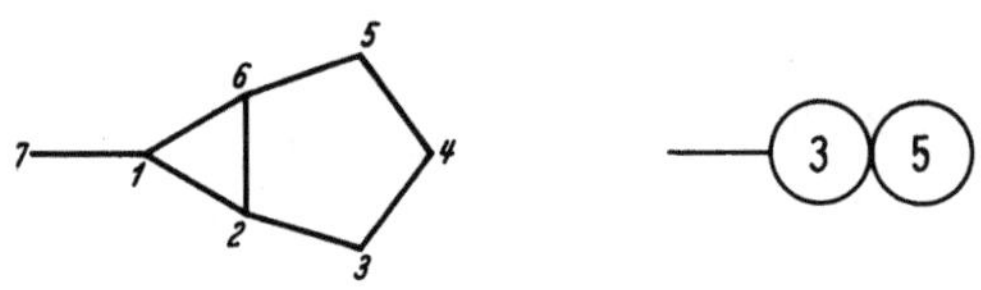

Z = 7

Bindungs- Atom Polarisierbarkeiten

	1	2	3	4	5	6	7
1 2	-,006938	-,036589	,014105	,009544	-,003513	-,005077	,028468
1 6	-,006938	-,005077	-,003513	,009544	,014105	-,036589	,028468
1 7	,076319	-,015949	-,007453	-,048899	-,007453	-,015949	,019383
2 3	,018045	,087323	-,066497	-,002692	-,034985	-,018189	,016997
2 6	-,068722	-,017338	,082922	-,001032	,082922	-,017338	-,061414
3 4	-,014905	-,056793	-,055551	,018113	,070972	,062613	-,024449
4 5	-,014905	,062613	,070972	,018113	-,055551	-,056793	-,024449
5 6	,018045	-,018189	-,034985	-,002692	-,066497	,087323	,016997

Bindungs- Bindungs Polarisierbarkeiten

	1 2	1 6	1 7	2 3	2 6	3 4	4 5	5 6
1 2	,296623							
1 6	-,070557	,296623						
1 7	-,161527	-,161527	,349734					
2 3	-,170758	,089295	,055981	,340539				
2 6	-,041667	-,041667	-,031898	-,109752	,323096			
3 4	,127695	-,069104	-,053372	-,289625	,005820	,395625		
4 5	-,069104	,127695	-,053372	,167227	,005820	-,284265	,395625	
5 6	,089295	-,170758	,055981	-,082907	-,109752	,167227	-,289625	,340539

Z=7

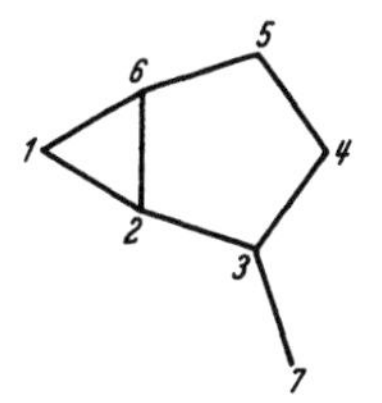

Eigenwerte und Hückelkoeffizienten

	1	2	3	4	5	6	7
1	2.487695	1.323574	.885148	-.250009	-.857439	-1.656672	-1.932297
1	.402724	.396333	.172286	.057380	.751910	.160991	.237638
2	.510796	.164046	.334343	.302742	-.408303	.395537	-.430787
3	.376922	-.539735	.305500	.184019	-.165401	-.154019	.623171
4	.275357	-.470640	-.409070	.387302	.357223	-.233346	-.450861
5	.308082	-.083191	-.667588	-.280848	-.140896	.540598	.248027
6	.491058	.360530	-.181844	-.317087	-.236413	-.662247	-.028400
7	.151515	-.407786	.345140	-.736050	.192901	.092969	-.322503

TOTALE PI ELEKTRONEN ENERGIE 9.142825

allgemeine Bindungsordnungen

	1	2	3	4	5	6	7
1	.701190						
2	.674030	.890870					
3	-.008413	.467971	1.087294				
4	-.270006	-.029398	.536947	1.079327			
5	-.063947	-.243991	-.137529	.685380	1.173895		
6	.600448	.402356	-.188457	-.042962	.574433	.908918	
7	-.124510	.028952	.629846	-.100164	-.092899	-.037365	1.158506

Atom- Atom Polarisierbarkeiten

	1	2	3	4	5	6	7
1	.351032						
2	-.176647	.384567					
3	.001558	-.048586	.322956				
4	-.056244	-.044936	-.094655	.470147			
5	.009061	-.052219	-.009473	-.181255	.413793		
6	-.104846	-.041262	-.027454	.005075	-.105514	.356906	
7	-.023914	-.020918	-.144345	-.098132	-.074392	-.082904	.444605

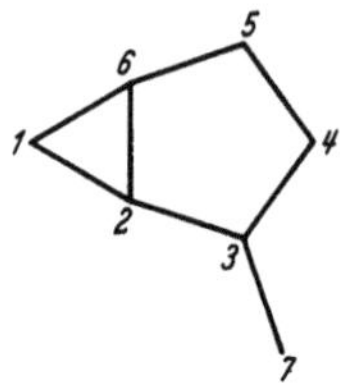

Z=7

Bindungs- Atom Polarisierbarkeiten

	1	2	3	4	5	6	7
1 2	.083629	-.018950	-.009765	.008059	.004495	-.036085	-.031384
1 6	.039382	-.033239	.013126	-.030314	.003012	-.029152	.037184
2 3	-.001938	.052354	.009584	-.022780	-.024496	.018229	-.030953
2 6	-.133879	-.031200	.032618	.032566	.070952	-.023746	.052690
3 4	-.000501	-.010269	-.011972	-.020221	.049395	-.003513	-.002919
3 7	.005800	-.009648	-.054656	.069879	-.003833	.013243	-.020784
4 5	-.021754	.028115	.038851	-.041922	-.086584	.010497	.072798
5 6	.029261	.022837	-.017785	.004733	-.012941	.050526	-.076631

Bindungs- Bindungs Polarisierbarkeiten

	1 2	1 6	2 3	2 6	3 4	3 7	4 5	5 6
1 2	.239188							
1 6	-.186210	.309208						
2 3	-.147975	.105487	.315266					
2 6	-.058511	-.064203	-.094986	.329913				
3 4	.052497	-.034729	-.083960	.020750	.292103			
3 7	.063544	-.060429	-.160482	-.000234	-.164608	.341156		
4 5	-.077236	.110010	.086755	-.027498	-.146429	-.024701	.267335	
5 6	.114703	-.179134	-.020105	-.105231	.064377	.005755	-.188235	.307871

Z=7

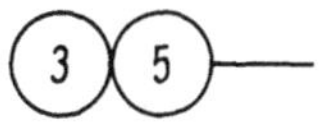

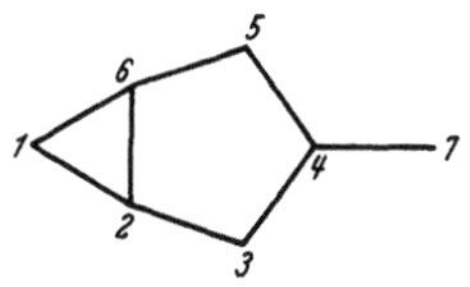

Eigenwerte und Hückelkoeffizienten

	1	2	3	4	5	6	7
1	2,472834	1,462598	,618034	,000000	-1,000000	-1,618034	-1,935432
1	,403602	,373150	0	,377964	,707107	0	,234537
2	,499020	,272884	,371748	0	-,353553	-,601501	-,226966
3	,331372	-,246914	,601501	-,377964	0	,371748	,431705
4	,320407	-,634020	0	0	,353553	0	-,608570
5	,331372	-,246914	-,601501	-,377964	0	-,371748	,431705
6	,499020	,272884	-,371748	0	-,353553	,601501	-,226966
7	,129571	-,433489	0	,755929	-,353553	0	,314436

TOTALE PI ELEKTRONEN ENERGIE 9,106933

allgemeine Bindungsordnungen

	1	2	3	4	5	6	7
1	,747127						
2	,606464	,923366					
3	-,059645	,643178	1,208012				
4	-,214535	-,026249	,525445	1,009285			
5	-,059645	-,251249	-,239202	,525445	1,208012		
6	,606464	,370580	-,251249	-,026249	,643178	,923366	
7	,066792	-,107268	,014227	,632713	,014227	-,107268	,980831

Atom- Atom Polarisierbarkeiten

	1	2	3	4	5	6	7
1	,421041						
2	-,115453	,333505					
3	-,011095	-,147286	,496564				
4	-,035832	,004017	-,073726	,306149			
5	-,011095	-,045460	-,149572	-,073726	,496564		
6	-,115453	-,020365	-,045460	,004017	-,147286	,333505	
7	-,132112	-,008958	-,069426	-,130898	-,069426	-,008958	,419778

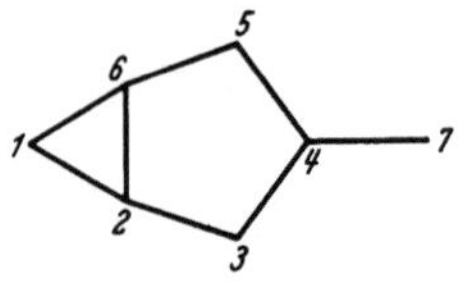

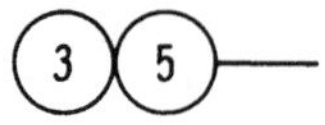

Z=7

Bindungs- Atom Polarisierbarkeiten

	1	2	3	4	5	6	7
1 2	.029584	-.015613	-.008247	-.004349	.022665	-.037765	.013724
1 6	.029584	-.037765	.022665	-.004349	-.008247	-.015613	.013724
2 3	.032491	.044598	-.029697	.003540	-.071879	.027887	-.006940
2 6	-.115453	-.022315	.082512	.004017	.082512	-.022315	-.008958
3 4	-.018072	-.000030	-.047566	.001105	.058898	.005412	.000253
4 5	-.018072	.005412	.058898	.001105	-.047566	-.000030	.000253
4 7	.027447	-.002174	-.006687	-.004609	-.006687	-.002174	-.005114
5 6	.032491	.027887	-.071879	.003540	-.029697	.044598	-.006940

Bindungs- Bindungs Polarisierbarkeiten

	1 2	1 6	2 3	2 6	3 4	4 5	4 7	5 6
1 2	.289098							
1 6	-.144445	.289098						
2 3	-.219805	.112463	.289739					
2 6	-.053378	-.053378	-.106401	.313140				
3 4	.090258	-.038359	-.147905	.005382	.319127			
4 5	-.038359	.090258	.055747	.005382	-.088585	.319127		
4 7	-.035832	-.035832	.048214	-.004349	-.195666	-.195666	.370916	
5 6	.112463	-.219805	-.032054	-.106401	.055747	-.147905	.048214	.289739

Z=7

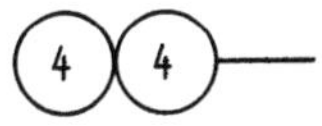

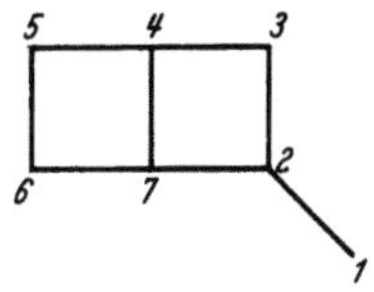

Eigenwerte und Hückelkoeffizienten

	1	2	3	4	5	6	7
1	2.473667	1.252347	.559107	.000000	-.559107	-1.252347	-2.473667
1	.165409	.434369	.342486	.577350	.342486	.434369	.165409
2	.409167	.543981	.191486	0	-.191486	-.543981	-.409167
3	.356818	.288374	-.538072	0	-.538072	.288374	.356818
4	.473483	-.182837	-.492326	0	.492326	.182837	-.473483
5	.324506	-.475859	-.039838	.577350	-.039838	-.475859	.324506
6	.329236	-.413104	.470052	0	-.470052	.413104	-.329236
7	.489915	-.041490	.302647	-.577350	.302647	-.041490	.489915

TOTALE PI ELEKTRONEN ENERGIE 8.570241

allgemeine Bindungsordnungen

	1	2	3	4	5	6	7
1	1.000000						
2	.739100	1.000000					
3	0	.399670	1.000000				
4	-.339430	0	.762257	1.000000			
5	0	-.267420	0	.520532	1.000000		
6	.072010	0	-.309145	0	.569385	1.000000	
7	0	.471680	0	.181102	0	.641395	1.000000

Atom- Atom Polarisierbarkeiten

	1	2	3	4	5	6	7
1	.719309						
2	-.222733	.337794					
3	.034592	-.032620	.550293				
4	-.127684	.029796	-.315792	.447792			
5	-.165743	-.053727	.001998	-.076740	.445719		
6	-.021095	.001959	-.287289	.073255	-.095756	.500056	
7	-.216646	-.060470	.048819	-.030628	-.055750	-.171131	.485805

Bindungs- Bindungs Polarisierbarkeiten

	1 2	2 3	2 7	3 4	4 5	4 7	5 6	6 7
1 2	.293634							
2 3	-.127670	.383282						
2 7	-.229475	-.120848	.399593					
3 4	.062429	-.171047	.027056	.179526				
4 5	-.160316	.134342	.082730	-.171128	.536767			
4 7	.157480	-.093806	-.148072	-.065174	-.270261	.580139		
5 6	.052862	-.119612	.067832	.139832	-.340838	.067842	.547588	
6 7	-.048944	.115358	-.078817	-.001495	.188704	-.228149	-.415507	.468848

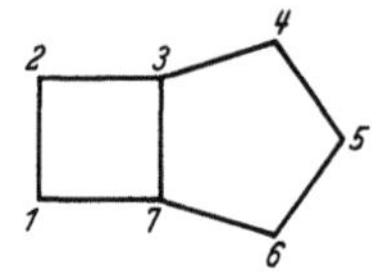

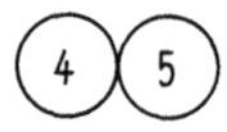

Z=7

Eigenwerte und Hückelkoeffizienten

	1	2	3	4	5	6	7
1	2.377203	1.273891	.801938	.000000	-.554958	-1.651093	-2.246980
1	.354205	.409267	.231921	.447214	.521121	.083901	.417907
2	.354205	.409267	-.231921	.447214	-.521121	.083901	-.417907
3	.487812	.112094	-.417907	-.447214	-.231921	-.222428	.521121
4	.317611	-.378566	-.521121	0	.417907	.505778	-.231921
5	.267214	-.594346	0	.447214	0	-.612658	0
6	.317611	-.378566	.521121	0	-.417907	.505778	.231921
7	.487812	.112094	.417907	-.447214	.231921	-.222428	-.521121

TOTALE PI ELEKTRONEN ENERGIE 8.906062

allgemeine Bindungsordnungen

	1	2	3	4	5	6	7
1	.893496						
2	.678347	.893496					
3	.043482	.431166	1.050343				
4	-.326588	.156847	.660558	1.031511			
5	-.097195	-.097195	-.072545	.619738	1.049300		
6	.156847	-.326588	-.210561	-.054757	.619738	1.031511	
7	.431166	.043482	.351759	-.210561	-.072545	.660558	1.050343

Atom- Atom Polarisierbarkeiten

	1	2	3	4	5	6	7
1	.585713						
2	-.319146	.585713					
3	.066431	-.139413	.425455				
4	-.107584	-.025363	-.169344	.440242			
5	-.060638	-.060638	-.028805	-.121458	.421803		
6	-.025363	-.107584	-.045722	.029229	-.121458	.440242	
7	-.139413	.066431	-.108601	-.045722	-.028805	-.169344	.425455

Z=7

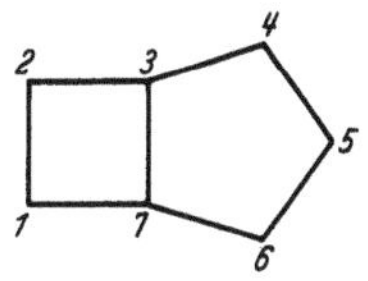

Bindungs- Atom Polarisierbarkeiten

	1	2	3	4	5	6	7
1 2	.022517	.022517	-.050170	.057972	-.060638	.057972	-.050170
1 7	.015523	.046667	.029834	-.076680	.036220	-.073801	.022237
2 3	.046667	.015523	.022237	-.073801	.036220	-.076680	.029834
3 4	-.016833	.006714	-.016009	-.004782	.015839	.002815	.012256
3 7	-.050170	-.050170	-.021402	.085975	-.028805	.085975	-.021402
4 5	-.001875	-.022543	.023401	-.002427	-.007338	.010928	-.000147
5 6	-.022543	-.001875	-.000147	.010928	-.007338	-.002427	.023401
6 7	.006714	-.016833	.012256	.002815	.015839	-.004782	-.016009

Bindungs- Bindungs Polarisierbarkeiten

	1 2	1 7	2 3	3 4	3 7	4 5	5 6	6 7
1 2	.266567							
1 7	-.144996	.378852						
2 3	-.144996	-.093651	.378852					
3 4	.072622	.082292	-.164953	.318990				
3 7	-.072982	-.072375	-.072375	-.072815	.316853			
4 5	-.024418	-.074806	.089637	-.279630	.023254	.373942		
5 6	-.024418	.089637	-.074806	.132058	.023254	-.240037	.373942	
6 7	.072622	-.164953	.082292	-.088564	-.072815	.132058	-.279630	.318990

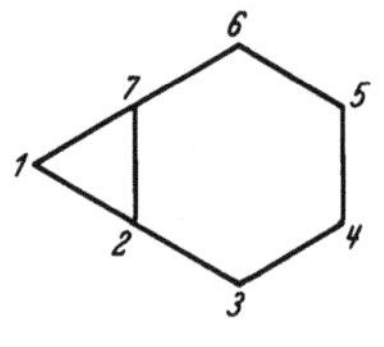

(3)(6)

Z=7

Eigenwerte und Hückelkoeffizienten

	1	2	3	4	5	6	7
1	2.414214	1.414214	1.000000	-.414214	-1.000000	-1.414214	-2.000000
1	.429766	.336557	0	-.621876	0	-.561517	0
2	.518774	.237982	.288675	.128795	.500000	.397052	.408248
3	.303891	-.237982	.577350	.439733	0	-.397052	-.408248
4	.214883	-.574538	.288675	-.310938	-.500000	.164464	.408248
5	.214883	-.574538	-.288675	-.310938	.500000	.164464	-.408248
6	.303891	-.237982	-.577350	.439733	0	-.397052	.408248
7	.518774	.237982	-.288675	.128795	-.500000	.397052	-.408248

TOTALE PI ELEKTRONEN ENERGIE 9.242641

allgemeine Bindungsordnungen

	1	2	3	4	5	6	7
1	.982669						
2	.525997	.834778					
3	-.172444	.591999	1.158001				
4	-.008666	.076112	.600665	1.015887			
5	-.008666	-.257221	-.066002	.682554	1.015887		
6	-.172444	-.074668	-.175332	-.066002	.600665	1.158001	
7	.525997	.501444	-.074668	-.257221	.076112	.591999	.834778

Atom- Atom Polarisierbarkeiten

	1	2	3	4	5	6	7
1	.453649						
2	-.061119	.321912					
3	-.118063	-.120270	.431359				
4	-.047643	.013617	-.121104	.457070			
5	-.047643	-.074750	-.004945	-.222244	.457070		
6	-.118063	-.010589	-.056386	-.004945	-.121104	.431359	
7	-.061119	-.068800	-.010589	-.074750	.013617	-.120270	.321912

Z = 7

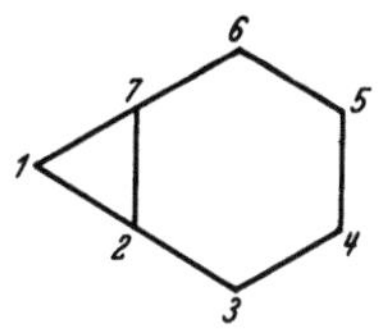

Bindungs- Atom Polarisierbarkeiten

	1	2	3	4	5	6	7
1 2	-.059032	-.026194	.081960	-.032378	.052750	.031452	-.048559
1 7	-.059032	-.048559	.031452	.052750	-.032378	.081960	-.026194
2 3	.045397	.079422	-.045059	-.001499	-.052007	-.032804	.006549
2 7	-.061119	.006186	.008644	.015729	.015729	.008644	.006186
3 4	.068016	-.033877	-.062242	-.049694	.070055	.006999	.000744
4 5	-.047643	.015729	.011049	-.002957	-.002957	.011049	.015729
5 6	.068016	.000744	.006999	.070055	-.049694	-.062242	-.033877
6 7	.045397	.006549	-.032804	-.052007	-.001499	-.045059	.079422

Bindungs- Bindungs Polarisierbarkeiten

	1 2	1 7	2 3	2 7	3 4	4 5	5 6	6 7
1 2	.466523							
1 7	-.185000	.466523						
2 3	-.261572	.134525	.348219					
2 7	-.074753	-.074753	-.117733	.253112				
3 4	.038319	-.138415	-.190493	.096497	.355217			
4 5	.020373	.020373	.076124	-.061134	-.183343	.234826		
5 6	-.138415	.038319	.028869	.096497	-.006652	-.183343	.355217	
6 7	.134525	-.261572	-.017940	-.117733	.028869	.076124	-.190493	.348219

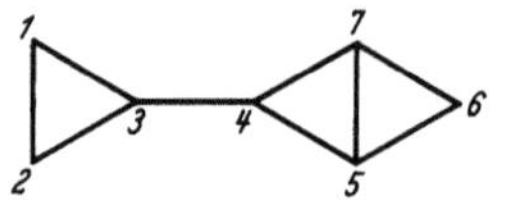

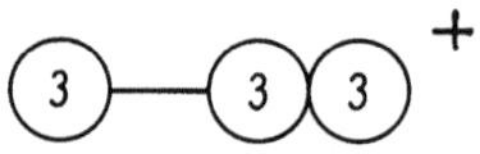

Z=7

Eigenwerte und Hückelkoeffizienten

	1	2	3	4	5	6	7
1	2.709275	2.000000	.193937	-1.000000	-1.000000	-1.000000	-1.903212
1	.181002	.516398	.296504	.707107	.288675	0	.171243
2	.181002	.516398	.296504	-.707107	.288675	0	.171243
3	.309381	.516398	-.239001	0	-.577350	0	-.497154
4	.476196	0	-.639358	0	0	0	.603704
5	.490383	-.258199	.057503	0	.288675	.707107	-.325911
6	.362003	-.258199	.593007	0	-.577350	0	.342485
7	.490383	-.258199	.057503	0	.288675	-.707107	-.325911

TOTALE PI ELEKTRONEN ENERGIE 9.806424

allgemeine Bindungsordnungen

	1	2	3	4	5	6	7
1	.774685						
2	.774685	.774685					
3	.503601	.503601	.839010				
4	-.206760	-.206760	.600267	1.271084			
5	-.055047	-.055047	.009278	.393507	.620897		
6	.216037	.216037	-.326131	-.413519	.556573	1.098741	
7	-.055047	-.055047	.009278	.393507	.620897	.556573	.620897

Atom- Atom Polarisierbarkeiten

	1	2	3	4	5	6	7
1	.413593						
2	-.271828	.413593					
3	-.045647	-.045647	.331704				
4	-.029653	-.029653	-.125822	.355834			
5	-.000563	-.000563	.004967	-.026047	.239664		
6	-.065338	-.065338	-.124521	-.118611	-.097830	.569469	
7	-.000563	-.000563	.004967	-.026047	-.119627	-.097830	.239664

Z=7 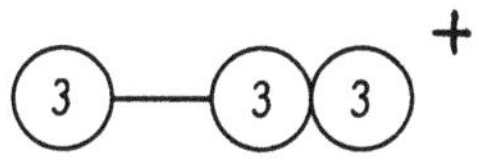

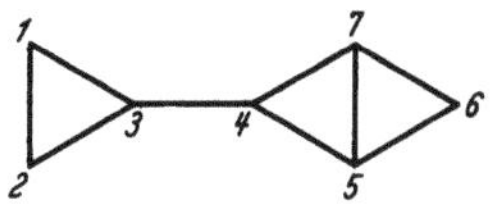

Bindungs- Atom Polarisierbarkeiten

	1	2	3	4	5	6	7
1 2	.070882	.070882	-.045647	-.029653	-.000563	-.065338	-.000563
1 3	-.022290	-.111555	-.021158	.064714	-.001757	.093803	-.001757
2 3	-.111555	-.022290	-.021158	.064714	-.001757	.093803	-.001757
3 4	.067040	.067040	.093794	-.070122	.003082	-.163916	.003082
4 5	-.015989	-.015989	-.017244	-.071924	.016696	.152079	-.047628
4 7	-.015989	-.015989	-.017244	-.071924	-.047628	.152079	.016696
5 6	.014233	.014233	.011845	.070122	.084596	-.082341	-.112687
5 7	-.000563	-.000563	.004967	-.026047	.060019	-.097830	.060019
6 7	.014233	.014233	.011845	.070122	-.112687	-.082341	.084596

Bindungs- Bindungs Polarisierbarkeiten

	1 2	1 3	2 3	3 4	4 5	4 7	5 6	5 7
1 2	.141765							
1 3	-.133845	.323042						
2 3	-.133845	-.002031	.323042					
3 4	.134079	-.203521	-.203521	.348623				
4 5	-.031979	.040652	.040652	-.122217	.548172			
4 7	-.031979	.040652	.040652	-.122217	-.258855	.548172		
5 6	.028465	-.030718	-.030718	.081304	-.363831	.178337	.434714	
5 7	-.001127	-.003514	-.003514	.006164	-.030932	-.030932	-.028091	.120037
6 7	.028465	-.030718	-.030718	.081304	.178337	-.363831	-.269462	-.028091

	6 7
6 7	.434714

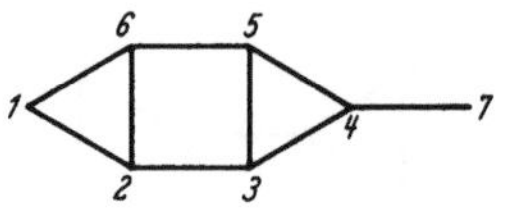

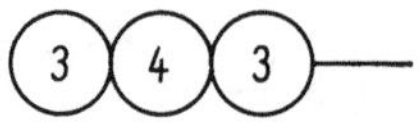

Z=7

Eigenwerte und Hückelkoeffizienten

	1	2	3	4	5	6	7
1	2.775713	1.589216	.276258	.000000	-1.000000	-1.641186	-2.000000
1	.304254	.469217	.323364	0	-.707107	-.287576	0
2	.422261	.372844	.044666	.500000	.353553	.235983	.500000
3	.445560	-.249532	-.355691	.500000	0	-.335699	-.500000
4	.368926	-.519872	.212763	0	-.353553	.650660	0
5	.445560	-.249532	-.355691	-.500000	0	-.335699	.500000
6	.422261	.372844	.044666	-.500000	.353553	.235983	-.500000
7	.132912	-.327125	.770159	0	.353553	-.396457	0

TOTALE PI ELEKTRONEN ENERGIE 9.282373

allgemeine Bindungsordnungen

	1	2	3	4	5	6	7
1	.834600						
2	.635726	.888624					
3	-.193078	.408438	1.024613				
4	-.125772	-.057089	.436852	.903283			
5	-.193078	-.091562	.524613	.436852	1.024613		
6	.635726	.388624	-.091562	-.057089	.408438	.888624	
7	.271977	-.062886	-.266180	.765918	-.266180	-.062886	1.435643

Atom- Atom Polarisierbarkeiten

	1	2	3	4	5	6	7
1	.430477						
2	-.137551	.368422					
3	-.025308	-.119011	.554357				
4	.000066	.000932	-.033118	.321791			
5	-.025308	-.009482	-.311972	-.033118	.554357		
6	-.137551	-.103327	-.009482	.000932	-.119011	.368422	
7	-.104825	.000017	-.055467	-.257484	-.055467	.000017	.473209

Z = 7 

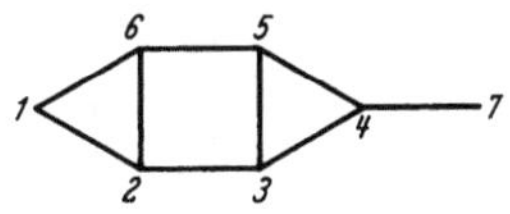

Bindungs- Atom Polarisierbarkeiten

	1	2	3	4	5	6	7
1 2	.012688	-.004042	-.056759	-.007399	.079654	-.044681	.020538
1 6	.012688	-.044681	.079654	-.007399	-.056759	-.004042	.020538
2 3	.076140	.007704	.061809	.011694	-.100584	-.032510	-.024255
2 6	-.137551	.007548	.060754	.000932	.060754	.007548	.000017
3 4	-.027938	-.002654	-.096223	-.019643	-.000449	.011580	.135327
3 5	-.025308	.060754	-.003808	-.033118	-.003808	.060754	-.055467
4 5	-.027938	.011580	-.000449	-.019643	-.096223	-.002654	.135327
4 7	.041077	-.003700	.055605	.062883	.055605	-.003700	-.207771
5 6	.076140	-.032510	-.100584	.011694	.061809	.007704	-.024255

Bindungs- Bindungs Polarisierbarkeiten

	1 2	1 6	2 3	2 6	3 4	3 5	4 5	4 7
1 2	.381286							
1 6	-.295766	.381286						
2 3	-.216350	.152931	.355482					
2 6	-.048723	-.048723	-.024806	.265095				
3 4	.076941	-.073281	-.126355	.008926	.405512			
3 5	.022895	.022895	-.038774	-.128492	-.096672	.242385		
4 5	-.073281	.076941	.092703	.008926	-.101133	-.096672	.405512	
4 7	.000066	.000066	.009196	-.007399	-.186643	.111211	-.186643	.250949
5 6	.152931	-.216350	-.204028	-.024806	.092703	-.038774	-.126355	.009196

	5 6
5 6	.355482

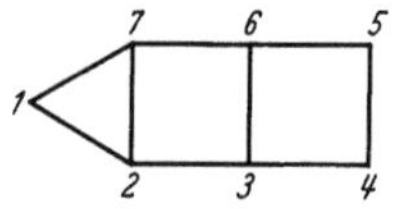

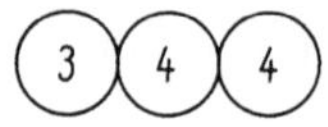

Z=7

Eigenwerte und Hückelkoeffizienten

	1	2	3	4	5	6	7
1	2.675131	1.539189	.414214	.000000	-1.000000	-1.214320	-2.414214
1	.337998	-.437531	0	.447214	0	-.703081	0
2	.452095	-.336722	.353553	0	-.500000	.426883	.353553
3	.419319	.255975	.500000	-.447214	0	-.242174	-.500000
4	.250320	.474740	.353553	.447214	.500000	.109367	.353553
5	.250320	.474740	-.353553	.447214	-.500000	.109367	-.353553
6	.419319	.255975	-.500000	-.447214	0	-.242174	.500000
7	.452095	-.336722	-.353553	0	.500000	.426883	-.353553

TOTALE PI ELEKTRONEN ENERGIE 9.257067

allgemeine Bindungsordnungen

	1	2	3	4	5	6	7
1	.811353						
2	.600267	.885542					
3	-.140536	.560313	1.182704				
4	-.046212	.156626	.606525	1.026078			
5	-.046212	-.343374	-.100582	.526078	1.026078		
6	-.140536	-.146794	.182704	-.100582	.606525	1.182704	
7	.600267	.385542	-.146794	-.343374	.156626	.560313	.885542

Atom- Atom Polarisierbarkeiten

	1	2	3	4	5	6	7
1	.425209						
2	-.111401	.369440					
3	-.051058	-.107215	.537191				
4	-.050147	-.034302	-.279520	.572616			
5	-.050147	-.109096	.098961	-.198512	.572616		
6	-.051058	.004405	-.202764	.098961	-.279520	.537191	
7	-.111401	-.011831	.004405	-.109096	-.034302	-.107215	.369440

Z=7

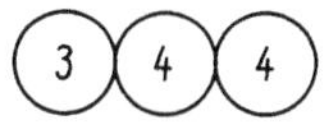

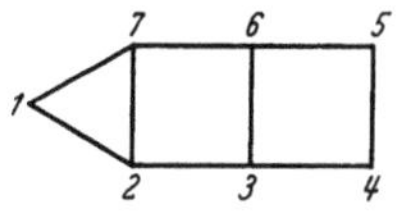

Bindungs- Atom Polarisierbarkeiten

	1	2	3	4	5	6	7
1 2	.013510	-.001894	-.012708	.024138	-.034499	.054443	-.042990
1 7	.013510	-.042990	.054443	-.034499	.024138	-.012708	-.001894
2 3	.053006	.061510	.015077	-.083280	-.016128	-.067627	.037443
2 7	-.111401	-.042166	.036983	.060883	.060883	.036983	-.042166
3 4	.039786	-.059142	-.065859	.017420	.067275	.051147	-.050627
3 6	-.051058	.036983	-.009563	-.001892	-.001892	-.009563	.036983
4 5	-.050147	.060883	-.001892	-.033918	-.033918	-.001892	.060883
5 6	.039786	-.050627	.051147	.067275	.017420	-.065859	-.059142
6 7	.053006	.037443	-.067627	-.016128	-.083280	.015077	.061510

Bindungs- Bindungs Polarisierbarkeiten

	1 2	1 7	2 3	2 7	3 4	3 6	4 5	5 6
1 2	.344884							
1 7	-.190219	.344884						
2 3	-.245719	.127108	.391224					
2 7	-.044884	-.044884	-.151047	.357609				
3 4	.063523	-.086066	-.203158	.140231	.292535			
3 6	.041734	.041734	-.052550	-.102810	-.014713	.334427		
4 5	-.010361	-.010361	.150592	-.143399	-.165305	-.180560	.374105	
5 6	-.086066	.063523	.020082	.140231	-.047129	-.014713	-.165305	.292535
6 7	.127108	-.245719	-.036530	-.151047	.020082	-.052550	.150592	-.203158

	6 7
6 7	.391224

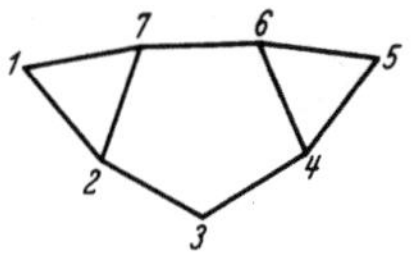

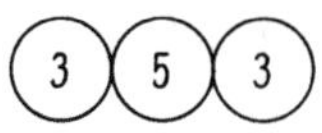

Z = 7

Eigenwerte und Hückelkoeffizienten

	1	2	3	4	5	6	7
1	2.641186	1.732051	.723742	-.589216	-1.000000	-1.732051	-1.775713
1	.317767	.444037	.158442	.565262	.500000	.229850	.233236
2	.401202	.444037	-.262692	.061023	-.500000	.229850	-.516048
3	.303804	0	-.725928	-.207133	0	0	.581230
4	.401202	-.444037	-.262692	.061023	.500000	-.229850	-.516048
5	.317767	-.444037	.158442	.565262	-.500000	-.229850	.233236
6	.438079	-.325058	.377364	-.394085	0	.627963	.101888
7	.438079	.325058	.377364	-.394085	0	-.627963	.101888

TOTALE PI ELEKTRONEN ENERGIE 9.604743

allgemeine Bindungsordnungen

	1	2	3	4	5	6	7
1	.966018						
2	.600566	.858002					
3	-.154043	.612525	1.281440				
4	-.188110	.069327	.612525	.858002			
5	.177343	-.188110	-.154043	.600566	.966018		
6	-.113442	-.159468	-.200069	.417882	.463908	1.035260	
7	.463908	.417882	-.200069	-.159468	-.113442	.612610	1.035260

Atom- Atom Polarisierbarkeiten

	1	2	3	4	5	6	7
1	.687154						
2	-.140769	.318201					
3	-.026341	-.122879	.374464				
4	-.004196	-.008481	-.122879	.318201			
5	-.381454	-.004196	-.026341	-.140769	.687154		
6	-.067240	-.015470	-.038012	-.026406	-.067154	.390390	
7	-.067154	-.026406	-.038012	-.015470	-.067240	-.176108	.390390

Z=7 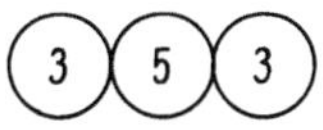 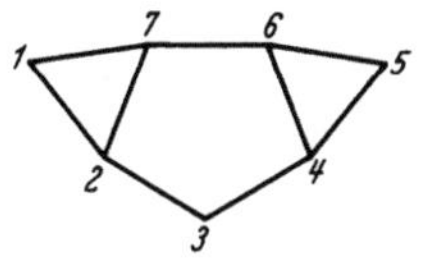

Bindungs- Atom Polarisierbarkeiten

	1	2	3	4	5	6	7
1 2	-.166527	.025646	.050122	.002431	.124173	-.015209	-.020635
1 7	-.110083	-.045231	-.006031	-.034295	.180617	.087289	-.072265
2 3	.110674	.052650	-.080847	-.027613	-.066584	-.017196	.028915
2 7	.036268	-.025780	.055762	.025017	-.089453	.050303	-.052117
3 4	-.066584	-.027613	-.080847	.052650	.110674	.028915	-.017196
4 5	.124173	.002431	.050122	.025646	-.166527	-.020635	-.015209
4 6	-.089453	.025017	.055762	-.025780	.036268	-.052117	.050303
5 6	.180617	-.034295	-.006031	-.045231	-.110083	-.072265	.087289
6 7	-.019085	.027175	-.038012	.027175	-.019085	.010916	.010916

Bindungs- Bindungs Polarisierbarkeiten

	1 2	1 7	2 3	2 7	3 4	4 5	4 6	5 6
1 2	.421534							
1 7	-.029970	.432105						
2 3	-.249801	.063862	.320655					
2 7	-.187457	-.138265	-.074044	.410441				
3 4	.115566	-.028361	-.199647	.040053	.320655			
4 5	-.139539	-.047759	.115566	.057046	-.249801	.421534		
4 6	.057046	.095217	.040053	-.104952	-.074044	-.187457	.410441	
5 6	-.047759	-.265626	-.028361	.095217	.063862	-.029970	-.138265	.432105
6 7	.060380	-.081201	.011719	-.098039	.011719	.060380	-.098039	-.081201

	6 7
6 7	.214282

Naphthalin

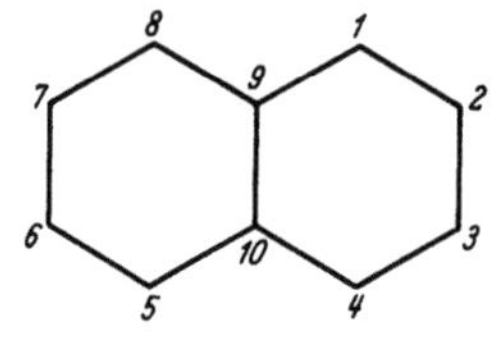

Z=10

Eigenwerte und Hückelkoeffizienten

	1	2	3	4	5	6	7	8
1	2,302776	1,618034	1,302/76	1,000000	,618034	-,618034	-1,000000	-1,302776
1	,300552	,262866	,399586	0	,425325	-,425325	0	-,399586
2	,230701	,425325	,173524	,408248	,262866	,262866	,408248	,173524
3	,230701	,425325	-,173524	,408248	-,262866	,262866	-,408248	,173524
4	,300552	,262866	-,399586	0	-,425325	-,425325	0	-,399586
5	,300552	-,262866	-,399586	0	,425325	,425325	0	-,399586
6	,230701	-,425325	-,173524	,408248	,262866	-,262866	-,408248	,173524
7	,230701	-,425325	,173524	,408248	-,262866	-,262866	,408248	,173524
8	,300552	-,262866	,399586	0	-,425325	,425325	0	-,399586
9	,461402	0	,347047	-,408248	0	0	-,408248	,347047
10	,461402	0	-,347047	-,408248	0	0	,408248	,347047

	9	10
9	-1,618034	-2,302776
1	-,262866	-,300552
2	,425325	,230701
3	-,425325	-,230701
4	,262866	,300552
5	-,262866	,300552
6	,425325	-,230701
7	-,425325	,230701
8	,262866	-,300552
9	0	,461402
10	0	-,461402

TOTALE PI ELEKTRONEN ENERGIE 13,683239

allgemeine Bindungsordnungen

	1	2	3	4	5	6	7	8
1	1,000000							
2	,724564	1,000000						
3	0	,603165	1,000000					
4	-,362282	0	,724564	1,000000				
5	,084932	0	-,169863	0	1,000000			
6	0	,155952	0	-,169863	,724564	1,000000		
7	-,169863	0	,155952	0	0	,603165	1,000000	
8	0	-,169863	0	,084932	-,362282	0	,724564	1,000000
9	,554700	0	-,240883	0	0	-,240883	0	,554700
10	0	-,240883	0	,554700	,554700	0	-,240883	0

	9	10
9	1,000000	
10	,518233	1,000000

Z=10

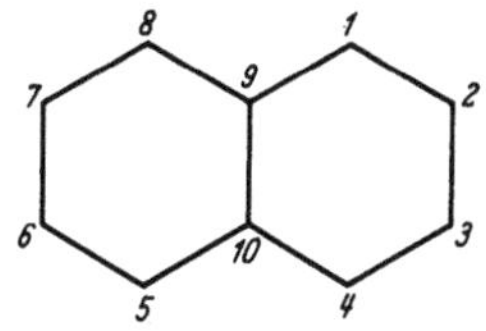

Naphthalin

Atom- Atom Polarisierbarkeiten

	1	2	3	4	5	6	7	8
1	.442764							
2	-.213417	.404881						
3	.017708	-.109594	.404881					
4	-.139365	.017708	-.213417	.442764				
5	-.023245	.006431	-.032276	.026739	.442764			
6	.006431	-.032575	.000133	-.032276	-.213417	.404881		
7	-.032276	.000133	-.032575	.006431	.017708	-.109594	.404881	
8	.026739	-.032276	.006431	-.023245	-.139365	.017708	-.213417	.442764
9	-.088894	.007346	-.048637	.003556	.003556	-.048637	.007346	-.088894
10	.003556	-.048637	.007346	-.088894	-.088894	.007346	-.048637	.003556

	9	10
9	.329763	
10	-.076504	.329763

Bindungs- Bindungs Polarisierbarkeiten

	1 2	1 9	2 3.	3 4	4 10	5 6	5 10	6 7
1 2	.209039							
1 9	-.181344	.288221						
2 3	-.208866	.111011	.295287					
3 4	.124107	-.073858	-.208866	.209039				
4 10	-.073858	.095802	.111011	-.181344	.288221			
5 6	-.019847	.024986	.032017	-.031845	.059539	.209039		
5 10	.024986	-.025596	-.044940	.059539	-.145081	-.181344	.288221	
6 7	.032017	-.044940	-.032442	.032017	-.044940	-.208866	.111011	.295287
7 8	-.031845	.059539	.032017	-.019847	.024986	.124107	-.073858	-.208866
8 9	.059539	-.145081	-.044940	.024986	-.025596	-.073858	.095802	.111011
9 10	.066071	-.108741	-.041291	.066071	-.108741	.066071	-.108741	-.041291

	7 8	8 9	9 10
7 8	.209039		
8 9	-.181344	.288221	
9 10	.066071	-.108741	.253259

Anthracen

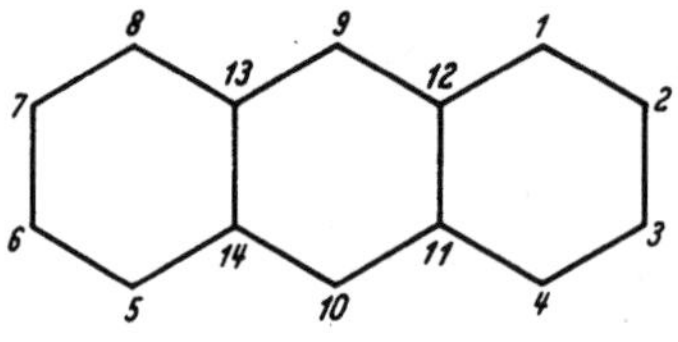

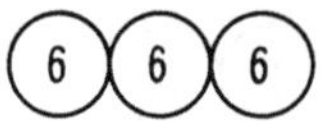

Z=14

Eigenwerte und Hückelkoeffizienten

	1	2	3	4	5	6	7	8
1	2.414214	2.000000	1.414214	1.414214	1.000000	1.000000	.414214	-.414214
1	.214883	.288675	.168278	.280758	0	.408248	.310938	-.310938
2	.151945	.288675	.406260	.116294	.353553	.204124	.219866	.219866
3	.151945	.288675	.406260	-.116294	.353553	-.204124	-.219866	.219866
4	.214883	.288675	.168278	-.280758	0	-.408248	-.310938	-.310938
5	.214883	-.288675	.168278	-.280758	0	.408248	-.310938	-.310938
6	.151945	-.288675	.406260	-.116294	-.353553	.204124	-.219866	.219866
7	.151945	-.288675	.406260	.116294	-.353553	-.204124	.219866	.219866
8	.214883	-.288675	.168278	.280758	0	-.408248	.310938	-.310938
9	.303891	0	-.237982	.397052	0	0	-.439733	.439733
10	.303891	0	-.237982	-.397052	0	0	.439733	.439733
11	.366828	.288675	-.168278	-.280758	-.353553	-.204124	.091072	-.091072
12	.366828	.288675	-.168278	.280758	-.353553	.204124	-.091072	-.091072
13	.366828	-.288675	-.168278	.280758	.353553	-.204124	-.091072	-.091072
14	.366828	-.288675	-.168278	-.280758	.353553	.204124	.091072	-.091072

	9	10	11	12	13	14
9	-1.000000	-1.000000	-1.414214	-1.414214	-2.000000	-2.414214
1	0	-.408248	-.280758	-.168278	-.288675	-.214883
2	.353553	.204124	.116294	.406260	.288675	.151945
3	-.353553	.204124	.116294	-.406260	-.288675	-.151945
4	0	-.408248	-.280758	.168278	.288675	.214883
5	0	.408248	-.280758	.168278	-.288675	.214883
6	.353553	-.204124	.116294	-.406260	.288675	-.151945
7	-.353553	-.204124	.116294	.406260	-.288675	.151945
8	0	.408248	-.280758	-.168278	.288675	-.214883
9	0	0	-.397052	.237982	0	-.303891
10	0	0	-.397052	-.237982	0	.303891
11	.353553	.204124	.280758	.168278	-.288675	-.366828
12	-.353553	.204124	.280758	-.168278	.288675	.366828
13	.353553	-.204124	.280758	-.168278	-.288675	.366828
14	-.353553	-.204124	.280758	.168278	.288675	-.366828

TOTALE PI ELEKTRONEN ENERGIE 19.313709

allgemeine Bindungsordnungen

	1	2	3	4	5	6	7	8
1	1.000000							
2	.737394	1.000000						
3	0	.585871	1.000000					
4	-.368697	0	.737394	1.000000				
5	-.035364	0	.070728	0	1.000000			
6	0	-.080795	0	.070728	.737394	1.000000		
7	.070728	0	-.080795	0	0	.585871	1.000000	
8	0	.070728	0	-.035364	-.368697	0	.737394	1.000000
9	0	-.202031	0	.101015	.101015	0	-.202031	0
10	.101015	0	-.202031	0	0	-.202031	0	.101015
11	0	-.217174	0	.535364	-.131303	0	.116159	0
12	.535364	0	-.217174	0	0	.116159	0	-.131303
13	-.131303	0	.116159	0	0	-.217174	0	.535364
14	0	.116159	0	-.131303	.535364	0	-.217174	0

	9	10	11	12	13	14
9	1.000000					
10	-.404061	1.000000				
11	0	.606092	1.000000			
12	.606092	0	.484856	1.000000		
13	.606092	0	-.181810	0	1.000000	
14	0	.606092	0	-.181810	.484856	1.000000

Z=14 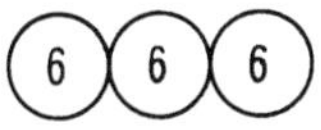 Anthracen

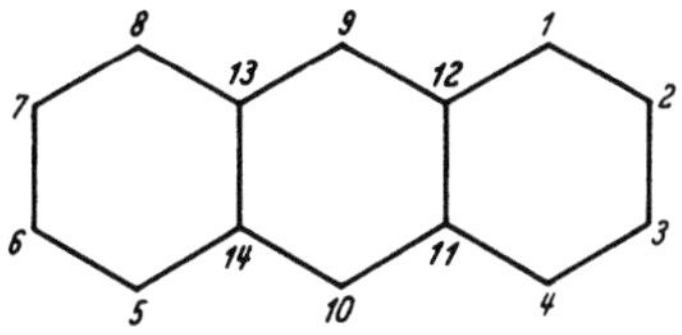

Atom- Atom Polarisierbarkeiten

	1	2	3	4	5	6	7	8
1	.453911							
2	-.230685	.410818						
3	.022025	-.098937	.410818					
4	-.151265	.022025	-.230685	.453911				
5	-.008407	.003993	-.010622	.008008	.453911			
6	.003993	-.012365	.000980	-.010622	-.230685	.410818		
7	-.010622	.000980	-.012365	.003993	.022025	-.098937	.410818	
8	.008008	-.010622	.003993	-.008407	-.151265	.022025	-.230685	.453911
9	.042777	-.054373	.014173	-.040200	-.040200	.014173	-.054373	.042777
10	-.040200	.014173	-.054373	.042777	.042777	-.054373	.014173	-.040200
11	.002609	-.036311	.008774	-.077664	-.017790	.000108	-.017578	.003309
12	-.077664	.008774	-.036311	.002609	.003309	-.017578	.000108	-.017790
13	-.017790	.000108	-.017578	.003309	.002609	-.036311	.008774	-.077664
14	.003309	-.017578	.000108	-.017790	-.077664	.008774	-.036311	.002609

	9	10	11	12	13	14
9	.525692					
10	-.217492	.525692				
11	.008504	-.124981	.331354			
12	-.124981	.008504	-.059354	.331354		
13	-.124981	.008504	-.026178	.005199	.331354	
14	.008504	-.124981	.005199	-.026178	-.059354	.331354

Bindungs- Bindungs Polarisierbarkeiten

	1 2	1 12	2 3	3 4	4 11	5 6	5 14	6 7
1 2	.199908							
1 12	-.177860	.303920						
2 3	-.207701	.103372	.311881					
3 4	.120166	-.065655	-.207701	.199908				
4 11	-.065655	.081333	.103372	-.177860	.303920			
5 6	-.005359	.006474	.009473	-.007899	.012616	.199908		
5 14	.006474	-.006726	-.012788	.012616	-.022234	-.177860	.303920	
6 7	.009473	-.012788	-.011384	.009473	-.012788	-.207701	.103372	.311881
7 8	-.007899	.012616	.009473	-.005359	.006474	.120166	-.065655	-.207701
8 13	.012616	-.022234	-.012788	.006474	-.006726	-.065655	.081333	.103372
9 12	.067617	-.160991	-.050448	.025787	-.023911	-.017541	.020819	.030348
9 13	-.030510	.056884	.030348	-.017541	.020819	.025787	-.023911	-.050448
10 11	.025787	-.023911	-.050448	.067617	-.160991	-.030510	.056884	.030348
10 14	-.017541	.020819	.030348	-.030510	.056884	.067617	-.160991	-.050448
11 12	.052924	-.090452	-.027538	.052924	-.090452	.017560	-.024800	-.017470
13 14	.017560	-.024800	-.017470	.017560	-.024800	.052924	-.090452	-.027538

	7 8	8 13	9 12	9 13	10 11	10 14	11 12	13 14
7 8	.199908							
8 13	-.177860	.303920						
9 12	-.030510	.056884	.276036					
9 13	.067617	-.160991	-.169867	.276036				
10 11	-.017541	.020819	.097102	-.063087	.276036			
10 14	.025787	-.023911	-.063087	.097102	-.169867	.276036		
11 12	.017560	-.024800	-.120024	.061786	-.120024	.061786	.271999	
13 14	.052924	-.090452	.061786	-.120024	.061786	-.120024	-.020979	.271999

Phenanthren

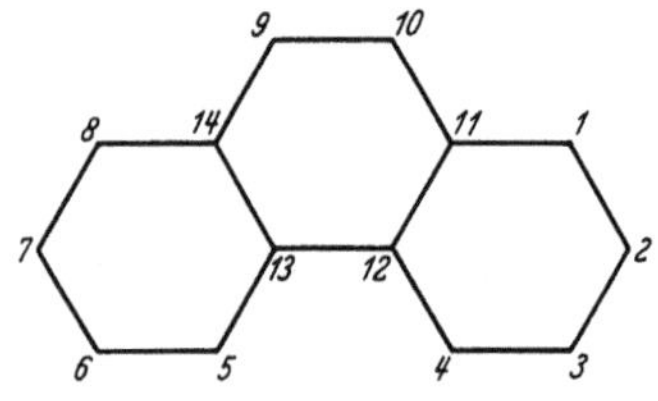

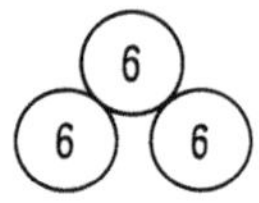

Z = 14

Eigenwerte und Hückelkoeffizienten

	1	2	3	4	5	6	7	8
1	2.434764	1.950627	1.516274	1.305800	1.142384	.769052	.605225	-.605225
1	.207416	.325935	.019537	.333366	.221295	.273005	.340187	.340187
2	.149742	.314270	-.201719	.405805	-.143772	.388594	.042047	-.042047
3	.157171	.287088	-.325398	.196535	-.385537	.025844	-.314740	-.314740
4	.232931	.245732	-.291674	-.149170	-.296660	-.368719	-.232535	.232535
5	.232931	-.245732	-.291674	-.149170	.296660	.368719	-.232535	-.232535
6	.157171	-.287088	-.325398	.196535	.385537	-.025844	-.314740	.314740
7	.149742	-.314270	-.201719	.405805	.143772	-.388594	.042047	.042047
8	.207416	-.325935	.019537	.333366	-.221295	-.273005	.340187	-.340187
9	.247614	-.108962	.448101	.096482	-.185109	.100980	-.415029	.415029
10	.247614	.108962	.448101	.096482	.185109	-.100980	-.415029	-.415029
11	.355267	.321507	.231343	.029504	.396575	-.178639	.163843	-.163843
12	.409962	.192244	-.116859	-.391321	.046637	-.309407	.174003	.174003
13	.409962	-.192244	-.116859	-.391321	-.046637	.309407	.174003	-.174003
14	.355267	-.321507	.231343	.029504	-.396575	.178639	.163843	.163843

	9	10	11	12	13	14
9	-.769052	-1.142384	-1.305800	-1.516274	-1.950627	-2.434764
1	.273005	.221295	.333366	.019537	.325935	.207416
2	-.388594	.143772	-.405805	.201719	-.314270	-.149742
3	.025844	-.385537	.196535	-.325398	.287088	.157171
4	.368719	.296660	.149170	.291674	-.245732	-.232931
5	.368719	.296660	-.149170	-.291674	-.245732	.232931
6	.025844	-.385537	-.196535	.325398	.287088	-.157171
7	-.388594	.143772	.405805	-.201719	-.314270	.149742
8	.273005	.221295	-.333366	-.019537	.325935	-.207416
9	-.100980	.185109	-.096482	-.448101	.108962	-.247614
10	-.100980	.185109	.096482	.448101	.108962	.247614
11	.178639	-.396575	-.029504	-.231343	-.321507	-.355267
12	-.309407	.046637	-.391321	-.116859	.192244	.409962
13	-.309407	.046637	.391321	.116859	.192244	-.409962
14	.178639	-.396575	.029504	.231343	-.321507	.355267

TOTALE PI ELEKTRONEN ENERGIE 19.448251

Z = 14 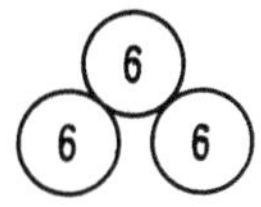 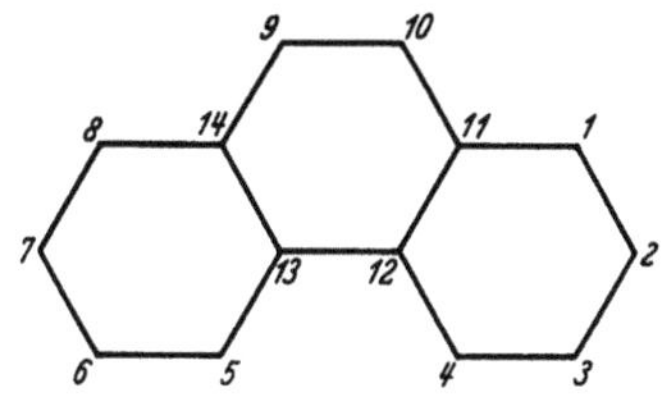 Phenanthren

allgemeine Bindungsordnungen

	1	2	3	4	5	6	7	8
1	1.000000							
2	.706814	1.000000						
3	0	.622780	1.000000					
4	-.344875	0	.701565	1.000000				
5	0	.093617	0	-.137380	1.000000			
6	-.061240	0	.073095	0	.701565	1.000000		
7	0	-.081763	0	.093617	0	.622780	1.000000	
8	.081054	0	-.061240	0	-.344875	0	.706814	1.000000
9	-.195641	0	.170778	0	.036377	0	-.126441	0
10	0	-.126441	0	.036377	0	.170778	0	-.195641
11	.575124	0	-.260841	0	-.108897	0	.101577	0
12	0	-.266090	0	.589957	0	-.116857	0	.045961
13	.045961	0	-.116857	0	.589957	0	-.266090	0
14	0	.101577	0	-.108897	0	-.260841	0	.575124

	9	10	11	12	13	14
9	1.000000					
10	.774659	1.000000				
11	0	.505924	1.000000			
12	-.243297	0	.542301	1.000000		
13	0	-.243297	0	.460537	1.000000	
14	.505924	0	-.170203	0	.542301	1.000000

Atom- Atom Polarisierbarkeiten

	1	2	3	4	5	6	7	8
1	.439084							
2	-.193465	.402815						
3	.017650	-.123491	.408589					
4	-.120843	.015221	-.189298	.429229				
5	.000080	-.011841	.002074	-.017012	.429229			
6	-.008333	.000201	-.009118	.002074	-.189298	.408589		
7	.000558	-.010669	.000201	-.011841	.015221	-.123491	.402815	
8	-.009756	.000558	-.008333	.000080	-.120843	.017650	-.193465	.439084
9	-.044948	.000244	-.042251	.004217	-.008012	.007952	-.014635	.024206
10	.024206	-.014635	.007952	-.008012	.004217	-.042251	.000244	-.044948
11	-.102517	.007547	-.060921	.004061	-.012061	.000169	-.012746	.003630
12	.003277	-.063311	.009835	-.110483	.014668	-.013057	.003573	-.008623
13	-.008623	.003573	-.013057	.014668	-.110483	.009835	-.063311	.003277
14	.003630	-.012746	.000169	-.012061	.004061	-.060921	.007547	-.102517

	9	10	11	12	13	14
9	.442446					
10	-.269880	.442446				
11	.012589	-.063648	.333481			
12	-.055306	.007027	-.091130	.349450		
13	.007027	-.055306	.002835	-.048754	.349450	
14	-.063648	.012589	-.021289	.002835	-.091130	.333481

Phenanthren

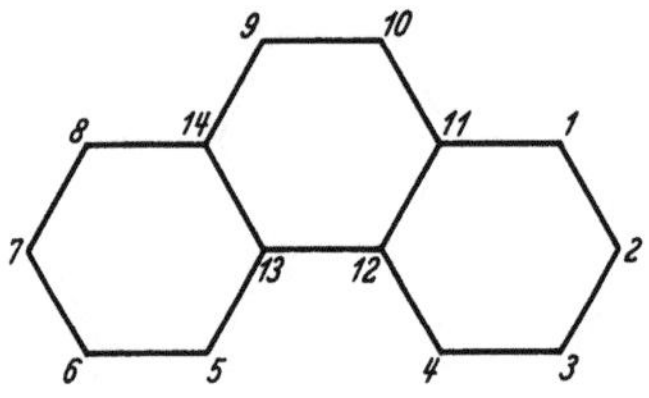

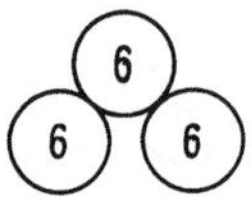

Z=14

Bindungs- Atom Polarisierbarkeiten

	1 2	1 11	2 3	3 4	4 12	5 6	5 13	6 7
1 2	.226220							
1 11	-.186507	.276426						
2 3	-.212673	.116331	.282135					
3 4	.126383	-.077481	-.209328	.229305				
4 12	-.080694	.100851	.118107	-.194073	.275328			
5 6	.009644	-.009472	-.010918	.013778	-.020029	.229305		
5 13	-.009541	.009133	.015011	-.020029	.038966	-.194073	.275328	
6 7	-.008962	.010091	.010031	-.010918	.015011	-.209328	.118107	.282135
7 8	.010746	-.012462	-.008962	.009644	-.009541	.126383	-.080694	-.212673
8 14	-.012462	.016891	.010091	-.009472	.009133	-.077481	.100851	.116331
9 10	-.027764	.057712	.025598	-.011423	.012782	-.011423	.012782	.025598
9 14	.024791	-.035995	-.023179	.021788	-.028528	.013552	-.012504	-.036716
10 11	.049155	-.134346	-.036716	.013552	-.012504	.021788	-.028528	-.023179
11 12	.080248	-.122437	-.053525	.083048	-.129647	-.011709	.025335	.012326
12 13	.017583	-.016913	-.034329	.046935	-.120498	.046935	-.120498	-.034329
13 14	-.006168	.008179	.012326	-.011709	.025335	.083048	-.129647	-.053525

	7 8	8 14	9 10	9 14	10 11	11 12	12 13	13 14
7 8	.226220							
8 14	-.186507	.276426						
9 10	-.027764	.057712	.172566					
9 14	.049155	-.134346	-.177153	.316294				
10 11	.024791	-.035995	-.177153	.087512	.316294			
11 12	-.006168	.008179	.058105	-.028135	-.107423	.250025		
12 13	.017583	-.016913	-.048280	.070887	.070887	-.089873	.300696	
13 14	.080248	-.122437	.058105	-.107423	-.028135	.031653	-.089873	.250025

Naphthacen

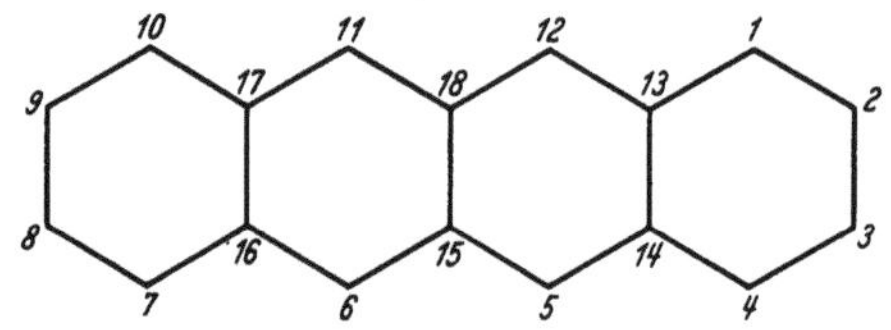

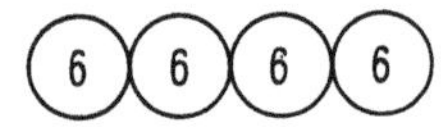

Z=18

Eigenwerte und Hückelkoeffizienten

	1	2	3	4	5	6	7	8
1	2.466732	2.193527	1.777484	1.466732	1.294963	1.193527	1.000000	.7/7484
1	.160517	.252480	.234625	.208165	.113222	.342280	0	.354757
2	.109439	.211541	.301775	.084389	.383850	.156041	.316228	.199584
3	.109439	.211541	.301775	-.084389	.383850	-.156041	.316228	-.199584
4	.160517	.252480	.234625	-.208165	.113222	-.342280	0	-.354757
5	.259722	.156041	-.145006	-.336818	-.183196	-.211541	0	.219252
6	.259722	-.156041	-.145006	-.336818	.183196	.211541	0	.219252
7	.160517	-.252480	.234625	-.208165	-.113222	.342280	0	-.354757
8	.109439	-.211541	.301775	-.084389	-.383850	.156041	.316228	-.199584
9	.109439	-.211541	.301775	.084389	-.383850	-.156041	.316228	.199584
10	.160517	-.252480	.234625	.208165	-.113222	-.342280	0	.354757
11	.259722	-.156041	-.145006	.336818	.183196	-.211541	0	-.219252
12	.259722	.156041	-.145006	.336818	-.183196	.211541	0	-.219252
13	.286514	.342280	.115268	.220933	-.237232	.252480	-.316228	.076234
14	.286514	.342280	.115268	-.220933	-.237232	-.252480	-.316228	-.076234
15	.354151	0	-.373014	-.273088	0	0	.316228	.246699
16	.286514	-.342280	.115268	-.220933	.237232	.252480	-.316228	-.076234
17	.286514	-.342280	.115268	.220933	.237232	-.252480	-.316228	.076234
18	.354151	0	-.373014	.273088	0	0	.316228	-.246699

	9	10	11	12	13	14	15	16
9	.294963	-.294963	-.77/484	-1.000000	-1.193527	-1.294963	-1.466732	-1.777484
1	.237232	-.237232	-.354757	0	-.342280	-.113222	-.208165	-.234625
2	.183196	.183196	.199584	.316228	.156041	.383850	.084389	.301775
3	-.183196	.183196	.199584	-.316228	.156041	-.383850	.084389	-.301775
4	-.237232	-.237232	-.354757	0	-.342280	.113222	-.208165	.234625
5	.383850	.383850	.219252	0	-.211541	-.183196	-.336818	-.145006
6	-.383850	-.383850	.219252	0	.211541	.183196	-.336818	-.145006
7	.237232	.237232	-.354757	0	.342280	-.113222	-.208165	.234625
8	.183196	-.183196	.199584	-.316228	-.156041	.383850	.084389	-.301775
9	-.183196	-.183196	.199584	.316228	-.156041	-.383850	.084389	.301775
10	-.237232	.237232	-.354757	0	.342280	.113222	-.208165	-.234625
11	.383850	-.383850	.219252	0	.211541	-.183196	-.336818	.145006
12	-.383850	.383850	.219252	0	-.211541	.183196	-.336818	.145006
13	-.113222	-.113222	.076234	-.316228	.252480	-.237232	.220933	.115268
14	.113222	-.113222	.076234	.316228	.252480	.237232	.220933	-.115268
15	0	0	-.246699	-.316228	0	0	.273088	.373014
16	-.113222	.113222	.076234	.316228	-.252480	-.237232	.220933	-.115268
17	.113222	.113222	.076234	-.316228	-.252480	.237232	.220933	.115268
18	0	0	-.246699	.316228	0	0	.273088	-.373014

	17	18
17	-2.193527	-2.466732
1	-.252480	-.160517
2	.211541	.109439
3	-.211541	-.109439
4	.252480	.160517
5	.156041	.259722
6	-.156041	.259722
7	-.252480	.160517
8	.211541	-.109439
9	-.211541	.109439
10	.252480	-.160517
11	.156041	-.259722
12	-.156041	-.259722
13	.342280	.286514
14	-.342280	-.286514
15	0	-.354151
16	.342280	-.286514
17	-.342280	.286514
18	0	.354151

TOTALE PI ELEKTRONEN ENERGIE 24.930824

Naphthacen

Z = 18

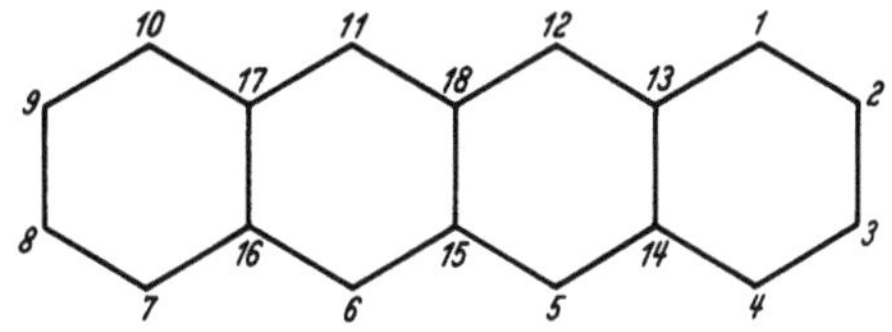

allgemeine Bindungsordnungen

	1	2	3	4	5	6	7	8
1	1.000000							
2	.740962	1.000000						
3	0	.580540	1.000000					
4	-.370481	0	.740962	1.000000				
5	.105293	0	-.210586	0	1.000000			
6	-.043951	0	.087901	0	0	1.000000		
7	.016998	0	-.033997	0	0	0	1.000000	
8	0	.043818	0	-.033997	.087901	-.210586	.740962	1.000000
9	-.033997	0	.043818	0	0	0	0	.580540
10	0	-.033997	0	.016998	-.043951	.105293	-.370481	0
11	0	.087901	0	-.043951	.122291	-.414432	.105293	0
12	0	-.210586	0	.105293	-.414432	.122291	-.043951	0
13	.530376	0	-.210059	0	0	0	0	-.060816
14	0	-.210059	0	.530376	.618278	-.156681	.053905	0
15	0	.104767	0	-.122684	.584281	.584281	-.122684	0
16	0	-.060816	0	.053905	-.156681	.618278	.530376	0
17	.053905	0	-.060816	0	0	0	0	-.210059
18	-.122684	0	.104767	0	0	0	0	.104767

	9	10	11	12	13	14	15	16
9	1.000000							
10	.740962	1.000000						
11	-.210586	0	1.000000					
12	.087901	0	0	1.000000				
13	0	.053905	-.156681	.618278	1.000000			
14	-.060816	0	0	0	.475248	1.000000		
15	.104767	0	0	0	-.166109	0	1.000000	
16	-.210059	0	0	0	.087768	0	0	1.000000
17	0	.530376	.618278	-.156681	0	.087768	-.166109	.475248
18	0	-.122684	.584281	.584281	0	-.166109	.458249	-.166109

	17	18
17	1.000000	
18	0	1.000000

Naphthacen

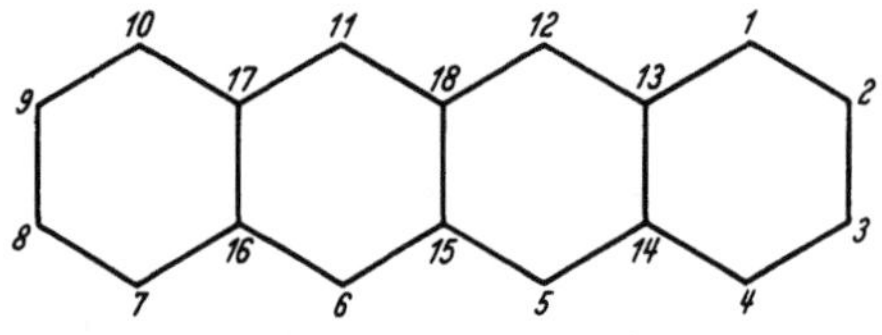

Z=18

Atom- Atom Polarisierbarkeiten

	1	2	3	4	5	6	7	8
1	.457635							
2	-.236617	.413803						
3	.024075	-.096329	.413803					
4	-.155490	.024075	-.236617	.457635				
5	-.048051	.019010	-.064078	.049971	.555933			
6	-.016771	.009411	-.020483	.015781	.076796	.555933		
7	-.003788	.002455	-.004411	.003535	.015781	.049971	.457635	
8	.002455	-.005264	.001236	-.004411	-.020483	-.064078	-.236617	.413803
9	-.004411	.001236	-.005264	.002455	.009411	.019010	.024075	-.096329
10	.003535	-.004411	.002455	-.003788	-.016771	-.048051	-.155490	.024075
11	.015781	-.020483	.009411	-.016771	-.076603	-.250432	-.048051	.019010
12	.049971	-.064078	.019010	-.048051	-.250432	-.076603	-.016771	.009411
13	-.075302	.009845	-.032997	.002769	.011943	.008118	.002314	-.007055
14	.002769	-.032997	.009845	-.075302	-.137668	-.031067	-.006067	.000636
15	.002217	-.013307	.000071	-.014254	-.107232	-.107232	-.014254	.000071
16	.002314	-.007055	.000636	-.006067	-.031067	-.137668	-.075302	.009845
17	-.006067	.000636	-.007055	.002314	.008118	.011943	.002769	-.032997
18	-.014254	.000071	-.013307	.002217	.005422	.005422	.002217	-.013307

	9	10	11	12	13	14	15	16
9	.413803							
10	-.236617	.457635						
11	-.064078	.049971	.555933					
12	-.020483	.015781	.076796	.555933				
13	.000636	-.006067	-.031067	-.137668	.333708			
14	-.007055	.002314	.008118	.011943	-.054932	.333708		
15	-.013307	.002217	.005422	.005422	-.020224	.005779	.331271	
16	-.032997	.002769	.011943	.008118	-.009936	.000135	.005779	.333708
17	.009845	-.075302	-.137668	-.031067	.000135	-.009936	-.020224	-.054932
18	.000071	-.014254	-.107232	-.107232	.005779	-.020224	-.048215	-.020224

	17	18
17	.333708	
18	.005779	.331271

Z=18  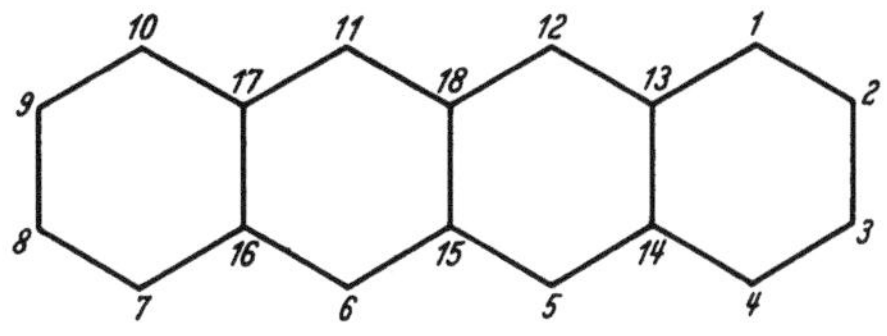 Naphthacen

Bindungs- Bindungs Polarisierbarkeiten

	1 2	1 13	2 3	3 4	4 14	5 14	5 15	6 15
1 2	.197319							
1 13	-.177432	.309363						
2 3	-.207034	.100763	.317474					
3 4	.118559	-.062575	-.207034	.197319				
4 14	-.062575	.075948	.100763	-.177432	.309363			
5 14	.025272	-.022266	-.051468	.069670	-.164920	.271609		
5 15	-.015752	.017652	.028934	-.030282	.057128	-.169156	.298485	
6 15	.006807	-.006310	-.014883	.015152	-.026720	.066368	-.182513	.298485
6 16	-.004919	.005612	.009348	-.007949	.012755	-.030182	.066368	-.169156
7 8	-.001590	.001857	.003025	-.002323	.003505	-.007949	.015152	-.030282
7 16	.001857	-.001871	-.004003	.003505	-.005635	.012755	-.026720	.057128
8 9	.003025	-.004003	-.004028	.003025	-.004003	.009348	-.014883	.028934
9 10	-.002323	.003505	.003025	-.001590	.001857	-.004919	.006807	-.015752
10 17	.003505	-.005635	-.004003	.001857	-.001871	.005612	-.006310	.017652
11 17	-.007949	.012755	.009348	-.004919	.005612	-.015715	.021416	-.056422
11 18	.015152	-.026720	-.014883	.006807	-.006310	.021416	-.021106	.082177
12 13	.069670	-.164920	-.051468	.025272	-.022266	.095218	-.056422	.021416
12 18	-.030282	.057128	.028934	-.015752	.017652	-.056422	.082177	-.021106
13 14	.049295	-.085561	-.023152	.049295	-.085561	-.122000	.059138	-.028631
15 18	.014051	-.020070	-.013237	.014051	-.020070	.050577	-.101481	-.101481
16 17	.005344	-.007220	-.006419	.005344	-.007220	.017156	-.028631	.059138

	6 16	7 8	7 16	8 9	9 10	10 17	11 17	11 18
6 16	.271609							
7 8	.069670	.197319						
7 16	-.164920	-.177432	.309363					
8 9	-.051468	-.207034	.100763	.317474				
9 10	.025272	.118559	-.062575	-.207034	.197319			
10 17	-.022266	-.062575	.075948	.100763	-.177432	.309363		
11 17	.095218	.025272	-.022266	-.051468	.069670	-.164920	.271609	
11 18	-.056422	-.015752	.017652	.028934	-.030282	.057128	-.169156	.298485
12 13	-.015715	-.004919	.005612	.009348	-.007949	.012755	-.030182	.066368
12 18	.021416	.006807	-.006310	-.014883	.015152	-.026720	.066368	-.182513
13 14	.017156	.005344	-.007220	-.006419	.005344	-.007220	.017156	-.028631
15 18	.050577	.014051	-.020070	-.013237	.014051	-.020070	.050577	-.101481
16 17	-.122000	.049295	-.085561	-.023152	.049295	-.085561	-.122000	.059138

	12 13	12 18	13 14	15 18	16 17
12 13	.271609				
12 18	-.169156	.298485			
13 14	-.122000	.059138	.278776		
15 18	.050577	-.101481	-.014445	.283056	
16 17	.017156	-.028631	-.009800	-.014445	.278776

Benz[a]anthracen

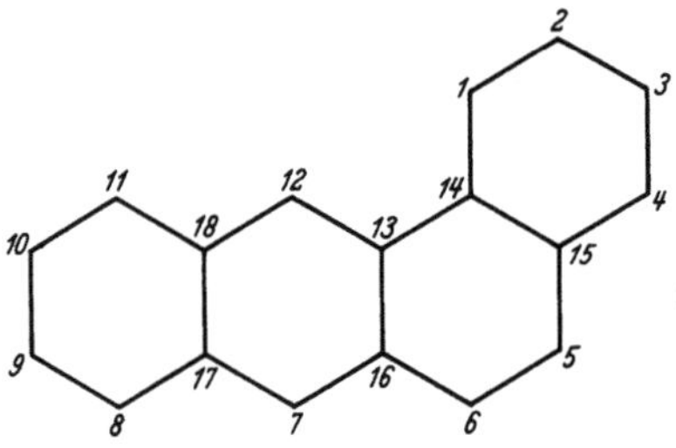

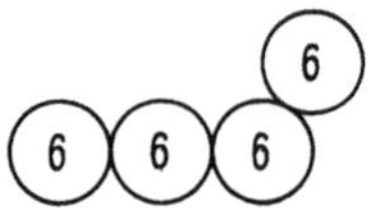

Z = 18

Eigenwerte und Hückelkoeffizienten

	1	2	3	4	5	6	7	8
1	2.484649	2.175525	1.754614	1.479869	1.323050	1.165633	1.000000	.714967
1	.187891	.223541	.215229	.245411	.172691	.300539	0	.433614
2	.121289	.196950	.312824	.141344	.370734	.083800	.316228	.207566
3	.113470	.204930	.333657	-.036240	.317809	-.202859	.316228	-.285211
4	.160643	.248879	.272615	-.194975	.049743	-.320259	0	-.411482
5	.203598	.193845	-.083583	-.400223	-.240892	-.144936	0	.302604
6	.220198	.085202	-.291332	-.339982	-.066715	.001504	.316228	.225338
7	.248301	-.173137	-.212755	-.147472	.377550	-.011087	0	.024875
8	.151282	-.276115	.183197	-.246067	.176856	.241915	-.316228	-.110669
9	.102457	-.232518	.267151	-.248811	-.112905	.441596	0	-.238405
10	.103287	-.229734	.285549	-.122142	-.326235	.272824	.316228	-.059782
11	.154175	-.267274	.233877	.068058	-.318720	-.123584	.316228	.195662
12	.267564	-.129740	-.069165	.377078	-.154456	-.202730	0	-.212181
13	.385018	.069474	-.246173	.335168	-.108906	.180569	0	-.351377
14	.345555	.289368	.064819	.221832	-.142255	.266518	-.316228	.102453
15	.285673	.336513	.144676	-.252297	-.251997	-.170446	-.316228	-.008986
16	.343516	-.008485	-.427592	-.102905	.152624	.146689	.316228	-.141495
17	.273426	-.368178	.054290	-.115335	.346894	-.159612	-.316228	.159280
18	.279784	-.351728	.124815	.222858	-.095448	-.416877	0	.199674

	9	10	11	12	13	14	15	16
9	.452314	-.452314	-.714967	-1.000000	-1.165633	-1.323050	-1.479869	-1.754614
1	-.003097	.003097	-.433614	0	-.300539	-.172691	-.245411	-.215229
2	.202761	.202761	.207566	.316228	.083800	.370734	.141344	.312824
3	.094809	-.094809	.285211	-.316228	.202859	-.317809	.036240	-.333657
4	-.159878	-.159878	-.411482	0	-.320259	.049743	-.194975	.272615
5	.288447	.288447	.302604	0	-.144936	-.240892	-.400223	-.083583
6	.297592	-.297592	-.225338	-.316228	-.001504	.066715	.339982	.291332
7	-.445052	.445052	-.024875	0	.011087	-.377550	.147472	.212755
8	.323598	-.323598	.110669	.316228	-.241915	-.176856	.246067	-.183197
9	.193829	.193829	-.238405	0	.441596	-.112905	-.248811	.267151
10	-.235926	.235926	.059782	-.316228	-.272824	.326235	.122142	-.285549
11	-.300541	-.300541	.195662	.316228	-.123584	-.318720	.068058	.233877
12	.393228	.393228	-.212181	0	-.202730	-.154456	.377078	-.069165
13	.077875	-.077875	.351377	0	-.180569	.108906	-.335168	.246173
14	-.204162	-.204162	.102453	-.316228	.266518	-.142255	.221832	.064819
15	-.167123	.167123	.008986	.316228	.170446	.251997	.252297	-.144676
16	-.153842	-.153842	-.141495	.316228	.146689	.152624	-.102905	-.427592
17	-.047461	-.047461	.159280	-.316228	-.159612	.346894	-.115335	.054290
18	.099987	-.099987	-.199674	0	.416877	.095448	-.222858	-.124815

	17	18
17	-2.175525	-2.484649
1	-.223541	-.187891
2	.196950	.121289
3	-.204930	-.113470
4	.248879	.160643
5	.193845	.203598
6	-.085202	-.220198
7	.173137	-.248301
8	.276115	-.151282
9	-.232518	.102457
10	.229734	-.103287
11	-.267274	.154175
12	-.129740	.267564
13	-.069474	-.385018
14	.289368	.345555
15	-.336513	-.285673
16	-.008485	.343516
17	-.368178	.273426
18	.351728	-.279784

TOTALE PI ELEKTRONEN ENERGIE 25.101242

Z = 18 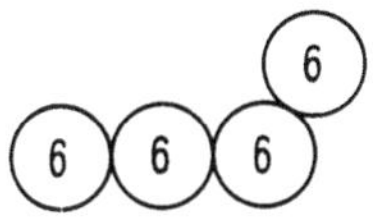

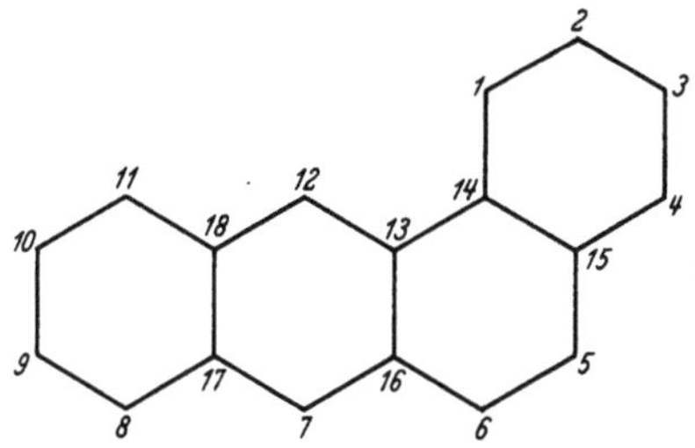

Benz[a]anthracen

allgemeine Bindungsordnungen

	1	2	3	4	5	6	7	8
1	1.000000							
2	.694831	1.000000						
3	0	.628448	1.000000					
4	-.337891	0	.700468	1.000000				
5	.021079	0	-.113544	0	1.000000			
6	0	.173606	0	-.201313	.783297	1.000000		
7	0	-.074833	0	.101602	-.232784	0	1.000000	
8	0	.029955	0	-.042747	.085266	0	0	1.000000
9	-.054091	0	.046076	0	0	.043336	-.188330	.731669
10	0	-.037970	0	.039584	-.091169	0	0	0
11	.059703	0	-.044462	0	0	-.008737	.088846	-.363902
12	-.163801	0	.113731	0	0	.038044	-.376693	.090427
13	0	-.103281	0	.031141	-.211024	0	0	0
14	.597187	0	-.271509	0	0	-.242673	.051889	-.016845
15	0	-.265871	0	.581487	.493518	0	0	0
16	-.090145	0	.085637	0	0	.493695	.627715	-.140694
17	.067201	0	-.058868	0	0	-.098764	.589839	.542203
18	0	.053211	0	-.042810	.123667	0	0	0

	9	10	11	12	13	14	15	16
9	1.000000							
10	.593019	1.000000						
11	0	.730533	1.000000					
12	0	-.186748	0	1.000000				
13	.130067	0	-.147466	.645614	1.000000			
14	0	.043582	0	0	.446522	1.000000		
15	-.049239	0	.041236	-.125400	0	.546245	1.000000	
16	0	.125768	0	0	.500090	0	-.154207	1.000000
17	0	-.225252	0	0	-.197179	0	.074913	0
18	-.226388	0	.544921	.584204	0	-.090109	0	-.193125

	17	18
17	1.000000	
18	.495116	1.000000

Benz[a]anthracen

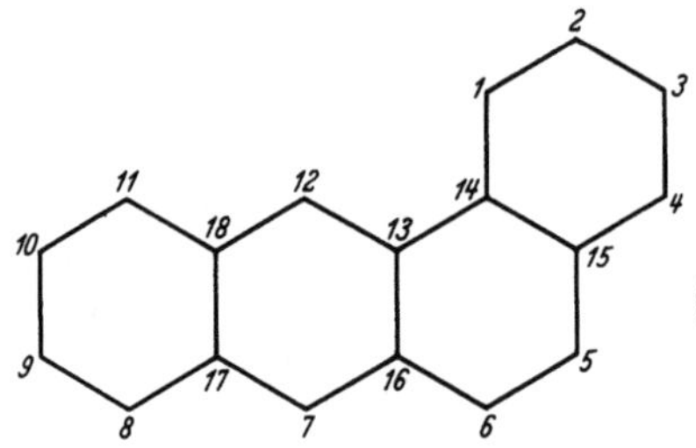

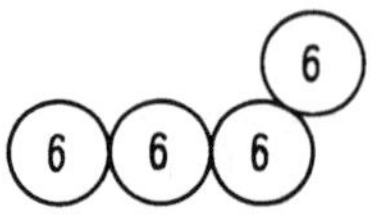

Z=18

Atom- Atom Polarisierbarkeiten

	1	2	3	4	5	6	7	8
1	.428556							
2	-.182096	.410132						
3	.015356	-.128014	.403693					
4	-.113843	.018111	-.186588	.439173				
5	-.004353	.009210	-.010556	.024944	.448736			
6	.003271	-.044913	.000507	-.048822	-.283523	.448345		
7	.000229	-.014195	.001716	-.017087	-.073717	.035089	.513273	
8	.000286	-.003023	.000678	-.003705	-.014819	.005689	.039396	.451605
9	-.005006	.000341	-.004253	.000020	.000464	-.003591	-.044068	-.222922
10	.000050	-.003469	.000059	-.003683	-.016208	.003481	.012890	.021215
11	-.005369	.001056	-.004002	.000240	.003301	-.002708	-.031287	-.144589
12	-.027475	.004025	-.019670	.000380	.009918	-.012626	-.176057	-.031666
13	.014510	-.008998	.003961	-.004870	-.036771	.004776	.007927	.003448
14	-.116043	.010693	-.067441	.003119	.008754	-.056402	-.013756	-.002878
15	.003852	-.064761	.008012	-.107329	-.058792	.014383	.007069	.001813
16	-.007171	.000434	-.008184	.003774	.014519	-.058892	-.144049	-.021734
17	-.005949	.000083	-.005406	.000333	.000234	-.008035	-.111488	-.081450
18	.001196	-.004615	.000132	-.004167	-.021341	.003971	.008115	.002656

	9	10	11	12	13	14	15	16
9	.408750							
10	-.103122	.410319						
11	.020356	-.221803	.449103					
12	.010999	-.043468	.035909	.495000				
13	-.022856	.000077	-.023604	-.155623	.350596			
14	.001741	-.003681	.003417	.021044	-.043728	.352565		
15	-.004304	.000511	-.003537	-.018822	.003396	-.094394	.335505	
16	.000107	-.021594	.003725	.009391	-.066465	.002172	-.016096	.335708
17	.008296	-.040433	.002724	.006814	-.032446	.001758	-.006590	.005448
18	-.040951	.008859	-.082931	-.108073	.006670	-.006941	.000083	-.031094

	17	18
17	.330651	
18	-.064542	.332973

Z=18 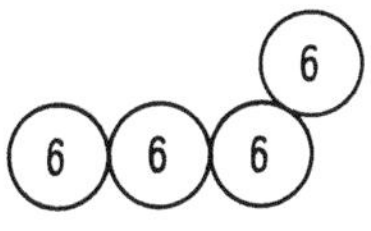

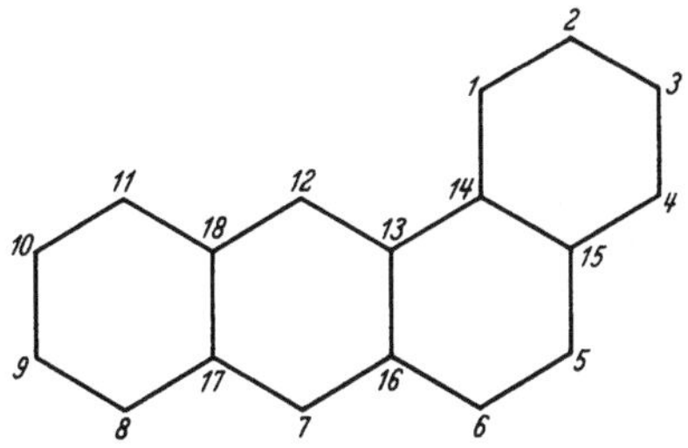

Benz[a]anthracen

Bindungs- Bindungs Polarisierbarkeiten

	1 2	1 14	2 3	3 4	4 15	5 6	5 15	6 16
1 2	.237015							
1 14	-.196501	.271478						
2 3	-.210263	.119207	.278796					
3 4	.126887	-.081436	-.213946	.233668				
4 15	-.077948	.100391	.117394	-.188565	.273207			
5 6	-.007531	.007951	.022635	-.025351	.056143	.165017		
5 15	.008988	-.007406	-.033581	.045874	-.132094	-.173644	.324701	
6 16	.016622	-.021837	-.019070	.021097	-.032646	-.173899	.080135	.324677
7 16	-.009225	.007777	.010398	-.013759	.019077	.065170	-.039708	-.147162
7 17	.008560	-.007565	-.008089	.010283	-.011847	-.025974	.022864	.045696
8 9	.003367	-.002555	-.002992	.003972	-.004006	-.005756	.007072	.008246
8 17	-.003642	.002569	.003501	-.004828	.005421	.010718	-.009863	-.017115
9 10	-.004192	.004531	.003674	-.003933	.003944	.006395	-.007858	-.008321
10 11	.004380	-.004766	-.003468	.003712	-.003261	-.002052	.006262	.001892
11 18	-.005982	.007887	.004601	-.004211	.003692	.001958	-.008013	-.001137
12 13	-.022400	.043422	.016511	-.010028	.009183	.010133	-.029820	-.007917
12 18	.013089	-.018695	-.010213	.009038	-.008477	-.008195	.019367	.008802
13 14	.043209	-.117005	-.030843	.013283	-.012144	-.038975	.061780	.057246
13 16	-.006502	.018431	.007541	-.001789	.003295	.046401	-.017162	-.091160
14 15	.087574	-.133635	-.056878	.084491	-.125814	.055301	-.106081	-.024296
17 18	-.005506	.007758	.005085	-.004458	.005056	.013554	-.011814	-.019854

	7 16	7 17	8 9	8 17	9 10	10 11	11 18	12 13
7 16	.258978							
7 17	-.171383	.286222						
8 9	-.030659	.065170	.205455					
8 17	.057467	-.157796	-.179441	.298932				
9 10	.030476	-.048977	-.209376	.106280	.306403			
10 11	-.017357	.024419	.121923	-.068354	-.208666	.206555		
11 18	.020645	-.023134	-.069280	.085733	.106881	-.181378	.298688	
12 13	.097851	-.065962	-.018899	.022029	.031715	-.032667	.060130	.253728
12 18	-.063198	.095461	.025422	-.023876	-.048795	.065408	-.156600	-.177425
13 14	-.013825	.013327	.004099	-.003927	-.008969	.009062	-.016577	-.130568
13 16	-.131764	.072934	.022154	-.029929	-.022135	.022721	-.031251	-.139527
14 15	.007738	-.004900	-.001329	.001606	.003048	-.002334	.004131	.027550
17 18	.062466	-.119310	.057413	-.095485	-.032125	.057969	-.096783	.062960

	12 18	13 14	13 16	14 15	17 18
12 18	.287417				
13 14	.043275	.307833			
13 16	.075546	-.074585	.276446		
14 15	-.010602	-.087473	.026082	.249278	
17 18	-.116749	-.018223	-.025748	.006542	.267250

Chrysen

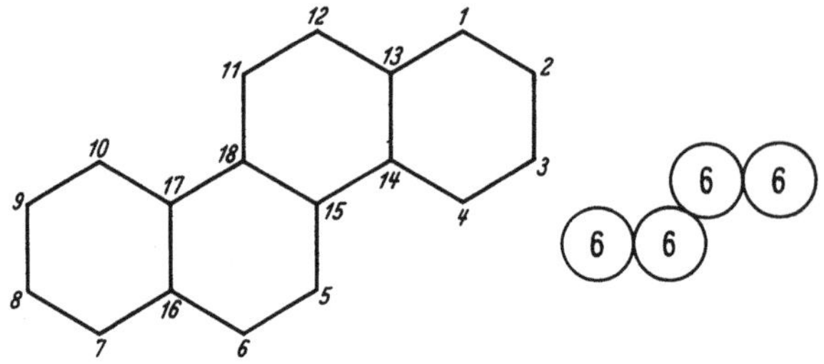

Z=18

Eigenwerte und Hückelkoeffizienten

	1	2	3	4	5	6	7	8
1	2.499046	2.166518	1.700759	1.539774	1.285777	1.216441	.875323	.792335
1	.152608	.267140	.282570	.083324	.240466	.1/2367	.368277	.089784
2	.106690	.223469	.348075	-.071250	-.010001	.402252	.149232	.337363
3	.114016	.217009	.309422	-.193032	-.253325	.316948	-.237651	.177520
4	.178242	.246685	.178177	-.225977	-.315718	-.016703	-.357253	-.196707
5	.231178	-.045888	-.218941	-.383806	.095548	-.108205	.297138	.292098
6	.202422	-.185174	-.050820	-.378858	.322556	.069360	.141671	.032656
7	.152608	-.267140	.282570	-.083324	.240466	-.172367	-.368277	.089784
8	.106690	-.223469	.348075	.071250	-.010001	-.402252	-.149232	.337363
9	.114016	-.217009	.309422	.193032	-.253325	-.316948	.237651	.177520
10	.178242	-.246685	.178177	.225977	-.315718	.016703	.357253	-.196707
11	.231178	.045888	-.218941	.383806	.095548	.108205	-.297138	.292098
12	.202422	.185174	-.050820	.378858	.322556	-.069360	-.141671	.032656
13	.274684	.355295	.132508	.199550	.319186	-.192577	.173130	-.266223
14	.331417	.317439	-.006385	-.154920	-.152619	-.337266	-.075061	-.333378
15	.375302	.085757	-.321546	-.212116	-.199702	-.200985	.118421	.198784
16	.274684	-.355295	.132508	-.199550	.319186	.192577	-.173130	-.266223
17	.331417	-.317439	-.006385	.154920	-.152619	.337266	.075061	-.333378
18	.375302	-.085757	-.321546	.212116	-.199702	.200985	-.118421	.198784

	9	10	11	12	13	14	15	16
9	.520139	-.520139	-.792335	-.875323	-1.216441	-1.285/77	-1.539774	-1.700759
1	.295525	.295525	.089784	.368277	.172367	.240466	.083324	.282570
2	.120233	-.120233	-.337363	-.149232	-.402252	.010001	.071250	-.348075
3	-.232987	-.232987	.177520	-.237651	.316948	-.253325	-.193032	.309422
4	-.241419	.241419	.196707	.357253	.016703	.315718	.225977	-.178177
5	-.234007	-.234007	.292098	.297138	-.108205	.095548	-.383806	-.218941
6	-.385525	.385525	-.032656	-.141671	-.069360	-.322556	.378858	.050820
7	.295525	-.295525	-.089784	.368277	.172367	-.240466	.083324	-.282570
8	.120233	.120233	.337363	-.149232	-.402252	-.010001	.071250	.348075
9	-.232987	.232987	-.177520	-.237651	.316948	.253325	-.193032	-.309422
10	-.241419	-.241419	-.196707	.357253	.016703	-.315718	.225977	.178177
11	-.234007	.234007	-.292098	.297138	-.108205	-.095548	-.383806	.218941
12	-.385525	-.385525	.032656	-.141671	-.069360	.322556	.378858	-.050820
13	.033480	-.033480	.266223	-.173130	.192577	-.319186	-.199550	-.132508
14	.107415	.107415	-.333378	-.075061	-.337266	-.152619	-.154920	-.006385
15	.263809	-.263809	-.198784	-.118421	.200985	.199702	.212116	.321546
16	.033480	.033480	-.266223	-.173130	.192577	.319186	-.199550	.132508
17	.107415	-.107415	.333378	-.075061	-.337266	.152619	-.154920	.006385
18	.263809	.263809	.198784	-.118421	.200985	-.199/02	.212116	-.321546

	17	18
17	-2.166518	-2.499046
1	.267140	.152608
2	-.223469	-.106690
3	.217009	.114016
4	-.246685	-.178242
5	-.045888	.231178
6	.185174	-.202422
7	.267140	-.152608
8	-.223469	.106690
9	.217009	-.114016
10	-.246685	.178242
11	-.045888	-.231178
12	.185174	.202422
13	-.355295	-.274684
14	.317439	.331417
15	-.085757	-.375302
16	-.355295	.274684
17	.317439	-.331417
18	-.085757	.375302

TOTALE PI ELEKTRONEN ENERGIE 25.192226

Z=18 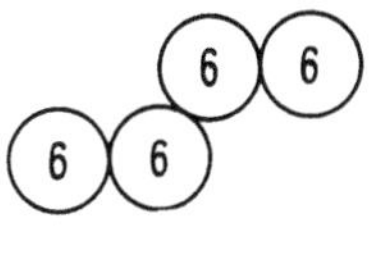 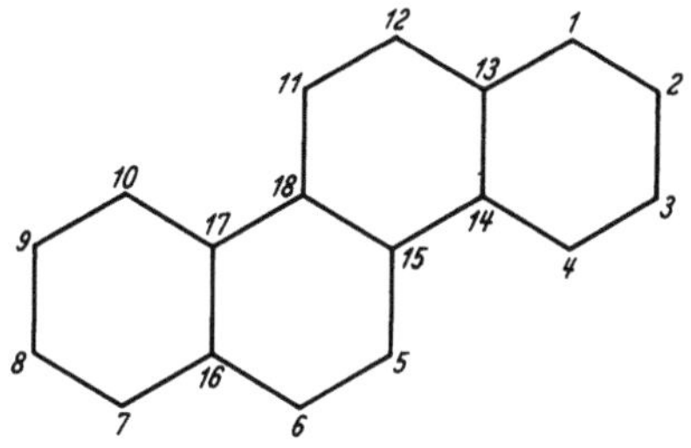 Chrysen

allgemeine Bindungsordnungen

	1	2	3	4	5	6	7	8
1	1.000000							
2	.712217	1.000000						
3	0	.617104	1.000000					
4	-.349509	0	.707046	1.000000				
5	0	.071633	0	-.115741	1.000000			
6	-.067623	0	.085050	0	.753984	1.000000		
7	.025419	0	-.035990	0	-.186158	0	1.000000	
8	0	.043635	0	-.044780	0	-.138619	.712217	1.000000
9	-.035990	0	.034845	0	.163127	0	0	.617104
10	0	-.044780	0	.040688	0	.047351	-.349509	0
11	-.186158	0	.163127	0	.002353	0	0	.071633
12	0	-.138619	0	.047351	0	.189183	-.067623	0
13	.568427	0	-.254395	0	-.082443	0	0	-.054206
14	0	-.259566	0	.583060	0	-.136461	.055539	0
15	.056813	0	-.129157	0	.537643	0	0	.115588
16	0	-.054206	0	.064329	0	.520888	.568427	0
17	.055539	0	-.038937	0	-.236332	0	0	-.259566
18	0	.115588	0	-.120556	0	-.269273	.056813	0

	9	10	11	12	13	14	15	16
9	1.000000							
10	.707046	1.000000						
11	0	-.115741	1.000000					
12	.085050	0	.753984	1.000000				
13	0	.064329	0	.520888	1.000000			
14	-.038937	0	-.236332	0	.535298	1.000000		
15	0	-.120556	0	-.269273	0	.475921	1.000000	
16	-.254395	0	-.082443	0	.067542	0	-.189394	1.000000
17	0	.583060	0	-.136461	0	.023399	0	.535298
18	-.129157	0	.537643	0	-.189394	0	.572937	0

	17	18
17	1.000000	
18	.475921	1.000000

Chrysen

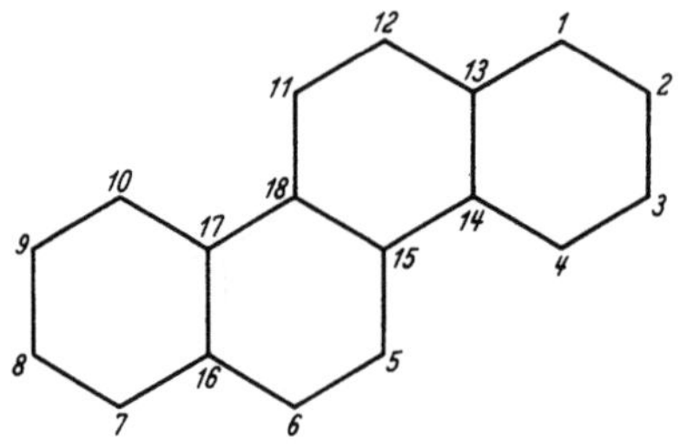

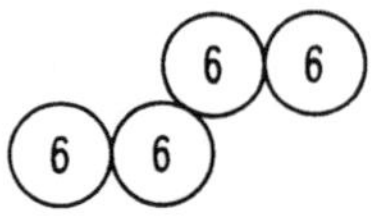

Z=18

Atom- Atom Polarisierbarkeiten

	1	2	3	4	5	6	7	8
1	.441163							
2	-.199542	.403192						
3	.018186	-.119203	.408911					
4	-.125963	.015713	-.195392	.431312				
5	.000300	-.006035	.002275	-.010580	.430577			
6	-.011444	.000739	-.013094	.003884	-.245156	.450915		
7	-.002398	.000405	-.002835	.001145	-.039697	.026368	.441163	
8	.000405	-.003575	.000010	-.003533	.000165	-.019238	-.199542	.403192
9	-.002835	.000010	-.002881	.000240	-.037727	.008660	.018186	-.119203
10	.001145	-.003533	.000240	-.003041	.004410	-.011686	-.125963	.015713
11	-.039697	.000165	-.037727	.004410	-.002820	.006462	.000300	-.006035
12	.026368	-.019238	.008660	-.011686	.006462	-.057365	-.011444	.000739
13	-.097767	.007480	-.056561	.003946	-.005661	.000044	.000182	-.004435
14	.003217	-.058858	.009/16	-.105477	.013366	-.019090	-.004099	.000343
15	-.012393	.004063	-.017555	.016376	-.078397	.017679	.005171	-.017691
16	.000182	-.004435	.000155	-.005146	.011075	-.070648	-.097767	.007480
17	-.004099	.000343	-.003334	.000055	-.050690	.007106	.003217	-.058858
18	.005171	-.017691	.000429	-.016265	.008133	-.0/4136	-.012393	.004063

	9	10	11	12	13	14	15	16
9	.408911							
10	-.195392	.431312						
11	.002275	-.010580	.430577					
12	-.013094	.003884	-.245156	.450915				
13	.000155	-.005146	.011075	-.070648	.332415			
14	-.003334	.000055	-.050690	.007106	-.086278	.348046		
15	.000429	-.016265	.008133	-.074136	.002897	-.055335	.356221	
16	-.056561	.003946	-.005661	.000044	-.005250	.002021	-.028470	.332415
17	.009716	-.105477	.013366	-.019090	.002021	-.003428	.002718	-.086278
18	-.017555	.016376	-.078397	.017679	-.028470	.002718	-.113445	.002897

	17	18
17	.348046	
18	-.055335	.356221

Z=18

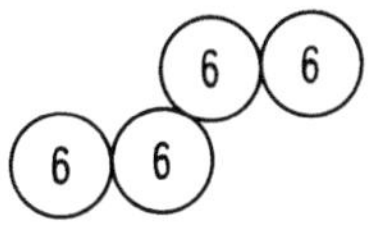

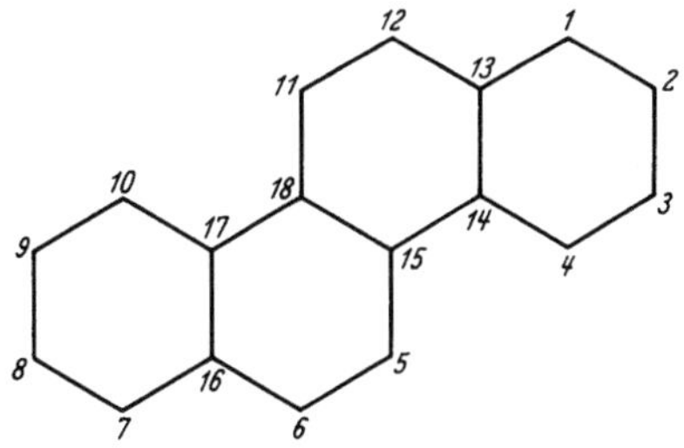

Chrysen

Bindungs- Bindungs Polarisierbarkeiten

	1 2	1 13	2 3	3 4	4 14	5 6	5 15	6 16
1 2	.221209							
1 13	-.184881	.280968						
2 3	-.212147	.114738	.286773					
3 4	.125674	-.075926	-.208901	.224339				
4 14	-.079127	.098938	.116590	-.192497	.280182			
5 6	.007913	-.007091	-.009763	.013127	-.020169	.195011		
5 15	-.008414	.007338	.013212	-.018769	.036710	-.194140	.312188	
6 16	-.006513	.007099	.007862	-.008738	.012566	-.180406	.096257	.310932
7 8	-.002378	.002701	.003124	-.003081	.004359	-.029405	.027194	.052639
7 16	.002701	-.002825	-.003676	.004010	-.005957	.059300	-.039692	-.138885
8 9	.003124	-.003676	-.003169	.003120	-.003653	.027616	-.025888	-.039797
9 10	-.003081	.004010	.003120	-.002709	.003159	-.013412	.023630	.016335
10 17	.004359	-.005957	-.003653	.003159	-.003078	.015246	-.030953	-.015430
11 12	-.029405	.059300	.027616	-.013412	.015246	-.004102	.003509	.017438
11 18	.027194	-.039692	-.025888	.023630	-.030953	.003509	-.000760	-.023714
12 13	.052639	-.138885	-.039797	.016335	-.015430	.017438	-.023714	-.016938
13 14	.075560	-.117323	-.049210	.078252	-.124281	-.010852	.021580	.010157
14 15	.020326	-.019696	-.037625	.050764	-.125782	.047578	-.114223	-.028857
15 18	-.009427	.012513	.016576	-.015207	.030300	.075448	-.129640	-.038661
16 17	.004503	-.005212	-.003550	.003945	-.003659	.060624	-.032693	-.110737
17 18	-.009827	.013561	.007767	-.007115	.006539	-.053470	.077268	.077391

	7 8	7 16	8 9	9 10	10 17	11 12	11 18	12 13
7 8	.221209							
7 16	-.184881	.280968						
8 9	-.212147	.114738	.286773					
9 10	.125674	-.075926	-.208901	.224339				
10 17	-.079127	.098938	.116590	-.192497	.280182			
11 12	.007913	-.007091	-.009763	.013127	-.020169	.195011		
11 18	-.008414	.007338	.013212	-.018769	.036710	-.194140	.312188	
12 13	-.006513	.007099	.007862	-.008738	.012566	-.180406	.096257	.310932
13 14	.004503	-.005212	-.003550	.003945	-.003659	.060624	-.032693	-.110737
14 15	-.009827	.013561	.007/67	-.007115	.006539	-.053470	.077268	.077391
15 18	-.009427	.012513	.016576	-.015207	.030300	.0/5448	-.129640	-.038661
16 17	.075560	-.117323	-.049210	.078252	-.124281	-.010852	.021580	.010157
17 18	.020326	-.019696	-.037625	.050764	-.125782	.047578	-.114223	-.028857

	13 14	14 15	15 18	16 17	17 18
13 14	.253651				
14 15	-.093672	.296590			
15 18	.038667	-.101957	.242775		
16 17	-.001783	.006032	.038667	.253651	
17 18	.006032	-.011590	-.101957	-.093672	.296590

Benzo[c]phenanthren

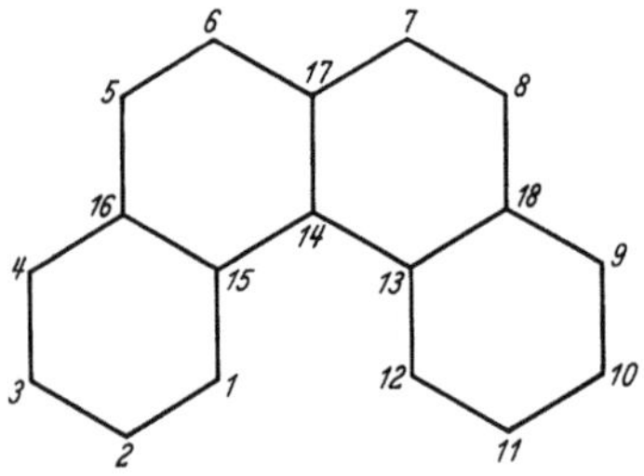

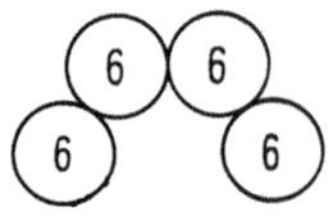

Z=18

Eigenwerte und Hückelkoeffizienten

	1	2	3	4	5	6	7	8
1	2.506996	2.135779	1.769411	1.414214	1.414214	1.123389	1.000000	.662153
1	.185284	.232353	.209202	.204124	.250000	.152723	.353553	.092262
2	.116964	.217581	.275989	0	.353553	.363157	0	.278673
3	.107944	.232353	.279136	-.204124	.250000	.255244	-.353553	.092262
4	.153651	.278673	.217917	-.288675	0	-.076419	-.353553	-.217581
5	.193892	.217581	-.123741	-.288675	-.353553	-.115170	0	.278673
6	.208828	.101874	-.325398	-.204124	-.250000	.211711	0	.420858
7	.208828	-.101874	-.325398	-.204124	.250000	.211711	0	-.420858
8	.193892	-.217581	-.123741	-.288675	.353553	-.115170	0	-.278673
9	.153651	-.278673	.217917	-.288675	0	-.076419	.353553	.217581
10	.107944	-.232353	.279136	-.204124	-.250000	.255244	.353553	-.092262
11	.116964	-.217581	.275989	0	-.353553	.363157	0	-.278673
12	.185284	-.232353	.209202	.204124	-.250000	.152723	-.353553	-.092262
13	.347543	-.278673	.094176	.288675	0	-.191590	-.353553	.217581
14	.408746	0	-.149015	.408248	0	-.026861	0	0
15	.347543	.278673	.094176	.288675	0	-.191590	.353553	-.217581
16	.277259	.362831	.106449	-.204124	-.250000	-.341092	0	-.236334
17	.329638	0	-.452021	0	0	.353004	0	0
18	.277259	-.362831	.106449	-.204124	.250000	-.341092	0	.236334

	9	10	11	12	13	14	15	16
9	.567587	-.567587	-.662153	-1.000000	-1.123389	-1.414214	-1.414214	-1,769411
1	.326976	.326976	.092262	.353553	.152723	.250000	.204124	.209202
2	.168126	-.168126	-.278673	0	-.363157	-.353553	0	-.275989
3	-.231550	-.231550	.092262	-.353553	.255244	.250000	-.204124	.279136
4	-.299550	.299550	.217581	.353553	.076419	0	.288675	-.217917
5	.317012	-.317012	-.278673	0	.115170	.353553	.288675	.123741
6	.118403	.118403	.420858	0	.211711	-.250000	-.204124	-.325398
7	.118403	.118403	-.420858	0	.211711	.250000	-.204124	-.325398
8	.317012	-.317012	.278673	0	.115170	-.353553	.288675	.123741
9	-.299550	.299550	-.217581	-.353553	.076419	0	.288675	-.217917
10	-.231550	-.231550	-.092262	.353553	.255244	-.250000	-.204124	.279136
11	.168126	-.168126	.278673	0	-.363157	.353553	0	-.275989
12	.326976	.326976	-.092262	-.353553	.152723	-.250000	.204124	.209202
13	.017461	-.017461	-.217581	.353553	.191590	0	-.288675	-.094176
14	-.378594	-.378594	0	0	-.026861	0	.408248	-.149015
15	.017461	-.017461	.217581	-.353553	.191590	0	-.288675	-.094176
16	.061529	.061529	-.236334	0	-.341092	-.250000	-.204124	.106449
17	-.249808	.249808	0	0	-.353004	0	0	.452021
18	.061529	.061529	.236334	0	-.341092	.250000	-.204124	.106449

	17	18
17	-2.135779	-2.506996
1	.232353	.185284
2	-.217581	-.116964
3	.232353	.107944
4	-.278673	-.153651
5	-.217581	-.193892
6	.101874	.208828
7	-.101874	.208828
8	.217581	-.193892
9	.278673	-.153651
10	-.232353	.107944
11	.217581	-.116964
12	-.232353	.185284
13	.278673	-.347543
14	0	.408746
15	-.278673	-.347543
16	.362831	.277259
17	0	-.329638
18	-.362831	.277259

TOTALE PI ELEKTRONEN ENERGIE 25.187485

Z = 18 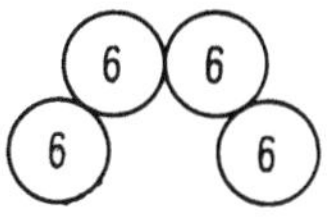

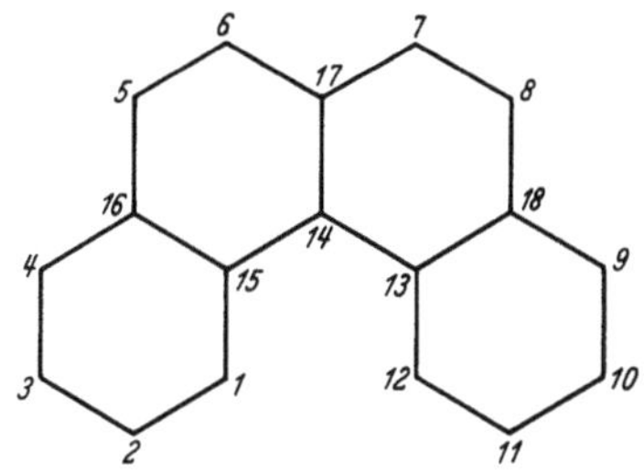

Benzo[c]phenanthren

allgemeine Bindungsordnungen

	1	2	3	4	5	6	7	8
1	1.000000							
2	.708999	1.000000						
3	0	.616166	1.000000					
4	-.349617	0	.711742	1.000000				
5	.050113	0	-.139216	0	1.000000			
6	0	.164939	0	-.189450	.761338	1.000000		
7	0	-.039298	0	.063275	-.150006	0	1.000000	
8	.098601	0	-.090728	0	0	-.150006	.761338	1.000000
9	-.028321	0	.033038	0	0	.063275	-.189450	0
10	0	-.042453	0	.033038	-.090728	0	0	-.139216
11	.050380	0	-.042453	0	0	-.039298	.164939	0
12	0	.050380	0	-.028321	.098601	0	0	.050113
13	-.100410	0	.064513	0	0	.015387	-.237338	0
14	0	-.133448	0	.055881	-.274169	0	0	-.274169
15	.578293	0	-.256784	0	0	-.237338	.015387	0
16	0	-.254041	0	.569783	.519549	0	0	.113654
17	-.122512	0	.114705	0	0	.522162	.522162	0
18	0	.047171	0	-.040349	.113654	0	0	.519549

	9	10	11	12	13	14	15	16
9	1.000000							
10	.711742	1.000000						
11	0	.616166	1.000000					
12	-.349617	0	.708999	1.000000				
13	0	-.256784	0	.578293	1.000000			
14	.055881	0	-.133448	0	.488819	1.000000		
15	0	.064513	0	-.100410	0	.488819	1.000000	
16	-.040349	0	.047171	0	-.077300	0	.532831	1.000000
17	0	.114705	0	-.122512	0	.574380	0	-.184999
18	.569783	0	-.254041	0	.532831	0	-.077300	0

	17	18
17	1.000000	
18	-.184999	1.000000

Benzo[c]phenanthren

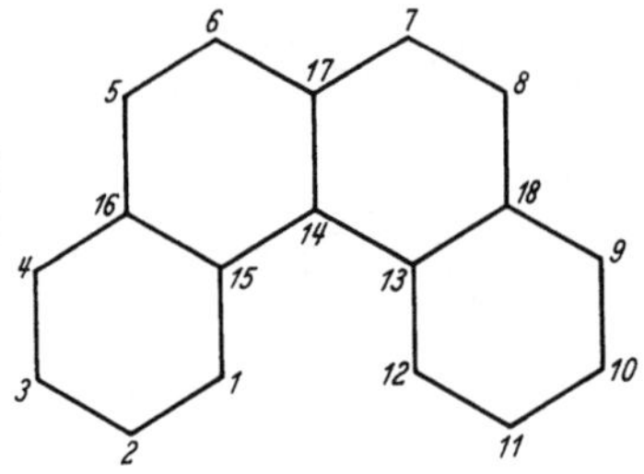

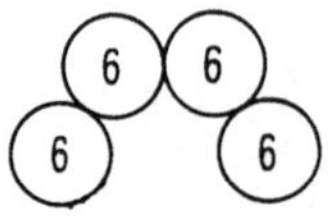

Z = 18

Atom- Atom Polarisierbarkeiten

	1	2	3	4	5	6	7	8
1	.434673							
2	-.197134	.407617						
3	.016614	-.118569	.404888					
4	-.126197	.017723	-.199145	.439807				
5	-.012164	.007589	-.019421	.024793	.442267			
6	.004094	-.038497	.000227	-.041045	-.252108	.438281		
7	.000300	-.003445	.001094	-.004982	-.022099	.020559	.438281	
8	-.014973	.000048	-.014446	.001116	.001344	-.022099	-.252108	.442267
9	-.002689	.000049	-.002844	.000383	.001116	-.004982	-.041045	.024793
10	.001300	-.003397	.000338	-.002844	-.014446	.001094	.000227	-.019421
11	-.003834	.000119	-.003397	.000049	.000048	-.003445	-.038497	.007589
12	.003394	-.003834	.001300	-.002689	-.014973	.000300	.004094	-.012164
13	-.007955	.001131	-.005101	.000055	.002572	-.003188	-.051190	.006140
14	.019622	-.018565	.005440	-.012421	-.076592	.007057	.007057	-.076592
15	-.102654	.009098	-.057504	.003276	.006140	-.051190	-.003188	.002572
16	.003624	-.056440	.007986	-.098579	-.069994	.012112	.004120	-.017481
17	-.016747	.000167	-.017503	.004124	.013408	-.071290	-.071290	.013408
18	.000726	-.003659	.000042	-.003426	-.017481	.004120	.012112	-.069994

	9	10	11	12	13	14	15	16
9	.439807							
10	-.199145	.404888						
11	.017723	-.118569	.407617					
12	-.126197	.016614	-.197134	.434673				
13	.003276	-.057504	.009098	-.102654	.344109			
14	-.012421	.005440	-.018565	.019622	-.060326	.378369		
15	.000055	-.005101	.001131	-.007955	.008581	-.060326	.344109	
16	-.003426	.000042	-.003659	.000726	-.005211	.003805	-.085058	.334397
17	.004124	-.017503	.000167	-.016747	.003225	-.114407	.003225	-.027102
18	-.098579	.007986	-.056440	.003624	-.085058	.003805	-.005211	.000138

	17	18
17	.337840	
18	-.027102	.334397

Z=18 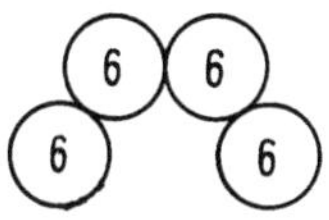

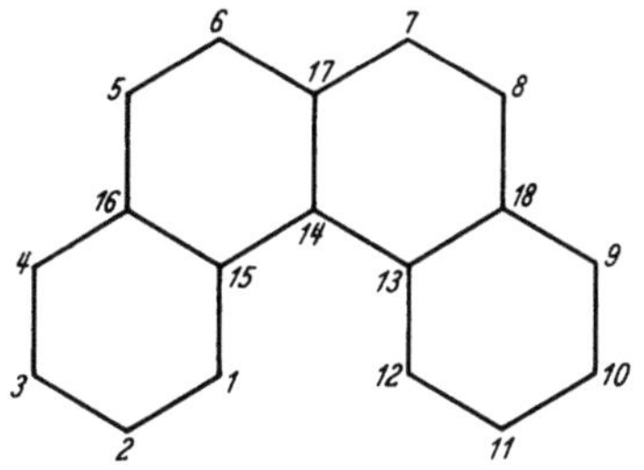

Benzo[c]phenanthren

Bindungs- Bindungs Polarisierbarkeiten

	1 2	1 15	2 3	3 4	4 16	5 6	5 16	6 17
1 2	.223376							
1 15	-.190397	.281630						
2 3	-.209938	.115797	.287671					
3 4	.125669	-.077936	-.211557	.222095				
4 16	-.076479	.098232	.114849	-.186375	.281269			
5 6	-.014737	.016638	.028303	-.030490	.060227	.188132		
5 16	.017617	-.016655	-.039936	.053266	-.138597	-.182186	.310571	
6 17	.024748	-.032012	-.026024	.027674	-.039274	-.184876	.094441	.310593
7 8	.006999	-.005472	-.006828	.009431	-.011404	-.027092	.021782	.050285
7 17	-.007503	.005481	.007912	-.011423	.015466	.050285	-.031467	-.125474
8 18	-.007569	.009949	.007312	-.006812	.007953	.021782	-.017858	-.031467
9 10	-.002700	.003418	.002946	-.002487	.002985	.009431	-.006812	-.011423
9 18	.002838	-.003267	-.003117	.002985	-.003650	-.011404	.007953	.015466
10 11	.003978	-.005548	-.003592	.002946	-.003117	-.006828	.007312	.007912
11 12	-.004466	.007084	.003978	-.002700	.002838	.006999	-.007569	-.007503
12 13	.007084	-.012708	-.005548	.003418	-.003267	-.005472	.009949	.005481
13 14	-.016450	.032760	.012185	-.007421	.006982	.009010	-.022772	-.007774
13 18	.005836	-.008681	-.004458	.004031	-.003908	-.003380	.008937	.003758
14 15	.052058	-.130567	-.038785	.019558	-.018975	-.055842	.078628	.078320
14 17	-.016568	.033324	.017278	-.009171	.011690	.071234	-.037956	-.121774
15 16	.076603	-.121071	-.048449	.075296	-.117445	.060266	-.108646	-.031076

	7 8	7 17	8 18	9 10	9 18	10 11	11 12	12 13
7 8	.188132							
7 17	-.184876	.310593						
8 18	-.182186	.094441	.310571					
9 10	-.030490	.027674	.053266	.222095				
9 18	.060227	-.039274	-.138597	-.186375	.281269			
10 11	.028303	-.026024	-.039936	-.211557	.114849	.287671		
11 12	-.014737	.024748	.017617	.125669	-.076479	-.209938	.223376	
12 13	.016638	-.032012	-.016655	-.077936	.098232	.115797	-.190397	.281630
13 14	-.055842	.078320	.078628	.019558	-.018975	-.038785	.052058	-.130567
13 18	.060266	-.031076	-.108646	.075296	-.117445	-.048449	.076603	-.121071
14 15	.009010	-.007774	-.022772	-.007421	.006982	.012185	-.016450	.032760
14 17	.071234	-.121774	-.037956	-.009171	.011690	.017278	-.016568	.033324
15 16	-.003380	.003758	.008937	.004031	-.003908	-.004458	.005836	-.008681

	13 14	13 18	14 15	14 17	15 16
13 14	.299177				
13 18	-.098570	.254106			
14 15	-.103548	.021198	.299177		
14 17	-.109173	.040218	-.109173	.241796	
15 16	.021198	-.004566	-.098570	.040218	.254106

Triphenylen

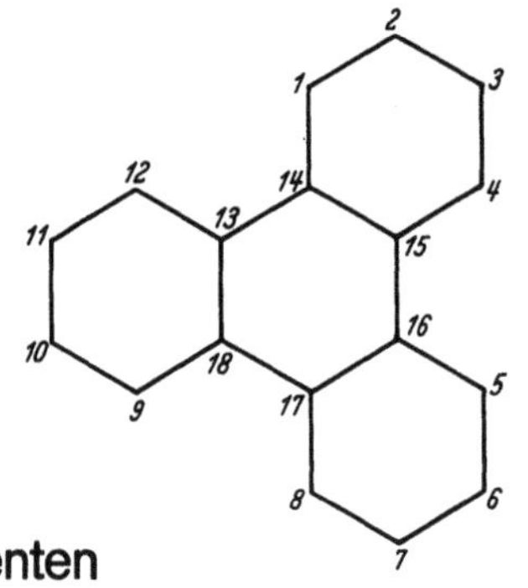

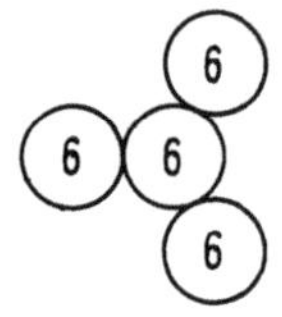

Z=18

Eigenwerte und Hückelkoeffizienten

	1	2	3	4	5	6	7	8
1	2.532089	1,969616	1.969616	1,347296	1,285575	1,285575	,879385	,684040
1	.183344	,235702	.235702	,119669	,235702	,235702	,344574	,235702
2	.119669	,273051	.191192	,344574	,332065	-,029052	.183344	-,140873
3	.119669	,302103	.140873	,344574	,191192	-,273051	-,183344	-,332065
4	.183344	.321975	.086273	,119669	-,086273	-,321975	-,344574	-,086273
5	.183344	,086273	-,321975	,119669	-,321975	,086273	,344574	-,321975
6	.119669	.029052	-.332065	,344574	-,140873	,302103	,183344	-,191192
7	.119669	-,029052	-.332065	,344574	,140873	,302103	-,183344	,191192
8	.183344	-,086273	-.321975	,119669	,321975	,086273	-,344574	,321975
9	.183344	-,321975	,086273	,119669	,086273	-,321975	,344574	,086273
10	.119669	-,302103	.140873	,344574	-,191192	-,273051	.183344	,332065
11	.119669	-.273051	,191192	,344574	-,332065	-,029052	-,183344	,140873
12	.183344	-.235702	,235702	,119669	-,235702	,235702	-,344574	-,235702
13	,344574	-,191192	,273051	-,183344	,029052	,332065	-,119669	-,302103
14	,344574	.191192	,273051	-,183344	-,029052	,332065	,119669	,302103
15	,344574	,332065	,029052	-,183344	-,302103	-,140873	-,119669	,273051
16	,344574	.140873	-.302103	-,183344	-,273051	-,191192	,119669	-,029052
17	,344574	-,140873	-,302103	-,183344	,273051	-,191192	-,119669	,029052
18	,344574	-.332065	,029052	-,183344	,302103	-,140873	,119669	-,273051

	9	10	11	12	13	14	15	16
9	.684040	-,684040	-,684040	-,879385	-1,285575	-1,285575	-1,347296	-1,969616
1	,235702	.235702	.235702	,344574	,235702	,235702	,119669	,235702
2	.302103	-,302103	.140873	-,183344	,029052	-,332065	-,344574	-,273051
3	-.029052	-,029052	-,332065	-,183344	-,273051	,191192	,344574	,302103
4	-,321975	,321975	,086273	,344574	,321975	,086273	-,119669	-,321975
5	,086273	,086273	-,321975	,344574	,086273	-,321975	.119669	,086273
6	-,273051	,273051	,191192	-,183344	-,302103	,140873	-,344574	-,029052
7	-,273051	-.273051	,191192	-,183344	,302103	,140873	,344574	-,029052
8	,086273	-,086273	-,321975	,344574	-,086273	-,321975	-,119669	,086273
9	-,321975	-,321975	,086273	,344574	-,321975	,086273	,119669	-,321975
10	-,029052	,029052	-,332065	-,183344	,273051	,191192	-,344574	,302103
11	.302103	.302103	.140873	-,183344	-,029052	-,332065	,344574	-,273051
12	,235702	-,235702	,235702	,344574	-,235702	,235702	-,119669	,235702
13	-,140873	-,140873	-,302103	-,119669	,332065	.029052	-,183344	-,191192
14	-,140873	,140873	-,302103	-,119669	-,332065	,029052	,183344	-,191192
15	-,191192	-,191192	.273051	-,119669	-,140873	-,302103	-,183344	,332065
16	,332065	-,332065	,029052	-,119669	,191192	,273051	,183344	-,140873
17	,332065	,332065	,029052	-,119669	-,191192	,273051	-,183344	-,140873
18	-,191192	,191192	,273051	-,119669	,140873	-,302103	,183344	,332065

	17	18
17	-1,969616	-2,532089
1	,235702	,183344
2	-.191192	-.119669
3	.140873	,119669
4	-.086273	-,183344
5	-,321975	,183344
6	.332065	-,119669
7	-,332065	,119669
8	.321975	-,183344
9	,086273	,183344
10	-,140873	-,119669
11	,191192	,119669
12	-.235702	-,183344
13	.273051	.344574
14	-,273051	-,344574
15	,029052	,344574
16	.302103	-.344574
17	-,302103	,344574
18	-,029052	-,344574

TOTALE PI ELEKTRONEN ENERGIE 25,274465

Z=18 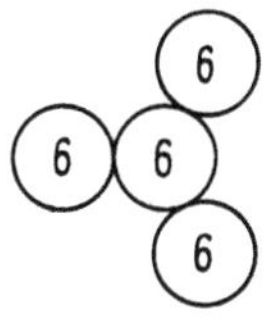 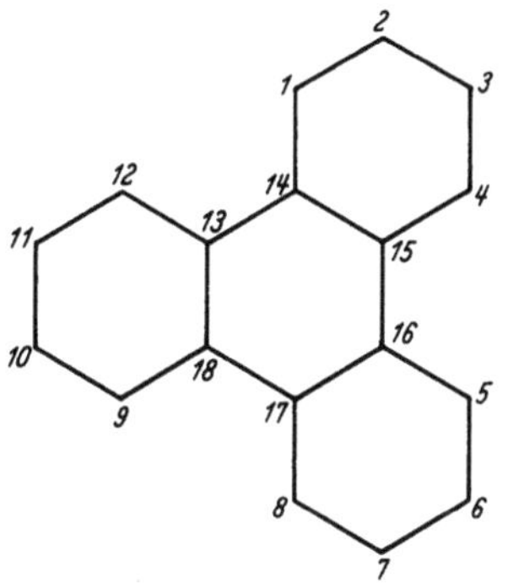

Triphenylen

allgemeine Bindungsordnungen

	1	2	3	4	5	6	7	8
1	1.000000							
2	.690394	1.000000						
3	0	.636566	1.000000					
4	-.334041	0	.690394	1.000000				
5	0	.100693	0	-.141591	1.000000			
6	-.032982	0	.046865	0	.690394	1.000000		
7	0	-.086810	0	.100693	0	.636566	1.000000	
8	.050859	0	-.032982	0	-.334041	0	.690394	1.000000
9	0	-.032982	0	.050859	0	.100693	0	-.141591
10	.100693	0	-.086810	0	-.032982	0	.046865	0
11	0	.046865	0	-.032982	0	-.086810	0	.100693
12	-.141591	0	.100693	0	.050859	0	-.032982	0
13	0	-.087762	0	.012930	0	.104688	0	-.120744
14	.602632	0	-.280213	0	-.120744	0	.104688	0
15	0	-.280212	0	.602632	0	-.087762	0	.012930
16	.012930	0	-.087762	0	.602632	0	-.280212	0
17	0	.104688	0	-.120744	0	-.280212	0	.602632
18	-.120744	0	.104688	0	.012930	0	-.087762	0

	9	10	11	12	13	14	15	16
9	1.000000							
10	.690394	1.000000						
11	0	.636566	1.000000					
12	-.334041	0	.690394	1.000000				
13	0	-.280212	0	.602632	1.000000			
14	.012930	0	-.087762	0	.428059	1.000000		
15	0	.104688	0	-.120744	0	.561734	1.000000	
16	-.120744	0	.104688	0	-.161642	0	.428059	1.000000
17	0	-.087762	0	.012930	0	-.161642	0	.561734
18	.602632	0	-.280212	0	.561734	0	-.161642	0

	17	18
17	1.000000	
18	.428059	1.000000

Triphenylen

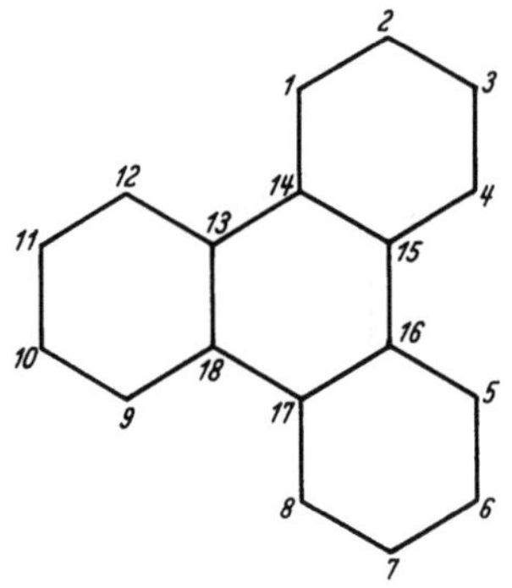

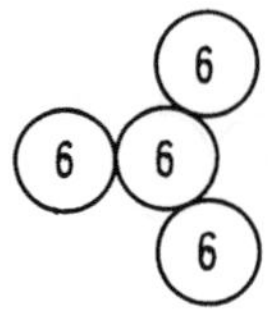

Z=18

Atom- Atom Polarisierbarkeiten

	1	2	3	4	5	6	7	8
1	.427254							
2	-.177536	.405556						
3	.015176	-.134195	.405556					
4	-.109831	.015176	-.177536	.427254				
5	.000109	-.014056	.001572	-.018783	.427254			
6	-.002599	.000329	-.003224	.001572	-.177536	.405556		
7	.000444	-.012490	.000329	-.014056	.015176	-.134195	.405556	
8	-.003370	.000444	-.002599	.000109	-.109831	.015176	-.177536	.427254
9	.000109	-.002599	.000444	-.003370	.000109	-.014056	.001572	-.018783
10	-.014056	.000329	-.012490	.000444	-.002599	.000329	-.003224	.001572
11	.001572	-.003224	.000329	-.002599	.000444	-.012490	.000329	-.014056
12	-.018783	.001572	-.014056	.000109	-.003370	.000444	-.002599	.000109
13	.013587	-.005849	.004396	-.002639	.002058	-.014373	.000052	-.015119
14	-.120264	.009428	-.072960	.003887	-.015119	.000052	-.014373	.002058
15	.003887	-.072960	.009428	-.120264	.013587	-.005849	.004396	-.002639
16	-.002639	.004396	-.005849	.013587	-.120264	.009428	-.072960	.003887
17	.002058	-.014373	.000052	-.015119	.003887	-.072960	.009428	-.120264
18	-.015119	.000052	-.014373	.002058	-.002639	.004396	-.005849	.013587

	9	10	11	12	13	14	15	16
9	.427254							
10	-.177536	.405556						
11	.015176	-.134195	.405556					
12	-.109831	.015176	-.177536	.427254				
13	.003887	-.072960	.009428	-.120264	.350230			
14	-.002639	.004396	-.005849	.013587	-.037962	.350230		
15	.002058	-.014373	.000052	-.015119	.004881	-.103673	.350230	
16	-.015119	.000052	-.014373	.002058	-.020561	.004881	-.037962	.350230
17	.013587	-.005849	.004396	-.002639	.004881	-.020561	.004881	-.103673
18	-.120264	.009428	-.072960	.003887	-.103673	.004881	-.020561	.004881

	17	18
17	.350230	
18	-.037962	.350230

Z=18 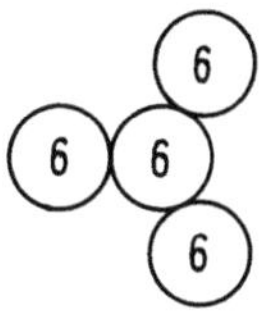

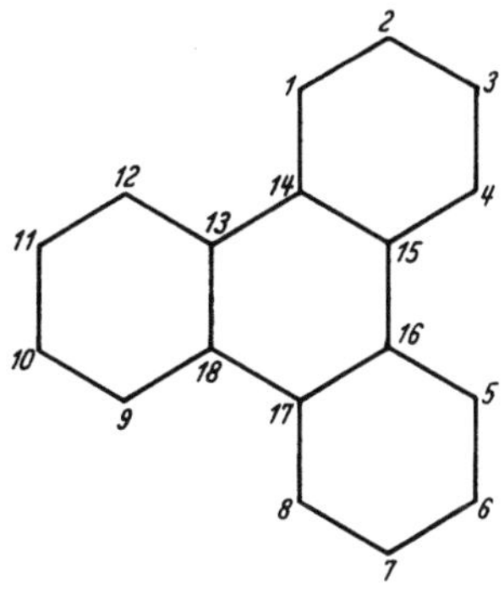

Triphenylen

Bindungs- Bindungs Polarisierbarkeiten

	1 2	1 14	2 3	3 4	4 15	5 6	5 16	6 7
1 2	.238509							
1 14	-.195136	.265289						
2 3	-.211086	.120698	.271361					
3 4	.127167	-.082147	-.211086	.238509				
4 15	-.082147	.104589	.120698	-.195136	.265289			
5 6	.005726	-.005860	-.007440	.009154	-.014791	.238509		
5 16	-.004835	.004623	.011256	-.014791	.033183	-.195136	.265289	
6 7	-.005249	.005785	.006667	-.007440	.011256	-.211086	.120698	.271361
7 8	.006898	-.007903	-.005249	.005726	-.004835	.127167	-.082147	-.211086
8 17	-.007903	.010127	.005785	-.005860	.004623	-.082147	.104589	.120698
9 10	.005726	-.004835	-.005249	.006898	-.007903	.005726	-.005860	-.007440
9 18	-.005860	.004623	.005785	-.007903	.010127	-.004835	.004623	.011256
10 11	-.007440	.011256	.006667	-.005249	.005785	-.005249	.005785	.006667
11 12	.009154	-.014791	-.007440	.005726	-.005860	.006898	-.007903	-.005249
12 13	-.014791	.033183	.011256	-.004835	.004623	-.007903	.010127	.005785
13 14	.036997	-.109687	-.026565	.007533	-.005859	.014965	-.020344	-.014321
13 18	-.009953	.024530	.009180	-.002406	.002498	-.002406	.002498	.009180
14 15	.094132	-.140638	-.063532	.094132	-.140638	-.009953	.024530	.009180
15 16	.007533	-.005859	-.026565	.036997	-.109687	.036997	-.109687	-.026565
16 17	-.002406	.002498	.009180	-.009953	.024530	.094132	-.140638	-.063532
17 18	.014965	-.020344	-.014321	.014965	-.020344	.007533	-.005859	-.026565

	7 8	8 17	9 10	9 18	10 11	11 12	12 13	13 14
7 8	.238509							
8 17	-.195136	.265289						
9 10	.009154	-.014791	.238509					
9 18	-.014791	.033183	-.195136	.265289				
10 11	-.007440	.011256	-.211086	.120698	.271361			
11 12	.005726	-.004835	.127167	-.082147	-.211086	.238509		
12 13	-.005860	.004623	-.082147	.104589	.120698	-.195136	.265289	
13 14	.014965	-.020344	.007533	-.005859	-.026565	.036997	-.109687	.312268
13 18	-.009953	.024530	.094132	-.140638	-.063532	.094132	-.140638	-.087803
14 15	-.002406	.002498	-.002406	.002498	.009180	-.009953	.024530	-.087803
15 16	.007533	-.005859	.014965	-.020344	-.014321	.014965	-.020344	.049630
16 17	.094132	-.140638	-.009953	.024530	.009180	-.002406	.002498	-.015680
17 18	.036997	-.109687	.036997	-.109687	-.026565	.007533	-.005859	.049630

	13 18	14 15	15 16	16 17	17 18
13 18	.246556				
14 15	.026788	.246556			
15 16	-.015680	-.087803	.312268		
16 17	.026788	.026788	-.087803	.246556	
17 18	-.087803	-.015680	.049630	-.087803	.312268

Pentacen

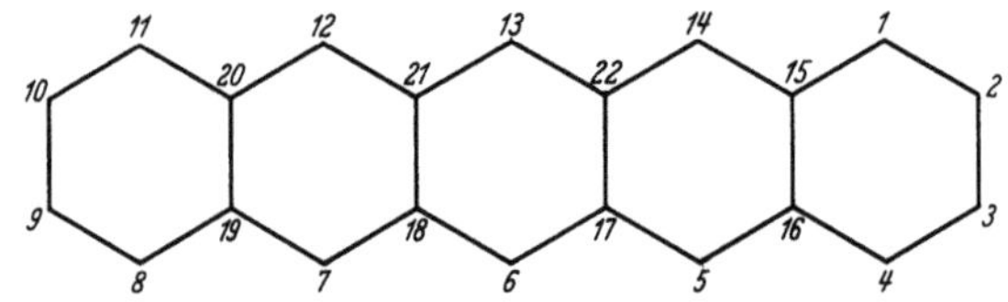

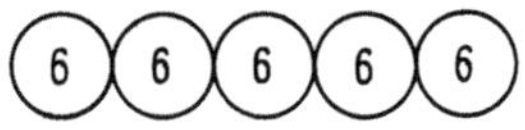

Z=22

Eigenwerte und Hückelkoeffizienten

	1	2	3	4	5	6	7	8
1	2.495508	2.302776	2.000000	1.618034	1.495508	1.302776	1.219687	1.000000
1	.124953	.212522	.235702	.185874	.161411	.282550	.079746	0
2	.083552	.163130	.235702	.300750	.064680	.122700	.362999	.288675
3	.083552	.163130	.235702	.300750	-.064680	-.122700	.362999	.288675
4	.124953	.212522	.235702	.185874	-.161411	-.282550	.079746	0
5	.216425	.212522	0	-.185874	-.279571	-.282550	-.138124	0
6	.249906	0	-.235702	0	-.322821	0	.159492	0
7	.216425	-.212522	0	.185874	-.279571	.282550	-.138124	0
8	.124953	-.212522	.235702	-.185874	-.161411	.282550	.079746	0
9	.083552	-.163130	.235702	-.300750	-.064680	.122700	.362999	-.288675
10	.083552	-.163130	.235702	-.300750	.064680	-.122700	.362999	-.288675
11	.124953	-.212522	.235702	-.185874	.161411	-.282550	.079746	0
12	.216425	-.212522	0	.185874	.279571	-.282550	-.138124	0
13	.249906	0	-.235702	0	.322821	0	.159492	0
14	.216425	.212522	0	-.185874	.279571	.282550	-.138124	0
15	.228269	.326260	.235702	0	.176710	.245399	-.265734	-.288675
16	.228269	.326260	.235702	0	-.176710	-.245399	-.265734	-.288675
17	.311821	.163130	-.235702	-.300750	-.241391	-.122700	.097265	.288675
18	.311821	-.163130	-.235702	.300750	-.241391	.122700	.097265	-.288675
19	.228269	-.326260	.235702	0	-.176710	.245399	-.265734	.288675
20	.228269	-.326260	.235702	0	.176710	-.245399	-.265734	.288675
21	.311821	-.163130	-.235702	.300750	.241391	-.122700	.097265	-.288675
22	.311821	.163130	-.235702	-.300750	.241391	.122700	.097265	.288675

	9	10	11	12	13	14	15	16
9	1.000000	.618034	.219687	-.219687	-.618034	-1.000000	-1.000000	-1.219687
1	.333333	.300750	.187902	-.187902	-.300750	-.333333	0	-.079746
2	.166667	.185874	.154058	.154058	.185874	.166667	.288675	.362999
3	-.166667	-.185874	-.154058	.154058	.185874	.166667	-.288675	-.362999
4	-.333333	-.300750	-.187902	-.187902	-.300750	-.333333	0	.079746
5	0	.300750	.325456	.325456	.300750	0	0	-.138124
6	.333333	0	-.375804	-.375804	0	.333333	0	.159492
7	0	-.300750	.325456	.325456	-.300750	0	0	-.138124
8	-.333333	.300750	-.187902	-.187902	.300750	-.333333	0	.079746
9	-.166667	.185874	-.154058	.154058	-.185874	.166667	.288675	-.362999
10	.166667	-.185874	.154058	.154058	-.185874	.166667	-.288675	.362999
11	.333333	-.300750	.187902	-.187902	.300750	-.333333	0	-.079746
12	0	.300750	-.325456	.325456	-.300750	0	0	.138124
13	-.333333	0	.375804	-.375804	0	.333333	0	-.159492
14	0	-.300750	-.325456	.325456	.300750	0	0	.138124
15	.166667	0	-.112778	-.112778	0	.166667	-.288675	-.265734
16	-.166667	0	.112778	-.112778	0	.166667	.288675	.265734
17	.166667	.185874	-.041280	.041280	-.185874	-.166667	-.288675	-.097265
18	.166667	-.185874	-.041280	.041280	.185874	-.166667	.288675	-.097265
19	-.166667	0	.112778	-.112778	0	.166667	-.288675	.265734
20	.166667	0	-.112778	-.112778	0	.166667	.288675	-.265734
21	-.166667	.185874	.041280	.041280	.185874	-.166667	-.288675	.097265
22	-.166667	-.185874	.041280	.041280	-.185874	-.166667	.288675	.097265

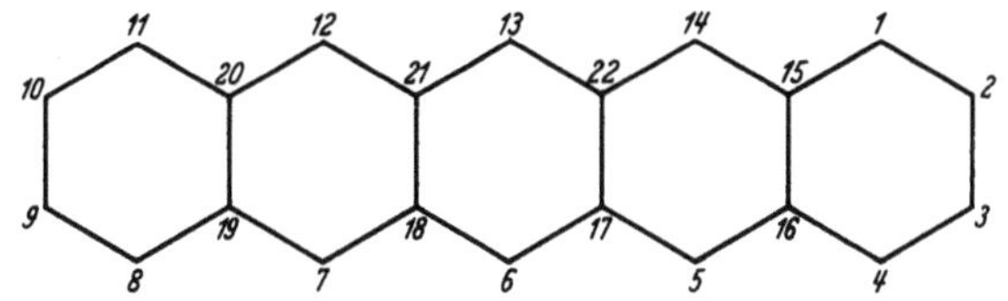

Pentacen

Z = 22

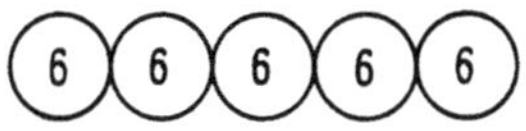

Eigenwerte und Hückelkoeffizienten

	17	18	19	20	21	22
17	-1,302776	-1,495508	-1,618034	-2,000000	-2,302776	-2,495508
1	-,282550	-,161411	-,185874	-,235702	-,212522	-,124953
2	,122700	,064680	,300750	,235702	,163130	,083552
3	,122700	,064680	-,300750	-,235702	-,163130	-,083552
4	-,282550	-,161411	,185874	,235702	,212522	,124953
5	-,282550	-,279571	-,185874	0	,212522	,216425
6	0	-,322821	0	-,235702	0	,249906
7	,282550	-,279571	,185874	0	-,212522	,216425
8	,282550	-,161411	-,185874	,235702	-,212522	,124953
9	-,122700	,064680	,300750	-,235702	,163130	-,083552
10	-,122700	,064680	-,300750	,235702	-,163130	,083552
11	,282550	-,161411	,185874	-,235702	,212522	-,124953
12	,282550	-,279571	-,185874	0	,212522	-,216425
13	0	-,322821	0	,235702	0	-,249906
14	-,282550	-,279571	,185874	0	-,212522	-,216425
15	,245399	,176710	0	,235702	,326260	,228269
16	,245399	,176710	0	-,235702	-,326260	-,228269
17	,122700	,241391	,300750	,235702	-,163130	-,311821
18	-,122700	,241391	-,300750	,235702	,163130	-,311821
19	-,245399	,176710	0	-,235702	,326260	-,228269
20	-,245399	,176710	0	,235702	-,326260	,228269
21	-,122700	,241391	,300750	-,235702	-,163130	,311821
22	,122700	,241391	-,300750	-,235702	,163130	,311821

TOTALE PI ELEKTRONEN ENERGIE 30,544017

Pentacen

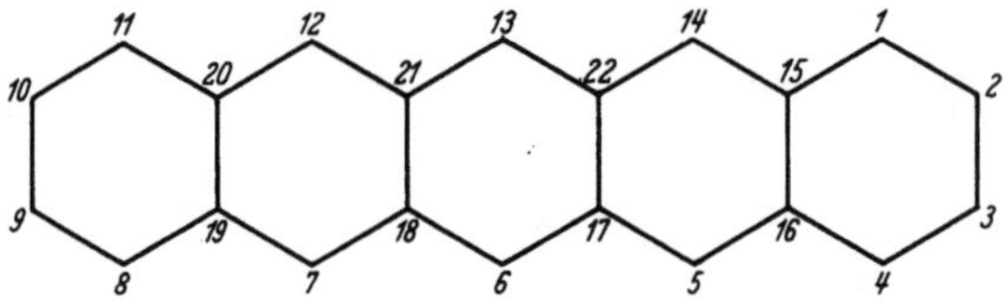

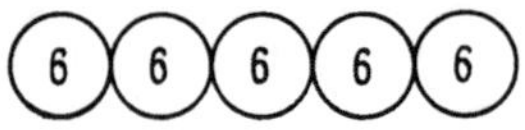

Z = 22

allgemeine Bindungsordnungen

	1	2	3	4	5	6	7	8
1	1.000000							
2	.742056	1.000000						
3	0	.578802	1.000000					
4	-.371028	0	.742056	1.000000				
5	.106578	0	-.213157	0	1.000000			
6	-.046440	0	.092881	0	0	1.000000		
7	.021647	0	-.043293	0	0	0	1.000000	
8	-.008746	0	.017492	0	0	0	0	1.000000
9	0	-.024363	0	.017492	-.043293	.092881	-.213157	.742056
10	.017492	0	-.024363	0	0	0	0	0
11	0	.017492	0	-.008746	.021647	-.046440	.106578	-.371028
12	0	-.043293	0	.021647	-.055186	.128225	-.417468	.106578
13	0	.092881	0	-.046440	.128225	-.426214	.128225	-.046440
14	0	-.213157	0	.106578	-.417468	.128225	-.055186	.021647
15	.528899	0	-.207774	0	0	0	0	0
16	0	-.207774	0	.528899	.621780	-.163569	.067080	-.025801
17	0	.101196	0	-.120276	.578487	.595979	-.146077	.049588
18	0	-.054756	0	.049588	-.146077	.595979	.578487	-.120276
19	0	.033109	0	-.025801	.067080	-.163569	.621780	.528899
20	-.025801	0	.033109	0	0	0	0	0
21	.049588	0	-.054756	0	0	0	0	0
22	-.120276	0	.101196	0	0	0	0	0

	9	10	11	12	13	14	15	16
9	1.000000							
10	.578802	1.000000						
11	0	.742056	1.000000					
12	0	-.213157	0	1.000000				
13	0	.092881	0	0	1.000000			
14	0	-.043293	0	0	0	1.000000		
15	.033109	0	-.025801	.067080	-.163569	.621780	1.000000	
16	0	.033109	0	0	0	0	.472224	1.000000
17	0	-.054756	0	0	0	0	-.161334	0
18	0	.101196	0	0	0	0	.079549	0
19	0	-.207774	0	0	0	0	-.046010	0
20	-.207774	0	.528899	.621780	-.163569	.067080	0	-.046010
21	.101196	0	-.120276	.578487	.595979	-.146077	0	.079549
22	-.054756	0	.049588	-.146077	.595979	.578487	0	-.161334

	17	18	19	20	21	22
17	1.000000					
18	0	1.000000				
19	0	0	1.000000			
20	.079549	-.161334	.472224	1.000000		
21	-.152588	.450577	-.161334	0	1.000000	
22	.450577	-.152588	.079549	0	0	1.000000

Pentacen

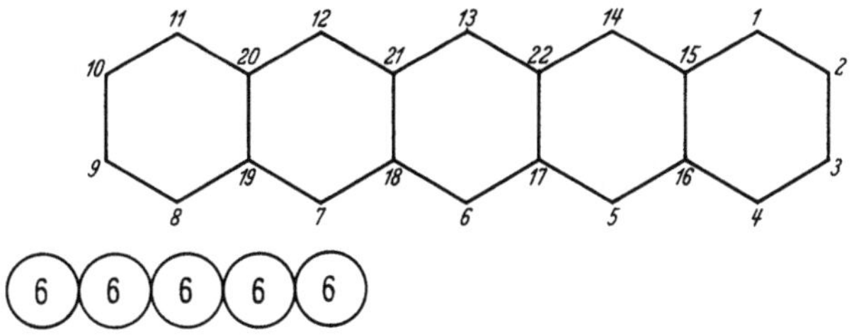

Z = 22

Atom- Atom Polarisierbarkeiten

	1	2	3	4	5	6	7	8
1	.459060							
2	-.238815	.415182						
3	.025040	-.095755	.415182					
4	-.157116	.025040	-.238815	.459060				
5	-.051647	.021658	-.068336	.053296	.569073			
6	-.021637	.013210	-.025936	.020368	.095580	.600740		
7	-.008354	.006041	-.009426	.007863	.033879	.095580	.569073	
8	-.001962	.001528	-.002146	.001861	.007863	.020368	.053296	.459060
9	.001528	-.002489	.001057	-.002146	-.009426	-.025936	-.068336	-.238815
10	-.002146	.001057	-.002489	.001528	.006041	.013210	.021658	.025040
11	.001861	-.002146	.001528	-.001962	-.008354	-.021637	-.051647	-.157116
12	.007863	-.009426	.006041	-.008354	-.036029	-.096757	-.264897	-.051647
13	.020368	-.025936	.013210	-.021637	-.096757	-.299001	-.096757	-.021637
14	.053296	-.068336	.021658	-.051647	-.264897	-.096757	-.036029	-.008354
15	-.074852	.010467	-.032119	.003048	.013964	.011574	.005795	.001516
16	.003048	-.032119	.010467	-.074852	-.142575	-.037486	-.012115	-.002632
17	.001924	-.011998	.000135	-.013290	-.102804	-.117343	-.024482	-.004647
18	.001591	-.005321	.000329	-.004647	-.024482	-.117343	-.102804	-.013290
19	.001516	-.003128	.000823	-.002632	-.012115	-.037486	-.142575	-.074852
20	-.002632	.000823	-.003128	.001516	.005795	.011574	.013964	.003048
21	-.004647	.000329	-.005321	.001591	.005474	.007558	.004798	.001924
22	-.013290	.000135	-.011998	.001924	.004798	.007558	.005474	.001591

	9	10	11	12	13	14	15	16
9	.415182							
10	-.095755	.415182						
11	.025040	-.238815	.459060					
12	.021658	-.068336	.053296	.569073				
13	.013210	-.025936	.020368	.095580	.600740			
14	.006041	-.009426	.007863	.033879	.095580	.569073		
15	-.003128	.000823	-.002632	-.012115	-.037486	-.142575	.334918	
16	.000823	-.003128	.001516	.005795	.011574	.013964	-.053749	.334918
17	.000329	-.005321	.001591	.005474	.007558	.004798	-.018492	.006236
18	.000135	-.011998	.001924	.004798	.007558	.005474	-.007612	.000087
19	.010467	-.032119	.003048	.013964	.011574	.005795	-.004132	.000462
20	-.032119	.010467	-.074852	-.142575	-.037486	-.012115	.000462	-.004132
21	-.011998	.000135	-.013290	-.102804	-.117343	-.024482	.000087	-.007612
22	-.005321	.000329	-.004647	-.024482	-.117343	-.102804	.006236	-.018492

	17	18	19	20	21	22
17	.332900					
18	.006210	.332900				
19	.000087	.006236	.334918			
20	-.007612	-.018492	-.053749	.334918		
21	-.015940	-.045316	-.018492	.006236	.332900	
22	-.045316	-.015940	-.007612	.000087	.006210	.332900

Pentacen

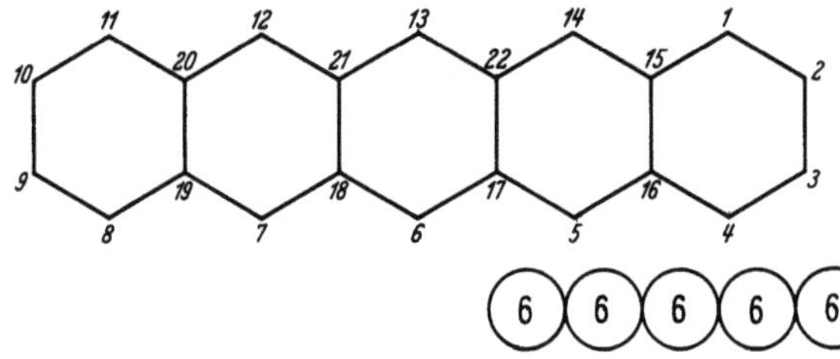

Z = 22

Bindungs- Bindungs Polarisierbarkeiten

	1 2	1 15	2 3	3 4	4 16	5 16	5 17	6 17
1 2	.196561							
1 15	-.177465	.311331						
2 3	-.206770	.099883	.319426					
3 4	.117945	-.061435	-.206770	.196561				
4 16	-.061435	.073962	.099883	-.177465	.311331			
5 16	.024945	-.021476	-.051716	.070348	-.166211	.2/0379		
5 17	-.014906	.016128	.028377	-.030410	.057671	-.169702	.306629	
6 17	.006622	-.005689	-.015363	.015964	-.028203	.069136	-.188612	.296404
6 18	-.004386	.004652	.009000	-.008011	.013058	-.030432	.067600	-.169798
7 18	.001918	-.001638	-.004732	.004368	-.007120	.015699	-.032924	.067600
7 19	-.001467	.001598	.003039	-.002416	.003693	-.008191	.015699	-.030432
8 9	-.000490	.000549	.001004	-.000746	.001102	-.002416	.004368	-.008011
8 19	.000549	-.000513	-.001313	.001102	-.001718	.003693	-.007120	.013058
9 10	.001004	-.001313	-.001432	.001004	-.001313	.003039	-.004732	.009000
10 11	-.000746	.001102	.001004	-.000490	.000549	-.001467	.001918	-.004386
11 20	.001102	-.001718	-.001313	.000549	-.000513	.001598	-.001638	.004652
12 20	-.002416	.003693	.003039	-.001467	.001598	-.004450	.005651	-.013870
12 21	.004368	-.007120	-.004732	.001918	-.001638	.005651	-.005093	.017381
13 21	-.008011	.013058	.009000	-.004386	.004652	-.013870	.017381	-.049772
13 22	.015964	-.028203	-.015363	.006622	-.005689	.020721	-.018560	.080006
14 15	.070348	-.166211	-.051716	.024945	-.021476	.094179	-.053528	.020721
14 22	-.030410	.057671	.028377	-.014906	.016128	-.053528	.075847	-.018560
15 16	.048167	-.084068	-.021652	.048167	-.084068	-.122461	.058156	-.029483
17 22	.013014	-.018697	-.011863	.013014	-.018697	.047370	-.096373	-.103740
18 21	.004268	-.005796	-.004992	.004268	-.005796	.013830	-.023334	.048848
19 20	.001726	-.002284	-.002305	.001726	-.002284	.005333	-.008493	.016527

	6 18	7 18	7 19	8 9	8 19	9 10	10 11	11 20
6 18	.296404							
7 18	-.188612	.306629						
7 19	.069136	-.169702	.270379					
8 9	.015964	-.030410	.070348	.196561				
8 19	-.028203	.057671	-.166211	-.177465	.311331			
9 10	-.015363	.028377	-.051716	-.206770	.099883	.319426		
10 11	.006622	-.014906	.024945	.117945	-.061435	-.206770	.196561	
11 20	-.005689	.016128	-.021476	-.061435	.073962	.099883	-.177465	.311331
12 20	.020721	-.053528	.094179	.024945	-.021476	-.051716	.070348	-.166211
12 21	-.018560	.075847	-.053528	-.014906	.016128	.028377	-.030410	.057671
13 21	.080006	-.018560	.020721	.006622	-.005689	-.015363	.015964	-.028203
13 22	-.049772	.017381	-.013870	-.004386	.004652	.009000	-.008011	.013058
14 15	-.013870	.005651	-.004450	-.001467	.001598	.003039	-.002416	.003693
14 22	.017381	-.005093	.005651	.001918	-.001638	-.004732	.004368	-.007120
15 16	.016527	-.008493	.005333	.001726	-.002284	-.002305	.001726	-.002284
17 22	.048848	-.023334	.013830	.004268	-.005796	-.004992	.004268	-.005796
18 21	-.103740	-.096373	.047370	.013014	-.018697	-.011863	.013014	-.018697
19 20	-.029483	.058156	-.122461	.048167	-.084068	-.021652	.048167	-.084068

	12 20	12 21	13 21	13 22	14 15	14 22	15 16	17 22
12 20	.270379							
12 21	-.169702	.306629						
13 21	.069136	-.188612	.296404					
13 22	-.030432	.067600	-.169798	.296404				
14 15	-.008191	.015699	-.030432	.069136	.270379			
14 22	.015699	-.032924	.067600	-.188612	-.169702	.306629		
15 16	.005333	-.008493	.016527	-.029483	-.122461	.058156	.281169	
17 22	.013830	-.023334	.048848	-.103740	.047370	-.096373	-.012255	.287584
18 21	.047370	-.096373	-.103740	.048848	.013830	-.023334	-.007525	-.009730
19 20	-.122461	.058156	-.029483	.016527	.005333	-.008493	-.003670	-.007525

	18 21	19 20
18 21	.287584	
19 20	-.012255	.281169

1:2 Benznaphthacen

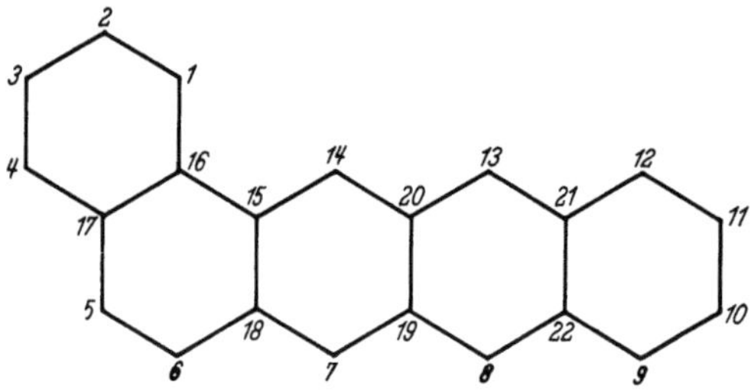

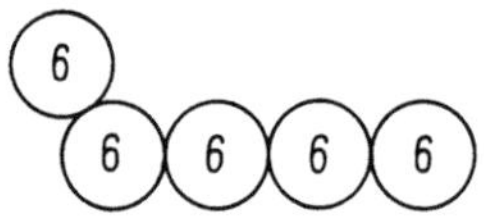

Z = 22

Eigenwerte und Hückelkoeffizienten

	1	2	3	4	5	6	7	8
1	2.509115	2.303438	1.967577	1.633451	1.473261	1.349669	1.179718	1.086685
1	.156797	.198087	.200977	.213568	.117726	.294590	.045965	.228494
2	.099117	.151754	.229487	.304810	-.045489	.274484	-.269142	.251362
3	.091898	.151470	.250556	.284324	-.184744	.075873	-.363478	.044658
4	.131465	.197147	.263502	.159619	-.226687	-.172081	-.159659	-.202833
5	.171308	.195451	.097668	-.242201	-.212092	-.366901	.042889	-.082157
6	.191866	.147564	-.075734	-.372030	-.163241	-.187070	-.124529	.175795
7	.242542	-.015551	-.267271	-.106949	-.232648	.161797	-.259772	.087824
8	.202820	-.229797	-.032146	.090430	-.364177	.151456	.216891	.006544
9	.114004	-.227066	.233031	-.186453	-.095025	.273284	.187727	-.201084
10	.075608	-.173985	.242561	-.261480	.082184	.268382	-.151065	-.403380
11	.075704	-.173698	.244226	-.240662	.216104	.088943	-.365941	-.237263
12	.114344	-.226117	.237973	-.131630	.236194	-.148339	-.280642	.145550
13	.205132	-.224469	-.013172	.216612	.180268	-.342380	-.050760	.099293
14	.257936	.013382	-.199372	.128648	.331070	.005001	.055647	-.233994
15	.343687	.200729	-.142359	-.118033	.354041	.179700	.160393	.033253
16	.294306	.304528	.165952	.044043	.218931	.123115	.323369	-.003061
17	.237964	.302646	.267904	-.023593	-.149225	-.308125	.175125	-.265073
18	.310107	.144454	-.246681	-.365491	-.028406	.114419	-.189798	.273190
19	.298458	-.180274	-.279196	.190795	-.314346	.103954	-.116660	-.177754
20	.303504	-.169903	-.249921	.328173	.133711	-.172949	-.094745	-.287530
21	.211197	-.347148	.224005	.025652	.131871	-.289151	.034863	.395430
22	.210441	-.349048	.215945	-.043081	-.222181	.100461	.372530	.184865

	9	10	11	12	13	14	15	16
9	.845431	.687423	.327052	-.327052	-.687423	-.845431	-1.086685	-1.179718
1	.247194	.363010	.048237	.048237	.363010	.247194	.228494	.045965
2	-.105530	.279910	-.138043	.138043	-.279910	.105530	-.251362	.269142
3	-.336413	-.170593	-.093384	-.093384	-.170593	-.336413	.044658	-.363478
4	-.178884	-.397180	.107501	-.107501	.397180	.178884	.202833	.159659
5	.020924	.357131	-.219280	.219280	-.357131	-.020924	.082157	-.042889
6	-.167489	.347937	-.200259	-.200259	.347937	-.167489	.175795	-.124529
7	.196558	-.147570	.377027	.377027	-.147570	.196558	.087824	-.259772
8	.162348	-.091490	-.399338	-.399338	-.091490	.162348	.006544	.216891
9	-.316902	.149294	.253516	.253516	.149294	-.316902	-.201084	.187727
10	-.076473	.182029	.183039	-.183039	-.182029	.076473	.403380	.151065
11	.252249	-.024164	-.193652	-.193652	-.024164	.252249	-.237263	-.365941
12	.289733	-.198639	-.246374	.246374	.198639	-.289733	-.145550	.280642
13	-.104459	.200783	.383482	-.383482	-.200783	.104459	-.099293	.050760
14	-.292732	-.045155	-.348967	.348967	.045155	.292732	.233994	-.055647
15	-.166472	-.281449	-.126473	-.126473	-.281449	-.166472	.033253	.160393
16	.314516	-.030369	.153819	-.153819	.030369	-.314516	.003061	-.323369
17	.185179	-.102437	.128543	.128543	-.102437	.185179	-.265073	.175125
18	-.162524	-.117951	.153785	-.153785	.117951	.162524	-.273190	.189798
19	.328700	.016508	-.030478	.030478	-.016508	-.328700	.177754	.116660
20	-.081013	.250409	.012343	.012343	.250409	-.081013	-.287530	-.094745
21	-.007300	-.112386	.113076	.113076	-.112386	-.007300	.395430	.034863
22	-.191446	-.079400	-.100126	.100126	.079400	.191446	-.184865	-.372530

1:2 Benznaphthacen

Z = 22

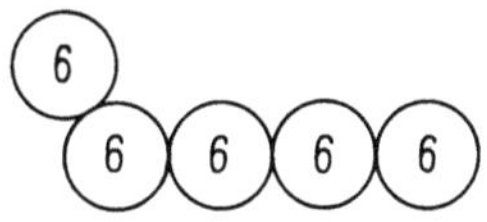

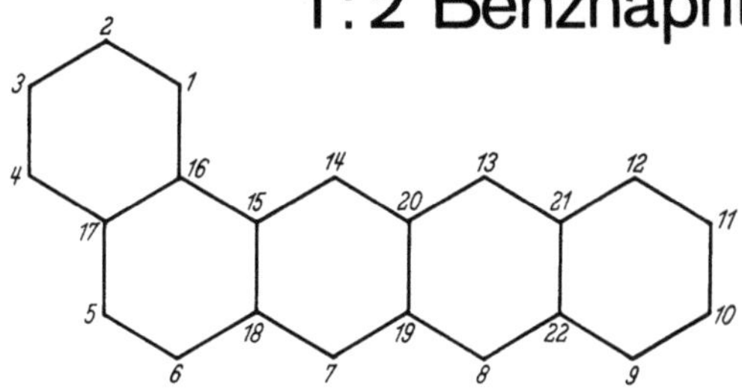

Eigenwerte und Hückelkoeffizienten

	17	18	19	20	21	22
17	-1.349659	-1.473261	-1.633451	-1.967577	-2.303438	-2.509115
1	.294590	.117726	.213568	.200977	.198087	.156797
2	-.274484	.045489	-.304810	-.229487	-.151754	-.099117
3	.075873	-.184744	.284324	.250556	.151470	.091698
4	.172081	.226687	-.159619	-.263502	-.197147	-.131465
5	.366901	.212092	.242201	-.097668	-.195451	-.171308
6	-.187070	-.163241	-.372030	-.075734	.147564	.191866
7	.161797	-.232649	-.106949	-.267271	-.015551	.242542
8	.151456	-.364177	.090430	-.032146	-.229797	.202820
9	.273284	-.095025	-.186453	.233031	-.227066	.114004
10	-.268382	-.082194	.261480	-.242561	.173985	-.075608
11	.088943	.216104	-.240662	.244226	-.173698	.075704
12	.148339	-.236194	.131630	-.237973	.226117	-.114344
13	.342380	-.180268	-.216612	.013172	.224469	-.205132
14	-.005001	-.331070	-.128648	.199372	-.013382	-.257936
15	.179700	.354041	-.118033	-.142359	.200728	.343687
16	-.123115	-.218931	-.044043	-.165952	-.304528	-.294306
17	-.308125	-.149225	-.023593	.267904	.302646	.237964
18	-.114419	.028406	.365491	.246681	-.144454	-.310107
19	-.103954	.314346	-.190795	.279196	.180274	-.298458
20	-.172949	.133711	.328173	-.249921	-.169903	.303504
21	-.289131	.131871	.025652	.224005	-.347148	.211197
22	-.100461	.222181	.043081	-.215945	.349048	-.210441

TOTALE PI ELEKTRONEN ENERGIE 30.725641

1:2 Benznaphthacen

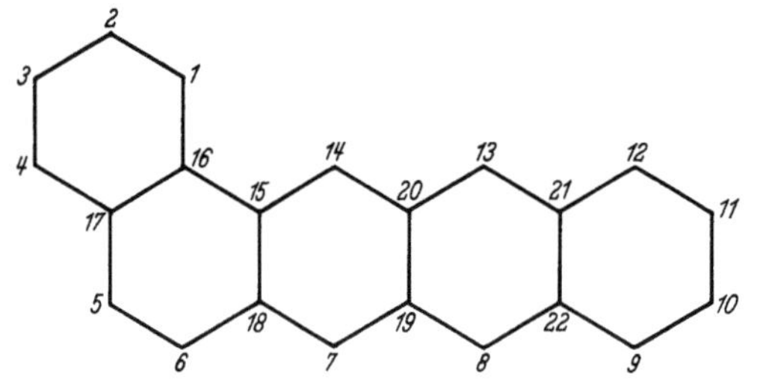

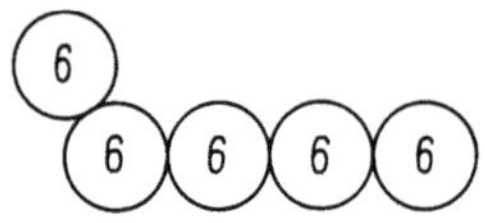

Z = 22

allgemeine Bindungsordnungen

	1	2	3	4	5	6	7	8
1	1.000000							
2	.692509	1.000000						
3	0	.630366	1.000000					
4	-.335131	0	.698083	1.000000				
5	.015723	0	-.108887	0	1.000000			
6	0	.174230	0	-.202727	.785121	1.000000		
7	0	-.078729	0	.107723	-.242664	0	1.000000	
8	0	.038420	0	-.055547	.107025	0	0	1.000000
9	0	-.016027	0	.023677	-.042757	0	0	0
10	.031848	0	-.026640	0	0	-.016987	.078833	-.205954
11	0	.021236	0	-.024877	.051209	0	0	0
12	-.030108	0	.022998	0	0	.001890	-.036337	.101594
13	.075183	0	-.056360	0	0	-.008792	.105180	-.406266
14	-.171091	0	.119329	0	0	.037720	-.383570	.107945
15	0	-.098930	0	.025680	-.200692	0	0	0
16	.599154	0	-.272988	0	0	-.242346	.053185	-.020387
17	0	-.267414	0	.583622	.489782	0	0	0
18	-.083819	0	.080410	0	0	.491499	.639694	-.168261
19	.058275	0	-.051416	0	0	-.094468	.569469	.591939
20	0	.047168	0	-.035615	.109148	0	0	0
21	0	-.028345	0	.029273	-.067922	0	0	0
22	-.040242	0	.034289	0	0	.033232	-.145791	.612717

	9	10	11	12	13	14	15	16
9	1.000000							
10	.739013	1.000000						
11	0	.583194	1.000000					
12	-.368980	0	.738678	1.000000				
13	.102007	0	-.205541	0	1.000000			
14	-.038233	0	.079045	0	0	1.000000		
15	0	-.069150	0	.062393	-.176824	.658727	1.000000	
16	.007633	0	-.019496	0	0	0	.443174	1.000000
17	0	.025439	0	-.018603	.050018	-.129264	0	.547159
18	.059002	0	-.066307	0	0	0	.487565	0
19	-.125961	0	.108802	0	0	0	-.178256	0
20	0	.109962	0	-.127656	.595652	.563137	0	-.084801
21	0	-.213496	0	.533472	.611357	-.144308	0	.033178
22	.532724	0	-.213161	0	0	0	.097552	0

	17	18	19	20	21	22
17	1.000000					
18	-.149733	1.000000				
19	.067977	0	1.000000			
20	0	-.174688	.465767	1.000000		
21	0	.094252	-.171201	0	1.000000	
22	-.036886	0	0	-.172149	.479247	1.000000

1:2 Benznaphthacen

Z = 22

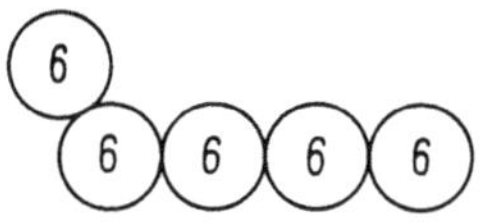

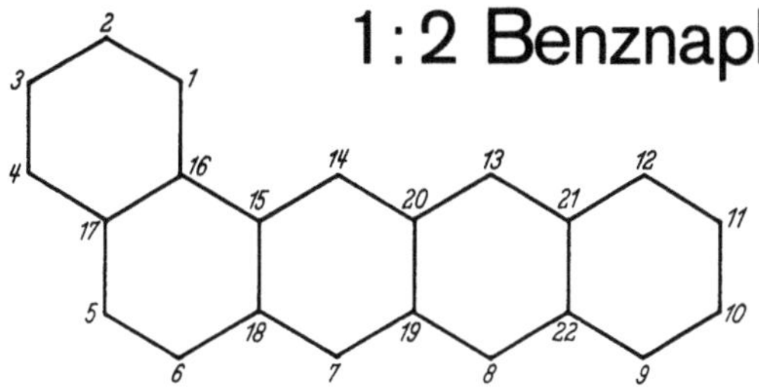

Atom- Atom Polarisierbarkeiten

	1	2	3	4	5	6	7	8
1	.429105							
2	-.179560	.410819						
3	.015639	-.129654	.404366					
4	-.111004	.018439	-.183990	.439661				
5	-.003186	.009967	-.009383	.025736	.452727			
6	.002960	-.045735	.000663	-.050067	-.287295	.449458		
7	.000545	-.016805	.002603	-.020380	-.085612	.038602	.536508	
8	.001015	-.005916	.001847	-.007240	-.028048	.009864	.067489	.547634
9	.000377	-.001317	.000549	-.001596	-.006053	.001978	.013358	.047795
10	-.002234	.000342	-.001855	.000093	.000951	-.001304	-.015379	-.059199
11	.000056	-.001524	.000202	-.001737	-.006993	.001606	.007918	.017648
12	-.002072	.000634	-.001620	.000314	.002318	-.001225	-.012346	-.043811
13	-.009886	.002426	-.007552	.000894	.008219	-.005212	-.057014	-.232102
14	-.031605	.005152	-.022931	.000804	.013698	-.014440	-.196383	-.057893
15	.015124	-.007874	.004432	-.003650	-.031570	.004396	.011169	.008648
16	-.117742	.011032	-.068768	.003096	.009558	-.056637	-.015849	-.005515
17	.003733	-.066107	.008278	-.109095	-.057706	.014976	.008829	.003900
18	-.005709	.000690	-.006873	.004137	.016208	-.058447	-.158078	-.037887
19	-.004131	.000034	-.003843	.000409	.000475	-.006924	-.096765	-.113372
20	.001332	-.003316	.000219	-.002777	-.015297	.002870	.005188	.005820
21	.000028	-.001937	.000046	-.002065	-.009018	.001910	.007100	.011076
22	-.002786	.000202	-.002373	.000019	.000305	-.001996	-.024697	-.131755

	9	10	11	12	13	14	15	16
9	.456515							
10	-.233565	.412547						
11	.023484	-.097616	.413101					
12	-.152938	.023132	-.233196	.455674				
13	-.043966	.016781	-.058982	.046396	.541479			
14	-.012566	.006842	-.015450	.011983	.060864	.515025		
15	.002584	-.009205	.000591	-.008081	-.040933	-.170940	.353826	
16	-.001250	.000914	-.001430	.001290	.006140	.023304	-.042848	.353313
17	.000969	-.001703	.000511	-.001391	-.006534	-.021448	.003797	-.095321
18	-.007537	.000691	-.008669	.002612	.009007	.012822	-.060079	.002200
19	-.015556	.000070	-.014824	.002508	.006144	.004514	-.024305	.001258
20	.002423	-.015172	.000069	-.016056	-.115908	-.093106	.007479	-.005664
21	.002685	-.034539	.009622	-.076775	-.130736	-.024269	.000103	-.002043
22	-.076373	.009408	-.034387	.002651	.010475	.006015	-.012663	.000962

	17	18	19	20	21	22
17	.336299					
18	-.014868	.338674				
19	-.005047	.006190	.331041			
20	.000020	-.023264	-.051297	.333077		
21	.000300	-.011939	-.022174	.005856	.333479	
22	-.002391	.000120	.005595	-.022495	-.056710	.332873

1:2 Benznaphthacen

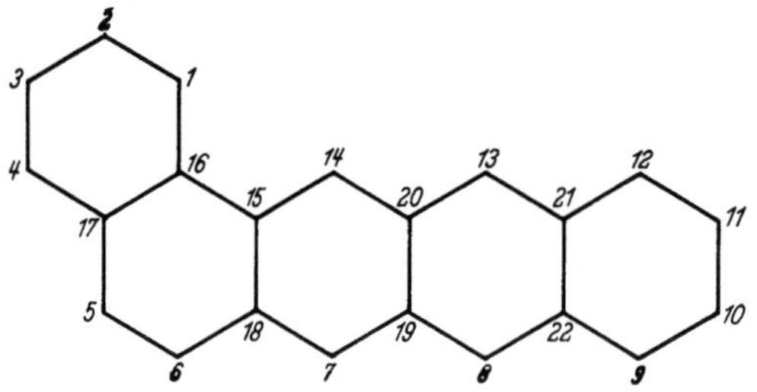

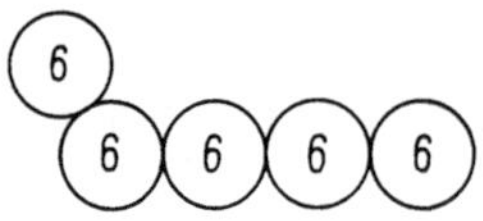

Z = 22

Bindungs- Bindungs Polarisierbarkeiten

	1 2	1 16	2 3	3 4	4 17	5 6	5 17	6 18
1 2	.240167							
1 16	-.197153	.270447						
2 3	-.210832	.119423	.277835					
3 4	.127094	-.081390	-.214486	.236881				
4 17	-.077953	.099845	.117653	-.189351	.272209			
5 6	-.005858	.006043	.021401	-.024273	.055490	.163772		
5 17	.007225	-.005494	-.032428	.044785	-.131625	-.172233	.327611	
6 18	.014422	-.019284	-.017432	.019577	-.031559	-.174270	.077893	.327846
7 18	-.008689	.006828	.010165	-.013893	.019574	.067341	-.040392	-.150340
7 19	.007450	-.006154	-.007288	.009621	-.011395	-.026352	.021835	.046399
8 19	-.003925	.002308	.003914	-.005719	.006503	.013109	-.011567	-.020540
8 22	.003251	-.002179	-.002924	.004059	-.004055	-.005773	.006977	.008198
9 10	.001231	-.000756	-.001065	.001502	-.001367	-.001415	.002240	.001812
9 22	-.001376	.000745	.001263	-.001862	.001848	.002603	-.003069	-.003592
10 11	-.001650	.001482	.001402	-.001661	.001512	.001700	-.002755	-.002047
11 12	.001550	-.001395	-.001212	.001424	-.001130	-.000293	.001972	.000102
12 21	-.002078	.002177	.001588	-.001687	.001325	.000112	-.002484	.000305
13 20	-.007214	.009510	.005448	-.004860	.004049	.000998	-.008890	.000459
13 21	.004492	-.004803	-.003502	.003743	-.003130	-.001289	.005955	.000825
14 15	-.022946	.044585	.016764	-.009857	.008807	.008467	-.029491	-.005562
14 20	.012648	-.018593	-.009714	.008197	-.007499	-.006211	.017732	.006065
15 16	.042078	-.116608	-.029687	.011438	-.010175	-.035507	.058527	.052506
15 18	-.004713	.016494	.005958	-.000100	.001580	.043534	-.013740	-.087468
16 17	.088952	-.134555	-.057913	.085903	-.126825	.054328	-.105536	-.023073
19 20	-.003846	.005975	.003629	-.002896	.003491	.011048	-.008708	-.016624
21 22	-.002326	.002502	.002037	-.002188	.002180	.003529	-.004339	-.004617

	7 18	7 19	8 19	8 22	9 10	9 22	10 11	11 12
7 18	.253184							
7 19	-.169722	.305584						
8 19	.066521	-.177478	.291028					
8 22	-.029925	.063104	-.169475	.275041				
9 10	-.007765	.013928	-.030324	.068845	.199127			
9 22	.012629	-.025104	.057105	-.163697	-.177795	.307224		
10 11	.009109	-.013827	.029360	-.051133	-.207687	.101970	.315207	
11 12	-.004639	.005986	-.016183	.025185	.119368	-.063831	-.207485	.199531
12 21	.005272	-.005561	.018470	-.022613	-.064150	.078088	.102187	-.178422
13 20	.020578	-.019856	.086115	-.059108	-.016756	.018942	.029860	-.031077
13 21	-.015082	.019628	-.058183	.095701	.025509	-.022801	-.051139	.069029
14 15	.094268	-.057789	.022196	-.016660	-.005326	.006016	.009764	-.008515
14 20	-.055464	.079979	-.020988	.020870	.006683	-.006314	-.014178	.014383
15 16	-.012027	.010686	-.003240	.003330	.001114	-.001010	-.002683	.002404
15 18	-.132438	.068455	-.034101	.021470	.006989	-.009144	-.008291	.007150
16 17	.007370	-.004244	.001550	-.001125	-.000339	.000379	.000860	-.000599
19 20	.050597	-.100477	-.106478	.054490	.015535	-.021813	-.014930	.015677
21 22	.016939	-.027410	.060022	-.121853	.050865	-.087405	-.024949	.051019

	12 21	13 20	13 21	14 15	14 20	15 16	15 18	16 17
12 21	.307166							
13 20	.057994	.289669						
13 21	-.163549	-.171212	.275718					
14 15	.013539	.069454	-.031901	.246492				
14 20	-.025309	-.175712	.063317	-.175227	.306570			
15 16	-.003973	-.019644	.009014	-.132842	.043175	.310720		
15 18	-.009502	-.035833	.022114	-.140448	.071285	-.070762	.285931	
16 17	.000979	.004832	-.002273	.028011	-.010460	-.087140	.024752	.249130
19 20	-.022128	-.108003	.055057	.050595	-.097973	-.014719	-.016984	.005348
21 22	-.087748	.060260	-.121236	.017603	-.027262	-.004972	-.012187	.001688

	19 20	21 22
19 20	.280749	
21 22	-.016613	.276464

2:3 7:8 Dibenzophenanthren

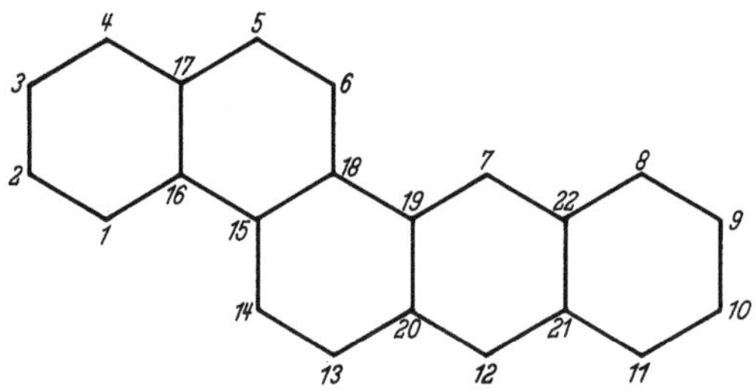

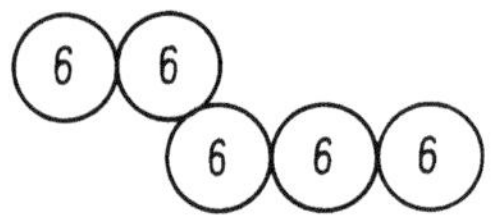

Z=22

Eigenwerte und Hückelkoeffizienten

	1	2	3	4	5	6	7	8
1	2.525067	2.289955	1.968607	1.592402	1.495587	1.357875	1.162639	1.095007
1	.148974	.210494	.200388	.217446	.109334	.265343	.120345	.239135
2	.093335	.162350	.227874	.316357	-.064876	.283964	-.172439	.294197
3	.086704	.161281	.248206	.286322	-.206361	.120244	-.320830	.083013
4	.125598	.206976	.260747	.139582	-.243756	-.120687	-.200570	-.203297
5	.173442	.189388	.094522	-.271481	-.221235	-.341455	-.009894	-.099022
6	.207514	.121005	-.079025	-.368256	-.172680	-.179530	-.099143	.197196
7	.221279	-.205702	-.025275	-.076291	-.273060	.332747	.087551	-.103764
8	.115157	-.226511	.241972	-.186739	.078163	.246034	-.118793	-.336120
9	.074910	-.176664	.250296	-.203341	.252147	.071978	-.418445	-.137827
10	.073996	-.178041	.250762	-.137062	.298945	-.148298	-.367708	.185199
11	.111936	-.231043	.243356	-.014917	.194952	-.273347	-.009067	.340621
12	.199047	-.230779	-.019954	.280372	-.070738	-.291394	.143991	.095231
13	.200341	-.046520	-.231021	.291432	.196684	-.132973	-.186068	-.303275
14	.211916	.070885	-.187198	.116589	.392575	-.007758	-.026572	-.248583
15	.334761	.208853	-.137497	-.105776	.390446	.122438	.155174	.031075
16	.282834	.319671	.166611	.029904	.228394	.076339	.312357	-.032343
17	.230439	.312685	.265101	-.064051	-.158196	-.284123	.087639	-.305625
18	.350545	.087708	-.250091	-.314930	-.037023	.097675	-.105373	.314953
19	.342875	-.129010	-.275809	-.027464	-.273137	.189723	-.178542	.116605
20	.293957	-.177435	-.267593	.347488	-.098417	-.172802	-.189758	-.083505
21	.208649	-.351036	.228310	.113309	-.007378	-.222874	.357167	.187784
22	.215869	-.342037	.226052	-.094022	-.135248	.262106	.280332	-.230227

	9	10	11	12	13	14	15	16
9	.823052	.704514	.404791	-.404791	-.704514	-.823052	-1.095007	-1.162639
1	.329706	.236794	.165087	.165087	.236794	.329706	.239135	.120345
2	-.060252	.295196	.144982	-.144982	-.295196	.060252	-.294197	.172439
3	-.379297	-.028825	-.106399	-.106399	-.028825	-.379297	.083013	-.320830
4	-.251929	-.315503	-.188052	.188052	.315503	.251929	.203297	.200570
5	.061832	.307585	.278464	-.278464	-.307585	-.061832	.099022	.009894
6	-.121055	.410149	.082442	.082442	.410149	-.121055	.197196	-.099143
7	.036109	-.253005	.365011	-.365011	.253005	-.036109	.103764	-.087551
8	.031834	.281951	-.260325	.260325	-.281951	-.031834	.336120	.118793
9	.213355	.087392	-.207782	-.207782	.087392	.213355	-.137827	-.418445
10	.143769	-.220382	.176216	-.176216	.220382	-.143769	-.185199	.367708
11	-.095026	-.242654	.279113	.279113	-.242654	-.095026	.340621	-.009067
12	.099479	.166231	-.407114	-.407114	.166231	.099479	.095231	.143991
13	-.066263	.170944	.320654	.320654	.170944	-.066263	-.303275	-.186068
14	-.358394	.052749	.231360	-.231360	-.052749	.358394	.248583	.026572
15	-.228714	-.133782	-.227002	-.227002	-.133782	-.228714	.031075	.155174
16	.331617	-.128371	-.078156	.078156	.128371	-.331617	.032343	-.312357
17	.171946	-.193451	.030278	.030278	-.193451	.171946	-.305625	.087639
18	-.161467	-.018629	-.245092	.245092	.018629	.161467	-.314953	.105373
19	.216873	-.289492	.045348	.045348	-.289492	.216873	.116605	-.178542
20	.303856	.067684	-.101562	.101562	-.067684	-.303856	.083505	.189758
21	-.221980	.049429	-.063234	.063234	-.049429	.221980	-.187784	-.357167
22	-.187154	.111246	.102405	.102405	.111246	-.187154	-.230227	.280332

2:3 7:8 Dibenzophenanthren

Z = 22

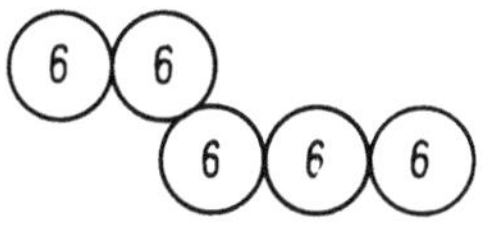

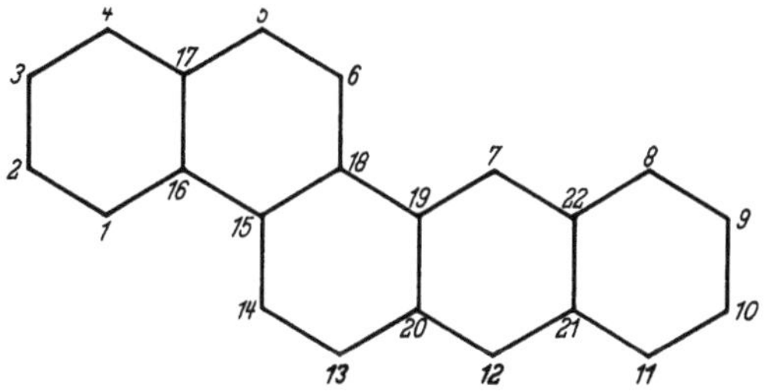

Eigenwerte und Hückelkoeffizienten

	17	18	19	20	21	22
17	-1.357875	-1.495597	-1.592402	-1.968607	-2.289955	-2.525067
1	.265343	.109334	.217446	.200388	.210494	.148974
2	-.283964	.064876	-.316357	-.227874	-.162350	-.093335
3	.120244	-.206361	.286322	.248206	.161281	.086704
4	.120687	.243756	-.139582	-.260747	-.206976	-.125598
5	.341455	.221235	.271481	-.094522	-.189388	-.173442
6	-.179530	-.172680	-.368256	-.079025	.121005	.207514
7	-.332747	.273060	.076291	.025275	.205702	-.221279
8	-.246034	-.078163	.186739	-.241972	.226511	-.115157
9	.071978	.252147	-.203341	.250296	-.176664	.074910
10	.148298	-.298945	.137062	-.250762	.178041	-.073996
11	-.273347	.194952	-.014917	.243356	-.231043	.111936
12	-.291394	-.070738	.289372	-.019954	-.230778	.199047
13	-.132973	.196684	.291432	-.231021	-.046529	.200341
14	.007758	-.392575	-.116589	.187198	-.070885	-.211916
15	.122438	.390446	-.105776	-.137497	.208853	.334761
16	-.076339	-.228394	-.029904	-.166611	-.319671	-.282834
17	-.284123	-.159196	-.064051	.265101	.312685	.230439
18	-.097675	.037023	.314930	.250091	-.087708	-.350545
19	.189723	-.273137	-.027464	-.275809	-.129010	.342875
20	.172802	.098417	-.347488	.267593	.177435	-.293957
21	.222874	.007378	-.113309	-.228310	.351036	-.208649
22	.262106	-.135249	-.094022	.226052	-.342037	.215869

TOTALE PI ELEKTRONEN ENERGIE 30.838992

2:3 7:8 Dibenzophenanthren

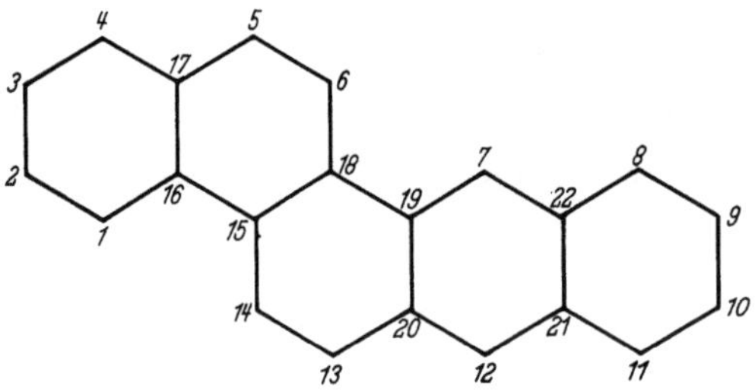

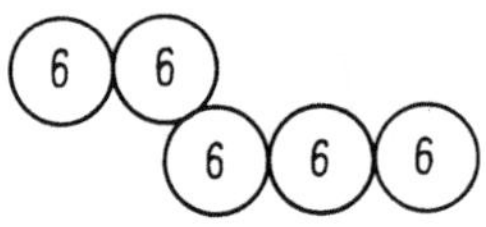

Z = 22

allgemeine Bindungsordnungen

	1	2	3	4	5	6	7	8
1	1.000000							
2	.708715	1.000000						
3	0	.615227	1.000000					
4	-.350728	0	.713753	1.000000				
5	.050284	0	-.142168	0	1.000000			
6	0	.160318	0	-.183508	.748000	1.000000		
7	.048851	0	-.055380	0	0	-.137314	1.000000	
8	-.018404	0	.022410	0	0	.048577	0	1.000000
9	0	-.020951	0	.018547	-.043927	0	-.190763	.732308
10	.023342	0	-.024814	0	0	-.041638	0	0
11	0	.019479	0	-.012678	.032973	0	.093592	-.365269
12	0	-.045615	0	.031286	-.082843	0	-.384085	.092024
13	0	.087969	0	-.068974	.193034	0	.052267	-.014801
14	-.109858	0	.064939	0	0	-.008552	0	0
15	0	-.132887	0	.059565	-.275935	0	-.140246	.047164
16	.580866	0	-.257240	0	0	-.233067	0	0
17	0	-.252202	0	.566547	.525207	0	.078208	-.030175
18	-.123033	0	.118978	0	0	.544412	0	0
19	0	-.031485	0	.049139	-.121435	0	.638166	-.144162
20	.056813	0	-.045944	0	0	-.068639	0	0
21	-.032794	0	.031615	0	0	.051779	0	0
22	0	.024957	0	-.026311	.062330	0	.589277	.542676

	9	10	11	12	13	14	15	16
9	1.000000							
10	.590931	1.000000						
11	0	.733439	1.000000					
12	0	-.192331	0	1.000000				
13	0	.050616	0	0	1.000000			
14	-.086639	0	.080207	-.221574	.763823	1.000000		
15	0	-.057067	0	0	0	.524055	1.000000	
16	.025889	0	-.028931	.069634	-.141013	0	.480862	1.000000
17	0	.030683	0	0	0	-.074349	0	.532623
18	.050867	0	-.022832	.065982	-.270225	0	.578728	0
19	0	.126740	0	0	0	-.207001	0	.014117
20	.122474	0	-.137449	.620436	.506719	0	-.171471	0
21	-.222781	0	.539978	.594860	-.107857	0	.085512	0
22	0	-.223911	0	0	0	.119022	0	-.027304

	17	18	19	20	21	22
17	1.000000					
18	-.193782	1.000000				
19	0	.459894	1.000000			
20	.057395	0	.495761	1.000000		
21	-.039319	0	-.193429	0	1.000000	
22	0	-.099288	0	-.189413	.492212	1.000000

2:3 7:8 Dibenzophenanthren

Z = 22

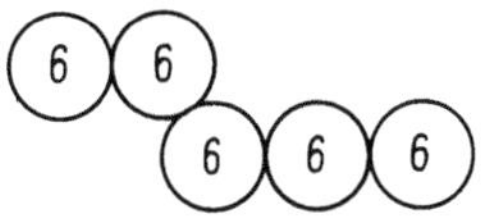

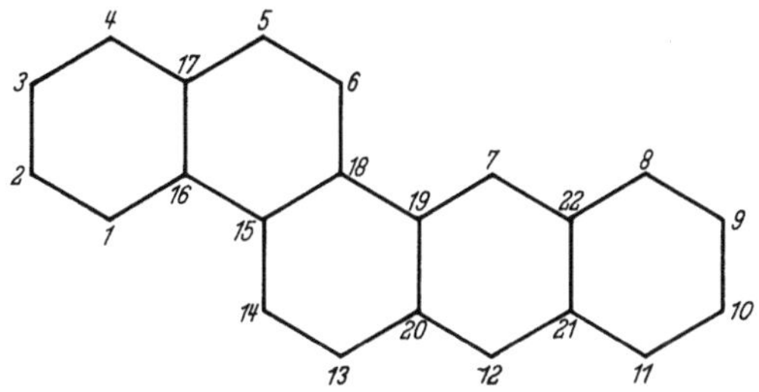

Atom- Atom Polarisierbarkeiten

	1	2	3	4	5	6	7	8
1	.432192							
2	-.197380	.409246						
3	.016015	-.117818	.403666					
4	-.127503	.018452	-.201416	.441840				
5	-.013069	.009116	-.020908	.027229	.454275			
6	.004250	-.036027	.000171	-.038048	-.237464	.429438		
7	-.005197	.000671	-.006125	.002176	.007572	-.016728	.500540	
8	-.001081	.000230	-.001286	.000527	.001917	-.003123	.037325	.450070
9	.000283	-.001233	.000092	-.001107	-.005048	.000145	-.046509	-.224206
10	-.001316	.000064	-.001445	.000288	.000806	-.002636	.011705	.020736
11	.000630	-.001127	.000350	-.000950	-.004318	.000100	-.034202	-.146530
12	.002404	-.005120	.001080	-.004287	-.020029	.000158	-.187663	-.033813
13	.004666	-.014476	.001090	-.012477	-.062087	.005489	-.019240	-.004126
14	-.009196	.002597	-.004631	.000549	.008078	-.001550	.010308	.003305
15	.017258	-.019248	.004473	-.013759	-.080506	.007829	-.026353	-.005117
16	-.103898	.009791	-.057276	.003182	.007364	-.048666	.000150	.000087
17	.003848	-.055066	.007592	-.096415	-.072897	.011031	-.008598	-.001727
18	-.017573	.000621	-.019317	.005748	.019628	-.082093	.024532	.004284
19	.000080	-.002053	.000465	-.002870	-.013437	.012906	-.148499	-.022107
20	-.003690	.000236	-.002929	.000102	.000185	-.003389	.009115	.003581
21	-.001843	.000006	-.001852	.000202	.000350	-.003073	.007159	.002699
22	.000121	-.001490	.000008	-.001462	-.006760	.001278	-.112139	-.081646

	9	10	11	12	13	14	15	16
9	.410804							
10	-.101894	.409220						
11	.021618	-.225327	.452591					
12	.013686	-.047119	.040922	.519190				
13	.004119	-.005349	.006821	.039687	.458922			
14	-.014530	.000556	-.013110	-.065719	-.259852	.436394		
15	.000906	-.006236	.002712	.010465	.020766	-.071865	.359857	
16	-.001517	.000014	-.001556	-.007249	-.021054	.013659	-.057737	.348002
17	.000013	-.001803	.000258	.000606	.000080	-.004110	.003075	-.084458
18	-.005457	.002185	-.004370	-.020617	-.077428	.010290	-.119402	.002609
19	.000075	-.021342	.003310	.007694	.004745	-.034699	.003322	-.001990
20	-.020115	.000105	-.020287	-.137231	-.064160	.012785	-.021389	.002047
21	-.039106	.008404	-.080187	-.115578	-.010520	.000171	-.009272	.000201
22	.008979	-.039615	.002652	.008533	.004382	-.019432	.000220	-.001704

	17	18	19	20	21	22
17	.332639					
18	-.030604	.360630				
19	.002164	-.048520	.349026			
20	-.003431	.002180	-.064185	.334430		
21	-.002290	.002020	-.030646	.005374	.330766	
22	.000095	-.009348	.006563	-.029333	-.062985	.333072

2:3 7:8 Dibenzophenanthren

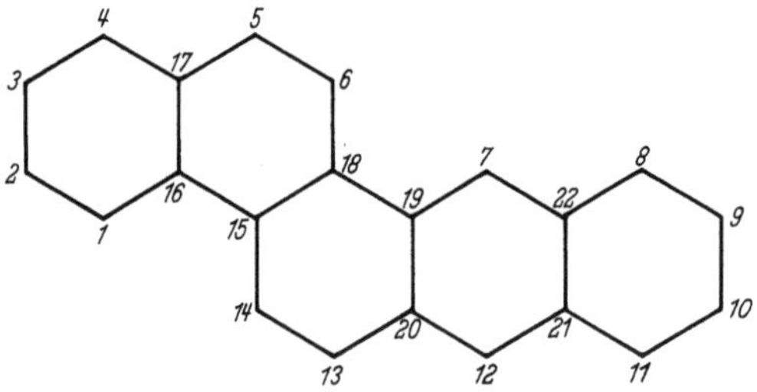

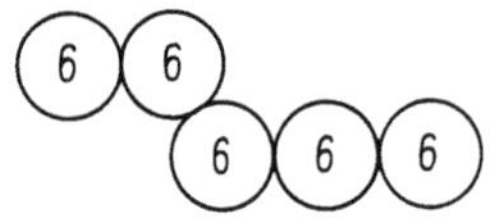

Z = 22

Bindungs- Bindungs Polarisierbarkeiten

	1 2	1 16	2 3	3 4	4 17	5 6	5 17	6 18
1 2	.222931							
1 16	-.192104	.282046						
2 3	-.208826	.116015	.288568					
3 4	.125351	-.078407	-.211969	.219897				
4 17	-.075304	.097914	.114189	-.184656	.282694			
5 6	-.013892	.015691	.028242	-.030077	.060154	.203400		
5 17	.017041	-.016045	-.040769	.053776	-.140434	-.182101	.309742	
6 18	.023825	-.031034	-.026465	.027812	-.040699	-.198341	.098345	.310556
7 19	.003314	-.003042	-.003980	.004920	-.006813	-.023154	.014196	.041330
7 22	-.002480	.002834	.002959	-.002932	.003856	.012742	-.008347	-.017822
8 9	-.000895	.001090	.001113	-.000966	.001242	.004097	-.002747	-.004622
8 22	.001071	-.001198	-.001347	.001327	-.001762	-.005855	.003780	.007596
9 10	.001139	-.001414	-.001251	.001081	-.001284	-.003726	.002852	.004174
10 11	-.001017	.001436	.001116	-.000769	.000880	.002749	-.002163	-.002392
11 21	.001337	-.001972	-.001355	.000886	-.000948	-.002776	.002451	.002260
12 20	.004530	-.006920	-.004036	.002732	-.002700	-.006463	.007181	.005994
12 21	-.002943	.004249	.002975	-.002126	.002358	.006898	-.005851	-.006736
13 14	.012720	-.019956	-.009088	.007081	-.005951	-.000553	.015255	-.000732
13 20	-.007873	.011648	.006783	-.005388	.005624	.012771	-.013856	-.017733
14 15	-.018425	.036373	.012513	-.007754	.006319	-.000604	-.021532	.003999
15 16	.051988	-.127691	-.038692	.020909	-.020182	-.054486	.078912	.077736
15 18	-.016232	.031671	.017941	-.010415	.013807	.080267	-.041711	-.134350
16 17	.076623	-.122292	-.047572	.074031	-.115563	.061352	-.111896	-.033656
18 19	-.005991	.004942	.006640	-.009028	.012687	.045050	-.026681	-.111638
19 20	.002497	-.001954	-.002071	.003062	-.003522	-.006360	.006537	.015677
21 22	.001614	-.001878	-.001633	.001620	-.001905	-.005022	.004066	.006916

	7 19	7 22	8 9	8 22	9 10	10 11	11 21	12 20
7 19	.260865							
7 22	-.177187	.284695						
8 9	-.032601	.066157	.204842					
8 22	.060066	-.157770	-.180783	.300329				
9 10	.031632	-.049317	-.208293	.105992	.308109			
10 11	-.018738	.025666	.121390	-.068338	-.208993	.203730		
11 21	.021778	-.023942	-.067408	.084387	.105380	-.178837	.300549	
12 20	.097003	-.062667	-.017180	.020392	.030349	-.030540	.057326	.265670
12 21	-.065462	.095885	.024664	-.023215	-.049477	.065885	-.158899	-.170998
13 14	.013090	-.010293	-.002847	.002929	.007304	-.006501	.011561	.067284
13 20	-.011123	.011534	.002942	-.002308	-.009654	.009555	-.018849	-.152949
14 15	-.032673	.021244	.006840	-.008739	-.008809	.007837	-.010996	-.044404
15 16	.006606	-.006437	-.002494	.002779	.003088	-.003179	.004362	.015606
15 18	.033149	-.013929	-.003380	.005554	.004447	-.002320	.002899	.012539
16 17	-.003954	.003782	.001580	-.001779	-.001645	.001695	-.002064	-.005867
18 19	-.137225	.047350	.010456	-.018477	-.010363	.005143	-.005057	-.016873
19 20	-.134881	.071836	.021244	-.029514	-.020641	.020694	-.028230	-.127330
21 22	.062884	-.117420	.056559	-.095115	-.030680	.056013	-.093843	.062320

	12 21	13 14	13 20	14 15	15 16	15 18	16 17	18 19
12 21	.283400							
13 14	-.027796	.187116						
13 20	.049412	-.177205	.321395					
14 15	.025448	-.191752	.089174	.323322				
15 16	-.009511	.047013	-.026707	-.113191	.295717			
15 18	-.007962	.072349	-.033906	-.128394	-.105129	.240839		
16 17	.004391	-.010091	.008802	.020417	-.095262	.040875	.255576	
18 19	.016039	-.044026	.063010	.068040	-.008111	-.098765	.004410	.305850
19 20	.069301	.048331	-.093464	-.020819	.002389	.031315	-.000095	-.077254
21 22	-.119929	.014759	-.021633	-.013433	.003967	.008842	-.001797	-.020128

	19 20	21 22
19 20	.277309	
21 22	-.024057	.268915

Pentaphen

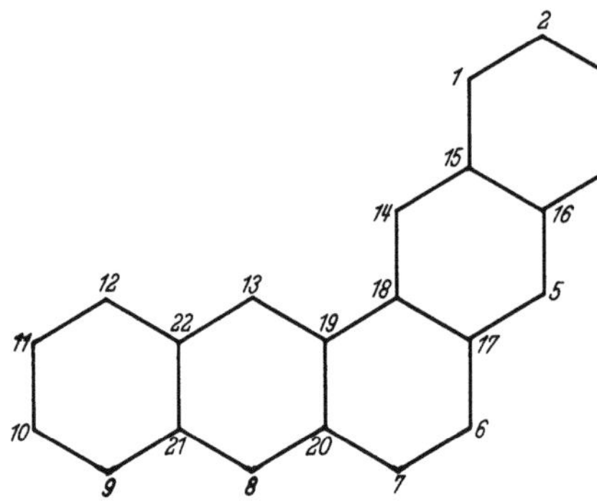

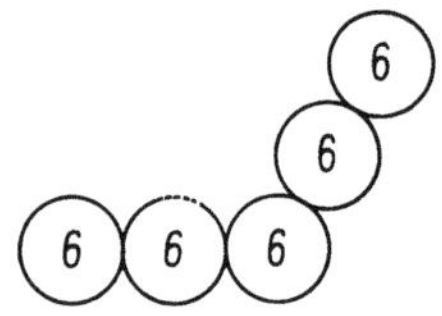

Z = 22

Eigenwerte und Hückelkoeffizienten

	1	2	3	4	5	6	7	8
1	2.514569	2.283790	2.000000	1.597027	1.503524	1.288992	1.235418	1.000000
1	.123662	.217032	.235702	.214379	.105771	.224416	.211825	.288675
2	.081019	.170343	.235702	.302540	-.026940	-.031724	.384172	0
3	.080066	.171996	.235702	.268786	-.146275	-.265308	.262788	-.288675
4	.120313	.222460	.235702	.126718	-.192989	-.310256	-.059519	-.288675
5	.209165	.219708	0	-.272611	-.209318	-.184249	-.233496	0
6	.200380	.050464	-.235702	-.142068	-.339264	-.044948	.203269	.288675
7	.200380	-.050464	-.235702	.142068	-.339264	.044948	.203269	.288675
8	.209165	-.219708	0	.272611	-.209318	.184249	-.233496	0
9	.120313	-.222460	.235702	-.126718	-.192989	.310256	-.059519	-.288675
10	.080066	-.171996	.235702	-.268786	-.146275	.265308	.262788	-.288675
11	.081019	-.170343	.235702	-.302540	-.026940	.031724	.384172	0
12	.123662	-.217032	.235702	-.214379	.105771	-.224416	.211825	.288675
13	.232063	-.189856	0	.084358	.317725	-.323953	-.026820	0
14	.232063	.189856	0	-.084358	.317725	.323953	-.026820	0
15	.229938	.325312	.235702	.039829	.185969	.320995	-.122479	.288675
16	.222470	.336055	.235702	-.066414	-.143888	-.134610	-.336319	0
17	.303489	.165712	-.235702	-.368954	-.170828	-.102886	.047853	0
18	.353600	.108280	-.235702	-.174550	.291739	.096578	.089346	-.288675
19	.353600	-.108280	-.235702	.174550	.291739	-.096578	.089346	-.288675
20	.303489	-.165712	-.235702	.368954	-.170828	.102886	.047853	0
21	.222470	-.336055	.235702	.066414	-.143888	.134610	-.336319	0
22	.229938	-.325312	.235702	-.039829	.185969	-.320995	-.122479	.288675

	9	10	11	12	13	14	15	16
9	1.000000	.520863	.437160	-.437160	-.520863	-1.000000	-1.000000	-1.235418
1	.166667	.294903	.177742	.177742	.294903	.288675	.166667	.211825
2	.333333	.107462	.212964	-.212964	-.107462	0	-.333333	-.384172
3	.166667	-.238930	-.084643	-.084643	-.238930	-.288675	.166667	.262788
4	-.166667	-.231912	-.249967	.249967	.231912	.288675	.166667	.059519
5	0	.247302	.374461	-.374461	-.247302	0	0	.233496
6	.166667	.007019	-.334609	.334609	-.007019	-.288675	-.166667	-.203269
7	-.166667	-.007019	-.334609	-.334609	-.007019	.288675	-.166667	.203269
8	0	-.247302	.374461	.374461	-.247302	0	0	-.233496
9	.166667	.231912	-.249967	-.249967	.231912	-.288675	.166667	-.059519
10	-.166667	.238930	-.084643	.084643	-.238930	.288675	.166667	-.262788
11	-.333333	-.107462	.212964	.212964	-.107462	0	-.333333	.384172
12	-.166667	-.294903	.177742	-.177742	.294903	-.288675	.166667	-.211825
13	0	.389005	-.212241	.212241	-.389005	0	0	.026820
14	0	-.389005	-.212241	-.212241	-.389005	0	0	-.026820
15	-.166667	.046142	-.135263	.135263	-.046142	-.288675	.166667	.122479
16	-.333333	.118136	-.024633	-.024633	.118136	0	-.333333	-.336319
17	.333333	.010674	.188332	.188332	.010674	0	.333333	.047853
18	.166667	-.248761	.042479	-.042479	.248761	.288675	-.166667	-.089346
19	-.166667	.248761	.042479	.042479	.248761	-.288675	-.166667	.089346
20	-.333333	-.010674	.188332	-.188332	.010674	0	.333333	-.047853
21	.333333	.118136	-.024633	.024633	.118136	0	-.333333	.336319
22	.166667	-.046142	-.135263	-.135263	-.046142	.288675	.166667	-.122479

Z = 22

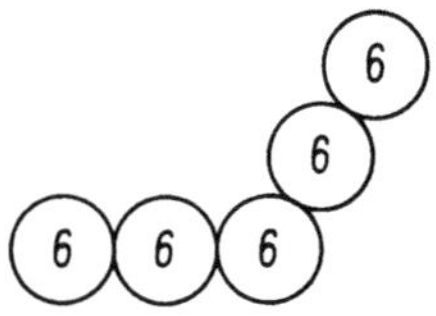

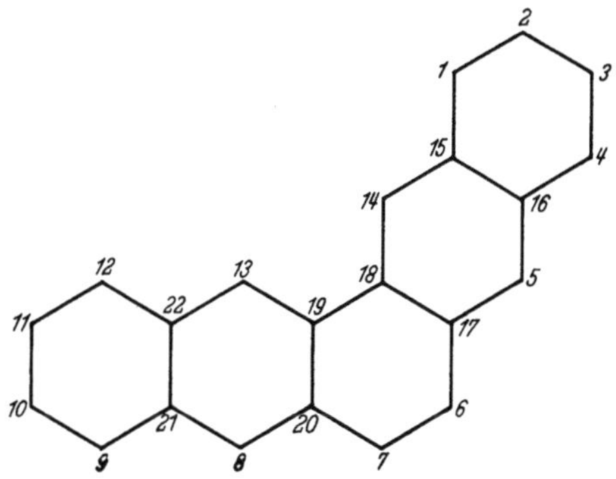

Pentaphen

Eigenwerte und Hückelkoeffizienten

	17	18	19	20	21	22
17	-1.288992	-1.503524	-1.597027	-2.000000	-2.283790	-2.514569
1	.224416	.105771	.214379	.235702	.217032	.123662
2	.031724	.026940	-.302540	-.235702	-.170343	-.081019
3	-.265308	-.146275	.268786	.235702	.171996	.080066
4	.310256	.192989	-.126718	-.235702	-.222460	-.120313
5	.184249	.209318	.272611	0	-.219708	-.209165
6	.044948	.339264	.142068	.235702	-.050464	-.200380
7	.044948	-.339264	.142068	-.235702	-.050464	.200380
8	.184249	-.209318	.272611	0	-.219708	.209165
9	.310256	-.192989	-.126718	.235702	-.222460	.120313
10	-.265308	.146275	.268786	-.235702	.171996	-.080066
11	.031724	-.026940	-.302540	.235702	-.170343	.081019
12	.224416	-.105771	.214379	-.235702	.217032	-.123662
13	.323953	-.317725	-.084358	0	.189856	-.232063
14	.323953	.317725	-.084358	0	.189856	.232063
15	-.320995	-.185969	-.039829	-.235702	-.325312	-.229938
16	-.134610	-.143888	-.066414	.235702	.336055	.222470
17	-.102886	-.170828	-.368954	-.235702	.165712	.303489
18	-.096578	-.291739	.174550	.235702	-.108280	-.353600
19	-.096578	.291739	.174550	-.235702	-.108280	.353600
20	-.102886	.170828	-.368954	.235702	.165712	-.303489
21	-.134610	.143888	-.066414	-.235702	.336055	-.222470
22	-.320995	.185969	-.039829	.235702	-.325312	.229938

TOTALE PI ELEKTRONEN ENERGIE 30.762686

Pentaphen

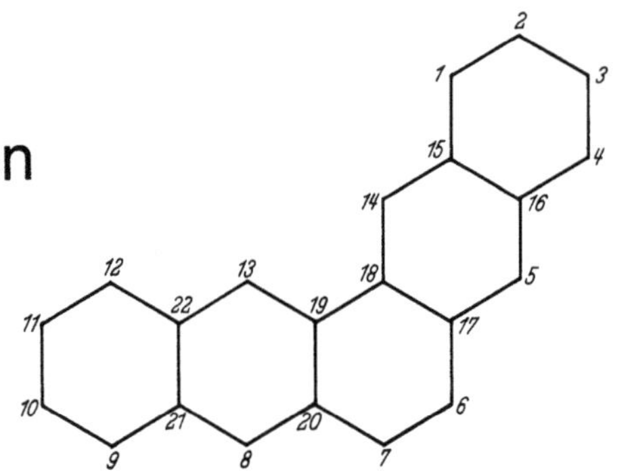

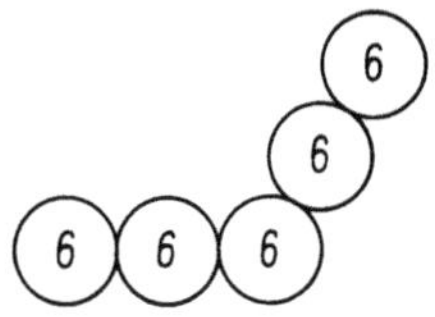

Z = 22

allgemeine Bindungsordnungen

	1	2	3	4	5	6	7	8
1	1.000000							
2	.727820	1.000000						
3	0	.595652	1.000000					
4	-.361397	0	.729074	1.000000				
5	.083292	0	-.182760	0	1.000000			
6	.001025	0	.034079	0	0	1.000000		
7	0	-.093403	0	.088946	-.239336	.789691	1.000000	
8	0	.050518	0	-.056575	.129221	-.239336	0	1.000000
9	0	-.022388	0	.026538	-.056575	.088946	0	0
10	.029089	0	-.028328	0	0	0	.034079	-.182760
11	0	.023149	0	-.022388	.050518	-.093403	0	0
12	-.032677	0	.029089	0	0	0	.001025	.083292
13	.075593	0	-.067913	0	0	0	.017096	-.364720
14	0	-.181044	0	.085009	-.364720	.017096	0	0
15	.548030	0	-.229229	0	0	0	.124496	-.051536
16	0	-.227975	0	.545060	.583825	-.089128	0	0
17	0	.128507	0	-.143995	.634343	.484136	0	0
18	-.151314	0	.133194	0	0	0	-.207812	.031757
19	0	.034417	0	-.007672	.031757	-.207812	0	0
20	.030068	0	-.038536	0	0	0	.484136	.634343
21	-.031086	0	032479	0	0	0	-.089128	.583825
22	0	-.026737	0	.020392	-.051536	.124496	0	0

	9	10	11	12	13	14	15	16
9	1.000000							
10	.729074	1.000000						
11	0	.595652	1.000000					
12	-.361397	0	.727820	1.000000				
13	.085009	0	-.181044	0	1.000000			
14	0	-.067913	0	.075593	-.197728	1.000000		
15	.020392	0	-.026737	0	0	.577760	1.000000	
16	0	.032479	0	-.031086	.080633	0	.497900	1.000000
17	0	-.038536	0	.030068	-.100411	0	-.195503	0
18	-.007672	0	.034417	0	0	.653353	0	-.199852
19	0	.133194	0	-.151314	.653353	0	-.080070	0
20	-.143995	0	.128507	0	0	-.100411	0	.063234
21	.545060	0	-.227975	0	0	.080633	0	-.042124
22	0	-.229229	0	.548030	.577760	0	.038567	0

	17	18	19	20	21	22
17	1.000000					
18	.501231	1.000000				
19	0	.435283	1.000000			
20	-.141592	0	.501231	1.000000		
21	.063234	0	-.199852	0	1.000000	
22	0	-.080070	0	-.195503	.497900	1.000000

Z=22 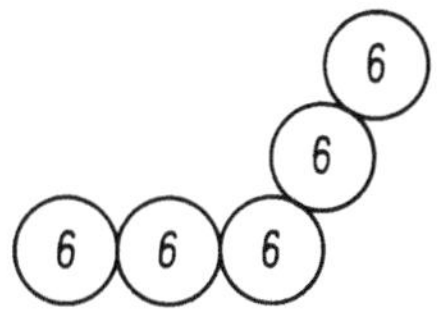 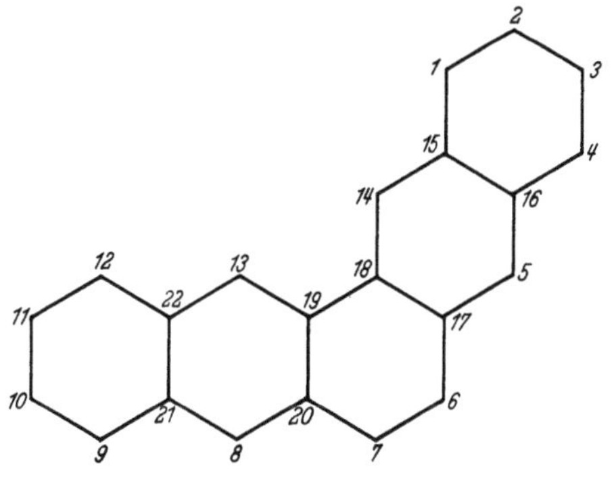

Pentaphen

Atom- Atom Polarisierbarkeiten

	1	2	3	4	5	6	7	8
1	.448334							
2	-.218336	.410443						
3	.020166	-.104746	.408680					
4	-.141478	.021136	-.219581	.451103				
5	-.027813	.012884	-.040254	.038854	.511952			
6	-.001391	.003719	-.001941	.005548	.035386	.453795		
7	.002802	-.017336	.000263	-.016248	-.079420	-.294173	.453795	
8	.000106	-.006532	.000088	-.006891	-.030394	-.079420	.035386	.511952
9	.000008	-.001483	.000082	-.001638	-.006891	-.016248	.005548	.038854
10	-.001908	.000004	-.001866	.000082	.000088	.000263	-.001941	-.040254
11	.000101	-.001514	.000004	-.001483	-.006532	-.017336	.003719	.012884
12	-.002146	.000101	-.001908	.000008	.000106	.002802	-.001391	-.027813
13	-.009493	.000200	-.008663	.000229	.000137	.007906	-.006237	-.160067
14	.034998	-.039600	.010752	-.028233	-.160067	-.006237	.007906	.000137
15	-.084769	.008985	-.042537	.002657	.008312	.004564	-.022110	-.006903
16	.002727	-.041949	.008346	-.083121	-.106842	-.005888	.000395	.000945
17	.003592	-.022954	.000080	-.023266	-.150637	-.055741	.016184	.006868
18	-.025412	.000073	-.024405	.003281	.007318	.005822	-.035901	-.007097
19	.003072	-.002020	.001720	-.001462	-.007097	-.035901	.005822	.007318
20	-.001746	.000585	-.002370	.001622	.006868	.016184	-.055741	-.150637
21	-.001948	.000034	-.002085	.000355	.000945	.000395	-.005888	-.106842
22	.000535	-.001692	.000175	-.001473	-.006903	-.022110	.004564	.008312

	9	10	11	12	13	14	15	16
9	.451103							
10	-.219581	.408680						
11	.021136	-.104746	.410443					
12	-.141478	.020166	-.218336	.448334				
13	-.028233	.010752	-.039600	.034998	.492132			
14	.000229	-.008663	.000200	-.009493	-.045571	.492132		
15	-.001473	.000175	-.001692	.000535	.002170	-.103189	.333532	
16	.000355	-.002085	.000034	-.001948	-.009627	.006842	-.066105	.331002
17	.001622	-.002370	.000585	-.001746	-.010266	.008835	-.032390	.005701
18	-.001462	.001720	-.002020	.003072	.020165	-.163420	.007076	-.033894
19	.003281	-.024405	.000073	-.025412	-.163420	.020165	-.004817	.001947
20	-.023266	.000080	-.022954	.003592	.008835	-.010266	.000205	-.004209
21	-.083121	.008346	-.041949	.002727	.006842	-.009627	.000056	-.002681
22	.002657	-.042537	.008985	-.084769	-.103189	.002170	-.002282	.000056

	17	18	19	20	21	22
17	.337491					
18	-.067223	.353145				
19	.002444	-.040414	.353145			
20	-.012805	.002444	-.067223	.337491		
21	-.804209	.001947	-.033894	.005701	.331002	
22	.000205	-.004817	.007076	-.032390	-.066105	.333532

Pentaphen

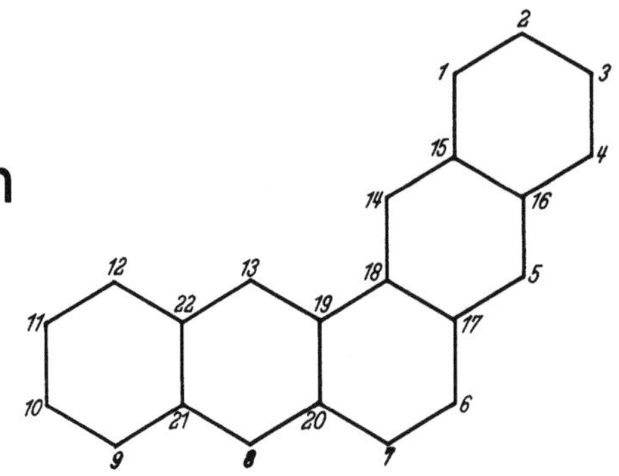

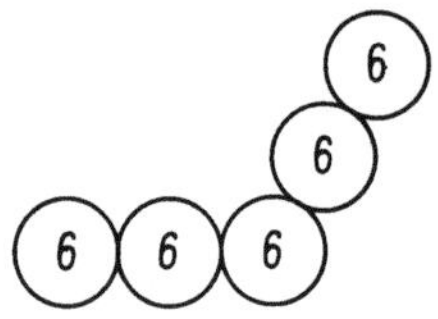

Z = 22

Bindungs- Bindungs Polarisierbarkeiten

	1 2	1 15	2 3	3 4	4 16	5 16	5 17	6 7
1 2	.209792							
1 15	-.182677	.297136						
2 3	-.209388	.107986	.304802					
3 4	.122634	-.070321	-.210180	.208555				
4 16	-.069281	.086715	.107328	-.180548	.297462			
5 16	.023705	-.022418	-.048417	.064495	-.157155	.291013		
5 17	-.016981	.019999	.030259	-.030713	.057762	-.171819	.253941	
6 7	-.000291	-.000183	.004831	-.004447	.009548	-.023390	.063480	.159622
6 17	-.000237	.001344	-.006459	.006477	-.015412	.042117	-.144460	-.171110
7 20	.004236	-.005420	-.005964	.005490	-.008240	.019173	-.036121	-.171110
8 20	-.003125	.003315	.004017	-.004338	.006068	-.013022	.021687	.063480
8 21	.003484	-.003698	-.003695	.003944	-.004749	.009842	-.013022	-.023390
9 10	.001660	-.001624	-.001629	.001827	-.002004	.003944	-.004338	-.004447
9 21	-.001674	.001630	.001764	-.002004	.002373	-.004749	.006068	.009548
10 11	-.001703	.001924	.001671	-.001629	.001764	-.003695	.004017	.004831
11 12	.001865	-.002119	-.001703	.001660	-.001674	.003484	-.003125	-.000291
12 22	-.002119	.002733	.001924	-.001624	.001630	-.003698	.003315	-.000183
13 19	-.005133	.008762	.004755	-.002402	.002288	-.007403	.007022	.004216
13 22	.004254	-.005700	-.003975	.003240	-.003377	.007855	-.007848	-.003959
14 15	.064747	-.155818	-.048205	.024825	-.023241	.094138	-.061990	-.003959
14 18	-.032871	.060514	.031590	-.018706	.021538	-.064977	.095137	.004216
15 16	.059656	-.098527	-.033592	.059029	-.097078	-.119006	.062133	.011861
17 18	.024438	-.032997	-.023607	.023806	-.031536	.076015	-.133933	.044672
18 19	.007287	-.014657	-.007116	.002182	-.001697	.008720	-.008104	-.030078
19 20	-.000598	.001859	.001212	.000188	-.000167	-.000837	.002558	.044672
21 22	-.001679	.002244	.001789	-.001440	.001684	-.003912	.005077	.011861

	6 17	7 20	8 20	8 21	9 10	9 21	10 11	11 12
6 17	.330930							
7 20	.074091	.330930						
8 20	-.036121	-.144460	.253941					
8 21	.019173	.042117	-.171819	.291013				
9 10	.005490	.006477	-.030713	.064495	.208555			
9 21	-.008240	-.015412	.057762	-.157155	-.180548	.297462		
10 11	-.005964	-.006459	.030259	-.048417	-.210180	.107328	.304802	
11 12	.004236	-.000237	-.016981	.023705	.122634	-.069281	-.209388	.209792
12 22	-.005420	.001344	.019999	-.022418	-.070321	.086715	.107986	-.182677
13 19	-.021779	-.001772	.095137	-.064977	-.018706	.021538	.031590	-.032871
13 22	.013978	.003886	-.061990	.094138	.024825	-.023241	-.048205	.064747
14 15	.003886	.013978	-.007848	.007855	.003240	-.003377	-.003975	.004254
14 18	-.001772	-.021779	.007022	-.007403	-.002402	.002288	.004755	-.005133
15 16	-.018074	-.009557	.005077	-.003912	-.001440	.001684	.001789	-.001679
17 18	-.090950	-.015055	.002558	-.000837	.000188	-.000167	.001212	-.000598
18 19	.048888	.048888	-.008104	.008720	.002182	-.001697	-.007116	.007287
19 20	-.015055	-.090950	-.133933	.076015	.023806	-.031536	-.023607	.024438
21 22	-.009557	-.018074	.062133	-.119006	.059029	-.097078	-.033592	.059656

	12 22	13 19	13 22	14 15	14 18	15 16	17 18	18 19
12 22	.297136							
13 19	.060514	.247385						
13 22	-.155818	-.177989	.292253					
14 15	-.005700	-.020614	.012292	.292253				
14 18	.008762	.048281	-.020614	-.177989	.247385			
15 16	.002244	.008353	-.005022	-.116190	.062568	.266137		
17 18	.001859	.019761	-.005604	.078856	-.142277	-.026798	.277827	
18 19	-.014657	-.126248	.039208	.039208	-.126248	-.016234	-.073557	.312731
19 20	-.032997	-.142277	.078856	-.005604	.019761	.004055	.022671	-.073557
21 22	-.098527	.062568	-.116190	-.005022	.008353	.002523	.004055	-.016234

	19 20	21 22
19 20	.277827	
21 22	-.026798	.266137

3:4 6:7 Dibenzophenanthren

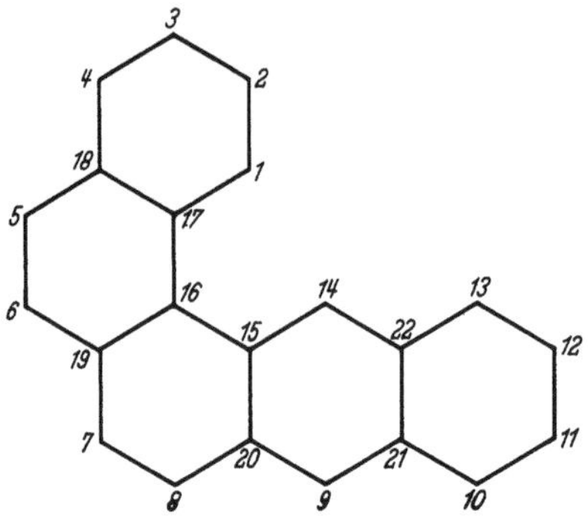

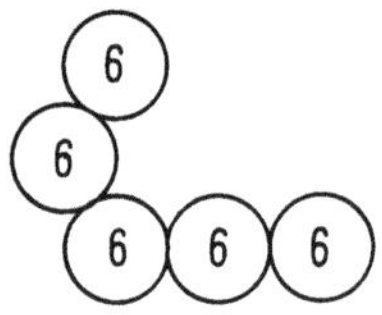

Z = 22

Eigenwerte und Hückelkoeffizienten

	1	2	3	4	5	6	7	8
1	2.533047	2.273711	1.965356	1.641058	1.464570	1.332738	1.198236	1.084844
1	.159539	.192775	.208502	.212974	.072500	.311204	.126632	.208060
2	.098439	.153597	.239403	.272667	-.091815	.328590	-.197160	.262908
3	.089811	.156460	.262009	.234489	-.206969	.126721	-.362876	.077153
4	.129056	.202149	.275539	.112142	-.211306	-.159705	-.237652	-.179208
5	.165835	.202449	.103444	-.271781	-.136814	-.379010	-.017645	-.078204
6	.182974	.157141	-.076219	-.395551	-.097870	-.165555	-.099257	.186727
7	.193306	.043511	-.268319	-.187263	-.231667	.233424	-.235423	.094713
8	.192008	-.055916	-.274101	.070032	-.332769	.152725	-.180805	-.178025
9	.196993	-.236814	-.039134	.185149	-.318881	-.138859	.195311	.084220
10	.109881	-.245911	.211486	-.153877	-.213814	.124734	.337228	.078660
11	.072400	-.191330	.222170	-.254173	-.101818	.321418	.188826	-.293874
12	.073511	-.189118	.225156	-.263234	.064693	.303632	-.110970	-.397467
13	.113807	-.238670	.220343	-.177810	.196566	.083244	-.321794	-.137316
14	.224275	-.197395	-.005229	.129287	.341640	-.184868	-.222513	.027693
15	.353331	-.095271	-.218173	.240729	.277164	-.053691	.007992	-.218459
16	.377671	.151423	-.153170	-.036425	.319983	.143194	.213313	.023156
17	.305681	.284717	.170378	.076836	.197996	.086163	.348895	-.037195
18	.237095	.303167	.279522	-.050457	-.102504	-.339565	.078114	-.271566
19	.297646	.154846	-.253240	-.377341	-.006523	.158368	-.101288	.280774
20	.293059	-.170646	-.270387	.302190	-.255697	-.029882	.018776	-.287842
21	.205935	-.367801	.193475	.001651	-.211327	-.155180	.215253	.379208
22	.214768	-.353548	.207896	-.028563	.223192	-.192690	-.274615	.248501

	9	10	11	12	13	14	15	16
9	.844650	.660116	.418589	-.418589	-.660116	-.844650	-1.084844	-1.198236
1	.300402	.246834	.189623	.189623	.246834	.300402	.208060	.126632
2	-.058269	.316023	.086003	-.086003	-.316023	.058269	-.262908	.197160
3	-.349619	-.038222	-.153623	-.153623	-.038222	-.349619	.077153	-.362876
4	-.237036	-.341254	-.150308	.150308	.341254	.237036	.179208	.237652
5	.051229	.370867	.194905	-.194905	-.370867	-.051229	.078204	.017645
6	-.106135	.431861	-.009121	-.009121	.431861	-.106135	.186727	-.099257
7	.173418	-.327649	.209041	.209041	-.327649	.173418	.094713	-.235423
8	.287354	-.130498	.286225	-.286225	.130498	-.287354	.178025	.180805
9	.099640	.157221	-.410424	.410424	-.157221	-.099640	-.084220	-.195311
10	-.280016	-.120011	.291638	-.291638	.120011	.280016	-.078660	-.337228
11	-.251381	.058500	.204645	.204645	.058500	-.251381	-.293874	.188826
12	.067687	.158628	-.205976	.205976	-.158628	-.067687	.397467	.110970
13	.308553	.046213	-.290864	-.290864	.046213	.308553	-.137316	-.321794
14	-.160458	.006933	.408688	.408688	.006933	-.160458	.027693	-.222513
15	-.328463	.132699	.086848	-.086848	-.132699	.328463	.218459	-.007992
16	-.186274	-.160842	-.283104	-.283104	-.160842	-.186274	.023156	.213313
17	.312003	-.153084	-.006629	.006629	.153084	-.312003	.037195	-.348895
18	.149406	-.187046	.090706	.090706	-.187046	.149406	-.271566	.078114
19	-.140876	-.085789	-.198723	.198723	.085789	.140876	-.280774	.101288
20	.069295	.241505	-.089231	-.089231	.241505	.069295	-.287842	.018776
21	.014866	-.137721	-.082568	-.082568	-.137721	.014866	.379208	.215253
22	.192932	-.128122	.084224	-.084224	.128122	-.192932	-.248501	.274615

3:4 6:7 Dibenzophenanthren

Z = 22

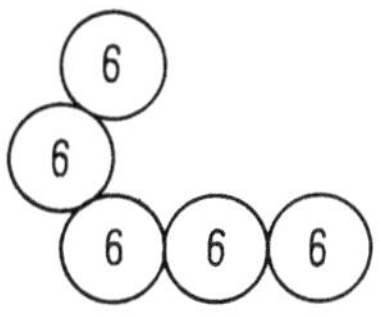

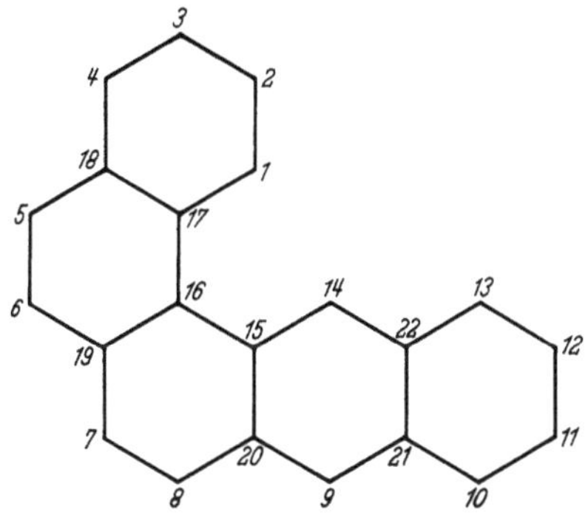

Eigenwerte und Hückelkoeffizienten

	17	18	19	20	21	22
17	-1.332738	-1.464571	-1.641058	-1.965356	-2.273711	-2.533047
1	.311204	.072500	.212974	.208502	.192775	.159539
2	-.328590	.091815	-.272667	-.239403	-.153597	-.098439
3	.126721	-.206969	.234489	.262009	.156460	.089811
4	.159705	.211306	-.112142	-.275539	-.202148	-.129056
5	.379010	.136814	.271781	-.103444	-.202448	-.165835
6	-.165555	-.097870	-.395551	-.076219	.157141	.182974
7	.233424	-.231667	-.187263	-.268319	.043511	.193306
8	-.152725	.332769	-.070032	.274101	.055916	-.192008
9	.138859	.318881	-.185149	.039134	.236814	-.196993
10	-.124734	.213814	.153877	-.211486	.245911	-.109881
11	.321418	-.101818	-.254173	.222170	-.191330	.072400
12	-.303632	-.064693	.263234	-.225156	.189118	-.073511
13	.083244	.196566	-.177810	.220343	-.238670	.113807
14	-.184868	.341640	.129287	-.005229	-.197395	.224275
15	.053691	-.277164	-.240729	.218173	.095271	-.353331
16	.143194	.319983	-.036425	-.153170	.151423	.377671
17	-.086163	-.197996	-.076836	-.170378	-.284717	-.305681
18	-.339565	-.102504	-.050457	.279522	.303167	.237095
19	-.158368	.006523	.377341	.253240	-.154846	-.297646
20	-.029882	-.255697	.302190	-.270387	-.170646	.293059
21	-.155180	-.211327	.001651	.193475	-.367801	.205935
22	.192690	-.223192	.028563	-.207896	.353548	-.214768

TOTALE PI ELEKTRONEN ENERGIE 30.833829

3:4 6:7 Dibenzophenanthren

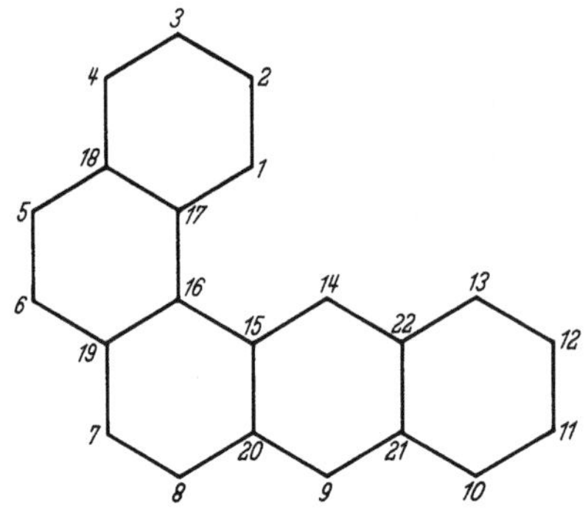

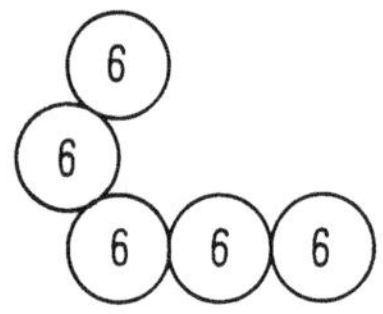

Z = 22

allgemeine Bindungsordnungen

	1	2	3	4	5	6	7	8
1	1.000000							
2	.710894	1.000000						
3	0	.614175	1.000000					
4	-.350899	0	.713245	1.000000				
5	.053372	0	-.142856	0	1.000000			
6	0	.162346	0	-.187158	.756017	1.000000		
7	0	-.031936	0	.057489	-.135822	0	1.000000	
8	.098940	0	-.092491	0	0	-.155885	.771968	1.000000
9	-.032229	0	.040067	0	0	.080363	-.225935	0
10	.010791	0	-.015677	0	0	-.034134	.082091	0
11	0	.025661	0	-.019568	.051595	0	0	.051509
12	-.021967	0	.021769	0	0	.028182	-.088129	0
13	0	-.025858	0	.016554	-.048196	0	0	-.016683
14	0	.062971	0	-.036820	.121290	0	0	.055862
15	-.093438	0	.057223	0	0	.005283	-.207969	0
16	0	-.137571	0	.058657	-.281310	0	0	-.274775
17	.575674	0	-.254181	0	0	-.234179	.005671	0
18	0	-.251829	0	.568038	.523736	0	0	.116394
19	-.125205	0	.118044	0	0	.527941	.507877	0
20	0	.038386	0	-.033586	.096331	0	0	.504633
21	0	-.030547	0	.023864	-.065756	0	0	-.108005
22	.037639	0	-.031073	0	0	-.027335	.120490	0

	9	10	11	12	13	14	15	16
9	1.000000							
10	0	1.000000						
11	-.192115	.733156	1.000000					
12	0	0	.590812	1.000000				
13	.092256	-.365160	0	.732654	1.000000			
14	-.383928	.093014	0	-.191357	0	1.000000		
15	0	0	.124975	0	-.141933	.632439	1.000000	
16	.063653	-.020853	0	.051443	0	0	.473130	1.000000
17	0	0	-.036837	0	.041530	-.118770	0	.494602
18	-.049789	.019973	0	-.024783	0	0	-.068972	0
19	0	0	-.057547	0	.049044	-.143341	0	.580355
20	.622563	-.138587	0	.122956	0	0	.493689	0
21	.594067	.540539	0	-.222815	0	0	-.191401	0
22	0	0	-.223318	0	.541800	.591224	0	-.102802

	17	18	19	20	21	22
17	1.000000					
18	.529977	1.000000				
19	0	-.189055	1.000000			
20	-.065112	0	-.166569	1.000000		
21	.046748	0	.084651	0	1.000000	
22	0	.034672	0	-.189315	.491710	1.000000

3:4 6:7 Dibenzophenanthren

Z = 22

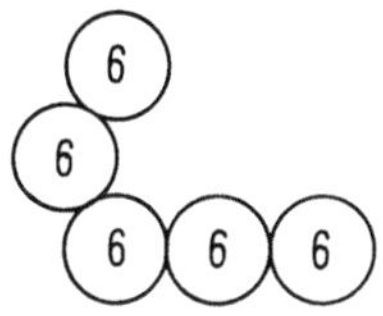

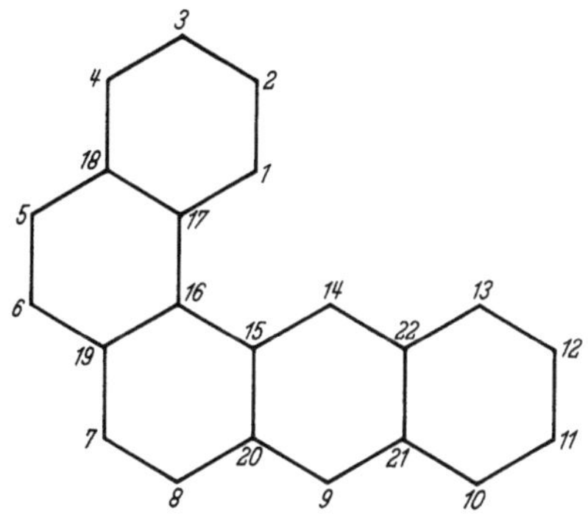

Atom- Atom Polarisierbarkeiten

	1	2	3	4	5	6	7	8
1	.435931							
2	-.199370	.407766						
3	.017063	-.117106	.405597					
4	-.127806	.017893	-.200987	.440269				
5	-.013663	.007825	-.021132	.025341	.444301			
6	.003890	-.036902	.000247	-.039571	-.245121	.437613		
7	.000611	-.002157	.001498	-.003784	-.016451	.020565	.444125	
8	-.015758	.000042	-.015594	.001430	.002199	-.024646	-.267895	.449528
9	-.004522	.000281	-.004930	.000945	.003181	-.008950	-.068019	.036995
10	-.000970	.000145	-.001054	.000286	.001120	-.001957	-.013554	.006289
11	.000731	-.001490	.000300	-.001207	-.005931	.000089	.000488	-.005485
12	-.001234	.000009	-.001269	.000103	.000203	-.001709	-.014926	.003643
13	.001199	-.001451	.000624	-.001083	-.005434	.000007	.003240	-.004265
14	.005744	-.005776	.002524	-.004893	-.025921	.000173	.009902	-.019977
15	-.006454	.001210	-.003667	.000111	.003093	-.001768	-.035105	.004239
16	.021022	-.020429	.006154	-.013807	-.083374	.006669	.009201	-.079689
17	-.100804	.009096	-.055764	.003242	.006238	-.049220	-.001794	.002078
18	.003519	-.054936	.008178	-.097313	-.072162	.012176	.004628	-.018956
19	-.018140	.000242	-.019110	.004465	.014476	-.074301	-.064689	.015749
20	.000371	-.002209	.000021	-.002187	-.011363	.003882	.013800	-.063212
21	.000650	-.001751	.000166	-.001473	-.007467	.000598	.000210	-.010551
22	-.002010	.000069	-.001760	.000025	.000044	-.001762	-.019893	.003835

	9	10	11	12	13	14	15	16
9	.516007							
10	.040179	.452074						
11	-.047057	-.225052	.409824					
12	.013249	.021436	-.101807	.410473				
13	-.033972	-.146484	.021094	-.224587	.450997			
14	-.187848	-.034110	.012474	-.046807	.038697	.507253		
15	.007872	.003325	-.020793	.000081	-.021414	-.144379	.345313	
16	-.020420	-.004306	.002856	-.005521	.005245	.029741	-.053393	.384218
17	.000095	.000125	-.002164	.000033	-.002375	-.012667	.008484	-.063222
18	-.005948	-.001261	.000114	-.001435	.000397	.001478	-.003657	.004180
19	.008467	.002268	-.006334	.000635	-.005359	-.027331	.003927	-.120535
20	-.138830	-.020643	.000084	-.020295	.003412	.008469	-.063322	.002634
21	-.115048	-.080495	.008607	-.039127	.002669	.007680	-.029942	.002728
22	.008272	.002641	-.039339	.008849	-.081156	-.113426	.006241	-.009949

	17	18	19	20	21	22
17	.343815					
18	-.083136	.334823				
19	.003098	-.029067	.340568			
20	-.003209	.000254	-.019982	.336057		
21	-.002612	.000018	-.009133	.005612	.331413	
22	.000663	-.001896	.000089	-.029346	-.062751	.332560

3:4 6:7 Dibenzophenanthren

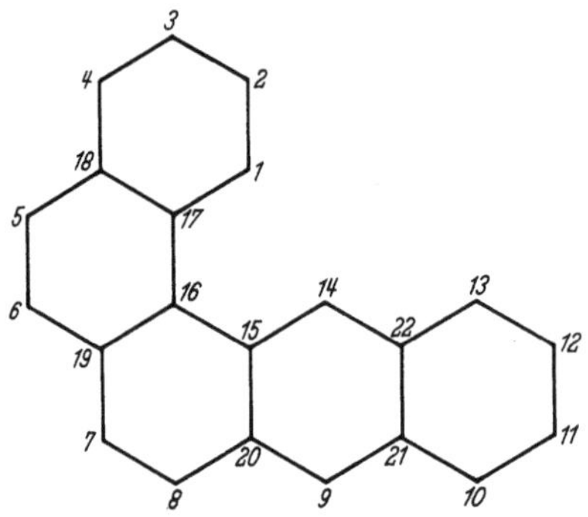

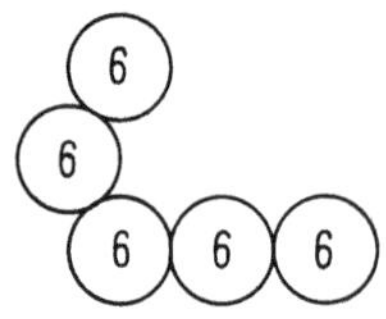

Z = 22

Bindungs- Bindungs Polarisierbarkeiten

	1 2	1 17	2 3	3 4	4 18	5 6	5 18	6 19
1 2	.221759							
1 17	-.189756	.283672						
2 3	-.209955	.115115	.289569					
3 4	.125338	-.077049	-.211292	.220876				
4 18	-.075942	.097143	.114326	-.186335	.283017			
5 6	-.015432	.017272	.029053	-.031348	.061212	.195725		
5 18	.018488	-.017389	-.040934	.054500	-.140121	-.184089	.309360	
6 19	.025113	-.032227	-.026658	.028406	-.040296	-.188477	.096481	.309287
7 8	.005749	-.003673	-.005732	.008727	-.010779	-.026052	.020112	.049743
7 19	-.006419	.003731	.006837	-.010875	.014892	.048325	-.029711	-.123944
8 20	-.005949	.007547	.005862	-.005820	.006961	.019510	-.015272	-.029184
9 20	.002587	-.002699	-.003101	.003157	-.004024	-.013266	.008554	.018016
9 21	-.002234	.002679	.002637	-.002292	.002852	.009447	-.006369	-.011265
10 11	-.000758	.000876	.000992	-.000828	.001057	.003660	-.002349	-.003941
10 21	.000815	-.000859	-.001103	.000999	-.001301	-.004581	.002820	.005317
11 12	.001286	-.001696	-.001325	.001061	-.001198	-.003291	.002768	.003505
12 13	-.001252	.001779	.001290	-.000908	.001018	.002991	-.002519	-.002940
13 22	.001925	-.002952	-.001767	.001166	-.001212	-.003068	.003222	.003014
14 15	.008200	-.014610	-.006354	.003814	-.003524	-.005436	.010989	.005219
14 22	-.004275	.006752	.003839	-.002564	.002681	.006635	-.007180	-.006839
15 16	-.015697	.031873	.011255	-.006578	.005910	.005485	-.020429	-.003675
15 20	.004022	-.006189	-.002801	.002667	-.002463	-.000145	.005566	.000027
16 17	.053330	-.132727	-.039933	.020050	-.019407	-.057152	.080238	.078938
16 19	-.017812	.035089	.018763	-.010143	.012878	.075528	-.040925	-.125724
17 18	.074804	-.118805	-.046725	.073748	-.115731	.060965	-.109595	-.031907
21 22	.002065	-.002898	-.001856	.001526	-.001614	-.003471	.003785	.004012

	7 8	7 19	8 20	9 20	9 21	10 11	10 21	11 12
7 8	.178864							
7 19	-.181706	.321185						
8 20	-.178252	.086729	.320895					
9 20	.068015	-.043655	-.152189	.264989				
9 21	-.028717	.025896	.049865	-.172242	.284055			
10 11	-.006945	.008241	.009961	-.031128	.066137	.204196		
10 21	.011985	-.011249	-.019100	.057997	-.158971	-.179438	.300691	
11 12	.007718	-.009166	-.009995	.030685	-.049534	-.208859	.105497	.308340
12 13	-.003406	.007463	.003569	-.017618	.024938	.121384	-.067611	-.208552
13 22	.003589	-.009467	-.003042	.020704	-.023338	-.067981	.084165	.105749
14 15	.014674	-.034146	-.012608	.096241	-.064364	-.018195	.021241	.031200
14 22	-.011580	.022533	.012838	-.063175	.095851	.025350	-.023673	-.049437
15 16	-.045965	.069082	.063948	-.015596	.014917	.004470	-.004255	-.010251
15 20	.047693	-.019159	-.091371	-.127635	.069216	.020699	-.028309	-.020461
16 17	.005347	-.003948	-.017606	.005874	-.005879	-.001938	.001902	.003659
16 19	.067476	-.119968	-.032619	.011123	-.007448	-.002124	.002506	.004572
17 18	-.001952	.001978	.006948	-.003909	.003660	.001441	-.001561	-.001768
21 22	.015066	-.013482	-.021626	.062296	-.119498	.056020	-.093926	-.030506

	12 13	13 22	14 15	14 22	15 16	15 20	16 17	16 19
12 13	.204622							
13 22	-.180272	.300631						
14 15	-.031981	.059314	.263766					
14 22	.066191	-.158343	-.175535	.284457				
15 16	.010294	-.018871	-.143069	.048606	.309029			
15 20	.020933	-.028879	-.131497	.070425	-.081751	.277286		
16 17	-.003875	.006548	.036921	-.015570	-.101480	.015786	.298108	
16 19	-.003661	.006223	.036958	-.015337	-.106323	.032581	-.113100	.239661
17 18	.001870	-.002564	-.009842	.005644	.019899	-.002516	-.100500	.042607
21 22	.056254	-.094494	.062626	-.118294	-.020828	-.023726	.006415	.009220

	17 18	21 22
17 18	.256109	
21 22	-.002299	.269232

3:4 7:8 Dibenzophenanthren

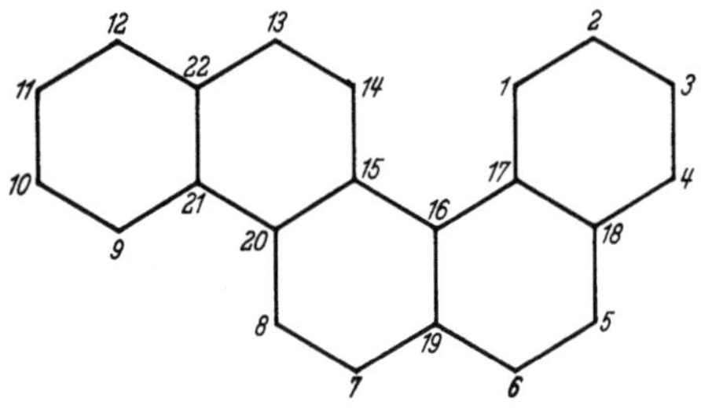

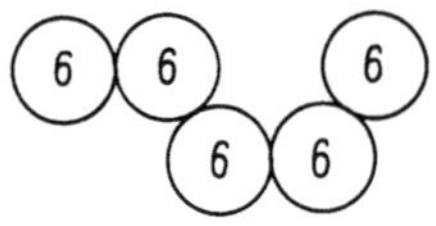

Z = 22

Eigenwerte und Hückelkoeffizienten

	1	2	3	4	5	6	7	8
1	2.542173	2.281515	1.929577	1.637171	1.476529	1.343233	1.225918	1.000000
1	.151626	.205099	.213451	.188062	.114220	.294110	.151504	.316228
2	.092849	.161783	.257280	.209517	.246770	.118924	.373041	0
3	.084413	.164011	.282991	.154953	.250143	-.134368	.305814	-.316228
4	.121743	.212410	.288772	.044167	.122573	-.299411	.001862	-.316228
5	.157836	.212905	.085762	-.277842	-.146569	-.336457	-.186657	0
6	.176168	.165139	-.108734	-.372231	-.147254	-.184128	.074705	0
7	.193932	.035925	-.272221	-.226230	.203042	-.040765	.343993	0
8	.202998	-.081899	-.229699	-.038814	.370652	-.143885	.143467	0
9	.137818	-.233012	.175474	-.188314	.229027	.119645	-.269279	0
10	.085229	-.181041	.214421	-.289185	.112671	.319311	-.166613	-.316228
11	.078850	-.180036	.238267	-.285131	-.062665	.309265	.065025	-.316228
12	.115220	-.229715	.245334	-.177624	-.205198	.096104	.246329	0
13	.163830	-.204687	.084185	.187459	-.375129	-.179520	.207659	0
14	.202423	-.122936	-.072683	.312572	-.313573	-.060962	.017618	-.316228
15	.350766	-.075794	-.224432	.324274	-.087871	.097634	-.186060	-.316228
16	.367162	.172789	-.189375	.055635	-.160408	.344614	-.077599	0
17	.292611	.306154	.154590	.098373	-.078121	.276135	-.187310	.316228
18	.225079	.320607	.274218	-.082644	-.069160	-.267811	-.303532	0
19	.290012	.163862	-.295572	-.331563	-.070855	.089129	.278240	0
20	.322122	-.222778	-.171001	.162685	.344237	-.152507	-.168113	0
21	.265127	-.350579	.124171	-.019117	.225494	-.158601	-.163501	.316228
22	.214060	-.344061	.235124	-.005669	-.240315	-.180175	.236954	.316228

	9	10	11	12	13	14	15	16
9	.880759	.602582	.549833	-.549833	-.602582	-.880759	-1.000000	-1.225918
1	.059389	.353205	.056868	.056868	.353205	.059389	.316228	.151504
2	.253380	.240509	-.137371	.137371	-.240509	-.253380	0	-.373041
3	.163777	-.208278	-.132399	-.132399	-.208278	.163777	-.316228	.305814
4	-.109131	-.366014	.064574	-.064574	.366014	.109131	.316228	-.001862
5	.081298	.386292	-.140894	.140894	-.386292	-.081298	0	.186657
6	.331500	.245048	-.245372	-.245372	.245048	.331500	0	.074705
7	-.169358	-.031236	.380709	.380709	-.031236	-.169358	0	.343993
8	-.359837	.219809	.203346	-.203346	-.219808	.359837	0	-.143467
9	.380045	-.093697	.260702	.260702	-.093697	.380045	0	-.269279
10	.115884	.115531	.247316	-.247316	-.115531	-.115884	.316228	.166613
11	-.277979	.163314	-.124720	-.124720	.163314	-.277979	-.316228	.065025
12	-.360717	-.017121	-.315891	.315891	.017121	.360717	0	-.246329
13	.106885	.084485	.392940	-.392940	-.084485	-.106885	0	-.207659
14	.133865	.224539	.265019	.265019	.224539	.133865	-.316228	.017618
15	.011018	.050818	-.247224	.247224	-.050818	-.011018	.316228	.186060
16	.023411	-.357606	-.132048	-.132048	-.357606	.023411	0	-.077599
17	-.201072	-.027675	.168639	-.168639	.027675	.201072	-.316228	.187310
18	-.259896	-.012275	.167904	.167904	-.012275	-.259896	0	-.303532
19	.210673	-.238631	.005980	-.005980	.238631	-.210673	0	-.278240
20	-.147571	.163689	-.268902	-.268902	.163689	-.147571	0	-.168113
21	.218844	-.171991	-.103973	.103973	.171991	-.218844	-.316228	.163501
22	-.039726	-.173630	-.048968	-.048968	-.173630	-.039726	.316228	.236954

3:4 7:8 Dibenzophenanthren

Z = 22

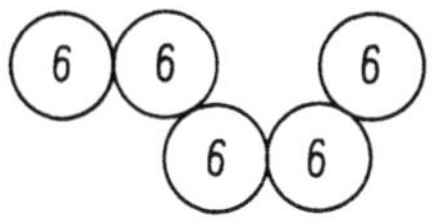

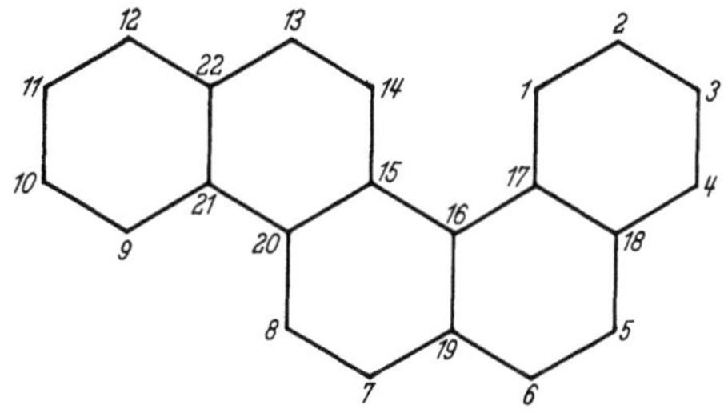

Eigenwerte und Hückelkoeffizienten

	17	18	19	20	21	22
17	-1.343233	-1.476529	-1.637171	-1.929577	-2.281515	-2.542173
1	.294110	.114220	.188062	.213451	.205099	.151626
2	-.118924	-.246770	-.209517	-.257280	-.161783	-.092849
3	-.134368	.250143	.154953	.282991	.164011	.084413
4	.299411	-.122573	-.044167	-.288772	-.212410	-.121743
5	.336457	.146569	.277842	-.085762	-.212905	-.157836
6	-.184128	-.147254	-.372231	-.108734	.165139	.176168
7	-.040765	.203042	-.226230	-.272221	.035925	.193932
8	.143885	-.370652	.038814	.229699	.081899	-.202998
9	.119645	.229027	-.188314	.175474	-.233012	.137818
10	-.319311	-.112671	.289185	-.214421	.181041	-.085229
11	.309265	-.062665	-.285131	.238267	-.180036	.078850
12	-.096104	.205198	.177624	-.245334	.229715	-.115220
13	.179520	.375129	-.187459	-.084185	.204687	-.163830
14	-.060952	-.313573	.312572	-.072683	-.122936	.202423
15	-.097634	.087871	-.324274	.224432	.075794	-.350766
16	.344614	-.160408	.055635	-.189375	.172789	.367162
17	-.276135	.078121	-.098373	-.154590	-.306154	-.292611
18	-.267811	-.069160	-.082644	.274218	.320607	.225079
19	-.089129	.070855	.331563	.295572	-.163862	-.290012
20	-.152507	.344237	.162685	-.171001	-.222778	.322122
21	.158601	-.225494	.019117	-.124171	.350579	-.265127
22	-.180175	-.240315	-.005669	.235124	-.344061	.214060

TOTALE PI ELEKTRONEN ENERGIE 30,938581

3:4 7:8 Dibenzophenanthren

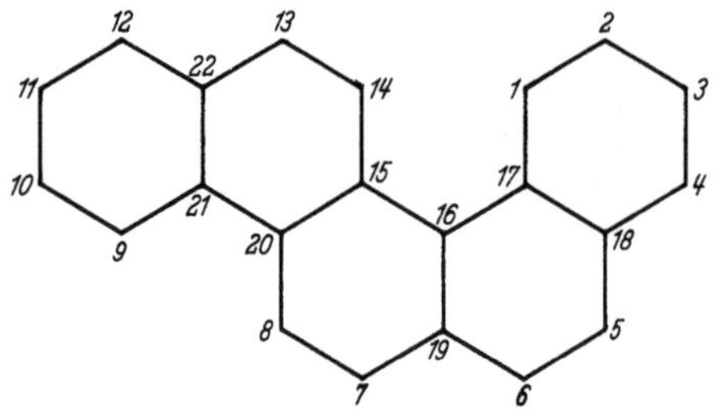

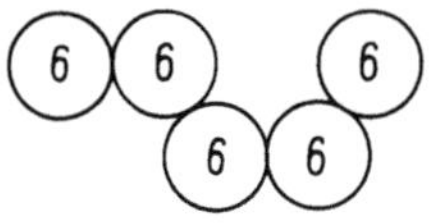

Z = 22

allgemeine Bindungsordnungen

	1	2	3	4	5	6	7	8
1	1.000000							
2	.706888	1.000000						
3	0	.618134	1.000000					
4	-.347790	0	.709899	1.000000				
5	.045867	0	-.135129	0	1.000000			
6	0	.166763	0	-.191616	.765664	1.000000		
7	0	-.045520	0	.069743	-.163918	0	1.000000	
8	.094476	0	-.086053	0	0	-.142052	.739402	1.000000
9	0	-.021937	0	.022083	-.052151	0	0	-.122465
10	.020934	0	-.020262	0	0	-.024688	.081089	0
11	0	.022610	0	-.020161	.049647	0	0	.078510
12	-.027936	0	.022711	0	0	.012930	-.063984	0
13	.060864	0	-.050392	0	0	-.040693	.181064	0
14	0	.038307	0	-.016966	.072322	0	0	.011744
15	-.108495	0	.071734	0	0	.021611	-.260724	0
16	0	-.129011	0	.051985	-.265089	0	0	-.264664
17	.580888	0	-.259037	0	0	-.238940	.021952	0
18	0	-.256025	0	.571759	.515272	0	0	.107941
19	-.118044	0	.110276	0	0	.516821	.538688	0
20	0	.053943	0	-.047855	.129808	0	0	.552836
21	-.016237	0	.020407	0	0	.044247	-.131844	0
22	0	-.027836	0	.020562	-.059027	0	0	-.090275

	9	10	11	12	13	14	15	16
9	1.000000							
10	.705160	1.000000						
11	0	.619051	1.000000					
12	-.347525	0	.710029	1.000000				
13	.043156	0	-.134106	0	1.000000			
14	0	.165597	0	-.189622	.760899	1.000000		
15	-.115624	0	.110082	0	0	.527366	1.000000	
16	0	-.046096	0	.065160	-.156264	0	.506287	1.000000
17	.026634	0	-.029612	0	0	-.085938	0	.483360
18	0	.022184	0	-.022310	.053988	0	-.084570	0
19	.071710	0	-.061405	0	0	-.091404	0	.564580
20	0	-.125044	.0	.052219	-.259595	0	.560640	0
21	.584985	0	-.261416	0	0	-.238065	0	.028816
22	0	-.256547	0	.571053	.515537	0	-.182325	0

	17	18	19	20	21	22
17	1.000000					
18	.534990	1.000000				
19	0	-.180165	1.000000			
20	-.084199	0	-.206001	1.000000		
21	0	-.025617	0	.471940	1.000000	
22	.044526	0	.075511	0	.537164	1.000000

3:4 7:8 Dibenzophenanthren

Z = 22

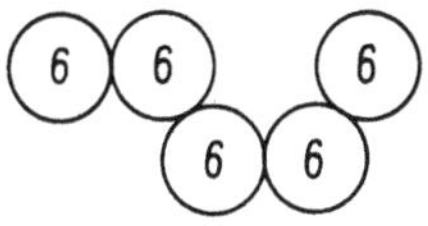

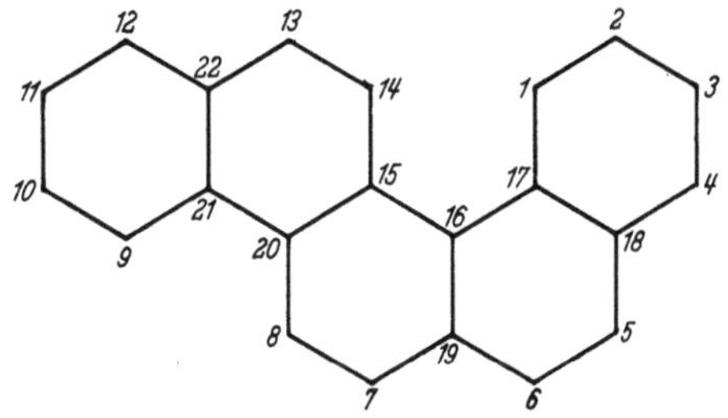

Atom- Atom Polarisierbarkeiten

	1	2	3	4	5	6	7	8
1	.433917							
2	-.194746	.407817						
3	.016433	-.120039	.404721					
4	-.124160	.017715	-.197010	.439578				
5	-.010615	.007676	-.017716	.024635	.442206			
6	.004009	-.039707	.000251	-.042425	-.257947	.439866		
7	.000274	-.004808	.001157	-.006514	-.028638	.022303	.445921	
8	-.013327	.000066	-.012684	.000908	.000959	-.019172	-.226837	.429901
9	.000034	-.001086	.000010	-.001133	-.005091	.001080	.003623	-.012433
10	-.001094	.000008	-.001049	.000023	.000009	-.001179	-.011578	.002216
11	.000187	-.001134	.000023	-.001055	-.004970	.000528	.000683	-.007724
12	-.001365	.000135	-.001128	.000009	.000311	-.000872	-.010048	.000206
13	-.005782	.000315	-.004952	.000011	.000357	-.004374	-.051003	.005833
14	.002766	-.001888	.001183	-.001071	-.006899	.000093	.006130	-.004255
15	-.009967	.001301	-.006771	.000060	.002876	-.004490	-.067058	.007035
16	.018928	-.016776	.005218	-.010921	-.069249	.006796	.007035	-.068871
17	-.104499	.009240	-.059032	.003263	.006325	-.052332	-.004524	.002621
18	.003653	-.057810	.007987	-.100009	-.067902	.012404	.004465	-.015337
19	-.014992	.000159	-.015718	.003975	.013156	-.068659	-.080245	.011670
20	.000713	-.005112	.000024	-.004958	-.024320	.005581	.016865	-.086978
21	-.001023	.000032	-.001095	.000181	.000611	-.002164	-.017245	.013644
22	.000657	-.001370	.000188	-.001101	-.005777	.000407	.000042	-.007441

	9	10	11	12	13	14	15	16
9	.431222							
10	-.193230	.408814						
11	.015760	-.120663	.403498					
12	-.123824	.018028	-.197077	.440444				
13	-.010194	.008450	-.017419	.025656	.448364			
14	.004163	-.039245	.000206	-.041628	-.253601	.434746		
15	-.014449	.000337	-.015633	.004620	.016016	-.073217	.349774	
16	.000071	-.004830	.000593	-.005993	-.027090	.017331	-.069382	.375611
17	-.001197	.000120	-.001428	.000550	.001990	-.005170	.009369	-.057759
18	.000133	-.001127	.000010	-.001081	-.005087	.000830	-.006853	.003754
19	-.006846	.000166	-.006050	.000231	.000050	-.007583	.003311	-.106233
20	.016397	-.015886	.004208	-.010789	-.066636	.007306	-.103971	.003612
21	-.106903	.009747	-.060179	.003219	.007122	-.051968	.002699	-.004796
22	.003892	-.058037	.007636	-.099603	-.068026	.011771	-.025605	.002951

	17	18	19	20	21	22
17	.344826					
18	-.086557	.334554				
19	.003137	-.025010	.336568			
20	-.006763	.000295	-.036326	.357152		
21	.000034	-.001352	.002267	-.053475	.348277	
22	-.002216	.000038	-.007038	.003063	-.087632	.333199

3:4 7:8 Dibenzophenanthren

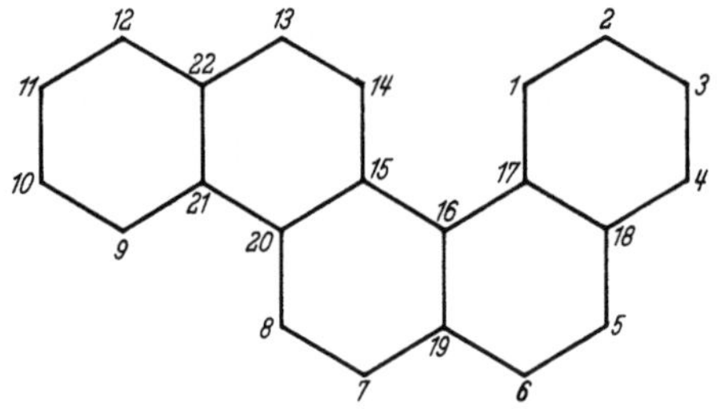

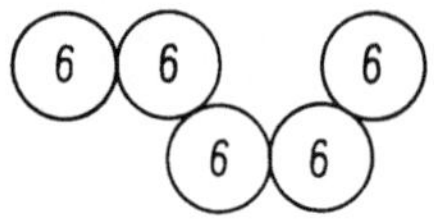

Z = 22

Bindungs- Bindungs Polarisierbarkeiten

	1 2	1 17	2 3	3 4	4 18	5 6	5 18	6 19
1 2	.225532							
1 17	-.191221	.280045						
2 3	-.210129	.116379	.286212					
3 4	.125957	-.078536	-.211942	.224035				
4 18	-.076863	.098725	.115337	-.186813	.279898			
5 6	-.013773	.015486	.027482	-.029754	.059576	.183079		
5 18	.016480	-.015480	-.038977	.052178	-.137523	-.180803	.312778	
6 19	.023734	-.030774	-.025038	.026762	-.038261	-.182392	.092231	.312812
7 8	.007738	-.004313	-.007482	.010053	-.011982	-.027877	.022966	.050881
7 19	-.008261	.006357	.008724	-.012223	.016428	.053001	-.033520	-.128971
8 20	-.008430	.010731	.008077	-.007773	.008955	.023448	-.019724	-.033888
9 10	.001104	-.001191	-.001057	.001102	-.001185	-.002539	.002413	.003191
9 21	-.001009	.001065	.001103	-.001150	.001384	.003961	-.002884	-.005280
10 11	-.001150	.001369	.001101	-.001029	.001102	.002482	-.002366	-.002934
11 12	.001392	-.001715	-.001187	.001101	-.001057	-.001547	.002265	.001708
12 22	-.001660	.002276	.001392	-.001149	.001102	.001667	-.002563	-.001748
13 14	-.004192	.007049	.003577	-.002152	.002173	.005114	-.006372	-.005159
13 22	.003265	-.004626	-.002843	.002278	-.002316	-.004537	.005523	.005121
14 15	.006146	-.011658	-.004788	.002575	-.002457	-.004591	.008370	.004313
15 16	-.017626	.034443	.013210	-.008201	.007759	.010569	-.024680	-.009469
15 20	.007569	-.010550	-.005941	.005624	-.005469	-.005550	.012012	.006455
16 17	.050891	-.128970	-.037700	.018662	-.018013	-.053579	.076390	.075719
16 19	-.014826	.031001	.015508	-.007733	.010054	.066646	-.034159	-.116583
17 18	.078242	-.122880	-.049832	.076766	-.118870	.059468	-.107986	-.029946
20 21	.002060	-.002274	-.002315	.002278	-.002814	-.008970	.006068	.012349
21 22	-.000991	.001272	.001127	-.000914	.001130	.003933	-.002635	-.004833

	7 8	7 19	8 20	9 10	9 21	10 11	11 12	12 22
7 8	.210739							
7 19	-.187502	.303209						
8 20	-.198328	.102855	.303890					
9 10	.013663	-.009554	-.019460	.226406				
9 21	-.020807	.013582	.037864	-.192947	.278886			
10 11	-.010443	.008673	.014064	-.209342	.117036	.285431		
11 12	.008530	-.007239	-.008929	.125959	-.079451	-.212391	.223581	
12 22	-.007905	.007913	.008071	-.076510	.099282	.115332	-.185837	.279553
13 14	-.006868	.019531	.006779	-.012772	.014345	.026968	-.029012	.058973
13 22	.019226	-.018739	-.025687	.015401	-.014371	-.038788	.051605	-.137594
14 15	.006805	-.026250	-.004491	.022813	-.029750	-.024842	.026371	-.038482
15 16	-.060921	.084472	.084921	-.008074	.007165	.008748	-.011299	.015380
15 20	.077667	-.042117	-.130705	-.013662	.028386	.014806	-.007795	.010434
16 17	.010671	-.009694	-.024264	.002428	-.002280	-.002840	.003484	-.004808
16 19	.074250	-.125502	-.043501	.005490	-.004973	-.005019	.006380	-.007292
17 18	-.004005	.004723	.009409	-.001028	.001250	.001217	-.001164	.001562
20 21	.049061	-.031034	-.117047	.049685	-.124864	-.036686	.019102	-.018418
21 22	-.011816	.011138	.023163	.079667	-.125543	-.050498	.077145	-.118973

	13 14	13 22	14 15	15 16	15 20	16 17	16 19	17 18
13 14	.187724							
13 22	-.179598	.313511						
14 15	-.188971	.093300	.314957					
15 16	.052146	-.032268	-.122383	.292533				
15 20	.068595	-.034038	-.120654	-.111878	.249387			
16 17	-.016470	.010103	.030642	-.107158	.024884	.301151		
16 19	-.015021	.014061	.027812	-.113699	.049545	-.104111	.248087	
17 18	.005505	-.003485	-.008141	.022493	-.005730	-.097202	.037845	.253029
20 21	-.051548	.075065	.074301	-.012671	-.097517	.004828	.008460	-.002878
21 22	.059655	-.109568	-.030946	.006486	.036248	-.002763	-.002722	.001637

	20 21	21 22
20 21	.299016	
21 22	-.093238	.252840

1:2 5:6 Dibenzanthracen

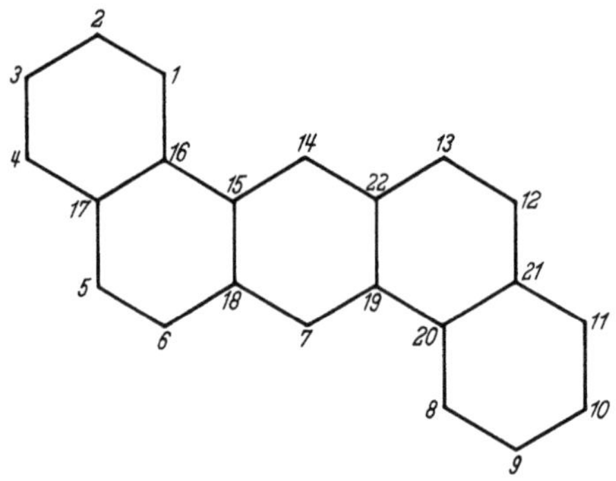

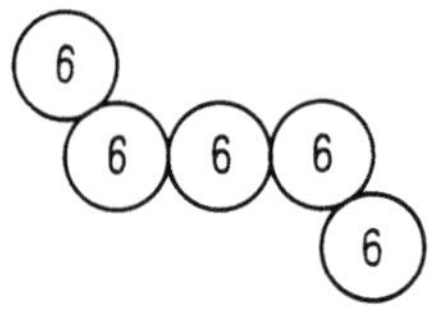

Z = 22

Eigenwerte und Hückelkoeffizienten

	1	2	3	4	5	6	7	8
1	2.521172	2.305848	1.928545	1.658818	1.414214	1.414214	1.183423	1.069639
1	.145826	.214204	.197177	.189781	.110471	.266701	.241636	.147803
2	.091290	.163493	.239621	.255167	-.110471	.266701	.319032	-.215747
3	.084332	.162785	.264942	.233494	-.266701	.110471	.135914	-.378575
4	.121326	.211865	.271331	.132157	-.266701	-.110471	-.158188	-.189191
5	.160882	.208819	.086230	-.215473	-.156230	-.377172	-.191122	.003827
6	.184060	.155762	-.092034	-.343161	-.110471	-.266701	.096940	-.172115
7	.250893	-.031064	-.232296	-.167105	-.266701	.110471	.222661	-.104766
8	.145826	-.214204	.197177	-.189781	-.110471	.266701	-.241636	.147803
9	.091290	-.163493	.239621	-.255167	.110471	.266701	-.319032	-.215747
10	.084332	-.162785	.264942	-.233494	.266701	.110471	-.135914	-.378575
11	.121326	-.211865	.271331	-.132157	.266701	-.110471	.158188	-.189191
12	.160882	-.208819	.086230	.215473	.156230	-.377172	.191122	.003827
13	.184060	-.155762	-.092034	.343161	.110471	-.266701	-.096940	-.172115
14	.250893	.031064	-.232296	.167105	.266701	.110471	-.222661	-.104766
15	.329378	.221974	-.184270	-.076571	.377172	.156230	.042340	.075866
16	.276362	.330430	.140645	.059645	.266701	.110471	-.033075	.373843
17	.221552	.325743	.258332	-.014269	-.110471	-.266701	-.323118	.176209
18	.303165	.150345	-.263722	-.353768	0	0	.305843	-.187928
19	.329378	-.221974	-.184270	.076571	-.377172	.156230	-.042340	.075866
20	.276362	-.330430	.140645	-.059645	-.266701	.110471	.033075	.373843
21	.221552	-.325743	.258332	.014269	.110471	-.266701	.323118	.176209
22	.303165	-.150345	-.263722	.353768	0	0	-.305843	-.187928

	9	10	11	12	13	14	15	16
9	.786558	.684327	.473498	-.473498	-.684327	-.786558	-1.069639	-1.183423
1	.299244	.318905	.056050	.056050	.318905	.299244	.147803	.241636
2	.248895	.043298	.216617	-.216617	-.043298	-.248895	.215747	-.319032
3	-.103474	-.289275	.046518	.046518	-.289275	-.103474	-.378575	.135914
4	-.330283	-.241257	-.194591	.194591	.241257	.330283	.189191	.158188
5	.220856	.151297	.319015	-.319015	-.151297	-.220856	-.003827	.191122
6	.330029	-.020640	.289709	.289709	-.020640	.330029	-.172115	.096940
7	-.145998	.230805	-.368414	-.368414	.230805	-.145998	-.104766	.222661
8	.299244	-.318905	-.056050	.056050	.318905	-.299244	-.147803	.241636
9	.248895	-.043298	-.216617	-.216617	-.043298	.248895	-.215747	-.319032
10	-.103474	.289275	-.046518	.046518	-.289275	.103474	.378575	.135914
11	-.330283	.241257	.194591	.194591	.241257	-.330283	-.189191	.158188
12	.220856	-.151297	-.319015	-.319015	-.151297	.220856	.003827	.191122
13	.330029	.020640	-.289709	.289709	-.020640	-.330029	.172115	.096940
14	-.145998	-.230805	.368414	-.368414	.230805	.145998	.104766	.222661
15	-.153567	-.323367	-.007395	-.007395	-.323367	-.153567	.075866	.042340
16	-.013522	.174937	-.190078	.190078	-.174937	.013522	-.373843	.033075
17	-.156313	.124176	-.138656	-.138656	.124176	-.156313	.176209	-.323118
18	.038731	-.165421	-.181838	.181838	.165421	-.038731	.187928	-.305843
19	-.153567	.323367	.007395	-.007395	-.323367	.153567	-.075866	.042340
20	-.013522	-.174937	.190078	.190078	-.174937	-.013522	.373843	.033075
21	-.156313	-.124176	.138656	-.138656	.124176	.156313	-.176209	-.323118
22	.038731	.165421	.181838	.181838	.165421	.038731	-.187928	-.305843

1:2 5:6 Dibenzanthracen

Z = 22

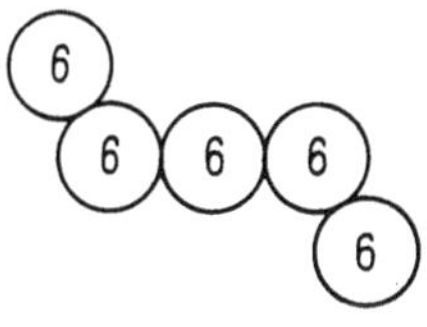

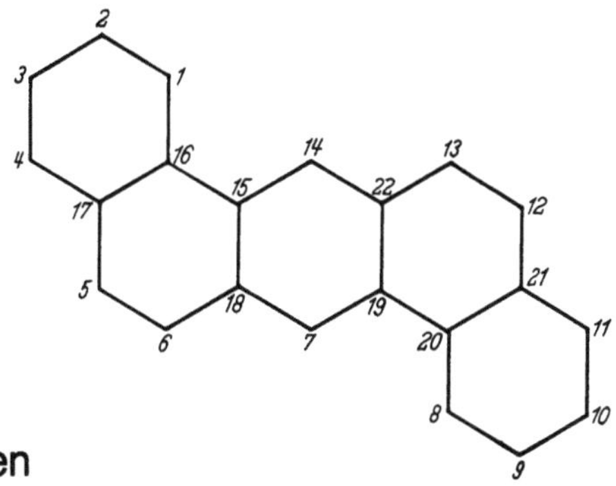

Eigenwerte und Hückelkoeffizienten

	17	18	19	20	21	22
17	-1,414214	-1,414214	-1,658818	-1,928545	-2,305848	-2,521172
1	,110471	,266701	,189781	,197177	,214204	,145826
2	,110471	-,266701	-,255167	-,239621	-,163493	-,091290
3	-,266701	,110471	,233494	,264942	,162785	,084332
4	,266701	,110471	-,132157	-,271331	-,211865	-,121326
5	,156230	,377172	,215473	-,086230	-,208819	-,160882
6	-,110471	-,266701	-,343161	-,092034	,155762	,184060
7	-,266701	,110471	-,167105	-,232296	-,031064	,250893
8	,110471	-,266701	,189781	-,197177	,214204	-,145826
9	,110471	,266701	-,255167	,239621	-,163493	,091290
10	-,266701	-,110471	,233494	-,264942	,162785	-,084332
11	,266701	-,110471	-,132157	,271331	-,211865	,121326
12	,156230	-,377172	,215473	,086230	-,208819	,160882
13	-,110471	,266701	-,343161	,092034	,155762	-,184060
14	-,266701	-,110471	-,167105	,232296	-,031064	-,250893
15	,377172	,156230	-,076571	-,184270	,221974	,329378
16	-,266701	-,110471	-,059645	-,140645	-,330430	-,276362
17	-,110471	-,266701	-,014269	,258332	,325743	,221552
18	0	0	,353768	,263722	-,150345	-,303165
19	,377172	-,156230	-,076571	,184270	,221974	-,329378
20	-,266701	,110471	-,059645	,140645	-,330430	,276362
21	-,110471	,266701	-,014269	-,258332	,325743	-,221552
22	0	0	,353768	-,263722	-,150345	,303165

TOTALE PI ELEKTRONEN ENERGIE 30,880509

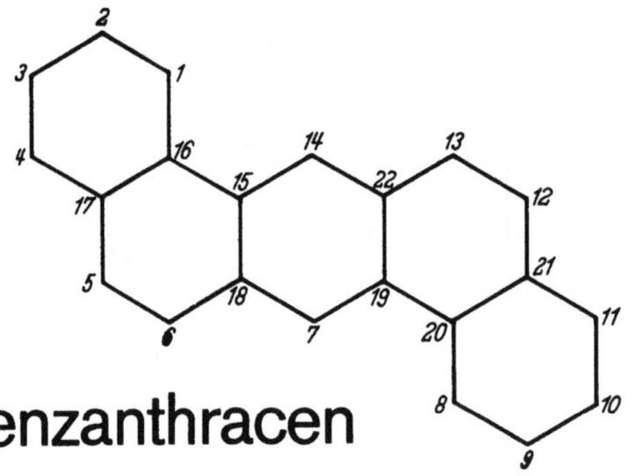

1:2 5:6 Dibenzanthracen

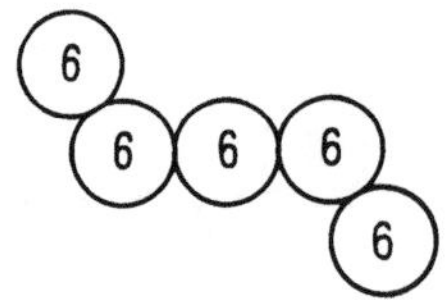

Z = 22

allgemeine Bindungsordnungen

	1	2	3	4	5	6	7	8
1	1.000000							
2	.697127	1.000000						
3	0	.626278	1.000000					
4	-.340272	0	.702853	1.000000				
5	.026106	0	-.118220	0	1.000000			
6	0	.171583	0	-.198472	.777993	1.000000		
7	0	-.068124	0	.092994	-.215915	0	1.000000	
8	-.029336	0	.028331	0	0	.043537	-.155711	1.000000
9	0	-.018492	0	.020966	-.044395	0	0	.697127
10	.028331	0	-.025858	0	0	-.029261	.106345	0
11	0	.020966	0	-.018302	.043655	0	0	-.340272
12	0	-.044395	0	.043655	-.102522	0	0	.026106
13	.043537	0	-.029261	0	0	.008082	.031776	0
14	-.155711	0	.106345	0	0	.031776	-.354386	0
15	0	-.108036	0	.036290	-.221799	0	0	.074496
16	.594817	0	-.269423	0	0	-.241385	.046712	0
17	0	-.263697	0	.578907	.498655	0	0	-.034462
18	-.095908	0	.091331	0	0	.500799	.605429	0
19	.074496	0	-.066462	0	0	-.111284	.628700	0
20	0	.017488	0	-.027097	.053469	0	0	.594817
21	-.034462	0	.028521	0	0	.024868	-.118103	0
22	0	.058671	0	-.048048	.135472	0	0	-.095908

	9	10	11	12	13	14	15	16
9	1.000000							
10	.626278	1.000000						
11	0	.702853	1.000000					
12	0	-.118220	0	1.000000				
13	.171583	0	-.198472	.777993	1.000000			
14	-.068124	0	.092994	-.215915	0	1.000000		
15	0	-.066462	0	0	-.111284	.628700	1.000000	
16	.017488	0	-.027097	.053469	0	0	.451234	1.000000
17	0	.028521	0	0	.024868	-.118103	0	.544348
18	.058671	0	-.048048	.135472	0	0	.512988	0
19	-.108036	0	.036290	-.221799	0	0	-.215233	0
20	0	-.269423	0	0	-.241385	.046712	0	-.006790
21	-.263697	0	.578907	.498655	0	0	.084310	0
22	0	.091331	0	0	.500799	.605429	0	-.096349

	17	18	19	20	21	22
17	1.000000					
18	-.160519	1.000000				
19	.084310	0	1.000000			
20	0	-.096349	.451234	1.000000		
21	-.030266	0	0	.544348	1.000000	
22	0	-.206898	.512988	0	-.160519	1.000000

1:2 5:6 Dibenzanthracen

Z = 22

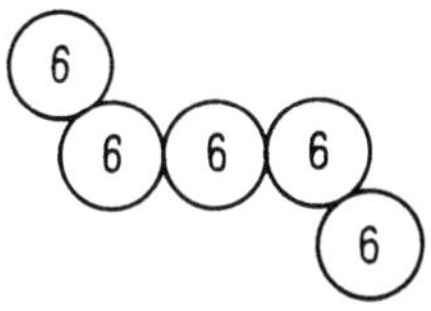

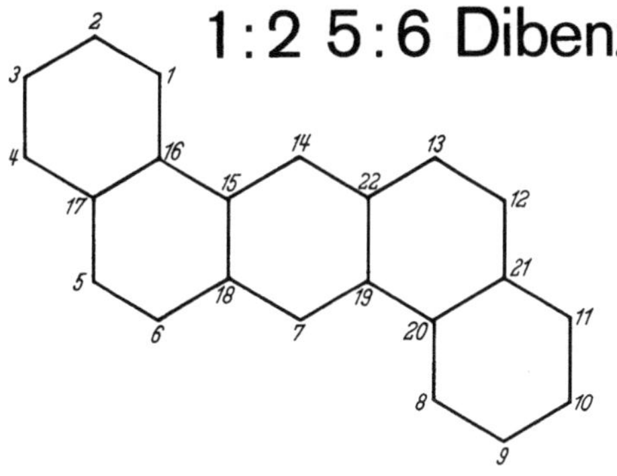

Atom- Atom Polarisierbarkeiten

	1	2	3	4	5	6	7	8
1	.428683							
2	-.184588	.409936						
3	.015309	-.126245	.403403					
4	-.116299	.018115	-.189181	.439491				
5	-.005560	.009108	-.011990	.025155	.448958			
6	.003504	-.043415	.000401	-.046909	-.275845	.445417		
7	.000150	-.011383	.001251	-.013691	-.060011	.030443	.486720	
8	-.001554	.000003	-.001558	.000152	.000247	-.002441	-.023656	.428683
9	.000003	-.001044	.000032	-.001122	-.004744	.000876	.003699	-.184588
10	-.001558	.000032	-.001433	.000024	.000003	-.001533	-.016389	.015309
11	.000152	-.001122	.000024	-.001059	-.004771	.000326	.000358	-.116299
12	.000247	-.004744	.000003	-.004771	-.021405	.003300	.009244	-.005560
13	-.002441	.000876	-.001533	.000326	.003300	-.001102	-.010032	.003504
14	-.023656	.003699	-.016389	.000358	.009244	-.010032	-.146616	.000150
15	.014512	-.010356	.003828	-.006146	-.042778	.005261	.006390	-.007646
16	-.114133	.010534	-.065805	.003135	.008462	-.055238	-.011197	.000157
17	.003906	-.063093	.007855	-.105331	-.060691	.013698	.005704	-.001889
18	-.008664	.000429	-.009750	.003975	.014919	-.061656	-.124836	.001364
19	-.007646	.000061	-.007136	.000511	.000459	-.010898	-.139404	.014512
20	.000157	-.001059	.000307	-.001346	-.005330	.002479	.019840	-.114133
21	-.001889	.000173	-.001543	.000012	.000296	-.001189	-.015661	.003906
22	.001364	-.005919	.000149	-.005400	-.027025	.004553	.009077	-.008664

	9	10	11	12	13	14	15	16
9	.409936							
10	-.126245	.403403						
11	.018115	-.189181	.439491					
12	.009108	-.011990	.025155	.448958				
13	-.043415	.000401	-.046909	-.275845	.445417			
14	-.011383	.001251	-.013691	-.060011	.030443	.486720		
15	.000061	-.007136	.000511	.000459	-.010898	-.139404	.349960	
16	-.001059	.000307	-.001346	-.005330	.002479	.019840	-.045292	.351985
17	.000173	-.001543	.000012	.000296	-.001189	-.015661	.003216	-.092868
18	-.005919	.000149	-.005400	-.027025	.004553	.009077	-.073802	.002219
19	-.010356	.003828	-.006146	-.042778	.005261	.006390	-.040990	.001883
20	.010534	-.065805	.003135	.008462	-.055238	-.011197	.001883	-.001036
21	-.063093	.007855	-.105331	-.060691	.013698	.005704	-.008739	.000811
22	.000429	-.009750	.003975	.014919	-.061656	-.124836	.007106	-.008508

	17	18	19	20	21	22
17	.334822					
18	-.018052	.337666				
19	-.008739	.007106	.349960			
20	.000811	-.008508	-.045292	.351985		
21	-.001533	.000095	.003216	-.092868	.334822	
22	.000095	-.037940	-.073802	.002219	-.018052	.337666

1:2 5:6 Dibenzanthracen

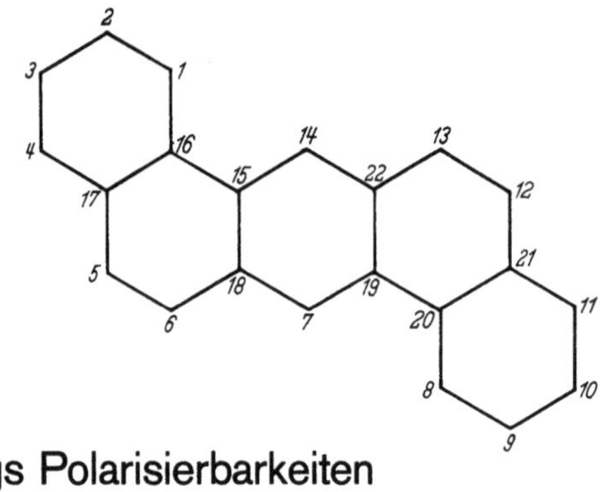

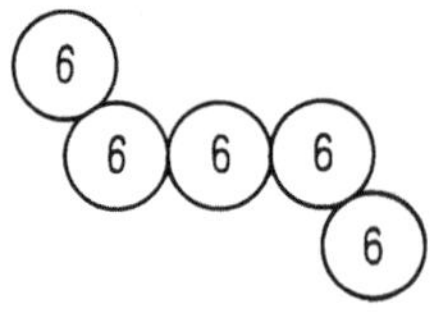

Z = 22

Bindungs- Bindungs Polarisierbarkeiten

	1 2	1 16	2 3	3 4	4 17	5 6	5 17	6 18
1 2	.234482							
1 16	-.195940	.273082						
2 3	-.209912	.118832	.280318					
3 4	.126681	-.081182	-.213640	.231022				
4 17	-.077606	.100298	.116951	-.187812	.274775			
5 6	-.008814	.009467	.023764	-.026329	.056987	.171317		
5 17	.010516	-.009057	-.034922	.047264	-.133452	-.175446	.322289	
6 18	.018188	-.023741	-.020595	.022510	-.034211	-.177767	.083552	.322503
7 18	-.009267	.008050	.010350	-.013457	.018573	.063541	-.038857	-.144161
7 19	.008881	-.008063	-.008535	.010656	-.012468	-.028578	.024343	.049473
8 9	-.001222	.001225	.001235	-.001367	.001552	.003607	-.003093	-.004717
8 20	.001225	-.000915	-.001241	.001659	-.001923	-.004231	.003573	.006328
9 10	.001235	-.001241	-.001165	.001283	-.001354	-.002634	.002661	.003340
10 11	-.001367	.001659	.001283	-.001180	.001235	.002644	-.002672	-.003037
11 21	.001552	-.001923	-.001354	.001235	-.001205	-.002064	.002622	.002359
12 13	.003607	-.004231	-.002634	.002644	-.002064	.000605	.004065	-.001469
12 21	-.003093	.003573	.002661	-.002672	.002622	.004065	-.005403	-.005103
13 22	-.004717	.006328	.003340	-.003037	.002359	-.001469	-.005103	.003110
14 15	-.022213	.042781	.016322	-.010171	.009284	.009727	-.029616	-.007694
14 22	.013492	-.019219	-.010508	.009302	-.008697	-.008235	.019851	.008852
15 16	.044690	-.118365	-.032204	.014914	-.013851	-.041969	.064999	.061276
15 18	-.007951	.020238	.009041	-.003165	.004922	.050963	-.020752	-.096910
16 17	.085833	-.132050	-.055389	.082710	-.124133	.056479	-.107225	-.026045
19 20	-.002489	.001612	.002434	-.003461	.003962	.008068	-.007167	-.013192
19 22	-.006946	.009540	.006568	-.005828	.006666	.018013	-.015354	-.025483
20 21	.001157	-.000759	-.001000	.001421	-.001412	-.001710	.002384	.002633

	7 18	7 19	8 9	8 20	9 10	10 11	11 21	12 13
7 18	.272951							
7 19	-.180861	.267086						
8 9	.013492	-.022213	.234482					
8 20	-.019219	.042781	-.195940	.273082				
9 10	-.010508	.016322	-.209912	.118832	.280318			
10 11	.009302	-.010171	.126681	-.081182	-.213640	.231022		
11 21	-.008697	.009284	-.077606	.100298	.116951	-.187812	.274775	
12 13	-.008235	.009727	-.008814	.009467	.023764	-.026329	.056987	.171317
12 21	.019851	-.029616	.010516	-.009057	-.034922	.047264	-.133452	-.175446
13 22	.008852	-.007694	.018188	-.023741	-.020595	.022510	-.034211	-.177767
14 15	.097814	-.070026	.008881	-.008063	-.008535	.010656	-.012468	-.028578
14 22	-.064651	.097814	-.009267	.008050	.010350	-.013457	.018573	.063541
15 16	-.014415	.014560	-.002489	.001612	.002434	-.003461	.003962	.008068
15 18	-.129346	.075142	-.006946	.009540	.006568	-.005828	.006666	.018013
16 17	.007896	-.005636	.001157	-.000759	-.001000	.001421	-.001412	-.001710
19 20	.044294	-.129002	.044690	-.118365	-.032204	.014914	-.013851	-.041969
19 22	.077552	-.140091	-.007951	.020238	.009041	-.003165	.004922	.050963
20 21	-.010843	.026885	.085833	-.132050	-.055389	.082710	-.124133	.056479

	12 21	13 22	14 15	14 22	15 16	15 18	16 17	19 20
12 21	.322289							
13 22	.083552	.322503						
14 15	.024343	.049473	.267086					
14 22	-.038857	-.144161	-.180861	.272951				
15 16	-.007167	-.013192	-.129002	.044294	.305665			
15 18	-.015354	-.025483	-.140091	.077552	-.078558	.269866		
16 17	.002384	.002633	.026885	-.010843	-.088421	.027951	.250160	
19 20	.064999	.061274	.014560	-.014415	-.002230	-.022131	.000980	.305665
19 22	-.020752	-.096910	.075142	-.129346	-.022131	-.032317	.008369	-.078558
20 21	-.107225	-.026045	-.005636	.007896	.000980	.008369	-.000235	-.088421

	19 22	20 21
19 22	.269866	
20 21	.027951	.250160

1:2 7:8 Dibenzanthracen

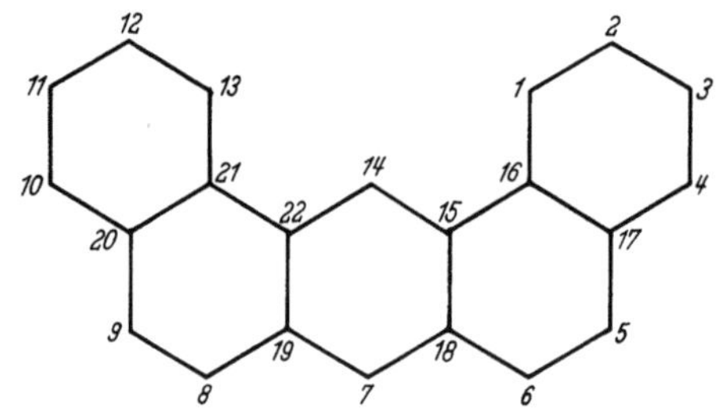

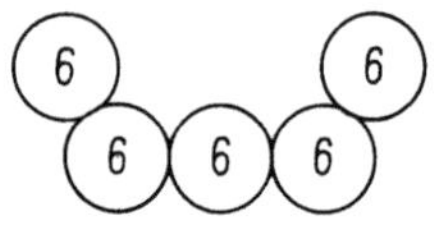

Z = 22

Eigenwerte und Hückelkoeffizienten

	1	2	3	4	5	6	7	8
1	2.521910	2.302776	1.940198	1.618034	1.512323	1.302776	1.258431	1.000000
1	.146797	.212522	.201208	.185874	.187338	.282550	.129104	0
2	.091759	.163130	.235600	.300750	.107285	.122700	.347093	.288675
3	.084611	.163130	.255903	.300750	-.025088	-.122700	.307689	.288675
4	.121622	.212522	.260902	.185874	-.145227	-.282550	.040112	0
5	.160065	.212522	.069944	-.185874	-.325013	-.282550	-.179169	0
6	.181561	.163130	-.114593	-.300750	-.296983	-.122700	.031739	.288675
7	.236183	0	-.301287	0	-.164146	0	.348227	0
8	.181561	-.163130	-.114593	.300750	-.296983	.122700	.031739	-.288675
9	.160065	-.212522	.069944	.185874	-.325013	.282550	-.179169	0
10	.121622	-.212522	.260902	-.185874	-.145227	.282550	.040112	0
11	.084611	-.163130	.255903	-.300750	-.025088	.122700	.307689	-.288675
12	.091759	-.163130	.235600	-.300750	.107285	-.122700	.347093	-.288675
13	.146797	-.212522	.201208	-.185874	.187338	-.282550	.129104	0
14	.264341	0	-.155857	0	.361587	0	-.165653	0
15	.333322	.212522	-.151197	-.185874	.273418	.282550	-.104231	0
16	.278451	.326260	.154783	0	.176031	.245399	-.184625	-.288675
17	.222108	.326260	.250299	0	-.194541	-.245399	-.257210	-.288675
18	.297817	.163130	-.292278	-.300750	-.124121	.122700	.219110	.288675
19	.297817	-.163130	-.292278	.300750	-.124121	-.122700	.219110	-.288675
20	.222108	-.326260	.250299	0	-.194541	.245399	-.257210	.288675
21	.278451	-.326260	.154783	0	.176031	-.245399	-.184625	.288675
22	.333322	-.212522	-.151197	.185874	.273418	-.282550	-.104231	0

	9	10	11	12	13	14	15	16
9	.873507	.618034	.491750	-.491750	-.618034	-.873507	-1.000000	-1.258431
1	.368945	.300750	-.009049	.009049	-.300750	-.368945	0	-.129104
2	.118405	.185874	.200173	.200173	.185874	.118405	.288675	.347093
3	-.265518	-.185874	.107484	-.107484	.185874	.265518	-.288675	-.307689
4	-.350336	-.300750	-.147318	-.147318	-.300750	-.350336	0	.040112
5	.111085	.300750	.263462	.263462	.300750	.111085	0	-.179169
6	.137537	.185874	.309485	-.309485	-.185874	-.137537	-.288675	-.031739
7	.020731	0	-.452557	.452557	0	-.020731	0	-.348227
8	.137537	-.185874	.309485	-.309485	.185874	-.137537	.288675	-.031739
9	.111085	-.300750	.263462	.263462	-.300750	.111085	0	-.179169
10	-.350336	.300750	-.147318	-.147318	.300750	-.350336	0	.040112
11	-.265518	.185874	.107484	-.107484	-.185874	.265518	.288675	-.307689
12	.118405	-.185874	.200173	.200173	-.185874	.118405	-.288675	.347093
13	.368945	-.300750	-.009049	.009049	.300750	-.368945	0	-.129104
14	-.344265	0	.359343	.359343	0	-.344265	0	-.165653
15	-.150359	-.300750	.088354	-.088354	.300750	.150359	0	.104231
16	.203871	0	-.204623	-.204623	0	.203871	-.288675	-.184625
17	-.040503	0	-.179928	.179928	0	.040503	.288675	.257210
18	.009054	-.185874	-.111272	-.111272	-.185874	.009054	.288675	.219110
19	.009054	.185874	-.111272	-.111272	.185874	.009054	-.288675	.219110
20	-.040503	0	-.179928	.179928	0	.040503	-.288675	.257210
21	.203871	0	-.204623	-.204623	0	.203871	.288675	-.184625
22	-.150359	.300750	.088354	-.088354	-.300750	.150359	0	.104231

1:2 7:8 Dibenzanthracen

Z=22

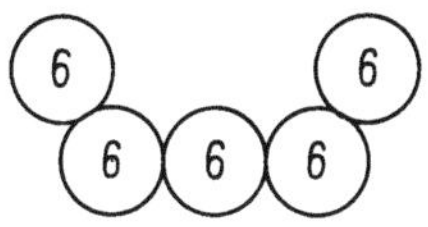

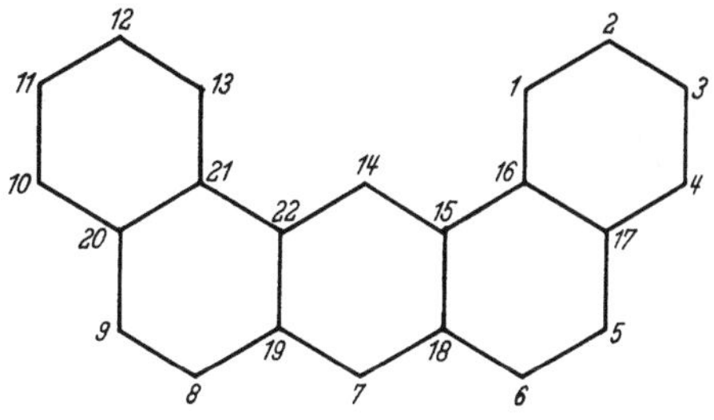

Eigenwerte und Hückelkoeffizienten

	17	18	19	20	21	22
17	-1.302776	-1.512323	-1.618034	-1.940198	-2.302776	-2.521910
1	-.282550	-.187338	-.185874	-.201208	-.212522	-.146797
2	.122700	.107285	.300750	.235600	.163130	.091759
3	.122700	.025088	-.300750	-.255903	-.163130	-.084611
4	-.282550	-.145227	.185874	.260902	.212522	.121622
5	-.282550	-.325013	-.185874	.069944	.212522	.160065
6	.122700	.296983	.300750	.114593	-.163130	-.181561
7	0	.164146	0	.301287	0	-.236183
8	-.122700	.296983	-.300750	.114593	.163130	-.181561
9	.282550	-.325013	.185874	.069944	-.212522	.160065
10	.282550	-.145227	-.185874	.260902	-.212522	.121622
11	-.122700	.025088	.300750	-.255903	.163130	-.084611
12	-.122700	.107285	-.300750	.235600	-.163130	.091759
13	.282550	-.187338	.185874	-.201208	.212522	-.146797
14	0	.361587	0	-.155857	0	.264341
15	-.282550	-.273418	.185874	.151197	-.212522	-.333322
16	.245399	.176031	0	.154783	.326260	.278451
17	.245399	.194541	0	-.250299	-.326260	-.222108
18	.122700	-.124121	-.300750	-.292278	.163130	.297817
19	-.122700	-.124121	.300750	-.292278	-.163130	.297817
20	-.245399	.194541	0	-.250299	.326260	-.222108
21	-.245399	.176031	0	.154783	-.326260	.278451
22	.282550	-.273418	-.185874	.151197	.212522	-.333322

TOTALE PI ELEKTRONEN ENERGIE 30.879475

1:2 7:8 Dibenzanthracen

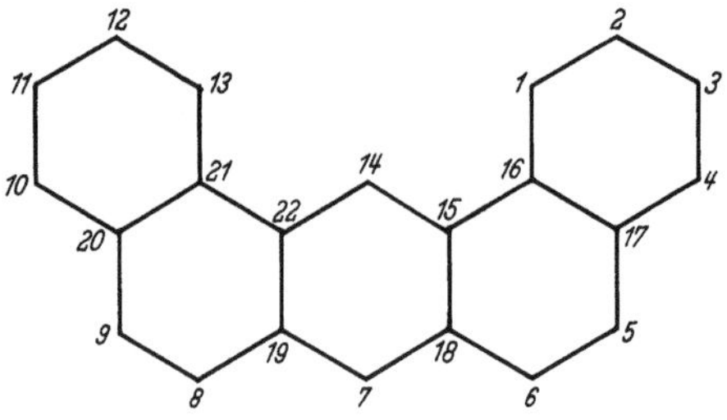

Z = 22

allgemeine Bindungsordnungen

	1	2	3	4	5	6	7	8
1	1.000000							
2	.697597	1.000000						
3	0	.626056	1.000000					
4	-.340342	0	.702738	1.000000				
5	.026770	0	-.118350	0	1.000000			
6	0	.172079	0	-.199311	.779680	1.000000		
7	0	-.068380	0	.094664	-.218477	0	1.000000	
8	0	.016128	0	-.029448	.055116	0	0	1.000000
9	-.058162	0	.051513	0	0	.055116	-.218477	.779680
10	.021940	0	-.021826	0	0	-.029448	.094664	-.199311
11	0	.022891	0	-.021826	.051513	0	0	0
12	-.026966	0	.022891	0	0	.016128	-.068380	.172079
13	0	-.026966	0	.021940	-.058162	0	0	0
14	-.152938	0	.104946	0	0	.034147	-.354815	.034147
15	0	-.108928	0	.036192	-.222814	0	0	0
16	.593810	0	-.268800	0	0	-.241656	.045550	-.000773
17	0	-.263659	0	.579247	.498286	0	0	0
18	-.096346	0	.091118	0	0	.497962	.611236	-.105204
19	.073517	0	-.064833	0	0	-.105204	.611236	.497962
20	0	-.022776	0	.024547	-.056414	0	0	0
21	.039110	0	-.027917	0	0	-.000773	.045550	-.241656
22	0	.060935	0	-.048740	.139468	0	0	0

	9	10	11	12	13	14	15	16
9	1.000000							
10	0	1.000000						
11	-.118350	.702738	1.000000					
12	0	0	.626056	1.000000				
13	.026770	-.340342	0	.697597	1.000000			
14	0	0	.104946	0	-.152938	1.000000		
15	.139468	-.048740	0	.060935	0	.622638	1.000000	
16	0	0	-.027917	0	.039110	0	.453453	1.000000
17	-.056414	.024547	0	-.022776	0	-.117494	0	.543898
18	0	0	-.064833	0	.073517	0	.513267	0
19	0	0	.091118	0	-.096346	0	-.211297	0
20	.498286	.579247	0	-.263659	0	-.117494	0	.025664
21	0	0	-.268800	0	.593810	0	-.101247	0
22	-.222814	.036192	0	-.108928	0	.622638	0	-.101247

	17	18	19	20	21	22
17	1.000000					
18	-.159573	1.000000				
19	.081310	0	1.000000			
20	0	.081310	-.159573	1.000000		
21	.025664	0	0	.543898	1.000000	
22	0	-.211297	.513267	0	.453453	1.000000

1:2 7:8 Dibenzanthracen

Z = 22

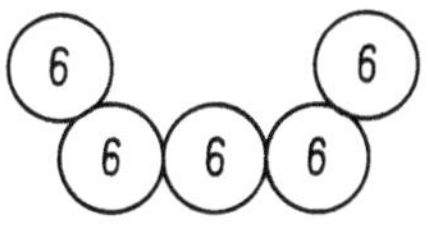

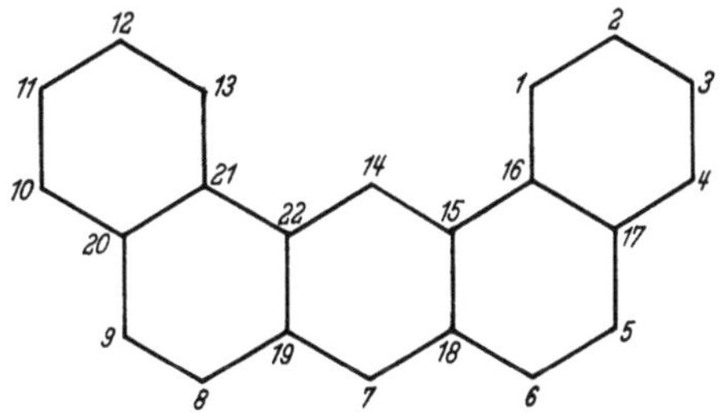

Atom- Atom Polarisierbarkeiten

	1	2	3	4	5	6	7	8
1	.429437							
2	-.185031	.409571						
3	.015537	-.126082	.403848					
4	-.116377	.017963	-.189075	.439103				
5	-.005663	.008759	-.012025	.024686	.446643			
6	.003418	-.043670	.000443	-.047341	-.277783	.447033		
7	.000225	-.011462	.001575	-.014094	-.061267	.032669	.502848	
8	.000499	-.001018	.000730	-.001478	-.005464	.003779	.032669	.447033
9	-.006200	.000211	-.005559	.000046	.000104	-.005464	-.061267	-.277783
10	-.001249	.000004	-.001219	.000041	.000046	-.001478	-.014094	-.047341
11	.000108	-.001248	.000003	-.001219	-.005559	.000730	.001575	.000443
12	-.001449	.000110	-.001248	.000004	.000211	-.001018	-.011462	-.043670
13	.000457	-.001449	.000108	-.001249	-.006200	.000499	.000225	.003418
14	-.022746	.003221	-.016020	.000235	.007705	-.010345	-.147028	-.010345
15	.015178	-.010561	.004156	-.006149	-.043256	.005071	.007635	.004455
16	-.113439	.010356	-.065438	.003149	.008135	-.055394	-.011058	-.001015
17	.003828	-.063081	.007994	-.105561	-.060532	.014005	.006503	.001541
18	-.008758	.000330	-.009703	.003708	.013878	-.060418	-.128635	-.009714
19	-.007492	.000098	-.006865	.000375	.000241	-.009714	-.128635	-.060418
20	.000007	-.001218	.000043	-.001334	-.005846	.001541	.006503	.014005
21	-.002056	.000453	-.001455	.000105	.001510	-.001015	-.011058	-.055394
22	.001767	-.006254	.000252	-.005537	-.028321	.004455	.007635	.005071

	9	10	11	12	13	14	15	16
9	.446643							
10	.024686	.439103						
11	-.012025	-.189075	.403848					
12	.008759	.017963	-.126082	.409571				
13	-.005663	-.116377	.015537	-.185031	.429437			
14	.007705	.000235	-.016020	.003221	-.022746	.472263		
15	-.028321	-.005537	.000252	-.006254	.001767	-.135206	.353385	
16	.001510	.000105	-.001455	.000453	-.002056	.018451	-.046104	.351220
17	-.005846	-.001334	.000043	-.001218	.000007	-.015547	.003421	-.092603
18	.000241	.000375	-.006865	.000098	-.007492	.007635	-.073956	.002268
19	.013878	.003708	-.009703	.000330	-.008758	.007635	-.039556	.001995
20	-.060532	-.105561	.007994	-.063081	.003828	-.015547	.000048	-.001259
21	.008135	.003149	-.065438	.010356	-.113439	.018451	-.009358	.001538
22	-.043256	-.006149	.004156	-.010561	.015178	-.135206	.008890	-.009358

	17	18	19	20	21	22
17	.335295					
18	-.017769	.334833				
19	-.008193	.005697	.334833			
20	.000260	-.008193	-.017769	.335295		
21	-.001259	.001995	.002268	-.092603	.351220	
22	.000048	-.039556	-.073956	.003421	-.046104	.353385

1:2 7:8 Dibenzanthracen

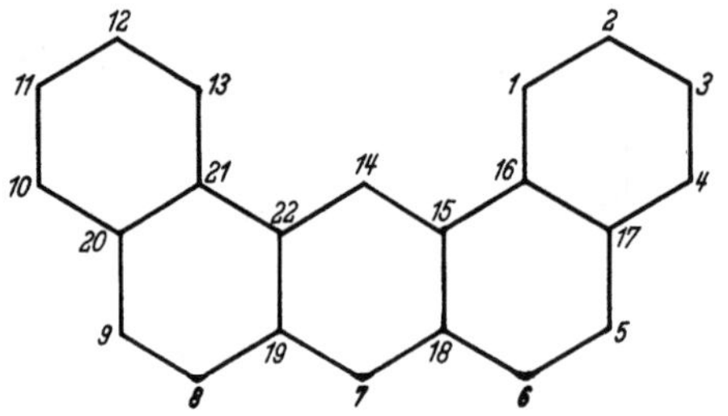

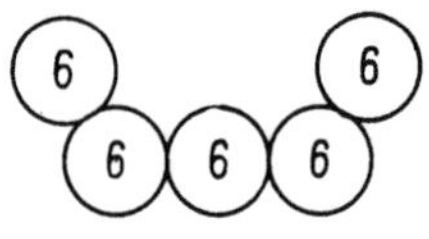

Z = 22

Bindungs- Bindungs Polarisierbarkeiten

	1 2	1 16	2 3	3 4	4 17	5 6	5 17	6 18
1 2	.234198							
1 16	-.195497	.273594						
2 3	-.210181	.118681	.280553					
3 4	.126691	-.080883	-.213478	.231250				
4 17	-.077779	.100167	.116994	-.188192	.274787			
5 6	-.009193	.009852	.023934	-.026590	.057127	.169054		
5 17	.010885	-.009407	-.034966	.047413	-.133317	-.175658	.322162	
6 18	.018481	-.024012	-.020597	.022586	-.034006	-.175395	.082942	.322066
7 18	-.009417	.007927	.010372	-.013770	.018838	.063263	-.039095	-.144638
7 19	.008790	-.007746	-.008300	.010577	-.012175	-.026566	.023460	.046599
8 9	.002058	-.000955	-.001906	.003021	-.003189	-.004925	.005293	.007668
8 19	-.002249	.000769	.002176	-.003672	.004162	.007668	-.007026	-.013425
9 20	-.002746	.002865	.002499	-.002757	.002879	.005293	-.005689	-.007026
10 11	-.001265	.001437	.001235	-.001208	.001312	.003021	-.002757	-.003672
10 20	.001235	-.001266	-.001205	.001312	-.001437	-.003189	.002879	.004162
11 12	.001445	-.001673	-.001265	.001235	-.001205	-.001906	.002499	.002176
12 13	-.001667	.002138	.001445	-.001265	.001235	.002058	-.002746	-.002249
13 21	.002138	-.002881	-.001673	.001437	-.001266	-.000955	.002865	.000769
14 15	-.021903	.042464	.016241	-.009952	.009213	.010908	-.029633	-.008949
14 22	.013823	-.020082	-.010870	.009352	-.008868	-.009495	.020641	.010222
15 16	.045043	-.119431	-.032544	.014760	-.013726	-.042564	.065360	.061507
15 18	-.008222	.020801	.009177	-.003108	.004743	.050104	-.020577	-.095509
16 17	.085408	-.131291	-.055181	.082666	-.124230	.056341	-.106742	-.025601
19 22	-.007218	.010095	.006700	-.005775	.006488	.017119	-.015170	-.024040
20 21	.001548	-.001645	-.001185	.001322	-.001130	-.000266	.002087	.000008
21 22	-.004404	.005979	.003341	-.002973	.002575	.000958	-.005703	-.000070

	7 18	7 19	8 9	8 19	9 20	10 11	10 20	11 12
7 18	.271045							
7 19	-.174350	.271045						
8 9	-.026566	.063263	.169054					
8 19	.046599	-.144638	-.175395	.322066				
9 20	.023460	-.039095	-.175658	.082942	.322162			
10 11	.010577	-.013770	-.026590	.022586	.047413	.231250		
10 20	-.012175	.018838	.057127	-.034006	-.133317	-.188192	.274787	
11 12	-.008300	.010372	.023934	-.020597	-.034966	-.213478	.116994	.280553
12 13	.008790	-.009417	-.009193	.018481	.010885	.126691	-.077779	-.210181
13 21	-.007746	.007927	.009852	-.024012	-.009407	-.080883	.100167	.118681
14 15	.098190	-.067650	-.009495	.010222	.020641	.009352	-.008868	-.010870
14 22	-.067650	.098190	.010908	-.008949	-.029633	-.009952	.009213	.016241
15 16	-.013869	.013649	.000958	-.000070	-.005703	-.002973	.002575	.003341
15 18	-.132328	.074795	.017119	-.024040	-.015170	-.005775	.006488	.006700
16 17	.007394	-.004995	-.000266	.000008	.002087	.001322	-.001130	-.001185
19 22	.074795	-.132328	.050104	-.095509	-.020577	-.003108	.004743	.009177
20 21	-.004995	.007394	.056341	-.025601	-.106742	.082666	-.124230	-.055181
21 22	.013649	-.013869	-.042564	.061507	.065360	.014760	-.013726	-.032544

	12 13	13 21	14 15	14 22	15 16	15 18	16 17	19 22
12 13	.234198							
13 21	-.195497	.273594						
14 15	.013823	-.020082	.269307					
14 22	-.021903	.042464	-.187491	.269307				
15 16	-.004404	.005979	-.128415	.046561	.306186			
15 18	-.007218	.010095	-.137248	.078222	-.079760	.269707		
16 17	.001548	-.001645	.027176	-.011764	-.089514	.028213	.250356	
19 22	-.008222	.020801	.078222	-.137248	-.023306	-.032520	.008613	.269707
20 21	.085408	-.131291	-.011764	.027176	.003072	.008613	-.000658	.028213
21 22	.045043	-.119431	.046561	-.128415	-.012713	-.023306	.003072	-.079760

	20 21	21 22
20 21	.250356	
21 22	-.089514	.306186

Picen

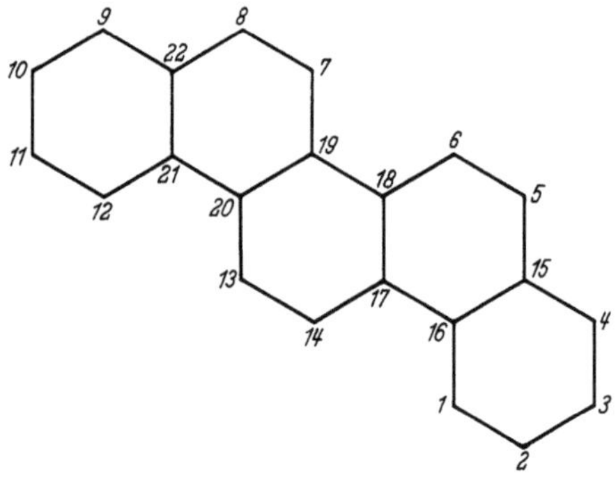

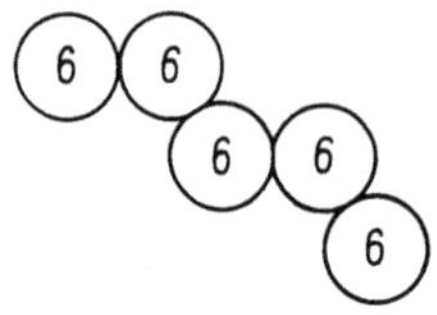

Z = 22

Eigenwerte und Hückelkoeffizienten

	1	2	3	4	5	6	7	8
1	2.534800	2.295992	1.936334	1.561120	1.534458	1.365586	1.201628	1.000000
1	.140623	.220349	.206191	.169077	.173232	.247113	.167849	.316228
2	.087400	.169128	.243555	.123951	.334854	.098650	.351114	0
3	.080918	.167968	.265413	.024425	.340588	-.112397	.254059	-.316228
4	.117712	.216526	.270373	-.085820	.187764	-.252138	-.045830	-.316228
5	.164448	.202461	.073733	-.301462	-.199243	-.303370	-.176207	0
6	.199386	.135675	-.115349	-.312217	-.253258	-.182359	.097394	0
7	.199386	-.135675	-.115349	-.312217	.253258	.182359	.097394	0
8	.164448	-.202461	.073733	-.301462	.199243	.303370	-.176207	0
9	.117712	-.216526	.270373	-.085820	-.187764	.252138	-.045830	-.316228
10	.080918	-.167968	.265413	.024425	-.340588	.112397	.254059	-.316228
11	.087400	-.169128	.243555	.123951	-.334854	-.098650	.351114	0
12	.140623	-.220349	.206191	.169077	-.173232	-.247113	.167849	.316228
13	.211045	-.067885	-.173894	.370471	.089445	-.131432	-.189802	-.316228
14	.211045	.067885	-.173894	.370471	-.089445	.131432	-.189802	-.316228
15	.217458	.329173	.258119	-.158401	-.052472	-.231919	-.309129	0
16	.269052	.336792	.155700	.139999	-.069037	.238803	-.149422	.316228
17	.323911	.223749	-.162823	.207879	-.226694	.310913	-.038269	0
18	.340954	.109049	-.297086	-.185946	-.189371	.054343	.293238	0
19	.340954	-.109049	-.297086	-.185946	.189371	-.054343	.293238	0
20	.323911	-.223749	-.162823	.207879	.226694	-.310913	-.038269	0
21	.269052	-.336792	.155700	.139999	.069037	-.238803	-.149422	.316228
22	.217458	-.329173	.258119	-.158401	.052472	.231919	-.309129	0

	9	10	11	12	13	14	15	16
9	.859475	.680295	.501924	-.501924	-.680295	-.859475	-1.000000	-1.201628
1	.089543	.331646	.152693	.152693	.331646	.089543	.316228	.167849
2	.294067	.091249	.221658	-.221658	-.091249	-.294067	0	-.351114
3	.163200	-.269570	-.041437	-.041437	-.269570	.163200	-.316228	.254059
4	-.153800	-.274636	-.242456	.242456	.274636	.153800	.316228	.045830
5	.117029	.196553	.347191	-.347191	-.196553	-.117029	0	.176207
6	.395971	.050978	.254521	.254521	.050978	.395971	0	.097394
7	-.395971	-.050978	.254521	-.254521	.050978	.395971	0	-.097394
8	-.117029	-.196553	.347191	.347191	-.196553	-.117029	0	-.176207
9	.153800	.274636	-.242456	-.242456	.274636	.153800	-.316228	-.045830
10	-.163200	.269570	-.041437	.041437	-.269570	.163200	.316228	-.254059
11	-.294067	-.091249	.221658	.221658	-.091249	-.294067	0	.351114
12	-.089543	-.331646	.152693	-.152693	.331646	.089543	-.316228	-.167849
13	-.010351	.192212	.291568	.291568	.192212	-.010351	-.316228	-.189802
14	.010351	-.192212	.291568	-.291568	.192212	-.010351	.316228	.189802
15	-.295388	.082736	-.080258	-.080258	.082736	-.295388	0	-.309129
16	-.217107	.134368	-.145018	.145018	-.134368	.217107	-.316228	.149422
17	.019247	-.322972	-.145223	-.145223	-.322972	.019247	0	-.038269
18	.223298	-.161873	-.219441	.219441	.161873	-.223298	0	-.293238
19	-.223298	.161873	-.219441	-.219441	.161873	-.223298	0	.293238
20	-.019247	.322972	-.145223	.145223	-.322972	.019247	0	.038269
21	.217107	-.134368	-.145018	-.145018	-.134368	.217107	.316228	-.149422
22	.295388	-.082736	-.080258	.080258	.082736	-.295388	0	.309129

Z = 22

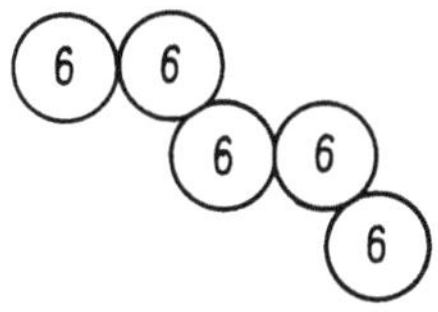

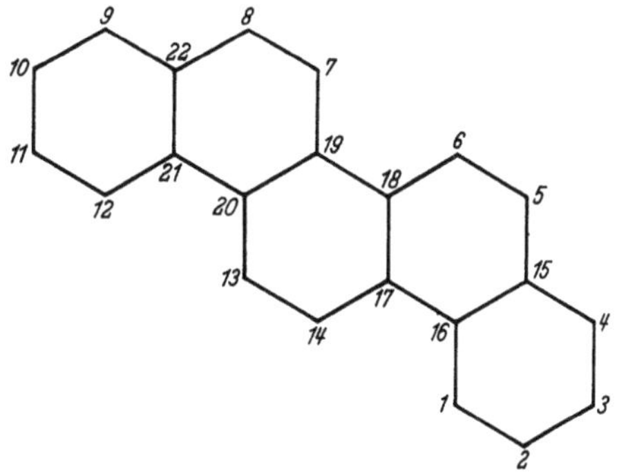

Picen

Eigenwerte und Hückelkoeffizienten

	17	18	19	20	21	22
17	-1.365586	-1.534459	-1.561120	-1.936334	-2.295992	-2.534800
1	.247113	.173232	.169077	.206191	.220349	.140623
2	-.098650	-.334854	-.123951	-.243555	-.169128	-.087400
3	-.112397	.340588	.024425	.265413	.167968	.080918
4	.252138	-.187764	.085820	-.270373	-.216526	-.117712
5	.303370	.199243	.301462	-.073733	-.202461	-.164448
6	-.182359	-.253258	-.312217	-.115349	.135675	.199386
7	-.182359	-.253258	.312217	.115349	.135675	-.199386
8	.303370	.199243	-.301462	.073733	-.202461	.164448
9	.252138	-.187764	-.085820	.270373	-.216526	.117712
10	-.112397	.340588	-.024425	-.265413	.167968	-.080918
11	-.098650	-.334854	.123951	.243555	-.169128	.087400
12	.247113	.173232	-.169077	-.206191	.220349	-.140623
13	-.131432	.089445	.370471	-.173894	-.067885	.211045
14	-.131432	.089445	-.370471	.173894	-.067885	-.211045
15	-.231919	-.052472	-.158401	.258119	.329173	.217458
16	-.238803	.069037	-.139999	-.155700	-.336792	-.269052
17	.310913	-.226694	.207879	-.162823	.223749	.323911
18	-.054343	.189371	.185946	.297086	-.109049	-.340954
19	-.054343	.189371	-.185946	-.297086	-.109049	.340954
20	.310913	-.226694	-.207879	.162823	.223749	-.323911
21	-.238803	.069037	.139999	.155700	-.336792	.269052
22	-.231919	-.052472	.158401	-.258119	.329173	-.217458

TOTALE PI ELEKTRONEN ENERGIE 30.943225

Picen

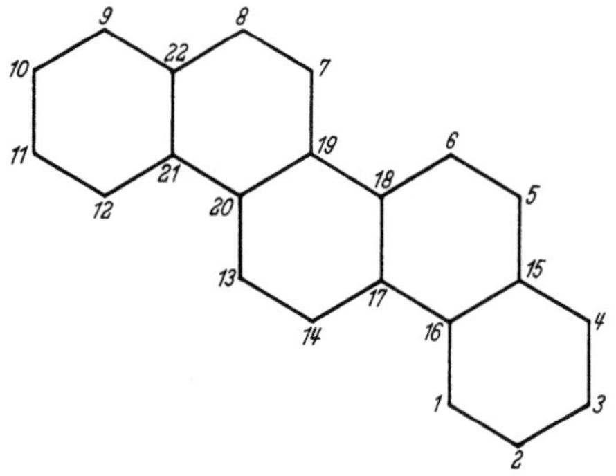

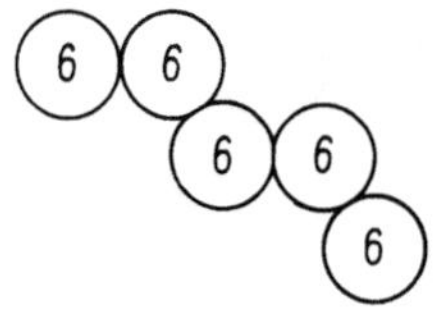

Z = 22

allgemeine Bindungsordnungen

	1	2	3	4	5	6	7	8
1	1.000000							
2	.704985	1.000000						
3	0	.619044	1.000000					
4	-.347690	0	.710370	1.000000				
5	.043181	0	-.134561	0	1.000000			
6	0	.164984	0	-.188386	.758444	1.000000		
7	.026706	0	-.031639	0	0	-.100776	1.000000	
8	0	.040214	0	-.043756	.099797	0	.758444	1.000000
9	0	-.017331	0	.020833	-.043756	0	-.188386	0
10	.026204	0	-.024595	0	0	-.031639	0	-.134561
11	0	.018939	0	-.017331	.040214	0	.164984	0
12	-.030539	0	.026204	0	0	.026706	0	.043181
13	0	.079997	0	-.063847	.179503	0	.008781	0
14	-.123509	0	.078680	0	0	.008781	0	.179503
15	0	-.256364	0	.570424	.516600	0	.050020	0
16	.585544	0	-.261749	0	0	-.237951	0	-.041996
17	0	-.124826	0	.052917	-.260332	0	-.088912	0
18	-.116148	0	.111160	0	0	.532050	0	-.150554
19	0	-.045147	0	.062137	-.150554	0	.532050	0
20	.074105	0	-.062530	0	0	-.088912	0	-.260332
21	0	-.023275	0	.015046	-.041996	0	-.237951	0
22	-.028489	0	.028097	0	0	.050020	0	.516600

	9	10	11	12	13	14	15	16
9	1.000000							
10	.710370	1.000000						
11	0	.619044	1.000000					
12	-.347690	0	.704985	1.000000				
13	0	.078680	0	-.123509	1.000000			
14	-.063847	0	.079997	0	.732258	1.000000		
15	0	.028097	0	-.028489	0	-.089610	1.000000	
16	.015046	0	-.023275	0	-.129401	0	.537400	1.000000
17	0	-.062530	0	.074105	0	.554432	0	.470713
18	.062137	0	-.045147	0	-.259635	0	-.184492	0
19	0	.111160	0	-.116148	0	-.259635	0	.029810
20	.052917	0	-.124826	0	.554432	0	.075865	0
21	0	-.261749	0	.585544	0	-.129401	0	.038352
22	.570424	0	-.256364	0	-.089610	0	-.035975	0

	17	18	19	20	21	22
17	1.000000					
18	.563212	1.000000				
19	0	.492915	1.000000			
20	-.211209	0	.563212	1.000000		
21	0	.029810	0	.470713	1.000000	
22	.075865	0	-.184492	0	.537400	1.000000

Z = 22

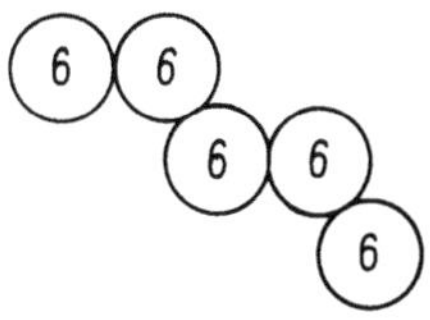

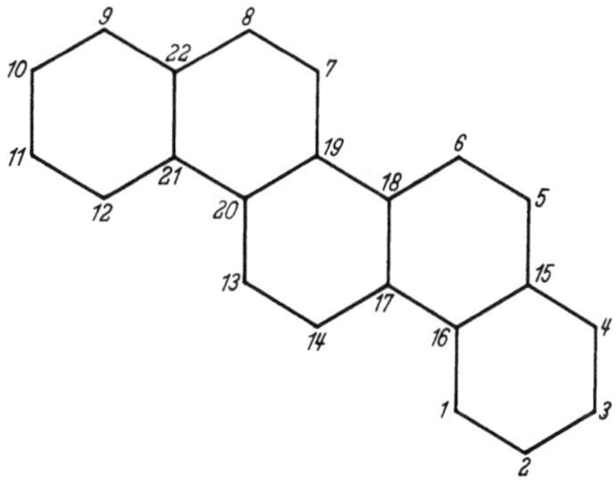

Picen

Atom- Atom Polarisierbarkeiten

	1	2	3	4	5	6	7	8
1	.430654							
2	-.193059	.409087						
3	.015563	-.120657	.403066					
4	-.123939	.018170	-.197404	.440904				
5	-.010177	.008734	-.017549	.026169	.450665			
6	.004314	-.038939	.000178	-.041083	-.251058	.432244		
7	-.001166	.000320	-.001550	.000974	.003812	-.007351	.432244	
8	.000118	-.004088	.000025	-.004232	-.018864	.003812	-.251058	.450665
9	.000008	-.000913	.000047	-.001004	-.004232	.000974	-.041083	.026169
10	-.001332	.000011	-.001263	.000047	.000025	-.001550	.000178	-.017549
11	.000100	-.000954	.000011	-.000913	-.004088	.000320	-.038939	.008734
12	-.001567	.000100	-.001332	.000008	.000118	-.001166	.004314	-.010177
13	.003227	-.011338	.000546	-.009990	-.050243	.006388	-.004023	.006878
14	-.012710	.002498	-.007761	.000307	.006878	-.004023	.006388	-.050243
15	.003973	-.057922	.007492	-.099204	-.068536	.011365	-.002709	.000458
16	-.107276	.009854	-.060362	.003209	.007303	-.051835	.000116	-.004424
17	.015834	-.015827	.003907	-.010900	-.066955	.007807	-.007150	.000099
18	-.014545	.000426	-.015903	.004976	.017271	-.075510	.014856	-.025405
19	.000058	-.004677	.000385	-.005560	-.025405	.014856	-.075510	.017271
20	-.007257	.000273	-.006227	.000169	.000099	-.007150	.007807	-.066955
21	.000546	-.001110	.000205	-.000917	-.004424	.000116	-.051835	.007303
22	-.001368	.000011	-.001417	.000213	.000458	-.002709	.011365	-.068536

	9	10	11	12	13	14	15	16
9	.440904							
10	-.197404	.403066						
11	.018170	-.120657	.409087					
12	-.123939	.015563	-.193059	.430654				
13	.000307	-.007761	.002498	-.012710	.437167			
14	-.009990	.000546	-.011338	.003227	-.220448	.437167		
15	.000213	-.001417	.000011	-.001368	.000052	-.007316	.332607	
16	-.000917	.000205	-.001110	.000546	-.016598	.014287	-.087752	.348710
17	.000169	-.006227	.000273	-.007257	.015208	-.087894	.002876	-.052972
18	-.005560	.000385	-.004677	.000058	-.066438	.008204	-.026321	.002670
19	.004976	-.015903	.000426	-.014545	.008204	-.066438	.002286	-.004798
20	-.010900	.003907	-.015827	.015834	-.087894	.015208	-.007075	.002743
21	.003209	-.060362	.009854	-.107276	.014287	-.016598	.000120	-.001721
22	-.099204	.007492	-.057922	.003973	-.007316	.000052	-.001832	.000120

	17	18	19	20	21	22
17	.354181					
18	-.105359	.354454				
19	.002749	-.063810	.354454			
20	-.038232	.002749	-.105359	.354181		
21	.002743	-.004798	.002670	-.052972	.348710	
22	-.007075	.002286	-.026321	.002876	-.087752	.332607

Picen

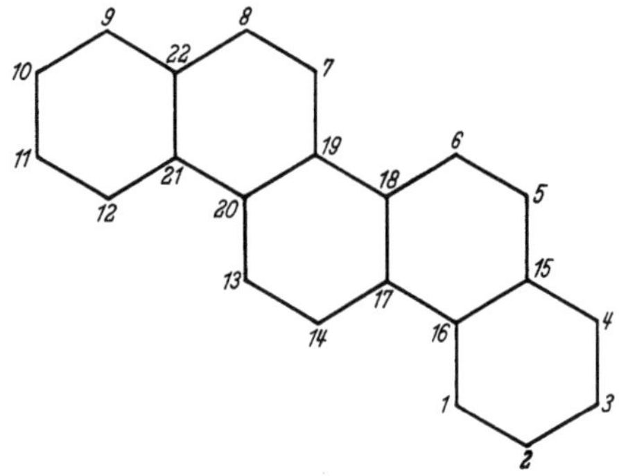

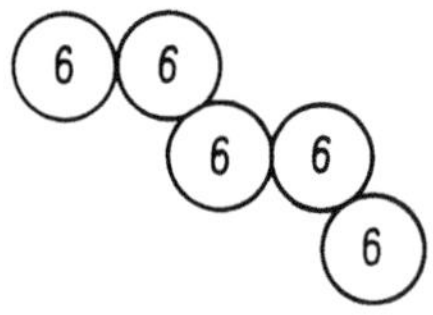

Z = 22

Bindungs- Bindungs Polarisierbarkeiten

	1 2	1 16	2 3	3 4	4 15	5 6	5 15	6 18
1 2	.226470							
1 16	-.193244	.278595						
2 3	-.209103	.117131	.285333					
3 4	.125956	-.079687	-.212517	.223165				
4 15	-.076317	.099405	.115226	-.185356	.279619			
5 6	-.012486	.014128	.026828	-.028720	.058711	.189949		
5 15	.015218	-.014259	-.038841	.051577	-.137828	-.179138	.313148	
6 18	.022656	-.029749	-.024930	.026331	-.038727	-.191653	.094120	.314651
7 8	-.001962	.002147	.002497	-.002642	.003680	.012896	-.007908	-.019092
7 19	.002291	-.002226	-.002936	.003512	-.005129	-.019092	.010996	.034984
8 22	.002281	-.002501	-.002364	.002485	-.002970	-.007908	.006187	.010996
9 10	.001064	-.001034	-.001027	.001166	-.001272	-.002642	.002485	.003512
9 22	-.001066	.001024	.001104	-.001272	.001497	.003680	-.002970	-.005129
10 11	-.001136	.001350	.001093	-.001027	.001104	.002497	-.002364	-.002936
11 12	.001271	-.001527	-.001136	.001064	-.001066	-.001962	.002281	.002291
12 21	-.001527	.002164	.001350	-.001034	.001024	.002147	-.002501	-.002226
13 14	.013647	-.020554	-.010298	.008554	-.007771	-.005491	.018696	.005184
13 20	-.009841	.013840	.008741	-.007416	.007923	.018252	-.018606	-.024813
14 17	-.019736	.038044	.014107	-.009127	.008090	.005277	-.025496	-.002745
15 16	.079864	-.126040	-.050581	.077021	-.118745	.059836	-.110028	-.031554
16 17	.049573	-.124196	-.036530	.019396	-.018710	-.051279	.075139	.074722
17 18	-.013551	.028146	.014855	-.007985	.010842	.070662	-.034846	-.124123
18 19	-.007865	.007329	.008598	-.010724	.014672	.050736	-.031151	-.118469
19 20	.005590	-.005327	-.004991	.006119	-.006835	-.013362	.013298	.024940
20 21	.003120	-.004704	-.002819	.002019	-.002063	-.005060	.005288	.005004
21 22	-.001169	.001742	.001210	-.000860	.000996	.003194	-.002498	-.003245

	7 8	7 19	8 22	9 10	9 22	10 11	11 12	12 21
7 8	.189949							
7 19	-.191653	.314651						
8 22	-.179138	.094120	.313148					
9 10	-.028720	.026331	.051577	.223165				
9 22	.058711	-.038727	-.137828	-.185356	.279619			
10 11	.026828	-.024930	-.038841	-.212517	.115226	.285333		
11 12	-.012486	.022656	.015218	.125956	-.076317	-.209103	.226470	
12 21	.014128	-.029749	-.014259	-.079687	.099405	.117131	-.193244	.278595
13 14	-.005491	.005184	.018696	.008554	-.007771	-.010298	.013647	-.020554
13 20	.005277	-.002745	-.025496	-.009127	.008090	.014107	-.019736	.038044
14 17	.018252	-.024813	-.018606	-.007416	.007923	.008741	-.009841	.013840
15 16	.003194	-.003245	-.002498	-.000860	.000996	.001210	-.001169	.001742
16 17	-.005060	.005004	.005288	.002019	-.002063	-.002819	.003120	-.004704
17 18	-.013362	.024940	.013298	.006119	-.006835	-.004991	.005590	-.005327
18 19	.050736	-.118469	-.031151	-.010724	.014672	.008598	-.007865	.007329
19 20	.070662	-.124123	-.034846	-.007985	.010842	.014855	-.013551	.028146
20 21	-.051279	.074722	.075139	.019396	-.018710	-.036530	.049573	-.124196
21 22	.059836	-.031554	-.110028	.077021	-.118745	-.050581	.079864	-.126040

	13 14	13 20	14 17	15 16	16 17	17 18	18 19	19 20
13 14	.216718							
13 20	-.196349	.304001						
14 17	-.196349	.105058	.304001					
15 16	-.011253	.010835	.022725	.252578				
16 17	.048214	-.031355	-.117110	-.092355	.298389			
17 18	.078179	-.044332	-.133329	.036379	-.097250	.248958		
18 19	-.058234	.083363	.083363	.006952	-.013330	-.106313	.290635	
19 20	.078179	-.133329	-.044332	-.002843	.009190	.047928	-.106313	.248958
20 21	.048214	-.117110	-.031355	-.004051	.010758	.009190	-.013330	-.097250
21 22	-.011253	.022725	.010835	.001888	-.004051	-.002843	.006952	.036379

	20 21	21 22
20 21	.298389	
21 22	-.092355	.252578

3:4 5:6 Dibenzophenanthren

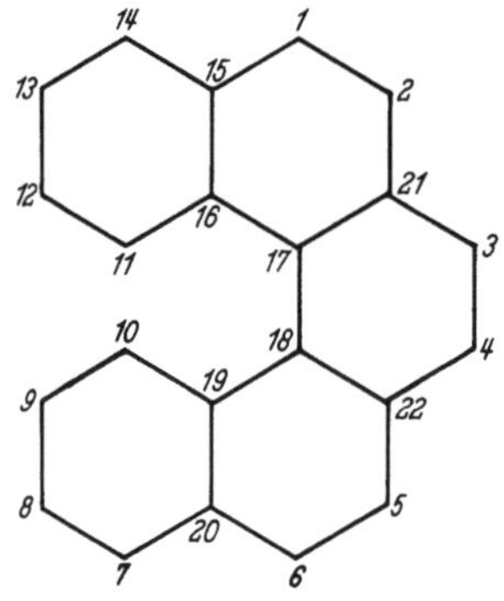

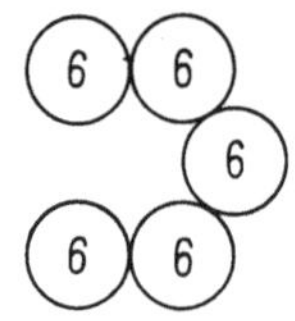

Z = 22

Eigenwerte und Hückelkoeffizienten

	1	2	3	4	5	6	7	8
1	2.551076	2.257206	1,944188	1.655699	1.464192	1,330644	1,218462	1,067232
1	.155484	.226088	.066406	.200357	.337088	.183927	.239968	.013377
2	.173684	.172102	-.111909	.331082	.273098	.049529	.007007	-.194684
3	.185418	.049853	-.300765	.130969	.135248	-.356944	-.104320	-.106979
4	.185418	-.049853	-.300765	-.130969	.135248	-.356944	.104320	.106979
5	.173684	-.172102	-.111909	-.331082	.273098	.049529	-.007007	.194684
6	.155484	-.226088	.066406	-.200357	.337088	.183927	-.239968	-.013377
7	.119915	-.228833	.249845	.153755	.195374	-.091909	-.286028	.147220
8	.082946	-.178298	.244730	.255221	.065602	-.317511	-.063130	.366078
9	.091687	-.173622	.225956	.268814	-.099319	-.330585	.209107	.243470
10	.150953	-.213603	.194572	.189854	-.211025	-.122380	.317919	-.106239
11	.150953	.213603	.194572	-.189854	-.211025	-.122380	-.317919	.106239
12	.091687	.173622	.225956	-.268814	-.099319	-.330585	-.209107	-.243470
13	.082946	.178298	.244730	-.255221	.065602	-.317511	.063130	-.366078
14	.119915	.228833	.249845	-.153755	.195374	-.091909	.286028	-.147220
15	.222967	.338226	.241015	.000649	.220463	.195212	.285385	.208960
16	.293406	.308524	.152327	-.045527	-.209662	.167741	-.178265	.356852
17	.374582	.144574	-,139433	.113826	-.316423	.150371	-.184675	.065644
18	.374582	-.144574	-.139433	-.113826	-.316423	.150371	.184675	-.065644
19	.293406	-.308524	.152327	.045527	-.209662	.167741	.178265	-.356852
20	.222967	-.338226	.241015	-.000649	.220463	.195212	-.285385	-.208960
21	.287598	.162382	-.283979	.347815	.062781	-.118022	-.231430	-.221150
22	.287598	-.162382	-.283979	-.347815	.062781	-.118022	.231430	.221150

	9	10	11	12	13	14	15	16
9	.787244	.656705	.535449	-.535449	-.656705	-.787244	-1.067232	-1.218462
1	.220284	.006523	.355483	.355483	.006523	.220284	.013377	.239968
2	.313240	.212918	.244204	-.244204	-.212918	-.313240	.194684	-.007007
3	-.123674	-.388302	-.146357	.146357	.388302	.123674	.106979	.104320
4	-.123674	-.388302	.146357	.146357	-.388302	-.123674	.106979	.104320
5	.313240	.212918	-.244204	-.244204	.212918	.313240	.194684	-.007007
6	.220284	.006523	-.355483	.355483	-.006523	-.220284	.013377	.239968
7	-.339971	.080028	.274050	-.274050	-.080028	.339971	-.147220	.286028
8	-.127817	.261190	.092879	.092879	.261190	-.127817	.366078	-.063130
9	.239348	.091497	-.224318	.224318	-.091497	-.239348	-.243470	-.209107
10	.316242	-.201103	-.212990	-.212990	-.201103	.316242	-.106239	.317919
11	.316242	-.201103	.212990	-.212990	.201103	-.316242	-.106239	.317919
12	.239348	.091497	.224318	.224318	.091497	.239348	-.243470	-.209107
13	-.127817	.261190	-.092879	.092879	-.261190	.127817	.366078	-.063130
14	-.339971	.080028	-.274050	-.274050	.080028	-.339971	-.147220	.286028
15	-.139823	-.208635	-.053861	.053861	.208635	.139823	-.208960	-.285385
16	.009612	-.223562	-.110272	-.110272	-.223562	.009612	.356852	-.178265
17	-.168852	.262924	-.218175	.218175	-.262924	.168852	-.065644	.184675
18	-.168852	.262924	.218175	.218175	.262924	-.168852	-.065644	.184675
19	.009612	-.223562	.110272	-.110272	.223562	-.009612	.356852	-.178265
20	-.139823	-.208635	.053861	.053861	-.208635	-.139823	-.208960	-.285385
21	.026312	.133302	-.224724	-.224724	.133302	.026312	-.221150	-.231430
22	.026312	.133302	.224724	-.224724	-.133302	-.026312	-.221150	-.231430

3:4 5:6 Dibenzophenanthren

Z = 22

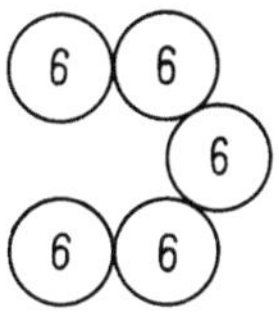

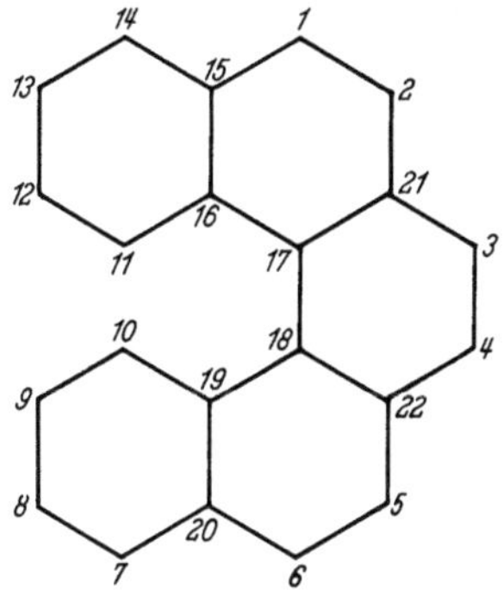

Eigenwerte und Hückelkoeffizienten

	17	18	19	20	21	22
17	-1.330644	-1.464192	-1.655699	-1.944188	-2.257206	-2.551076
1	.183927	.337088	.200357	.066406	.226088	.155484
2	-.049529	-.273098	-.331082	.111909	-.172102	-.173684
3	.356944	-.135248	-.130969	.300765	-.049853	-.185418
4	-.356944	.135248	-.130969	-.300765	-.049853	.185418
5	.049529	.273098	-.331082	-.111909	-.172102	.173684
6	-.183927	-.337088	.200357	-.066406	.226088	-.155484
7	.091909	-.195374	-.153755	-.249845	.228833	-.119915
8	-.317511	.065602	.255221	.244730	-.178298	.082946
9	.330585	.099319	-.268814	-.225956	.173622	-.091687
10	-.122380	-.211025	.189854	.194572	-.213603	.150953
11	.122380	.211025	.189854	-.194572	-.213603	-.150953
12	-.330585	-.099319	-.268814	.225956	.173622	.091687
13	.317511	-.065602	.255221	-.244730	-.178298	-.082946
14	-.091909	.195374	-.153755	.249845	.228833	.119915
15	-.195212	-.220463	-.000649	-.241015	-.338226	-.222967
16	.167741	-.209662	-.045527	.152327	.308524	.293406
17	-.150371	.316423	-.113826	.139433	-.144574	-.374582
18	.150371	-.316423	-.113826	-.139433	-.144574	.374582
19	-.167741	.209662	-.045527	-.152327	.308524	-.293406
20	.195212	.220463	-.000649	.241015	-.338226	.222967
21	-.118022	.062781	.347815	-.283979	.162382	.287598
22	.118022	-.062781	.347815	.283979	.162382	-.287598

TOTALE PI ELEKTRONEN ENERGIE 30.936195

3:4 5:6 Dibenzophenanthren

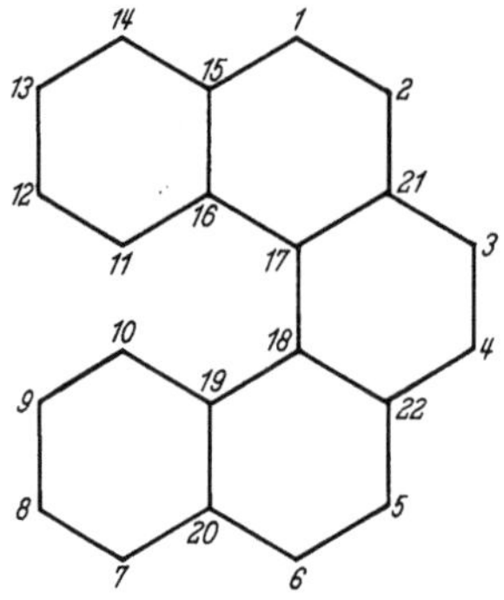

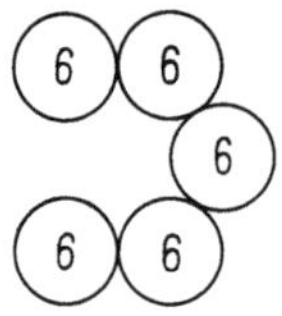

Z = 22

allgemeine Bindungsordnungen

	1	2	3	4	5	6	7	8
1	1.000000							
2	.764528	1.000000						
3	-.163921	0	1.000000					
4	0	-.145186	.746457	1.000000				
5	0	.052718	-.145186	0	1.000000			
6	-.101561	0	0	-.163921	.764528	1.000000		
7	.039285	0	0	.069164	-.191126	0	1.000000	
8	0	.019134	-.086532	0	0	-.134356	.709787	1.000000
9	-.046803	0	0	-.046085	.166380	0	0	.618629
10	0	-.012027	.094356	0	0	.044400	-.347495	0
11	.044400	0	0	.094356	-.012027	0	0	-.031182
12	0	.166380	-.046085	0	0	-.046803	.017516	0
13	-.134356	0	0	-.086532	.019134	0	0	.025787
14	0	-.191126	.069164	0	0	.039285	-.018380	0
15	.514923	0	0	.109185	-.026359	0	0	-.026651
16	0	-.238507	.023914	0	0	.066288	-.017185	0
17	-.262013	0	0	-.265158	.019143	0	0	.074797
18	0	.019143	-.265158	0	0	-.262013	.051545	0
19	.066288	0	0	.023914	-.238507	0	0	-.260074
20	0	-.026359	.109185	0	0	.514923	.571693	0
21	0	.518622	.537358	0	0	.127920	-.046511	0
22	.127920	0	0	.537358	.518622	0	0	.109610

	9	10	11	12	13	14	15	16
9	1.000000							
10	.706050	1.000000						
11	0	.042420	1.000000					
12	-.022911	0	.706050	1.000000				
13	0	-.031182	0	.618629	1.000000			
14	.017516	0	-.347495	0	.709787	1.000000		
15	0	.031513	0	-.256337	0	.571693	1.000000	
16	.034149	0	.582575	0	-.260074	0	.535817	1.000000
17	0	-.113951	0	-.127212	0	.051545	0	.479310
18	-.127212	0	-.113951	0	.074797	0	-.086948	0
19	0	.582575	0	.034149	0	-.017185	0	-.074166
20	-.256337	0	.031513	0	-.026651	0	.030371	0
21	.053909	0	-.116527	0	.109610	0	-.180028	0
22	0	-.116527	0	.053909	0	-.046511	0	-.085531

	17	18	19	20	21	22
17	1.000000					
18	.520510	1.000000				
19	0	.479310	1.000000			
20	-.086948	0	.535817	1.000000		
21	.561272	0	-.085531	0	1.000000	
22	0	.561272	0	-.180028	-.201245	1.000000

3:4 5:6 Dibenzophenanthren

Z = 22

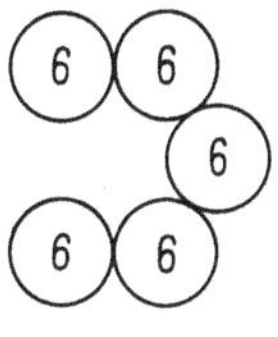

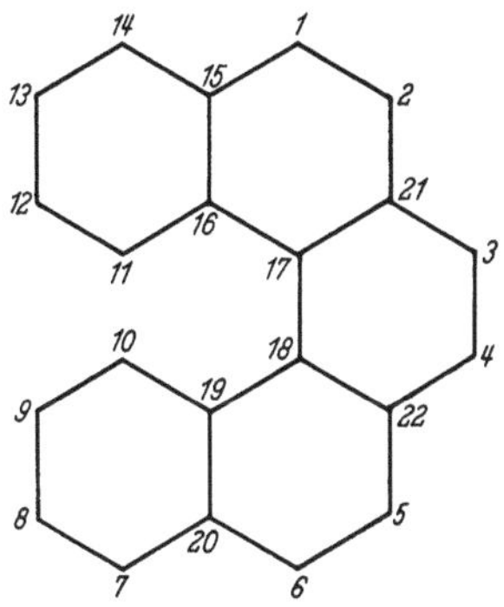

Atom- Atom Polarisierbarkeiten

	1	2	3	4	5	6	7	8
1	.444576							
2	-.256729	.438949						
3	-.028626	.021386	.438086					
4	.001291	-.020101	-.233239	.438086				
5	.001732	-.002983	-.020101	.021386	.438949			
6	-.019708	.001732	.001291	-.028626	-.256729	.444576		
7	-.004097	.000418	.001054	-.006415	-.042176	.025050	.439894	
8	.000206	-.001047	-.012798	.000934	.000240	-.017485	-.196889	.404233
9	-.004569	.000174	.000047	-.004876	-.039544	.008032	.017862	-.120387
10	.001077	-.000902	-.013294	.000184	.004048	-.010347	-.123879	.016141
11	-.010347	.004048	.000184	-.013294	-.000902	.001077	.000056	-.001585
12	.008032	-.039544	-.004876	.000047	.000174	-.004569	-.000943	.000126
13	-.017485	.000240	.000934	-.012798	-.001047	.000206	.000002	-.001312
14	.025050	-.042176	-.006415	.001054	.000418	-.004097	-.000931	.000002
15	-.067738	.012264	.004003	-.015671	-.001432	.000010	.000034	-.001307
16	.006686	-.052170	-.004712	.002443	.000130	-.006110	-.001046	.000635
17	-.067627	.006866	.006002	-.069130	-.004365	.004018	.000118	-.007272
18	.004018	-.004365	-.069130	.006002	.006866	-.067627	-.010793	.004783
19	-.006110	.000130	.002443	-.004712	-.052170	.006686	.003233	-.059587
20	.000010	-.001432	-.015671	.004003	.012264	-.067738	-.099969	.007858
21	.014121	-.069525	-.079533	.012967	.004766	-.023762	-.004785	.000059
22	-.023762	.004766	.012967	-.079533	-.069525	.014121	.004203	-.015549

	9	10	11	12	13	14	15	16
9	.408270							
10	-.193963	.432810						
11	.000405	-.002253	.432810					
12	-.001110	.000405	-.193963	.408270				
13	.000126	-.001585	.016141	-.120387	.404233			
14	-.000943	.000056	-.123879	.017862	-.196889	.439894		
15	.000032	-.001449	.003737	-.057971	.007858	-.099969	.334169	
16	-.001584	.001679	-.105558	.009466	-.059587	.003233	-.087018	.346078
17	.001688	-.011067	.017875	-.016301	.004783	-.010793	.003515	-.056077
18	-.016301	.017875	-.011067	.001688	-.007272	.000118	-.007183	.010935
19	.009466	-.105558	.001679	-.001584	.000635	-.001046	.000398	-.003779
20	-.057971	.003737	-.001449	.000032	-.001307	.000034	-.001445	.000398
21	-.005096	.000917	-.014631	.000242	-.015549	.004203	-.024989	.002923
22	.000242	-.014631	.000917	-.005096	.000059	-.004785	.000152	-.006966

	17	18	19	20	21	22
17	.369665					
18	-.075713	.369665				
19	.010935	-.056077	.346078			
20	-.007183	.003515	-.087018	.334169		
21	-.104340	.004404	-.006966	.000152	.339091	
22	.004404	-.104340	.002923	-.024989	-.034668	.339091

3:4 5:6 Dibenzophenanthren

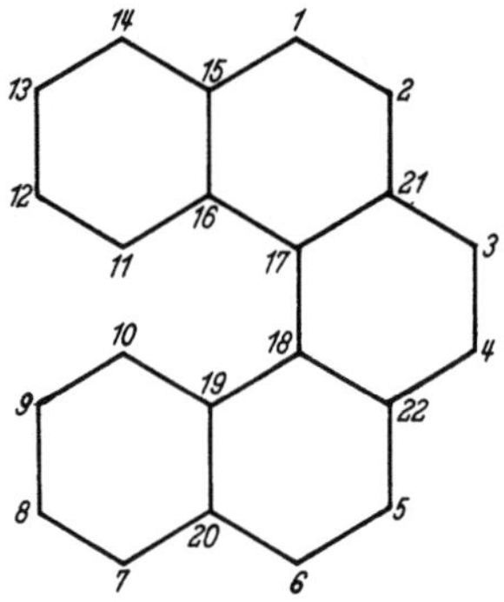

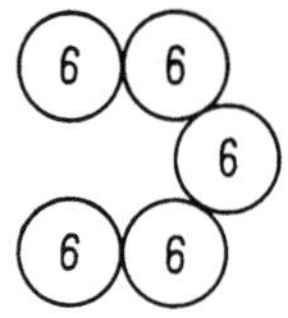

Z = 22

Bindungs- Bindungs Polarisierbarkeiten

	1 2	1 15	2 21	3 4	3 21	4 22	5 6	5 22
1 2	.184969							
1 15	-.180511	.313345						
2 21	-.184281	.092357	.313471					
3 4	-.028917	.023377	.052107	.204848				
3 21	.053590	-.033470	-.129249	-.189639	.303159			
4 22	.023811	-.019624	-.033860	-.189639	.101066	.303159		
5 6	.008767	-.005288	-.010894	-.028917	.023811	.053590	.184969	
5 22	-.010894	.006253	.014834	.052107	-.033860	-.129249	-.184281	.313471
6 20	-.005288	.005323	.006263	.023377	-.019624	-.033470	-.180511	.092357
7 8	-.001780	.002194	.002081	.009992	-.007524	-.011948	-.029437	.026531
7 20	.002383	-.002360	-.002853	-.012026	.008750	.016210	.059402	-.038260
8 9	.001983	-.002512	-.002171	-.007658	.008110	.008780	.027227	-.024869
9 10	-.001499	.002711	.001600	.007835	-.008374	-.008212	-.013271	.023245
10 19	.001716	-.003587	-.001702	-.006710	.010964	.006662	.014903	-.030182
11 12	-.013271	.015938	.023245	.007835	-.008212	-.008374	-.001499	.001600
11 16	.014903	-.014928	-.030182	-.006710	.006662	.010964	.001716	-.001702
12 13	.027227	-.038836	-.024869	-.007658	.008780	.008110	.001983	-.002171
13 14	-.029437	.051863	.026531	.009992	-.011948	-.007524	-.001780	.002081
14 15	.059402	-.137483	-.038260	-.012026	.016210	.008750	.002383	-.002853
15 16	.059510	-.108574	-.030197	-.004609	.005365	.009914	.002906	-.003126
16 17	-.052551	.075670	.074715	.011726	-.010659	-.024980	-.003915	.003824
17 18	.009217	-.025201	-.007881	-.063129	.085389	.085389	.009217	-.007881
17 21	.066767	-.033739	-.116827	.073663	-.122889	-.041344	-.004807	.005324
18 19	-.003915	.007818	.003824	.011726	-.024980	-.010659	-.052551	.074715
18 22	-.004807	.012241	.005324	.073663	-.041344	-.122889	.066767	-.116827
19 20	.002906	-.002988	-.003126	-.004609	.009914	.005365	.059510	-.030197

	6 20	7 8	7 20	8 9	9 10	10 19	11 12	11 16
6 20	.313345							
7 8	.051863	.223984						
7 20	-.137483	-.186494	.279731					
8 9	-.038836	-.212151	.115364	.285830				
9 10	.015938	.125959	-.076725	-.209834	.226098			
10 19	-.014928	-.078950	.098925	.116675	-.191969	.279434		
11 12	.002711	.001223	-.001129	-.001528	.001887	-.002670	.226098	
11 16	-.003587	-.001368	.001256	.002082	-.002670	.004434	-.191969	.279434
12 13	-.002512	-.001088	.001076	.001329	-.001528	.002082	-.209834	.116675
13 14	.002194	.001081	-.001071	-.001088	.001223	-.001368	.125959	-.078950
14 15	-.002360	-.001071	.001144	.001076	-.001129	.001256	-.076725	.098925
15 16	-.002988	-.000995	.001069	.001561	-.001742	.002905	.078910	-.123968
16 17	.007818	.002664	-.002498	-.004418	.005724	-.010417	.050384	-.127495
17 18	-.025201	-.008565	.007930	.013661	-.018497	.035913	-.018497	.035913
17 21	.012241	.005720	-.005436	-.006286	.008142	-.011633	-.014205	.029711
18 19	.075670	.018749	-.018037	-.037245	.050384	-.127495	.005724	-.010417
18 22	-.033739	-.007670	.010084	.015082	-.014205	.029711	.008142	-.011633
19 20	-.108574	.077001	-.118950	-.050164	.078910	-.123968	-.001742	.002905

	12 13	13 14	14 15	15 16	16 17	17 18	17 21	18 19
12 13	.285830							
13 14	-.212151	.223984						
14 15	.115364	-.186494	.279731					
15 16	-.050164	.077001	-.118950	.252949				
16 17	-.037245	.018749	-.018037	-.095803	.301054			
17 18	.013661	-.008565	.007930	.022847	-.110737	.293952		
17 21	.015082	-.007670	.010084	.036974	-.101014	-.119487	.249076	
18 19	-.004418	.002664	-.002498	-.007006	.027172	-.110737	.027274	.301054
18 22	-.006286	.005720	-.005436	-.006245	.027274	-.119487	.051524	-.101014
19 20	.001561	-.000995	.001069	.002455	-.007006	.022847	-.006245	-.095803

	18 22	19 20
18 22	.249076	
19 20	.036974	.252949

1:2 3:4 Dibenzanthracen

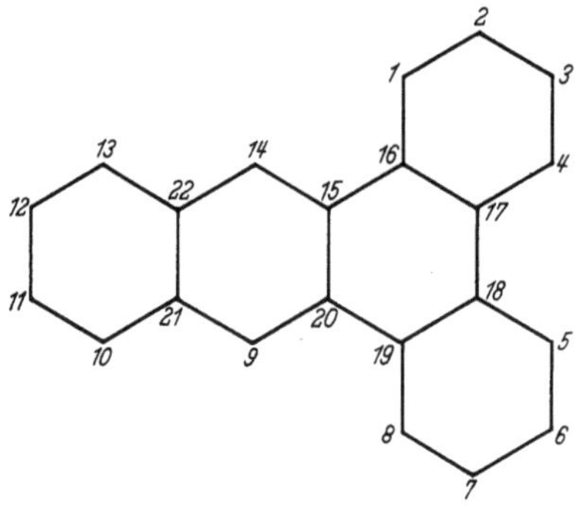

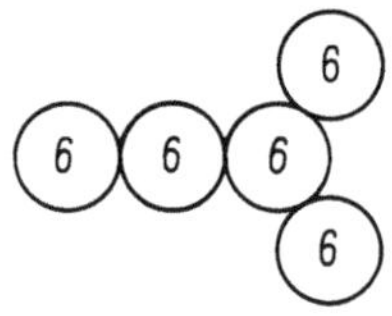

Z = 22

Eigenwerte und Hückelkoeffizienten

	1	2	3	4	5	6	7	8
1	2.558823	2.221947	1.971008	1.722275	1.379666	1.316483	1.201949	1.094865
1	.166814	.111046	.321048	.022992	.016488	.287907	.186940	.207085
2	.106136	.106053	.300643	.138523	-.160856	.429086	.039921	-.083175
3	.104769	.124599	.271521	.215583	-.238415	.276978	-.138957	-.298150
4	.161949	.170799	.234527	.232770	-.168077	-.064450	-.206940	-.243260
5	.161949	.170799	-.234527	.232770	.168077	-.064450	-.206940	.243260
6	.104769	.124599	-.271521	.215583	.238415	.276978	-.138957	.298150
7	.106136	.106053	-.300643	.138523	.160856	.429086	.039921	.083175
8	.166814	.111046	-.321048	.022992	-.016488	.287907	.186940	-.207085
9	.215832	-.205888	-.092352	-.174585	-.364431	.052597	-.155505	.099569
10	.108526	-.287915	-.023951	.230919	-.284014	-.033219	.088492	.339138
11	.069621	-.235620	-.008062	.319711	-.119350	-.104963	.438192	.161890
12	.069621	-.235620	.008062	.319711	.119350	-.104963	.438192	-.161890
13	.108526	-.287915	.023951	.230919	.284014	-.033219	.088492	-.339138
14	.215832	-.205888	.092352	-.174585	.364431	.052597	-.155505	-.099569
15	.344197	-.053360	.142880	-.378678	.230299	.008013	.144920	.100405
16	.320711	.140684	.332146	-.098925	.183603	-.050061	.184771	.309905
17	.309631	.254909	.190734	.185311	.006524	-.361825	-.109774	.031814
18	.309631	.254909	-.190734	.185311	-.006524	-.361825	-.109774	-.031814
19	.320711	.140684	-.332146	-.098925	-.183603	-.050061	.184771	-.309905
20	.344197	-.053360	-.142880	-.378678	-.230299	.008013	.144920	-.100405
21	.208079	-.404111	-.039146	.077995	-.272494	.061230	-.331828	.209420
22	.208079	-.404111	.039146	.077995	.272494	.061230	-.331828	-.209420

	9	10	11	12	13	14	15	16
9	.790825	.713977	.499089	-.499089	-.713977	-.790825	-1.094865	-1.201949
1	.299283	.318970	.062738	.062738	.318970	.299283	.207085	.186940
2	.350906	.024923	-.160173	.160173	-.024923	-.350906	.083175	-.039921
3	-.021778	-.301175	-.142678	-.142678	-.301175	-.021778	-.298150	-.138957
4	-.368129	-.239955	.088964	-.088964	.239955	.368129	.243260	.206940
5	.368129	-.239955	-.088964	-.088964	-.239955	.368129	.243260	-.206940
6	.021778	-.301175	.142678	-.142678	.301175	-.021778	-.298150	.138957
7	-.350906	.024923	.160173	.160173	.024923	-.350906	.083175	.039921
8	-.299283	.318970	-.062738	.062738	-.318970	.299283	.207085	-.186940
9	.101154	-.115858	.422718	.422718	-.115858	.101154	.099569	-.155505
10	-.173276	.052562	-.337682	-.337682	.052562	-.173276	.339138	.088492
11	-.096758	-.183769	-.225258	.225258	.183769	.096758	-.161890	-.438192
12	.096758	-.183769	.225258	.225258	-.183769	.096758	-.161890	.438192
13	.173276	.052562	.337682	-.337682	-.052562	-.173276	.339138	-.088492
14	-.101154	-.115858	-.422718	.422718	.115858	.101154	.099569	.155505
15	-.120268	-.304018	-.154249	-.154249	-.304018	-.120268	.100405	.144920
16	-.114226	.202814	.191485	-.191485	-.202814	.114226	-.309905	-.184771
17	-.269348	.129853	.187079	.187079	.129853	-.269348	.031814	-.109774
18	.269348	.129853	-.187079	.187079	-.129853	-.269348	.031814	.109774
19	.114226	.202814	-.191485	-.191485	.202814	.114226	-.309905	.184771
20	.120268	-.304018	.154249	-.154249	.304018	-.120268	.100405	-.144920
21	-.040273	.221298	.056725	-.056725	-.221298	.040273	-.209420	.331828
22	.040273	.221298	-.056725	-.056725	.221298	.040273	-.209420	-.331828

1:2 3:4 Dibenzanthracen

Z = 22

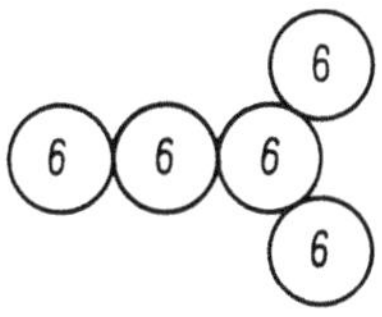

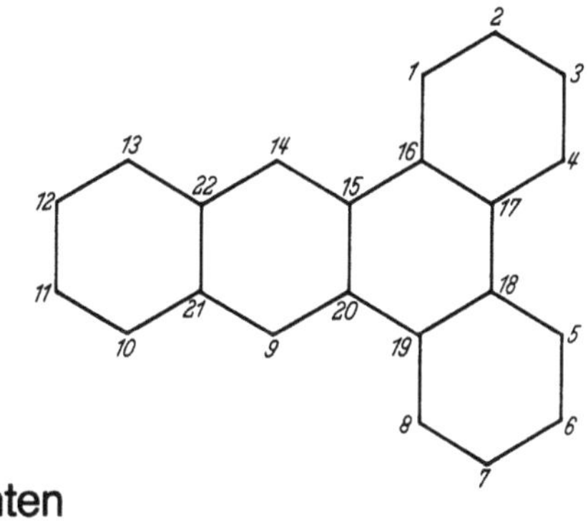

Eigenwerte und Hückelkoeffizienten

	17	18	19	20	21	22
17	-1,316483	-1,379666	-1,722275	-1,971008	-2,221947	-2,558823
1	,287907	,016488	,022992	,321048	,111046	,166814
2	-,429086	,160856	-,138523	-,300643	-,106053	-,106136
3	,276978	-,238415	,215583	,271521	,124599	,104769
4	,064450	,168077	-,232770	-,234527	-,170799	-,161949
5	-,064450	,168077	,232770	-,234527	,170799	,161949
6	-,276978	-,238415	-,215583	,271521	-,124599	-,104769
7	,429086	,160856	,138523	-,300643	,106053	,106136
8	-,287907	,016488	-,022992	,321048	-,111046	-,166814
9	,052597	-,364431	-,174585	-,092352	-,205888	,215832
10	-,033219	-,284014	,230919	-,023951	-,287915	,108526
11	,104963	,119350	-,319711	,008062	,235620	-,069621
12	-,104963	,119350	,319711	,008062	-,235620	,069621
13	,033219	-,284014	-,230919	-,023951	,287915	-,108526
14	-,052597	-,364431	,174585	-,092352	,205888	-,215832
15	,008013	,230299	-,378678	,142880	-,053360	,344197
16	,050061	-,183603	,098925	-,332146	-,140684	-,320711
17	-,361825	,006524	,185311	,190734	,254908	,309631
18	,361825	,006524	-,185311	,190734	-,254908	-,309631
19	-,050061	-,183603	-,098925	-,332146	,140684	,320711
20	-,008013	,230299	,378678	,142880	,053360	-,344197
21	-,061230	,272494	-,077995	,039146	,404111	-,208079
22	,061230	,272494	,077995	,039146	-,404111	,208079

TOTALE PI ELEKTRONEN ENERGIE 30,941814

1:2 3:4 Dibenzanthracen

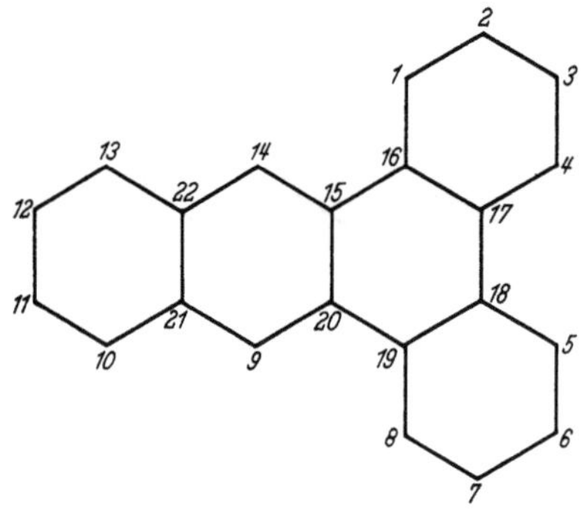

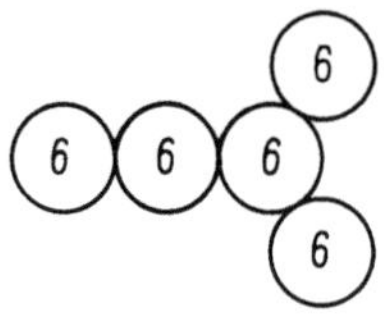

Z = 22

allgemeine Bindungsordnungen

	1	2	3	4	5	6	7	8
1	1.000000							
2	.686464	1.000000						
3	0	.639964	1.000000					
4	-.329782	0	.686412	1.000000				
5	0	.102601	0	-.143447	1.000000			
6	-.024115	0	.038839	0	.686412	1.000000		
7	0	-.087877	0	.102601	0	.639964	1.000000	
8	.041061	0	-.024115	0	-.329782	0	.686464	1.000000
9	0	-.038553	0	.062965	0	.121568	0	-.167021
10	0	.014243	0	-.026532	0	-.048198	0	.060743
11	-.056484	0	.048980	0	.022530	0	-.021747	0
12	0	-.021747	0	.022530	0	.048980	0	-.056484
13	.060743	0	-.048198	0	-.026532	0	.014243	0
14	-.167021	0	.121568	0	.062965	0	-.038553	0
15	0	-.079746	0	.003713	0	.085682	0	-.099158
16	.606666	0	-.283282	0	-.122941	0	.104823	0
17	0	-.283334	0	.606779	0	-.079685	0	.003775
18	.003775	0	-.079685	0	.606779	0	-.283334	0
19	0	.104823	0	-.122941	0	-.283282	0	.606666
20	-.099158	0	.085682	0	.003713	0	-.079746	0
21	.071252	0	-.061269	0	-.022192	0	.034292	0
22	0	.034292	0	-.022192	0	-.061269	0	.071252

	9	10	11	12	13	14	15	16
9	1.000000							
10	0	1.000000						
11	-.178598	.727301	1.000000					
12	0	0	.597514	1.000000				
13	.083155	-.361226	0	.727301	1.000000			
14	-.360702	.083155	0	-.178598	0	1.000000		
15	0	0	.135997	0	-.152592	.657982	1.000000	
16	.010647	.000524	0	.026006	0	0	.420233	1.000000
17	0	0	-.052983	0	.048536	-.140046	0	.563992
18	-.140046	.048536	0	-.052983	0	0	-.141945	0
19	0	0	.026006	0	.000524	.010647	0	-.159145
20	.657982	-.152592	0	.135997	0	0	.512837	0
21	.574709	.548703	0	-.231440	0	0	-.204910	0
22	0	0	-.231440	0	.548703	.574709	0	-.069319

	17	18	19	20	21	22
17	1.000000					
18	.420075	1.000000				
19	0	.563992	1.000000			
20	-.141945	0	.420233	1.000000		
21	.075511	0	-.069319	0	1.000000	
22	0	.075511	0	-.204910	.502072	1.000000

1:2 3:4 Dibenzanthracen

Z = 22

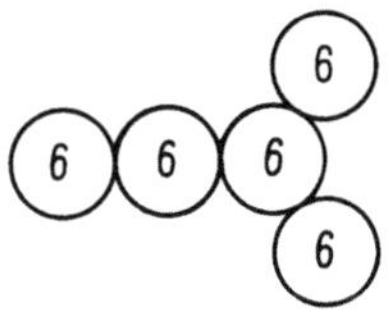

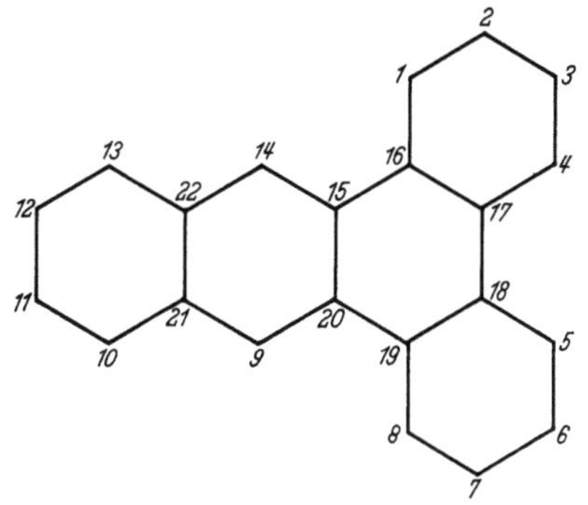

Atom- Atom Polarisierbarkeiten

	1	2	3	4	5	6	7	8
1	.427152							
2	-.173540	.406274						
3	.015365	-.137124	.406342					
4	-.105810	.015336	-.173494	.427057				
5	.000117	-.014770	.001577	-.019540	.427057			
6	-.001363	.000431	-.001960	.001577	-.173494	.406342		
7	.000350	-.012985	.000431	-.014770	.015336	-.137124	.406274	
8	-.001926	.000350	-.001363	.000117	-.105810	.015365	-.173540	.427152
9	.000573	-.004139	.001404	-.005683	.000101	-.022781	.002635	-.029492
10	.000443	-.000859	.000624	-.001233	.000031	-.004697	.000581	-.005770
11	-.005575	.000252	-.004885	.000024	-.001145	.000031	-.001059	.000016
12	.000016	-.001059	.000031	-.001145	.000024	-.004885	.000252	-.005575
13	-.005770	.000581	-.004697	.000031	-.001233	.000624	-.000859	.000443
14	-.029492	.002635	-.022781	.000101	-.005683	.001404	-.004139	.000573
15	.013761	-.004403	.004839	-.001425	.001993	-.008562	.000061	-.008788
16	-.123603	.009840	-.075532	.003749	-.015892	.000124	-.014649	.001590
17	.003740	-.075564	.009869	-.123688	.013681	-.004392	.004789	-.001429
18	-.001429	.004789	-.004392	.013681	-.123688	.009869	-.075564	.003740
19	.001590	-.014649	.000124	-.015892	.003749	-.075532	.009840	-.123603
20	-.008788	.000061	-.008562	.001993	-.001425	.004839	-.004403	.013761
21	-.006783	.000146	-.006039	.000252	-.001238	.000222	-.001605	.000969
22	.000969	-.001605	.000222	-.001238	.000252	-.006039	.000146	-.006783

	9	10	11	12	13	14	15	16
9	.489024							
10	.034275	.447949						
11	-.037883	-.217451	.408529					
12	.010401	.019924	-.105925	.408529				
13	-.026761	-.140805	.019924	-.217451	.447949			
14	-.153562	-.026761	.010401	-.037883	.034275	.489024		
15	.009113	.003893	-.025605	.000079	-.026143	-.168082	.352271	
16	-.003905	-.000883	.001612	-.001125	.002547	.018199	-.036118	.351860
17	.004265	.001284	-.005073	.000201	-.004527	-.023407	.005601	-.105758
18	-.023407	-.004527	.000201	-.005073	.001284	.004265	-.014045	.005554
19	.018199	.002547	-.001125	.001612	-.000883	-.003905	.003556	-.020073
20	-.168082	-.026143	.000079	-.025605	.003893	.009113	-.072588	.003556
21	-.100922	-.085213	.008380	-.043722	.002791	.006627	-.036028	.002164
22	.006627	.002791	-.043722	.008380	-.085213	-.100922	.006619	-.003258

	17	18	19	20	21	22
17	.351965					
18	-.036061	.351965				
19	.005554	-.105758	.351860			
20	-.014045	.005601	-.036118	.352271		
21	-.007068	.000061	-.003258	.006619	.331919	
22	.000061	-.007068	.002164	-.036028	-.068274	.331919

1:2 3:4 Dibenzanthracen

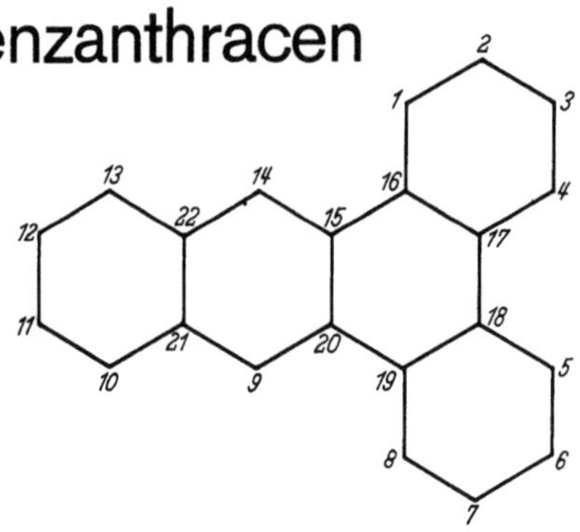

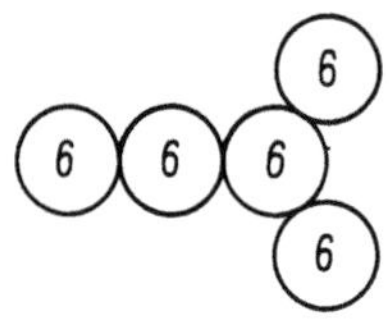

Z = 22

Bindungs- Bindungs Polarisierbarkeiten

	1 2	1 16	2 3	3 4	4 17	5 6	5 18	6 7
1 2	.242852							
1 16	-.196200	.262928						
2 3	-.211554	.121095	.269184					
3 4	.127233	-.082232	-.211514	.242892				
4 17	-.082270	.104021	.121110	-.196266	.262870			
5 6	.004228	-.004340	-.006182	.007708	-.013384	.242892		
5 18	-.003285	.003040	.010046	-.013384	.031916	-.196266	.262870	
6 7	-.003799	.004154	.005416	-.006182	.010046	-.211514	.121110	.269184
7 8	.005254	-.006027	-.003799	.004228	-.003285	.127233	-.082270	-.211554
8 19	-.006027	.007734	.004154	-.004340	.003040	-.082232	.104021	.121095
9 20	-.005298	.002929	.005445	-.008448	.011026	-.004706	.004357	.012322
9 21	.004700	-.003059	-.004382	.006424	-.007328	.005171	-.005146	-.006789
10 11	.001695	-.000659	-.001556	.002550	-.002652	.002286	-.002199	-.002102
10 21	-.001843	.000463	.001770	-.003084	.003438	-.002461	.002364	.003027
11 12	-.002446	.002629	.002185	-.002377	.002449	-.002377	.002449	.002185
12 13	.002499	-.002708	-.002102	.002286	-.002199	.002550	-.002652	-.001556
13 22	-.003721	.005418	.003027	-.002461	.002364	-.003084	.003438	.001770
14 15	-.016298	.036766	.012322	-.004706	.004357	-.008448	.011026	.005445
14 22	.008409	-.013526	-.006789	.005171	-.005146	.006424	-.007328	-.004382
15 16	.034358	-.107480	-.024139	.004316	-.002362	.012110	-.017470	-.011119
15 20	-.006220	.019124	.005812	.000341	-.000520	.000341	-.000520	.005812
16 17	.096963	-.142952	-.065693	.096997	-.143030	-.009137	.023922	.008084
17 18	.004360	-.002405	-.024106	.034330	-.107368	.034330	-.107368	-.024106
18 19	-.001125	.000844	.008084	-.009137	.023922	.096997	-.143030	-.065693
19 20	.011203	-.015375	-.011119	.012110	-.017470	.004316	-.002362	-.024139
21 22	-.003671	.005819	.003285	-.002454	.002718	-.002454	.002718	.003285

	7 8	8 19	9 20	9 21	10 11	10 21	11 12	12 13
7 8	.242852							
8 19	-.196200	.262928						
9 20	-.016298	.036766	.241083					
9 21	.008409	-.013526	-.176288	.292129				
10 11	.002499	-.002708	-.031943	.063396	.209339			
10 21	-.003721	.005418	.059426	-.154052	-.181720	.295217		
11 12	-.002446	.002629	.031222	-.047515	-.209595	.108465	.302603	
12 13	.001695	-.000659	-.018276	.024227	.122908	-.070748	-.209595	.209339
13 22	-.001843	.000463	.021555	-.023152	-.070748	.088642	.108465	-.181720
14 15	-.005298	.002929	.098961	-.065275	-.018276	.021555	.031222	-.031943
14 22	.004700	-.003059	-.065275	.093990	.024227	-.023152	-.047515	.063396
15 16	.011203	-.015375	-.001657	.003757	.000378	.000503	-.005287	.005340
15 20	-.006220	.019124	-.148294	.083648	.025935	-.034868	-.025526	.025935
16 17	-.001125	.000844	.001064	-.001146	-.000054	-.000196	.001839	-.001581
17 18	.004360	-.002405	-.021302	.013216	.004288	-.005649	-.004871	.004288
18 19	.096963	-.142952	.027036	-.009059	-.001581	.003514	.001839	-.000054
19 20	.034358	-.107480	-.118400	.033707	.005340	-.012146	-.005287	.000378
21 22	-.003671	.005819	.062992	-.116056	.060950	-.100163	-.035343	.060950

	13 22	14 15	14 22	15 16	15 20	16 17	17 18	18 19
13 22	.295217							
14 15	.059426	.241083						
14 22	-.154052	-.176288	.292129					
15 16	-.012146	-.118400	.033707	.315946				
15 20	-.034868	-.148294	.083648	-.075532	.279683			
16 17	.003514	.027036	-.009059	-.086492	.022422	.246155		
17 18	-.005649	-.021302	.013216	.043205	-.008444	-.086358	.315904	
18 19	-.000196	.001064	-.001146	-.012317	.022422	.025451	-.086358	.246155
19 20	.000503	-.001657	.003757	.039162	-.075532	-.012317	.043205	-.086492
21 22	-.100163	.062992	-.116056	-.014212	-.029409	.004849	-.007007	.004849

	19 20	21 22
19 20	.315946	
21 22	-.014212	.263645

3:4 9:10 Dibenzophenanthren

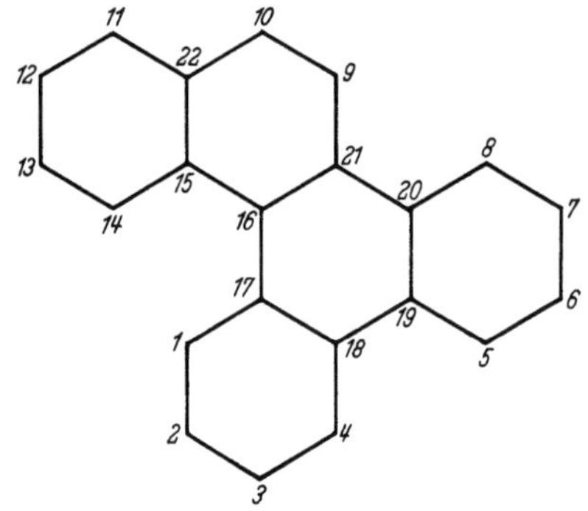

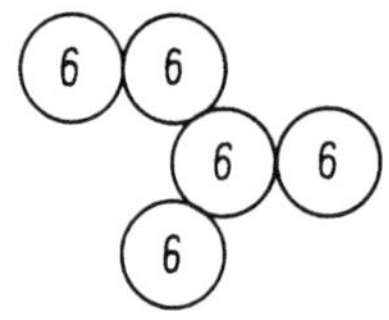

Z = 22

Eigenwerte und Hückelkoeffizienten

	1	?	3	4	5	6	7	8
1	2,573324	?,204962	1,971009	1.698870	1.414214	1,311719	1,225088	1,000000
1	,166420	,087600	,330577	-,027008	0	,316997	-,007283	-,353553
2	,104063	,094511	,319187	,055548	,223607	,386835	,164817	0
3	,101367	,120794	,298543	,121377	,316228	,190421	,209198	,353553
4	,156787	,171835	,269245	,150656	,223607	-,137056	,091469	,353553
5	,153406	,206718	-,193353	,263398	0	-,066342	-,298402	0
6	,098346	,157193	-,237023	,268090	0	,290497	-,328833	0
7	,099671	,139886	-,273821	,192053	0	,447392	-,104448	0
8	,158139	,151251	-,302681	,058183	0	,296355	,200876	0
9	,192036	-,116022	-,142989	-,299529	,316228	-,027017	,082899	0
10	,158014	-,232877	-,092416	-,112941	,447214	-,039660	-,163740	0
11	,113391	-,285161	-,023958	,273962	,223607	-,079586	,040821	-,353553
12	,077206	-,231306	-,008058	,357769	0	-,079389	,333504	-,353553
13	,085285	-,224859	,008077	,333841	-,223607	-,024549	,367752	0
14	,142259	-,264500	,023976	,209383	-,316228	,047187	,117024	,353553
15	,280795	-,358353	,039181	,021874	-,223607	,086445	-,224387	,353553
16	,365730	-,128192	,092414	-,279878	-,316228	,091211	-,108422	0
17	,324191	,098642	,332384	-,101431	-,223607	,028976	-,173739	-,353553
18	,302097	,258095	,232140	,134568	0	-,370199	-,097140	0
19	,296417	,298613	-,144078	,179388	0	-,377518	-,036735	0
20	,307273	,193616	-,322766	-,093208	0	-,058657	,350538	0
21	,336156	-,022947	-,189416	-,395920	0	,004222	,265299	0
22	,214586	-,397463	-,039164	,107656	,316228	-,025006	-,283496	0

	9	10	11	12	13	14	15	16
9	,857702	,710684	,531921	-,531921	-,710684	-,857702	-1,000000	-1,225088
1	,120318	,228387	-,249885	-,249885	,228387	,120318	-,353553	-,007283
2	,173701	,343790	,010162	-,010162	-,343790	-,173701	0	-,164817
3	,028666	,015940	,255290	,255290	,015940	,028666	,353553	,209198
4	-,149114	-,332462	,125633	-,125633	,332462	,149114	-,353553	-,091469
5	,410541	,181773	,178719	,178719	,181773	,410541	0	-,298402
6	,266787	-,205513	,177864	-,177864	,205513	-,266787	0	,328833
7	-,181717	-,327828	-,084109	-,084109	-,327828	-,181717	0	-,104448
8	-,422646	-,027469	-,222604	,222604	,027469	,422646	0	-,200876
9	,361331	-,265785	-,175197	-,175197	-,265785	,361331	0	,082899
10	,127665	-,100770	-,380350	,380350	,100770	-,127665	0	,163740
11	-,211136	,043890	,317319	-,317319	-,043890	,211136	,353553	-,040821
12	,070740	-,162977	,195909	,195909	-,162977	,070740	-,353553	,333504
13	,271810	-,159715	-,213111	,213111	,159715	-,271810	0	-,367752
14	,162392	,049470	-,309267	-,309267	,049470	,162392	,353553	,117024
15	-,132526	,194873	,048605	-,048605	-,194873	,132526	-,353553	,224387
16	-,024228	-,105146	,362241	,362241	-,105146	-,024228	0	-,108422
17	-,070504	-,181479	-,143081	,143081	,181479	,070504	,353553	,173739
18	-,156561	-,252215	-,188464	-,188464	-,252215	-,156561	0	-,097140
19	,085335	,334696	-,082800	,082800	-,334696	-,085335	0	,036735
20	-,180787	,308306	-,034298	-,034298	,308306	-,180787	0	,350538
21	,182249	-,088119	,287159	-,287159	,088119	-,182249	0	-,265299
22	-,251832	,194169	-,027120	-,027120	,194169	-,251832	0	-,283496

3:4 9:10 Dibenzophenanthren

Z = 22

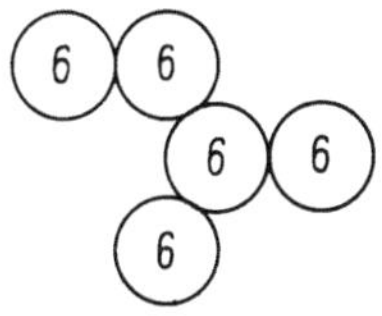

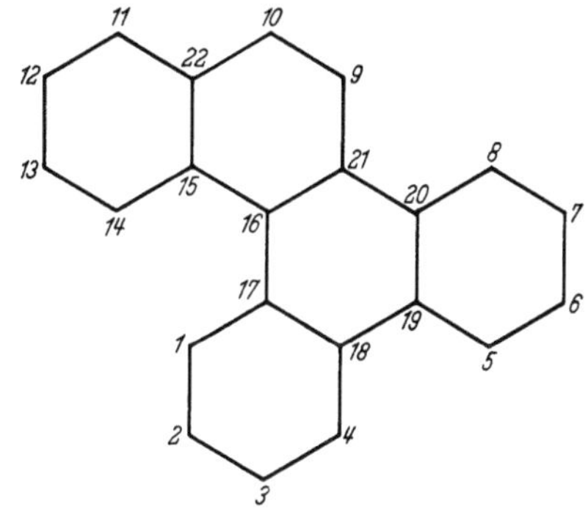

Eigenwerte und Hückelkoeffizienten

	17	18	19	20	21	22
17	-1.311719	-1.414214	-1.698870	-1.971009	-2.204962	-2.573324
1	.316997	0	-.027008	.330577	.087600	.166420
2	-.386835	-.223607	-.055548	-.319187	-.094511	-.104063
3	.190421	.316228	.121377	.298543	.120794	.101367
4	.137056	-.223607	-.150656	-.269245	-.171835	-.156787
5	-.066342	0	.263398	-.193353	.206718	.153406
6	-.290497	0	-.268090	.237023	-.157193	-.098346
7	.447392	0	.192053	-.273821	.139886	.099671
8	-.296355	0	-.058183	.302681	-.151251	-.158139
9	-.027017	.316228	-.299529	-.142989	-.116022	.192036
10	.039660	-.447214	.112941	.092416	.232877	-.158014
11	.079586	-.223607	-.273962	.023958	.285161	-.113391
12	-.079389	0	.357769	-.008058	-.231306	.077206
13	.024549	.223607	-.333841	-.008077	.224859	-.085285
14	.047187	-.316228	.209383	.023976	-.264500	.142259
15	-.086445	.223607	-.021874	-.039181	.358353	-.280795
16	.091211	-.316228	-.279878	.092414	-.128192	.365730
17	-.028976	.223607	.101431	-.332384	-.098642	-.324191
18	-.370199	0	.134568	.232140	.258095	.302097
19	.377518	0	-.179388	.144078	-.298613	-.296417
20	-.058657	0	-.093208	-.322766	.193616	.307273
21	-.004222	0	.395920	.189416	.022947	-.336156
22	-.025006	.316228	.107656	-.039164	-.397463	.214586

TOTALE PI ELEKTRONEN ENERGIE 30.998986

3:4 9:10 Dibenzophenanthren

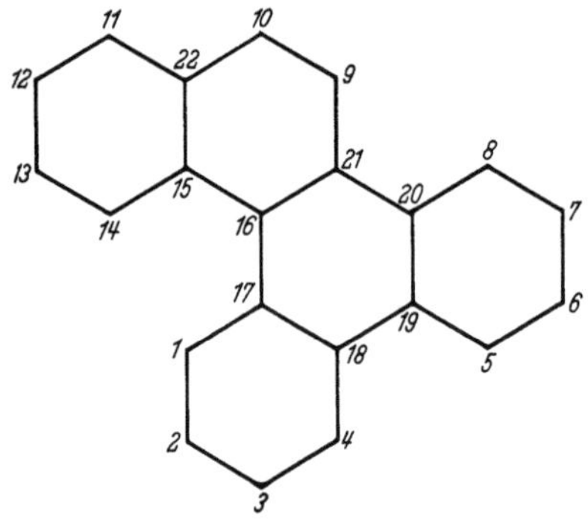

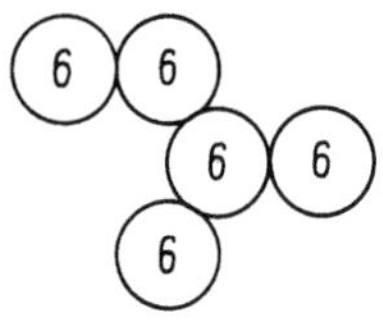

Z = 22

allgemeine Bindungsordnungen

	1	2	3	4	5	6	7	8
1	1.000000							
2	.695831	1.000000						
3	0	.631806	1.000000					
4	-.336589	0	.693127	1.000000				
5	0	.098381	0	-.140405	1.000000			
6	-.040519	0	.054080	0	.693671	1.000000		
7	0	-.084821	0	.099045	0	.632851	1.000000	
8	.057834	0	-.039856	0	-.337034	0	.694221	1.000000
9	0	-.019457	0	.042034	0	.077980	0	-.118193
10	.108813	0	-.097685	0	-.036338	0	.055948	0
11	-.033255	0	.035800	0	.012696	0	-.023987	0
12	0	-.028040	0	.017446	0	.047079	0	-.050173
13	.054338	0	-.046393	0	-.021334	0	.020893	0
14	0	.035984	0	-.012271	0	-.047520	0	.047516
15	-.103695	0	.070107	0	.036216	0	-.020897	0
16	0	-.100157	0	.017962	0	.121209	0	-.136131
17	.592971	0	-.272565	0	-.116885	0	.102135	0
18	0	-.275268	0	.599727	0	-.095440	0	.020405
19	.022015	0	-.096103	0	.598781	0	-.276215	0
20	0	.102799	0	-.118495	0	-.275664	0	.597510
21	-.137077	0	.120263	0	.019685	0	-.096160	0
22	0	.030585	0	-.022363	0	-.058370	0	.069433

	9	10	11	12	13	14	15	16
9	1.000000							
10	.745749	1.000000						
11	-.182155	0	1.000000					
12	0	-.148232	.715861	1.000000				
13	.159511	0	0	.612143	1.000000			
14	0	.058267	-.353193	0	.712874	1.000000		
15	-.232996	0	0	-.252462	0	.573736	1.000000	
16	0	-.293698	.064374	0	-.142125	0	.498767	1.000000
17	-.008807	0	0	.049123	0	-.085342	0	.452355
18	0	.117356	-.040717	0	.051569	0	-.086779	0
19	-.094633	0	0	-.055717	0	.062402	0	-.182194
20	0	-.104707	.043248	0	-.023550	0	.001716	0
21	.547466	0	0	.125588	0	-.131753	0	.599360
22	0	.530719	.564642	0	-.249475	0	.528285	0

	17	18	19	20	21	22
17	1.000000					
18	.553665	1.000000				
19	0	.436931	1.000000			
20	-.160027	0	.557096	1.000000		
21	0	-.178762	0	.439347	1.000000	
22	-.058721	0	.070944	0	-.200121	1.000000

3:4 9:10 Dibenzophenanthren

Z = 22

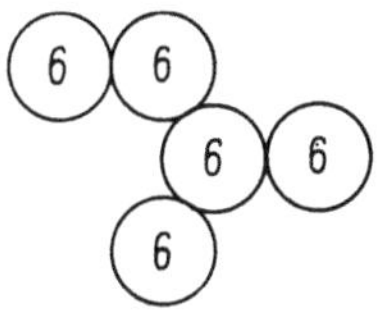

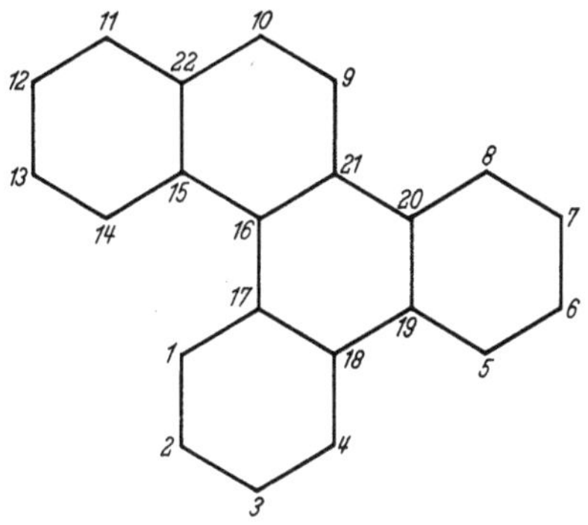

Atom- Atom Polarisierbarkeiten

	1	2	3	4	5	6	7	8
1	.432635							
2	-.182843	.404793						
3	.016704	-.130374	.408171					
4	-.112679	.015234	-.180535	.427561				
5	.000093	-.013270	.001840	-.018263	.428078			
6	-.004011	.000300	-.004687	.001679	-.180982	.406167		
7	.000376	-.011795	.000373	-.013432	.015337	-.131124	.405428	
8	-.004795	.000450	-.003938	.000099	-.112906	.015665	-.181483	.429115
9	.000615	-.001044	.001037	-.001944	.000089	-.007382	.001504	-.011344
10	-.018831	.000187	-.017620	.000756	-.003682	.001030	-.004890	.003192
11	-.003507	.000003	-.003516	.000199	-.000762	.000513	-.001068	.001053
12	.001149	-.001296	.000467	-.000896	.000250	-.004370	.000016	-.004528
13	-.004689	.000130	-.004206	.000058	-.000948	.000018	-.001000	.000142
14	.003287	-.001634	.001638	-.000822	.000578	-.004260	.000026	-.004099
15	-.008851	.000852	-.006240	.000058	-.001526	.000298	-.001084	.000110
16	.018512	-.008361	.006825	-.003898	.002928	-.020907	.000052	-.021335
17	-.113474	.008846	-.067951	.003858	-.013959	.000045	-.013503	.002242
18	.003443	-.069435	.010234	-.117782	.014177	-.007562	.004483	-.004022
19	-.004167	.004192	-.007686	.013818	-.117166	.009512	-.069929	.003772
20	.002078	-.013667	.000048	-.014337	.003871	-.069592	.009219	-.116275
21	-.021584	.000054	-.020666	.002393	-.003951	.005034	-.007698	.015105
22	.000537	-.001334	.000081	-.001126	.000173	-.005383	.000192	-.006218

	9	10	11	12	13	14	15	16
9	.428339							
10	-.234445	.448591						
11	-.037272	.026422	.441413					
12	.000154	-.023306	-.203837	.404794				
13	-.035415	.008075	.018103	-.115653	.407851			
14	.004387	-.015336	-.130160	.016817	-.201580	.435748		
15	-.048277	.006156	.003243	-.054656	.009025	-.099487	.343311	
16	.008339	-.092742	-.015689	.005582	-.022314	.020551	-.065381	.381071
17	-.001076	.003786	.000186	-.002521	.001237	-.005067	.007958	-.045645
18	.002862	-.020174	-.003937	.000235	-.004515	.001383	-.006806	.006078
19	-.007782	.000365	.000376	-.005061	.000037	-.005381	.001258	-.028793
20	.011719	-.009083	-.002028	.000641	-.001217	.000242	-.001137	.005063
21	-.083841	.017356	.005362	-.021791	.000338	-.020456	.003176	-.134384
22	.010773	-.075797	-.095098	.007809	-.053478	.003621	-.082000	.003648

	17	18	19	20	21	22
17	.345425					
18	-.098212	.352296				
19	.004378	-.040516	.349922			
20	-.019848	.004720	-.100136	.348729		
21	.005660	-.027758	.005184	-.041330	.357090	
22	-.002368	.000016	-.006197	.002319	-.033306	.333136

3:4 9:10 Dibenzophenanthren

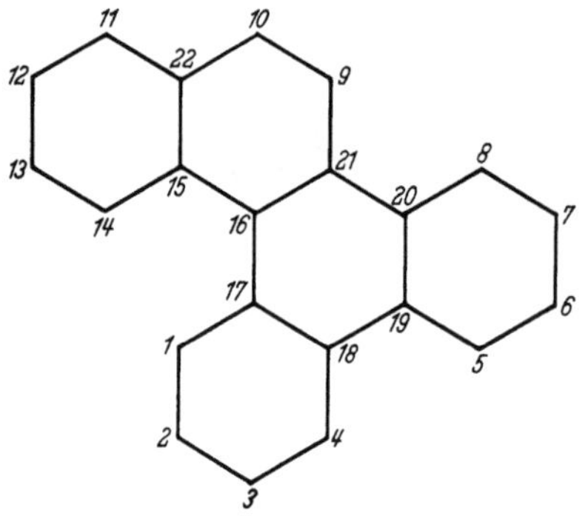

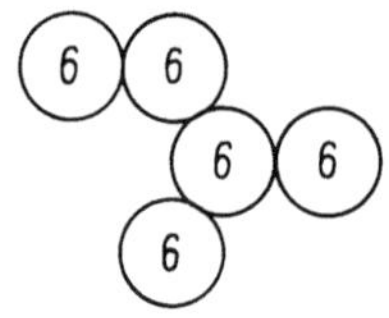

Z = 22

Bindungs- Bindungs Polarisierbarkeiten

	1 2	1 17	2 3	3 4	4 18	5 6	5 19	6 7
1 2	.235158							
1 17	-.192436	.271035						
2 3	-.212421	.119110	.276071					
3 4	.126850	-.079834	-.210513	.237071				
4 18	-.081718	.102214	.119934	-.196123	.269176			
5 6	.006959	-.006962	-.008574	.010603	-.016369	.235774		
5 19	-.006429	.006115	.012598	-.016567	.035081	-.194762	.268516	
6 7	-.006424	.006988	.007759	-.008663	.012560	-.210847	.120048	.274671
7 8	.007912	-.008915	-.006277	.006870	-.006132	.126929	-.081576	-.211259
8 20	-.009005	.011405	.006896	-.006954	.005881	-.081149	.103571	.119884
9 10	.004015	-.001639	-.003814	.006459	-.007572	.004772	-.004640	-.007099
9 21	-.004358	.001230	.004314	-.007760	.009923	-.004510	.004103	.010191
10 22	-.005316	.007536	.004935	-.004201	.004723	-.003892	.004191	.005562
11 12	-.002005	.002804	.002039	-.001470	.001659	-.001362	.001474	.002241
11 22	.002010	-.002434	-.002052	.001849	-.002122	.001533	-.001577	-.002682
12 13	.002847	-.004412	-.002561	.001750	-.001844	.001980	-.002240	-.002092
13 14	-.003381	.006093	.002993	-.001461	.001515	-.001931	.002327	.002037
14 15	.005363	-.010976	-.004307	.001771	-.001716	.002869	-.003630	-.002203
15 16	-.012510	.028515	.009483	-.003833	.003603	-.006545	.008476	.004613
15 22	.003964	-.006510	-.003136	.002515	-.002568	.003065	-.003536	-.002136
16 17	.041889	-.120105	-.030803	.008710	-.007007	.017075	-.023118	-.016714
16 21	-.014130	.032270	.013194	-.004075	.004311	-.004447	.004954	.012431
17 18	.088610	-.132681	-.059198	.090257	-.136597	-.010662	.025120	.010090
18 19	.010919	-.009276	-.029345	.040564	-.113504	.039945	-.113194	-.029124
19 20	-.003821	.004201	.010378	-.011114	.025647	.090868	-.137229	-.060398
20 21	.017458	-.023338	-.016702	.017299	-.022953	.009637	-.008075	-.029434

	7 8	8 20	9 10	9 21	10 22	11 12	11 22	12 13
7 8	.235321							
8 20	-.194018	.269027						
9 10	.009036	-.015568	.203413					
9 21	-.013869	.031165	-.197057	.306338				
10 22	-.006249	.009970	-.183399	.100370	.305679			
11 12	-.002318	.003687	-.031190	.029100	.055442	.218004		
11 22	.002957	-.004969	.060778	-.041632	-.141507	-.184758	.284262	
12 13	.002151	-.002604	.029441	-.027818	-.041882	-.211083	.113569	.290653
13 14	-.001958	.002363	-.015848	.025937	.019349	.125071	-.075231	-.209311
14 15	.002115	-.001773	.018195	-.033831	-.018533	-.076894	.097015	.114648
15 16	-.004583	.003240	-.059190	.083254	.082879	.021519	-.021018	-.040696
15 22	.002367	-.001673	.061959	-.034419	-.110828	.072088	-.113971	-.045674
16 17	.017054	-.023072	.000473	.002600	-.017568	-.005978	.005026	.009945
16 21	-.012998	.029329	.086220	-.141637	-.047191	-.012108	.015558	.020933
17 18	-.003383	.003732	.000153	-.001094	.006438	.002929	-.002530	-.003675
18 19	.010119	-.008535	.013161	-.018254	-.011111	-.004097	.004705	.004854
19 20	.090504	-.136404	-.010352	.021958	.008257	.003593	-.004431	-.002324
20 21	.040198	-.114428	.039293	-.104245	-.023654	-.008385	.011650	.005444

	13 14	14 15	15 16	15 22	16 17	16 21	17 18	18 19
13 14	.219531							
14 15	-.189206	.284578						
15 16	.054302	-.133239	.294558					
15 22	.073520	-.117888	-.100181	.256121				
16 17	-.014547	.020653	-.095766	.017105	.315737			
16 21	-.019634	.037573	-.119514	.046045	-.106540	.234052		
17 18	.005221	-.008469	.021128	-.004096	-.097041	.034530	.250547	
18 19	-.005105	.007233	-.016866	.006477	.056092	-.022327	-.088998	.310572
19 20	.002428	-.001510	.001622	-.000406	-.019119	.032329	.027883	-.090109
20 21	-.005073	.003162	-.003253	.001797	.056017	-.099129	-.018214	.055204

	19 20	20 21
19 20	.249184	
20 21	-.091635	.311359

Naphtho[2,1-a]-naphthacen

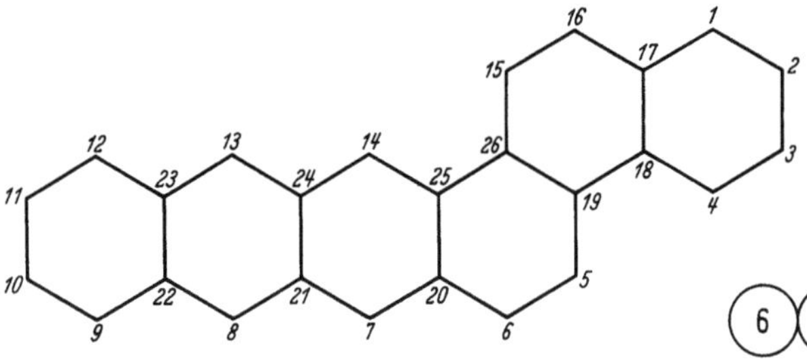

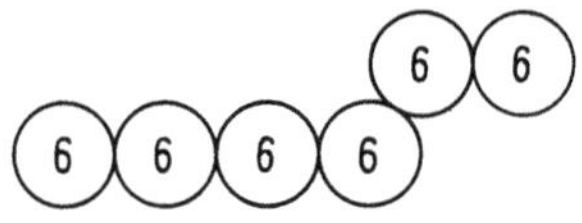

Z = 26

Eigenwerte und Hückelkoeffizienten

	1	2	3	4	5	6	7	8
1	2.537756	2.370553	2.121162	1,798832	1,576552	1.414214	1.414214	1,214014
1	.109337	.161417	.233063	.237550	.030412	.108912	.256741	.169140
2	.075019	.120441	.200433	.260154	.170476	.272992	.159610	-.097028
3	.081044	.124095	.192087	.230423	.238352	.277156	-.031018	-.286934
4	.130650	.173732	.207015	.154338	.205298	.118966	-.203476	-.251313
5	.193921	.120957	-.076455	-.207712	.261941	-.108912	-.256741	.194096
6	.189483	.040554	-.185206	-.137058	.361234	0	0	.308740
7	.208304	-.121276	-.194500	.168935	.229808	-.118966	.203476	.118862
8	.156988	-.246752	.080998	.128345	.080188	-.391958	.043866	-.166353
9	.083068	-.196308	.218170	-.209257	.121575	-.118966	.203476	-.285305
10	.054094	-.143090	.194796	-.264571	.119990	.108912	.256741	-.180828
11	.054211	-.142893	.195024	-.266661	.067595	.272992	.159610	.065777
12	.083479	-.195646	.218881	-.215108	-.013423	.277156	-.031018	.260682
13	.159860	-.242787	.084280	.110588	-.198186	.168244	-.287759	.209201
14	.227935	-.098189	-.180048	.120902	-.209220	.277156	-.031018	-.168802
15	.188165	.146502	.010219	-.138495	-.364464	-.118966	.203476	-.040016
16	.153922	.172411	.143389	.015934	-.308898	-.168244	.287759	.216102
17	.202451	.262206	.293932	.167159	-.122530	-.118966	.203476	.302367
18	.250513	.287747	.247025	.047206	.085312	-.108912	-.256741	-.018164
19	.302641	.246180	.023034	-.236582	.051730	-.154025	-.363086	-.073105
20	.286941	-.024822	-.316398	-.038831	.307563	.108912	.256741	.180719
21	.241685	-.262669	-.096169	.342718	.054741	-.277156	.031018	-.036419
22	.156711	-.322270	.267979	-.111847	.071680	-.277156	.031018	-.165536
23	.157639	-.320897	.269257	-.120282	-.088757	.118966	-.203476	.250695
24	.248046	-.254643	-.090487	.319212	-.223694	.118966	-.203476	.003278
25	.330398	.021881	-.291425	-.101729	-.106153	.272992	.159610	-.208206
26	.323594	.174880	-.121713	-.265064	-.265699	0	0	-.264682

	9	10	11	12	13	14	15	16
9	1,117257	,913715	,826433	,622629	,303320	-,303320	-.622629	-,826433
1	.132196	.281463	.172236	.321437	.119357	.119357	.321437	.172236
2	.274404	.075931	.369990	.094549	.081495	-.081495	-.094549	-.369990
3	.174384	-.212084	.133536	-.262569	-.094638	-.094638	-.262569	.133536
4	-.079572	-.269715	-.259631	-.258031	-.110201	.110201	.258031	.259631
5	.026138	.238659	.321030	-.120720	-.198583	-.198583	-.120720	.321030
6	.117083	.160991	.065715	-.291060	-.234294	.234294	.291060	-.065715
7	-.128269	-.304264	-.027735	.045635	.375706	-.375706	-.045635	.027735
8	.091603	-.078936	.085571	.194678	-.376739	.376739	-.194678	-.085571
9	-.029838	.320630	-.096348	-.209656	.233471	-.233471	.209656	.096348
10	-.383665	.178637	.093457	-.162834	.171531	.171531	-.162834	.093457
11	-.398814	-.157407	.173584	.108271	-.181442	.181442	-.108271	-.173584
12	-.061913	-.322462	.049999	.230247	-.226566	-.226566	.230247	.049999
13	.079879	.082744	.013777	-.240696	.361470	.361470	-.240696	.013777
14	-.100480	.298180	-.138861	.036624	-.348846	-.348846	.036624	-.138861
15	.115005	-.255711	.217509	-.328244	-.013645	.013645	.328244	-.217509
16	-.010474	-.081497	-.012268	-.357606	-.194306	-.194306	-.357606	-.012268
17	-.126707	.181246	-.227648	.105588	-.045292	.045292	-.105588	.227648
18	-.263287	-.034359	-.348104	.101911	.061212	.061212	.101911	-.348104
19	-.087880	.057075	.199595	.215896	.174060	-.174060	-.215896	-.199595
20	.104673	-.091559	-.266721	-.060502	.127517	.127517	-.060502	-.266721
21	-.247983	-.186452	.243800	.088916	-.013558	-.013558	.088916	.243800
22	.350328	.114327	-.173082	.032296	-.100714	-.100714	.032296	-.173082
23	.329641	-.137232	-.132263	.035087	.112720	-.112720	-.035087	.132263
24	-.240395	.212836	.143649	-.184951	-.003079	.003079	.184951	-.143649
25	.128133	.059615	-.258408	.207754	-.102733	.102733	-.207754	.258408
26	.138964	-.152150	.192025	.153232	.190168	.190168	.153232	.192025

Naphtho[2,1-a]-naphthacen

Z = 26

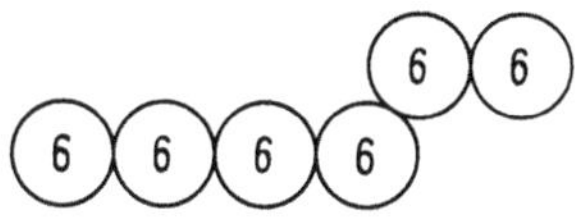

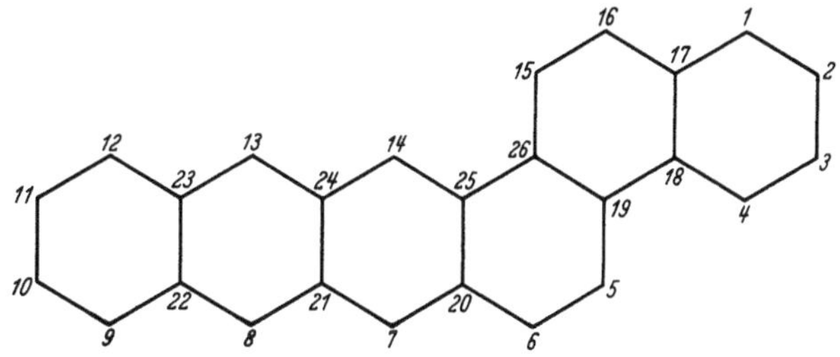

Eigenwerte und Hückelkoeffizienten

	17	18	19	20	21	22	23	24
17	-.913715	-1.117257	-1.214014	-1.414214	-1.414214	-1.576552	-1.798832	-2.121162
1	.281463	.132196	.169140	.278876	.002384	.030412	.237550	.233063
2	-.075931	-.274404	.097028	-.255153	.186808	-.170476	-.260154	-.200433
3	-.212084	.174384	-.286934	.081964	-.266570	.238352	.230423	.192087
4	.269715	.079572	.251313	.139238	.190180	-.205298	-.154338	-.207015
5	.238659	.026138	.194096	-.278876	-.002384	.261941	-.207712	-.076455
6	-.160991	-.117083	-.308740	0	0	-.361234	.137058	.185206
7	.304264	.128269	-.118862	-.139238	-.190180	-.229808	-.168935	.194500
8	.078936	-.091603	.166353	.115914	-.376987	-.080188	-.128345	-.080998
9	-.320630	.029838	.285305	-.139238	-.190180	-.121575	.209257	-.218170
10	.178637	-.383665	-.180828	.278876	.002384	.119990	-.264571	.194796
11	.157407	.398814	-.065777	-.255153	.186808	-.067595	.266661	-.195024
12	-.322462	-.061913	.260682	.081964	-.266570	-.013423	-.215108	.218881
13	.082744	.079879	.209201	-.196913	-.268954	-.198186	.110588	.084280
14	.298180	-.100480	-.168802	.081964	-.266570	-.209220	.120902	-.180048
15	.255711	-.115005	.040016	-.139238	-.190180	.364464	.138495	-.010219
16	-.081497	-.010474	.216102	.196913	.268954	-.308898	.015934	.143389
17	-.181246	.126707	-.302367	-.139238	-.190180	.122530	-.167159	-.293932
18	-.034359	-.263287	-.018164	-.278876	-.002384	.085312	.047206	.247025
19	-.057075	.087880	.073105	.394391	.003372	-.051730	.236582	-.023034
20	-.091559	.104673	.180719	.278876	.002384	.307563	-.038831	-.316398
21	-.186452	-.247983	-.036419	-.081964	.266570	.054741	.342718	-.096169
22	.114327	.350328	-.165536	-.081964	.266570	.071680	-.111847	.267979
23	.137232	-.329641	-.250695	.139238	.190180	.088757	.120282	-.269257
24	-.212836	.240395	-.003278	.139238	.190180	.223694	-.319212	.090487
25	-.059615	-.128133	.208206	-.255153	.186808	.106153	.101729	.291425
26	-.152150	.138964	-.264682	0	0	-.265699	-.265064	-.121713

	25	26
25	-2.370553	-2.537756
1	.161417	.109337
2	-.120441	-.075019
3	.124095	.081044
4	-.173732	-.130650
5	.120957	.193921
6	-.040554	-.189483
7	.121276	-.208304
8	.246752	-.156988
9	.196308	-.083068
10	-.143090	.054094
11	.142893	-.054211
12	-.195646	.083479
13	-.242787	.159860
14	-.098189	.227935
15	-.146502	-.188165
16	.172411	.153922
17	-.262206	-.202451
18	.287747	.250513
19	-.246180	-.302641
20	-.024822	.286941
21	-.262669	.241685
22	-.322270	.156711
23	.320897	-.157639
24	.254643	-.248046
25	-.021881	-.330398
26	.174880	.323594

TOTALE PI ELEKTRONEN ENERGIE 36.461302

Naphtho[2,1-a]-naphthacen

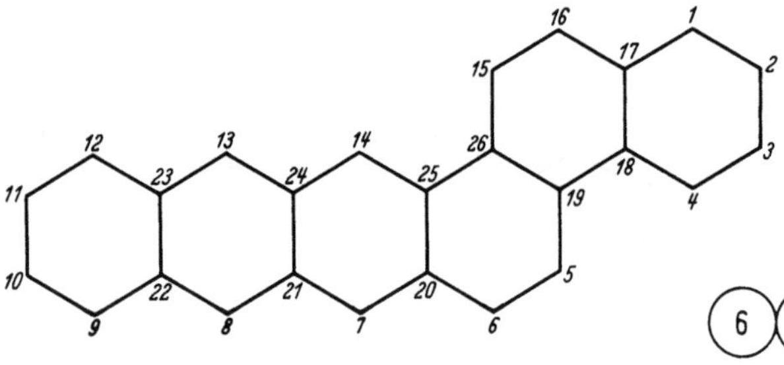

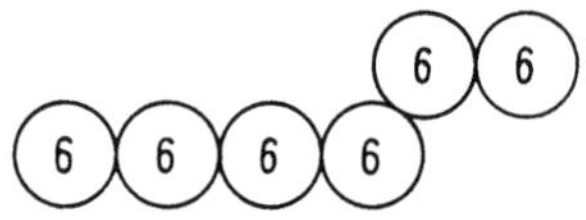

Z = 26

allgemeine Bindungsordnungen

	1	2	3	4	5	6	7	8
1	1.000000							
2	.714263	1.000000						
3	0	.614546	1.000000					
4	-.351109	0	.709278	1.000000				
5	0	.062681	0	-.108040	1.000000			
6	-.069332	0	.088781	0	.766136	1.000000		
7	.033031	0	-.048593	0	-.231001	0	1.000000	
8	-.016368	0	.025530	0	.100455	0	0	1.000000
9	.006879	0	-.010994	0	-.039818	0	0	0
10	0	.014392	0	-.012616	0	-.021335	.081369	-.207347
11	-.010242	0	.012770	0	.048330	0	0	0
12	0	-.011865	0	.009038	0	.005305	-.038249	.102614
13	0	.028658	0	-.022903	0	-.016757	.109611	-.408620
14	0	-.058427	0	.050958	0	.052954	-.391948	.112369
15	-.182622	0	.159236	0	-.012366	0	0	0
16	0	-.143355	0	.051198	0	.194017	-.087237	.042275
17	.565923	0	-.251393	0	-.071599	0	0	0
18	0	-.256378	0	.580122	0	-.142222	.073811	-.037464
19	.060413	0	-.134140	0	.519945	0	0	0
20	0	-.043232	0	.054599	0	.503807	.632366	-.164189
21	0	.027669	0	-.029381	0	-.102443	.574156	.589353
22	0	-.018508	0	.017446	0	.038709	-.148992	.614478
23	.013883	0	-.015597	0	-.064739	0	0	0
24	-.023452	0	.021352	0	.105612	0	0	0
25	.047132	0	-.028820	0	-.197717	0	0	0
26	0	.119970	0	-.123694	0	-.270358	.068309	-.028293

	9	10	11	12	13	14	15	16
9	1.000000							
10	.739629	1.000000						
11	0	.582417	1.000000					
12	-.369424	0	.739292	1.000000				
13	.103028	0	-.206933	0	1.000000			
14	-.040144	0	.081585	0	0	1.000000		
15	0	.024539	0	-.024046	.060897	-.143248	1.000000	
16	-.017558	0	.024340	0	0	0	.745964	1.000000
17	0	-.017756	0	.015505	-.038227	.082107	0	.526656
18	.015824	0	-.016349	0	0	0	-.231732	0
19	0	.029847	0	-.021714	.057630	-.145060	0	-.277982
20	.057191	0	-.064360	0	0	0	-.063975	0
21	-.124814	0	.107479	0	0	0	.045047	0
22	.531945	0	-.212212	0	0	0	-.031065	0
23	0	-.212548	0	.532696	.613117	-.147518	0	-.032881
24	0	.108643	0	-.126512	.593059	.567861	0	.055551
25	0	-.067202	0	.060580	-.172715	.651257	0	-.116692
26	.011032	0	-.023848	0	0	0	.546336	0

	17	18	19	20	21	22	23	24
17	1.000000							
18	.531604	1.000000						
19	0	.482528	1.000000					
20	.054062	0	-.166389	1.000000				
21	-.034458	0	.077508	0	1.000000			
22	.022901	0	-.042810	0	0	1.000000		
23	0	.019178	0	.091996	-.169626	.478098	1.000000	
24	0	-.022678	0	-.171857	.463675	-.170574	0	1.000000
25	0	.010683	0	.484120	-.175394	.095281	0	0
26	-.195047	0	.580220	0	0	0	.038667	-.092855

	25	26
25	1.000000	
26	.455805	1.000000

Naphtho[2,1-a]-naphthacen

Z = 26

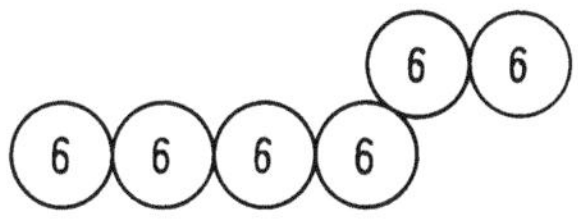

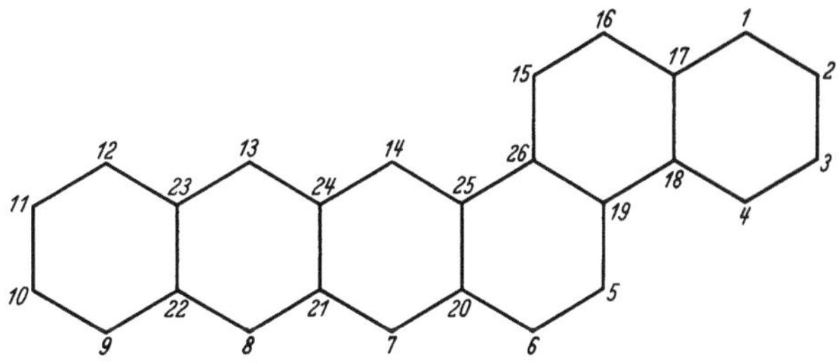

Atom- Atom Polarisierbarkeiten

	1	2	3	4	5	6	7	8
1	.442098							
2	-.202078	.403924						
3	.018581	-.117323	.409447					
4	-.128034	.016160	-.198095	.432537				
5	.000721	-.004233	.002829	-.008869	.439872			
6	-.012854	.001266	-.014984	.004980	-.264287	.460863		
7	-.005215	.001567	-.006233	.003130	-.076712	.044587	.545141	
8	-.001942	.000909	-.002281	.001425	-.024983	.012398	.071395	.551021
9	-.000445	.000253	-.000514	.000358	-.005390	.002595	.014342	.048676
10	.000202	-.000642	.000094	-.000563	.000987	-.002077	-.016875	-.060691
11	-.000505	.000128	-.000581	.000230	-.006274	.002057	.008612	.018233
12	.000290	-.000551	.000183	-.000472	.002260	-.001886	-.013629	-.045061
13	.001168	-.002512	.000636	-.002125	.008162	-.008111	-.062627	-.237536
14	.002753	-.007297	.001019	-.006173	.014225	-.022488	-.211633	-.063544
15	-.037444	.000178	-.035331	.004138	-.001118	.005086	.000097	.000327
16	.027606	-.021557	.009369	-.013617	.009040	-.063724	-.024069	-.008646
17	-.095962	.007668	-.054501	.003807	-.003656	.000125	.000955	.000724
18	.003172	-.056676	.009861	-.103362	.013985	-.021716	-.008673	-.003040
19	-.014290	.004698	-.019916	.017651	-.070368	.021933	.013370	.005997
20	.000116	-.002489	.000321	-.003312	.014217	-.063259	-.150658	-.035342
21	.000117	-.001328	.000003	-.001371	.000329	-.008799	-.099967	-.111245
22	.000169	-.000816	.000044	-.000742	.000369	-.003001	-.026578	-.133612
23	-.000627	.000061	-.000701	.000170	-.008150	.002298	.007649	.011460
24	-.001055	.000005	-.001020	.000047	-.014114	.003098	.005398	.005644
25	-.002530	.000583	-.001644	.000133	-.030201	.004354	.010865	.008294
26	.005987	-.019900	.000736	-.018032	.011357	-.078454	-.024242	-.008581

	9	10	11	12	13	14	15	16
9	.456968							
10	-.234527	.412851						
11	.023726	-.097245	.413419					
12	-.153700	.023361	-.234153	.456111				
13	-.045221	.017325	-.060471	.047228	.544691			
14	-.013862	.007458	-.016951	.012877	.064417	.522937		
15	.000143	-.001178	.000003	-.001146	-.005611	-.019024	.429585	
16	-.001948	.000680	-.002252	.001109	.004356	.009719	-.234693	.455741
17	.000220	-.000791	.000073	-.000694	-.003258	-.010045	.011120	-.073698
18	-.000665	.000037	-.000721	.000127	.000353	.000320	-.047805	.007535
19	.001499	-.002554	.000853	-.002104	-.009722	-.030580	.007584	-.082861
20	-.006984	.000664	-.008060	.002495	.008658	.012496	-.002716	.000431
21	-.015093	.000067	-.014304	.002425	.005949	.004672	-.002153	.000158
22	-.076012	.009515	-.033954	.002684	.010825	.006494	-.001470	.000481
23	.002725	-.034106	.009737	-.076415	-.132583	-.026141	.000071	-.002849
24	.002343	-.014651	.000070	-.015593	-.113763	-.096265	.001320	-.004903
25	.002463	-.008588	.000564	-.007520	-.038326	-.163215	.013234	-.011863
26	-.001949	.001247	-.002235	.001775	.008097	.027829	-.083194	.020456

	17	18	19	20	21	22	23	24
17	.332842							
18	-.083753	.348129						
19	.003182	-.058622	.361391					
20	-.002901	.002195	-.019641	.337170				
21	-.001641	.000231	-.007059	.006062	.331036			
22	-.001013	.000012	-.003500	.000123	.005635	.333063		
23	.000013	-.000858	.000545	-.011190	-.021539	-.056190	.333675	
24	.000137	-.001145	.000054	-.022171	-.050401	-.021857	.005898	.333050
25	.002367	-.001509	.003786	-.058464	-.023184	-.011899	.000104	.007313
26	-.031317	.002587	-.121329	.002239	.001399	.001231	-.003061	-.007440

	25	26
25	.352017	
26	-.047134	.361926

Naphtho[2,1-a]-naphthacen

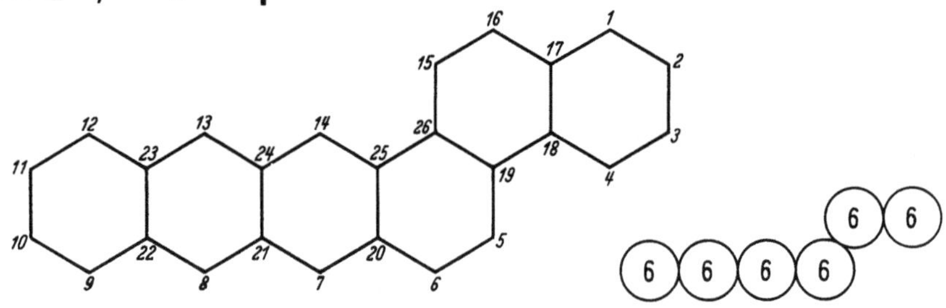

Z = 26

Bindungs- Bindungs Polarisierbarkeiten

	1 2	1 17	2 3	3 4	4 18	5 6	5 19	6 20
1 2	.219501							
1 17	-.184650	.283393						
2 3	-.211912	.113990	.289296					
3 4	.125212	-.075045	-.208809	.222483				
4 18	-.078100	.097450	.115798	-.192019	.282792			
5 6	.006732	-.005459	-.008797	.012568	-.019879	.185529		
5 19	-.007472	.005873	.012271	-.018365	.036395	-.190738	.327176	
6 20	-.004923	.004985	.006346	-.007590	.011392	-.177462	.087081	.325255
7 20	.002634	-.002504	-.004069	.004657	-.007204	.069586	-.045430	-.156508
7 21	-.001889	.002023	.002777	-.002824	.004159	-.028102	.024481	.050101
8 21	.000960	-.000975	-.001590	.001607	-.002421	.014146	-.013005	-.022722
8 22	-.000738	.000827	.001132	-.001033	.001479	-.006564	.007785	.009584
9 10	-.000267	.000308	.000414	-.000354	.000496	-.001719	.002487	.002294
9 22	.000308	-.000333	-.000510	.000469	-.000684	.002964	-.003433	-.004238
10 11	.000397	-.000476	-.000500	.000425	-.000539	.002079	-.003080	-.002580
11 12	-.000333	.000430	.000412	-.000308	.000375	-.000602	.002147	.000484
12 23	.000452	-.000598	-.000506	.000371	-.000425	.000489	-.002696	-.000126
13 23	-.000987	.001285	.001126	-.000869	.001034	-.002119	.006511	.001854
13 24	.001603	-.002162	-.001575	.001194	-.001274	.002157	-.009694	-.000823
14 24	-.002841	.003791	.002753	-.002249	.002469	-.008217	.019499	.008520
14 25	.005064	-.007064	-.003997	.003253	-.002863	.011505	-.032395	-.008689
15 16	-.030381	.060583	.028478	-.014018	.015745	.001010	-.002283	.010669
15 26	.028022	-.041058	-.026611	.023806	-.030907	-.002463	.005825	-.015319
16 17	.054205	-.141040	-.041128	.017248	-.016183	.014316	-.020665	-.012561
17 18	.073472	-.114901	-.046913	.076025	-.121544	-.009725	.020040	.008217
18 19	.021060	-.020273	-.039077	.052429	-.128399	.046749	-.113102	-.026044
19 26	-.010735	.014221	.018406	-.016558	.032098	.071229	-.127863	-.032343
20 25	.002608	-.002987	-.001548	.002016	-.001357	.045188	-.017103	-.089336
21 24	.001199	-.001406	-.001146	.001171	-.001328	.011939	-.010013	-.017931
22 23	.000603	-.000717	-.000700	.000635	-.000787	.004056	-.004894	-.005382
25 26	-.008803	.012488	.006188	-.005528	.004231	-.040397	.064658	.057795

	7 20	7 21	8 21	8 22	9 10	9 22	10 11	11 12
7 20	.260535							
7 21	-.169740	.303707						
8 21	.066593	-.179242	.293591					
8 22	-.029951	.064078	-.169284	.273980				
9 10	-.007776	.014248	-.030240	.069064	.198536			
9 22	.012653	-.025589	.057062	-.164080	-.177615	.307882		
10 11	.009116	-.014103	.029173	-.051234	-.207522	.101587	.315888	
11 12	-.004614	.006118	-.015954	.025154	.119122	-.063404	-.207319	.198948
12 23	.005225	-.005646	.018121	-.022469	-.063728	.077445	.101809	-.178250
13 23	-.014998	.019939	-.057491	.095540	.025482	-.022657	-.051244	.069257
13 24	.020397	-.019959	.084848	-.058430	-.016539	.018600	.029686	-.031009
14 24	-.055211	.080505	-.021073	.021187	.006822	-.006400	-.014467	.014721
14 25	.093797	-.057568	.022015	-.016601	-.005316	.005977	.009797	-.008554
15 16	-.005772	.005784	-.002803	.002585	.000993	-.001037	-.001453	.001435
15 26	.005047	-.005382	.001966	-.002056	-.000746	.000700	.001420	-.001404
16 17	.006913	-.005187	.002660	-.002083	-.000761	.000872	.001076	-.000953
17 18	-.005961	.004134	-.002457	.001740	.000641	-.000796	-.000705	.000611
18 19	.016139	-.009246	.005289	-.003245	-.001084	.001484	.001185	-.000863
19 26	.012235	-.007126	.003040	-.002098	-.000662	.000795	.001342	-.000937
20 25	-.128429	.065387	-.032268	.020093	.006465	-.008515	-.007705	.006623
21 24	.050678	-.101143	-.104837	.053268	.015074	-.021256	-.014410	.015214
22 23	.016956	-.027808	.059755	-.121988	.050382	-.086821	-.024405	.050536
25 26	-.014996	.013113	-.004468	.004358	.001501	-.001434	-.003240	.002918

Naphtho[2,1-a]-naphthacen

Z = 26

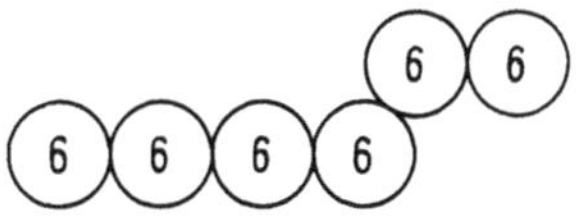

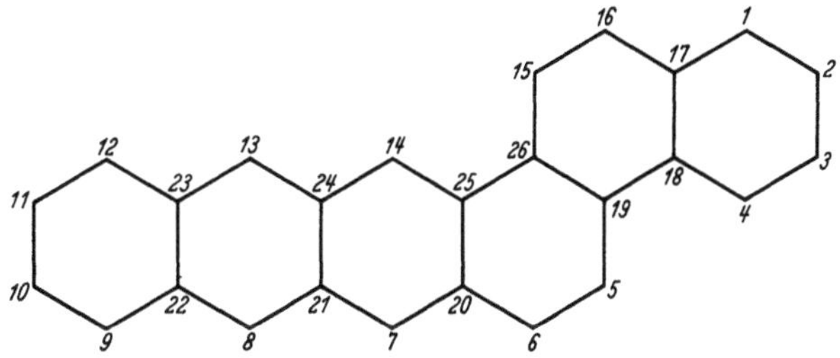

Bindungs- Bindungs Polarisierbarkeiten

	12 23	13 23	13 24	14 24	14 25	15 16	15 26	16 17
12 23	.307828							
13 23	-.163943	.274679						
13 24	.057967	-.171047	.292261					
14 24	-.025817	.064336	-.177562	.304815				
14 25	.013603	-.032001	.069648	-.175426	.254313			
15 16	-.002001	.004269	-.007220	.012588	-.024036	.206795		
15 26	.002169	-.004728	.009260	-.017840	.042611	-.199736	.310167	
16 17	.001290	-.002812	.004567	-.008098	.014608	-.182916	.099009	.309479
17 18	-.000725	.001606	-.002078	.003457	-.003933	.061629	-.033893	-.112355
18 19	.000999	-.002390	.003028	-.005678	.006315	-.054683	.077596	.079335
19 26	.001429	-.003310	.006495	-.013639	.033725	.081762	-.135560	-.042676
20 25	-.008865	.020722	-.033957	.068144	-.136240	-.004826	.013960	.005349
21 24	-.021567	.053827	-.106338	-.098683	.050737	-.003575	.005302	.002957
22 23	-.087162	-.121375	.060004	-.027676	.017652	-.002081	.002322	.001592
25 26	-.004671	.010504	-.022047	.047270	-.139935	.044496	-.111480	-.026057

	17 18	18 19	19 26	20 25	21 24	22 23	25 26
17 18	.256452						
18 19	-.095873	.295503					
19 26	.041626	-.106108	.240327				
20 25	.000588	.001089	.029440	.285897			
21 24	-.001156	.002765	.007123	-.016022	.281629		
22 23	-.000922	.001719	.002475	-.011430	-.015935	.277177	
25 26	.003697	-.006619	-.098154	-.072978	-.016137	-.005778	.309504

Benzo[b]picen

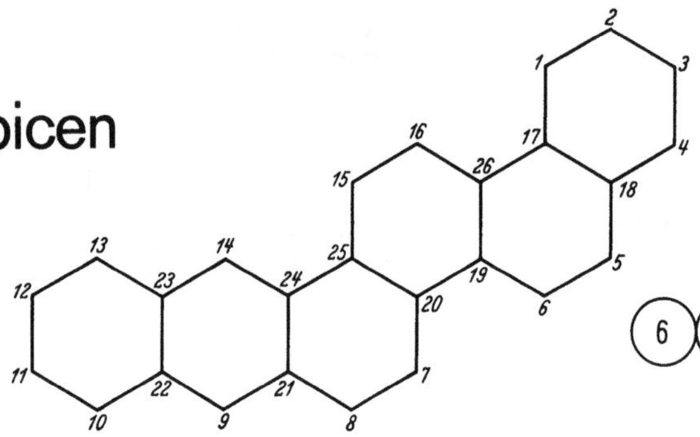

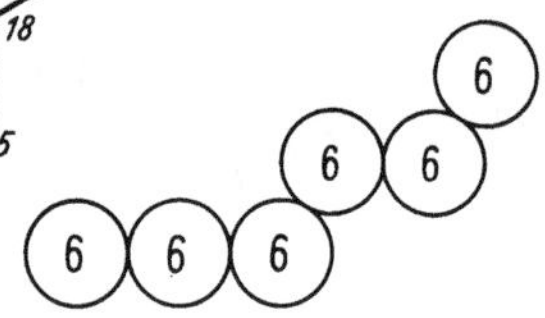

Z = 26

Eigenwerte und Hückelkoeffizienten

	1	2	3	4	5	6	7	8
1	2.550014	2,367657	2.113501	1,789379	1.568334	1,414214	1.414214	1,203713
1	.121246	.188132	.198552	.167592	.187549	.246809	.007821	.260333
2	.074459	.134868	.185739	.249997	.182274	.237245	.231237	.203360
3	.068626	.131188	.194009	.279747	.098318	.088707	.319198	-.015546
4	.100538	.175740	.224298	.250577	-.028079	-.111794	.220176	-.222073
5	.143500	.188252	.133678	.001277	-.307047	-.349040	-.011061	-.190987
6	.178181	.160811	.002483	-.166345	-.339197	-.246809	-.007821	.021872
7	.195494	-.037253	-.200262	.064074	-.259548	.237245	.231237	.151248
8	.173533	-.120877	-.133582	.236256	-.263246	.246809	.007821	.066195
9	.161364	-.234557	.101405	.154936	-.159658	.158101	-.311376	-.099115
10	.086630	-.187072	.242069	-.179795	-.093295	.246809	.007821	-.296366
11	.056445	-.136514	.215230	-.240281	-.049231	.237245	.231237	-.309002
12	.057305	-.136146	.212819	-.250160	.016085	.088707	.319198	-.075583
13	.089683	-.185832	.234564	-.207349	.074457	-.111794	.220176	.218021
14	.182897	-.227151	.067030	.072512	.180543	-.349040	-.011061	.236594
15	.202001	.016910	-.168303	-.098127	.367437	0	0	-.338403
16	.192762	.117915	-.072180	-.192848	.317334	.111794	-.220176	-.178243
17	.234720	.310565	.233900	.049889	.111865	.111794	-.220176	.110007
18	.187747	.284905	.280045	.168630	-.142356	-.246809	-.007821	-.251766
19	.310863	.192494	-.128430	-.298931	-.224926	0	0	.217315
20	.324979	.032674	-.289671	-.121604	-.143812	.088707	.319198	.115864
21	.247018	-.248942	-.082063	.358678	-.153310	.111794	-.220176	-.071568
22	.164463	-.306409	.296383	-.081439	-.097087	.111794	-.220176	-.047738
23	.171388	-.303842	.282932	-.120867	.100688	-.246809	-.007821	.338018
24	.295002	-.233975	-.141264	.250619	.182463	-.246809	-.007821	-.053228
25	.322344	-.077879	-.283529	.017262	.258930	-.111794	.220176	-.229096
26	.289545	.262274	.015751	-.246952	.130249	.158101	-.311376	.123849

	9	10	11	12	13	14	15	16
9	1.128488	.907511	.834776	.591503	.412894	-.412894	-.591503	-.834776
1	.037642	.304112	.184672	.299964	.022109	.022109	.299964	.184672
2	-.228782	.212928	-.181505	.220202	.125783	-.125783	-.220202	.181505
3	-.295820	-.110877	-.336188	-.169714	.029826	.029826	-.169714	-.336188
4	-.105048	-.313550	-.099137	-.320588	-.113468	.113468	.320588	.099137
5	.033840	.092883	-.024970	.351581	.198463	-.198463	-.351581	.024970
6	-.139088	.257966	-.274275	.227876	.158620	.158620	.227876	-.274275
7	.098638	-.306784	.210921	.057478	.254066	-.254066	-.057478	-.210921
8	.278735	-.221820	-.085817	.084758	.324827	.324827	.084758	-.085817
9	-.159156	-.015158	-.126931	.135711	-.409025	-.409025	.135711	-.126931
10	-.186669	.165012	.208179	-.157911	.280562	.280562	-.157911	.208179
11	.184864	.268985	-.002817	-.181022	.164780	-.164780	.181022	.002817
12	.395285	.079096	-.210531	.050836	-.212525	-.212525	.050836	-.210531
13	.261211	-.197205	-.172928	.211092	-.252530	.252530	-.211092	.172928
14	.020880	.082247	.051569	-.254923	.346166	-.346166	.254923	-.051569
15	-.065860	-.172470	-.062053	.352047	.097758	.097758	.352047	-.062053
16	.022452	-.270723	-.263486	.078948	.252266	-.252266	-.078948	.263486
17	.271261	.063057	.335665	-.042772	-.116654	.116654	.042772	-.335665
18	.177275	-.173673	.253431	-.019915	-.076676	-.076676	-.019915	.253431
19	-.190798	.141224	-.203988	-.216791	-.132969	.132969	.216791	.203988
20	-.167423	-.056590	.261889	-.050759	-.219924	-.219924	-.050759	.261889
21	.215911	.105480	-.282559	-.007344	-.119947	.119947	.007344	.282559
22	-.395517	-.119235	.176600	.087617	-.048937	.048937	-.087617	-.176600
23	-.100512	-.258062	.066174	.074026	.108257	.108257	.074026	.066174
24	.124074	.332702	-.023125	-.224813	.034673	.034673	-.224813	-.023125
25	-.096775	.114204	.211686	.129289	-.211903	.211903	-.129289	-.211686
26	.091197	-.073214	-.157899	-.305349	.006402	.006402	-.305349	-.157899

Benzo[b]picen

Z = 26

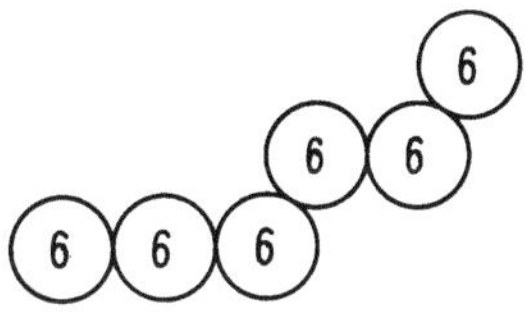

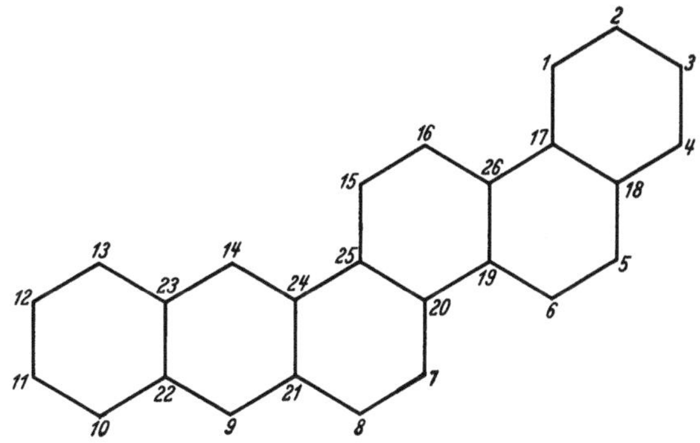

Eigenwerte und Hückelkoeffizienten

	17	18	19	20	21	22	23	24
17	-.907511	-1.128488	-1.203713	-1.414214	-1.414214	-1.568334	-1.789379	-2.113501
1	.304112	.037642	.260333	.230828	.087716	.187549	.167592	.198552
2	-.212928	.228782	-.203360	-.149077	-.295858	-.182274	-.249997	-.185739
3	-.110877	-.295820	-.015546	-.020001	.330690	.098318	.279747	.194009
4	.313550	.105048	.222073	.177362	-.171809	.028079	-.250577	-.224298
5	-.092883	-.033840	.190987	.326440	.124050	.307047	-.001277	-.133678
6	.257966	-.139088	.021872	-.230828	-.087716	-.339197	-.166345	.002483
7	.306784	-.098638	-.151248	-.149077	-.295858	.259548	-.064074	.200262
8	-.221820	.278735	.066195	.230828	.087716	-.263246	.236256	-.133582
9	-.015158	-.159156	-.099115	.250828	-.242974	-.159658	.154936	.101405
10	.165012	-.186669	-.296366	.230828	.087716	-.093295	-.179795	.242069
11	-.268985	-.184864	.309002	-.149077	-.295858	.049231	.240281	-.215230
12	.079096	.395285	-.075583	-.020001	.330690	.016085	-.250160	.212819
13	.197205	-.261211	-.218021	.177362	-.171809	-.074457	.207349	-.234564
14	-.082247	-.020880	-.236594	.326440	.124050	-.180543	-.072512	-.067030
15	-.172470	-.065860	-.338403	0	0	.367437	-.098127	-.168303
16	.270723	-.022452	.178243	-.177362	.171809	-.317334	.192848	.072180
17	-.063057	-.271261	-.110007	-.177362	.171809	-.111865	-.049889	-.233900
18	-.173673	.177275	-.251766	-.230828	-.087716	-.142356	.168630	.280045
19	-.141224	.190798	-.217315	0	0	.224926	.298931	.128430
20	-.056590	-.167423	.115864	-.020001	.330690	-.143812	-.121604	-.289671
21	-.105480	-.215911	.071568	-.177362	.171809	.153310	-.358678	.082063
22	.119235	.395517	.047738	-.177362	.171809	.097087	.081439	-.296383
23	-.258062	-.100512	.338018	-.230828	-.087716	.100688	-.120867	.282932
24	.332702	.124074	-.053228	-.230828	-.087716	.182463	.250619	-.141264
25	-.114204	.096775	.229096	.177362	-.171809	-.258930	-.017262	.283529
26	-.073214	.091197	.123849	.250828	-.242974	.130249	-.246952	.015751

	25	26
25	-2.367657	-2.550014
1	.188132	.121246
2	-.134868	-.074459
3	.131188	.068626
4	-.175740	-.100538
5	-.188252	-.143500
6	.160811	.178181
7	.037253	-.195494
8	-.120877	.173533
9	-.234557	.161364
10	-.187072	.086630
11	.136514	-.056445
12	-.136146	.057305
13	.185832	-.089683
14	.227151	-.182897
15	.016910	.202001
16	-.117915	-.192762
17	-.310565	-.234720
18	.284905	.187747
19	-.192494	-.310863
20	.032674	.324979
21	.248942	-.247018
22	.306409	-.164463
23	-.303842	.171388
24	-.233975	.295002
25	.077879	-.322344
26	.262274	.289545

TOTALE PI ELEKTRONEN ENERGIE 36.592395

Benzo[b]picen

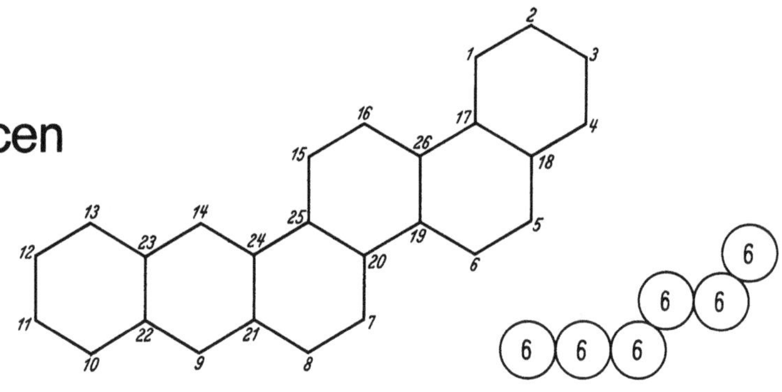

Z = 26

allgemeine Bindungsordnungen

	1	2	3	4	5	6	7	8
1	1.000000							
2	.704247	1.000000						
3	0	.619717	1.000000					
4	-.346915	0	.709633	1.000000				
5	.041581	0	-.133079	0	1.000000			
6	0	.165501	0	-.189099	.759/31	1.000000		
7	.021912	0	-.027326	0	0	-.097283	1.000000	
8	0	.041616	0	-.045974	.103565	0	.767719	1.000000
9	0	-.022285	0	.027581	-.056242	0	-.224164	0
10	0	.009794	0	-.012675	.024669	0	.081477	0
11	-.016210	0	.014791	0	0	.015044	0	.047862
12	0	-.011212	0	.011893	-.025197	0	-.087757	0
13	.016501	0	-.014111	0	0	-.010349	0	-.012155
14	-.038738	0	.033153	0	0	.030639	0	.046526
15	0	.078222	0	-.062063	.175665	0	-.003749	0
16	-.125995	0	.080869	0	0	.010229	0	.182734
17	.586285	0	-.262385	0	0	-.238278	0	-.042528
18	0	-.256999	0	.571168	.515148	0	.045826	0
19	-.114357	0	.109481	0	0	.53044/	0	-.155529
20	0	-.047030	0	.064474	-.155022	0	.519060	0
21	-.022824	0	.022968	0	0	.045319	0	.503196
22	.018783	0	-.017672	0	0	-.023300	0	-.104815
23	0	.013602	0	-.012232	.028620	0	.120039	0
24	0	-.019187	0	.010598	-.032768	0	-.207711	0
25	.076715	0	-.064710	0	0	-.089845	0	-.260481
26	0	-.123347	0	.051312	-.257056	0	-.078966	0

	9	10	11	12	13	14	15	16
9	1.000000							
10	0	1.000000						
11	-.190776	.732740	1.000000					
12	0	0	.591747	1.000000				
13	.090591	-.364642	0	.731546	1.000000			
14	-.380983	.092236	0	-.189132	0	1.000000		
15	0	0	-.046173	0	.053177	-.147366	1.000000	
16	-.078023	.031048	0	-.041156	0	0	.725880	1.000000
17	.018244	-.007220	0	.011503	0	0	-.127502	0
18	0	0	-.015573	0	.013772	-.034787	0	-.091620
19	.078260	-.032925	0	.029892	0	0	-.255281	0
20	0	0	-.054142	0	.044437	-.134197	0	-.265450
21	.622544	-.138430	0	.123464	0	0	-.073997	0
22	.593115	.540770	0	-.223649	0	0	.056694	0
23	0	0	-.224844	0	.543609	.587285	0	.058507
24	0	0	.127948	0	-.145456	.640925	0	-.115065
25	.060720	-.020527	0	.048160	0	0	.561662	0
26	0	0	.036066	0	-.035826	.090808	0	.559394

	17	18	19	20	21	22	23	24
17	1.000000							
18	.537950	1.000000						
19	0	-.182793	1.000000					
20	.031300	0	.498341	1.000000				
21	0	-.030763	0	-.167351	1.000000			
22	0	.020347	0	.082168	0	1.000000		
23	-.017057	0	-.031631	0	-.190484	.493207	1.000000	
24	.034340	0	.018880	0	.496951	-.194670	0	1.000000
25	0	.077720	0	.568081	0	0	-.096001	.455364
26	.469281	0	.559454	0	.063644	-.045162	0	0

	25	26
25	1.000000	
26	-.216297	1.000000

Benzo[b]picen

Z = 26

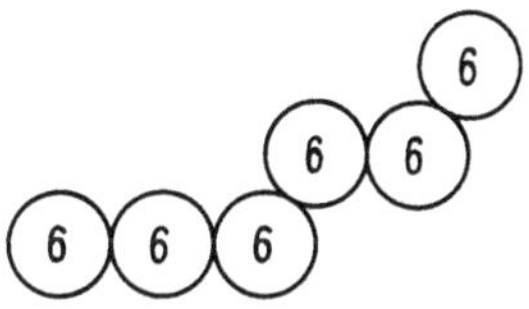

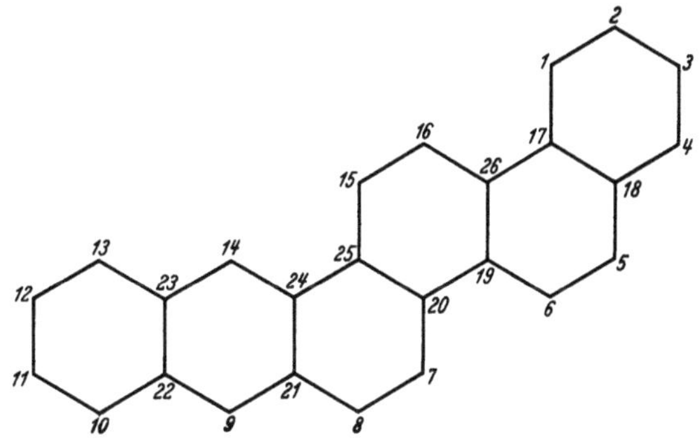

Atom- Atom Polarisierbarkeiten

	1	2	3	4	5	6	7	8
1	.430645							
2	-.192206	.409195						
3	.015585	-.121172	.403157					
4	-.123083	.018203	-.196550	.440901				
5	-.009596	.008828	-.016940	.026216	.451036			
6	.004232	-.039319	.000187	-.041562	-.252896	.432774		
7	-.000685	.000411	-.001050	.001028	.004202	-.006778	.438104	
8	.000058	-.004523	.000061	-.004775	-.020914	.004360	-.265199	.458189
9	.000041	-.001677	.000173	-.001899	-.007741	.001855	-.067841	.039010
10	.000032	-.000379	.000071	-.000439	-.001737	.000441	-.013599	.006611
11	-.000601	.000026	-.000543	.000002	.000030	-.000501	.000518	-.004625
12	.000001	-.000413	.000009	-.000436	-.001822	.000244	-.014993	.004050
13	-.000609	.000077	-.000513	.000016	.000193	-.000372	.003259	-.003510
14	-.002791	.000245	-.002363	.000026	.000453	-.001876	.010068	-.016411
15	.003169	-.010691	.000544	-.009369	-.047450	.006145	-.002139	.005761
16	-.013489	.002629	-.008403	.000344	.007260	-.004463	.007821	-.053955
17	-.107837	.009913	-.060834	.003201	.007413	-.052116	.000209	-.004760
18	.003954	-.058387	.007533	-.099751	-.067853	.011497	-.002146	.000628
19	-.013864	.000451	-.015235	.004978	.017377	-.074725	.015240	-.027981
20	.000053	-.005199	.000446	-.006172	-.027842	.015487	-.069605	.020106
21	-.000798	.000030	-.000870	.000220	.000568	-.002098	.013118	-.062715
22	-.000681	.000005	-.000648	.000026	.000017	-.000809	.000181	-.009602
23	.000052	-.000487	.000006	-.000466	-.002083	.000159	-.019904	.004402
24	.000551	-.000675	.000241	-.000503	-.002572	.000046	-.035089	.004855
25	-.007994	.000341	-.006847	.000152	.000189	-.007510	.009793	-.069167
26	.015859	-.015227	.003955	-.010309	-.064339	.007600	-.004925	.000045

	9	10	11	12	13	14	15	16
9	.518128							
10	.040608	.452378						
11	-.045912	-.224376	.409061					
12	.013555	.021542	-.102362	.410744				
13	-.032735	-.145679	.020602	-.223184	.449710			
14	-.182839	-.033152	.011456	-.045265	.036808	.498617		
15	.000144	.000113	-.003432	.000151	-.003964	-.020505	.435830	
16	-.017321	-.003729	.000622	-.004338	.001563	.006197	-.212805	.439711
17	-.001616	-.000358	.000127	-.000419	.000225	.000981	-.015856	.014619
18	.000527	.000162	-.000551	.000048	-.000479	-.002321	.000049	-.007894
19	-.009915	-.002164	.000015	-.002129	.000118	.000193	-.063189	.008506
20	.009896	.002530	-.005444	.000849	-.004407	-.023106	.007857	-.071565
21	-.139285	-.020747	.000105	-.020581	.003612	.009169	-.004281	.000226
22	-.114113	-.080633	.008369	-.039573	.002704	.007049	-.003934	.000251
23	.008491	.002652	-.040117	.008978	-.082177	-.110514	.001390	-.005808
24	.007660	.003316	-.021900	.000073	-.022696	-.151160	.013780	-.011639
25	-.017810	-.003755	.002028	-.004735	.003974	.023344	-.092422	.016697
26	.000618	.000291	-.002599	.000006	-.002536	-.012304	.015101	-.091042

	17	18	19	20	21	22	23	24
17	.348891							
18	-.088169	.332769						
19	.002644	-.025589	.354433					
20	-.005269	.002478	-.066934	.357761				
21	.000074	-.001234	.002335	-.019941	.334672			
22	.000101	-.000730	.000226	-.008296	.005390	.330724		
23	-.000568	.000007	-.002374	.000216	-.029859	-.063518	.333137	
24	-.001240	.000168	-.002733	.003225	-.064815	-.031253	.006636	.349653
25	.002976	-.007631	.002627	-.110024	.002173	.001935	-.008406	-.046827
26	-.052332	.002916	-.102310	.002902	-.004468	-.003189	.000157	.002897

	25	26
25	.358109	
26	-.041212	.354446

Benzo[b]picen

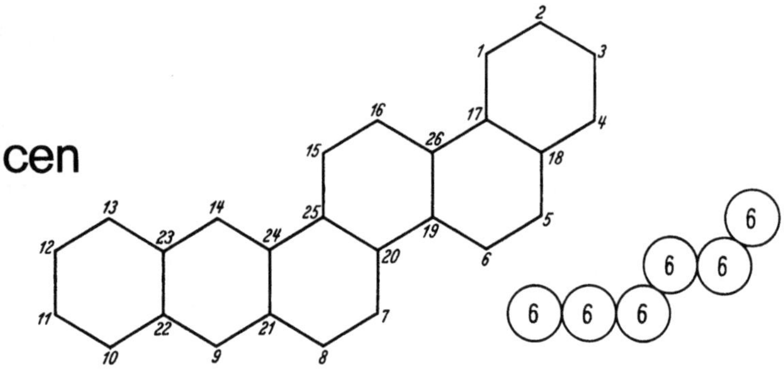

Z = 26

Bindungs- Bindungs Polarisierbarkeiten

	1 2	1 17	2 3	3 4	4 18	5 6	5 18	6 19
1 2	.227378							
1 17	-.193484	.278155						
2 3	-.209262	.117283	.284917					
3 4	.126069	-.079801	-.212683	.224075				
4 18	-.076430	.099436	.115386	-.185610	.279209			
5 6	-.012093	.013650	.026511	-.028463	.058521	.188574		
5 18	.014787	-.013787	-.038506	.051244	-.137565	-.178706	.314077	
6 19	.022179	-.029159	-.024515	.025972	-.038391	-.191089	.093369	.315631
7 8	-.001549	.001653	.002161	-.002359	.003465	.012754	-.007428	-.019078
7 20	.001850	-.001757	-.002591	.003163	-.004853	-.018988	.010458	.034919
8 21	.001777	-.001900	-.001928	.002090	-.002600	-.007331	.005389	.010367
9 21	-.001078	.000945	.001159	-.001416	.001707	.004274	-.003317	-.006003
9 22	.001002	-.000901	-.000972	.001159	-.001257	-.002541	.002394	.003389
10 11	.000428	-.000356	-.000397	.000490	-.000494	-.000822	.000905	.001051
10 22	-.000457	.000368	.000445	-.000562	.000604	.001170	-.001115	-.001557
11 12	-.000489	.000498	.000451	-.000482	.000485	.000870	-.000957	-.001035
12 13	.000494	-.000503	-.000430	.000459	-.000429	-.000598	.000837	.000692
13 23	-.000600	.000693	.000517	-.000493	.000462	.000683	-.000967	-.000758
14 23	.001249	-.001479	-.001099	.001035	-.001005	-.001700	.002135	.001943
14 24	-.001716	.002485	.001489	-.001083	.001041	.002091	-.002634	-.002074
15 16	.013874	-.020815	-.010493	.008726	-.007917	-.005678	.019011	.005344
15 25	-.010156	.014204	.008961	-.007615	.008040	.018036	-.018845	-.024466
16 26	-.020115	.038554	.014423	-.009366	.008296	.005553	-.025999	-.002978
17 18	.080365	-.126491	-.051001	.077516	-.119188	.059520	-.109781	-.031115
17 26	.049216	-.123897	-.036180	.018962	-.018241	-.050364	.074268	.073541
19 20	-.008065	.007424	.008836	-.011083	.015112	.051799	-.031937	-.119941
19 26	-.012864	.027371	.014187	-.007328	.010134	.069081	-.033367	-.122234
20 25	.006180	-.005841	-.005494	.006725	-.007389	-.013977	.014295	.025672
21 24	-.000630	.001110	.000693	-.000369	.000470	.002021	-.001379	-.001865
22 23	-.000580	.000692	.000559	-.000523	.000562	.001282	-.001208	-.001502
24 25	.002721	-.004348	-.002428	.001551	-.001557	-.004040	.004328	.003689

	7 8	7 20	8 21	9 21	9 22	10 11	10 22	11 12
7 8	.182433							
7 20	-.189099	.324961						
8 21	-.176001	.087085	.322878					
9 21	.066555	-.043209	-.151590	.263704				
9 22	-.027033	.024503	.048224	-.171025	.284621			
10 11	-.006157	.007471	.009043	-.030527	.065650	.204496		
10 22	.011214	-.010574	-.018282	.057334	-.158614	-.179068	.300011	
11 12	.006896	-.008370	-.009131	.030333	-.049316	-.209211	.105708	.307529
12 13	-.002428	.006436	.002422	-.017148	.024517	.121614	-.067725	-.208468
13 23	.002421	-.008237	-.001724	.020360	-.023120	-.068718	.084828	.106355
14 23	-.009258	.020164	.010320	-.062624	.095682	.025584	-.023889	-.049148
14 24	.011673	-.031138	-.009704	.096970	-.065575	-.018818	.021841	.031686
15 16	-.001675	.000766	.013712	-.007167	.007500	.003025	-.003084	-.003977
15 25	.000641	.002393	-.019029	.006664	-.007308	-.002608	.002497	.004469
16 26	.015591	-.022071	-.014987	.007949	-.006667	-.002536	.002832	.003249
17 18	.002866	-.003003	-.002062	.000990	-.000750	-.000261	.000303	.000394
17 26	-.004111	.004150	.004098	-.001908	.001733	.000654	-.000687	-.000975
19 20	.049894	-.117123	-.028642	.016811	-.010334	-.003484	.004752	.003398
19 26	-.012034	.023081	.011248	-.007578	.005956	.002387	-.002819	-.002338
20 25	.067779	-.123013	-.030540	.010705	-.006573	-.001809	.002295	.003788
21 24	.047776	-.019999	-.093047	-.128473	.070423	.021200	-.028767	-.021155
22 23	.014282	-.012855	-.021061	.062323	-.119821	.056506	-.094369	-.031184
24 25	-.041845	.065482	.060906	-.015719	.015054	.004762	-.004635	-.009873

Benzo[b]picen

Z = 26

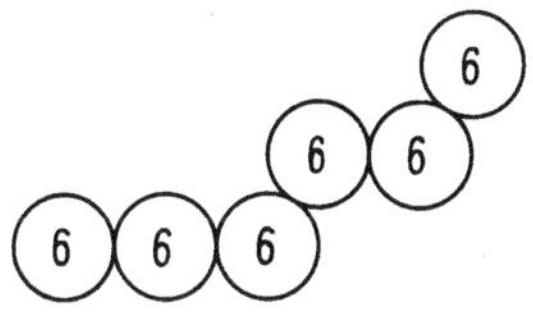

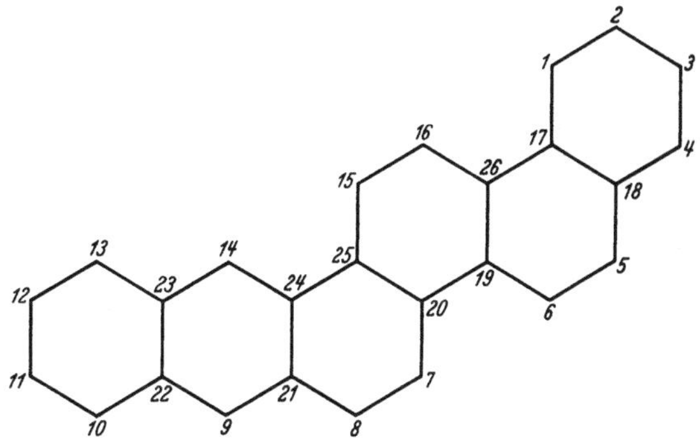

Bindungs- Bindungs Polarisierbarkeiten

	12 13	13 23	14 23	14 24	15 16	15 25	16 26	17 18
12 13	.205684							
13 23	-.181127	.299762						
14 23	.065943	-.157430	.285987					
14 24	-.032700	.060176	-.177392	.258337				
15 16	.004335	-.006078	.013186	-.023423	.224914			
15 25	-.004907	.007985	-.018666	.042723	-.200073	.301461		
16 26	-.003180	.004292	-.009391	.015556	-.197788	.107051	.301953	
17 18	-.000342	.000488	-.001095	.001951	-.011445	.010981	.023086	.252332
17 26	.000957	-.001369	.002989	-.005363	.048721	-.032010	-.118132	-.092102
19 20	-.002747	.003058	-.007075	.007340	-.059022	.083478	.084652	.007098
19 26	.002285	-.002560	.005382	-.005733	.078955	-.045493	-.134638	.035676
20 25	-.002799	.004800	-.012277	.030630	.083033	-.138013	-.047715	-.003135
21 24	.021787	-.030131	.073098	-.136385	-.006455	.016349	.006753	.001325
22 23	.057087	-.095720	-.117177	.062879	-.005259	.007334	.004481	.000625
24 25	.009982	-.017850	.046007	-.135131	.045246	-.114080	-.028708	-.003744

	17 26	19 20	19 26	20 25	21 24	22 23	24 25
17 26	.299252						
19 20	-.013521	.289116					
19 26	-.095652	-.108080	.252128				
20 25	.010103	-.109564	.050938	.247910			
21 24	-.002741	.002875	-.000446	.029748	.277097		
22 23	-.001452	.004363	-.002513	.007907	-.024583	.268390	
24 25	.010062	-.009390	.006869	-.094368	-.076299	-.019466	.306820

Dinaphtho[2,3-c:2',3'-g] phenanthren

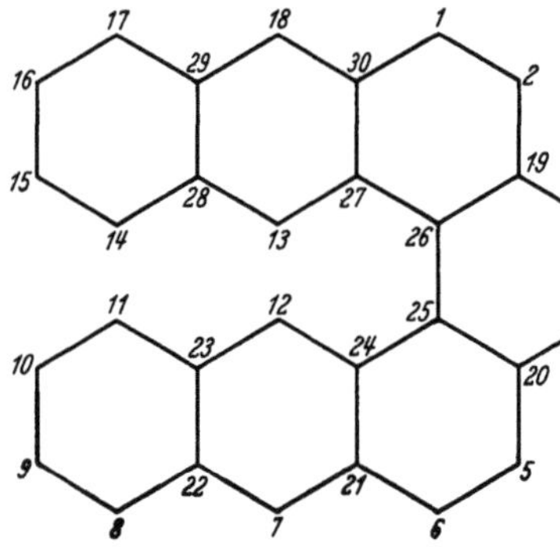

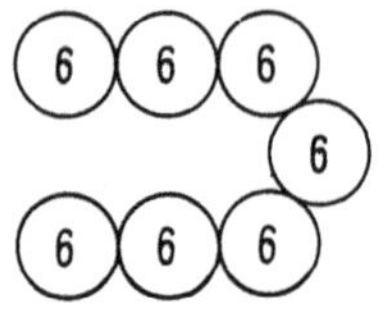

Z = 30

Eigenwerte und Hückelkoeffizienten

	1	2	3	4	5	6	7	8
1	2.578106	2.390382	2.208570	1.973462	1.714146	1.507937	1.477975	1.371586
1	.147910	.149108	.029695	.237965	.150693	.281729	.099924	.136506
2	.157811	.102366	.117888	.238322	-.045539	.237064	.292049	.013754
3	.164086	.028193	.190861	.078143	-.320317	.149131	.133866	-.049605
4	.164086	-.028193	.190861	-.078143	-.320317	.149131	-.133866	.049605
5	.157811	-.102366	.117888	-.238322	-.045539	.237064	-.292049	-.013754
6	.147910	-.149108	.029695	-.237965	.150693	.281729	-.099924	-.136506
7	.141746	-.221770	-.157105	-.028371	.160148	.215302	.141040	-.281435
8	.073340	-.165008	-.212070	.187778	-.141640	.136627	-.132078	-.234502
9	.047158	-.118379	-.173699	.195270	-.213461	.069127	-.259298	-.109103
10	.048237	-.117963	-.171556	.197580	-.224263	-.032387	-.251159	.084858
11	.077203	-.163597	-.205194	.194646	-.170959	-.117965	-.111908	.225493
12	.169656	-.213154	-.122133	-.001806	.082381	-.238332	.174571	.294862
13	.169656	.213154	-.122133	.001806	.082381	-.238332	-.174571	-.294862
14	.077203	.163597	-.205194	-.194646	-.170959	-.117965	.111908	-.225493
15	.048237	.117963	-.171556	-.197580	-.224263	-.032387	.251159	-.084858
16	.047158	.118379	-.173699	-.195270	-.213461	.069127	.259298	.109103
17	.073340	.165008	-.212070	-.187778	-.141640	.136627	.132078	.234502
18	.141746	.221770	-.157105	.028371	.160148	.215302	-.141040	.281435
19	.258945	.095585	.230669	.232355	-.228753	.075749	.331717	-.117642
20	.258945	-.095585	.230669	-.232355	-.228753	.075749	-.331717	.117642
21	.223515	-.254060	-.052305	-.231292	.303848	.187765	.144363	-.173476
22	.141921	-.276054	-.294673	.175303	-.029331	.136897	.064091	-.212536
23	.150800	-.273097	-.281630	.186547	-.068785	-.145497	.085762	.224425
24	.286591	-.236423	.011891	-.190111	.209999	-.213893	.172249	.180004
25	.345690	-.097926	.200700	-.142079	-.026260	-.271970	-.064354	.125505
26	.345690	.097926	.200700	.142079	-.026260	-.271970	.064354	-.125505
27	.286591	.236423	.011891	.190111	.209999	-.213893	-.172249	-.180004
28	.150800	.273097	-.281630	-.186547	-.068785	-.145497	-.085762	-.224425
29	.141921	.276054	-.294673	-.175303	-.029331	.136897	-.064091	.212536
30	.223515	.254060	-.052305	.231292	.303848	.187765	-.144363	.173476

	9	10	11	12	13	14	15	16
9	1.212389	1.141932	1.064523	.886914	.710350	.485468	.394056	-.394056
1	.122130	.247451	.123916	.272402	.113523	.097463	.282117	.282117
2	.051948	.218235	-.114705	.168362	.322536	.102539	.209273	-.209273
3	-.278494	.012395	-.119166	-.065228	-.399069	.092673	-.143216	.143216
4	-.278494	.012395	.119166	.065228	-.399069	.092673	.143216	.143216
5	.051948	.218235	.114705	-.168362	.322536	.102539	-.209273	-.209273
6	.122130	.247451	-.123916	-.272402	.113523	.097463	-.282117	.282117
7	-.097628	-.139775	.049552	-.070054	-.123813	-.284309	.318664	-.318664
8	.098600	-.293163	.061499	.262450	.094001	.233615	-.210366	.210366
9	.334026	-.110822	-.233898	.221666	-.087170	.196212	-.110364	-.110364
10	.306370	.166612	-.310489	-.065851	-.155922	-.138361	.166876	-.166676
11	.037413	.301081	-.096624	-.280070	-.023589	-.263382	.176123	.176123
12	-.139375	.125222	.018286	.107062	-.031498	.351277	-.242002	-.242002
13	-.139375	.125222	-.018286	-.107062	-.031498	.351277	.242002	-.242002
14	.037413	.301081	.096624	.280070	-.023589	-.263382	-.176123	.176123
15	.306370	.166612	.310489	.065851	-.155922	-.138361	-.166876	-.166876
16	.334026	-.110822	.233898	-.221666	-.087170	.196212	.110364	-.110364
17	.098600	-.293163	-.061499	-.262450	.094001	.233615	.210366	.210366
18	-.097628	-.139775	-.049552	.070054	-.123813	-.284309	-.318664	-.318664
19	-.059149	.001759	-.246022	-.123080	.115590	-.047683	-.199651	-.199651
20	-.059149	.001759	.246022	.123080	.115590	-.047683	.199651	-.199651
21	.096121	.064336	-.246616	-.073236	-.241894	-.055224	.098103	.098103
22	-.214484	-.223950	.299365	.011105	.153944	-.082799	.027468	.027468
23	-.261011	.177203	.207630	-.182547	.139166	.010497	-.097474	.097474
24	.092034	-.034208	-.188164	.277502	-.161541	.160037	.002111	-.002111
25	.154835	-.228621	.028024	.212295	.158642	-.218361	.144731	.144731
26	.154835	-.228621	-.028024	-.212295	.158642	-.218361	-.144731	.144731
27	.092034	-.034208	.188164	-.277502	-.161541	.160037	-.002111	-.002111
28	-.261011	.177203	-.207630	.182547	.139166	.010497	.097474	.097474
29	-.214484	-.223950	-.299365	-.011105	.153944	-.082799	-.027468	.027468
30	.096121	.064336	.246616	.073236	-.241894	-.055224	-.098103	.098103

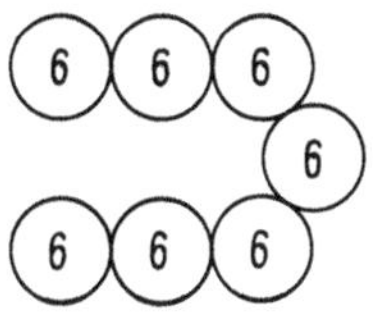

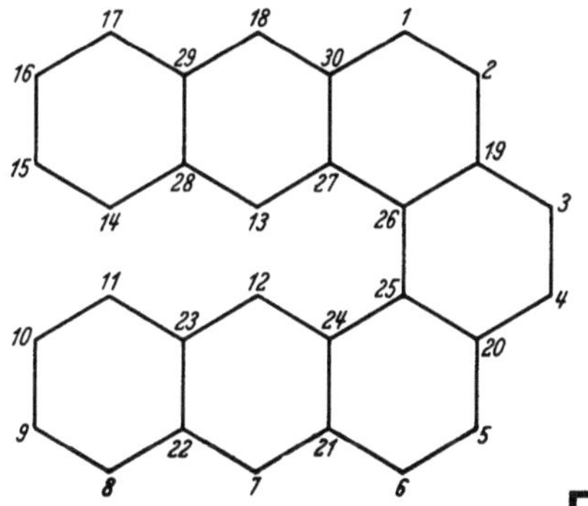

Z = 30

Dinaphtho[2,3-c:2',3'-g]phenanthren

Eigenwerte und Hückelkoeffizienten

	17	18	19	20	21	22	23	24
17	-.485468	-.710350	-.886914	-1.064523	-1.141932	-1.212389	-1.371586	-1.477975
1	.097463	.113523	.272402	.123916	.247451	.122130	.136506	.099924
2	-.102539	-.322536	-.168362	.114705	-.218235	-.051948	-.013754	-.292049
3	-.092673	.399069	.065228	.119166	-.012395	.278494	.049605	-.133866
4	.092673	-.399069	.065228	.119166	.012395	-.278494	.049605	-.133866
5	.102539	.322536	-.168362	.114705	.218235	.051948	-.013754	-.292049
6	-.097463	-.113523	.272402	.123916	-.247451	-.122130	.136506	.099924
7	.284309	.123813	.070054	-.049552	.139775	.097628	.281435	-.141040
8	-.233615	-.094001	-.262450	-.061499	.293163	-.098600	.234502	.132078
9	.196212	-.087170	.221666	-.233898	-.110822	.334026	-.109103	-.259298
10	.138361	.155922	.065851	.310489	-.166612	-.306370	-.084858	.251159
11	-.263382	-.023589	-.280070	-.096624	.301081	.037413	.225493	-.111908
12	.351277	-.031498	.107062	.018286	.125222	-.139375	.294862	.174571
13	-.351277	.031498	.107062	.018286	-.125222	.139375	.294862	.174571
14	.263382	.023589	-.280070	-.096624	-.301081	-.037413	.225493	-.111908
15	-.138361	-.155922	.065851	.310489	.166612	.306370	-.084858	.251159
16	-.196212	.087170	.221666	-.233898	.110822	-.334026	-.109103	-.259298
17	.233615	.094001	-.262450	-.061499	-.293163	.098600	.234502	.132078
18	-.284309	-.123813	.070054	-.049552	-.139775	-.097628	.281435	-.141040
19	-.047683	.115590	-.123080	-.246022	.001759	-.059149	-.117642	.331717
20	.047683	-.115590	-.123080	-.246022	-.001759	.059149	-.117642	.331717
21	-.055224	-.241894	-.073236	-.246616	.064336	.096121	-.173476	.144363
22	-.082799	.153944	.011105	.299365	-.223950	-.214484	-.212536	.064091
23	-.010497	-.139166	.182547	-.207630	-.177203	.261011	-.224425	-.085762
24	-.160037	.161541	-.277502	.188164	.034208	-.092034	-.180004	-.172249
25	-.218361	.158642	.212295	.028024	-.228621	.154835	.125505	-.064354
26	.218361	-.158642	.212295	.028024	.228621	-.154835	.125505	-.064354
27	.160037	-.161541	-.277502	.188164	-.034208	.092034	-.180004	-.172249
28	.010497	.139166	.182547	-.207630	.177203	-.261011	-.224425	-.085762
29	.082799	-.153944	.011105	.299365	.223950	.214484	-.212536	.064091
30	.055224	.241894	-.073236	-.246616	-.064336	-.096121	-.173476	.144363

	25	26	27	28	29	30
25	-1.507937	-1.714146	-1.973462	-2.208570	-2.390382	-2.578106
1	.281729	.150693	.237965	.029695	.149108	.147910
2	-.237064	.045539	-.238322	-.117888	-.102366	-.157811
3	-.149131	.320317	-.078143	-.190861	-.028193	-.164086
4	.149131	-.320317	-.078143	.190861	-.028193	.164086
5	.237064	-.045539	-.238322	.117888	-.102366	.157811
6	-.281729	-.150693	.237965	-.029695	.149108	-.147910
7	-.215302	-.160148	.028371	.157105	.221770	-.141746
8	-.136627	.141640	-.187778	.212070	.165008	-.073340
9	.069127	-.213461	.195270	-.173699	-.118379	.047158
10	.032387	.224263	-.197580	.171556	.117963	-.048237
11	-.117965	-.170959	.194646	-.205194	-.163597	.077203
12	-.238332	.082381	-.001806	-.122133	-.213154	.169656
13	.238332	-.082381	-.001806	.122133	-.213154	-.169656
14	.117965	.170959	.194646	.205194	-.163597	-.077203
15	-.032387	-.224263	-.197580	-.171556	.117963	.048237
16	-.069127	.213461	.195270	.173699	-.118379	-.047158
17	.136627	-.141640	-.187778	-.212070	.165008	.073340
18	.215302	.160148	.028371	-.157105	.221770	.141746
19	.075749	-.228753	.232355	.230669	.095585	.258945
20	-.075749	.228753	.232355	-.230669	.095585	-.258945
21	.187765	.303848	-.231292	-.052305	-.254060	.223515
22	.136897	-.029331	.175303	-.294673	-.276054	.141921
23	.145497	.068785	-.186547	.281630	.273097	-.150800
24	.213893	-.209999	.190111	-.011891	.236423	-.286591
25	-.271970	-.026260	-.142079	.200700	-.097926	.345690
26	.271970	.026260	-.142079	-.200700	-.097926	-.345690
27	-.213893	.209999	.190111	.011891	.236423	.286591
28	-.145497	-.068785	-.186547	-.281630	.273097	.150800
29	-.136897	.029331	.175303	.294673	-.276054	-.141921
30	-.187765	-.303848	-.231292	.052305	-.254060	-.223515

TOTALE PI ELEKTRONEN ENERGIE 42.235595

Dinaphtho[2,3-c:2',3'-g]phenanthren

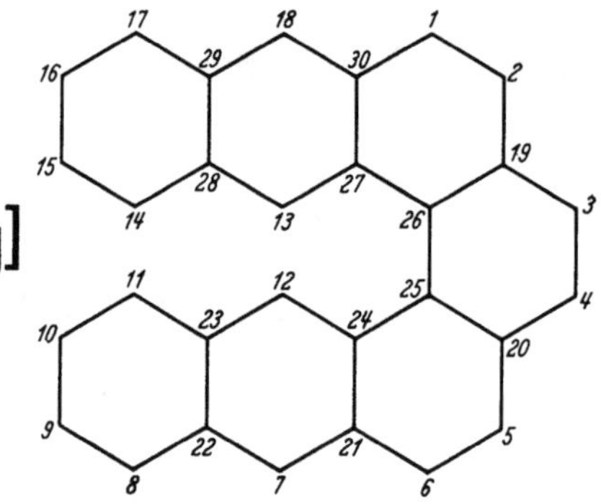

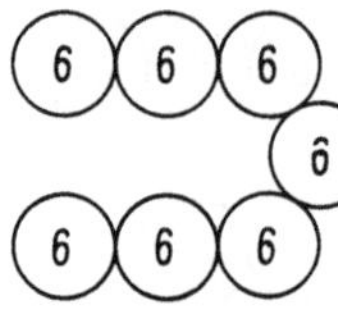

Z = 30

allgemeine Bindungsordnungen

	1	2	3	4	5	6	7	8
1	1.000000							
2	.774896	1.000000						
3	-.174138	0	1.000000					
4	0	-.130553	.735007	1.000000				
5	0	.047776	-.130553	0	1.000000			
6	-.106510	0	0	-.174138	.774896	1.000000		
7	.051258	0	0	.090406	-.228265	0	1.000000	
8	-.021453	0	0	-.038613	.083318	0	0	1.000000
9	0	-.007025	.047369	0	0	.046898	-.189764	.732169
10	.026322	0	0	.033286	-.089117	0	0	0
11	0	.003394	-.044036	0	0	-.011785	.089878	-.364198
12	0	-.007713	.112352	0	0	.045445	-.379007	.091049
13	.045445	0	0	.112352	-.007713	0	0	0
14	-.011785	0	0	-.044036	.003394	0	0	0
15	0	-.089117	.033286	0	0	.026322	-.014619	.006572
16	.046898	0	0	.047369	-.007025	0	0	0
17	0	.083318	-.038613	0	0	-.021453	.014956	-.007360
18	0	-.228265	.090406	0	0	.051258	-.031977	.014956
19	0	.504543	.548128	0	0	.134823	-.060345	.024804
20	.134823	0	0	.548128	.504543	0	0	0
21	0	-.019463	.091238	0	0	.500040	.625041	-.139685
22	0	.010376	-.061177	0	0	-.103264	.591644	.541565
23	-.034483	0	0	-.033402	.121251	0	0	0
24	.056650	0	0	.013490	-.208070	0	0	0
25	0	.007451	-.266475	0	0	-.257694	.055948	-.017833
26	-.257694	0	0	-.266475	.007451	0	0	0
27	0	-.208070	.013490	0	0	.056650	-.013474	.003337
28	0	.121251	-.033402	0	0	-.034483	.015111	-.006008
29	-.103264	0	0	-.061177	.010376	0	0	0
30	.500040	0	0	.091238	-.019463	0	0	0

	9	10	11	12	13	14	15	16
9	1.000000							
10	.592085	1.000000						
11	0	.731329	1.000000					
12	0	-.188593	0	1.000000				
13	.025571	0	-.028398	.067129	1.000000			
14	-.011484	0	.012735	-.028398	0	1.000000		
15	0	-.007287	0	0	-.188593	.731329	1.000000	
16	.010769	0	-.011484	.025571	0	0	.592085	1.000000
17	0	.006572	0	0	.091049	-.364198	0	.732169
18	0	-.014619	0	0	-.379007	.089878	0	-.189764
19	0	-.029953	0	0	-.132264	.043920	0	-.052696
20	-.052696	0	.043920	-.132264	0	0	-.029953	0
21	0	.124229	0	0	.029879	-.011555	0	.011894
22	0	-.224115	0	0	-.028242	.012048	0	-.011557
23	-.224955	0	.543575	.587449	0	0	.008538	0
24	.127410	0	-.144719	.638568	0	0	-.011365	0
25	0	.047055	0	0	-.140473	.051230	0	-.045492
26	-.045492	0	.051230	-.140473	0	0	.047055	0
27	0	-.011365	0	0	.638568	-.144719	0	.127410
28	0	.008538	0	0	.587449	.543575	0	-.224955
29	-.011557	0	.012048	-.028242	0	0	-.224115	0
30	.011894	0	-.011555	.029879	0	0	.124229	0

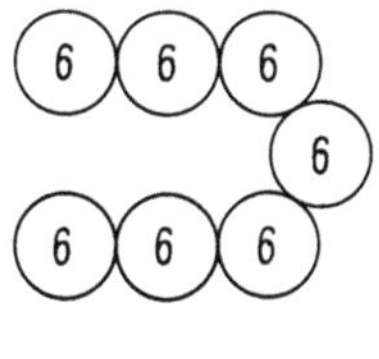

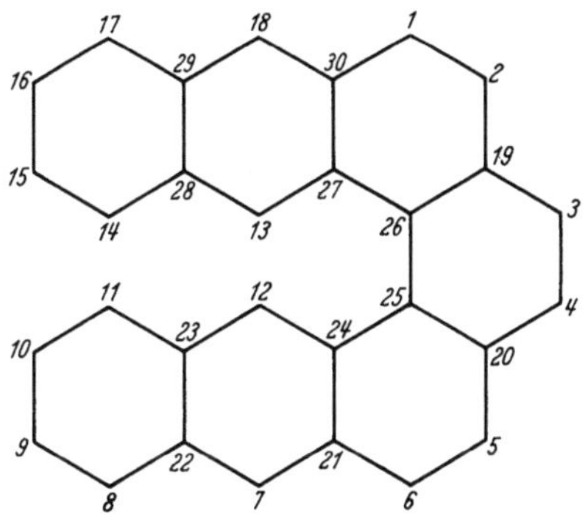

Z = 30

Dinaphtho[2,3-c:2',3'-g]phenanthren

allgemeine Bindungsordnungen

	17	18	19	20	21	22	23	24
17	1.000000							
18	0	1.000000						
19	0	0	1.000000					
20	.024804	-.060345	-.210148	1.000000				
21	0	0	0	-.161479	1.000000			
22	0	0	0	.079569	0	1.000000		
23	-.006008	.015111	.040541	0	-.190855	.493370	1.000000	
24	.003337	-.013474	-.076375	0	.495861	-.193879	0	1.000000
25	0	0	0	.561618	0	0	-.096625	.462455
26	-.017833	.055948	.561618	0	-.073672	.055801	0	0
27	0	0	0	-.076375	0	0	.022641	-.066107
28	0	0	0	.040541	0	0	-.012153	.022641
29	.541565	.591644	.079569	0	-.015055	.013145	0	0
30	-.139685	.625041	-.161479	0	.020862	-.015055	0	0

	25	26	27	28	29	30
25	1.000000					
26	.534119	1.000000				
27	0	.462455	1.000000			
28	0	-.096625	0	1.000000		
29	.055801	0	-.193879	.493370	1.000000	
30	-.073672	0	.495861	-.190855	0	1.000000

Dinaphtho[2,3-c:2',3'-g] phenanthren

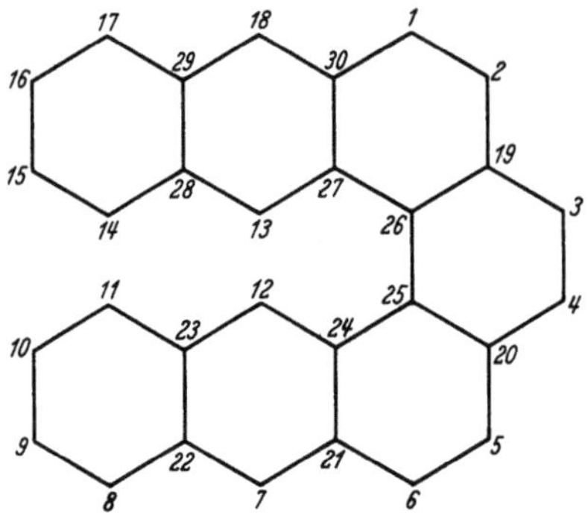

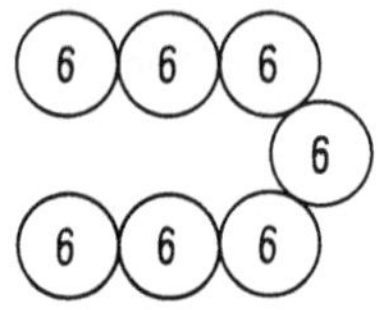

Z = 30

Atom- Atom Polarisierbarkeiten

	1	2	3	4	5	6	7	8
1	.452555							
2	-.272582	.445009						
3	-.034314	.021984	.439352					
4	.002186	-.014697	-.219258	.439352				
5	.002518	-.002328	-.014697	.021984	.445009			
6	-.023302	.002518	.002186	-.034314	-.272582	.452555		
7	-.008155	.000941	.002953	-.012580	-.070192	.037327	.515870	
8	-.001808	.000219	.001015	-.002779	-.014084	.006259	.040062	.451976
9	.000198	-.000203	-.004811	.000056	.000447	-.004353	-.045245	-.223689
10	-.002026	.000156	.000194	-.002577	-.015413	.003795	.013287	.021417
11	.000525	-.000165	-.004362	.000046	.003162	-.003285	-.032257	-.145172
12	.001889	-.000766	-.021165	.000126	.009553	-.015428	-.180326	-.032544
13	-.015428	.009553	.000126	-.021165	-.000766	.001889	.000090	.000017
14	-.003285	.003162	.000046	-.004362	-.000165	.000525	.000044	.000004
15	.003795	-.015413	-.002577	.000194	.000156	-.002026	-.000784	-.000181
16	-.004353	.000447	.000056	-.004811	-.000203	.000198	.000005	.000003
17	.006259	-.014084	-.002779	.001015	.000219	-.001808	-.000768	-.000185
18	.037327	-.070192	-.012580	.002953	.000941	-.008155	-.003280	-.000768
19	.016868	-.063395	-.086256	.014089	.005733	-.028121	-.009370	-.002038
20	-.028121	.005733	.014089	-.086256	-.063395	.016868	.008558	.002219
21	.000116	-.000690	-.009796	.003976	.014088	-.061386	-.141340	-.021197
22	.000062	-.000297	-.006192	.000537	.000227	-.009172	-.113008	-.081076
23	-.002516	.000144	.000041	-.002737	-.020337	.004138	.008357	.002647
24	-.004095	.000155	.002778	-.002879	-.035299	.004616	.007672	.003300
25	.003749	-.002491	-.070665	.005732	.008605	-.066260	-.016346	-.003436
26	-.066260	.008605	.005732	-.070665	-.002491	.003749	.000098	.000130
27	.004616	-.035299	-.002879	.002778	.000155	-.004095	-.000950	-.000201
28	.004138	-.020337	-.002737	.000041	.000144	-.002516	-.000847	-.000187
29	-.009172	.000227	.000537	-.006192	-.000297	.000062	.000011	.000013
30	-.061386	.014088	.003976	-.009796	-.000690	.000116	.000174	.000064

	9	10	11	12	13	14	15	16
9	.409380							
10	-.102563	.410558						
11	.020761	-.222857	.450104					
12	.011820	-.044795	.037402	.501973				
13	-.001374	.000076	-.001551	-.007004	.501973			
14	-.000315	.000025	-.000359	-.001551	.037402	.450104		
15	.000008	-.000193	.000025	.000076	-.044795	-.222857	.410558	
16	-.000293	.000008	-.000315	-.001374	.011820	.020761	-.102563	.409380
17	.000003	-.000181	.000004	.000017	-.032544	-.145172	.021417	-.223689
18	.000005	-.000784	.000044	.000090	-.180326	-.032257	.013287	-.045245
19	.000142	-.002265	.000512	.001817	-.021934	-.004174	.000695	-.005100
20	-.005100	.000695	-.004174	-.021934	.001817	.000512	-.002265	.000142
21	.000090	-.020905	.003502	.008713	-.001333	-.000270	.000015	-.000297
22	.008488	-.039823	.002683	.007337	-.001432	-.000314	.000001	-.000305
23	-.040204	.008916	-.082165	-.110458	.000407	.000099	-.000218	.000051
24	-.021827	.000073	-.022566	-.149847	.002488	.000468	-.000277	.000302
25	.002364	-.004428	.004402	.026042	-.019795	-.003926	.000088	-.003538
26	-.003538	.000088	-.003926	-.019795	.026042	.004402	-.004428	.002364
27	.000302	-.000277	.000468	.002488	-.149847	-.022566	.000073	-.021827
28	.000051	-.000218	.000099	.000407	-.110458	-.082165	.008916	-.040204
29	-.000305	.000001	-.000314	-.001432	.007337	.002683	-.039823	.008488
30	-.000297	.000015	-.000270	-.001333	.008713	.003502	-.020905	.000090

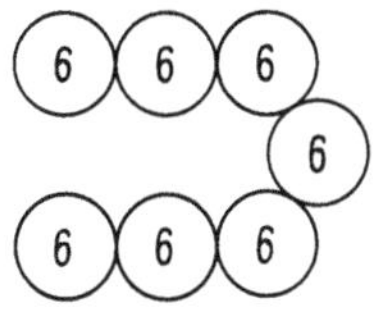

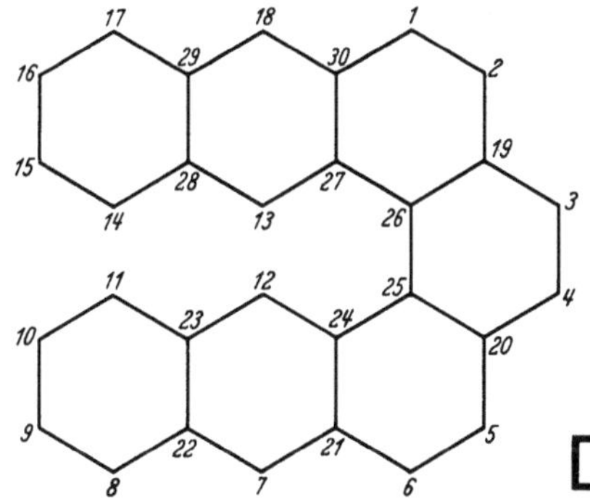

Z = 30

Dinaphtho[2,3-c:2',3'-g]phenanthren

Atom- Atom Polarisierbarkeiten

	17	18	19	20	21	22	23	24
17	.451976							
18	.040062	.515870						
19	.002219	.008558	.342414					
20	-.002038	-.009370	-.040009	.342414				
21	.000064	.000174	.000366	-.018268	.336059			
22	.000013	.000011	.000018	-.007712	.005577	.331164		
23	-.000187	-.000847	-.002857	.000148	-.030088	-.063630	.332891	
24	-.000201	-.000950	-.004949	.003424	-.064425	-.031071	.006481	.347469
25	.000130	.000098	.004625	-.105179	.002516	.002352	-.008312	-.049251
26	-.003436	-.016346	-.105179	.004625	-.004573	-.004063	.001062	.011199
27	.003300	.007672	.003424	-.004949	.000246	.000313	-.000580	-.002768
28	.002647	.008357	.000148	-.002857	.000010	.000033	-.000290	-.000580
29	-.081076	-.113008	-.007712	.000018	-.000379	-.000340	.000033	.000313
30	-.021197	-.141340	-.018268	.000366	-.000564	-.000379	.000010	.000246

	25	26	27	28	29	30
25	.373510					
26	-.084211	.373510				
27	.011199	-.049251	.347469			
28	.001062	-.008312	.006481	.332891		
29	-.004063	.002352	-.031071	-.063630	.331164	
30	-.004573	.002516	-.064425	-.030088	.005577	.336059

Dinaphtho[2,3-c:2',3'-g] phenanthren

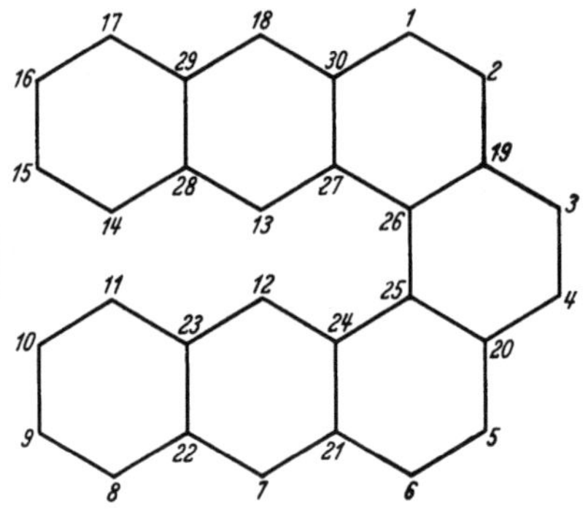

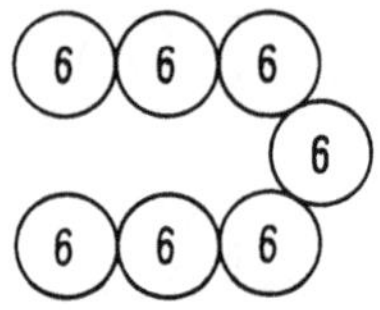

Z = 30

Bindungs- Bindungs Polarisierbarkeiten

	1 2	1 30	2 19	3 4	3 19	4 20	5 6	5 20
1 2	.176077							
1 30	-.176466	.323614						
2 19	-.181231	.084364	.324099					
3 4	-.028070	.021036	.050481	.220095				
3 19	.053725	-.031395	-.128710	-.194451	.299220			
4 20	.022328	-.016976	-.032419	-.194451	.104575	.299220		
5 6	.008383	-.004243	-.010700	-.028070	.022328	.053725	.176077	
5 20	-.010700	.005203	.014813	.050481	-.032419	-.128710	-.181231	.324099
6 21	-.004243	.003579	.005203	.021036	-.016976	-.031395	-.176466	.084364
7 21	.002386	-.002024	-.002919	-.014010	.009623	.019062	.066858	-.042145
7 22	-.001311	.001565	.001563	.010017	-.007196	-.011845	-.027237	.024227
8 9	-.000400	.000586	.000469	.003855	-.002686	-.004084	-.006231	.007490
8 22	.000605	-.000691	-.000724	-.004808	.003214	.005539	.011309	-.010491
9 10	.000462	-.000711	-.000519	-.003593	.003119	.003768	.006908	-.008307
10 11	-.000243	.000649	.000261	.003257	-.002832	-.003102	-.002492	.006522
11 23	.000263	-.000838	-.000268	-.003450	.003570	.003284	.002487	-.008306
12 23	-.000721	.001856	.000761	.007477	-.007938	-.007519	-.009386	.020171
12 24	.000844	-.002867	-.000782	-.006892	.011904	.006566	.011715	-.030854
13 27	.011715	-.009748	-.030854	-.006892	.006566	.011904	.000844	-.000782
13 28	-.009386	.010396	.020171	.007477	-.007519	-.007938	-.000721	.000761
14 15	-.002492	.002484	.006522	.003257	-.003102	-.002832	-.000243	.000261
14 28	.002487	-.001809	-.008306	-.003450	.003284	.003570	.000263	-.000268
15 16	.006908	-.009053	-.008307	-.003593	.003768	.003119	.000462	-.000519
16 17	-.006231	.009015	.007490	.003855	-.004084	-.002686	-.000400	.000469
17 29	.011309	-.018163	-.010491	-.004808	.005539	.003214	.000605	-.000724
18 29	-.027237	.047924	.024227	.010017	-.011845	-.007196	-.001311	.001563
18 30	.066858	-.150599	-.042145	-.014010	.019062	.009623	.002386	-.002919
19 26	.062325	-.027896	-.114022	.078485	-.127472	-.045148	-.002704	.002753
20 25	-.002704	.009963	.002753	.078485	-.045148	-.127472	.062325	-.114022
21 24	.001713	-.001449	-.001929	-.001063	.006093	.001351	.047110	-.018483
22 23	.000768	-.000976	-.000865	-.003944	.004211	.004531	.014214	-.012530
24 25	-.001859	.005196	.001702	.008092	-.021999	-.006488	-.041659	.064117
25 26	.004474	-.019413	-.002791	-.064933	.086577	.086577	.004474	-.002791
26 27	-.041659	.060271	.064117	.008092	-.006488	-.021999	-.001859	.001702
27 30	.047110	-.091610	-.018483	-.001063	.001351	.006093	.001713	-.001929
28 29	.014214	-.020775	-.012530	-.003944	.004531	.004211	.000768	-.000865

	6 21	7 21	7 22	8 9	8 22	9 10	10 11	11 23
6 21	.323614							
7 21	-.150599	.262492						
7 22	.047924	-.171904	.285761					
8 9	.009015	-.030890	.065684	.205231				
8 22	-.018163	.057800	-.158532	-.179590	.299853			
9 10	-.009053	.030511	-.049267	-.209256	.105949	.307401		
10 11	.002484	-.017360	.024582	.121727	-.067999	-.208735	.206056	
11 23	-.001809	.020471	-.023110	-.068691	.084878	.106401	-.181034	.299686
12 23	.010396	-.062801	.095499	.025327	-.023653	-.049144	.065878	-.157668
12 24	-.009748	.096190	-.064863	-.018516	.021497	.031453	-.032406	.059814
13 27	-.002867	.001060	-.001175	-.000399	.000376	.000759	-.000828	.001341
13 28	.001856	-.000972	.001064	.000449	-.000443	-.000592	.000641	-.000865
14 15	.000649	-.000419	.000478	.000227	-.000223	-.000251	.000273	-.000320
14 28	-.000838	.000459	-.000525	-.000229	.000223	.000292	-.000320	.000420
15 16	-.000711	.000454	-.000471	-.000217	.000220	.000238	-.000251	.000292
16 17	.000586	-.000446	.000462	.000228	-.000233	-.000217	.000227	-.000229
17 29	-.000691	.000518	-.000492	-.000233	.000248	.000220	-.000223	.000223
18 29	.001565	-.001078	.001018	.000462	-.000492	-.000471	.000478	-.000525
18 30	-.002024	.001345	-.001078	-.000446	.000518	.000454	-.000419	.000459
19 26	.009963	-.005850	.005793	.002415	-.002539	-.002855	.003056	-.004002
20 25	-.027896	.008867	-.005487	-.001403	.001731	.003492	-.002615	.004734
21 24	-.091610	-.129064	.070885	.021463	-.029076	-.021286	.021873	-.030032
22 23	-.020775	.062285	-.119517	.056764	-.094677	-.031317	.057172	-.095628
24 25	.060271	-.014080	.013734	.004113	-.003848	-.009562	.009659	-.017838
25 26	-.019413	.006736	-.007050	-.002441	.002363	.004354	-.004685	.007695
26 27	.005196	-.001539	.001625	.000472	-.000429	-.001136	.001216	-.002158
27 30	-.001449	.000463	-.000332	-.000069	.000079	.000230	-.000205	.000394
28 29	-.000976	.000517	-.000490	-.000197	.000206	.000260	-.000265	.000356

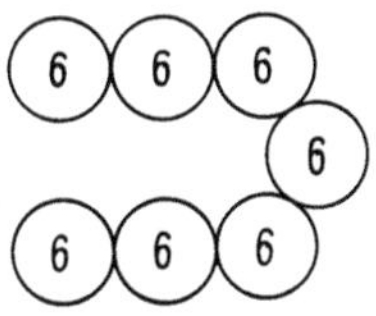

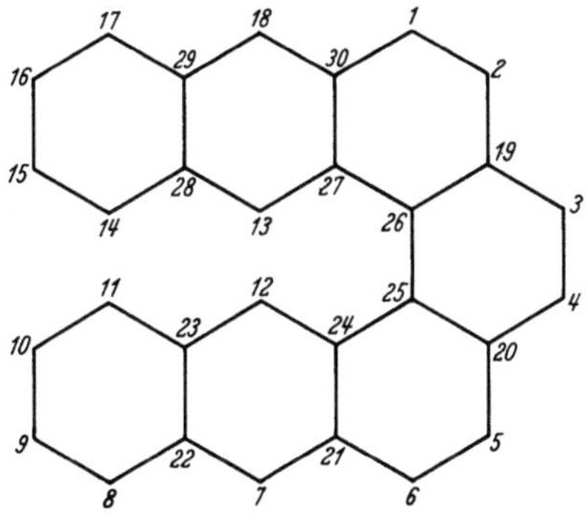

Z = 30

Dinaphtho[2,3-c:2',3'-g]phenanthren

Bindungs- Bindungs Polarisierbarkeiten

	12 23	12 24	13 27	13 28	14 15	14 28	15 16	16 17
12 23	.286667							
12 24	-.176516	.259006						
13 27	-.002956	.005973	.259006					
13 28	.001811	-.002956	-.176516	.286667				
14 15	.000641	-.000828	-.032406	.065878	.206056			
14 28	-.000865	.001341	.059814	-.157668	-.181034	.299686		
15 16	-.000592	.000759	.031453	-.049144	-.208735	.106401	.307401	
16 17	.000449	-.000399	-.018516	.025327	.121727	-.068691	-.209256	.205231
17 29	-.000443	.000376	.021497	-.023653	-.067999	.084878	.105949	-.179590
18 29	.001064	-.001175	-.064863	.095499	.024582	-.023110	-.049267	.065684
18 30	-.000972	.001060	.096190	-.062801	-.017360	.020471	.030511	-.030890
19 26	.008582	-.013900	.031373	-.012119	-.002615	.004734	.003492	-.001403
20 25	-.012119	.031373	-.013900	.008582	.003056	-.004002	-.002855	.002415
21 24	.072778	-.134742	.002221	-.000942	-.000205	.000394	.000230	-.000069
22 23	-.117636	.062695	.001225	-.000757	-.000265	.000356	.000260	-.000197
24 25	.046261	-.138332	-.011466	.005003	.001216	-.002158	-.001136	.000472
25 26	-.017996	.041228	.041228	-.017996	-.004685	.007695	.004354	-.002441
26 27	.005003	-.011466	-.138332	.046261	.009659	-.017838	-.009562	.004113
27 30	-.000942	.002221	-.134742	.072778	.021873	-.030032	-.021286	.021463
28 29	-.000757	.001225	.062695	-.117636	.057172	-.095628	-.031317	.056764

	17 29	18 29	18 30	19 26	20 25	21 24	22 23	24 25
17 29	.299853							
18 29	-.158532	.285761						
18 30	.057800	-.171904	.262492					
19 26	.001731	-.005487	.008867	.251837				
20 25	-.002539	.005793	-.005850	.058367	.251837			
21 24	.000079	-.000332	.000463	-.003392	.029730	.277207		
22 23	.000206	-.000490	.000517	-.003487	.007619	-.024570	.268386	
24 25	-.000429	.001625	-.001539	.026215	-.096359	-.079105	-.019623	.310299
25 26	.002363	-.007050	.006736	-.126089	-.126089	.016825	.007309	-.109281
26 27	-.003848	.013734	-.014080	-.096359	.026215	-.004863	-.002096	.025745
27 30	-.029076	.070885	-.129064	.029730	-.003392	.001310	.000486	-.004863
28 29	-.094677	-.119517	.062285	.007619	-.003487	.000486	.000346	-.002096

	25 26	26 27	27 30	28 29
25 26	.289299			
26 27	-.109281	.310299		
27 30	.016825	-.079105	.277207	
28 29	.007309	-.019623	-.024570	.268386

Pyren

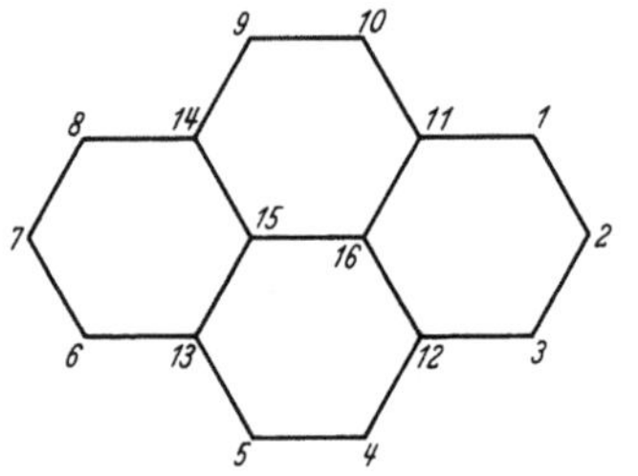

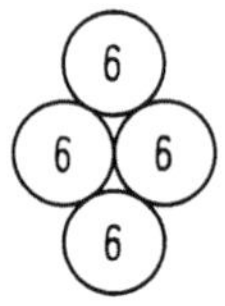

Z = 16

Eigenwerte und Hückelkoeffizienten

	1	2	3	4	5	6	7	8
1	2.532089	2.000000	1.801938	1.347296	1.246980	1.000000	.879385	.445042
1	.174324	.297044	-.163993	-.310773	-.295505	0	-.186536	.368488
2	.137692	.297044	0	-.461329	0	0	-.424242	0
3	.174324	.297044	.163993	-.310773	.295505	0	-.186536	-.368488
4	.198234	.099015	.368488	.122734	.163993	.408248	.138452	.295505
5	.198234	-.099015	.368488	.122734	-.163993	.408248	-.138452	.295505
6	.174324	-.297044	.163993	-.310773	-.295505	0	.186536	-.368488
7	.137692	-.297044	0	-.461329	0	0	.424242	0
8	.174324	-.297044	-.163993	-.310773	.295505	0	.186536	.368488
9	.198234	-.099015	-.368488	.122734	.163993	.408248	-.138452	-.295505
10	.198234	.099015	-.368488	.122734	-.163993	.408248	.138452	-.295505
11	.303712	.297044	-.295505	.042625	-.368488	0	.260205	.163993
12	.303712	.297044	.295505	.042625	.368488	0	.260205	-.163993
13	.303712	-.297044	.295505	.042625	-.368488	0	-.260205	-.163993
14	.303712	-.297044	-.295505	.042625	.368488	0	-.260205	.163993
15	.396468	-.198030	0	.245468	0	-.408248	-.276904	0
16	.396468	.198030	0	.245468	0	-.408248	.276904	0

	9	10	11	12	13	14	15	16
9	-.445042	-.879385	-1.000000	-1.246980	-1.347296	-1.801938	-2.000000	-2.532089
1	.368488	-.186536	0	-.295505	-.310773	-.163993	.297044	.174324
2	0	.424242	0	0	.461329	0	-.297044	-.137692
3	-.368488	-.186536	0	.295505	-.310773	.163993	.297044	.174324
4	.295505	.138452	.408248	.163993	.122734	.368488	.099015	.198234
5	-.295505	.138452	-.408248	.163993	-.122734	-.368488	.099015	-.198234
6	.368488	-.186536	0	.295505	.310773	-.163993	.297044	-.174324
7	0	.424242	0	0	-.461329	0	-.297044	.137692
8	-.368488	-.186536	0	-.295505	.310773	.163993	.297044	-.174324
9	.295505	.138452	-.408248	-.163993	-.122734	.368488	.099015	-.198234
10	-.295505	.138452	.408248	-.163993	.122734	-.368488	.099015	.198234
11	-.163993	-.260205	0	.368488	-.042625	.295505	-.297044	-.303712
12	.163993	-.260205	0	-.368488	-.042625	-.295505	-.297044	-.303712
13	-.163993	-.260205	0	-.368488	.042625	.295505	-.297044	.303712
14	.163993	-.260205	0	.368488	.042625	-.295505	-.297044	.303712
15	0	.276904	.408248	0	-.245468	0	.198030	-.396468
16	0	.276904	-.408248	0	.245468	0	.198030	.396468

TOTALE PI ELEKTRONEN ENERGIE 22.505459

Z=16

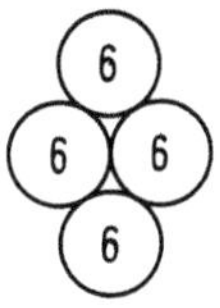

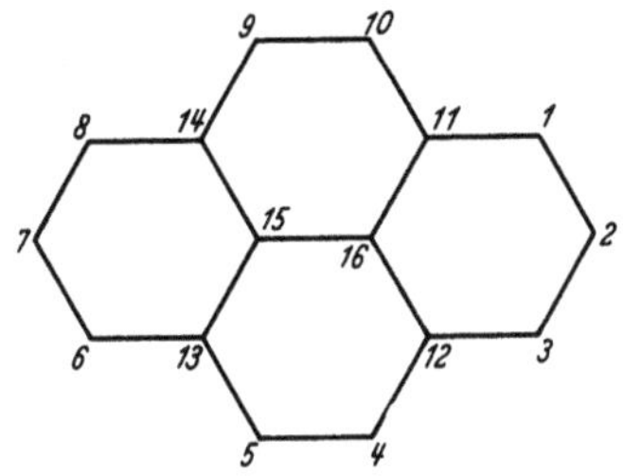

Pyren

allgemeine Bindungsordnungen

	1	2	3	4	5	6	7	8
1	1,000000							
2	,669487	1,000000						
3	0	,669487	1,000000					
4	0	-,117302	0	1,000000				
5	,179501	0	-,208184	,776534	1,000000			
6	-,142832	0	,158584	-,208184	0	1,000000		
7	0	-,072866	0	0	-,117302	,669487	1,000000	
8	,158584	0	-,142832	,179501	0	0	,669487	1,000000
9	-,208184	0	,179501	-,008317	0	0	-,117302	0
10	0	-,117302	0	0	-,008317	,179501	0	-,208184
11	,594350	0	-,276769	,020033	0	0	,088618	0
12	-,276769	0	,594350	,503468	0	0	,088618	0
13	0	,088618	0	0	,503468	,594350	0	-,276769
14	0	,088618	0	0	,020033	-,276769	0	,594350
15	-,028684	0	-,028684	-,231783	0	0	-,234604	0
16	0	-,234604	0	0	-,231783	-,028684	0	-,028684

	9	10	11	12	13	14	15	16
9	1,000000							
10	,776534	1,000000						
11	0	,503468	1,000000					
12	0	,020033	0	1,000000				
13	,020033	0	-,080634	-,166902	1,000000			
14	,503468	0	-,166902	-,080634	0	1,000000		
15	0	-,231783	0	0	,523502	,523502	1,000000	
16	-,231783	0	,523502	,523502	0	0	,536433	1,000000

Atom- Atom Polarisierbarkeiten

	1	2	3	4	5	6	7	8
1	,465757							
2	-,158682	,394878						
3	,035171	-,158682	,465757					
4	,012961	-,011698	,030293	,444600				
5	-,053247	,000446	-,056832	-,273794	,444600			
6	-,045717	,000303	-,047706	-,056832	,030293	,465757		
7	,000303	-,007967	,000303	,000446	-,011698	-,158682	,394878	
8	-,047706	,000303	-,045717	-,053247	,012961	,035171	-,158682	,465757
9	-,056832	,000446	-,053247	-,003816	,002926	,012961	-,011698	,030293
10	,030293	-,011698	,012961	,002926	-,003816	-,053247	,000446	-,056832
11	-,118809	,008038	-,076045	-,004717	,003186	,001587	-,009358	,006492
12	-,076045	,008038	-,118809	-,062831	,013656	,006492	-,009358	,001587
13	,001587	-,009358	,006492	,013656	-,062831	-,118809	,008038	-,076045
14	,006492	-,009358	,001587	,003186	-,004717	-,076045	,008038	-,118809
15	-,000388	,001785	-,000388	-,046265	,005133	,004862	-,046793	,004862
16	,004862	-,046793	,004862	,005133	-,046265	-,000388	,001785	-,000388

	9	10	11	12	13	14	15	16
9	,444600							
10	-,273794	,444600						
11	,013656	-,062831	,335894					
12	,003186	-,004717	,003588	,335894				
13	-,004717	,003186	-,006940	-,019684	,335894			
14	-,062831	,013656	-,019684	-,006940	,003588	,335894		
15	,005133	-,046265	,004228	,004228	-,078284	-,078284	,350036	
16	-,046265	,005133	-,078284	-,078284	,004228	,004228	-,083601	,350036

Pyren

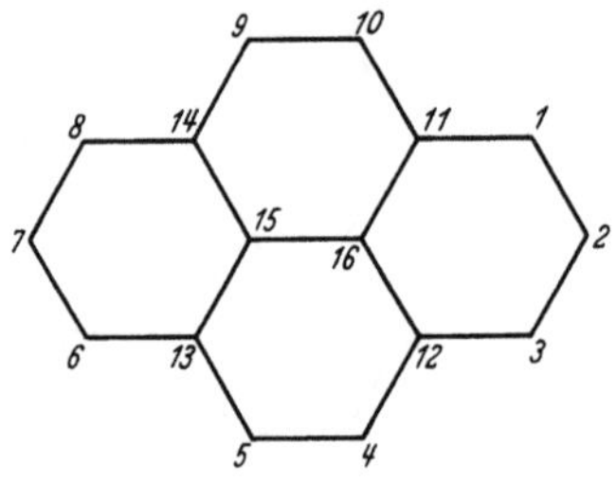

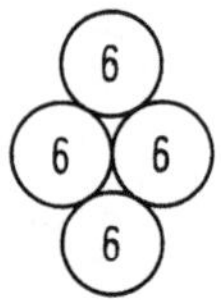

Z = 16

Bindungs- Bindungs Polarisierbarkeiten

	1 2	1 11	2 3	3 12	4 5	4 12	5 13	6 7
1 2	.265660							
1 11	-.187157	.270270						
2 3	-.230903	.117722	.265660					
3 12	.117722	-.065629	-.187157	.270270				
4 5	.025601	-.008291	-.028330	.061367	.170805			
4 12	-.038070	.009784	.050524	-.141440	-.176652	.319666		
5 13	-.022404	.016966	.024357	-.038921	-.176652	.085452	.319666	
6 7	-.018178	.019990	.019392	-.021557	-.028330	.024357	.050524	.265660
6 13	.019990	-.015610	-.021557	.031769	.061367	-.038921	-.141440	-.187157
7 8	.019392	-.021557	-.018178	.019990	.025601	-.022404	-.038070	-.230903
8 14	-.021557	.031769	.019990	-.015610	-.008291	.016966	.009784	.117722
9 10	-.028330	.061367	.025601	-.008291	-.000890	.001201	.001201	.025601
9 14	.024357	-.038921	-.022404	.016966	.001201	-.000371	-.002692	-.038070
10 11	.050524	-.141440	-.038070	.009784	.001201	-.002692	-.000371	-.022404
11 16	.077833	-.126269	-.052926	.073672	.007549	-.005829	-.020583	-.000346
12 16	-.052926	.073672	.077833	-.126269	.053162	-.099341	-.022359	.004250
13 15	-.000346	.000719	.004250	-.006451	.053162	-.022359	-.099341	.077833
14 15	.004250	-.006451	-.000346	.000719	.007549	-.020583	-.005829	-.052926
15 16	-.005458	.009065	-.005458	.009065	-.041132	.060711	.060711	-.005458

	6 13	7 8	8 14	9 10	9 14	10 11	11 16	12 16
6 13	.270270							
7 8	.117722	.265660						
8 14	-.065629	-.187157	.270270					
9 10	-.008291	-.028330	.061367	.170805				
9 14	.009784	.050524	-.141440	-.176652	.319666			
10 11	.016966	.024357	-.038921	-.176652	.085452	.319666		
11 16	.000719	.004250	-.006451	.053162	-.022359	-.099341	.264498	
12 16	-.006451	-.000346	.000719	.007549	-.020583	-.005829	-.105529	.264498
13 15	-.126269	-.052926	.073672	.007549	-.005829	-.020583	.025095	.043215
14 15	.073672	.077833	-.126269	.053162	-.099341	-.022359	.043215	.025095
15 16	.009065	-.005458	.009065	-.041132	.060711	.060711	-.110361	-.110361

	13 15	14 15	15 16
13 15	.264498		
14 15	-.105529	.264498	
15 16	-.110361	-.110361	.266436

Perylen

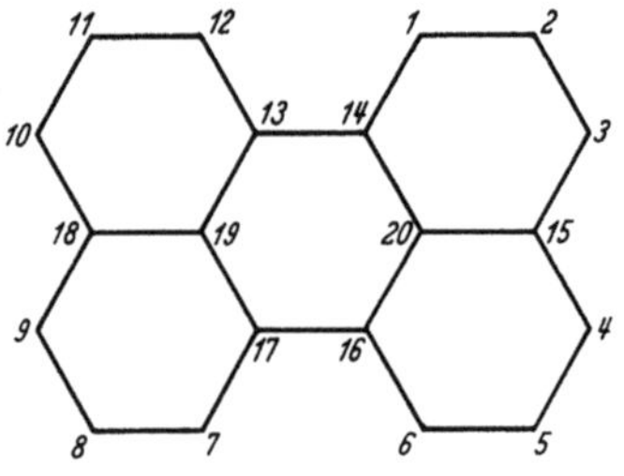

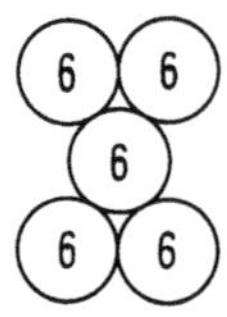

Z = 20

Eigenwerte und Hückelkoeffizienten

	1	2	3	4	5	6	7	8
1	2,588364	2,181943	1,879385	1,593579	1,532089	1,000000	1,000000	1,000000
1	.169581	.148102	.288675	-.048357	.288675	-.1/1151	0	.288675
2	.118644	.183516	.214263	.167341	.328269	.089952	.288675	.288675
3	.137512	.252320	.114007	.315029	.214263	.261103	.288675	0
4	.137512	.252320	-.114007	.315029	-.214263	.261103	-.288675	0
5	.118644	.183516	-.214263	.167341	-.328269	.089952	-.288675	.288675
6	.169581	.148102	-.288675	-.048357	-.288675	-.171151	0	.288675
7	.169581	-.148102	-.288675	-.048357	.288675	.171151	0	.288675
8	.118644	-.183516	-.214263	.167341	.328269	-.089952	-.288675	.288675
9	.137512	-.252320	-.114007	.315029	.214263	-.261103	-.288675	0
10	.137512	-.252320	.114007	.315029	-.214263	-.261103	.288675	0
11	.118644	-.183516	.214263	.167341	-.328269	-.089952	.288675	.288675
12	.169581	-.148102	.288675	-.048357	-.288675	.1/1151	0	.288675
13	.320294	-.139633	.328269	-.244402	-.114007	.261103	-.288675	0
14	.320294	.139633	.328269	-.244402	.114007	-.261103	-.288675	0
15	.237287	.367033	0	.334682	0	.1/1151	0	-.288675
16	.320294	.139633	-.328269	-.244402	-.114007	-.261103	.288675	0
17	.320294	-.139633	-.328269	-.244402	.114007	.261103	.288675	0
18	.237287	-.367033	0	.334682	0	-.171151	0	-.288675
19	.339162	-.296203	0	-.096715	0	.351055	0	-.288675
20	.339162	.296203	0	-.096715	0	-.351055	0	-.288675

	9	10	11	12	13	14	15	16
9	1.000000	.347296	-.347296	-1.000000	-1.000000	-1.000000	-1.000000	-1,532089
1	.290420	-.288675	.288675	-.139863	-.288675	-.306/16	0	-.288675
2	.287781	.114007	.114007	.287370	.288675	.091255	.288675	.328269
3	-.002639	.328269	-.328269	-.147507	0	.215461	-.288675	-.214263
4	-.002639	-.328269	.328269	-.147507	0	.215461	.288675	.214263
5	.287781	-.114007	-.114007	.287370	.288675	.091255	-.288675	-.328269
6	.290420	.288675	-.288675	-.139863	-.288675	-.306716	0	.288675
7	-.290420	-.288675	-.288675	-.139863	.288675	-.306716	0	.288675
8	-.287781	.114007	-.114007	.287370	-.288675	.091255	.288675	-.328269
9	.002639	.328269	.328269	-.147507	0	.215461	-.288675	.214263
10	.002639	-.328269	-.328269	-.147507	0	.215461	.288675	-.214263
11	-.287781	-.114007	.114007	.287370	-.288675	.091255	-.288675	.328269
12	-.290420	.288675	.288675	-.139863	.288675	-.306716	0	-.288675
13	-.002639	.214263	-.214263	-.147507	0	.215461	.288675	.114007
14	.002639	-.214263	-.214263	-.147507	0	.215461	-.288675	.114007
15	-.290420	0	0	-.139863	-.288675	-.306/16	0	0
16	.002639	.214263	.214263	-.147507	0	.215461	.288675	-.114007
17	-.002639	-.214263	.214263	-.147507	0	.215461	-.288675	-.114007
18	.290420	0	0	-.139863	.288675	-.306716	0	0
19	.285141	0	0	.434877	-.288675	-.124207	0	0
20	-.285141	0	0	.434877	.288675	-.12420/	0	0

	17	18	19	20
17	-1.593579	-1.879385	-2.181943	-2.588364
1	.048357	-.288675	-.148102	-.169581
2	.167341	.214263	.183516	.118644
3	-.315029	-.114007	-.252320	-.137512
4	-.315029	.114007	-.252320	-.137512
5	.167341	-.214263	.183516	.118644
6	.048357	.288675	-.148102	-.169581
7	-.048357	-.288675	-.148102	.169581
8	-.167341	.214263	.183516	-.118644
9	.315029	-.114007	-.252320	.137512
10	.315029	.114007	-.252320	.137512
11	-.167341	-.214263	.183516	-.118644
12	-.048357	.288675	-.148102	.169581
13	.244402	-.328269	.139633	-.320294
14	-.244402	.328269	.139633	.320294
15	.334682	0	.367033	.237287
16	-.244402	-.328269	.139633	.320294
17	.244402	.328269	.139633	-.320294
18	-.334682	0	.367033	-.237287
19	-.096715	0	-.296203	.339162
20	.096715	0	-.296203	-.339162

TOTALE PI ELEKTRONEN ENERGIE 28.245314

Z = 20

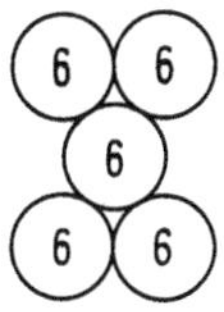

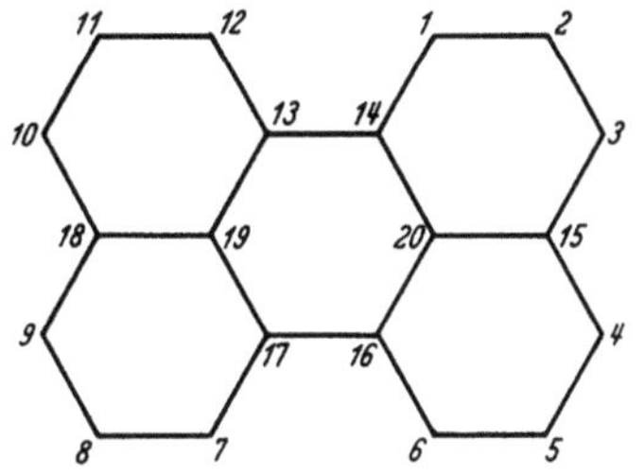

Perylen

allgemeine Bindungsordnungen

	1	2	3	4	5	6	7	8
1	1.000000							
2	.628853	1.000000						
3	0	.707171	1.000000					
4	0	-.154914	0	1.000000				
5	.134034	0	-.154914	.707171	1.000000			
6	0	.134034	0	0	.628853	1.000000		
7	.124385	0	-.099302	.163985	0	-.208949	1.000000	
8	0	-.015316	0	0	.018618	0	.628853	1.000000
9	-.099302	0	.087287	-.142066	0	.163985	0	.707171
10	.163985	0	-.142066	.087287	0	-.099302	0	-.154914
11	0	.018618	0	0	-.015316	0	.134034	0
12	-.208949	0	.163985	-.099302	0	.124385	0	.134034
13	0	-.063581	0	0	.040399	0	-.114515	0
14	.643591	0	-.315432	.051836	0	-.114515	0	.040399
15	-.237113	0	.552257	.552257	0	-.237113	0	.003302
16	-.114515	0	.051836	-.315432	0	.643591	0	-.063581
17	0	.040399	0	0	-.063581	0	.643591	0
18	0	.003302	0	0	.003302	0	-.237113	0
19	-.084564	0	.064684	.064684	0	-.084564	0	-.237113
20	0	-.237113	0	0	-.237113	0	-.084564	0

	9	10	11	12	13	14	15	16
9	1.000000							
10	0	1.000000						
11	-.154914	.707171	1.000000					
12	0	0	.628853	1.000000				
13	.051836	-.315432	0	.643591	1.000000			
14	0	0	-.063581	0	.413659	1.000000		
15	0	0	.003302	0	-.023182	0	1.000000	
16	0	0	.040399	0	-.115093	0	0	1.000000
17	-.315432	.051836	0	-.114515	0	-.115093	-.023182	.413659
18	.552257	.552257	0	-.237113	0	-.023182	.006603	-.023182
19	0	0	-.237113	0	.529076	0	0	0
20	.064684	.064684	0	-.084564	0	.529076	.525774	.529076

	17	18	19	20
17	1.000000			
18	0	1.000000		
19	.529076	.525774	1.000000	
20	0	0	-.169128	1.000000

Perylen

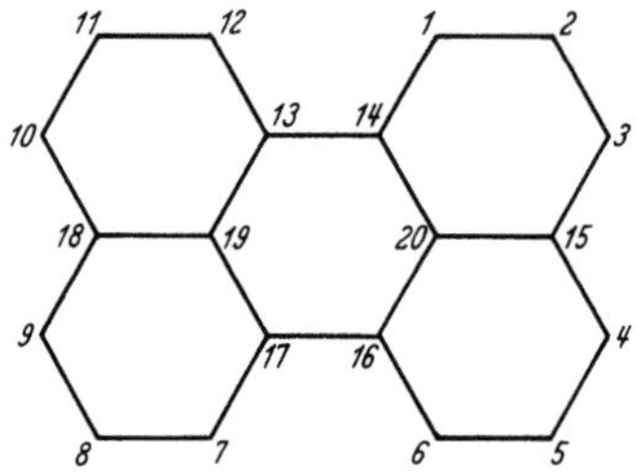

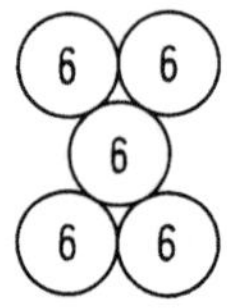

Z = 20

Atom- Atom Polarisierbarkeiten

	1	2	3	4	5	6	7	8
1	.457603							
2	-.125610	.398099						
3	.036955	-.197625	.475994					
4	.018406	-.026782	.041822	.475994				
5	-.025751	.000142	-.026782	-.197625	.398099			
6	.006657	-.025751	.018406	.036955	-.125610	.457603		
7	-.031838	.001881	-.028380	-.052596	.002838	-.060497	.457603	
8	.001881	-.000271	.001282	.001877	-.000345	.002838	-.125610	.398099
9	-.028380	.001282	-.026113	-.047729	.001877	-.052596	.036955	-.197625
10	-.052596	.001877	-.047729	-.026113	.001282	-.028380	.018406	-.026782
11	.002838	-.000345	.001877	.001282	-.000271	.001881	-.025751	.000142
12	-.060497	.002838	-.052596	-.028380	.001881	-.031838	.006657	-.025751
13	.020568	-.002626	.011249	.004963	-.001507	.008036	-.018981	.003187
14	-.161363	.011297	-.110086	-.015768	.003187	-.018981	.008036	-.001507
15	-.047684	.007468	-.087779	-.087779	.007468	-.047684	.000139	-.000007
16	-.018981	.003187	-.015768	-.110086	.011297	-.161363	.020568	-.002626
17	.008036	-.001507	.004963	.011249	-.002626	.020568	-.161363	.011297
18	.000139	-.000007	.000086	.000086	-.000007	.000139	-.047684	.007468
19	-.005581	.000139	-.004582	-.004582	.000139	-.005581	.005198	-.047684
20	.005198	-.047684	.004806	.004806	-.047684	.005198	-.005581	.000139

	9	10	11	12	13	14	15	16
9	.475994							
10	.041822	.475994						
11	-.026782	-.197625	.398099					
12	.018406	.036955	-.125610	.457603				
13	-.015768	-.110086	.011297	-.161363	.358467			
14	.004963	.011249	-.002626	.020568	-.035960	.358467		
15	.000086	.000086	-.000007	.000139	-.000235	.003067	.328675	
16	.011249	.004963	-.001507	.008036	-.008518	.010714	.003067	.358467
17	-.110086	-.015768	.003187	-.018981	.010714	-.008518	-.000235	-.035960
18	-.087779	-.087779	.007468	-.047684	.003067	-.000235	-.000028	-.000235
19	.004806	.004806	-.047684	.005198	-.080533	.004030	.000557	.004030
20	-.004582	-.004582	.000139	-.005581	.004030	-.080533	-.079314	-.080533

	17	18	19	20
17	.358467			
18	.003067	.328675		
19	-.080533	-.079314	.349496	
20	.004030	.000557	-.022324	.349496

Z = 20 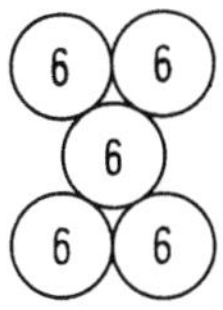

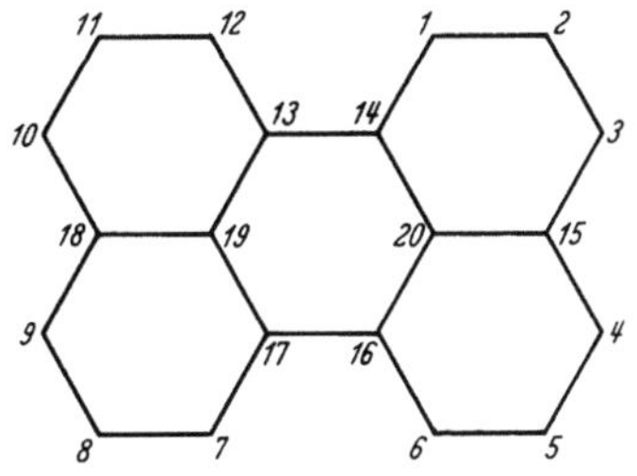

Perylen

Bindungs- Bindungs Polarisierbarkeiten

	1 2	1 14	2 3	3 15	4 5	4 15	5 6	6 16
1 2	.297884							
1 14	-.193436	.241117						
2 3	-.227282	.119287	.232173					
3 15	.109674	-.061816	-.178874	.296951				
4 5	.026481	-.010865	-.027724	.057223	.232173			
4 15	-.043813	.015562	.057223	-.149718	-.178874	.296951		
5 6	-.025660	.017776	.026481	-.043813	-.227282	.109674	.297884	
6 16	.017776	-.012122	-.010865	.015562	.119287	-.061816	-.193436	.241117
7 8	.003563	-.007536	-.002842	.000363	-.004722	-.000577	.005873	-.014905
7 17	-.007536	.015874	.005785	-.000902	.011494	.001952	-.014905	.041335
8 9	-.002842	.005785	.002366	-.000310	.003952	.000482	-.004722	.011494
9 18	.000363	-.000902	-.000310	-.000026	.000482	.000370	-.000577	.001952
10 11	-.004722	.011494	.003952	.000482	.002366	-.000310	-.002842	.005785
10 18	-.000577	.001952	.000482	.000370	-.000310	-.000026	.000363	-.000902
11 12	.005873	-.014905	-.004722	-.000577	-.002842	.000363	.003563	-.007536
12 13	-.014905	.041335	.011494	.001952	.005785	-.000902	-.007536	.015874
13 14	.031813	-.114159	-.021875	-.006449	-.005189	.001894	.008117	-.015752
13 19	-.004875	.018188	.003775	.002675	-.002726	-.000576	.003435	-.010128
14 20	.092842	-.144991	-.063640	.085577	.017385	-.016365	-.030990	.037831
15 20	-.041461	.061852	.065861	-.112866	.065861	-.112866	-.041461	.061852
16 17	.008117	-.015752	-.005189	.001894	-.021875	-.006449	.031813	-.114159
16 20	-.030990	.037831	.017385	-.016365	-.063640	.085577	.092842	-.144991
17 19	.003435	-.010128	-.002726	-.000576	.003775	.002675	-.004875	.018188
18 19	.000278	-.001440	-.000214	-.000428	-.000214	-.000428	.000278	-.001440

	7 8	7 17	8 9	9 18	10 11	10 18	11 12	12 13
7 8	.297884							
7 17	-.193436	.241117						
8 9	-.227282	.119287	.232173					
9 18	.109674	-.061816	-.178874	.296951				
10 11	.026481	-.010865	-.027724	.057223	.232173			
10 18	-.043813	.015562	.057223	-.149718	-.178874	.296951		
11 12	-.025660	.017776	.026481	-.043813	-.227282	.109674	.297884	
12 13	.017776	-.012122	-.010865	.015562	.119287	-.061816	-.193436	.241117
13 14	.008117	-.015752	-.005189	.001894	-.021875	-.006449	.031813	-.114159
13 19	-.030990	.037831	.017385	-.016365	-.063640	.085577	.092842	-.144991
14 20	.003435	-.010128	-.002726	-.000576	.003775	.002675	-.004875	.018188
15 20	.000278	-.001440	-.000214	-.000428	-.000214	-.000428	.000278	-.001440
16 17	.031813	-.114159	-.021875	-.006449	-.005189	.001894	.008117	-.015752
16 20	-.004875	.018188	.003775	.002675	-.002726	-.000576	.003435	-.010128
17 19	.092842	-.144991	-.063640	.085577	.017385	-.016365	-.030990	.037831
18 19	-.041461	.061852	.065861	-.112866	.065861	-.112866	-.041461	.061852

	13 14	13 19	14 20	15 20	16 17	16 20	17 19	18 19
13 14	.322507							
13 19	-.077255	.272676						
14 20	-.077255	.023844	.272676					
15 20	.007011	-.002881	-.105934	.259331				
16 17	.002195	.029495	.029495	.007011	.322507			
16 20	.029495	-.007723	-.119641	-.105934	-.077255	.272676		
17 19	.029495	-.119641	-.007723	-.002881	-.077255	.023844	.272676	
18 19	.007011	-.105934	-.002881	.001114	.007011	-.002881	-.105934	.259331

Anthanthren

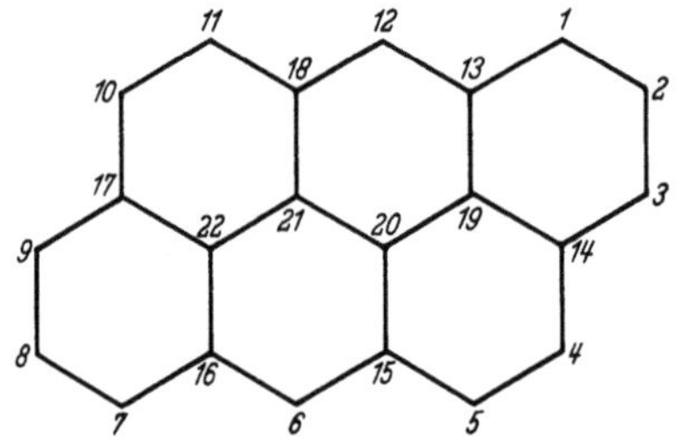

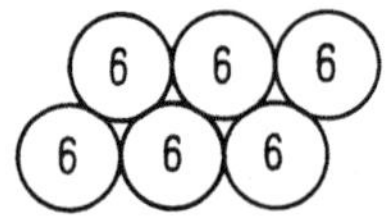

Z = 22

Eigenwerte und Hückelkoeffizienten

	1	2	3	4	5	6	7	8
1	2.625997	2.261340	1.965927	1.777259	1.534285	1.232394	1.209901	1.103513
1	.124425	.208092	.165847	.236470	.271341	.119294	.135327	.339255
2	.091504	.194796	.075144	.310393	.094409	.392262	.087211	.208649
3	.115864	.232408	-.018120	.315179	-.126491	.364127	-.029810	-.109008
4	.139459	.196067	-.207622	.084034	-.343753	-.010905	.178270	-.230823
5	.153465	.112615	-.297404	-.100411	-.238933	-.069925	.338968	.074224
6	.189938	-.096039	-.319418	-.085872	.194923	.137922	.254871	.133218
7	.124425	-.208092	-.165847	.236470	.271341	-.119294	.135327	-.339255
8	.091504	-.194796	-.075144	.310393	.094409	-.392262	.087211	-.208649
9	.115864	-.232408	.018120	.315179	-.126491	-.364127	-.029810	.109008
10	.139459	-.196067	.207622	.084034	-.343753	.010905	.178270	.230823
11	.153465	-.112615	.297404	-.100411	-.238933	.069925	.338968	-.074224
12	.189938	.096039	.319418	-.085872	.194923	-.137922	.254871	-.133218
13	.235237	.275771	.250899	.109875	.321906	-.245245	.076521	.165723
14	.212754	.330758	-.110766	.249762	-.288482	.056486	-.123278	-.328941
15	.263540	.058595	-.377053	-.262491	-.022838	-.075270	.231847	.312731
16	.235237	-.275771	-.250899	.109875	.321906	.245245	.076521	-.165723
17	.212754	-.330758	.110766	.249762	-.288482	-.056486	-.123278	.328941
18	.263540	-.058595	.377053	-.262491	-.022838	.075270	.231847	-.312731
19	.303368	.319481	.007984	.044678	.027631	-.283610	-.297614	-.023160
20	.348652	.115927	-.124436	-.280232	.008970	-.160760	-.313327	.137661
21	.348652	-.115927	.124436	-.280232	.008970	.160760	-.313327	-.137661
22	.303368	-.319481	-.007984	.044678	.027631	.283610	-.297614	.023160

	9	10	11	12	13	14	15	16
9	.874820	.750047	.290959	-.290959	-.750047	-.874820	-1.103513	-1.209901
1	.085932	.147510	.327697	.327697	.147510	.085932	.339255	.135327
2	.366720	.010743	.056292	-.056292	-.010743	-.366720	-.208649	-.087211
3	.234883	-.139452	-.311318	-.311318	-.139452	.234883	-.109008	-.029810
4	-.163199	.343991	.208883	.208883	.343991	-.163199	-.230823	.178270
5	.018470	.373348	.207649	-.207649	-.373348	-.018470	-.074224	-.338968
6	-.128242	-.218465	-.376035	.376035	.218465	.128242	-.133218	-.254871
7	.085932	-.147510	.327697	-.327697	.147510	-.085932	.339255	-.135327
8	.366720	-.010743	.056292	.056292	-.010743	.366720	-.208649	.087211
9	.234883	.139452	-.311318	.311318	-.139452	-.234883	-.109008	.029810
10	-.163199	-.343991	.208883	-.208883	.343991	.163199	-.230823	-.178270
11	.018470	-.373348	.207649	.207649	-.373348	.018470	-.074224	.338968
12	-.128242	.218465	-.376035	-.376035	.218465	-.128242	-.133218	.254871
13	-.291546	.099897	.039055	-.039055	-.099897	.291546	-.165723	-.076521
14	-.161240	-.115338	-.146873	.146873	.115338	.161240	.328941	.123278
15	.179357	-.063962	-.148465	-.148465	-.063962	.179357	.312731	.231847
16	-.291546	-.099897	.039055	.039055	-.099897	-.291546	-.165723	.076521
17	-.161240	.115338	-.146873	-.146873	.115338	-.161240	.328941	-.123278
18	.179357	.063962	-.148465	.148465	-.063962	-.179357	.312731	-.231847
19	-.212740	-.291048	.059701	.059701	-.291048	-.212740	-.023160	-.297614
20	.266677	-.202858	.125189	-.125189	.202858	-.266677	-.137661	.313327
21	.266677	.202858	.125189	.125189	.202858	.266677	-.137661	-.313327
22	-.212740	.291048	.059701	-.059701	-.291048	.212740	-.023160	.297614

Z = 22

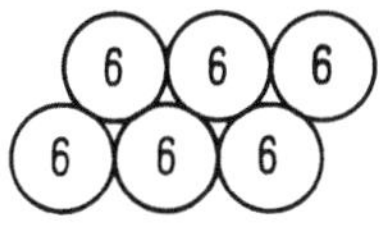

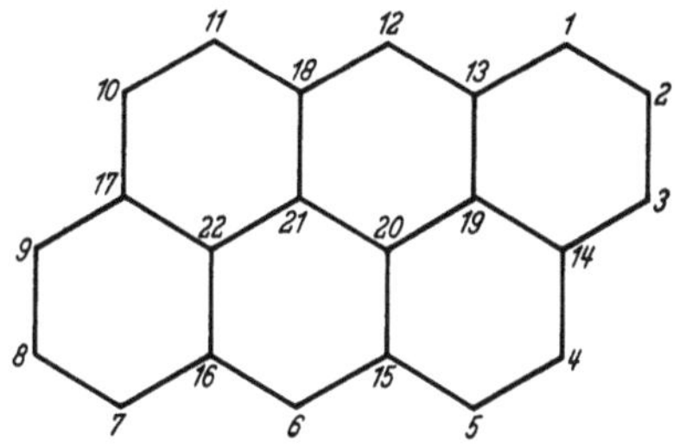

Anthanthren

Eigenwerte und Hückelkoeffizienten

	17	18	19	20	21	22
17	-1.232394	-1.534285	-1.777259	-1.965927	-2.261340	-2.625997
1	.119294	.271341	.236470	.165847	.208092	.124425
2	-.392262	-.094409	-.310393	-.075144	-.194796	-.091504
3	.364127	-.126491	.315179	-.018120	.232408	.115864
4	-.010905	-.343753	.084034	-.207622	.196067	.139459
5	.069925	.238933	.100411	.297404	-.112615	-.153465
6	-.137922	-.194923	.085872	.319418	.096039	-.189938
7	.119294	-.271341	-.236470	.165847	.208092	-.124425
8	-.392262	.094409	.310393	-.075144	-.194796	.091504
9	.364127	.126491	-.315179	-.018120	.232408	-.115864
10	-.010905	.343753	-.084034	-.207622	.196067	-.139459
11	.069925	-.238933	-.100411	.297404	-.112615	.153465
12	-.137922	.194923	-.085872	.319418	.096039	.189938
13	.245245	-.321906	-.109875	-.250899	-.275771	-.235237
14	-.056486	.288482	-.249762	.110766	-.330758	-.212754
15	-.075270	-.022838	-.262491	-.377053	.058595	.263540
16	.245245	.321906	.109875	-.250899	-.275771	.235237
17	-.056486	-.288482	.249762	.110766	-.330758	.212754
18	-.075270	.022838	.262491	-.377053	.058595	-.263540
19	-.283610	.027631	.044678	.007984	.319481	.303368
20	.160760	-.008970	.280232	.124436	-.115927	-.348652
21	.160760	.008970	-.280232	.124436	-.115927	.348652
22	-.283610	-.027631	-.044678	.007984	.319481	-.303368

TOTALE PI ELEKTRONEN ENERGIE 31.252883

Anthanthren

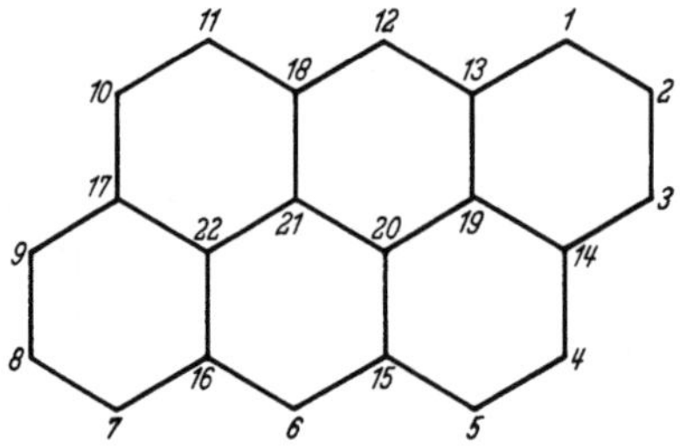

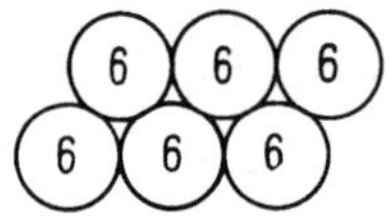

Z = 22

allgemeine Bindungsordnungen

	1	2	3	4	5	6	7	8
1	1.000000							
2	.688650	1.000000						
3	0	.650006	1.000000					
4	0	-.104607	0	1.000000				
5	.184091	0	-.216220	.783543	1.000000			
6	-.174147	0	.198531	-.239662	0	1.000000		
7	.112433	0	-.124974	.090001	0	0	1.000000	
8	0	.035553	0	0	.033369	-.147362	.688650	1.000000
9	-.124974	0	.126959	-.090200	0	0	0	.650006
10	.090001	0	-.090200	-.013108	0	0	0	-.104607
11	0	.033369	0	0	-.003675	-.011445	.184091	0
12	0	-.147362	0	0	-.011445	.217010	-.174147	0
13	.562793	0	-.247004	.003049	0	0	0	-.048094
14	-.285648	0	.605549	.493935	0	0	0	-.033568
15	0	.072477	0	0	.493324	.640253	-.149365	0
16	0	-.048094	0	0	-.092732	.560790	.562793	0
17	0	-.033568	0	0	.004943	.028870	-.285648	0
18	-.149365	0	.128512	.014376	0	0	0	.072477
19	0	-.225499	0	0	-.227783	-.047402	.067267	0
20	.004348	0	-.064229	-.204953	0	0	0	.093140
21	0	.093140	0	0	.016858	-.276389	.004348	0
22	.067267	0	-.055788	.122790	0	0	0	-.225499

	9	10	11	12	13	14	15	16
9	1.000000							
10	0	1.000000						
11	-.216220	.783543	1.000000					
12	.198531	-.239662	0	1.000000				
13	0	0	-.092732	.560790	1.000000			
14	0	0	.004943	.028870	0	1.000000		
15	.128512	.014376	0	0	-.058186	-.154395	1.000000	
16	-.247004	.003049	0	0	.053647	.065862	0	1.000000
17	.605549	.493935	0	0	.065862	.014538	0	0
18	0	0	.493324	.640253	0	0	-.012637	-.058186
19	-.055788	.122790	0	0	.506992	.519815	0	0
20	0	0	.016858	-.276389	0	0	.487352	-.170891
21	-.064229	-.204953	0	0	-.170891	-.084645	0	0
22	0	0	-.227783	-.047402	0	0	-.193721	.506992

	17	18	19	20	21	22
17	1.000000					
18	-.154395	1.000000				
19	0	-.193721	1.000000			
20	-.084645	0	.549956	1.000000		
21	0	.487352	0	.540525	1.000000	
22	.519815	0	-.071247	0	.549956	1.000000

Z = 22 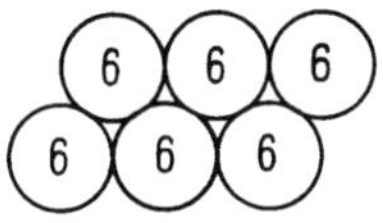 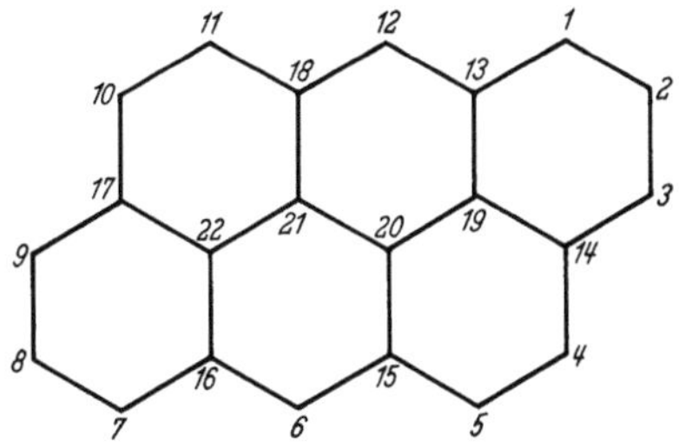

Anthanthren

Atom- Atom Polarisierbarkeiten

	1	2	3	4	5	6	7	8
1	.493927							
2	-.177950	.395355						
3	.050599	-.141510	.485882					
4	.018127	-.008348	.035396	.449597				
5	-.061040	.000951	-.066106	-.285378	.450223			
6	-.085165	.001702	-.090465	-.086290	.043814	.556779		
7	-.043248	.000823	-.045412	-.020624	.009794	.061581	.493927	
8	.000823	-.002270	.000238	.000104	-.001769	-.022798	-.177950	.395355
9	-.045412	.000238	-.046602	-.021146	.007521	.034481	.050599	-.141510
10	-.020624	.000104	-.021146	-.001344	.001152	.008174	.018127	-.008348
11	.009794	-.001769	.007521	.001152	-.001029	-.009013	-.061040	.000951
12	.061581	-.022798	.034481	.008174	-.009013	-.110313	-.085165	.001702
13	-.095316	.007585	-.054943	-.001727	.001918	.000355	.000098	-.003259
14	-.086442	.008890	-.130594	-.059641	.015649	.012451	.004799	-.001947
15	.004299	-.005517	.009456	.015462	-.059395	-.160434	-.028833	.000142
16	.000098	-.003259	.000717	.000496	-.006558	-.091510	-.095316	.007585
17	.004799	-.001947	.003218	.001569	-.001087	-.010603	-.086442	.008890
18	-.028833	.000142	-.027766	-.001389	.001351	.008501	.004299	-.005517
19	.003763	-.041817	.006466	.005078	-.043897	-.001675	-.007362	.000118
20	-.004599	.002314	-.005261	-.032529	.003882	.013664	.008182	-.011038
21	.008182	-.011038	.002695	.004981	-.005525	-.083987	-.004599	.002314
22	-.007362	.000118	-.006863	-.021721	.004542	.010749	.003763	-.041817

	9	10	11	12	13	14	15	16
9	.485882							
10	.035396	.449597						
11	-.066106	-.285378	.450223					
12	-.090465	-.086290	.043814	.556779				
13	.000717	.000496	-.006558	-.091510	.329092			
14	.003218	.001569	-.001087	-.010603	.002982	.338349		
15	-.027766	-.001389	.001351	.008501	-.002781	-.016039	.337497	
16	-.054943	-.001727	.001918	.000355	-.003246	-.004683	.006184	.329092
17	-.130594	-.059641	.015649	.012451	-.004683	-.001050	.002152	.002982
18	.009436	.015462	-.059395	-.160434	.006184	.002152	-.001339	-.002781
19	-.006863	-.021721	.004542	.010749	-.069373	-.075790	.004311	.001524
20	.002695	.004981	-.005525	-.083987	.004343	.005741	-.059629	-.021899
21	-.005261	-.032529	.003882	.013664	-.021899	-.008119	.005671	.004343
22	.006466	.005078	-.043897	-.001675	.001524	.000194	-.031904	-.069373

	17	18	19	20	21	22
17	.338349					
18	-.016039	.337497				
19	.000194	-.031904	.355775			
20	-.008119	.005671	-.093129	.356984		
21	.005741	-.059629	.005198	-.087939	.356984	
22	-.075790	.004311	-.004190	.005198	-.093129	.355775

Anthanthren

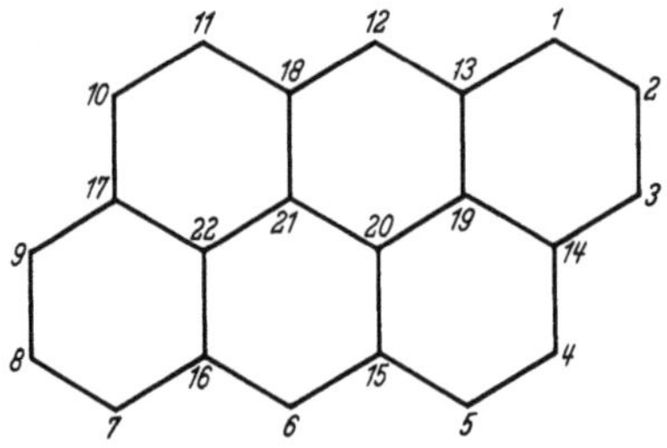

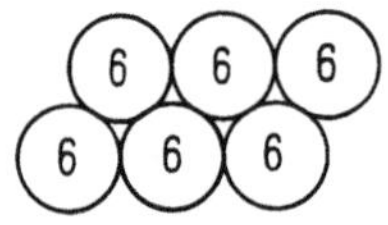

Z=22

Bindungs- Bindungs Polarisierbarkeiten

	1 2	1 13	2 3	3 14	4 5	4 14	5 15	6 15
1 2	.254306							
1 13	-.180628	.293717						
2 3	-.236186	.111859	.288541					
3 14	.116799	-.058111	-.187368	.265917				
4 5	.022909	-.003546	-.026238	.061312	.164531			
4 14	-.035568	.004128	.048117	-.142019	-.174017	.326398		
5 15	-.018340	.010048	.020674	-.037479	-.173578	.079366	.326278	
6 15	.020048	-.012369	-.022780	.036494	.067500	-.042022	-.152606	.254150
6 16	-.015222	.014500	.017005	-.020770	-.025626	.021172	.046192	-.167071
7 8	-.008395	.010385	.009211	-.008042	-.004990	.005502	.007469	-.026790
7 16	.010385	-.009835	-.011538	.013666	.010889	-.009593	-.017989	.057588
8 9	.009211	-.011538	-.009556	.008343	.005157	-.005690	-.007225	.025274
9 17	-.008042	.013666	.008343	-.003594	.000077	.002319	-.000781	-.007074
10 11	-.004990	.010889	.005157	.000077	.000002	-.000076	-.000063	.000143
10 17	.005502	-.009593	-.005690	.002319	-.000076	.000835	-.000101	-.000889
11 18	.007469	-.017989	-.007225	-.000781	-.000063	-.000101	.000399	.000121
12 13	.059817	-.161984	-.046446	.010292	.000362	-.001785	.001037	.014286
12 18	-.026790	.057588	.025274	-.007074	.000143	-.000889	.000121	-.000431
13 19	.064635	-.107689	-.040844	.063182	.002845	-.000553	-.013530	-.001528
14 19	-.053353	.070046	.078826	-.130955	.049740	-.095881	-.017648	-.010227
15 20	-.005120	.004382	.009010	-.013156	.043475	-.013235	-.085529	-.133833
16 22	.004788	-.004697	-.004278	.005447	.012536	-.010027	-.019028	.057326
17 22	.004325	-.007760	-.004030	.001693	-.000348	-.003426	.001702	.008168
18 21	.018053	-.028783	-.017183	.012740	-.000330	.002342	-.000670	-.000902
19 20	.004792	-.001396	-.016503	.021305	-.033275	.051957	.048956	.015591
20 21	-.000710	.000034	.005131	-.003658	.005197	-.019609	-.002232	.065037
21 22	-.009703	.014668	.008716	-.006579	-.004589	.012357	.004560	-.043203

	6 16	7 8	7 16	8 9	9 17	10 11	10 17	11 18
6 16	.312536							
7 8	.059817	.254306						
7 16	-.161984	-.180628	.293717					
8 9	-.046446	-.236186	.111859	.288541				
9 17	.010292	.116799	-.058111	-.187368	.265917			
10 11	.000362	.022909	-.003546	-.026238	.061312	.164531		
10 17	-.001785	-.035568	.004128	.048117	-.142019	-.174017	.326398	
11 18	.001037	-.018340	.010048	.020674	-.037479	-.173578	.079366	.326278
12 13	-.016723	-.015222	.014500	.017005	-.020770	-.025626	.021172	.046192
12 18	.014286	.020048	-.012369	-.022780	.036494	.067500	-.042022	-.152606
13 19	.001682	.004788	-.004687	-.004278	.005447	.012536	-.010027	-.019028
14 19	.006557	.004325	-.007760	-.004030	.001693	-.000348	-.003426	.001702
15 20	.066216	.018053	-.028783	-.017183	.012740	-.000330	.002342	-.000670
16 22	-.117684	.064635	-.107689	-.040844	.063182	.002845	-.000553	-.013530
17 22	-.006641	-.053353	.070046	.078826	-.130955	.049740	-.095881	-.017648
18 21	-.019419	-.005120	.004382	.009010	-.013156	.043475	-.013235	-.085529
19 20	.009978	-.009703	.014668	.008716	-.006579	-.004589	.012357	.004560
20 21	-.033982	-.000710	.000034	.005131	-.003658	.005197	-.019609	-.002232
21 22	.071678	.004792	-.001396	-.016503	.021305	-.033275	.051957	.048956

	12 13	12 18	13 19	14 19	15 20	16 22	17 22	18 21
12 13	.312536							
12 18	-.167071	.254150						
13 19	-.117684	.057326	.272255					
14 19	-.006641	.008168	-.098564	.270967				
15 20	-.019419	-.000902	.019427	.041863	.287271			
16 22	.001682	-.001528	.005184	.004031	-.020565	.272255		
17 22	.006557	-.010227	.004031	.001633	-.018380	-.098564	.270967	
18 21	.066216	-.133833	-.020565	-.018380	.004598	.019427	.041863	.287271
19 20	.071678	-.043203	-.110496	-.116577	-.103380	-.012114	-.005231	.055237
20 21	-.033982	.065037	.048251	.029472	-.104132	.048251	.029472	-.104132
21 22	-.009978	.015591	-.012114	-.005231	.055237	-.110496	-.116577	-.103380

	19 20	20 21	21 22
19 20	.263201		
20 21	-.123320	.269045	
21 22	.023328	-.123320	.263201

1–12 Benzoperylen

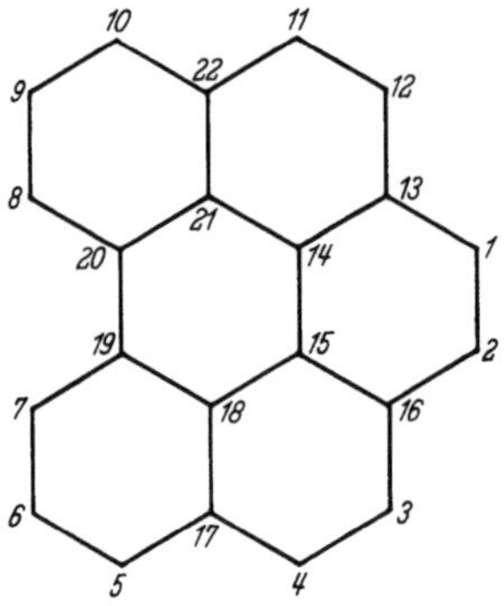

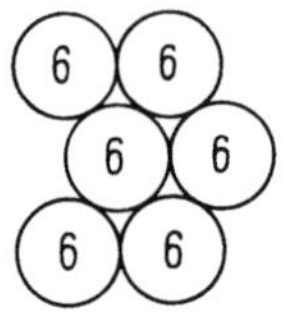

Z = 22

Eigenwerte und Hückelkoeffizienten

	1	2	3	4	5	6	7	8
1	2.638574	2.199057	2.080083	1.612958	1.599910	1.353412	1.105036	1.000000
1	.143688	-.057467	.299063	-.135157	-.064425	.396661	-.147753	0
2	.143688	.057467	.299063	.135157	-.064425	.396661	.147753	0
3	.140592	.198386	.172221	.312862	.183980	.067792	.087409	.223607
4	.135517	.252420	.035220	.151474	.333001	-.048434	-.214434	.223607
5	.120319	.241012	-.134727	-.226639	.295202	.105242	-.061440	.223607
6	.100490	.173297	-.181283	-.297017	.123505	.275779	.256473	.223607
7	.144830	.140079	-.242358	-.252437	-.097605	.268001	.344852	0
8	.144830	-.140079	-.242358	.252437	-.097605	.268001	-.344852	0
9	.100490	-.173297	-.181283	.297017	.123505	.275779	-.256473	-.223607
10	.120319	-.241012	-.134727	.226639	.295202	.105242	.061440	-.223607
11	.135517	-.252420	.035220	-.151474	.333001	-.048434	.214434	-.223607
12	.140592	-.198386	.172221	-.312862	.183980	.067792	-.087409	-.223607
13	.235444	-.183841	.323013	-.353160	-.038649	.140185	-.311024	0
14	.336956	-.148423	.200610	-.121613	-.181390	-.274726	-.108531	.223607
15	.336956	.148423	.200610	.121613	-.181390	-.274726	.108531	-.223607
16	.235444	.183841	.323013	.353160	-.038649	.140185	.311024	0
17	.216981	.356701	-.098959	-.068542	.348791	-.133343	-.324367	0
18	.316683	.290974	-.106337	-.035390	-.070168	-.237276	-.082562	-.447214
19	.281656	.134744	-.322841	-.110154	-.279664	.086937	.124601	-.223607
20	.281656	-.134744	-.322841	.110154	-.279664	.086937	-.124601	.223607
21	.316683	-.290974	-.106337	.035390	-.070168	-.237276	.082562	.447214
22	.216981	-.356701	-.098959	.068542	.348791	-.133343	.324367	0

	9	10	11	12	13	14	15	16
9	1.000000	.684288	.439216	-.439216	-.684288	-1.000000	-1.000000	-1.105036
1	0	-.402498	.151720	-.151720	.402498	0	0	.147753
2	0	-.402498	-.151720	-.151720	-.402498	0	0	.147753
3	.288675	.304443	.203053	.203053	.304443	.288675	.223607	.087409
4	.288675	.081253	.307541	-.307541	-.081253	-.288675	-.223607	.214434
5	-.288675	-.066050	-.343845	.343845	.066050	.288675	-.223607	.061440
6	-.288675	.203645	-.083046	-.083046	.203645	-.288675	.223607	.256473
7	0	.205402	.307370	-.307370	-.205402	0	0	-.344852
8	0	.205402	-.307370	-.307370	.205402	0	0	-.344852
9	-.288675	.203645	.083046	-.083046	-.203645	.288675	.223607	.256473
10	-.288675	-.066050	.343845	.343845	-.066050	-.288675	-.223607	.061440
11	.288675	.081253	-.307541	-.307541	.081253	.288675	-.223607	.214434
12	.288675	.304443	-.203053	.203053	-.304443	-.288675	.223607	.087409
13	0	.127074	.218357	.218357	.127074	0	0	-.311024
14	-.288675	.185010	.147240	-.147240	-.185010	.288675	-.223607	.108531
15	-.288675	.185010	-.147240	-.147240	.185010	-.288675	-.223607	.108531
16	0	.127074	-.218357	.218357	-.127074	0	0	-.311024
17	0	-.248843	-.067976	-.067976	-.248843	0	0	-.324367
18	0	-.185483	.006448	-.006448	.185483	0	.447214	.082562
19	.288675	-.063091	.218048	.218048	-.063091	.288675	-.223607	.124601
20	.288675	-.063091	-.218048	.218048	.063091	-.288675	-.223607	.124601
21	0	-.185483	-.006448	-.006448	-.185483	0	.447214	.082562
22	0	-.248843	.067976	-.067976	.248843	0	0	-.324367

1–12 Benzoperylen

Z = 22

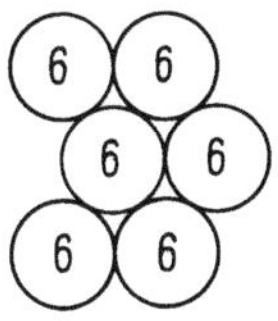

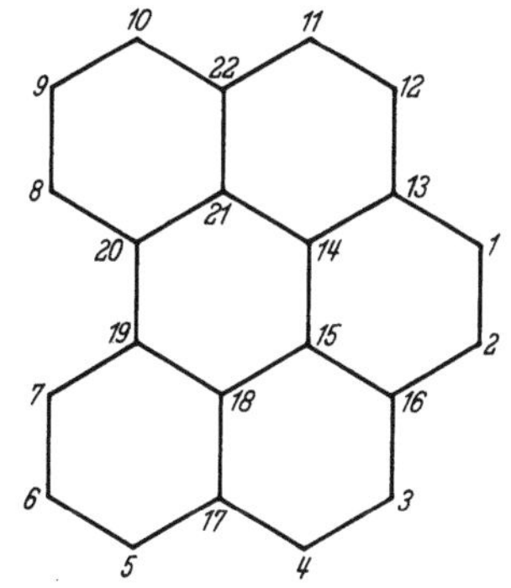

Eigenwerte und Hückelkoeffizienten

	17	18	19	20	21	22
17	-1.353412	-1.599910	-1.612958	-2.080083	-2.199057	-2.638574
1	-.396661	.064425	.135157	-.299063	.057467	-.143688
2	.396661	-.064425	.135157	.299063	.057467	.143688
3	.067792	.183980	.312862	.172221	.198386	.140592
4	.048434	-.333001	-.151474	-.035220	-.252420	-.135517
5	-.105242	-.295202	.226639	.134727	-.241012	-.120319
6	.275779	.123505	-.297017	-.181283	.173297	.100490
7	-.268001	.097605	.252437	.242358	-.140079	-.144830
8	.268001	-.097605	.252437	-.242358	-.140079	.144830
9	-.275779	-.123505	-.297017	.181283	.173297	-.100490
10	.105242	.295202	.226639	-.134727	-.241012	.120319
11	-.048434	.333001	-.151474	.035220	-.252420	.135517
12	-.067792	-.183980	.312862	-.172221	.198386	-.140592
13	.140185	-.038649	-.353160	.323013	-.183841	.235444
14	.274726	.181390	.121613	-.200610	.148423	-.336956
15	-.274726	-.181390	.121613	.200610	.148423	.336956
16	-.140185	.038649	-.353160	-.323013	-.183841	-.235444
17	-.133343	.348791	-.068542	-.098959	.356701	.216981
18	.237276	.070168	.035390	.106337	-.290974	-.316683
19	.086937	-.279664	-.110154	-.322841	.134744	.281656
20	-.086937	.279664	-.110154	.322841	.134744	-.281656
21	-.237276	-.070168	.035390	-.106337	-.290974	.316683
22	.133343	-.348791	-.068542	.098959	.356701	-.216981

TOTALE PI ELEKTRONEN ENERGIE 31.425065

1–12 Benzoperylen

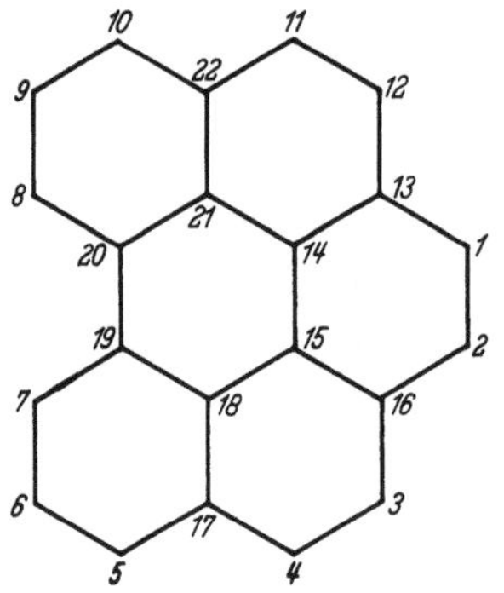

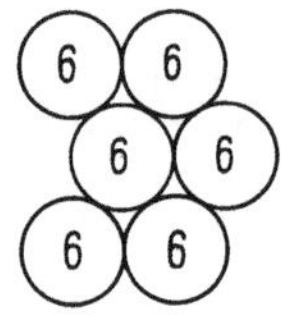

Z = 22

allgemeine Bindungsordnungen

	1	2	3	4	5	6	7	8
1	1.000000							
2	.734322	1.000000						
3	-.143176	0	1.000000					
4	0	-.173458	.764682	1.000000				
5	0	.105234	-.193132	0	1.000000			
6	-.081236	0	0	-.127132	.687518	1.000000		
7	0	-.087001	.165469	0	0	.648691	1.000000	
8	-.087001	0	0	-.070809	.143611	0	-.186983	1.000000
9	0	-.081236	.011962	0	0	.036296	0	.648691
10	.105234	0	0	.064261	-.125825	0	.143611	0
11	-.173458	0	0	-.108895	.064261	0	-.070809	0
12	0	-.143176	.055557	0	0	.011962	0	.165469
13	.549523	0	0	.135794	-.080958	0	.093031	0
14	0	-.253365	.011670	0	0	.081348	0	-.070955
15	-.253365	0	0	-.250675	.008675	0	-.070955	0
16	0	.549523	.519241	0	0	.099469	0	.093031
17	.105512	0	0	.513224	.579224	0	-.261934	0
18	0	-.004955	-.237019	0	0	-.243096	0	-.092812
19	.087267	0	0	.030667	-.300761	0	.626688	0
20	0	.087267	.010261	0	0	-.079668	0	.626688
21	-.004955	0	0	.048903	.075982	0	-.092812	0
22	0	.105512	-.028659	0	0	-.018510	0	-.261934

	9	10	11	12	13	14	15	16
9	1.000000							
10	.687518	1.000000						
11	-.127132	0	1.000000					
12	0	-.193132	.764682	1.000000				
13	.099469	0	0	.519241	1.000000			
14	0	.008675	-.250675	0	.544568	1.000000		
15	.081348	0	0	.011670	0	.518889	1.000000	
16	0	-.080958	.135794	0	-.211743	0	.544568	1.000000
17	-.018510	0	0	-.028659	0	-.077648	0	-.178692
18	0	.075982	.048903	0	-.055631	0	.515894	0
19	-.079668	0	0	.010261	0	-.152083	0	-.091956
20	0	-.300761	.030667	0	-.091956	0	-.152083	0
21	-.243096	0	0	-.237019	0	.515894	0	-.055631
22	0	.579224	.513224	0	-.178692	0	-.077648	0

	17	18	19	20	21	22
17	1.000000					
18	.530234	1.000000				
19	0	.536895	1.000000			
20	-.001500	0	.426560	1.000000		
21	0	-.171105	0	.536895	1.000000	
22	.032928	0	-.001500	0	.530234	1.000000

Z = 22 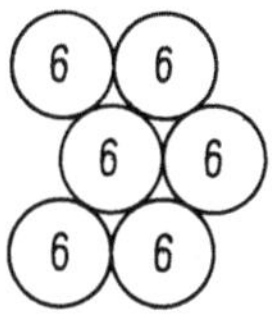 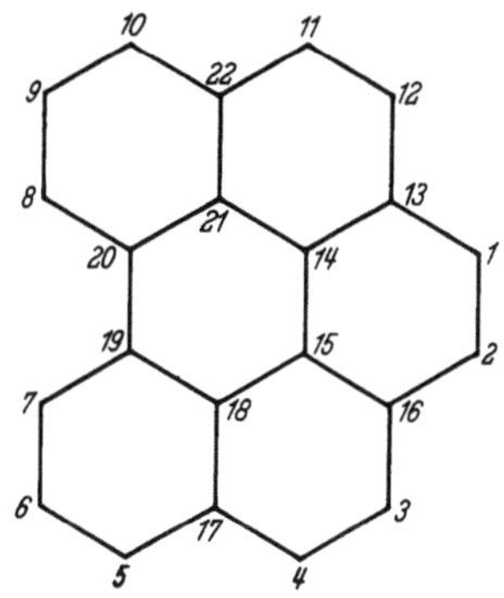

1 – 12 Benzoperylen

Atom- Atom Polarisierbarkeiten

	1	2	3	4	5	6	7	8
1	.438388							
2	-.218721	.438389						
3	-.019186	.022981	.438595					
4	.001700	-.034147	-.257704	.447774				
5	.001608	-.017844	-.045524	.030288	.461188			
6	-.011037	.000461	.000361	-.015037	-.176071	.397666		
7	.000108	-.016149	-.042460	.012335	.030711	-.141036	.451047	
8	-.016149	.000108	.001464	-.013465	-.036604	.002129	-.043120	.451047
9	.000461	-.011037	-.000766	.000331	.000837	-.001674	.002129	-.141036
10	-.017844	.001608	.001766	-.012572	-.033513	.000837	-.036604	.030711
11	-.034147	.001700	.002169	-.023943	-.012572	.000331	-.013465	.012335
12	.022981	-.019186	-.003303	.002169	.001766	-.000766	.001464	-.042460
13	-.086949	.013889	.005670	-.028545	-.014836	.000220	-.015851	.001698
14	.005031	-.061032	-.003544	.004070	.001144	-.007645	.005098	-.004725
15	-.061032	.005031	.005824	-.059466	-.003275	.002648	-.004725	.005098
16	.013889	-.086949	-.069841	.015607	.007193	-.012832	.001698	-.015851
17	-.014326	.004499	.012426	-.066977	-.106170	.008002	-.063917	.000181
18	.002484	-.001135	-.049751	.005429	.004582	-.051443	.005604	-.007433
19	-.010887	.000263	.003113	-.007523	-.094239	.010156	-.143260	.017644
20	.000263	-.010887	-.000908	.001989	.007715	-.004349	.017644	-.143260
21	-.001135	.002484	.000085	-.002354	-.006784	.000061	-.007433	.005604
22	.004499	-.014326	-.001467	.000042	.000399	-.000983	.000181	-.063917

	9	10	11	12	13	14	15	16
9	.397666							
10	-.176071	.461188						
11	-.015037	.030288	.447774					
12	.000361	-.045524	-.257704	.438595				
13	-.012832	.007193	.015607	-.069841	.342800			
14	.002648	-.003275	-.059466	.005824	-.093206	.355171		
15	-.007645	.001144	.004070	-.003544	.004871	-.074041	.355171	
16	.000220	-.014836	-.028545	.005670	-.040575	.004871	-.093206	.342800
17	-.000983	.000399	.000042	-.001467	.000299	-.005824	.003942	-.024099
18	.000061	-.006784	-.002354	.000085	-.002194	.005964	-.072403	.004023
19	-.004349	.007715	.001989	-.000908	.002743	-.016107	.007506	-.010085
20	.010156	-.094239	-.007523	.003113	-.010085	.007506	-.016107	.002743
21	-.051443	.004582	.005429	-.049751	.004023	-.072403	.005964	-.002194
22	.008002	-.106170	-.066977	.012426	-.024099	.003942	-.005824	.000299

	17	18	19	20	21	22
17	.334473					
18	-.082556	.350874				
19	.003347	-.085402	.353679			
20	-.000991	.003716	-.038119	.353679		
21	.001115	-.022493	.003716	-.085402	.350874	
22	-.001416	.001115	-.000991	.003347	-.082556	.334473

1–12 Benzoperylen

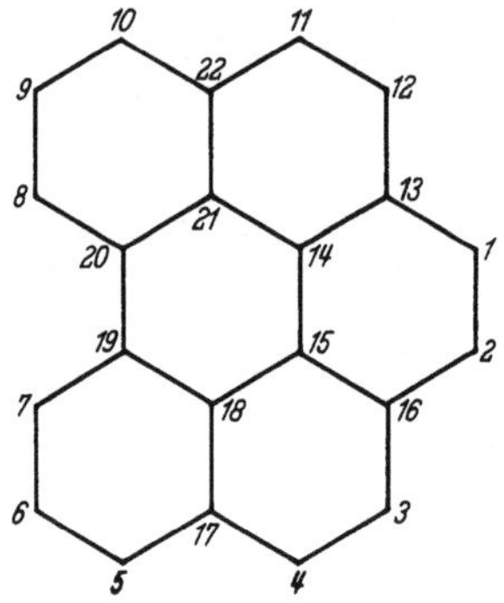

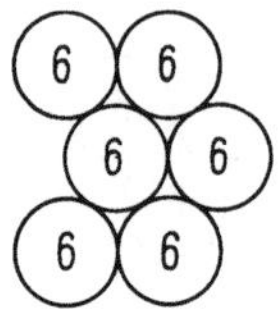

Z = 22

Bindungs- Bindungs Polarisierbarkeiten

	1 2	1 13	2 16	3 4	3 16	4 17	5 6	5 17
1 2	.219666							
1 13	-.194464	.298413						
2 16	-.194464	.104991	.298413					
3 4	-.031124	.025512	.057160	.185307				
3 16	.055012	-.036246	-.134580	-.185745	.315592			
4 17	.024771	-.020662	-.035700	-.179746	.091653	.315303		
5 6	.014833	-.012028	-.016776	-.029007	.025580	.052034	.248768	
5 17	-.018324	.014552	.024456	.060740	-.040037	-.141593	-.186242	.280277
6 7	-.013287	.013092	.014732	.026439	-.023738	-.039320	-.227055	.116144
7 19	.012944	-.012838	-.011895	-.010350	.018555	.012496	.120857	-.068103
8 9	-.013287	.014732	.013092	.002455	-.002717	-.003414	-.008917	.005563
8 20	.012944	-.011895	-.012838	-.000474	-.000073	.002831	.014389	-.003988
9 10	.014833	-.016776	-.012028	-.002305	.002647	.003131	.007963	-.005136
10 22	-.018324	.024456	.014552	.004209	-.005270	-.003960	-.005136	.007088
11 12	-.031124	.057160	.025512	.009979	-.012430	-.005992	-.002305	.004209
11 22	.024771	-.035700	-.020662	-.005992	.007213	.005725	.003131	-.003960
12 13	.055012	-.134580	-.036246	-.012430	.016982	.007213	.002647	-.005270
13 14	.073846	-.121140	-.041604	-.004086	.004201	.011702	.010299	-.008208
14 15	-.056000	.075769	.075769	.006617	-.004606	-.021883	-.005099	.004420
14 21	.001923	.000791	-.014718	-.002439	.002099	.005715	-.007258	.005372
15 16	.073846	-.041604	-.121140	.063219	-.111232	-.029836	-.000908	.000941
15 18	.001923	-.014718	.000791	-.048671	.069524	.069120	.005574	-.003206
17 18	.000542	.004698	-.001315	.057399	-.027467	-.104447	.075969	-.123204
18 19	-.003193	.007174	.002874	.011472	-.024669	-.010082	-.062273	.083454
19 20	-.010624	.009752	.009752	-.000371	.001741	-.001196	-.026828	.002787
20 21	-.003193	.002874	.007174	.000520	-.000486	-.002126	.005499	.000978
21 22	.000542	-.001315	.004698	.001712	-.001502	-.001735	.002290	-.003709

	6 7	7 19	8 9	8 20	9 10	10 22	11 12	11 22
6 7	.280012							
7 19	-.194229	.253561						
8 9	.010548	-.018110	.280012					
8 20	-.018110	.041577	-.194229	.253561				
9 10	-.008917	.014389	-.227055	.120857	.248768			
10 22	.005563	-.003988	.116144	-.068103	-.186242	.280277		
11 12	.002455	-.000474	.026439	-.010350	-.029007	.060740	.185307	
11 22	-.003414	.002831	-.039320	.012496	.052034	-.141593	-.179746	.315303
12 13	-.002717	-.000073	-.023738	.018555	.025580	-.040037	-.185745	.091653
13 14	-.011487	.016844	.005911	-.004261	-.000908	.000941	.063219	-.029836
14 15	.009497	-.013797	.009497	-.013797	-.005099	.004420	.006617	-.021883
14 21	.007838	-.014123	-.018740	.024443	.005574	-.003206	-.048671	.069120
15 16	.005911	-.004261	-.011487	.016844	.010299	-.008208	-.004086	.011702
15 18	-.018740	.024443	.007838	-.014123	-.007258	.005372	-.002439	.005715
17 18	-.050555	.072565	-.002299	.000990	.002290	-.003709	.001712	-.001735
18 19	.090609	-.143613	-.006307	.019678	.005499	.000978	.000520	-.002126
19 20	.037335	-.115875	.037335	-.115875	-.026828	.002787	-.000371	-.001196
20 21	-.006307	.019678	.090609	-.143613	-.062273	.083454	.011472	-.010082
21 22	-.002299	.000990	-.050555	.072565	.075969	-.123204	.057399	-.104447

	12 13	13 14	14 15	14 21	15 16	15 18	17 18	18 19
12 13	.315592							
13 14	-.111232	.255641						
14 15	-.004606	-.113348	.281129					
14 21	.069524	-.110554	-.107572	.280541				
15 16	.004201	.053929	-.113348	.017367	.255641			
15 18	.002099	.017367	-.107572	.044149	-.110554	.280541		
17 18	-.001502	-.002689	.022636	-.013613	.043128	-.105824	.259889	
18 19	-.000486	-.009410	.039102	-.014224	.027262	-.114348	-.110862	.266655
19 20	.001741	-.015527	-.008601	.040832	-.015527	.040832	.000162	-.080980
20 21	-.024669	.027262	.039102	-.114348	-.009410	-.014224	.000746	.026551
21 22	-.027467	.043128	.022636	-.105824	-.002689	-.013613	.006495	.000746

	19 20	20 21	21 22
19 20	.315560		
20 21	-.080980	.266655	
21 22	.000162	-.110862	.259889

Coronen

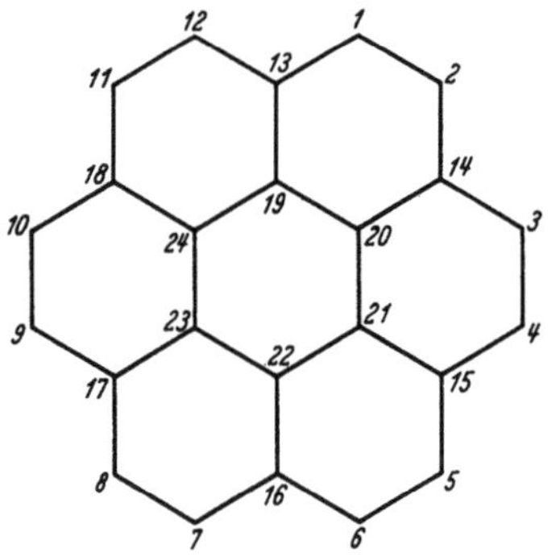

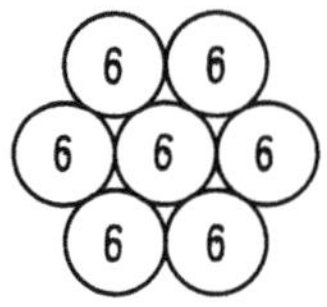

Z = 24

Eigenwerte und Hückelkoeffizienten

	1	2	3	4	5	6	7	8
1	2,675131	2,214320	2,214320	1,675131	1,675131	1,539189	1,214320	1,000000
1	.123302	.242383	.077334	.240180	.177003	.213400	.150301	.255667
2	.123302	.188165	.171243	.033199	.296504	.213400	-.150301	.255667
3	.123302	.054218	.248577	-.273379	.119500	.213400	-.150301	-.335904
4	.123302	-.054218	.248577	-.273379	-.119500	.213400	.150301	-.335904
5	.123302	-.188165	.171243	.033199	-.296504	.213400	.150301	.255667
6	.123302	-.242383	.077334	.240180	-.177003	.213400	-.150301	.255667
7	.123302	-.242383	-.077334	.240180	.177003	.213400	-.150301	-.255667
8	.123302	-.188165	-.171243	.033199	.296504	.213400	.150301	-.255667
9	.123302	-.054218	-.248577	-.273379	.119500	.213400	.150301	.335904
10	.123302	.054218	-.248577	-.273379	-.119500	.213400	-.150301	.335904
11	.123302	.188165	-.171243	.033199	-.296504	.213400	-.150301	-.255667
12	.123302	.242383	-.077334	.240180	-.177003	.213400	.150301	-.255667
13	.206548	.348548	0	.369134	0	.115063	.332814	0
14	.206548	.174274	.301852	-.184567	.319679	.115063	-.332814	0
15	.206548	-.174274	.301852	-.184567	-.319679	.115063	.332814	0
16	.206548	-.348548	0	.369134	0	.115063	-.332814	0
17	.206548	-.174274	-.301852	-.184567	.319679	.115063	.332814	0
18	.206548	.174274	-.301852	-.184567	-.319679	.115063	-.332814	0
19	.305937	.287032	0	.137987	0	-.249696	.103541	0
20	.305937	.143516	.248577	-.068994	.119500	-.249696	-.103541	.080237
21	.305937	-.143516	.248577	-.068994	-.119500	-.249696	.103541	.080237
22	.305937	-.287032	0	.137987	0	-.249696	-.103541	0
23	.305937	-.143516	-.248577	-.068994	.119500	-.249696	.103541	-.080237
24	.305937	.143516	-.248577	-.068994	-.119500	-.249696	-.103541	-.080237

	9	10	11	12	13	14	15	16
9	1.000000	1.000000	.539189	.539189	-.539189	-.539189	-1.000000	-1.000000
1	.186104	.223607	.015191	.335692	.015191	.335692	.171497	.223607
2	.186104	.223607	.283123	.181002	-.283123	-.181002	-.171497	-.223607
3	.192792	0	-.298313	-.154691	.298313	.154691	-.211297	0
4	.192792	0	-.298313	.154691	-.298313	.154691	.211297	0
5	.186104	-.223607	.283123	-.181002	.283123	-.181002	.171497	-.223607
6	.186104	-.223607	.015191	-.335692	-.015191	.335692	-.171497	.223607
7	-.186104	-.223607	.015191	.335692	-.015191	-.335692	.171497	.223607
8	-.186104	-.223607	.283123	.181002	.283123	.181002	-.171497	-.223607
9	-.192792	0	-.298313	-.154691	-.298313	-.154691	-.211297	0
10	-.192792	0	-.298313	.154691	.298313	-.154691	.211297	0
11	-.186104	.223607	.283123	-.181002	-.283123	.181002	.171497	-.223607
12	-.186104	.223607	.015191	-.335692	.015191	-.335692	-.171497	.223607
13	0	0	-.274932	0	.274932	0	0	0
14	0	0	.137466	-.238098	.137466	-.238098	0	0
15	0	0	.137466	.238098	-.137466	-.238098	0	0
16	0	0	-.274932	0	-.274932	0	0	0
17	0	0	.137466	-.238098	-.137466	.238098	0	0
18	0	0	.137466	.238098	.137466	.238098	0	0
19	0	-.447214	-.178621	0	-.178621	0	0	-.447214
20	-.378896	-.223607	.089311	-.154691	-.089311	.154691	.382794	.223607
21	-.378896	.223607	.089311	.154691	.089311	.154691	-.382794	.223607
22	0	.447214	-.178621	0	.178621	0	0	-.447214
23	.378896	.223607	.089311	-.154691	.089311	-.154691	.382794	.223607
24	.378896	-.223607	.089311	.154691	-.089311	-.154691	-.382794	.223607

Z = 24

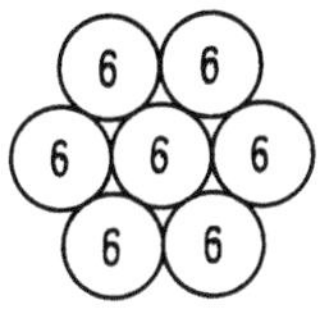

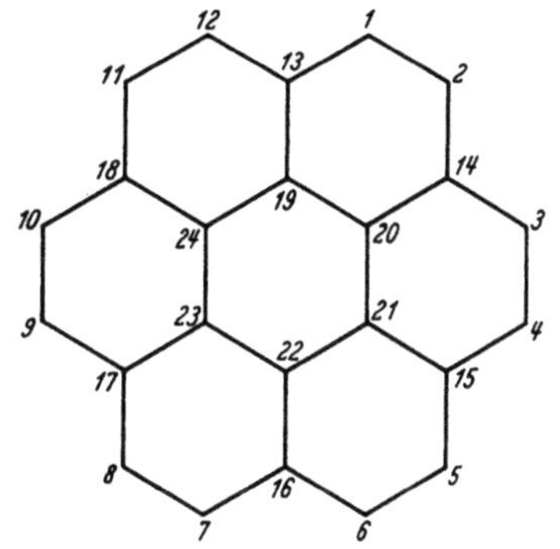

Coronen

Eigenwerte und Hückelkoeffizienten

	17	18	19	20	21	22	23	24
17	-1.000000	-1.214320	-1.539189	-1.675131	-1.675131	-2.214320	-2.214320	-2.675131
1	.265686	.150301	.213400	.177003	.240180	.242383	.077334	.123302
2	-.265686	.150301	-.213400	-.296504	-.033199	-.188165	-.171243	-.123302
3	.324582	.150301	-.213400	-.119500	.273379	-.054218	-.248577	-.123302
4	-.324582	.150301	.213400	-.119500	-.273379	-.054218	.248577	.123302
5	.265686	.150301	.213400	-.296504	.033199	-.188165	.171243	.123302
6	-.265686	.150301	-.213400	.177003	-.240180	.242383	-.077334	-.123302
7	.265686	.150301	-.213400	-.177003	-.240180	.242383	.077334	-.123302
8	-.265686	.150301	.213400	.296504	.033199	-.188165	-.171243	.123302
9	.324582	.150301	.213400	.119500	-.273379	-.054218	-.248577	.123302
10	-.324582	.150301	-.213400	.119500	.273379	-.054218	.248577	-.123302
11	.265686	.150301	-.213400	.296504	-.033199	-.188165	.171243	-.123302
12	-.265686	.150301	.213400	-.177003	.240180	.242383	-.077334	.123302
13	0	-.332814	-.115063	0	-.369134	-.348548	0	-.206548
14	0	-.332814	.115063	.319679	-.184567	.174274	.301852	.206548
15	0	-.332814	-.115063	.319679	.184567	.174274	-.301852	-.206548
16	0	-.332814	.115063	0	.369134	-.348548	0	.206548
17	0	-.332814	-.115063	-.319679	.184567	.174274	.301852	-.206548
18	0	-.332814	.115063	-.319679	-.184567	.174274	-.301852	.206548
19	0	.103541	-.249696	0	.137987	.287032	0	.305937
20	-.058897	.103541	.249696	-.119500	.068994	-.143516	-.248577	-.305937
21	.058897	.103541	-.249696	-.119500	-.068994	-.143516	.248577	.305937
22	0	.103541	.249696	0	-.137987	.287032	0	-.305937
23	-.058897	.103541	-.249696	.119500	-.068994	-.143516	-.248577	.305937
24	.058897	.103541	.249696	.119500	.068994	-.143516	.248577	-.305937

TOTALE PI ELEKTRONEN ENERGIE 34.571837

Coronen

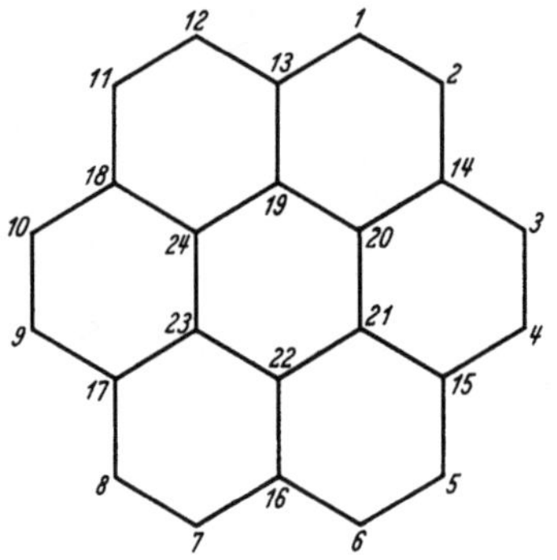

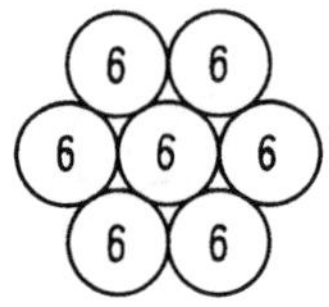

Z = 24

allgemeine Bindungsordnungen

	1	2	3	4	5	6	7	8
1	1.000000							
2	.745042	1.000000						
3	-.160901	0	1.000000					
4	0	-.160901	.745042	1.000000				
5	0	.085311	-.160901	0	1.000000			
6	-.101437	0	0	-.160901	.745042	1.000000		
7	.050718	0	0	.085311	-.160901	0	1.000000	
8	0	.050718	-.101437	0	0	-.160901	.745042	1.000000
9	0	-.101437	.050718	0	0	.085311	-.160901	0
10	.085311	0	0	.050718	-.101437	0	0	-.160901
11	-.160901	0	0	-.101437	.050718	0.	0	.085311
12	0	-.160901	.085311	0	0	.050718	-.101437	0
13	.538018	0	0	.124498	-.062249	0	0	-.062249
14	0	.538018	.538018	0	0	.124498	-.062249	0
15	.124498	0	0	.538018	.538018	0	0	.124498
16	0	-.062249	.124498	0	0	.538018	.538018	0
17	-.062249	0	0	-.062249	.124498	0	0	.538018
18	0	.124498	-.062249	0	0	-.062249	.124498	0
19	0	-.246212	0	0	0	.059464	.059464	0
20	-.246212	0	0	-.246212	0	0	0	.059464
21	0	0	-.246212	0	0	-.246212	0	0
22	.059464	0	0	0	-.246212	0	0	-.246212
23	0	.059464	.059464	0	0	0	-.246212	0
24	0	0	0	.059464	.059464	0	0	0

	9	10	11	12	13	14	15	16
9	1.000000							
10	.745042	1.000000						
11	-.160901	0	1.000000					
12	0	-.160901	.745042	1.000000				
13	.124498	0	0	.538018	1.000000			
14	0	-.062249	.124498	0	-.200089	1.000000		
15	-.062249	0	0	-.062249	0	-.200089	1.000000	
16	0	.124498	-.062249	0	.070995	0	-.200089	1.000000
17	.538018	0	0	.124498	0	.070995	0	-.200089
18	0	.538018	.538018	0	-.200089	0	.070995	0
19	0	0	-.246212	0	.538018	0	-.062249	0
20	.059464	0	0	0	0	.538018	0	-.062249
21	0	.059464	.059464	0	-.062249	0	.538018	0
22	0	0	0	.059464	0	-.062249	0	.538018
23	0	-.246212	0	0	-.062249	0	-.062249	0
24	-.246212	0	0	-.246212	0	-.062249	0	-.062249

	17	18	19	20	21	22	23	24
17	1.000000							
18	-.200089	1.000000						
19	-.062249	0	1.000000					
20	0	-.062249	.521892	1.000000				
21	-.062249	0	0	.521892	1.000000			
22	0	-.062249	-.172432	0	.521892	1.000000		
23	.538018	0	0	-.172432	0	.521892	1.000000	
24	0	.538018	.521892	0	-.172432	0	.521892	1.000000

Z = 24

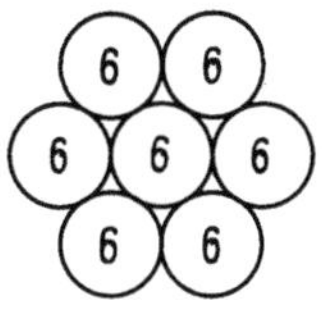

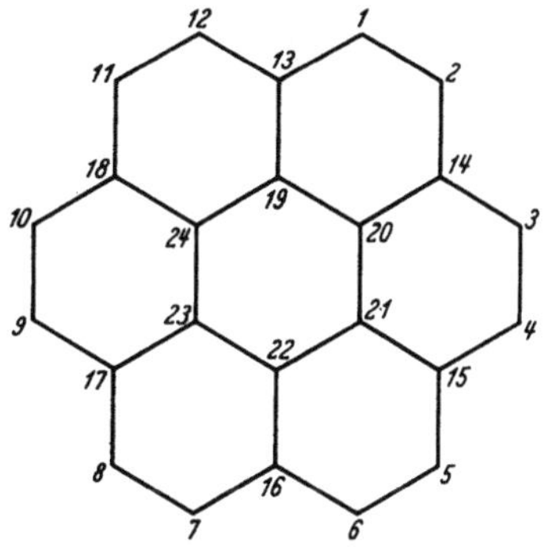

Coronen

Atom- Atom Polarisierbarkeiten

	1	2	3	4	5	6	7	8
1	.439678							
2	-.232227	.439678						
3	-.027343	.023722	.439678					
4	.001317	-.027343	-.232227	.439678				
5	.001181	-.010361	-.027343	.023722	.439678			
6	-.019196	.001181	.001317	-.027343	-.232227	.439678		
7	-.007010	.000696	.001181	-.010361	-.027343	.023722	.439678	
8	.000696	-.007010	-.019196	.001181	.001317	-.027343	-.232227	.439678
9	.001181	-.019196	-.007010	.000696	.001181	-.010361	-.027343	.023722
10	-.010361	.001181	.000696	-.007010	-.019196	.001181	.001317	-.027343
11	-.027343	.001317	.001181	-.019196	-.007010	.000696	.001181	-.010361
12	.023722	-.027343	-.010361	.001181	.000696	-.007010	-.019196	.001181
13	-.079743	.013910	.005385	-.022531	-.008182	.000069	.000069	-.008182
14	.013910	-.079743	-.079743	.013910	.005385	-.022531	-.008182	.000069
15	-.022531	.005385	.013910	-.079743	-.079743	.013910	.005385	-.022531
16	.000069	-.008182	-.022531	.005385	.013910	-.079743	-.079743	.013910
17	-.008182	.000069	.000069	-.008182	-.022531	.005385	.013910	-.079743
18	.005385	-.022531	-.008182	.000069	.000069	-.008182	-.022531	.005385
19	.005212	-.056059	-.001857	.002980	.000340	-.003820	-.003820	.000340
20	-.056059	.005212	.005212	-.056059	-.001857	.002980	.000340	-.003820
21	.002980	-.001857	-.056059	.005212	.005212	-.056059	-.001857	.002980
22	-.003820	.000340	.002980	-.001857	-.056059	.005212	.005212	-.056059
23	.000340	-.003820	-.003820	.000340	.002980	-.001857	-.056059	.005212
24	-.001857	.002980	.000340	-.003820	-.003820	.000340	.002980	-.001857

	9	10	11	12	13	14	15	16
9	.439678							
10	-.232227	.439678						
11	-.027343	.023722	.439678					
12	.001317	-.027343	-.232227	.439678				
13	-.022531	.005385	.013910	-.079743	.341826			
14	.000069	-.008182	-.022531	.005385	-.033900	.341826		
15	-.008182	.000069	.000069	-.008182	.000331	-.033900	.341826	
16	.005385	-.022531	-.008182	.000069	-.008624	.000331	-.033900	.341826
17	-.079743	.013910	.005385	-.022531	.000331	-.008624	.000331	-.033900
18	.013910	-.079743	-.079743	.013910	-.033900	.000331	-.008624	.000331
19	.002980	-.001857	-.056059	.005212	-.088457	.004398	-.003183	.002145
20	-.003820	.000340	.002980	-.001857	.004398	-.088457	.004398	-.003183
21	.000340	-.003820	-.003820	.000340	-.003183	.004398	-.088457	.004398
22	-.001857	.002980	.000340	-.003820	.002145	-.003183	.004398	-.088457
23	.005212	-.056059	-.001857	.002980	-.003183	.002145	-.003183	.004398
24	-.056059	.005212	.005212	-.056059	.004398	-.003183	.002145	-.003183

	17	18	19	20	21	22	23	24
17	.341826							
18	-.033900	.341826						
19	-.003183	.004398	.352691					
20	.002145	-.003183	-.075692	.352691				
21	-.003183	.002145	.005687	-.075692	.352691			
22	.004398	-.003183	-.022391	.005687	-.075692	.352691		
23	-.088457	.004398	.005687	-.022391	.005687	-.075692	.352691	
24	.004398	-.088457	-.075692	.005687	-.022391	.005687	-.075692	.352691

Coronen

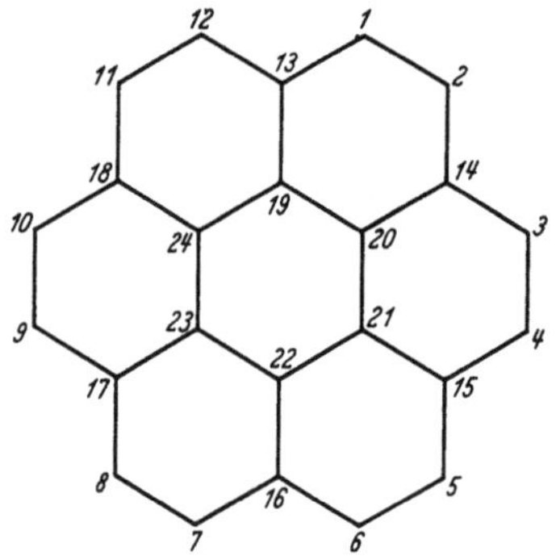

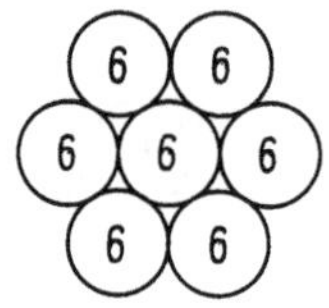

Z = 24

Bindungs- Bindungs Polarisierbarkeiten

	1 2	1 13	2 14	3 4	3 14	4 15	5 6	5 15
1 2	.207451							
1 13	-.190983	.305394						
2 14	-.190983	.100958	.305394					
3 4	-.032758	.027251	.058181	.207451				
3 14	.058181	-.038502	-.137560	-.190983	.305394			
4 15	.027251	-.023135	-.038502	-.190983	.100958	.305394		
5 6	.015154	-.012247	-.017760	-.032758	.027251	.058181	.207451	
5 15	-.017760	.013997	.023562	.058181	-.038502	-.137560	-.190983	.305394
6 16	-.012247	.012931	.013997	.027251	-.023135	-.038502	-.190983	.100958
7 8	-.006313	.007317	.007317	.015154	-.012247	-.017760	-.032758	.027251
7 16	.007317	-.007568	-.008658	-.017760	.013997	.023562	.058181	-.038502
8 17	.007317	-.008658	-.007568	-.012247	.012931	.013997	.027251	-.023135
9 10	.015154	-.017760	-.012247	-.006313	.007317	.007317	.015154	-.012247
9 17	-.012247	.013997	.012931	.007317	-.007568	-.008658	-.017760	.013997
10 18	-.017760	.023562	.013997	.007317	-.008658	-.007568	-.012247	.012931
11 12	-.032758	.058181	.027251	.015154	-.017760	-.012247	-.006313	.007317
11 18	.027251	-.038502	-.023135	-.012247	.013997	.012931	.007317	-.007568
12 13	.058181	-.137560	-.038502	-.017760	.023562	.013997	.007317	-.008658
13 19	.067689	-.115133	-.035881	-.001134	.000559	.007387	.005324	-.004421
14 20	.067689	-.035881	-.115133	.067689	-.115133	-.035881	-.001134	.000559
15 21	-.001134	.007387	.000559	.067689	-.035881	-.115133	.067689	-.115133
16 22	.005324	-.005852	-.004421	-.001134	.007387	.000559	.067689	-.035881
17 23	.005324	-.004421	-.005852	.005324	-.005852	-.004421	-.001134	.007387
18 24	-.001134	.000559	.007387	.005324	-.004421	-.005852	.005324	-.005852
19 20	-.050847	.070823	.070823	.003134	-.000510	-.016594	-.002573	.002215
19 24	.003134	-.000510	-.016594	-.002573	.002215	.005983	-.003480	.002750
20 21	.003134	-.016594	-.000510	-.050847	.070823	.070823	.003134	-.000510
21 22	-.002573	.005983	.002215	.003134	-.016594	-.000510	-.050847	.070823
22 23	-.003480	.002750	.002750	-.002573	.005983	.002215	.003134	-.016594
23 24	-.002573	.002215	.005983	-.003480	.002750	.002750	-.002573	.005983

	6 16	7 8	7 16	8 17	9 10	9 17	10 18	11 12
6 16	.305394							
7 8	.058181	.207451						
7 16	-.137560	-.190983	.305394					
8 17	-.038502	-.190983	.100958	.305394				
9 10	-.017760	-.032758	.027251	.058181	.207451			
9 17	.023562	.058181	-.038502	-.137560	-.190983	.305394		
10 18	.013997	.027251	-.023135	-.038502	-.190983	.100958	.305394	
11 12	.007317	.015154	-.012247	-.017760	-.032758	.027251	.058181	.207451
11 18	-.008658	-.017760	.013997	.023562	.058181	-.038502	-.137560	-.190983
12 13	-.007568	-.012247	.012931	.013997	.027251	-.023135	-.038502	-.190983
13 19	-.005852	.005324	-.005852	-.004421	-.001134	.007387	.000559	.067689
14 20	.007387	.005324	-.004421	-.005852	.005324	-.005852	-.004421	-.001134
15 21	-.035881	-.001134	.000559	.007387	.005324	-.004421	-.005852	.005324
16 22	-.115133	.067689	-.115133	-.035881	-.001134	.000559	.007387	.005324
17 23	.000559	.067689	-.035881	-.115133	.067689	-.115133	-.035881	-.001134
18 24	-.004421	-.001134	.007387	.000559	.067689	-.035881	-.115133	.067689
19 20	.005983	-.003480	.002750	.002750	-.002573	.005983	.002215	.003134
19 24	.002750	-.002573	.005983	.002215	.003134	-.016594	-.000510	-.050847
20 21	-.016594	-.002573	.002215	.005983	-.003480	.002750	.002750	-.002573
21 22	.070823	.003134	-.000510	-.016594	-.002573	.002215	.005983	-.003480
22 23	-.000510	-.050847	.070823	.070823	.003134	-.000510	-.016594	-.002573
23 24	.002215	.003134	-.016594	-.000510	-.050847	.070823	.070823	.003134

Z = 24

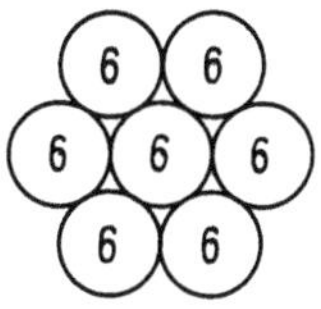

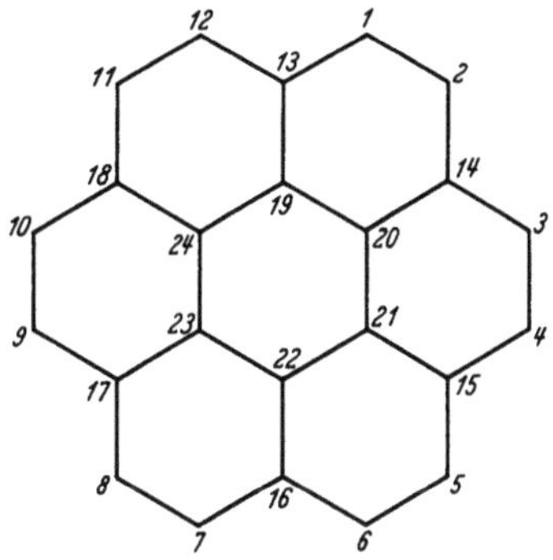

Coronen

Bindungs- Bindungs Polarisierbarkeiten

	11 18	12 13	13 19	14 20	15 21	16 22	17 23	18 24
11 18	.305394							
12 13	.100958	.305394						
13 19	-.035881	-.115133	.258684					
14 20	.007387	.000559	.050872	.258684				
15 21	-.005852	-.004421	-.002318	.050872	.258684			
16 22	-.004421	-.005852	.014464	-.002318	.050872	.258684		
17 23	.000559	.007387	-.002318	.014464	-.002318	.050872	.258684	
18 24	-.115133	-.035881	.050872	-.002318	.014464	-.002318	.050872	.258684
19 20	-.016594	-.000510	-.111329	-.111329	.019126	-.011462	-.011462	.019126
19 24	.070823	.070823	-.111329	.019126	-.011462	-.011462	.019126	-.111329
20 21	.005983	.002215	.019126	-.111329	-.111329	.019126	-.011462	-.011462
21 22	.002750	.002750	-.011462	.019126	-.111329	-.111329	.019126	-.011462
22 23	.002215	.005983	-.011462	-.011462	.019126	-.111329	-.111329	.019126
23 24	-.000510	-.016594	.019126	-.011462	-.011462	.019126	-.111329	-.111329

	19 20	19 24	20 21	21 22	22 23	23 24
19 20	.276999					
19 24	-.109086	.276999				
20 21	-.109086	.044538	.276999			
21 22	.044538	-.016704	-.109086	.276999		
22 23	-.016704	.044538	.044538	-.109086	.276999	
23 24	.044538	-.109086	-.016704	.044538	-.109086	.276999

Ovalen

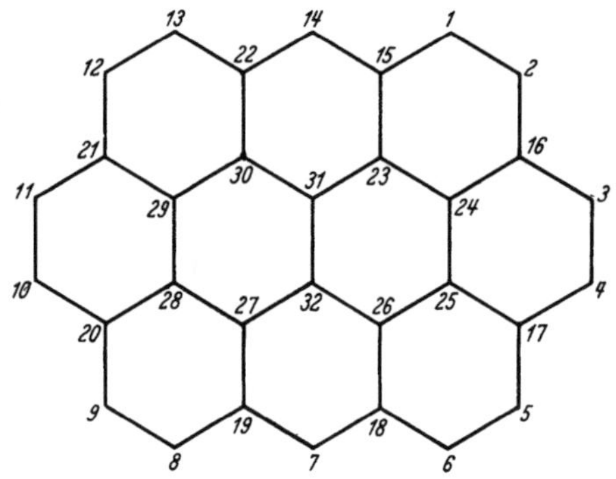

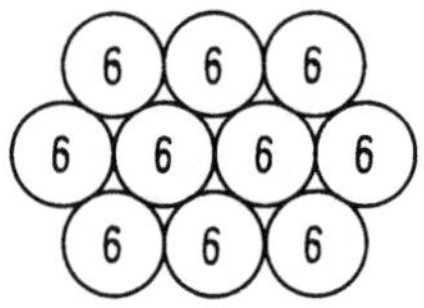

Z=32

Eigenwerte und Hückelkoeffizienten

	1	2	3	4	5	6	7	8
1	2,741020	2.434764	2,303555	2,000000	1,950627	1,697123	1,516274	1,496453
1	.096896	.105884	.179977	0	,222222	,230534	-,142637	,068684
2	.089711	.146665	.128884	.131306	.230471	,137991	.013815	,256546
3	.085583	.175089	.035390	,262613	,077048	,005242	,316855	,126269
4	.085583	.175089	-.035390	.262613	-,077048	,005242	,316855	-,126269
5	.089711	.146665	-.128884	,131306	-,230471	,137991	,013815	-,256546
6	.096896	.105884	-.179977	0	-,222222	,230534	-,142637	-,068684
7	.128335	0	-,248054	-,131306	0	,298450	0	,205503
8	.096896	-.105884	-.179977	0	.222222	,230534	.142637	-,068684
9	.089711	-,146665	-.128884	.131306	,230471	,137991	-,013815	-,256546
10	.085583	-.175089	-.035390	.262613	.077048	,005242	-.316855	-,126269
11	.085583	-.175089	.035390	,262613	-,077048	,005242	-,316855	.126269
12	.089711	-.146665	.128884	.131306	-.230471	,137991	-,013815	,256546
13	.096896	-,105884	.179977	0	-,222222	,230534	.142637	,068684
14	.128335	0	.248054	-.131306	0	,298450	0	-,205503
15	.175885	,111136	.285703	-.131306	,203002	,253254	-,230091	-,153763
16	.149002	.251212	.116914	.262613	.227340	.003654	,163584	,315225
17	.149002	.251212	-.116914	,262613	-,227340	.003654	,163584	-,315225
18	.175885	.111136	-.285703	-.131306	-.203002	.253254	-.230091	,153763
19	.175885	-.111136	-.285703	-,131306	.203002	,253254	.230091	,153763
20	.149002	-.251212	-.116914	.262613	.227340	.003654	-.163584	-.315225
21	.149002	-,251212	.116914	.262613	-,227340	.003654	-,163584	,315225
22	.175885	-.111136	.285703	-.131306	-.203002	,253254	.230091	-.153763
23	.256872	.164707	.230102	-.131306	.173759	-,099182	-,206245	-,093280
24	.233124	.289887	.105043	.131306	.135937	-.137031	-,082632	,088904
25	.233124	.289887	-.105043	.131306	-.135937	-.137031	-,082632	-,088904
26	.256872	.164707	-.230102	-.131306	-.173759	-,099182	-.206245	,093280
27	.256872	-.164707	-.230102	-.131306	.173759	-,099182	,206245	,093280
28	.233124	-.289887	-.105043	.131306	.135937	-.137031	.082632	-.088904
29	.233124	-.289887	.105043	.131306	-.135937	-.137031	,082632	,088904
30	.256872	-.164707	.230102	-.131306	-.173759	-.099182	.206245	-,093280
31	.295082	0	.139306	-.262613	0	-,284546	0	-,074730
32	.295082	0	-.139306	-.262613	0	-.284546	0	.074730

	9	10	11	12	13	14	15	16
9	1.305800	1.142384	1.126413	1.000000	.824152	,769052	.605225	,335875
1	,286948	-.101662	-.211605	0	-,210996	-.274777	-,029732	-,247103
2	.235725	.156479	-.121311	0	-.294960	-.193044	-,240549	-,146712
3	.068223	.130892	.035251	,316228	.182520	,071404	,293470	.148087
4	.068223	-.130892	-,035251	,316228	.182520	-,071404	,293470	-,148087
5	,235725	-.156479	.121311	0	-.294960	,193044	-,240549	,146712
6	,286948	.101662	.211605	0	-.210996	,274777	-,029732	,247103
7	0	0	.207816	0	.293799	0	0	-,379405
8	-,286948	-.101662	.211605	0	-,210996	-,274777	.029732	,247103
9	-.235725	.156479	.121311	0	-.294960	-.193044	.240549	.146712
10	-,068223	.130892	-.035251	,316228	.182520	,071404	-,293470	-,148087
11	-.068223	-.130892	.035251	,316228	.182520	-,071404	-,293470	,148087
12	-.235725	-.156479	-.121311	0	-.294960	.193044	,240549	-,146712
13	-,286948	.101662	-.211605	0	-.210996	,274777	.029732	-,247103
14	0	0	-.207816	0	,293799	0	0	.379405
15	.138971	-,272616	-.117044	0	.121067	-.018274	.222555	,063716
16	.020863	,280421	.074959	0	-,032096	.126317	-.115855	.197826
17	.020863	-.280421	-.074959	0	-.032096	-.126317	-,115855	-,197826
18	.138971	,272616	.117044	0	.121067	,018274	.222555	-,063716
19	-.138971	-,272616	.117044	0	.121067	-,018274	-,222555	-,063716
20	-.020863	.280421	-.074959	0	-,032096	.126317	.115855	-,197826
21	-.020863	-.280421	.074959	0	-,032096	-,126317	.115855	.197826
22	-.138971	,272616	-.117044	0	.121067	,018274	-,222555	,063716
23	-.105479	-.209770	.287582	0	.016975	,260723	,164427	-,110901
24	-.276706	.032978	.170494	-,316228	.085988	,218784	-.123039	,065070
25	-.276706	-.032978	-.170494	-,316228	.085988	-,218784	-,123039	-,065070
26	-.105479	.209770	-,287582	0	,016975	-,260723	,164427	,110901
27	,105479	-.209770	-,287582	0	.016975	,260723	-.164427	,110901
28	,276706	,032978	-.170494	-,316228	,085988	,218784	,123039	-,065070
29	,276706	-,032978	.170494	-,316228	.085988	-,218784	.123039	,065070
30	,105479	.209770	.287582	0	,016975	-,260723	-,164427	-,110901
31	0	0	.270485	,316228	-.193065	0	0	-,166035
32	0	0	-.270485	,316228	-,193065	0	0	,166035

Z = 32 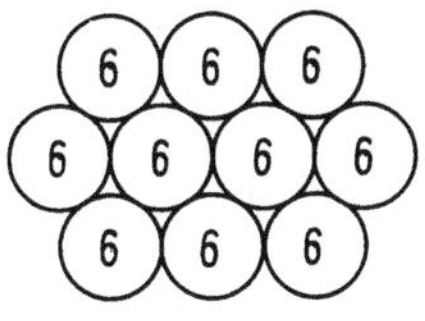 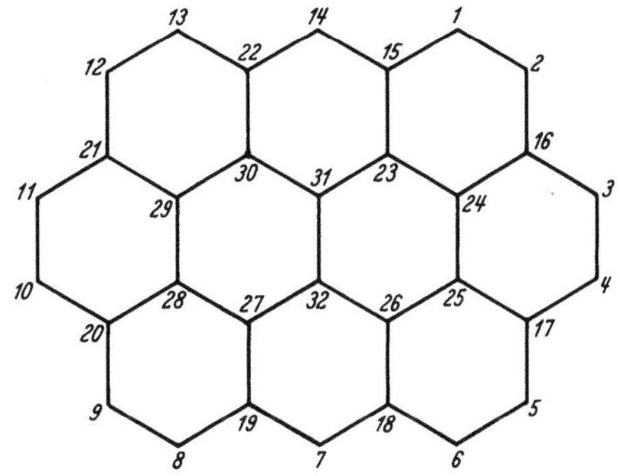

Ovalen

Eigenwerte und Hückelkoeffizienten

	17	18	19	20	21	22	23	24
17	-.335875	-.605225	-.769052	-.824152	-1.000000	-1.126413	-1.142384	-1.305800
1	.247103	.029732	.274777	.210996	0	.211605	.101662	-.286948
2	-.146712	-.240549	-.193044	-.294960	0	-.121311	.156479	.235725
3	.148087	.293470	.071404	.182520	.316228	.035251	.130892	.068223
4	.148087	-.293470	.071404	-.182520	-.316228	.035251	.130892	-.068223
5	-.146712	.240549	-.193044	.294960	0	-.121311	.156479	-.235725
6	.247103	-.029732	.274777	-.210996	0	.211605	.101662	.286948
7	-.379405	0	0	.293799	0	.207816	0	0
8	.247103	.029732	-.274777	-.210996	0	.211605	-.101662	-.286948
9	-.146712	-.240549	.193044	.294960	0	-.121311	-.156479	.235725
10	.148087	.293470	-.071404	-.182520	-.316228	.035251	-.130892	.068223
11	.148087	-.293470	-.071404	.182520	.316228	.035251	-.130892	-.068223
12	-.146712	.240549	.193044	-.294960	0	-.121311	-.156479	-.235725
13	.247103	-.029732	-.274777	.210996	0	.211605	-.101662	.286948
14	-.379405	0	0	-.293799	0	.207816	0	0
15	.063716	.222555	-.018274	.121067	0	-.117044	-.272616	.138971
16	-.197826	.115855	-.126317	.032096	0	-.074959	-.280421	-.020863
17	-.197826	-.115855	-.126317	-.032096	0	-.074959	-.280421	.020863
18	.063716	-.222555	-.018274	-.121067	0	-.117044	-.272616	-.138971
19	.063716	.222555	.018274	-.121067	0	-.117044	.272616	.138971
20	-.197826	.115855	.126317	-.032096	0	-.074959	.280421	-.020863
21	-.197826	-.115855	.126317	.032096	0	-.074959	.280421	.020863
22	.063716	-.222555	.018274	.121067	0	-.117044	.272616	-.138971
23	.110901	-.164427	-.260723	-.016975	0	-.287582	.209770	.105479
24	.065070	-.123039	.218784	.085988	-.316228	.170494	.032978	-.276706
25	.065070	.123039	.218784	-.085988	.316228	.170494	.032978	.276706
26	.110901	.164427	-.260723	.016975	0	-.287582	.209770	-.105479
27	.110901	-.164427	.260723	.016975	0	-.287582	-.209770	.105479
28	.065070	-.123039	-.218784	-.085988	.316228	.170494	-.032978	-.276706
29	.065070	.123039	-.218784	.085988	-.316228	.170494	-.032978	.276706
30	.110901	.164427	.260723	-.016975	0	-.287582	-.209770	-.105479
31	-.166035	0	0	-.193065	.316228	.270485	0	0
32	-.166035	0	0	.193065	-.316228	.270485	0	0

	25	26	27	28	29	30	31	32
25	-1.496453	-1.516274	-1.697123	-1.950627	-2.000000	-2.303555	-2.434764	-2.741020
1	-.068684	.142637	-.230534	-.222222	0	-.179977	-.105884	-.096896
2	.256546	.013815	.137991	.230471	.131306	.128884	.146665	.089711
3	.126269	.316855	.005242	.077048	.262613	.035390	.175089	.085583
4	.126269	-.316855	-.005242	.077048	-.262613	.035390	-.175089	-.085583
5	.256546	-.013815	-.137991	.230471	-.131306	.128884	-.146665	-.089711
6	-.068684	-.142637	.230534	-.222222	0	-.179977	.105884	.096896
7	.205503	0	.298450	0	-.131306	-.248054	0	.128335
8	-.068684	.142637	.230534	.222222	0	-.179977	-.105884	.096896
9	.256546	.013815	-.137991	-.230471	-.131306	.128884	.146665	-.089711
10	.126269	.316855	-.005242	-.077048	-.262613	.035390	.175089	-.085583
11	.126269	-.316855	.005242	-.077048	.262613	.035390	-.175089	.085583
12	.256546	-.013815	.137991	-.230471	.131306	.128884	-.146665	.089711
13	-.068684	-.142637	-.230534	.222222	0	-.179977	.105884	-.096896
14	.205503	0	-.298450	0	.131306	-.248054	0	-.128335
15	-.153763	-.230091	.253254	.203002	-.131306	.285703	.111136	.175885
16	-.315225	-.163584	-.003654	-.227340	-.262613	-.116914	-.251212	-.149002
17	-.315225	.163584	.003654	-.227340	.262613	-.116914	.251212	.149002
18	-.153763	.230091	-.253254	.203002	.131306	.285703	-.111136	-.175885
19	-.153763	-.230091	-.253254	-.203002	.131306	.285703	.111136	-.175885
20	-.315225	-.163584	.003654	.227340	.262613	-.116914	-.251212	.149002
21	-.315225	.163584	-.003654	.227340	-.262613	-.116914	.251212	-.149002
22	-.153763	.230091	.253254	-.203002	-.131306	.285703	-.111136	.175885
23	.093280	.206245	.099182	-.173759	.131306	-.230102	-.164707	-.256872
24	.088904	-.082632	-.137031	.135937	.131306	.105043	.289887	.233124
25	.088904	.082632	.137031	.135937	-.131306	.105043	-.289887	-.233124
26	.093280	-.206245	-.099182	-.173759	-.131306	-.230102	.164707	.256872
27	.093280	.206245	-.099182	.173759	-.131306	-.230102	-.164707	.256872
28	.088904	-.082632	.137031	-.135937	-.131306	.105043	.289887	-.233124
29	.088904	.082632	-.137031	-.135937	.131306	.105043	-.289887	.233124
30	.093280	-.206245	.099182	.173759	.131306	-.230102	.164707	-.256872
31	-.074730	0	-.284546	0	-.262613	.139306	0	.295082
32	-.074730	0	.284546	0	.262613	.139306	0	-.295082

TOTALE PI ELEKTRONEN ENERGIE 46.497434

Ovalen

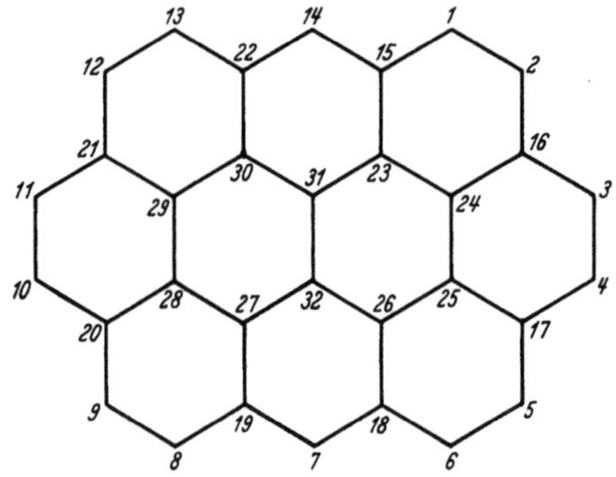

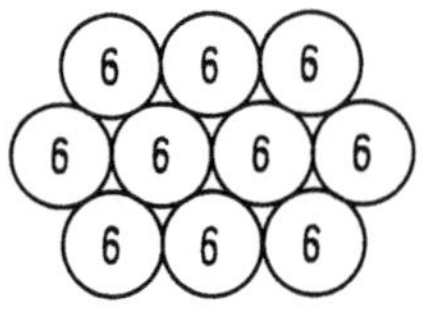

Z = 32

allgemeine Bindungsordnungen

	1	2	3	4	5	6	7	8
1	1.000000							
2	.764366	1.000000						
3	-.179260	0	1.000000					
4	0	-.141630	.725854	1.000000				
5	0	.065857	-.141630	0	1.000000			
6	-.112665	0	0	-.179260	.764366	1.000000		
7	.076991	0	0	.126757	-.204815	0	1.000000	
8	-.030901	0	0	-.052820	.057552	0	0	1.000000
9	0	-.015197	.054011	0	0	.057552	-.204815	.764366
10	0	.054011	-.048805	0	0	-.052820	.126757	-.179260
11	-.052820	0	0	-.048805	.054011	0	0	0
12	.057552	0	0	.054011	-.015197	0	0	0
13	0	.057552	-.052820	0	0	-.030901	.076991	-.112665
14	0	-.204815	.126757	0	0	.076991	-.163593	.076991
15	.510916	0	0	.101368	-.039524	0	0	0
16	0	.518846	.556476	0	0	.138998	-.094799	.037420
17	.138998	0	0	.556476	.518846	0	0	0
18	0	-.039524	.101368	0	0	.510916	.603867	-.111864
19	0	.021716	-.069410	0	0	-.111864	.603867	.510916
20	.037420	0	0	.050553	-.056278	0	0	0
21	0	-.056278	.050553	0	0	.037420	-.094799	.138998
22	-.111864	0	0	-.069410	.021716	0	0	0
23	0	-.223999	-.021493	0	0	.040583	.102374	-.053035
24	-.241624	0	0	-.244006	-.001488	0	0	0
25	0	-.001488	-.244006	0	0	-.241624	-.011829	.024467
26	.040583	0	0	-.021493	-.223999	0	0	0
27	-.053035	0	0	-.057870	.120875	0	0	0
28	0	-.047449	-.000709	0	0	.024467	-.011829	-.241624
29	.024467	0	0	-.000709	-.047449	0	0	0
30	0	.120875	-.057870	0	0	-.053035	.102374	.040583
31	.014923	0	0	.078235	.038684	0	0	0
32	0	.038684	.078235	0	0	.014923	-.277172	.014923

	9	10	11	12	13	14	15	16
9	1.000000							
10	0	1.000000						
11	-.141630	.725854	1.000000					
12	.065857	-.141630	0	1.000000				
13	0	0	-.179260	.764366	1.000000			
14	0	0	.126757	-.204815	0	1.000000		
15	.021716	-.069410	0	0	-.111864	.603867	1.000000	
16	0	0	.050553	-.056278	0	0	-.175364	1.000000
17	-.056278	.050553	0	0	.037420	-.094799	0	-.216259
18	0	0	-.069410	.021716	0	0	.044433	0
19	0	0	.101368	-.039524	0	0	-.028661	0
20	.518846	.556476	0	0	.138998	-.094799	0	-.046056
21	0	0	.556476	.518846	0	0	.085477	0
22	-.039524	.101368	0	0	.510916	.603867	0	.085477
23	0	0	-.057870	.120875	0	0	.508215	0
24	-.047449	-.000709	0	0	.024467	-.011829	0	.534983
25	0	0	-.000709	-.047449	0	0	-.060556	0
26	.120875	-.057870	0	0	-.053035	.102374	0	-.042911
27	-.223999	-.021493	0	0	.040583	.102374	0	.065986
28	0	0	-.244006	-.001488	0	0	.056301	0
29	-.001488	-.244006	0	0	-.241624	-.011829	0	-.007318
30	0	0	-.021493	-.223999	0	0	-.193350	0
31	.038684	.078235	0	0	.014923	-.277172	0	-.079363
32	0	0	.078235	.038684	0	0	-.036212	0

Z = 32 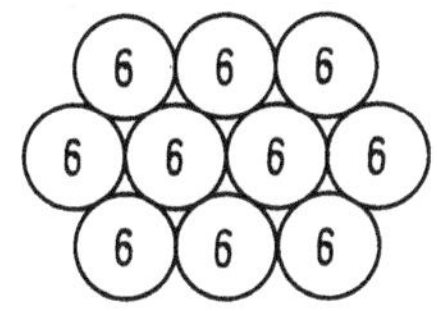

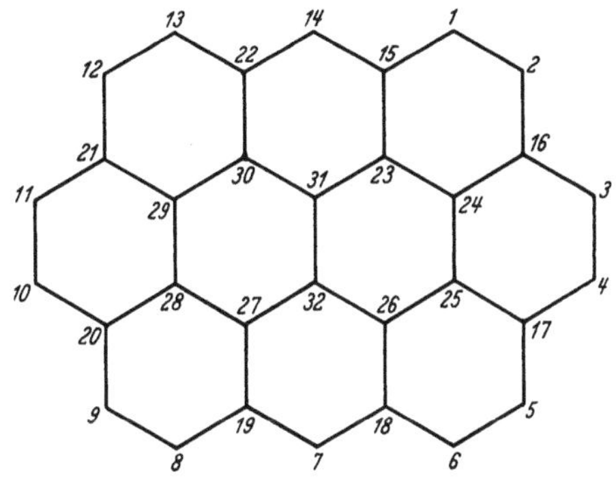

Ovalen

allgemeine Bindungsordnungen

	17	18	19	20	21	22	23	24
17	1.000000							
18	-.175364	1.000000						
19	.085477	0	1.000000					
20	0	.085477	-.175364	1.000000				
21	-.046056	0	0	-.216259	1.000000			
22	0	-.028661	.044433	0	-.175364	1.000000		
23	-.042911	0	0	.065986	0	-.193350	1.000000	
24	0	-.060556	.056301	0	-.007318	0	.525748	1.000000
25	.534983	0	0	-.007318	0	.056301	0	.521308
26	0	.508215	-.193350	0	.065986	0	-.195291	0
27	0	-.193350	.508215	0	-.042911	0	-.057912	0
28	-.007318	0	0	.534983	0	-.060556	0	.060770
29	0	.056301	-.060556	0	.534983	0	-.064209	0
30	.065986	0	0	-.042911	0	.508215	0	-.064209
31	0	-.036212	-.036212	0	-.079363	0	.540902	0
32	-.079363	0	0	-.079363	0	-.036212	0	-.173206

	25	26	27	28	29	30	31	32
25	1.000000							
26	.525748	1.000000						
27	-.064209	0	1.000000					
28	0	-.064209	.525748	1.000000				
29	.060770	0	0	.521308	1.000000			
30	0	-.057912	-.195291	0	.525748	1.000000		
31	-.173206	0	0	-.173206	0	.540902	1.000000	
32	0	.540902	.540902	0	-.173206	0	.497118	1.000000

Ovalen

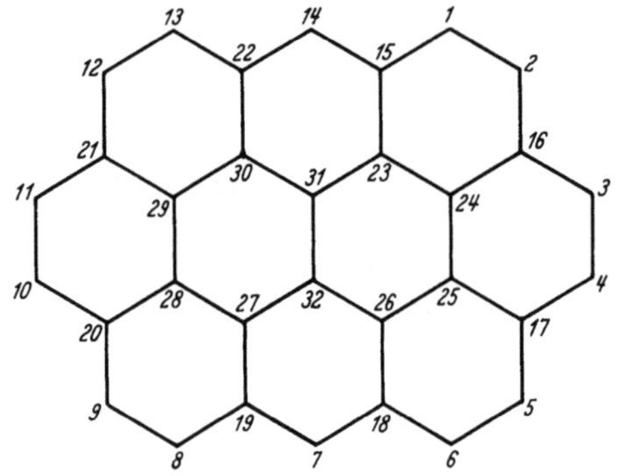

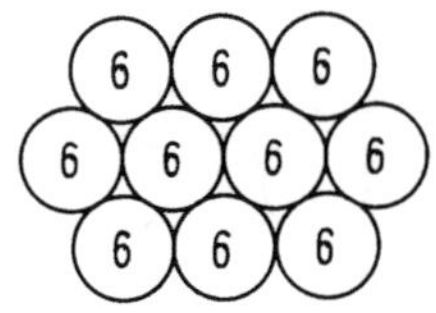

Z = 32

Atom- Atom Polarisierbarkeiten

	1	2	3	4	5	6	7	8
1	.452476							
2	-.257818	.439831						
3	-.038044	.024072	.441121					
4	.002549	-.018573	-.208895	.441121				
5	.002276	-.005081	-.018573	.024072	.439831			
6	-.026788	.002276	.002549	-.038044	-.257818	.452476		
7	-.020574	.002783	.004209	-.028932	-.054155	.041345	.536640	
8	-.004474	.000745	.001492	-.006243	-.006483	.006234	.041345	.452476
9	.000745	-.001199	-.006732	.000036	.000062	-.006483	-.054155	-.257818
10	.001492	-.006732	-.006330	.000025	.000036	-.006243	-.028932	-.038044
11	-.006243	.000036	.000025	-.006330	-.006732	.001492	.004209	.002549
12	-.006483	.000062	.000036	-.006732	-.001199	.000745	.002783	.002276
13	.006234	-.006483	-.006243	.001492	.000745	-.004474	-.020574	-.026788
14	.041345	-.054155	-.028932	.004209	.002783	-.020574	-.069706	-.020574
15	-.066006	.013011	.004939	-.013049	-.002832	.000078	.000792	.000346
16	.017724	-.069746	-.091788	.015511	.006390	-.031427	-.023650	-.005058
17	-.031427	.006390	.015511	-.091788	-.069746	.017724	.013064	.003325
18	.000078	-.002832	-.013049	.004939	.013011	-.066006	-.123493	-.011715
19	.000346	-.001552	-.008537	.000363	.000366	-.011715	-.123493	-.066006
20	-.005058	.000512	.000367	-.006305	-.006676	.003325	.013064	.017724
21	.003325	-.006676	-.006305	.000367	.000512	-.005058	-.023650	-.031427
22	-.011715	.000366	.000363	-.008537	-.001552	.000346	.000792	.000078
23	.003989	-.042261	-.000294	.003699	.000505	-.001578	-.016975	-.006714
24	-.053635	.005615	.005001	-.054834	-.001738	.003068	.000493	.000076
25	.003068	-.001738	-.054834	.005001	.005615	-.053635	-.001531	-.000560
26	-.001578	.000505	.003699	-.000294	-.042261	.003989	.011897	.005356
27	-.006714	.000342	.000057	-.007407	-.021368	.005356	.011897	.003989
28	.000076	-.003306	-.000011	.000394	.000628	-.000560	-.001531	-.053635
29	-.000560	.000628	.000394	-.000011	-.003306	.000076	.000493	.003068
30	.005356	-.021368	-.007407	.000057	.000342	-.006714	-.016975	-.001578
31	-.005480	.003751	.000692	-.008553	-.001406	.001517	.007893	.001517
32	.001517	-.001406	-.008553	.000692	.003751	-.005480	-.085371	-.005480

	9	10	11	12	13	14	15	16
9	.439831							
10	.024072	.441121						
11	-.018573	-.208895	.441121					
12	-.005081	-.018573	.024072	.439831				
13	.002276	.002549	-.038044	-.257818	.452476			
14	.002783	.004209	-.028932	-.054155	.041345	.536640		
15	-.001552	-.008537	.000363	.000366	-.011715	-.123493	.334986	
16	.000512	.000367	-.006305	-.006676	.003325	.013064	-.022919	.346497
17	-.006676	-.006305	.000367	.000512	-.005058	-.023650	.000530	-.043979
18	.000366	.000363	-.008537	-.001552	.000346	.000792	-.002745	.000530
19	.013011	.004939	-.013049	-.002832	.000078	.000792	-.001911	.000122
20	-.069746	-.091788	.015511	.006390	-.031427	-.023650	.000122	-.005683
21	.006390	.015511	-.091788	-.069746	.017724	.013064	-.009844	.001369
22	-.002832	-.013049	.004939	.013011	-.066006	-.123493	.006412	-.009844
23	.000342	.000057	-.007407	-.021368	.005356	.011897	-.070284	.005744
24	-.003306	-.000011	.000394	.000628	-.000560	-.001531	.003776	-.086588
25	.000628	.000394	-.000011	-.003306	.000076	.000493	-.002994	.004518
26	-.021368	-.007407	.000057	.000342	-.006714	-.016975	.001970	-.001112
27	-.042261	-.000294	.003699	.000505	-.001578	-.016975	.000015	-.007570
28	.005615	.005001	-.054834	-.001738	.003068	.000493	-.003584	.000394
29	-.001738	-.054834	.005001	.005615	-.053635	-.001531	.001636	-.000102
30	.000505	.003699	-.000294	-.042261	.003989	.011897	-.032038	.000476
31	-.001406	-.008553	.000692	.003751	-.005480	-.085371	.004858	-.007390
32	.003751	.000692	-.008553	-.001406	.001517	.007893	-.000699	.003295

Z = 32

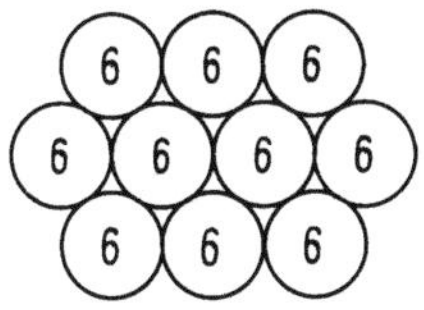

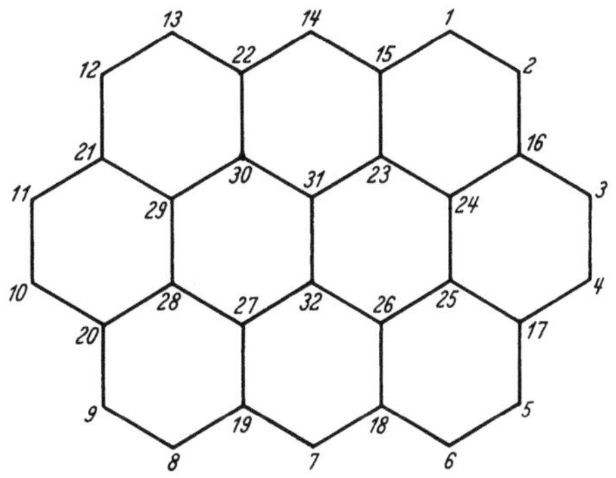

Ovalen

Atom- Atom Polarisierbarkeiten

	17	18	19	20	21	22	23	24
17	.346497							
18	-.022919	.334986						
19	-.009844	.006412	.334986					
20	.001369	-.009844	-.022919	.346497				
21	-.005683	.000122	.000530	-.043979	.346497			
22	.000122	-.001911	-.002745	.000530	-.022919	.334986		
23	-.001112	.001970	.000015	-.007570	.000476	-.032038	.359031	
24	.004518	-.002994	-.003584	.000394	-.000102	.001636	-.077736	.352514
25	-.086588	.003776	.001636	-.000102	.000394	-.003584	.005624	-.075444
26	.005744	-.070284	-.032038	.000476	-.007570	.000015	-.032747	.005624
27	.000476	-.032038	-.070284	.005744	-.001112	.001970	-.002619	.002409
28	-.000102	.001636	.003776	-.086588	.004518	-.002994	.002409	-.004116
29	.000394	-.003584	-.002994	.004518	-.086588	.003776	-.003281	.000015
30	-.007570	.000015	.001970	-.001112	.005744	-.070284	.005022	-.003281
31	.003295	-.000699	-.000699	.003295	-.007390	.004858	-.088468	.006136
32	-.007390	.004858	.004858	-.007390	.003295	-.000699	.006315	-.022843

	25	26	27	28	29	30	31	32
25	.352514							
26	-.077736	.359031						
27	-.003281	.005022	.359031					
28	.000015	-.003281	-.077736	.352514				
29	-.004116	.002409	.005624	-.075444	.352514			
30	.002409	-.002619	-.032747	.005624	-.077736	.359031		
31	-.022843	.006315	.006315	-.022843	.006136	-.088468	.357347	
32	.006136	-.088468	-.088468	.006136	-.022843	.006315	-.063323	.357347

Ovalen

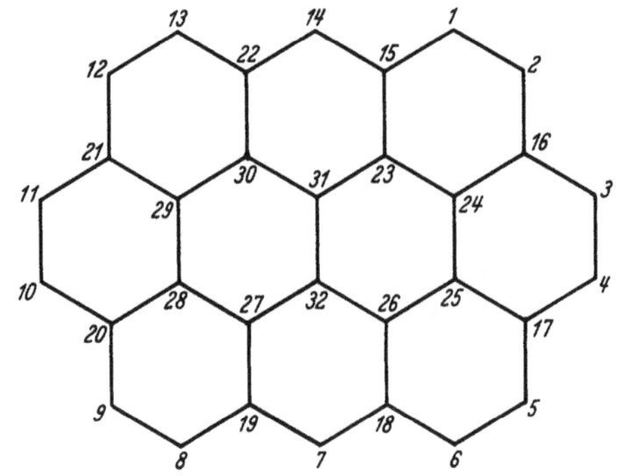

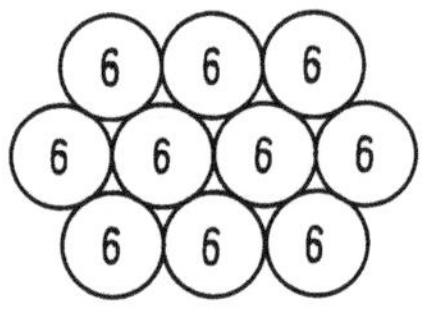

Z = 32

Bindungs- Bindungs Polarisierbarkeiten

	1 2	1 15	2 16	3 4	3 16	4 1/	5 6	5 17
1 2	.187987							
1 15	-.179858	.318160						
2 16	-.187790	.090782	.318610					
3 4	-.033070	.025565	.057304	.232226				
3 16	.059874	-.037029	-.137988	-.198289	.297061			
4 17	.026659	-.020930	-.037791	-.198289	.106860	.297061		
5 6	.012803	-.008744	-.015631	-.033070	.026659	.059874	.187987	
5 17	-.015631	.010411	.021030	.057304	-.037791	-.137988	-.187790	.318610
6 18	-.008744	.008406	.010411	.025565	-.020930	-.037029	-.179858	.090782
7 18	.007277	-.006898	-.008994	-.022970	.017536	.030196	.065887	-.044137
7 19	-.004639	.005555	.005482	.016766	-.013174	-.018690	-.028501	.024961
8 9	-.001568	.002065	.001834	.006374	-.004838	-.006321	-.006051	.006236
8 19	.002065	-.002365	-.002505	-.007827	.005755	.008534	.009450	-.008656
9 20	.001834	-.002505	-.002034	-.006439	.005725	.006368	.006236	-.006437
10 11	.006374	-.007827	-.006439	-.006305	.006273	.006273	.006374	-.006439
10 20	-.004838	.005755	.005725	.006273	-.005621	-.006255	-.006321	.006368
11 21	-.006321	.008534	.006368	.006273	-.006255	-.005621	-.004838	.005725
12 13	-.006051	.009450	.006236	.006374	-.006321	-.004838	-.001568	.001834
12 21	.006236	-.008656	-.006437	-.006439	.006368	.005725	.001834	-.002034
13 22	.009450	-.016514	-.008656	-.007827	.008534	.005755	.002065	-.002505
14 15	.065887	-.152130	-.044137	-.022970	.030196	.017536	.007277	-.008994
14 22	-.028501	.050841	.024961	.016766	-.018690	-.013174	-.004639	.005482
15 23	.052028	-.094940	-.022412	.004426	-.005884	.001599	.001350	-.000630
16 24	.061037	-.026976	-.108802	.073623	-.120939	-.040813	-.001623	.001062
17 25	-.001623	.008204	.001062	.073623	-.040813	-.120939	.061037	-.108802
18 26	.001350	-.001449	-.000630	.004426	.001599	-.005884	.052028	-.022412
19 27	.002868	-.003613	-.003131	-.007825	.008051	.008656	.016854	-.014760
20 28	.003547	-.003486	-.004397	-.000498	.000477	.001228	.002502	-.001426
21 29	.002502	-.003797	-.001426	-.000498	.001228	.000477	.003547	-.004397
22 30	.016854	-.024432	-.014760	-.007825	.008656	.008051	.002868	-.003131
23 24	-.042953	.059234	.062976	-.004410	.007598	-.009986	-.001307	.000905
23 31	.007121	-.004146	-.020859	-.001251	.001142	.005518	-.000616	.000084
24 25	.002319	-.015534	.000321	-.049832	.069214	.069214	.002319	.000321
25 26	-.001307	.004208	.000905	-.004410	-.009986	.007598	-.042953	.062976
26 32	-.000616	-.000402	.000084	-.001251	.005518	.001142	.007121	-.020859
27 28	-.004441	.004501	.005246	.000121	-.000093	-.001026	-.004290	.001661
27 32	.002314	-.000801	-.003087	.007818	-.008171	-.006678	-.004608	.011294
28 29	.001109	-.001355	.000002	.000383	-.000377	-.000377	.001109	.000002
29 30	-.004290	.006488	.001661	.000121	-.001026	-.000093	-.004441	.005246
30 31	-.004608	.004558	.011294	.007818	-.006678	-.008171	.002314	-.003087
31 32	-.002647	.001668	.005611	-.007861	.006568	.006568	-.002647	.005611

	6 18	7 18	7 19	8 9	8 19	9 20	10 11	10 20
6 18	.318160							
7 18	-.152130	.283820						
7 19	.050841	-.173926	.283820					
8 9	.009450	-.028501	.065887	.187987				
8 19	-.016514	.050841	-.152130	-.179858	.318160			
9 20	-.008656	.024961	-.044137	-.187790	.090782	.318610		
10 11	-.007827	.016766	-.022970	-.033070	.025565	.057304	.232226	
10 20	.008534	-.018690	.030196	.059874	-.037029	-.137988	-.198289	.297061
11 21	.005755	-.013174	.017536	.026659	-.020930	-.037791	-.198289	.106860
12 13	.002065	-.004639	.007277	.012803	-.008744	-.015631	-.033070	.026659
12 21	-.002505	.005482	-.008994	-.015631	.010411	.021030	.057304	-.037791
13 22	-.002365	.005555	-.006898	-.008744	.008406	.010411	.025565	-.020930
14 15	-.006898	.013778	-.010610	-.004639	.005555	.005482	.016766	-.013174
14 22	.005555	-.010610	.013778	.007277	-.006898	-.008994	-.022970	.017536
15 23	-.001449	-.007907	.005695	.002868	-.003613	-.003131	-.007825	.008051
16 24	.008204	-.006999	.008419	.003547	-.003486	-.004397	-.000498	.000477
17 25	-.026976	-.003738	.002201	.002502	-.003797	-.001426	-.000498	.001228
18 26	-.094940	-.132775	.068719	.016854	-.024432	-.014760	-.007825	.008656
19 27	-.024432	.068719	-.132775	.052028	-.094940	-.022412	.004426	-.005884
20 28	-.003797	.002201	-.003738	.061037	-.026976	-.108802	.073623	-.120939
21 29	-.003486	.008419	-.006999	-.001623	.008204	.001062	.073623	-.040813
22 30	-.003613	.005695	-.007907	.001350	-.001449	-.000630	.004426	.001599
23 24	.004208	.006124	-.007457	-.004441	.004501	.005246	.000121	-.000093
23 31	-.000402	.005635	.001704	.002314	-.000801	-.003087	.007818	-.008171
24 25	-.015534	.001367	-.001650	.001109	-.001355	.000002	.000383	-.000377
25 26	.059234	.005500	-.001701	-.004290	.006488	.001661	.000121	-.001026
26 32	-.004146	.073683	-.044119	-.004608	.004558	.011294	.007818	-.006678
27 28	.006488	-.001701	.005500	-.042953	.059234	.062976	-.004410	.007598
27 32	.004558	-.044119	.073683	.007121	-.004146	-.020859	-.001251	.001142
28 29	-.001355	-.001650	.001367	.002319	-.015534	.000321	-.049832	.069214
29 30	.004501	-.007457	.006124	-.001307	.004208	.000905	-.004410	-.009986
30 31	-.000801	.001704	.005635	-.000616	-.000402	.000084	-.001251	.005518
31 32	.001668	-.010132	-.010132	-.002647	.001668	.005611	-.007861	.006568

Z = 32

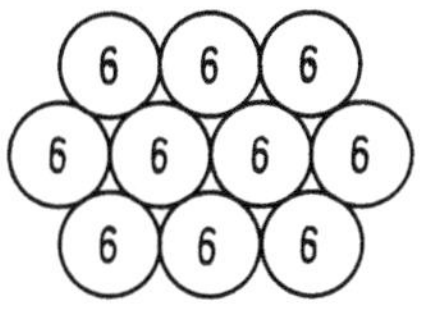

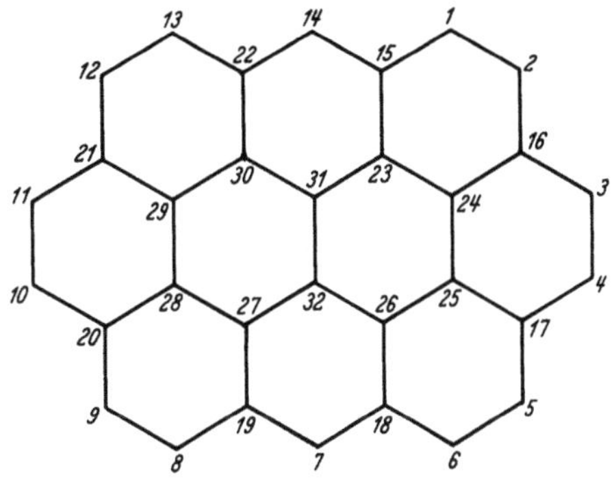

Ovalen

Bindungs- Bindungs Polarisierbarkeiten

	11 21	12 13	12 21	13 22	14 15	14 22	15 23	16 24
11 21	.297061							
12 13	.059874	.187987						
12 21	-.137988	-.187790	.318610					
13 22	-.037029	-.179858	.090782	.318160				
14 15	-.018690	-.028501	.024961	.050841	.283820			
14 22	.030196	.065887	-.044137	-.152130	-.173926	.283820		
15 23	.008656	.016854	-.014760	-.024432	-.132775	.068719	.276121	
16 24	.001228	.002502	-.001426	-.003797	-.003738	.002201	.044505	.262616
17 25	.000477	.003547	-.004397	-.003486	-.006999	.008419	-.000442	.055734
18 26	.008051	.002868	-.003131	-.003613	-.007907	.005695	.011192	-.000442
19 27	.001599	.001350	-.000630	-.001449	.005695	-.007907	-.002028	-.005498
20 28	-.040813	-.001623	.001062	.008204	.008419	-.006999	-.005498	.004540
21 29	-.120939	.061037	-.108802	-.026976	.002201	-.003738	.004872	-.000097
22 30	-.005884	.052028	-.022412	-.094940	.068719	-.132775	-.026379	.004872
23 24	-.001026	-.004290	.001661	.006488	.005500	-.001701	-.102958	-.113957
23 31	-.006678	-.004608	.011294	.004558	.073683	-.044119	-.110429	.025415
24 25	-.000377	.001109	.000002	-.001355	.001367	-.001650	.018487	-.110541
25 26	-.000093	-.004441	.005246	.004501	.006124	-.007457	-.012869	.013426
26 32	-.008171	.002314	-.003087	-.000801	.005635	.001704	-.007069	-.008103
27 28	-.009986	-.001307	.000905	.004208	-.007457	.006124	.002949	-.006184
27 32	.005518	-.000616	.000084	-.000402	.001704	.005635	-.001019	.014336
28 29	.069214	.002319	.000321	-.015534	-.001650	.001367	.005374	.000553
29 30	.007598	-.042953	.062976	.059234	-.001701	.005500	-.012855	-.000462
30 31	.001142	.007121	-.020859	-.004146	-.044119	.073683	.055125	-.003745
31 32	.006568	-.002647	.005611	.001668	-.010132	-.010132	.012432	-.015776

	17 25	18 26	19 27	20 28	21 29	22 30	23 24	23 31
17 25	.262616							
18 26	.044505	.276121						
19 27	.004872	-.026379	.276121					
20 28	-.000097	.004872	.044505	.262616				
21 29	.004540	-.005498	-.000442	.055734	.262616			
22 30	-.005498	-.002028	-.011192	-.000442	.044505	.276121		
23 24	.013426	-.012869	.002949	-.006184	-.000462	-.012855	.277930	
23 31	-.008103	-.007069	-.001019	.014336	-.003745	.055125	-.117483	.269706
24 25	-.110541	.018487	.005374	.000553	.000553	.005374	-.109901	.045623
25 26	-.113957	-.102958	-.012855	-.000462	-.006184	.002949	.051101	-.021223
26 32	.025415	-.110429	.055125	-.003745	.014336	-.001019	-.021223	.046024
27 28	-.000462	-.012855	-.102958	-.113957	.013426	-.012869	.005605	-.011195
27 32	-.003745	.055125	-.110429	.025415	-.008103	-.007069	-.011195	.017462
28 29	.000553	.005374	.018487	-.110541	-.110541	.018487	.003709	-.012130
29 30	-.006184	.002949	-.012869	.013426	-.113957	-.102958	-.003492	.021688
30 31	.014336	-.001019	-.007069	-.008103	.025415	-.110429	.021688	-.120900
31 32	-.015776	.012432	.012432	-.015776	-.015776	.012432	.049269	-.108216

	24 25	25 26	26 32	27 28	27 32	28 29	29 30	30 31
24 25	.277071							
25 26	-.109901	.277930						
26 32	.045623	-.117483	.269706					
27 28	.003709	-.003492	.021688	.277930				
27 32	-.012130	.021688	-.120900	-.117483	.269706			
28 29	-.004101	.003709	-.012130	-.109901	.045623	.277071		
29 30	.003709	.005605	-.011195	.051101	-.021223	-.109901	.277930	
30 31	-.012130	-.011195	.017462	-.021223	.046024	.045623	-.117483	.269706
31 32	-.016706	.049269	-.108216	.049269	-.108216	-.016706	.049269	-.108216

	31 32
31 32	.294024

Styrol

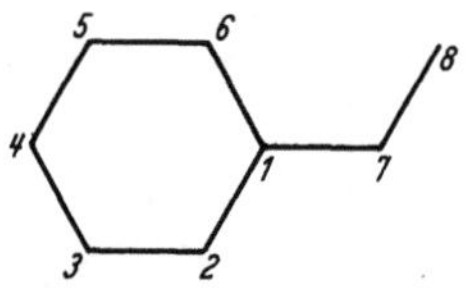

(6)-K_2

$Z=8$

Eigenwerte und Hückelkoeffizienten

	1	2	3	4	5	6	7	8
1	2.135779	1.414214	1.000000	.662153	-.662153	-1.000000	-1.414214	-2.135779
1	.513120	-.353553	0	-.334227	-.334227	0	-.353553	.513120
2	.394103	0	.500000	-.307706	.307706	-.500000	0	-.394103
3	.328596	.353553	.500000	.130478	.130478	.500000	.353553	.328596
4	.307706	.500000	0	.394103	-.394103	0	-.500000	-.307706
5	.328596	.353553	-.500000	.130478	.130478	-.500000	.353553	.328596
6	.394103	0	-.500000	-.307706	.307706	.500000	0	-.394103
7	.307706	-.500000	0	.394103	-.394103	0	.500000	-.307706
8	.144072	-.353553	0	.595183	.595183	0	-.353553	.144072

TOTALE PI ELEKTRONEN ENERGIE 10.424292

allgemeine Bindungsordnungen

	1	2	3	4	5	6	7	8
1	1.000000							
2	.610131	1.000000						
3	0	.678703	1.000000					
4	-.301212	0	.658619	1.000000				
5	0	-.321297	0	.658619	1.000000			
6	.610131	0	-.321297	0	.678703	1.000000		
7	.405894	0	-.048488	0	-.048488	0	1.000000	
8	0	-.252725	0	.204237	0	-.252725	.911344	1.000000

Z = 8 ⑥-K_2

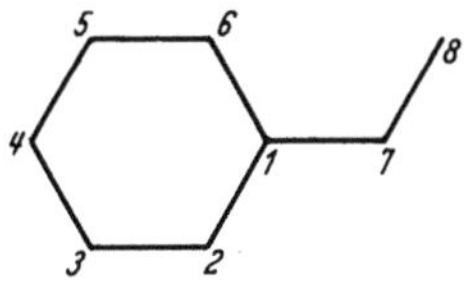

Styrol

Atom- Atom Polarisierbarkeiten

	1	2	3	4	5	6	7	8
1	.336766							
2	-.129705	.429705						
3	.006946	-.164993	.395666					
4	-.087294	.016141	-.151924	.414642				
5	.006946	-.096421	.009856	-.151924	.395666			
6	-.129705	.003726	-.096421	.016141	-.164993	.429705		
7	-.033664	.016141	-.001317	.008747	-.001317	.016141	.414642	
8	.029710	-.074595	.002187	-.064530	.002187	-.074595	-.419373	.599009

Bindungs- Bindungs Polarisierbarkeiten

	1 2	1 6	1 7	2 3	3 4	4 5	5 6	7 8
1 2	.248602							
1 6	-.157292	.248602						
1 7	-.098839	-.098839	.338567					
2 3	-.189575	.111637	.020901	.246599				
3 4	.123019	-.081218	-.014017	-.214419	.252653			
4 5	-.081218	.123019	-.014017	.126962	-.201729	.252653		
5 6	.111637	-.189575	.020901	-.090723	.126962	-.214419	.246599	
7 8	.043665	.043665	-.154657	-.011382	.008747	.008747	-.011382	.072597

o-Chinodimethan

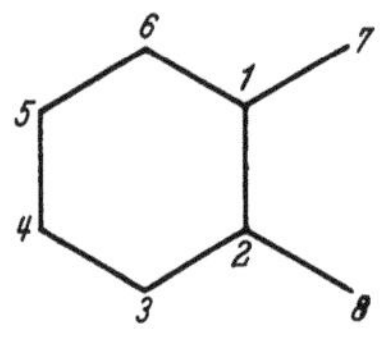

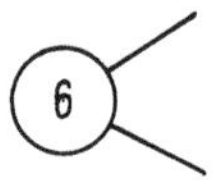

Z=8

Eigenwerte und Hückelkoeffizienten

	1	2	3	4	5	6	7	8
1	2.193527	1.294963	1.193527	.294963	-.294963	-1.193527	-1.294963	-2.193527

	1	2	3	4	5	6	7	8
1	.484057	.335497	.357060	.160119	.160119	.357060	.335497	.484057
2	.484057	.335497	-.357060	-.160119	.160119	.357060	-.335497	-.484057
3	.357060	-.160119	-.484057	.335497	.335497	-.484057	-.160119	.357060
4	.299164	-.542846	-.220675	.259079	-.259079	.220675	.542846	-.299164
5	.299164	-.542846	.220675	-.259079	-.259079	.220675	-.542846	.299164
6	.357060	-.160119	.484057	-.335497	.335497	-.484057	.160119	-.357060
7	.220675	.259079	.299164	.542846	-.542846	-.299164	-.259079	-.220675
8	.220675	.259079	-.299164	-.542846	-.542846	-.299164	.259079	.220675

TOTALE PI ELEKTRONEN ENERGIE 9.953960

allgemeine Bindungsordnungen

	1	2	3	4	5	6	7	8
1	1.000000							
2	.387479	1.000000						
3	0	.476472	1.000000					
4	-.149243	0	.774959	1.000000				
5	0	-.149243	0	.536723	1.000000			
6	.476472	0	-.387479	0	.774959	1.000000		
7	.774959	0	.149243	0	-.298487	0	1.000000	
8	0	.774959	0	-.298487	0	.149243	-.536723	1.000000

Atom- Atom Polarisierbarkeiten

	1	2	3	4	5	6	7	8
1	.329893							
2	-.028845	.329893						
3	.004745	-.055506	.493507					
4	-.014851	.013891	-.288277	.429255				
5	.013891	-.014851	.038951	-.078726	.429255			
6	-.055506	.004745	-.192459	.038951	-.288277	.493507		
7	-.288277	.038951	-.119598	.054626	-.154868	.118638	.935852	
8	.038951	-.288277	.118638	-.154868	.054626	-.119598	-.585323	.935852

Bindungs- Bindungs Polarisierbarkeiten

	1 2	1 6	1 7	2 3	2 8	3 4	4 5	5 6
1 2	.301047							
1 6	-.049961	.336718						
1 7	-.124663	-.188915	.198404					
2 3	-.049961	.038231	-.010930	.336718				
2 8	-.124663	-.010930	.077903	-.188915	.198404			
3 4	.024580	-.039672	.020419	-.160173	.077903	.169663		
4 5	-.000960	.074702	-.050121	.074702	-.050121	-.199365	.350529	
5 6	.024580	-.160173	.077903	-.039672	.020419	.106644	-.199365	.169663

m-Chinodimethan

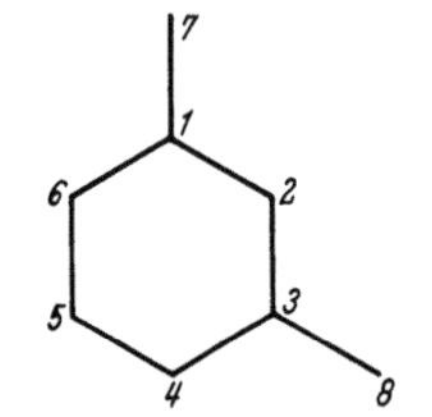

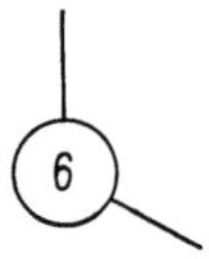

Z=8

Eigenwerte und Hückelkoeffizienten

	1	2	3	4	5	6	7	8
1	2.175328	1.414214	1.126032	.000000	.000000	-1.126032	-1.414214	-2.175328
1	.444037	.500000	.229850	0	0	-.229850	-.500000	-.444037
2	.408248	0	.408248	0	-.577350	.408248	0	.408248
3	.444037	-.500000	.229850	0	0	-.229850	.500000	-.444037
4	.353553	-.353553	-.353553	.500000	0	-.353553	-.353553	.353553
5	.325058	0	-.627963	0	0	.627963	0	-.325058
6	.353553	.353553	-.353553	-.500000	0	-.353553	.353553	.353553
7	.204124	.353553	.204124	.500000	.577350	.204124	.353553	.204124
8	.204124	-.353553	.204124	-.500000	.577350	.204124	-.353553	.204124

TOTALE PI ELEKTRONEN ENERGIE 9.431148

allgemeine Bindungsordnungen

	1	2	3	4	5	6	7	8
1	1.000000							
2	.550227	1.000000						
3	0	.550227	1.000000					
4	-.202101	0	.505006	1.000000				
5	0	-.247321	0	.673887	1.000000			
6	.505006	0	-.202101	0	.673887	1.000000		
7	.628667	0	-.078440	0	-.123661	0	1.000000	
8	-.078440	0	.628667	0	-.123661	0	0	1.000000

p-Chinodimethan

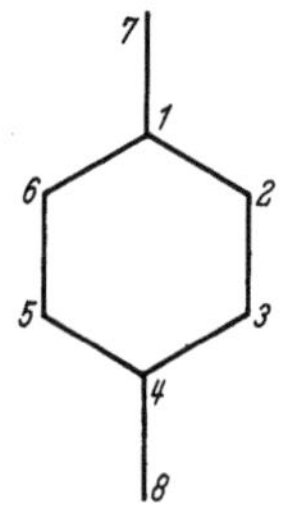

Z = 8

Eigenwerte und Hückelkoeffizienten

	1	2	3	4	5	6	7	8
1	2.170086	1.481194	1.000000	.311108	-.311108	-1.000000	-1.481194	-2.170086
1	.432487	.529899	0	-.179338	.179338	0	-.529899	-.432487
2	.369619	.213566	.500000	.260329	.260329	.500000	.213566	.369619
3	.369619	-.213566	.500000	.260329	-.260329	-.500000	.213566	-.369619
4	.432487	-.529899	0	-.179338	-.179338	0	-.529899	.432487
5	.369619	-.213566	-.500000	.260329	-.260329	.500000	.213566	-.369619
6	.369619	.213566	-.500000	.260329	.260329	-.500000	.213566	.369619
7	.199295	.357751	0	-.576451	-.576451	0	.357751	.199295
8	.199295	-.357751	0	-.576451	.576451	0	.357751	-.199295

TOTALE PI ELEKTRONEN ENERGIE 9.924777

allgemeine Bindungsordnungen

	1	2	3	4	5	6	7	8
1	1.000000							
2	.452674	1.000000						
3	0	.817558	1.000000					
4	-.123172	0	.452674	1.000000				
5	0	-.182442	0	.452674	1.000000			
6	.452674	0	-.182442	0	.817558	1.000000		
7	.758288	0	-.305614	0	-.305614	0	1.000000	
8	0	-.305614	0	.758288	0	-.305614	.488056	1.000000

Atom- Atom Polarisierbarkeiten

	1	2	3	4	5	6	7	8
1	.320135							
2	-.046847	.458176						
3	.014739	-.329747	.458176					
4	-.009367	.014739	-.046847	.320135				
5	.014739	-.024133	.005502	-.046847	.458176			
6	-.046847	.005502	-.024133	.014739	-.329747	.458176		
7	-.276083	.083168	-.160860	.029531	-.160860	.083168	.976947	
8	.029531	-.160860	.083168	-.276083	.083168	-.160860	-.575011	.976947

Bindungs- Bindungs Polarisierbarkeiten

	1 2	1 6	1 7	2 3	3 4	4 5	4 8	5 6
1 2	.329346							
1 6	-.064059	.329346						
1 7	-.162070	-.162070	.206121					
2 3	-.152859	.029583	.068377	.128430				
3 4	.059114	-.000156	-.038898	-.152859	.329346			
4 5	-.000156	.059114	-.038898	.029583	-.064059	.329346		
4 8	-.038898	-.038898	.059062	.068377	-.162070	-.162070	.206121	
5 6	.029583	-.152859	.068377	-.018630	.029583	-.152859	.068377	.128430

o-Divinyl-benzol

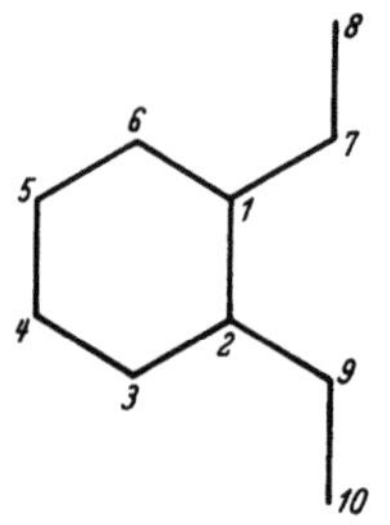

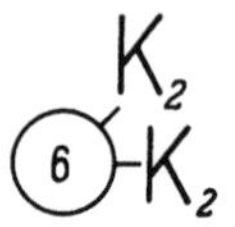

Z = 10

Eigenwerte und Hückelkoeffizienten

	1	2	3	4	5	6	7	8
1	2,246980	1,414214	1,414214	,801938	,554958	-,554958	-,801938	-1,414214
1	,481588	,280030	,253851	,118942	,333269	,333269	,118942	,375325
2	,481588	-,336462	,172194	-,118942	,333269	-,333269	,118942	,090985
3	,333269	-,280030	-,253851	-,481588	,118942	,118942	-,481588	-,375325
4	,267261	-,059560	-,531194	-,267261	-,267261	,267261	,267261	,439805
5	,267261	,195799	-,497370	,267261	-,267261	-,267261	,267261	-,246653
6	,333269	,336462	-,172194	,481588	,118942	-,118942	-,481588	-,090985
7	,267261	,396022	,359000	-,267261	-,267261	,267261	,267261	-,530789
8	,118942	,280030	,253851	-,333269	-,481588	-,481588	-,333269	,375325
9	,267261	-,475829	,243519	,267261	-,267261	-,267261	,267261	-,128672
10	,118942	-,336462	,172194	,333269	-,481588	,481588	-,333269	,090985

	9	10
9	-1,414214	-2,246980
1	,044593	,481588
2	,366850	-,481588
3	-,044593	,333269
4	-,303786	-,267261
5	,474212	,267261
6	-,366850	-,333269
7	-,063064	-,267261
8	,044593	,118942
9	-,518804	,267261
10	,366850	-,118942

TOTALE PI ELEKTRONEN ENERGIE 12,864605

allgemeine Bindungsordnungen

	1	2	3	4	5	6	7	8
1	1,000000							
2	,556681	1,000000						
3	0	,615855	1,000000					
4	-,287343	0	,675028	1,000000				
5	0	-,287343	0	,647933	1,000000			
6	,615855	0	-,314438	0	,675028	1,000000		
7	,419763	0	-,032079	0	-,059173	0	1,000000	
8	0	-,228170	0	,196091	0	-,255265	,903198	1,000000
9	0	,419763	0	-,059173	0	-,032079	-,059173	0
10	-,228170	0	-,255265	0	,196091	0	0	,168997

	9	10
9	1,000000	
10	,903198	1,000000

Z = 10

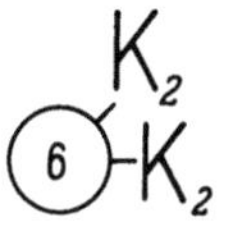

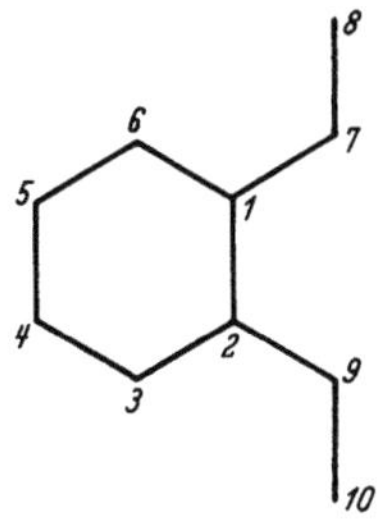

o-Divinyl-benzol

Atom- Atom Polarisierbarkeiten

	1	2	3	4	5	6	7	8
1	.357273							
2	-.106310	.357273						
3	.002724	-.132348	.428620					
4	-.081155	.011944	-.162685	.410308				
5	.011944	-.081155	.016682	-.144527	.410308			
6	-.132348	.002724	-.094136	.016682	-.162685	.428620		
7	-.037335	.011944	-.000518	.007745	-.002150	.016682	.410308	
8	.038128	-.064865	.000438	-.061084	.004920	-.075460	-.409446	.615323
9	.011944	-.037335	.016682	-.002150	.007745	-.000518	-.002150	.004920
10	-.064865	.038128	-.075460	.004920	-.061084	.000438	.004920	-.052875

	9	10
9	.410308	
10	-.409446	.615323

Bindungs- Bindungs Polarisierbarkeiten

	1 2	1 6	1 7	2 3	2 9	3 4	4 5	5 6
1 2	.250962							
1 6	-.143410	.258061						
1 7	-.092639	-.108599	.345094					
2 3	-.143410	.098546	.009748	.258061				
2 9	-.092639	.009748	.023888	-.108599	.345094			
3 4	.102846	-.081437	-.006213	-.199784	.028187	.256561		
4 5	-.069211	.121285	-.018439	.121285	-.018439	-.213358	.265782	
5 6	.102846	-.199784	.028187	-.081437	-.006213	.126462	-.213358	.256561
7 8	.042327	.049890	-.166886	-.004300	-.014140	.003263	.012227	-.016526
9 10	.042327	-.004300	-.014140	.049890	-.166886	-.016526	.012227	.003263

	7 8	9 10
7 8	.084305	
9 10	.009840	.084305

m-Divinyl-benzol

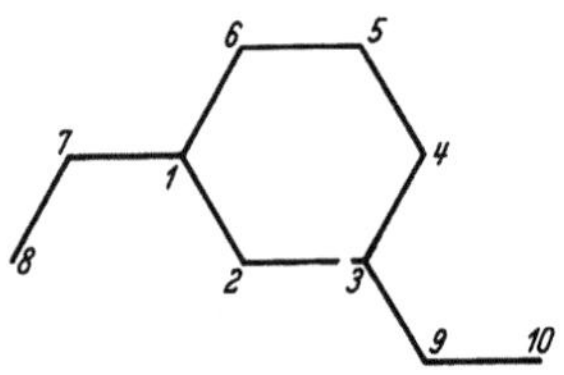

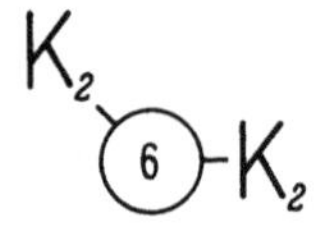

Z = 10

Eigenwerte und Hückelkoeffizienten

	1	2	3	4	5	6	7	8
1	2.221583	1.618034	1.239920	,726062	,618034	-,618034	-,726062	-1,239920
1	,439091	,425325	,134554	,197722	,262866	,262866	,197722	,134554
2	.395296	0	.217037	,544643	0	0	-,544643	-,217037
3	,439091	-,425325	,134554	,197722	-,262866	-,262866	,197722	,134554
4	,332311	-,262866	-,360650	-,097471	-,425325	,425325	,097471	,360650
5	.299166	0	-,581731	-,268493	0	0	-,268493	-,581731
6	,332311	,262866	-,360650	-,097471	,425325	-,425325	,097471	,360650
7	,247871	,425325	,310450	-,303614	-,262866	,262866	,303614	-,310450
8	,111574	,262866	,250379	-,418165	-,425325	-,425325	-,418165	,250379
9	,247871	-,425325	,310450	-,303614	,262866	-,262866	,303614	-,310450
10	,111574	-,262866	,250379	-,418165	,425325	,425325	-,418165	,250379

	9	10
9	-1,618034	-2,221583
1	,425325	,439091
2	0	-,395296
3	-,425325	,439091
4	,262866	-,332311
5	0	,299166
6	-,262866	-,332311
7	-,425325	-,247871
8	,262866	,111574
9	,425325	-,247871
10	-,262866	,111574

TOTALE PI ELEKTRONEN ENERGIE 12,847267

allgemeine Bindungsordnungen

	1	2	3	4	5	6	7	8
1	1.000000							
2	,620924	1,000000						
3	0	,620924	1.000000					
4	-,290982	0	,603445	1,000000				
5	0	-,308461	0	,670776	1,000000			
6	,603445	0	-,290982	0	,670776	1,000000		
7	,404764	0	-,042449	0	-,049852	0	1,000000	
8	0	-,258609	0	,198681	0	-,248533	,911906	1,000000
9	-,042449	0	,404764	0	-,049852	0	0	,017479
10	0	-,258609	0	-,248533	0	,198681	,017479	0

	9	10
9	1.000000	
10	,911906	1,000000

Z = 10 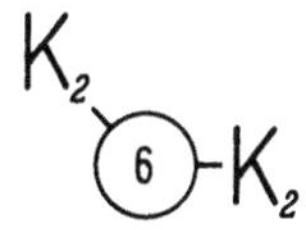 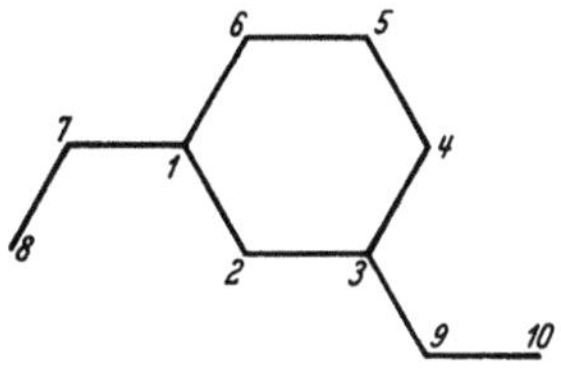 m-Divinyl-benzol

Atom- Atom Polarisierbarkeiten

	1	2	3	4	5	6	7	8
1	.335202							
2	-.135683	.467616						
3	.005259	-.135683	.335202					
4	-.083196	.007399	-.125646	.447234				
5	.007399	-.090894	.007399	-.159392	.393032			
6	-.125646	.007399	-.083196	.024991	-.159392	.447234		
7	-.033343	.017234	-.000970	.008039	-.001413	.015441	.415041	
8	.029267	-.077311	.001711	-.062397	.002336	-.072473	-.419943	.598153
9	-.000970	.017234	-.033343	.015441	-.001413	.008039	.000200	-.000285
10	.001711	-.077311	.029267	-.072473	.002336	-.062397	-.000285	.000942

	9	10
9	.415041	
10	-.419943	.598153

Bindungs- Bindungs Polarisierbarkeiten

	1 2	1 6	1 7	2 3	3 4	3 9	4 5	5 6
1 2	.255256							
1 6	-.166742	.257852						
1 7	-.101067	-.096592	.338079					
2 3	-.177064	.106761	.018790	.255256				
3 4	.106761	-.072090	-.011693	-.166742	.257852			
3 9	.018790	-.011693	-.001940	-.101067	-.096592	.338079		
4 5	-.079504	.120590	-.013829	.109101	-.187871	.021130	.257690	
5 6	.109101	-.187871	.021130	-.079504	.120590	-.013829	-.224482	.257690
7 8	.044789	.042371	-.153846	-.010322	.007413	.000969	.008664	-.011489
9 10	-.010322	.007413	.000969	.044789	.042371	-.153846	-.011489	.008664

	7 8	9 10
7 8	.072021	
9 10	-.000570	.072021

p-Divinyl-benzol

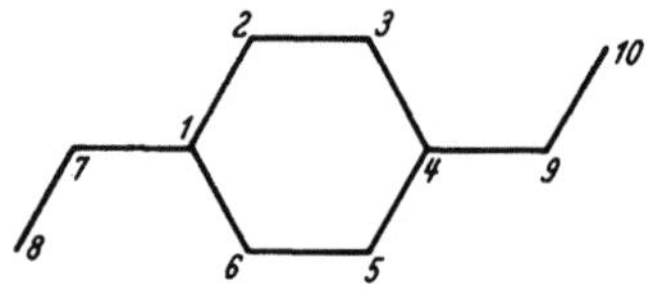

K_2-(6)-K_2 $Z=10$

Eigenwerte und Hückelkoeffizienten

	1	2	3	4	5	6	7	8
1	2.214320	1.675131	1.000000	1.000000	.539189	-.539189	-1.000000	-1.000000
1	.426883	.452095	0	0	.336722	-.336722	0	0
2	.351541	.168999	.223607	.500000	.218766	.218766	.500000	.223607
3	.351541	-.168999	.223607	.500000	-.218766	.218766	-.500000	-.223607
4	.426883	-.452095	0	0	-.336722	-.336722	0	0
5	.351541	-.168999	.223607	-.500000	-.218766	.218766	.500000	-.223607
6	.351541	.168999	.223607	-.500000	.218766	.218766	-.500000	.223607
7	.242174	.419319	-.447214	0	-.255975	-.255975	0	-.447214
8	.109367	.250320	-.447214	0	-.474740	.474740	0	.447214
9	.242174	-.419319	-.447214	0	.255975	-.255975	0	.447214
10	.109367	-.250320	-.447214	0	.474740	.474740	0	-.447214

	9	10
9	-1.675131	-2.214320
1	-.452095	-.426883
2	.168999	.351541
3	.168999	-.351541
4	-.452095	.426883
5	.168999	-.351541
6	.168999	.351541
7	.419319	.242174
8	-.250320	-.109367
9	.419319	-.242174
10	-.250320	.109367

TOTALE PI ELEKTRONEN ENERGIE 12.857279

allgemeine Bindungsordnungen

	1	2	3	4	5	6	7	8
1	1.000000							
2	.600267	1.000000						
3	0	.694324	1.000000					
4	-.271084	0	.600267	1.000000				
5	0	-.305676	0	.600267	1.000000			
6	.600267	0	-.305676	0	.694324	1.000000		
7	.413519	0	-.059464	0	-.059464	0	1.000000	
8	0	-.246212	0	.186748	0	-.246212	.905943	1.000000
9	0	-.059464	0	.413519	0	-.059464	.034592	0
10	.186748	0	-.246212	0	-.246212	0	0	-.152155

	9	10
9	1.000000	
10	.905943	1.000000

$Z = 10$ K_2-⑥-K_2 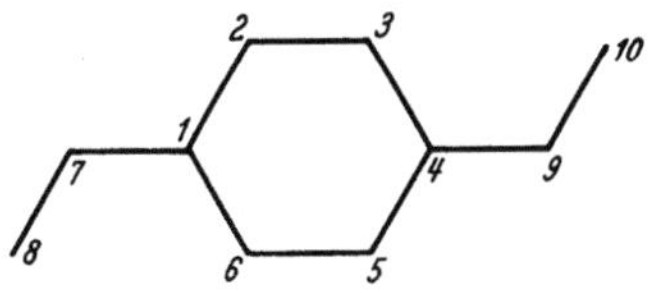 p-Divinyl-benzol

Atom- Atom Polarisierbarkeiten

	1	2	3	4	5	6	7	8
1	.347916							
2	-.123471	.425165						
3	.012071	-.175784	.425165					
4	-.074640	.012071	-.123471	.347916				
5	.012071	-.089075	.004299	-.123471	.425165			
6	-.123471	.004299	-.089075	.012071	-.175784	.425165		
7	-.035505	.015119	-.002177	.006663	-.002177	.015119	.412410	
8	.035871	-.071112	.004966	-.057503	.004966	-.071112	-.412003	.611341
9	.006663	-.002177	.015119	-.035505	.015119	-.002177	-.001109	.003660
10	-.057503	.004966	-.071112	.035871	-.071112	.004966	.003660	-.049073

	9	10
9	.412410	
10	-.412003	.611341

Bindungs- Bindungs Polarisierbarkeiten

	1 2	1 6	1 7	2 3	3 4	4 5	4 9	5 6
1 2	.259950							
1 6	-.153569	.259950						
1 7	-.101474	-.101474	.342508					
2 3	-.199593	.106083	.026994	.249381				
3 4	.117515	-.069232	-.017137	-.199593	.259950			
4 5	-.069232	.117515	-.017137	.106083	-.153569	.259950		
4 9	-.017137	-.017137	.013325	.026994	-.101474	-.101474	.342508	
5 6	.106083	-.199593	.026994	-.084776	.106083	-.199593	.026994	.249381
7 8	.046025	.046025	-.163060	-.015786	.011432	.011432	-.009539	-.015786
9 10	.011432	.011432	-.009539	-.015786	.046025	.046025	-.163060	-.015786

	7 8	9 10
7 8	.081937	
9 10	.007321	.081937

α-Naphthyl-Methyl

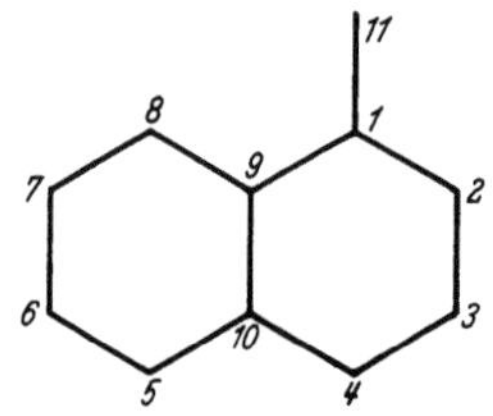

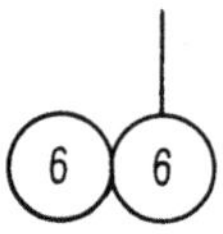

Z = 11

Eigenwerte und Hückelkoeffizienten

	1	2	3	4	5	6	7	8
1	2.351365	1.683018	1.414214	1.000000	.799081	.000000	-.799081	-1.000000
1	.373488	-.386869	.353553	0	-.292983	0	.292983	0
2	.255794	-.407517	0	.408248	-.042808	-.447214	-.042808	.408248
3	.227978	-.298989	-.353553	.408248	.258776	0	-.258776	-.408248
4	.280265	-.095688	-.500000	0	.249591	.447214	.249591	0
5	.269663	.341577	-.250000	0	-.472342	-.223607	-.472342	0
6	.203049	.436935	0	.408248	-.318108	0	.318108	-.408248
7	.207779	.393792	.250000	.408248	.218148	.223607	.218148	.408248
8	.285516	.225825	.353553	0	.492426	0	-.492426	0
9	.463574	-.013725	.250000	-.408248	.175340	-.223607	.175340	-.408248
10	.431027	.137945	-.353553	-.408248	-.059332	0	.059332	.408248
11	.158839	-.229866	.250000	0	-.366649	.670820	-.366649	0

	9	10	11
9	-1.414214	-1.683018	-2.351365
1	-.353553	.386869	-.373488
2	0	-.407517	.255794
3	.353553	.298989	-.227978
4	-.500000	-.095689	.280265
5	-.250000	.341577	.269663
6	0	-.436935	-.203049
7	.250000	.393792	.207779
8	-.353553	-.225825	-.285516
9	.250000	-.013725	.463574
10	.353553	-.137945	-.431027
11	.250000	-.229866	.158839

TOTALE PI ELEKTRONEN ENERGIE 14.495357

allgemeine Bindungsordnungen

	1	2	3	4	5	6	7	8
1	1.000000							
2	.531468	1.000000						
3	0	.671495	1.000000					
4	-.216417	0	.667737	1.000000				
5	.037140	0	-.148986	0	1.000000			
6	0	.108330	0	-.128597	.708515	1.000000		
7	-.100536	0	.128718	0	0	.623046	1.000000	
8	0	-.080148	0	.009080	-.333705	0	.688126	1.000000
9	.430931	0	-.199786	0	0	-.268625	0	.607978
10	0	-.220175	0	.539140	.559529	0	-.248236	0
11	.688126	0	-.156658	0	0	.096899	0	-.197436

	9	10	11
9	1.000000		
10	.531589	1.000000	
11	0	-.059759	1.000000

Z = 11  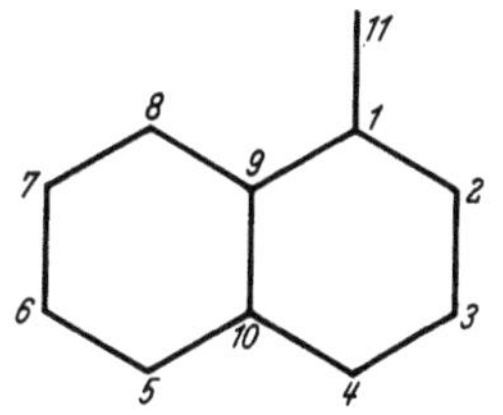

α-Naphthyl-Methyl

Atom- Atom Polarisierbarkeiten

	1	2	3	4	5	6	7	8
1	.321073							
2	-.076976	.461098						
3	.007719	-.160037	.394704					
4	-.038557	-.023510	-.157469	.457928				
5	-.005465	-.007701	-.021932	.022729	.456328			
6	.002338	-.013902	.000100	-.015117	-.194901	.400684		
7	-.008693	-.022982	-.020577	-.003872	.019883	-.123641	.420914	
8	.010947	-.004729	.003316	-.002270	-.109283	.014309	-.175517	.423971
9	-.038835	-.026703	-.030738	-.007453	-.006815	-.064417	.009752	-.123695
10	.001936	-.039817	.008238	-.080167	-.092069	.006840	-.052487	.004268
11	-.175517	-.084742	-.023323	-.152240	-.060775	-.012293	-.042781	-.041318

	9	10	11
9	.366176		
10	-.083136	.328446	
11	.005883	-.002102	.589208

Bindungs- Bindungs Polarisierbarkeiten

	1 2	1 9	1 11	2 3	3 4	4 10	5 6	5 10
1 2	.329066							
1 9	-.058689	.304771						
1 11	-.229169	-.153903	.337092					
2 3	-.171418	.042169	.075217	.302972				
3 4	.102874	-.020290	-.059779	-.260041	.304349			
4 10	-.029909	.058584	-.017335	.104183	-.174069	.330356		
5 6	.000339	.016599	-.015656	.018219	-.019751	.051700	.233244	
5 10	.008771	-.012919	.004726	-.042043	.056787	-.154937	-.179569	.289922
6 7	.005176	-.030682	.020333	-.017180	.018358	-.039611	-.222171	.111470
7 8	.003877	.045883	-.037718	.002465	.005146	-.000705	.125934	-.065399
8 9	.006375	-.114267	.059611	-.007473	-.005238	.002517	-.082056	.089195
9 10	.032707	-.077254	.016582	-.038067	.060654	-.130771	.073167	-.106005

	6 7	7 8	8 9	9 10
6 7	.290294			
7 8	-.207515	.251624		
8 9	.118925	-.209014	.275120	
9 10	-.047397	.085420	-.133694	.264658

β Naphthyl-Methyl

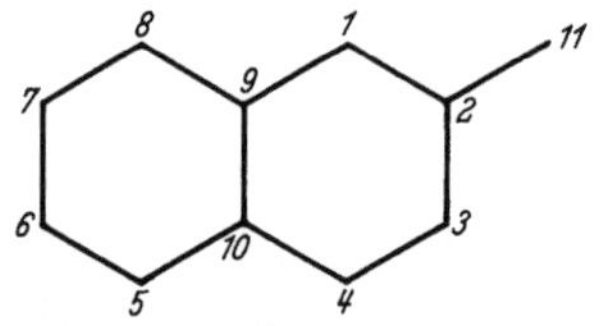

Z = 11

Eigenwerte und Hückelkoeffizienten

	1	2	3	4	5	6	7	8
1	2,333244	1,753513	1,327762	1,123210	,675731	,000000	-,675731	-1,123210
1	,321177	,244219	,320190	,160947	,301877	,485071	,301877	,160947
2	,304093	,515197	,182040	-,299613	,138539	0	-,138539	,299613
3	,258016	,365377	-,215587	-,230728	-,413282	,242536	-,413282	-,230728
4	,297921	,125496	-,468289	,040457	-,417807	0	,417807	-,040457
5	,276664	-,293356	-,314129	-,210651	,440850	0	-,440850	,210651
6	,208418	-,369087	-,010901	-,512775	,166939	,242536	,166939	-,512775
7	,209625	-,353842	,299656	-,365303	-,328044	0	,328044	,365303
8	,280689	-,251390	,408773	,102462	-,388608	-,242536	-,388608	,102462
9	,445291	-,086956	,243097	,480390	,065449	0	-,065449	-,480390
10	,437107	-,145317	-,406189	,276170	,130957	-,242536	,130957	,276170
11	,130331	,293808	,137103	-,266747	,205020	-,727607	,205020	-,266747

	9	10	11
9	-1,327762	-1,753513	-2,333244
1	,320190	,244219	,321177
2	-,182040	-,515197	-,304093
3	-,215587	,365377	,258016
4	,468289	-,125496	-,297921
5	,314129	,293356	-,276664
6	-,010901	-,369087	,208418
7	-,299656	,353842	-,209625
8	,408773	-,251390	,280689
9	-,243097	,086956	-,445291
10	-,406189	-,145317	,437107
11	,137103	,293808	,130331

TOTALE PI ELEKTRONEN ENERGIE 14,426921

allgemeine Bindungsordnungen

	1	2	3	4	5	6	7	8
1	1,000000							
2	,550752	1,000000						
3	0	,478660	1,000000					
4	-,286444	0	,774033	1,000000				
5	,031625	0	-,203343	0	1,000000			
6	0	,096007	0	-,130232	,701942	1,000000		
7	-,161928	0	,160119	0	0	,607153	1,000000	
8	0	-,108555	0	,054322	-,330817	0	,720660	1,000000
9	,593386	0	-,214352	0	0	-,226310	0	,540013
10	0	-,160980	0	,517317	,581428	0	-,245029	0
11	0	,648569	0	-,169909	,106746	0	-,010738	0

	9	10	11
9	1,000000		
10	,499547	1,000000	
11	-,097817	0	1,000000

Z = 11  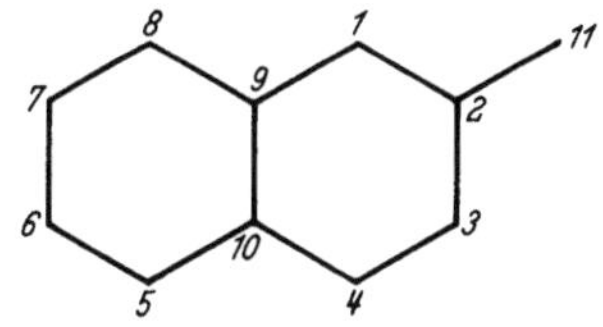

β Naphthyl-Methyl

Atom- Atom Polarisierbarkeiten

	1	2	3	4	5	6	7	8
1	.510588							
2	-.088210	.309240						
3	-.046724	-.053047	.476032					
4	-.078257	.008415	-.264972	.429856				
5	-.006485	.002656	-.048946	.022913	.437215			
6	-.006489	-.010746	-.008904	-.018888	-.188689	.421757		
7	-.027612	.000056	-.035363	.006208	.017483	-.112368	.404785	
8	.032423	-.010824	-.015309	-.011883	-.116789	.021665	-.208566	.466733
9	-.112797	.003917	-.037504	.004579	.003052	-.041039	.007394	-.080422
10	-.015957	-.018001	.015993	-.068775	-.106693	.006242	-.051388	-.010201
11	-.160480	-.143455	.018744	-.029197	-.015717	-.062542	-.000628	-.066828

	9	10	11
9	.326660		
10	-.066617	.349447	
11	-.007222	-.034050	.501374

Bindungs- Bindungs Polarisierbarkeiten

	1 2	1 9	2 3	2 11	3 4	4 10	5 6	5 10
1 2	.320958							
1 9	-.145876	.314419						
2 3	-.079911	.054563	.319193					
2 11	-.224443	.048023	-.167305	.361659				
3 4	.048973	-.054415	-.161196	.061210	.190717			
4 10	-.019812	.075903	.083270	-.044379	-.199795	.326395		
5 6	.004057	.006521	.026973	-.025835	-.041759	.064267	.248494	
5 10	-.003343	-.005015	-.037119	.031147	.072126	-.149392	-.206679	.291974
6 7	.015686	-.047364	-.020034	.004342	.032416	-.043317	-.210896	.115189
7 8	-.015789	.061936	.019858	-.004230	-.020287	.023396	.126109	-.078016
8 9	.046349	-.170570	-.021370	-.017418	.016658	-.016808	-.060580	.079811
9 10	.053150	-.138124	-.016922	-.022771	.055351	-.099727	.069328	-.110684

	6 7	7 8	8 9	9 10
6 7	.306348			
7 8	-.223686	.227459		
8 9	.105660	-.176009	.303101	
9 10	-.034345	.059260	-.088823	.274307

α Vinyl-Naphthalin

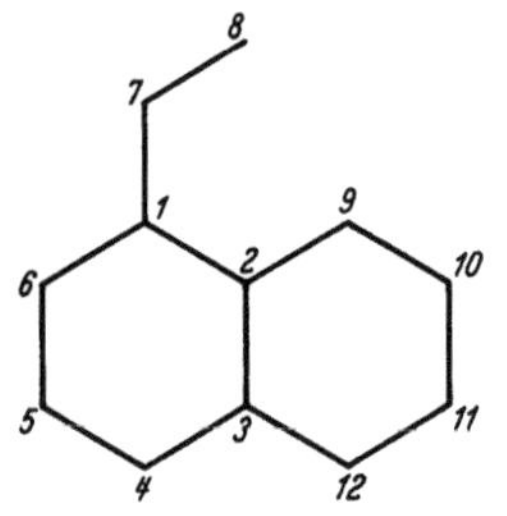

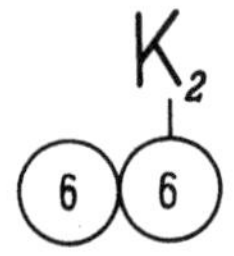

Z = 12

Eigenwerte und Hückelkoeffizienten

	1	2	3	4	5	6	7	8
1	2,364871	1,732051	1.469325	1,000000	1.000000	.498466	-.498466	-1.000000
1	,388625	-,408248	-,240012	0	0	-,353126	-,353126	0
2	,459524	0	-,176328	-,288675	.408248	-,088011	,088011	-,408248
3	,419158	,204124	,308035	,144338	.408248	,015944	,015944	,408248
4	,272321	0	,500962	0	0	,418185	-,418185	0
5	,224846	-,204124	,428041	-,144338	-,408248	,192507	,192507	-,408248
6	,259410	-,353553	,127970	-,144338	-,408248	-,322227	,322227	,408248
7	,200115	-,353553	-,304297	,433013	0	,234216	-,234216	0
8	,084620	-,204124	-,207100	,433013	0	,469875	,469875	0
9	,278932	,204124	-,327106	-,433013	0	,293312	,293312	0
10	,200115	,353553	-,304297	-,144338	-,408248	,234216	-,234216	,408248
11	,194313	,408248	-,120006	,288675	-,408248	-,176563	-,176563	-,408248
12	,259410	,353553	,127970	,433013	0	-,322227	,322227	0

	9	10	11	12
9	-1,000000	-1,469325	-1,732051	-2,364871
1	0	-,240012	-,408248	,388625
2	,288675	,176328	0	-,459524
3	,144338	,308035	,204124	,419158
4	0	-,500962	0	-,272321
5	-,144338	,428041	-,204124	,224846
6	,144338	-,127970	,353553	-,259410
7	-,433013	,304297	,353553	-,200115
8	,433013	-,207100	-,204124	,084620
9	-,433013	-,327106	,204124	,278932
10	,144338	,304297	-,353553	-,200115
11	,288675	-,120006	,408248	,194313
12	-,433013	-,127970	-,353553	-,259410

TOTALE PI ELEKTRONEN ENERGIE 16.129426

allgemeine Bindungsordnungen

	1	2	3	4	5	6	7	8
1	1,000000							
2	,503965	1,000000						
3	0	,523790	1,000000					
4	-,324156	0	,550253	1,000000				
5	0	-,228192	0	,712331	1,000000			
6	,656447	0	-,233307	0	,621482	1,000000		
7	,424868	0	-,031578	0	-,060999	0	1,000000	
8	0	-,181903	0	,231579	0	-,292578	,899350	1,000000
9	0	,570079	0	,069501	0	-,147367	-,071229	0
10	-,152482	0	-,242903	0	,150326	0	0	,110674
11	0	-,248018	0	-,162078	0	,145211	,029421	0
12	,079097	0	,555368	0	-,167193	0	0	-,081253

	9	10	11	12
9	1,000000			
10	,717446	1,000000		
11	0	,606772	1,000000	
12	-,358692	0	,722561	1,000000

Z=12 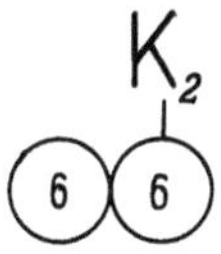 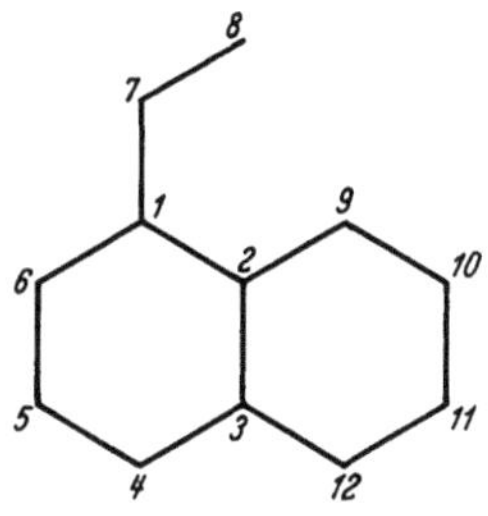 α Vinyl- Naphthalin

Atom- Atom Polarisierbarkeiten

	1	2	3	4	5	6	7	8
1	.365932							
2	-.069908	.344545						
3	.002600	-.078686	.328987					
4	-.118617	.006585	-.086672	.466579				
5	.012957	-.044387	.007754	-.203109	.400383			
6	-.173507	.003205	-.046352	.030402	-.120316	.445142		
7	-.038646	.009226	-.000479	.009513	-.002309	.018984	.408918	
8	.043505	-.034789	.000589	-.094800	.005489	-.111522	-.404056	.625174
9	.019688	-.096697	.003880	-.020142	.005273	-.026485	-.003398	.009301
10	-.027755	.009226	-.049408	.009513	-.030779	.000973	.002061	-.022671
11	.004776	-.051525	.007127	-.029654	.000120	-.029386	-.000785	.002642
12	-.021025	.003205	-.089340	.030402	-.031076	.008864	.000973	-.018860

	9	10	11	12
9	.435216			
10	-.207169	.408918		
11	.016513	-.111893	.403355	
12	-.135980	.018984	-.211289	.445142

Bindungs- Bindungs Polarisierbarkeiten

	1 2	1 6	1 7	2 3	2 9	3 4	3 12	4 5
1 2	.283758							
1 6	-.135268	.229042						
1 7	-.087529	-.117353	.347576					
2 3	-.098107	.055794	.009472	.257786				
2 9	-.133498	.043255	.026271	-.115660	.287878			
3 4	.088383	-.064826	-.007574	-.114920	-.020479	.296519		
3 12	-.024598	.023051	.001167	-.109022	.095761	-.145696	.287881	
4 5	-.062044	.119775	-.021035	.064283	.019343	-.179735	.059139	.225722
5 6	.091533	-.195968	.031353	-.040600	-.036110	.109247	-.044322	-.223281
7 8	.038458	.057000	-.172751	-.004490	-.015516	.004612	-.001081	.014413
9 10	.056554	-.023927	-.012294	.070180	-.188573	.020879	-.072880	-.016158
10 11	-.042470	.026731	.006248	-.042378	.113353	-.044300	.111350	.029995
11 12	.024827	-.017304	-.003552	.067662	-.076027	.057891	-.180746	-.030417

	5 6	7 8	9 10	10 11	11 12
5 6	.300458				
7 8	-.019032	.091237			
9 10	.026608	.008720	.214301		
10 11	-.029851	-.004597	-.207584	.294178	
11 12	.029966	.003026	.124174	-.210675	.211175

β Vinyl-Naphthalin

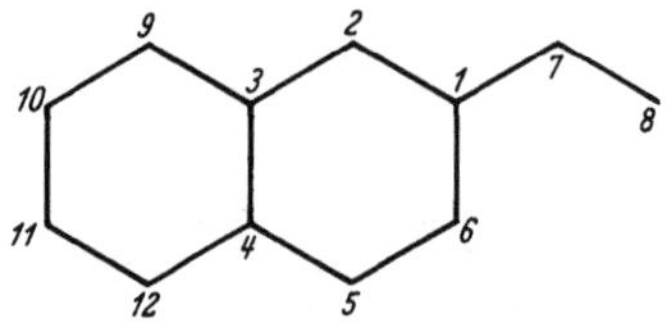

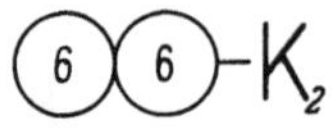

Z=12

Eigenwerte und Hückelkoeffizienten

	1	2	3	4	5	6	7	8
1	2.342661	1.819453	1.353333	1.201645	.792216	.546319	-.546319	-.792216
1	.323066	.499923	.146846	.116177	.154427	.294613	.294613	.154427
2	.324498	.205292	.212402	-.306310	-.047181	.459772	-.459772	.047181
3	.437123	-.126404	.140604	-.484253	-.191805	-.043431	-.043431	-.191805
4	.426680	-.191964	-.408830	-.081244	-.307808	-.112274	.112274	.307808
5	.294700	.065206	-.488795	.041786	.240131	-.332522	-.332522	.240131
6	.263703	.310604	-.252671	.131455	.498044	-.069389	.069389	-.498044
7	.168633	.393690	.239001	.314458	-.328523	-.229430	.229430	.328523
8	.071983	.216378	.176602	.261690	-.414689	-.419955	-.419955	-.414689
9	.272853	-.243314	.386713	-.194346	.203038	-.371225	.371225	-.203038
10	.202080	-.316295	.382747	.250718	.352655	-.159376	-.159376	.352655
11	.200551	-.332169	.131271	.495620	.076341	.284155	-.284155	-.076341
12	.267743	-.288072	-.205093	.344841	-.292177	.314615	.314615	-.292177

	9	10	11	12
9	-1.201645	-1.353333	-1.819453	-2.342661
1	.116177	.146846	.499923	.323066
2	.306310	-.212402	-.205292	-.324498
3	-.484253	.140604	-.126404	.437123
4	.081244	.408830	.191964	-.426680
5	.041786	-.488795	.065206	.294700
6	-.131455	.252671	-.310604	-.263703
7	-.314458	-.239001	-.393690	-.168633
8	.261690	.176602	.216378	.071983
9	.194346	-.386713	.243314	-.272853
10	.250718	.382747	-.316295	.202080
11	-.495620	-.131271	.332169	-.200551
12	.344841	-.205093	-.288072	.267743

TOTALE PI ELEKTRONEN ENERGIE 16.111254

allgemeine Bindungsordnungen

	1	2	3	4	5	6	7	8
1	1.000000							
2	.662474	1.000000						
3	0	.566346	1.000000					
4	-.216414	0	.513103	1.000000				
5	0	-.343636	0	.546167	1.000000			
6	.550216	0	-.231378	0	.739266	1.000000		
7	.409195	0	-.043493	0	-.061828	0	1.000000	
8	0	-.296773	0	.141021	0	-.202849	.908817	1.000000
9	-.154586	0	.551382	0	.079193	0	0	.112258
10	0	-.169550	0	-.241128	0	.155985	.001165	0
11	.142186	0	-.237758	0	-.164336	0	0	-.111093
12	0	.073979	0	.559966	0	-.178135	.029928	0

	9	10	11	12
9	1.000000			
10	.724302	1.000000		
11	0	.603460	1.000000	
12	-.358600	0	.720932	1.000000

Z = 12 (6)(6)-K_2

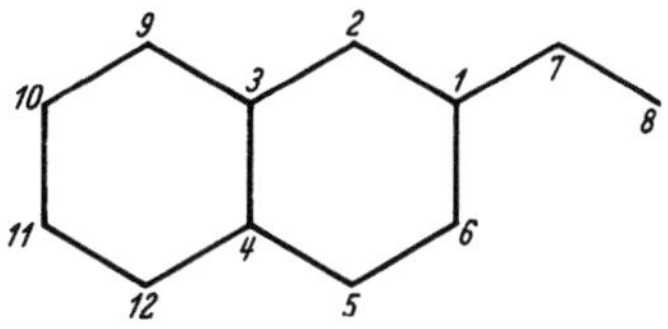

β Vinyl-Naphthalin

Atom- Atom Polarisierbarkeiten

	1	2	3	4	5	6	7	8
1	.341460							
2	-.178189	.489923						
3	.005483	-.094542	.328161					
4	-.040944	.006797	-.074168	.336078				
5	.013418	-.128993	.003980	-.084495	.437555			
6	-.087274	.008814	-.045764	.010711	-.224214	.429790		
7	-.034396	.019676	-.001033	.004325	-.002394	.012396	.413724	
8	.032614	-.114414	.001693	-.029356	.005721	-.041457	-.415752	.605019
9	-.028467	.033702	-.087166	.002908	-.022044	.004325	.002148	-.023177
10	.000110	-.031926	.007342	-.048848	.006401	-.032792	-.000013	.000068
11	-.028789	.010362	-.047322	.008814	-.030444	.000145	.002138	-.023713
12	.004974	-.021209	.003336	-.091823	.025509	-.034683	-.000819	.002754

	9	10	11	12
9	.447778			
10	-.213065	.404856		
11	.019676	-.109810	.408982	
12	-.136619	.017678	-.210038	.440940

Bindungs- Bindungs Polarisierbarkeiten

	1 2	1 6	1 7	2 3	3 4	3 9	4 5	4 12
1 2	.224531							
1 6	-.160721	.294104						
1 7	-.108383	-.092314	.340402					
2 3	-.169661	.095422	.020185	.295697				
3 4	.063015	-.035631	-.008885	-.116185	.257809			
3 9	.056336	-.039578	-.005787	-.150810	-.104484	.290271		
4 5	-.062593	.105325	-.014871	.091653	-.107233	-.024021	.295613	
4 12	.019938	-.044170	.009231	-.021556	-.108666	.092926	-.145391	.289541
5 6	.103108	-.193384	.025476	-.070014	.063553	.023669	-.188325	.063194
7 8	.050597	.039290	-.158680	-.011245	.005406	.003773	.009706	-.006462
9 10	-.029495	.030217	-.000497	.060253	.064825	-.180360	.024673	-.074438
10 11	.029681	-.030654	.000554	-.045604	-.040067	.110078	-.044639	.111578
11 12	-.016353	.032093	-.006431	.021865	.066543	-.072013	.060105	-.185725

	5 6	7 8	9 10	10 11	11 12
5 6	.209274				
7 8	-.014495	.077312			
9 10	-.020183	.000523	.211393		
10 11	.032328	-.000549	-.210947	.297060	
11 12	-.034200	.004824	.124036	-.208820	.214076

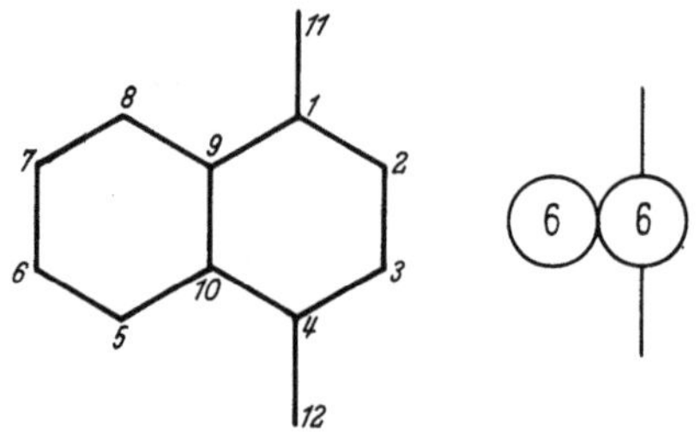

Z=12

1,4-Naphthochinodimethan

Eigenwerte und Hückelkoeffizienten

	1	2	3	4	5	6	7	8
1	2.392756	1.697747	1.586906	1.000000	.863067	.359470	-.359470	-.863067
1	.348226	.248459	.484388	0	.206690	-.199134	.199134	-.206690
2	.250027	.356088	.187246	.408248	.110941	.310890	.310890	.110941
3	.250027	.356088	-.187246	.408248	-.110941	.310890	-.310890	.110941
4	.348226	.248459	-.484388	0	-.206690	-.199134	-.199134	-.206690
5	.261328	-.304707	-.230094	0	.527206	.089288	.089288	.527206
6	.187634	-.436701	-.088945	.408248	.282977	-.139397	.139397	-.282977
7	.187634	-.436701	.088945	.408248	-.282977	-.139397	-.139397	-.282977
8	.261328	-.304707	.230094	0	-.527206	.089288	-.089288	.527206
9	.437660	-.080614	.276191	-.408248	-.172037	.171493	.171493	-.172037
10	.437660	-.080614	-.276191	-.408248	.172037	.171493	-.171493	-.172037
11	.145534	.146346	.305240	0	.239483	-.553967	-.553967	.239483
12	.145534	.146346	-.305240	0	-.239483	-.553967	.553967	.239483

	9	10	11	12
9	-1.000000	-1.586906	-1.697747	-2.392756
1	0	-.484388	-.248459	-.348226
2	.408248	.187246	.356088	.250027
3	-.408248	.187246	-.356088	-.250027
4	0	-.484388	.248459	.348226
5	0	-.230094	-.304707	.261328
6	-.408248	.088945	.436701	-.187634
7	.408248	.088945	-.436701	.187634
8	0	-.230094	.304707	-.261328
9	-.408248	.276191	-.080614	.437660
10	.408248	.276191	.080614	-.437660
11	0	.305240	.146346	.145534
12	0	.305240	-.146346	-.145534

TOTALE PI ELEKTRONEN ENERGIE 15.799892

allgemeine Bindungsordnungen

	1	2	3	4	5	6	7	8
1	1.000000							
2	.454520	1.000000						
3	0	.810524	1.000000					
4	-.109409	0	.454520	1.000000				
5	-.009945	0	-.061618	0	1.000000			
6	0	.058956	0	-.061618	.678613	1.000000		
7	-.061618	0	.058956	0	0	.648050	1.000000	
8	0	-.061618	0	-.009945	-.323557	0	.678613	1.000000
9	.392902	0	-.130519	0	0	-.292994	0	.616994
10	0	-.130519	0	.392902	.616994	0	-.292994	0
11	.789414	0	-.334894	0	0	.162475	0	-.224093
12	0	-.334894	0	.789414	-.224093	0	.162475	0

	9	10	11	12
9	1.000000			
10	.576487	1.000000		
11	0	-.172419	1.000000	
12	-.172419	0	.397904	1.000000

Z = 12 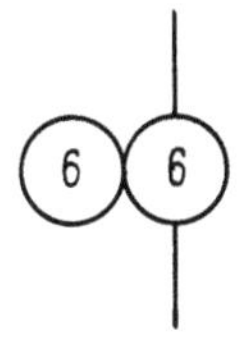

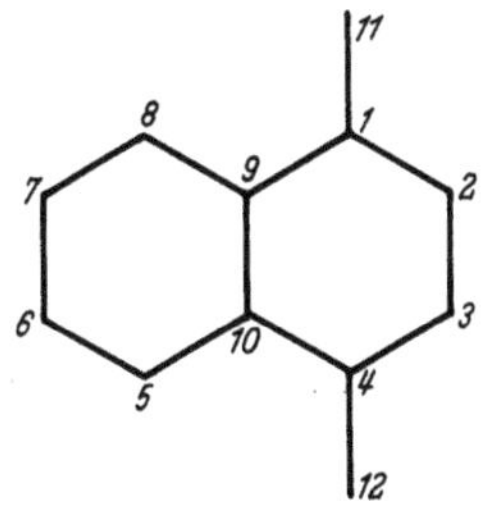

1,4-Naphthochinodimethan

Atom- Atom Polarisierbarkeiten

	1	2	3	4	5	6	7	8
1	.332775							
2	-.047650	.466393						
3	.019063	-.325209	.466393					
4	-.007241	.019063	-.047650	.332775				
5	-.000227	.004457	-.002457	.011782	.424609			
6	.004457	-.003415	.001311	-.002457	-.165794	.406291		
7	-.002457	.001311	-.003415	.004457	.014907	-.144155	.406291	
8	.011782	-.002457	.004457	-.000227	-.099140	.014907	-.165794	.424609
9	-.030428	.003117	-.011080	.005353	.004021	-.082631	.010246	-.131920
10	.005353	-.011080	.003117	-.030428	-.131920	.010246	-.082631	.004021
11	-.306704	.078368	-.182898	.021276	.001039	-.047080	.008320	-.061276
12	.021276	-.182898	.078368	-.306704	-.061276	.008320	-.047080	.001039

	9	10	11	12
9	.355232			
10	-.114191	.355232		
11	.036755	-.044483	.854571	
12	-.044483	.036755	-.357888	.854571

Bindungs- Bindungs Polarisierbarkeiten

	1 2	1 9	1 11	2 3	3 4	4 10	4 12	5 6
1 2	.340298							
1 9	-.056698	.313122						
1 11	-.171455	-.128414	.176006					
2 3	-.159888	.022973	.076156	.141184				
3 4	.057050	.001037	-.038029	-.159888	.340298			
4 10	.001037	.029629	-.019006	.022973	-.056698	.313122		
4 12	-.038029	-.019006	.042552	.076156	-.171455	-.128414	.176006	
5 6	.004188	-.001702	-.002825	.000908	-.000188	.026691	-.016653	.249420
5 10	-.004527	.003610	.002371	-.005707	.010038	-.096347	.040216	-.197654
6 7	.000908	-.017446	.011739	-.002104	.000908	-.017446	.011739	-.211311
7 8	-.000188	.026691	-.016653	.000908	.004188	-.001702	-.002825	.127417
8 9	.010038	-.096347	.040216	-.005707	-.004527	.003610	.002371	-.083133
9 10	.017266	-.077449	.027342	-.007964	.017266	-.077449	.027342	.104840

	5 10	6 7	7 8	8 9	9 10
5 10	.255550				
6 7	.122286	.262137			
7 8	-.083133	-.211311	.249420		
8 9	.105646	.122286	-.197654	.255550	
9 10	-.152350	-.072385	.104840	-.152350	.241051

1,5-Naphthochinodimethan

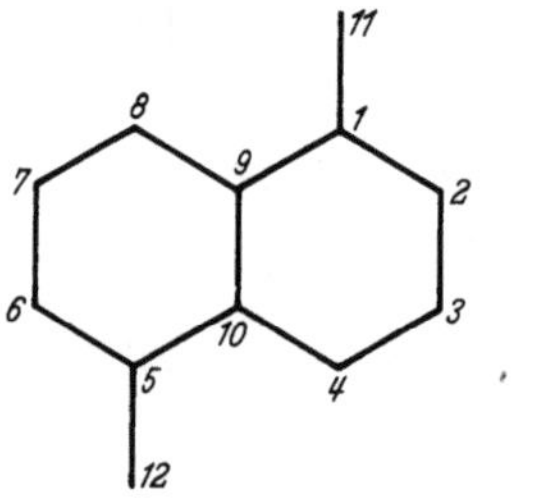

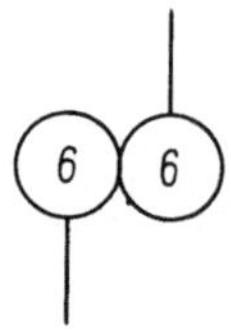

Z=12

Eigenwerte und Hückelkoeffizienten

	1	2	3	4	5	6	7	8
1	2.390257	1.772223	1.455887	1.000000	1.000000	.162147	-.162147	-1.000000
1	.339708	.434032	.230340	.341698	.140021	.082429	.082429	.069025
2	.229958	.396270	-.097781	.268698	-.331088	-.314182	.314182	.378045
3	.209951	.268246	-.372697	-.073000	-.471109	-.133372	-.133372	-.447069
4	.271879	.079123	-.444824	-.341698	-.140021	.292556	-.292556	.069025
5	.339708	-.434032	-.230340	.341698	.140021	-.082429	.082429	-.069025
6	.229958	-.396270	.097781	.268698	-.331088	.314182	.314182	-.378045
7	.209951	-.268246	.372697	-.073000	-.471109	.133372	-.133372	.447069
8	.271879	-.079123	.444824	-.341698	-.140021	-.292556	-.292556	-.069025
9	.439910	.128023	.274917	-.268698	.331088	-.180809	.180809	-.378045
10	.439910	-.128023	-.274917	-.268698	.331088	.180809	.180809	.378045
11	.142122	.244908	.158213	.341698	.140021	.508357	-.508357	-.069025
12	.142122	-.244908	-.158213	.341698	.140021	-.508357	-.508357	.069025

	9	10	11	12
9	-1.000000	-1.455887	-1.772223	-2.390257
1	.362766	.230340	.434032	.339708
2	-.197232	.097781	-.396270	-.229958
3	-.165535	-.372697	.268246	.209951
4	.362766	.444824	-.079123	-.271879
5	-.362766	.230340	.434032	-.339708
6	.197232	.097781	-.396270	.229958
7	.165535	-.372697	.268246	-.209951
8	-.362766	.444824	-.079123	.271879
9	.197232	-.274917	-.128023	-.439910
10	-.197232	-.274917	-.128023	.439910
11	-.362766	-.158213	-.244908	-.142122
12	.362766	-.158213	-.244908	.142122

TOTALE PI ELEKTRONEN ENERGIE 15.561027

allgemeine Bindungsordnungen

	1	2	3	4	5	6	7	8
1	1.000000							
2	.494294	1.000000						
3	0	.738575	1.000000					
4	-.176016	0	.591962	1.000000				
5	.007062	0	-.078347	0	1.000000			
6	0	-.061204	0	.068266	.494294	1.000000		
7	-.078347	0	.085409	0	0	.738575	1.000000	
8	0	.068266	0	-.158872	-.176016	0	.591962	1.000000
9	.415946	0	-.176016	0	0	-.322629	0	.660228
10	0	-.322629	0	.660228	.415946	0	-.176016	0
11	.738575	0	-.244281	0	0	.312547	0	-.390894
12	0	.312547	0	-.390894	.738575	0	-.244281	0

	9	10	11	12
9	1.000000			
10	.501355	1.000000		
11	0	.068266	1.000000	
12	.068266	0	-.373751	1.000000

Z = 12

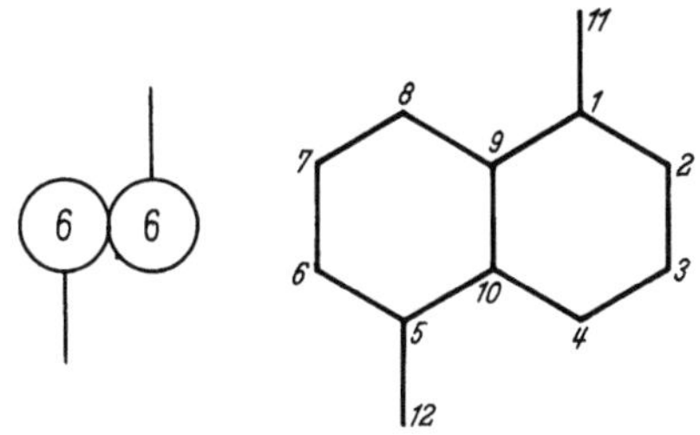

1,5-Naphthochinodimethan

Atom- Atom Polarisierbarkeiten

	1	2	3	4	5	6	7	8
1	.322852							
2	-.061778	.556744						
3	.009525	-.243698	.406249					
4	-.022778	.089927	-.107132	.520591				
5	-.000746	.007888	-.004476	.017267	.322852			
6	.007888	-.066801	.009265	-.070687	-.061778	.556744		
7	-.004476	.009265	-.007955	.016580	.009525	-.243698	.406249	
8	.017267	-.070687	.016580	-.076910	-.022778	.089927	-.107132	.520591
9	-.035812	.016389	-.022778	.029546	.002491	-.135544	.017267	-.192053
10	.002491	-.135544	.017267	-.192053	-.035812	.016389	-.022778	.029546
11	-.243698	.227671	-.105389	.160666	.009265	-.329376	.032542	-.365017
12	.009265	-.329376	.032542	-.365017	-.243698	.227671	-.105389	.160666

	9	10	11	12
9	.369942			
10	-.068686	.369942		
11	.089927	-.070687	1.269557	
12	-.070687	.089927	-.675461	1.269557

Bindungs- Bindungs Polarisierbarkeiten

	1 2	1 9	1 11	2 3	3 4	4 10	5 6	5 10
1 2	.333056							
1 9	-.055433	.306641						
1 11	-.200086	-.143965	.251180					
2 3	-.162405	.031053	.076530	.213498				
3 4	.088533	-.007875	-.057480	-.232498	.340017			
4 10	-.039991	.037176	.011924	.112332	-.190816	.238441		
5 6	.009459	.007172	-.015389	-.009071	.011805	-.008627	.333056	
5 10	.007172	-.001337	-.004633	-.028313	.040851	-.116158	-.055433	.306641
5 12	-.015389	-.004633	.018530	.031166	-.040118	.074651	-.200086	-.143965
6 7	-.009071	-.028313	.031166	.012212	-.016437	.018242	-.162405	.031053
7 8	.011805	.040851	-.040118	-.016437	.026842	-.037482	.088533	-.007875
8 9	-.008627	-.116158	.074651	.018242	-.037482	.052775	-.039991	.037176
9 10	.040978	-.065179	-.002310	-.046309	.074658	-.152466	.040978	-.065179

	5 12	6 7	7 8	8 9	9 10
5 12	.251180				
6 7	.076530	.213498			
7 8	-.057480	-.232498	.340017		
8 9	.011924	.112332	-.190816	.238441	
9 10	-.002310	-.046309	.074658	-.152466	.301256

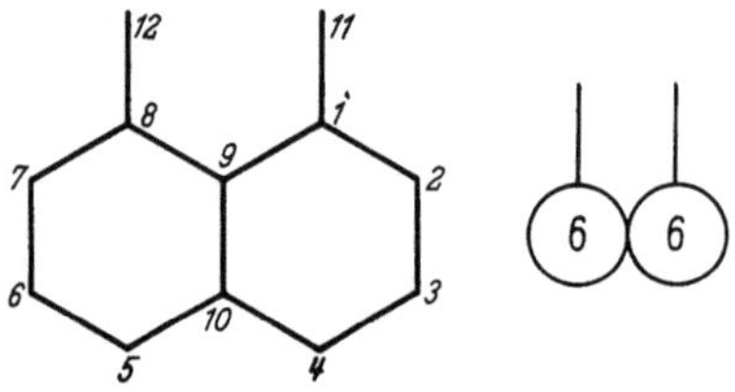

Z = 12

1,8-Naphthochinodimethan

Eigenwerte und Hückelkoeffizienten

	1	2	3	4	5	6	7	8
1	2,394170	1,732051	1,505971	1.000000	1.000000	.000000	.000000	-1,000000
1	,353553	,353553	,353553	0	.353553	0	0	,353553
2	,232931	.408248	.099225	.408248	0	.408248	-.196116	0
3	,204124	,353553	-,204124	.408248	-,353553	0	0	-,353553
4	,255776	,204124	-,406630	0	-,353553	-,408248	.196116	,353553
5	,255776	-,204124	-,406630	0	,353553	,408248	.196116	-,353553
6	,204124	-,353553	-,204124	.408248	.353553	0	0	,353553
7	,232931	-,408248	,099225	.408248	0	-,408248	-.196116	0
8	,353553	-,353553	,353553	0	-.353553	0	0	-,353553
9	,465863	0	,198449	-.408248	0	0	-.392232	0
10	.408248	0	-,408248	-.408248	0	0	0	0
11	,147673	.204124	,234768	0	.353553	-,408248	.588348	-,353553
12	,147673	-,204124	,234768	0	-.353553	.408248	.588348	,353553

	9	10	11	12
9	-1.000000	-1,505971	-1,732051	-2.394170
1	0	,353553	,353553	.353553
2	-,408248	-.099225	-,408248	-,232931
3	,408248	-,204124	,353553	.204124
4	0	,406630	-,204124	-,255776
5	0	,406630	,204124	-.255776
6	,408248	-,204124	-,353553	.204124
7	-,408248	-.099225	,408248	-,232931
8	0	,353553	-,353553	,353553
9	,408248	-,198449	0	-,465863
10	-,408248	-,408248	0	.408248
11	0	-,234768	-,204124	-,147673
12	0	-,234768	,204124	-,147673

TOTALE PI ELEKTRONEN ENERGIE 15,264384

allgemeine Bindungsordnungen

	1	2	3	4	5	6	7	8
1	1,000000							
2	,523545	1,000000						
3	0	.676594	1,000000					
4	-,212332	0	,664764	1.000000				
5	-,001007	0	-,123911	0	1.000000			
6	0	.099244	0	-,123911	.664764	1.000000		
7	-,053805	0	,099244	0	0	.676594	1,000000	
8	0	-,053805	0	-.001007	-.212332	0	.523545	1,000000
9	,469739	0	-,224162	0	0	-,224162	0	,469739
10	0	-,224162	0	.540852	.540852	0	-,224162	0
11	,664764	0	-,141219	0	0	.070106	0	-,123911
12	-,123911	0	,070106	0	0	-,141219	0	,664764

	9	10	11	12
9	1,000000			
10	,551676	1,000000		
11	0	-,071113	1,000000	
12	0	-,071113	0	1,000000

Z=12

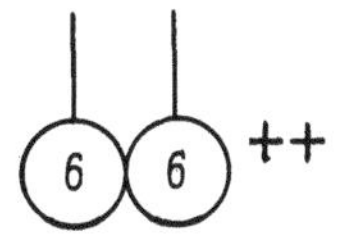

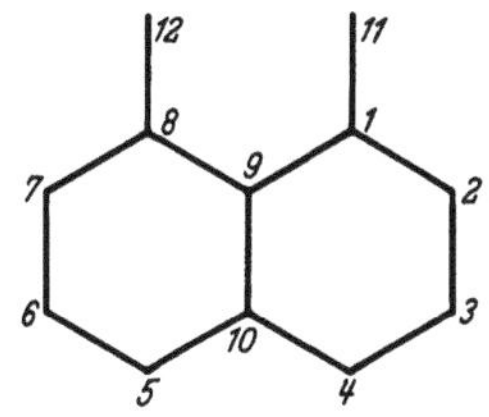

allgemeine Bindungsordnungen

	1	2	3	4	5	6	7	8
1	1,000000							
2	.523545	.794872						
3	0	.676594	1,000000					
4	-.212332	.205128	.664764	.794872				
5	-.001007	-.128205	-.123911	.128205	./948/2			
6	0	.099244	0	-.123911	.664764	1,000000		
7	-.053805	.128205	.099244	-.128205	.205128	.676594	.7948/2	
8	0	-.053805	0	-.001007	-.212332	0	.523545	1,000000
9	.469739	-.076923	-.224162	.076923	.076923	-.224162	-.076923	.469739
10	0	-.224162	0	.540852	.540852	0	-.224162	0
11	.664764	.282051	-.141219	-.282051	.051282	.070106	-.051282	-.123911
12	-.123911	-.051282	.070106	.051282	-.282051	-.141219	.282051	.664764

	9	10	11	12
9	.846154			
10	.551676	1.000000		
11	.230769	-.071113	.487179	
12	.230769	-.071113	-.179487	.487179

Bindungs- Atom Polarisierbarkeiten

	1	2	3	4	5	6	7	8
1 2	0	.057857	0	.057857	.006575	0	.0065/5	0
1 9	0	.021696	0	.021696	-.003945	0	-.003945	0
1 11	0	-.079553	0	-.079553	-.002630	0	-.002630	0
2 3	0	.105194	0	-.099934	-.023011	0	-.023011	0
3 4	0	-.105194	0	.099934	.023011	0	.023011	0
4 10	0	.063116	0	.063116	-.039448	0	-.039448	0
5 6	0	.023011	0	.023011	.099934	0	-.105194	0
5 10	0	-.039448	0	-.039448	.063116	0	.063116	0
6 7	0	-.023011	0	-.023011	-.099934	0	.105194	0
7 8	0	.006575	0	.006575	.057857	0	.057857	0
8 9	0	-.003945	0	-.003945	.021696	0	.021696	0
8 12	0	-.002630	0	-.002630	-.079553	0	-.079553	0
9 10	0	-.023669	0	-.023669	-.023669	0	-.023669	0

	9	10	11	12
1 2	.017751	0	-.137410	-.009204
1 9	.035503	0	-.112426	.041420
1 11	-.053254	0	.249836	-.032216
2 3	-.023669	0	.057857	.006575
3 4	.023669	0	-.057857	-.006575
4 10	-.029586	0	-.021696	.003945
5 6	.023669	0	-.006575	-.057857
5 10	-.029586	0	.003945	-.021696
6 7	-.023669	0	.006575	.057857
7 8	.017751	0	-.009204	-.137410
8 9	.035503	0	.041420	-.112426
8 12	-.053254	0	-.032216	.249836
9 10	.059172	0	.017751	.017751

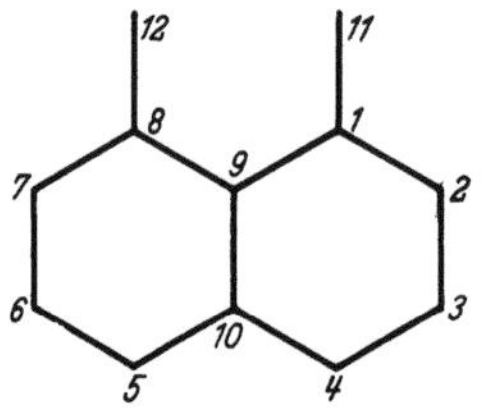

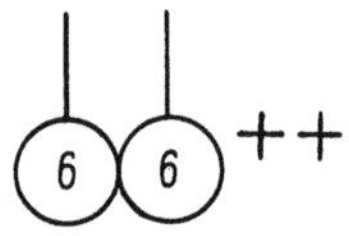

Z=12

Atom- Atom Polarisierbarkeiten

	1	2	3	4	5	6	7	8
1	.316505							
2	-.072839	.460457						
3	.006862	-.164496	.392662					
4	-.036207	-.028378	-.154605	.452952				
5	-.000716	-.018755	-.013386	.009137	.452952			
6	.001385	-.011447	.000249	-.013386	-.154605	.392662		
7	-.001726	-.036157	-.011447	-.018755	-.028378	-.164496	.460457	
8	.005292	-.001726	.001385	-.000716	-.036207	.006862	-.072839	.316505
9	-.052904	-.016127	-.041585	.001959	.001959	-.041585	-.016127	-.052904
10	.002338	-.041585	.007749	-.081263	-.081263	.007749	-.041585	.002338
11	-.154605	-.066216	-.017610	-.123511	-.007228	-.005779	-.002731	-.013386
12	-.013386	-.002731	-.005779	-.007228	-.123511	-.017610	-.066216	-.154605

	9	10	11	12
9	.395143			
10	-.094489	.326777		
11	-.041670	-.003383	.490771	
12	-.041670	-.003383	-.054651	.490771

Bindungs- Bindungs Polarisierbarkeiten

	1 2	1 9	1 11	2 3	3 4	4 10	5 6	5 10
1 2	.327558							
1 9	-.073707	.313622						
1 11	-.209834	-.177473	.355554					
2 3	-.165555	.049673	.064157	.297293				
3 4	.099252	-.027281	-.050433	-.268591	.305244			
4 10	-.027281	.061751	-.021981	.103766	-.172172	.328017		
5 6	.004987	-.002245	-.003111	.015222	-.017431	.050614	.305244	
5 10	-.002245	.002101	.001680	-.037822	.050614	-.153185	-.172172	.328017
6 7	-.001044	-.007227	.005881	-.013552	.015222	-.037822	-.268591	.103766
7 8	.005890	.008867	-.009333	-.001044	.004987	-.002245	.099252	-.027281
8 9	.008867	-.096467	.046689	-.007227	-.002245	.002101	-.027281	.061751
8 12	-.009333	.046689	-.026772	.005881	-.003111	.001680	-.050433	-.021981
9 10	.042446	-.098303	.024976	-.042201	.065944	-.133243	.065944	-.133243

	6 7	7 8	8 9	8 12	9 10
6 7	.297293				
7 8	-.165555	.327558			
8 9	.049673	-.073707	.313622		
8 12	.064157	-.209834	-.177473	.355554	
9 10	-.042201	.042446	-.098303	.024976	.280762

Z=12

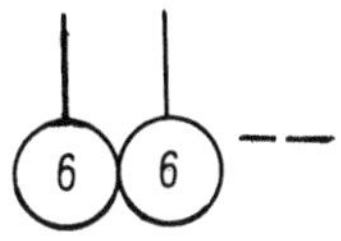

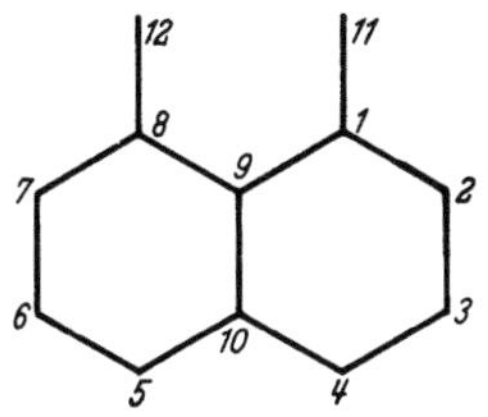

allgemeine Bindungsordnungen

	1	2	3	4	5	6	7	8
1	1,000000							
2	,523545	1,205128						
3	0	,676594	1,000000					
4	-,212332	-,205128	,664764	1.205128				
5	-,001007	,128205	-,123911	-.128205	1.205128			
6	0	,099244	0	-.123911	.664764	1.000000		
7	-,053805	-,128205	,099244	.128205	-.205128	,676594	1,205128	
8	0	-,053805	0	-.001007	-,212332	0	.523545	1,000000
9	,469739	,076923	-,224162	-.076923	-.076923	-,224162	,076923	,469739
10	0	-,224162	0	.540852	.540852	0	-,224162	0
11	,664764	-,282051	-,141219	.282051	-.051282	.070106	.051282	-,123911
12	-,123911	,051282	.070106	-.051282	.282051	-.141219	-,282051	,664764

	9	10	11	12
9	1,153846			
10	,551676	1,000000		
11	-,230769	-,071113	1,512821	
12	-,230769	-,071113	,179487	1.512821

Atom- Atom Polarisierbarkeiten

	1	2	3	4	5	6	7	8
1	,316505							
2	-,072839	,460457						
3	,006862	-,164496	,392662					
4	-,036207	-,028378	-,154605	,452952				
5	-,000716	-,018755	-,013386	,009137	,452952			
6	,001385	-,011447	,000249	-,013386	-,154605	,392662		
7	-,001726	-,036157	-,011447	-,018755	-,028378	-,164496	,460457	
8	,005292	-,001726	,001385	-,000716	-,036207	,006862	-,072839	,316505
9	-,052904	-,016127	-,041585	,001959	,001959	-,041585	-,016127	-,052904
10	,002338	-,041585	,007749	-,081263	-,081263	,007749	-,041585	,002338
11	-,154605	-,066216	-,017610	-,123511	-,007228	-,005779	-,002731	-,013386
12	-,013386	-,002731	-,005779	-,007228	-,123511	-,017610	-,066216	-,154605

	9	10	11	12
9	,395143			
10	-,094489	,326777		
11	-,041670	-,003383	,490771	
12	-,041670	-,003383	-,054651	,490771

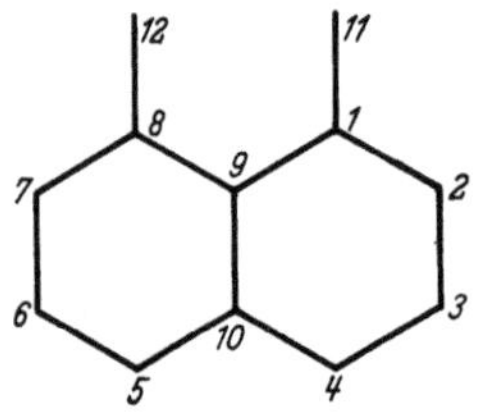

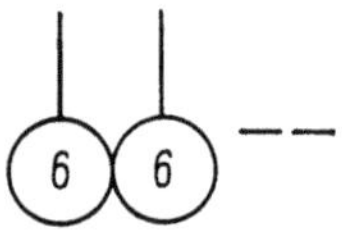

Z=12

Bindungs- Atom Polarisierbarkeiten

	1	2	3	4	5	6	7	8
1 2	0	-.057857	0	-.057857	-.006575	0	-.006575	0
1 9	0	-.021696	0	-.021696	.003945	0	.003945	0
1 11	0	.079553	0	.079553	.002630	0	.002630	0
2 3	0	-.105194	0	.099934	.023011	0	.023011	0
3 4	0	.105194	0	-.099934	-.023011	0	-.023011	0
4 10	0	-.063116	0	-.063116	.039448	0	.039448	0
5 6	0	-.023011	0	-.023011	-.099934	0	.105194	0
5 10	0	.039448	0	.039448	-.063116	0	-.063116	0
6 7	0	.023011	0	.023011	.099934	0	-.105194	0
7 8	0	-.006575	0	-.006575	-.057857	0	-.057857	0
8 9	0	.003945	0	.003945	-.021696	0	-.021696	0
8 12	0	.002630	0	.002630	.079553	0	.079553	0
9 10	0	.023669	0	.023669	.023669	0	.023669	0

	9	10	11	12
1 2	-.017751	0	.137410	.009204
1 9	-.035503	0	.112426	-.041420
1 11	.053254	0	-.249836	.032216
2 3	.023669	0	-.057857	-.006575
3 4	-.023669	0	.057857	.006575
4 10	.029586	0	.021696	-.003945
5 6	-.023669	0	.006575	.057857
5 10	.029586	0	-.003945	.021696
6 7	.023669	0	-.006575	-.057857
7 8	-.017751	0	.009204	.137410
8 9	-.035503	0	-.041420	.112426
8 12	.053254	0	.032216	-.249836
9 10	-.059172	0	-.017751	-.017751

Bindungs- Bindungs Polarisierbarkeiten

	1 2	1 9	1 11	2 3	3 4	4 10	5 6	5 10
1 2	.327558							
1 9	-.073707	.313622						
1 11	-.209834	-.177473	.355554					
2 3	-.165555	.049673	.064157	.297293				
3 4	.099252	-.027281	-.050433	-.268591	.305244			
4 10	-.027281	.061751	-.021981	.103766	-.172172	.328017		
5 6	.004987	-.002245	-.003111	.015222	-.017431	.050614	.305244	
5 10	-.002245	.002101	.001680	-.037822	.050614	-.153185	-.172172	.328017
6 7	-.001044	-.007227	.005881	-.013552	.015222	-.037822	-.268591	.103766
7 8	.005890	.008867	-.009333	-.001044	.004987	-.002245	.099252	-.027281
8 9	.008867	-.096467	.046689	-.007227	-.002245	.002101	-.027281	.061751
8 12	-.009333	.046689	-.026772	.005881	-.003111	.001680	-.050433	-.021981
9 10	.042446	-.098303	.024976	-.042201	.065944	-.133243	.065944	-.133243

	6 7	7 8	8 9	8 12	9 10
6 7	.297293				
7 8	-.165555	.327558			
8 9	.049673	-.073707	.313622		
8 12	.064157	-.209834	-.177473	.355554	
9 10	-.042201	.042446	-.098303	.024976	.280762

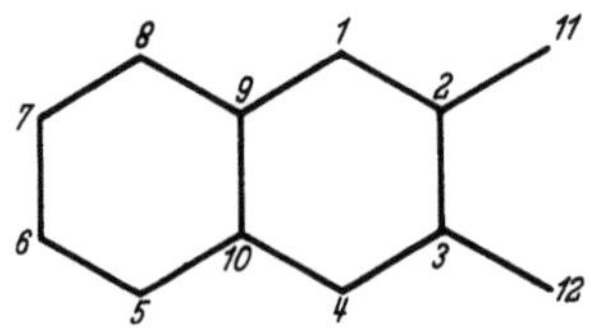

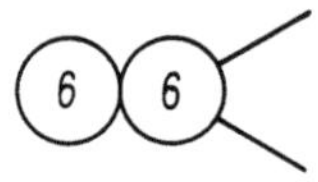

Z = 12

2,3-Naphthochinodimethan

Eigenwerte und Hückelkoeffizienten

	1	2	3	4	5	6	7	8
1	2,370021	1,843487	1,370021	1,169375	,843487	,169375	-,169375	-,843487
1	,315402	,129941	,414836	,148646	,192100	,390577	,390577	,192100
2	,332673	,431645	,252932	-,216754	,291975	-,082492	,082492	-,291975
3	,332673	,431645	-,252932	-,216754	-,291975	,082492	,082492	-,291975
4	,315402	,129941	-,414836	,148646	-,192100	-,390577	,390577	,192100
5	,252932	-,291975	-,332673	-,082492	,431645	,216754	-,216754	-,431645
6	,184619	-,346152	-,140367	-,487041	,234146	,185359	,185359	,234146
7	,184619	-,346152	,140367	-,487041	-,234146	-,185359	,185359	,234146
8	,252932	-,291975	,332673	-,082492	-,431645	-,216754	-,216754	-,431645
9	,414836	-,192100	,315402	,390577	-,129941	,148646	-,148646	,129941
10	,414836	-,192100	-,315402	,390577	,129941	-,148646	-,148646	,129941
11	,140367	,234146	,184619	-,185359	,346152	-,487041	-,487041	,346152
12	,140367	,234146	-,184619	-,185359	-,346152	,487041	-,487041	,346152

	9	10	11	12
9	-1,169375	-1,370021	-1,843487	-2,370021
1	,148646	,414836	,129941	,315402
2	,216754	-,252932	-,431645	-,332673
3	-,216754	-,252932	,431645	,332673
4	-,148646	,414836	-,129941	-,315402
5	,082492	,332673	,291975	-,252932
6	-,487041	-,140367	-,346152	,184619
7	,487041	-,140367	,346152	-,184619
8	-,082492	,332673	-,291975	,252932
9	-,390577	-,315402	,192100	-,414836
10	,390577	-,315402	-,192100	,414836
11	-,185359	,184619	,234146	,140367
12	,185359	,184619	-,234146	-,140367

TOTALE PI ELEKTRONEN-ENERGIE 15,531532

allgemeine Bindungsordnungen

	1	2	3	4	5	6	7	8
1	1,000000							
2	,515177	1,000000						
3	0	,375883	1,000000					
4	-,446166	0	,515177	1,000000				
5	,118294	0	-,096022	0	1,000000			
6	0	,070283	0	-,236588	,751765	1,000000		
7	-,236588	0	,070283	0	0	,564460	1,000000	
8	0	-,096022	0	,118294	-,375883	0	,751765	1,000000
9	,655744	0	-,118294	0	0	-,188577	0	,515177
10	0	-,118294	0	,655744	,515177	0	-,188577	0
11	0	,751765	0	,188577	-,070283	0	,140566	0
12	,188577	0	,751765	0	0	,140566	0	-,070283

	9	10	11	12
9	1,000000			
10	,446166	1,000000		
11	-,236588	0	1,000000	
12	0	-,236588	-,564460	1,000000

Z = 12

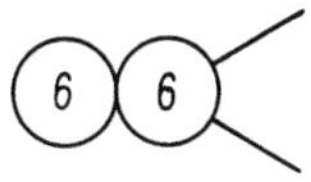

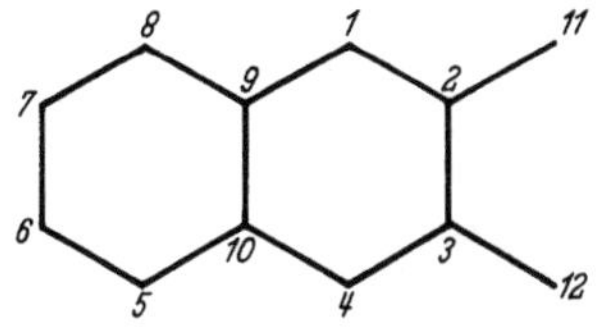

2,3-Naphthochinodimethan

Atom- Atom Polarisierbarkeiten

	1	2	3	4	5	6	7	8
1	.691995							
2	-.071185	.326533						
3	.005674	-.025922	.326533					
4	-.395490	.005674	-.071185	.691995				
5	-.082759	.001389	-.007614	.082390	.471543			
6	.043270	-.005222	.001354	-.105028	-.257329	.424913		
7	-.105028	.001354	-.005222	.043270	.032690	-.091536	.424913	
8	.082390	-.007614	.001389	-.082759	-.170932	.032690	-.257329	.471543
9	-.189201	.008241	-.008610	.031808	.005674	-.026455	.014980	-.071185
10	.031808	-.008610	.008241	-.189201	-.071185	.014980	-.026455	.005674
11	.284918	-.257329	.032690	-.296393	-.068293	.047253	-.078889	.064425
12	-.296393	.032690	-.257329	.284918	.064425	-.078889	.047253	-.068293

	9	10	11	12
9	.342193			
10	-.045687	.342193		
11	-.105028	.043270	1.162312	
12	.043270	-.105028	-.828935	1.162312

Bindungs- Bindungs Polarisierbarkeiten

	1 2	1 9	2 3	2 11	3 4	3 12	4 10	5 6
1 2	.349379							
1 9	-.158069	.253915						
2 3	-.057098	.024342	.300612					
2 11	-.223486	.081116	-.112319	.237107				
3 4	.034776	-.033199	-.057098	-.004905	.349379			
3 12	-.004905	.016253	-.112319	.065381	-.223486	.237107		
4 10	-.033199	.087043	.024342	.016253	-.158069	.081116	.253915	
5 6	-.009170	.022830	.005975	.005373	-.027177	.018526	.074539	.189096
5 10	.007083	-.016347	-.009087	-.002594	.053939	-.033753	-.174921	-.175475
6 7	.021792	-.052672	-.003869	-.015818	.021792	-.015818	-.052672	-.204395
7 8	-.027177	.074539	.005975	.018526	-.009170	.005373	.022830	.113392
8 9	.053939	-.174921	-.009087	-.033753	.007083	-.002594	-.016347	-.052916
9 10	.046135	-.124831	-.000369	-.030879	.046135	-.030879	-.124831	.039404

	5 10	6 7	7 8	8 9	9 10
5 10	.324796				
6 7	.092076	.333377			
7 8	-.052916	-.204395	.189096		
8 9	.059359	.092076	-.175475	.324796	
9 10	-.072159	-.011475	.039404	-.072159	.296506

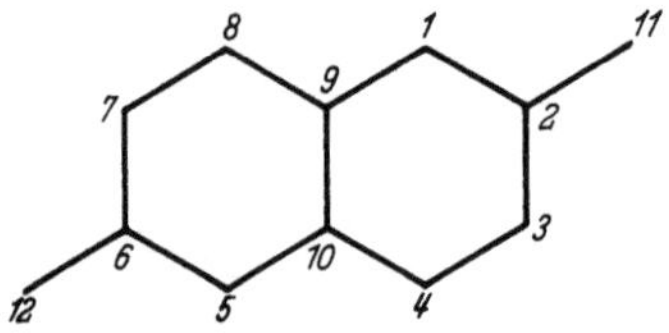

Z=12

2,6-Naphthochinodimethan

Eigenwerte und Hückelkoeffizienten

	1	2	3	4	5	6	7	8
1	2.358051	1.852316	1.328566	1.310892	.699790	.187851	-.187851	-.699790
1	.299333	.273108	.321321	.017103	.347679	.333754	.333754	.347679
2	.277542	.467159	.095900	.418929	.097994	-.102132	.102132	-.097994
3	.237426	.340016	-.266094	.212492	-.419137	.190744	.190744	-.419137
4	.282320	.162657	-.449424	-.140375	-.391302	.137963	-.137963	.391302
5	.299333	-.273108	-.321321	.017103	.347679	-.333754	.333754	-.347679
6	.277542	-.467159	-.095900	.418929	.097994	.102132	.102132	.097994
7	.237426	-.340016	.266094	.212492	-.419137	-.190744	.190744	.419137
8	.282320	-.162657	.449424	-.140375	-.391302	-.137963	-.137963	-.391302
9	.428300	.038723	.330995	-.396509	.145308	.164828	-.164828	-.145308
10	.428300	-.038723	-.330995	-.396509	.145308	-.164828	-.164828	.145308
11	.117700	.252203	.072183	.319576	.140033	-.543684	-.543684	.140033
12	.117700	-.252203	-.072183	.319576	.140033	.543684	-.543684	-.140033

	9	10	11	12
9	-1.310892	-1.328566	-1.852316	-2.358051
1	.017103	.321321	.273108	.299333
2	-.418929	-.095900	-.467159	-.277542
3	.212492	-.266094	.340016	.237426
4	.140375	.449424	-.162657	-.282320
5	-.017103	.321321	.273108	-.299333
6	.418929	-.095900	-.467159	.277542
7	-.212492	-.266094	.340016	-.237426
8	-.140375	.449424	-.162657	.282320
9	.396509	-.330995	-.038723	-.428300
10	-.396509	-.330995	-.038723	.428300
11	.319576	.072183	.252203	.117700
12	-.319576	.072183	.252203	-.117700

TOTALE PI ELEKTRONEN ENERGIE 15.474933

allgemeine Bindungsordnungen

	1	2	3	4	5	6	7	8
1	1.000000							
2	.497252	1.000000						
3	0	.455368	1.000000					
4	-.215762	0	.804843	1.000000				
5	-.156907	0	-.284085	0	1.000000			
6	0	.048537	0	-.075186	.497252	1.000000		
7	-.284085	0	.108800	0	0	.455368	1.000000	
8	0	-.075186	0	.010108	-.215762	0	.804843	1.000000
9	.687773	0	-.173878	0	0	-.131994	0	.478874
10	0	-.131994	0	.478874	.687773	0	-.173878	0
11	0	.721075	0	-.265707	.357536	0	.148637	0
12	.357536	0	.148637	0	0	.721075	0	-.265707

	9	10	11	12
9	1.000000			
10	.447098	1.000000		
11	-.223823	0	1.000000	
12	0	-.223823	-.457635	1.000000

Z=12

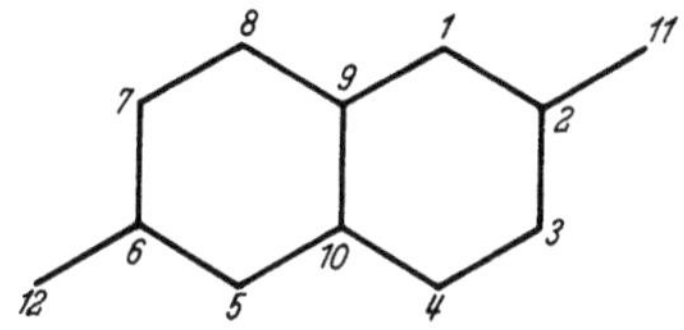

2,6-Naphthochinodimethan

Atom- Atom Polarisierbarkeiten

	1	2	3	4	5	6	7	8
1	.607186							
2	-.063367	.312952						
3	.012147	-.047033	.473255					
4	-.037800	.011236	-.313630	.442104				
5	-.080587	.011819	-.136489	.047494	.607186			
6	.011819	-.002243	.001595	-.004090	-.063367	.312952		
7	-.136489	.001595	-.014292	.002634	.012147	-.047033	.473255	
8	.047494	-.004090	.002634	-.002032	-.037800	.011236	-.313630	.442104
9	-.218221	.006703	-.022308	.003869	.022454	-.011181	.022134	-.055497
10	.022454	-.011181	.022134	-.055497	-.218221	.006703	-.022308	.003869
11	.220817	-.232623	.107016	-.122226	-.385455	.016231	-.085031	.027937
12	-.385455	.016231	-.085031	.027937	.220817	-.232623	.107016	-.122226

	9	10	11	12
9	.345749			
10	-.046159	.345749		
11	-.102422	.054888	1.296720	
12	.054888	-.102422	-.795853	1.296720

Bindungs- Bindungs Polarisierbarkeiten

	1 2	1 9	2 3	2 11	3 4	4 10	5 6	5 10
1 2	.335781							
1 9	-.147729	.216595						
2 3	-.073480	.034381	.326565					
2 11	-.193568	.066835	-.157430	.255828				
3 4	.035223	-.023189	-.150996	.063364	.142846			
4 10	-.005514	.038163	.065700	-.040892	-.171249	.333143		
5 6	.016491	-.024947	.015597	-.026838	-.023019	.041487	.335781	
5 10	-.024947	.037762	-.038155	.050476	.071811	-.156158	-.147729	.216595
6 7	.015597	-.038155	-.003956	-.010111	.007555	-.011953	-.073480	.034381
6 12	-.026838	.050476	-.010111	.032462	.013301	-.021481	-.193568	.066835
7 8	-.023019	.071811	.007555	.013301	-.001879	.001596	.035223	-.023189
8 9	.041487	-.156158	-.011953	-.021481	.001596	.000591	-.005514	.038163
9 10	.050516	-.125844	-.003717	-.031947	.034635	-.073433	.050516	-.125844

	6 7	6 12	7 8	8 9	9 10
6 7	.324565				
6 12	-.157430	.255828			
7 8	-.150996	.063364	.142846		
8 9	.065700	-.040892	-.171249	.333143	
9 10	-.003717	-.031947	.034635	-.073433	.299580

Biphenyl

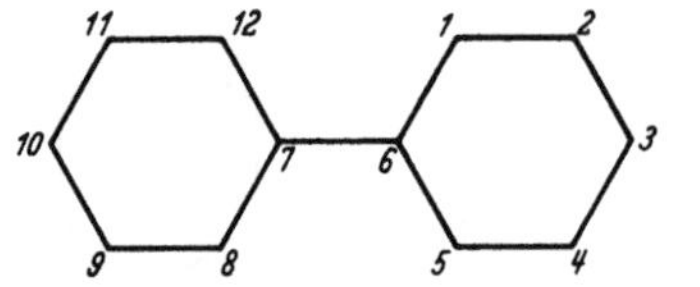

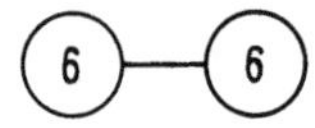

Z = 12

Eigenwerte und Hückelkoeffizienten

	1	2	3	4	5	6	7	8
1	2.278414	1.891220	1.317431	1.000000	1.000000	.704624	-.704624	-1.000000
1	.292109	.267932	.058008	.353553	.353553	.299199	.299199	.353553
2	.208558	.321377	-.289065	.353553	.353553	-.140221	.140221	-.353553
3	.183073	.339862	-.438831	0	0	-.398002	-.398002	0
4	.208558	.321377	-.289065	-.353553	-.353553	-.140221	.140221	.353553
5	.292109	.267932	.058008	-.353553	-.353553	.299199	.299199	-.353553
6	.456986	.185342	.365487	0	0	.351043	-.351043	0
7	.456986	-.185342	.365487	0	0	-.351043	-.351043	0
8	.292109	-.267932	.058008	-.353553	.353553	-.299199	.299199	-.353553
9	.208558	-.321377	-.289065	-.353553	.353553	.140221	.140221	.353553
10	.183073	-.339862	-.438831	0	0	.398002	-.398002	0
11	.208558	-.321377	-.289065	.353553	-.353553	.140221	.140221	-.353553
12	.292109	-.267932	.058008	.353553	-.353553	-.299199	.299199	.353553

	9	10	11	12
9	-1.000000	-1.317431	-1.891220	-2.278414
1	.353553	.058008	.267932	.292109
2	-.353553	.289065	-.321377	-.208558
3	0	-.438831	.339862	.183073
4	.353553	.289065	-.321377	-.208558
5	-.353553	.058008	.267932	.292109
6	0	-.365487	-.185342	-.456986
7	0	.365487	-.185342	.456986
8	.353553	-.058008	.267932	-.292109
9	-.353553	-.289065	-.321377	.208558
10	0	.438831	.339862	-.183073
11	.353553	-.289065	-.321377	.208558
12	-.353553	-.058008	.267932	-.292109

TOTALE PI ELEKTRONEN ENERGIE 16.383377

allgemeine Bindungsordnungen

	1	2	3	4	5	6	7	8
1	1.000000							
2	.676614	1.000000						
3	0	.660128	1.000000					
4	-.323386	0	.660128	1.000000				
5	0	-.323386	0	.676614	1.000000			
6	.618763	0	-.306900	0	.618763	1.000000		
7	0	-.041365	0	-.041365	0	.369667	1.000000	
8	-.145230	0	.112086	0	-.145230	0	.618763	1.000000
9	0	.008220	0	.008220	0	-.041365	0	.676614
10	.112086	0	-.095646	0	.112086	0	-.306900	0
11	0	.008220	0	.008220	0	-.041365	0	-.323386
12	-.145230	0	.112086	0	-.145230	0	.618763	0

	9	10	11	12
9	1.000000			
10	.660128	1.000000		
11	0	.660128	1.000000	
12	-.323386	0	.676614	1.000000

Z=12 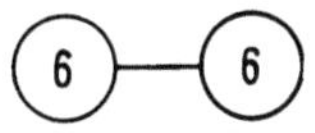 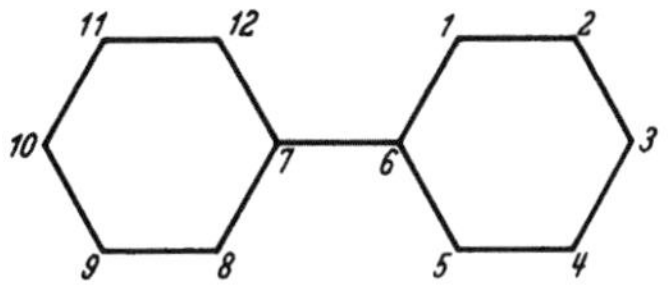 Biphenyl

Atom- Atom Polarisierbarkeiten

	1	2	3	4	5	6	7	8
1	.423729							
2	-.163544	.396076						
3	.014544	-.152994	.411173					
4	-.097474	.009750	-.152994	.396076				
5	.004431	-.097474	.014544	-.163544	.423729			
6	-.134370	.007305	-.090054	.007305	-.134370	.344183		
7	.010861	-.000914	.005592	-.000914	.010861	-.025484	.344183	
8	-.021017	.000722	-.017587	.000722	-.021017	.010861	-.134370	.423729
9	.000722	-.000053	.000456	-.000053	.000722	-.000914	.007305	-.163544
10	-.017587	.000456	-.015550	.000456	-.017587	.005592	-.090054	.014544
11	.000722	-.000053	.000456	-.000053	.000722	-.000914	.007305	-.097474
12	-.021017	.000722	-.017587	.000722	-.021017	.010861	-.134370	.004431

	9	10	11	12
9	.396076			
10	-.152994	.411173		
11	.009750	-.152994	.396076	
12	-.097474	.014544	-.163544	.423729

Bindungs- Bindungs Polarisierbarkeiten

	1 2	1 6	2 3	3 4	4 5	5 6	6 7	7 8
1 2	.245659							
1 6	-.192010	.246158						
2 3	-.212424	.124317	.250275					
3 4	.127448	-.083415	-.202121	.250275				
4 5	-.091082	.114890	.127448	-.212424	.245659			
5 6	.114890	-.164874	-.083415	.124317	-.192010	.246158		
6 7	.017709	-.085703	-.011682	-.011682	.017709	-.085703	.318699	
7 8	-.005415	.021721	.004012	.004012	-.005415	.021721	-.085703	.246158
7 12	-.005415	.021721	.004012	.004012	-.005415	.021721	-.085703	-.164874
8 9	.001444	-.005415	-.001124	-.001124	.001444	-.005415	.017709	-.192010
9 10	-.001124	.004012	.000913	.000913	-.001124	.004012	-.011682	.124317
10 11	-.001124	.004012	.000913	.000913	-.001124	.004012	-.011682	-.083415
11 12	.001444	-.005415	-.001124	-.001124	.001444	-.005415	.017709	.114890

	7 12	8 9	9 10	10 11	11 12
7 12	.246158				
8 9	.114890	.245659			
9 10	-.083415	-.212424	.250275		
10 11	.124317	.127448	-.202121	.250275	
11 12	-.192010	-.091082	.127448	-.212424	.245659

Biphenylen

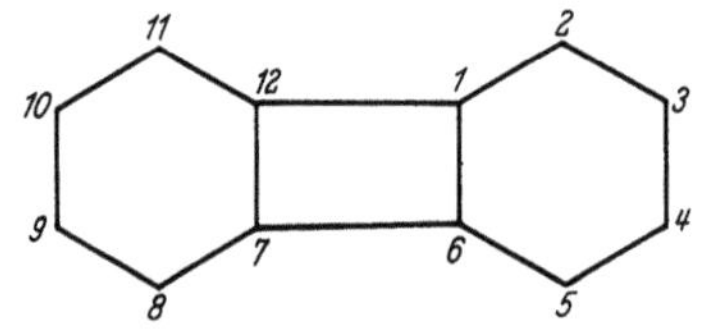

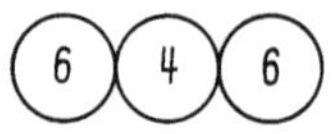

Z=12

Eigenwerte und Hückelkoeffizienten

	1	2	3	4	5	6	7	8
1	2,532089	1.801938	1,347296	1.246980	.879385	.445042	-,445042	-.879385
1	.422015	.163993	,224549	,295505	.146564	,368488	,368488	.146564
2	.224549	.295505	-,146564	,368488	.422015	,163993	-,163993	-,422015
3	,146564	,368488	-,422015	,163993	,224549	-,295505	-,295505	.224549
4	,146564	,368488	-,422015	-,163993	-,224549	-,295505	,295505	.224549
5	,224549	,295505	-,146564	-,368488	-,422015	,163993	,163993	-,422015
6	,422015	,163993	,224549	-,295505	-,146564	,368488	-,368488	.146564
7	,422015	-,163993	,224549	-,295505	,146564	-,368488	-,368488	.146564
8	,224549	-,295505	-,146564	-,368488	,422015	-,163993	,163993	-,422015
9	,146564	-,368488	-,422015	-,163993	,224549	,295505	,295505	.224549
10	,146564	-,368488	-,422015	,163993	-,224549	,295505	-,295505	.224549
11	,224549	-,295505	-,146564	,368488	-,422015	-,163993	-,163993	-,422015
12	,422015	-,163993	,224549	,295505	-,146564	-,368488	,368488	.146564

	9	10	11	12
9	-1,246980	-1,347296	-1,801938	-2,532089
1	,295505	,224549	,163993	,422015
2	-,368488	,146564	-,295505	-,224549
3	,163993	-,422015	,368488	,146564
4	,163993	,422015	-,368488	-,146564
5	-,368488	-,146564	,295505	,224549
6	,295505	-,224549	-,163993	-,422015
7	-,295505	,224549	-,163993	,422015
8	,368488	,146564	,295505	-,224549
9	-,163993	-,422015	-,368488	,146564
10	-,163993	,422015	,368488	-,146564
11	,368488	-,146564	-,295505	,224549
12	-,295505	-,224549	,163993	-,422015

TOTALE PI ELEKTRONEN ENERGIE 16,505459

allgemeine Bindungsordnungen

	1	2	3	4	5	6	7	8
1	1,000000							
2	,682969	1,000000						
3	0	,620770	1,000000					
4	-,325486	0	,690736	1,000000				
5	0	-,255520	0	,620770	1,000000			
6	,564784	0	-,325486	0	,682969	1,000000		
7	0	-,188151	0	,062199	0	,263367	1,000000	
8	-,188151	0	,137335	0	-,169252	0	,682969	1,000000
9	0	,137335	0	-,094115	0	,062199	0	,620770
10	,062199	0	-,094115	0	,137335	0	-,325486	0
11	0	-,169252	0	,137335	0	-,188151	0	-,255520
12	,263367	0	,062199	0	-,188151	0	,564784	0

	9	10	11	12
9	1,000000			
10	,690736	1,000000		
11	0	,620770	1,000000	
12	-,325486	0	,682969	1,000000

Z = 12 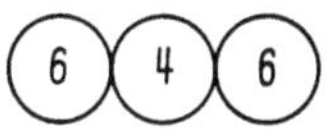 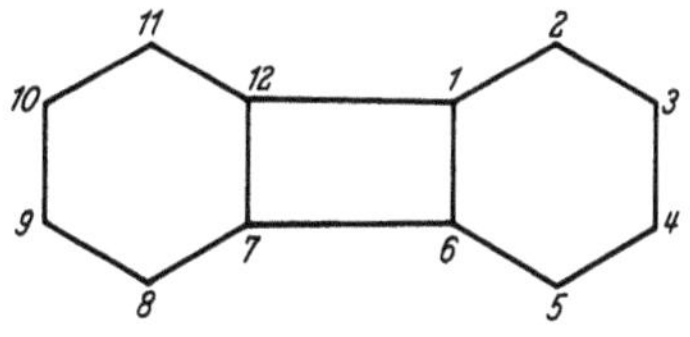 Biphenylen

Atom- Atom Polarisierbarkeiten

	1	2	3	4	5	6	7	8
1	.413097							
2	-.189408	.418807						
3	.023491	-.120120	.424104					
4	-.117943	.018968	-.187095	.424104				
5	.002005	-.054807	.018968	-.120120	.418807			
6	-.131242	.002005	-.117943	.023491	-.189408	.413097		
7	.051645	-.032231	.017926	-.018262	.014080	-.033157	.413097	
8	-.032231	.000974	-.027343	.001328	-.032253	.014080	-.189408	.418807
9	.017926	-.027343	.005327	-.020382	.001328	-.018262	.023491	-.120120
10	-.018262	.001328	-.020382	.005327	-.027343	.017926	-.117943	.018968
11	.014080	-.032253	.001328	-.027343	.000974	-.032231	.002005	-.054807
12	-.033157	.014080	-.018262	.017926	-.032231	.051645	-.131242	.002005

	9	10	11	12
9	.424104			
10	-.187095	.424104		
11	.018968	-.120120	.418807	
12	-.117943	.023491	-.189408	.413097

Bindungs- Bindungs Polarisierbarkeiten

	1 2	1 6	1 12	2 3	3 4	4 5	5 6	6 7
1 2	.224615							
1 6	-.170416	.281855						
1 12	-.052358	-.098720	.379940					
2 3	-.211728	.142980	-.025654	.300993				
3 4	.121312	-.094452	.021668	-.210955	.237009			
4 5	-.076491	.142980	-.060934	.117473	-.210955	.300993		
5 6	.083547	-.170416	.065827	-.076491	.121312	-.211728	.224615	
6 7	.065827	-.098720	-.079597	-.060934	.021668	-.025654	-.052358	.379940
7 8	-.038753	.017734	.065827	.032660	-.016024	.017625	.002450	-.052358
7 12	.017734	.018488	-.098720	.005645	-.000336	.005645	.017734	-.098720
8 9	.032660	.005645	-.060934	-.028976	.020415	-.023054	.017625	-.025654
9 10	-.016024	-.000336	.021668	.020415	-.015055	.020415	-.016024	.021668
10 11	.017625	.005645	-.025654	-.023054	.020415	-.028976	.032660	-.060934
11 12	.002450	.017734	-.052358	.017625	-.016024	.032660	-.038753	.065827

	7 8	7 12	8 9	9 10	10 11	11 12
7 8	.224615					
7 12	-.170416	.281855				
8 9	-.211728	.142980	.300993			
9 10	.121312	-.094452	-.210955	.237009		
10 11	-.076491	.142980	.117473	-.210955	.300993	
11 12	.083547	-.170416	-.076491	.121312	-.211728	.224615

Diphenyl-methyl

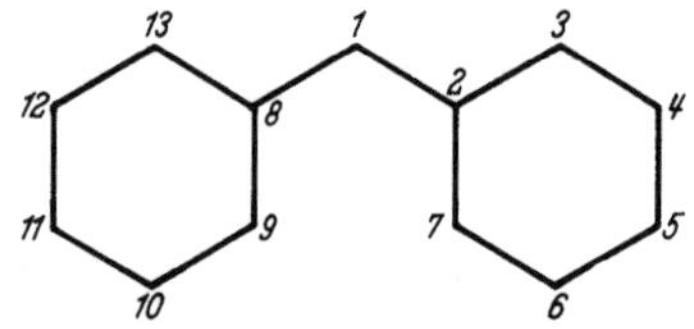

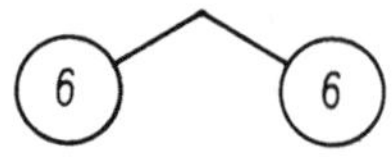

Z = 13

Eigenwerte und Hückelkoeffizienten

	1	2	3	4	5	6	7	8
1	2.236068	2.000000	1.414214	1.000000	1.000000	1.000000	.000000	-1.000000
1	.365148	0	.408248	0	0	0	.632456	0
2	.408248	.288675	.288675	-.408248	0	0	0	0
3	.273861	.288675	0	-.204124	.353553	.353553	-.316228	-.353553
4	.204124	.288675	-.288675	.204124	.353553	.353553	0	.353553
5	.182574	.288675	-.408248	.408248	0	0	.316228	0
6	.204124	.288675	-.288675	.204124	-.353553	-.353553	0	-.353553
7	.273861	.288675	0	-.204124	-.353553	-.353553	-.316228	.353553
8	.408248	-.288675	.288675	.408248	0	0	0	0
9	.273861	-.288675	0	.204124	.353553	-.353553	-.316228	-.353553
10	.204124	-.288675	-.288675	-.204124	.353553	-.353553	0	.353553
11	.182574	-.288675	-.408248	-.408248	0	0	.316228	0
12	.204124	-.288675	-.288675	-.204124	-.353553	.353553	0	-.353553
13	.273861	-.288675	0	.204124	-.353553	.353553	-.316228	.353553

	9	10	11	12	13
9	-1.000000	-1.000000	-1.414214	-2.000000	-2.236068
1	0	0	.408248	0	.365148
2	0	.408248	-.288675	.288675	-.408248
3	-.353553	-.204124	0	-.288675	.273861
4	.353553	-.204124	.288675	.288675	-.204124
5	0	.408248	-.408248	-.288675	.182574
6	-.353553	-.204124	.288675	.288675	-.204124
7	.353553	-.204124	0	-.288675	.273861
8	0	-.408248	-.288675	-.288675	-.408248
9	.353553	.204124	0	.288675	.273861
10	-.353553	.204124	.288675	-.288675	-.204124
11	0	-.408248	-.408248	.288675	.182574
12	.353553	.204124	.288675	-.288675	-.204124
13	-.353553	.204124	0	.288675	.273861

TOTALE PI ELEKTRONEN ENERGIE 17.300563

Z=13 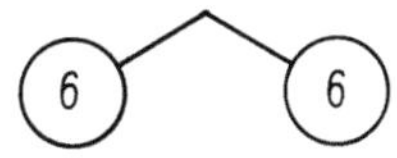 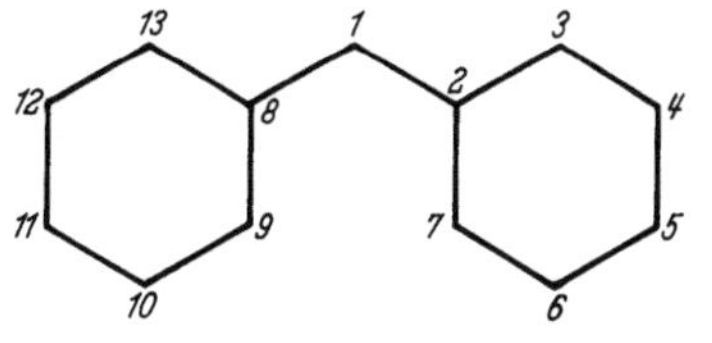

Diphenyl-methyl

allgemeine Bindungsordnungen

	1	2	3	4	5	6	7	8
1	1.000000							
2	.533845	1.000000						
3	0	.556940	1.000000					
4	-.086631	0	.695137	1.000000				
5	0	-.253298	0	.643571	1.000000			
6	-.086631	0	-.304863	0	.643571	1.000000		
7	0	.556940	0	-.304863	0	.695137	1.000000	
8	.533845	0	-.109727	0	.080036	0	-.109727	1.000000
9	0	-.109727	0	.028470	0	.028470	0	.556940
10	-.086631	0	.028470	0	-.023095	0	.028470	0
11	0	.080036	0	-.023095	0	-.023095	0	-.253298
12	-.086631	0	.028470	0	-.023095	0	.028470	0
13	0	-.109727	0	.028470	0	.028470	0	.556940

	9	10	11	12	13
9	1.000000				
10	.695137	1.000000			
11	0	.643571	1.000000		
12	-.304863	0	.643571	1.000000	
13	0	-.304863	0	.695137	1.000000

Atom- Atom Polarisierbarkeiten

	1	2	3	4	5	6	7	8
1	.387854							
2	-.078021	.321838						
3	-.026833	-.091160	.459560					
4	-.005360	.005815	-.180430	.394296				
5	-.051522	-.053918	.009842	-.138960	.431998			
6	-.005360	.005815	-.083554	.010277	-.138960	.394296		
7	-.026833	-.091160	-.027589	-.083554	.009842	-.180430	.459560	
8	-.078021	.007446	-.009904	.000440	-.007727	.000440	-.009904	.321838
9	-.026833	-.009904	-.014739	-.000913	-.018628	-.000913	-.014739	-.091160
10	-.005360	.000440	-.000913	.000032	-.000763	.000032	-.000913	.005815
11	-.051522	-.007727	-.018628	-.000763	-.021811	-.000763	-.018628	-.053918
12	-.005360	.000440	-.000913	.000032	-.000763	.000032	-.000913	.005815
13	-.026833	-.009904	-.014739	-.000913	-.018628	-.000913	-.014739	-.091160

	9	10	11	12	13
9	.459560				
10	-.180430	.394296			
11	.009842	-.138960	.431998		
12	-.083554	.010277	-.138960	.394296	
13	-.027589	-.083554	.009842	-.180430	.459560

Diphenyl-methyl

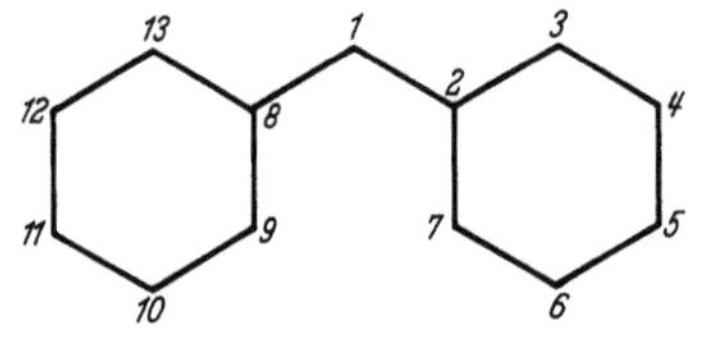

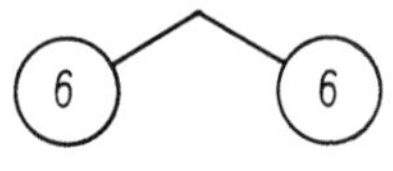

Z = 13

Bindungs- Bindungs Polarisierbarkeiten

	1 2	1 8	2 3	2 7	3 4	4 5	5 6	6 7
1 2	.377803							
1 8	-.156041	.377803						
2 3	-.168418	.051035	.293281					
2 7	-.168418	.051035	-.100983	.293281				
3 4	.042440	-.014500	-.173482	.079816	.252938			
4 5	-.033815	.012376	.109875	-.052801	-.234719	.284313		
5 6	-.033815	.012376	-.052801	.109875	.121709	-.196582	.284313	
6 7	.042440	-.014500	.079816	-.173482	-.085770	.121709	-.234719	.252938
8 9	.051035	-.168418	-.019808	-.019808	.005954	-.005308	-.005308	.005954
8 13	.051035	-.168418	-.019808	-.019808	.005954	-.005308	-.005308	.005954
9 10	-.014500	.042440	.005954	.005954	-.001826	.001656	.001656	-.001826
10 11	.012376	-.033815	-.005308	-.005308	.001656	-.001527	-.001527	.001656
11 12	.012376	-.033815	-.005308	-.005308	.001656	-.001527	-.001527	.001656
12 13	-.014500	.042440	.005954	.005954	-.001826	.001656	.001656	-.001826

	8 9	8 13	9 10	10 11	11 12	12 13
8 9	.293281					
8 13	-.100983	.293281				
9 10	-.173482	.079816	.252938			
10 11	.109875	-.052801	-.234719	.284313		
11 12	-.052801	.109875	.121709	-.196582	.284313	
12 13	.079816	-.173482	-.085770	.121709	-.234719	.252938

Stilben

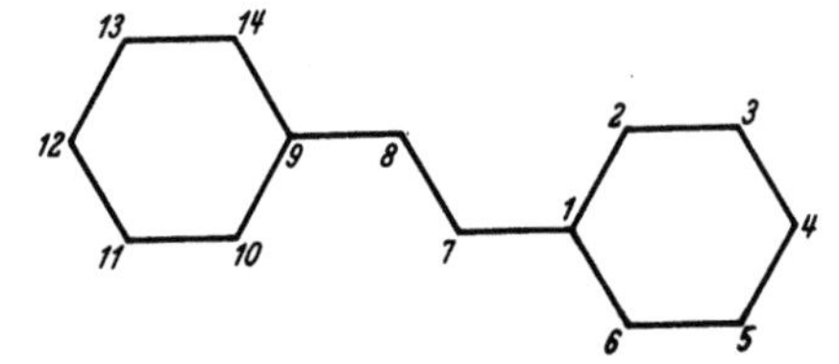

⑥-K_2-⑥ $Z = 14$

Eigenwerte und Hückelkoeffizienten

	1	2	3	4	5	6	7	8
1	2,210509	2,064077	1.504667	1,155383	1.000000	1.000000	,504284	-,504284
1	,381643	,334590	-,204174	,391845	0	0	,217183	-,217183
2	,264175	,290711	,048679	,135466	,353553	,353553	,273821	,273821
3	,202318	,265460	,277419	-,235330	,353553	,353553	-,079099	,079099
4	,183051	,257219	,368745	-,407362	0	0	-,313709	-,313709
5	,202318	,265460	,277419	-,235330	-,353553	-,353553	-,079099	,079099
6	,264175	,290711	,048679	,135466	-,353553	-,353553	,273821	,273821
7	,315275	,109198	-,404571	,181798	0	0	-,438120	-,438120
8	,315275	-,109198	-,404571	-,181798	0	0	-,438120	,438120
9	,381643	-,334590	-,204174	-,391845	0	0	,217183	,217183
10	,264175	-,290711	,048679	-,135466	,353553	-,353553	,273821	-,273821
11	,202318	-,265460	,277419	,235330	,353553	-,353553	-,079099	-,079099
12	,183051	-,257219	,368745	,407362	0	0	-,313709	,313709
13	,202318	-,265460	,277419	,235330	-,353553	,353553	-,079099	-,079099
14	,264175	-,290711	,048679	-,135466	-,353553	,353553	,273821	-,273821

	9	10	11	12	13	14
9	-1,000000	-1,000000	-1,155383	-1,504667	-2.064077	-2,210509
1	0	0	-,391845	,204174	-,334590	-,381643
2	,353553	,353553	,135466	,048679	,290711	,264175
3	-,353553	-,353553	,235330	-,277419	-,265460	-,202318
4	0	0	-,407362	,368745	,257219	,183051
5	,353553	,353553	,235330	-,277419	-,265460	-,202318
6	-,353553	-,353553	,135466	,048679	,290711	,264175
7	0	0	,181798	-,404571	,109198	,315275
8	0	0	,181798	,404571	,109198	-,315275
9	0	0	-,391845	-,204174	-,334590	,381643
10	,353553	-,353553	,135466	-,048679	,290711	-,264175
11	-,353553	,353553	,235330	,277419	-,265460	,202318
12	0	0	-,407362	-,368745	,257219	-,183051
13	,353553	-,353553	,235330	,277419	-,265460	,202318
14	-,353553	,353553	,135466	-,048679	,290711	-,264175

TOTALE PI ELEKTRONEN ENERGIE 18.877841

Z=14 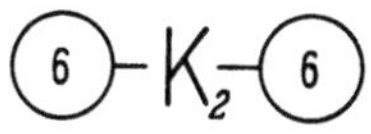

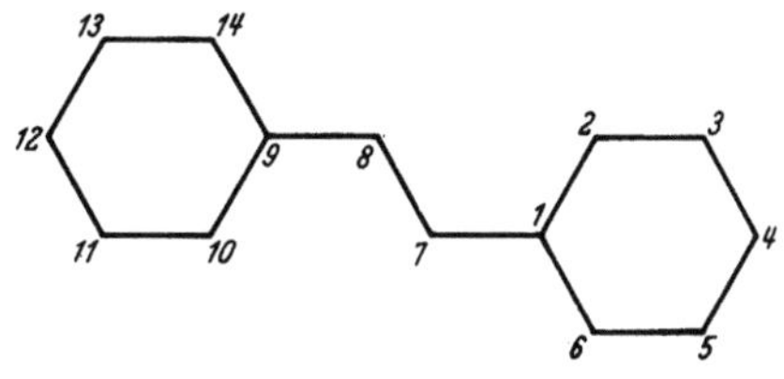

Stilben

allgemeine Bindungsordnungen

	1	2	3	4	5	6	7	8
1	1.000000							
2	.601403	1.000000						
3	0	.681171	1.000000					
4	-.294240	0	.656583	1.000000				
5	0	-.318829	0	.656583	1.000000			
6	.601403	0	-.318829	0	.681171	1.000000		
7	.431093	0	-.055180	0	-.055180	0	1.000000	
8	0	-.225490	0	.183881	0	-.225490	.820101	1.000000
9	-.061973	0	.013570	0	.013570	0	0	.431093
10	0	.088544	0	-.078370	0	.088544	-.225490	0
11	.013570	0	-.003396	0	-.003396	0	0	-.055180
12	0	-.078370	0	.071577	0	-.078370	.183881	0
13	.013570	0	-.003396	0	-.003396	0	0	-.055180
14	0	.088544	0	-.078370	0	.088544	-.225490	0

	9	10	11	12	13	14
9	1.000000					
10	.601403	1.000000				
11	0	.681171	1.000000			
12	-.294240	0	.656583	1.000000		
13	0	-.318829	0	.656583	1.000000	
14	.601403	0	-.318829	0	.681171	1.000000

Atom- Atom Polarisierbarkeiten

	1	2	3	4	5	6	7	8
1	.331884							
2	-.123940	.437827						
3	.006615	-.166989	.395280					
4	-.083105	.019029	-.150325	.420403				
5	.006615	-.094842	.009967	-.150325	.395280			
6	-.123940	.003337	-.094842	.019029	-.166989	.437827		
7	-.040547	.025132	-.001803	.015459	-.001803	.025132	.478430	
8	.021426	-.063412	.001594	-.056118	.001594	-.063412	-.341670	.478430
9	-.002404	.002833	-.000163	.002057	-.000163	.002833	.021426	-.040547
10	.002833	-.013519	.000249	-.012436	.000249	-.013519	-.063412	.025132
11	-.000163	.000249	-.000012	.000192	-.000012	.000249	.001594	-.001803
12	.002057	-.012436	.000192	-.011617	.000192	-.012436	-.056118	.015459
13	-.000163	.000249	-.000012	.000192	-.000012	.000249	.001594	-.001803
14	.002833	-.013519	.000249	-.012436	.000249	-.013519	-.063412	.025132

	9	10	11	12	13	14
9	.331884					
10	-.123940	.437827				
11	.006615	-.166989	.395280			
12	-.083105	.019029	-.150325	.420403		
13	.006615	-.094842	.009967	-.150325	.395280	
14	-.123940	.003337	-.094842	.019029	-.166989	.437827

Stilben

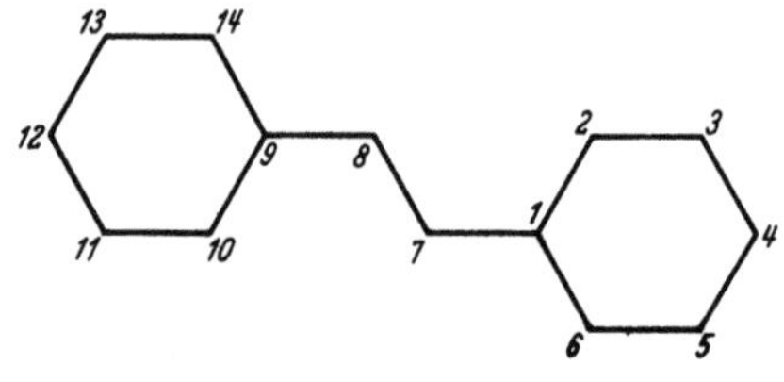

(6)-K_2-(6)

Z = 14

Bindungs- Bindungs Polarisierbarkeiten

	1 2	1 6	1 7	2 3	3 4	4 5	5 6	7 8
1 2	.253962							
1 6	-.148318	.253962						
1 7	-.111719	-.111719	.350000					
2 3	-.187016	.107224	.024582	.247633				
3 4	.121341	-.077783	-.017099	-.217148	.256373			
4 5	-.077783	.121341	-.017099	.126268	-.201088	.256373		
5 6	.107224	-.187016	.024582	-.090122	.126268	-.217148	.247633	
7 8	.046366	.046366	-.155992	-.012447	.009888	.009888	-.012447	.136760
8 9	-.014914	-.014914	.042852	.004234	-.003514	-.003514	.004234	-.155992
9 10	.005665	.005665	-.014914	-.001668	.001431	.001431	-.001668	.046366
9 14	.005665	.005665	-.014914	-.001668	.001431	.001431	-.001668	.046366
10 11	-.001668	-.001668	.004234	.000498	-.000434	-.000434	.000498	-.012447
11 12	.001431	.001431	-.003514	-.000434	.000384	.000384	-.000434	.009888
12 13	.001431	.001431	-.003514	-.000434	.000384	.000384	-.000434	.009888
13 14	-.001668	-.001668	.004234	.000498	-.000434	-.000434	.000498	-.012447

	8 9	9 10	9 14	10 11	11 12	12 13	13 14
8 9	.350000						
9 10	-.111719	.253962					
9 14	-.111719	-.148318	.253962				
10 11	.024582	-.187016	.107224	.247633			
11 12	-.017099	.121341	-.077783	-.217148	.256373		
12 13	-.017099	-.077783	.121341	.126268	-.201088	.256373	
13 14	.024582	.107224	-.187016	-.090122	.126268	-.217148	.247633

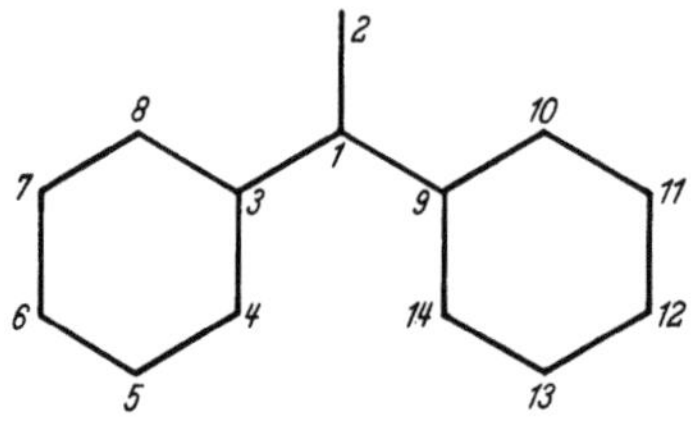

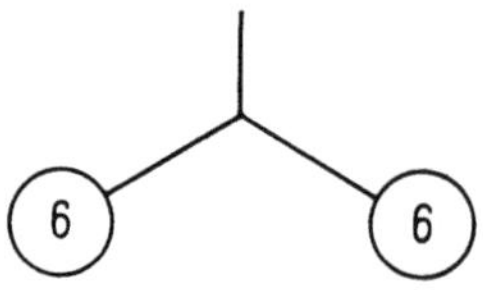

Z=14

α-α Diphenyläthylen

Eigenwerte und Hückelkoeffizienten

	1	2	3	4	5	6	7	8
1	2.307250	2.000000	1.535554	1.000000	1.000000	1.000000	.564508	-.564508
1	.439042	0	-.429374	0	0	0	-.350542	-.350542
2	.190288	0	-.279622	0	0	0	-.620969	.620969
3	.411346	.288675	-.189853	.408248	0	0	.211542	-.211542
4	.255018	.288675	.068922	.204124	.353553	.353553	.234980	.234980
5	.177045	.288675	.295687	-.204124	.353553	.353553	-.078895	.078895
6	.153468	.288675	.385121	-.408248	0	0	-.279516	-.279516
7	.177045	.288675	.295687	-.204124	-.353553	-.353553	-.078895	.078895
8	.255018	.288675	.068922	.204124	-.353553	-.353553	.234980	.234980
9	.411346	-.288675	-.189853	-.408248	0	0	.211542	-.211542
10	.255018	-.288675	.068922	-.204124	-.353553	.353553	.234980	.234980
11	.177045	-.288675	.295687	.204124	-.353553	.353553	-.078895	.078895
12	.153468	-.288675	.385121	.408248	0	0	-.279516	-.279516
13	.177045	-.288675	.295687	.204124	.353553	-.353553	-.078895	.078895
14	.255018	-.288675	.068922	-.204124	.353553	-.353553	.234980	.234980

	9	10	11	12	13	14
9	-1.000000	-1.000000	-1.000000	-1.535554	-2.000000	-2.307250
1	0	0	0	-.429374	0	.439042
2	0	0	0	.279622	0	-.190288
3	0	0	-.408248	.189853	-.288675	-.411346
4	.353553	.353553	.204124	.068922	.288675	.255018
5	-.353553	-.353553	.204124	-.295687	-.288675	-.177045
6	0	0	-.408248	.385121	.288675	.153468
7	.353553	.353553	.204124	-.295687	-.288675	-.177045
8	-.353553	-.353553	.204124	.068922	.288675	.255018
9	0	0	.408248	.189853	.288675	-.411346
10	-.353553	.353553	-.204124	.068922	-.288675	.255018
11	.353553	-.353553	-.204124	-.295687	.288675	-.177045
12	0	0	.408248	.385121	-.288675	.153468
13	-.353553	.353553	-.204124	-.295687	.288675	-.177045
14	.353553	-.353553	-.204124	.068922	-.288675	.255018

TOTALE PI ELEKTRONEN ENERGIE 18.814625

allgemeine Bindungsordnungen

	1	2	3	4	5	6	7	8
1	1.000000							
2	.842565	1.000000						
3	.375924	0	1.000000					
4	0	-.233321	.616381	1.000000				
5	-.043149	0	0	.677314	1.000000			
6	0	.190172	-.304902	0	.659530	1.000000		
7	-.043149	0	0	-.322686	0	.659530	1.000000	
8	0	-.233321	.616381	0	-.322686	0	.677314	1.000000
9	.375924	0	0	-.050286	0	.028432	0	-.050286
10	0	-.233321	-.050286	0	.010648	0	.010648	0
11	-.043149	0	0	.010648	0	-.007137	0	.010648
12	0	.190172	.028432	0	-.007137	0	-.007137	0
13	-.043149	0	0	.010648	0	-.007137	0	.010648
14	0	-.233321	-.050286	0	.010648	0	.010648	0

	9	10	11	12	13	14
9	1.000000					
10	.616381	1.000000				
11	0	.677314	1.000000			
12	-.304902	0	.659530	1.000000		
13	0	-.322686	0	.659530	1.000000	
14	.616381	0	-.322686	0	.677314	1.000000

Z = 14 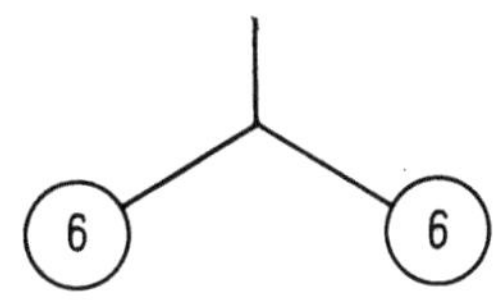 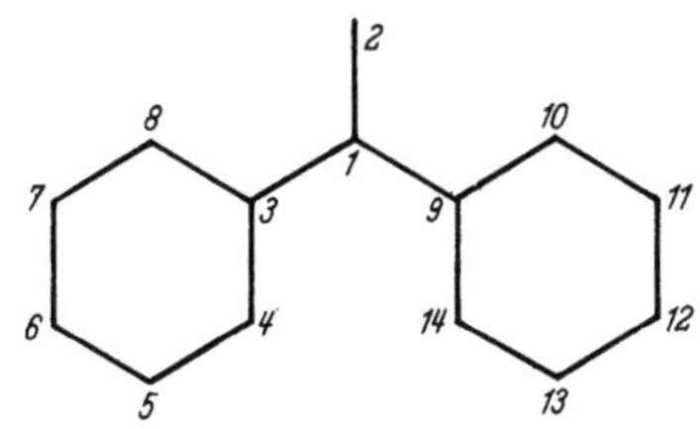

α-α Diphenyläthylen

Bindungs- Bindungs Polarisierbarkeiten

	1 2	1 3	1 9	3 4	3 8	4 5	5 6	6 7
1 2	.114970							
1 3	-.122529	.322477						
1 9	-.122529	-.053446	.322477					
3 4	.034541	-.089586	.010986	.248010				
3 8	.034541	-.089586	.010986	-.162174	.248010			
4 5	-.009058	.018861	-.002435	-.191354	.113547	.245961		
5 6	.007038	-.012675	.001598	.123867	-.082330	-.213241	.251418	
6 7	.007038	-.012675	.001598	-.082330	.123867	.127229	-.201915	.251418
7 8	-.009058	.018861	-.002435	.113547	-.191354	-.090884	.127229	-.213241
9 10	.034541	.010986	-.089586	-.002961	-.002961	.000735	-.000527	-.000527
9 14	.034541	.010986	-.089586	-.002961	-.002961	.000735	-.000527	-.000527
10 11	-.009058	-.002435	.018861	.000735	.000735	-.000192	.000143	.000143
11 12	.007038	.001598	-.012675	-.000527	-.000527	.000143	-.000112	-.000112
12 13	.007038	.001598	-.012675	-.000527	-.000527	.000143	-.000112	-.000112
13 14	-.009058	-.002435	.018861	.000735	.000735	-.000192	.000143	.000143

	7 8	9 10	9 14	10 11	11 12	12 13	13 14
7 8	.245961						
9 10	.000735	.248010					
9 14	.000735	-.162174	.248010				
10 11	-.000192	-.191354	.113547	.245961			
11 12	.000143	.123867	-.082330	-.213241	.251418		
12 13	.000143	-.082330	.123867	.127229	-.201915	.251418	
13 14	-.000192	.113547	-.191354	-.090884	.127229	-.213241	.245961

Atom- Atom Polarisierbarkeiten

	1	2	3	4	5	6	7	8
1	.356239							
2	-.363797	.695532						
3	-.026723	.023559	.343004					
4	.012742	-.066998	-.132636	.425960				
5	-.001010	.001760	.007215	-.164128	.395976			
6	.007038	-.058950	-.088733	.015313	-.152507	.412835		
7	-.001010	.001760	.007215	-.096991	.009780	-.152507	.395976	
8	.012742	-.066998	-.132636	.004195	-.096991	.015313	-.164128	.425960
9	-.026723	.023559	.003150	-.001481	.000136	-.000726	.000136	-.001481
10	.012742	-.066998	-.001481	.001560	-.000096	.001097	-.000096	.001560
11	-.001010	.001760	.000136	-.000096	.000008	-.000056	.000008	-.000096
12	.007038	-.058950	-.000726	.001097	-.000056	.000842	-.000056	.001097
13	-.001010	.001760	.000136	-.000096	.000008	-.000056	.000008	-.000096
14	.012742	-.066998	-.001481	.001560	-.000096	.001097	-.000096	.001560

	9	10	11	12	13	14
9	.343004					
10	-.132636	.425960				
11	.007215	-.164128	.395976			
12	-.088733	.015313	-.152507	.412835		
13	.007215	-.096991	.009780	-.152507	.395976	
14	-.132636	.004195	-.096991	.015313	-.164128	.425960

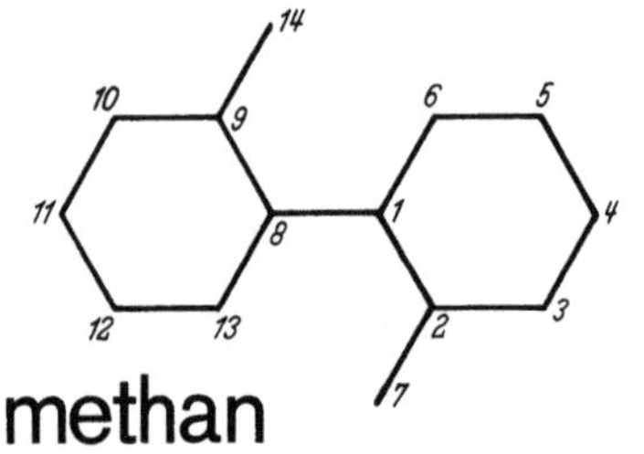

o,o'-Diphenochinodimethan

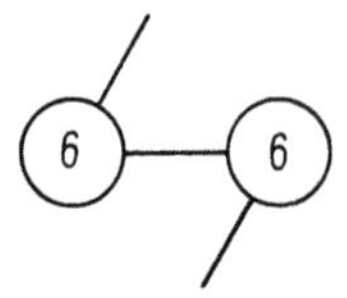

Z = 14

Eigenwerte und Hückelkoeffizienten

	1	2	3	4	5	6	7	8
1	2,363435	1,988829	1,330515	1,252760	1,211474	,796164	,132329	-,132329
1	,438609	,192642	,305011	,039382	,205134	,277293	,238657	,238657
2	,335598	,346509	,143655	,363915	-,313758	,105269	-,068618	,068618
3	,212559	,322278	-,221845	,126026	-,326255	-,325702	,270801	,270801
4	,166772	,294447	-,438824	-,206035	-,081492	-,364582	,104452	-,104452
5	,181595	,263327	-,362017	-,384139	,227530	,035435	-,256979	-,256979
6	,262416	,229265	-,042845	-,275198	,357138	,392794	-,138458	,138458
7	,141996	,174228	,107970	,290491	-,258988	,132221	-,518538	-,518538
8	,438609	-,192642	,305011	-,039382	,205134	-,277293	,238657	-,238657
9	,335598	-,346509	,143655	-,363915	-,313758	-,105269	-,068618	-,068618
10	,212559	-,322278	-,221845	-,126026	-,326255	,325702	,270801	-,270801
11	,166772	-,294447	-,438824	,206035	-,081492	,364582	,104452	,104452
12	,181595	-,263327	-,362017	,384139	,227530	-,035435	-,256979	,256979
13	,262416	-,229265	-,042845	,275198	,357138	-,392794	-,138458	-,138458
14	,141996	-,174228	,107970	-,290491	-,258988	-,132221	-,518538	,518538

	9	10	11	12	13	14
9	-,796164	-1,211474	-1,252760	-1,330515	-1,988829	-2,363435
1	,277293	,205134	,039382	,305011	,192642	,438609
2	-,105269	,313758	-,363915	-,143655	-,346509	-,335598
3	-,325702	-,326255	,126026	-,221845	,322278	,212559
4	,364582	,081492	,206035	,438824	-,294447	-,166772
5	,035435	,227530	-,384139	-,362017	,263327	,181595
6	-,392794	-,357138	,275198	,042845	-,229265	-,262416
7	,132221	-,258988	,290491	,107970	,174228	,141996
8	,277293	-,205134	,039382	-,305011	,192642	-,438609
9	-,105269	-,313758	-,363915	,143655	-,346509	,335598
10	-,325702	,326255	,126026	,221845	,322278	-,212559
11	,364582	-,081492	,206035	-,438824	-,294447	,166772
12	,035435	-,227530	-,384139	,362017	,263327	-,181595
13	-,392794	,357138	,275198	-,042845	-,229265	,262416
14	,132221	,258988	,290491	-,107970	,174228	-,141996

TOTALE PI ELEKTRONEN ENERGIE 18,151011

Z=14 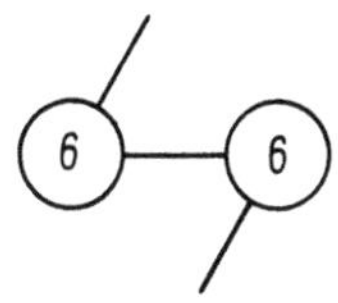

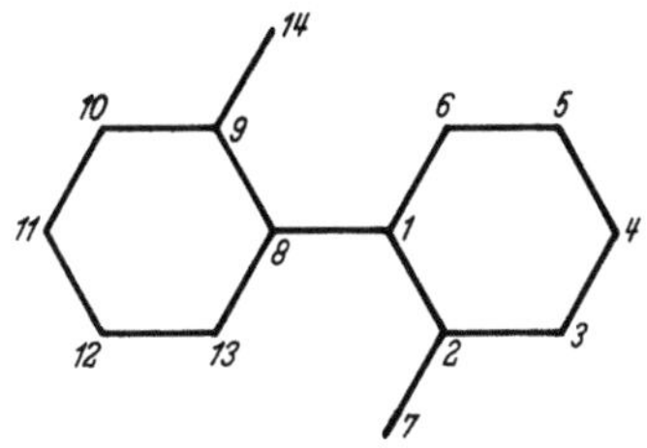

o,o'-Diphenochinodimethan

allgemeine Bindungsordnungen

	1	2	3	4	5	6	7	8
1	1.000000							
2	.441097	1.000000						
3	0	.492994	1.000000					
4	-.209949	0	.750692	1.000000				
5	0	-.179275	0	.575051	1.000000			
6	.568989	0	-.354916	0	.720018	1.000000		
7	0	.720018	0	-.227024	0	.047749	1.000000	
8	.537787	0	.093070	0	-.181703	0	-.326670	1.000000
9	0	-.054339	0	.045321	0	-.082571	0	.441097
10	.093070	0	.096690	0	-.099646	0	-.198778	0
11	0	.045321	0	-.048277	0	.075995	0	-.209949
12	-.181703	0	-.099646	0	.127364	0	.244099	0
13	0	-.082571	0	.075995	0	-.130334	0	.568989
14	-.326670	0	-.198778	0	.244099	0	.471109	0

	9	10	11	12	13	14
9	1.000000					
10	.492994	1.000000				
11	0	.750692	1.000000			
12	-.179275	0	.575051	1.000000		
13	0	-.354916	0	.720018	1.000000	
14	.720018	0	-.227024	0	.047749	1.000000

Atom- Atom Polarisierbarkeiten

	1	2	3	4	5	6	7	8
1	.419032							
2	-.043764	.319252						
3	.029827	-.060787	.533392					
4	-.034950	.008429	-.253043	.409085				
5	.051903	-.023159	.072008	-.096836	.477886			
6	-.100047	.002731	-.149992	.021165	-.223130	.437579		
7	.177999	-.223130	.245589	-.091382	.183056	-.060436	1.516144	
8	-.118755	.010575	-.066863	.013327	-.075461	.030286	-.293110	.419032
9	.010575	-.001427	.002253	-.002200	.003660	-.005143	.013109	-.043764
10	-.066863	.002253	-.058734	.004655	-.061816	.008561	-.245051	.029827
11	.013327	-.002200	.004655	-.003381	.006843	-.007067	.025353	-.034950
12	-.075461	.003660	-.061816	.006843	-.066314	.013109	-.261749	.051903
13	.030286	-.005143	.008561	-.007067	.013109	-.015526	.047911	-.100047
14	-.293110	.013109	-.245051	.025353	-.261749	.047911	-1.034302	.177999

	9	10	11	12	13	14
9	.319252					
10	-.060787	.533392				
11	.008429	-.253043	.409085			
12	-.023159	.072008	-.096836	.477886		
13	.002731	-.149992	.021165	-.223130	.437579	
14	-.223130	.245589	-.091382	.183056	-.060436	1.516144

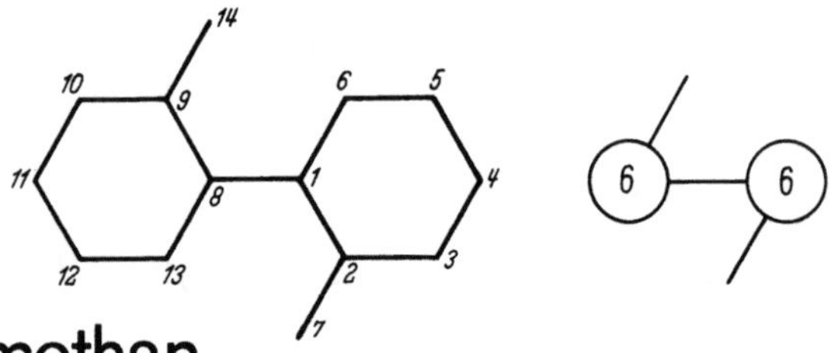

Z=14

o,o'-Diphenochinodimethan

Bindungs- Bindungs Polarisierbarkeiten

	1 2	1 6	1 8	2 3	2 7	3 4	4 5	5 6
1 2	.307734							
1 6	-.084000	.323059						
1 8	-.103784	-.161318	.300277					
2 3	-.057192	.054181	-.018101	.325586				
2 7	-.162736	-.002324	.077535	-.192535	.273757			
3 4	.036180	-.067681	.030016	-.159936	.070962	.198771		
4 5	-.010857	.105544	-.052020	.087423	-.054104	-.220662	.335544	
5 6	.047213	-.212275	.077535	-.043934	.007787	.116797	-.202705	.227922
8 9	.021150	.035307	-.103784	.005651	-.019880	-.008627	.013721	-.019880
8 13	.035307	.060573	-.161318	.011375	-.036504	-.016962	.025531	-.036504
9 10	.005651	.011375	-.018101	.004507	-.009991	-.006451	.007410	-.009991
9 14	-.019880	-.036504	.077535	-.009991	.026218	.014498	-.018898	.026218
10 11	-.008627	-.016962	.030016	-.006451	.014498	.009310	-.010714	.014498
11 12	.013721	.025531	-.052020	.007410	-.018898	-.010714	.013686	-.018898
12 13	-.019880	-.036504	.077535	-.009991	.026218	.014498	-.018898	.026218

	8 9	8 13	9 10	9 14	10 11	11 12	12 13
8 9	.307734						
8 13	-.084000	.323059					
9 10	-.057192	.054181	.325586				
9 14	-.162736	-.002324	-.192535	.273757			
10 11	.036180	-.067681	-.159936	.070962	.198771		
11 12	-.010857	.105544	.087423	-.054104	-.220662	.335544	
12 13	.047213	-.212275	-.043934	.007787	.116797	-.202705	.227922

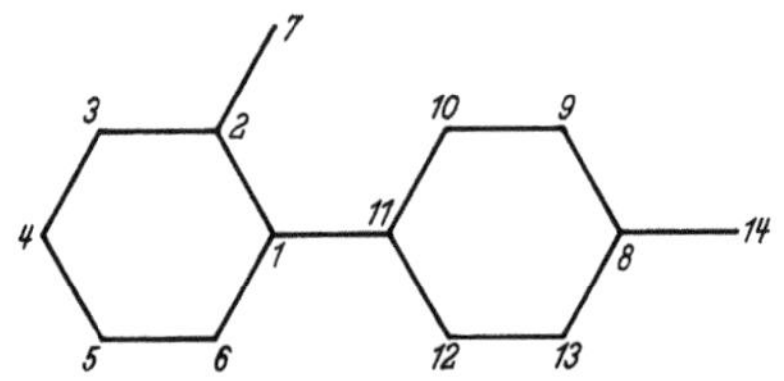

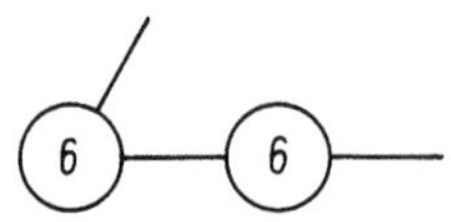

Z=14

o,p'-Diphenochinodimethan

Eigenwerte und Hückelkoeffizienten

	1	2	3	4	5	6	7	8
1	2.340436	2.014295	1.458887	1.247372	1.000000	.873431	.133455	-.133455
1	.446178	-.194527	-.268396	.003741	0	-.364999	-.240435	.240435
2	.351984	-.314916	.045802	.512719	0	-.084150	.069821	.069821
3	.227226	-.283466	.303821	.224771	0	.387844	-.273428	.273428
4	.179823	-.256168	.397439	-.232346	0	.422905	-.106311	-.106311
5	.193638	-.232331	.275997	-.514593	0	-.018466	.259240	-.259240
6	.273375	-.211914	.005210	-.409543	0	-.439034	.140908	.140908
7	.150393	-.156341	.031395	.411040	0	-.096344	.523181	-.523181
8	.215613	.441134	.432818	.087683	0	-.242952	-.069758	.069758
9	.206252	.334786	.167378	.019540	.500000	.032978	.256698	.256698
10	.267106	.233224	-.188633	-.063310	.500000	.271757	.104015	-.104015
11	.418892	.134995	-.442572	-.098510	0	.204382	-.242816	-.242816
12	.267106	.233224	-.188633	-.063310	-.500000	.271757	.104015	-.104015
13	.206252	.334786	.167378	.019540	-.500000	.032978	.256698	.256698
14	.092125	.219002	.296677	.070294	0	-.278159	-.522705	-.522705

	9	10	11	12	13	14
9	-.873431	-1.000000	-1.247372	-1.458887	-2.014295	-2.340436
1	.364999	0	-.003741	.268396	.194527	-.446178
2	-.084150	0	.512719	.045802	-.314916	.351984
3	-.387844	0	-.224771	-.303821	.283466	-.227226
4	.422905	0	-.232346	.397439	-.256068	.179823
5	.018466	0	.514593	-.275997	.232331	-.193638
6	-.439034	0	-.409543	.005210	-.211914	.273375
7	.096344	0	-.411040	-.031395	.156341	-.150393
8	.242952	0	-.087683	-.432818	-.441134	-.215613
9	.032978	.500000	.019540	.167378	.334786	.206252
10	-.271757	-.500000	.063310	.188633	-.233224	-.267106
11	.204382	0	-.098510	-.442572	.134995	.418892
12	-.271757	.500000	.063310	.188633	-.233224	-.267106
13	.032978	-.500000	.019540	.167378	.334786	.206252
14	-.278159	0	.070294	.296677	.219002	.092125

TOTALE PI ELEKTRONEN ENERGIE 18.135749

Z=14

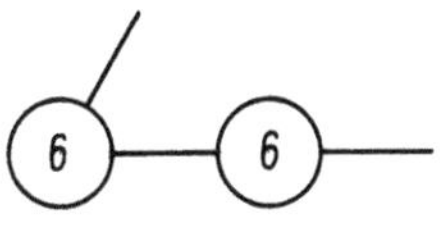

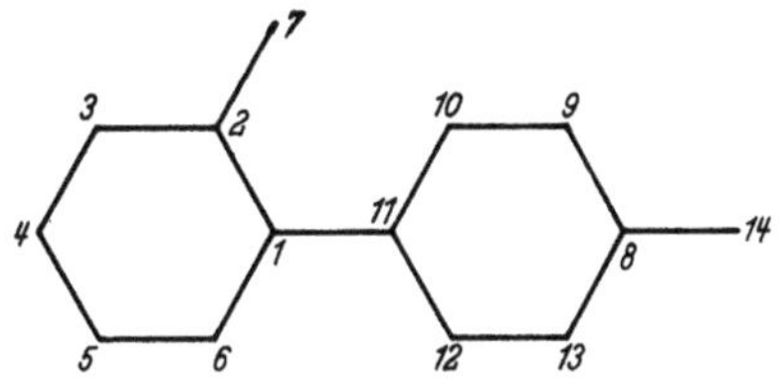

o,p'-Diphenochinodimethan

allgemeine Bindungsordnungen

	1	2	3	4	5	6	7	8
1	1.000000							
2	.443719	1.000000						
3	0	.493360	1.000000					
4	-.212588	0	.750125	1.000000				
5	0	-.180448	0	.576398	1.000000			
6	.573269	0	-.354175	0	.717984	1.000000		
7	0	.717984	0	-.224624	0	.044177	1.000000	
8	0	.034653	0	-.035744	0	.057281	0	1.000000
9	-.183414	0	-.100376	0	.128471	0	.246173	.480790
10	0	-.072269	0	.063839	0	-.112224	0	0
11	.525677	0	.091945	0	-.176856	0	-.318442	-.166076
12	0	-.072269	0	.063839	0	-.112224	0	0
13	-.183414	0	-.100376	0	.128471	0	.246173	.480790
14	.292686	0	.199660	0	-.235404	0	-.457693	.710170

	9	10	11	12	13	14
9	1.000000					
10	.772047	1.000000				
11	0	.526757	1.000000			
12	-.227953	0	.526757	1.000000		
13	0	-.227953	0	.772047	1.000000	
14	0	-.229381	0	-.229381	0	1.000000

Atom- Atom Polarisierbarkeiten

	1	2	3	4	5	6	7	8
1	.423842							
2	-.044708	.318663						
3	.030480	-.060956	.534221					
4	-.036064	.008220	-.252324	.408201				
5	.053265	-.023562	.072748	-.097664	.479379			
6	-.102687	.002801	-.149188	.020544	-.221328	.435102		
7	.182646	-.221328	.248375	-.090216	.186439	-.060061	1.531571	
8	.006942	-.001187	.002175	-.001745	.003301	-.003722	.012130	.313262
9	-.076328	.003757	-.062322	.007016	-.066934	.013448	-.264136	-.055959
10	.020882	-.003626	.005080	-.004681	.008082	-.010591	.029203	.008638
11	-.114105	.009666	-.066223	.012255	-.074139	.027745	-.288593	-.019687
12	.020882	-.003626	.005080	-.004681	.008082	-.010591	.029203	.008638
13	-.076328	.003757	-.062322	.007016	-.066934	.013448	-.264136	-.055959
14	-.288717	.012130	-.244823	.024122	-.260736	.045081	-1.031097	-.216825

	9	10	11	12	13	14
9	.511361					
10	-.271014	.423662				
11	.053265	-.076467	.400103			
12	-.041633	.005168	-.076467	.423662		
13	.030571	-.041633	.053265	-.271014	.511361	
14	.218910	-.092702	.159383	-.092702	.218910	1.549067

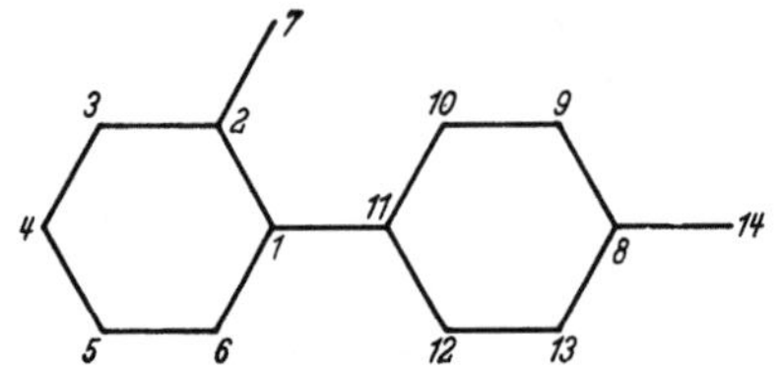

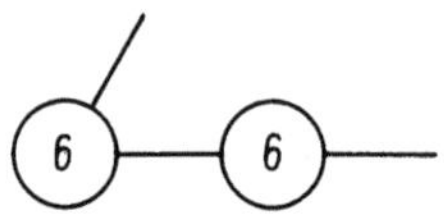

Z=14

o,p'-Diphenochinodimethan

Bindungs- Bindungs Polarisierbarkeiten

	1 2	1 6	1 11	2 3	2 7	3 4	4 5	5 6
1 2	.307791							
1 6	-.086455	.321392						
1 11	-.100713	-.154454	.297466					
2 3	-.057792	.056656	-.017890	.324936				
2 7	-.163921	-.000992	.075498	-.192067	.275329			
3 4	.036901	-.068284	.029645	-.159506	.070156	.198964		
4 5	-.011579	.106129	-.050718	.087634	-.053717	-.220998	.334558	
5 6	.048667	-.213590	.075498	-.043760	.006594	.116668	-.202024	.228817
8 9	.009897	.018305	-.037856	.005130	-.013317	-.007420	.009618	-.013317
8 13	.009897	.018305	-.037856	.005130	-.013317	-.007420	.009618	-.013317
8 14	-.016817	-.031703	.062403	-.009817	.024260	.014167	-.017657	.024260
9 10	-.016224	-.029580	.064030	-.007775	.020830	.011294	-.014967	.020830
10 11	.028286	.047928	-.133541	.008448	-.028083	-.012731	.019535	-.028083
11 12	.028286	.047928	-.133541	.008448	-.028083	-.012731	.019535	-.028083
12 13	-.016224	-.029580	.064030	-.007775	.020830	.011294	-.014967	020830

	8 9	8 13	8 14	9 10	10 11	11 12	12 13
8 9	.322358						
8 13	-.065406	.322358					
8 14	-.180083	-.180093	.276520				
9 10	-.158279	.038525	.068164	.183507			
10 11	.082434	-.010591	-.050889	-.201351	.327310		
11 12	-.010591	.082434	-.050889	.057749	-.106421	.327310	
12 13	.038525	-.158279	.068164	-.034754	.057749	-.201351	.183507

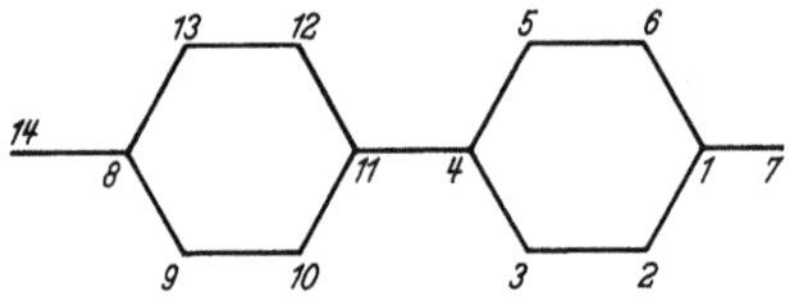

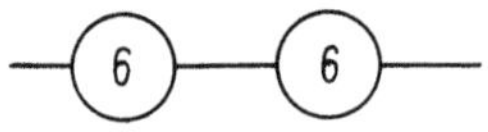

Z = 14

p,p'-Diphenochinodimethan

Eigenwerte und Hückelkoeffizienten

	1	2	3	4	5	6	7	8
1	2,316265	2,030322	1,579425	1,000000	1,000000	1,000000	,134632	-,134632
1	.235866	.395792	-.427399	-.316228	0	0	-.071037	-.071037
2	.222249	.304322	-.202220	0	.353553	.353553	.259037	-.259037
3	.278922	.222080	.108008	.316228	.353553	.353553	.105912	.105912
4	.423808	.146572	.372810	.316228	0	0	-.244778	.244778
5	.278922	.222080	.108008	.316228	-.353553	-.353553	.105912	.105912
6	.222249	.304322	-.202220	0	-.353553	-.353553	.259037	-.259037
7	.101830	.194941	-.270604	-.316228	0	0	-.527638	.527638
8	.235866	-.395792	-.427399	.316228	0	0	-.071037	.071037
9	.222249	-.304322	-.202220	0	.353553	-.353553	.259037	.259037
10	.278922	-.222080	.108008	-.316228	.353553	-.353553	.105912	-.105912
11	.423808	-.146572	.372810	-.316228	0	0	-.244778	-.244778
12	.278922	-.222080	.108008	-.316228	-.353553	.353553	.105912	-.105912
13	.222249	-.304322	-.202220	0	-.353553	.353553	.259037	.259037
14	.101830	-.194941	-.270604	.316228	0	0	-.527638	-.527638

	9	10	11	12	13	14
9	-1,000000	-1,000000	-1,000000	-1,579425	-2,030322	-2,316265
1	0	0	-.316228	-.427399	.395792	.235866
2	-.353553	-.353553	0	.202220	-.304322	-.222249
3	.353553	.353553	.316228	.108008	.222080	.278922
4	0	0	-.316228	-.372810	-.146572	-.423808
5	-.353553	-.353553	.316228	.108008	.222080	.278922
6	.353553	.353553	0	.202220	-.304322	-.222249
7	0	0	.316228	.270604	-.194941	-.101830
8	0	0	-.316228	.427399	.395792	-.235866
9	-.353553	.353553	0	-.202220	-.304322	.222249
10	.353553	-.353553	.316228	-.108008	.222080	-.278922
11	0	0	-.316228	.372810	-.146572	.423808
12	-.353553	.353553	.316228	-.108008	.222080	-.278922
13	.353553	-.353553	0	-.202220	-.304322	.222249
14	0	0	.316228	-.270604	-.194941	.101830

TOTALE PI ELEKTRONEN ENERGIE 18.121287

Z=14 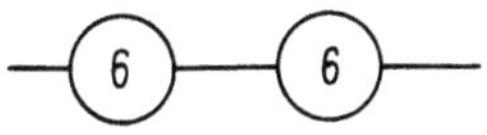

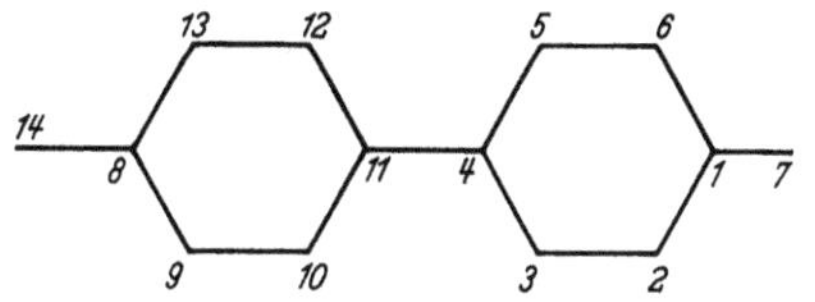

p,p'-Diphenochinodimethan

allgemeine Bindungsordnungen

	1	2	3	4	5	6	7	8
1	1.000000							
2	.481793	1.000000						
3	0	.770336	1.000000					
4	-.167952	0	.530203	1.000000				
5	0	-.229664	0	.530203	1.000000			
6	.481793	0	-.229664	0	.770336	1.000000		
7	.708624	0	-.226830	0	-.226830	0	1.000000	
8	-.026605	0	.048410	0	.048410	0	0	1.000000
9	0	.129552	0	-.178421	0	.129552	-.237299	.481793
10	.048410	0	-.097279	0	-.097279	0	0	0
11	0	-.178421	0	.514067	0	-.178421	.285709	-.167952
12	.048410	0	-.097279	0	-.097279	0	0	0
13	0	.129552	0	-.178421	0	.129552	-.237299	.481793
14	0	-.237299	0	.285709	0	-.237299	.447993	.708624

	9	10	11	12	13	14
9	1.000000					
10	.770336	1.000000				
11	0	.530203	1.000000			
12	-.229664	0	.530203	1.000000		
13	0	-.229664	0	.770336	1.000000	
14	0	-.226830	0	-.226830	0	1.000000

Atom- Atom Polarisierbarkeiten

	1	2	3	4	5	6	7	8
1	.312933							
2	-.056388	.513004						
3	.008409	-.269283	.421970					
4	-.020261	.054605	-.078234	.404190				
5	.008409	-.042453	.005396	-.078234	.421970			
6	-.056388	.031211	-.042453	.054605	-.269283	.513004		
7	-.215381	.222453	-.091458	.163329	-.091458	.222453	1.563367	
8	-.000909	.003383	-.002493	.006344	-.002493	.003383	.011450	.312933
9	.003383	-.067556	.008286	-.074947	.008286	-.067556	-.263047	-.056388
10	-.002493	.008286	-.007331	.019045	-.007331	.008286	.027191	.008409
11	.006344	-.074947	.019045	-.109876	.019045	-.074947	-.284664	-.020261
12	-.002493	.008286	-.007331	.019045	-.007331	.008286	.027191	.008409
13	.003383	-.067556	.008286	-.074947	.008286	-.067556	-.263047	-.056388
14	.011450	-.263047	.027191	-.284664	.027191	-.263047	-1.028379	-.215381

	9	10	11	12	13	14
9	.513004					
10	-.269283	.421970				
11	.054605	-.078234	.404190			
12	-.042453	.005396	-.078234	.421970		
13	.031211	-.042453	.054605	-.269283	.513004	
14	.222453	-.091458	.163329	-.091458	.222453	1.563367

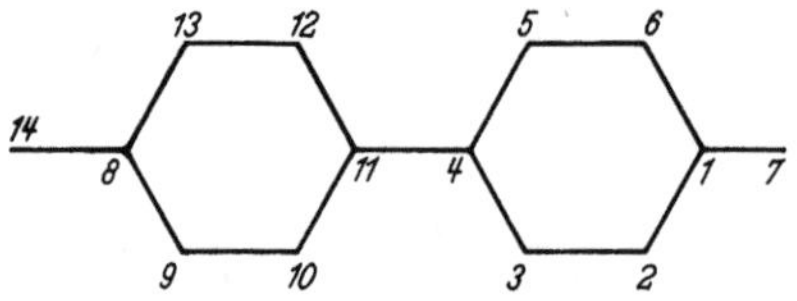

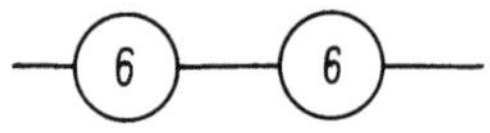

Z = 14

p,p'-Diphenochinodimethan

Bindungs- Bindungs Polarisierbarkeiten

	1 2	1 6	1 7	2 3	3 4	4 5	4 11	5 6
1 2	.321857							
1 6	-.065615	.321857						
1 7	-.180310	-.180310	.277862					
2 3	-.157955	.039099	.067534	.184608				
3 4	.082984	-.011338	-.050716	-.202794	.326575			
4 5	-.011338	.082984	-.050716	.059479	-.109306	.326575		
4 11	-.036817	-.036817	.060908	.062200	-.129416	-.129416	.294314	
5 6	.039099	-.157955	.067534	-.037745	.059479	-.202794	.062200	.184608
8 9	.006767	.006767	-.012358	-.010559	.014019	.014019	-.036817	-.010559
8 13	.006767	.006767	-.012358	-.010559	.014019	.014019	-.036817	-.010559
8 14	-.012358	-.012358	.022899	.019125	-.024110	-.024110	.060908	.019125
9 10	-.010559	-.010559	.019125	.016572	-.022788	-.022788	.062200	.016572
10 11	.014019	.014019	-.024110	-.022788	.038090	.038090	-.129416	-.022788
11 12	.014019	.014019	-.024110	-.022788	.038090	.038090	-.129416	-.022788
12 13	-.010559	-.010559	.019125	.016572	-.022788	-.022788	.062200	[illegible]6572

	8 9	8 13	8 14	9 10	10 11	11 12	12 13
8 9	.321857						
8 13	-.065615	.321857					
8 14	-.180310	-.180310	.277862				
9 10	-.157955	.039099	.067534	.184608			
10 11	.082984	-.011338	-.050716	-.202794	.326575		
11 12	-.011338	.082984	-.050716	.059479	-.109306	.326575	
12 13	.039099	-.157955	.067534	-.037745	.059479	-.202794	.184608

1 Vinyl-Anthracen

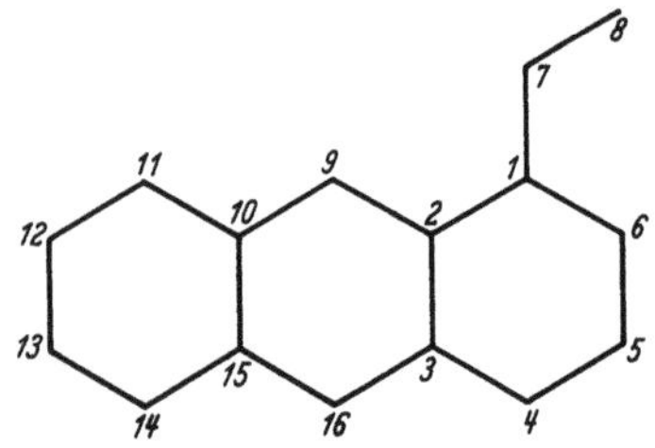

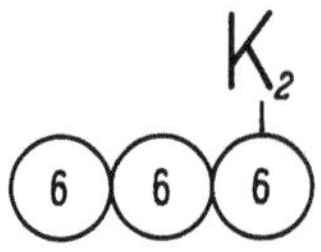

Z=16

Eigenwerte und Hückelkoeffizienten

	1	2	3	4	5	6	7	8
1	2,446152	2.070088	1.579909	1,414214	1,219230	1.000000	.781521	,371035
1	,296876	,363450	,372027	0	-.137896	0	,183774	-,297617
2	.391270	,235749	.020978	,288675	.060047	,353553	,278868	,034410
3	,364327	,166572	-,420268	0	-,006406	,353553	-,182259	-,068080
4	,216792	,192505	-,327555	-,288675	,225242	0	-,234607	,345750
5	,165979	,231930	-,097239	-,408248	,281028	-,353553	-,001090	,196365
6	,189218	,287611	,173926	-,288675	,117396	-,353553	,233754	-,272892
7	,145717	,229015	,392864	0	-,345569	0	-,368999	,128055
8	,059570	,110630	,248662	0	-,283433	0	-,472155	,345130
9	,295902	-,042002	,081385	,408248	,217513	0	,216427	,378465
10	,332551	-,322696	,107603	,288675	,205152	-,353553	-,109726	,106013
11	,189297	-,286717	,233022	0	,383563	0	-,338528	-,256785
12	,130499	-,270833	,260551	-,288675	,262500	,353553	-,154841	-,201289
13	,129923	-,273932	,178624	-,408248	-,063515	,353553	,217517	,182100
14	,187312	-,296230	,021659	-,288675	-,339940	0	,324835	,268854
15	,328271	-,339290	-,144405	0	-,350950	-,353553	,036348	-,082345
16	,283138	-,083435	-,357408	0	-,293100	0	-,186702	-,405420

	9	10	11	12	13	14	15	16
9	-,371035	-,781521	-1,000000	-1,219230	-1,414214	-1,579909	-2,070088	-2,446152
1	,297617	-,183774	0	,137896	0	-,372027	-,363450	-,296876
2	,034410	,278868	,353553	,060047	,288675	,020978	,235749	,391270
3	,068080	,182259	-,353553	,006406	0	,420268	-,166572	-,364327
4	,345750	-,234607	0	,225242	-,288675	-,327555	,192505	,216792
5	-,196365	,001090	,353553	-,281028	,408248	,097239	-,231930	-,165979
6	-,272892	,233754	-,353553	,117396	-,288675	,173926	,287611	,189218
7	,128055	-,368999	0	-,345569	0	,392864	,229015	,145717
8	-,345130	,472155	0	,283433	0	-,248662	-,110630	-,059570
9	-,378465	-,216427	0	-,217513	-,408248	-,081385	,042002	-,295902
10	,106013	-,109726	-,353553	,205152	,288675	,107603	-,322696	,332551
11	,256785	,338528	0	-,383563	0	-,233022	,286717	-,189297
12	-,201289	-,154841	,353553	,262500	-,288675	,260551	-,270833	,130499
13	-,182100	-,217517	-,353553	,063515	,408248	-,178624	,273932	-,129923
14	,268854	,324835	0	-,339940	-,288675	,021659	-,296230	,187312
15	,082345	-,036348	,353553	,350950	0	,144405	,339290	-,328271
16	-,405420	-,186702	0	-,293100	0	-,357408	-,083435	,283138

TOTALE PI ELEKTRONEN ENERGIE 21.764296

Z = 16 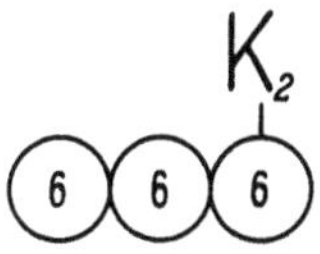 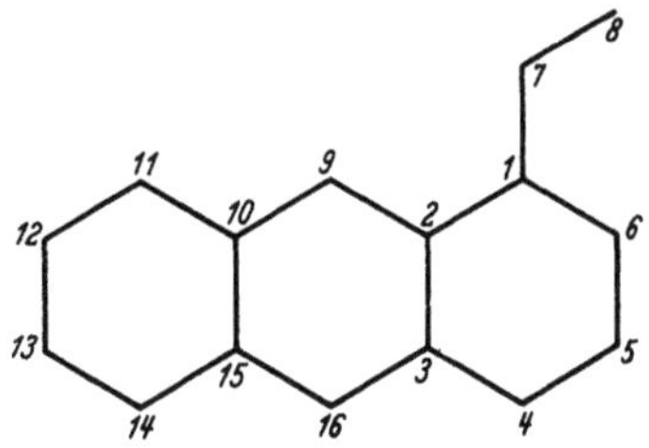 1 Vinyl-Anthracen

allgemeine Bindungsordnungen

	1	2	3	4	5	6	7	8
1	1.000000							
2	.484747	1.000000						
3	0	.488898	1.000000					
4	-.329218	0	.532975	1.000000				
5	0	-.203887	0	.723563	1.000000			
6	.666798	0	-.212057	0	.606401	1.000000		
7	.428760	0	-.026246	0	-.064934	0	1.000000	
8	0	-.164414	0	.238038	0	-.302972	.896146	1.000000
9	0	.623745	0	.081253	0	-.173881	-.082181	0
10	-.117064	0	-.182700	0	.111259	0	0	.082233
11	0	-.137695	0	-.026903	0	.059710	.025908	0
12	.064986	0	.116346	0	-.078452	0	0	-.056325
13	0	.120526	0	.064797	0	-.073176	-.017247	0
14	-.034883	0	-.131067	0	.070074	0	0	.039079
15	0	-.186690	0	-.125790	0	.108366	.021442	0
16	.095066	0	.605942	0	-.198757	0	0	-.099870

	9	10	11	12	13	14	15	16
9	1.000000							
10	.599124	1.000000						
11	0	.538317	1.000000					
12	-.198502	0	.735722	1.000000				
13	0	-.219242	0	.587057	1.000000			
14	.099786	0	-.367907	0	.736819	1.000000		
15	0	.486800	0	-.218144	0	.535679	1.000000	
16	-.398800	0	.098245	0	-.200043	0	.604655	1.000000

1 Vinyl-Anthracen

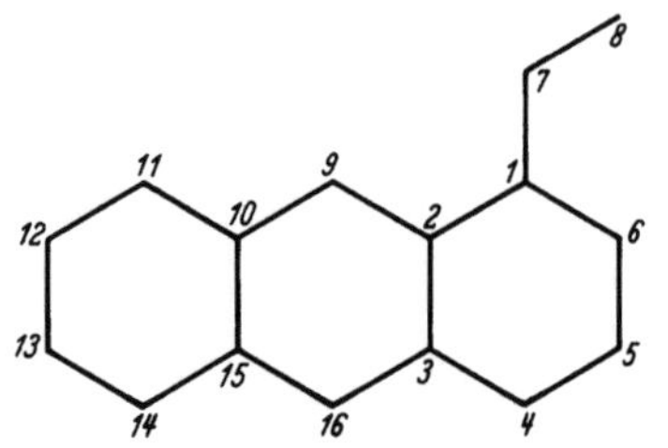

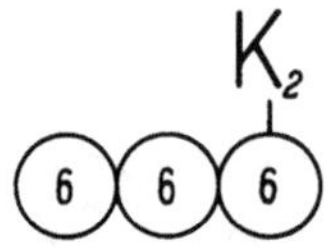

Z = 16

Atom- Atom Polarisierbarkeiten

	1	2	3	4	5	6	7	8
1	.373802							
2	-.059423	.345437						
3	.001918	-.060638	.330768					
4	-.128909	.004281	-.076646	.479531				
5	.016212	-.032210	.009087	-.218329	.405436			
6	-.187646	.003986	-.035262	.036976	-.110699	.453611		
7	-.039524	.008607	-.000350	.009285	-.002681	.019182	.408086	
8	.049289	-.025733	.000265	-.105760	.007863	-.125323	-.399156	.635182
9	.031989	-.135599	.008864	-.035109	.011815	-.044974	-.004842	.018118
10	-.015051	.006246	-.026342	.004956	-.016410	.000542	.001147	-.012137
11	.006220	-.019416	.003374	-.007512	.003453	-.008939	-.000757	.004376
12	-.009656	.000073	-.017589	.005258	-.011821	.001794	.000363	-.008861
13	.003109	-.018706	.000103	-.009524	.000806	-.010887	-.000371	.002220
14	-.007868	.003134	-.017749	.009094	-.010314	.004841	.000194	-.007439
15	.002443	-.027569	.005111	-.016389	.000113	-.015868	-.000391	.001363
16	-.036904	.007530	-.124916	.048799	-.052320	.018666	.001209	-.034267

	9	10	11	12	13	14	15	16
9	.511622							
10	-.120343	.333046						
11	.040185	-.079250	.451998					
12	-.052525	.009148	-.228828	.411598				
13	.013081	-.037225	.021469	-.099659	.410054			
14	-.039182	.002657	-.150248	.022344	-.229913	.454476		
15	.007799	-.060223	.002676	-.036748	.008577	-.077854	.330765	
16	-.210898	.009241	-.038801	.015107	-.053132	.043827	-.123806	.530667

Z = 16 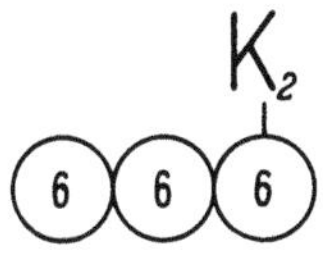 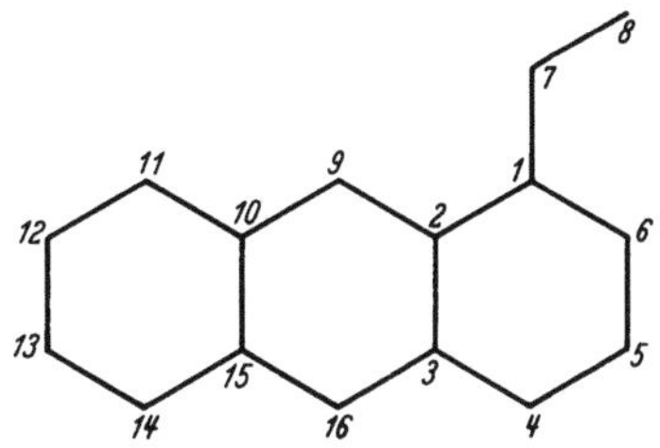

1 Vinyl-Anthracen

Bindungs- Bindungs Polarisierbarkeiten

	1 2	1 6	1 7	2 3	2 9	3 4	3 16	4 5
1 2	.297489							
1 6	-.130988	.223095						
1 7	-.087083	-.121410	.349711					
2 3	-.080436	.044585	.006831	.277228				
2 9	-.147657	.048169	.030085	-.127146	.272952			
3 4	.073717	-.058581	-.003936	-.096589	-.017201	.311272		
3 16	-.022765	.024598	-.000291	-.119867	.095890	-.162125	.276516	
4 5	-.053553	.117134	-.023792	.051720	.018615	-.177232	.067684	.218493
5 6	.083213	-.196028	.035129	-.027780	-.039241	.103152	-.050431	-.223439
7 8	.038150	.060608	-.177807	-.002498	-.018438	.001687	.000111	.016882
9 10	.053877	-.022510	-.012026	.065333	-.175698	.016340	-.061538	-.013577
10 11	-.021483	.009196	.005147	-.026427	.059411	-.004401	.019908	.004519
10 15	-.023156	.014547	.003345	-.021311	.062490	-.024459	.061778	.016399
11 12	.012643	-.006018	-.002974	.018613	-.032100	.004742	-.016769	-.004020
12 13	-.012578	.007899	.002110	-.018061	.031215	-.011800	.029905	.008497
13 14	.006859	-.004780	-.001073	.018105	-.018266	.011632	-.030013	-.007261
14 15	-.007034	.006106	.000602	-.025229	.021234	-.021561	.056529	.012202
15 16	.020783	-.015622	-.002567	.062928	-.064314	.055345	-.169121	-.029272

	5 6	7 8	9 10	10 11	10 15	11 12	12 13	13 14
5 6	.316591							
7 8	-.022244	.097833						
9 10	.024550	.008753	.278843					
10 11	-.010037	-.004033	-.159752	.303236				
10 15	-.015999	-.002425	-.118410	-.092087	.271664			
11 12	.007681	.002520	.067394	-.179462	.053985	.201486		
12 13	-.010131	-.001793	-.050129	.104230	-.028134	-.207541	.311159	
13 14	.008642	.001050	.026038	-.066528	.053474	.120376	-.208211	.200412
14 15	-.012206	-.000663	-.024025	.081897	-.090884	-.065633	.103622	-.177555
15 16	.028576	.002307	.096536	-.023333	-.120818	.025077	-.050259	.067098

	14 15	15 16
14 15	.303390	
15 16	-.160792	.277449

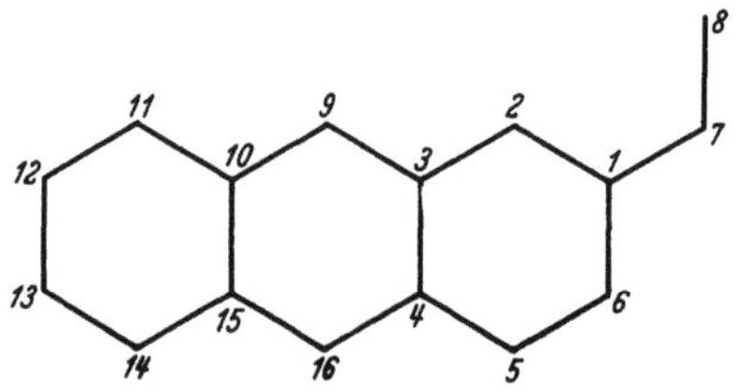

666-K_2 Z=16

2 Vinyl-Anthracen

Eigenwerte und Hückelkoeffizienten

	1	2	3	4	5	6	7	8
1	2.431008	2.078375	1.635577	1.414214	1.178277	1.000000	.745053	.389878
1	.220662	.404207	.411617	0	-.101787	0	.235860	.229143
2	.243509	.284797	.097960	.223607	.047723	.353553	.217775	.353969
3	.371311	.187708	-.251396	.316228	.158018	.353553	-.073606	-.091138
4	.365324	.163198	-.382819	-.223607	.174760	0	-.332749	.045730
5	.225828	.223938	-.128059	-.316228	.268139	-.353553	.027098	-.291242
6	.183664	.302229	.173369	-.223607	.141182	-.353553	.352939	-.159280
7	.109257	.253068	.401902	0	-.308838	0	-.394986	-.105352
8	.044943	.121762	.245725	0	-.262110	0	-.530146	-.270217
9	.293827	-.057867	-.126318	.447214	-.036294	0	.060134	-.435232
10	.342986	-.307978	.044792	.316228	-.200782	-.353553	.118409	-.078550
11	.197953	-.268430	.220216	.223607	.233982	-.353553	-.154603	.294305
12	.138239	-.249921	.315388	0	.476477	0	-.233596	.193293
13	.138108	-.250998	.295625	-.223607	.327441	.353553	-.019439	-.218944
14	.197502	-.271748	.168130	-.316228	-.090661	.353553	.219113	-.278655
15	.342021	-.313796	-.020636	-.223607	-.434265	0	.182689	.110303
16	.290968	-.072460	-.246674	-.316228	-.220241	0	-.201409	.400209

	9	10	11	12	13	14	15	16
9	-.389878	-.745053	-1.000000	-1.178277	-1.414214	-1.635577	-2.078375	-2.431008
1	-.229143	-.235860	0	.101787	0	-.411617	-.404207	-.220662
2	.353969	.217775	.353553	.047723	.223607	.097960	.284797	.243509
3	.091138	.073606	-.353553	-.158018	-.316228	.251396	-.187708	-.371311
4	.045730	-.332749	0	.174760	-.223607	-.382819	.163198	.365324
5	.291242	-.027098	.353553	-.268139	.316228	.128059	-.223938	-.225828
6	-.159280	.352939	-.353553	.141182	-.223607	.173369	.302229	.183664
7	-.105352	-.394986	0	-.308838	0	.401902	.253068	.109257
8	.270217	.530146	0	.262110	0	-.245725	-.121762	-.044943
9	-.435232	.060134	0	-.036294	.447214	-.126318	-.057867	.293827
10	.078550	-.118409	.353553	.200782	-.316228	-.044792	.307978	-.342986
11	.294305	-.154603	-.353553	.233982	.223607	.220216	-.268430	.197953
12	-.193293	.233596	0	-.476477	0	-.315388	.249921	-.138239
13	-.218944	-.019439	.353553	.327441	-.223607	.295625	-.250998	.138108
14	.278655	-.219113	-.353553	.090661	.316228	-.168130	.271748	-.197502
15	.110303	.182689	0	-.434265	-.223607	-.020636	-.313796	.342021
16	-.400209	.201409	0	.220241	.316228	.246674	.072460	-.290968

TOTALE PI ELEKTRONEN ENERGIE 21.744764

Z = 16 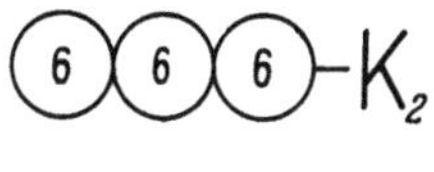

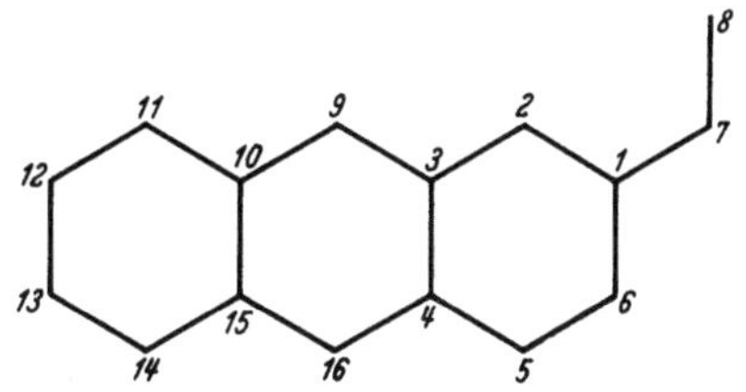

2 Vinyl-Anthracen

allgemeine Bindungsordnungen

	1	2	3	4	5	6	7	8
1	1.000000							
2	.673577	1.000000						
3	0	.548424	1.000000					
4	-.193575	0	.479502	1.000000				
5	0	-.347761	0	.526609	1.000000			
6	.532856	0	-.207040	0	.752951	1.000000		
7	.411928	0	-.046185	0	-.065909	0	1.000000	
8	0	-.307834	0	.120929	0	-.186838	.906599	1.000000
9	-.184803	0	.601843	0	.093613	0	0	.140720
10	0	-.131384	0	-.181799	0	.115850	.002102	0
11	.065962	0	-.130009	0	-.032968	0	0	-.057137
12	0	.067337	0	.117633	0	-.082856	.006722	0
13	-.074759	0	.114526	0	.067744	0	0	.063859
14	0	-.027569	0	-.134691	0	.075842	-.017621	0
15	.105409	0	-.179100	0	-.126594	0	0	-.081481
16	0	.085263	0	.612891	0	-.212876	.039448	0

	9	10	11	12	13	14	15	16
9	1.000000							
10	.605917	1.000000						
11	0	.535474	1.000000					
12	-.200453	0	.736787	1.000000				
13	0	-.217292	0	.586594	1.000000			
14	.097687	0	-.367485	0	.735926	1.000000		
15	0	.484951	0	-.218152	0	.537457	1.000000	
16	-.397753	0	.098810	0	-.199329	0	.602095	1.000000

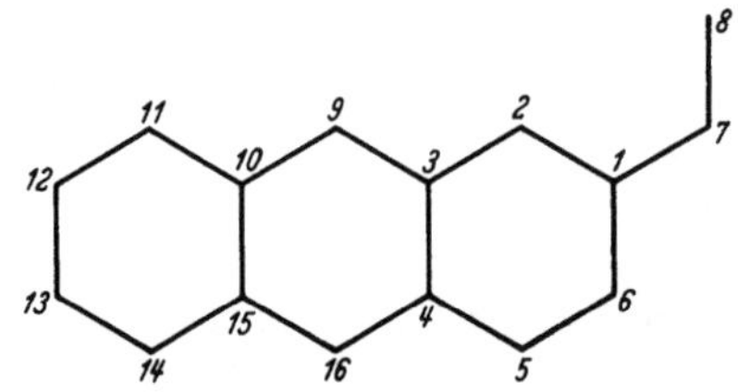

Z = 16

2 Vinyl-Anthracen

Atom- Atom Polarisierbarkeiten

	1	2	3	4	5	6	7	8
1	.345813							
2	-.193236	.504889						
3	.006592	-.083874	.329520					
4	-.029620	.004400	-.057190	.336750				
5	.016863	-.138820	.002946	-.073397	.447538			
6	-.077082	.012026	-.033410	.012070	-.242491	.435156		
7	-.034936	.019941	-.001185	.003582	-.002790	.011816	.413093	
8	.035669	-.128978	.002428	-.019759	.008228	-.032594	-.412353	.611069
9	-.048915	.054096	-.122245	.006882	-.038146	.010639	.002815	-.042197
10	.000088	-.017634	.005183	-.026238	.003305	-.017645	-.000011	.000050
11	-.009866	.010044	-.017422	.002887	-.008099	.003292	.000379	-.009034
12	.000825	-.009942	.000102	-.018036	.003805	-.012813	-.000081	.000643
13	-.011298	.005769	-.017130	.000071	-.010072	.000591	.000542	-.010087
14	.003253	-.007714	.003109	-.018736	.007444	-.011395	-.000391	.002319
15	-.015410	.005429	-.025330	.005923	-.016595	.000146	.001132	-.012696
16	.011260	-.036396	.007906	-.129590	.040281	-.058306	-.001555	.007291

	9	10	11	12	13	14	15	16
9	.535622							
10	-.124776	.331337						
11	.044729	-.077727	.454957					
12	-.053481	.008767	-.229983	.410655				
13	.015637	-.036378	.022600	-.099378	.411948			
14	-.038943	.002604	-.150082	.021835	-.229086	.452940		
15	.009716	-.059414	.002611	-.036767	.009243	-.078799	.332966	
16	-.211432	.008491	-.039286	.013848	-.052972	.041641	-.122156	.520974

Z=16

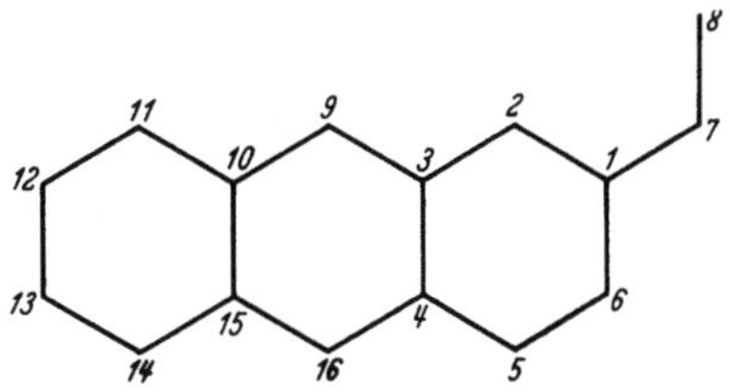

2 Vinyl-Anthracen

Bindungs- Bindungs Polarisierbarkeiten

	1 2	1 6	1 7	2 3	3 4	3 9	4 5	4 16
1 2	.217549							
1 6	-.158566	.309136						
1 7	-.111308	-.092259	.342056					
2 3	-.167071	.087208	.022673	.311120				
3 4	.050719	-.022546	-.009261	-.097635	.275842			
3 9	.064523	-.044071	-.007456	-.167883	-.115196	.2/9169		
4 5	-.054186	.097604	-.015224	.076411	-.089018	-.021653	.310260	
4 16	.019281	-.049770	.011927	-.018104	-.119928	.092894	-.160757	.275527
5 6	.097952	-.191597	.026913	-.060477	.050121	.023656	-.184009	.071621
7 8	.053181	.039256	-.162308	-.013300	.005736	.005193	.010045	-.008618
9 10	-.028314	.028652	-.000351	.057434	.060640	-.168816	.020257	-.062948
10 11	.011843	-.012226	.000211	-.022350	-.024437	.056534	-.006532	.020767
10 15	.016205	-.016398	.000193	-.025160	-.020253	.061150	-.024448	.061677
11 12	-.007102	.009518	-.001114	.011979	.017665	-.030058	.006547	-.018009
12 13	.008427	-.011308	.001317	-.012099	-.017499	.029767	-.012823	.030893
13 14	-.004040	.009988	-.002654	.004824	.018059	-.016698	.012916	-.031805
14 15	.004628	-.013299	.003742	-.004525	-.025334	.019642	-.022529	.058737
15 16	-.013721	.030678	-.007099	.016955	.062325	-.060698	.057140	-.173385

	5 6	7 8	9 10	10 11	10 15	11 12	12 13	13 14
5 6	.198414							
7 8	-.015625	.081894						
9 10	-.017537	.000437	.278180					
10 11	.006452	-.000213	-.161658	.304099				
10 15	.017547	-.000245	-.121263	-.090090	.272724			
11 12	-.005627	.000972	.067524	-.177876	.053036	.200899		
12 13	.009797	-.001134	-.050485	.103442	-.027575	-.208345	.311916	
13 14	-.008664	.002218	.025057	-.065443	.053441	.120343	-.207816	.201834
14 15	.013734	-.002999	-.023125	.081121	-.091013	-.066200	.103950	-.179416
15 16	-.032673	.005508	.096314	-.023643	-.119527	.025848	-.050427	.067858

	14 15	15 16
14 15	.303938	
15 16	-.161051	.279598

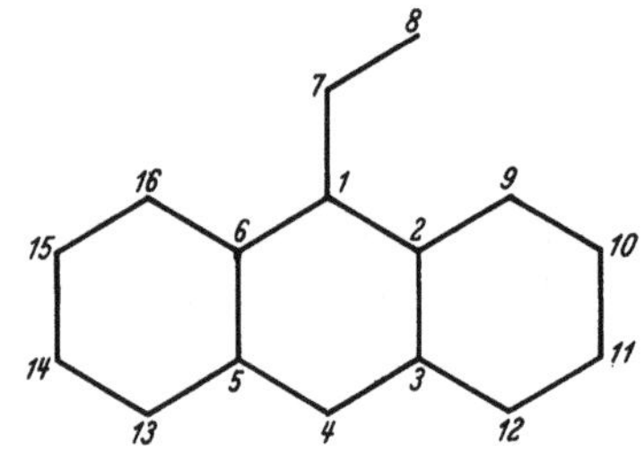

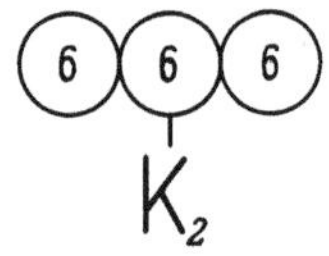

Z=16

9 Vinyl-Anthracen

Eigenwerte und Hückelkoeffizienten

	1	2	3	4	5	6	7	8
1	2,470927	2.000000	1.666295	1,414214	1.000000	1.000000	1.000000	.343481
1	.376273	0	.472401	0	0	0	0	-.367772
2	.373818	,288675	.172037	0	.250000	.009805	.408131	-.134771
3	.340370	,288675	-.212462	-,288675	0	-.348549	.212557	.075332
4	.275500	0	-.255011	-,408248	0	0	0	.438637
5	,340370	-,288675	-.212462	-,288675	0	.348549	-.212557	.075332
6	,373818	-,288675	.172037	0	.250000	-.009805	-.408131	-.134771
7	,182107	0	.443086	0	-.500000	0	0	.143220
8	.073700	0	.265911	0	-.500000	0	0	.416965
9	,207035	.288675	.026725	,288675	.250000	.358354	.195574	.246148
10	,137750	,288675	-.127506	,408248	0	.348549	-.212557	.219319
11	,133335	.288675	-.239186	,288675	-.250000	-.009805	-.408131	-.170817
12	,191711	,288675	-.271049	0	-.250000	-.358354	-.195574	-.277991
13	,191711	-,288675	-.271049	0	-.250000	.358354	.195574	-.277991
14	,133335	-,288675	-.239186	,288675	-.250000	.009805	.408131	-.170817
15	,137750	-,288675	-.127506	,408248	0	-.348549	.212557	.219319
16	.207035	-.288675	.026725	,288675	.250000	-,358354	-,195574	.246148

	9	10	11	12	13	14	15	16
9	-,343481	-1,000000	-1.000000	-1,000000	-1.414214	-1.666295	-2.000000	-2.470927
1	-,367772	0	0	0	0	.472401	0	,376273
2	,134771	-,060620	-.403723	-,250000	0	-.172037	-.288675	-,373818
3	.075332	-,319324	.254359	0	-.288675	-.212462	.288675	.340370
4	-,438637	0	0	0	.408248	.255011	0	-.275500
5	.075332	,319324	-.254359	0	-,288675	-.212462	-.288675	.340370
6	.134771	,060620	.403723	-,250000	0	-.172037	,288675	-,373818
7	-,143220	0	0	,500000	0	-.443086	0	-.182107
8	,416965	0	0	-,500000	0	.265911	0	.073700
9	,246148	,379944	.149363	,250000	.288675	.026725	.288675	.207035
10	-.219319	-,319324	.254359	0	-.408248	.127506	-,288675	-.137750
11	-.170817	-,060620	-.403723	-,250000	.288675	-.239186	.288675	.133335
12	.277991	.379944	.149363	,250000	0	.271049	-.288675	-.191711
13	.277991	-.379944	-.149363	,250000	0	.271049	.288675	-.191711
14	-.170817	.060620	.403723	-,250000	.288675	-.239186	-.288675	.133335
15	-.219319	.319324	-.254359	0	-.408248	.127506	.288675	-.137750
16	.246148	-.379944	-.149363	,250000	.288675	.026725	-.288675	.207035

TOTALE PI ELEKTRONEN ENERGIE 21.789834

Z=16

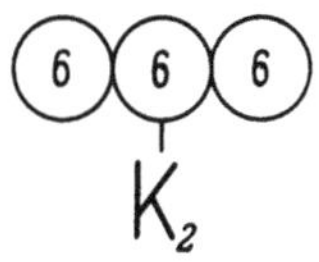

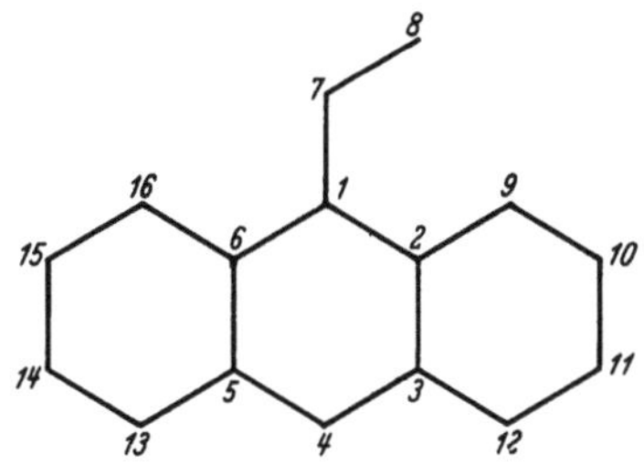

9 Vinyl-Anthracen

allgemeine Bindungsordnungen

	1	2	3	4	5	6	7	8
1	1.000000							
2	.542986	1.000000						
3	0	.494399	1.000000					
4	-.356245	0	.597693	1.000000				
5	0	-.172268	0	.597693	1.000000			
6	.542986	0	-.172268	0	.494399	1.000000		
7	.450328	0	-.042732	0	-.042732	0	1.000000	
8	0	-.215796	0	.270781	0	-.215796	.881920	1.000000
9	0	.555968	0	.080683	0	-.110699	-.080406	0
10	-.178123	0	-.221374	0	.111960	0	0	.135390
11	0	-.228236	0	-.190097	0	.105098	.037674	0
12	.092658	0	.537131	0	-.129535	0	0	-.097717
13	.092658	0	-.129535	0	.537131	0	0	-.097717
14	0	.105098	0	-.190097	0	-.228236	.037674	0
15	-.178123	0	.111960	0	-.221374	0	0	.135390
16	0	-.110699	0	.080683	0	.555968	-.080406	0

	9	10	11	12	13	14	15	16
9	1.000000							
10	.727228	1.000000						
11	0	.591838	1.000000					
12	-.363626	0	.734091	1.000000				
13	-.030293	0	.067424	0	1.000000			
14	0	-.074829	0	.067424	.734091	1.000000		
15	.060562	0	-.074829	0	0	.591838	1.000000	
16	0	.060562	0	-.030293	-.363626	0	.727228	1.000000

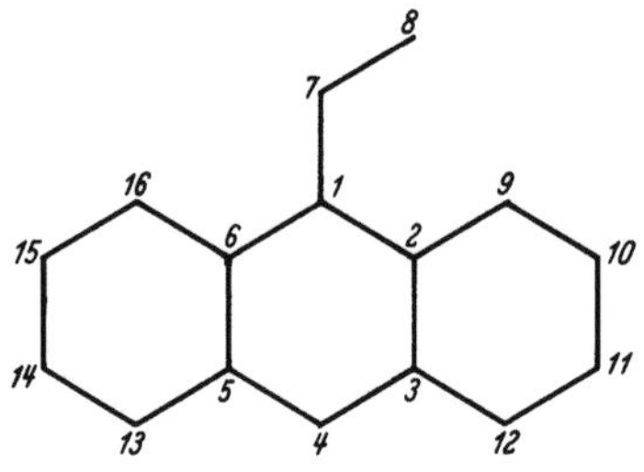

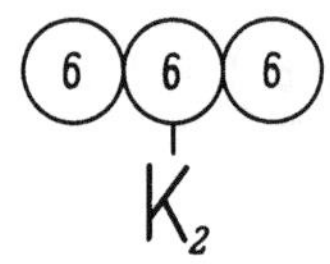

Z=16

9 Vinyl-Anthracen

Atom- Atom Polarisierbarkeiten

	1	2	3	4	5	6	7	8
1	.418200							
2	-.096202	.349367						
3	.005964	-.063171	.329758					
4	-.183319	.015525	-.119460	.565578				
5	.005964	-.023772	.005555	-.119460	.329758			
6	-.096202	.002471	-.023772	.015525	-.063171	.349367		
7	-.046130	.010752	-.000999	.010083	-.000999	.010752	.402064	
8	.074458	-.057300	.002521	-.159155	.002521	-.057300	-.380927	.674379
9	.030127	-.088108	.002995	-.034364	.002648	-.013679	-.004565	.016944
10	-.045830	.011739	-.038001	.020748	-.016525	.000653	.002521	-.039789
11	.010083	-.040758	.008208	-.048813	.000109	-.015038	-.001387	.006518
12	-.035747	.002873	-.078698	.049772	-.017129	.004648	.001134	-.033271
13	-.035747	.004648	-.017129	.049772	-.078698	.002873	.001134	-.033271
14	.010083	-.015038	.000109	-.048813	.008208	-.040758	-.001387	.006518
15	-.045830	.000653	-.016525	.020748	-.038001	.011739	.002521	-.039789
16	.030127	-.013679	.002648	-.034364	.002995	-.088108	-.004565	.016944

	9	10	11	12	13	14	15	16
9	.442817							
10	-.220887	.416458						
11	.019712	-.102576	.407906					
12	-.145880	.024176	-.226803	.457353				
13	-.007483	.005339	-.009775	.009490	.457353			
14	.002997	-.011085	.000702	-.009775	-.226803	.407906		
15	-.008966	.002025	-.011085	.005339	.024176	-.102576	.416458	
16	.005691	-.008966	.002997	-.007483	-.145880	.019712	-.220887	.442817

Z=16

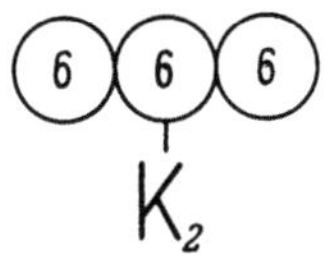

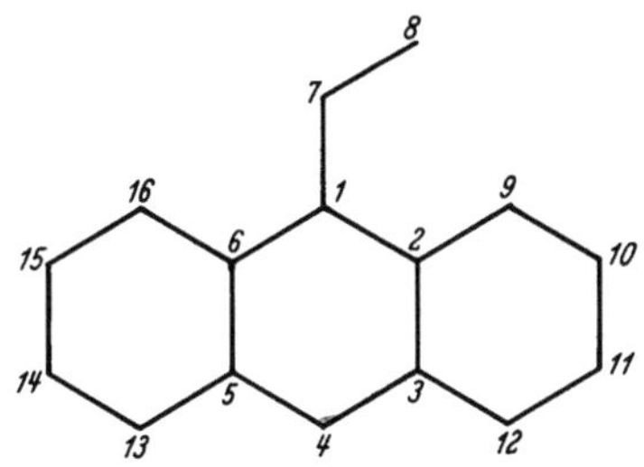

9 Vinyl-Anthracen

Bindungs- Bindungs Polarisierbarkeiten

	1 2	1 6	1 7	2 3	2 9	3 4	3 12	4 5
1 2	.279283							
1 6	-.121104	.279283						
1 7	-.106586	-.106586	.358067					
2 3	-.108059	.049247	.015925	.275844				
2 9	-.148163	.039065	.034361	-.099762	.302501			
3 4	.090267	-.052332	-.014081	-.127462	-.018683	.287473		
3 12	-.023558	.018362	.003043	-.091788	.082776	-.161023	.302483	
4 5	-.052332	.090267	-.014081	.059766	.015485	-.167621	.056128	.287473
5 6	.049247	-.108059	.015925	-.020306	-.019124	.059766	-.024010	-.127462
5 13	.018362	-.023558	.003043	-.024010	-.005325	.056128	-.021981	-.161023
6 16	.039065	-.148163	.034361	-.019124	-.015081	.015485	-.005325	-.018683
7 8	.052798	.052798	-.197858	-.009218	-.022076	.010083	-.002864	.010083
9 10	.064696	-.021565	-.017124	.058628	-.188038	.021056	-.065012	-.013807
10 11	-.048003	.023839	.010083	-.029619	.107608	-.049732	.104448	.028083
11 12	.026324	-.014511	-.005727	.055530	-.069597	.065206	-.177032	-.028807
13 14	-.014511	.026324	-.005727	.016016	.004990	-.028807	.012037	.065206
14 15	.023839	-.048003	.010083	-.015613	-.009721	.028083	-.012016	-.049732
15 16	-.021565	.064696	-.017124	.014006	.008783	-.013807	.005332	.021056

	5 6	5 13	6 16	7 8	9 10	10 11	11 12	13 14
5 6	.275844							
5 13	-.091788	.302483						
6 16	-.099762	.082776	.302501					
7 8	-.009218	-.002864	-.022076	.120066				
9 10	.014006	.005332	.008783	.012947	.208204			
10 11	-.015613	-.012016	-.009721	-.007905	-.206423	.309434		
11 12	.016016	.012037	.004990	.005131	.120797	-.210511	.203233	
13 14	.055530	-.177032	-.069597	.005131	-.004284	.008480	-.007272	.203233
14 15	-.029619	.104448	.107608	-.007905	.007460	-.009893	.008480	-.210511
15 16	.058628	-.065012	-.188038	.012947	-.005655	.007460	-.004284	.120797

	14 15	15 16
14 15	.309434	
15 16	-.206423	.208204

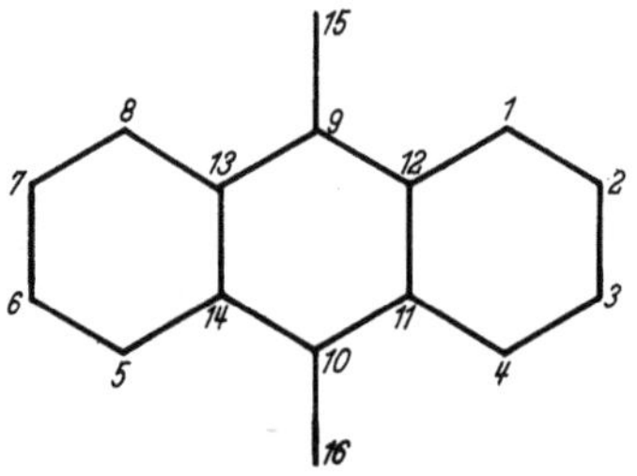

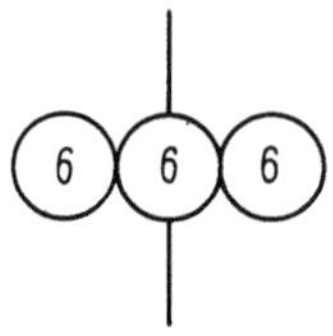

Z=16

9,10-Anthrochinodimethan

Eigenwerte und Hückelkoeffizienten

	1	2	3	4	5	6	7	8
1	2,498894	2.000000	1,662396	1.495924	1.000000	1.000000	,757366	.424945
1	,195100	,288675	,191680	,196387	.408248	0	,355943	-,099657
2	,130163	,288675	,071995	,396002	,204124	,353553	,202543	.173300
3	,130163	,288675	-,071995	,396002	-,204124	,353553	-,202543	.173300
4	,195100	,288675	-,191680	,196387	-,408248	0	-,355943	-,099657
5	,195100	-,288675	-,191680	,196387	,408248	0	-,355943	-,099657
6	,130163	-,288675	-,071995	,396002	,204124	-,353553	-,202543	.173300
7	,130163	-,288675	,071995	,396002	-,204124	-,353553	,202543	.173300
8	,195100	-,288675	,191680	,196387	-,408248	0	,355943	-,099657
9	,340563	0	,465007	-,247081	0	0	-,238137	,223667
10	,340563	0	-,465007	-,247081	0	0	,238137	,223667
11	,357372	,288675	-,246653	-,102223	-,204124	-,353553	-,067036	-,215648
12	,357372	,288675	,246653	-,102223	,204124	-,353553	,067036	-,215648
13	,357372	-,288675	,246653	-,102223	-,204124	,353553	,067036	-,215648
14	,357372	-,288675	-,246653	-,102223	,204124	,353553	-,067036	-,215648
15	,136285	0	,279721	-,165170	0	0	-,314428	,526342
16	,136285	0	-,279721	-,165170	0	0	,314428	,526342

	9	10	11	12	13	14	15	16
9	-,424945	-,757366	-1,000000	-1,000000	-1,495924	-1,662396	-2,000000	-2,498894
1	,099657	-,355943	-,408248	0	-,196387	-,191680	-,288675	-,195100
2	,173300	,202543	,204124	,353553	,396002	,071995	,288675	,130163
3	-,173300	,202543	,204124	-,353553	-,396002	,071995	-,288675	-,130163
4	-,099657	-,355943	-,408248	0	,196387	-,191680	,288675	,195100
5	-,099657	-,355943	,408248	0	,196387	-,191680	-,288675	,195100
6	-,173300	,202543	-,204124	,353553	-,396002	,071995	,288675	-,130163
7	,173300	,202543	-,204124	-,353553	,396002	,071995	-,288675	,130163
8	,099657	-,355943	,408248	0	-,196387	-,191680	,288675	-,195100
9	-,223667	,238137	0	0	,247081	-,465007	0	-,340563
10	,223667	,238137	0	0	-,247081	-,465007	0	,340563
11	,215648	,067036	,204124	,353553	,102223	,246653	-,288675	-,357372
12	-,215648	,067036	,204124	-,353553	-,102223	,246653	,288675	,357372
13	-,215648	,067036	-,204124	,353553	-,102223	,246653	-,288675	,357372
14	,215648	,067036	-,204124	-,353553	,102223	,246653	,288675	-,357372
15	,526342	-,314428	0	0	-,165170	,279721	0	,136285
16	-,526342	-,314428	0	0	,165170	,279721	0	-,136285

TOTALE PI ELEKTRONEN ENERGIE 21,679048

Z=16

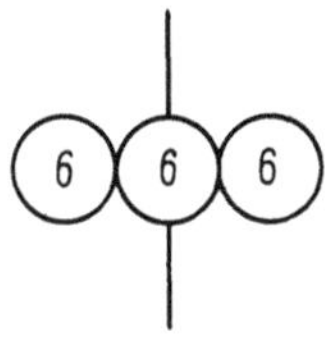

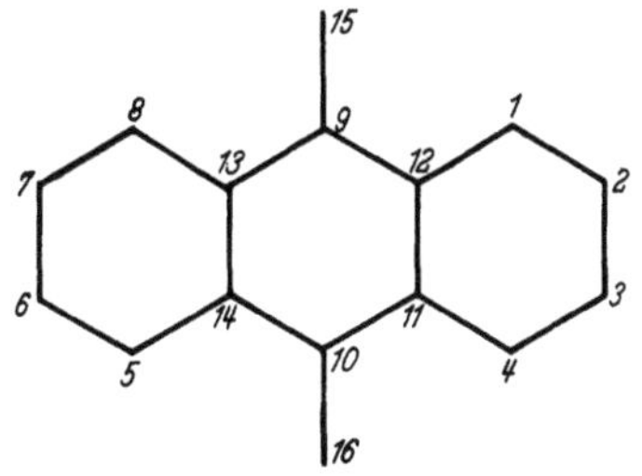

9,10-Anthrochinodimethan

allgemeine Bindungsordnungen

	1	2	3	4	5	6	7	8
1	1,000000							
2	,676909	1,000000						
3	0	,648505	1,000000					
4	-,320413	0	,676909	1,000000				
5	,012920	0	,010242	0	1,000000			
6	0	-,018162	0	,010242	,676909	1,000000		
7	,010242	0	-,018162	0	0	,648505	1,000000	
8	0	,010242	0	,012920	-,320413	0	,676909	1.000000
9	0	-,059019	0	-,017478	-,017478	0	-,059019	0
10	-,017478	0	-,059019	0	0	-,059019	0	-,017478
11	0	-,292008	0	,617890	-,048776	0	,041325	0
12	,617890	0	-,292008	0	0	,041325	0	-,048776
13	-,048776	0	,041325	0	0	-,292008	0	,617890
14	0	,041325	0	-,048776	,617890	0	-,292008	0
15	-,233206	0	,174187	0	0	,174187	0	-,233206
16	0	,174187	0	-,233206	-,233206	0	,174187	0

	9	10	11	12	13	14	15	16
9	1,000000							
10	-,091764	1,000000						
11	0	,394927	1,000000					
12	,394927	0	,572008	1,000000				
13	,394927	0	-,094659	0	1,000000			
14	0	,394927	0	-,094659	,572008	1,000000		
15	,819797	0	-,191665	0	0	-,191665	1,000000	
16	0	,819797	0	-,191665	-,191665	0	,291565	1.000000

Atom- Atom Polarisierbarkeiten

	1	2	3	4	5	6	7	8
1	,425480							
2	-,164345	,407693						
3	,015445	-,144618	,407693					
4	-,097190	,015445	-,164345	,425480				
5	-,000131	,001091	-,000096	,001536	,425480			
6	,001091	-,000388	,000520	-,000096	-,164345	,407693		
7	-,000096	,000520	-,000388	,001091	,015445	-,144618	,407693	
8	,001536	-,000096	,001091	-,000131	-,097190	,015445	-,164345	,425480
9	,012934	-,002198	,005435	-,000202	-,000202	,005435	-,002198	,012934
10	-,000202	,005435	-,002198	,012934	,012934	-,002198	,005435	-,000202
11	,003607	-,082451	,010889	-,132716	-,001407	,000387	-,001558	,001707
12	-,132716	,010889	-,082451	,003607	,001707	-,001558	,000387	-,001407
13	-,001407	,000387	-,001558	,001707	,003607	-,082451	,010889	-,132716
14	,001707	-,001558	,000387	-,001407	-,132716	,010889	-,082451	,003607
15	-,066018	,006442	-,052247	,000305	,000305	-,052247	,006442	-,066018
16	,000305	-,052247	,006442	-,066018	-,066018	,006442	-,052247	,000305

	9	10	11	12	13	14	15	16
9	,346345							
10	-,004830	,346345						
11	,007147	-,031101	,357161					
12	-,031101	,007147	-,112193	,357161				
13	-,031101	,007147	-,005220	,002149	,357161			
14	,007147	-,031101	,002149	-,005220	-,112193	,357161		
15	-,338065	,012519	-,051747	,035346	,035346	-,051747	,758505	
16	,012519	-,338065	,035346	-,051747	-,051747	,035346	-,177120	,758505

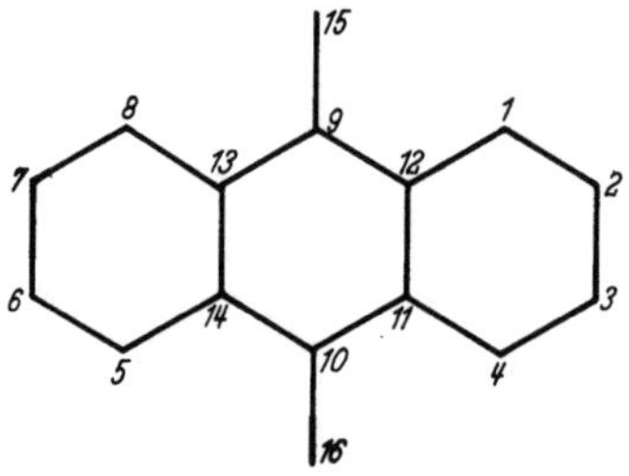

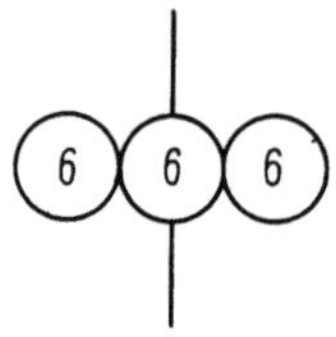

Z=16

9,10-Anthrochinodimethan

Bindungs- Bindungs Polarisierbarkeiten

	1 2	1 12	2 3	3 4	4 11	5 6	5 14	6 7
1 2	.252026							
1 12	-.198668	.256265						
2 3	-.211900	.122096	.263074					
3 4	.127083	-.082578	-.211900	.252026				
4 11	-.082578	.103407	.122096	-.198668	.256265			
5 6	.001274	-.001729	-.000525	.000716	-.000213	.252026		
5 14	-.001729	.002505	.000138	-.000213	-.001904	-.198668	.256265	
6 7	-.000525	.000138	.000132	-.000525	.000138	-.211900	.122096	.263074
7 8	.000716	-.000213	-.000525	.001274	-.001729	.127083	-.082578	-.211900
8 13	-.000213	-.001904	.000138	-.001729	.002505	-.082578	.103407	.122096
9 12	.026576	-.098635	-.017390	-.003549	.006049	.003197	-.003977	.000772
9 13	-.000654	.008944	.000772	.003197	-.003977	-.003549	.006049	-.017390
9 15	-.015970	.041838	.011573	-.000702	.000297	-.000702	.000297	.011573
10 11	-.003549	.006049	-.017390	.026576	-.098635	-.000654	.008944	.000772
10 14	.003197	-.003977	.000772	-.000654	.008944	.026576	-.098635	-.017390
10 16	-.000702	.000297	.011573	-.015970	.041838	-.015970	.041838	.011573
11 12	.104706	-.150361	-.071562	.104706	-.150361	.000909	-.003474	-.001172
13 14	.000909	-.003474	-.001172	.000909	-.003474	.104706	-.150361	-.071562

	7 8	8 13	9 12	9 13	9 15	10 11	10 14	10 16
7 8	.252026							
8 13	-.198668	.256265						
9 12	-.000654	.008944	.320556					
9 13	.026576	-.098635	-.050034	.320556				
9 15	-.015970	.041838	-.135387	-.135387	.143668			
10 11	.003197	-.003977	.026463	.002126	-.017349	.320556		
10 14	-.003549	.006049	.002126	.026463	-.017349	-.050034	.320556	
10 16	-.000702	.000297	-.017349	-.017349	.025038	-.135387	-.135387	.143668
11 12	.000909	-.003474	-.081184	.013475	.031347	-.081184	.013475	.031347
13 14	.104706	-.150361	.013475	-.081184	.031347	.013475	-.081184	.031347

	11 12	13 14
11 12	.244968	
13 14	-.003071	.244968

Benzo[a]biphenylen

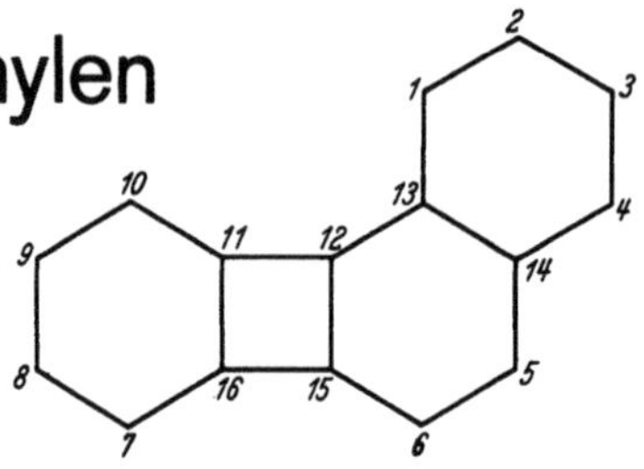

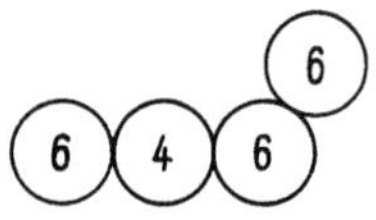

Z=16

Eigenwerte und Hückelkoeffizienten

	1	2	3	4	5	6	7	8
1	2,587995	2,104477	1,623643	1,414214	1,202775	1.000000	,829304	,320663
1	,157561	,280880	,200618	,316228	,036669	,353553	,254677	,254614
2	,093385	,269748	,307675	,223607	,356717	0	,347468	,160844
3	,084118	,286798	,298936	0	,392381	-,353553	,033479	-,203037
4	,124313	,333812	,177691	-,223607	,115230	-,353553	-,319703	-,225950
5	,176219	,219667	-,212683	-,447214	-,107865	0	,208328	,347022
6	,218450	,046581	-,334891	-,316228	,124049	0	,471378	-,019307
7	,189384	-,229971	,211442	-,223607	,292284	,353553	-,287045	,153998
8	,119966	-,201697	,385070	-,316228	,007520	,353553	,012840	-,267257
9	,121088	-,194496	,413775	-,223607	-,283239	0	,297693	-,239697
10	,193409	-,207615	,286752	0	-,348192	-,353553	,234038	,190395
11	,379454	-,242426	,051809	,223607	-,135559	-,353553	-,103604	,300749
12	,418458	-,020293	-,160869	,316228	-,158886	0	-,069070	-,410593
13	,314383	,321357	,018058	,223607	-,312613	,353553	-,136263	-,079198
14	,237603	,415703	-,010430	-,316228	-,253786	0	-,298611	,130584
15	,389130	-,121637	-,331061	0	,257068	0	,182587	-,353213
16	,370158	-,282272	-,041764	0	,344031	0	-,250887	,316638

	9	10	11	12	13	14	15	16
9	-,320663	-,829304	-1,000000	-1,202775	-1,414214	-1,623643	-2,104477	-2,587995
1	,254614	,254677	,353553	,036669	,316228	,200618	,280880	,157561
2	-,160844	-,347468	0	-,356717	-,223607	-,307675	-,269748	-,093385
3	-,203037	,033479	-,353553	,392381	0	,298936	,286798	,084118
4	,225950	,319703	,353553	-,115230	,223607	-,177691	-,333812	-,124313
5	-,347022	-,208328	0	,107865	,447214	,212683	-,219667	-,176219
6	-,019307	,471378	0	,124049	-,316228	-,334891	,046581	,218450
7	-,153998	,287045	-,353553	-,292284	,223607	-,211442	,229971	-,189384
8	-,267257	,012840	,353553	,007520	-,316228	,385070	-,201697	,119966
9	,239697	-,297693	0	,283239	,223607	-,413775	,194496	-,121088
10	,190395	,234038	-,353553	-,348192	0	,286752	-,207615	,193409
11	-,300749	,103604	,353553	,135559	-,223607	-,051809	,242426	-,379454
12	-,410593	-,069070	0	-,158886	,316228	-,160869	-,020293	,418458
13	,079198	,136263	-,353553	,312613	-,223607	-,018058	-,321357	-,314383
14	,130584	-,298611	0	-,253786	-,316228	-,010430	,415703	,237603
15	,353213	-,182587	0	-,257068	0	,331061	,121637	-,389130
16	,316638	-,250887	0	,344031	0	-,041764	-,282272	,370158

TOTALE PI ELEKTRONEN ENERGIE 22.166143

Z=16

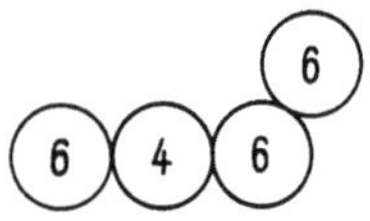

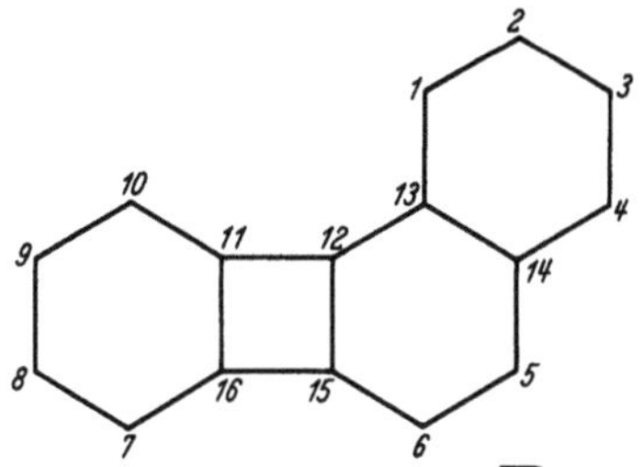

Benzo[a]biphenylen

allgemeine Bindungsordnungen

	1	2	3	4	5	6	7	8
1	1.000000							
2	.730884	1.000000						
3	0	.592277	1.000000					
4	-.362881	0	.729397	1.000000				
5	.085667	0	-.183126	0	1.000000			
6	0	.128301	0	-.156270	.678990	1.000000		
7	.077555	0	-.076015	0	0	-.142925	1.000000	
8	0	-.062562	0	.037733	-.109045	0	.607180	1.000000
9	-.037704	0	.051186	0	0	.118702	0	.699103
10	0	.076045	0	-.054546	.159748	0	-.239249	0
11	-.013965	0	-.029687	0	0	-.175842	0	-.328139
12	0	-.183799	0	.084995	-.355322	0	-.221306	0
13	.545599	0	-.224274	0	0	-.189187	0	.102414
14	0	-.225761	0	.547758	.574613	0	.099101	0
15	-.146552	0	.155157	0	0	.629969	0	.084822
16	0	.064102	0	-.014647	.065220	0	.695035	0

	9	10	11	12	13	14	15	16
9	1.000000							
10	.610213	1.000000						
11	0	.687584	1.000000					
12	.080403	0	.262580	1.000000				
13	0	-.127713	0	.568881	1.000000			
14	-.067999	0	.045489	0	.494145	1.000000		
15	0	-.216888	0	.620263	0	-.241080	1.000000	
16	-.331171	0	.562619	0	-.147064	0	.245982	1.000000

Atom- Atom Polarisierbarkeiten

	1	2	3	4	5	6	7	8
1	.452174							
2	-.224036	.410829						
3	.022905	-.102863	.413739					
4	-.145083	.021046	-.222170	.448305				
5	-.034624	.013057	-.046019	.036530	.490929			
6	.001987	-.020758	.000448	-.023879	-.165229	.413617		
7	-.010509	.000277	-.011134	.001870	.004618	-.020678	.421336	
8	.007253	-.009252	.003993	-.007201	-.034480	.000323	-.111430	.433691
9	-.007229	.001353	-.008280	.002900	.011040	-.018324	.021152	-.198906
10	.005670	-.011032	.002140	-.008841	-.044660	.001701	-.045441	.023599
11	-.007520	.004247	-.007148	.005334	.027874	-.024730	.003031	-.125523
12	.043117	-.046998	.017547	-.033840	-.179912	.002872	-.053128	.032706
13	-.082593	.009386	-.039138	.002782	.009053	-.028395	.000680	-.014510
14	.002952	-.040012	.010517	-.084410	-.106205	.011387	-.014095	.002841
15	-.037485	.003467	-.043024	.013456	.048663	-.139151	.018254	-.033617
16	.013022	-.008713	.008487	-.006798	-.030636	.008808	-.204803	.030512

	9	10	11	12	13	14	15	16
9	.428573							
10	-.113433	.427111						
11	.026796	-.198465	.416340					
12	-.032810	.025491	-.047595	.496228				
13	.000705	-.017146	.008032	-.108348	.338683			
14	-.010539	.000751	-.009365	.011970	-.063178	.339289		
15	.024660	-.051455	.064211	-.204363	.001698	-.061151	.442844	
16	-.127659	.004010	-.135519	.077062	-.017711	.009248	-.047006	.427698

Benzo[a]biphenylen

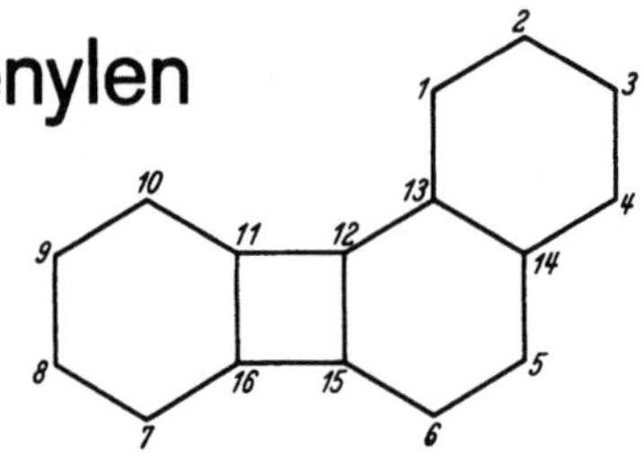

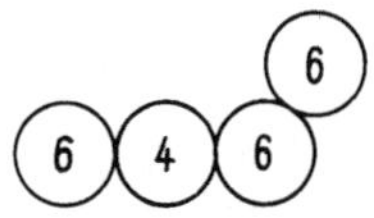

Z=16

Bindungs- Bindungs Polarisierbarkeiten

	1 2	1 13	2 3	3 4	4 14	5 6	5 14	6 15
1 2	.205632							
1 13	-.181529	.303233						
2 3	-.209355	.105803	.309372					
3 4	.121032	-.066677	-.208304	.207879				
4 14	-.068367	.082815	.106796	-.184267	.301758			
5 6	-.018458	.019522	.032349	-.035703	.066236	.278209		
5 14	.024491	-.021497	-.049107	.065891	-.156420	-.192611	.291880	
6 15	.024298	-.028957	-.029586	.032223	-.047838	-.232648	.112703	.281343
7 8	.008566	-.013342	-.009141	.005579	-.006417	-.022253	.017234	.019645
7 16	-.007977	.014738	.008480	-.003053	.003020	.014495	-.011827	-.000133
8 9	-.004804	.006589	.006382	-.004236	.005457	.021137	-.013314	-.019037
9 10	.005653	-.007035	-.007635	.006076	-.008136	-.031278	.018741	.036136
10 11	-.001211	-.000753	.005017	-.004313	.007121	.036525	-.015395	-.044480
11 12	-.001728	.011235	-.007248	.005982	-.011018	-.067627	.021936	.078956
11 16	.001416	-.004436	.001451	-.000276	.000858	.006168	-.000745	.013264
12 13	.064862	-.155376	-.049125	.022881	-.020763	-.061282	.090818	.073621
12 15	-.030907	.053670	.037461	-.021460	.028032	.143960	-.079506	-.186428
13 14	.056756	-.094770	-.029678	.057590	-.096337	.062646	-.117999	-.038488
15 16	.011628	-.023232	-.013933	.003157	-.002529	-.019387	.014728	-.044596

	7 8	7 16	8 9	9 10	10 11	11 12	11 16	12 13
7 8	.315193							
7 16	-.212722	.216302						
8 9	-.209727	.119011	.232164					
9 10	.113753	-.072491	-.212398	.314220				
10 11	-.071023	.076043	.119144	-.210663	.221528			
11 12	-.077173	.079755	.028650	-.033812	-.057323	.403367		
11 16	.150452	-.173533	-.098009	.148378	-.168796	-.106902	.286367	
12 13	.030789	-.036131	-.014876	.016115	.003258	-.049428	.016196	.281862
12 15	.014688	.013391	-.004833	.012207	.019004	-.108922	.023108	-.155238
13 14	-.015146	.017290	.010638	-.012003	.009225	-.013260	.002825	-.119034
15 16	-.038955	-.044658	.032061	-.075828	.077092	-.095440	-.097786	.060852

	12 15	13 14	15 16
12 15	.263235		
13 14	.076841	.275719	
15 16	-.098304	-.032815	.387946

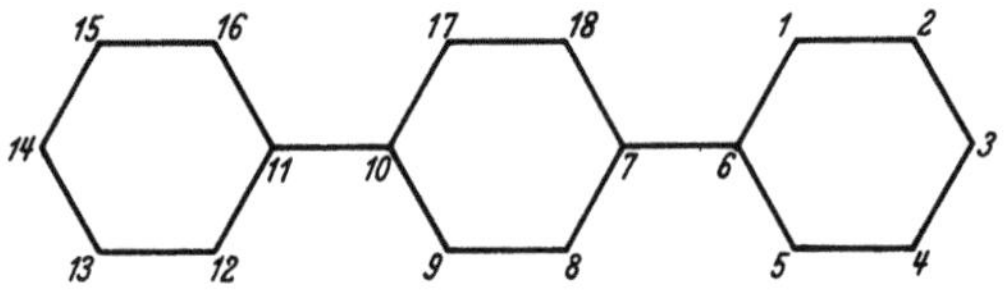

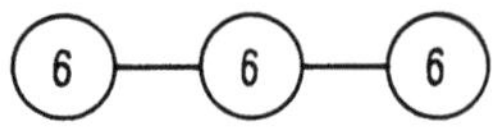

Z=18

Terphenyl

Eigenwerte und Hückelkoeffizienten

	1	2	3	4	5	6	7	8
1	2.347941	2.153652	1.845141	1.446786	1.000000	1.000000	1.000000	1.000000
1	.189163	.274694	.206630	.016619	.353553	.188982	.329898	.127150
2	.126435	.224241	.271449	.258011	.353553	-.188982	.329898	.127150
3	.107698	.208242	.294231	.356668	0	-.377964	0	0
4	126435	.224241	.271449	.258011	-.353553	-.188982	-.329898	-.127150
5	.189163	.274694	.206630	.016619	-.353553	.188982	-.329898	-.127150
6	.317708	.367354	.109813	-.233967	0	.377964	0	0
7	.367634	.241765	-.210640	-.371739	0	0	0	0
8	.272738	.076662	-.249237	-.151929	0	-.188982	.179817	-.466547
9	.272738	-.076662	-.249237	.151929	0	-.188982	.179817	-.466547
10	.367634	-.241765	-.210640	.371739	0	0	0	0
11	.317708	-.367354	.109813	.233967	0	.377964	0	0
12	.189163	-.274694	.206630	-.016619	.353553	.188982	-.329898	-.127150
13	.126435	-.224241	.271449	-.258011	.353553	-.188982	-.329898	-.127150
14	.107698	-.208242	.294231	-.356668	0	-.377964	0	0
15	.126435	-.224241	.271449	-.258011	-.353553	-.188982	.329898	.127150
16	.189163	-.274694	.206630	-.016619	-.353553	.188982	.329898	.127150
17	.272738	-.076662	-.249237	.151929	0	-.188982	-.179817	.466547
18	.272738	.076662	-.249237	-.151929	0	-.188982	-.179817	.466547

	9	10	11	12	13	14	15	16
9	.592644	-.592644	-1.000000	-1.000000	-1.000000	-1.000000	-1.446786	-1.845141
1	.245100	.245100	.066674	.188982	.353553	.347210	.016619	.206630
2	-.088100	.088100	-.066674	.188982	-.353553	-.347210	-.258011	-.271449
3	-.297312	-.297312	0	-.377964	0	0	.356668	.294231
4	-.088100	.088100	.066674	.188982	.353553	.347210	-.258011	-.271449
5	.245100	.245100	-.066674	.188982	-.353553	-.347210	.016619	.206630
6	.233357	-.233357	0	-.377964	0	0	.233967	-.109813
7	-.351903	-.351903	0	0	0	0	-.371739	-.210640
8	-.220955	.220955	.491029	.188982	0	-.094291	.151929	.249237
9	.220955	.220955	-.491029	-.188982	0	.094291	.151929	-.249237
10	.351903	-.351903	0	0	0	0	-.371739	.210640
11	-.233357	-.233357	0	.377964	0	0	.233967	.109813
12	-.245100	.245100	.066674	-.188982	-.353553	.347210	.016619	-.206630
13	.088100	.088100	-.066674	-.188982	.353553	-.347210	-.258011	.271449
14	.297312	-.297312	0	.377964	0	0	.356668	-.294231
15	.088100	.088100	.066674	-.188982	-.353553	.347210	-.258011	.271449
16	-.245100	.245100	-.066674	-.188982	.353553	-.347210	.016619	-.206630
17	.220955	.220955	.491029	-.188982	0	-.094291	.151929	-.249237
18	-.220955	.220955	-.491029	.188982	0	.094291	.151929	.249237

	17	18
17	-2.153652	-2.347941
1	.274694	.189163
2	-.224241	-.126435
3	.208242	.107698
4	-.224241	-.126435
5	.274694	.189163
6	-.367354	-.317708
7	.241765	.367634
8	-.076662	-.272738
9	-.076662	.272738
10	.241765	-.367634
11	-.367354	.317708
12	.274694	-.189163
13	-.224241	.126435
14	.208242	-.107698
15	-.224241	.126435
16	.274694	-.189163
17	-.076662	.272738
18	-.076662	-.272738

TOTALE PI ELEKTRONEN ENERGIE 24.772325

Z=18 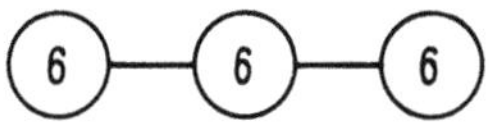

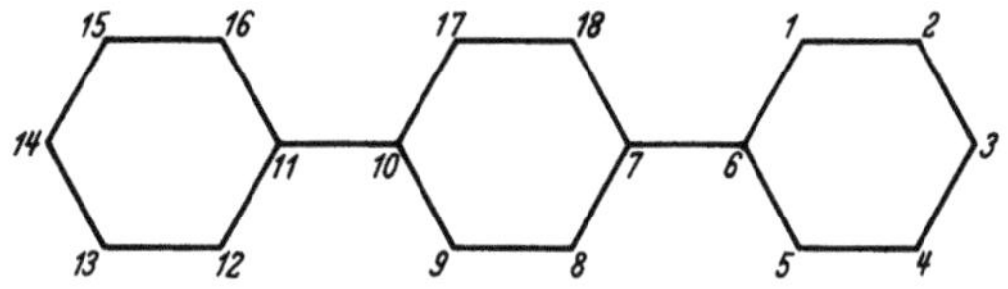

Terphenyl

allgemeine Bindungsordnungen

	1	2	3	4	5	6	7	8
1	1.000000							
2	.677168	1.000000						
3	0	.659657	1.000000					
4	-.322832	0	.659657	1.000000				
5	0	-.322832	0	.677168	1.000000			
6	.616871	0	-.305321	0	.616871	1.000000		
7	0	-.042786	0	-.042786	0	.374677	1.000000	
8	-.142490	0	.109874	0	-.142490	0	.611068	1.000000
9	0	.010170	0	.010170	0	-.048589	0	.688877
10	.104072	0	-.089534	0	.104072	0	-.281903	0
11	0	-.005803	0	-.005803	0	.023417	0	-.048589
12	-.043229	0	.038964	0	-.043229	0	.104072	0
13	0	.001538	0	.001538	0	-.005803	0	.010170
14	.038964	0	-.035887	0	.038964	0	-.089534	0
15	0	.001538	0	.001538	0	-.005803	0	.010170
16	-.043229	0	.038964	0	-.043229	0	.104072	0
17	0	.010170	0	.010170	0	-.048589	0	-.311123
18	-.142490	0	.109874	0	-.142490	0	.611068	0

	9	10	11	12	13	14	15	16
9	1.000000							
10	.611068	1.000000						
11	0	.374677	1.000000					
12	-.142490	0	.616871	1.000000				
13	0	-.042786	0	.677168	1.000000			
14	.109874	0	-.305321	0	.659657	1.000000		
15	0	-.042786	0	-.322832	0	.659657	1.000000	
16	-.142490	0	.616871	0	-.322832	0	.677168	1.000000
17	0	.611068	0	-.142490	0	.109874	0	-.142490
18	-.311123	0	-.048589	0	.010170	0	.010170	0

	17	18
17	1.000000	
18	.688877	1.000000

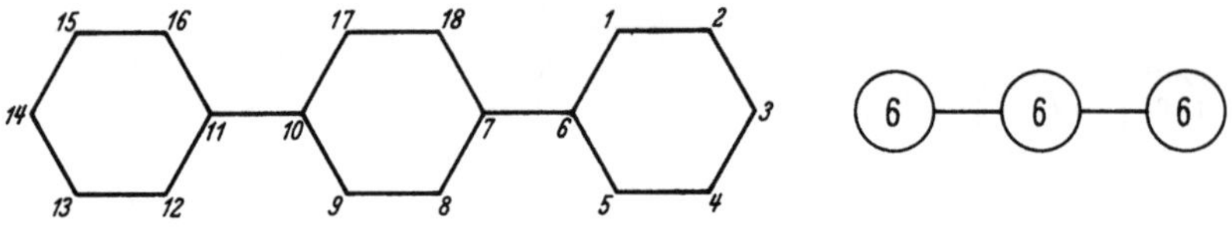

Z=18

Terphenyl

Atom- Atom Polarisierbarkeiten

	1	2	3	4	5	6	7	8
1	.425483							
2	-.164004	.395996						
3	.015141	-.152611	.412470					
4	-.097095	.009774	-.152611	.395996				
5	.004238	-.097095	.015141	-.164004	.425483			
6	-.133001	.007233	-.089018	.007233	-.133001	.343226		
7	.012319	-.000990	.006703	-.000990	.012319	-.026479	.353686	
8	-.020263	.000683	-.017012	.000683	-.020263	.010350	-.129475	.420370
9	.001351	-.000086	.000931	-.000086	.001351	-.001359	.011476	-.171704
10	-.015971	.000373	-.014317	.000373	-.015971	.004495	-.079551	.011476
11	.000682	-.000036	.000516	-.000036	.000682	-.000477	.004495	-.001359
12	-.003452	.000062	-.003186	.000062	-.003452	.000682	-.015971	.001351
13	.000062	-.000003	.000049	-.000003	.000062	-.000036	.000373	-.000086
14	-.003186	.000049	-.002978	.000049	-.003186	.000516	-.014317	.000931
15	.000062	-.000003	.000049	-.000003	.000062	-.000036	.000373	-.000086
16	-.003452	.000062	-.003186	.000062	-.003452	.000682	-.015971	.001351
17	.001351	-.000086	.000931	-.000086	.001351	-.001359	.011476	-.091874
18	-.020263	.000683	-.017012	.000683	-.020263	.010350	-.129475	.004928

	9	10	11	12	13	14	15	16
9	.420370							
10	-.129475	.353686						
11	.010350	-.026479	.343226					
12	-.020263	.012319	-.133001	.425483				
13	.000683	-.000990	.007233	-.164004	.395996			
14	-.017012	.006703	-.089018	.015141	-.152611	.412470		
15	.000683	-.000990	.007233	-.097095	.009774	-.152611	.395996	
16	-.020263	.012319	-.133001	.004238	-.097095	.015141	-.164004	.425483
17	.004928	-.129475	.010350	-.020263	.000683	-.017012	.000683	-.020263
18	-.091874	.011476	-.001359	.001351	-.000086	.000931	-.000086	.001351

	17	18
17	.420370	
18	-.171704	.420370

Z = 18

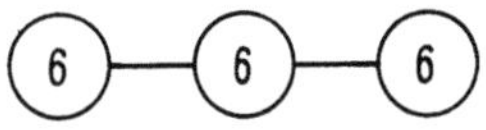

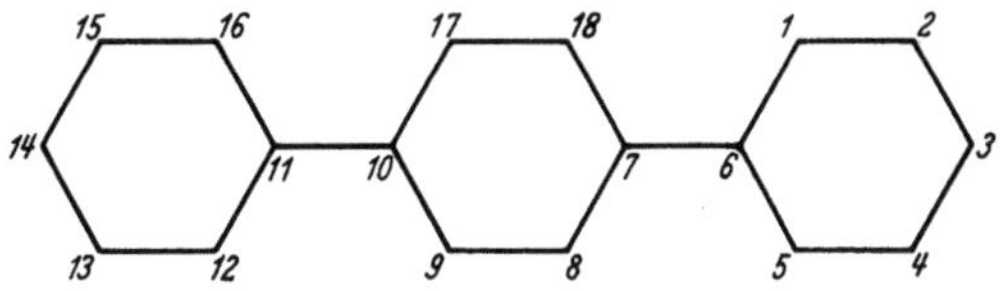

Terphenyl

Bindungs- Bindungs Polarisierbarkeiten

	1 2	1 6	2 3	3 4	4 5	5 6	6 7	7 8
1 2	.245898							
1 6	-.191488	.247605						
2 3	-.213067	.123961	.251171					
3 4	.127276	-.082565	-.201960	.251171				
4 5	-.090927	.113833	.127276	-.213067	.245898			
5 6	.113833	-.162739	-.082565	.123961	-.191488	.247605		
6 7	.018620	-.088786	-.012465	-.012465	.018620	-.088786	.321719	
7 8	-.005675	.022539	.004252	.004252	-.005675	.022539	-.087494	.255315
7 18	-.005675	.022539	.004252	.004252	-.005675	.022539	-.087494	-.162148
8 9	.001905	-.006976	-.001520	-.001520	.001905	-.006976	.021777	-.200289
9 10	-.001411	.004925	.001175	.001175	-.001411	.004925	-.013734	.119755
10 11	.001005	-.003421	-.000859	-.000859	.001005	-.003421	.008990	-.013734
10 17	-.001411	.004925	.001175	.001175	-.001411	.004925	-.013734	-.073850
11 12	-.000409	.001363	.000358	.000358	-.000409	.001363	-.003421	.004925
11 16	-.000409	.001363	.000358	.000358	-.000409	.001363	-.003421	.004925
12 13	.000124	-.000409	-.000109	-.000109	.000124	-.000409	.001005	-.001411
13 14	-.000109	.000358	.000098	.000098	-.000109	.000358	-.000859	.001175
14 15	-.000109	.000358	.000098	.000098	-.000109	.000358	-.000859	.001175
15 16	.000124	-.000409	-.000109	-.000109	.000124	-.000409	.001005	-.001411
17 18	.001905	-.006976	-.001520	-.001520	.001905	-.006976	.021777	.110834

	7 18	8 9	9 10	10 11	10 17	11 12	11 16	12 13
7 18	.255315							
8 9	.110834	.248667						
9 10	-.073850	-.200289	.255315					
10 11	-.013734	.021777	-.087494	.321719				
10 17	.119755	.110834	-.162148	-.087494	.255315			
11 12	.004925	-.006976	.022539	-.088786	.022539	.247605		
11 16	.004925	-.006976	.022539	-.088786	.022539	-.162739	.247605	
12 13	-.001411	.001905	-.005675	.018620	-.005675	-.191488	.113833	.245898
13 14	.001175	-.001520	.004252	-.012465	.004252	.123961	-.082565	-.213067
14 15	.001175	-.001520	.004252	-.012465	.004252	-.082565	.123961	.127276
15 16	-.001411	.001905	-.005675	.018620	-.005675	.113833	-.191488	-.090927
17 18	-.200289	-.086946	.110834	.021777	-.200289	-.006976	-.006976	.001905

	13 14	14 15	15 16	17 18
13 14	.251171			
14 15	-.201960	.251171		
15 16	.127276	-.213067	.245898	
17 18	-.001520	-.001520	.001905	.248667

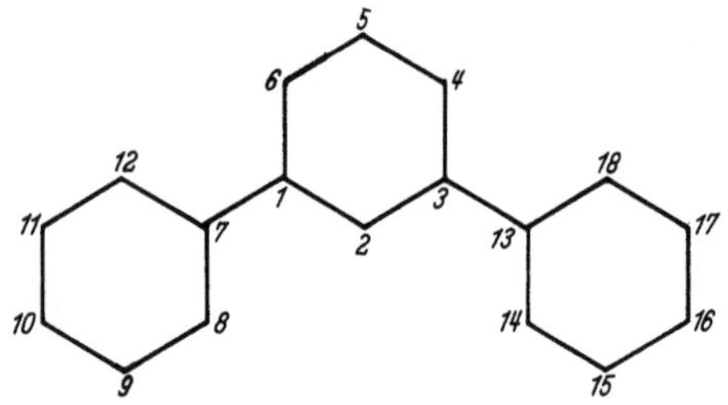

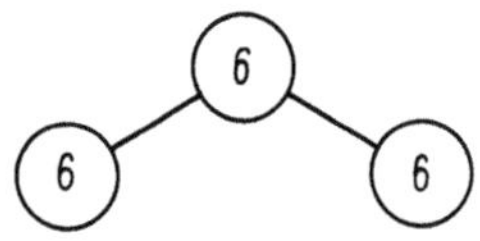

Z = 18

meta Diphenylbenzol

Eigenwerte und Hückelkoeffizienten

	1	2	3	4	5	6	7	8
1	2.358294	2.135779	1.847759	1.414214	1.199353	1.000000	1.000000	.765367
1	.379430	.217581	-.204124	-.353553	-.150663	0	0	.204124
2	.321784	0	-.220942	0	-.251241	0	0	.533402
3	.379430	-.217581	-.204124	.353553	-.150663	0	0	.204124
4	.251241	-.101874	-.266701	.250000	.321784	0	0	-.110471
5	.213070	0	-.288675	0	.536595	0	0	-.288675
6	.251241	.101874	-.266701	-.250000	.321784	0	0	-.110471
7	.321784	.362831	.110471	-.250000	-.251241	0	0	-.266701
8	.189715	.278673	.204124	0	-.075332	.353553	.353553	-.204124
9	.125620	.232353	.266701	.250000	.160892	.353553	.353553	.110471
10	.106535	.217581	.288675	.353553	.268298	0	0	.288675
11	.125620	.232353	.266701	.250000	.160892	-.353553	-.353553	.110471
12	.189715	.278673	.204124	0	-.075332	-.353553	-.353553	-.204124
13	.321784	-.362831	.110471	.250000	-.251241	0	0	-.266701
14	.189715	-.278673	.204124	0	-.075332	.353553	-.353553	-.204124
15	.125620	-.232353	.266701	-.250000	.160892	.353553	-.353553	.110471
16	.106535	-.217581	.288675	-.353553	.268298	0	0	.288675
17	.125620	-.232353	.266701	-.250000	.160892	-.353553	.353553	.110471
18	.189715	-.278673	.204124	0	-.075332	-.353553	.353553	-.204124

	9	10	11	12	13	14	15	16
9	.662153	-.662153	-.765367	-1.000000	-1.000000	-1.199353	-1.414214	-1.847759
1	.278673	-.278673	-.204124	0	0	.150663	.353553	.204124
2	0	0	.533402	0	0	-.251241	0	-.220942
3	-.278673	.278673	-.204124	0	0	.150663	-.353553	.204124
4	-.420858	-.420858	-.110471	0	0	.321784	.250000	-.266701
5	0	0	.288675	0	0	-.536595	0	.288675
6	.420858	.420858	-.110471	0	0	.321784	-.250000	-.266701
7	-.236334	-.236334	-.266701	0	0	-.251241	-.250000	.110471
8	-.217581	.217581	.204124	-.353553	-.353553	.075332	0	-.204124
9	.092262	.092262	.110471	.353553	.353553	.160892	.250000	.266701
10	.278673	-.278673	-.288675	0	0	-.268298	-.353553	-.288675
11	.092262	.092262	.110471	-.353553	-.353553	.160892	.250000	.266701
12	-.217581	.217581	.204124	.353553	.353553	.075332	0	-.204124
13	.236334	.236334	-.266701	0	0	-.251241	.250000	.110471
14	.217581	-.217581	.204124	.353553	-.353553	.075332	0	-.204124
15	-.092262	-.092262	.110471	-.353553	.353553	.160892	-.250000	.266701
16	-.278673	.278673	-.288675	0	0	-.268298	.353553	-.288675
17	-.092262	-.092262	.110471	.353553	-.353553	.160892	-.250000	.266701
18	.217581	-.217581	.204124	-.353553	.353553	.075332	0	-.204124

	17	18
17	-2.135779	-2.358294
1	-.217581	-.379430
2	0	.321784
3	.217581	-.379430
4	-.101874	.251241
5	0	-.213070
6	.101874	.251241
7	.362831	.321784
8	-.278673	-.189715
9	.232353	.125620
10	-.217581	-.106535
11	.232353	.125620
12	-.278673	-.189715
13	-.362831	.321784
14	.278673	-.189715
15	-.232353	.125620
16	.217581	-.106535
17	-.232353	.125620
18	.278673	-.189715

TOTALE PI ELEKTRONEN ENERGIE 24.765839

Z=18

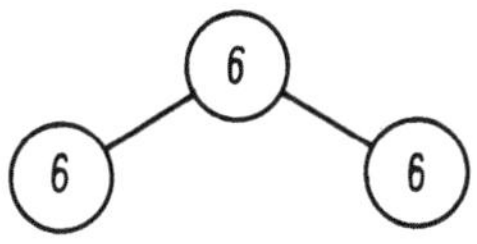

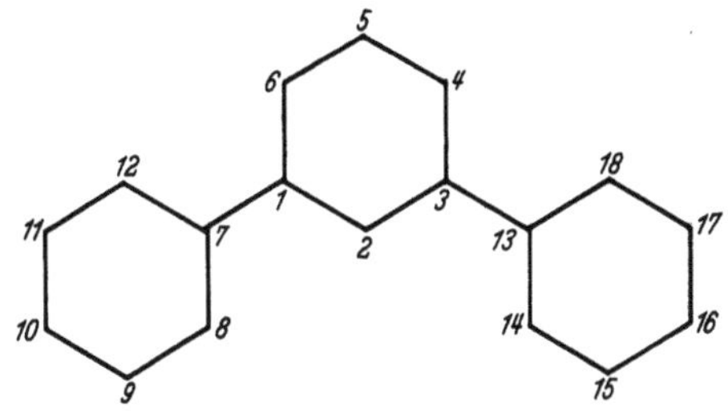

meta Diphenylbenzol

allgemeine Bindungsordnungen

	1	2	3	4	5	6	7	8
1	1.000000							
2	.627854	1.000000						
3	0	.627854	1.000000					
4	-.298196	0	.613147	1.000000				
5	0	-.312903	0	.670159	1.000000			
6	.613147	0	-.298196	0	.670159	1.000000		
7	.368862	0	-.037033	0	-.042305	0	1.000000	
8	0	-.148013	0	.109429	0	-.143295	.618993	1.000000
9	-.041177	0	.007311	0	.008439	0	0	.676556
10	0	.114146	0	-.093680	0	.110557	-.307058	0
11	-.041177	0	.007311	0	.008439	0	0	-.323444
12	0	-.148013	0	.109429	0	-.143295	.618993	0
13	-.037033	0	.368862	0	-.042305	0	0	.008861
14	0	-.148013	0	-.143295	0	.109429	.008861	0
15	.007311	0	-.041177	0	.008439	0	0	-.002147
16	0	.114146	0	.110557	0	-.093680	-.005845	0
17	.007311	0	-.041177	0	.008439	0	0	-.002147
18	0	-.148013	0	-.143295	0	.109429	.008861	0

	9	10	11	12	13	14	15	16
9	1.000000							
10	.660170	1.000000						
11	0	.660170	1.000000					
12	-.323444	0	.676556	1.000000				
13	0	-.005845	0	.008861	1.000000			
14	-.002147	0	-.002147	0	.618993	1.000000		
15	0	.001551	0	-.002147	0	.676556	1.000000	
16	.001551	0	.001551	0	-.307058	0	.660170	1.000000
17	0	.001551	0	-.002147	0	-.323444	0	.660170
18	-.002147	0	-.002147	0	.618993	0	-.323444	0

	17	18
17	1.000000	
18	.676556	1.000000

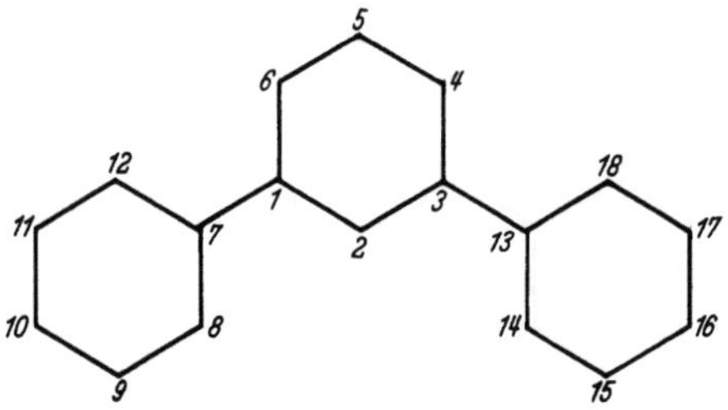

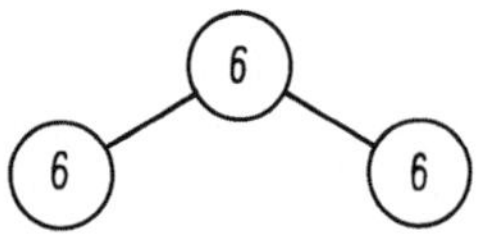

Z=18

meta Diphenylbenzol

Atom- Atom Polarisierbarkeiten

	1	2	3	4	5	6	7	8
1	.342768							
2	-.139421	.453349						
3	.005800	-.139421	.342768					
4	-.086571	.007697	-.130915	.437378				
5	.007697	-.093033	.007697	-.159056	.393900			
6	-.130915	.007697	-.086571	.021072	-.159056	.437378		
7	-.025293	.011451	-.000710	.005211	-.000968	.010484	.344375	
8	.010732	-.021677	.000586	-.017076	.000762	-.020508	-.134499	.423568
9	-.000904	.000762	-.000041	.000428	-.000056	.000694	.007316	-.163505
10	.005519	-.018056	.000379	-.015169	.000481	-.017208	-.090127	.014504
11	-.000904	.000762	-.000041	.000428	-.000056	.000694	.007316	-.097502
12	.010732	-.021677	.000586	-.017076	.000762	-.020508	-.134499	.004454
13	-.000710	.011451	-.025293	.010484	-.000968	.005211	.000096	-.000064
14	.000586	-.021677	.010732	-.020508	.000762	-.017076	-.000064	.000085
15	-.000041	.000762	-.000904	.000694	-.000056	.000428	.000005	-.000005
16	.000379	-.018056	.005519	-.017208	.000481	-.015169	-.000037	.000063
17	-.000041	.000762	-.000904	.000694	-.000056	.000428	.000005	-.000005
18	.000586	-.021677	.010732	-.020508	.000762	-.017076	-.000064	.000085

	9	10	11	12	13	14	15	16
9	.396089							
10	-.153022	.411084						
11	.009747	-.153022	.396089					
12	-.097502	.014504	-.163505	.423568				
13	.000005	-.000037	.000005	-.000064	.344375			
14	-.000005	.000063	-.000005	.000085	-.134499	.423568		
15	.000000	-.000003	.000000	-.000005	.007316	-.163505	.396089	
16	-.000003	.000050	-.000003	.000063	-.090127	.014504	-.153022	.411084
17	.000000	-.000003	.000000	-.000005	.007316	-.097502	.009747	-.153022
18	-.000005	.000063	-.000005	.000085	-.134499	.004454	-.097502	.014504

	17	18
17	.396089	
18	-.163505	.423568

Z=18

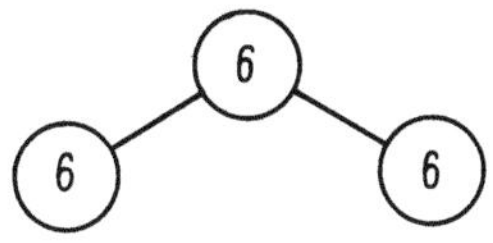

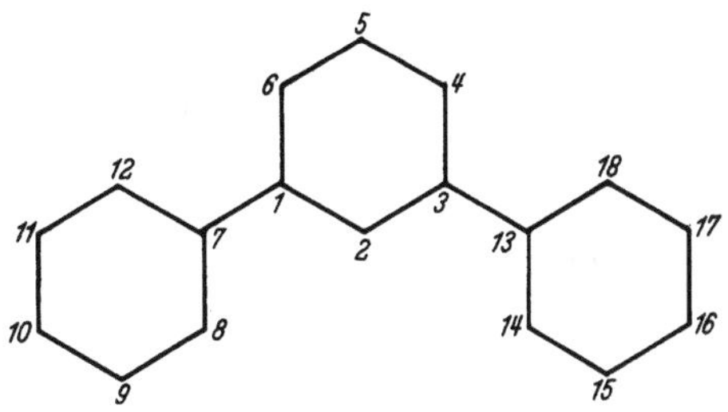

meta Diphenylbenzol

Bindungs- Bindungs Polarisierbarkeiten

	1 2	1 6	1 7	2 3	3 4	3 13	4 5	5 6
1 2	.251612							
1 6	-.172738	.253916						
1 7	-.087266	-.084127	.318276					
2 3	-.181440	.110752	.016213	.251612				
3 4	.110752	-.075741	-.010061	-.172738	.253916			
3 13	.016213	-.010061	-.001421	-.087266	-.084127	.318276		
4 5	-.082007	.122295	-.011543	.112795	-.190608	.017870	.254645	
5 6	.112795	-.190608	.017870	-.082007	.122295	-.011543	-.220711	.254645
7 8	.022171	.021214	-.085351	-.004986	.003492	.000405	.003975	-.005459
7 12	.022171	.021214	-.085351	-.004986	.003492	.000405	.003975	-.005459
8 9	-.005529	-.005279	.017620	.001335	-.000984	-.000103	-.001115	.001455
9 10	.004095	.003907	-.011616	-.001045	.000806	.000074	.000907	-.001131
10 11	.004095	.003907	-.011616	-.001045	.000806	.000074	.000907	-.001131
11 12	-.005529	-.005279	.017620	.001335	-.000984	-.000103	-.001115	.001455
13 14	-.004986	.003492	.000405	.022171	.021214	-.085351	-.005459	.003975
13 18	-.004986	.003492	.000405	.022171	.021214	-.085351	-.005459	.003975
14 15	.001335	-.000984	-.000103	-.005529	-.005279	.017620	.001455	-.001115
15 16	-.001045	.000806	.000074	.004095	.003907	-.011616	-.001131	.000907
16 17	-.001045	.000806	.000074	.004095	.003907	-.011616	-.001131	.000907
17 18	.001335	-.000984	-.000103	-.005529	-.005279	.017620	.001455	-.001115

	7 8	7 12	8 9	9 10	10 11	11 12	13 14	13 18
7 8	.246083							
7 12	-.165084	.246083						
8 9	-.192078	.114980	.245634					
9 10	.124354	-.083472	-.212370	.250212				
10 11	-.083472	.124354	.127461	-.202132	.250212			
11 12	.114980	-.192078	-.091092	.127461	-.212370	.245634		
13 14	-.000129	-.000129	.000034	-.000026	-.000026	.000034	.246083	
13 18	-.000129	-.000129	.000034	-.000026	-.000026	.000034	-.165084	.246083
14 15	.000034	.000034	-.000009	.000007	.000007	-.000009	-.192078	.114980
15 16	-.000026	-.000026	.000007	-.000006	-.000006	.000007	.124354	-.083472
16 17	-.000026	-.000026	.000007	-.000006	-.000006	.000007	-.083472	.124354
17 18	.000034	.000034	-.000009	.000007	.000007	-.000009	.114980	-.192078

	14 15	15 16	16 17	17 18
14 15	.245634			
15 16	-.212370	.250212		
16 17	.127461	-.202132	.250212	
17 18	-.091092	.127461	-.212370	.245634

Triphenyl-methyl

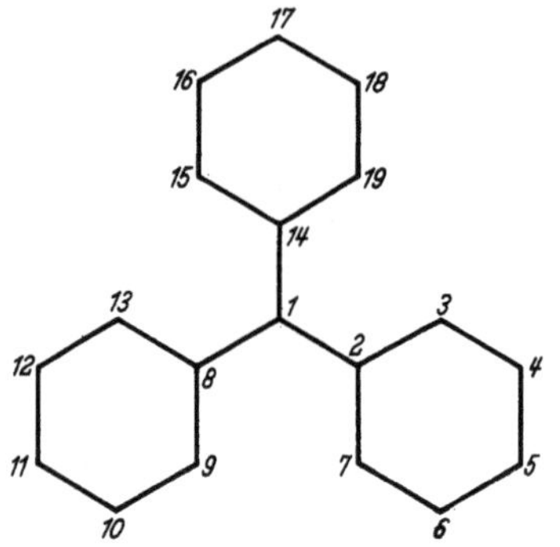

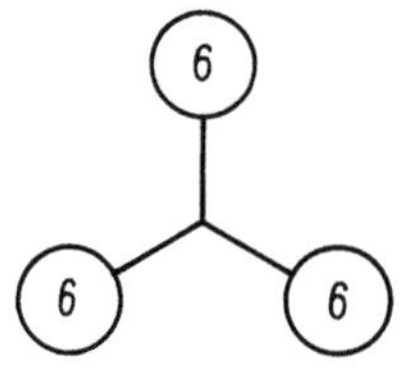

Z=19

Eigenwerte und Hückelkoeffizienten

	1	2	3	4	5	6	7	8
1	2.394170	2.000000	2.000000	1.505971	1.000000	1.000000	1.000000	1.000000
1	.454297	0	0	-.373856	0	0	0	0
2	.362555	-.333333	0	-.187672	-.471405	0	0	0
3	.206860	-.333333	0	.045614	-.235702	0	-.149841	0
4	.132704	-.333333	0	.256365	.235702	0	-.149841	0
5	.110856	-.333333	0	.340464	.471405	0	0	0
6	.132704	-.333333	0	.256365	.235702	0	.149841	0
7	.206860	-.333333	0	.045614	-.235702	0	.149841	0
8	.362555	.166667	.288675	-.187672	.235702	0	.389485	0
9	.206860	.166667	.288675	.045614	.117851	.353553	.194742	.353553
10	.132704	.166667	.288675	.256365	-.117851	.353553	-.194742	.353553
11	.110856	.166667	.288675	.340464	-.235702	0	-.389485	0
12	.132704	.166667	.288675	.256365	-.117851	-.353553	-.194742	-.353553
13	.206860	.166667	.288675	.045614	.117851	-.353553	.194742	-.353553
14	.362555	.166667	-.288675	-.187672	.235702	0	-.389485	0
15	.206860	.166667	-.288675	.045614	.117851	.353553	-.194742	-.353553
16	.132704	.166667	-.288675	.256365	-.117851	.353553	.194742	-.353553
17	.110856	.166667	-.288675	.340464	-.235702	0	.389485	0
18	.132704	.166667	-.288675	.256365	-.117851	-.353553	.194742	.353553
19	.206860	.166667	-.288675	.045614	.117851	-.353553	-.194742	.353553

	9	10	11	12	13	14	15	16
9	1.000000	.000000	-1.000000	-1.000000	-1.000000	-1.000000	-1.000000	-1.505971
1	0	-.554700	0	0	0	0	0	-.373856
2	0	0	0	0	0	0	.471405	.187672
3	.477020	.277350	0	-.406285	.291432	0	-.235702	.045614
4	.477020	0	0	.406285	-.291432	0	-.235702	-.256365
5	0	-.277350	0	0	0	0	.471405	.340464
6	-.477020	0	0	-.406285	.291432	0	-.235702	-.256365
7	-.477020	.277350	0	.406285	-.291432	0	-.235702	.045614
8	.122345	0	0	-.237954	-.331730	0	-.235702	.187672
9	.061172	.277350	.353553	.118977	.165865	.353553	.117851	.045614
10	-.061172	0	-.353553	.118977	.165865	-.353553	.117851	-.256365
11	-.122345	-.277350	0	-.237954	-.331730	0	-.235702	.340464
12	-.061172	0	.353553	.118977	.165865	.353553	.117851	-.256365
13	.061172	.277350	-.353553	.118977	.165865	-.353553	.117851	.045614
14	-.122345	0	0	.237954	.331730	0	-.235702	.187672
15	-.061172	.277350	.353553	-.118977	-.165865	-.353553	.117851	.045614
16	.061172	0	-.353553	-.118977	-.165865	.353553	.117851	-.256365
17	.122345	-.277350	0	.237954	.331730	0	-.235702	.340464
18	.061172	0	.353553	-.118977	-.165865	-.353553	.117851	-.256365
19	-.061172	.277350	-.353553	-.118977	-.165865	.353553	.117851	.045614

	17	18	19
17	-2.000000	-2.000000	-2.394170
1	0	0	.454297
2	0	.333333	-.362555
3	0	-.333333	.206860
4	0	.333333	-.132704
5	0	-.333333	.110856
6	0	.333333	-.132704
7	0	-.333333	.206860
8	-.288675	-.166667	-.362555
9	.288675	.166667	.206860
10	-.288675	-.166667	-.132704
11	.288675	.166667	.110856
12	-.288675	-.166667	-.132704
13	.288675	.166667	.206860
14	.288675	-.166667	-.362555
15	-.288675	.166667	.206860
16	.288675	-.166667	-.132704
17	-.288675	.166667	.110856
18	.288675	-.166667	-.132704
19	-.288675	.166667	.206860

TOTALE PI ELEKTRONEN ENERGIE 25.800283

Triphenyl-methyl

Z=19

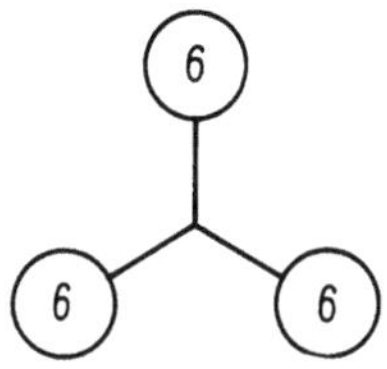

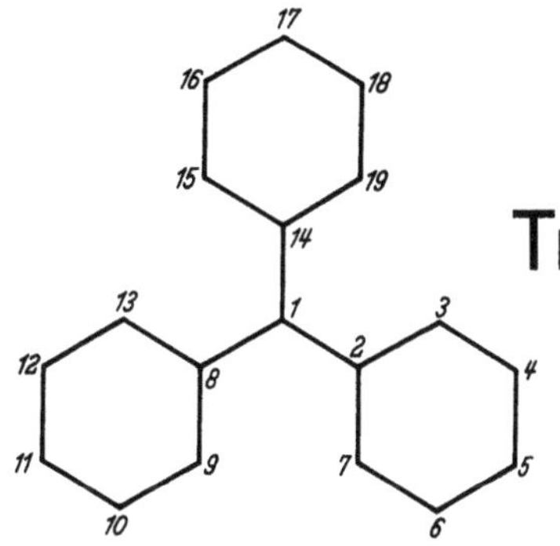

allgemeine Bindungsordnungen

	1	2	3	4	5	6	7	8
1	1.000000							
2	.469739	1.000000						
3	0	.577320	1.000000					
4	-.071113	0	.689401	1.000000				
5	0	-.269631	0	.648433	1.000000			
6	-.071113	0	-.310599	0	.648433	1.000000		
7	0	.577320	0	-.310599	0	.689401	1.000000	
8	.469739	0	-.089347	0	.063703	0	-.089347	1.000000
9	0	-.089347	0	.022734	0	.022734	0	.577320
10	-.071113	0	.022734	0	-.018234	0	.022734	0
11	0	.063703	0	-.018234	0	-.018234	0	-.269631
12	-.071113	0	.022734	0	-.018234	0	.022734	0
13	0	-.089347	0	.022734	0	.022734	0	.577320
14	.469739	0	-.089347	0	.063703	0	-.089347	0
15	0	-.089347	0	.022734	0	.022734	0	-.089347
16	-.071113	0	.022734	0	-.018234	0	.022734	0
17	0	.063703	0	-.018234	0	-.018234	0	.063703
18	-.071113	0	.022734	0	-.018234	0	.022734	0
19	0	-.089347	0	.022734	0	.022734	0	-.089347

	9	10	11	12	13	14	15	16
9	1.000000							
10	.689401	1.000000						
11	0	.648433	1.000000					
12	-.310599	0	.648433	1.000000				
13	0	-.310599	0	.689401	1.000000			
14	-.089347	0	.063703	0	-.089347	1.000000		
15	0	.022734	0	.022734	0	.577320	1.000000	
16	.022734	0	-.018234	0	.022734	0	.689401	1.000000
17	0	-.018234	0	-.018234	0	-.269631	0	.648433
18	.022734	0	-.018234	0	.022734	0	-.310599	0
19	0	.022734	0	.022734	0	.577320	0	-.310599

	17	18	19
17	1.000000		
18	.648433	1.000000	
19	0	.689401	1.000000

Triphenyl-methyl

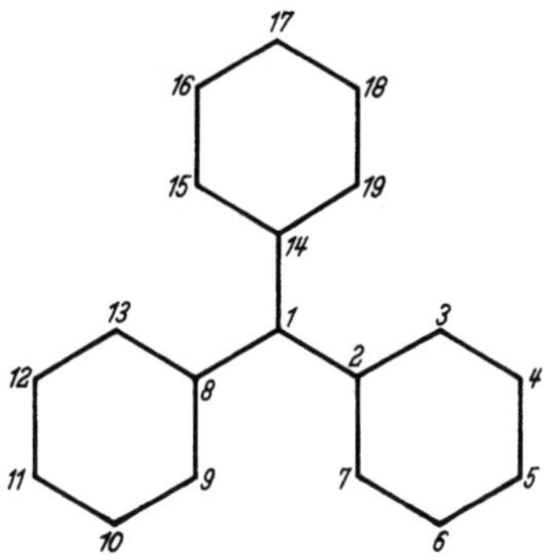

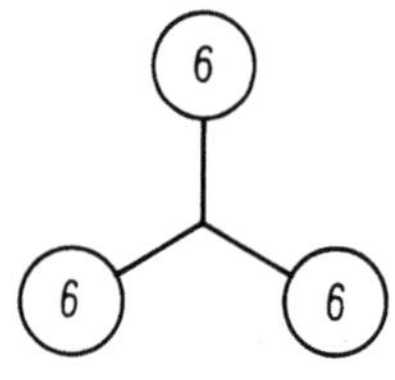

Z=19

Atom- Atom Polarisierbarkeiten

	1	2	3	4	5	6	7	8
1	.341019							
2	-.052904	.331886						
3	-.012710	-.103043	.450394					
4	-.003383	.006375	-.175403	.394996				
5	-.028581	-.062979	.013641	-.142809	.429124			
6	-.003383	.006375	-.087350	.010077	-.142809	.394996		
7	-.012710	-.103043	-.016462	-.087350	.013641	-.175403	.450394	
8	-.052904	.005139	-.006166	.000288	-.004717	.000288	-.006166	.331886
9	-.012710	-.006166	-.008285	-.000559	-.010679	-.000559	-.008285	-.103043
10	-.003383	.000288	-.000559	.000021	-.000463	.000021	-.000559	.006375
11	-.028581	-.004717	-.010679	-.000463	-.012613	-.000463	-.010679	-.062979
12	-.003383	.000288	-.000559	.000021	-.000463	.000021	-.000559	.006375
13	-.012710	-.006166	-.008285	-.000559	-.010679	-.000559	-.008285	-.103043
14	-.052904	.005139	-.006166	.000288	-.004717	.000288	-.006166	.005139
15	-.012710	-.006166	-.008285	-.000559	-.010679	-.000559	-.008285	-.006166
16	-.003383	.000288	-.000559	.000021	-.000463	.000021	-.000559	.000288
17	-.028581	-.004717	-.010679	-.000463	-.012613	-.000463	-.010679	-.004717
18	-.003383	.000288	-.000559	.000021	-.000463	.000021	-.000559	.000288
19	-.012710	-.006166	-.008285	-.000559	-.010679	-.000559	-.008285	-.006166

	9	10	11	12	13	14	15	16
9	.450394							
10	-.175403	.394996						
11	.013641	-.142809	.429124					
12	-.087350	.010077	-.142809	.394996				
13	-.016462	-.087350	.013641	-.175403	.450394			
14	-.006166	.000288	-.004717	.000288	-.006166	.331886		
15	-.008285	-.000559	-.010679	-.000559	-.008285	-.103043	.450394	
16	-.000559	.000021	-.000463	.000021	-.000559	.006375	-.175403	.394996
17	-.010679	-.000463	-.012613	-.000463	-.010679	-.062979	.013641	-.142809
18	-.000559	.000021	-.000463	.000021	-.000559	.006375	-.087350	.010077
19	-.008285	-.000559	-.010679	-.000559	-.008285	-.103043	-.016462	-.087350

	17	18	19
17	.429124		
18	-.142809	.394996	
19	.013641	-.175403	.450394

Z = 19

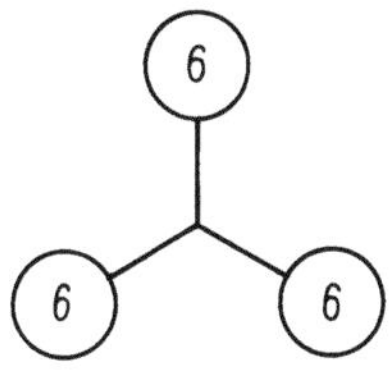

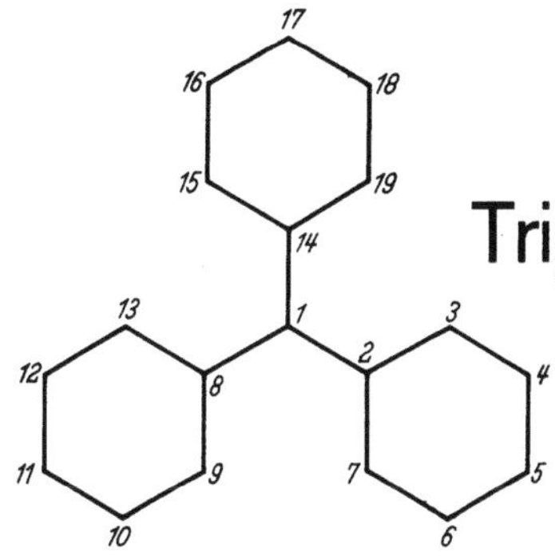

Triphenyl-methyl

Bindungs- Bindungs Polarisierbarkeiten

	1 2	1 8	1 14	2 3	2 7	3 4	4 5	5 6
1 2	.363931							
1 8	-.105808	.363931						
1 14	-.105808	-.105808	.363931					
2 3	-.146073	.032620	.032620	.283503				
2 7	-.146073	.032620	.032620	-.118357	.283503			
3 4	.036382	-.009087	-.009087	-.180320	.089310	.250864		
4 5	-.028823	.007645	.007645	.114892	-.060568	-.228452	.275085	
5 6	-.028823	.007645	.007645	-.060568	.114892	.123116	-.197888	.275085
6 7	.036382	-.009087	-.009087	.089310	-.180320	-.086969	.123116	-.228452
8 9	.032620	-.146073	.032620	-.012332	-.012332	.003671	-.003245	-.003245
8 13	.032620	-.146073	.032620	-.012332	-.012332	.003671	-.003245	-.003245
9 10	-.009087	.036382	-.009087	.003671	.003671	-.001119	.001008	.001008
10 11	.007645	-.028823	.007645	-.003245	-.003245	.001008	-.000926	-.000926
11 12	.007645	-.028823	.007645	-.003245	-.003245	.001008	-.000926	-.000926
12 13	-.009087	.036382	-.009087	.003671	.003671	-.001119	.001008	.001008
14 15	.032620	.032620	-.146073	-.012332	-.012332	.003671	-.003245	-.003245
14 19	.032620	.032620	-.146073	-.012332	-.012332	.003671	-.003245	-.003245
15 16	-.009087	-.009087	.036382	.003671	.003671	-.001119	.001008	.001008
16 17	.007645	.007645	-.028823	-.003245	-.003245	.001008	-.000926	-.000926
17 18	.007645	.007645	-.028823	-.003245	-.003245	.001008	-.000926	-.000926
18 19	-.009087	-.009087	.036382	.003671	.003671	-.001119	.001008	.001008

	6 7	8 9	8 13	9 10	10 11	11 12	12 13	14 15
6 7	.250864							
8 9	.003671	.283503						
8 13	.003671	-.118357	.283503					
9 10	-.001119	-.180320	.089310	.250864				
10 11	.001008	.114892	-.060568	-.228452	.275085			
11 12	.001008	-.060568	.114892	.123116	-.197888	.275085		
12 13	-.001119	.089310	-.180320	-.086969	.123116	-.228452	.250864	
14 15	.003671	-.012332	-.012332	.003671	-.003245	-.003245	.003671	.283503
14 19	.003671	-.012332	-.012332	.003671	-.003245	-.003245	.003671	-.118357
15 16	-.001119	.003671	.003671	-.001119	.001008	.001008	-.001119	-.180320
16 17	.001008	-.003245	-.003245	.001008	-.000926	-.000926	.001008	.114892
17 18	.001008	-.003245	-.003245	.001008	-.000926	-.000926	.001008	-.060568
18 19	-.001119	.003671	.003671	-.001119	.001008	.001008	-.001119	.089310

	14 19	15 16	16 17	17 18	18 19
14 19	.283503				
15 16	.089310	.250864			
16 17	-.060568	-.228452	.275085		
17 18	.114892	.123116	-.197888	.275085	
18 19	-.180320	-.086969	.123116	-.228452	.250864

Pentalen

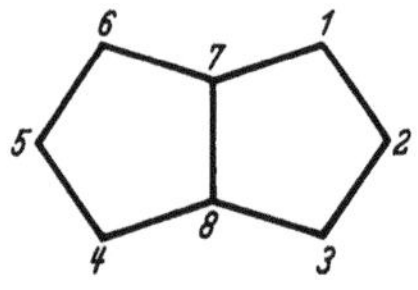

Z = 8

Eigenwerte und Hückelkoeffizienten

	1	2	3	4	5	6	7	8
1	2,342923	1,414214	1,000000	.470683	.000000	-1,414214	-1,813606	-2,000000
1	,317928	,353553	,408248	,120680	,500000	,353553	,366549	,288675
2	,271394	,500000	0	,512787	0	-,500000	-,404221	0
3	,317928	,353553	-,408248	,120680	-,500000	,353553	,366549	-,288675
4	,317928	-,353553	-,408248	,120680	,500000	-,353553	,366549	-,288675
5	,271394	-,500000	0	,512787	0	,500000	-,404221	0
6	,317928	-,353553	,408248	,120680	-,500000	-,353553	,366549	,288675
7	,473486	0	,408248	-,455985	0	0	-,260555	-,577350
8	,473486	0	-,408248	-,455985	0	0	-,260555	,577350

TOTALE PI ELEKTRONEN ENERGIE 10,455640

allgemeine Bindungsordnungen

	1	2	3	4	5	6	7	8
1	,814617							
2	,649887	1,173210						
3	,147950	,649887	,814617					
4	-,352050	-,057220	,314617	,814617				
5	-,057220	,173210	-,057220	,649887	1,173210			
6	,314617	-,057220	-,352050	,147950	,649887	,814617		
7	,524345	-,210643	-,142321	-,142321	-,210643	,524345	1,197556	
8	-,142321	-,210643	,524345	,524345	-,210643	-,142321	,530889	1,197556

Atom- Atom Polarisierbarkeiten

	1	2	3	4	5	6	7	8
1	,512657							
2	-,144465	,384934						
3	,011153	-,144465	,512657					
4	-,156824	-,000641	-,138541	,512657				
5	-,000641	-,034524	-,000641	-,144465	,384934			
6	-,138541	-,000641	-,156824	,011153	-,144465	,512657		
7	-,072559	-,030099	-,010780	-,010780	-,030099	-,072559	,310561	
8	-,010780	-,030099	-,072559	-,072559	-,030099	-,010780	-,083684	,310561

Z=8  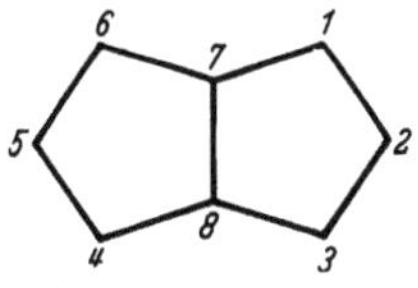 Pentalen

Bindungs- Atom Polarisierbarkeiten

	1	2	3	4	5	6	7	8
1 2	.129514	-.057136	-.112096	.014757	.009683	-.017125	.050362	-.017960
1 7	.042460	.074554	.091121	-.108738	-.012052	-.072297	-.047795	.032747
2 3	-.112096	-.057136	.129514	-.017125	.009683	.014757	-.017960	.050362
3 8	.091121	.074554	.042460	-.072297	-.012052	-.108738	.032747	-.047795
4 5	.014757	.009683	-.017125	.129514	-.057136	-.112096	-.017960	.050362
4 8	-.108738	-.012052	-.072297	.042460	.074554	.091121	.032747	-.047795
5 6	-.017125	.009683	.014757	-.112096	-.057136	.129514	.050362	-.017960
6 7	-.072297	-.012052	-.108738	.091121	.074554	.042460	-.047795	.032747
7 8	.032404	-.030099	.032404	.032404	-.030099	.032404	-.034710	-.034710

Bindungs- Bindungs Polarisierbarkeiten

	1 2	1 7	2 3	3 8	4 5	4 8	5 6	6 7
1 2	.506092							
1 7	-.347596	.524363						
2 3	-.434066	.239443	.506092					
3 8	.239443	-.166696	-.347596	.524363				
4 5	.212177	-.228598	-.214739	.234884	.506092			
4 8	-.228598	.191897	.234884	-.358576	-.347596	.524363		
5 6	-.214739	.234884	.212177	-.228598	-.434066	.239443	.506092	
6 7	.234884	-.358576	-.228598	.191897	.239443	-.166696	-.347596	.524363
7 8	.032403	-.089122	.032403	-.089122	.032403	-.089122	.032403	-.089122

	7 8
7 8	.226877

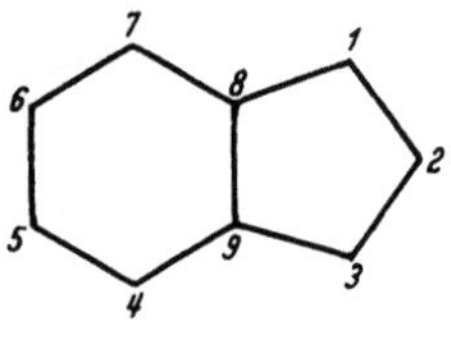

Z = 9

Eigenwerte und Hückelkoeffizienten

	1	2	3	4	5	6	7	8
1	2,322596	1,544964	1.193527	.729304	,294963	-,901635	-1,294963	-1,695230
1	.320266	.311375	.299164	,205448	,542846	,154808	,259079	,484047
2	,275783	.403083	0	,563408	0	-,343394	0	-,571069
3	.320266	.311375	-,299164	,205448	-,542846	,154808	-,259079	,484047
4	,298796	-,268879	-,484057	-,093495	,335497	-,542387	,160119	,188416
5	,225916	-,493387	-,220675	,345388	,259079	,285221	-,542846	-,069907
6	,225916	-,493387	,220675	,345388	-,259079	,285221	,542846	-,069907
7	,298796	-,268879	.484057	-,093495	-,335497	-,542387	-,160119	,188416
8	.468065	.077980	.357060	-,413574	.160119	,203814	-,335497	-,249501
9	.468065	,077980	-,357060	-,413574	-,160119	,203814	,335497	-,249501

	9
9	-2,193527
1	,220675
2	0
3	-,220675
4	-,357060
5	,299164
6	-,299164
7	,357060
8	-,484057
9	,484057

TOTALE PI ELEKTRONEN ENERGIE 11,875746

allgemeine Bindungsordnungen

	1	2	3	4	5	6	7	8
1	.957146							
2	,659169	1.111921						
3	,009787	,659169	,957146					
4	-,121974	-,157307	,093029	,921813				
5	-,012029	,116043	-,029236	,636303	,992040			
6	-,029236	,116043	-,012029	,035185	,663007	,992040		
7	,093029	-,157307	-,121974	-,240550	,035185	,636303	,921813	
8	,478996	-,144988	-,122123	,023156	-,267253	-,035043	,607067	1,073041
9	-,122123	-,144988	,478996	,607067	-,035043	-,267253	,023156	,511796

	9
9	1.073041

Z=9 

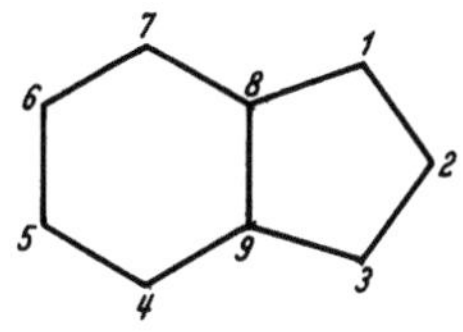

Atom- Atom Polarisierbarkeiten

	1	2	3	4	5	6	7	8
1	.469319							
2	-.151749	.395144						
3	-.094252	-.151749	.469319					
4	-.081941	-.023105	-.028178	.456292				
5	-.003936	-.016977	-.051527	-.141117	.442047			
6	-.051527	-.016977	-.003936	.018524	-.183634	.442047		
7	-.028178	-.023105	-.081941	-.057695	.018524	-.141117	.456292	
8	-.071364	-.005742	.013626	-.005099	-.082367	.018987	-.137681	.353400
9	.013626	-.005742	-.071364	-.137681	.018987	-.082367	-.005099	-.083760

	9
9	.353400

Bindungs- Atom Polarisierbarkeiten

		1	2	3	4	5	6	7	8
1	2	.078555	-.034791	-.063814	-.027527	.034122	-.029906	.024146	-.003751
1	8	-.009003	.049532	.030121	-.021409	-.036899	.014774	-.060483	.022957
2	3	-.063814	-.034791	.078555	.024146	-.029906	.034122	-.027527	.022967
3	9	.030121	.049532	-.009003	-.060483	.014774	-.036899	-.021409	.010409
4	5	-.031660	.021193	-.044015	.040652	.026275	-.031546	.009549	-.007701
4	9	-.017277	-.024574	.007679	.028266	.002480	.029198	.015718	.004995
5	6	.028884	-.016977	.028884	-.011897	-.001190	-.001190	-.011897	-.007308
6	7	-.044015	.021193	-.031660	.009549	-.031546	.026275	.040652	.017255
7	8	.007679	-.024574	-.017277	.015718	.029198	.002480	.028266	-.046485
8	9	.020531	-.005742	.020531	.002986	-.007308	-.007308	.002986	-.013338

		9
1	2	.022967
1	8	.010409
2	3	-.003751
3	9	.022957
4	5	.017255
4	9	-.046485
5	6	-.007308
6	7	-.007701
7	8	.004995
8	9	-.013338

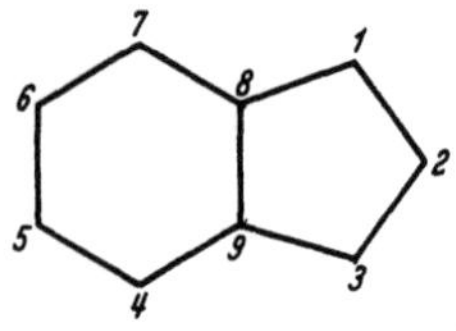

Z=9

Bindungs- Bindungs Polarisierbarkeiten

	1 2	1 8	2 3	3 9	4 5	4 9	5 6	6 7
1 2	.446418							
1 8	-.231559	.427014						
2 3	-.394243	.141129	.446418					
3 9	.141129	-.063493	-.231559	.427014				
4 5	.045680	-.091587	-.049503	.015937	.316744			
4 9	-.092030	.081247	.110677	-.183916	-.189946	.294380		
5 6	.004216	.010704	.004216	.010704	-.204655	.092218	.258413	
6 7	-.049503	.015937	.045680	-.091587	.074373	-.019965	-.204655	.316744
7 8	.110677	-.183916	-.092030	.081247	-.019965	.027127	.092218	-.189946
8 9	.019215	-.105476	.019215	-.105476	.102922	-.119791	-.063380	.102922

	7 8	8 9
7 8	.294380	
8 9	-.119791	.269640

Z=9

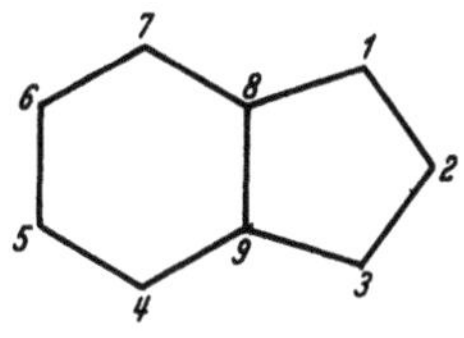

allgemeine Bindungsordnungen

	1	2	3	4	5	6	7	8
1	1.251828							
2	.659169	1.111921						
3	-.284895	.659169	1.251828					
4	.060149	-.157307	-.089094	1.034371				
5	.128611	.116043	-.169876	.723223	1.059162			
6	-.169876	.116043	.128611	-.051735	.595885	1.059162		
7	-.089094	-.157307	.060149	-.353108	-.051735	.723223	1.034371	
8	.565916	-.144988	-.209043	.076876	-.225770	-.076526	.553348	1.098679
9	-.209043	-.144988	.565916	.553348	-.076526	-.225770	.076876	.486158

	9
9	1.098679

Atom- Atom Polarisierbarkeiten

	1	2	3	4	5	6	7	8
1	.395420							
2	-.151749	.395144						
3	-.064927	-.151749	.395420					
4	-.010822	-.023105	.014047	.444652				
5	-.016512	-.016977	-.032457	-.213686	.407545			
6	-.032457	-.016977	-.016512	.015830	-.104264	.407545		
7	.014047	-.023105	-.010822	-.133132	.015830	-.213686	.444652	
8	-.097183	-.005742	-.035818	-.008238	-.040146	.000668	-.085547	.331984
9	-.035818	-.005742	-.097183	-.085547	.000668	-.040146	-.008238	-.059979

	9
9	.331984

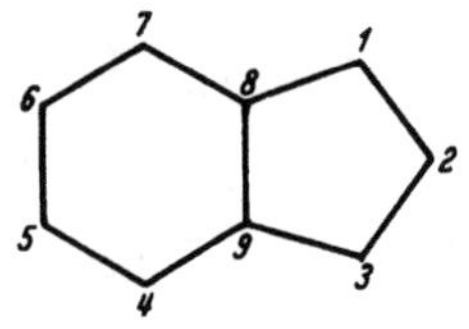

Z=9

Bindungs- Atom Polarisierbarkeiten

		1	2	3	4	5	6	7	8
1	2	-.096423	-.034791	.111164	.021451	-.019523	.023739	-.024832	.036299
1	8	-.063668	.049532	-.049369	-.016241	.032817	-.013467	.034119	-.017153
2	3	.111164	-.034791	-.096423	-.024832	.023739	-.019523	.021451	-.017083
3	9	-.049369	.049532	-.063668	.034119	-.013467	.032817	-.016241	.043429
4	5	-.012343	.021193	-.015364	-.010830	-.024085	.018804	-.021323	.018425
4	9	.017553	-.024574	.024651	-.023575	.038989	-.014392	.037007	-.019170
5	6	.025637	-.016977	.025637	.025735	-.023624	-.023624	.025735	-.019259
6	7	-.015364	.021193	-.012343	-.021323	.018804	-.024085	-.010830	.025523
7	8	.024651	-.024574	.017553	.037007	-.014392	.038989	-.023575	-.036490
8	9	.058162	-.005742	.058162	-.021512	-.019259	-.019259	-.021512	-.014521

		9
1	2	-.017083
1	8	.043429
2	3	.036299
3	9	-.017153
4	5	.025523
4	9	-.036490
5	6	-.019259
6	7	.018425
7	8	-.019170
8	9	-.014521

Bindungs- Bindungs Polarisierbarkeiten

		1 2	1 8	2 3	3 9	4 5	4 9	5 6	6 7
1	2	.259028							
1	8	-.147392	.274907						
2	3	-.206853	.056963	.259028					
3	9	.056963	.025007	-.147392	.274907				
4	5	.014033	.002683	-.017856	.052420	.211775			
4	9	-.031490	.009593	.050137	-.145024	-.182700	.298178		
5	6	.004216	-.030771	.004216	-.030771	-.204646	.099299	.303280	
6	7	-.017856	.052420	.014033	.002683	.115735	-.059972	-.204646	.211775
7	8	.050137	-.145024	-.031490	.009593	-.059972	.067600	.099299	-.182700
8	9	.019215	-.098386	.019215	-.098386	.068528	-.105621	-.039478	.068528

		7 8	8 9
7	8	.298178	
8	9	-.105621	.272005

Z=9

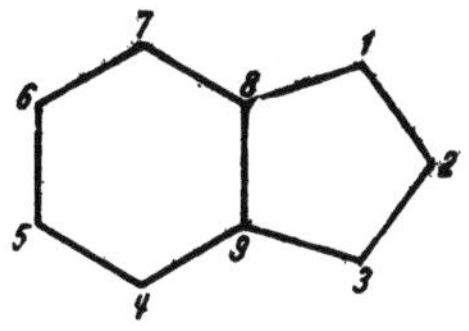

allgemeine Bindungsordnungen

	1	2	3	4	5	6	7	8
1	.662464							
2	.659169	1.111921						
3	.304468	.659169	.662464					
4	-.304098	-.157307	.275152	.809254				
5	-.152668	.116043	.111404	.549383	.924919			
6	.111404	.116043	-.152668	.122105	.730128	.924919		
7	.275152	-.157307	-.304098	-.127991	.122105	.549383	.809254	
8	.392076	-.144988	-.035202	-.030563	-.308737	.006441	.660787	1.047402
9	-.035202	-.144988	.392076	.660787	.006441	-.308737	-.030563	.537434

	9
9	1.047402

Atom- Atom Polarisierbarkeiten

	1	2	3	4	5	6	7	8
1	.543219							
2	-.151749	.395144						
3	-.123576	-.151749	.543219					
4	-.153060	-.023105	-.070404	.467933				
5	.008641	-.016977	-.070597	-.068548	.476549			
6	-.070597	-.016977	.008641	.021218	-.263004	.476549		
7	-.070404	-.023105	-.153060	.017741	.021218	-.068548	.467933	
8	-.045545	-.005742	.063071	-.001960	-.124588	.037306	-.189816	.374816
9	.063071	-.005742	-.045545	-.189816	.037306	-.124588	-.001960	-.107542

	9
9	.374816

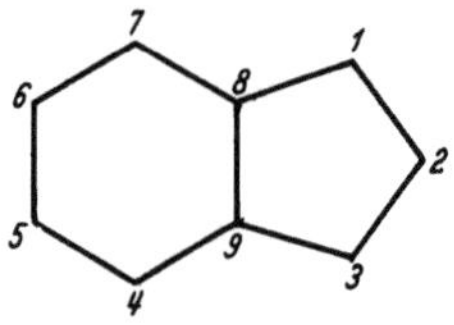

Z=9

Bindungs- Atom Polarisierbarkeiten

	1	2	3	4	5	6	7	8
1 2	.253532	-.034791	-.238791	-.076505	.087768	-.083552	.073124	-.043801
1 8	.045661	.049532	.109612	-.026577	-.106614	.043015	-.155085	.063068
2 3	-.238791	-.034791	.253532	.073124	-.083552	.087768	-.076505	.063016
3 9	.109612	.049532	.045661	-.155085	.043015	-.106614	-.026577	-.022612
4 5	-.050977	.021193	-.072667	.092134	.076634	-.081897	.040420	-.033826
4 9	-.052106	-.024574	-.009294	.080107	-.034029	.072788	-.005572	.029161
5 6	.032130	-.016977	.032130	-.049529	.021244	.021244	-.049529	.004643
6 7	-.072667	.021193	-.050977	.040420	-.081897	.076634	.092134	.008986
7 8	-.009294	-.024574	-.052106	-.005572	.072788	-.034029	.080107	-.056480
8 9	-.017101	-.005742	-.017101	.027484	.004643	.004643	.027484	-.012155

	9
1 2	.063016
1 8	-.022612
2 3	-.043801
3 9	.063068
4 5	.008986
4 9	-.056480
5 6	.004643
6 7	-.033826
7 8	.029161
8 9	-.012155

Bindungs- Bindungs Polarisierbarkeiten

	1 2	1 8	2 3	3 9	4 5	4 9	5 6	6 7
1 2	.633809							
1 8	-.315726	.579121						
2 3	-.581634	.225296	.633809					
3 9	.225296	-.151994	-.315726	.579121				
4 5	.077327	-.185857	-.081150	-.020545	.421713			
4 9	-.152571	.152901	.171218	-.222809	-.197192	.290581		
5 6	.004216	.052178	.004216	.052178	-.204664	.085138	.213545	
6 7	-.081150	-.020545	.077327	-.185857	.033010	.020042	-.204664	.421713
7 8	.171218	-.222809	-.152571	.152901	.020042	-.013347	.085138	-.197192
8 9	.019215	-.112566	.019215	-.112566	.137316	-.133962	-.087282	.137316

	7 8	8 9
7 8	.290581	
8 9	-.133962	.267274

Azulen

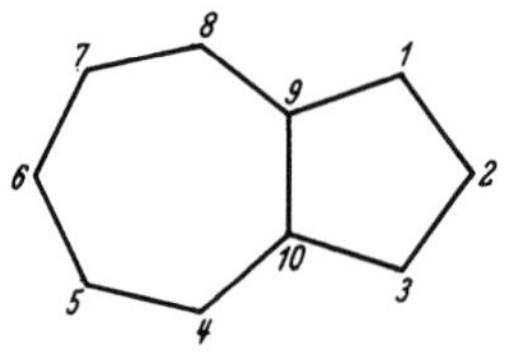

Z = 10

Eigenwerte und Hückelkoeffizienten

	1	2	3	4	5	6	7	8
1	2.310277	1.651572	1.355674	.886975	.477260	-.400392	-.737640	-1.579218
1	.323298	.267774	.220675	.258527	.542846	.063211	.299164	.436401
2	.279878	.324265	0	.582941	0	-.315746	0	-.552680
3	.323298	.267774	-.220675	.258527	-.542846	.063211	-.299164	.436401
4	.288640	-.190900	-.484057	-.218558	.160119	-.469936	.357060	-.084357
5	.199809	-.433267	-.357060	.159779	.335497	-.102278	-.484057	.269711
6	.172974	-.524672	0	.360277	0	.510887	0	-.341575
7	.199809	-.433267	.357060	.159779	-.335497	-.102278	.484057	.269711
8	.288640	-.190900	.484057	-.218558	-.160119	-.469936	-.357060	-.084357
9	.467029	.117982	.299164	-.353634	.259079	.290436	-.220675	-.136492
10	.467029	.117982	-.299164	-.353634	-.259079	.290436	.220675	-.136492

	9	10
9	-1.869214	-2.095294
1	.249996	.259079
2	-.267488	0
3	.249996	-.259079
4	.323297	-.335497
5	-.404503	.160119
6	.432805	0
7	-.404503	-.160119
8	.323297	.335497
9	-.199808	-.542846
10	-.199808	.542846

TOTALE PI ELEKTRONEN ENERGIE 13.363517

allgemeine Bindungsordnungen

	1	2	3	4	5	6	7	8
1	1.172879							
2	.656039	1.046600						
3	-.200638	.656039	1.172879					
4	-.068408	-.217049	.011190	.854946				
5	.186432	.017140	-.226883	.664039	.986447			
6	.017140	.176598	.017140	.142691	.638899	.870001		
7	-.226883	.017140	.186432	-.242189	.026246	.638899	.986447	
8	.011190	-.217049	-.068408	-.184853	-.242189	.142691	.664039	.854946
9	.595632	-.074358	-.231000	.172482	-.068408	-.217049	.011190	.585798
10	-.231000	-.074358	.595632	.585798	.011190	-.217049	-.068408	.172482

	9	10
9	1.027428	
10	.400945	1.027428

Z=10

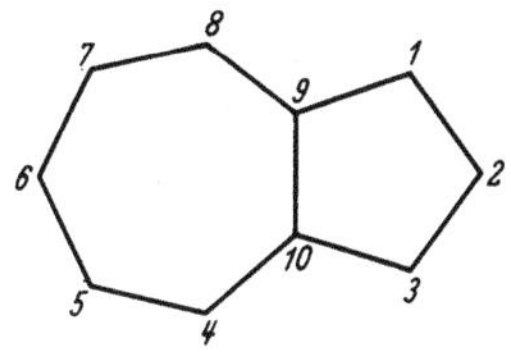

Azulen

Atom- Atom Polarisierbarkeiten

	1	2	3	4	5	6	7	8
1	.425191							
2	-.149730	.419148						
3	-.010914	-.149730	.425191					
4	-.001159	-.052904	.021024	.437967				
5	-.053189	.001150	-.061296	-.155799	.429411			
6	.001150	-.047623	.001150	.002166	-.138601	.424001		
7	-.061296	.001150	-.053189	-.067293	.025753	-.138601	.429411	
8	.021024	-.052904	-.001159	-.038155	-.067293	.002166	-.155799	.437967
9	-.117221	.015721	-.053856	-.037188	-.001159	-.052904	.021024	-.108660
10	-.053856	.015721	-.117221	-.108660	.021024	-.052904	-.001159	-.037188

	9	10
9	.366061	
10	-.031819	.366061

Bindungs- Atom Polarisierbarkeiten

	1	2	3	4	5	6	7	8
1 2	-.063898	-.007759	.074854	-.005292	-.000310	-.004848	.001168	-.008677
1 9	-.043567	.018714	-.037544	.001716	.010254	.005705	.008348	.006260
2 3	.074854	-.007759	-.063898	-.008677	.001168	-.004848	-.000310	-.005292
3 10	-.037544	.018714	-.043567	.006260	.008348	.005705	.010254	.001716
4 5	.010254	.005705	.008348	.069143	.008088	-.055617	-.000946	-.052951
4 10	-.013829	-.019674	-.010765	.030811	-.005136	.033230	-.008201	.038739
5 6	-.000310	-.004848	.001168	-.066192	-.002526	.047981	-.005110	.043805
6 7	.001168	-.004848	-.000310	.043805	-.005110	.047981	-.002526	-.066192
7 8	.008348	.005705	.010254	-.052951	-.000946	-.055617	.008088	.069143
8 9	-.010765	-.019674	-.013829	.038739	-.008201	.033230	-.005136	.030811
9 10	.075290	.015721	.075290	-.057362	-.005629	-.052904	-.005629	-.057362

	9	10
1 2	.010606	.004156
1 9	.010354	.019761
2 3	.004156	.010606
3 10	.019761	.010354
4 5	.001716	.006260
4 10	-.018623	-.026551
5 6	-.005292	-.008677
6 7	-.008677	-.005292
7 8	.006260	.001716
8 9	-.026551	-.018623
9 10	.006292	.006292

Azulen

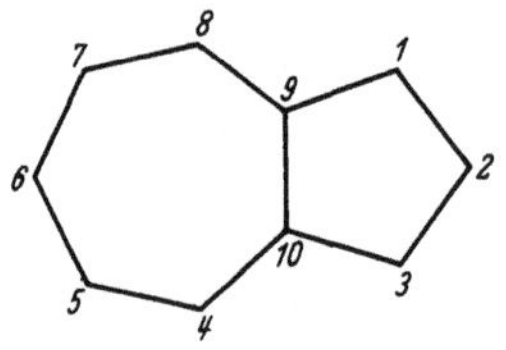

Z=10

Bindungs- Bindungs Polarisierbarkeiten

	1 2	1 9	2 3	3 10	4 5	4 10	5 6	6 7
1 2	.290214							
1 9	-.200418	.294825						
2 3	-.233096	.106722	.290214					
3 10	.106722	-.041348	-.200418	.294825				
4 5	.065041	-.062232	-.071004	.101964	.295912			
4 10	-.078615	.080090	.101795	-.182685	-.211435	.311948		
5 6	-.057616	.065041	.062214	-.071004	-.238849	.115764	.305166	
6 7	.062214	-.071004	-.057616	.065041	.118572	-.064646	-.220672	.305166
7 8	-.071004	.101964	.065041	-.062232	-.078056	.051339	.118572	-.238849
8 9	.101795	-.182685	-.078615	.080090	.051339	-.017845	-.064646	.115764
9 10	.014762	-.090955	.014762	-.090955	.028750	-.105709	-.013969	-.013969

	7 8	8 9	9 10
7 8	.295912		
8 9	-.211435	.311948	
9 10	.028750	-.105709	.334241

Fulvalen

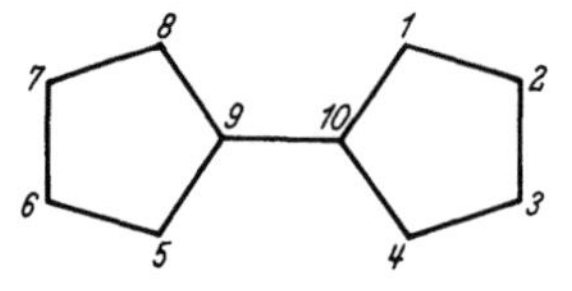

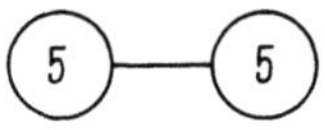

Z=10

Eigenwerte und Hückelkoeffizienten

	1	2	3	4	5	6	7	8
1	2,302776	1,860806	1,000000	,618034	,618034	,254102	-1,302776	-1,618034
1	,300552	,310450	0	,425325	,425325	-,247871	-,399586	-,262866
2	,230701	,360650	,408248	,262866	,262866	,332311	,173524	,425325
3	,230701	,360650	,408248	-,262866	-,262866	,332311	,173524	-,425325
4	,300552	,310450	0	-,425325	-,425325	-,247871	-,399586	,262866
5	,300552	-,310450	0	-,425325	,425325	,247871	-,399586	,262866
6	,230701	-,360650	,408248	-,262866	,262866	-,332311	,173524	-,425325
7	,230701	-,360650	,408248	,262866	-,262866	-,332311	,173524	,425325
8	,300552	-,310450	0	,425325	-,425325	,247871	-,399586	-,262866
9	,461402	-,217037	-,408248	0	0	,395296	,347047	0
10	,461402	,217037	-,408248	0	0	-,395296	,347047	0

	9	10
9	-1,618034	-2,114903
1	-,262866	-,303614
2	,425325	,097471
3	-,425325	,097471
4	,262866	-,303614
5	-,262866	,303614
6	,425325	-,097471
7	-,425325	-,097471
8	,262866	,303614
9	0	-,544643
10	0	,544643

TOTALE PI ELEKTRONEN ENERGIE 12,799299

Z=10

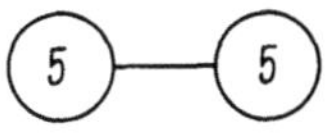

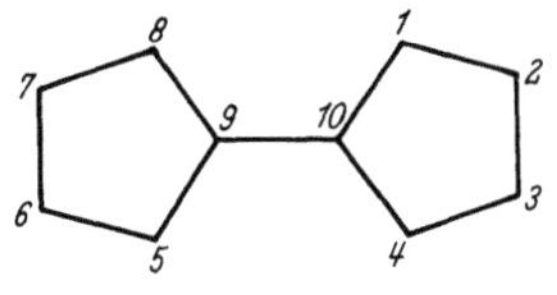

Fulvalen

allgemeine Bindungsordnungen

	1	2	3	4	5	6	7	8
1	1.097027							
2	.809816	.976309						
3	-.084611	.423523	.976309					
4	-.350186	-.084611	.809816	1.097027				
5	-.012096	-.085252	-.085252	-.012096	1.097027			
6	-.085252	.179642	.179642	-.085252	.809816	.976309		
7	-.085252	.179642	.179642	-.085252	-.084611	.423523	.976309	
8	-.012096	-.085252	-.085252	-.012096	-.350186	-.084611	.809816	1.097027
9	.142592	-.276990	-.276990	.142592	.412108	.036107	.036107	.412108
10	.412108	.036107	.036107	.412108	.142592	-.276990	-.276990	.142592

	9	10
9	.853326	
10	.664907	.853326

Atom- Atom Polarisierbarkeiten

	1	2	3	4	5	6	7	8
1	.608444							
2	-.432910	.598768						
3	.145120	-.089649	.598768					
4	-.274529	.145120	-.432910	.608444				
5	.001849	-.008802	-.008802	.001849	.608444			
6	-.008802	-.070122	-.070122	-.008802	-.432910	.598768		
7	-.008802	-.070122	-.070122	-.008802	.145120	-.089649	.598768	
8	.001849	-.008802	-.008802	.001849	-.274529	.145120	-.432910	.608444
9	-.010061	-.121561	-.121561	-.010061	-.022156	.058081	.058081	-.022156
10	-.022156	.058081	.058081	-.022156	-.010061	-.121561	-.121561	-.010061

	9	10
9	.428151	
10	-.236756	.428151

Fulvalen

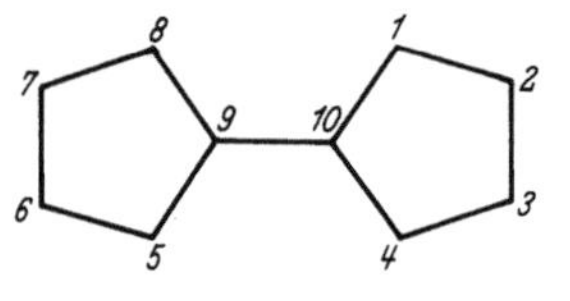

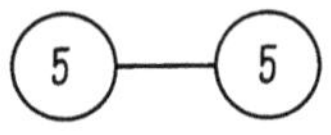

Z=10

Bindungs- Atom Polarisierbarkeiten

	1	2	3	4	5	6	7	8
1 2	-.112845	.047245	-.059881	.044923	-.000551	.030494	.030494	-.000551
1 10	.145606	-.125100	.139795	-.082238	.003014	-.039847	-.039847	.003014
2 3	.034990	.075674	.075674	.034990	-.008802	-.070122	-.070122	-.008802
3 4	.044923	-.059881	.047245	-.112845	-.000551	.030494	.030494	-.000551
4 10	-.082238	.139795	-.125100	.145606	.003014	-.039847	-.039847	.003014
5 6	-.000551	.030494	.030494	-.000551	-.112845	.047245	-.059881	.044923
5 9	.003014	-.039847	-.039847	.003014	.145606	-.125100	.139795	-.082238
6 7	-.008802	-.070122	-.070122	-.008802	.034990	.075674	.075674	.034990
7 8	-.000551	.030494	.030494	-.000551	.044923	-.059881	.047245	-.112845
8 9	.003014	-.039847	-.039847	.003014	-.082238	.139795	-.125100	.145606
9 10	-.026561	.011095	.011095	-.026561	-.026561	.011095	.011095	-.026561

	9	10
1 2	.052961	-.032291
1 10	-.073494	.069098
2 3	-.121561	.058081
3 4	.052961	-.032291
4 10	-.073494	.069098
5 6	-.032291	.052961
5 9	.069098	-.073494
6 7	.058081	-.121561
7 8	-.032291	.052961
8 9	.069098	-.073494
9 10	.030932	.030932

Bindungs- Bindungs Polarisierbarkeiten

	1 2	1 10	2 3	3 4	4 10	5 6	5 9	6 7
1 2	.208890							
1 10	-.268886	.632690						
2 3	-.191522	.014695	.509119					
3 4	.025346	.114590	-.191522	.208890				
4 10	.114590	-.309207	.014695	-.268886	.632690			
5 6	-.017604	.020200	.060989	-.017604	.020200	.208890		
5 9	.020200	-.020122	-.079695	.020200	-.020122	-.268886	.632690	
6 7	.060989	-.079695	-.140244	.060989	-.079695	-.191522	.014695	.509119
7 8	-.017604	.020200	.060989	-.017604	.020200	.025346	.114590	-.191522
8 9	.020200	-.020122	-.079695	.020200	-.020122	.114590	-.309207	.014695
9 10	.045401	-.104345	.022190	.045401	-.104345	.045401	-.104345	.022190

	7 8	8 9	9 10
7 8	.208890		
8 9	-.268886	.632690	
9 10	.045401	-.104345	.191395

Benzofulven

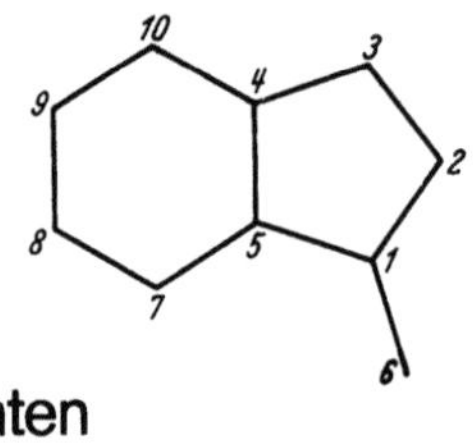

Z=10

Eigenwerte und Hückelkoeffizienten

	1	2	3	4	5	6	7	8
1	2.375947	1.626868	1.267896	.810823	.585503	-.339891	-.924097	-1.334735
1	.388784	.401771	.290568	.265014	.221384	.232391	.131122	.197691
2	.293349	.353200	-.100747	.342924	-.432383	.346379	-.263933	.113730
3	.308198	.172839	-.418305	.013037	-.474545	-.350123	.112777	-.349490
4	.438913	-.072014	-.429620	-.332353	.154535	-.227376	.159716	.352746
5	.466748	.053468	.239984	-.454890	.183895	.258355	.284656	-.229482
6	.163633	.246960	.229173	.326845	.378109	-.683722	-.141892	-.148112
7	.281272	-.242771	.443327	-.301496	-.268248	-.092828	-.553888	-.244139
8	.201539	-.448425	.322108	.210431	-.340955	-.226804	.227191	.555343
9	.197575	-.486757	-.034927	.472118	.068618	.169917	.343941	-.497097
10	.267888	-.343464	-.366392	.172373	.381131	.169050	-.545026	.108149

	9	10
9	-1.842086	-2.226227
1	.518855	.322898
2	-.517007	-.068003
3	.433515	-.171508
4	-.281566	.449820
5	-.157102	-.505799
6	-.281667	-.145043
7	.052107	.353306
8	.061117	-.280740
9	-.164690	.271685
10	.242256	-.324093

TOTALE PI ELEKTRONEN ENERGIE 13.334074

allgemeine Bindungsordnungen

	1	2	3	4	5	6	7	8
1	1.032491							
2	.443676	1.051012						
3	-.067767	.806511	1.050403					
4	-.073982	-.068376	.449741	1.033488				
5	.385674	-.207757	-.080982	.555025	1.038096			
6	.799511	.121470	-.355834	-.189236	.130863	.780159		
7	.002692	-.070609	-.034707	.018449	.625024	-.224600	.994895	
8	-.055859	.175742	.028822	-.280520	-.022060	-.128171	.672736	1.011976
9	.022819	.043572	-.070071	-.019059	-.288667	.168741	-.004979	.645590
10	-.020495	-.222994	-.004309	.602665	.020842	.150990	-.315812	-.007372

	9	10
9	1.009583	
10	.680883	.997896

Z = 10

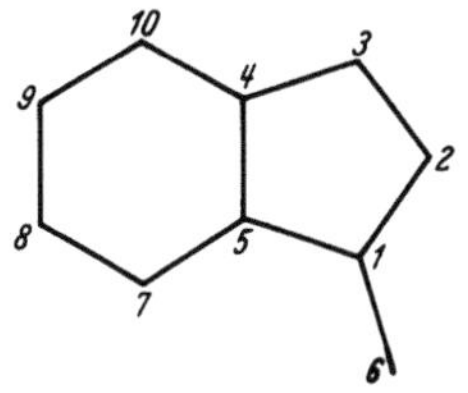

Benzofulven

Atom- Atom Polarisierbarkeiten

	1	2	3	4	5	6	7	8
1	.336297							
2	-.042275	.478141						
3	.019993	-.324039	.472836					
4	.003601	.021605	-.044322	.344965				
5	-.026319	-.050443	.015071	-.103352	.370771			
6	-.311004	.031610	-.181438	-.035687	-.005483	.686938		
7	.011721	-.002760	.003080	.002837	-.136264	-.061828	.422910	
8	.000265	-.051801	.013520	-.076318	.014253	-.032753	-.160796	.416201
9	.004491	.000959	-.001226	.009591	-.080436	-.046014	.015393	-.142142
10	.003229	-.060997	.026526	-.122919	.002203	-.044342	-.094292	.019571

	9	10
9	.406448	
10	-.167065	.438087

Bindungs- Atom Polarisierbarkeiten

	1	2	3	4	5	6	7	8
1 2	.005797	.009255	.027077	.009853	.015318	-.074610	-.002366	.005671
1 5	.008612	.022287	.017528	.015766	.010141	-.085882	.002181	.004016
1 6	-.029369	-.021492	-.030914	-.016307	-.016798	.131123	-.000515	-.007620
2 3	.004253	-.024830	-.024542	.004493	-.003012	.053118	.000007	-.004298
3 4	.009438	.027365	.008760	.005663	.018005	-.084031	-.001904	.008459
4 5	.004987	.000067	.007185	-.005053	-.006354	.022988	-.005045	-.006806
4 10	-.005113	-.013086	-.005789	-.015482	-.006381	.044737	.005539	-.003183
5 7	-.004939	-.010047	-.009719	-.005442	-.019618	.046096	-.006161	.006205
7 8	.004239	.007688	.007821	.004033	.010593	-.046611	.007488	.001063
8 9	-.002172	-.006315	-.003660	-.005563	-.007178	.038991	-.000221	-.007895
9 10	.004267	.009108	.006253	.008040	.005285	-.045918	.000997	.004390

	9	10
1 2	.002746	.001259
1 5	.006276	-.000924
1 6	-.006927	-.001181
2 3	.000047	-.005236
3 4	.002545	.005700
4 5	-.005867	-.006101
4 10	.005799	-.007041
5 7	-.002302	.005928
7 8	.003079	.000608
8 9	-.006584	.000599
9 10	.001189	.006389

Benzofulven

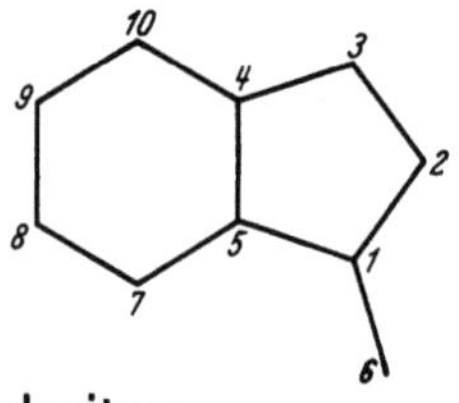

Z=10

Bindungs- Bindungs Polarisierbarkeiten

	1 2	1 5	1 6	2 3	3 4	4 5	4 10	5 7
1 2	.352125							
1 5	-.059509	.326036						
1 6	-.171841	-.132579	.177503					
2 3	-.162061	.006615	.087290	.151433				
3 4	.048565	.022335	-.047304	-.165755	.354097			
4 5	-.003103	-.078477	.040949	.041078	-.105134	.253768		
4 10	-.021209	.006110	.013556	.053084	-.123577	-.135767	.264489	
5 7	.015889	-.099278	.038992	-.011636	.013038	-.147300	.096950	.260158
7 8	-.004352	.028673	-.015549	.005890	-.007591	.102659	-.078311	-.205765
8 9	-.003645	-.018123	.016080	.012620	-.022932	-.066727	.119924	.122075
9 10	.009141	-.001805	-.007098	-.018559	.034259	.098054	-.195250	-.083122

	7 8	8 9	9 10
7 8	.258805		
8 9	-.211333	.268969	
9 10	.126873	-.216908	.254415

Cyclopenta[cd]pentalen

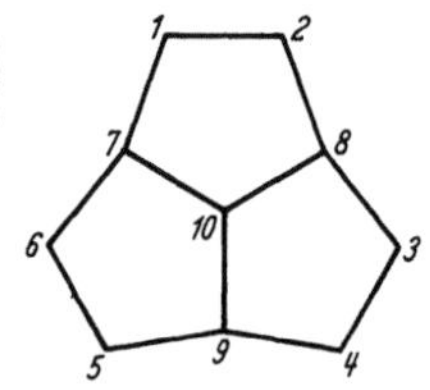

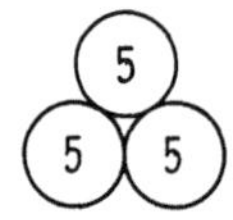

Z = 10

Eigenwerte und Hückelkoeffizienten

	1	2	3	4	5	6	7	8
1	2,514137	1,532089	1,532089	,571993	,347296	,347296	-1.000000	-1,879385
1	,248897	,161230	,442975	,293752	,361117	,303013	,408248	,464243
2	,248897	-,161230	,442975	,293752	,361117	-,303013	-,408248	-,464243
3	,248897	-,464243	-,081859	,293752	-,442975	,161230	,408248	-,303013
4	,248897	-,303013	-,361117	,293752	,081859	,464243	-,408248	,161230
5	,248897	,303013	-,361117	,293752	,081859	-,464243	,408248	-,161230
6	,248897	,464243	-,081859	,293752	-,442975	-,161230	-,408248	,303013
7	,376864	,408249	,235702	-,125728	-,235702	,408248	0	-,408248
8	,376864	-,408249	,235702	-,125728	-,235702	-,408248	0	,408248
9	,376864	0	-,471405	-,125728	,471405	0	0	0
10	,449693	0	0	-,659420	0	0	0	0

	9	10
9	-1,879385	-2,086130
1	,081859	,135745
2	,081859	,135745
3	,361117	,135745
4	-,442975	,135745
5	-,442975	,135745
6	,361117	,135745
7	-,235702	-,418927
8	-,235702	-,418927
9	,471405	-,418927
10	0	,602446

TOTALE PI ELEKTRONEN ENERGIE 12,995209

allgemeine Bindungsordnungen

	1	2	3	4	5	6	7	8
1	,963147							
2	,675533	,963147						
3	-,036853	,164836	,963147					
4	,049071	-,036853	,675533	,963147				
5	-,036853	,049071	-,036853	,164836	,963147			
6	,164836	-,036853	,049071	-,036853	,675533	,963147		
7	,492787	-,017909	-,133675	-,133675	-,017909	,492787	,982334	
8	-,017909	,492787	,492787	-,017909	-,133675	-,133675	-,017666	,982334
9	-,133675	-,133675	-,017909	,492787	,492787	-,017909	-,017666	-,017666
10	-,163558	-,163558	-,163558	-,163558	-,163558	-,163558	,504761	,504761

	9	10
9	,982334	
10	,504761	1,274118

Z = 10 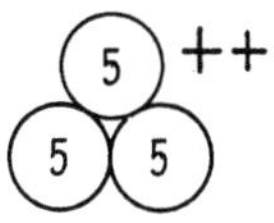 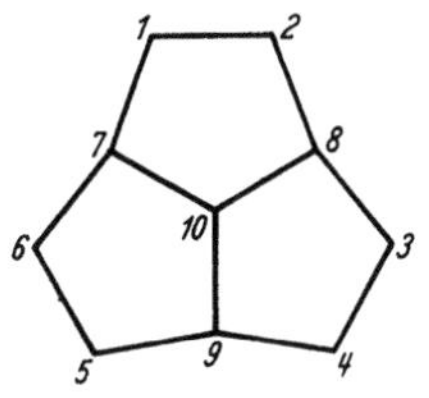

Cyclopenta[cd]pentalen

allgemeine Bindungsordnungen

	1	2	3	4	5	6	7	8
1	.740924							
2	.636944	.740924						
3	.074258	.373657	.740924					
4	-.121161	.074258	.636944	.740924				
5	.074258	-.121161	.074258	.373657	.740924			
6	.373657	.074258	-.121161	.074258	.636944	.740924		
7	.454199	.190911	-.303907	-.303907	.190911	.454199	.760112	
8	.190911	.454199	.454199	.190911	-.303907	-.303907	.093445	.760112
9	-.303907	-.303907	.190911	.454199	.454199	.190911	.093445	.093445
10	-.163558	-.163558	-.163558	-.163558	-.163558	-.163558	.504761	.504761

	9	10
9	.760112	
10	.504761	1.274118

Atom- Atom Polarisierbarkeiten

	1	2	3	4	5	6	7	8
1	.749988							
2	-.083308	.749988						
3	-.128927	-.384922	.749988					
4	.164876	-.128927	-.083308	.749988				
5	-.128927	.164876	-.128927	-.384922	.749988			
6	-.384922	-.128927	.164876	-.128927	-.083308	.749988		
7	-.055620	.082007	-.199288	-.199288	.082007	-.055620	.448849	
8	.082007	-.055620	-.055620	.082007	-.199288	-.199288	-.017185	.448849
9	-.199288	-.199288	.082007	-.055620	-.055620	.082007	-.017185	-.017185
10	-.015879	-.015879	-.015879	-.015879	-.015879	-.015879	-.068678	-.068678

	9	10
9	.448849	
10	-.068678	.301308

Cyclopenta[cd]pentalen

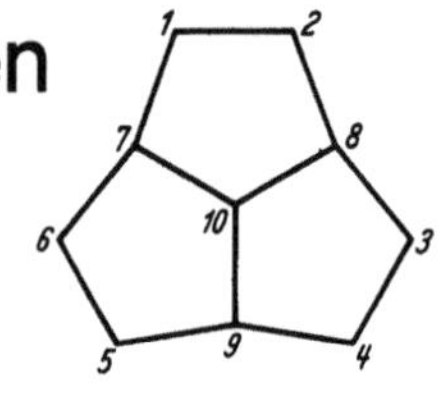

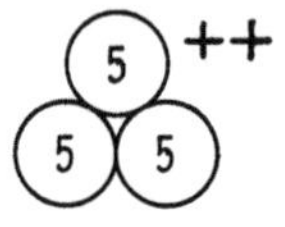

Z = 10

Bindungs- Atom Polarisierbarkeiten

	1	2	3	4	5	6	7	8
1 2	.290398	.290398	-.217511	.047229	.047229	-.217511	-.012532	-.012532
1 7	.046781	-.228827	.158081	-.000036	-.106658	-.009206	.024201	.005611
2 8	-.228827	.046781	-.009206	-.106658	-.000036	.158081	.005611	.024201
3 4	.047229	-.217511	.290398	.290398	-.217511	.047229	-.199288	-.012532
3 8	-.106658	-.009206	.046781	-.228827	.158081	-.000036	.074424	.024201
4 9	-.000036	.158081	-.228827	.046781	-.009206	-.106658	.074424	.005611
5 6	-.217511	.047229	.047229	-.217511	.290398	.290398	-.012532	-.199288
5 9	.158081	-.000036	-.106658	-.009206	.046781	-.228827	.005611	.074424
6 7	-.009206	-.106658	-.000036	.158081	-.228827	.046781	.024201	.074424
7 10	-.025905	.328564	-.282909	-.282909	.328564	-.025905	.205217	-.094669
8 10	.328564	-.025905	-.025905	.328564	-.282909	-.282909	-.094669	.205217
9 10	-.282909	-.282909	.328564	-.025905	-.025905	.328564	-.094669	-.094669

	9	10
1 2	-.199288	-.015879
1 7	.074424	.035629
2 8	.074424	.035629
3 4	-.012532	-.015879
3 8	.005611	.035629
4 9	.024201	.035629
5 6	-.012532	-.015879
5 9	.024201	.035629
6 7	.005611	.035629
7 10	-.094669	-.055380
8 10	-.094669	-.055380
9 10	.205217	-.055380

Bindungs- Bindungs Polarisierbarkeiten

	1 2	1 7	2 8	3 4	3 8	4 9	5 6	5 9
1 2	.666680							
1 7	-.300940	.539311						
2 8	-.300940	-.032337	.539311					
3 4	-.099737	.158045	-.110459	.666680				
3 8	-.110459	.003029	.046878	-.300940	.539311			
4 9	.158045	-.240458	.003029	-.300940	-.032337	.539311		
5 6	-.099737	-.110459	.158045	-.099737	.158045	-.110459	.666680	
5 9	.158045	.003029	-.240458	-.110459	.003029	.046878	-.300940	.539311
6 7	-.110459	.046878	.003029	.158045	-.240458	.003029	-.300940	-.032337
7 10	.302659	-.415443	-.002562	-.565817	.351908	.351908	.302659	-.002562
8 10	.302659	-.002562	-.415443	.302659	-.415443	-.002562	-.565817	.351908
9 10	-.565817	.351908	.351908	.302659	-.002562	-.415443	.302659	-.415443

	6 7	7 10	8 10	9 10
6 7	.539311			
7 10	-.415443	1.076344		
8 10	.351908	-.491825	1.076344	
9 10	-.002562	-.491825	-.491825	1.076344

Cyclopenta[cd]pentalen

Z = 10

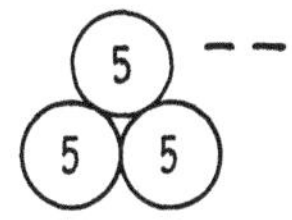

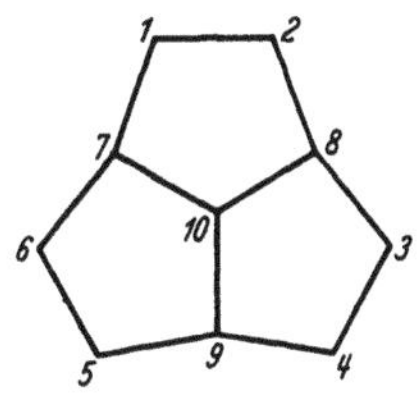

allgemeine Bindungsordnungen

	1	2	3	4	5	6	7	8
1	1.185369							
2	.714121	1.185369						
3	-.147965	-.043984	1.185369					
4	.219303	-.147965	.714121	1.185369				
5	-.147965	.219303	-.147965	-.043984	1.185369			
6	-.043984	-.147965	.219303	-.147965	.714121	1.185369		
7	.531376	-.226730	.036557	.036557	-.226730	.531376	1.204556	
8	-.226730	.531376	.531376	-.226730	.036557	.036557	-.128777	1.204556
9	.036557	.036557	-.226730	.531376	.531376	-.226730	-.128777	-.128777
10	-.163558	-.163558	-.163558	-.163558	-.163558	-.163558	.504761	.504761

	9	10
9	1.204556	
10	.504761	1.274118

Atom- Atom Polarisierbarkeiten

	1	2	3	4	5	6	7	8
1	.421894							
2	-.201576	.421894						
3	-.023389	.020082	.421894					
4	-.063352	-.023389	-.201576	.421894				
5	-.023389	-.063352	-.023389	.020082	.421894			
6	.020082	-.023389	-.063352	-.023389	-.201576	.421894		
7	-.077191	-.036261	-.000940	-.000940	-.036261	-.077191	.314149	
8	-.036261	-.077191	-.077191	-.036261	-.000940	-.000940	-.008343	.314149
9	-.000940	-.000940	-.036261	-.077191	-.077191	-.036261	-.008343	-.008343
10	-.015879	-.015879	-.015879	-.015879	-.015879	-.015879	-.068678	-.068678

	9	10
9	.314149	
10	-.068678	.301308

Cyclopenta[cd]pentalen

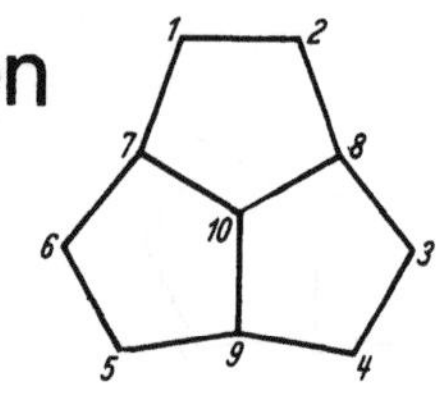

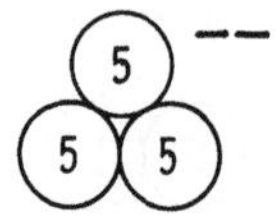

Z=10

Bindungs- Atom Polarisierbarkeiten

	1	2	3	4	5	6	7	8
1 2	-.078628	-.078628	-.010588	.040864	.040864	-.010588	.056762	.056762
1 7	-.043818	.102103	.012503	-.014976	-.038949	.011739	-.049606	-.017545
2 8	.102103	-.043818	.011739	-.038949	-.014976	.012503	-.017545	-.049606
3 4	.040864	-.010588	-.078628	-.078628	-.010588	.040864	-.000940	.056762
3 8	-.038949	.011739	-.043818	.102103	.012503	-.014976	.002920	-.049606
4 9	-.014976	.012503	.102103	-.043818	.011739	-.038949	.002920	-.017545
5 6	-.010588	.040864	.040864	-.010588	-.078628	-.078628	.056762	-.000940
5 9	.012503	-.014976	-.038949	.011739	-.043818	.102103	-.017545	.002920
6 7	.011739	-.038949	-.014976	.012503	.102103	-.043818	-.049606	.002920
7 10	.039234	-.023937	.004453	.004453	-.023937	.039234	-.039628	.027754
8 10	-.023937	.039234	.039234	-.023937	.004453	.004453	.027754	-.039628
9 10	.004453	.004453	-.023937	.039234	.039234	-.023937	.027754	.027754

	9	10
1 2	-.000940	-.015879
1 7	.002920	.035629
2 8	.002920	.035629
3 4	.056762	-.015879
3 8	-.017545	.035629
4 9	-.049606	.035629
5 6	.056762	-.015879
5 9	-.049606	.035629
6 7	-.017545	.035629
7 10	.027754	-.055380
8 10	.027754	-.055380
9 10	-.039628	-.055380

Bindungs- Bindungs Polarisierbarkeiten

	1 2	1 7	2 8	3 4	3 8	4 9	5 6	5 9
1 2	.220318							
1 7	-.153777	.286342						
2 8	-.153777	.018129	.286342					
3 4	-.019298	-.002474	.045639	.220318				
3 8	.045639	-.013229	-.126903	-.153777	.286342			
4 9	-.002474	.025599	-.013229	-.153777	.018129	.286342		
5 6	-.019298	.045639	-.002474	-.019298	-.002474	.045639	.220318	
5 9	-.002474	-.013229	.025599	.045639	-.013229	-.126903	-.153777	.286342
6 7	.045639	-.126903	-.013229	-.002474	.025599	-.013229	-.153777	.018129
7 10	.015297	-.082835	.039955	.008907	-.023217	-.023217	.015297	.039955
8 10	.015297	.039955	-.082835	.015297	-.082835	.039955	.008907	-.023217
9 10	.008907	-.023217	-.023217	.015297	.039955	-.082835	.015297	-.082835

	6 7	7 10	8 10	9 10
6 7	.285342			
7 10	-.082835	.241062		
8 10	-.023217	-.074184	.241062	
9 10	.039955	-.074184	-.074184	.241062

Benztropylium-Kation

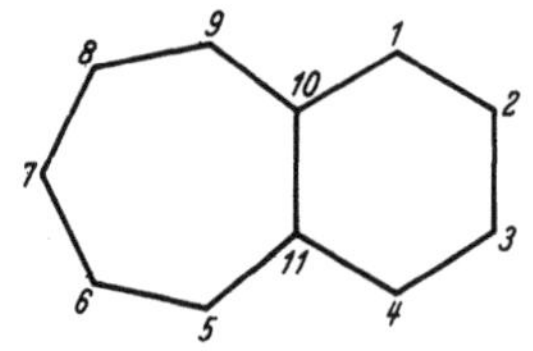

Z=11

Eigenwerte und Hückelkoeffizienten

	1	2	3	4	5	6	7	8
1	2,290600	1,689622	1,414214	1,155651	,801938	-,226127	-,554958	-1,081806
1	,303144	,242721	,310938	,071291	,481588	,275592	,118942	,506530
2	,234886	,351962	,128795	,458020	,267261	-,224766	,267261	-,243313
3	,234886	,351962	-,128795	,458020	-,267261	-,224766	-,267261	-,243313
4	,303144	,242721	-,310938	,071291	-,481588	,275592	-,118942	,506530
5	,289881	-,202623	-,439733	-,129758	,267261	-,474773	,267261	,127702
6	,204507	-,400501	-,310938	,225676	,333269	-,055088	-,481588	,166506
7	,178562	-,474071	0	,390562	0	,487230	0	-,307829
8	,204507	-,400501	,310938	,225676	-,333269	-,055088	,481588	,166506
9	,289881	-,202623	,439733	-,129758	-,267261	-,474773	-,267261	,127702
10	,459496	,058144	,310938	-,375632	,118942	,162447	-,333269	-,304655
11	,459496	,058144	-,310938	-,375632	-,118942	,162447	,333269	-,304655

	9	10	11
9	-1,414214	-1,827939	-2,246980
1	,214883	,107631	,333269
2	-,518774	-,038060	-,267261
3	,518774	-,038060	,267261
4	-,214883	,107631	-,333269
5	,303891	,341113	-,267261
6	-,214883	-,464852	,118942
7	0	,508608	0
8	,214883	-,464852	-,118942
9	-,303891	,341113	,267261
10	,214883	-,158682	-,481588
11	-,214883	-,158682	,481588

TOTALE PI ELEKTRONEN ENERGIE 14,704048

allgemeine Bindungsordnungen

	1	2	3	4	5	6	7	8
1	,969003							
2	,716085	,953694						
3	,041057	,601628	,953694					
4	-,345435	,041057	,716085	,969003				
5	,042849	-,095730	-,154904	,074928	,813436			
6	,089380	,118924	-,077168	-,165885	,673899	,921809		
7	-,066187	,107943	,107943	-,066187	,194282	,629047	,818333	
8	-,165885	-,077168	,118924	,089380	-,229299	,090805	,629047	,921809
9	,074928	-,154904	-,095730	,042849	-,245738	-,229299	,194282	,673899
10	,561181	,056365	-,230978	-,054674	,130437	-,142261	-,184447	,085909
11	-,054674	-,230978	,056365	,561181	,550200	,085909	-,184447	-,142261

	9	10	11
9	,813436		
10	,550200	,932892	
11	,130437	,489573	,932892

Z = 11 (7)(6)+ 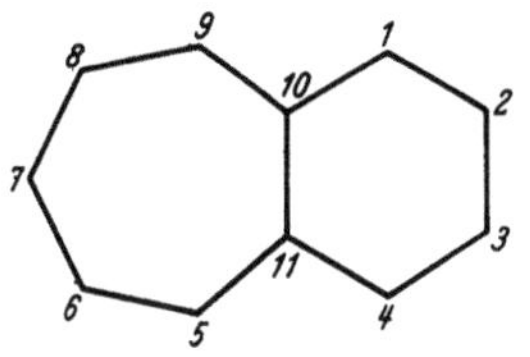 Benztropylium-Kation

Atom- Atom Polarisierbarkeiten

	1	2	3	4	5	6	7	8
1	.445441							
2	-.206543	.412095						
3	.018394	-.108150	.412095					
4	-.127088	.018394	-.206543	.445441				
5	-.012898	-.004124	-.028043	.021722	.441795			
6	-.012800	-.019262	-.009030	-.026487	-.164630	.417198		
7	-.004004	-.017974	-.017974	-.004004	-.019906	-.130758	.415438	
8	-.026487	-.009030	-.019262	-.012800	-.057605	.013885	-.130758	.417198
9	.021722	-.028043	-.004124	-.012898	-.075611	-.057605	-.019906	-.164630
10	-.090914	.005472	-.042835	-.004822	-.012420	-.017450	-.035076	.006939
11	-.004822	-.042835	.005472	-.090914	-.088280	.006939	-.035076	-.017450

	9	10	11
9	.441795		
10	-.088280	.341662	
11	-.012420	-.062276	.341662

Bindungs- Atom Polarisierbarkeiten

	1	2	3	4	5	6	7	8
1 2	.011645	.020441	-.015539	.018147	.009692	-.015899	.010779	-.017231
1 10	.017922	-.029868	.012614	-.028211	-.013274	.016306	-.015424	.019227
2 3	-.021073	.019082	.019082	-.021073	-.018881	.013936	-.017974	.013936
3 4	.018147	-.015539	.020441	.011645	.012613	-.017231	.010779	-.015899
4 11	-.028211	.012614	-.029868	.017922	-.019760	.019227	-.015424	.016306
5 6	-.014474	.018171	-.016235	.021522	.086847	.032984	-.074810	.019281
5 11	.010892	-.027360	.009967	-.028669	.047970	-.037184	.038674	-.032029
6 7	.014880	-.020135	.012940	-.019526	-.091047	.024341	.067306	-.031845
7 8	-.019526	.012940	-.020135	.014880	.054911	-.031845	.067306	.024341
8 9	.021522	-.016235	.018171	-.014474	-.067659	.019281	-.074810	.032984
9 10	-.028669	.009967	-.027360	.010892	.036242	-.032029	.038674	-.037184
10 11	.016943	.015924	.015924	.016943	-.037654	.008113	-.035076	.008113

	9	10	11
1 2	.012613	-.019902	-.014747
1 10	-.019760	.026099	.014371
2 3	-.018881	.015924	.015924
3 4	.009692	-.014747	-.019902
4 11	-.013274	.014371	.026099
5 6	-.067659	.016966	-.022594
5 11	.036242	-.031653	.013150
6 7	.054911	-.024577	.012750
7 8	-.091047	.012750	-.024577
8 9	.086847	-.022594	.016966
9 10	.047970	.013150	-.031653
10 11	-.037654	.014212	.014212

Benztropylium-Kation

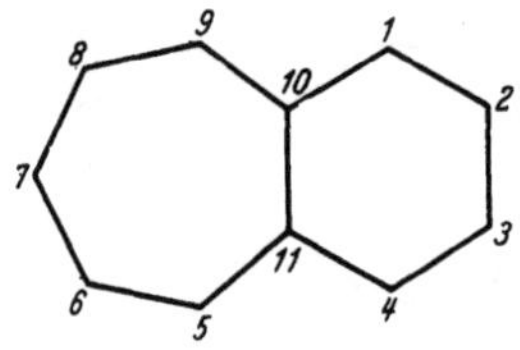

Z = 11

Bindungs- Bindungs Polarisierbarkeiten

	1 2	1 10	2 3	3 4	4 11	5 6	5 11	6 7
1 2	.221616							
1 10	-.188032	.297970						
2 3	-.208457	.104031	.303945					
3 4	.118170	-.063687	-.208457	.221616				
4 11	-.063687	.071738	.104031	-.188032	.297970			
5 6	.002886	-.010539	.014163	-.024490	.058701	.274238		
5 11	.005735	.002567	-.035833	.054511	-.149153	-.171704	.303239	
6 7	-.003457	.013592	-.007195	.017007	-.034247	-.223145	.076176	.297129
7 8	.017007	-.034247	-.007195	-.003457	.013592	.087519	-.020439	-.191115
8 9	-.024490	.058701	.014163	.002886	-.010539	-.044809	.000480	.087519
9 10	.054511	-.149153	-.035833	.005735	.002567	.000480	.045562	-.020439
10 11	.068198	-.102941	-.037363	.068198	-.102941	.036699	-.111142	-.011826

	7 8	8 9	9 10	10 11
7 8	.297129			
8 9	-.223145	.274238		
9 10	.076176	-.171704	.303239	
10 11	-.011826	.036699	-.111142	.279386

Cyclopent[f]inden

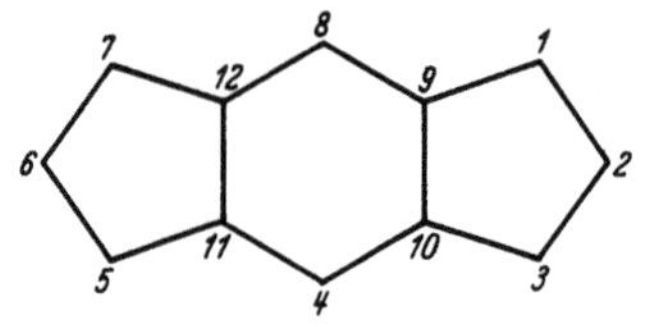

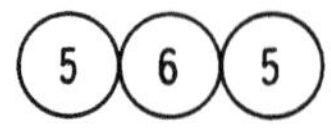

Z=12

Eigenwerte und Hückelkoeffizienten

	1	2	3	4	5	6	7	8
1	2.438283	2.000000	1.302776	1.138564	.618034	.618034	.000000	-.820249
1	.227387	.316228	.230701	.266725	.439576	.082298	.408248	.131885
2	.186514	.316228	0	.468529	.214106	-.392630	0	-.321573
3	.227387	.316228	-.230701	.266725	-.307251	-.324957	-.408248	.131885
4	.301785	0	-.461402	-.289567	0	0	.408248	-.520316
5	.227387	-.316228	-.230701	.266725	.307251	.324957	-.408248	.131885
6	.186514	-.316228	0	.468529	-.214106	.392630	0	-.321573
7	.227387	-.316228	.230701	.266725	-.439576	-.082298	.408248	.131885
8	.301785	0	.461402	-.289567	0	0	-.408248	-.520316
9	.367919	.316228	.300552	-.164845	.057567	.443493	0	.213394
10	.367919	.316228	-.300552	-.164845	-.403998	.191796	0	.213394
11	.367919	-.316228	-.300552	-.164845	.403998	-.191796	0	.213394
12	.367919	-.316228	.300552	-.164845	-.057567	-.443493	0	.213394

	9	10	11	12
9	-1.618034	-1.618034	-1.756598	-2.302776
1	.208368	.395705	.331300	.173524
2	.064016	-.442608	-.377206	0
3	-.311949	.320450	.331300	-.173524
4	0	0	.233126	-.347047
5	.311949	-.320450	.331300	-.173524
6	-.064016	.442608	-.377206	0
7	-.208368	-.395705	.331300	.173524
8	0	0	.233126	.347047
9	-.401163	-.197656	-.204754	-.399586
10	.440727	-.075891	-.204754	.399586
11	-.440727	.075891	-.204754	.399586
12	.401163	.197656	-.204754	-.399586

TOTALE PI ELEKTRONEN ENERGIE 16.231382

allgemeine Bindungsordnungen

	1	2	3	4	5	6	7	8
1	.952139							
2	.658365	1.108613						
3	.015641	.658365	.952139					
4	-.230117	-.158766	.195666	.775630				
5	.262855	.011151	-.247861	.195666	.952139			
6	.011151	-.091387	.011151	-.158766	.658365	1.108613		
7	-.247861	.011151	.262855	-.230117	.015641	.658365	.952139	
8	.195666	-.158766	-.230117	-.075937	-.230117	-.158766	.195666	.775630
9	.541665	-.140832	-.182899	.040182	.064315	.106381	-.105549	.594883
10	-.182899	-.140832	.541665	.594883	-.105549	.106381	.064315	.040182
11	.064315	.106381	-.105549	.594883	.541665	-.140832	-.182899	.040182
12	-.105549	.106381	.064315	.040182	-.182899	-.140832	.541665	.594883

	9	10	11	12
9	1.105739			
10	.468021	1.105739		
11	-.179192	-.094261	1.105739	
12	-.094261	-.179192	.468021	1.105739

Z=12 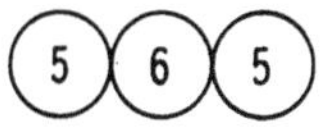 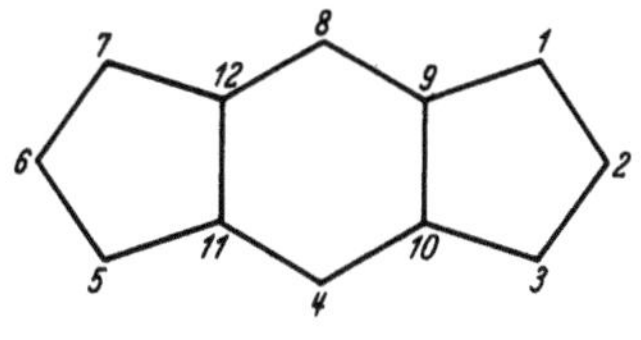 Cyclopent[f]inden

Atom- Atom Polarisierbarkeiten

	1	2	3	4	5	6	7	8
1	.577833							
2	-.151168	.398148						
3	.095324	-.151168	.577833					
4	-.067033	-.023031	-.023977	.443737				
5	-.157703	.000291	-.154857	-.023977	.577833			
6	.000291	-.013528	.000291	-.023031	-.151168	.398148		
7	-.154857	.000291	-.157703	-.067033	.095324	-.151168	.577833	
8	-.023977	-.023031	-.067033	.006317	-.067033	-.023031	-.023977	.443737
9	-.082022	-.003626	-.024532	.002857	-.002455	-.014777	-.009701	-.113843
10	-.024532	-.003626	-.082022	-.113843	-.009701	-.014777	-.002455	.002857
11	-.002455	-.014777	-.009701	-.113843	-.082022	-.003626	-.024532	.002857
12	-.009701	-.014777	-.002455	.002857	-.024532	-.003626	-.082022	-.113843

	9	10	11	12
9	.331002			
10	-.051882	.331002		
11	-.025472	-.005551	.331002	
12	-.005551	-.025472	-.051882	.331002

Bindungs- Atom Polarisierbarkeiten

	1	2	3	4	5	6	7	8
1 2	.051972	-.033699	-.037773	-.041729	.004548	.001369	-.004819	.037002
1 9	.041821	.047898	.062981	.003512	-.052494	-.001639	-.042214	-.074230
2 3	-.037773	-.033699	.051972	.037002	-.004819	.001369	.004548	-.041729
3 10	.062981	.047898	.041821	-.074230	-.042214	-.001639	-.052494	.003512
4 10	-.087554	-.025210	-.074099	.081568	.036871	.020483	.049337	.006700
4 11	.049337	.020483	.036871	.081568	-.074099	-.025210	-.087554	.006700
5 6	.004548	.001369	-.004819	.037002	.051972	-.033699	-.037773	-.041729
5 11	-.052494	-.001639	-.042214	-.074230	.041821	.047898	.062981	.003512
6 7	-.004819	.001369	.004548	-.041729	-.037773	-.033699	.051972	.037002
7 12	-.042214	-.001639	-.052494	.003512	.062981	.047898	.041821	-.074230
8 9	-.074099	-.025210	-.087554	.006700	.049337	.020483	.036871	.081568
8 12	.036871	.020483	.049337	.006700	-.087554	-.025210	-.074099	.081568
9 10	.044578	-.003626	.044578	-.012824	.006845	-.014777	.006845	-.012824
11 12	.006845	-.014777	.006845	-.012824	.044578	-.003626	.044578	-.012824

	9	10	11	12
1 2	.032315	-.013253	-.007790	.011858
1 9	-.020015	.033258	.011478	-.010355
2 3	-.013253	.032315	.011858	-.007790
3 10	.033258	-.020015	-.010355	.011478
4 10	-.010531	-.040648	.035163	.007919
4 11	.007919	.035163	-.040648	-.010531
5 6	-.007790	.011858	.032315	-.013253
5 11	.011478	-.010355	-.020015	.033258
6 7	.011858	-.007790	-.013253	.032315
7 12	-.010355	.011478	.033258	-.020015
8 9	-.040648	-.010531	.007919	.035163
8 12	.035163	.007919	-.010531	-.040648
9 10	-.012140	-.012140	-.017258	-.017258
11 12	-.017258	-.017258	-.012140	-.012140

Cyclopent[f]inden

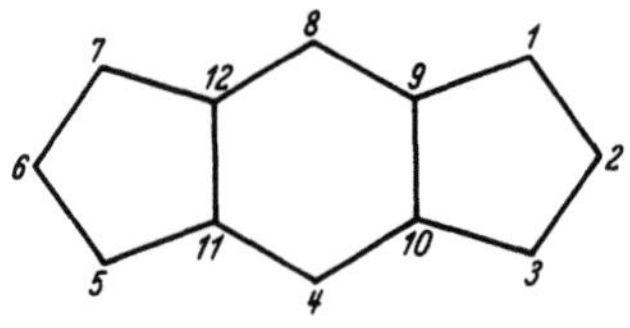

Z = 12

Bindungs- Bindungs Polarisierbarkeiten

	1 2	1 9	2 3	3 10	4 10	4 11	5 6	5 11
1 2	.356060							
1 9	-.221630	.377652						
2 3	-.302365	.130141	.356060					
3 10	.130141	-.049094	-.221630	.377652				
4 10	-.109111	.077284	.127680	-.240338	.373227			
4 11	.073473	-.061146	-.077206	.109189	-.233715	.373227		
5 6	.065828	-.068760	-.064665	.067426	-.077206	.127680	.356060	
5 11	-.068760	.060337	.067426	-.084649	.109189	-.240338	-.221630	.377652
6 7	-.064665	.067426	.065828	-.068760	.073473	-.109111	-.302365	.130141
7 12	.067426	-.084649	-.068760	.060337	-.061146	.077284	.130141	-.049094
8 9	.127680	-.240338	-.109111	.077284	-.000315	.011744	.073473	-.061146
8 12	-.077206	.109189	.073473	-.061146	.011744	-.000315	-.109111	.077284
9 10	.019062	-.084612	.019062	-.084612	-.114979	.064213	.004068	-.011800
11 12	.004068	-.011800	.004068	-.011800	.064213	-.114979	.019062	-.084612

	6 7	7 12	8 9	8 12	9 10	11 12
6 7	.356060					
7 12	-.221630	.377652				
8 9	-.077206	.109189	.373227			
8 12	.127680	-.240338	-.233715	.373227		
9 10	.004068	-.011800	-.114979	.064213	.279119	
11 12	.019062	-.084612	.064213	-.114979	-.031022	.279119

Cyclopent[a]inden

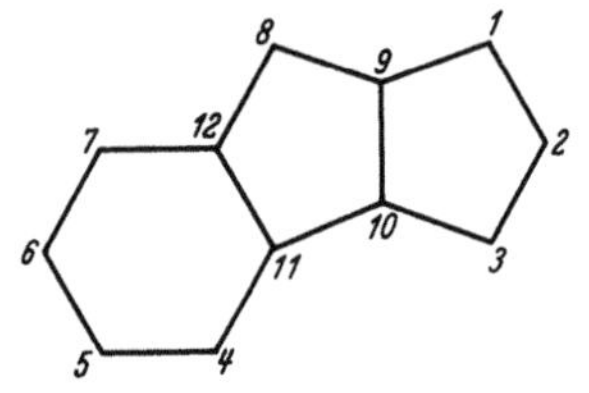

Z=12

Eigenwerte und Hückelkoeffizienten

	1	2	3	4	5	6	7	8
1	2.482374	1.878173	1.333729	1.189402	.811969	.456253	-.040708	-.963418
1	.232132	.332781	.059209	.354785	.242786	.349254	.419239	.077296
2	.192472	.330726	.275903	.305662	-.254670	.434597	-.132969	.127394
3	.245655	.288379	.308771	.008770	-.449570	-.150968	-.413826	-.200029
4	.223055	-.284016	.370314	-.248609	.297242	.304817	-.069149	-.543776
5	.147144	-.346866	.424463	.180542	.333200	-.057430	-.289009	.184921
6	.142210	-.367457	.195805	.463346	-.026694	-.331020	.080915	.365620
7	.205875	-.343283	-.163313	.370562	-.354875	-.093598	.285715	-.537165
8	.303184	.009055	-.457780	.078797	.234432	.028639	-.573772	.051864
9	.383767	.294295	-.196934	.116320	.451805	-.275248	.115903	-.201862
10	.417336	.210900	.135914	-.295231	-.110367	-.503476	.149815	.065318
11	.406563	-.186566	.069436	-.476238	-.091849	.196504	.291824	.338963
12	.368849	-.277288	-.413620	-.022599	-.261453	.288315	-.092545	.151895

	9	10	11	12
9	-1.265524	-1.637072	-2.006051	-2.239127
1	.215913	.427632	.337406	.002075
2	-.251665	-.564345	-.083239	.087365
3	.102576	.496242	-.170424	-.197696
4	-.238664	.107498	.018530	.346472
5	.537241	-.221517	.051599	-.269936
6	-.441228	.255140	-.122041	.257949
7	.021144	-.196166	.193221	-.307645
8	-.310459	.042588	.428296	-.151352
9	-.021577	-.135719	-.593615	-.092012
10	.121853	-.248039	.425119	.355302
11	-.235207	.045534	-.088771	-.505859
12	.414471	.065998	-.265569	.430907

TOTALE PI ELEKTRONEN ENERGIE 16.303800

allgemeine Bindungsordnungen

	1	2	3	4	5	6	7	8
1	.949860							
2	.738945	1.139415						
3	.025018	.558818	.927660					
4	.139222	.063909	-.189193	1.021248				
5	.137502	-.047832	-.144728	.650345	.938104			
6	-.070761	-.071135	.110928	-.030866	.650531	1.037129		
7	-.126992	.087999	.156148	-.286393	.068159	.671193	.917824	
8	.282325	-.176249	-.346570	-.091288	-.124291	-.058149	.154791	.727104
9	.460377	-.164536	-.084418	-.098868	.116293	.081645	-.162648	.632739
10	-.264545	-.186737	.656688	-.058712	-.030433	.082555	-.063572	.005330
11	-.172460	-.002139	.149924	.640760	.052278	-.286579	-.051734	.072714
12	-.003888	.100291	-.086502	.047291	-.265731	-.051146	.592195	.487697

	9	10	11	12
9	1.132177			
10	.499672	1.179903		
11	-.127071	.383132	.957548	
12	-.117418	-.140789	.528809	1.072027

Z=12

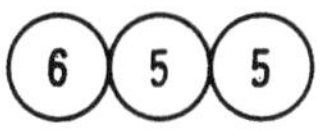

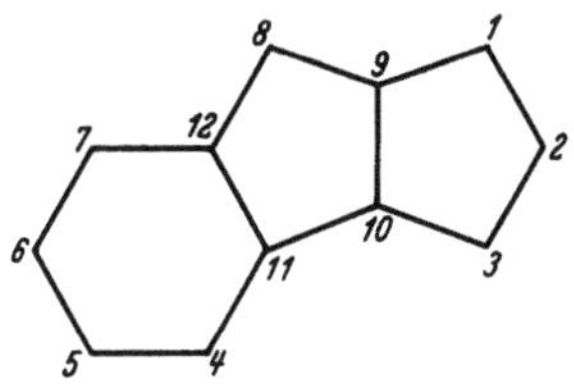

Cyclopent[a]inden

Atom- Atom Polarisierbarkeiten

	1	2	3	4	5	6	7	8
1	.588865							
2	-.259408	.414936						
3	.086549	-.084916	.529502					
4	-.038117	-.001516	-.046602	.430423				
5	-.028729	-.008958	-.039640	-.140469	.431532			
6	-.020214	-.002786	-.022995	.017686	-.148273	.410581		
7	-.042109	-.007975	-.057626	-.069245	.019348	-.155766	.454707	
8	-.101041	-.033429	-.172850	-.003261	-.007027	.001219	.005830	.482981
9	-.053711	-.001156	.009543	-.007500	-.024173	-.005061	-.027722	-.153326
10	-.116614	-.000915	-.188252	.014957	-.002130	.001819	.005504	.021590
11	-.004564	-.010771	-.004505	-.155750	.016781	-.084221	-.010911	.012363
12	-.010906	-.003106	-.008208	-.000605	-.068261	.008013	-.114034	-.053049

	9	10	11	12
9	.337844			
10	-.058068	.363559		
11	-.020095	-.038333	.389666	
12	.003426	-.003116	-.089659	.339505

Bindungs- Atom Polarisierbarkeiten

	1	2	3	4	5	6	7	8
1 2	.070815	-.081462	-.019645	-.015357	.018745	-.013491	.016310	.060469
1 9	.015692	.084897	.038278	.016486	-.034640	.012015	-.031051	-.131723
2 3	-.067380	-.001523	.040543	.019287	-.020573	.018296	-.020521	-.075050
3 10	.086013	.022421	.056485	-.020727	.003369	-.021451	.003870	-.006595
4 5	-.053166	.011405	-.052392	-.001370	.033729	.017239	.035627	-.003406
4 11	.054296	-.007474	.050953	-.017163	-.026605	-.014125	-.026927	-.001107
5 6	.037271	-.013232	.035189	.008494	.026503	-.022536	-.040165	-.012872
6 7	-.038747	.018037	-.038343	-.005380	-.031800	-.005952	.051507	.016249
7 12	.024007	-.022248	.021692	.014079	.027262	.017293	.019273	-.040447
8 9	-.025489	-.056017	-.043504	-.011034	.037458	-.004581	.029848	.123513
8 12	-.045765	.041436	-.038141	.006521	-.053736	.007958	-.054046	.081884
9 10	.018988	-.001123	.021687	-.004817	-.004581	-.002877	-.005776	-.009494
10 11	-.095999	.014258	-.085832	.032273	.002213	.032678	-.000863	.023256
11 12	.019465	-.009375	.013032	-.021294	.022655	-.020467	.022914	-.024677

	9	10	11	12
1 2	.012164	-.059343	.020422	-.009628
1 9	-.002973	.068345	-.042661	.007334
2 3	.015593	.094900	-.023013	.019441
3 10	.000867	-.102560	.001165	-.022858
4 5	.014605	.012686	-.031042	.016085
4 11	-.013971	-.005957	.024859	-.016779
5 6	-.016368	-.011684	.029305	-.019904
6 7	.020926	.020034	-.031219	.024688
7 12	-.027904	-.022803	.026343	-.036547
8 9	-.073628	-.031356	.046477	.008314
8 12	.055924	.038523	-.049004	.008446
9 10	-.004010	-.009378	.000987	.000393
10 11	.030753	.005765	.000484	.041013
11 12	-.011979	.002828	.026897	-.019999

Cyclopent[a]inden

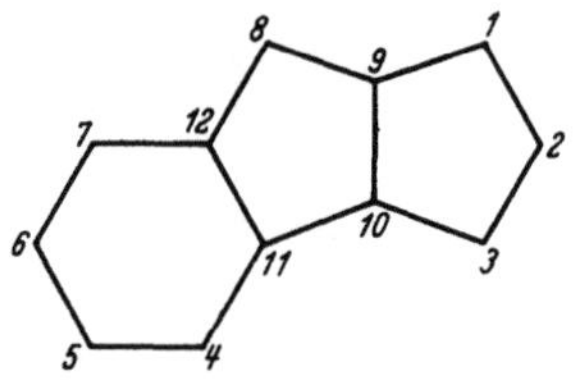

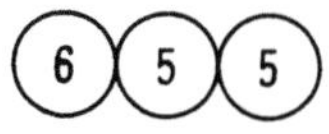

Z = 12

Bindungs- Bindungs Polarisierbarkeiten

	1 2	1 9	2 3	3 10	4 5	4 11	5 6	6 7
1 2	.286007							
1 9	-.210112	.418834						
2 3	-.296336	.106544	.454865					
3 10	.154880	-.059063	-.269235	.346062				
4 5	-.016228	-.006080	.017395	-.045187	.306171			
4 11	.024068	.001954	-.026526	.069005	-.225998	.266023		
5 6	.027037	-.013540	-.028408	.047831	-.223983	.129027	.290748	
6 7	-.024645	.011382	.025240	-.041789	.136199	-.088708	-.243272	.296424
7 12	.040437	-.035083	-.040481	.053505	-.076740	.087649	.129690	-.210482
8 9	.164454	-.253492	-.160650	.163465	-.014613	.008223	.044296	-.054439
8 12	-.090790	.087362	.090695	-.123381	-.004273	.011672	-.054222	.070227
9 10	-.036146	-.029523	.098809	-.173503	.019798	-.002918	-.026775	.039939
10 11	-.068150	.024884	.077733	-.192991	.040459	-.123424	-.032263	.005910
11 12	.045525	-.044044	-.049646	.070424	.093081	-.130047	-.046165	.078013

	7 12	8 9	8 12	9 10	10 11	11 12
7 12	.300891					
8 9	.102272	.415914				
8 12	-.195018	-.255345	.471427			
9 10	-.053332	-.191994	.102313	.291888		
10 11	-.005982	-.046391	.056052	-.024176	.396293	
11 12	-.097326	.078302	-.166718	-.014381	-.107954	.290937

Cyclopent[e]inden

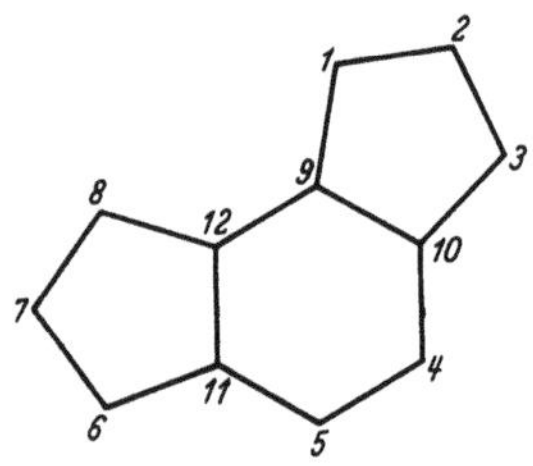

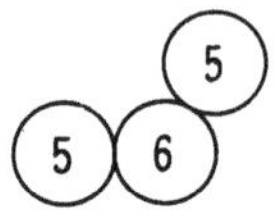

Z=12

Eigenwerte und Hückelkoeffizienten

	1	2	3	4	5	6	7	8
1	2,460505	1,937718	1.414214	1,000000	,832335	,304574	,239123	-1,000000
1	.243986	.280915	.303891	0	.380713	-,336754	.365793	0
2	.189287	.327190	.214883	.408248	.338859	,252634	.202428	,267261
3	,221755	.353087	0	.408248	-,098669	.413700	-,317387	-,267261
4	.243986	.121521	-.518774	0	-,229753	-,097068	.365793	.534522
5	.243986	-.121521	-.518774	0	.229753	.097068	.365793	-,534522
6	.221755	-.353087	0	.408248	.098669	-.413700	-.317387	,267261
7	.189287	-.327190	.214883	.408248	-.338859	-,252634	.202428	-,267261
8	.243986	-.280915	.303891	0	-.380713	,336754	.365793	0
9	.411042	.217144	.214883	-.408248	-.021978	-,355201	-.114959	-,267261
10	,356343	.356993	-.214883	0	-.420984	-.126632	-.278323	0
11	.356343	-.356993	-.214883	0	.420984	.126632	-.278323	0
12	.411042	-.217144	.214883	-.408248	.021978	.355201	-.114959	,267261

	9	10	11	12
9	-1.414214	-1.699628	-1.755880	-2.318747
1	-.439733	-.144748	-.350/94	-.199211
2	.310938	.337149	.377597	.016997
3	0	-.428279	-.312222	.159798
4	.128795	-.144748	-.225732	.293862
5	.128795	-.144748	.225732	-.293862
6	0	-.428279	.312222	-.159798
7	.310938	.337149	-.377597	-.016997
8	-.439733	-.144748	.350794	.199211
9	.310938	-.091130	.238354	.444923
10	-.310938	.390767	.170627	-.387530
11	-.310938	.390767	-.170627	.387530
12	.310938	-.091130	-.238354	-.444923

TOTALE PI ELEKTRONEN ENERGIE 15.898691

allgemeine Bindungsordnungen

	1	2	3	4	5	6	7	8
1	.978275							
2	.494659	1.068747						
3	-.047173	.790497	1.042791					
4	-.237532	-.255817	.159050	.811263				
5	-.154952	-.005352	.057371	.503360	.811263			
6	.263594	.044071	-.179423	.057371	.159050	1.042/91		
7	-.048721	-.074063	.044071	-.005352	-.255817	.790497	1.068747	
8	-.370759	-.048721	.263594	-.154952	-.237532	-.047173	.494659	.978275
9	.675673	-.137646	-.287246	.109457	-.154205	-.014817	-.033102	-.013314
10	.008593	-.073130	.388442	.701629	.092045	-.072358	.158235	.077975
11	.077975	.158235	-.072358	.092045	.701629	.388442	-.073130	.008593
12	-.013314	-.033102	-.014817	-.154205	.109457	-.287246	-.137646	.675673

	9	10	11	12
9	1.111199			
10	.464097	.987725		
11	-.062908	-.295104	.987725	
12	.415990	-.062908	.464097	1.111199

Z = 12 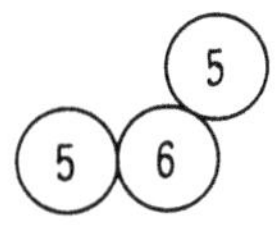 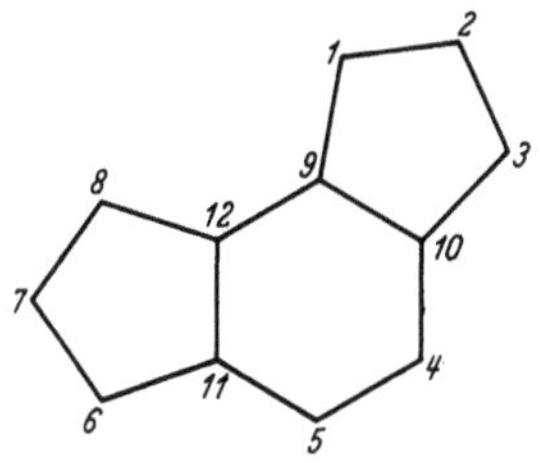

Cyclopent[e]inden

Atom- Atom Polarisierbarkeiten

	1	2	3	4	5	6	7	8
1	1.420178							
2	-.368480	.599006						
3	.953804	-.677569	1.501896					
4	.143888	-.192160	.247140	.544220				
5	-.248702	.114840	-.257726	-.116722	.544220			
6	-1.007781	.350544	-.983367	-.257726	.247140	1.501896		
7	.326652	-.154614	.350544	.114840	-.192160	-.677569	.599006	
8	-1.061165	.326652	-1.007781	-.248702	.143888	.953804	-.368480	1.420178
9	-.467184	.124300	-.394541	-.089627	.067955	.289748	-.108636	.296166
10	-.178639	.139332	-.267704	-.313161	.100056	.245556	-.153215	.191263
11	.191263	-.153215	.245556	.100056	-.313161	-.267704	.139332	-.178639
12	.296166	-.108636	.289748	.067955	-.089627	-.394541	.124300	-.467184

	9	10	11	12
9	.454358			
10	.032393	.483111		
11	-.085719	-.193273	.483111	
12	-.119215	-.085719	.032393	.454358

Bindungs- Atom Polarisierbarkeiten

	1	2	3	4	5	6	7	8
1 2	-.009249	.074886	-.083136	-.117655	.043386	.052100	-.048235	.025882
1 9	.329714	-.126124	.358480	.118223	-.125413	-.319270	.126302	-.314105
2 3	-.041988	-.046986	-.034054	.056253	-.009658	.032842	.007618	.052186
3 10	.317332	-.070205	.322836	-.022123	-.062077	-.289217	.077324	-.319356
4 5	-.050312	-.004386	-.010879	.091645	.091645	-.010879	-.004386	-.050312
4 10	.050879	-.057016	.045010	.095562	-.060030	-.060856	.038114	-.031715
5 11	-.031715	.038114	-.060856	-.060030	.095562	.045010	-.057016	.050879
6 7	.052186	.007618	.032842	-.009658	.056253	-.034054	-.046986	-.041988
6 11	-.319356	.077324	-.289217	-.062077	-.022123	.322836	-.070205	.317332
7 8	.025882	-.048235	.052100	.043386	-.117655	-.083136	.074886	-.009249
8 12	-.314105	.126302	-.319270	-.125413	.118223	.358480	-.126124	.329714
9 10	-.400267	.185403	-.406880	-.168645	.138538	.405023	-.157502	.388182
9 12	.002818	.000806	-.011999	.021993	.021993	-.011999	.000806	.002818
11 12	.388182	-.157502	.405023	.138538	-.168645	-.406880	.185403	-.400267

	9	10	11	12
1 2	.084888	.078264	-.073699	-.027432
1 9	-.152624	-.110320	.110810	.104326
2 3	-.024803	-.020082	.031635	-.002963
3 10	-.035596	-.018952	.023315	.076717
4 5	.021993	-.048062	-.048062	.021993
4 10	-.050422	-.047143	.064493	.013125
5 11	.013125	.064493	-.047143	-.050422
6 7	-.002963	.031635	-.020082	-.024803
6 11	.076717	.023315	-.018952	-.035596
7 8	-.027432	-.073699	.078264	.084888
8 12	.104326	.110810	-.110320	-.152624
9 10	.130874	.144110	-.145435	-.113401
9 12	-.024683	.011065	.011065	-.024683
11 12	-.113401	-.145435	.144110	.130874

Cyclopent[e]inden

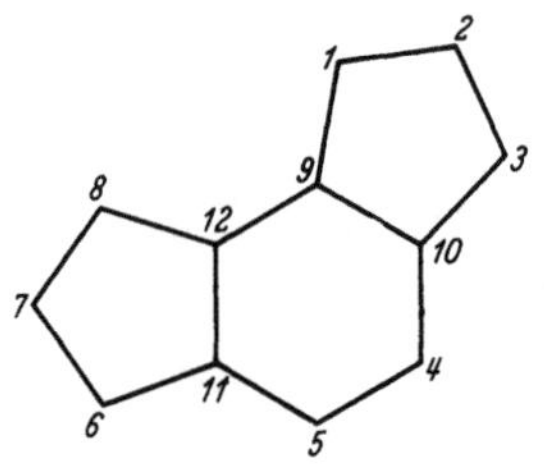

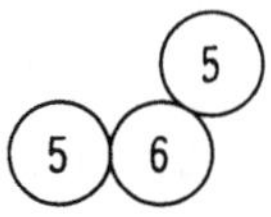

Z = 12

Bindungs- Bindungs Polarisierbarkeiten

	1 2	1 9	2 3	3 10	4 5	4 10	5 11	6 7
1 2	.524307							
1 9	-.264397	.507915						
2 3	-.256065	.077887	.201969					
3 10	-.015300	.216805	-.167646	.619642				
4 5	-.059061	-.022511	.023780	-.042339	.427498			
4 10	-.054980	.113535	.068684	-.107199	-.163729	.232890		
5 11	.071749	-.058570	-.029139	.007411	-.163729	.042528	.232890	
6 7	.052893	.012013	-.039565	.078706	.023780	-.029139	.068684	.201969
6 11	-.062580	-.143291	.078706	-.249541	-.042339	.007411	-.107199	-.167646
7 8	-.087349	.045487	.052893	-.062580	-.059061	.071749	-.054980	-.256065
8 12	.045487	-.148320	.012013	-.143291	-.022511	-.058570	.113535	.077887
9 10	.147791	-.466706	-.001657	-.313946	.060946	-.206331	.044715	-.006304
9 12	.031993	-.141379	-.015557	-.025999	-.021672	.038436	.038436	-.015557
11 12	-.074490	.271531	-.006304	.205277	.060946	.044715	-.206331	-.001657

	6 11	7 8	8 12	9 10	9 12	11 12
6 11	.619642					
7 8	-.015300	.524307				
8 12	.216805	-.264397	.507915			
9 10	.205277	-.074490	.271531	.701262		
9 12	-.025999	.031993	-.141379	-.044228	.335143	
11 12	-.313946	.147791	-.466706	-.317859	-.044228	.701262

Cyclopent[cd]azulen

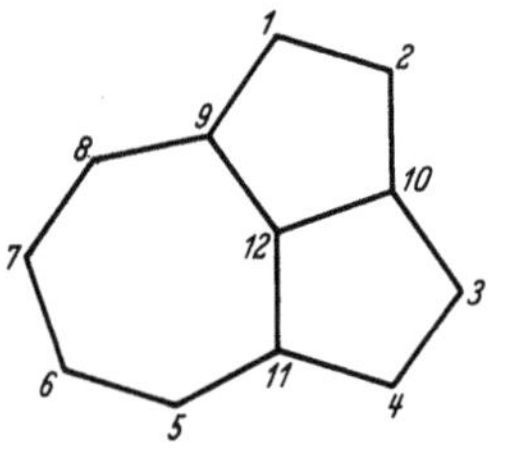

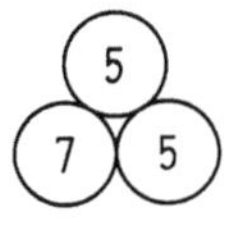

Z = 12

Eigenwerte und Hückelkoeffizienten

	1	2	3	4	5	6	7	8
1	2,480807	1.708389	1.682507	1,000000	.830830	,48048/	-,284630	-,593886
1	,251130	,088238	.387868	0	,322253	,498802	-,120131	-,217948
2	,258557	,252984	.230530	,353553	,387868	,142935	,422061	,111962
3	,258557	,252984	-,230530	,353553	-,387868	,142935	-,422061	,111962
4	,251130	,088238	-,387868	0	-,322253	,498802	,120131	-,217948
5	,201855	-,344545	-,322253	0	,422061	,040215	-,230530	,521442
6	,136314	-,486378	-,120131	,353553	.230530	-,077410	-,322253	-,327152
7	,136314	-,486378	,120131	,353553	-,230530	-,077410	,322253	-,327152
8	,201855	-,344545	.322253	0	-,422061	.040215	.230530	.521442
9	,364449	-,102238	,422061	-,353553	-,120131	,096/33	-,387868	,017474
10	.390299	.343956	0	,353553	0	-,430123	0	,151456
11	,364449	-,102238	-,422061	-,353553	,120131	,096/33	,387868	,017474
12	,451143	,081644	0	-,353553	0	-,492538	0	-,313872

	9	10	11	12
9	-1,309721	-1,901184	-1,918986	-2,174612
1	-,422061	-,318796	-,230530	,176669
2	,322253	,455306	,120131	,062273
3	-,322253	,455306	-,120131	,062273
4	,422061	-,318796	,230530	,176669
5	-,120131	-,096874	,387868	,240082
6	,387868	,033391	-,422061	-,075626
7	-,387868	,033391	,422061	-,075626
8	,120131	-,096874	-,387868	,240082
9	,230530	,150784	,322253	-,446459
10	0	-,546825	0	-,312088
11	-,230530	,150784	-,322253	-,446459
12	0	,129002	0	,554124

TOTALE PI ELEKTRONEN ENERGIE 16.366038

allgemeine Bindungsordnungen

	1	2	3	4	5	6	7	8
1	1,147888							
2	,745915	,959737						
3	-,111713	,145393	,959737					
4	,130734	-,111713	,745915	1,147888				
5	,102736	,120381	-,237281	,058661	,886113			
6	-,039205	,175713	-,071173	-,149981	,655984	,907426		
7	-,149981	-,071173	,175713	-,039205	,111943	,637124	,907426	
8	,058661	-,237281	,120381	,102736	-,241817	,111943	,655984	,886113
9	,511490	,015791	-,187020	,011523	-,148062	-,222957	,090629	,598790
10	-,172360	,502900	,502900	-,172360	-,114044	,088413	,088413	-,114044
11	,011523	-,187020	,015791	,511490	,598790	,090629	-,222957	-,148062
12	-,250358	-,116201	-,116201	-,250358	,086256	-,130171	-,130171	,086256

	9	10	11	12
9	,940401			
10	-,119057	1,161290		
11	,170132	-,119057	,940401	
12	,466854	,582029	,466854	1,155578

Z = 12

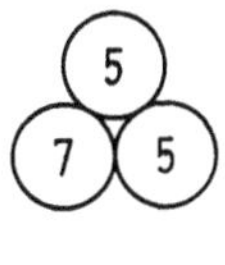

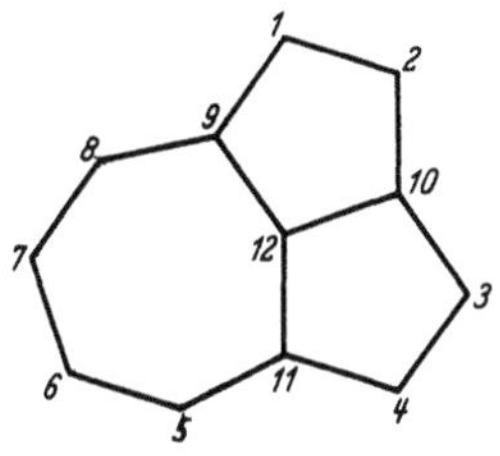

Cyclopent[cd]azulen

Atom- Atom Polarisierbarkeiten

	1	2	3	4	5	6	7	8
1	.435157							
2	-.241912	.476800						
3	-.007620	-.007390	.476800					
4	-.018222	-.007620	-.241912	.435157				
5	-.013486	-.024427	-.066781	.011198	.445127			
6	-.002754	-.047009	-.009020	-.019161	-.147291	.424314		
7	-.019161	-.009020	-.047009	-.002754	.012762	-.138719	.424314	
8	.011198	-.066781	-.024427	-.013486	-.062611	.012762	-.147291	.445127
9	-.063377	.022712	-.032019	-.005118	-.022630	-.058231	.008806	-.122980
10	-.009483	-.062604	-.062604	-.009483	-.011911	-.010470	-.010470	-.011911
11	-.005118	-.032019	.022712	-.063377	-.122980	.008806	-.058231	-.022630
12	-.065223	-.000730	-.000730	-.065223	.003030	-.013226	-.013226	.003030

	9	10	11	12
9	.363329			
10	-.007130	.324587		
11	-.032027	-.007130	.363329	
12	-.051335	-.121390	-.051335	.376359

Bindungs- Atom Polarisierbarkeiten

	1	2	3	4	5	6	7	8
1 2	-.078992	.043014	.009284	.023568	-.019000	.012156	-.018377	.012318
1 9	-.011307	-.033669	-.014389	-.011648	.021345	-.013348	.022754	-.018065
2 10	.088337	.008437	-.029879	-.028674	.016744	-.026012	.014061	-.028112
3 4	.023568	.009284	.043014	-.078992	.012318	-.018377	.012156	-.019000
3 10	-.028674	-.029879	.008437	.088337	-.028112	.014061	-.026012	.016744
4 11	-.011648	-.014389	-.033669	-.011307	-.018065	.022754	-.013348	.021345
5 6	.008956	-.035300	-.025760	.014525	.051398	.042989	-.040751	.032331
5 11	-.006610	.033044	.009965	-.020271	.028415	-.040208	.024465	-.039459
6 7	-.010148	.021444	.021444	-.010148	-.048617	.028185	.028185	-.048617
7 8	.014525	-.025760	-.035300	.008956	.032331	-.040751	.042989	.051398
8 9	-.020271	.009965	.033044	-.006610	-.039459	.024465	-.040208	.028415
9 12	.047662	.029732	-.039355	.017532	.009535	-.026676	.007342	-.027372
10 12	-.032929	.023433	.023433	-.032929	.008537	.013420	.013420	.008537
11 12	.017532	-.039355	.029732	.047662	-.027372	.007342	-.026676	.009535

	9	10	11	12
1 2	-.017247	.036050	.014306	-.017078
1 9	.033331	-.009315	-.015032	.049342
2 10	.023276	-.034059	-.035006	.030888
3 4	.014306	.036050	-.017247	-.017078
3 10	-.035006	-.034059	.023276	.030888
4 11	-.015032	-.009315	.033331	.049342
5 6	-.036544	.011940	-.031097	.007313
5 11	.027966	-.014771	.014076	-.016612
6 7	.020985	-.010470	.020985	-.013226
7 8	-.031097	.011940	-.036544	.007313
8 9	.014076	-.014771	.027966	-.016612
9 12	.011840	.034475	-.032972	-.031743
10 12	.022119	-.038168	.022119	-.030993
11 12	-.032972	.034475	.011840	-.031743

Cyclopent[cd]azulen

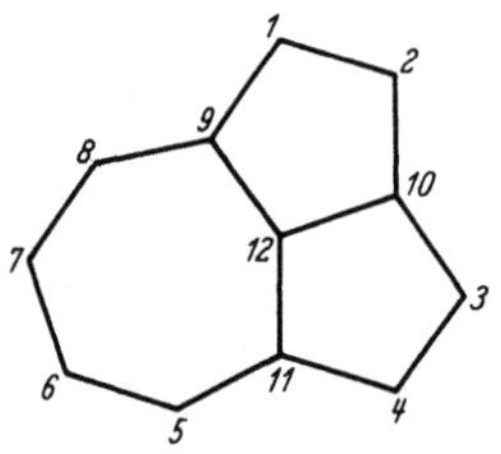

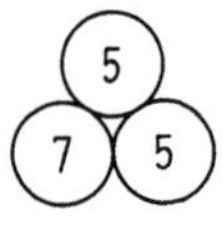

Z = 12

Bindungs- Bindungs Polarisierbarkeiten

	1 2	1 9	2 10	3 4	3 10	4 11	5 6	5 11
1 2	.258892							
1 9	-.232265	.381537						
2 10	-.222818	.106079	.374494					
3 4	-.068200	.062691	.096058	.258892				
3 10	.096058	-.084090	-.178169	-.222818	.3/4494			
4 11	.062691	-.063196	-.084090	-.232265	.106079	.381537		
5 6	-.019641	.024297	.006720	-.040413	.018763	.061621	.287311	
5 11	.020136	-.020208	-.003076	.073604	-.031789	-.140829	-.196805	.278739
6 7	.029844	-.036538	-.011951	.029844	-.011951	-.036538	-.213661	.095422
7 8	-.040413	.061621	.018763	-.019641	.006720	.024297	.099615	-.048493
8 9	.073604	-.140829	-.031789	.020136	-.003076	-.020208	-.048493	.028831
9 12	.074645	-.154979	-.045811	-.081870	.084097	.084345	.000875	.020464
10 12	.049336	.011535	-.108509	.049336	-.108509	.011535	-.025427	.041602
11 12	-.081870	.084345	.084097	.074645	-.045811	-.154979	.045237	-.117600

	6 7	7 8	8 9	9 12	10 12	11 12
6 7	.285595					
7 8	-.213661	.287311				
8 9	.095422	-.196805	.278/39			
9 12	-.019334	.045237	-.117600	.367040		
10 12	.026841	-.025427	.041602	-.095423	.226930	
11 12	-.019334	.000875	.020464	-.161686	-.095423	.367040

Acenaphthylen

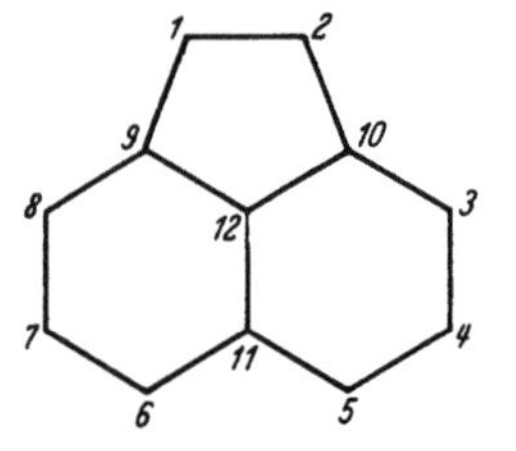

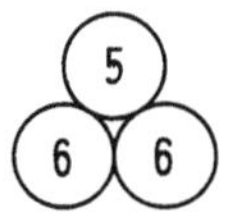

Z=12

Eigenwerte und Hückelkoeffizienten

	1	2	3	4	5	6	7	8
1	2.470837	1.687767	1.682507	1.000000	.830830	.637517	-.284630	-1.000000
1	.255476	.368645	-.120131	0	-.230530	-.514015	.322253	0
2	.255476	.368645	.120131	0	.230530	-.514015	-.322253	0
3	.224325	.019758	.422061	.408248	.120131	.210933	.387868	.408248
4	.178507	-.220194	.387868	.408248	-.322253	-.051849	.120131	-.408248
5	.216736	-.391395	.230530	0	-.387868	-.243987	-.422061	0
6	.216736	-.391395	-.230530	0	.387868	-.243987	.422061	0
7	.178507	-.220194	-.387868	.408248	.322253	-.051849	-.120131	-.408248
8	.224325	.019758	-.422061	.408248	-.120131	.210933	-.387868	.408248
9	.375764	.253541	-.322253	0	-.422061	.186322	.230530	0
10	.375764	.253541	.322253	0	.422061	.186322	-.230530	0
11	.357014	-.440389	0	-.408248	0	-.103697	0	.408248
12	.448650	.039516	0	-.408248	0	.421866	0	-.408248

	9	10	11	12
9	-1.309721	-1.431846	-1.918986	-2.364275
1	.387868	.156316	-.422061	.100930
2	-.387868	.156316	.422061	.100930
3	.230530	.129327	.322253	.233958
4	-.422061	.194960	-.230530	-.213585
5	.322253	-.408480	.120131	.271016
6	-.322253	-.408480	-.120131	.271016
7	.422061	.194960	.230530	-.213585
8	-.230530	.129327	-.322253	.233958
9	-.120131	-.380137	.387868	-.339556
10	.120131	-.380137	-.387868	-.339556
11	0	.389921	0	-.427170
12	0	.258654	0	.467916

TOTALE PI ELEKTRONEN ENERGIE 16.618916

allgemeine Bindungsordnungen

	1	2	3	4	5	6	7	8
1	1.065908							
2	.795606	1.065908						
3	-.244452	.069134	.908877					
4	.037551	-.073224	.632829	1.007988				
5	.196440	-.050446	.080248	.703859	.926561			
6	-.050446	.196440	-.122563	-.153769	.112217	.926561		
7	-.073224	.037551	.132863	-.009167	-.153769	.703859	1.007988	
8	.069134	-.244452	.138608	.132863	-.122563	.080248	.632829	.908877
9	.459407	-.084635	-.116218	.025212	.052324	-.305337	-.018863	.630634
10	-.084635	.459407	.630634	-.018863	-.305337	.052324	.025212	-.116218
11	-.035673	-.035673	-.234308	-.001179	.550089	.550089	-.001179	-.234308
12	-.175317	-.175317	.047486	-.234308	-.042315	-.042315	-.234308	.047486

	9	10	11	12
9	1.044360			
10	-.083570	1.044360		
11	.006350	.006350	.997642	
12	.514416	.514416	.531384	1.094971

Z = 12

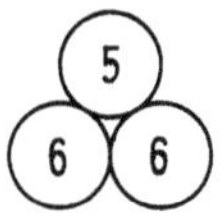

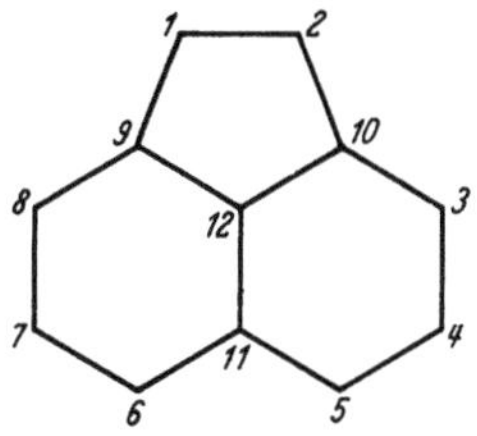

Acenaphthylen

Atom- Atom Polarisierbarkeiten

	1	2	3	4	5	6	7	8
1	.472633							
2	-.310271	.472633						
3	-.077431	.021768	.447241					
4	.001611	-.002478	-.127503	.397374				
5	-.069661	.009480	.021758	-.193737	.466175			
6	.009480	-.069661	-.020592	-.025090	.005281	.466175		
7	-.002478	.001611	-.023681	.000021	-.025090	-.193737	.397374	
8	.021768	-.077431	-.035618	-.023681	-.020592	.021758	-.127503	.447241
9	-.046026	.020423	-.010918	.002398	-.009514	-.100923	.010188	-.148718
10	.020423	-.046026	-.148718	.010188	-.100923	-.009514	.002398	-.010918
11	-.000116	-.000116	-.046661	.007559	-.086635	-.086635	.007559	-.046661
12	-.019931	-.019931	.000357	-.046661	.003458	.003458	-.046661	.000357

	9	10	11	12
9	.347778			
10	.006123	.347778		
11	.002752	.002752	.327980	
12	-.073564	-.073564	-.081777	.354459

Bindungs- Atom Polarisierbarkeiten

	1	2	3	4	5	6	7	8
1 2	-.033432	-.033432	.017866	.000376	.019368	.019368	.000376	.017866
1 9	.010021	.035996	-.032058	.002032	-.027418	-.022921	.001643	-.025742
2 10	.035996	.010021	-.025742	.001643	-.022921	-.027418	.002032	-.032058
3 4	.011852	.008465	.042133	.003007	-.042565	-.025888	.001299	-.028717
3 10	-.026044	-.016341	.028676	.004304	.033811	.014205	-.004904	.020456
4 5	-.009444	-.006446	-.034822	-.007691	.036369	.022899	-.001393	.025111
5 11	.001393	.002893	.026068	.001495	.026159	-.036684	-.001596	-.036794
6 7	-.006446	-.009444	.025111	-.001393	.022899	.036369	-.007691	-.034822
6 11	.002893	.001393	-.036794	-.001596	-.036684	.026159	.001495	.026068
7 8	.008465	.011852	-.028717	.001299	-.025888	-.042565	.003007	.042133
8 9	-.016341	-.026044	.020456	-.004904	.014205	.033811	.004304	.028676
9 12	.018799	.007597	.004560	.004663	.010121	-.019647	-.003505	-.018892
10 12	.007597	.018799	-.018892	-.003505	-.019647	.010121	.004663	.004560
11 12	-.005310	-.005310	.012154	.000269	.012190	.012190	.000269	.012154

	9	10	11	12
1 2	.005846	.005846	-.000116	-.019931
1 9	.006633	.011704	-.000908	.041017
2 10	.011704	.006633	-.000908	.041017
3 4	.006782	.011209	.000269	.012154
3 10	-.013823	-.027167	.001158	-.014332
4 5	-.004991	-.008767	-.000101	-.010726
5 11	.001899	.000010	.001766	.013391
6 7	-.008767	-.004991	-.000101	-.010726
6 11	.000010	.001899	.001766	.013391
7 8	.011209	.006782	.000269	.012154
8 9	-.027167	-.013823	.001158	-.014332
9 12	-.001039	.014194	-.000830	-.016021
10 12	.014194	-.001039	-.000830	-.016021
11 12	-.002490	-.002490	-.002592	-.031034

Acenaphthylen

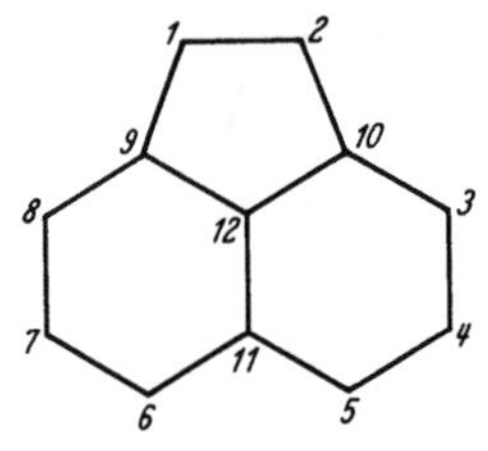

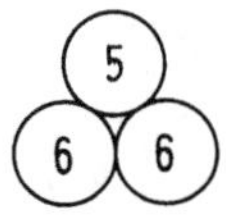

Z = 12

Bindungs- Bindungs Polarisierbarkeiten

	1 2	1 9	2 10	3 4	3 10	4 5	5 11	6 7
1 2	.162362							
1 9	-.169882	.354653						
2 10	-.169882	.053548	.354653					
3 4	-.025627	.017282	.041041	.300871				
3 10	.068781	-.039501	-.140462	-.194635	.256246			
4 5	.020176	-.012980	-.029338	-.232933	.121032	.239433		
5 11	.004286	-.000545	-.008723	.109059	-.059276	-.178331	.299869	
6 7	.020176	-.029338	-.012980	.023462	-.004818	-.025040	.056872	.239433
6 11	.004286	-.008723	-.000545	-.043375	.016058	.056872	-.148129	-.178331
7 8	-.025627	.041041	.017282	-.022222	.010812	.023462	-.043375	-.232933
8 9	.068781	-.140462	-.039501	.010812	.003304	-.004818	.016058	.121032
9 12	.026396	-.093594	.015546	-.031145	.040595	.017557	-.015048	-.060775
10 12	.026396	.015546	-.093594	.088921	-.135912	-.060775	.084045	.017557
11 12	-.010621	.012955	.012955	-.041512	.057776	.065684	-.116762	.065684

	6 11	7 8	8 9	9 12	10 12	11 12
6 11	.299869					
7 8	.109059	.300871				
8 9	-.059276	-.194635	.256246			
9 12	.084045	.088921	-.135912	.280634		
10 12	-.015048	-.031145	.040595	-.112285	.280634	
11 12	-.116762	-.041512	.057776	-.104935	-.104935	.264208

Heptalen

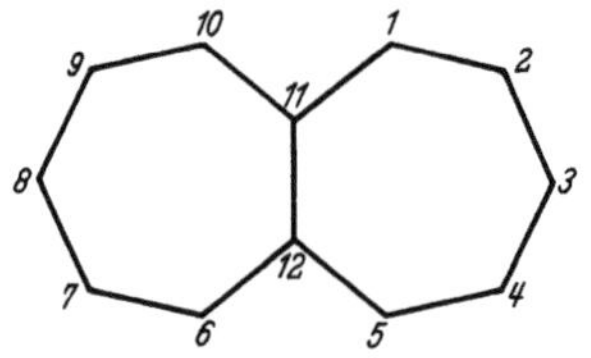

Z=12

Eigenwerte und Hückelkoeffizienten

	1	2	3	4	5	6	7	8
1	2.278414	1.732051	1.481194	1.317431	1.000000	.000000	-.311108	-.704624
1	.292109	.204124	.374695	.058008	.353553	.408248	.126811	.299199
2	.208558	.353553	.252968	-.289065	.353553	0	-.407612	.140221
3	.183073	.408248	0	-.438831	0	-.408248	0	-.398002
4	.208558	.353553	-.252968	-.289065	-.353553	0	.407612	.140221
5	.292109	.204124	-.374695	.058008	-.353553	.408248	-.126811	.299199
6	.292109	-.204124	-.374695	.058008	.353553	-.408248	-.126811	.299199
7	.208558	-.353553	-.252968	-.289065	.353553	0	.407612	.140221
8	.183073	-.408248	0	-.438831	0	.408248	0	-.398002
9	.208558	-.353553	.252968	-.289065	-.353553	0	-.407612	.140221
10	.292109	-.204124	.374695	.058008	-.353553	-.408248	.126811	.299199
11	.456986	0	.302028	.365487	0	0	.368160	-.351043
12	.456986	0	-.302028	.365487	0	0	-.368160	-.351043

	9	10	11	12
9	-1.000000	-1.732051	-1.891220	-2.170086
1	.353553	.204124	.267932	.305814
2	-.353553	-.353553	-.321377	-.140923
3	0	.408248	.339862	0
4	.353553	-.353553	-.321377	.140923
5	-.353553	.204124	.267932	-.305814
6	.353553	-.204124	.267932	-.305814
7	-.353553	.353553	-.321377	.140923
8	0	-.408248	.339862	0
9	.353553	.353553	-.321377	-.140923
10	-.353553	-.204124	.267932	.305814
11	0	0	-.185342	-.522721
12	0	0	-.185342	.522721

TOTALE PI ELEKTRONEN ENERGIE 15.618179

Z=12

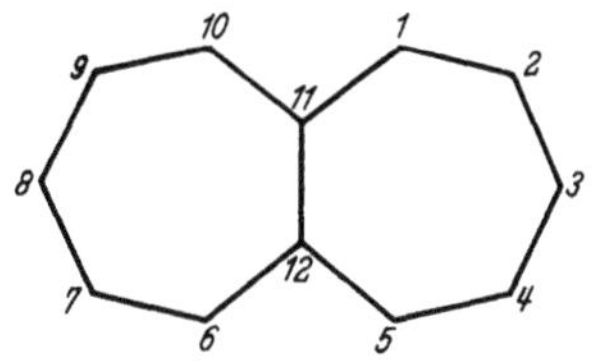

Heptalen

allgemeine Bindungsordnungen

	1	2	3	4	5	6	7	8
1	1.124845							
2	.672217	.882096						
3	-.110624	.618739	1.118844					
4	-.206928	.126124	.618739	.882096				
5	.063258	-.206928	-.110624	.672217	1.124845			
6	-.270075	.004397	.222709	-.116459	-.208489	1.124845		
7	.004397	.126124	.041389	-.117904	-.116459	.672217	.882096	
8	.222709	.041389	-.214490	.041389	.222709	-.110624	.618739	1.118844
9	-.116459	-.117904	.041389	.126124	.004397	-.206928	.126124	.618739
10	-.208489	-.116459	.222709	.004397	-.270075	.063258	-.206928	-.110624
11	.535719	.132125	-.153450	-.173489	.083045	.083045	-.173489	-.153450
12	.083045	-.173489	-.153450	.132125	.535719	.535719	.132125	-.153450

	9	10	11	12
9	.882096			
10	.672217	1.124845		
11	.132125	.535719	.867276	
12	-.173489	.083045	.502392	.867276

Atom- Atom Polarisierbarkeiten

	1	2	3	4	5	6	7	8
1	.529583							
2	-.164521	.415969						
3	.049500	-.122331	.497982					
4	-.043817	.005388	-.122331	.415969				
5	-.013454	-.043817	.049500	-.164521	.529583			
6	-.101739	.002249	-.099134	-.009393	-.071467	.529583		
7	.002249	-.025307	-.002050	-.020537	-.009393	-.164521	.415969	
8	-.099134	-.002050	-.107721	-.002050	-.099134	.049500	-.122331	.497982
9	-.009393	-.020537	-.002050	-.025307	.002249	-.043817	.005388	-.122331
10	-.071467	-.009393	-.099134	.002249	-.101739	-.013454	-.043817	.049500
11	-.078338	-.005074	-.021115	-.030576	.000530	.000530	-.030576	-.021115
12	.000530	-.030576	-.021115	-.005074	-.078338	-.078338	-.005074	-.021115

	9	10	11	12
9	.415969			
10	-.164521	.529583		
11	-.005074	-.078338	.340229	
12	-.030576	.000530	-.071080	.340229

Heptalen

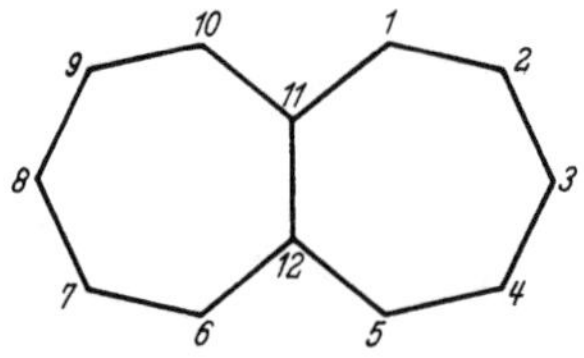

Z = 12

Bindungs- Atom Polarisierbarkeiten

	1	2	3	4	5	6	7	8
1 2	-.099124	.048282	.054030	.027454	.071255	-.034203	-.001998	-.020046
1 11	-.020556	-.057913	-.045985	-.037647	-.064111	.079457	.002809	.061260
2 3	.089493	.041173	-.058319	-.045462	-.081448	.035014	-.007208	.019618
3 4	-.081448	-.045462	-.058319	.041173	.089493	.006199	.006780	.019618
4 5	.071255	.027454	.054030	.048282	-.099124	-.003489	-.016825	-.020046
5 12	-.064111	-.037647	-.045985	-.057913	-.020556	.044365	.019535	.061260
6 7	-.034203	-.001998	-.020046	-.016825	-.003489	-.099124	.048282	.054030
6 12	.079457	.002809	.061260	.019535	.044365	-.020556	-.057913	-.045985
7 8	.035014	-.007208	.019618	.006780	.006199	.089493	.041173	-.058319
8 9	.006199	.006780	.019618	-.007208	.035014	-.081448	-.045462	-.058319
9 10	-.003489	-.016825	-.020046	-.001998	-.034203	.071255	.027454	.054030
10 11	.044365	.019535	.061260	.002809	.079457	-.064111	-.037647	-.045985
11 12	-.022850	.021021	-.021115	.021021	-.022850	-.022850	.021021	-.021115

	9	10	11	12
1 2	-.016825	-.003489	-.037207	.011873
1 11	.019535	.044365	.038165	-.019378
2 3	.006780	.006199	.019850	-.025691
3 4	-.007208	.035014	-.025691	.019850
4 5	-.001998	-.034203	.011873	-.037207
5 12	.002809	.079457	-.019378	.038165
6 7	.027454	.071255	.011873	-.037207
6 12	-.037647	-.064111	-.019378	.038165
7 8	-.045462	-.081448	-.025691	.019850
8 9	.041173	.089493	.019850	-.025691
9 10	.048282	-.099124	-.037207	.011873
10 11	-.057913	-.020556	.038165	-.019378
11 12	.021021	-.022850	.024775	.024775

Bindungs- Bindungs Polarisierbarkeiten

	1 2	1 11	2 3	3 4	4 5	5 12	6 7	6 12
1 2	.438778							
1 11	-.319127	.474646						
2 3	-.378167	.209868	.469680					
3 4	.229356	-.156248	-.340265	.469680				
4 5	-.183237	.130439	.229356	-.378167	.438778			
5 12	.130439	-.094544	-.156248	.209868	-.319127	.474646		
6 7	.145642	-.149302	-.141428	.150401	-.159930	.193531	.438778	
6 12	-.149302	.142204	.142977	-.172135	.193531	-.297821	-.319127	.474646
7 8	-.141428	.142977	.137044	-.145245	.150401	-.172135	-.378167	.209868
8 9	.150401	-.172135	-.145245	.137044	-.141428	.142977	.229356	-.156248
9 10	-.159930	.193531	.150401	-.141428	.145642	-.149302	-.183237	.130439
10 11	.193531	-.297821	-.172135	.142977	-.149302	.142204	.130439	-.094544
11 12	.043043	-.104489	-.005841	-.005841	.043043	-.104489	.043043	-.104489

	7 8	8 9	9 10	10 11	11 12
7 8	.469680				
8 9	-.340265	.469680			
9 10	.229356	-.378167	.438778		
10 11	-.156248	.209868	-.319127	.474646	
11 12	-.005841	-.005841	.043043	-.104489	.269149

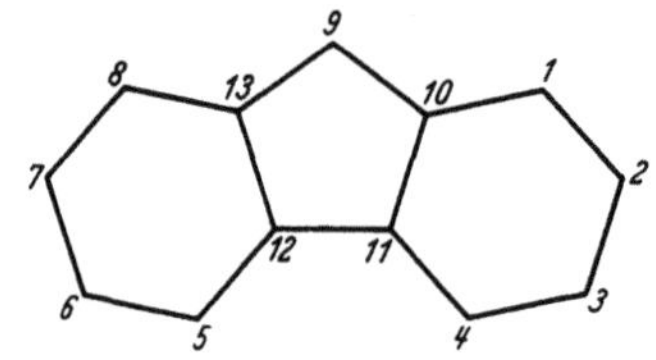

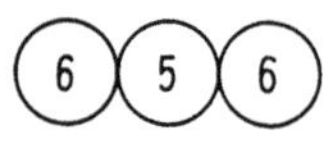

Z=13

Eigenwerte und Hückelkoeffizienten

	1	2	3	4	5	6	7	8
1	2.468694	1.891220	1.414214	1.293122	1,000000	,704624	,181071	-,811783
1	.212260	.321377	0	.361930	-,353553	.140221	-,324001	-,355819
2	.147722	.339862	.288675	.350293	0	,398002	-,113609	,348221
3	.152422	.321377	.408248	,091041	,353553	.140221	,303430	,073139
4	.228560	.267932	.288675	-,232566	,353553	-,299199	.168552	-,407594
5	.228560	-.267932	.288675	-,232566	-,353553	,299199	.168552	-,407594
6	.152422	-.321377	.408248	,091041	-,353553	-.140221	.303430	,073139
7	.147722	-,339862	.288675	,350293	0	-,398002	-,113609	,348221
8	.212260	-,321377	0	,361930	,353553	-,140221	-,324001	-,355819
9	.304843	0	-,408248	,182082	0	0	,606859	,146278
10	.376283	.267932	-.288675	.117727	-,353553	-,299199	,054942	-,059373
11	.411823	.185342	0	-,391777	0	-,351043	-,272910	,257739
12	.411823	-.185342	0	-,391777	0	.351043	-,272910	,257739
13	,376283	-.267932	-.288675	,117727	,353553	,299199	,054942	-,059373

	9	10	11	12	13
9	-1,000000	-1,317431	-1,414214	-2,131104	-2,278414
1	-,353553	.289065	0	,303922	,208558
2	0	-,438831	-,288675	-,233755	-,183073
3	.353553	.289065	.408248	,194234	,208558
4	-,353553	,058008	-,288675	-,180179	-,292109
5	.353553	-,058008	-,288675	-,180179	,292109
6	-,353553	-,289065	.408248	,194234	-,208558
7	0	,438831	-,288675	-,233755	,183073
8	.353553	-,289065	0	.303922	-.208558
9	0	0	-,408248	,388469	0
10	.353553	.058008	.288675	-,413934	-,292109
11	0	-,365487	0	,189745	,456986
12	0	.365487	0	.189745	-.456986
13	-.353553	-,058008	.288675	-,413934	.292109

TOTALE PI ELEKTRONEN ENERGIE 17.724819

Z=13

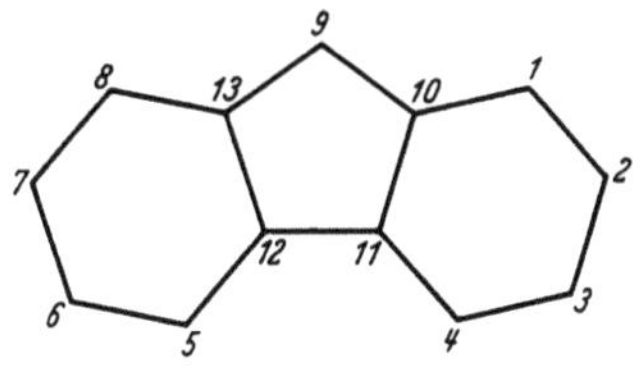

allgemeine Bindungsordnungen

	1	2	3	4	5	6	7	8
1	.952963							
2	.683148	1.016451						
3	.028186	.640108	.984335					
4	-.287621	-.003930	.652482	.980344				
5	.035765	.108155	-.024132	-.164886	.980344			
6	.036406	-.020020	-.007446	-.024132	.652482	.984335		
7	.023020	-.079195	-.020020	.108155	-.003930	.640108	1.016451	
8	-.038818	.023020	.036406	.035765	-.287621	.028186	.683148	.952963
9	.064591	-.087018	-.023111	-.078757	-.078757	-.023111	-.087018	.064591
10	.565463	-.035303	-.244581	.032457	-.112774	.078805	.076783	-.111151
11	.000340	-.275247	-.007921	.633863	.015099	-.049285	.031653	-.041024
12	-.041024	.031653	-.049285	.015099	.633863	-.007921	-.275247	.000340
13	-.111151	.076783	.078805	-.112774	.032457	-.244581	-.035303	.565463

	9	10	11	12	13
9	.953778				
10	.541331	1.053197			
11	-.057206	.512066	1.035821		
12	-.057206	-.106698	.405489	1.035821	
13	.541331	-.092033	-.106698	.512066	1.053197

Atom- Atom Polarisierbarkeiten

	1	2	3	4	5	6	7	8
1	.461004							
2	-.168905	.411386						
3	.010496	-.143159	.432238					
4	-.073010	.020189	-.147118	.437810				
5	-.013290	-.019346	-.002698	-.033949	.437810			
6	-.020039	-.000062	-.020751	-.002698	-.147118	.432238		
7	-.005553	-.012739	-.000062	-.019346	.020189	-.143159	.411386	
8	-.022490	-.005553	-.020039	-.013290	-.073010	.010496	-.168905	.461004
9	-.028784	-.012423	-.044010	-.022144	-.022144	-.044010	-.012423	-.028784
10	-.096021	.008027	-.053604	.001235	-.012099	-.005737	-.008040	-.010708
11	-.024115	-.078019	.011123	-.155479	.019899	-.016679	.008644	-.008585
12	-.008585	.008644	-.016679	.019899	-.155479	.011123	-.078019	-.024115
13	-.010708	-.008040	-.005737	-.012099	.001235	-.053604	.008027	-.096021

	9	10	11	12	13
9	.412328				
10	-.081300	.333153			
11	-.017502	-.076308	.385976		
12	-.017502	.000135	-.049091	.385976	
13	-.081300	.001269	.000135	-.076308	.333153

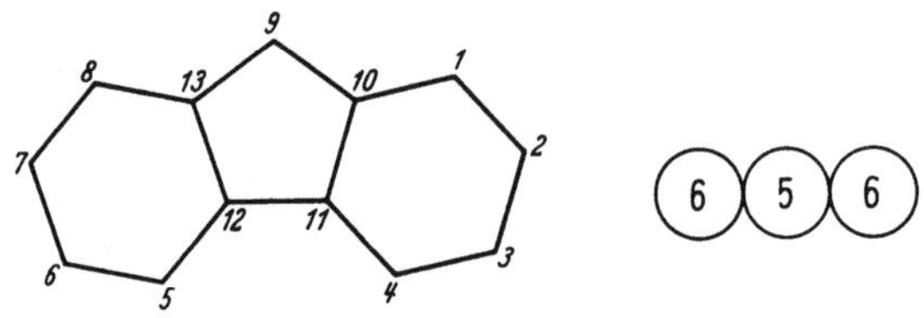

Z=13

Bindungs- Atom Polarisierbarkeiten

	1	2	3	4	5	6	7	8
1 2	.031927	.005694	-.020872	.006809	-.011744	-.001519	-.002109	-.010652
1 10	.009594	.010888	.016576	.010799	.007579	-.006736	.001442	.000097
2 3	-.015345	-.015386	.009493	-.004856	.008272	.002971	.001029	.009985
3 4	.011049	.004007	.013186	.022698	-.010702	-.008376	.000423	-.018239
4 11	.006559	-.002054	.004656	-.005440	.004977	.005945	-.003896	.014074
5 6	-.018239	.000423	-.008376	-.010702	.022698	.013186	.004007	.011049
5 12	.014074	-.003896	.005945	.004977	-.005440	.004656	-.002054	.006559
6 7	.009985	.001029	.002971	.008272	-.004856	.009493	-.015386	-.015345
7 8	-.010652	-.002109	-.001519	-.011744	.006809	-.020872	.005694	.031927
8 13	.000097	.001442	-.006736	.007579	.010799	.016576	.010888	.009594
9 10	-.024891	.006228	-.024796	-.000915	-.011407	.010451	-.001240	-.001604
9 13	-.001604	-.001240	.010451	-.011407	-.000915	-.024796	.006228	-.024891
10 11	.005845	-.013739	.004999	-.010991	.000959	-.000006	.001170	.001148
11 12	-.019545	.007543	-.005973	-.006035	-.006035	-.005973	.007543	-.019545
12 13	.001148	.001170	-.000006	.000959	-.010991	.004999	-.013739	.005845

	9	10	11	12	13
1 2	-.010587	.014082	-.017288	.009160	.007100
1 10	-.015908	-.023534	.010146	-.013483	-.007458
2 3	.015575	-.010705	.009038	-.004342	-.005728
3 4	-.029919	.007484	-.005356	.004308	.009437
4 11	.017597	-.008592	-.017110	-.004408	-.012307
5 6	-.029919	.009437	.004308	-.005356	.007484
5 12	.017597	-.012307	-.004408	-.017110	-.008592
6 7	.015575	-.005728	-.004342	.009038	-.010705
7 8	-.010587	.007100	.009160	-.017288	.014082
8 13	-.015908	-.007458	-.013483	.010146	-.023534
9 10	.018764	.000248	-.008127	.021451	.015838
9 13	.018764	.015838	.021451	-.008127	.000248
10 11	.013229	-.010825	.002233	.004686	.001293
11 12	-.017502	.023668	.009093	.009093	.023668
12 13	.013229	.001293	.004686	.002233	-.010825

Z = 13

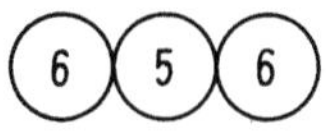

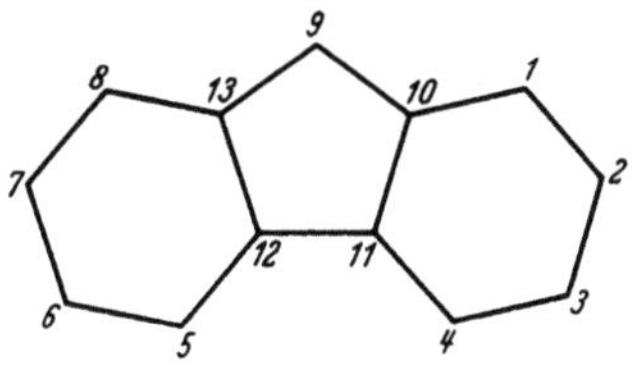

Bindungs- Bindungs Polarisierbarkeiten

	1 2	1 10	2 3	3 4	4 11	5 6	5 12	6 7
1 2	.282385							
1 10	-.189966	.310468						
2 3	-.237115	.111665	.290837					
3 4	.118006	-.051666	-.206570	.295291				
4 11	-.067322	.064440	.109037	-.210064	.259952			
5 6	-.018221	.005171	.011264	-.017600	.000734	.295291		
5 12	.009379	.000481	.001076	.000734	.027596	-.210064	.259952	
6 7	.018583	-.016159	-.012326	.011264	.001076	-.206570	.109037	.290837
7 8	-.023308	.020832	.018583	-.018221	.009379	.118006	-.067322	-.237115
8 13	.020832	-.033619	-.016159	.005171	.000481	-.051666	.064440	.111665
9 10	.058588	-.194536	-.039504	-.030293	.038483	-.001358	-.017120	.027295
9 13	-.040347	.075023	.027295	-.001358	-.017120	-.030293	.038483	-.039504
10 11	.073114	-.089407	-.045592	.094943	-.135347	-.006300	.025896	-.005506
11 12	-.019809	.014372	-.006986	.016661	-.107221	.016661	-.107221	-.006986
12 13	.015202	-.027098	-.005506	-.006300	.025896	.094943	-.135347	-.045592

	7 8	8 13	9 10	9 13	10 11	11 12	12 13
7 8	.282385						
8 13	-.189966	.310468					
9 10	-.040347	.075023	.408309				
9 13	.058588	-.194536	-.192179	.408309			
10 11	.015202	-.027098	-.157087	.051403	.286247		
11 12	-.019809	.014372	.013324	.013324	-.078784	.336885	
12 13	.073114	-.089407	.051403	-.157087	-.001683	-.078784	.286247

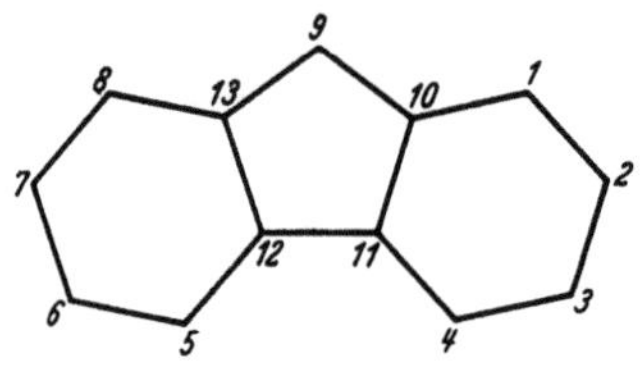

Z=13

allgemeine Bindungsordnungen

	1	2	3	4	5	6	7	8
1	,847986							
2	,646339	1,003544						
3	,126497	,674581	.892265					
4	-,233010	,015219	.601338	,951935				
5	,090376	,127304	-.075276	-,193295	.951935			
6	,134717	,014453	-.099515	-,075276	.601338	.892265		
7	-,013789	-,092102	.014453	,127304	.015219	.674581	1,003544	
8	-,143794	-,013789	.134717	,090376	-.233010	.126497	.646339	.847986
9	,261214	-,018074	-.207250	-,181044	-.181044	-.207250	-,018074	.261214
10	,583265	-,029061	-.261252	,023196	-.122034	.062134	.083025	-.093349
11	-,088083	-,306252	.074888	,679862	.061099	.033524	.000648	-.129447
12	-,129447	,000648	.033524	,061099	.679862	.074888	-,306252	-.088083
13	-,093349	,083025	.062134	-,122034	.023196	-.261252	-,029061	.583265

	9	10	11	12	13
9	,585500				
10	,507989	1,050178			
11	,108412	,527060	,961342		
12	,108412	-,091704	,331009	,961342	
13	,507989	-,095032	-,091704	,527060	1.050178

Atom- Atom Polarisierbarkeiten

	1	2	3	4	5	6	7	8
1	,469681							
2	-,128129	,416999						
3	,006140	-,175741	.450264					
4	-,023691	,023919	-.100775	,445099				
5	-,023972	-,029324	-.005918	-,051982	.445099			
6	-,033165	,004674	-.028986	-,005918	-.100775	.450264		
7	-,004625	-,018896	.004674	-,029324	.023919	-.175741	.416999	
8	-,043754	-,004625	-.033165	-,023972	-.023691	.006140	-,128129	.469681
9	-,063747	,001977	-.058325	-,039890	-.039890	-,058325	.001977	-,063747
10	-,108433	,009949	-.065950	,002535	-.015585	,000234	-.010587	-.005869
11	-,032835	-,107231	.022219	-,205319	.024904	-,014671	.017016	-.007601
12	-,007601	,017016	-.014671	,024904	-.205319	.022219	-,107231	-.032835
13	-,005869	-,010587	.000234	-,015585	.002535	-,065950	.009949	-.108433

	9	10	11	12	13
9	,422861				
10	-,060151	,334571			
11	,008706	-,087515	.417420		
12	,008706	,006805	-,041900	,417420	
13	-,060151	-,000004	,006805	-,087515	.334571

Z=13

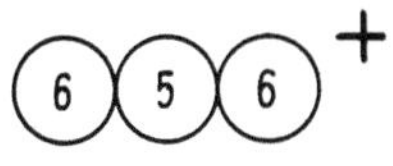

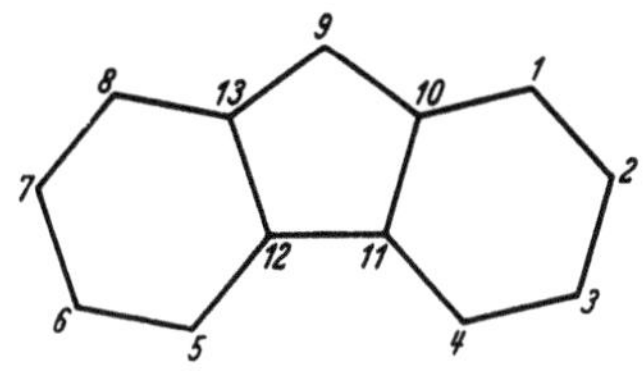

Bindungs- Atom Polarisierbarkeiten

	1	2	3	4	5	6	7	8
1 2	.091592	.020846	-.068097	.020774	-.027846	.002933	-.010726	-.013058
1 10	.045457	.001764	.053347	.002782	.018763	-.023229	.008872	-.012368
2 3	-.068982	-.016781	.049630	-.018512	.022199	-.001812	.008365	.011204
3 4	.054232	-.001686	.059907	.042130	-.027829	-.013561	-.007243	-.031500
4 11	-.030676	.003947	-.036288	.004050	.018030	.007932	.001597	.022418
5 6	-.031500	-.007243	-.013561	-.027829	.042130	.059907	-.001686	.054232
5 12	.022418	.001597	.007932	.018030	.004050	-.036288	.003947	-.030676
6 7	.011204	.008365	-.001812	.022199	-.018512	.049630	-.016781	-.068982
7 8	-.013058	-.010726	.002933	-.027846	.020774	-.068097	.020846	.091592
8 13	-.012368	.008872	-.023229	.018763	.002782	.053347	.001764	.045457
9 10	-.095023	.017493	-.093624	.005465	-.031463	.042780	-.014651	.023537
9 13	.023537	-.014651	.042780	-.031463	.005465	-.093624	.017493	-.095023
10 11	.037550	-.015571	.034543	-.009205	.009113	-.015038	.006652	-.010969
11 12	-.023413	-.002876	.000579	-.028453	-.028453	.000579	-.002876	-.023413
12 13	-.010969	.006652	-.015038	.009113	-.009205	.034543	-.015571	.037550

	9	10	11	12	13
1 2	.003818	.014646	-.060470	.021271	.004317
1 10	-.075303	-.026663	.043931	-.033235	-.004116
2 3	-.000976	-.010960	.045970	-.015898	-.003445
3 4	-.049868	.005226	-.047136	.009371	.007958
4 11	.023870	-.006184	.013529	-.010680	-.011545
5 6	-.049868	.007958	.009371	-.047136	.005226
5 12	.023870	-.011545	-.010680	.013529	-.006184
6 7	-.000976	-.003445	-.015898	.045970	-.010960
7 8	.003818	.004317	.021271	-.060470	.014646
8 13	-.075303	-.004116	-.033235	.043931	-.026663
9 10	.136043	.009036	-.068836	.059476	.009767
9 13	.136043	.009767	.059476	-.068836	.009036
10 11	-.041936	-.013218	.026902	-.012604	.003782
11 12	.008706	.021400	.028411	.028411	.021400
12 13	-.041936	.003782	-.012604	.026902	-.013218

Bindungs- Bindungs Polarisierbarkeiten

	1 2	1 10	2 3	3 4	4 11	5 6	5 12	6 7
1 2	.346518							
1 10	-.203411	.322836						
2 3	-.259902	.122265	.279536					
3 4	.116912	-.045672	-.208858	.356225				
4 11	-.063263	.056554	.108338	-.215723	.225663			
5 6	-.044733	.016144	.033680	-.051311	.025338	.356225		
5 12	.027969	-.005430	-.014338	.025338	.010334	-.215723	.225663	
6 7	.039930	-.029827	-.030126	.033680	-.014338	-.208858	.108338	.279536
7 8	-.048725	.037650	.039930	-.044733	.027969	.116912	-.063263	-.259902
8 13	.037650	-.051213	-.029827	.016144	-.005430	-.045672	.056554	.122265
9 10	.066124	-.234470	-.043821	-.057042	.065647	-.019504	-.008131	.051010
9 13	-.069778	.106559	.051010	-.019504	-.008131	-.057042	.065647	-.043821
10 11	.079005	-.080668	-.051760	.114571	-.153476	.000029	.023372	-.014518
11 12	-.050881	.028405	.018390	-.020056	-.082854	-.020056	-.082854	.018390
12 13	.026586	-.039722	-.014518	.000029	.023372	.114571	-.153476	-.051760

	7 8	8 13	9 10	9 13	10 11	11 12	12 13
7 8	.346518						
8 13	-.203411	.322836					
9 10	-.069778	.106559	.515998				
9 13	.066124	-.234470	-.248613	.515998			
10 11	.026586	-.039722	-.188519	.073901	.293170		
11 12	-.050881	.028405	-.009360	-.009360	-.071404	.375520	
12 13	.079005	-.080668	.073901	-.188519	-.010566	-.071404	.293170

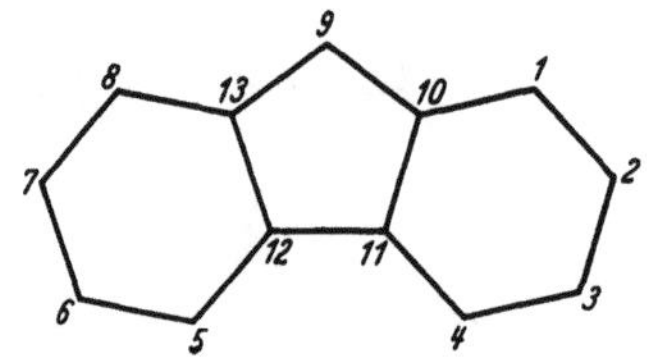

Z = 13

Bindungs- Atom Polarisierbarkeiten

	1	2	3	4	5	6	7	8
1 2	-.027738	-.009458	.026352	-.007156	.004357	-.005970	.006507	-.008247
1 10	-.026269	.020011	-.020195	.018815	-.003606	.009758	-.005988	.012562
2 3	.038291	-.013991	-.030643	.008800	-.005656	.007754	-.006306	.008766
3 4	-.032134	.009700	-.033534	.003267	.006424	-.003191	.008089	-.004979
4 11	.043793	-.008055	.045601	-.014931	-.008077	.003959	-.009388	.005730
5 6	-.004979	.008089	-.003191	.006424	.003267	-.033534	.009700	-.032134
5 12	.005730	-.009388	.003959	-.008077	-.014931	.045601	-.008055	.043793
6 7	.008766	-.006306	.007754	-.005656	.008800	-.030643	-.013991	.038291
7 8	-.008247	.006507	-.005970	.004357	-.007156	.026352	-.009458	-.027738
8 13	.012562	-.005988	.009758	-.003606	.018815	-.020195	.020011	-.026269
9 10	.045241	-.005037	.044032	-.007295	.008648	-.021878	.012171	-.026744
9 13	-.026744	.012171	-.021878	.008648	-.007295	.044032	-.005037	.045241
10 11	-.025860	-.011906	-.024546	-.012778	-.007196	.015026	-.004311	.013265
11 12	-.015678	.017963	-.012525	.016383	.016383	-.012525	.017963	-.015678
12 13	.013265	-.004311	.015026	-.007196	-.012778	-.024546	-.011906	-.025860

	9	10	11	12	13
1 2	-.024991	.013518	.025895	-.002951	.009882
1 10	.043488	-.020406	-.023639	.006268	-.010800
2 3	.032125	-.010450	-.027894	.007214	-.008011
3 4	-.009970	.009742	.036424	-.000754	.010917
4 11	.011324	-.011000	-.047750	.001864	-.013070
5 6	-.009970	.010917	-.000754	.036424	.009742
5 12	.011324	-.013070	.001864	-.047750	-.011000
6 7	.032125	-.008011	.007214	-.027894	-.010450
7 8	-.024991	.009882	-.002951	.025895	.013518
8 13	.043488	-.010800	.006268	-.023639	-.020406
9 10	-.098514	-.008541	.052581	-.016574	.021908
9 13	-.098514	.021908	-.016574	.052581	-.008541
10 11	.068394	-.008431	-.022436	.021976	-.001196
11 12	-.043710	.025937	-.010224	-.010224	.025937
12 13	.068394	-.001196	.021976	-.022436	-.008431

Bindungs- Bindungs Polarisierbarkeiten

	1 2	1 10	2 3	3 4	4 11	5 6	5 12	6 7
1 2	.218252							
1 10	-.176522	.298100						
2 3	-.214328	.101065	.302139					
3 4	.119099	-.057660	-.204281	.234358				
4 11	-.071381	.072326	.109735	-.204405	.294242			
5 6	.008292	-.005801	-.011152	.016112	-.023869	.234358		
5 12	-.009212	.006391	.016490	-.023869	.044859	-.204405	.294242	
6 7	-.002763	-.002491	.005474	-.011152	.016490	-.204281	.109735	.302139
7 8	.002109	.004014	-.002763	.008292	-.009212	.119099	-.071381	-.214328
8 13	.004014	-.016025	-.002491	-.005801	.006391	-.057660	.072326	.101065
9 10	.051052	-.154603	-.035187	-.003545	.011319	.016788	-.026108	.003581
9 13	-.010915	.043488	.003581	.016788	-.026108	-.003545	.011319	-.035187
10 11	.067223	-.098145	-.039424	.075315	-.117218	-.012629	.028420	.003506
11 12	.011262	.000338	-.032361	.053379	-.131588	.053379	-.131588	-.032361
12 13	.003818	-.014474	.003506	-.012629	.028420	.075315	-.117218	-.039424

	7 8	8 13	9 10	9 13	10 11	11 12	12 13
7 8	.218252						
8 13	-.176522	.298100					
9 10	-.010915	.043488	.300619				
9 13	.051052	-.154603	-.135745	.300619			
10 11	.003818	-.014474	-.125655	.028904	.279324		
11 12	.011262	.000338	.036008	.036008	-.086163	.298251	
12 13	.067223	-.098145	.028904	-.125655	.007200	-.086163	.279324

Z=13

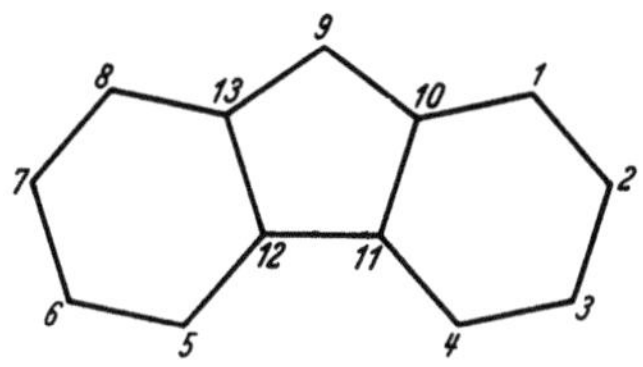

allgemeine Bindungsordnungen

	1	2	3	4	5	6	7	8
1	1,057939							
2	,719958	1,029358						
3	-,070126	,605636	1,076404					
4	-,342232	-,023080	,703625	1,008754				
5	-,018846	,089006	,027011	-,136476	1,008/54			
6	-,061906	-,054492	,084624	,027011	,/03625	1,076404		
7	,059830	-,066288	-,054492	,089006	-,023080	,605636	1,029358	
8	,066159	,059830	-,061906	-,018846	-,342232	-,070126	,719958	1,05/939
9	-,132031	-,155963	,161028	,023530	,023530	,161028	-,155963	-,132031
10	,547662	-,041544	-,227910	,041717	-,103513	,095476	,0/0541	-,128952
11	,088763	-,244242	-,090730	,587864	-,030900	-,132094	,062658	,047399
12	,047399	,062658	-,132094	-,030900	,587864	-,090730	-,244242	,088763
13	-,128952	,070541	,095476	-,103513	,041717	-,227910	-,041544	,54/662

	9	10	11	12	13
9	1,322056				
10	,574673	1,056216			
11	-,222824	,497071	1,110301		
12	-,222824	-,121692	,479968	1,110301	
13	,574673	-,089015	-,121692	,497071	1,056216

Atom- Atom Polarisierbarkeiten

	1	2	3	4	5	6	/	8
1	,452327							
2	-,209681	,405774						
3	,014852	-,110576	,414213					
4	-,122329	,016460	-,193461	,430522				
5	-,002607	-,009368	,000521	-,015916	,430522			
6	-,006914	-,004797	-,012517	,000521	-,193461	,414213		
7	-,006480	-,006583	-,004797	-,009368	,016460	-,110576	,405//4	
8	-,001225	-,006480	-,006914	-,002607	-,122329	,014852	-,209681	,452327
9	,006178	-,026824	-,029694	-,004399	-,004399	-,029694	-,026824	,006178
10	-,083609	,006105	-,041259	-,000066	-,008613	-,011708	-,005494	-,015547
11	-,015396	-,048808	,000027	-,105638	,014895	-,018687	,000272	-,009569
12	-,009569	,000272	-,018687	,014895	-,105638	,000027	-,048808	-,015396
13	-,01554/	-,005494	-,011708	-,008613	-,000066	-,041259	,006105	-,083609

	9	10	11	12	13
9	,401796				
10	-,102450	,331735			
11	-,043710	-,065101	,354532		
12	-,043710	-,006535	-,056282	,354532	
13	-,102450	,002541	-,006535	-,065101	,331/35

Heptafulvalen

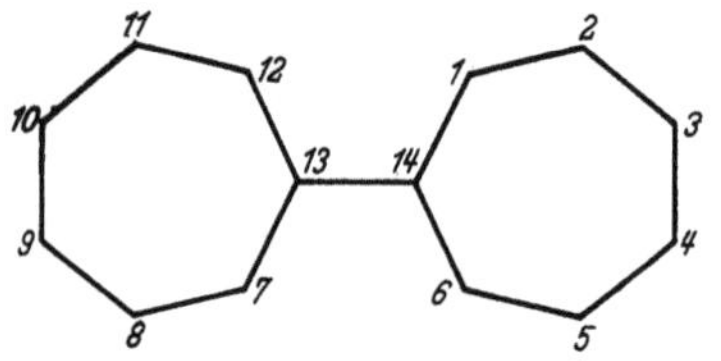

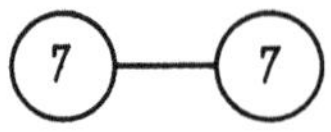

Z=14

Eigenwerte und Hückelkoeffizienten

	1	2	3	4	5	6	7	8
1	2,263077	1,912229	1,515722	1,246980	1,246980	1,000000	-,182644	-,445042
1	,288431	,234603	,084416	,295505	,295505	,316228	,198694	,368488
2	,196030	,287499	-,199419	,368488	,368488	0	,299727	-,163993
3	,155200	,315161	-,386679	,163993	,163993	-,316228	-,253438	-,295505
4	,155200	,315161	-,386679	-,163993	-,163993	-,316228	-,253438	,295505
5	,196030	,287499	-,199419	-,368488	-,368488	0	,299727	,163993
6	,288431	,234603	,084416	-,295505	-,295505	,316228	,198694	-,368488
7	,288431	-,234603	,084416	-,295505	,295505	-,316228	,198694	-,368488
8	,196030	-,287499	-,199419	-,368488	,368488	0	,299727	,163993
9	,155200	-,315161	-,386679	-,163993	,163993	,316228	-,253438	,295505
10	,155200	-,315161	-,386679	,163993	-,163993	,316228	-,253438	-,295505
11	,196030	-,287499	-,199419	,368488	-,368488	0	,299727	-,163993
12	,288431	-,234603	,084416	,295505	-,295505	-,316228	,198694	,368488
13	,456711	-,161116	,327370	0	0	-,316228	-,336017	0
14	,456711	,161116	,327370	0	0	,316228	-,336017	0

	9	10	11	12	13	14
9	-,445042	-,713538	-1,596155	-1,801938	-1,801938	-2,198691
1	,368488	,048852	,346702	,163993	,163993	,304261
2	-,163993	-,375925	-,286301	-,295505	-,295505	-,161321
3	-,295505	,219385	,110279	,368488	,368488	,050433
4	,295505	,219385	,110279	-,368488	-,368488	,050433
5	,163993	-,375925	-,286301	,295505	,295505	-,161321
6	-,368488	,048852	,346702	-,163993	-,163993	,304261
7	,368488	-,048852	,346702	-,163993	,163993	-,304261
8	-,163993	,375925	-,286301	,295505	-,295505	,161321
9	-,295505	-,219385	,110279	-,368488	,368488	-,050433
10	,295505	-,219385	,110279	,368488	-,368488	-,050433
11	,163993	,375925	-,286301	-,295505	,295505	,161321
12	-,368488	-,048852	,346702	,163993	-,163993	-,304261
13	0	-,341068	-,267089	0	0	,507656
14	0	,341068	-,267089	0	0	-,507656

TOTALE PI ELEKTRONEN ENERGIE 18,004686

Z = 14

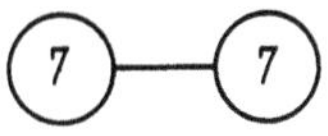

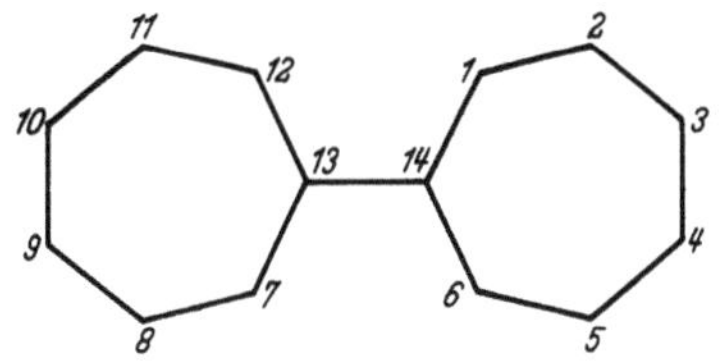

Heptafulvalen

allgemeine Bindungsordnungen

	1	2	3	4	5	6	7	8
1	.918965							
2	.768978	1.044509						
3	.065250	.486080	.981904					
4	-.322434	.002646	.766756	.981904				
5	-.102141	-.041759	.002646	.486080	1.044509			
6	.220381	-.102141	-.322434	.065250	.768978	.918965		
7	-.050482	.063626	-.024343	-.024343	.063626	-.050482	.918965	
8	.063626	.170752	-.118071	-.118071	.170752	.063626	.768978	1.044509
9	-.024343	-.118071	.077024	.077024	-.118071	-.024343	.065250	.486080
10	-.024343	-.118071	.077024	.077024	-.118071	-.024343	-.322434	.002646
11	.063626	.170752	-.118071	-.118071	.170752	.063626	-.102141	-.041759
12	-.050482	.063626	-.024343	-.024343	.063626	-.050482	.220381	-.102141
13	-.090396	-.245577	.157354	.157354	-.245577	-.090396	.460797	-.060294
14	.460797	-.060294	-.039537	-.039537	-.060294	.460797	-.090396	-.245577

	9	10	11	12	13	14
9	.981904					
10	.766756	.981904				
11	.002646	.486080	1.044509			
12	-.322434	.065250	.768978	.918965		
13	-.039537	-.039537	-.060294	.460797	1.109244	
14	.157354	.157354	-.245577	-.090396	.605411	1.109244

Atom- Atom Polarisierbarkeiten

	1	2	3	4	5	6	7	8
1	.579983							
2	-.344734	.548068						
3	.137109	-.098520	.588031					
4	-.237295	.124936	-.373820	.588031				
5	.065670	-.003379	.124936	-.098520	.548068			
6	-.162852	.065670	-.237295	.137109	-.344734	.579988		
7	.000250	-.001394	.000786	.000786	-.001394	.000250	.579988	
8	-.001394	-.079231	-.038925	-.038925	-.079231	-.001394	-.344734	.548068
9	.000786	-.038925	-.017869	-.017869	-.038925	.000786	.137109	-.098520
10	.000786	-.038925	-.017869	-.017869	-.038925	.000786	-.237295	.124936
11	-.001394	-.079231	-.038925	-.038925	-.079231	-.001394	.065670	-.003379
12	.000250	-.001394	.000786	.000786	-.001394	.000250	-.162852	.065670
13	.006656	-.111847	-.052724	-.052724	-.111847	.006656	-.043825	.058905
14	-.043825	.058905	.024300	.024300	.058905	-.043825	.006656	-.111847

	9	10	11	12	13	14
9	.588031					
10	-.373820	.588031				
11	.124936	-.098520	.548068			
12	-.237295	.137109	-.344734	.579988		
13	.024300	.024300	.058905	-.043825	.421239	
14	-.052724	-.052724	-.111847	.006656	-.184171	.421239

Heptafulvalen

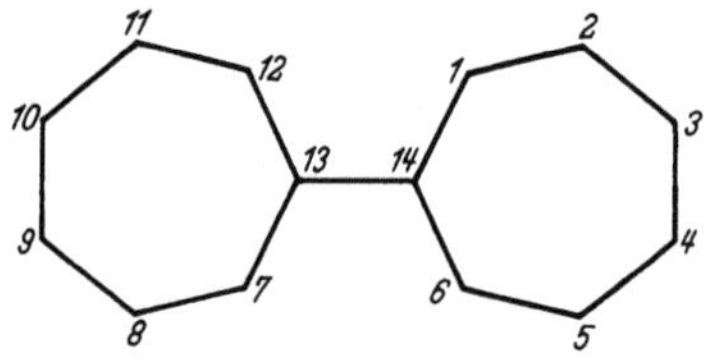

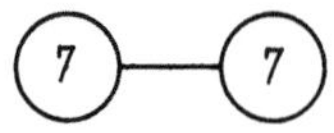

Z = 14

Bindungs- Atom Polarisierbarkeiten

	1	2	3	4	5	6	7	8
1 2	.109693	-.051470	.059082	-.060011	.053011	-.043526	.004324	-.025485
1 14	-.097620	.093144	-.108132	.086964	-.088553	.056403	-.007223	.029519
2 3	-.068019	-.035250	-.067446	.023637	-.063260	.007984	-.000291	.056055
3 4	.018969	.026886	.024365	.024365	.026886	.018969	.000786	-.038925
4 5	.007984	-.063260	.023637	-.067446	-.035250	-.068019	-.000291	.056055
5 6	-.043526	.053011	-.060011	.059082	-.051470	.109693	.004324	-.025485
6 14	.056403	-.088553	.086964	-.108132	.093144	-.097620	-.007223	.029519
7 8	.004324	-.025485	-.009445	-.009445	-.025485	.004324	.109693	-.051470
7 13	-.007223	.029519	.009939	.009939	.029519	-.007223	-.097620	.093144
8 9	-.000291	.056055	.026574	.026574	.056055	-.000291	-.068019	-.035250
9 10	.000786	-.038925	-.017869	-.017869	-.038925	.000786	.018969	.026886
10 11	-.000291	.056055	.026574	.026574	.056055	-.000291	.007984	-.063260
11 12	.004324	-.025485	-.009445	-.009445	-.025485	.004324	-.043526	.053011
12 13	-.007223	.029519	.009939	.009939	.029519	-.007223	.056403	-.088553
13 14	.021710	-.015758	.005273	.005273	-.015758	.021710	.021710	-.015758

	9	10	11	12	13	14
1 2	-.009445	-.009445	-.025485	.004324	-.034596	.029029
1 14	.009939	.009939	.029519	-.007223	.041860	-.048536
2 3	.026574	.026574	.056055	-.000291	.077875	-.040196
3 4	-.017869	-.017869	-.038925	.000786	-.052724	.024300
4 5	.026574	.026574	.056055	-.000291	.077875	-.040196
5 6	-.009445	-.009445	-.025485	.004324	-.034596	.029029
6 14	.009939	.009939	.029519	-.007223	.041860	-.048536
7 8	.059082	-.060011	.053011	-.043526	.029029	-.034596
7 13	-.108132	.086964	-.088553	.056403	-.048536	.041860
8 9	-.067446	.023637	-.063260	.007984	-.040196	.077875
9 10	.024365	.024365	.026886	.018969	.024300	-.052724
10 11	.023637	-.067446	-.035250	-.068019	-.040196	.077875
11 12	-.060011	.059082	-.051470	.109693	.029029	-.034596
12 13	.086964	-.108132	.093144	-.097620	-.048536	.041860
13 14	.005273	.005273	-.015758	.021710	-.022450	-.022450

Bindungs- Bindungs Polarisierbarkeiten

	1 2	1 14	2 3	3 4	4 5	5 6	6 14	7 8
1 2	.274606							
1 14	-.297712	.568241						
2 3	-.251428	.111541	.484135					
3 4	.096159	-.021168	-.223638	.214212				
4 5	.008028	-.075913	.054776	-.223638	.484135			
5 6	-.063756	.144755	.008028	.096159	-.251428	.274606		
6 14	.144755	-.282746	-.075915	-.021168	.111541	-.297712	.568241	
7 8	-.002787	-.001654	.031498	-.018890	.031498	-.002787	-.001654	.274606
7 13	-.001654	.013312	-.034868	.019879	-.034868	-.001654	.013312	-.297712
8 9	.031498	-.034868	-.077850	.053149	-.077850	.031498	-.034868	-.251428
9 10	-.018890	.019879	.053149	-.035738	.053149	-.018890	.019879	.096159
10 11	.031498	-.034868	-.077850	.053149	-.077850	.031498	-.034868	.008028
11 12	-.002787	-.001654	.031498	-.018890	.031498	-.002787	-.001654	-.063756
12 13	-.001654	.013312	-.034868	.019879	-.034868	-.001654	.013312	.144755
13 14	.054124	-.120457	.001793	.010546	.001793	.054124	-.120457	.054124

	7 13	8 9	9 10	10 11	11 12	12 13	13 14
7 13	.568241						
8 9	.111541	.484135					
9 10	-.021168	-.223638	.214212				
10 11	-.075915	.054776	-.223638	.484135			
11 12	.144755	.008028	.096159	-.251428	.274606		
12 13	-.282746	-.075915	-.021168	.111541	-.297712	.568241	
13 14	-.120457	.001793	.010546	.001793	.054124	-.120457	.237068

Cyclohept[f]inden

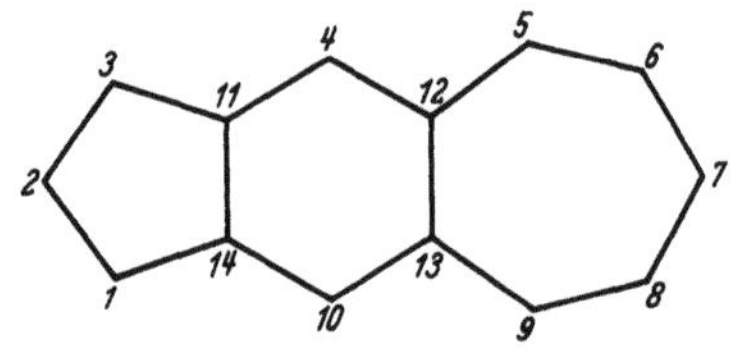

Z=14

Eigenwerte und Hückelkoeffizienten

	1	2	3	4	5	6	7	8
1	2,420336	2,000000	1,476001	1,449829	1,000000	,840180	,260734	-,215392
1	,240454	,288675	,207122	,134581	,316228	,241597	,507418	,023297
2	,198695	,288675	,280654	0	0	,575107	0	-,216319
3	,240454	,288675	,207122	-,134581	-,316228	,241597	-,507418	,023297
4	,303939	0	-,195194	-,343428	-,316228	-,182124	,340621	-,280111
5	,196515	-,288675	,046127	-,398363	,316228	,147107	-,061857	,463596
6	,123284	-,288675	,381249	-,274766	,316228	-,095508	-,237241	,051113
7	,101874	-,288675	,516598	0	0	-,227351	0	-,474605
8	,123284	-,288675	,381249	,274766	-,316228	-,095508	,237241	,051113
9	,196515	-,288675	,046127	,398363	-,316228	,147107	,061857	,463596
10	,303939	0	-,195194	,343428	,316228	-,182124	-,340621	-,280111
11	,383284	,288675	,025059	-,195119	-,316228	-,372122	-,132301	,211301
12	,352349	-,288675	-,313166	-,302793	0	,219105	,221113	-,150968
13	,352349	-,288675	-,313166	,302793	0	,219105	-,221113	-,150968
14	,383284	,288675	,025059	,195119	,316228	-,372122	,132301	,211301

	9	10	11	12	13	14
9	-,660672	-1,000000	-1,683304	-1,714533	-1,837822	-2,335359
1	,183417	,154303	,466253	,256428	,125840	,158170
2	0	-,308607	-,553974	0	-,136945	0
3	-,183417	,154303	,466253	-,256428	,125840	-,158170
4	,224536	-,462910	,153246	-,057719	,141842	-,335091
5	-,315993	-,154303	-,080562	,301155	,330241	-,216643
6	,478291	-,154303	,162698	-,175648	-,440570	,092766
7	0	,308607	-,193308	0	,479448	0
8	-,478291	-,154303	,162698	,175648	-,440570	-,092766
9	,315993	-,154303	-,080562	-,301155	,330241	,216643
10	-,224536	-,462910	,153246	,057719	,141842	,335091
11	,121179	,154303	-,230872	,439654	-,094327	,369385
12	-,269523	,308607	-,027087	-,340692	-,166354	,413173
13	,269523	,308607	-,027087	,340692	-,166354	-,413173
14	-,121179	,154303	-,230872	-,439654	-,094327	-,369385

TOTALE PI ELEKTRONEN ENERGIE 18,894162

Z = 14 (5)(6)(7) 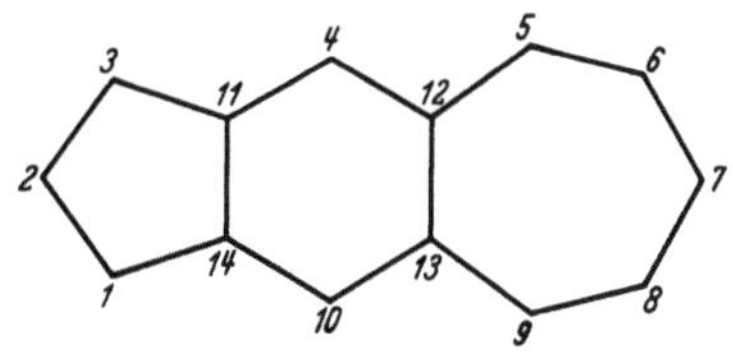 Cycloheptf[f]inden

allgemeine Bindungsordnungen

	1	2	3	4	5	6	7	8
1	1.236010							
2	.656367	1.064654						
3	-.266330	.656367	1.236010					
4	.030544	-.198264	-.075930	.995230				
5	.048029	.106522	-.011973	.079345	.816479			
6	-.110314	-.013531	.119121	-.211999	.670456	.969569		
7	-.013531	-.097715	-.013531	-.056935	.187474	.629118	.824546	
8	.119121	-.013531	-.110314	.133789	-.226070	.042451	.629118	.969569
9	-.011973	.106522	.048029	.016387	-.233599	-.226070	.187474	.670456
10	-.075930	-.198264	.030544	-.340634	.016387	.133789	-.056935	-.211999
11	-.205218	-.094974	.568348	.602642	-.151371	-.011973	.106522	.048029
12	.121816	.049588	-.163970	.615240	.554613	.034384	-.184732	-.088577
13	-.163970	.049588	.121816	-.101974	.126835	-.088577	-.184732	.034384
14	.568348	-.094974	-.205218	.114862	-.095020	.048029	.106522	-.011973

	9	10	11	12	13	14
9	.816479					
10	.079345	.995230				
11	-.095020	.114862	1.049836			
12	.126835	-.101974	-.015675	.988276		
13	.554613	.615240	-.134984	.425977	.988276	
14	-.151371	.602642	.427535	-.134984	-.015675	1.049836

Atom- Atom Polarisierbarkeiten

	1	2	3	4	5	6	7	8
1	.412409							
2	-.149631	.417231						
3	-.045894	-.149631	.412409					
4	-.002500	-.043218	.026661	.528969				
5	-.001993	-.019214	.003079	.029740	.444025			
6	-.024852	.000007	-.027041	-.051037	-.161333	.434689		
7	.000007	-.019200	.000007	-.000505	-.014350	-.130859	.420670	
8	-.027041	.000007	-.024852	-.034436	-.057287	.029602	-.130859	.434689
9	.003079	-.019214	-.001993	-.011598	-.066732	-.057287	-.014350	-.161333
10	.026661	-.043218	-.002500	-.157002	-.011598	-.034436	-.000505	-.051037
11	-.037413	.013075	-.098661	-.112919	-.025304	.003079	-.019214	-.001993
12	-.022102	-.000033	-.032068	-.123249	-.089279	.022227	-.035814	-.000767
13	-.032068	-.000033	-.022102	-.024006	-.016605	-.000767	-.035814	.022227
14	-.098661	.013075	-.037413	-.024900	-.013149	-.001993	-.019214	.003079

	9	10	11	12	13	14
9	.444025					
10	.029740	.528969				
11	-.013149	-.024900	.353543			
12	-.016605	-.024006	.013594	.359046		
13	-.089279	-.123249	-.012237	-.038704	.359046	
14	-.025304	-.112919	-.037499	-.012237	.013594	.353543

Cyclohept[f]inden

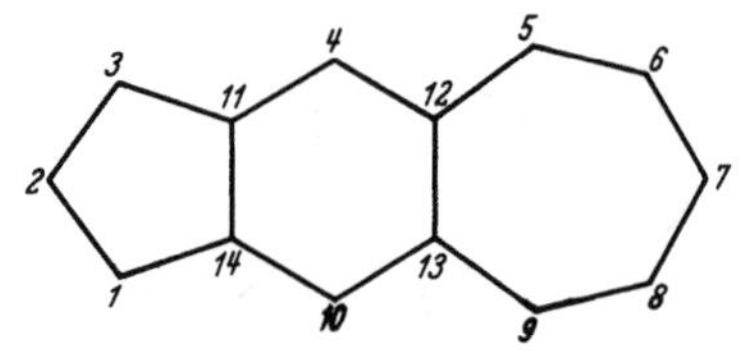

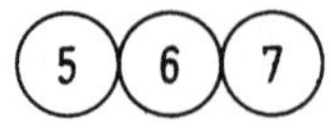

Z=14

Bindungs- Atom Polarisierbarkeiten

	1	2	3	4	5	6	7	8
1 2	-.091609	-.013921	.104288	.036298	-.002376	-.000282	-.002724	.000500
1 14	-.058954	.026599	-.046752	-.034878	.001335	.006651	.002942	.005757
2 3	.104288	-.013921	-.091609	-.046344	-.004052	.000500	-.002724	-.000282
3 11	-.046752	.026599	-.058954	.053837	.003281	.005757	.002942	.006651
4 11	.011439	-.022187	.019225	-.033241	.008128	-.005966	.009843	-.007130
4 12	-.010019	.012141	-.011731	.032831	-.017460	.014720	-.013456	.012323
5 6	.006651	.002942	.005757	.045926	.089693	.012553	-.072450	.001021
5 12	-.007693	-.009371	-.006528	-.055258	.042812	-.013620	.038024	-.011104
6 7	-.000282	-.002724	.000500	-.037172	-.090760	.003244	.065334	-.010359
7 8	.000500	-.002724	-.000282	.033559	.056334	-.010359	.065334	.003244
8 9	.005757	.002942	.006651	-.028366	-.066417	.001021	-.072450	.012553
9 13	-.006528	-.009371	-.007693	.027101	.036952	-.011104	.038024	-.013620
10 13	-.011731	.012141	-.010019	-.064674	-.012000	.012323	-.013456	.014720
10 14	.019225	-.022187	.011439	.070292	.010735	-.007130	.009843	-.005966
11 14	.058543	.013075	.058543	-.041106	-.019086	-.000563	-.019214	-.000563
12 13	.027167	-.000033	.027167	.041194	-.037118	-.007746	-.035814	-.007746

	9	10	11	12	13	14
1 2	-.004052	-.046344	.002574	-.000052	.002788	.014913
1 14	.003281	.053837	.020655	.009508	.006119	.003900
2 3	-.002376	.036298	.014913	.002788	-.000052	.002574
3 11	.001335	-.034878	.003900	.006119	.009508	.020655
4 11	.010735	.070292	-.034591	-.002997	-.007802	-.015749
4 12	-.012000	-.064674	.014081	.021764	.011423	.010057
5 6	-.066417	-.028366	.003281	-.000801	-.001126	.001335
5 12	.036952	.027101	-.010958	-.010965	-.011040	-.008351
6 7	.056334	.033559	-.004052	-.005845	-.005401	-.002376
7 8	-.090760	-.037172	-.002376	-.005401	-.005845	-.004052
8 9	.089693	.045926	.001335	-.001126	-.000801	.003281
9 13	.042812	-.055258	-.008351	-.011040	-.010965	-.010958
10 13	-.017460	.032831	.010057	.011423	.021764	.014081
10 14	.008128	-.033241	-.015749	-.007802	-.002997	-.034591
11 14	-.019086	-.041106	.006258	-.000976	-.000976	.006258
12 13	-.037118	.041194	-.000976	-.004598	-.004598	-.000976

Z = 14 (5)(6)(7) 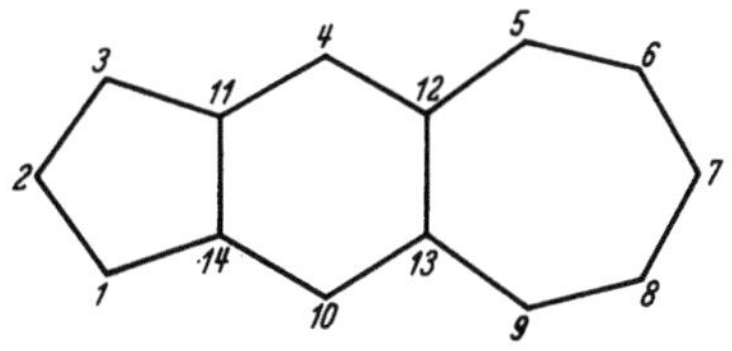 Cyclohept[f]inden

Bindungs- Bindungs Polarisierbarkeiten

	1 2	1 14	2 3	3 11	4 11	4 12	5 6	5 12
1 2	.304301							
1 14	-.192312	.318222						
2 3	-.246459	.098210	.304301					
3 11	.098210	-.022022	-.192312	.318222				
4 11	-.073437	.055327	.094588	-.193678	.312184			
4 12	.052319	-.039808	-.057384	.091480	-.202730	.304124		
5 6	.039814	-.041610	-.039812	.043782	-.060600	.100668	.312287	
5 12	-.044926	.048628	.044846	-.050929	.092431	-.196787	-.210236	.340551
6 7	-.037609	.039814	.037639	-.039812	.051275	-.071698	-.256148	.111906
7 8	.037639	-.039812	-.037609	.039814	-.038497	.051276	.120907	-.057057
8 9	-.039812	.043782	.039814	-.041610	.038958	-.048363	-.079070	.038155
9 13	.044846	-.050929	-.044926	.048628	-.034478	.045931	.038155	.002293
10 13	-.057384	.091480	.052319	-.039808	.007978	.016606	-.048363	.045931
10 14	.094588	-.193678	-.073437	.055327	.014819	.007978	.038958	-.034478
11 14	.017487	-.092191	.017487	-.092191	-.106058	.046441	.009671	-.027620
12 13	.002736	-.023098	.002736	-.023098	.041919	-.100053	.031600	-.102707

	6 7	7 8	8 9	9 13	10 13	10 14	11 14	12 13
6 7	.331896							
7 8	-.226215	.331896						
8 9	.120907	-.256148	.312287					
9 13	-.057057	.111906	-.210236	.340551				
10 13	.051276	-.071698	.100668	-.196787	.304124			
10 14	-.038497	.051275	-.060600	.092431	-.202730	.312184		
11 14	-.006429	-.006429	.009671	-.027620	.046441	-.106058	.316044	
12 13	-.011246	-.011246	.031600	-.102707	-.100053	.041919	.001357	.320341

Cyclohept[e]inden

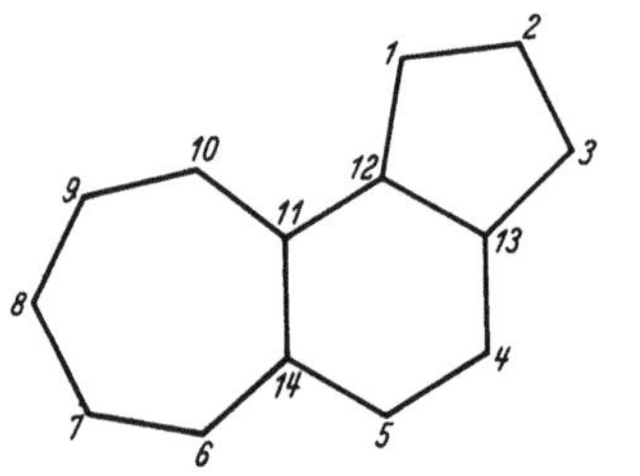

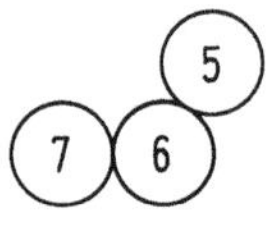

Z=14

Eigenwerte und Hückelkoeffizienten

	1	2	3	4	5	6	7	8
1	2,441247	1.950818	1.545569	1,360262	1,130647	,668031	,422279	-,344563
1	,254308	,252605	.228598	,012797	,352888	,031806	,528259	,204572
2	.200035	.290268	.213852	-,199525	,292335	,506303	,069581	,047909
3	,234027	.313655	.101924	-,284203	-,022360	,306420	-,498877	-,221079
4	,251575	.111239	-,328434	-,187187	-,443408	-,022846	,227042	,329736
5	,242872	-,104608	-.451296	-,067558	-,183721	,286344	,376121	-,141882
6	,188746	-,331362	-.162407	-,272175	.364878	-,089064	-,221730	,430695
7	,119439	-,331117	.118065	-,465520	.176864	-,273630	-,025418	,132448
8	,102833	-.314586	.344884	-,361054	-,164907	-,093729	,210997	-,476332
9	,131603	-,282584	.414977	-,025608	-,363316	,211016	,114518	,031679
10	,218442	-,236684	.296492	,326221	-,245875	,234694	-,162638	,465417
11	,401668	-,179143	.043271	,469354	,085319	-,054233	-,183196	-,192044
12	,420793	.202519	.139462	,216932	,106656	-,485055	,153492	-,118397
13	,371284	.321615	-,056320	-,187066	-,317616	-,301605	-,280246	,028267
14	,341336	-,315310	-,369076	,095291	,235684	,214132	-,068214	-,280849

	9	10	11	12	13	14
9	-,544007	-1,139144	-1.550897	-1,746225	-1,841277	-2,352/38
1	.121601	,040723	.489722	,250131	.136209	,187769
2	-,196051	-,270464	-,357751	-,438044	-,097200	-,018580
3	-,014948	.267375	,065113	,514793	,042764	-,144056
4	-.226027	-,452589	-,061575	,288783	,076844	-,273869
5	-,081222	.549679	-.161271	-,043380	-,159951	,286836
6	,330675	-,090091	-,198/23	,206811	-,368988	,206184
7	-,450102	,276201	-,003491	-,148107	.461739	-,084116
8	-,085816	-,224542	,204137	,051817	-,481202	-,008282
9	,496786	-,020415	-,313105	,057622	,424287	,103601
10	-,184440	,247798	,281456	-,152439	-,300028	-,235464
11	-,396450	-,261862	-,123405	,208570	,128148	,450385
12	,129899	,224076	-,401758	,001260	-,153598	-,423192
13	,204183	-,034115	,256768	-,460900	,018460	,357505
14	,270213	-,173575	,311690	-,213031	,217670	-,400982

TOTALE PI ELEKTRONEN ENERGIE 19.037704

Z = 14 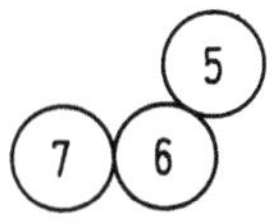 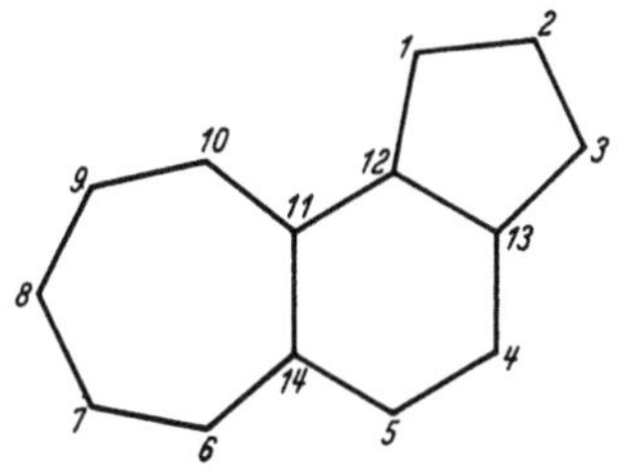 **Cyclohept[e]inden**

allgemeine Bindungsordnungen

	1	2	3	4	5	6	7	8
1	1.171003							
2	.653097	1.112913						
3	-.206544	.660505	1.175158					
4	-.045321	-.151335	.006276	.934505				
5	.148548	.105254	-.197118	.741296	1.070751			
6	-.135032	.014585	.152410	-.190373	-.007502	.872227		
7	.016095	-.085387	-.013375	-.072730	-.157186	.668664	.922705	
8	.142381	-.011865	-.134270	.136714	.018899	.134605	.632724	.878688
9	-.008765	.093498	.014784	.104903	.092440	-.237400	.090587	.638187
10	-.195001	.017885	.145880	-.126162	-.053656	-.183677	-.231937	.131251
11	.008801	-.142619	-.036605	-.198264	-.070102	.153963	-.143014	-.209037
12	.592237	-.148454	-.226058	.081233	-.194672	-.042588	.092737	.019195
13	-.218650	-.144299	.579366	.533584	-.077661	-.006643	.103527	.013274
14	-.044098	.102766	.021317	.058585	.536737	.569923	.084127	-.201460

	9	10	11	12	13	14
9	.919351					
10	.661087	.880101				
11	.092000	.584346	.918752			
12	-.146118	-.017848	.495757	1.109608		
13	-.081888	-.039705	.083759	.484671	1.099674	
14	-.139660	.148500	.486672	-.080448	-.184078	.934562

Atom- Atom Polarisierbarkeiten

	1	2	3	4	5	6	7	8
1	.442352							
2	-.147017	.400591						
3	-.001386	-.152957	.445552					
4	.008799	-.020081	.030086	.444697				
5	-.035336	-.013362	-.049494	-.231818	.437254			
6	-.041110	.000367	-.044006	-.047065	.027704	.464258		
7	-.000174	-.013587	.000533	-.006962	-.023244	-.159904	.419817	
8	-.042297	-.000023	-.041109	-.035721	.007469	.016881	-.133764	.442364
9	.003813	-.014469	.000301	-.015765	-.013089	-.064046	.014874	-.138440
10	-.050781	.002484	-.043357	-.026250	.000821	-.028978	-.059563	.016620
11	.021735	-.019837	.005469	-.030364	-.005901	-.028581	-.017237	-.051256
12	-.115694	-.003352	-.049305	-.006524	-.029700	-.000211	-.014075	.004041
13	-.043641	-.003365	-.107503	-.075536	.007035	.006955	-.015763	.001257
14	.000738	-.015392	.007176	.012504	-.078338	-.102263	.009050	-.046023

	9	10	11	12	13	14
9	.421323					
10	-.153756	.459267				
11	.009598	-.111220	.361606			
12	-.021227	.018961	-.063624	.349307		
13	-.012594	-.000797	-.010027	-.058629	.339757	
14	-.016521	-.023450	-.060361	-.009968	-.027149	.349996

Cyclohept[e]inden

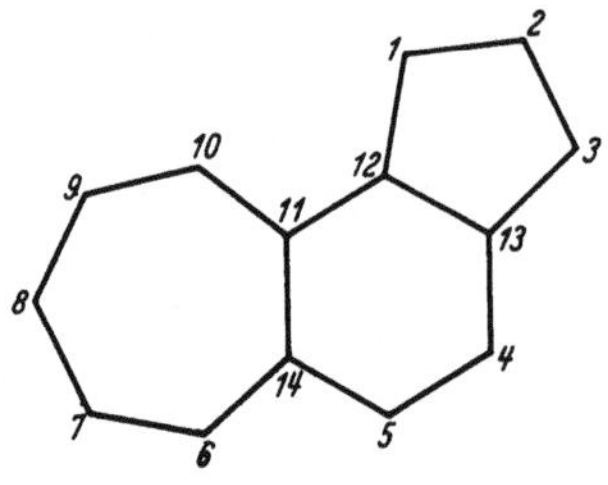

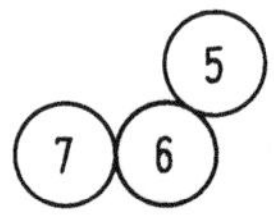

Z=14

Bindungs- Atom Polarisierbarkeiten

	1	2	3	4	5	6	7	8
1 2	-.055597	-.032532	.076344	.000708	-.021255	.000993	.001234	.001873
1 12	-.047213	.048878	-.033084	-.004473	.032570	-.003319	-.001421	-.003430
2 3	.071943	-.036394	-.063032	-.006516	.026202	-.001412	-.001300	-.001701
3 13	-.028683	.049706	-.041007	.004767	-.018520	-.000369	.001741	.000910
4 5	.011978	.020258	.008442	.044073	-.038732	-.007003	-.016177	-.008069
4 13	-.015742	-.026066	-.010191	.004104	.044058	.002002	.012486	.001315
5 14	-.000662	-.015311	-.000760	-.038746	-.014420	.008521	.018729	.009900
6 7	.001615	.001041	.002514	-.020659	.001756	.056292	.032398	-.049817
6 14	-.003941	-.001460	-.004295	.015659	-.000237	.033706	-.035904	.026508
7 8	-.001802	-.001107	-.002073	.016969	.000797	-.059798	.024038	.041798
8 9	.000246	.001279	.001282	-.023723	.001034	.036488	-.032058	.046649
9 10	-.000929	-.001953	-.001599	.022319	.001432	-.048106	.019243	-.052255
10 11	-.000088	.003138	.001779	-.032475	.000325	.030084	-.032386	.030154
11 12	-.007715	-.023821	-.011459	.018946	-.015578	.006375	.017299	.007622
11 14	.005936	.017702	.007298	.017852	.018011	-.052103	.007160	-.048724
12 13	.070656	-.003358	.069841	-.018806	-.017443	-.002353	-.015084	-.002732

	9	10	11	12	13	14
1 2	.000276	.003233	-.002145	.042642	-.018131	.002359
1 12	-.000960	-.004250	.000278	-.026914	.044362	-.001026
2 3	-.000950	-.002048	-.000835	-.020943	.038413	-.001428
3 13	.000633	.002227	-.001547	.046241	-.019770	.003670
4 5	-.015379	-.008787	-.014467	.016661	.024925	-.017723
4 13	.013976	-.001368	.018791	-.020995	-.034860	.012489
5 14	.017844	.010543	.017225	-.017112	-.016830	.021077
6 7	.021482	-.045224	.021816	.001967	-.000138	-.025044
6 14	-.033099	.027203	-.037460	-.001265	-.000582	.015169
7 8	-.034297	.032081	-.029743	-.001173	-.000718	.015029
8 9	.028691	-.054182	.018795	.002632	.000211	-.027345
9 10	.029541	.047185	-.030798	-.002780	-.001358	.020058
10 11	-.036537	.039900	.024961	.005971	.001439	-.036267
11 12	.016568	.008218	.015369	-.030446	-.020957	.019580
11 14	.007967	-.053955	.019637	.020245	.016885	.016089
12 13	-.015755	-.000777	-.019876	-.014733	-.012893	-.016686

Z=14

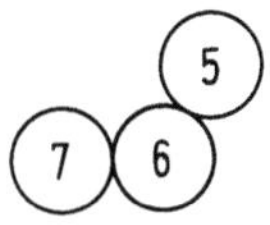

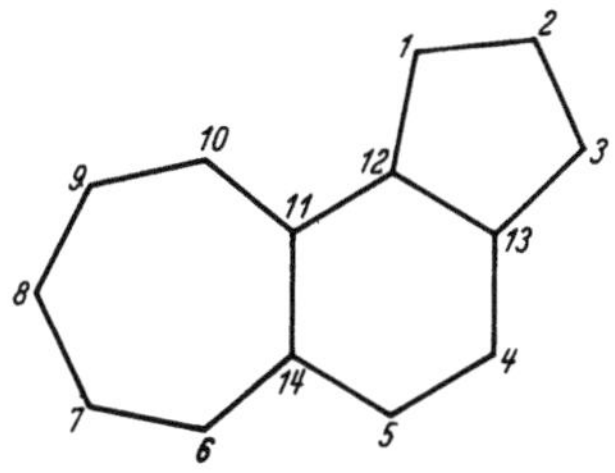

Cyclohept[e]inden

Bindungs- Bindungs Polarisierbarkeiten

	1 2	1 12	2 3	3 13	4 5	4 13	5 14	6 7
1 2	.273280							
1 12	-.174579	.275065						
2 3	-.214375	.078696	.268809					
3 13	.078420	-.007346	-.171392	.278577				
4 5	.039823	-.032875	-.043446	.073662	.230251			
4 13	-.054736	.045076	.071108	-.156910	-.207671	.335103		
5 14	-.024599	.015424	.030355	-.045960	-.209644	.109136	.332653	
6 7	-.023575	.024855	.025253	-.028331	-.044568	.032297	.072408	.281301
6 14	.026345	-.023241	-.028276	.038485	.072512	-.045851	-.154860	-.188729
7 8	.024156	-.025250	-.023257	.025975	.036161	-.025743	-.048791	-.225339
8 9	-.025327	.032207	.024462	-.022209	-.028335	.021146	.036014	.099937
9 10	.030481	-.040570	-.026332	.024089	.030122	-.018370	-.035739	-.056204
10 11	-.039124	.064881	.032538	-.024445	-.031351	.013905	.040110	.022036
11 12	.067140	-.144849	-.049599	.040964	-.014346	.030186	.030879	-.031692
11 14	-.006186	.014225	.006359	-.007602	.064488	-.033553	-.112191	.036381
12 13	.022855	-.101719	.019098	-.095976	.065217	-.115124	-.035194	.003968

	6 14	7 8	8 9	9 10	10 11	11 12	11 14	12 13
6 14	.297842							
7 8	.091822	.297640						
8 9	-.041740	-.204799	.293752					
9 10	.022683	.099746	-.224094	.286020				
10 11	.015374	-.042717	.092735	-.193172	.294351			
11 12	.036059	.034579	-.044815	.068692	-.142944	.321102		
11 14	-.110954	-.010488	-.012875	.039600	-.116619	-.099064	.295442	
12 13	-.007472	-.003693	.003940	-.006950	.014442	-.102291	.053037	.285861

Benz[a]azulen

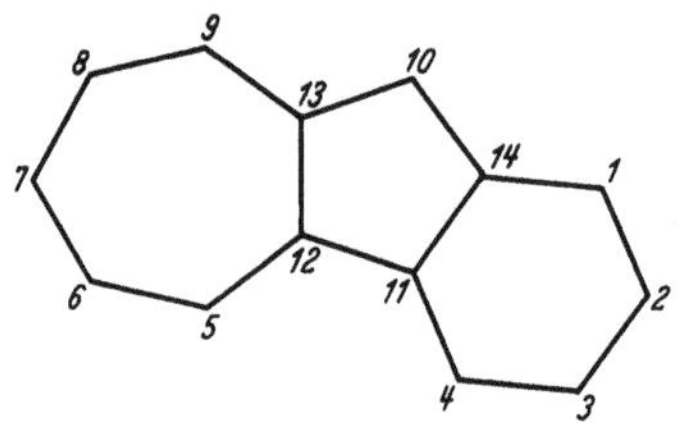

(7)(5)(6)

Z = 14

Eigenwerte und Hückelkoeffizienten

	1	2	3	4	5	6	7	8
1	2,461466	1,903131	1,507619	1,395743	1.114467	,841697	,323346	-,388436
1	,216307	,298324	,113119	,284395	,374730	,1/5146	,342923	,077905
2	,151140	,312001	,321774	,258268	,004589	,445012	,121239	-,219388
3	,155720	,295454	,371994	,076081	-,369616	,199419	-,303721	,007313
4	,232159	,250286	,239051	-,152078	-,416514	-,277161	-,219446	,216547
5	,219982	-,247392	,198411	-,391658	,193240	,306373	,042751	,401054
6	,131620	-,309010	,404427	-,157605	,317282	,047327	-,291242	,214376
7	,103995	-,340694	,411311	,171682	,160360	-,266538	-,136923	-,484325
8	,124361	-,339376	,215674	,397229	-,138566	-,271671	,246968	-,026246
9	,202116	-,305182	-,086157	,382747	-,314787	,037873	,216779	,494520
10	,306497	,007526	-,329526	,197502	,180159	,007077	-,579036	-,059941
11	,415732	,180874	-,011596	-,288343	-,094575	-,432705	,232764	-,091427
12	,409859	-,161809	-,105299	-,389049	-,101922	,210546	,305065	-,370160
13	,373140	-,241426	-,345566	,136988	-,212254	,303549	-,176873	-,165843
14	,381291	,255749	-,151234	,138674	,413036	-,297592	-,010356	,189126

	9	10	11	12	13	14
9	-,667834	-1,045938	-1,321016	-1,796852	-2,075897	-2,25149/
1	,271151	,494739	,083717	,139593	,233820	,2/6255
2	-,027721	-,338984	-,477274	-,150362	-,165026	-,235315
3	-,252639	-,140183	,546770	,130586	,108758	,253557
4	,196441	,485607	-,245018	-,084280	-,060744	-,33556/
5	-,385668	,170604	-,094589	-,349879	-,194947	,237807
6	,381747	-,255942	-,048097	,481406	,059582	-,127476
7	,130724	,097096	,158126	-,515136	,071261	,049204
8	-,469049	,154386	-,160790	,444217	-,207513	,016694
9	,182523	-,258574	,054280	-,283056	,359514	-,086790
10	-,290179	,059675	-,345013	,020076	,413875	,092364
11	,121449	-,367732	-,223098	,020854	,017340	,501971
12	-,124185	,077501	,173050	,147275	,345108	-,407947
13	,347154	,116067	,089085	,064393	-,538802	,178713
14	-,153363	-,178483	,366683	-,100466	-,320360	-,386672

TOTALE PI ELEKTRONEN ENERGIE 19,094940

Z=14 (7)(5)(6) Benz[a]azulen

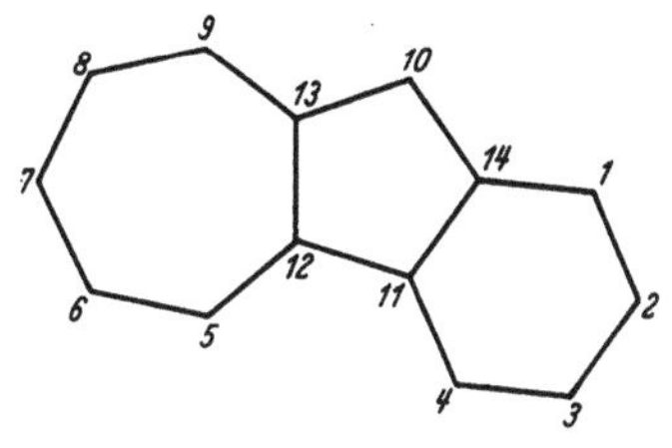

allgemeine Bindungsordnungen

	1	2	3	4	5	6	7	8
1	1.036315							
2	.713712	1.006367						
3	-.044382	.610579	1.048680					
4	-.342404	-.002070	.705569	.990546				
5	.051145	.122324	-.036279	-.157276	.870782			
6	-.070956	.000238	.096546	-.014989	.621461	.977881		
7	-.034670	-.096733	.021527	.096433	.130009	.672792	.882090	
8	.096414	-.013380	-.096846	.027785	-.201841	.034218	.603674	.977893
9	.029586	.096301	-.007123	-.070437	-.173996	-.270959	.130021	.698061
10	-.084757	-.145156	.106166	.028594	-.129891	.199509	.067935	-.253889
11	.058326	-.247415	-.060204	.582213	.032889	-.157389	-.008732	.122842
12	.042251	.014628	-.131498	.011599	.639051	.022910	-.253172	-.078204
13	-.156937	.035844	.122710	-.068299	.128032	-.078193	-.176572	.022976
14	.560413	-.014435	-.239272	.016014	-.151028	.016237	.122192	.008296

	9	10	11	12	13	14
9	.870849					
10	-.036662	1.218763				
11	-.033391	-.158450	1.078363			
12	.197149	-.222505	.488136	1.008793		
13	.542540	.639605	-.152954	.413358	1.008359	
14	-.156824	.548631	.507675	-.062094	-.048764	1.024319

Atom- Atom Polarisierbarkeiten

	1	2	3	4	5	6	7	8
1	.447787							
2	-.202459	.409459						
3	.018397	-.114288	.413641					
4	-.122448	.018990	-.194901	.436330				
5	-.002937	-.022841	-.001654	-.027180	.432662			
6	-.014077	.002356	-.016985	.006965	-.121538	.442889		
7	.000134	-.018630	-.001425	-.018248	.008657	-.173048	.434988	
8	-.017887	-.000063	-.018298	.001511	-.039486	.029643	-.110664	.431428
9	.005606	-.017357	.001081	-.014244	-.027943	-.095652	.016882	-.191536
10	.022267	-.022435	-.003574	-.008310	-.015801	-.067157	-.003007	-.084676
11	-.004429	-.051493	.006857	-.102778	.009350	-.024977	-.000628	-.021335
12	-.011124	.009804	-.018275	.024426	-.155993	.032663	-.085292	.001191
13	-.026848	-.000481	-.022524	-.002501	-.011328	-.001476	-.027947	.019422
14	-.091985	.009438	-.048051	.002389	-.023967	.000394	-.021774	.000749

	9	10	11	12	13	14
9	.464964					
10	.027497	.459945				
11	-.001784	-.010665	.352572			
12	-.062819	-.053146	-.058715	.406128		
13	-.079692	-.155558	-.020481	-.035851	.355412	
14	-.025003	-.085381	-.071494	.007001	.009852	.337833

Benz[a]azulen

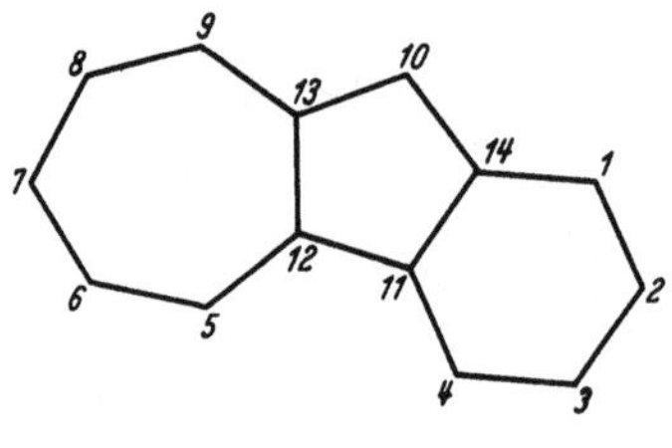

Z = 14

Bindungs- Atom Polarisierbarkeiten

	1	2	3	4	5	6	7	8
1 2	-.017015	.001828	.017198	.003113	-.009950	.002174	-.008214	.001714
1 14	-.016709	.004536	-.013557	.004782	.011184	-.000112	.009545	.000085
2 3	.023379	-.005061	-.020117	-.002659	.006907	-.002196	.005873	-.001813
3 4	-.019738	.002142	-.019805	.012028	-.007727	.005047	-.005680	.004299
4 11	.027633	-.001689	.029174	-.007704	.006139	-.006499	.003858	-.005697
5 6	.005888	.001320	.007667	-.000935	.046862	.008947	-.061413	-.000877
5 12	-.004654	-.004364	-.008488	-.000653	.044144	-.008553	.041088	-.007799
6 7	-.003826	-.001342	-.004816	-.000517	-.046468	.001587	.053798	-.006950
7 8	.005157	-.000999	.005009	-.001305	.026143	-.009201	.031906	.000237
8 9	-.003357	.000901	-.002523	-.000093	-.034819	.001374	-.038619	.010661
9 13	.005145	-.003759	.002492	-.001595	.020123	-.011559	.016237	-.009734
10 13	-.020625	.002968	-.019356	.002934	.018761	.015003	.021417	.013465
10 14	.030386	.001364	.030665	-.001775	-.020286	-.000160	-.017507	-.000424
11 12	-.009905	.003961	-.007018	.001898	-.010802	.011401	-.007045	.010168
11 14	-.017922	-.003992	-.017039	-.004030	.002104	.000795	.003448	.000680
12 13	.016163	.002184	.020513	-.003488	-.052313	-.008048	-.048692	-.008016

	9	10	11	12	13	14
1 2	-.008964	-.013921	.016994	.005882	.00420	.004956
1 14	.010752	.023682	-.017188	-.004279	-.003521	-.009201
2 3	.006105	.018253	-.018714	-.004101	-.002810	-.003048
3 4	-.006136	-.006944	.023831	.009108	.006459	.003117
4 11	.004448	.008103	-.033667	-.011351	-.008608	-.004140
5 6	-.057917	.033125	.011254	.002021	.000778	.003280
5 12	.043221	-.034650	-.013814	-.020992	-.014207	-.010279
6 7	.047732	-.018282	-.005557	-.007220	-.005381	-.002757
7 8	-.070114	.022192	.005818	-.007429	-.005657	-.001757
8 9	.071041	-.009151	-.000668	.001783	.001372	.002099
9 13	.015457	.011728	-.000725	-.019214	-.015940	-.008657
10 13	.022337	-.081911	-.018365	.021234	.014080	.008056
10 14	-.019760	-.056235	.039467	.007498	.006749	.000019
11 12	-.008290	-.027629	-.003424	.019862	.016211	.010612
11 14	.002450	.040628	-.016535	.005542	.004599	-.000728
12 13	-.052363	.091012	.031291	.001656	.001673	.008428

Z = 14 (7)(5)(6)

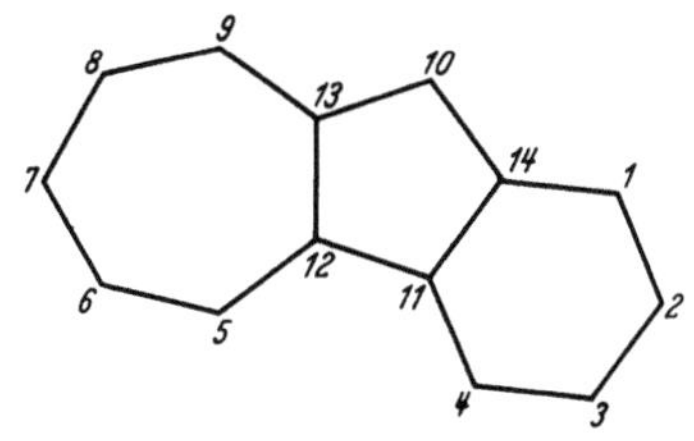

Benz[a]azulen

Bindungs- Bindungs Polarisierbarkeiten

	1 2	1 14	2 3	3 4	4 11	5 6	5 12	6 7
1 2	.226818							
1 14	-.186888	.294467						
2 3	-.216257	.111119	.300027					
3 4	.124893	-.070010	-.211482	.233790				
4 11	-.076235	.085465	.115234	-.200926	.294680			
5 6	.018591	-.021299	-.023385	.024274	-.035472	.330544		
5 12	-.017220	.020418	.027323	-.029013	.052739	-.220426	.279224	
6 7	-.016265	.019701	.019893	-.018548	.025215	-.234204	.117775	.278855
7 8	.019034	-.023219	-.020244	.018963	-.023204	.112071	-.064397	-.221119
8 9	-.018559	.025319	.019896	-.016164	.019930	-.072546	.047019	.118290
9 13	.024003	-.035165	-.023503	.018784	-.023041	.042346	-.011554	-.058839
10 13	-.028715	.061517	.023564	-.004985	.000181	-.060667	.078212	.062486
10 14	.059325	-.156798	-.044638	.012161	-.007186	.051562	-.059296	-.046003
11 12	.019610	-.013236	-.043110	.060249	-.143128	.083971	-.154071	-.057621
11 14	.067359	-.101497	-.038819	.071413	-.111601	-.032687	.049669	.028264
12 13	.000505	-.009893	.004380	-.013398	.027347	.037327	-.116401	-.017880

	7 8	8 9	9 13	10 13	10 14	11 12	11 14	12 13
7 8	.334506							
8 9	-.237440	.267149						
9 13	.105123	-.201365	.335314					
10 13	-.069695	.100317	-.183435	.280094				
10 14	.051140	-.057863	.084124	-.176511	.329476			
11 12	.051594	-.047861	.060116	-.017982	.067699	.322313		
11 14	-.025248	.028760	-.034538	.051541	-.128800	-.105543	.276629	
12 13	-.007866	.025119	-.098369	-.115923	.021608	-.082999	.005097	.341345

Benz[f]azulen

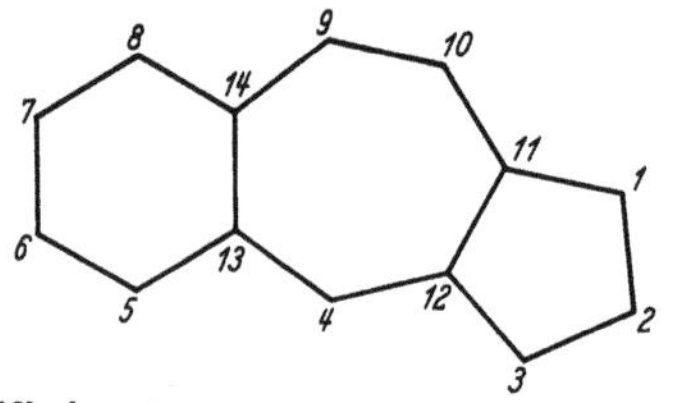

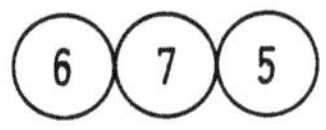

Z = 14

Eigenwerte und Hückelkoeffizienten

	1	2	3	4	5	6	7	8
1	2.395944	2.068816	1.497331	1.339677	1.000000	.818188	.421917	-.316535
1	.232439	.298205	-.036871	.274609	0	.380973	-.461517	.126929
2	.197134	.278227	.129424	.269651	.353553	.427331	.109487	.264571
3	.239883	.277395	.230661	.086637	.353553	-.031337	.507711	-.210675
4	.305081	-.004448	.277321	-.390628	0	-.223655	-.159317	.578060
5	.209123	-.276023	.310402	.018505	-.353553	.342474	.146195	-.335671
6	.147704	-.266186	.265485	.394520	-.353553	.010231	.233626	.091344
7	.144768	-.274667	.087116	.510024	0	-.334104	-.047624	.306757
8	.199151	-.302050	-.135043	.288748	.353553	-.283590	-.253720	-.188443
9	.243887	-.117632	-.497455	-.084060	0	.097128	.400592	.251754
10	.251952	.106859	-.455535	.010581	-.353553	-.022605	.228441	.167419
11	.359776	.338704	-.184631	.098236	-.353553	-.115623	-.304209	-.304748
12	.377613	.295653	.215952	-.153586	0	-.452970	.104725	-.197885
13	.353343	-.304855	.199290	-.369729	0	.269978	-.171944	.014908
14	.332387	-.350218	-.289320	-.123195	.353553	.102074	-.059424	-.247108

	9	10	11	12	13	14
9	-.653477	-1.147194	-1.386711	-1.683515	-2.092903	-2.261538
1	-.270876	.086690	-.226855	-.444060	-.276373	.010181
2	.160756	.099108	.246614	.552202	.030048	.048539
3	.165825	-.200387	-.115127	-.485581	.213486	-.119954
4	-.006217	.248922	.167754	-.156401	.236148	-.312220
5	.120390	.453219	-.262673	.106201	-.014067	-.326611
6	-.351854	-.103594	.509913	-.176815	.046823	.255286
7	.109539	-.334377	-.444428	.191470	-.083929	-.250729
8	.280273	.487189	.106381	-.145527	.128831	.311746
9	-.362188	.186719	-.372447	.057390	.277209	.232309
10	.529372	.010321	.219568	-.150144	-.394468	-.071078
11	.016255	-.198559	.067969	.195379	.548374	-.071564
12	-.269119	.130774	-.086966	.265280	-.476854	.222741
13	.273182	-.416336	-.145661	-.001976	-.017381	.483356
14	-.292691	-.224524	.296908	.053527	-.185703	-.454298

TOTALE PI ELEKTRONEN ENERGIE 19.083748

Z = 14

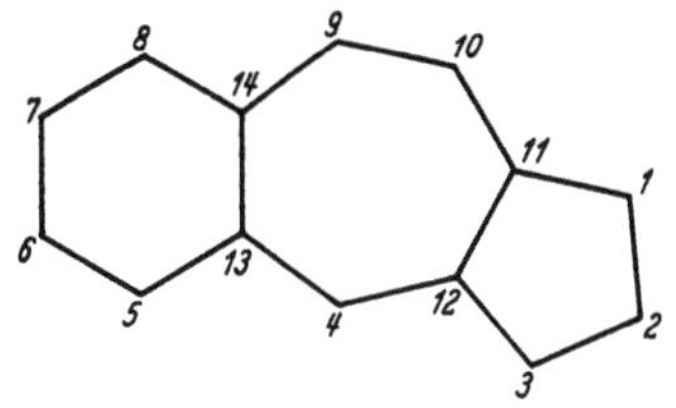

Benz[f]azulen

allgemeine Bindungsordnungen

	1	2	3	4	5	6	7	8
1	1.155724							
2	.620676	1.050666						
3	-.184981	.689758	1.157910					
4	-.119175	-.247110	.056391	.795990				
5	.045871	.093896	-.029417	.087985	.960550			
6	-.100842	.001502	.100608	-.147498	.713457	.996971		
7	-.033435	-.094129	.018215	-.094743	.042366	.608587	.956014	
8	.099091	-.016722	-.074153	.031411	-.341540	.001410	.708259	1.004609
9	-.262017	.027332	.208378	-.231470	.038666	-.006625	-.140243	-.004352
10	-.007820	-.172706	-.044771	-.170823	.065291	.140291	-.060982	-.188155
11	.629523	-.079923	-.259288	.186008	-.065633	.010934	.092378	.015233
12	-.190206	-.077737	.552932	.636790	-.156539	-.012704	.120584	.028554
13	.129104	.014953	-.163252	.551720	.560762	.005946	-.236670	-.008318
14	.031945	.119067	-.006383	.114979	-.049275	-.241867	.050004	.573214

	9	10	11	12	13	14
9	.995507					
10	.727825	.920438				
11	-.003207	.540211	1.037620			
12	-.078486	.121796	.403103	1.032750		
13	.022642	-.167258	-.056311	.005639	.993315	
14	.525301	.071863	-.152889	-.148093	.499756	.941935

Atom- Atom Polarisierbarkeiten

	1	2	3	4	5	6	7	8
1	.439918							
2	-.120699	.421509						
3	.006280	-.184613	.452896					
4	-.005458	-.076191	.030129	.466430				
5	.000227	-.016313	.006508	.023371	.448027			
6	-.020244	.000150	-.019413	-.024474	-.202735	.411888		
7	-.001799	-.016936	.001356	-.001629	.018893	-.113222	.413668	
8	-.019529	.001821	-.016263	-.011994	-.122856	.020394	-.197467	.442103
9	-.093776	.004224	-.078726	-.074216	-.014074	.012736	-.021731	.030889
10	.019033	-.027096	-.000069	-.034602	-.007773	-.029146	-.005099	-.036795
11	-.152019	.019222	-.083248	-.048075	-.011287	.002452	-.014668	.006970
12	-.026747	.014452	-.085852	-.150404	-.026010	.000740	-.021720	-.000413
13	-.023984	.000538	-.028390	-.087274	-.092126	.010419	-.046964	.002219
14	-.001203	-.020067	-.000593	-.005615	-.003851	-.049546	.007318	-.099077

	9	10	11	12	13	14
9	.481144					
10	-.215680	.445254				
11	.033947	-.077500	.378632			
12	-.004036	-.013171	-.031427	.355813		
13	.012387	-.030416	-.001004	.011828	.341162	
14	-.073089	.013061	-.021995	-.023053	-.068394	.346104

Benz[f]azulen

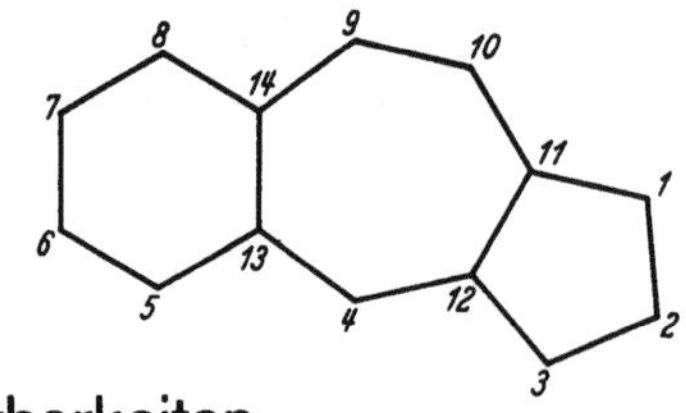

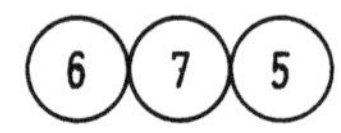

Z = 14

Bindungs- Atom Polarisierbarkeiten

	1	2	3	4	5	6	7	8
1 2	-.042554	-.006745	.080171	-.024274	-.004764	.000116	-.005567	.001332
1 11	-.051731	.018570	-.042859	.015812	.002667	.001826	.005191	-.000515
2 3	.054379	-.011512	-.069763	.005751	.002025	-.000087	.002679	-.000485
3 12	-.017067	.021921	-.023293	-.013568	-.004021	.002037	-.003203	.001545
4 12	-.030482	-.023567	-.027881	.069536	.017445	-.001300	.017758	-.002110
4 13	.022020	.005043	.020064	.067305	-.028292	-.000451	-.027291	.000685
5 6	.009030	-.000848	.008305	.019089	.021503	-.000489	-.015424	-.001866
5 13	-.011127	-.001892	-.010302	-.029935	.012811	-.002030	.012147	-.002821
6 7	-.007087	.000876	-.006355	-.020840	-.024022	.002245	.016537	.001581
7 8	.006711	-.003764	.005830	.011307	.020745	-.001131	.021061	-.006957
8 14	-.005895	.004611	-.004771	-.012733	-.025432	.000847	-.026437	.004414
9 10	-.003288	.008934	-.000023	-.050605	-.010582	.000996	-.011608	.002950
9 14	.012298	-.006788	.009957	.036436	.009384	-.001980	.008816	-.002073
10 11	.001766	-.018857	-.003464	.042665	.011076	-.001081	.009073	.000511
11 12	.068819	.016585	.069412	-.079632	-.016200	-.001259	-.017924	.001370
13 14	-.005793	-.002567	-.005029	-.036314	.015656	.001741	.014190	.002440

	9	10	11	12	13	14
1 2	.003605	-.012890	.014930	.004518	-.000381	-.007498
1 11	.005404	.011368	.003924	.016752	.005481	.008108
2 3	-.001460	.002967	.001368	.010421	.000966	.002753
3 12	.011395	-.006454	.021720	.007816	.003768	-.002595
4 12	-.010448	.024762	-.021696	-.028840	-.001826	.018650
4 13	-.003721	-.032702	.000542	.005177	.002881	-.031260
5 6	-.003505	-.015133	-.002782	-.001205	-.001658	-.015016
5 13	.002308	.015628	.000326	-.001571	.001833	.014625
6 7	.002522	.015048	.002269	.000683	.000918	.015624
7 8	-.005314	-.017583	-.005928	-.004052	-.001871	-.019054
8 14	.006190	.021044	.007294	.004856	.002176	.023835
9 10	.010478	.050724	.012379	.004854	.000256	-.015466
9 14	-.010264	-.042378	-.011995	-.006796	-.003840	.009221
10 11	-.002132	.001689	-.028216	-.015439	-.004527	.006935
11 12	-.002889	-.028893	.008702	.007414	-.002924	-.022581
13 14	-.002171	.012804	-.002837	-.004588	-.001252	.013719

Z=14

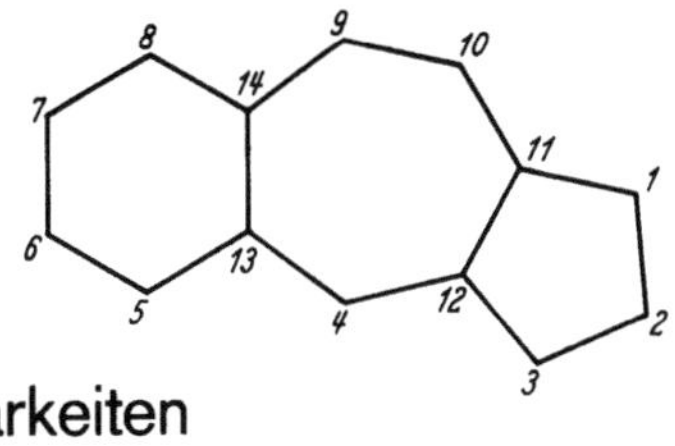

Benz[f]azulen

Bindungs- Bindungs Polarisierbarkeiten

	1 2	1 11	2 3	3 12	4 12	4 13	5 6	5 13
1 2	.322164							
1 11	-.202291	.268371						
2 3	-.233642	.106916	.263418					
3 12	.099503	-.038324	-.194083	.324113				
4 12	-.080946	.080217	.104365	-.190949	.291588			
4 13	.054864	-.050068	-.059274	.087614	-.184406	.332780		
5 6	.019576	-.016096	-.018969	.025526	-.030750	.061049	.228132	
5 13	-.024863	.020862	.026245	-.037643	.064365	-.159665	-.188474	.296657
6 7	-.020424	.019854	.019784	-.023530	.026370	-.046072	-.216139	.110985
7 8	.018300	-.017440	-.015597	.018149	-.008347	.013606	.124606	-.070002
8 14	-.021993	.024045	.018435	-.019781	.006988	-.009700	-.074571	.083687
9 10	-.065964	.099500	.057562	-.051621	.029106	-.050264	-.017035	.014526
9 14	.049541	-.056476	-.043885	.048778	-.037699	.074516	.018797	-.013463
10 11	.091661	-.174610	-.070068	.066965	-.006878	.038003	.018582	-.015518
11 12	.020562	-.094532	.010626	-.082465	-.119292	.026959	.000342	-.009428
13 14	-.026051	.030074	.028168	-.032250	.056268	-.129941	.065424	-.098269

	6 7	7 8	8 14	9 10	9 14	10 11	11 12	13 14
6 7	.302289							
7 8	-.212858	.233472						
8 14	.113672	-.197500	.295206					
9 10	.031540	-.039356	.073033	.252073				
9 14	-.045092	.062109	-.152996	-.204829	.334731			
10 11	-.024645	.030954	-.045115	-.219833	.100510	.340818		
11 12	.000857	-.008413	.011517	.035816	-.017540	-.101568	.334629	
13 14	-.036592	.068317	-.104925	.055746	-.117000	-.029257	-.008069	.278358

Benz[e]azulen

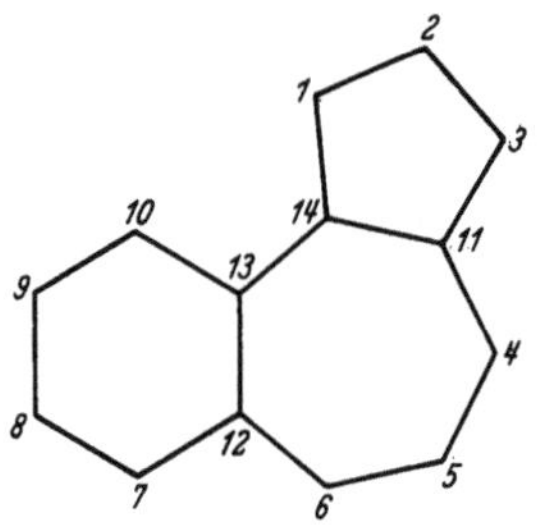

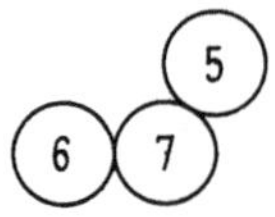

Z=14

Eigenwerte und Hückelkoeffizienten

	1	2	3	4	5	6	7	8
1	2.428903	1.986649	1.595085	1.235521	1.111417	.705435	.491306	-.261121
1	.254546	.249492	.227554	.121192	.265735	.256017	.501900	.082967
2	.199193	.289696	.173213	-.106995	.423673	.414844	-.119913	.262141
3	.229274	.326032	.048735	-.253387	.205142	.036628	-.560814	-.151418
4	.220449	.179261	-.390784	-.257947	-.294288	-.076806	.117858	.493351
5	.177758	-.001886	-.527857	-.112629	-.131401	.334824	.213523	.093779
6	.211307	-.183009	-.451193	.118791	.148246	.313002	-.012953	-.517838
7	.197903	-.337195	-.025397	-.200372	.393605	-.361183	.071139	.293274
8	.145201	-.308200	.151323	-.506962	.141295	-.140770	.254838	-.118020
9	.154775	-.275090	.266770	-.425990	-.236568	.261879	.054065	-.262456
10	.230734	-.238307	.274198	-.019358	-.404220	.325509	-.228276	.186553
11	.357691	.358015	-.095477	-.206069	-.195675	-.389005	-.155619	-.222603
12	.335487	-.361687	-.191834	.259398	.296164	-.114021	-.219887	.041440
13	.405654	-.198343	.170599	.402073	-.212689	-.032254	-.166218	.213743
14	.419075	.205957	.189756	.256730	-.128330	-.234241	.366499	-.283806

	9	10	11	12	13	14
9	-.791981	-1.050190	-1.465105	-1.651140	-2.021927	-2.312851
1	.287568	.114837	.015563	.519023	.092588	.193551
2	-.044425	-.199566	-.170564	-.562801	.102639	-.045649
3	-.252384	.094746	.234331	.410241	-.300116	-.087971
4	.242220	-.278799	-.128988	.073098	-.429442	-.086186
5	-.436142	.192726	.361736	-.006131	.364127	-.049779
6	.103196	.076400	-.400994	-.062975	-.306795	.201316
7	.002803	.508092	.129524	-.200105	-.200487	.273336
8	-.356633	-.260633	-.415528	.220290	.149179	-.216350
9	.279643	-.234378	.479268	-.163625	-.101142	.227049
10	.135160	.506774	-.286651	.049877	.055323	-.308780
11	.244309	.100065	-.172755	-.114564	.504174	.249113
12	.354413	-.272960	.225762	.110112	.256191	-.415836
13	-.386688	-.297831	-.059295	.081270	-.010717	.487114
14	-.183324	.078966	.147762	-.294178	-.289845	-.402005

TOTALE PI ELEKTRONEN ENERGIE 19.108631

Z=14

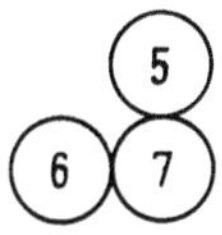

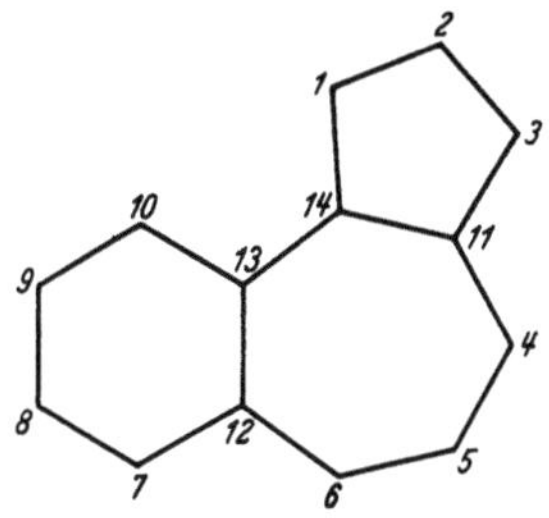

Benz[e]azulen

allgemeine Bindungsordnungen

	1	2	3	4	5	6	7	8
1	1.163145							
2	.616074	1.062051						
3	-.194994	.690059	1.166761					
4	-.116120	-.229847	.052046	.812752				
5	.137963	.026211	-.182970	.624595	.995770			
6	.065762	.184840	-.028336	.180519	.690495	.831888		
7	-.031969	-.065658	.025183	-.069832	-.171349	.071125	.968198	
8	.124944	-.018002	-.100896	.095323	-.015343	-.135658	.709968	1.001405
9	.022318	.089706	-.005038	.092635	.131014	-.083442	.036233	.614145
10	-.158652	.035282	.100988	-.053923	.024536	.022540	-.339954	-.005709
11	-.192048	-.090285	.558359	.605236	-.002500	-.240179	.092392	.038147
12	-.155817	.011216	.127630	-.174279	.016636	.531030	.566721	.003026
13	-.013760	-.147370	-.033643	-.142062	-.162396	.106666	-.043255	-.251720
14	.644453	-.093901	-.266033	.175761	-.076569	-.202695	.034785	.008351

	9	10	11	12	13	14
9	.959463					
10	.702379	1.014095				
11	-.089614	-.073963	1.043059			
12	-.244131	-.001313	-.048011	.993042		
13	.048922	.586554	.109955	.513272	.937135	
14	-.123414	-.026724	.423623	.008817	.477353	1.051237

Atom- Atom Polarisierbarkeiten

	1	2	3	4	5	6	7	8
1	.422035							
2	-.117499	.426201						
3	-.005118	-.184448	.437111					
4	-.007556	-.063773	.021704	.435833				
5	-.025372	.001477	-.033877	-.123079	.417024			
6	-.007497	-.058362	.001464	-.006428	-.183909	.460671		
7	-.000965	-.012594	.001469	-.002512	-.030565	.024075	.446054	
8	-.024298	.001496	-.019773	-.015559	.000935	-.019568	-.198822	.409570
9	-.000936	-.014379	-.000933	-.013032	-.025321	.001541	.019119	-.116701
10	-.027799	.004475	-.018561	-.006812	-.000018	-.008322	-.120178	.018461
11	-.025329	.015206	-.088574	-.126382	.019409	-.072648	-.015960	-.001390
12	-.027490	.000458	-.023998	-.030848	.015076	-.076778	-.095648	.010021
13	.009459	-.019707	-.001439	-.022029	-.028073	-.001709	-.002653	-.053700
14	-.161636	.021450	-.085028	-.039528	-.003709	-.052532	-.010820	.009329

	9	10	11	12	13	14
9	.414750					
10	-.191601	.434292				
11	-.015128	-.002454	.361424			
12	-.050397	.002691	-.000233	.341912		
13	.008751	-.105773	-.011810	-.074451	.356044	
14	-.015734	.021597	-.036131	.009683	-.052911	.395968

Benz[e]azulen

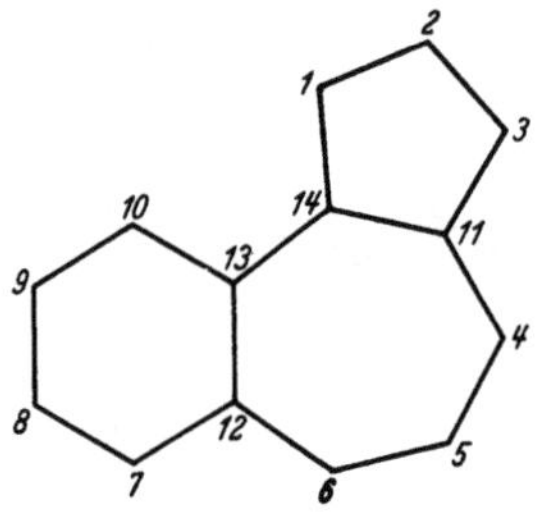

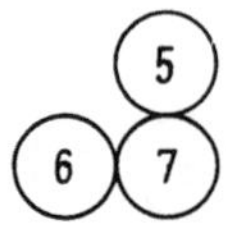

Z = 14

Bindungs- Atom Polarisierbarkeiten

	1	2	3	4	5	6	7	8
1 2	-.042946	-.008513	.084260	-.022355	-.000910	-.021739	-.004109	.001798
1 14	-.057923	.021814	-.046849	.015566	.008160	.021457	.003306	.000256
2 3	.056247	-.016426	-.073231	.004457	.002412	.009408	.002354	-.000944
3 11	-.018837	.027455	-.026571	-.010556	.004065	-.010374	-.003178	.003396
4 5	.022549	.010162	.019994	.078023	.006770	-.090742	-.019436	.000122
4 11	-.029337	-.028060	-.026092	.054039	-.001423	.057460	.014169	-.003364
5 6	-.015298	-.008661	-.013517	-.072676	-.005990	.081576	.018892	-.000848
6 12	.015016	-.003671	.012551	.039394	-.003176	.041587	-.025804	-.002243
7 8	.007576	-.003031	.006656	.012020	-.002347	.011180	.015645	-.003879
7 12	-.008378	.001276	-.007480	-.017287	.001803	-.018093	.013535	-.000165
8 9	-.005522	.003885	-.004205	-.015262	.001622	-.014272	-.019690	.002555
9 10	.005728	-.006745	.004066	.009355	-.003476	.006531	.017303	.000431
10 13	-.003974	.009767	-.001349	-.011712	.004277	-.008030	-.022457	.000298
11 14	.071658	.018028	.072418	-.066542	-.002627	-.062364	-.012596	-.000097
12 13	-.002467	.002726	-.000701	-.026881	-.001631	-.027787	.014404	.001971
13 14	.005908	-.020007	.000051	.030418	-.007528	.024201	.007661	.000715

	9	10	11	12	13	14
1 2	-.005780	.004372	.004151	.000628	-.010250	.021394
1 14	.005986	-.002618	.019333	.003543	.009718	-.001751
2 3	.002920	-.001350	.013272	-.000296	.002737	-.001558
3 11	-.003059	.004067	.006482	.004667	-.004736	.027177
4 5	-.021006	.002792	.011804	-.001034	-.025773	.005776
4 11	.015099	-.005149	-.034862	-.003741	.017598	-.026334
5 6	.019152	-.001992	-.011789	-.001970	.020890	-.007771
6 12	-.026892	.000493	-.003489	-.002323	-.032507	-.008936
7 8	-.014835	-.004887	-.003268	-.001529	-.014104	-.005197
7 12	.012448	-.000267	.001663	.003664	.013712	.003568
8 9	.017821	.005617	.003202	.001092	.017089	.006071
9 10	.016942	-.012957	-.006351	-.000126	-.020694	-.010007
10 13	-.024282	.004638	.008667	.000274	.029174	.014707
11 14	-.015190	.003398	.008131	-.002881	-.021141	.009805
12 13	.015410	-.000078	-.000129	.002115	.019101	.003947
13 14	.005267	.003920	-.016816	-.002083	-.000815	-.030892

Z = 14

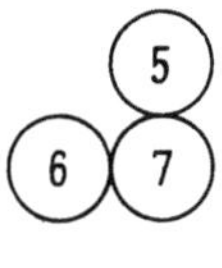

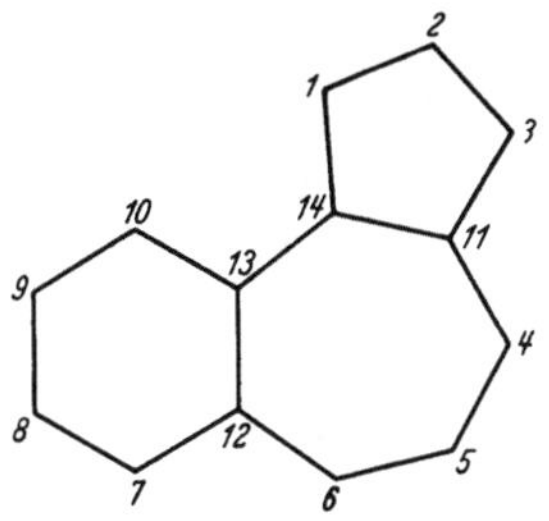

Benz[e]azulen

Bindungs- Bindungs Polarisierbarkeiten

	1 2	1 14	2 3	3 11	4 5	4 11	5 6	6 12
1 2	.319675							
1 14	-.203610	.259777						
2 3	-.226013	.103845	.259759					
3 11	.096594	-.034423	-.194779	.319808				
4 5	.057928	-.055452	-.064123	.093005	.336913			
4 11	-.079654	.087216	.100916	-.181429	-.211648	.310949		
5 6	-.050206	.052802	.054834	-.066430	-.256294	.121632	.281153	
6 12	.044854	-.046495	-.042265	.050427	.102602	-.052802	-.191143	.335951
7 8	.016294	-.013385	-.014879	.018549	.024922	-.013474	-.030921	.057777
7 12	-.018351	.014875	.017690	-.022469	-.043368	.024238	.065651	-.153214
8 9	-.021189	.024157	.019034	-.020167	-.021667	.012077	.026157	-.044370
9 10	.022011	-.026044	-.018206	.019497	.010631	-.002728	-.008049	.012327
10 13	-.032772	.049527	.025920	-.025641	-.009290	-.000802	.006368	-.008589
11 14	.026427	-.107100	.010738	-.087427	.040676	-.128694	-.025701	-.007409
12 13	-.030285	.046288	.027777	-.026138	-.035897	.021282	.056970	-.128617
13 14	.078301	-.146978	-.060248	.061023	.031063	-.002080	-.036822	.070966

	7 8	7 12	8 9	9 10	10 13	11 14	12 13	13 14
7 8	.229590							
7 12	-.189211	.292691						
8 9	-.216598	.113074	.298008					
9 10	.125413	-.071649	-.212075	.236442				
10 13	-.077650	.087871	.116990	-.202242	.292275			
11 14	-.005179	.000443	.009650	-.017335	.032513	.341064		
12 13	.069568	-.104280	-.040065	.073300	-.113413	.014285	.277328	
13 14	.019183	-.013991	-.043015	.058708	-.141066	-.096950	-.108100	.330007

Dibenzofulven

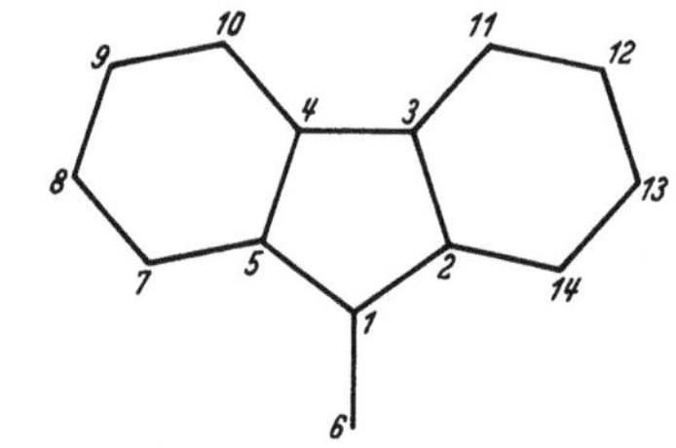

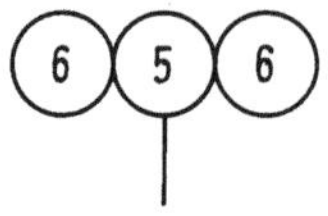

Z = 14

Eigenwerte und Hückelkoeffizienten

	1	2	3	4	5	6	7	8
1	2.513054	1.891220	1.557770	1.306435	1.000000	.704624	.638737	-.430103
1	.360953	0	.495073	.091740	0	0	-.356511	.2/6009
2	.381731	.267932	.226700	.024815	.353553	.299199	.165217	.261508
3	.391797	.185342	-.156290	-.391422	0	.351043	.150066	-.263867
4	.391797	-.185342	-.156290	-.391422	0	-.351043	.150066	-.263867
5	.381731	-.267932	.226700	.024815	-.353553	-.299199	.165217	.261508
6	.143631	0	.317809	.070221	0	0	-.558150	-.641728
7	.206562	-.321377	.014365	.332102	-.353553	.140221	.311975	-.124617
8	.137370	-.339862	-.204324	.409055	0	.398002	.034053	-.207909
9	.138655	-.321377	-.332654	.202301	.353553	.140221	-.290224	.214040
10	.211079	-.267932	-.313875	-.144761	.353553	-.299199	-.219430	.115850
11	.211079	.267932	-.313875	-.144761	-.353553	.299199	-.219430	.115850
12	.138655	.321377	-.332654	.202301	-.353553	-.140221	-.290224	.214040
13	.137370	.339862	-.204324	.409055	0	-.398002	.034053	-.207909
14	.206562	.321377	.014365	.332102	.353553	-.140221	.311975	-.124617

	9	10	11	12	13	14
9	-.839638	-1.000000	-1.317431	-1.529645	-2.216610	-2.2/8414
1	.154394	0	0	-.407043	-.472649	0
2	.027123	.353553	.058008	.178264	.417224	.292109
3	.209380	0	-.365487	.042768	-.176188	-.456986
4	.209380	0	.365487	.042768	-.176188	.456986
5	.027123	-.353553	-.058008	.178264	.417224	-.292109
6	-.183881	0	0	.266103	.213230	0
7	-.386547	.353553	-.289065	.091595	-.275985	.208558
8	.297436	0	.438831	-.318371	.194528	-.183073
9	.136808	-.353553	-.289065	.395400	-.155207	.208558
10	-.412306	.353553	-.058008	-.286451	.149505	-.292109
11	-.412306	-.353553	.058008	-.286451	.149505	.292109
12	.136808	.353553	.289065	.395400	-.155207	-.208558
13	.297436	0	-.438831	-.318371	.194528	.183073
14	-.386547	-.353553	.289065	.091595	-.275985	-.208558

TOTALE PI ELEKTRONEN ENERGIE 19.223681

Z=14 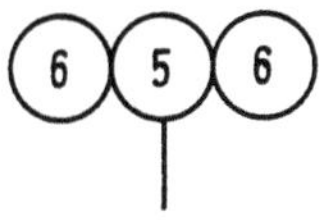 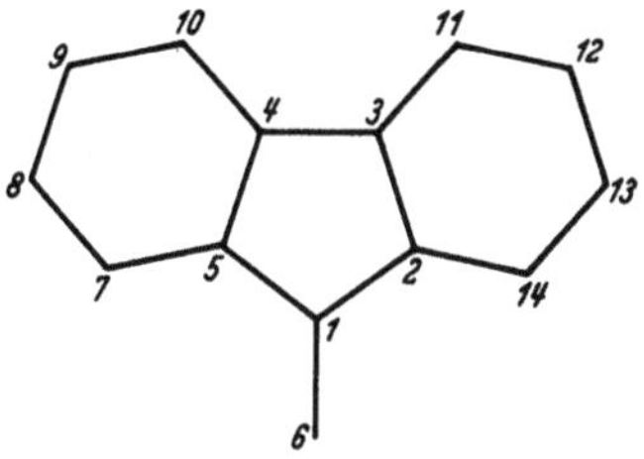

Dibenzofulven

allgemeine Bindungsordnungen

	1	2	3	4	5	6	7	8
1	1,021801							
2	,386791	1,022664						
3	-,050728	,567802	1,022492					
4	-,050728	-,050961	,392159	1,022492				
5	,386791	-,122566	-,050961	,567802	1,022664			
6	,829223	,072805	-,209284	-,209284	,072805	,876190		
7	,001830	-,054522	-,029662	,011702	,622092	-,233149	,996879	
8	-,052370	,099833	,014954	-,291946	-,012253	-,070976	,673888	1,006031
9	,014775	,030866	-,053528	-,012163	-,292520	,180779	-,003101	,649835
10	-,028505	-,133467	,001597	,620360	,011763	,085750	-,316573	-,003162
11	-,028505	,011763	,620360	,001597	-,133467	,085750	,006813	,108923
12	,014775	-,292520	-,012163	-,053528	,030866	,180779	,005119	-,010293
13	-,052370	-,012253	-,291946	,014954	,099833	-,070976	,013760	-,089615
14	,001830	,622092	,011702	-,029662	-,054522	-,233149	,005099	,013760

	9	10	11	12	13	14
9	1,005970					
10	,674462	,996969				
11	-,002152	-,148262	,996969			
12	,014189	-,002152	,674462	1,005970		
13	-,010293	,108923	-,003162	,649835	1,006031	
14	,005119	,006813	-,316573	-,003101	,673888	,996879

Dibenzofulven

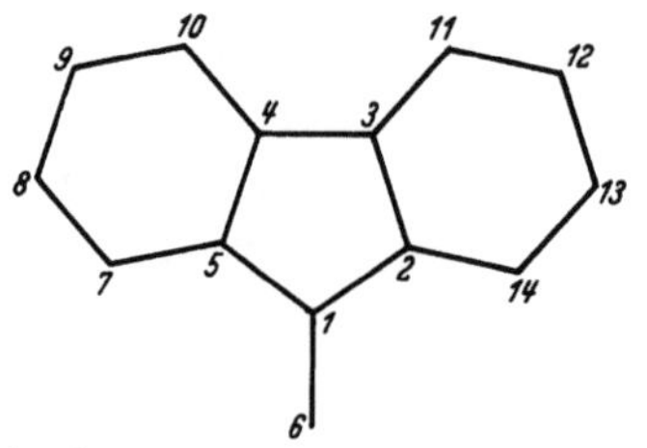

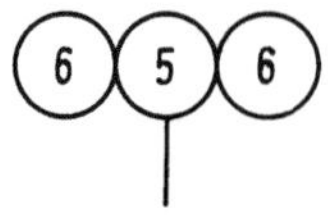

Z = 14

Atom- Atom Polarisierbarkeiten

	1	2	3	4	5	6	7	8
1	.350135							
2	-.028357	.362061						
3	.007789	-.110744	.359942					
4	.007789	.008454	-.029766	.359942				
5	-.028357	-.012740	.008454	-.110744	.362061			
6	-.346354	.019359	-.052997	-.052997	.019359	.693038		
7	.012829	-.001609	.000842	.003106	-.135122	-.066331	.424566	
8	-.000892	-.014812	.006271	-.082761	.011657	-.006898	-.161853	.409319
9	.005862	.000190	-.000983	.011385	-.083000	-.053795	.015677	-.145606
10	.000879	-.018377	.013645	-.134185	.003040	-.012679	-.094828	.015880
11	.000879	.003040	-.134185	.013645	-.018377	-.012679	.000177	-.016799
12	.005862	-.083000	.011385	-.000983	.000190	-.053795	.001004	.000772
13	-.000892	.011657	-.082761	.006271	-.014812	-.006898	-.000075	-.014205
14	.012829	-.135122	.003106	.000842	-.001609	-.066331	.001618	-.000075

	9	10	11	12	13	14
9	.408758					
10	-.162241	.425579				
11	.001484	-.021574	.425579			
12	.000492	.001484	-.162241	.408758		
13	.000772	-.016799	.015880	-.145606	.409319	
14	.001004	.000177	-.094828	.015677	-.161853	.424566

Bindungs- Atom Polarisierbarkeiten

	1	2	3	4	5	6	7	8
1 2	.005740	.005946	.010565	.008114	.009315	-.048381	-.001460	.002636
1 5	.005740	.009315	.008114	.010565	.005946	-.048381	.001374	.002053
1 6	-.020057	-.009342	-.011516	-.011516	-.009342	.076705	-.000386	-.003495
2 3	.003339	-.003347	-.003319	.003477	.001789	.013535	-.000373	-.000492
2 14	-.003160	-.011018	-.003498	-.004136	-.004222	.025504	.000674	-.001182
3 4	.007789	.010610	.005739	.005739	.010610	-.052997	-.001221	.003986
3 11	-.003964	-.003515	-.010863	-.003196	-.004943	.027946	.000558	-.001925
4 5	.003339	.001789	.003477	-.003319	-.003347	.013535	-.003057	-.003695
4 10	-.003964	-.004943	-.003196	-.010863	-.003515	.027946	.003323	-.001413
5 7	-.003160	-.004222	-.004136	-.003498	-.011018	.025504	-.003822	.003449
7 8	.002687	.003063	.003099	.002544	.005514	-.025890	.004463	.000923
8 9	-.001494	-.002101	-.001530	-.003666	-.003707	.022395	-.000091	-.004130
9 10	.002985	.003387	.002751	.005435	.002571	-.026962	.000596	.001932
11 12	.002985	.002571	.005435	.002751	.003387	-.026962	-.000377	.001313
12 13	-.001494	-.003707	-.003666	-.001530	-.002101	.022395	.000224	-.000941
13 14	.002687	.005514	.002544	.003099	.003063	-.025890	-.000425	.000981

	9	10	11	12	13	14
1 2	.002119	-.000765	-.001197	.003940	.002053	.001374
1 5	.003940	-.001197	-.000765	.002119	.002636	-.001460
1 6	-.004567	.000984	.000984	-.004567	-.003495	-.000386
2 3	.000316	-.001417	-.003077	-.003678	-.003695	-.003057
2 14	-.001148	.000626	.003330	-.001398	.003449	-.003822
3 4	.002006	.001485	.001485	.002006	.003986	-.001221
3 11	-.001101	-.000513	-.003835	.003441	-.001413	.003323
4 5	-.003678	-.003077	-.001417	.000316	-.000492	-.000373
4 10	.003441	-.003835	-.000513	-.001101	-.001925	.000558
5 7	-.001398	.003330	.000626	-.001148	-.001182	.000674
7 8	.001903	.000589	-.000445	.000995	.000981	-.000425
8 9	-.004101	-.000069	-.000167	-.000622	-.000941	.000224
9 10	.000920	.004430	.000043	.000977	.001313	-.000377
11 12	.000977	.000043	.004430	.000920	.001932	.000596
12 13	-.000622	-.000167	-.000069	-.004101	-.004130	-.000091
13 14	.000995	-.000445	.000589	.001903	.000923	.004463

Z = 14

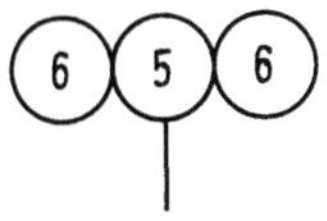

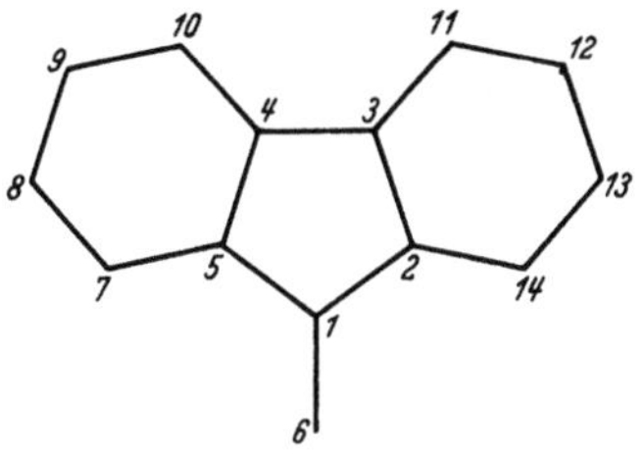

Dibenzofulven

Bindungs- Bindungs Polarisierbarkeiten

	1 2	1 5	1 6	2 3	2 14	3 4	3 11	4 5
1 2	.327625							
1 5	-.054264	.327625						
1 6	-.132733	-.132733	.136514					
2 3	-.083428	.004902	.036933	.250254				
2 14	-.097761	.012559	.039086	-.149994	.256656			
3 4	.018680	.018680	-.023033	-.085545	.010076	.330176		
3 11	.009563	-.008964	.001677	-.149191	.101337	-.099762	.256800	
4 5	.004902	-.083428	.036933	.018068	-.005498	-.085545	.023937	.250254
4 10	-.008964	.009563	.001677	.023937	-.001988	-.099762	.027578	-.149191
5 7	.012559	-.097761	.039086	-.005498	-.002929	.010076	-.001988	-.149994
7 8	-.003195	.025437	-.013428	.002667	.000515	-.006038	.001594	.105690
8 9	-.000224	-.016539	.011644	.004893	-.001082	-.016878	.006557	-.071360
9 10	.004007	-.005665	.000081	-.007728	.000176	.025895	-.008848	.105399
11 12	-.005665	.004007	.000081	.105399	-.082539	.025895	-.200200	-.007728
12 13	-.016539	-.000224	.011644	-.071360	.122329	-.016878	.122179	.004893
13 14	.025437	-.003195	-.013428	.105690	-.200942	-.006038	-.082269	.002667

	4 10	5 7	7 8	8 9	9 10	11 12	12 13	13 14
4 10	.256800							
5 7	.101337	.256656						
7 8	-.082269	-.200942	.254991					
8 9	.122179	.122329	-.212169	.263433				
9 10	-.200200	-.082539	.126747	-.212526	.254788			
11 12	-.008848	.000176	-.000249	-.002597	.003257	.254/88		
12 13	.006557	-.001082	.000508	.001834	-.002597	-.212526	.263433	
13 14	.001594	.000515	.000140	.000508	-.000249	.126747	-.212169	.254991

Cyclopenta[ef]heptalen

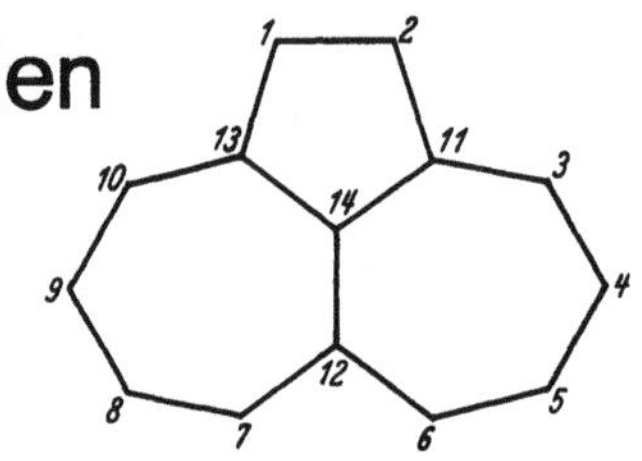

Z = 14

Eigenwerte und Hückelkoeffizienten

	1	2	3	4	5	6	7	8
1	2,447551	1,781175	1,770912	1,320726	1,136129	,758016	,241073	-,329227
1	,261533	,319413	,093867	,028128	,182279	,529059	,260098	,070547
2	,261533	,319413	-,093867	,028128	-,182279	,529059	-,260098	,070547
3	,213846	,073538	-,366744	-,325894	-,260098	-,220140	,182279	,397954
4	,144817	-,118534	-,389372	-,439437	,093867	-,038846	,366744	-,037244
5	,140600	-,284667	-,322801	-,254483	,366744	,190694	-,093867	-,385692
6	,199310	-,388508	-,182279	,103336	,322801	,183395	-,389372	,164224
7	,199310	-,388508	,182279	,103336	-,322801	,183395	,389372	,164224
8	,140600	-,284667	,322801	-,254483	-,366744	,190694	,093867	-,385692
9	,144817	-,118534	,389372	-,439437	-,093867	-,038846	-,366744	-,037244
10	,213846	,073538	,366744	-,325894	,260098	-,220140	-,182279	,397954
11	,378582	,249517	-,260098	,009021	-,389372	-,128024	-,322801	-,093773
12	,347221	-,407333	0	,390961	0	-,051678	0	,331625
13	,378582	,249517	,260098	,009021	,389372	-,128024	,322801	-,093773
14	,451221	,051483	0	,309681	0	-,405963	0	-,437629

	9	10	11	12	13	14
9	-,709210	-,802753	-1,497021	-1,933057	-1,941884	-2,242430
1	,322801	,158032	,366744	,076019	,389372	,114683
2	-,322801	,158032	-,366744	,076019	-,389372	,114683
3	,389372	-,153731	,093867	,279292	-,322801	,184903
4	-,182279	,408300	-,322801	-,316919	,260098	-,042781
5	-,260098	-,174033	,389372	,333330	-,182279	-,088970
6	,366744	-,268594	-,260098	-,327427	,093867	,242290
7	-,366744	-,268594	,260098	-,327427	-,093867	,242290
8	,260098	-,174033	-,389372	,333330	,182279	-,088970
9	,182279	,408300	,322801	-,316919	-,260098	-,042781
10	-,389372	-,153731	-,093867	,279292	,322801	,184903
11	-,093867	-,284892	,182279	-,222969	,366744	-,371851
12	0	,389648	0	,299605	0	-,454348
13	,093867	-,284892	-,182279	-,222969	-,366744	-,371851
14	0	,224397	0	,075700	0	,534264

TOTALE PI ELEKTRONEN ENERGIE 18.911164

Cyclopenta[ef]heptalen

Z = 14

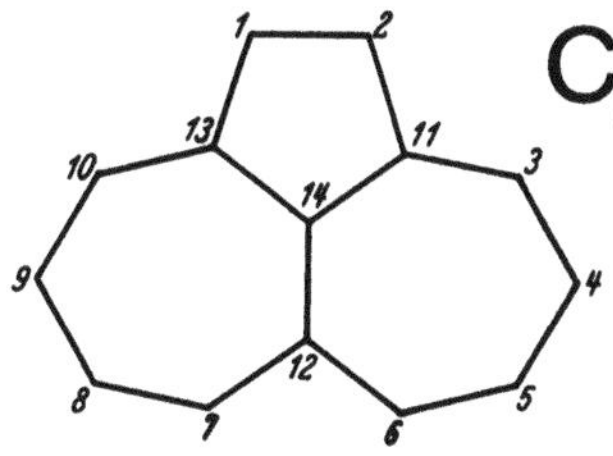

allgemeine Bindungsordnungen

	1	2	3	4	5	6	7	8
1	1.121612							
2	.682860	1.121612						
3	-.161284	-.023583	.882368					
4	.086103	-.217697	.718496	1.049118				
5	.103421	.054883	.111947	.568430	.898883			
6	-.063160	.175021	-.296164	-.038288	.722136	1.048023		
7	.175021	-.063160	.056175	.127812	-.132962	-.108125	1.048023	
8	.054883	.103421	.088404	.065671	-.091166	-.132962	.722136	.898883
9	-.217697	.086103	-.022444	-.130573	.065671	.127812	-.038288	.568430
10	-.023583	-.161284	-.059143	-.022444	.088404	.056175	-.296164	.111947
11	-.136234	.581163	.524750	-.054803	-.146098	.006759	-.182883	-.031940
12	-.111284	-.111284	-.143475	-.142458	.110852	.516758	.516758	.110852
13	.581163	-.136234	-.026548	.159834	-.031940	-.182883	.006759	-.146098
14	-.143228	-.143228	.177447	-.122147	-.214874	.054961	.054961	-.214874

	9	10	11	12	13	14
9	1.049118					
10	.718496	.882368				
11	.159834	-.026548	1.091034			
12	-.142458	-.143475	.079916	.884007		
13	-.054803	.524750	-.202815	.079916	1.091034	
14	-.122147	.177447	.476873	.555509	.476873	.933917

Atom- Atom Polarisierbarkeiten

	1	2	3	4	5	6	7	8
1	.438016							
2	-.166757	.438016						
3	-.018875	.015229	.468042					
4	-.010447	-.057584	-.216120	.445836				
5	-.012083	-.004239	.021394	-.089588	.425890			
6	-.013755	-.047507	-.122460	.041493	-.221311	.496130		
7	-.047507	-.013755	.003605	-.023998	-.012173	-.000119	.496130	
8	-.004239	-.012083	-.015425	-.006453	-.012404	-.012173	-.221311	.425890
9	-.057584	-.010447	.000725	-.031890	-.006453	-.023998	.041493	-.089588
10	.015229	-.018875	-.012973	.000725	-.015425	.003605	-.122460	.021394
11	.004796	-.109652	-.067085	.017476	-.015028	-.002391	-.038923	-.004423
12	-.010959	-.010959	-.019477	-.017360	.001100	-.068601	-.068601	.001100
13	-.109652	.004796	-.002044	-.039774	-.004423	-.038923	-.002391	-.015028
14	-.006182	-.006182	-.034536	-.012314	-.055255	.010010	.010010	-.055255

	9	10	11	12	13	14
9	.445836					
10	-.216120	.468042				
11	-.039774	-.002044	.355477			
12	-.017360	-.019477	-.001656	.336372		
13	.017476	-.067085	-.042333	-.001656	.355477	
14	-.012314	-.034536	-.054438	-.102465	-.054438	.407893

Cyclopenta[ef]heptalen

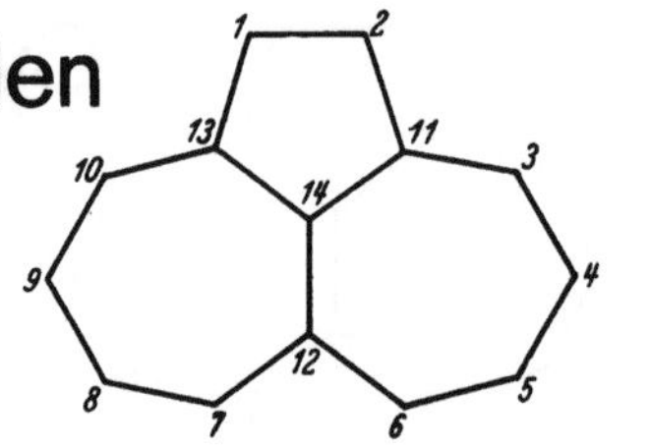

Z = 14

Bindungs- Atom Polarisierbarkeiten

	1	2	3	4	5	6	7	8
1 2	-.053604	-.053604	-.014824	.026270	-.010308	.024554	.024554	-.010308
1 13	-.022310	.055251	.004707	-.021071	.006383	-.022283	-.011955	.012020
2 11	.055251	-.022310	.014707	-.014990	.012020	-.011955	-.022283	.006383
3 4	.023873	-.005151	.078058	-.028254	-.024383	-.036321	-.002128	-.013404
3 11	-.033990	.005033	.000363	.035172	.006260	.031578	.005976	.009272
4 5	-.018674	.016431	-.071140	-.019590	.018904	.036286	.013514	.014317
5 6	.014749	-.014718	.053017	.014111	.056770	-.042651	-.008965	-.020374
6 12	-.012479	.027316	-.057760	-.014146	-.063135	-.003285	.020750	.024924
7 8	-.014718	.014749	-.017506	-.013644	-.020374	-.008965	-.042651	.056770
7 12	.027316	-.012479	.021353	.025031	.024924	.020750	-.003285	-.063135
8 9	.016431	-.018674	.013374	.014557	.014317	.013514	.036286	.018904
9 10	-.005151	.023873	-.012622	-.004897	-.013404	-.002128	-.036321	-.024383
10 13	.005033	-.033990	.010767	.005649	.009272	.005976	.031578	.006260
11 14	-.001077	.037215	-.031637	-.016868	-.026540	-.020374	.029964	-.015589
12 14	-.017865	-.017865	.026645	-.014722	.024883	-.014660	-.014660	.024883
13 14	.037215	-.001077	-.017503	.027391	-.015589	.029964	-.020374	-.026540

	9	10	11	12	13	14
1 2	.026270	-.014824	.036483	-.010959	.036483	-.006182
1 13	-.014990	.014707	-.016299	.007932	-.016545	.024454
2 11	-.021071	.004707	-.016545	.007932	-.016299	.024454
3 4	-.004897	-.012622	.026532	-.018999	-.003387	.021081
3 11	.005649	.010767	-.043098	.009236	.001357	-.043576
4 5	.014557	.013374	-.023217	.015162	.015355	-.025279
5 6	-.013644	-.017506	.014957	-.028490	-.015289	.008032
6 12	.025031	.021353	-.015708	.031295	.028945	-.013102
7 8	.014111	.053017	-.015289	-.028490	.014957	.008032
7 12	-.014146	-.057760	.028945	.031295	-.015708	-.013102
8 9	-.019590	-.071140	.015355	.015162	-.023217	-.025279
9 10	-.028254	.078058	-.003387	-.018999	.026532	.021081
10 13	.035172	.000363	.001357	.009236	-.043098	-.043576
11 14	.027391	-.017503	-.007165	-.023401	.036549	.029036
12 14	-.014722	.026645	-.019470	.025489	-.019470	.004890
13 14	-.016868	-.031637	.036549	-.023401	-.007165	.029036

Cyclopenta[ef]heptalen

Z = 14

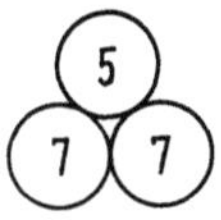

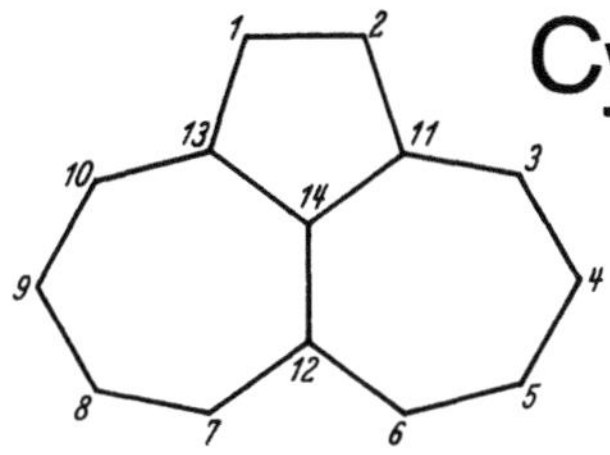

Bindungs- Bindungs Polarisierbarkeiten

	1 2	1 13	2 11	3 4	3 11	4 5	5 6	6 12
1 2	.271259							
1 13	-.195621	.283772						
2 11	-.195621	.087678	.283/72					
3 4	-.044854	.036807	.073180	.280110				
3 11	.069322	-.046884	-.145132	-.234643	.384432			
4 5	.025789	-.020252	-.036399	-.252931	.123599	.38310/		
5 6	-.023376	.022297	.032921	.142699	-.084711	-.252/78	.273367	
6 12	.014838	-.013669	-.018/32	-.081699	.057943	.116076	-.222931	.373410
7 8	-.023376	.032921	.022297	-.043529	.046154	.052155	-.059839	.089538
7 12	.014838	-.018732	-.013669	.057026	-.062506	-.070214	.089538	-.172695
8 9	.025789	-.036399	-.020252	.041243	-.044379	-.048400	.052155	-.070214
9 10	-.044854	.073180	.036807	-.034044	.035810	.041243	-.043529	.057026
10 13	.069322	-.145132	-.046884	.035810	-.039581	-.044379	.046154	-.062506
11 14	.036138	.003682	-.108601	.083073	-.166438	-.061477	.037778	-.026478
12 14	-.035730	.044951	.044951	.010564	.021863	-.018816	.057956	-.122366
13 14	.036138	-.108601	.003682	-.068811	.085153	.063679	-.067701	.082458

	7 8	7 12	8 9	9 10	10 13	11 14	12 14	13 14
7 8	.273367							
7 12	-.222931	.373410						
8 9	-.252778	.116076	.383107					
9 10	.142699	-.081699	-.252931	.280110				
10 13	-.084711	.057943	.123599	-.234643	.384432			
11 14	-.067701	.082458	.063679	-.068811	.085153	.363354		
12 14	.057956	-.122366	-.018816	.010564	.021863	-.109937	.267301	
13 14	.037778	-.026478	-.061477	.083073	-.166438	-.145871	-.109937	.363354

Cyclohepta[de]naphthalin

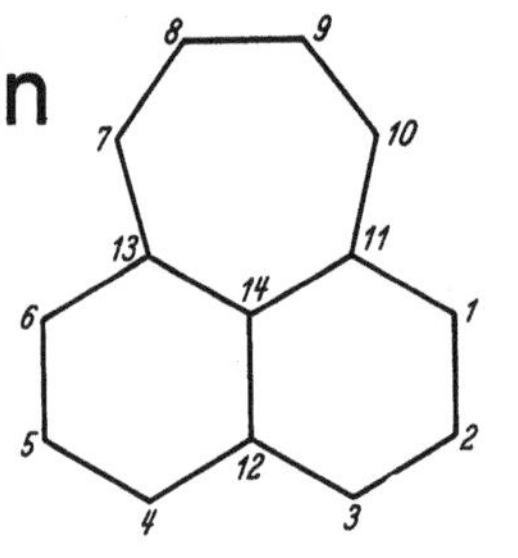

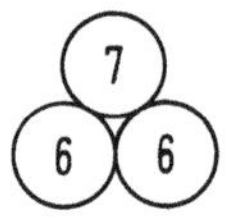

Z=14

Eigenwerte und Hückelkoeffizienten

	1	2	3	4	5	6	7	8
1	2.437846	1.774440	1.770912	1.211998	1.136129	1.000000	.241073	-.457392
1	.224122	.015352	.389372	.156821	.093867	.408248	.366744	.179777
2	.185647	.183276	.322801	-.124140	.366744	.408248	-.093867	.029464
3	.228456	.309861	.182279	-.307279	.322801	0	-.389372	-.193254
4	.228456	.309861	-.182279	-.307279	-.322801	0	.389372	-.193254
5	.185647	.183276	-.322801	-.124140	-.366744	.408248	.093867	.029464
6	.224122	.015352	-.389372	.156821	-.093867	.408248	-.366744	.179777
7	.207034	-.322931	-.260098	-.089644	.389372	0	.322801	-.488243
8	.143989	-.416986	-.093867	-.422856	.182279	0	.260098	.335012
9	.143989	-.416986	.093867	-.422856	-.182279	0	-.260098	.335012
10	.207034	-.322931	.260098	-.089644	-.389372	0	-.322801	-.488243
11	.360729	-.156035	.366744	.314207	-.260098	0	.182279	-.111693
12	.371293	.366553	0	-.248281	0	-.408248	0	.058928
13	.360729	-.156035	-.366744	.314207	.260098	0	-.182279	-.111693
14	.448245	.030704	0	.313642	0	-.408248	0	.359554

	9	10	11	12	13	14
9	-.709210	-1.000000	-1.497021	-1.557997	-1.941884	-2.408894
1	.182279	.408248	.322801	.076049	.260098	.231310
2	.260098	-.408248	-.389372	.206905	-.182279	-.198804
3	-.366744	0	.260098	-.398407	.093867	.247587
4	.366744	0	-.260098	-.398407	-.093867	.247587
5	-.260098	-.408248	.389372	.206905	.182279	-.198804
6	-.182279	.408248	-.322801	.076049	-.260098	.231310
7	-.093867	0	.182279	.278809	-.366744	.169412
8	-.322801	0	-.366744	-.108995	.389372	-.049697
9	.322801	0	.366744	-.108995	-.389372	-.049697
10	.093867	0	-.182279	.278809	.366744	.169412
11	-.389372	0	-.093867	-.325389	-.322801	-.358397
12	0	.408248	0	.413811	0	-.397608
13	.389372	0	.093867	-.325389	.322801	-.358397
14	0	-.408248	0	.152097	0	.462620

TOTALE PI ELEKTRONEN ENERGIE 19.144797

Cycloheppta[de]naphthalin

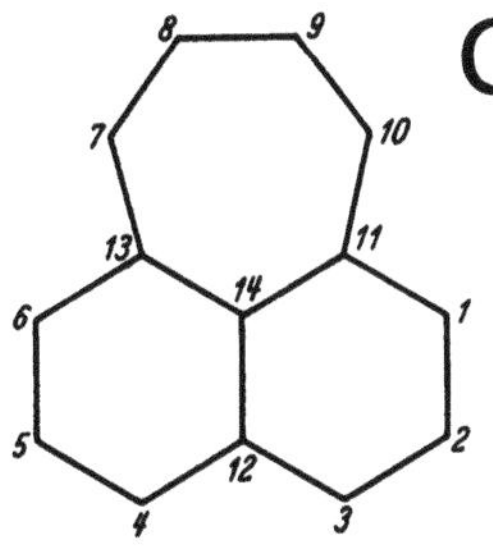

Z=14

allgemeine Bindungsordnungen

	1	2	3	4	5	6	7	8
1	1.073297							
2	.634620	.995289						
3	-.067507	.702245	1.063326					
4	.098592	-.152853	-.092823	1.063326				
5	.131861	.005240	-.152853	.702245	.995289			
6	-.106394	.131861	.098592	-.067507	.634620	1.0/329/		
7	.162089	.037835	-.145260	.044382	-.076323	-.052548	.957292	
8	.071014	.029871	-.051846	.186335	-.018667	-.232786	.763449	.966211
9	-.232786	-.018667	.186335	-.051846	.029871	.071014	.046052	.527459
10	-.052548	-.076323	.044382	-.145260	.037835	.162089	-.336557	.046052
11	.625922	.010501	-.301144	.051194	-.013042	-.115018	-.081839	-.100568
12	-.233520	.000530	.549391	.549391	.000530	-.233520	-.038487	.011204
13	-.115018	-.013042	.051194	-.301144	.010501	.625922	.469458	.037133
14	-.033096	-.233520	.031085	.031086	-.233520	-.033096	.109541	-.161772

	9	10	11	12	13	14
9	.966211					
10	.763449	.957292				
11	.037133	.469458	.977151			
12	.011204	-.038487	-.002540	1.001059		
13	-.100568	-.081839	.035641	-.002540	.977151	
14	-.161772	.109541	.510904	.532961	.510904	.93380/

Atom- Atom Polarisierbarkeiten

	1	2	3	4	5	6	7	8
1	.459124							
2	-.129243	.397214						
3	.030440	-.192302	.476417					
4	-.011605	-.025013	.013385	.476417				
5	-.023736	.000086	-.025013	-.192302	.397214			
6	-.025293	-.023736	-.011605	.030440	-.129243	.459124		
7	-.054294	-.000143	-.052307	.018749	-.003442	.032985	.514385	
8	.000655	.000083	-.001113	-.065758	.002221	-.073700	-.279424	.448392
9	-.073700	.002221	-.065758	-.001113	.000083	.000655	.050125	-.073140
10	.032985	-.003442	.018749	-.052307	-.000143	-.054294	-.175510	.050125
11	-.146185	.010249	-.098546	-.011181	.002761	-.013829	.003600	-.004536
12	-.046316	.007581	-.086252	-.086252	.007581	-.046316	-.000598	.000315
13	-.013829	.002761	-.011181	-.098546	.010249	-.146185	-.051102	.021397
14	.000997	-.046316	.005087	.005087	-.046316	.000997	-.003023	-.025517

	9	10	11	12	13	14
9	.448392					
10	-.279424	.514385				
11	.021397	-.051102	.347380			
12	.000315	-.000598	.002724	.327852		
13	-.004536	.003600	.009561	.002724	.347380	
14	-.025517	-.003023	-.072295	-.082759	-.072295	.36489>

Cycloheptа[de]naphthalin

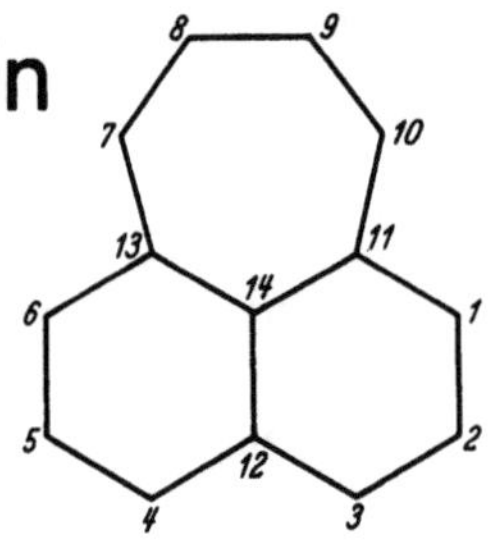

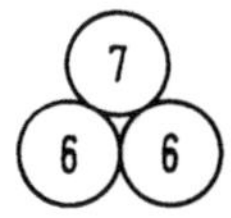

Z = 14

Bindungs- Atom Polarisierbarkeiten

	1	2	3	4	5	6	7	8
1 2	-.033034	-.001730	.036708	.022449	-.000896	.024300	-.008182	-.005582
1 11	-.027474	-.002446	-.029864	-.013884	.003150	-.017830	.016921	.010890
2 3	.028857	.004921	-.032714	-.020517	.000932	-.022046	.006963	.004567
3 12	-.022012	-.000928	-.021990	.030520	.001000	.030610	-.001070	-.001435
4 5	-.022046	.000932	-.020517	-.032714	.004921	.028857	.005215	.006080
4 12	.030610	.001000	.030520	-.021990	-.000928	-.022012	-.001944	-.000679
5 6	.024300	-.000896	.022449	.036708	-.001730	-.033034	-.006272	-.007212
6 13	-.017830	.003150	-.013884	-.029864	-.002446	-.027474	.011660	.015305
7 8	-.018455	-.000020	-.018617	-.016348	-.000138	-.015671	.026241	.019623
7 13	.027194	-.001199	.024509	.019618	-.000919	.021059	-.006087	-.019120
8 9	.023764	-.000994	.021749	.021749	-.000994	.023764	-.025739	-.001608
9 10	-.015671	-.000138	-.016348	-.018617	-.000020	-.018455	.013653	-.003795
10 11	.021059	-.000919	.019618	.024509	-.001199	.027194	-.019342	-.008291
11 14	.015326	.002217	.016034	-.008299	-.002813	-.005258	-.004655	-.008178
12 14	-.009330	-.000137	-.009355	-.009355	-.000137	-.009330	.003430	.002444
13 14	-.005258	-.002813	-.008299	.016034	.002217	.015326	-.010790	-.003008

	9	10	11	12	13	14
1 2	-.007212	-.006272	-.006838	-.000137	-.004244	-.009330
1 11	.015305	.011660	.015749	-.000595	.008349	.010068
2 3	.006080	.005215	.005690	.000072	.003382	.008598
3 12	-.000679	-.001944	.000099	-.000898	-.001055	-.010218
4 5	.004567	.006963	.003382	.000072	.005690	.008598
4 12	-.001435	-.001070	-.001055	-.000898	.000099	-.010218
5 6	-.005582	-.008182	-.004244	-.000137	-.006838	-.009330
6 13	.010890	.016921	.008349	-.000595	.015749	.010068
7 8	-.003795	.013653	-.001009	.000015	-.002253	.016775
7 13	-.008291	-.019342	-.006067	.000401	-.002964	-.028791
8 9	-.001608	-.025739	-.004570	.000315	-.004570	-.025517
9 10	.019623	.026241	-.002253	.000015	-.001009	.016775
10 11	-.019120	-.006087	-.002964	.000401	-.006067	-.028791
11 14	-.003008	-.010790	.001571	.000381	-.006983	.014454
12 14	.002444	.003430	.001143	.001207	.001143	.022404
13 14	-.008178	-.004655	-.006983	.000381	.001571	.014454

Cyclohepta[de]naphthalin

Z = 14

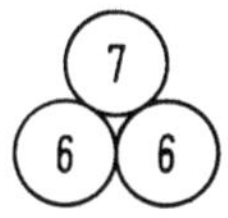

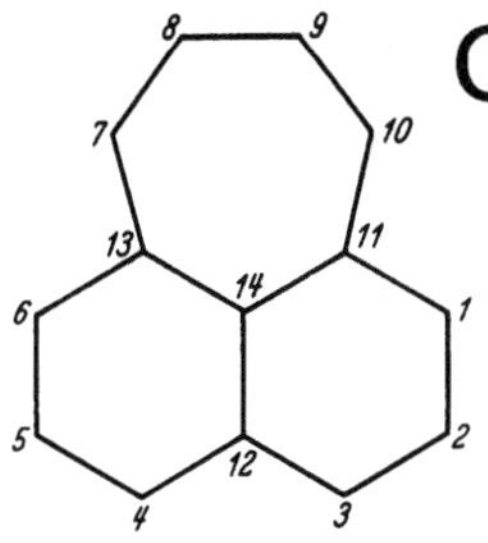

Bindungs- Bindungs Polarisierbarkeiten

	1 2	1 11	2 3	3 12	4 5	4 12	5 6	6 13
1 2	.300521							
1 11	-.192554	.257940						
2 3	-.234273	.119492	.242028					
3 12	.108662	-.057590	-.177930	.301275				
4 5	.023982	-.006538	-.025455	.056467	.242028			
4 12	-.042950	.015232	.056467	-.147934	-.177930	.301275		
5 6	-.022901	.012970	.023982	-.042950	-.234273	.108662	.300521	
6 13	.012970	-.003087	-.006538	.015232	.119492	-.057590	-.192554	.257940
7 8	-.013356	.030024	.011105	.000922	.019654	.005196	-.024228	.066744
7 13	.011797	-.024097	-.008692	.000582	-.030435	-.010290	.041919	-.144373
8 9	.015238	-.037381	-.012760	-.002114	-.012760	-.002114	.015238	-.037381
9 10	-.024228	.066744	.019654	.005196	.011105	.000922	-.013356	.030024
10 11	.041919	-.144373	-.030435	-.010290	-.008692	.000582	.011797	-.024097
11 14	.086067	-.129795	-.058346	.083540	.015989	-.015130	-.029302	.036247
12 14	-.041591	.056765	.065712	-.117940	.065712	-.117940	-.041591	.056765
13 14	-.029302	.036247	.015989	-.015130	-.058346	.083540	.086067	-.129795

	7 8	7 13	8 9	9 10	10 11	11 14	12 14	13 14
7 8	.198674							
7 13	-.175467	.361328						
8 9	-.212733	.070867	.375252					
9 10	.106176	-.040215	-.212733	.198674				
10 11	-.040215	.013128	.070867	-.175467	.361328			
11 14	-.003103	.025869	-.011186	.037891	-.105279	.286288		
12 14	-.007285	.013359	.004888	-.007285	.013359	-.104145	.265360	
13 14	.037891	-.105279	-.011186	-.003103	.025869	-.115605	-.104145	.286288

Cyclopent[fg]acenaphthylen

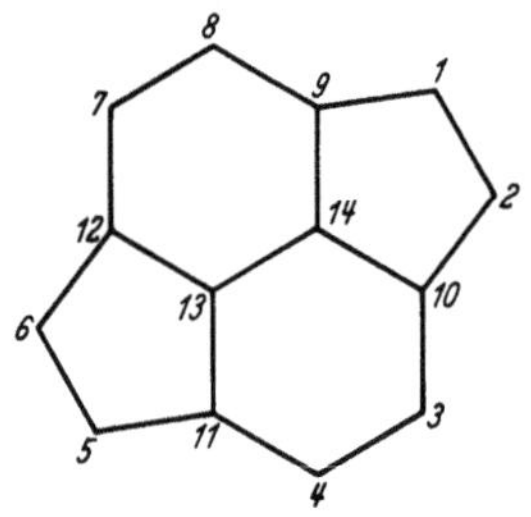

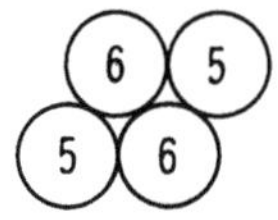

Z = 14

Eigenwerte und Hückelkoeffizienten

	1	2	3	4	5	6	7	8
1	2.561553	2,000000	1,732051	1,000000	1,000000	1,000000	.414214	,000000
1	.197051	.327327	-.105662	,345944	-.260429	-.204124	-.366828	.288675
2	.197051	.327327	.105662	.345944	-.260429	.204124	-.366828	-.288675
3	.197051	.109109	.394338	.130220	.412968	.204124	.151945	.288675
4	.197051	-.109109	.394338	.130220	.412968	-.204124	-.151945	.288675
5	.197051	-.327327	.105662	.345944	-.260429	-.204124	.366828	-.288675
6	.197051	-.327327	-.105662	.345944	-.260429	.204124	.366828	.288675
7	.197051	-.109109	-.394338	.130220	.412968	.204124	-.151945	-.288675
8	.197051	.109109	-.394338	.130220	.412968	-.204124	.151945	-.288675
9	.307706	.327327	-.288675	0	0	-.408248	.214883	.288675
10	.307706	.327327	.288675	0	0	.408248	.214883	-.288675
11	.307706	-.327327	.288675	0	0	-.408248	-.214883	-.288675
12	.307706	-.327327	-.288675	0	0	.408248	-.214883	.288675
13	.394103	-.218218	0	-.476164	-.152540	0	-.303891	0
14	.394103	.218218	0	-.476164	-.152540	0	.303891	0

	9	10	11	12	13	14
9	-1.000000	-1.000000	-1.561553	-1,732051	-2,000000	-2,414214
1	.353553	0	.153853	-.394338	-.288675	.091072
2	-.353553	0	.153853	.394338	.288675	.091072
3	.353553	.408248	.153853	.105662	.288675	.219866
4	-.353553	-.408248	.153853	.105662	-.288675	-.219866
5	.353553	0	.153853	.394338	-.288675	-.091072
6	-.353553	0	.153853	-.394338	.288675	-.091072
7	.353553	-.408248	.153853	-.105662	.288675	-.219866
8	-.353553	.408248	.153853	-.105662	-.288675	.219866
9	0	0	-.394103	.288675	.288675	-.310938
10	0	0	-.394103	-.288675	-.288675	-.310938
11	0	0	-.394103	-.288675	.288675	.310938
12	0	0	-.394103	.288675	-.288675	.310938
13	0	.408248	.307706	0	0	-.439733
14	0	-.408248	.307706	0	0	.439733

TOTALE PI ELEKTRONEN ENERGIE 19.415634

Cyclopent[fg]acenaphthylen

Z=14

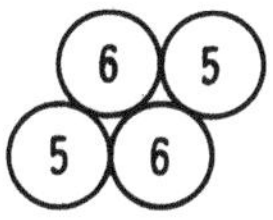

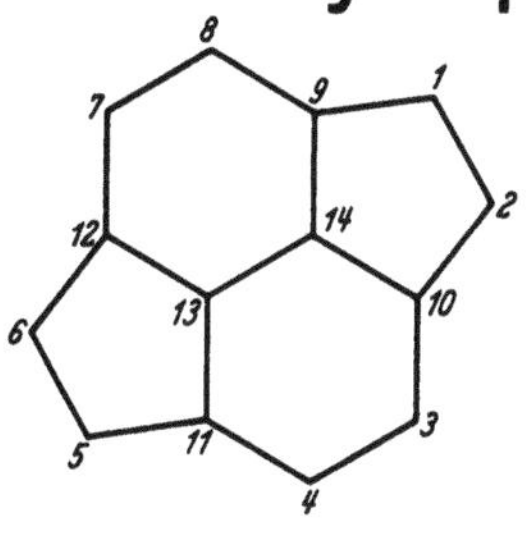

allgemeine Bindungsordnungen

	1	2	3	4	5	6	7	8
1	1.041733							
2	.830408	1.041733						
3	-.254055	.079278	.916980					
4	-.007294	-.007294	.610345	.916980				
5	.030251	-.091758	-.007294	.079278	1.041733			
6	-.091758	.030251	-.007294	-.254055	.830408	1.041733		
7	-.007294	-.007294	.155003	.128305	-.254055	.079278	.916980	
8	.079278	-.254055	.128305	.155003	-.007294	-.007294	.610345	.916980
9	.405574	-.049768	-.136340	-.076466	.170295	-.041030	.045543	.652335
10	-.049768	.405574	.652335	.045543	-.041030	.170295	-.076466	-.136340
11	.170295	-.041030	.045543	.652335	.405574	-.049768	-.136340	-.076466
12	-.041030	.170295	-.076466	-.136340	-.049768	.405574	.652335	.045543
13	-.014589	-.014589	-.234652	.045286	-.174777	-.174777	.045286	-.234652
14	-.174777	-.174777	.045286	-.234652	-.014589	-.014589	-.234652	.045286

	9	10	11	12	13	14
9	.996001					
10	-.003999	.996001				
11	.049398	-.283936	.996001			
12	-.283936	.049398	-.003999	.996001		
13	-.030923	-.030923	.515995	.515995	1.090571	
14	.515995	.515995	-.030923	-.030923	.530697	1.090571

Atom- Atom Polarisierbarkeiten

	1	2	3	4	5	6	7	8
1	.537358							
2	-.402960	.537358						
3	-.101229	.037301	.460653					
4	.023560	-.016232	-.107662	.460653				
5	.042706	-.059482	-.016232	.037301	.537358			
6	-.059482	.042706	.023560	-.101229	-.402960	.537358		
7	-.016232	.023560	-.031955	-.039322	-.101229	.037301	.460653	
8	.037301	-.101229	-.039322	-.031955	.023560	-.016232	-.107662	.460653
9	-.055069	.058282	-.008317	-.015598	-.076206	.030762	.030252	-.182786
10	.058282	-.055069	-.182786	.030252	.030762	-.076206	-.015598	-.008317
11	-.076206	.030762	.030252	-.182786	-.055069	.058282	-.008317	-.015598
12	.030762	-.076206	-.015598	-.008317	.058282	-.055069	-.182786	.030252
13	.000856	.000856	-.049031	.000366	-.019647	-.019647	.000366	-.049031
14	-.019647	-.019647	.000366	-.049031	.000856	.000856	-.049031	.000366

	9	10	11	12	13	14
9	.392887					
10	-.000001	.392887				
11	.005938	-.108657	.392887			
12	-.108657	.005938	-.000001	.392887		
13	.003346	.003346	-.074833	-.074833	.354894	
14	-.074833	-.074833	.003346	.003346	-.077007	.354894

Cyclopent[fg]acenaphthylen

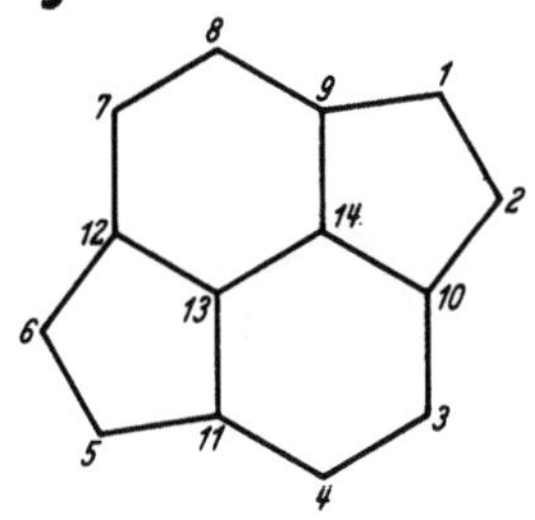

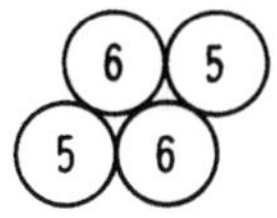

Z = 14

Bindungs- Atom Polarisierbarkeiten

	1	2	3	4	5	6	7	8
1 2	-.024032	-.024032	.022141	-.003236	.006044	.006044	-.003236	.022141
1 9	.035662	.004488	-.045642	.007835	-.002765	-.016206	.001879	-.028763
2 10	.004488	.035662	-.028763	.001879	-.016206	-.002765	.007835	-.045642
3 4	-.005376	.003946	.053995	.053995	.003946	-.005376	-.035838	-.035838
3 10	-.018125	-.010568	.020226	-.028007	-.005303	.009975	.021027	.024645
4 11	.009975	-.005303	-.028007	.020226	-.010568	-.018125	.024645	.021027
5 6	.006044	.006044	-.003236	.022141	-.024032	-.024032	.022141	-.003236
5 11	-.002765	-.016206	.001879	-.028763	.035662	.004488	-.045642	.007835
6 12	-.016206	-.002765	.007835	-.045642	.004488	.035662	-.028763	.001879
7 8	.003946	-.005376	-.035838	-.035838	-.005376	.003946	.053995	.053995
7 12	-.005303	.009975	.021027	.024645	-.018125	-.010568	.020226	-.028007
8 9	-.010568	-.018125	.024645	.021027	.009975	-.005303	-.028007	.020226
9 14	-.013888	.037288	.008878	-.035283	-.021320	.022135	.026816	-.023654
10 14	.037288	-.013888	-.023654	.026816	.022135	-.021320	-.035283	.008878
11 13	-.021320	.022135	.026816	-.023654	-.013888	.037288	.008878	-.035283
12 13	.022135	-.021320	-.035283	.008878	.037288	-.013888	-.023654	.026816
13 14	-.001953	-.001953	.012985	.012985	-.001953	-.001953	.012985	.012985

	9	10	11	12	13	14
1 2	-.005926	-.005926	.014404	.014404	.000856	-.019647
1 9	.017131	.029577	-.028515	-.013779	-.001994	.041094
2 10	.029577	.017131	-.013779	-.028515	-.001994	.041094
3 4	-.011018	-.018692	-.018692	-.011018	.012985	.012985
3 10	-.001101	-.013499	.019380	.004596	-.008468	-.014777
4 11	.004596	.019380	-.013499	-.001101	-.014777	-.008468
5 6	.014404	.014404	-.005926	-.005926	-.019647	.000856
5 11	-.028515	-.013779	.017131	.029577	.041094	-.001994
6 12	-.013779	-.028515	.029577	.017131	.041094	-.001994
7 8	-.018692	-.011018	-.011018	-.018692	.012985	.012985
7 12	.019380	.004596	-.001101	-.013499	-.014777	-.008468
8 9	-.013499	-.001101	.004596	.019380	-.008468	-.014777
9 14	.027338	-.021139	.020063	-.026029	.011706	-.012909
10 14	-.021139	.027338	-.026029	.020063	.011706	-.012909
11 13	.020063	-.026029	.027338	-.021139	-.012909	.011706
12 13	-.026029	.020063	-.021139	.027338	-.012909	.011706
13 14	.007210	.007210	.007210	.007210	-.036484	-.036484

Cyclopent[fg]acenaphthylen

Z = 14

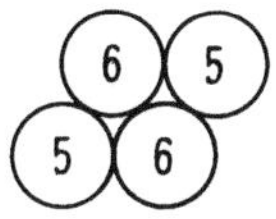

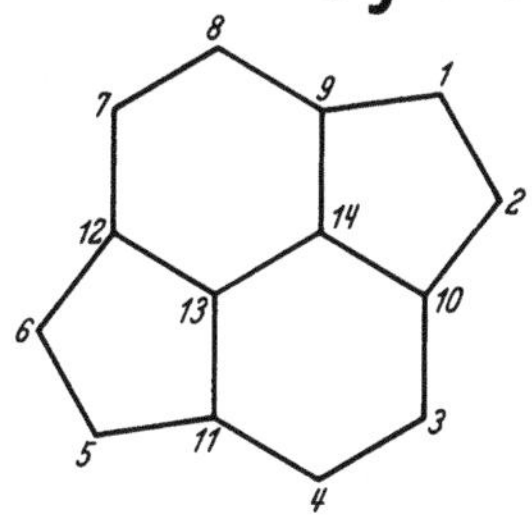

Bindungs- Bindungs Polarisierbarkeiten

	1 2	1 9	2 10	3 4	3 10	4 11	5 6	5 11
1 2	.134398							
1 9	-.156841	.405345						
2 10	-.156841	.006655	.405345					
3 4	-.000522	-.028247	.009374	.352991				
3 10	.052094	-.011418	-.120917	-.206939	.244733			
4 11	-.003858	.025134	-.000369	-.206939	.102535	.244733		
5 6	-.016776	.028055	.028055	-.000522	-.003858	.052094	.134398	
5 11	.028055	-.050224	-.040664	.009374	-.000369	-.120917	-.156841	.405345
6 12	.028055	-.040664	-.050224	-.028247	.025134	-.011418	-.156841	.006655
7 8	-.000522	.009374	-.028247	-.071277	.046357	.046357	-.000522	-.028247
7 12	-.003858	-.000369	.025134	.046357	-.023830	-.024000	.052094	-.011418
8 9	.052094	-.120917	-.011418	.046357	-.024000	-.023830	-.003858	.025134
9 14	.023400	-.102139	.033553	-.036453	.048270	.008862	.000814	.000453
10 14	.023400	.033553	-.102139	.099906	-.148539	-.051567	.000814	.001142
11 13	.000814	.000453	.001142	.099906	-.051567	-.148539	.023400	-.102139
12 13	.000814	.001142	.000453	-.036453	.008862	.048270	.023400	.033553
13 14	-.003905	.001108	.001108	-.048665	.063452	.063452	-.003905	.001108

	6 12	7 8	7 12	8 9	9 14	10 14	11 13	12 13
6 12	.405345							
7 8	.009374	.352991						
7 12	-.120917	-.206939	.244733					
8 9	-.000369	-.206939	.102535	.244733				
9 14	.001142	.099906	-.051567	-.148539	.316741			
10 14	.000453	-.036453	.008862	.048270	-.149477	.316/41		
11 13	.033553	-.036453	.048270	.008862	-.001219	.064001	.316741	
12 13	-.102139	.099906	-.148539	-.051567	.064001	-.001219	-.149477	.316741
13 14	.001108	-.048665	.063452	.063452	-.107747	-.107747	-.107747	-.107747

	13 14
13 14	.277887

Cyclopent[b,c]acenaphthylen

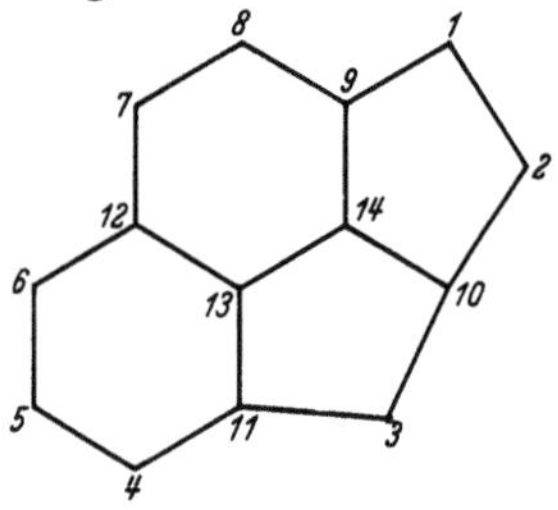

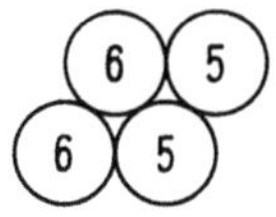

Z = 14

Eigenwerte und Hückelkoeffizienten

	1	2	3	4	5	6	7	8
1	2,575258	1,944976	1,734932	1,220580	1,000000	,787288	,483967	-,080495
1	.200759	.329713	-.100747	,358813	0	-,060723	,520129	-,192818
2	,208278	.308522	.108691	,289947	,353553	,166631	,332899	,314354
3	.253880	.009383	.374342	-,091613	0	,428548	-.154939	-,506831
4	,174313	-,301025	.223497	,353620	-.353553	,013087	,022428	,400121
5	.130706	-.333380	.027614	.538532	0	-,135178	-,273178	,094508
6	,162288	-,347391	-,175590	,303701	,353553	-,119510	-,154637	-,407728
7	.186154	-.119650	-.427819	-,116063	0	,478958	-,019348	,295784
8	.192168	.109570	-.409986	,026176	-,353553	,335990	-,207702	,037879
9	.308728	.332761	-,283480	,148013	-,353553	-,214438	-,081173	-,298833
10	.335611	,270355	.289318	-,004910	,353553	,191910	-,359017	,167514
11	.318195	-,252106	.360139	-,106911	-,353553	,145481	,284032	-,126716
12	,287227	-,342287	-,332250	-,167840	,353553	,041089	,198339	-,061688
13	.391242	-.198698	.026978	-,392500	0	-,327099	.269974	,116911
14	.402127	.207930	.018915	-,204327	0	-,444091	-,351712	,178994

	9	10	11	12	13	14
9	-,840676	-1,157464	-1,446826	-1,795045	-2,031710	-2,394784
1	-,259531	-,259607	.066085	-,494228	-,009453	-,131219
2	.354400	,102954	.040328	,444604	,260020	,006164
3	-,159706	-,234460	-.191636	,100367	,434369	,080271
4	-,296605	,384938	-.170531	-,182865	,275737	,208630
5	,076684	-,576489	-,154969	,204558	-,196540	-,190936
6	,232139	.282327	.394743	-,184327	,123575	,248620
7	-,314767	-,269319	,426381	,097118	-,041571	,269623
8	.536455	.062021	-,200742	-,300648	.138989	-,241232
9	-,136218	,197532	-,135942	,442558	-,240814	,308076
10	-,038404	.140441	-,124432	-,303855	-,518833	.116458
11	,172665	,130937	,401697	,123692	-,363678	-,308688
12	-,271838	,249706	-,416156	,126316	-,054529	-,404456
13	,311155	-,302034	-,219018	-,139535	,028782	,450341
14	-,162408	-,031050	,331341	,000464	,359729	-,365325

TOTALE PI ELEKTRONEN ENERGIE 19.494001

Cyclopent[b,c]acenaphthylen

Z=14

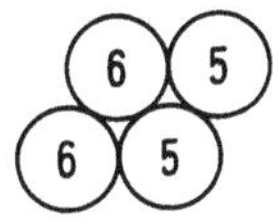

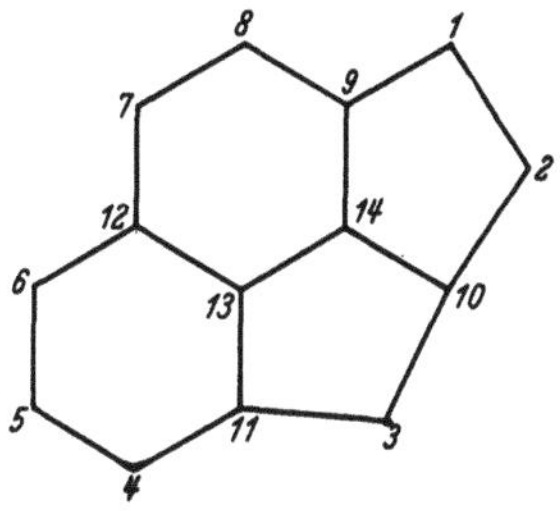

allgemeine Bindungsordnungen

	1	2	3	4	5	6	7	8
1	1.124266							
2	.799311	.996072						
3	-.246269	.179455	.841454					
4	.101961	-.090195	.189664	.843347				
5	-.054217	-.059901	-.049096	.623701	1.023808			
6	-.056941	.098406	-.165736	.141962	.708255	.866558		
7	-.079538	-.009853	.209750	-.124716	-.139113	.114798	.950489	
8	-.006063	-.202601	.140223	.085756	.005371	-.119948	.719936	.997475
9	.448330	-.017370	-.234992	.126005	.104921	-.115175	.041238	.571393
10	-.145564	.441591	.668727	-.180994	.062428	.131673	.011569	-.021160
11	.090027	-.019132	.482731	.614629	-.038500	-.285590	.023832	-.004082
12	.037448	.134633	-.104822	-.201037	-.015288	.524612	.543776	-.005748
13	.059527	-.110637	-.076972	-.005961	-.245567	.011848	-.062542	-.267795
14	-.163804	-.200733	-.011955	-.148444	.059675	.070226	-.280589	.021594

	9	10	11	12	13	14
9	.971769					
10	-.052353	1.120358				
11	-.065648	-.111403	1.065550			
12	-.211584	-.059532	.026574	1.008493		
13	.074307	-.144761	.510714	.554815	1.054431	
14	.563027	.477388	-.120625	-.031330	.494063	1.135932

Atom- Atom Polarisierbarkeiten

	1	2	3	4	5	6	7	8
1	.472699							
2	-.329078	.508423						
3	-.094059	-.004924	.561277					
4	-.017501	-.011705	-.020623	.446296				
5	.002493	-.012699	-.002380	-.119968	.402528			
6	-.019243	-.001553	-.029779	.004761	-.202100	.472864		
7	.000227	.006014	-.089996	-.017555	-.019796	.009986	.464319	
8	.020795	-.046436	-.029686	-.007655	.001138	-.011560	-.201808	.429251
9	-.044625	.036314	-.068316	-.029041	-.016485	-.013179	.020123	-.100532
10	.015843	-.049987	-.199172	-.038692	-.000098	-.035890	.008052	.001638
11	.001119	-.007228	-.054027	-.135330	.010538	-.088808	-.004476	.000361
12	.004993	-.028308	-.012108	-.029063	.009878	-.072335	-.083835	.011584
13	-.018124	.000021	.027084	.001152	-.055995	.011826	-.005507	-.070349
14	.004462	-.058853	.016708	-.025076	.002944	-.024990	-.085748	.003260

	9	10	11	12	13	14
9	.368881					
10	.007852	.350967				
11	-.004801	.007265	.342889			
12	-.040674	-.001491	.001083	.334452		
13	-.001427	-.020485	-.074659	-.099472	.368556	
14	-.114089	-.045801	.006074	.005298	-.062621	.378433

Cyclopent[b,c]acenaphthylen

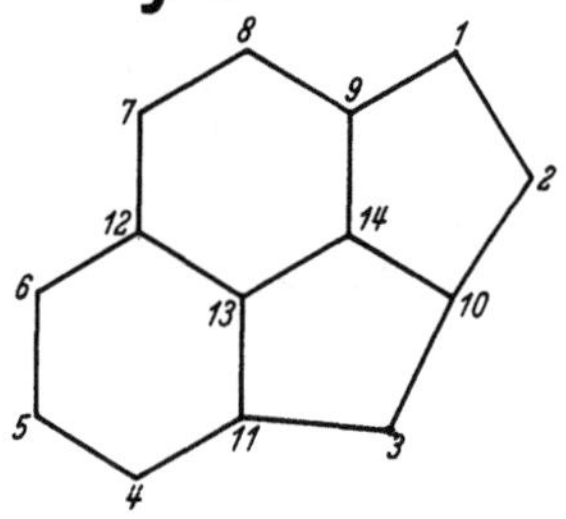

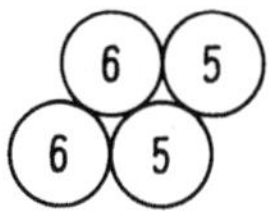

Z = 14

Bindungs- Atom Polarisierbarkeiten

	1	2	3	4	5	6	7	8
1 2	-.082579	.025606	.066442	.016074	-.007749	.016971	-.006585	-.006663
1 9	.018068	-.023669	-.086896	-.022637	.011998	-.020868	.011530	.006266
2 10	.084516	.007423	-.098332	-.024650	.006952	-.026448	.008347	.002463
3 10	-.065801	-.011977	.092930	.044473	-.004132	.049622	-.005359	-.001565
3 11	.045346	-.019913	.053562	-.079581	.006002	-.077428	-.019741	.002607
4 5	.020119	-.022962	.004415	.068712	.001798	-.083747	-.023783	-.000301
4 11	-.026682	.014386	-.039524	.055481	.008413	.063035	.009471	.000649
5 6	-.015870	.022164	-.002545	-.058501	-.019433	.075074	.020941	.000427
6 12	.011974	-.031641	-.025261	.037789	.010761	.037779	-.034961	-.000220
7 8	.010594	-.011537	-.057698	.016660	.002590	.015953	.037670	.005812
7 12	-.005650	.013298	.032598	-.030972	-.005433	-.029973	.013281	.001120
8 9	-.010991	.007337	.058740	-.016312	-.002464	-.015745	-.030738	-.006202
9 14	.006729	.030051	-.005611	.026651	-.011920	.024150	.019091	-.006359
10 14	.010134	.010492	-.012138	-.031529	.001190	-.029485	.000140	-.001779
11 13	-.009343	.003465	.002433	.007071	-.010379	.005548	.008948	-.003048
12 13	-.003339	.019071	-.010811	-.002801	-.004098	-.004437	.019768	-.000368
13 14	.012774	-.031595	.027696	-.005928	.015905	-.000002	-.028019	.007162

	9	10	11	12	13	14
1 2	-.004321	.007927	-.004582	-.007246	.016781	-.030076
1 9	.018127	.020922	.013903	.010231	-.016689	.059714
2 10	.018039	-.001989	.002520	.007974	-.025840	.039024
3 10	-.015660	-.072852	.007341	-.007021	.009493	-.019492
3 11	-.018107	.055312	.009130	.003547	.009825	.029439
4 5	-.024192	.021348	.022858	-.000602	-.006689	.023026
4 11	.011894	-.033053	-.039887	.004618	.005032	-.033833
5 6	.021806	-.017338	-.018822	.001832	.008117	-.017852
6 12	-.034269	.011027	.009977	.001537	-.007007	.012515
7 8	-.014750	.006638	.001215	.002879	-.023368	.007342
7 12	.014634	-.003510	-.002537	-.004791	.024065	-.016130
8 9	.008455	-.007520	-.001008	-.002348	.027114	-.008318
9 14	.015966	-.003307	-.014978	-.009208	-.015761	-.055492
10 14	.007716	.005592	.006686	-.000101	.027150	.005932
11 13	.004131	-.005712	-.010232	-.008660	-.006674	.022451
12 13	.018311	-.006664	-.007934	-.004152	-.018361	.005815
13 14	-.027778	.023179	.026349	.011509	-.007188	-.024065

Cyclopent[b,c]acenaphthylen

Z = 14

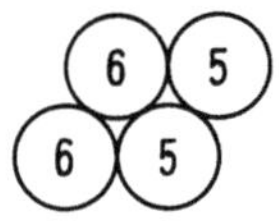

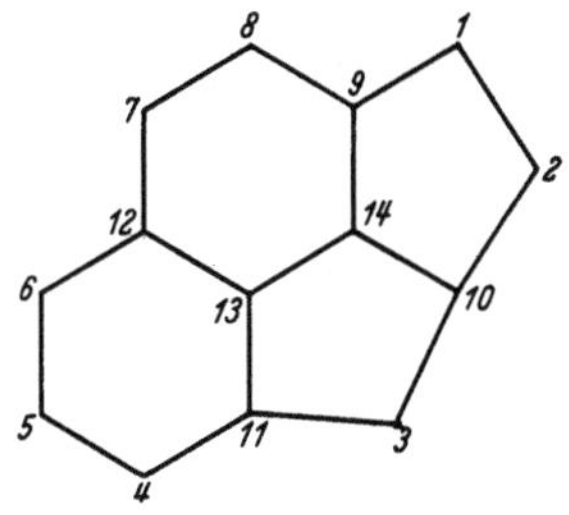

Bindungs- Bindungs Polarisierbarkeiten

	1 2	1 9	2 10	3 10	3 11	4 5	4 11	5 6
1 2	.185085							
1 9	-.196240	.403009						
2 10	-.180987	.055431	.385548					
3 10	.114604	-.093626	-.192830	.320160				
3 11	-.044959	.036488	.052250	-.211608	.424454			
4 5	-.010232	.010974	.000274	-.047408	.059666	.341303		
4 11	.026936	-.028943	-.025953	.104657	-.195693	-.209319	.301506	
5 6	.013018	-.015760	-.002672	.039874	-.045927	-.258864	.131480	.261591
6 12	-.001635	.003891	-.019238	-.002737	-.022772	.109093	-.054666	-.183411
7 8	-.028431	.048387	.008174	-.010388	-.007798	.022201	-.008161	-.026088
7 12	.018477	-.030125	-.002479	.022308	-.005338	-.044888	.016113	.058483
8 9	.057631	-.127380	-.017288	.015158	.010016	-.018871	.009939	.021606
9 14	.059131	-.138303	-.012668	.087249	-.063028	-.006155	.028319	.011826
10 14	-.014279	.073210	-.044723	-.179970	.088042	.044023	-.067088	-.034707
11 13	.013861	-.006853	-.018166	.032962	-.114233	.086032	-.119361	-.056130
12 13	-.007220	.011124	.018371	-.020346	.032485	-.037612	.047556	.064976
13 14	-.004759	-.005286	-.003044	.021939	.007954	-.040217	.042679	.020706

	6 12	7 8	7 12	8 9	9 14	10 14	11 13	12 13
6 12	.337479							
7 8	.055217	.248868						
7 12	-.150902	-.191117	.308654					
8 9	-.038807	-.217646	.106940	.302878				
9 14	.004209	.087209	-.039149	-.131424	.288848			
10 14	.021683	.002673	-.025628	.002188	-.131255	.318253		
11 13	.087952	.015513	-.009778	-.021051	.035405	.013651	.280660	
12 13	-.121994	.074420	-.117271	-.043290	.053309	.010636	-.107553	.251432
13 14	-.023361	-.073033	.085701	.089401	-.133523	-.076709	-.112911	-.109026

	13 14
13 14	.313488

2',3'-Naphthotropylium-Kation

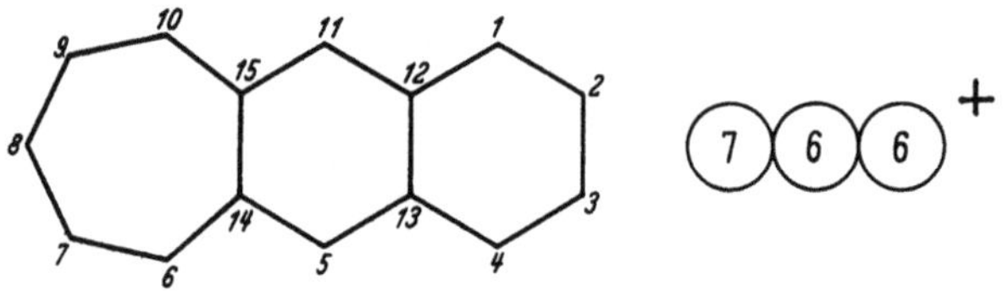

Z=15

Eigenwerte und Hückelkoeffizienten

	1	2	3	4	5	6	7	8
1	2.407514	2.000000	1.523271	1.473348	1.128989	1.104013	.535564	-.136158
1	.219791	.277350	.171762	.212455	.400954	.044573	.364635	.184209
2	.156155	.277350	.328247	.085898	.188331	.428533	.237460	-.162133
3	.156155	.277350	.328247	-.085898	-.188331	.428533	-.237460	-.162133
4	.219791	.277350	.171762	-.212455	-.400954	.044573	-.364635	.184209
5	.305204	0	-.206615	-.349297	-.161827	-.084028	.429397	-.339921
6	.204019	-.277350	.076779	-.361825	.335640	.113833	-.141026	.443049
7	.129389	-.277350	.365080	-.245580	.297293	-.160882	-.263323	.030444
8	.107488	-.277350	.479336	0	0	-.291449	0	-.447195
9	.129389	-.277350	.365080	.245580	-.297293	-.160882	.263323	.030444
10	.204019	-.277350	.076779	.361825	-.335640	.113833	.141026	.443049
11	.305204	0	-.206615	.349297	.161827	-.084028	-.429397	-.339921
12	.372994	.277350	-.066607	.227122	.264342	-.379323	-.042175	.137052
13	.372994	.277350	-.066607	-.227122	-.264342	-.379323	.042175	.137052
14	.361789	-.277350	-.248125	-.287514	.081641	.286555	.187795	-.090769
15	.361789	-.277350	-.248125	.287514	-.081641	.286555	-.187795	-.090769

	9	10	11	12	13	14	15
9	-.593787	-.754330	-1.239622	-1.313528	-1.830782	-1.913253	-2.391238
1	.069759	.410855	.116948	.373036	.037281	.295069	.235651
2	.171730	-.234195	-.488050	-.161241	-.013170	-.323096	-.169382
3	-.171730	-.234195	.488050	-.161241	-.013170	.323096	.169382
4	-.069759	.410855	-.116948	.373036	.037281	-.295069	-.235651
5	.156344	-.278007	.199157	.387541	.118648	.074568	-.312657
6	-.280640	-.222740	-.222209	.029575	.340323	.276224	-.179176
7	.472628	-.117415	.179255	.141447	-.460922	-.144374	.074930
8	0	.311310	0	-.215369	.503524	0	0
9	-.472628	-.117415	-.179255	.141447	-.460922	.144374	-.074930
10	.280640	-.222740	.222209	.029575	.340323	-.276224	.179176
11	-.156344	-.278007	-.199157	.387541	.118648	-.074568	.312657
12	-.213152	-.075726	.343079	-.328752	-.055083	-.241445	-.394116
13	.213152	-.075726	-.343079	-.328752	-.055083	.241445	.394116
14	-.305988	.285435	.096200	-.180294	-.162136	-.384113	.353522
15	.305988	.285435	-.096200	-.180294	-.162136	.384113	-.353522

TOTALE PI ELEKTRONEN ENERGIE 20.345398

2',3'-Naphthtropylium-Kation

Z = 15

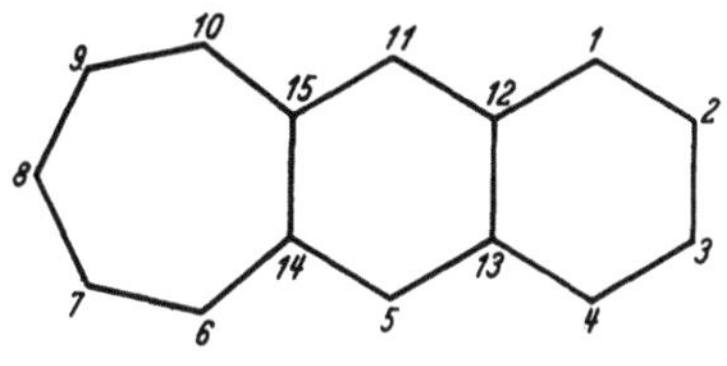

allgemeine Bindungsordnungen

	1	2	3	4	5	6	7	8
1	.991160							
2	.734147	.983855						
3	.012757	.586919	.983855					
4	-.364279	.012757	.734147	.991160				
5	.090650	-.029373	-.195308	.020738	.950956			
6	-.015076	.055125	.060552	-.040204	.096702	.801/20		
7	-.043879	-.066918	.043618	.072084	-.195644	.677627	.941725	
8	.032086	-.055386	-.055386	.032086	-.083485	.204958	.625431	.806365
9	.072084	.043618	-.066918	-.043879	.105954	-.225477	.069598	.625431
10	-.040204	.060552	.055125	-.015076	.050651	-.252121	-.225477	.204958
11	.020738	-.195308	-.029373	.090650	-.379356	.050651	.105954	-.083485
12	.538839	.020061	-.217052	-.016616	.038509	-.073252	.083927	.083592
13	-.016616	-.217052	.020061	.538839	.599391	-.123224	-.051736	.083592
14	.025752	.112394	-.028696	-.134756	.610923	.538503	.064953	-.173281
15	-.134756	-.028696	.112394	.025752	-.060495	.118711	-.116761	-.173281

	9	10	11	12	13	14	15
9	.941725						
10	.677627	.801720					
11	-.195644	.096702	.950956				
12	-.051736	-.123224	.599391	.975221			
13	.083927	-.073252	.038509	.482261	.975221		
14	-.116761	.118711	-.060495	-.171576	.034983	.952181	
15	.064953	.538503	.610923	.034983	-.171576	.453/95	.952181

2',3'-Naphthotropylium-Kation

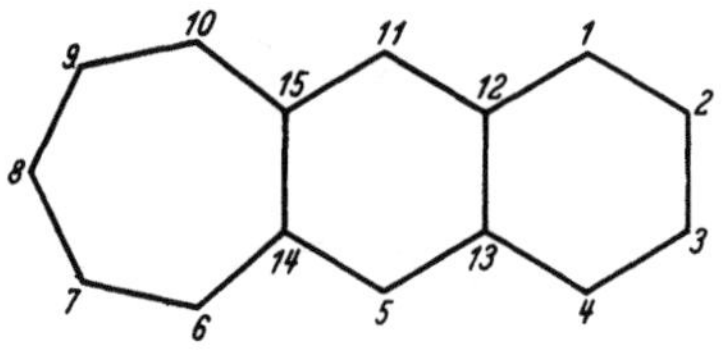

Z = 15

Atom- Atom Polarisierbarkeiten

	1	2	3	4	5	6	7	8
1	.454324							
2	-.227799	.413506						
3	.022859	-.099627	.413506					
4	-.147531	.022859	-.227799	.454324				
5	-.036841	.014841	-.052061	.043485	.528938			
6	-.004630	-.001059	-.008577	.004448	.029912	.445301		
7	-.003758	-.007766	-.004316	-.007826	-.040874	-.168311	.423209	
8	-.001398	-.005947	-.005947	-.001398	-.007423	-.024586	-.127830	.415438
9	-.007826	-.004316	-.007766	-.003758	-.019169	-.055972	.020860	-.127830
10	.004448	-.008577	-.001059	-.004630	-.022284	-.082950	-.055972	-.024586
11	.043485	-.052061	.014841	-.036841	-.195759	-.022284	-.019169	-.007423
12	-.079239	.009126	-.035/97	.001590	.007560	-.003198	-.009157	-.010728
13	.001590	-.035797	.009126	-.079239	-.120846	-.016442	-.003530	-.010728
14	-.000495	-.015264	-.002118	-.017189	-.123448	-.080486	.012976	-.029808
15	-.017189	-.002118	-.015264	-.000495	-.006029	-.011166	-.008535	-.029808

	9	10	11	12	13	14	15
9	.423209						
10	-.168311	.445301					
11	-.040874	.029912	.528938				
12	-.003530	-.016442	-.120846	.335178			
13	-.009157	-.003198	.007560	-.057880	.335178		
14	-.008535	-.011166	-.006029	-.022002	.005364	.344867	
15	.012976	-.080486	-.123448	.005364	-.022002	-.046666	.344867

2',3'-Naphthotropylium-Kation

Z = 15

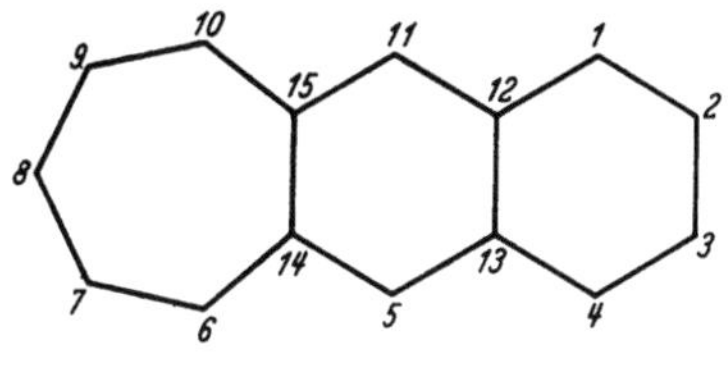

Bindungs- Atom Polarisierbarkeiten

	1	2	3	4	5	6	7	8
1 2	.002686	.007898	-.005172	.006912	.007150	.002732	-.005624	.003391
1 12	.007024	-.012364	.004932	-.010954	-.010958	-.003576	.006345	-.004615
2 3	-.007153	.007257	.007257	-.007153	-.008442	-.005859	.005759	-.005947
3 4	.006912	-.005172	.007898	.002686	.003768	.003547	-.006006	.003391
4 13	-.010954	.004932	-.012364	.007024	-.003654	-.005326	.007161	-.004615
5 13	.006267	-.009118	.005782	-.008877	.010953	.012355	-.015042	.011020
5 14	-.010075	.007826	-.010456	.008991	.037169	-.023033	.019184	-.018591
6 7	-.006716	.009272	-.006827	.009816	.041241	.097710	.024576	-.078668
6 14	.005872	-.012399	.004515	-.011594	-.051920	.046568	-.027919	.038600
7 8	.007437	-.009136	.006580	-.008662	-.037100	-.101053	.016223	.072104
8 9	-.008662	.006580	-.009136	.007437	.029529	.060986	-.022786	.072104
9 10	.009816	-.006827	.009272	-.006716	-.027489	-.071729	.012246	-.078668
10 15	-.011594	.004515	-.012399	.005872	.021456	.035415	-.022990	.038600
11 12	-.008877	.005782	-.009118	.006267	.023511	.009387	-.013675	.011020
11 15	.008991	-.010456	.007826	-.010075	-.044562	-.015420	.015715	-.018591
12 13	.004501	.005847	.005847	.004501	-.014487	-.011011	.006198	-.010728
14 15	.004522	.005564	.005564	.004522	.023833	-.031692	.000635	-.029808

	9	10	11	12	13	14	15
1 2	-.006006	.003547	.003768	-.006582	-.004186	-.004574	-.005941
1 12	.007161	-.005326	-.003654	.009231	.004000	.004892	.007860
2 3	.005759	-.005859	-.008442	.005847	.005847	.005564	.005564
3 4	-.005624	.002732	.007150	-.004186	-.006582	-.005941	-.004574
4 13	.006345	-.003576	-.010958	.004000	.009231	.007860	.004892
5 13	-.013675	.009387	.023511	-.010078	.005531	-.016581	-.011435
5 14	.015715	-.015420	-.044562	.008145	-.012719	.025663	.012163
6 7	.012246	-.071729	-.027489	.009487	-.007979	-.014076	.009135
6 14	-.022990	.035415	.021456	-.014687	.003997	.005919	-.020832
7 8	-.022786	.060986	.029529	-.010619	.006296	.005976	-.015774
8 9	.016223	-.101053	-.037100	.006296	-.010619	-.015774	.005976
9 10	.024576	.097710	.041241	-.007979	.009487	.009135	-.014076
10 15	-.027919	.046568	-.051920	.003997	-.014687	-.020832	.005919
11 12	-.015042	.012355	.010953	.005531	-.010078	-.011435	-.016581
11 15	.019184	-.023033	.037169	-.012719	.008145	.012163	.025663
12 13	.006198	-.011011	-.014487	.007475	.007475	.006840	.006840
14 15	.000635	-.031692	.023833	.006840	.006840	.005201	.005201

2',3'-Naphthotropylium-Kation

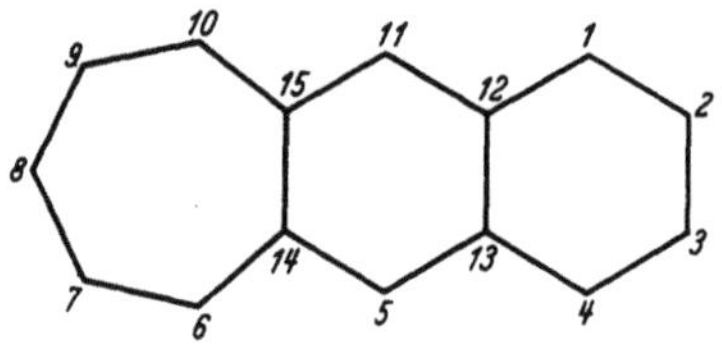

Z=15

Bindungs- Bindungs Polarisierbarkeiten

	1 2	1 12	2 3	3 4	4 13	5 13	5 14	6 7
1 2	.204763							
1 12	-.181191	.306576						
2 3	-.208277	.103065	.313878					
3 4	.119503	-.064178	-.208277	.204763				
4 13	-.064178	.076966	.103065	-.181191	.306576			
5 13	.022435	-.018654	-.049209	.067637	-.162645	.284555		
5 14	-.013457	.013069	.027748	-.031810	.060901	-.175712	.290883	
6 7	.002889	-.006081	.002872	-.005247	.012076	-.026280	.073808	.286624
6 14	-.000678	.004014	-.008557	.010577	-.022474	.055277	-.172898	-.179300
7 8	-.001458	.004730	-.002556	.005443	-.010307	.019967	-.047110	-.238954
8 9	.005443	-.010307	-.002556	-.001458	.004730	-.006325	.022592	.098448
9 10	-.005247	.012076	.002872	.002889	-.006081	.007109	-.020563	-.057562
10 15	.010577	-.022474	-.008557	-.000678	.004014	.000545	.012281	.010689
11 12	.067637	-.162645	-.049209	.022435	-.018654	.088262	-.048189	.007109
11 15	-.031810	.060901	.027748	-.013457	.013069	-.048189	.061084	-.020563
12 13	.053857	-.090365	-.026671	.053857	-.090365	-.119828	.056657	.008113
14 15	.019192	-.025502	-.017382	.019192	-.025502	.061052	-.109285	.031359

	6 14	7 8	8 9	9 10	10 15	11 12	11 15	12 13
6 14	.323150							
7 8	.084131	.315390						
8 9	-.028593	-.201279	.315390					
9 10	.010689	.098448	-.238954	.286624				
10 15	.032049	-.028593	.084131	-.179300	.323150			
11 12	.000545	-.006325	.019967	-.026280	.055277	.284555		
11 15	.012281	.022592	-.047110	.073808	-.172898	-.175712	.290883	
12 13	-.021107	-.004323	-.004323	.008113	-.021107	-.119828	.056657	.277298
14 15	-.099107	-.009799	-.009799	.031359	-.099107	.061052	-.109285	-.016638

	14 15
14 15	.298201

1',2'-Naphthotropylium-Kation

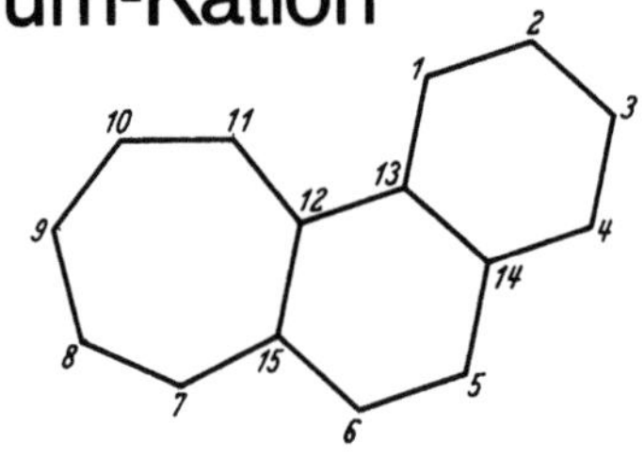

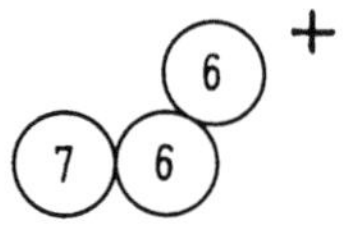

Z=15

Eigenwerte und Hückelkoeffizienten

	1	2	3	4	5	6	7	8
1	2,427682	1,955460	1,575143	1,414214	1,246980	,914479	,703055	-,277293
1	,236820	,234575	,240090	,124723	,315635	,290006	,350439	,056088
2	,160821	,271916	,295730	-,124723	,393591	-,163691	,329912	,176681
3	,153603	,297145	,225728	-,301109	,175164	-,439699	-,118493	-,105080
4	,212078	,309139	,059823	-,301109	-,175164	-,238404	-,413219	-,147543
5	,250831	,105112	-,349397	-,176385	-,315635	,012233	,375812	,299294
6	,247684	-,101821	-,418853	-,124723	0	-,210497	,436239	-,228985
7	,195904	-,316384	-,091274	-,301109	,315635	,142751	-,247683	,443145
8	,125125	-,314456	,166586	-,425832	,077955	,335271	-,105023	,112917
9	,107860	-,298522	,353670	-,301109	-,218426	,163847	,173846	-,474456
10	,136725	-,269292	,390496	0	-,350329	-,185436	,227246	,018646
11	,224065	-,228067	,261416	,301109	-,218426	-,333424	-,014080	,469286
12	,407234	-,176685	,021272	,425832	,077955	-,119473	-,237145	-,148776
13	,414102	,186787	,082446	,301109	0	,428896	-,083534	-,192234
14	,361255	,307364	-,131498	-,124723	-,393591	,221683	-,172023	,145993
15	,350466	-,304220	-,310355	0	,315635	-,204728	-,069112	-,235798

	9	10	11	12	13	14	15
9	-,445042	-,887880	-1,116417	-1,414214	-1,801938	-1,883399	-2,410831
1	,280764	,382377	,170021	,360007	,105835	,220/55	,250044
2	-,124952	-,323228	,298151	-,360007	-,190709	-,265944	-,172438
3	-,225155	-,095390	-,502882	,149120	,237810	,280124	,165674
4	,225155	,407923	,263275	,149120	-,237810	-,261642	-,226974
5	-,280764	-,154762	-,008593	,509127	-,105835	,010959	-,262436
6	0	,404207	-,199364	-,360007	0	-,233292	,251167
7	,280764	-,121840	-,224508	,149120	,105835	-,422372	,169954
8	-,405716	,312304	,019478	-,210887	-,296544	,367072	-,066647
9	-,100203	-,155448	,202762	,149120	,428519	-,268971	-,009280
10	,450310	-,174284	-,245845	0	-,475620	,139508	,089019
11	-,100203	,310192	,071704	-,149120	,428519	,006222	-,205330
12	-,405716	-,101129	,165794	,210887	-,296544	-,151226	,405997
13	0	-,016277	-,487965	-,149120	0	-,149825	-,430376
14	,124952	-,266797	,208957	-,360007	,190709	,212651	,381523
15	,280764	-,204125	,231166	0	,105835	,428422	-,343084

TOTALE PI ELFKTRONEN ENERGIE 20.474023

1',2'-Naphthotropylium-Kation

Z = 15

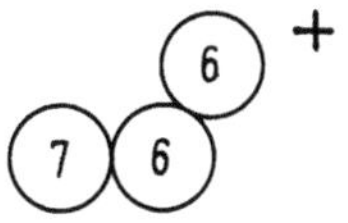

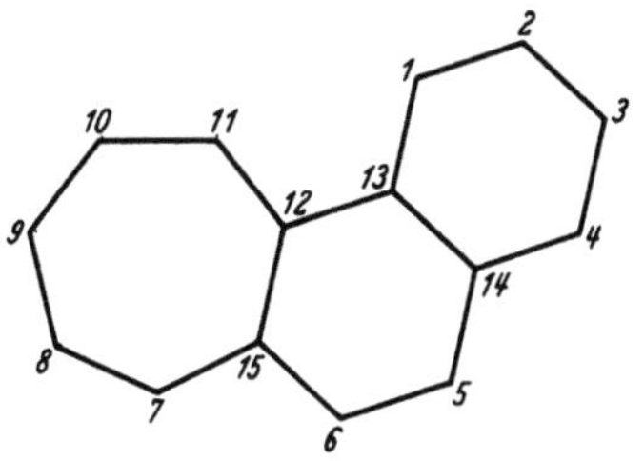

allgemeine Bindungsordnungen

	1	2	3	4	5	6	7	8
1	.981690							
2	.699380	.986729						
3	.017934	.623273	.983133					
4	-.339372	.014338	.703423	.986115				
5	.027586	-.029313	-.122386	.029958	.936330			
6	.020965	.164423	-.016675	-.193058	.762276	.994643		
7	-.066129	-.049622	.056024	.083946	-.180153	.036850	.837649	
8	.055570	-.043707	-.059426	.034651	-.089470	-.140085	.670992	.906271
9	.084742	.045766	-.065080	-.060447	.122994	-.024240	.170701	.628307
10	-.043507	.063369	.044745	-.038440	.126521	.071783	-.233980	.106983
11	-.141379	-.044528	.090009	.051110	-.105293	-.008576	-.223055	-.224513
12	.040133	-.114739	-.038163	.035233	-.228314	-.042938	.143605	-.160696
13	.588684	.012895	-.263266	-.015804	.030878	-.230526	.011503	.062320
14	-.019400	-.259223	.017320	.576994	.506322	.014217	-.053790	.082926
15	-.093689	.033603	.093751	-.032417	.072530	.521439	.561507	.102079

	9	10	11	12	13	14	15
9	.842553						
10	.637775	.904913					
11	.169343	.658569	.840610				
12	-.203719	.105040	.582944	.910862			
13	-.033703	-.120006	.041153	.468355	.989527		
14	.061291	-.054082	-.093216	.041053	.536120	.982949	
15	-.191296	-.159337	.134138	.510651	-.038634	-.167629	.916025

Atom- Atom Polarisierbarkeiten

	1	2	3	4	5	6	7	8
1	.433182							
2	-.186703	.410588						
3	.016199	-.123983	.405761					
4	-.115761	.018496	-.189878	.441241				
5	-.005877	.008113	-.013171	.025423	.450803			
6	.001503	-.039480	-.000196	-.043801	-.256705	.439989		
7	-.007913	-.006622	-.004596	-.010739	-.039756	.024045	.448065	
8	-.004203	-.003994	-.005921	-.001932	-.012083	-.016229	-.162048	.416360
9	-.011627	-.004633	-.007930	-.007810	-.026167	.004739	-.005569	-.130158
10	.000486	-.006389	-.002817	-.004131	-.024225	-.006774	-.060782	.010145
11	-.019196	-.001267	-.011627	-.005860	-.011757	-.001284	-.056900	-.054322
12	.015839	-.011942	.002713	-.006224	-.046349	-.000333	-.018957	-.024198
13	-.109972	.010152	-.062033	.002207	.006841	-.048984	-.003634	-.005742
14	.002316	-.060272	.007937	-.103885	-.063856	.013485	.001482	-.008881
15	-.008273	-.002062	-.010457	.002654	.008766	-.069975	-.096076	.003207

	9	10	11	12	13	14	15
9	.423353						
10	-.137837	.419411					
11	-.007314	-.151837	.438217				
12	-.045817	.005925	-.108887	.361798			
13	.000414	-.012193	.013772	-.051342	.349682		
14	-.004691	-.004669	-.008603	.001120	-.087576	.336385	
15	-.038953	-.024312	-.013136	-.073345	-.001589	-.020291	.343843

1',2'-Naphthotropylium-Kation

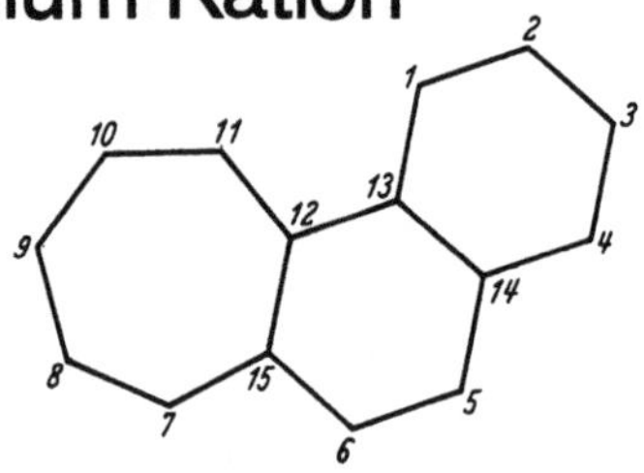

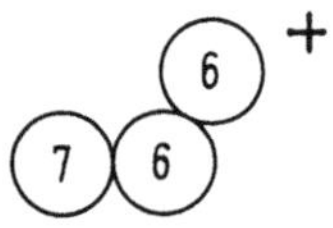

Z = 15

Bindungs- Atom Polarisierbarkeiten

	1	2	3	4	5	6	7	8
1 2	.010111	.007652	-.006636	.007080	.003620	-.006903	-.007317	.004204
1 13	.005306	-.007327	.005534	-.008122	-.003762	.007541	.004983	-.005773
2 3	-.009786	.004487	.005865	-.007845	-.005209	.005046	.006098	-.004820
3 4	.008683	-.005258	.008978	.007490	.005430	-.005298	-.008539	.003839
4 14	-.009725	.004493	-.009333	.004985	-.007671	.004017	.007800	-.004832
5 6	-.002635	.008401	-.002779	.008965	.036370	-.001747	.006668	-.016562
5 14	.002493	-.009989	.003000	-.011206	.016212	-.007528	-.012832	.011352
6 15	.003274	-.010258	.002526	-.010246	-.045644	.009204	-.008796	.019312
7 8	.005733	-.005126	.005883	-.005599	-.023315	.010553	.072802	.039684
7 15	-.008066	.003906	-.008325	.004860	.017151	-.012681	.044619	-.044382
8 9	-.007302	.004509	-.006865	.004605	.018104	-.007803	-.077501	.030259
9 10	.005620	-.005988	.005020	-.005693	-.025683	.007277	.047669	-.038184
10 11	-.007841	.005720	-.006491	.005024	.022107	-.005545	-.060861	.023307
11 12	.006954	-.007690	.005114	-.006456	-.031825	.005761	.036253	-.036693
12 13	-.014355	.002614	-.012753	.002240	.009511	-.013753	-.007407	.013488
12 15	.004019	.005536	.005636	.003955	.021838	.009030	-.045276	.013090
13 14	.007517	.004315	.005625	.005964	-.007234	.002829	.001636	-.007287

	9	10	11	12	13	14	15
1 2	-.007589	.004897	-.008810	.006855	-.004584	-.006890	.004309
1 13	.005908	-.007117	.007923	-.010238	.003051	.007174	-.005083
2 3	.006111	-.005164	.006840	-.006395	.004187	.005709	-.005124
3 4	-.007956	.003693	-.008217	.004392	-.005781	-.006417	.004962
4 14	.006868	-.004363	.006785	-.004653	.005864	.006160	-.006393
5 6	.003914	-.014455	.002099	-.012560	.008643	-.003866	-.020456
5 14	-.011493	.010879	-.011818	.012083	-.010127	.005173	.013800
6 15	-.004440	.016187	-.001883	.013597	-.012025	.003185	.026009
7 8	-.064112	.025726	-.056836	.023316	-.005202	.006748	-.030255
7 15	.034280	-.038918	.032228	-.039746	.004415	-.010144	.020802
8 9	.056187	-.040603	.043450	-.033431	.005630	-.007515	.018274
9 10	.060735	.033530	-.072370	.020731	-.006904	.004985	-.030746
10 11	-.067808	.037012	.066424	-.034156	.008039	-.006347	.021416
11 12	.038888	-.042958	.050448	.025387	-.010450	.004268	-.037001
12 13	-.009277	.016131	-.013288	.022569	.005963	-.013588	.011906
12 15	-.042311	.013402	-.045929	.021435	.007631	.007563	.020381
13 14	.002095	-.007879	.002954	-.009187	.001651	.003801	-.006803

1',2'-Naphthotropylium-Kation

Z = 15

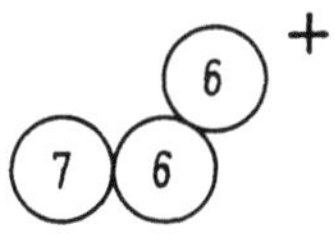

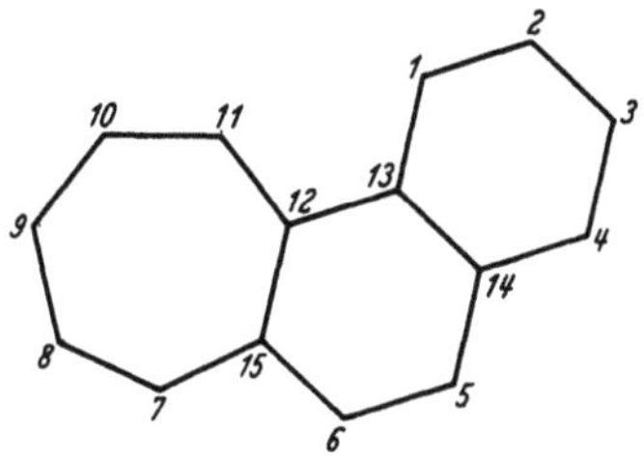

Bindungs- Bindungs Polarisierbarkeiten

	1 2	1 13	2 3	3 4	4 14	5 6	5 14	6 15
1 2	.234821							
1 13	-.194397	.277587						
2 3	-.210943	.116782	.284155					
3 4	.125775	-.078051	-.213474	.232514				
4 14	-.075645	.095602	.115368	-.188553	.278072			
5 6	-.007331	.007604	.023187	-.026241	.058030	.192323		
5 14	.009689	-.007790	-.035418	.048631	-.137009	-.177148	.322068	
6 15	.014712	-.019232	-.019205	.021580	-.035328	-.192681	.086059	.324947
7 8	-.000615	.004507	-.001167	.005053	-.008328	-.028907	.014417	.055255
7 15	-.002551	-.001697	.004634	-.009820	.015717	.057829	-.030621	-.138974
8 9	.002540	-.006077	-.000343	-.002439	.005022	.020659	-.007970	-.032924
9 10	-.006435	.012276	.003843	-.000416	-.001398	-.010683	-.000913	.017328
10 11	.010511	-.019808	-.006371	.002404	-.000319	.011392	.005832	-.016793
11 12	-.019493	.040903	.012527	-.005435	.003335	-.008973	-.018051	.016453
12 13	.046947	-.126283	-.033689	.012608	-.011049	-.039024	.063883	.053671
12 15	-.010094	.023941	.012270	-.004628	.007075	.063758	-.027165	-.108353
13 14	.082509	-.125868	-.052155	.080491	-.120591	.056205	-.108493	-.026514

	7 8	7 15	8 9	9 10	10 11	11 12	12 13	12 15
7 8	.272175							
7 15	-.175412	.294634						
8 9	-.215893	.076379	.293270					
9 10	.086440	-.023421	-.193187	.287379				
10 11	-.040295	.000652	.085221	-.214587	.280175			
11 12	.001292	.042716	-.025052	.079727	-.182543	.290450		
12 13	-.009755	.006582	.012234	-.026809	.047640	-.123176	.309127	
12 15	.039488	-.116565	-.009877	-.015367	.046313	-.127060	-.087814	.279156
13 14	.001746	-.000082	-.001563	.006224	-.009425	.022383	-.095094	.034922

	13 14
13 14	.255305

1,2;4,5-Dibenztropylium-Kation

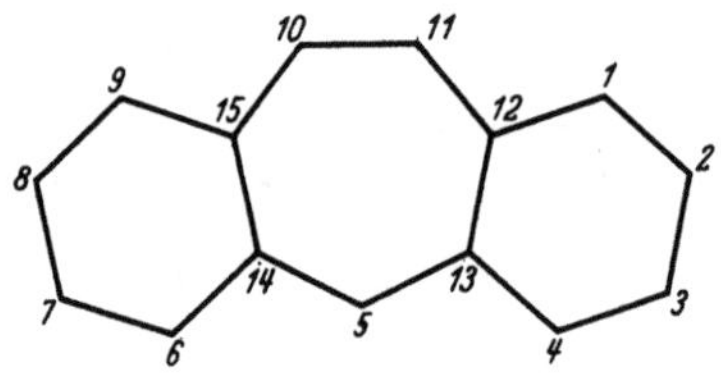

Z = 15

Eigenwerte und Hückelkoeffizienten

	1	2	3	4	5	6	7	8
1	2.384106	2.064077	1.529405	1.414214	1.155383	1.000000	.663923	-.159814
1	.208936	.290711	.085970	.288675	.135466	.353553	.362403	.141283
2	.152941	.265460	-.113889	.408248	-.235330	.353553	.119273	-.289622
3	.155692	.257219	-.260153	.288675	-.407362	0	-.283215	-.094998
4	.218245	.265460	-.283990	0	-.235330	-.353553	-.307306	.304804
5	.305882	0	-.227779	-.408248	0	0	.238545	-.579243
6	.218245	-.265460	-.283990	0	.235330	.353553	-.307306	.304804
7	.155692	-.257219	-.260153	.288675	.407362	0	-.283215	-.094998
8	.152941	-.265460	-.113889	.408248	.235330	-.353553	.119273	-.289622
9	.208936	-.290711	.085970	.288675	-.135466	-.353553	.362403	.141283
10	.249391	-.109198	.463487	0	-.181798	0	-.361034	-.230246
11	.249391	.109198	.463487	0	.181798	0	-.361034	-.230246
12	.345184	.334590	.245372	0	.391845	0	.121335	.267043
13	.364628	.290711	-.174183	-.288675	.135466	-.353553	.079188	.046286
14	.364628	-.290711	-.174183	-.288675	-.135466	.353553	.079188	.046286
15	.345184	-.334590	.245372	0	-.391845	0	.121335	.267043

	9	10	11	12	13	14	15
9	-.504284	-1.000000	-1.129776	-1.414214	-1.504667	-2.210509	-2.287844
1	.273821	.353553	.294297	.288675	.048679	.264175	.210667
2	.079099	-.353553	.041772	-.408248	-.277419	-.202318	-.174509
3	-.313709	0	-.341490	.288675	.368745	.183051	.188582
4	.079099	.353553	.344035	0	-.277419	-.202318	-.256937
5	0	0	.083544	.408248	0	0	-.349018
6	-.079099	-.353553	.344035	0	.277419	.202318	-.256937
7	.313709	0	-.341490	.288675	-.368745	-.183051	.188582
8	-.079099	.353553	.041772	-.408248	.277419	.202318	-.174509
9	-.273821	-.353553	.294297	.288675	-.048679	-.264175	.210667
10	.438120	0	.175728	0	.404571	-.315275	.093516
11	-.438120	0	.175728	0	-.404571	.315275	.093516
12	-.217183	0	-.374262	0	.204174	-.381643	-.307465
13	.273821	-.353553	-.047193	-.288675	.048679	.264175	.399249
14	-.273821	.353553	-.047193	-.288675	-.048679	-.264175	.399249
15	.217183	0	-.374262	0	-.204174	.381643	-.307465

TOTALE PI ELEKTRONEN ENERGIE 20.422216

1,2;4,5-Dibenztropylium-Kation

Z = 15 

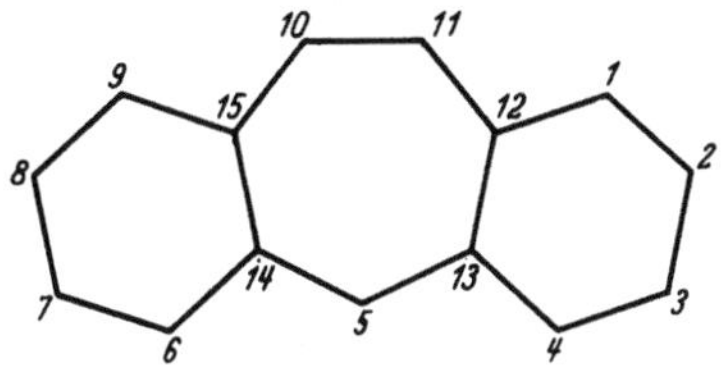

allgemeine Bindungsordnungen

	1	2	3	4	5	6	7	8
1	.987157							
2	.707065	.936207						
3	.020904	.603315	.975139					
4	-.339782	.059836	.718079	.947135				
5	.025852	-.130982	-.157060	.116276	.738035			
6	-.020954	.056440	.061496	-.056262	.116276	.947135		
7	-.057466	-.053268	.046716	.061496	-.157060	.718079	.975139	
8	.025894	-.067189	-.053268	.056440	-.130982	.059836	.603315	.936207
9	.075701	.025894	-.057466	-.020954	.025852	-.339782	.020904	.707065
10	-.190519	-.087821	.132943	.095092	-.230822	.039912	-.050938	-.143001
11	.034971	-.143001	-.050938	.039912	-.230822	.095092	.132943	-.087821
12	.575078	.071854	-.236032	-.070056	.157278	-.056486	.058209	.085424
13	-.031124	-.225018	.031832	.550005	.575899	-.131166	-.046538	.093810
14	.057420	.093810	-.046538	-.131166	.575899	.550005	.031832	-.225018
15	-.026325	.085424	.058209	-.056486	.157278	-.070056	-.236032	.071854

	9	10	11	12	13	14	15
9	.987157						
10	.034971	.904672					
11	-.190519	.724773	.904672				
12	-.026325	.096467	.527560	.919150			
13	.057420	-.149517	.075973	.486167	.961523		
14	-.031124	.075973	-.149517	-.115237	.050067	.961523	
15	.575078	.527560	.096467	-.142823	-.115237	.486167	.919150

1,2;4,5-Dibenztropylium-Kation

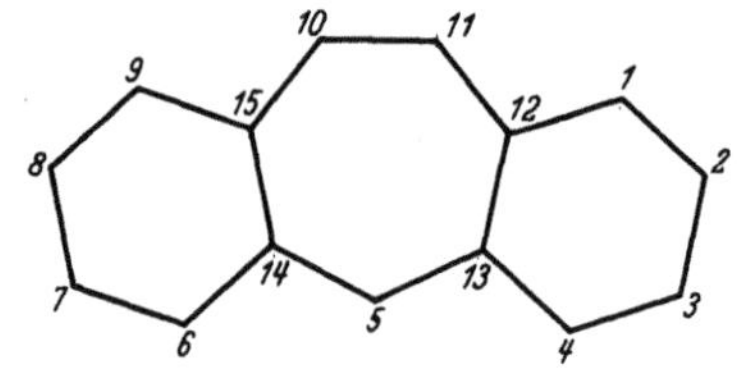

Z = 15

Atom- Atom Polarisierbarkeiten

	1	2	3	4	5	6	7	8
1	.440460							
2	-.196768	.417147						
3	.019504	-.109434	.411152					
4	-.121860	.018537	-.208496	.455042				
5	-.010027	-.014056	-.029126	.019850	.462826			
6	-.003153	-.003635	-.006828	.002047	.019850	.455042		
7	-.005662	-.005552	-.004257	-.006828	-.029126	-.208496	.411152	
8	-.001661	-.008390	-.005552	-.003635	-.014056	.018537	-.109434	.417147
9	-.008083	-.001661	-.005662	-.003153	-.010027	-.121860	.019504	-.196768
10	-.036993	-.012733	-.024904	-.019452	-.071707	-.013905	.007175	-.023225
11	.026292	-.023225	.007175	-.013905	-.071707	-.019452	-.024904	-.012733
12	-.099748	.003879	-.045660	-.011027	-.022472	-.005809	-.003690	-.011889
13	.000119	-.040248	.008546	-.085170	-.103875	-.016141	-.002769	-.011972
14	-.004791	-.011972	-.002769	-.016141	-.103875	-.085170	.008546	-.040248
15	.002374	-.011889	-.003690	-.005809	-.022472	-.011027	-.045660	.003879

	9	10	11	12	13	14	15
9	.440460						
10	.026292	.459893					
11	-.036993	-.209861	.459893				
12	.002374	.011213	-.074597	.349077			
13	-.004791	-.021728	.004532	-.060861	.338554		
14	.000119	.004532	-.021728	-.011260	.007064	.338554	
15	-.099748	-.074597	.011213	-.019532	-.011260	-.060861	.349077

1,2;4,5-Dibenztropylium-Kation

Z = 15

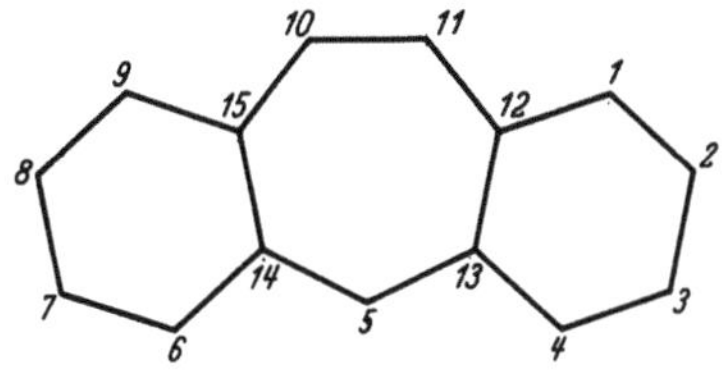

Bindungs- Atom Polarisierbarkeiten

	1	2	3	4	5	6	7	8
1 2	.001514	.031267	-.008538	.029572	.013978	.004956	-.006221	.003715
1 12	.011454	-.038810	.007161	-.037229	-.016140	-.005508	.006610	-.004388
2 3	-.009057	.024564	.011233	-.034195	-.030480	-.008132	.005014	-.007265
3 4	.007681	-.021869	.009839	.027532	.025765	.007662	-.005427	.006057
4 13	-.015338	.017245	-.016502	.020994	-.040857	-.011118	.004957	-.009234
5 13	.005127	-.036599	.004961	-.038450	.089397	.023359	-.009676	.020098
5 14	-.007289	.020098	-.009676	.023359	.089397	-.038450	.004961	-.036599
6 7	-.003971	.006057	-.005427	.007662	.025765	.027532	.009839	-.021869
6 14	.003420	-.009234	.004957	-.011118	-.040857	.020994	-.016502	.017245
7 8	.004360	-.007265	.005014	-.008132	-.030480	-.034195	.011233	.024564
8 9	-.005033	.003715	-.006221	.004956	.013978	.029572	-.008538	.031267
9 15	.005628	-.004388	.006610	-.005508	-.016140	-.037229	.007161	-.038810
10 11	.013790	-.017874	.011465	-.016574	-.071707	-.016574	.011465	-.017874
10 15	-.010830	.012395	-.012332	.014400	.049034	.013758	-.015419	.013297
11 12	-.016172	.013297	-.015419	.013758	.049034	.014400	-.012332	.012395
12 13	.010366	.019914	.009508	.021024	-.054844	-.012050	.003367	-.012514
14 15	.004351	-.012514	.003367	-.012050	-.054844	.021024	.009508	.019914

	9	10	11	12	13	14	15
1 2	-.005033	-.026204	.002527	-.027803	-.007944	-.007939	.002152
1 12	.005628	.029163	-.004910	.033451	.008099	.008421	-.003003
2 3	.004360	.020725	-.007105	.022203	.008504	.006289	-.006658
3 4	-.003971	-.021592	.003151	-.020953	-.010537	-.007641	.004302
4 13	.003420	.019418	-.005967	.018505	.014105	.007832	-.007460
5 13	-.007289	-.038846	.016173	-.039482	.008751	-.015055	.017531
5 14	.005127	.016173	-.038846	.017531	-.015055	.008751	-.039482
6 7	.007681	.003151	-.021592	.004302	-.007641	-.010537	-.020953
6 14	-.015338	-.005967	.019418	-.007460	.007832	.014105	.018505
7 8	-.009057	-.007105	.020725	-.006658	.006289	.008504	.022203
8 9	.001514	.002527	-.026204	.002152	-.007939	-.007944	-.027803
9 15	.011454	-.004910	.029163	-.003003	.008421	.008099	.033451
10 11	.013790	.056636	.056636	-.022131	.010542	.010542	-.022131
10 15	-.016172	.015262	-.054945	.010421	-.015899	-.017894	.014926
11 12	-.010830	-.054945	.015262	.014926	-.017894	-.015899	.010421
12 13	.004351	.014071	-.017557	.018778	.007596	.002770	-.014780
14 15	.010366	-.017557	.014071	-.014780	.002770	.007596	.018778

1,2;4,5-Dibenztropylium-Kation

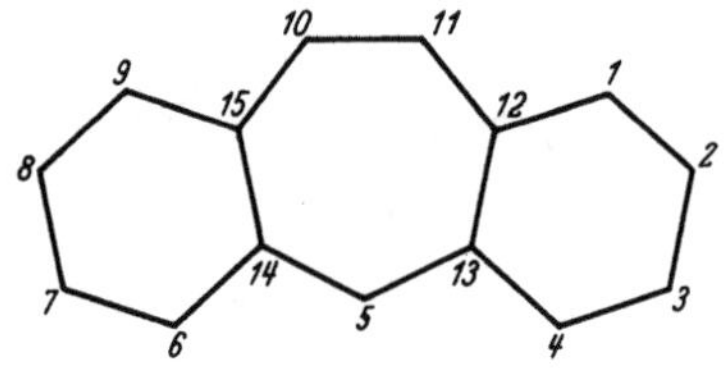

Z = 15

Bindungs- Bindungs Polarisierbarkeiten

	1 2	1 12	2 3	3 4	4 13	5 13	5 14	6 7
1 2	.236066							
1 12	-.200723	.298119						
2 3	-.208411	.108907	.306984					
3 4	.120041	-.069729	-.215372	.223624				
4 13	-.059551	.071092	.102591	-.181473	.302202			
5 13	.001788	.003958	-.039911	.056186	-.161097	.313131		
5 14	.007464	-.011538	.010966	-.017320	.050465	-.152732	.313131	
6 7	.004890	-.005722	.000068	-.001010	.007238	-.017320	.056186	.223624
6 14	-.002677	.003588	-.005204	.007238	-.019637	.050465	-.161097	-.181473
7 8	-.006092	.008245	.001541	.000068	-.005204	.010966	-.039911	-.215372
8 9	.009323	-.012012	-.006092	.004890	-.002677	.007464	.001788	.120041
9 15	-.012012	.017393	.008245	-.005722	.003588	-.011538	.003958	-.069729
10 11	-.036124	.070619	.023508	-.008553	.001004	-.022673	-.022673	-.008553
10 15	.022755	-.036096	-.012698	.005924	.002719	.000302	.052822	.012072
11 12	.059236	-.150250	-.038629	.012072	-.002770	.052822	.000302	.005924
12 13	.069020	-.105019	-.034569	.063555	-.092826	-.129515	.037703	.005581
14 15	-.004994	.009168	-.001923	.005581	-.015664	.037703	-.129515	.063555

	6 14	7 8	8 9	9 15	10 11	10 15	11 12	12 13
6 14	.302202							
7 8	.102591	.306984						
8 9	-.059551	-.208411	.236066					
9 15	.071092	.108907	-.200723	.298119				
10 11	.001004	.023508	-.036124	.070619	.250032			
10 15	-.002770	-.038629	.059236	-.150250	-.195675	.323348		
11 12	.002719	-.012698	.022755	-.036096	-.195675	.077444	.323348	
12 13	-.015664	-.001923	-.004994	.009168	.042879	-.013395	-.107108	.284536
14 15	-.092826	-.034569	.069020	-.105019	.042879	-.107108	-.013395	-.007429

	14 15
14 15	.284536

1,2;3,4-Dibenztropylium-Kation

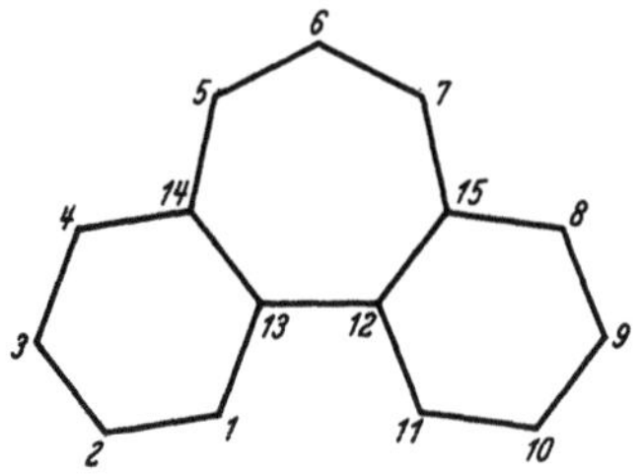

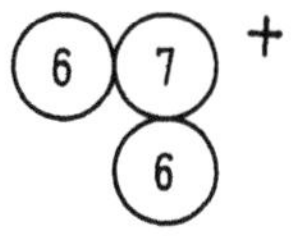

Z = 15

Eigenwerte und Hückelkoeffizienten

	1	2	3	4	5	6	7	8
Eigenwert	2.415880	1.988829	1.618034	1.311215	1.252760	.850335	.796164	-.132329
1	.236954	.229265	.253772	.107590	.275198	.284477	.392794	.138458
2	.160945	.263327	.253772	-.240968	.384139	.323324	.035435	-.256979
3	.151870	.294447	.156840	-.423550	.206035	-.009543	-.364582	-.104452
4	.205955	.322278	0	-.314398	-.126026	-.331439	-.325702	.270801
5	.217687	.174228	-.410612	-.052817	-.290491	.181324	.132221	-.518538
6	.180213	0	-.307545	-.080562	0	.426477	0	0
7	.217687	-.174228	-.410612	-.052817	.290491	.181324	-.132221	.518538
8	.205955	-.322278	0	-.314398	.126026	-.331439	.325702	-.270801
9	.151870	-.294447	.156840	-.423550	-.206035	-.009543	.364582	.104452
10	.160945	-.263327	.253772	-.240968	-.384139	.323324	-.035435	.256979
11	.236954	-.229265	.253772	.107590	-.275198	.284477	-.392794	-.138458
12	.411508	-.192642	.156840	.382041	.039382	-.081423	-.277293	-.238657
13	.411508	.192642	.156840	.382041	-.039382	-.081423	.277293	.238657
14	.345692	.346509	-.156840	.011307	-.363915	-.272291	.105269	.068618
15	.345692	-.346509	-.156840	.011307	.363915	-.272291	-.105269	-.068618

	9	10	11	12	13	14	15
Eigenwert	-.618034	-.893187	-1.211474	-1.330515	-1.580813	-2.103430	-2.363435
1	.202145	.391998	.357138	.042845	.251558	.170714	.262416
2	.202145	-.233822	-.227530	-.362017	-.341829	-.186306	-.181595
3	-.327078	-.183151	-.081492	.438824	.288809	.221168	.166772
4	0	.397410	.326255	-.221845	-.114724	-.278906	-.212559
5	.124933	-.127646	.258988	.107970	.340423	-.317101	-.141996
6	-.404291	.285822	0	0	-.430693	.301508	0
7	.124933	-.127646	-.258988	-.107970	.340423	-.317101	.141996
8	0	.397410	-.326255	.221845	-.114724	-.278906	.212559
9	-.327078	-.183151	.081492	-.438824	.288809	.221168	-.166772
10	.202145	-.233822	.227530	.362017	-.341829	-.186306	.181595
11	.202145	.391998	-.357138	-.042845	.251558	.170714	-.262416
12	-.327078	-.116305	.205134	-.305011	-.055838	-.172778	.438609
13	-.327078	-.116305	-.205134	.305011	-.055838	-.172778	-.438609
14	.327078	-.171810	-.313758	-.143655	-.107451	.365491	.335598
15	.327078	-.171810	.313758	.143655	-.107451	.365491	-.335598

TOTALE PI ELEKTRONEN ENERGIE 20.466433

1,2;3,4-Dibenztropylium-Kation

Z = 15

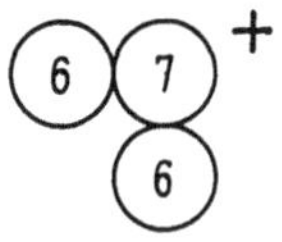

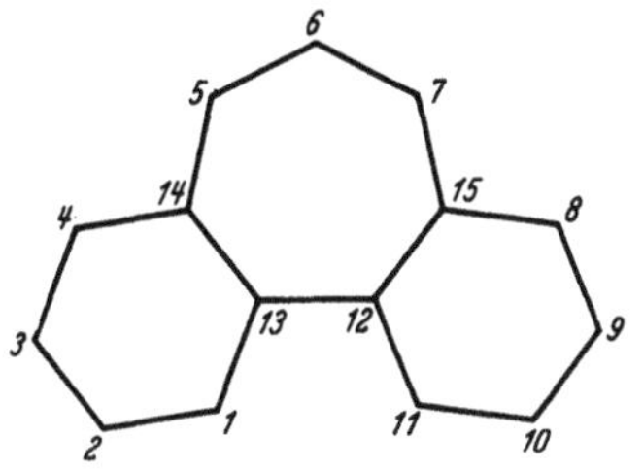

allgemeine Bindungsordnungen

	1	2	3	4	5	6	7	8
1	.991268							
2	.697188	.942133						
3	.017009	.613967	.978437					
4	-.336080	.053313	.710555	.953885				
5	.010434	-.117675	-.134912	.102071	.767761			
6	.053114	.115013	-.044365	-.157814	.658439	.956902		
7	-.037315	.126424	.092112	-.096707	.238870	.658439	.767761	
8	.018836	-.046333	-.040137	.050575	-.096707	-.157814	.102071	.953885
9	.093004	.038916	-.069840	-.040137	.092112	-.044365	-.134912	.710555
10	-.022830	.069497	.038916	-.046333	.126424	.115013	-.117675	.053313
11	-.139066	-.022830	.093004	.018836	-.037315	.053114	.010434	-.336080
12	.026007	-.115559	-.042910	.029787	-.182861	-.141894	.143809	-.063283
13	.594996	.066144	-.252859	-.063283	.143809	-.141894	-.182861	.029787
14	-.026979	-.239491	.028761	.562276	.539374	.049729	-.180644	.069282
15	-.109550	-.060217	.074082	.069282	-.180644	.049729	.539374	.562276

	9	10	11	12	13	14	15
9	.978437						
10	.613967	.942133					
11	.017009	.697188	.991268				
12	-.252859	.066144	.594996	.924152			
13	-.042910	-.115559	.026007	.461939	.924152		
14	.074082	-.060217	-.109550	.067745	.508842	.963912	
15	.028761	-.239491	-.026979	.508842	.067745	-.090426	.963912

1,2;3,4-Dibenztropylium-Kation

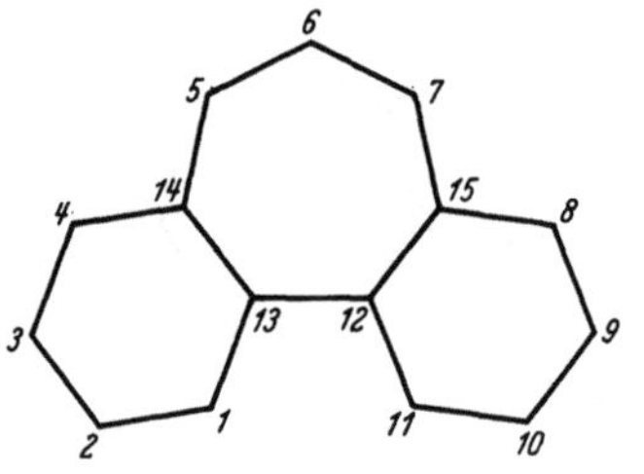

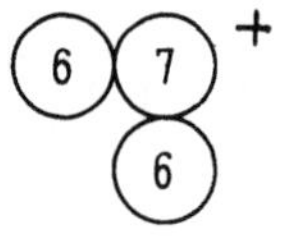

Z = 15

Atom- Atom Polarisierbarkeiten

	1	2	3	4	5	6	7	8
1	.429752							
2	-.186872	.417707						
3	.016864	-.116390	.407808					
4	-.116585	.018043	-.199781	.449432				
5	-.005247	-.010179	-.019544	.016537	.437899			
6	-.003847	-.017927	-.001872	-.023604	-.151831	.411105		
7	-.000878	-.027632	-.013785	-.012346	-.041615	-.151831	.437899	
8	-.001616	-.006069	-.003961	-.003173	-.012346	-.023604	.016537	.449432
9	-.010629	-.002281	-.007493	-.003961	-.013785	-.001872	-.019544	-.199781
10	.001341	-.009429	-.002281	-.006069	-.027632	-.017927	-.010179	.018043
11	-.017093	.001341	-.010629	-.001616	-.000878	-.003847	-.005247	-.116585
12	.015614	-.014132	.003543	-.008183	-.040081	-.018749	-.014969	-.008663
13	-.111590	.006753	-.053859	-.008663	-.014969	-.018749	-.040081	-.008183
14	.001071	-.047136	.008252	-.092263	-.081927	.012278	-.034401	-.007767
15	-.010284	-.005797	-.006873	-.007767	-.034401	.012278	-.081927	-.092263

	9	10	11	12	13	14	15
9	.407808						
10	-.116390	.417707					
11	.016864	-.186872	.429752				
12	-.053859	.006753	-.111590	.363037			
13	.003543	-.014132	.015614	-.049081	.363037		
14	-.006873	-.005797	-.010284	.001784	-.071424	.340047	
15	.008252	-.047136	.001071	-.071424	.001784	-.005560	.340047

1,2;3,4-Dibenztropylium-Kation

Z = 15

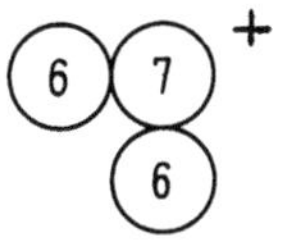

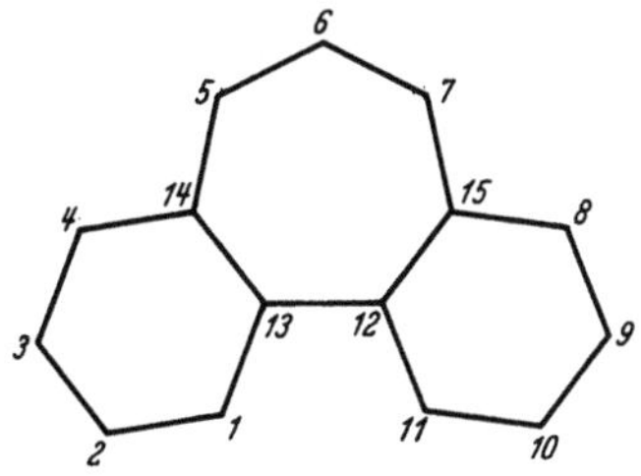

Bindungs- Atom Polarisierbarkeiten

	1	2	3	4	5	6	7	8
1 2	-.000733	.026339	-.007676	.025271	.007353	-.008781	.007788	.003442
1 13	.010374	-.033869	.006757	-.032666	-.008557	.009524	-.009331	-.003907
2 3	-.006797	.024586	.010968	-.028983	-.020777	.007403	-.019766	-.005625
3 4	.005877	-.021293	.007446	.022207	.016647	-.008951	.015215	.005152
4 14	-.013272	.017581	-.014222	.020936	-.028050	.009913	-.024702	-.007409
5 6	-.005559	.023617	-.006993	.026008	.104967	.015654	-.108791	-.025047
5 14	.004355	-.037042	.002863	-.037412	.061913	-.019479	.054514	.015560
6 7	.006303	-.024995	.005445	-.025047	-.108791	.015654	.104967	.026008
7 15	-.007846	.013017	-.009996	.015560	.054514	-.019479	.061913	-.037412
8 9	-.003866	.003667	-.005335	.005152	.015215	-.008951	.016647	.022207
8 15	.003401	-.005850	.004862	-.007409	-.024702	.009913	-.028050	.020936
9 10	.004781	-.004870	.005379	-.005625	-.019766	.007403	-.020777	-.028983
10 11	-.005350	.002130	-.006582	.003442	.007788	-.008781	.007353	.025271
11 12	.006552	-.002699	.007496	-.003907	-.009331	.009524	-.008557	-.032666
12 13	-.013107	.008089	-.014347	.010095	.030030	-.018749	.030030	.010095
12 15	.005582	-.009106	.004327	-.008322	-.037980	.004090	-.040473	.020699
13 14	.009306	.020697	.009606	.020699	-.040473	.004090	-.037980	-.008322

	9	10	11	12	13	14	15
1 2	-.006582	.002130	-.005350	.000554	-.027895	-.007445	-.008415
1 13	.007496	-.002699	.006552	-.001527	.034467	.007833	.009552
2 3	.005379	-.004870	.004781	-.004270	.022812	.008681	.006476
3 4	-.005335	.003667	-.003866	.001746	-.020796	-.010434	-.007283
4 14	.004862	-.005850	.003401	-.003881	.018924	.014657	.007111
5 6	.005445	-.024995	.006303	-.027478	.022343	-.011347	.005872
5 14	-.009996	.013017	-.007846	.010197	-.041344	.004736	-.014039
6 7	-.006993	.023617	-.005559	.022343	-.027478	.005872	-.011347
7 15	.002863	-.037042	.004355	-.041344	.010197	-.014039	.004736
8 9	.007446	-.021293	.005877	-.020796	.001746	-.007283	-.010434
8 15	-.014222	.017581	-.013272	.018924	-.003881	.007111	.014657
9 10	.010968	.024586	-.006797	.022812	-.004270	.006476	.008681
10 11	-.007676	.026339	-.000733	-.027895	.000554	-.008415	-.007445
11 12	.006757	-.033869	.010374	.034467	-.001527	.009552	.007833
12 13	-.014347	.008089	-.013107	.006839	.006839	-.018225	-.018225
12 15	.009606	.020697	.009306	.020976	-.011669	.003320	.008949
13 14	.004327	-.009106	.005582	-.011669	.020976	.008949	.003320

1,2;3,4-Dibenztropylium-Kation

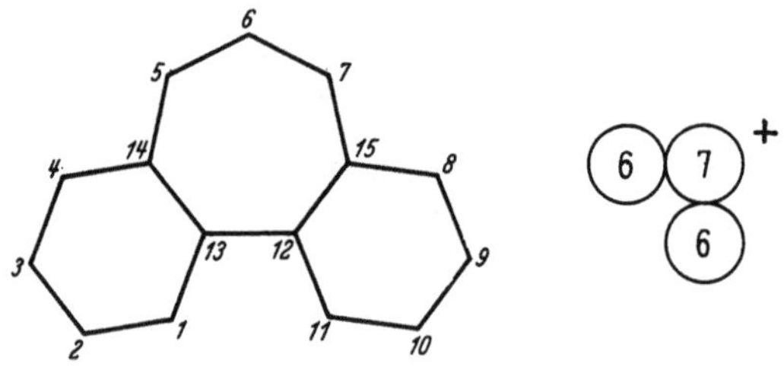

Z = 15

Bindungs- Bindungs Polarisierbarkeiten

	1 2	1 13	2 3	3 4	4 14	5 6	5 14	6 7
1 2	.240278							
1 13	-.205350	.288650						
2 3	-.207285	.113625	.298021					
3 4	.121380	-.074468	-.216004	.227827				
4 14	-.063554	.078882	.107438	-.184171	.294583			
5 6	.006167	-.010260	.014359	-.020748	.057474	.304955		
5 14	-.000552	.006294	-.037339	.051198	-.151790	-.173153	.325699	
6 7	-.005070	.009714	-.009311	.014441	-.035481	-.253842	.085053	.304955
7 15	.015726	-.023957	-.005846	.000973	.009662	.085053	-.018982	-.173153
8 9	.007172	-.007761	-.004132	.003588	-.000617	.014441	.000973	-.020748
8 15	-.005303	.005403	.001312	-.000617	-.004024	-.035481	.009662	.057474
9 10	-.010628	.015953	.006948	-.004132	.001312	-.009311	-.005846	.014359
10 11	.014191	-.021796	-.010628	.007172	-.005303	-.005070	.015726	.006167
11 12	-.021796	.042738	.015953	-.007761	.005403	.009714	-.023957	-.010260
12 13	.050194	-.128378	-.033477	.010966	-.003059	-.005134	.046388	-.005134
12 15	-.013935	.030204	.007844	-.000987	-.003642	-.024682	-.001467	.045518
13 14	.078367	-.119492	-.041476	.071341	-.103113	.045518	-.127909	-.024682

	7 15	8 9	8 15	9 10	10 11	11 12	12 13	12 15
7 15	.325699							
8 9	.051198	.227827						
8 15	-.151790	-.184171	.294583					
9 10	-.037339	-.216004	.107438	.298021				
10 11	-.000552	.121380	-.063554	-.207285	.240278			
11 12	.006294	-.074468	.078882	.113625	-.205350	.288650		
12 13	.046388	.010966	-.003059	-.033477	.050194	-.128378	.313956	
12 15	-.127909	.071341	-.103113	-.041476	.078367	-.119492	-.094478	.280738
13 14	-.001467	-.000987	-.003642	.007844	-.013935	.030204	-.094478	.017168

	13 14
13 14	.280738

Benzo[b]heptalen

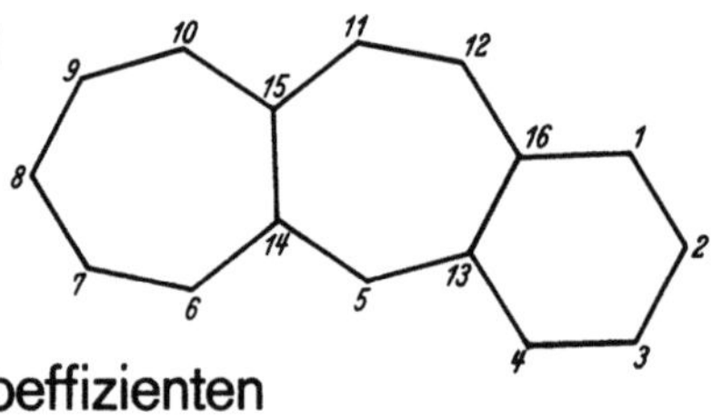

Z=16

Eigenwerte und Hückelkoeffizienten

	1	2	3	4	5	6	7	8
1	2.377642	2.060227	1.579663	1.506951	1.254403	1.129000	.765338	.031285
1	.215053	.281930	.018030	.258045	.088610	.315872	.432519	.066039
2	.158023	.258314	.177395	.251289	-.277825	.413110	.162087	-.252859
3	.160669	.250256	.262195	.120634	-.437114	.150529	-.308467	-.073949
4	.223991	.257271	.236784	-.069499	-.270493	-.243163	-.398169	.250545
5	.306962	-.003386	.088807	-.407689	.004205	-.180240	.232090	-.502912
6	.206591	-.256349	.266845	-.193147	.194728	.354142	-.096870	.368122
7	.133256	-.241381	.393085	.097939	.336800	.178257	-.248032	.109037
8	.110244	-.240950	.354097	.340736	.227755	-.152890	-.092958	-.364710
9	.128864	-.255032	.166269	.415533	-.051104	-.350870	.176888	-.120447
10	.196150	-.284473	-.091448	.285452	-.291859	-.243242	.228337	.360942
11	.248383	-.110804	-.427835	.125595	-.010753	.107758	-.403863	-.259300
12	.253057	.102766	-.365109	.174636	.301518	.045410	-.306959	-.139851
13	.371902	.279780	.111845	-.225365	.097807	-.425060	.003734	.081788
14	.357944	-.286756	.028440	-.389002	-.092532	.221569	.173894	-.097521
15	.337509	-.331048	-.310726	.014629	-.315006	.076249	-.002133	.131739
16	.353296	.322525	-.148914	.137573	.388978	-.056490	.168936	.254925

	9	10	11	12	13	14	15	16
9	-.283961	-.663321	-.870209	-1.211084	-1.431042	-1.819573	-2.157527	-2.267793
1	.243670	.177913	.290499	.437105	.143416	.087753	.171739	.289920
2	.014975	-.289088	.054072	-.317530	-.456280	-.097732	-.122957	-.234999
3	-.247923	.013844	-.337552	-.052549	.509541	.090078	.093545	.243009
4	.055425	.279904	.239669	.381172	-.272893	-.066171	-.078869	-.316095
5	-.037188	-.318639	-.045051	.326101	.192168	.072934	.161141	-.335971
6	-.291491	-.118830	.353216	-.193338	.073814	.348836	.243858	-.164409
7	.304396	-.332048	-.217586	.220003	.050350	-.471700	-.101847	.084760
8	.205054	.339084	-.163871	-.073104	-.145867	.509456	-.024120	-.027810
9	-.362624	.107127	.360188	-.131467	.158392	-.455292	.153886	-.021692
10	-.102083	-.410144	-.149568	.232323	-.080798	.318982	-.307893	.077003
11	.212505	-.110128	.439530	-.064933	.297980	.071715	-.369031	-.018261
12	-.451954	-.091880	-.152451	.228534	-.383655	-.005371	.285792	.194348
13	.232184	-.199511	.128990	-.409081	-.119019	.030325	.076616	.473829
14	-.221624	.410871	-.089786	.014145	-.155981	-.163034	-.424282	.288084
15	.391611	.164930	-.230032	-.149895	-.042766	-.125119	.510402	-.152936
16	-.084168	.171074	-.306866	-.211841	.251047	-.061941	-.247574	-.422479

TOTALE PI ELEKTRONEN ENERGIE 21.409019

Benzo[b]heptalen

Z = 16

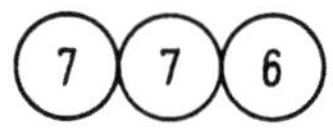

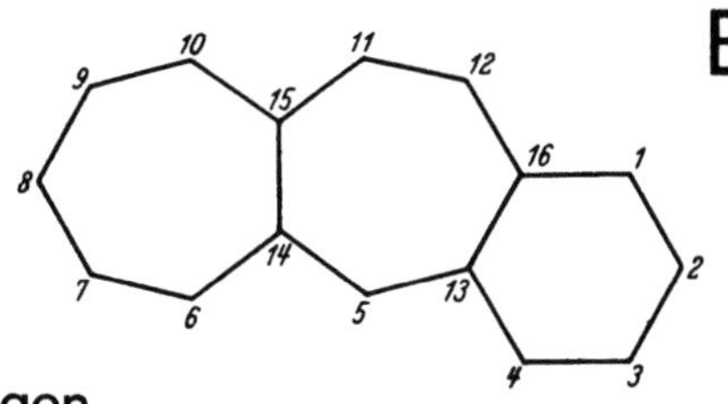

allgemeine Bindungsordnungen

	1	2	3	4	5	6	7	8
1	.983410							
2	.668262	1.048737						
3	.022955	.638373	.972180					
4	-.298818	-.053603	.679999	1.061726				
5	-.055862	.100193	-.081592	-.116952	1.215248			
6	.077314	-.102712	-.026891	.097894	-.207804	1.050279		
7	-.041926	-.069315	.047884	.091295	-.212826	.736524	.917498	
8	-.084633	.108670	.048871	-.111849	.235090	-.043655	.556314	1.057199
9	.038461	.033554	-.051063	-.055448	.100863	-.279150	.096046	.691219
10	.107786	-.121272	-.070766	.133733	-.298471	.003373	-.144245	-.054196
11	-.223691	.027803	.159656	-.020718	.009252	-.157938	-.017091	.117137
12	.041869	-.067502	-.056439	-.041771	-.068234	-.104347	.106067	.149253
13	-.031726	-.257192	.035943	.586670	.503564	-.046511	-.061839	-.013024
14	.053650	.119738	-.052702	-.164698	.642084	.475769	.089126	-.098939
15	-.037255	.003467	.063524	.032721	-.021302	.166428	-.146868	-.238637
16	.612497	-.042373	-.268929	.044831	-.078269	.114436	.061996	-.112134

	9	10	11	12	13	14	15	16
9	.906957							
10	.596827	1.072023						
11	-.072294	-.107331	1.029716					
12	-.101064	-.231947	.782984	.890316				
13	.072947	.048039	-.168706	.080552	.953663			
14	-.136328	.031522	.079171	-.149569	.066365	.919777		
15	.110870	.626843	.467190	.116211	-.115207	.468072	.885344	
16	-.010400	.122478	-.023188	.456308	.515010	-.135541	-.065721	1.035926

Atom- Atom Polarisierbarkeiten

	1	2	3	4	5	6	7	8
1	.443353							
2	-.155244	.428749						
3	.021993	-.137476	.416515					
4	-.079433	.023175	-.164596	.457137				
5	.001890	.007860	-.001256	.026732	.529867			
6	-.020277	-.019454	-.012805	-.024195	-.057568	.595838		
7	-.001630	-.011919	-.001089	-.012949	-.055398	-.257912	.436297	
8	-.022101	-.029423	-.013028	-.036778	-.118909	.108099	-.091753	.535024
9	.000669	-.003917	-.000626	-.002681	-.010683	-.130164	.027978	-.210331
10	-.025338	-.035952	-.013795	-.045837	-.156307	.037581	-.014275	.078949
11	-.066743	.005950	-.047569	-.006892	-.000073	.004842	-.010017	.004242
12	.032554	-.002493	.014297	.005722	.012913	-.063272	-.005522	-.070657
13	.001043	-.062237	.011445	-.110041	-.060572	-.011721	.000986	-.007184
14	-.003289	-.024782	-.000986	-.029906	-.162264	-.062686	.016381	-.008312
15	.005684	.001395	.000642	.006049	.026418	-.077150	-.007566	-.099699
16	-.133129	.015769	-.071667	-.005505	.017349	-.009156	-.011610	-.018140

	9	10	11	12	13	14	15	16
9	.442491							
10	-.108675	.526443						
11	-.013889	.018958	.498423					
12	.003599	-.084619	-.312311	.493560				
13	-.001859	-.004738	-.039065	.013248	.345980			
14	-.007603	.012241	-.010603	-.013465	.010907	.355498		
15	.021101	-.163021	-.063377	.029643	-.004806	-.046784	.377060	
16	-.005412	-.021616	.038123	-.053198	-.081387	-.024349	-.005588	.369515

Benzo[b]heptalen

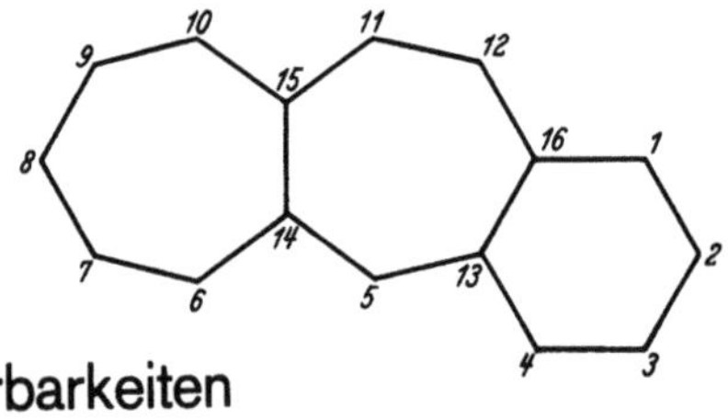

Z=16

Bindungs- Atom Polarisierbarkeiten

	1	2	3	4	5	6	7	8
1 2	.000824	-.028643	-.014095	-.030001	-.006270	.035812	-.010613	.034907
1 16	.014437	.023234	.012205	.024064	.007291	-.035637	.009238	-.034154
2 3	-.006233	-.018923	.018026	.032840	.016332	-.026406	.012338	-.025153
3 4	.004343	.022854	.005165	-.040178	-.019303	.027422	-.014632	.026218
4 13	-.010280	-.020015	-.012503	-.015596	.033545	-.018485	.017733	-.016348
5 13	-.005633	.039920	-.006526	.040168	-.066077	.035482	-.034387	.030669
5 14	.006654	-.029858	.003555	-.025927	-.105043	.005252	.046203	.012871
6 7	.009311	-.018797	.007773	-.016880	-.067716	-.062682	.056090	.006473
6 14	-.009136	.028202	-.006757	.025817	.108451	-.002246	-.056716	-.014248
7 8	-.010686	.020521	-.010067	.019981	.079532	.062055	.002400	-.012769
8 9	.011439	-.010767	.011132	-.010111	-.035993	-.069830	-.008695	-.056401
9 10	-.013393	.011791	-.013856	.012328	.043683	.065777	-.007624	.058766
10 15	.014795	-.000911	.015771	-.001507	.006069	-.072023	-.002545	-.063217
11 12	.020924	.003320	.020155	.003663	.016943	-.059368	.010677	-.054805
11 15	-.019314	-.003163	-.020429	-.001769	-.018579	.073674	-.008777	.067239
12 16	-.025480	-.005184	-.026165	-.003449	-.026262	.062274	-.020319	.058611
13 16	.015571	-.016884	.016170	-.017896	.023515	-.015560	.012118	-.013807
14 15	.001858	.003303	.000446	.004451	.009883	-.005512	-.002488	-.004851

	9	10	11	12	13	14	15	16
1 2	-.010501	.035548	.021582	-.012837	-.013027	-.012611	-.012118	.022044
1 16	.008547	-.034146	-.019972	.008281	.012685	.011987	.009456	-.017516
2 3	.011525	-.024668	-.021425	.010974	.016048	.014258	.011347	-.020878
3 4	-.014249	.026583	.021150	-.016983	-.018907	-.017014	-.015559	.023088
4 13	.016466	-.015762	-.019256	.017197	.025584	.021355	.016735	-.020369
5 13	-.031095	.028374	.038519	-.028577	-.006489	-.042126	-.029940	.037718
5 14	.038786	.021378	-.040155	.019257	-.002529	.055418	.027313	-.033174
6 7	.044410	.014757	-.024015	.034341	.004981	-.005467	.037756	-.020334
6 14	-.048463	-.021003	.038322	-.031434	-.003544	.002961	-.041617	.031411
7 8	-.060728	-.024925	.025916	-.043983	-.009517	-.007534	-.051566	.021371
8 9	.063093	.020475	-.013482	.047788	.010031	.001305	.050737	-.010721
9 10	.002956	-.031004	.015964	-.060075	-.014737	-.012661	-.069120	.011204
10 15	-.013485	-.047640	-.003191	.068692	.016470	.005918	.075774	.001029
11 12	.005703	-.048638	-.040733	.089116	.019641	.015184	-.003164	.001382
11 15	-.003220	.061412	.004917	-.090689	-.022829	-.017867	.004040	-.004645
12 16	-.017989	.057256	.039161	-.013319	-.029729	-.026404	-.017875	-.005128
13 16	.009924	-.010878	-.022451	.001292	.017301	.013263	.005412	-.017091
14 15	-.001678	-.007118	-.000849	.000958	-.001435	.000035	.002389	.000609

Benzo[b]heptalen

Z=16

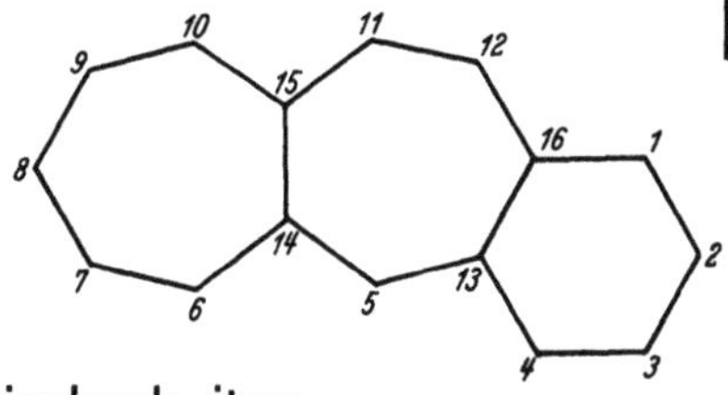

Bindungs- Bindungs Polarisierbarkeiten

	1 2	1 16	2 3	3 4	4 13	5 13	5 14	6 7
1 2	.294967							
1 16	-.221158	.283432						
2 3	-.229538	.128889	.300614					
3 4	.138891	-.087917	-.240591	.288000				
4 13	-.080188	.089261	.128967	-.211699	.303781			
5 13	.011253	-.005968	-.060390	.076865	-.193402	.449975		
5 14	-.019789	.016410	.045563	-.053950	.097684	-.248312	.385112	
6 7	-.009469	.011365	.019742	-.019703	.033145	-.072244	.141064	.279676
6 14	-.000593	-.000830	-.014859	.015104	-.035575	.085164	-.230074	-.213823
7 8	.009232	-.010983	-.018897	.018489	-.030211	.064326	-.118189	-.281645
8 9	-.019967	.022815	.026306	-.025788	.034601	-.072345	.107915	.152854
9 10	.021072	-.024700	-.027791	.026775	-.036080	.076261	-.115488	-.105394
10 15	-.034022	.040422	.037928	-.036408	.044563	-.095365	.130340	.073252
11 12	-.040086	.077573	.033817	-.016210	.015495	-.055437	.040061	.042305
11 15	.018530	-.034783	-.017023	.007319	-.007379	.025104	-.013470	-.042431
12 16	.061892	-.157176	-.048523	.017933	-.015873	.084196	-.064727	-.035194
13 16	.078718	-.111810	-.037990	.069812	-.093000	-.161303	.079317	.032996
14 15	.020256	-.014841	-.026223	.033078	-.044090	.091619	-.179469	-.006497

	6 14	7 8	8 9	9 10	10 15	11 12	11 15	12 16
6 14	.409373							
7 8	.108546	.431784						
8 9	-.070456	-.263039	.329533					
9 10	.046755	.150164	-.304602	.438453				
10 15	-.025865	-.099570	.166397	-.278497	.359775			
11 12	-.029138	-.040987	.064832	-.076685	.125965	.225917		
11 15	.027841	.039662	-.073900	.097050	-.204576	-.220283	.407991	
12 16	.020366	.033328	-.054247	.059347	-.091216	-.216665	.084684	.417468
13 16	-.035847	-.031146	.035026	-.038005	.047084	.063095	-.030679	-.129815
14 15	-.056088	.039135	-.055935	.091364	-.160207	.006432	-.063656	.034224

	13 16	14 15
13 16	.291149	
14 15	-.027603	.318503

Benzo[a]heptalen

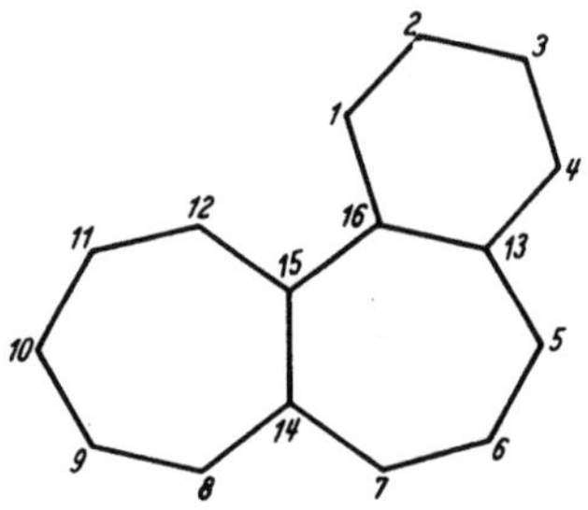

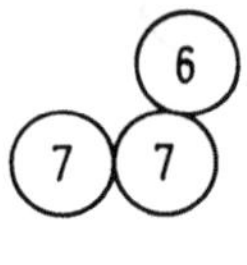

Z=16

Bindungs- Atom Polarisierbarkeiten

	1	2	3	4	5	6	7	8
1 2	.004460	-.021823	-.013743	-.023298	-.001951	-.012502	-.003004	.034278
1 16	.013412	.017788	.011689	.018043	.003224	.012343	.004668	-.035600
2 3	-.008495	-.016813	.016492	.024737	.007488	.013182	.009234	-.026877
3 4	.006441	.019562	.007284	-.030692	-.009176	-.015667	-.010964	.027159
4 13	-.011696	-.018123	-.013240	-.014344	.017391	.018993	.020503	-.020747
5 6	.005386	-.029974	.002823	-.026885	-.109862	.043785	.067623	-.011218
5 13	-.004113	.035512	-.004511	.035099	-.033461	-.037163	-.040684	.041444
6 7	-.005544	.030654	-.005309	.030210	.116484	.001240	-.079174	.012262
7 14	.007208	-.024424	.003578	-.020672	-.089545	-.012791	-.073695	.019837
8 9	.010827	-.015203	.009124	-.013462	-.056255	.001324	-.048554	-.040009
8 14	-.012149	.022604	-.008843	.019874	.086480	-.000281	.080653	-.007153
9 10	-.013106	.016049	-.011650	.015062	.060929	-.007718	.057580	.038391
10 11	.012870	-.008653	.012358	-.008113	-.030105	.007204	-.023251	-.051089
11 12	-.016234	.009142	-.015682	.009193	.032554	-.013458	.028840	.045255
12 15	.017303	-.001019	.017692	-.001700	.002365	.014118	.010795	-.055762
13 16	.015852	-.015527	.015110	-.015330	.010753	.011198	.013669	-.019542
14 15	.004081	.002150	.002758	.003104	.005853	.002469	.003002	-.016243
15 16	-.026503	-.001900	-.025930	-.000827	-.013167	-.026277	-.017241	.065614

	9	10	11	12	13	14	15	16
1 2	-.007982	.032697	-.007176	.032528	-.012993	-.010744	-.007725	.018978
1 16	.005702	-.032932	.003812	-.031458	.013036	.009885	.002606	-.016217
2 3	.008828	-.025300	.007666	-.024405	.014855	.011073	.006954	-.018618
3 4	-.011354	.026008	-.010990	.026415	-.017496	-.013580	-.012434	.019486
4 13	.012955	-.019059	.012070	-.018921	.022922	.015886	.013011	-.017600
5 6	.028348	-.006472	.023316	-.000601	-.001870	.033007	.015526	-.032930
5 13	-.023673	.037297	-.020867	.035520	-.003447	-.030219	-.020475	.033740
6 7	-.034741	.005959	-.029570	.001261	-.005102	-.043610	-.025215	.030195
7 14	.043767	.028371	.035159	.038374	-.001410	.053570	.021772	-.029099
8 9	.060404	.007983	.047070	.017225	.006983	-.010312	.039995	-.017140
8 14	-.062022	-.020680	-.052903	-.027732	-.005828	.006753	-.046386	.027612
9 10	.006963	-.015368	-.065434	-.029015	-.010953	-.004517	-.055574	.018360
10 11	-.014347	-.036000	.066887	.019840	.011807	-.003375	.053002	-.009037
11 12	-.004017	.037454	.007939	-.031464	-.016503	-.009337	-.074082	.010400
12 15	-.007774	-.046629	-.019563	-.029525	.019256	.000498	.080363	-.000419
13 16	.006748	-.017384	.004101	-.013846	.014855	.008328	-.001391	-.017593
14 15	.003425	-.015582	.005033	-.019481	.001233	.006913	.011805	-.000519
15 16	-.011230	.059639	-.006550	.055286	-.029344	-.020219	-.001753	.000400

Z=16

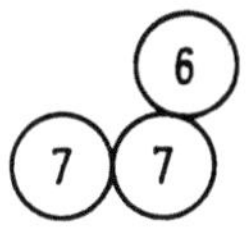

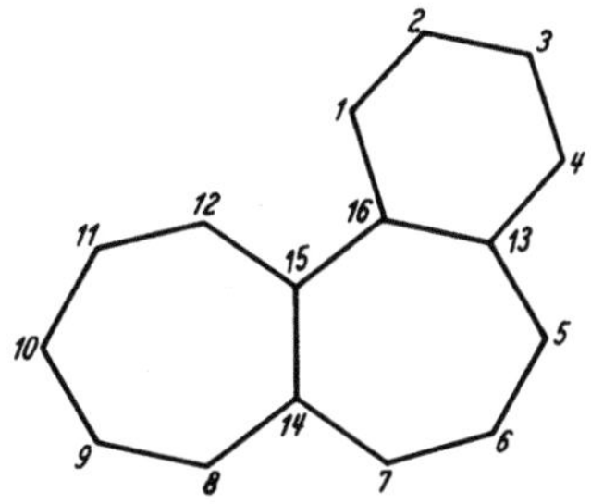

Benzo[a]heptalen

Bindungs- Bindungs Polarisierbarkeiten

	1 2	1 16	2 3	3 4	4 13	5 6	5 13	6 7
1 2	.289275							
1 16	-.218501	.271676						
2 3	-.222545	.126811	.288171					
3 4	.134239	-.086083	-.234285	.281507				
4 13	-.077454	.090009	.126016	-.206088	.290663			
5 6	-.007383	.004396	.034254	-.041210	.086036	.342714		
5 13	-.001164	.006471	-.046178	.060137	-.170897	-.231080	.425736	
6 7	.007489	-.004001	-.028053	.033227	-.061505	-.333762	.137779	.447580
7 14	-.012461	.006744	.025358	-.030739	.047020	.178819	-.094930	-.278335
8 9	-.009521	.014014	.015055	-.012742	.019875	.074129	-.044243	-.084512
8 14	.000099	-.004896	-.008461	.005851	-.015511	-.083925	.037068	.105700
9 10	.009324	-.013186	-.014875	.012733	-.019495	-.071114	.042821	.077361
10 11	-.020617	.027312	.023499	-.020406	.025537	.073733	-.056208	-.079390
11 12	.023228	-.033382	-.025832	.021343	-.026648	-.079411	.060792	.085278
12 15	-.039824	.062819	.038420	-.030002	.033845	.090736	-.082438	-.099546
13 16	.090807	-.128307	-.048935	.081298	-.107464	.072033	-.146460	-.050340
14 15	.010126	.007090	-.014389	.024310	-.029076	-.066961	.046898	.095401
15 16	.044883	-.128985	-.034032	.006909	-.004862	-.042004	.055896	.029631

	7 14	8 9	8 14	9 10	10 11	11 12	12 15	13 16
7 14	.404656							
8 9	.137528	.284455						
8 14	-.224428	-.218869	.401913					
9 10	-.118156	-.276945	.113133	.419450				
10 11	.106146	.148595	-.071182	-.260423	.324778			
11 12	-.115610	-.100004	.046382	.146754	-.293974	.425326		
12 15	.128280	.066482	-.019739	-.095497	.160024	-.275276	.349239	
13 16	.033786	.025156	-.023069	-.024533	.032260	-.037997	.058387	.281784
14 15	-.172785	-.000872	-.065874	.037547	-.056220	.096415	-.171563	-.000402
15 16	-.020893	-.037582	.025808	.035101	-.063463	.082616	-.174348	-.108004

	14 15	15 16
14 15	.309220	
15 16	-.048865	.382196

Benzo[a]heptalen

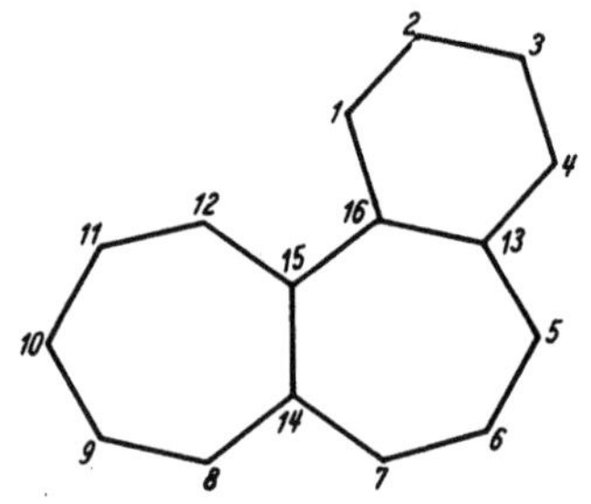

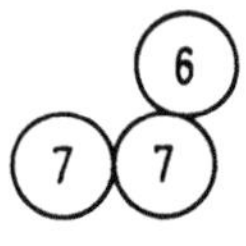

Z=16

Eigenwerte und Hückelkoeffizienten

	1	2	3	4	5	6	7	8
1	2.408811	1.990417	1.648995	1.435061	1.337722	1.000000	.878845	.026583
1	.241084	.220892	.224415	-.144081	.226446	0	.507043	-.057736
2	.164876	.252790	.237627	.073330	.398762	.316228	.229670	.233653
3	.156071	.282266	.167430	.249315	.306986	.316228	-.305199	.063947
4	.211070	.309038	.038464	.284451	.011900	0	-.497892	-.231953
5	.221840	.166591	-.342397	.223662	-.305427	0	.165615	.465277
6	.182013	-.001262	-.460608	.162078	-.117509	.316228	.277922	.082481
7	.216596	-.169103	-.417143	.008930	.148232	.316228	.078635	-.463084
8	.193476	-.316554	-.055574	.193633	.337810	-.316228	-.077259	.338967
9	.126321	-.294751	.135618	.427138	.136093	-.316228	.140916	.103802
10	.110807	-.270124	.279207	.419336	-.155755	0	.201102	-.336208
11	.140592	-.242908	.324793	.174636	-.344450	.316228	.035822	-.112739
12	.227853	-.213365	.256375	-.168723	-.305024	.316228	-.169620	.333211
13	.352356	.332847	-.104002	.158891	-.291067	-.316228	-.132371	-.070113
14	.339726	-.335323	-.227259	-.149263	.315803	0	-.208814	-.094791
15	.408263	-.181777	.097968	-.416764	-.063586	0	-.184891	.121597
16	.415850	.186877	.132433	-.280096	-.095840	-.316228	.215943	-.235188

	9	10	11	12	13	14	15	16
9	-.338413	-.577365	-1.000000	-1.105257	-1.500931	-1.805022	-2.064111	-2.335335
1	.236391	-.216034	0	-.479180	-.282847	-.044097	-.108186	-.290592
2	.071641	.228273	.316228	.182053	.467726	.092393	.140891	.207793
3	-.260635	.084237	-.316228	.277965	-.419177	-.122674	-.182628	-.194675
4	.016562	-.276909	0	-.489275	.161430	.129037	.236074	.246838
5	.048771	.336779	0	-.148762	-.383726	.082746	.310350	.173896
6	-.271535	-.270084	-.316228	-.098390	.399064	-.039118	-.335942	-.024333
7	.043120	-.180842	.316228	.257508	-.215241	-.012137	.383071	-.117072
8	.310032	-.235555	-.316228	.116093	.158521	-.275451	.312881	-.151044
9	-.361862	-.238495	.316228	.057909	-.161928	.436170	-.191062	.055004
10	-.187573	.373253	0	-.180098	.084522	-.511845	.081493	.022592
11	.425339	.022992	-.316228	.141145	.035067	.487722	.022853	-.107763
12	.043633	-.386528	.316228	.024096	-.137155	-.368504	-.128663	.229071
13	.255031	.075640	.316228	.262810	.176882	-.110240	-.304655	-.381774
14	.256943	.374496	0	-.186223	-.076002	.061025	-.454760	.297734
15	-.440105	.200176	0	-.167778	.170793	.177436	.242722	-.427194
16	-.151639	-.103543	-.316228	.347564	-.043192	-.012797	.082417	.470836

TOTALE PI ELEKTRONEN ENERGIE 21.452868

Z=16

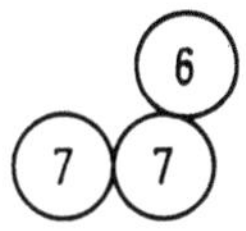

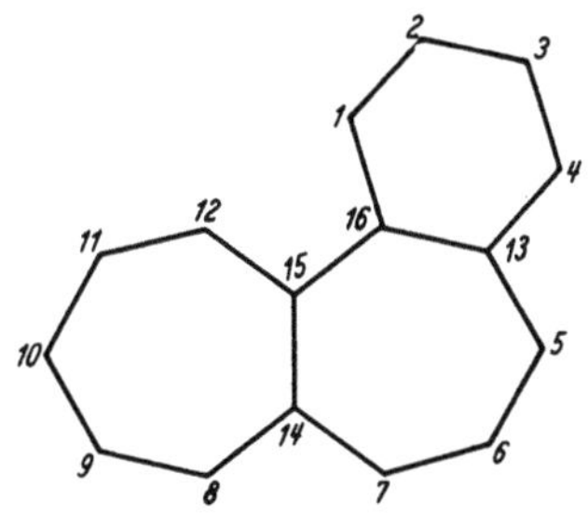

Benzo[a]heptalen

allgemeine Bindungsordnungen

	1	2	3	4	5	6	7	8
1	.979481							
2	.663220	1,038567						
3	,025407	,644831	.971399					
4	-,299137	-,041761	.676615	1,048575				
5	-,061671	,077369	-,068948	-,090516	1.162843			
6	,052857	,136734	-,048562	-,184983	,708848	,938823		
7	,040278	-,073074	,020699	,099957	-,166018	,598927	1,184402	
8	-,091798	,098067	,057545	-,080373	.188528	-,081226	-,185247	1,026410
9	,061026	,041504	-,057752	-,060657	,116174	-,076280	-,184737	,726376
10	,110788	-,094793	-,076698	,091868	-,195562	,012664	.210745	-,018977
11	-,050725	-,007414	,054827	,041982	-,045488	,091463	,083137	-,274963
12	-,169337	,098895	.111266	-,104887	.219179	,024985	-,271752	-,024561
13	-,033486	-,267353	,035415	,594272	,478238	,058003	-,112500	-,025020
14	-,101109	-,075757	,075445	,093182	-,222421	,079562	,596085	,492574
15	,050278	-,050657	-,060819	-,043380	-,042190	-,144036	-,011390	,168819
16	,625959	-,033679	-,280748	.033683	-,057998	-,158127	.024822	-,138150

	9	10	11	12	13	14	15	16
9	.905655							
10	.565677	1,033564						
11	.108932	.687734	,894797					
12	-,152905	-,029835	.598180	1,048955				
13	,069246	,058023	-,067846	-,112664	,956326			
14	.101778	-,114264	-,152470	,046761	-,099241	,908203		
15	-,163328	-,242460	.124324	,637034	.082796	,493191	,872051	
16	-,022514	,105094	-,051135	-,099342	.532503	,074515	,406169	1,029952

Atom- Atom Polarisierbarkeiten

	1	2	3	4	5	6	7	8
1	,433217							
2	-,151712	.429850						
3	,018352	-,143070	.411864					
4	-,079767	,024598	-,162294	,454750				
5	-,000976	,017895	-,002665	,033321	,538244			
6	-,003596	-,031659	-,000548	-,038751	-,211375	,421259		
7	,002261	-,005822	,003400	-,003231	,030011	-,103982	,491568	
8	-,022649	-,015559	-,014640	-,022302	-,063294	-,010322	-,047802	,575368
9	-,003553	-,007981	-,003364	-,008076	-,033067	-,000951	-,038151	-,239995
10	-,026826	-,021101	-,016867	-,029250	-,092383	-,002007	-,094708	,097481
11	,001725	-,003765	-,000747	-,002129	-,010158	-,006903	-,004375	-,119383
12	-,035250	-,023844	-,020658	-,034467	-,110456	,003755	-,123252	,031964
13	,000552	-,068766	,009909	-,116544	-,054559	,015709	-,005086	-,009012
14	-,008198	-,014929	-,005826	-,016472	-,071439	,015129	-,124023	-,064366
15	,018300	-,003164	,005707	,002445	,003300	-,014241	,025158	-,069201
16	-,141881	,019029	-,078553	-,001831	,027602	-,031515	-,001965	-,006289

	9	10	11	12	13	14	15	16
9	,432122							
10	-,092148	,524008						
11	,022117	-,200513	,438220					
12	-,012858	,074354	-,105462	,515443				
13	-,003170	-,010010	-,001771	-,012731	,345523			
14	,012311	-,006998	-,014579	,017224	-,004320	,355510		
15	-,015766	-,094639	,015829	-,162933	,005052	-,059683	,384133	
16	-,007469	-,008392	-,008105	-,000828	-,090774	-,009341	-,040295	,380606

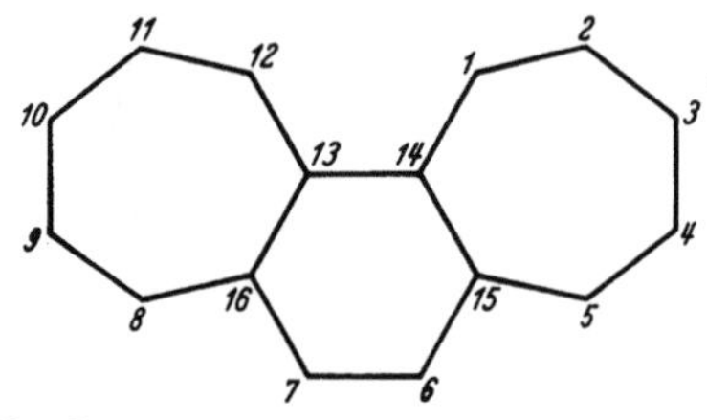

Z=16

Benzo[1,2:3,4]dicyclohepten

Eigenwerte und Hückelkoeffizienten

	1	2	3	4	5	6	7	8
1	2.420336	1.959426	1.618034	1.476001	1.347189	1.068495	.840180	-.181159
1	.227834	.219201	.214629	.260101	.230448	.365072	.106240	.327902
2	.140003	.256463	.347277	.028073	.368445	.112991	.302885	-.150853
3	.111020	.283319	.347277	-.218666	.265917	-.244341	.148238	-.300574
4	.128703	.298680	.214629	-.350824	-.010205	-.374068	-.178338	.205305
5	.200485	.301923	0	-.299150	-.279664	-.155349	-.298075	.263381
6	.251023	.098977	-.347277	-.190593	-.156168	.100594	.451124	-.308995
7	.251023	-.098977	-.347277	-.190593	.156168	-.100594	.451124	.308995
8	.200485	-.301923	0	-.299150	.279664	.155349	-.298075	-.263381
9	.128703	-.298680	.214629	-.350824	.010205	.374068	-.178338	-.205305
10	.111020	-.283319	.347277	-.218666	-.265917	.244341	.148238	.300574
11	.140003	-.256463	.347277	.028073	-.368445	-.112991	.302885	.150853
12	.227834	-.219201	.214629	.260101	-.230448	-.365072	.106240	-.327902
13	.411431	-.173046	0	.355837	.057988	-.277086	-.213625	-.091451
14	.411431	.173046	0	.355837	-.057988	.277086	-.213625	.091451
15	.356537	.292915	-.214629	-.090723	-.366556	.208079	-.072098	-.253018
16	.356537	-.292915	-.214629	-.090723	.366556	-.208079	-.072098	.253018

	9	10	11	12	13	14	15	16
9	-.215392	-.618034	-.710102	-1.248572	-1.683304	-1.857822	-1.853759	-2.381519
1	.269472	.347277	.084543	.191477	.353836	.068343	.254889	.221965
2	.242712	-.214629	-.386612	.017793	-.347056	-.204567	-.322118	-.096984
3	-.321750	-.214629	.189991	-.213694	.230366	.307615	.342241	.009004
4	-.173410	.347277	.251699	.249018	-.040719	-.360774	-.312314	.075540
5	.359101	0	-.368723	-.097224	-.161823	.355424	.236714	-.188904
6	-.079038	.214629	.034950	.513442	-.116691	.103048	.148165	-.270962
7	-.079038	.214629	-.034950	-.513442	-.116691	.103048	-.148165	.270962
8	.359101	0	.368723	.097224	-.161823	.355424	-.236714	.188904
9	-.173410	.347277	-.251699	-.249018	-.040719	-.360774	.312314	-.075540
10	-.321750	-.214629	-.189991	.213694	.230366	.307615	-.342241	-.009004
11	.242712	-.214629	.386612	-.017793	-.347056	-.204567	.322118	.096984
12	.269472	.347277	-.084543	-.191477	.353836	.068343	-.254889	-.221965
13	-.300754	0	-.326578	.256867	-.248556	.078965	.150384	.431629
14	-.300754	0	.326578	-.256867	-.248556	.078965	-.150384	-.431629
15	.096062	-.347277	.010132	-.127627	.313117	-.292431	-.126497	.374339
16	.096062	-.347277	-.010132	.127627	.313117	-.292431	.126497	-.374339

TOTALE PI ELEKTRONEN ENERGIE 21.097005

Z=16

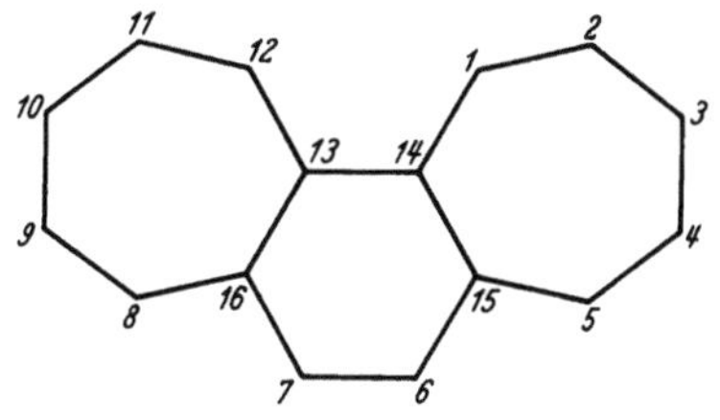

Benzo[1,2:3,4]dicyclohepten

allgemeine Bindungsordnungen

	1	2	3	4	5	6	7	8
1	1.037732							
2	.557645	.939556						
3	-.011347	.726551	1.007489					
4	-.081861	.056586	.501400	.977806				
5	-.064833	-.307011	.026903	.778254	.962812			
6	-.195758	.143310	.141257	-.251455	-.101158	1.126468		
7	.119797	.040014	-.077987	.028190	-.007347	.567339	1.126468	
8	-.190366	.024564	.147040	-.042613	-.088678	-.007347	-.101158	.962812
9	-.057370	.058173	.055003	-.107759	-.042613	.028190	-.251455	.778254
10	.246160	-.026931	-.196625	.055003	.147040	-.077987	.141257	.026903
11	.026008	-.008638	-.026931	.058173	.024564	.040014	.143310	-.307011
12	-.330078	.026008	.246160	-.057370	-.190366	.119797	-.195758	-.064833
13	.015769	-.075280	-.004432	-.002379	-.019584	-.173422	-.070227	.178436
14	.638616	.086829	-.250767	-.132766	.178436	-.070227	-.173422	-.019584
15	-.046715	-.094516	-.030158	.011909	.424192	.668299	-.073098	.056250
16	.062350	-.101499	-.073053	.166121	.056250	-.073098	.668299	.424192

	9	10	11	12	13	14	15	16
9	.977806							
10	.501400	1.007489						
11	.056586	.726551	.939556					
12	-.081861	-.011347	.557645	1.037732				
13	-.132766	-.250767	.086829	.638616	.919957			
14	-.002379	-.004432	-.075280	.015769	.446168	.919957		
15	.166121	-.073053	-.101499	.062350	.046699	.472541	1.028181	
16	.011909	-.030158	-.094516	-.046715	.472541	.046699	-.281729	1.028181

Atom- Atom Polarisierbarkeiten

	1	2	3	4	5	6	7	8
1	1.436660							
2	-.412635	.600798						
3	1.017166	-.619582	1.556937					
4	-.305420	.188180	-.419739	.615931				
5	.920433	-.516898	1.071278	-.671150	1.528901			
6	.156586	-.140056	.216348	-.196550	.273261	.547703		
7	-.226744	.104457	-.253598	.112778	-.248387	-.148988	.547703	
8	-.990368	.364731	-1.029452	.355222	-.973067	-.248387	.273261	1.528901
9	.313943	-.150121	.349078	-.171283	.355222	.112778	-.196550	-.671150
10	-1.073474	.371924	-1.102648	.349078	-1.029452	-.253598	.216348	1.071278
11	.349008	-.141670	.371924	-.150121	.364731	.104457	-.140056	-.516898
12	-1.059759	.349008	-1.073474	.313943	-.990368	-.226744	.156586	.920433
13	.290712	-.106886	.291372	-.102679	.277251	.053348	-.076003	-.333075
14	-.422696	.128989	-.375198	.098889	-.333075	-.076003	.053348	.277251
15	-.179471	.106763	-.229651	.145095	-.284661	-.276060	.101906	.255982
16	.186060	-.127002	.229241	-.162174	.255982	.101906	-.276060	-.284661

	9	10	11	12	13	14	15	16
9	.615931							
10	-.419739	1.556937						
11	.188180	-.619582	.600798					
12	-.305420	1.017166	-.412635	1.436660				
13	.098889	-.375198	.128989	-.422696	.453787			
14	-.102679	.291372	-.106886	.290712	-.121733	.453787		
15	-.162174	.229241	-.127002	.186060	-.076157	.020080	.472144	
16	.145095	-.229651	.106763	-.179471	.020080	-.076157	-.182095	.472144

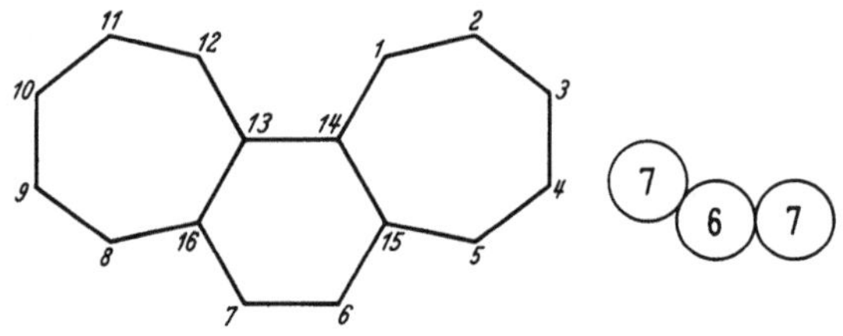

Z=16

Benzo[1,2:3,4]dicyclohepten

Bindungs- Atom Polarisierbarkeiten

	1	2	3	4	5	6	7	8
1 2	.130182	-.093168	.213494	-.111252	.209615	.107969	-.075837	-.178759
1 14	-.373872	.140862	-.414613	.154555	-.403313	-.117324	.130028	.372780
2 3	-.082487	.096463	-.129392	.063867	-.136009	-.076158	.049925	.111164
3 4	-.118633	-.012362	-.112117	-.010270	-.081639	.052417	.003712	.088178
4 5	.161936	-.035023	.165714	-.025519	.174297	-.006695	-.025716	-.151980
5 15	-.355635	.108629	-.383362	.118178	-.371333	-.030284	.072544	.338997
6 7	.033867	-.007414	.017748	.013482	-.005180	-.071524	-.071524	-.005180
6 15	-.043222	.039224	-.041489	.032241	-.031798	-.062093	.051091	.052008
7 16	.020324	-.018498	.035889	-.035486	.052008	.051091	-.062093	-.031798
8 9	-.176768	.047844	-.173321	.034670	-.151980	-.025716	-.006695	.174297
8 16	.370789	-.115438	.372664	-.098473	.338997	.072544	-.030284	-.371333
9 10	.122922	-.018625	.112223	-.000273	.088178	.003712	.052417	-.081639
10 11	.090448	-.049785	.103684	-.060826	.111164	.049925	-.076158	-.136009
11 12	-.154728	.077151	-.172093	.090045	-.178759	-.075837	.107969	.209615
12 13	.369090	-.141431	.385463	-.143891	.372780	.130028	-.117324	-.403313
13 14	-.007170	.003692	.003647	-.003881	.009351	-.016307	-.016307	.009351
13 16	-.417664	.159409	-.444831	.168307	-.434958	-.136593	.150846	.438578
14 15	.430621	-.181531	.460695	-.185475	.438578	.150846	-.136593	-.434958

	9	10	11	12	13	14	15	16
1 2	.090045	-.172093	.077151	-.154728	.057434	-.100364	-.088646	.088958
1 14	-.143891	.385463	-.141431	.369090	-.113178	.149943	.120409	-.115509
2 3	-.060826	.103684	-.049785	.090448	-.035764	.063388	.054968	-.063486
3 4	-.000273	.112223	-.018625	.122922	-.019958	-.013659	-.019124	.027207
4 5	.034670	-.173321	.047844	-.176768	.040493	-.021142	-.015933	.007142
5 15	-.098473	.372664	-.115438	.370789	-.093320	.065758	.051380	-.051095
6 7	.013482	.017748	-.007414	.033867	-.016307	-.016307	.035329	.035329
6 15	-.035486	.035889	-.018498	.020324	-.006565	.033521	.023141	-.048287
7 16	.032241	-.041489	.039224	-.043222	.033521	-.006565	-.048287	.023141
8 9	-.025519	.165714	-.035023	.161936	-.021142	.040493	.007142	-.015933
8 16	.118178	-.383362	.108629	-.355635	.065758	-.093320	-.051095	.051380
9 10	-.010270	-.112117	-.012362	-.118633	-.013659	-.019958	.027207	-.019124
10 11	.063867	-.129392	.096463	-.082487	.063388	-.035764	-.063486	.054968
11 12	-.111252	.213494	-.093168	.130182	-.100364	.057434	.088958	-.088646
12 13	.154555	-.414613	.140862	-.373872	.149943	-.113178	-.115509	.120409
13 14	-.003881	.003647	.003692	-.007170	.019776	.019776	-.009107	-.009107
13 16	-.185475	.460695	-.181531	.430621	-.125398	.115341	.140073	-.137420
14 15	.168307	-.444831	.159409	-.417664	.115341	-.125398	-.137420	.140073

Z = 16

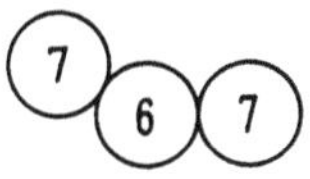

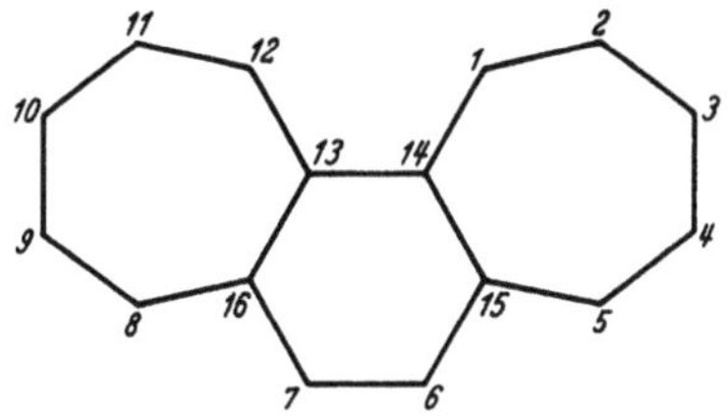

Benzo[1,2:3,4]dicyclohepten

Bindungs- Bindungs Polarisierbarkeiten

	1 2	1 14	2 3	3 4	4 5	5 15	6 7	6 15
1 2	.551593							
1 14	-.389335	.612441						
2 3	-.337020	.217935	.306604					
3 4	.080767	.014579	-.209867	.481139				
4 5	.007137	-.105256	.069130	-.267774	.255172			
5 15	-.163131	.316908	.076566	.104967	-.280987	.674087		
6 7	-.020886	-.027986	.012688	-.039258	.004737	.006736	.398715	
6 15	-.044766	.090440	.041182	-.019859	.049972	-.111047	-.192876	.245529
7 16	.052596	-.042521	-.034685	.033903	.000328	-.023413	-.192876	.074461
8 9	-.015850	.105584	.002979	.078512	-.079091	.144007	.004737	.000328
8 16	.065182	-.231214	-.031814	-.126368	.144007	-.277571	.006736	-.023413
9 10	-.024963	-.051514	.026478	-.091379	.078512	-.126368	-.039258	.033903
10 11	.064104	-.070450	-.045686	.026478	.002979	-.031814	.012688	-.034685
11 12	-.091518	.112602	.064104	-.024963	-.015850	.065182	-.020886	.052596
12 13	.112602	-.208110	-.070450	-.051514	.105584	-.231214	-.027986	-.042521
13 14	.054533	-.147650	-.031736	.002120	.000097	-.015537	-.022654	.040829
13 16	-.166253	.326949	.104388	.060009	-.123309	.282168	.068815	.019558
14 15	.265210	-.523403	-.160795	-.051493	.154611	-.409538	.068815	-.179631

	7 16	8 9	8 16	9 10	10 11	11 12	12 13	13 14
7 16	.245529							
8 9	.049972	.255172						
8 16	-.111047	-.280987	.674087					
9 10	-.019859	-.267774	.104967	.481139				
10 11	.041182	.069130	.076566	-.209867	.306604			
11 12	-.044766	.007137	-.163131	.080767	-.337020	.551593		
12 13	.090440	-.105256	.316908	.014579	.217935	-.389335	.612441	
13 14	.040829	.000097	-.015537	.002120	-.031736	.054533	-.147650	.332054
13 16	-.179631	.154611	-.409538	-.051493	-.160795	.265210	-.523403	-.057356
14 15	.019558	-.123309	.282168	.060009	.104388	-.166253	.326949	-.057356

	13 16	14 15
13 16	.736697	
14 15	-.346627	.736697

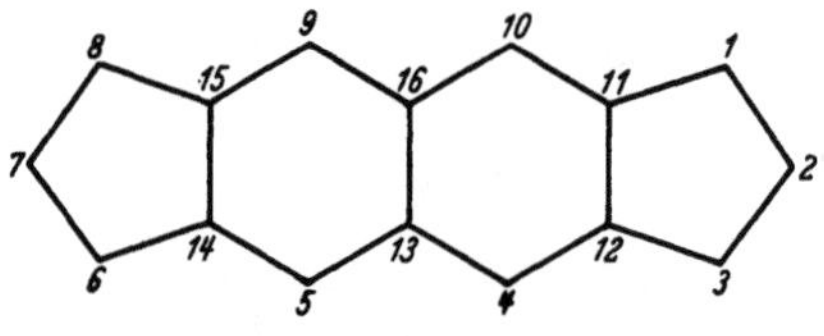

Z=16

Dicyclopenta[b,g]naphthalin

Eigenwerte und Hückelkoeffizienten

	1	2	3	4	5	6	7	8
1	2,481194	2,214320	1,732051	1,414214	1,000000	1,000000	,688892	,414214
1	.173293	.268125	.264356	.151945	.223607	.288675	.143066	.406260
2	.139685	.242174	.305252	0	.447214	0	.415350	0
3	.173293	.268125	.264356	-.151945	.223607	-.288675	.143066	-.406260
4	.256681	.158758	-.152626	-.366828	-.223607	-.288675	-.044509	.168278
5	.256681	-.158758	-.152626	-.366828	.223607	.288675	-.044509	.168278
6	.173293	-.268125	.264356	-.151945	-.223607	.288675	.143066	-.406260
7	.139685	-.242174	.305252	0	-.447214	0	.415350	0
8	.173293	-.268125	.264356	.151945	-.223607	-.288675	.143066	.406260
9	.256681	-.158758	-.152626	.366828	.223607	-.288675	-.044509	-.168278
10	.256681	.158758	-.152626	.366828	-.223607	.288675	-.044509	-.168278
11	.290289	.351541	.152626	.214883	-.223607	.288675	-.316793	.168278
12	.290289	.351541	.152626	-.214883	-.223607	-.288675	-.316793	-.168278
13	.346586	0	-.416982	-.303891	0	0	.286131	.237982
14	.290289	-.351541	.152626	-.214883	.223607	.288675	-.316793	-.168278
15	.290289	-.351541	.152626	.214883	.223607	-.288675	-.316793	.168278
16	.346586	0	-.416982	.303891	0	0	.286131	-.237982

	9	10	11	12	13	14	15	16
9	,000000	-,539189	-1,170086	-1,414214	-1,675131	-1,732051	-2,000000	-2,414214
1	,353553	,069009	,162557	,219866	,351208	,321236	,204124	,116294
2	0	-,255975	-,277855	0	-,419319	-,370932	0	0
3	-,353553	,069009	,162557	-,219866	,351208	,321236	-,204124	-,116294
4	,353553	-,405731	-,352763	,091072	,100887	,185466	-,204124	-,280758
5	-,353553	,405731	-,352763	,091072	-,100887	,185466	,204124	-,280758
6	,353553	-,069009	,162557	-,219866	-,351208	,321236	,204124	-,116294
7	0	,255975	-,277855	0	,419319	-,370932	0	0
8	-,353553	-,069009	,162557	,219866	-,351208	,321236	-,204124	,116294
9	,353553	,405731	-,352763	-,091072	-,100887	,185466	-,204124	,280758
10	-,353553	-,405731	-,352763	-,091072	,100887	,185466	,204124	,280758
11	0	,218766	,087649	-,310938	-,168999	-,185466	-,408248	-,280758
12	0	,218766	,087649	,310938	-,168999	-,185466	,408248	,280758
13	0	0	,325114	-,439733	0	-,135770	0	,397052
14	0	-,218766	,087649	,310938	,168999	-,185466	-,408248	,280758
15	0	-,218766	,087649	-,310938	,168999	-,185466	,408248	-,280758
16	0	0	,325114	,439733	0	-,135770	0	-,397052

TOTALE PI ELEKTRONEN ENERGIE 21,889768

Z=16

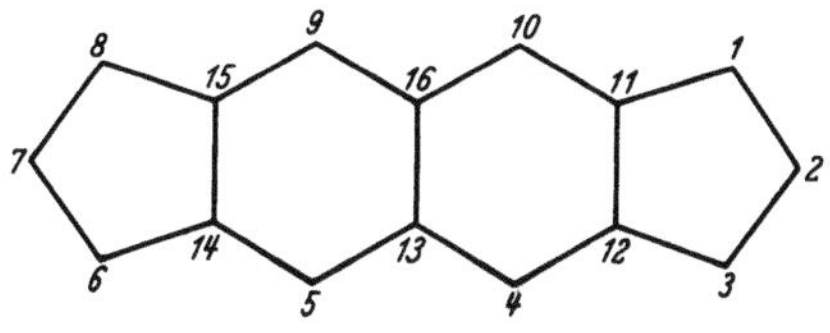

Dicyclopenta[b,g]naphthalin

allgemeine Bindungsordnungen

	1	2	3	4	5	6	7	8
1	1.027483							
2	.658514	1.087709						
3	-.058389	.658514	1.027483					
4	-.160748	-.181549	.122078	.825158				
5	.202318	.064663	-.181523	.191008	.825158			
6	-.212620	-.001218	.206585	-.181523	.122078	1.027483		
7	-.001218	.053116	-.001218	.064663	-.181549	.658514	1.087709	
8	.206585	-.001218	-.212620	.202318	-.160748	-.058389	.658514	1.027483
9	-.181523	.064663	.202318	-.127181	-.159698	-.160748	-.181549	.122078
10	.122078	-.181549	-.160748	-.159698	-.127181	.202318	.064663	-.181523
11	.547872	-.118615	-.189523	.074572	-.015335	-.033217	-.059151	.037511
12	-.189523	-.118615	.547872	.609935	-.146637	.037511	-.059151	-.033217
13	.082545	.079946	-.119486	.582784	.582784	-.119486	.079946	.082545
14	-.033217	-.059151	.037511	-.146637	.609935	.547872	-.118615	-.189523
15	.037511	-.059151	-.033217	-.015335	.074572	-.189523	-.118615	.547872
16	-.119486	.079946	.082545	-.023308	-.023308	.082545	.079946	-.119486

	9	10	11	12	13	14	15	16
9	.825158							
10	.191008	.825158						
11	-.146637	.609935	1.078653					
12	-.015335	.074572	.447350	1.078653				
13	-.023308	-.023308	-.157861	-.056846	1.049704			
14	.074572	-.015335	.086360	.050996	-.056846	1.078653		
15	.609935	-.146637	.050996	.086360	-.157861	.447350	1.078653	
16	.582784	.582784	-.056846	-.157861	.453765	-.157861	-.056846	1.049704

Atom- Atom Polarisierbarkeiten

	1	2	3	4	5	6	7	8
1	.612459							
2	-.151413	.405024						
3	.136179	-.151413	.612459					
4	.004239	-.033307	.048671	.492412				
5	-.104245	-.005531	-.091758	-.034970	.492412			
6	-.159464	.000117	-.158745	-.091758	.048671	.612459		
7	.000117	-.005784	.000117	-.005531	-.033307	-.151413	.405024	
8	-.158745	.000117	-.159464	-.104245	.004239	.136179	-.151413	.612459
9	-.091758	-.005531	-.104245	-.031160	.004786	.004239	-.033307	.048671
10	.048671	-.033307	.004239	.004786	-.031160	-.104245	-.005531	-.091758
11	-.085381	.004042	-.027993	-.004267	.004127	-.000671	-.006286	-.002328
12	-.027993	.004042	-.085381	-.124203	-.023470	-.002328	-.006286	-.000671
13	-.006156	-.007242	-.013509	-.106540	-.106540	-.013509	-.007242	-.006156
14	-.000671	-.006286	-.002328	-.023470	-.124203	-.085381	.004042	-.027993
15	-.002328	-.006286	-.000671	.004127	-.004267	-.027993	.004042	-.085381
16	-.013509	-.007242	-.006156	.005218	.005218	-.006156	-.007242	-.013509

	9	10	11	12	13	14	15	16
9	.492412							
10	-.034970	.492412						
11	-.023470	-.124203	.339021					
12	.004127	-.004267	-.043451	.339021				
13	.005218	.005218	-.017503	.002525	.332800			
14	-.004267	.004127	-.009037	-.005125	.002525	.339021		
15	-.124203	-.023470	-.005125	-.009037	-.017503	-.043451	.339021	
16	-.106540	-.106540	.002525	-.017503	-.046386	-.017503	.002525	.332800

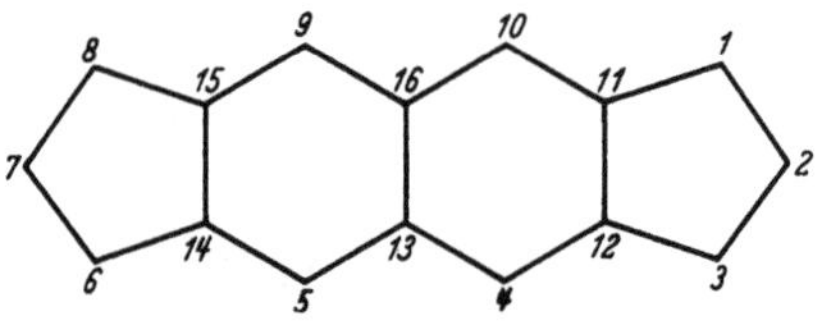

Z=16

Dicyclopenta[b,g]naphthalin

Bindungs- Atom Polarisierbarkeiten

	1	2	3	4	5	6	7	8
1 2	.012518	-.024958	.000691	-.032559	-.021463	.001902	.000061	-.001916
1 11	.027929	.038167	.043273	.014460	-.005263	-.030904	-.000075	-.026840
2 3	.000691	-.024958	.012518	.025925	.019645	-.001916	.000061	.001902
3 12	.043273	.038167	.027929	-.040892	-.046231	-.026840	-.000075	-.030904
4 12	-.070045	-.024824	-.060582	.055446	.047418	.025547	.006551	.030166
4 13	.051945	.018190	.045615	.078884	-.082446	-.052133	-.008369	-.056892
5 13	-.056892	-.008369	-.052133	-.082446	.078884	.045615	.018190	.051945
5 14	.030166	.006551	.025547	.047418	.055446	-.060582	-.024824	-.070045
6 7	.001902	.000061	-.001916	.019645	.025925	.012518	-.024958	.000691
6 14	-.030904	-.000075	-.026840	-.046231	-.040892	.027929	.038167	.043273
7 8	-.001916	.000061	.001902	-.021463	-.032559	.000691	-.024958	.012518
8 15	-.026840	-.000075	-.030904	-.005263	.014460	.043273	.038167	.027929
9 15	.025547	.006551	.030166	.006810	.008267	-.070045	-.024824	-.060582
9 16	-.052133	-.008369	-.056892	-.018059	.011620	.051945	.018190	.045615
10 11	-.060582	-.024824	-.070045	.008267	.006810	.030166	.006551	.025547
10 16	.045615	.018190	.051945	.011620	-.018059	-.056892	-.008369	-.052133
11 12	.047643	.004042	.047643	-.026707	-.002432	.001815	-.006286	.001815
13 16	.010268	-.007242	.010268	.007577	.007577	.010268	-.007242	.010268
14 15	.001815	-.006286	.001815	-.002432	-.026707	.047643	.004042	.047643

	9	10	11	12	13	14	15	16
1 2	.019645	.025925	.025220	-.007835	-.007341	-.003846	.004036	.009920
1 11	-.046231	-.040892	-.010230	.028705	.012662	.004923	-.003514	-.006170
2 3	-.021463	-.032559	-.007835	.025220	.009920	.004036	-.003846	-.007341
3 12	-.005263	.014460	.028705	-.010230	-.006170	-.003514	.004923	.012662
4 12	.006810	.008267	-.015228	-.037263	.018928	.011108	.001401	-.003699
4 13	-.018059	.011620	.011248	.025110	-.014913	-.012352	-.002286	.004837
5 13	.011620	-.018059	-.002286	-.012352	-.014913	.025110	.011248	.004837
5 14	.008267	.006810	.001401	.011108	.018928	-.037263	-.015228	-.003699
6 7	-.032559	-.021463	-.003846	.004036	.009920	.025220	-.007835	-.007341
6 14	.014460	-.005263	.004923	-.003514	-.006170	-.010230	.028705	.012662
7 8	.025925	.019645	.004036	-.003846	-.007341	-.007835	.025220	.009920
8 15	-.040892	-.046231	-.003514	.004923	.012662	.028705	-.010230	-.006170
9 15	.055446	.047418	.011108	.001401	-.003699	-.015228	-.037263	.018928
9 16	.078884	-.082446	-.012352	-.002286	.004837	.011248	.025110	-.014913
10 11	.047418	.055446	-.037263	-.015228	-.003699	.001401	.011108	.018928
10 16	-.082446	.078884	.025110	.011248	.004837	-.002286	-.012352	-.014913
11 12	-.002432	-.026707	-.003538	-.003538	-.008777	-.006881	-.006881	-.008777
13 16	.007577	.007577	-.008/77	-.008777	-.010893	-.008777	-.008777	-.010893
14 15	-.026707	-.002432	-.006881	-.006881	-.008777	-.003538	-.003538	-.008777

Z=16

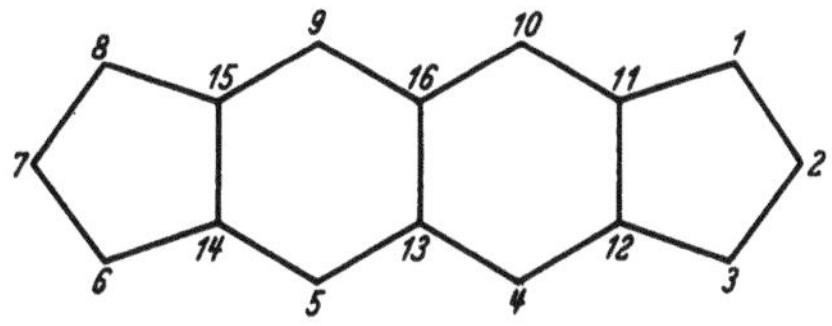

Dicyclopenta[b,g]naphthalin

Bindungs- Bindungs Polarisierbarkeiten

	1 2	1 11	2 3	3 12	4 12	4 13	5 13	5 14
1 2	.328236							
1 11	-.200077	.349658						
2 3	-.275374	.109489	.328236					
3 12	.109489	-.028534	-.200077	.349658				
4 12	-.087573	.058701	.107215	-.217193	.335310			
4 13	.051498	-.036697	-.054425	.088192	-.206212	.343483		
5 13	-.045855	.038005	.045363	-.061532	.101359	-.224149	.343483	
5 14	.033832	-.030712	-.032413	.038604	-.058010	.101359	-.206212	.335310
6 7	.030979	-.031734	-.030513	.031196	-.032413	.045363	-.054425	.107215
6 14	-.031734	.029404	.031196	-.035403	.038604	-.061532	.088192	-.217193
7 8	-.030513	.031196	.030979	-.031734	.033832	-.045855	.051498	-.087573
8 15	.031196	-.035403	-.031734	.029404	-.030712	.038005	-.036697	.058701
9 15	-.032413	.038604	.033832	-.030712	.019322	-.022396	-.008100	.017686
9 16	.045363	-.061532	-.045855	.038005	-.022396	.021504	.036656	-.008100
10 11	.107215	-.217193	-.087573	.058701	.017686	-.008100	-.022396	.019322
10 16	-.054425	.088192	.051498	-.036697	-.008100	.036656	.021504	-.022396
11 12	.017385	-.085855	.017385	-.085855	-.113370	.059710	-.026651	.017281
13 16	.002579	-.013608	.002579	-.013608	.046667	-.099753	-.099753	.046667
14 15	.000189	-.001905	.000189	-.001905	.017281	-.026651	.059710	-.113370

	6 7	6 14	7 8	8 15	9 15	9 16	10 11	10 16
6 7	.328236							
6 14	-.200077	.349658						
7 8	-.275374	.109489	.328236					
8 15	.109489	-.028534	-.200077	.349658				
9 15	-.087573	.058701	.107215	-.217193	.335310			
9 16	.051498	-.036697	-.054425	.088192	-.206212	.343483		
10 11	.033832	-.030712	-.032413	.038604	-.058010	.101359	.335310	
10 16	-.045855	.038005	.045363	-.061532	.101359	-.224149	-.206212	.343483
11 12	.000189	-.001905	.000189	-.001905	.017281	-.026651	-.113370	.059710
13 16	.002579	-.013608	.002579	-.013608	.046667	-.099753	.046667	-.099753
14 15	.017385	-.085855	.017385	-.085855	-.113370	.059710	.017281	-.026651

	11 12	13 16	14 15
11 12	.295570		
13 16	-.014978	.286414	
14 15	-.014161	-.014978	.295570

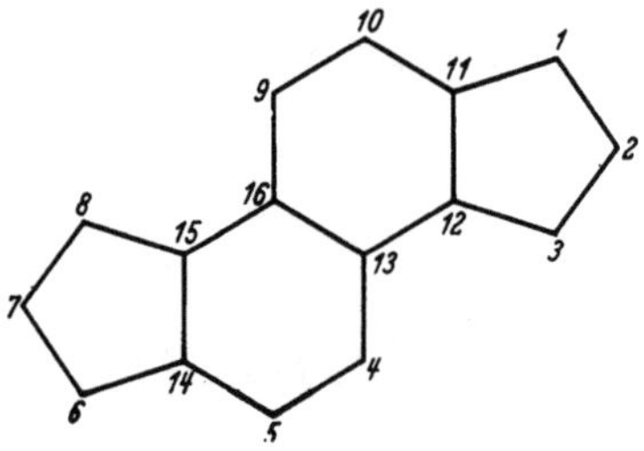

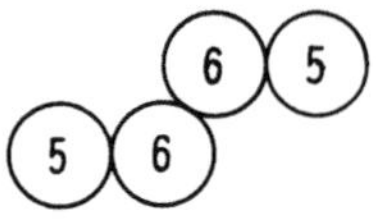

Z = 16

Dicyclopenta[a,f]naphthalin

Eigenwerte und Hückelkoeffizienten

	1	2	3	4	5	6	7	8
1	2.514673	2.185734	1.621834	1.497342	1.141210	.900488	.529444	.487920
1	.167029	.281799	.320906	.036339	.130789	.258111	.386984	.170620
2	.141385	.250280	.333363	-.105742	-.150842	.443496	-.037613	.372773
3	.188509	.265247	.219752	-.194671	-.302932	.141251	-.406898	.011263
4	.226816	-.045159	-.252795	-.422631	.163863	-.092317	.285267	.316551
5	.201002	-.187954	-.040510	-.389213	.406554	.131876	.080778	.055393
6	.167029	-.281799	.320906	-.036339	.130789	-.258111	-.386984	.170620
7	.141385	-.250280	.333363	.105742	-.150842	-.443496	.037613	.372773
8	.188509	-.265247	.219752	.194671	-.302932	-.141251	.406898	.011263
9	.226816	.045159	-.252795	.422631	.163863	.092317	-.285267	.316551
10	.201002	.187954	-.040510	.389213	.406554	-.131876	-.080778	.055393
11	.278638	.365658	.187094	.160154	.300100	-.211070	.242500	-.289524
12	.332653	.329478	.023039	-.185747	-.194866	-.316301	-.177816	-.367277
13	.369366	.089248	-.369481	-.243610	-.219552	-.215007	.070255	.099059
14	.278638	-.365658	.187094	-.160154	.300100	.211070	-.242500	-.289524
15	.332653	-.329478	.023039	.185747	-.194866	.316301	.177816	-.367277
16	.369366	-.089248	-.369481	.243610	-.219552	.215007	-.070255	.099059

	9	10	11	12	13	14	15	16
9	.202898	-.776287	-1.190511	-1.286405	-1.703056	-1.717354	-1.964775	-2.443155
1	.379669	.178875	.131386	.230552	.378287	.246282	.254844	.102622
2	-.024407	-.220370	.153808	-.268678	-.394394	-.362448	-.054905	.017570
3	-.384622	-.007805	-.314496	.115077	.293389	.376169	-.146967	-.145548
4	-.163418	-.282240	-.289584	.433506	.009838	-.181976	-.099224	.256570
5	-.305456	.468579	-.017337	-.315297	-.152483	.141195	.277400	-.214830
6	.379669	-.178875	-.131386	.230552	-.378287	.246282	.254844	-.102622
7	-.024407	.220370	-.153808	-.268678	.394394	-.362448	-.054905	-.017570
8	-.384622	.007805	.314496	.115077	-.293389	.376169	-.146967	.145548
9	-.163418	.282240	.289584	.433506	-.009838	-.181976	-.099224	-.256570
10	-.305456	-.468579	.017337	-.315297	.152483	.141195	.277400	.214830
11	.101442	.081511	-.310224	-.027906	-.249849	-.060506	-.445805	-.268292
12	-.053632	.226428	.220603	.120643	-.105263	-.283567	.343663	.338026
13	.272298	-.249480	.362090	-.242367	.135729	.171322	-.082448	-.412012
14	.101442	-.081511	.310224	-.027906	.249849	-.060506	-.445805	.268292
15	-.053632	-.226428	-.220603	.120643	.105263	-.283567	.343663	-.338026
16	.272298	.249480	-.362090	-.242367	-.135729	.171322	-.082448	.412012

TOTALE PI ELEKTRONEN ENERGIE 21.757288

Z=16

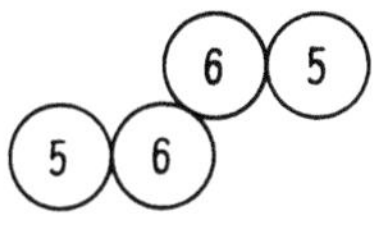

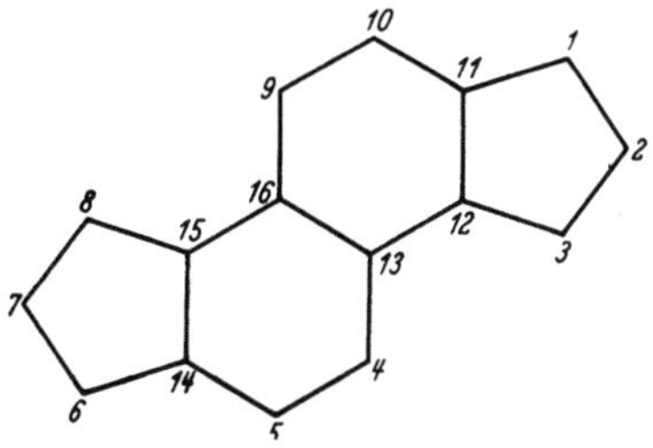

Dicyclopenta[a,f]naphthalin

allgemeine Bindungsordnungen

	1	2	3	4	5	6	7	8
1	.948412							
2	.682139	1.129516						
3	.021951	.629446	.938983					
4	.181369	.045591	-.235377	1.025925				
5	.162773	.047602	-.163744	.647671	.842255			
6	-.240025	.015732	.235281	-.052557	.170016	.948412		
7	.015732	.041817	-.030234	.118730	-.150651	.682139	1.129516	
8	.235281	-.030234	-.236099	-.000101	-.210439	.021951	.629446	.938983
9	-.052557	.118730	-.000101	-.056299	-.087730	.181369	.045591	-.235377
10	.170016	-.150651	-.210439	-.087730	-.000665	.162773	.047602	-.163744
11	.489315	-.159153	-.126410	-.044214	.030179	-.103589	-.046562	.124287
12	-.179102	-.168582	.547786	-.072937	-.158691	.078321	-.042635	-.057125
13	-.161396	-.101609	.136398	.622757	.121603	-.113353	.097993	.087839
14	-.103589	-.046562	.124287	-.062068	.587409	.489315	-.159153	-.126410
15	.078321	-.042635	-.057125	-.241330	.024140	-.179102	-.168582	.547786
16	-.113353	.097993	.087839	.067489	-.099848	-.161396	-.101609	.136398

	9	10	11	12	13	14	15	16
9	1.025925							
10	.647671	.842255						
11	-.062068	.587409	1.098479					
12	-.241330	.024140	.518452	1.117554				
13	.067489	-.099848	-.009477	.501857	.898875			
14	-.044214	.030179	.047631	.060974	-.233625	1.098479		
15	-.072937	-.158691	.060974	.018663	-.018820	.518452	1.117554	
16	.622757	.121603	-.233625	-.018820	.424977	-.009477	.501857	.898875

Atom- Atom Polarisierbarkeiten

	1	2	3	4	5	6	7	8
1	.737571							
2	-.179163	.396244						
3	.203330	-.124391	.710876					
4	-.125681	.003182	-.118618	.487617				
5	-.083390	-.001646	-.068631	-.116232	.460173			
6	-.214733	-.004504	-.237917	.017395	.006333	.737571		
7	-.004504	-.002967	-.002622	-.014060	-.019457	-.179163	.396244	
8	-.237917	-.002622	-.255215	.058680	-.035527	.203330	-.124391	.710876
9	.017395	-.014060	.058680	.004784	-.005750	-.125681	.003182	-.118618
10	.006333	-.019457	-.035527	-.005750	.005283	-.083390	-.001646	-.068631
11	-.045773	-.006715	.035935	.003865	-.002390	-.053819	-.001462	-.047813
12	.005462	-.013271	-.073440	-.005164	-.033424	-.009021	-.005033	-.014072
13	-.004291	-.008176	.016024	-.159330	-.001966	-.011800	-.015959	-.046602
14	-.053819	-.001462	-.047813	.030003	-.107421	-.045773	-.006715	.035935
15	-.009021	-.005033	-.014072	-.060554	.001676	.005462	-.013271	-.073440
16	-.011800	-.015959	-.046602	-.000136	.002368	-.004291	-.008176	.016024

	9	10	11	12	13	14	15	16
9	.487617							
10	-.116232	.460173						
11	.030003	-.107421	.352777					
12	-.060554	.001676	-.080627	.353059				
13	-.000136	.002368	-.002668	-.063558	.383251			
14	.003865	-.002390	.000942	-.009968	-.064866	.352777		
15	-.005164	-.033424	-.009968	-.000663	.008597	-.080627	.353059	
16	-.159330	-.001966	-.064866	.008597	-.030889	-.002668	-.063558	.383251

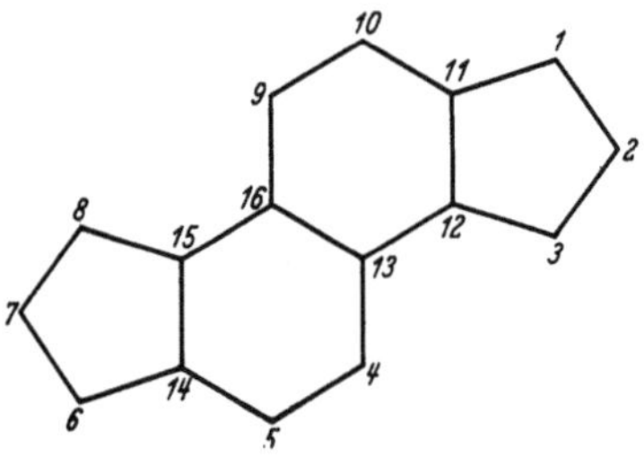

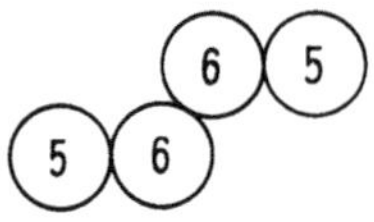

Z=16

Dicyclopenta[a,f]naphthalin

Bindungs- Atom Polarisierbarkeiten

	1	2	3	4	5	6	7	8
1 2	.081595	-.055399	-.053729	-.035881	-.022203	.044286	-.005090	.025812
1 11	.081922	.065378	.119630	.003905	-.015248	-.125764	.003902	-.112596
2 3	-.071616	-.026799	.073314	.039413	.023072	-.045473	.006266	-.026473
3 12	.137517	.046383	.091187	-.070660	-.058590	-.041311	-.006926	-.064798
4 5	-.126876	.000103	-.109760	.047569	.106050	.033840	.026312	.056742
4 13	.094900	.003429	.078514	-.045683	-.071392	-.022182	-.018235	-.037478
5 14	.089424	.000765	.074242	-.012912	.032028	-.059490	-.032531	-.090386
6 7	.044286	-.005090	.025812	-.033124	.022011	.081595	-.055399	-.053729
6 14	-.125764	.003902	-.112596	.044782	-.047661	.081922	.065378	.119630
7 8	-.045473	.006266	-.026473	.041201	-.028230	-.071616	-.026799	.073314
8 15	-.041311	-.006926	-.064798	-.021937	-.005414	.137517	.046383	.091187
9 10	.033840	.026312	.056742	.003580	.002770	-.126876	.000103	-.109760
9 16	-.022182	-.018235	-.037478	-.003325	-.010354	.094900	.003429	.078514
10 11	-.059490	-.032531	-.090386	-.011163	.001207	.089424	.000765	.074242
11 12	.003502	-.009670	.007756	.009899	.012530	.023067	-.002761	.025943
12 13	-.104876	-.013587	-.073848	.062671	.040490	.015028	.010469	.035075
13 16	-.007493	.007990	-.019148	-.039350	.016152	-.007493	.007990	-.019148
14 15	.023067	-.002761	.025943	-.016772	-.004548	.003502	-.009670	.007756
15 16	.015028	.010469	.035075	.037788	.007331	-.104876	-.013587	-.073848

	9	10	11	12	13	14	15	16
1 2	-.033124	.022011	.001325	-.002374	-.006971	-.020545	.015957	.044331
1 11	.044782	-.047661	.024610	.038517	-.010498	.007271	-.019174	-.058978
2 3	.041201	-.028230	.021852	.025500	.004803	.022452	-.015175	-.044107
3 12	-.021937	-.005414	.015148	-.000404	-.019284	-.034863	.011396	.022557
4 5	.003580	.002770	.004898	-.029496	-.069734	.046641	-.000111	.007471
4 13	-.003325	-.010354	-.002258	.031405	.047371	-.031543	-.000810	-.012359
5 14	-.011163	.001207	-.006409	.023925	.054983	-.066822	-.002520	.005658
6 7	-.035881	-.022203	-.020545	.015957	.044331	.001325	-.002374	-.006971
6 14	.003905	-.015248	.007271	-.019174	-.058978	.024610	.038517	-.010498
7 8	.039413	.023072	.022452	-.015175	-.044107	.021852	.025500	.004803
8 15	-.070660	-.058590	-.034863	.011396	.022557	.015148	-.000404	-.019284
9 10	.047569	.106050	.046641	-.000111	.007471	.004898	-.029496	-.069734
9 16	-.045683	-.071392	-.031543	-.000810	-.012359	-.002258	.031405	.047371
10 11	-.012912	.032028	-.066822	-.002520	.005658	-.006409	.023925	.054983
11 12	-.016772	-.004548	-.016822	-.025078	.002200	.001239	-.004168	-.006317
12 13	.037788	.007331	.012593	-.051771	.006936	.034206	-.005836	-.012668
13 16	-.039350	.016152	-.012975	.010217	.044607	-.012975	.010217	.044607
14 15	.009899	.012530	.001239	-.004168	-.006317	-.016822	-.025078	.002200
15 16	.062671	.040490	.034206	-.005836	-.012668	.012593	-.051771	.006936

Z=16

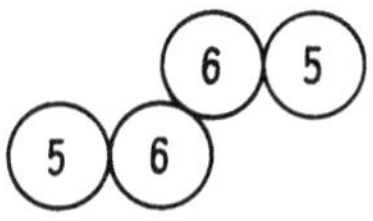

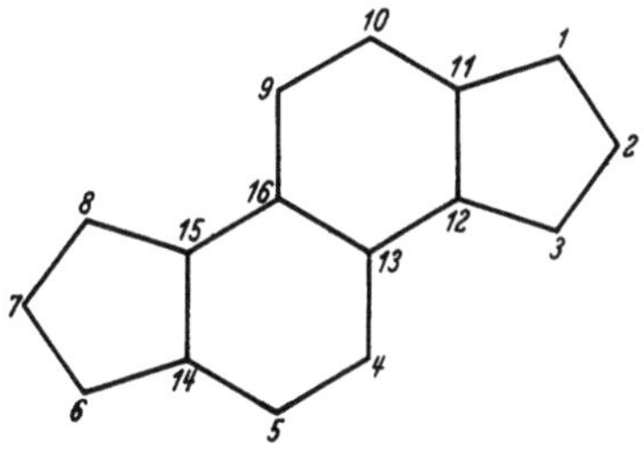

Dicyclopenta[a,f]naphthalin

Bindungs- Bindungs Polarisierbarkeiten

	1 2	1 11	2 3	3 12	4 5	4 13	5 14	6 7
1 2	.418464							
1 11	-.256046	.492422						
2 3	-.387329	.163403	.475317					
3 12	.187702	-.042378	-.289297	.495559				
4 5	-.076839	-.009612	.082397	-.169307	.427658			
4 13	.068804	.002943	-.076306	.158706	-.283449	.316548		
5 14	.062994	-.005722	-.066724	.121423	-.278925	.155576	.385018	
6 7	.077445	-.054585	-.079273	.096440	-.110299	.070967	.157959	.418464
6 14	-.054585	-.021184	.055766	-.128981	.133163	-.084369	-.261430	-.256046
7 8	-.079273	.055766	.081209	-.098638	.108754	-.065517	-.144813	-.387329
8 15	.096440	-.128981	-.098638	.058310	-.100935	.051185	.107143	.187702
9 10	-.110299	.133163	.108754	-.100935	.006368	-.011274	-.009278	-.076839
9 16	.070967	-.084369	-.065517	.051185	-.011274	.017596	.002535	.068804
10 11	.157959	-.261430	-.144813	.107143	-.009278	.002535	.013089	.062994
11 12	-.000139	-.099551	.046599	-.147399	.021011	-.003914	-.011093	-.014218
12 13	-.126978	.067803	.145480	-.260504	.157257	-.206099	-.110979	-.077409
13 16	.042341	-.075564	-.044378	.015829	.003344	-.085621	.021484	.042341
14 15	-.014218	.025905	.017160	-.003253	.084800	-.047058	-.126410	-.000139
15 16	-.077409	.098019	.076190	-.051606	.025167	.018747	-.011847	-.126978

	6 14	7 8	8 15	9 10	9 16	10 11	11 12	12 13
6 14	.492422							
7 8	.163403	.475317						
8 15	-.042378	-.289297	.495559					
9 10	-.009612	.082397	-.169307	.427658				
9 16	.002943	-.076306	.158706	-.283449	.316548			
10 11	-.005722	-.066724	.121423	-.278925	.155576	.385018		
11 12	.025905	.017160	-.003253	.084800	-.047058	-.126410	.273395	
12 13	.098019	.076190	-.051606	.025167	.018747	-.011847	-.072650	.387192
13 16	-.075564	-.044378	.015829	.003344	-.085621	.021484	.051859	-.105475
14 15	-.099551	.046599	-.147399	.021011	-.003914	-.011093	-.007673	.012628
15 16	.067803	.145480	-.260504	.157257	-.206099	-.110979	.012628	.035064

	13 16	14 15	15 16
13 16	.352361		
14 15	.051859	.273395	
15 16	-.105475	-.072650	.387192

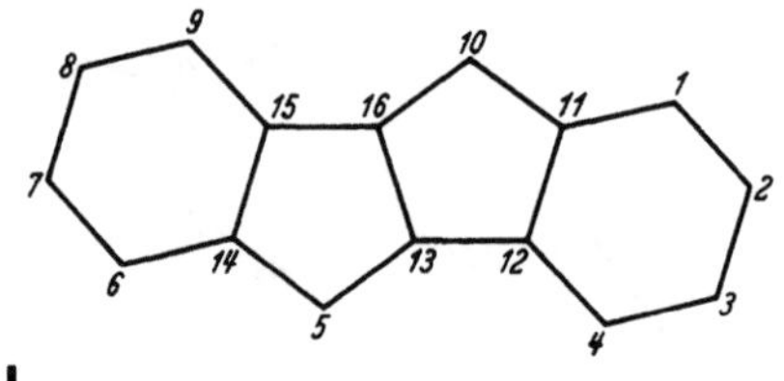

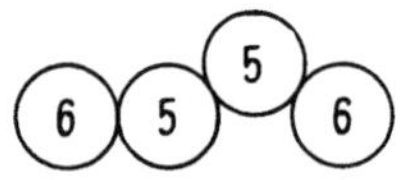

Z=16

Indeno[2,1-a]inden

Eigenwerte und Hückelkoeffizienten

	1	2	3	4	5	6	7	8
1	2.557342	2.114618	1.626705	1.376304	1.152090	1.124105	.598228	.544094
1	.156783	.278149	.263403	.190992	.182697	.355917	.332172	.001622
2	.103717	.244607	.381825	-.035270	.409956	.097192	.142854	.309440
3	.108458	.239100	.357714	-.239535	.289610	-.246662	-.246713	.166742
4	.173648	.260999	.200069	-.294402	-.076300	-.374467	-.290445	-.218716
5	.267716	-.135563	-.155251	-.384982	.034994	.158847	.371716	.116238
6	.156783	-.278149	.263403	-.190992	-.182697	.355917	-.332172	.001622
7	.103717	-.244607	.381825	.035270	-.409956	.097192	-.142854	.309440
8	.108458	-.239100	.357714	.239535	-.289610	-.246662	.246713	.166742
9	.173648	-.260999	.200069	.294402	.076300	-.374467	.290445	-.218716
10	.267716	.135563	-.155251	.384982	-.034994	.158847	-.371716	.116238
11	.297229	.343573	.046654	.298133	-.199473	.302895	.055861	-.308557
12	.335618	.312814	-.032260	-.165652	-.377514	-.174277	.072961	-.285744
13	.387413	.056909	-.299201	-.231719	-.159157	-.124335	.278231	.371801
14	.297229	-.343573	.046654	-.298133	.199473	.302895	-.055861	-.308557
15	.335618	-.312814	-.032260	.165652	.377514	-.174277	-.072961	-.285744
16	.387413	-.056909	-.299201	.231719	.159157	-.124335	-.278231	.371801

	9	10	11	12	13	14	15	16
9	-.115683	-.847397	-1.073550	-1.221403	-1.395925	-1.954965	-2.217475	-2.267087
1	.237625	.384322	.391066	.008901	.113366	.253640	.174133	.238974
2	.114966	-.266963	-.238855	-.337894	-.365260	-.194539	-.164818	-.185928
3	-.250924	-.158099	-.134643	.403803	.396509	.126677	.191348	.182541
4	-.085938	.400935	.383401	-.155312	-.188237	-.053111	-.259490	-.227908
5	-.482011	.152919	.080176	.194222	-.268592	-.358275	.067433	.233617
6	.237625	-.384322	.391066	-.008901	.113366	-.253640	-.174133	.238974
7	.114966	.266963	-.238855	.337894	-.365260	.194539	.164818	-.185928
8	-.250924	.158099	-.134643	-.403803	.396509	-.126677	-.191348	.182541
9	-.085938	-.400935	.383401	.155312	-.188237	.053111	.259490	-.227908
10	-.482011	-.152919	.080176	-.194222	-.268592	.358275	-.067433	.233617
11	-.142455	-.058710	-.180974	.327022	.207009	-.301318	-.221317	-.355848
12	.260866	-.181653	-.276957	-.214104	-.133744	-.022848	.384066	.334146
13	.198215	-.188293	.094901	.089798	.167925	.399096	-.370848	-.173783
14	-.142455	.058710	-.180974	-.327022	.207009	.301318	.221317	-.355848
15	.260866	.181653	-.276957	.214104	-.133744	.022848	-.384066	.334146
16	.198215	.188293	.094901	-.089798	.167925	-.399096	.370848	-.173783

TOTALE PI ELEKTRONEN ENERGIE 22.186970

Z=16

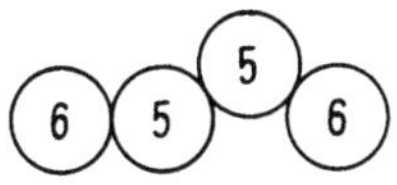

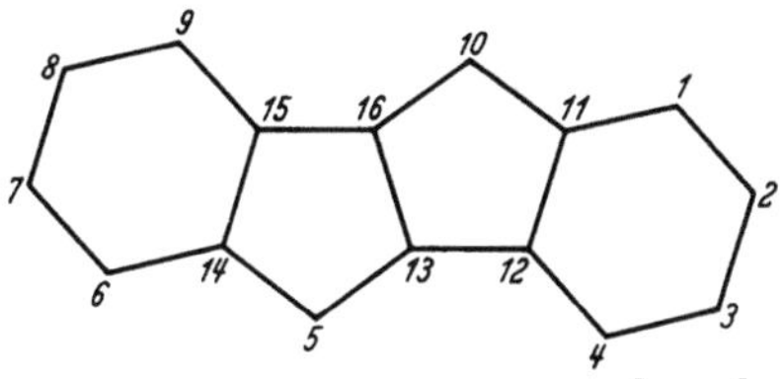

Indeno[2,1-a]inden

allgemeine Bindungsordnungen

	1	2	3	4	5	6	7	8
1	.956406							
2	.671161	1.022590						
3	.030845	.651747	.975309					
4	-.295518	-.016436	.657565	1.006432				
5	.152872	.135523	-.136136	-.204308	.881008			
6	-.073840	-.063443	.063981	.080678	.078346	.956406		
7	-.063443	.024398	.050077	-.022256	-.055941	.671161	1.022590	
8	.063981	.050077	-.061839	-.072370	-.049059	.030845	.651747	.975309
9	.080678	-.022256	-.072370	.026540	-.073607	-.295518	-.016436	.657565
10	.078346	-.055941	-.049059	-.073607	-.342935	.152872	.135523	-.136136
11	.601624	-.035339	-.276104	.031812	-.125980	.063152	-.034257	-.032842
12	-.015469	-.289700	.014688	.635217	.138477	-.058012	-.041769	.066123
13	-.053609	.050993	-.035943	-.025885	.705963	-.193273	.064625	.146557
14	.063152	-.034257	-.032842	.028226	.464291	.601624	-.035339	-.276104
15	-.058012	-.041769	.066123	.083114	-.002632	-.015469	-.289700	.014688
16	-.193273	.064625	.146557	-.083504	-.011422	-.053609	.050993	-.035943

	9	10	11	12	13	14	15	16
9	1.006432							
10	-.204308	.881008						
11	.028226	.464291	1.054621					
12	.083114	-.002632	.542197	.997672				
13	-.083504	-.011422	-.106863	.383349	1.105962			
14	.031812	-.125980	.055278	-.007673	-.097900	1.054621		
15	.635217	.138477	-.007673	-.094862	-.162935	.542197	.997672	
16	-.025885	.705963	-.097900	-.162935	.467259	-.106863	.383349	1.105962

Atom- Atom Polarisierbarkeiten

	1	2	3	4	5	6	7	8
1	.451783							
2	-.156577	.410818						
3	.024664	-.148945	.429003					
4	-.076760	.017876	-.146407	.428997				
5	-.055442	-.033619	-.037881	-.055523	.561500			
6	-.015412	-.008147	-.011758	-.012304	.036231	.451783		
7	-.008147	.000203	-.007412	-.000315	.000351	-.156577	.410818	
8	-.011758	-.007412	-.008362	-.011420	.022859	.024664	-.148945	.429003
9	-.012304	-.000315	-.011420	-.000628	.000848	-.076760	.017876	-.146407
10	.036231	.000351	.022859	.000848	-.184836	-.055442	-.033619	-.037881
11	-.122898	.010236	-.075985	.001478	-.017630	-.004662	.001342	-.004331
12	.000316	-.085162	.020267	-.148475	-.005362	-.006535	-.006992	-.003269
13	.004676	.007080	-.000255	.017442	-.238606	-.047176	-.000737	-.040769
14	-.004662	.001342	-.004331	.001418	-.049162	-.122898	.010236	-.075985
15	-.006535	-.006992	-.003269	-.011595	.032690	.000316	-.085162	.020267
16	-.047176	-.000737	-.040769	-.004634	.023583	.004676	.007080	-.000255

	9	10	11	12	13	14	15	16
9	.428997							
10	-.055523	.561500						
11	.001418	-.049162	.343935					
12	-.011595	.032690	-.098490	.383974				
13	-.004634	.023583	.004970	-.033088	.375887			
14	.001478	-.017630	.002297	-.005049	.012531	.343935		
15	-.148475	-.005362	-.005049	.003272	-.036501	-.098490	.383974	
16	.017442	-.238606	.012531	-.036501	-.044403	.004970	-.033088	.375887

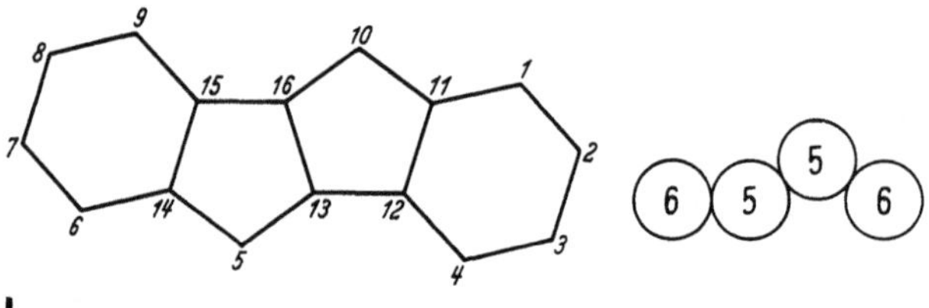

Z=16

Indeno[2,1-a]inden

Bindungs- Atom Polarisierbarkeiten

	1	2	3	4	5	6	7	8
1 2	.030130	-.001225	-.013175	-.001630	-.043119	-.011108	.003803	-.009766
1 11	.006602	.011255	.012404	.009608	.031871	.008903	-.005214	.007130
2 3	-.020101	-.014603	.008084	.003620	.037915	.009697	-.003029	.008987
3 4	.019330	.009512	.018860	.003810	-.051126	-.012334	.002249	-.011856
4 12	-.011351	-.007521	-.011430	-.010369	.048815	.011311	-.001868	.011537
5 13	.005010	-.015391	-.000062	-.010445	.077207	.019431	-.002856	.022279
5 14	-.016258	.010187	-.013149	.008134	.040040	-.027260	.005806	-.023941
6 7	-.011108	.003803	-.009766	.003012	.012329	.030130	-.001225	-.013175
6 14	.008903	-.005214	.007130	-.004035	-.020158	.006602	.011255	.012404
7 8	.009697	-.003029	.008987	-.002631	-.009379	-.020101	-.014603	.008084
8 9	-.012334	.002249	-.011856	.002313	.007717	.019330	.009512	.018860
9 15	.011311	-.001868	.011537	-.002658	-.011184	-.011351	-.007521	-.011430
10 11	-.027260	.005806	-.023941	.001580	-.056775	-.016258	.010187	-.013149
10 16	.019431	-.002856	.022279	-.005046	-.007723	.005010	-.015391	-.000062
11 12	.009544	-.013189	.007825	-.012259	.017499	.005311	-.003124	.005168
12 13	.000155	.018327	.005377	.015121	-.085167	-.019658	.004449	-.020443
13 16	-.007355	.002432	-.003829	-.001635	-.010728	-.007355	.002432	-.003829
14 15	.005311	-.003124	.005168	-.002708	-.005817	.009544	-.013189	.007825
15 16	-.019658	.004449	-.020443	.006216	.027781	.000155	.018327	.005377

	9	10	11	12	13	14	15	16
1 2	.003012	.012329	.017163	-.012016	.011749	.005898	-.009522	.017476
1 11	-.004035	-.020158	-.028277	.010364	-.013939	-.007942	.006485	-.025058
2 3	-.002631	-.009379	-.013292	.009633	-.006380	-.004050	.008979	-.013450
3 4	.002313	.007717	.009580	-.007861	.007866	.003198	-.012717	.011457
4 12	-.002658	-.011184	-.010650	.000354	-.004825	-.001807	.013567	-.011922
5 13	-.005046	-.007723	-.022415	-.006726	-.069719	.004155	.026926	-.014625
5 14	.001580	-.056775	.015010	-.012127	.051031	.009911	-.016145	.023956
6 7	-.001630	-.043119	.005898	-.009522	.017476	.017163	-.012016	.011749
6 14	.009608	.031871	-.007942	.006485	-.025058	-.028277	.010364	-.013939
7 8	.003620	.037915	-.004050	.008979	-.013450	-.013292	.009633	-.006380
8 9	.003810	-.051126	.003198	-.012717	.011457	.009580	-.007861	.007866
9 15	-.010369	.048815	-.001807	.013567	-.011922	-.010650	.000354	-.004825
10 11	.008134	.040040	.009911	-.016145	.023956	.015010	-.012127	.051031
10 16	-.010445	.077207	.004155	.026926	-.014625	-.022415	-.006726	-.069719
11 12	-.002708	-.005817	-.014166	.009567	.004657	-.002674	.004429	-.010063
12 13	.006216	.027781	.028603	.007941	.005393	.003268	-.025143	.027779
13 16	-.001635	-.010728	.008486	.004011	.008618	.008486	.004011	.008618
14 15	-.012259	.017499	-.002674	.004429	-.010063	-.014166	.009567	.004657
15 16	.0'5121	-.085167	.003268	-.025143	.027779	.028603	.007941	.005393

Z = 16

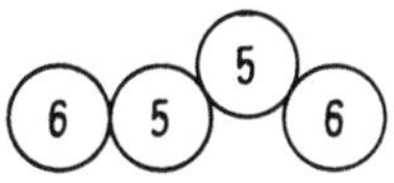

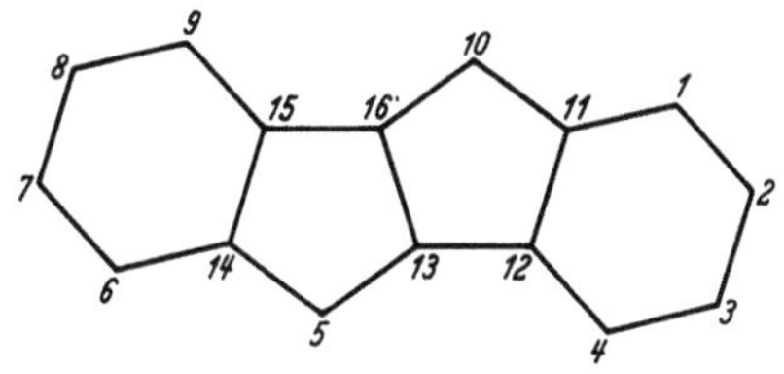

Indeno[2,1-a]inden

Bindungs- Bindungs Polarisierbarkeiten

	1 2	1 11	2 3	3 4	4 12	5 13	5 14	6 7
1 2	.278293							
1 11	-.200775	.276115						
2 3	-.227311	.121752	.274142					
3 4	.128608	-.074534	-.215914	.285037				
4 12	-.082485	.087861	.122745	-.213529	.258553			
5 13	-.016828	.026717	.024690	-.022832	.047254	.269125		
5 14	.001391	-.010177	-.005005	-.001291	-.006338	-.192044	.406341	
6 7	-.003275	-.000006	.002509	-.005719	.004923	-.026699	.042889	.278293
6 14	-.000006	.003695	.001519	.001433	.001236	.069099	-.151933	-.200775
7 8	.002509	.001519	-.001806	.005387	-.004414	.018543	-.029098	-.227311
8 9	-.005719	.001433	.005387	-.009820	.010167	.006615	-.016175	.128608
9 15	.004923	.001236	-.004414	.010167	-.010171	-.012456	.022558	-.082485
10 11	.042889	-.151933	-.029098	-.016175	.022558	-.071889	.028597	.001391
10 16	-.026699	.069099	.018543	.006615	-.012456	.111023	-.071889	-.016828
11 12	.094468	-.121824	-.062247	.103601	-.142536	.048694	-.020243	-.002137
12 13	-.008312	.010978	-.016924	.026876	-.106873	-.148706	.029901	-.005993
13 16	.026459	-.040598	-.016309	.008138	.006133	-.180928	.080883	.026459
14 15	-.002137	.007640	.003395	-.000082	.003727	.050449	-.128386	.094468
15 16	-.005993	-.008197	.004345	-.015965	.013646	.000173	.020018	-.008312

	6 14	7 8	8 9	9 15	10 11	10 16	11 12	12 13
6 14	.276115							
7 8	.121752	.274142						
8 9	-.074534	-.215914	.285037					
9 15	.087861	.122745	-.213529	.258553				
10 11	-.010177	-.005005	-.001291	-.006338	.406341			
10 16	.026717	.024690	-.022832	.047254	-.192044	.269125		
11 12	.007640	.003395	-.000082	.003727	-.128386	.050449	.267817	
12 13	-.008197	.004345	-.015965	.013646	.020018	.000173	-.087946	.357545
13 16	-.040598	-.016309	.008138	.006133	.080883	-.180928	-.009381	-.040139
14 15	-.121824	-.062247	.103601	-.142536	-.020243	.048694	.010275	-.015283
15 16	.010978	-.016924	.026876	-.106873	.029901	-.148706	-.015283	-.009145

	13 16	14 15	15 16
13 16	.331484		
14 15	-.009381	.267817	
15 16	-.040139	-.087946	.357545

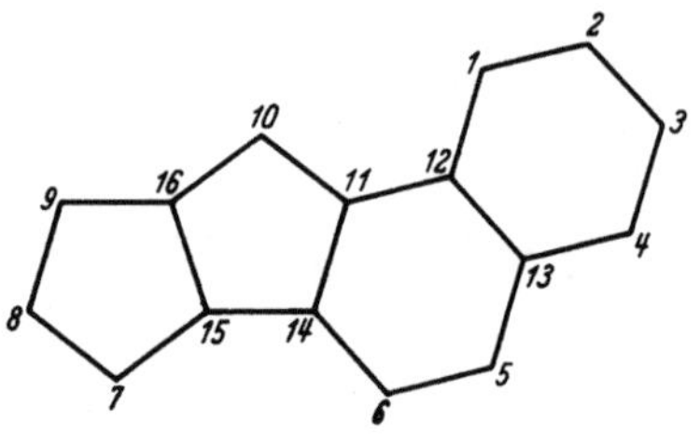

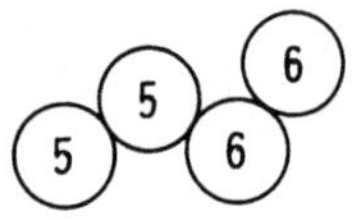

Z=16

Pentaleno[2,1-a]naphthalin

Eigenwerte und Hückelkoeffizienten

	1	2	3	4	5	6	7	8
1	2.537966	2,150589	1.620144	1,441580	1,144701	1,000000	,687752	,436149
1	.162923	,268664	.215599	,285478	,153900	,353553	,269051	,249817
2	.100788	,242076	,363002	,150421	,417649	0	,297905	,018291
3	.092874	.251941	.372517	-,068634	,324182	-,353553	-,064166	-,241839
4	.134923	,299747	,240528	-,249363	-,046557	-,353553	-,342035	-,123769
5	.185739	.209059	-,199003	-,431028	-.144061	0	.337247	.115037
6	.221844	,056910	-,339588	-,330519	,212569	0	,403011	-,137684
7	.199792	-,251100	.215790	-,223609	,120809	,353553	-,336223	,016260
8	.152508	-,236094	,324011	-,205575	-,145430	,353553	,037486	-,452358
9	.187268	-,256641	.309154	-,072743	-,287283	0	.362004	-,213556
10	.277358	-,118673	-.048210	,334700	-,206402	-,353553	,052168	-,089222
11	.381153	.060620	-,254970	,381787	-,052845	0	-,175605	-,398130
12	.312704	.335710	-,013701	,261118	-,241479	.353553	-,112865	,090666
13	.249557	.392690	.017174	-,290842	-,377476	0	-.171069	,187857
14	.377292	-,086669	-,351177	-,045442	,387389	0	-,060075	-,175087
15	.354558	-.303919	,025600	-,116776	,283721	0	-,268724	,459450
16	,322772	-.315836	.176863	,100709	-,183423	-,353553	,211483	,359216

	9	10	11	12	13	14	15	16
9	-,014992	-,788202	-1,000000	-1,387036	-1,546238	-1,831551	-2,050447	-2,400414
1	.036281	,441306	,158114	,373328	,123480	,181803	,131496	,252549
2	-,173694	-,309433	.316228	-,312627	-,270525	-,266980	-.119122	-,176142
3	-,033677	-,197410	-,474342	,060297	,294816	,307185	,112757	,170263
4	.174199	.465032	.158114	,228993	-,185330	-,295645	-.112080	-,232561
5	-,347816	-,293318	0	,500387	,118493	-,067492	,022564	-,268667
6	-,025851	,400323	-.316228	-,316136	-,174967	-,110688	-.163323	,256934
7	-,427304	,089445	-,158114	,008734	-,454269	,213899	,264811	-,098268
8	-,084168	,070406	.158114	-,124900	,524241	-,302750	-,005859	,049126
9	,428566	-,144939	0	,164507	-,356331	,340602	-,252799	-,019655
10	-.520305	.251294	.158114	-,134044	,136829	,336492	-,284941	-,162430
11	-,069943	-,241905	0	,289201	-,238303	-,295221	,060047	,391846
12	.173151	-,038406	-,474342	-,205193	,079596	-,066002	-,150504	-,430082
13	,031066	-,169129	,316228	-,377919	-,008251	,234303	,117058	,387979
14	,348203	-,022217	,316228	-,061895	,152048	,270222	,312322	-,348080
15	,090574	-,140906	0	,112786	,178168	-,089018	-,537123	,186757
16	,077743	,043835	-,158114	-,103277	,026732	-,321081	,524209	-,001947

TOTALE PI ELEKTRONEN ENERGIE 22,037760

Z=16

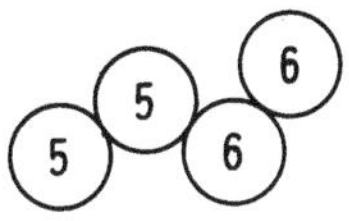

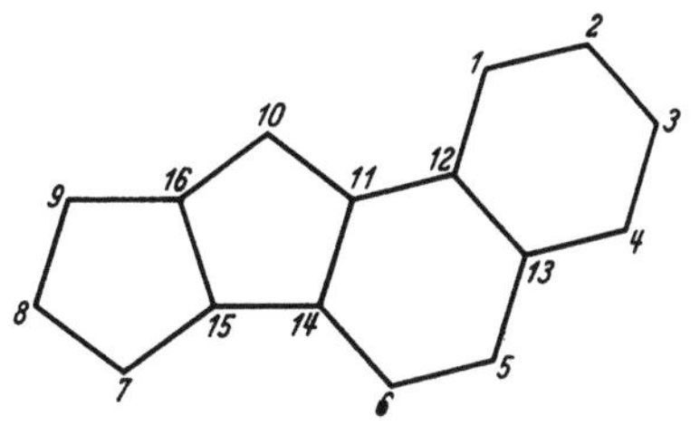

Pentaleno[2,1-a]naphthalin

allgemeine Bindungsordnungen

	1	2	3	4	5	6	7	8
1	1.020373							
2	.703319	.973336						
3	-.018496	.614210	1.016554					
4	-.343853	.024721	.713103	.975125				
5	.035555	-.050682	-.141580	.048921	.902630			
6	-.018777	.138935	.014946	-.165941	.705195	1.007153		
7	.009942	-.090722	-.034337	.083433	-.181740	-.162800	.904879	
8	-.055433	-.025868	.048675	.007884	-.030693	.049578	.586223	1.156851
9	.014562	.083964	.016354	-.086345	.179732	.120448	.049886	.712456
10	-.133117	-.080445	.062496	.069204	-.141801	-.100086	-.337917	-.133552
11	-.044867	-.127404	.039815	.049731	-.255523	.042430	-.066554	.127836
12	.585699	.028541	-.254744	-.023930	.051193	-.204951	.104166	.050372
13	.019287	-.244960	-.016708	.561739	.537378	-.014080	.069930	-.051586
14	-.101571	.046852	.114574	-.048054	.090443	.590570	.191350	-.011659
15	.068877	.001473	-.055964	.027709	-.062177	-.039967	.621773	-.202086
16	.056047	.056783	-.051055	-.033897	.108774	-.085870	-.105968	-.184993

	9	10	11	12	13	14	15	16
9	.921972							
10	.280760	.767285						
11	-.028285	.551733	1.103721					
12	-.083349	.091625	.478415	.966253				
13	-.042367	-.046663	-.042595	.522361	1.016823			
14	-.216024	.098362	.541057	-.041619	-.203075	.919173		
15	-.232202	-.038970	-.170236	-.037054	.057445	.404077	1.192348	
16	.482786	.588053	-.146449	-.106462	.061624	-.128379	.518734	1.155524

Atom- Atom Polarisierbarkeiten

	1	2	3	4	5	6	7	8
1	.432000							
2	-.191713	.417255						
3	.016075	-.117000	.405193					
4	-.121385	.021730	-.201449	.451166				
5	-.009631	.010747	-.021616	.034084	.485590			
6	.001875	-.024484	-.000039	-.027882	-.187865	.425751		
7	.000777	-.022392	-.002078	-.018414	-.071030	-.029457	.529032	
8	-.003941	-.001420	-.003343	-.001984	-.006683	-.001600	-.095737	.400580
9	-.001051	-.019135	-.002372	-.016556	-.060801	-.023159	.074254	-.219465
10	-.013704	-.008147	-.002644	-.014267	-.025830	-.006349	-.158996	-.010552
11	.014829	-.017374	.002694	-.012259	-.069474	.001496	-.001038	-.013977
12	-.107003	.011120	-.055297	-.000164	.005904	-.033542	-.024311	-.000838
13	.002596	-.050212	.007824	-.092998	-.080114	.011773	-.007534	-.002771
14	-.012044	-.003829	-.019265	.007030	.023494	-.112785	-.035505	-.008291
15	-.005870	.000784	-.003602	-.001577	-.003375	.011815	-.145191	-.016621
16	-.001811	-.005930	-.003079	-.005074	-.023399	-.005548	.007621	-.013356

	9	10	11	12	13	14	15	16
9	.576544							
10	-.106541	.503035						
11	-.006556	-.079671	.354666					
12	-.018917	.013117	-.054997	.355371				
13	-.006146	.000354	.001431	-.077638	.334715			
14	-.035388	-.002190	-.098168	-.007632	-.036895	.400214		
15	-.076870	.023303	-.017188	.003349	-.000422	-.038507	.342227	
16	-.057841	-.110917	-.004413	-.008521	-.003964	-.020239	-.072252	.328723

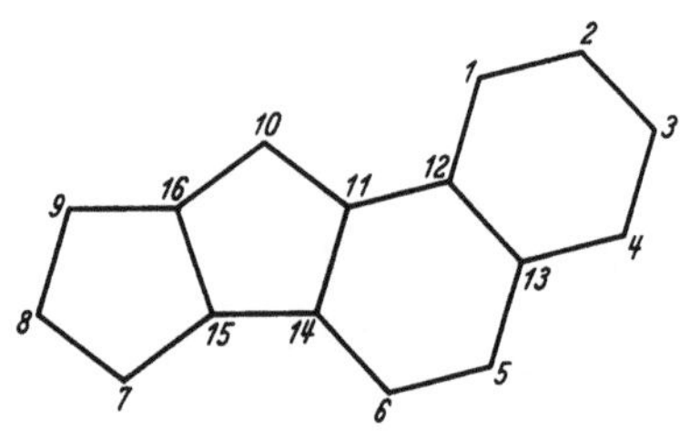

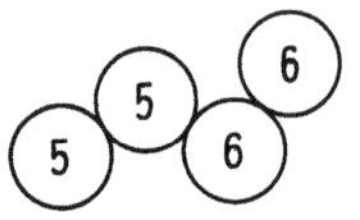

Z=16

Pentaleno[2,1-a]naphthalin

Bindungs- Atom Polarisierbarkeiten

	1	2	3	4	5	6	7	8
1 2	-.012693	.014710	.005746	.015558	.010619	.004292	-.000117	-.004973
1 12	-.003568	-.016566	-.004369	-.015539	-.011239	-.005028	.000107	.007114
2 3	.010838	.011336	-.004380	-.015964	-.013041	-.003071	-.006665	.004573
3 4	-.009461	-.009971	-.009609	.015786	.012167	.003305	.006100	-.002921
4 13	.009480	.009564	.009431	.008664	-.014141	-.002803	-.012459	.002602
5 6	.002211	.016124	.003415	.014765	.062808	.000273	-.054012	.005938
5 13	-.002831	-.018546	-.004290	-.016739	.028424	.005451	.025698	-.007057
6 14	-.002947	-.014903	-.003181	-.014263	-.057084	-.008015	.054905	-.003886
7 8	.003520	-.005628	.005252	-.007478	-.024806	.010615	.058377	-.016097
7 15	-.003530	-.001154	-.005818	.001120	-.003509	-.009722	.057286	.037476
8 9	-.001379	.005229	-.003601	.007159	.023686	-.008563	-.036999	-.083210
9 16	.001283	-.011577	.003294	-.013429	-.050822	.011145	.050354	.090964
10 11	-.002382	-.017612	-.000001	-.019573	-.071874	.002950	-.014060	.038296
10 16	.005468	.011099	.001832	.013873	.050078	-.007233	-.065813	-.046839
11 12	.013913	.005357	.011063	.006538	.024664	.009613	.006524	-.015082
11 14	-.007043	.010855	-.008679	.012639	.044727	-.014559	.005155	-.010764
12 13	-.007075	.010323	-.004285	.008140	-.015873	-.001625	-.014149	.006460
14 15	.010070	.001596	.011516	-.000543	.005136	.017767	-.093478	.012317
15 16	-.003873	-.000235	-.003336	-.000711	.000081	-.004790	.033247	-.014910

	9	10	11	12	13	14	15	16
1 2	.002077	-.019068	-.010598	-.012655	.005683	.011323	-.002659	-.007246
1 12	-.002173	.022155	.015087	.015925	-.006109	-.011243	.005325	.010123
2 3	-.008426	.012555	.009197	.011768	-.004343	-.013776	.002866	.006533
3 4	.008119	-.010725	-.006814	-.009359	.005199	.013432	-.000505	-.004743
4 13	-.014390	.005025	.006418	.008498	-.005135	-.015599	.000370	.004476
5 6	-.056610	-.008848	.013816	.017348	.005171	-.038165	.005042	.010724
5 13	.029474	-.012948	-.016299	-.019796	-.006761	.030943	-.003334	-.011388
6 14	.059192	.004565	-.015813	-.014388	-.004149	.033357	-.001787	-.011602
7 8	-.080339	-.036413	.020617	-.003946	.007404	-.028855	.089422	.008354
7 15	.093694	-.043461	-.022999	-.003573	-.008314	-.004563	-.092367	.009434
8 9	.088093	.027870	-.008168	.002437	-.005399	.026522	-.054539	.020861
9 16	.020186	-.098710	.006303	-.009086	.005191	-.060489	.067142	-.011748
10 11	-.030190	.114481	-.004769	-.014558	.001800	-.069255	.025888	.060861
10 16	-.040650	.074164	.024466	.005839	-.000379	.060000	-.014550	-.071355
11 12	.010817	-.040218	-.033167	-.000218	.011509	.023752	-.013001	-.022064
11 14	.017508	-.054567	-.033676	.008757	-.011128	.058924	.008451	-.018600
12 13	-.015292	.009344	.012062	.014600	-.002098	-.015878	.006508	.008839
14 15	-.110667	.040746	.054909	.002261	.014743	.001466	-.003656	.035819
15 16	.029577	.014053	-.010572	.000145	-.002885	.006106	-.024618	-.017278

Z=16

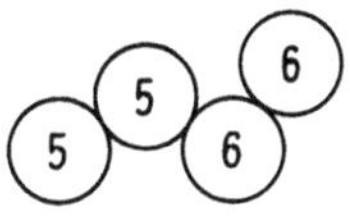

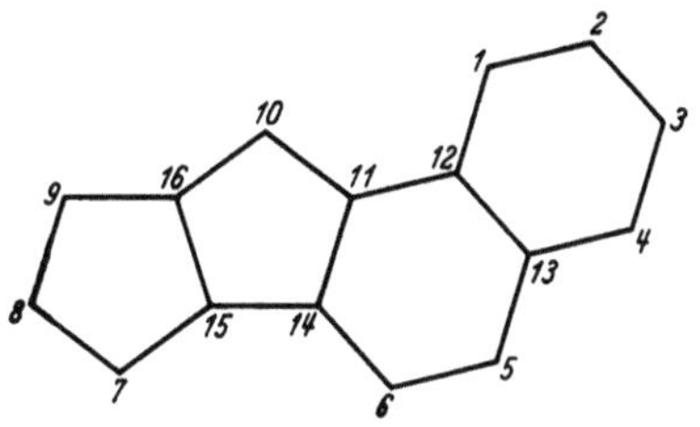

Pentaleno[2,1-a]naphthalin

Bindungs- Bindungs Polarisierbarkeiten

	1 2	1 12	2 3	3 4	4 13	5 6	5 13	6 14
1 2	.237484							
1 12	-.202378	.289283						
2 3	-.212168	.118742	.297800					
3 4	.127366	-.080137	-.218574	.227795				
4 13	-.071721	.091994	.114091	-.186507	.293332			
5 6	-.009517	.009813	.029119	-.031757	.066937	.281761		
5 13	.015377	-.013639	-.047231	.060318	-.155371	-.195221	.329447	
6 14	.016458	-.020988	-.026008	.028071	-.046999	-.243338	.110882	.317296
7 8	-.021515	.023308	.018239	-.017930	.016096	.023086	-.033364	-.029869
7 15	.023299	-.025363	-.022167	.021958	-.022980	-.051979	.048316	.072026
8 9	.020898	-.022763	-.017660	.017381	-.015500	-.021963	.032144	.027776
9 16	-.020850	.023247	.015067	-.014816	.010518	-.001586	-.021666	-.000498
10 11	-.048306	.071601	.033314	-.026150	.017234	-.015090	-.045798	.024259
10 16	.033698	-.043682	-.025801	.021421	-.015967	-.006426	.037689	.001506
11 12	.060292	-.139012	-.044666	.024170	-.020536	-.047056	.082058	.062402
11 14	.004272	.008423	.003338	.004198	.002995	.0/9377	-.019159	-.126819
12 13	.072982	-.116570	-.039769	.067707	-.104399	.066387	-.127467	-.039342
14 15	-.014498	.011191	.014458	-.018763	.022252	.059970	-.043933	-.131598
15 16	-.011172	.016930	.009874	-.005752	.004531	.007484	-.013383	.004783

	7 8	7 15	8 9	9 16	10 11	10 16	11 12	11 14
7 8	.473681							
7 15	-.302373	.410322						
8 9	-.339950	.187924	.352458					
9 16	.148688	-.093998	-.251596	.446035				
10 11	.140602	-.165899	-.139261	.144599	.498282			
10 16	-.191096	.183115	.193678	-.290911	-.308414	.4/2111		
11 12	-.044189	.050764	.043806	-.042975	-.178033	.091280	.320716	
11 14	-.092877	.112248	.08/954	-.089997	-.241433	.129525	-.061704	.335322
12 13	.015726	-.022181	-.015408	.009998	.035390	-.025687	-.102556	.031369
14 15	.124134	-.243319	-.114107	.068221	.106698	-.085649	-.017434	-.149825
15 16	.089604	-.159715	-.025811	-.037479	.096405	-.1/0390	-.037327	-.017207

	12 13	14 15	15 16
12 13	.270531		
14 15	.008601	.432955	
15 16	.014689	-.029355	.263292

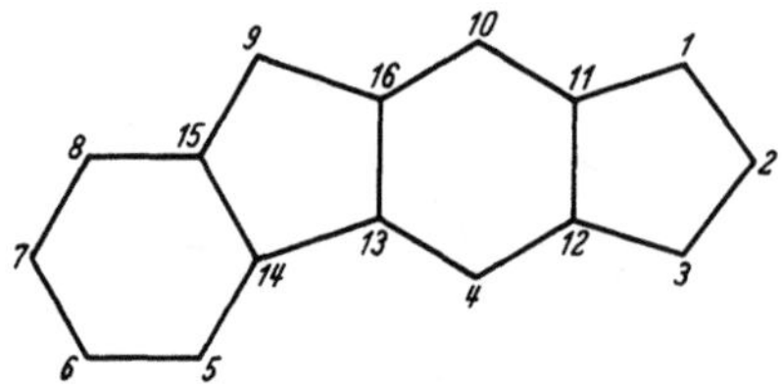

Z = 16

Cyclopenta[b]fluoren

Eigenwerte und Hückelkoeffizienten

	1	2	3	4	5	6	7	8
1	2,518800	2,176292	1,671589	1,373884	1,152886	1,000000	,676774	,439508
1	,156654	,308815	,197762	,215323	,001064	,353553	,069905	,418784
2	,125026	,281809	,254785	,080771	,269038	,353553	-,395571	,176960
3	,158262	,304483	,228134	-,104354	,309107	0	-,337617	-,341008
4	,261339	,134063	-,092366	-,418647	,059383	-,353553	,007812	,190263
5	,186752	-,218086	,257923	-,259669	-,272620	,353553	,069343	-,290382
6	,119711	-,189465	,402275	-,090134	-,423222	0	-,236178	-,163901
7	,114777	-,194246	,414516	,135836	-,215306	-,353553	-,229182	,218346
8	,169390	-,233270	,290625	,276756	,174998	-,353553	,081074	,259866
9	,265498	-,163664	-,200325	,325635	,196902	0	-,171943	-,341909
10	,248694	,159675	-,197632	,304282	-,397147	0	,062745	-,088828
11	,269554	,390263	,075791	,215058	-,267812	0	,442881	,007098
12	,273605	,380835	,126562	-,224140	,087327	-,353553	,167080	-,326836
13	,384657	-,089075	-,280960	-,351033	-,018865	0	-,161793	,410458
14	,350679	-,285154	,028867	-,266621	,108921	,353553	,283107	,036276
15	,311881	-,313417	,071290	,244395	,417059	0	,284050	-,104133
16	,356856	-,042762	-,406150	,202990	-,190054	0	-,400417	-,046139

	9	10	11	12	13	14	15	16
9	-,015457	-,777918	-1,000000	-1,341919	-1,658218	-1,700277	-2,175371	-2,340574
1	,360774	,054106	,158114	,061231	,390362	,376597	,117686	,139498
2	-,061821	-,275853	-,158114	-,160492	-,183361	-,532444	-,022861	,005069
3	-,359818	,160485	0	,154136	-,086309	,528705	-,067954	-,151363
4	,302532	-,511720	-,158114	-,170268	,008877	,202325	-,070204	-,334406
5	,034096	-,307918	,474342	-,171450	-,137985	,089221	-,278606	,200413
6	,251279	-,012724	-,316228	,511299	,048826	-,097952	,253933	-,129894
7	-,037980	,317816	-,158114	-,514671	,057022	,077325	-,273792	,103614
8	-,250692	-,234511	,474342	,179348	-,143380	-,033522	,341666	-,112621
9	,501851	,087571	0	-,265808	-,336300	,121833	,327442	,077353
10	-,429025	-,386963	-,316228	-,119990	,052478	,173323	,218812	,287370
11	,056244	,233763	0	,078325	-,463944	-,107876	-,233149	-,331574
12	,067382	,151009	,158114	-,046346	,326481	-,366502	,170687	,349206
13	-,072059	,247067	0	,274833	-,341201	,022493	-,017967	,433496
14	-,251806	,252259	-,158114	-,281227	,179984	-,053747	,352138	-,339188
15	,041855	-,135386	-,316228	,274001	,180734	-,020328	-,469458	,159985
16	-,049612	,067263	,316228	,082692	,376925	-,186822	-,242850	-,341036

TOTALE PI ELEKTRONEN ENERGIE 22,019467

Z=16

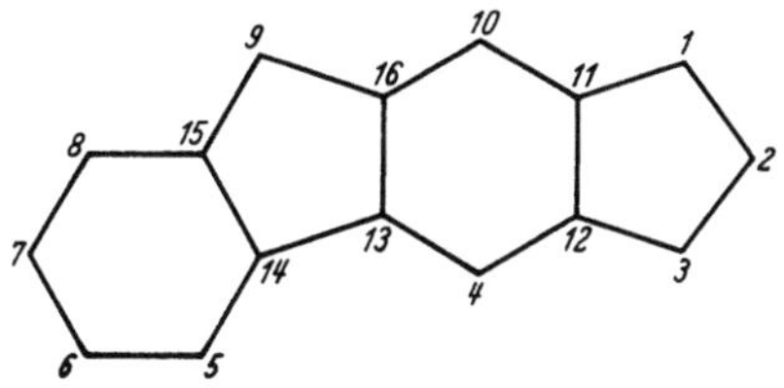

Cyclopenta[b]fluoren

allgemeine Bindungsordnungen

	1	2	3	4	5	6	7	8
1	1.021297							
2	.692266	1.103320						
3	-.049226	.623315	1.013021					
4	-.141564	-.130677	.111265	.869711				
5	-.070096	-.041060	.080866	-.182883	1.009684			
6	-.130418	.014692	.134487	-.103398	.674866	.963875		
7	.038816	.045129	-.048448	.121535	-.020321	.629024	1.025471	
8	.122492	-.024324	-.137385	.111513	-.313891	.041275	.696595	.947784
9	-.266892	.045640	.296024	-.250165	-.034538	-.067659	-.108366	.093440
10	.162937	-.194144	-.205032	-.125454	.040100	.120823	.017344	-.111685
11	.515377	-.131249	-.156780	.029275	.061187	-.045972	-.053056	.054105
12	-.225731	-.139525	.587120	.548023	.033145	.017726	-.048027	.002305
13	.124329	.109226	-.169774	.674410	-.030637	-.079075	.056142	-.005247
14	.150545	-.003922	-.142402	.105906	.617520	.025488	-.268049	-.026080
15	-.009035	-.060023	.026429	-.124476	.035516	-.246320	-.036413	.566499
16	-.082861	.089154	.043583	.033736	-.088104	.103415	.062193	-.138296

	9	10	11	12	13	14	15	16
9	.857360							
10	.239907	.777088						
11	-.137536	.626660	1.089751					
12	.024372	.080946	.464111	1.107031				
13	-.115112	-.017935	-.183106	-.096780	1.106133			
14	.015071	-.147740	.049120	-.058557	.425607	.989076		
15	.536570	-.101535	.066167	.076259	-.109005	.515411	1.051556	
16	.592816	.556816	-.068780	-.167936	.466728	-.128491	-.085685	1.067841

Atom- Atom Polarisierbarkeiten

	1	2	3	4	5	6	7	8
1	.601088							
2	-.190222	.402455						
3	.119545	-.121694	.585655					
4	.009098	-.013686	.038336	.477690				
5	-.012588	-.002656	-.014301	-.039860	.429059			
6	-.052478	-.000389	-.055947	-.024591	-.161795	.437466		
7	-.006103	-.003476	-.006550	-.023543	.016588	-.128197	.406356	
8	-.057754	.000750	-.062373	-.035971	-.091861	.031117	-.181402	.471085
9	-.210385	.001358	-.229280	-.115913	.006459	.034765	-.005101	.062967
10	.013053	-.042696	-.038403	.007671	-.003187	-.028560	-.000825	-.027134
11	-.065667	.000458	-.006948	.002759	-.004462	-.005027	-.004201	-.004824
12	-.062331	-.000983	-.121344	-.084921	-.000416	.001992	-.003110	.004781
13	-.035949	-.014300	-.044842	-.189108	.014883	-.000499	.002266	.006497
14	-.044666	-.000958	-.046331	.001899	-.131244	.021327	-.066268	-.000896
15	-.001960	-.005070	-.001087	-.015517	.000928	-.052941	.007190	-.095642
16	-.002681	-.008893	.005564	.005657	-.005548	-.016243	-.003626	-.019339

	9	10	11	12	13	14	15	16
9	.668905							
10	-.070170	.457871						
11	-.023097	-.141110	.335483					
12	.017208	-.007126	-.049743	.336898				
13	.022156	-.000895	-.026203	-.002140	.357478			
14	.035680	-.022852	-.003853	-.001421	-.036084	.385638		
15	-.075621	-.007552	-.004713	-.006608	-.002062	-.076907	.333543	
16	-.119931	-.088085	.001149	-.020735	-.051197	-.013064	.004017	.332956

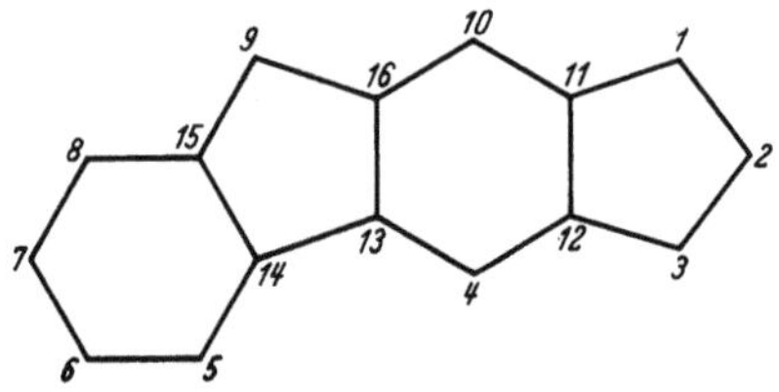

Z=16

Cyclopenta[b]fluoren

Bindungs- Atom Polarisierbarkeiten

	1	2	3	4	5	6	7	8
1 2	.016333	-.042162	-.002611	-.013622	-.005744	.005315	-.004419	.003799
1 11	.025654	.051782	.041788	-.000528	.006686	-.017565	.004249	-.015506
2 3	-.006712	-.019920	.019600	.010336	.006489	-.005538	.005267	-.004339
3 12	.045889	.036908	.026737	-.023822	-.006148	-.007247	-.005804	-.008108
4 12	-.071853	-.016693	-.062373	.026923	.010654	.007278	.011118	.006648
4 13	.057703	.013407	.048887	.073400	-.010870	-.016041	-.012854	-.014151
5 6	-.034749	.002456	-.033743	-.035973	.001967	.029195	.010086	.030438
5 14	.035690	-.001711	.034084	.035758	-.012992	-.020970	-.008361	-.021990
6 7	.022499	-.002678	.020959	.027209	.006259	.010521	-.013865	-.031011
7 8	-.022670	.003526	-.021496	-.028945	-.004534	-.014300	-.005836	.040116
8 15	.010963	-.004066	.009048	.021442	.012982	.013728	.014942	.007545
9 15	-.021344	.007478	-.016826	-.041122	-.001007	-.025513	.000280	-.024540
9 16	-.030292	-.009195	-.038181	.003390	-.000224	.023228	.004723	.017149
10 11	-.054242	-.032880	-.065296	.006036	-.003524	.016482	.000259	.012470
10 16	.027489	.023838	.035329	.011441	.003693	-.029271	-.000657	-.024997
11 12	.043997	-.000208	.045484	-.007655	-.003296	.000844	-.003864	.001922
13 14	-.060077	.003281	-.055931	-.063318	.017938	.012601	.019133	.009932
13 16	.005707	-.011262	.007268	-.016917	-.005145	.006963	-.002109	.005091
14 15	.010015	-.001902	.007273	.015966	-.013183	.010289	-.012289	.009531

	9	10	11	12	13	14	15	16
1 2	.015169	.042835	.021699	-.023534	-.021677	.006566	-.002544	.004595
1 11	-.066805	-.069589	-.006290	.041567	.025010	-.020938	.002178	-.001692
2 3	-.016885	-.051877	-.003004	.043541	.027102	-.006899	.004054	-.001214
3 12	-.038122	.021910	.024981	-.033693	-.026879	-.007674	-.004558	.005630
4 12	.036058	.006884	-.006916	-.028954	.054003	.008054	.012544	.006623
4 13	-.073790	.010593	.004769	.024400	-.060838	-.019648	-.016258	-.008709
5 6	.026230	-.014935	.004328	.002222	.004770	-.010864	.009596	.008974
5 14	-.027462	.015104	-.004463	-.001011	-.002847	.002627	-.010804	-.010651
6 7	-.028515	.002146	-.004568	-.001347	-.001247	.012784	-.011092	-.008055
7 8	.033518	-.002543	.005212	.002797	.005417	-.014301	.014025	.010011
8 15	-.040909	-.009984	-.006326	-.002335	-.004545	.011773	-.021489	-.012768
9 15	.075914	.020800	.012588	.003045	.005278	-.019414	-.001781	.026164
9 16	.078523	-.075868	-.015093	.001828	.017530	.030101	.015396	-.023015
10 11	.057364	.090534	-.045778	-.020433	-.005274	.021014	.005507	.017762
10 16	-.112432	.072615	.032640	.015144	.003285	-.035573	-.006651	-.015894
11 12	.006937	-.034083	-.007103	-.010173	-.017469	.000790	-.005596	-.010527
13 14	.059540	-.017704	.009502	.000501	.001244	.014221	.026237	.022901
13 16	.037058	.005121	-.012004	-.015245	-.013354	.014316	.001245	-.006731
14 15	-.021390	-.011959	-.004173	.001680	.010492	.013065	-.010009	-.003406

Z=16

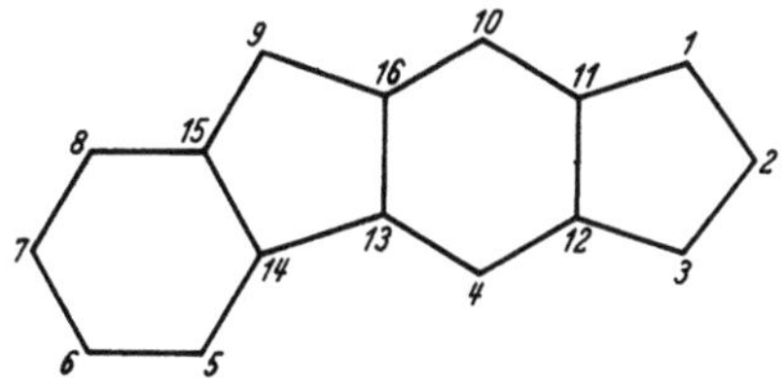

Cyclopenta[b]fluoren

Bindungs- Bindungs Polarisierbarkeiten

	1 2	1 11	2 3	3 12	4 12	4 13	5 6	5 14
1 2	.295064							
1 11	-.194441	.367286						
2 3	-.273987	.103790	.363170					
3 12	.116936	-.031350	-.211316	.327674				
4 12	-.078360	.046199	.098691	-.210177	.369040			
4 13	.056137	-.035534	-.062439	.103959	-.219415	.287053		
5 6	-.012900	.005194	.013669	-.022559	.021749	-.040322	.278233	
5 14	.014813	-.006894	-.015182	.025525	-.029130	.063537	-.221482	.281990
6 7	.016318	-.011053	-.017189	.023801	-.021513	.035575	-.217814	.124490
7 8	-.015603	.010316	.017009	-.023248	.018819	-.027518	.132494	-.085951
8 15	.020034	-.017034	-.021815	.026503	-.021209	.028561	-.069598	.084820
9 15	-.042012	.036573	.045235	-.055531	.048052	-.072743	.002369	.004074
9 16	.060306	-.067189	-.064730	.067735	-.056517	.074175	-.003316	-.003192
10 11	.115489	-.217774	-.098478	.077739	.013976	-.001476	-.008810	.009659
10 16	-.056374	.080060	.054682	-.050396	-.004809	.023105	.002865	-.004187
11 12	.002735	-.071057	.035908	-.105572	-.094798	.049468	.003470	-.000563
13 14	-.034808	.021912	.035510	-.055496	.068252	-.173860	.055131	-.133184
13 16	-.010970	.000175	.019501	-.031571	.078991	-.140539	.000200	.013486
14 15	.021624	-.019179	-.022028	.027344	-.027842	.052276	.081427	-.122628

	6 7	7 8	8 15	9 15	9 16	10 11	10 16	11 12
6 7	.299586							
7 8	-.234395	.260748						
8 15	.118209	-.193593	.302173					
9 15	-.051574	.066524	-.181010	.393236				
9 16	.027507	-.034188	.072306	-.195204	.360862			
10 11	.016443	-.016814	.026233	-.056210	.106227	.335299		
10 16	-.017664	.018445	-.038056	.089926	-.233577	-.209479	.371505	
11 12	-.005015	.007278	-.009441	.017571	-.029381	-.132486	.072449	.286656
13 14	-.039549	.018142	-.011883	.061730	-.015958	-.029843	.029969	-.000209
13 16	-.006250	.013144	-.021565	.043126	-.124375	.044208	-.090174	-.023360
14 15	-.039913	.068390	-.093634	-.154132	.058508	.026099	-.038288	-.003651

	13 14	13 16	14 15
13 14	.361346		
13 16	-.057489	.293640	
14 15	-.099712	-.000177	.285517

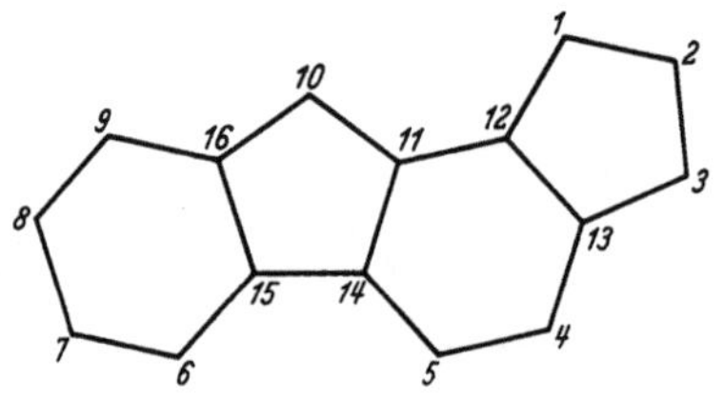

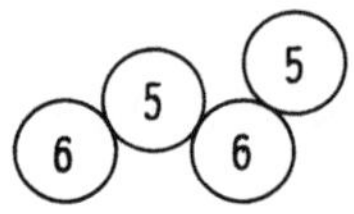

Z=16

Cyclopent[a]fluoren

Eigenwerte und Hückelkoeffizienten

	1	2	3	4	5	6	7	8
1	2.535890	2.152871	1.630695	1.439232	1.137454	1.000000	.679388	.368937
1	.184230	.278629	.211063	.213889	.275101	0	.320782	-.411688
2	.135903	.271601	.292570	.095721	.220078	.353553	.374504	.204752
3	.160405	.306092	.266029	-.076124	-.024772	.353553	-.066348	.487228
4	.195197	.199626	-.087315	-.431439	-.350443	0	-.062141	-.139811
5	.224131	.042393	-.283626	-.415658	-.150358	0	.377363	-.026586
6	.177482	-.247171	.194498	-.260075	.420702	0	-.316783	-.035101
7	.112879	-.215773	.377219	-.253241	.202843	-.353553	-.061824	.217608
8	.108766	-.217360	.420631	-.104398	-.189978	-.353553	.274780	.115385
9	.162940	-.252175	.308702	.102988	-.418934	0	.248507	-.175038
10	.271872	-.132317	-.113681	.381660	-.182679	0	-.167092	.339201
11	.385006	.040679	-.268146	.296675	.078751	-.353553	-.007572	.305106
12	.331285	.328252	.051609	.212115	.092836	-.353553	-.156569	-.356639
13	.270866	.387376	.141242	-.205282	-.248255	0	-.419580	-.024996
14	.373176	-.108358	-.375193	-.166790	.179418	0	.318516	.130003
15	.337195	-.316354	-.060053	-.121067	.275686	.353553	-.153394	-.230558
16	.304433	-.325540	.082768	.252622	-.286540	.353553	-.105948	-.179963

	9	10	11	12	13	14	15	16
9	.114599	-.907442	-1.000000	-1.365200	-1.510800	-1.736416	-2.191624	-2.347583
1	.262533	-.151572	0	-.155436	-.420255	-.338051	-.118361	-.170588
2	.177152	.104685	.250000	.219817	.250164	.490978	.020210	.013450
3	-.242232	.056576	-.250000	-.144658	.042307	-.514491	.074069	.139012
4	.365816	.052150	.500000	.182758	.047450	-.280248	.086799	.271661
5	.246834	.108702	-.500000	-.227171	.242393	.084235	-.007689	-.297953
6	.184313	.533391	0	-.269258	-.085713	.081287	-.293899	.179046
7	.232161	-.234373	-.250000	.502476	-.100020	-.055336	.259811	-.112140
8	-.157708	-.320711	.250000	-.416723	.236823	.014800	-.275508	.084212
9	-.250234	.525399	0	.066434	-.257773	.029638	.343999	-.085555
10	.476060	-.134137	0	-.376641	-.202320	.171234	.320187	.119929
11	-.074475	.277780	.250000	.188163	.153046	-.231070	-.223320	-.398178
12	-.147066	.032858	-.250000	-.007615	.384757	.096019	.239194	.387019
13	-.204912	-.156025	0	-.022330	-.314082	.402392	-.182541	-.339793
14	-.337529	-.150790	0	.127376	-.413658	.133981	-.069947	.427809
15	-.211039	-.249648	.250000	-.134886	.229515	-.085812	.384306	-.308185
16	.129031	-.156059	-.250000	.326027	.152620	-.066263	-.478409	.116636

TOTALE PI ELEKTRONEN ENERGIE 21.888932

Z=16

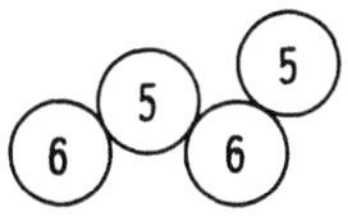

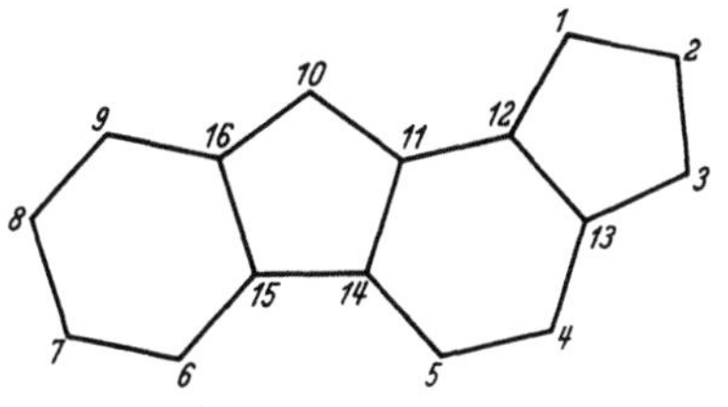

Cyclopent[a]fluoren

allgemeine Bindungsordnungen

	1	2	3	4	5	6	7	8
1	1.099879							
2	.558643	1.085215						
3	-.147960	.739882	1.126791					
4	-.155817	-.230241	.093426	.835869				
5	-.010063	.043993	-.058298	.578535	.941930			
6	-.044359	-.088477	.035692	-.084628	-.199253	.953269		
7	-.134980	-.032195	.103581	-.084773	-.090379	.619758	.966090	
8	.028608	.057078	-.023089	.039046	.136887	.021945	.677741	.993629
9	.166934	.037715	-.136324	.131839	.113772	-.248636	.049483	.638618
10	-.345282	-.058088	.249385	-.202209	-.231353	-.152482	-.066415	-.002802
11	-.034498	-.069429	.004995	-.182192	.035888	-.092429	.132474	.064867
12	.661788	-.133296	-.278958	.122460	-.156397	.067416	.016445	-.025123
13	-.097718	-.106384	.474064	.646007	.004113	.125075	.044798	-.089821
14	.043413	.161881	-.045321	.110173	.689104	.066873	.022408	-.015654
15	.113919	.023528	-.066983	.010595	.072625	.661026	.009124	-.306619
16	-.003684	-.026468	.006840	.020761	-.132321	.008449	-.287759	-.016256

	9	10	11	12	13	14	15	16
9	.927889							
10	.115026	.852717						
11	-.176054	.666747	1.068304					
12	-.012791	.019906	.429348	1.100958				
13	-.053964	.069922	-.005464	.464395	1.047643			
14	-.127272	.105777	.483546	-.092522	-.282167	.940270		
15	-.019090	-.017566	-.150668	-.028158	-.026318	.346937	1.019467	
16	.616956	.443704	-.089905	-.037960	.072545	-.065718	.547666	1.040081

Atom- Atom Polarisierbarkeiten

	1	2	3	4	5	6	7	8
1	.619429							
2	-.102035	.448264						
3	.154306	-.280441	.625763					
4	.023637	-.085531	.075865	.484564				
5	.030982	.012706	.011945	-.081059	.468385			
6	-.006167	-.022947	.003791	-.005486	-.058899	.445740		
7	-.086309	.011751	-.073384	-.038446	-.018041	-.114668	.462341	
8	.010638	-.016101	.016041	.008151	-.035466	.025364	-.182686	.425024
9	-.101380	.005329	-.084061	-.049974	-.037994	-.037825	.045267	-.129105
10	-.354596	.043557	-.293765	-.133608	-.093915	-.027072	.087238	-.021125
11	.040006	-.008022	.026454	-.011652	.006998	-.005100	-.037939	.000831
12	-.229259	.029955	-.150155	-.042563	-.011700	-.013643	.022992	-.011072
13	.025053	.027424	-.048905	-.172560	.035389	-.033668	-.002634	-.021815
14	.019613	-.072799	.051476	.037747	-.223554	.028026	-.022037	.024174
15	-.067980	.019091	-.059944	-.024919	.012562	-.180692	.041888	-.109869
16	.024064	-.010199	.025014	.015835	-.018340	.003247	-.095333	.017015

	9	10	11	12	13	14	15	16
9	.486837							
10	.095242	.845199						
11	-.044582	-.216371	.359493					
12	.021149	.104364	-.046449	.394430				
13	-.013484	-.021217	.000365	-.040744	.378257			
14	-.022074	-.045623	-.046746	-.042711	-.110212	.448781		
15	.011593	.101291	-.029599	.026117	.010690	-.048233	.408905	
16	-.144938	-.069600	.012312	-.010712	-.011939	.024172	-.110902	.350304

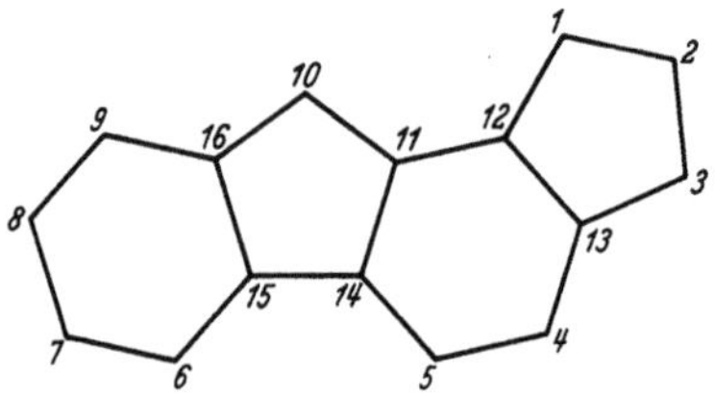

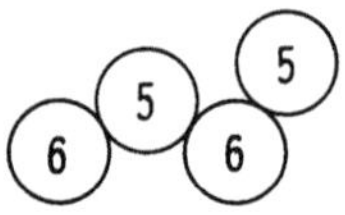

Z=16

Cyclopent[a]fluoren

Bindungs- Atom Polarisierbarkeiten

	1	2	3	4	5	6	7	8
1 2	.023726	.008901	.076564	-.041127	.022122	-.015295	-.015713	-.006564
1 12	-.022649	.009873	-.002043	.028153	-.014010	.012098	-.001861	.007173
2 3	-.004952	-.039854	-.082921	.016295	-.013024	.010250	.016351	.003160
3 13	.079472	.033497	.063399	-.017689	.021462	-.011050	-.030957	-.001257
4 5	.036489	.012924	.038923	.091343	.061577	-.031549	-.025827	-.011302
4 13	-.049463	-.037756	-.040317	.052745	-.025778	.024607	.013190	.010966
5 14	-.028376	-.003826	-.030484	-.055543	.000420	.019327	.017553	.002406
6 7	-.034099	-.005556	-.024706	-.019364	-.035397	.036326	.037966	-.008853
6 15	.030902	.000511	.023906	.012422	.023175	.007698	-.019497	.010630
7 8	.016525	.006193	.010099	.006727	.027123	-.017857	.007270	-.007156
8 9	-.015917	-.009597	-.008195	-.007062	-.036018	.019634	-.023279	.021419
9 16	-.005415	.008792	-.009083	-.011904	.024885	-.001664	.025612	-.003563
10 11	-.085558	.016865	-.076820	-.079365	.000329	-.016760	.051976	-.018510
10 16	.011233	-.014188	.016616	.025250	-.039768	.000059	-.042826	.015524
11 12	.024658	-.010081	.013037	.032233	.009976	.006433	-.010063	.005053
11 14	.070170	-.010401	.069492	.059282	-.012047	.010137	-.042979	.017935
12 13	-.002212	.031775	-.001524	-.074805	.013211	-.021345	.015385	-.014628
14 15	-.043215	-.001239	-.032874	-.010617	-.035850	-.031686	.019944	-.015246
15 16	-.001319	.003167	-.003068	-.006973	.007611	.000637	.007753	-.007189

	9	10	11	12	13	14	15	16
1 2	-.023509	-.062301	-.002653	.048946	.027976	-.034173	-.006618	-.000282
1 12	.002177	-.012025	.011923	-.049148	-.000178	.032751	-.007014	.004781
2 3	.022703	.064977	-.000964	-.017378	-.000459	.018707	.009056	-.001948
3 13	-.039982	-.125181	.006673	.026847	.022017	-.012573	-.021092	.006412
4 5	-.044978	-.109679	.014693	.014141	.011471	-.060727	-.004420	.006922
4 13	.026012	.055565	-.002543	-.028561	-.051219	.053848	-.000748	-.000548
5 14	.033846	.070240	-.016436	-.004964	-.002575	.013249	-.000644	-.014193
6 7	.034742	.021828	.009069	.002684	-.015507	.002798	.001804	-.003736
6 15	-.016772	-.038529	-.009259	-.005498	.007719	-.005021	-.025154	.002768
7 8	-.032408	-.012678	-.010134	.000777	.013124	-.008279	.006397	-.005724
8 9	.050265	.009692	.014612	-.003180	-.018043	.013375	-.018202	.010496
9 16	.021061	-.011905	-.020329	.006535	.013123	-.026289	.017711	-.027568
10 11	.050558	.185540	-.041219	.028866	.009584	-.065773	.050484	-.010197
10 16	-.052771	.024709	.038525	-.011701	-.020746	.048857	-.019486	.020714
11 12	-.007872	-.029263	-.017723	-.028008	-.000081	.023776	-.012366	.000293
11 14	-.048403	-.158971	.013472	-.011933	-.010649	.061027	-.029807	.023675
12 13	.009049	.058453	-.005276	.022491	.021037	-.066216	.022967	-.008364
14 15	.001643	.071815	.021994	.007209	-.011717	.016171	.036093	.007576
15 16	.014638	-.002287	-.004425	.001876	.005124	-.005509	.001042	-.011077

Z=16

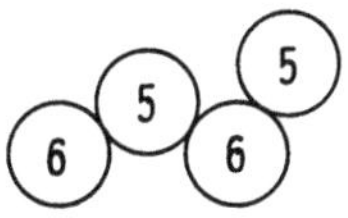

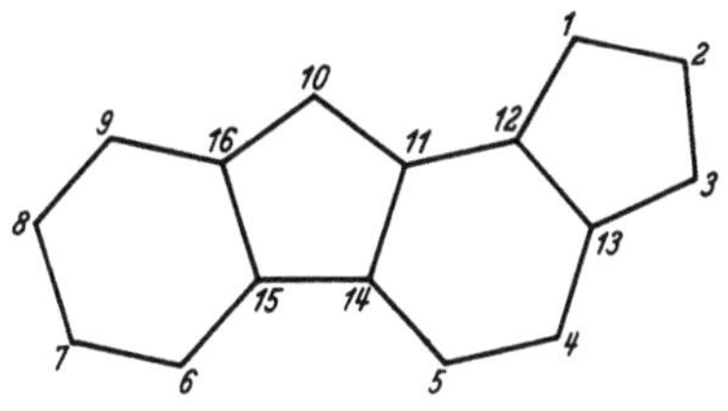

Cyclopent[a]fluoren

Bindungs- Bindungs Polarisierbarkeiten

	1 2	1 12	2 3	3 13	4 5	4 13	5 14	6 7
1 2	.409461							
1 12	-.197282	.258159						
2 3	-.244096	.084674	.233888					
3 13	.081475	.013278	-.193480	.431143				
4 5	.032084	-.033165	-.044552	.072850	.408057			
4 13	-.082062	.069122	.099030	-.192430	-.214941	.292526		
5 14	-.012783	.003654	.025779	-.046258	-.228762	.106779	.233636	
6 7	-.040039	.020559	.032202	-.046903	-.056880	.039172	.030378	.337103
6 15	.029584	-.012406	-.022741	.034921	.027469	-.018123	.007235	-.216940
7 8	.026122	-.011993	-.020268	.030067	.037402	-.027836	-.017038	-.216863
8 9	-.032093	.016082	.025103	-.036659	-.053015	.039525	.033473	.120058
9 16	.013687	-.002847	-.008873	.015264	.022699	-.020821	-.007989	-.055645
10 11	-.047549	.057705	.043965	-.052229	-.071687	.020529	.088642	.043982
10 16	-.019043	-.002684	.011106	-.022249	-.024681	.028497	-.009039	-.062856
11 12	.042175	-.126783	-.027521	.008036	-.010310	.031772	.030494	-.018675
11 14	.022399	.009248	-.026523	.050890	.104237	-.043327	-.167083	-.029837
12 13	.057003	-.162320	.002952	-.102608	.058607	-.143850	-.019310	-.005542
14 15	-.043083	.013808	.031004	-.049198	-.020789	.017917	-.078905	.002444
15 16	.004040	.003191	-.001649	.004090	-.004622	-.001480	.027098	.124282

	6 15	7 8	8 9	9 16	10 11	10 16	11 12	11 14
6 15	.246324							
7 8	.116032	.259051						
8 9	-.067203	-.234277	.327090					
9 16	.064267	.116131	-.200716	.273761				
10 11	-.057150	.000485	-.015644	.076555	.378623			
10 16	.066383	-.007465	.024673	-.164475	-.196631	.449122		
11 12	.018419	.005275	-.004151	-.012677	-.158854	.035569	.328089	
11 14	.050881	.001573	.013842	-.046870	-.266310	.086905	-.041335	.402824
12 13	-.003423	.008203	-.014132	.014043	.039468	-.023089	-.069065	-.003318
14 15	-.107524	.010749	-.052105	.050064	.072633	-.041065	-.018286	-.111978
15 16	-.156007	-.075349	.110150	-.125557	.043466	-.128976	-.012170	-.006217

	12 13	14 15	15 16
12 13	.357539		
14 15	.003692	.395087	
15 16	.005150	-.074465	.265024

Dicyclopent[e,g]azulen

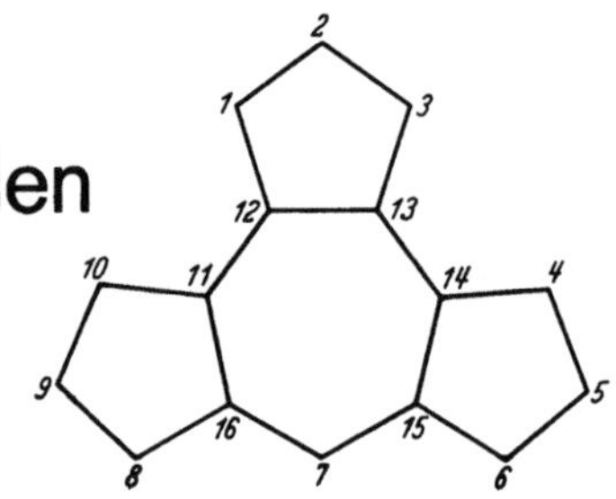

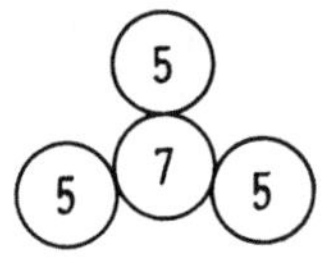

Z=16

Eigenwerte und Hückelkoeffizienten

	1	2	3	4	5	6	7	8
1	2,518340	2,089631	1,959872	1,196297	1,000000	1,000000	,618034	,356500
1	,207179	-,065936	-,342816	-,091027	,267261	,316228	0	-,513968
2	,164536	0	-,349835	-,152181	,534522	0	0	0
3	,207179	,065936	-,342816	-,091027	,267261	-,316228	0	,513968
4	,190830	,306992	,104989	,371509	0	0	,425325	-,138925
5	,145385	,281739	,172068	,344911	,267261	,316228	,262866	,215890
6	,175299	,281739	,232241	,041107	,267261	,316228	-,262866	,215890
7	,235138	0	,288892	-,494418	0	0	0	0
8	,175299	-,281739	,232241	,041107	,267261	-,316228	,262866	-,215890
9	,145385	-,281739	,172068	,344911	,267261	-,316228	-,262866	-,215890
10	,190830	-,306992	,104989	,371509	0	0	-,425325	,138925
11	,335189	-,359760	,033698	,099524	-,267261	,316228	0	,265417
12	,357211	-,137782	-,322041	,043286	-,267261	,316228	0	-,183230
13	,357211	,137782	-,322041	,043286	-,267261	-,316228	0	,183230
14	,335189	,359760	,033698	,099524	-,267261	-,316228	0	-,265417
15	,296078	,306992	,283096	-,295735	0	0	-,425325	-,138925
16	,296078	-,306992	,283096	-,295735	0	0	,425325	,138925

	9	10	11	12	13	14	15	16
9	,246550	-,473138	-1.189941	-1,538767	-1,618034	-1,739466	-2,169688	-2,256190
1	-,041091	,047797	,295977	-,395357	0	,294963	-,112053	-,209492
2	-,333328	-,202043	0	,513862	0	-,339142	,103289	0
3	-,041091	,047797	-,295977	-,395357	0	,294963	-,112053	,209492
4	-,350627	,114378	-,312394	-,278951	-,262866	-,288053	,133165	-,197144
5	,115975	,258003	,142650	,273798	,425325	,319529	,042240	,060545
6	,379220	-,236449	,142650	-,142359	-,425325	-,267756	-,224811	,060545
7	-,182340	,617708	0	,071148	0	-,168126	-,410687	0
8	,379220	-,236449	-,142650	-,142359	,425325	-,267756	-,224811	-,060545
9	,115975	,258003	-,142650	,273798	-,425325	,319529	,042240	-,060545
10	-,350627	,114378	,312394	-,278951	,262866	-,288053	,133165	,197144
11	-,202422	-,312120	-,229081	,155443	0	,181529	-,331166	-,384251
12	,323197	,179428	-,352195	,094500	0	-,173936	,139830	,472654
13	,323197	,179428	,352195	,094500	0	-,173936	,139830	-,472654
14	-,202422	-,312120	,229081	,155443	0	,181529	-,331166	,384251
15	-,022478	-,146130	-,312394	-,054740	,262866	,146225	,445531	-,197144
16	-,022478	-,146130	,312394	-,054740	-,262866	,146225	,445531	,197144

TOTALE PI ELEKTRONEN ENERGIE 21,477347

Dicyclopent[e,g]azulen

Z=16

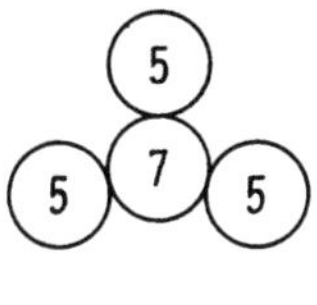

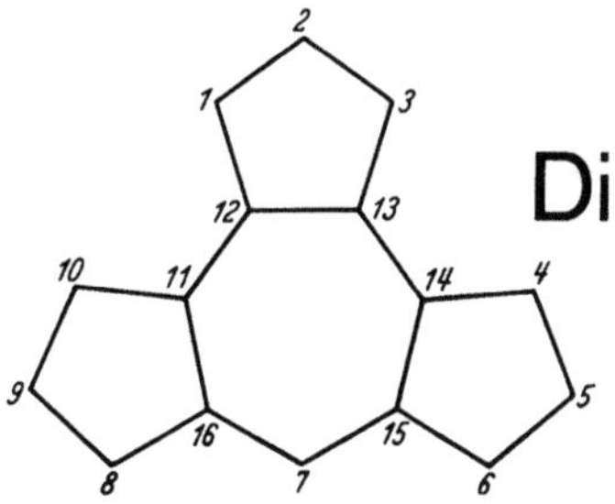

allgemeine Bindungsordnungen

	1	2	3	4	5	6	7	8
1	1.217343							
2	.621455	.916661						
3	-.256700	.621455	1.217343					
4	.041776	-.123735	-.162870	.959807				
5	-.036744	.108188	.081406	.684498	1.072440			
6	-.010297	.168397	.107853	.035604	.615882	.905736		
7	-.010632	.025730	-.010632	-.216958	-.173271	.175976	.766394	
8	.107853	.168397	-.010297	.256823	-.011666	-.274599	.175976	.905736
9	.081406	.108188	-.036744	.011289	-.107895	-.011666	-.173271	.615882
10	-.162870	-.123735	.041776	-.217976	.011289	.256823	-.216958	.035604
11	-.070582	-.229282	-.019803	-.085681	.146741	.110379	.078688	-.113391
12	.624595	.043982	-.188440	.067188	-.076709	-.120395	-.060885	-.206891
13	-.188440	.043982	.624595	.134559	-.163205	-.206891	-.060885	-.120395
14	-.019803	-.229282	-.070582	.503584	-.077029	-.113391	.078688	.110379
15	.084745	-.010632	-.119900	-.182007	-.131100	.547589	.595239	-.125620
16	-.119900	-.010632	.084745	.087424	.090118	-.125620	.595239	.547589

	9	10	11	12	13	14	15	16
9	1.072440							
10	.684498	.959807						
11	-.077029	.503584	.989388					
12	-.163205	.134559	.571107	.914339				
13	-.076709	.067188	.167362	.304111	.914339			
14	.146741	-.085681	-.210106	.167362	.571107	.989388		
15	.090118	.087424	-.135934	-.030100	.037271	.453331	1.099421	
16	-.131100	-.182007	.453331	.037271	-.030100	-.135934	-.078362	1.099421

Atom- Atom Polarisierbarkeiten

	1	2	3	4	5	6	7	8
1	.414430							
2	-.117982	.507253						
3	-.060717	-.117982	.414430					
4	.030543	-.023968	-.060138	.727758				
5	.011998	-.022526	-.022661	-.170206	.453808			
6	.050992	-.062892	-.069569	.252971	-.060095	.823922		
7	.000572	.002680	.000572	-.059701	-.026399	-.017087	.434580	
8	-.069569	-.062892	.050992	-.307896	-.045248	-.380649	-.017087	.823922
9	-.022661	-.022526	.011998	-.014392	-.045809	-.045248	-.026399	-.060095
10	-.060138	-.023968	.030543	-.264136	-.014392	-.307896	-.059701	.252971
11	-.027638	-.073314	.033241	-.087913	-.077041	-.152142	-.000234	.157400
12	-.178176	.045143	.017461	-.098385	-.053579	-.162812	-.000127	.072334
13	.017461	.045143	-.178176	.083755	.012857	.072334	-.000127	-.162812
14	.033241	-.073314	-.027638	.025992	.069125	.157400	-.000234	-.152142
15	-.007242	.000572	-.015115	-.027933	.007075	-.082953	-.115655	-.016279
16	-.015115	.000572	-.007242	-.006351	-.016907	-.016279	-.115655	-.082953

	9	10	11	12	13	14	15	16
9	.453808							
10	-.170206	.727758						
11	.069125	.025992	.499857					
12	.012857	.083755	-.028505	.536278				
13	-.053579	-.098385	-.125821	-.126161	.536278			
14	-.077041	-.087913	-.148747	-.125821	-.028505	.499857		
15	-.016907	-.006351	-.025212	-.006153	.011891	-.039048	.340293	
16	.007075	-.027933	-.039048	.011891	-.006153	-.025212	-.000981	.340293

Dicyclopent[e,g]azulen

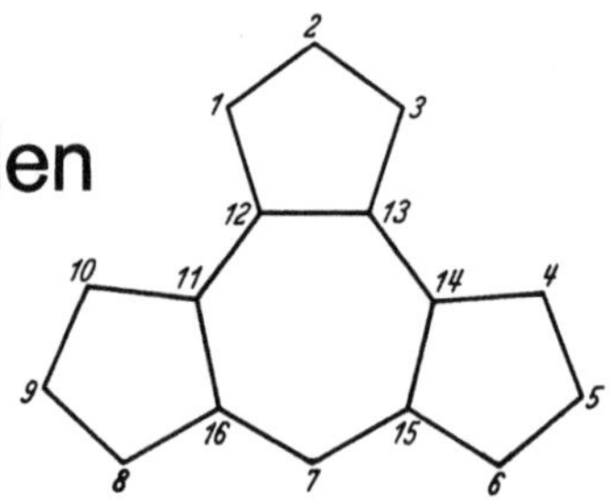

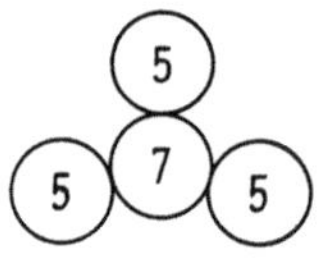

Z=16

Bindungs- Atom Polarisierbarkeiten

	1	2	3	4	5	6	7	8
1 2	-.008863	.065635	.029073	.135804	.070647	.201682	.001639	-.239599
1 12	-.124784	-.045425	.016535	-.123795	-.064785	-.187333	-.001641	.227387
2 3	.029073	.065635	-.008863	-.156459	-.081138	-.239599	.001639	.201682
3 13	.016535	-.045425	-.124784	.148662	.080798	.227387	-.001641	-.187333
4 5	-.026216	.028342	.045192	-.019404	-.074851	-.150850	-.041353	.108658
4 14	.038225	-.048997	-.052989	.182103	.064931	.229437	.010128	-.220942
5 6	.032078	-.038832	-.045532	.009485	.052023	.200905	.036724	-.121154
6 15	-.017730	.000915	.033319	.069103	-.001968	.019053	-.066994	-.016784
7 15	.011562	.001639	-.011564	-.069539	-.013587	-.049367	.079611	.019097
7 16	-.011564	.001639	.011562	.038314	.008958	.019097	.079611	-.049367
8 9	-.045532	-.038832	.032078	-.058421	-.047549	-.121154	.036724	.200905
8 16	.033319	.000915	-.017730	-.053862	.035053	-.016784	-.066994	.019053
9 10	.045192	.028342	-.026216	.055565	.039544	.108658	-.041353	-.150850
10 11	-.052989	-.048997	.038225	-.150083	-.042400	-.220942	.010128	.229437
11 12	.065654	.016708	-.041405	.100039	.066945	.173934	.004739	-.190838
11 16	-.018174	-.002556	.010265	.021210	-.042657	-.000576	-.022788	.040735
12 13	.065353	.045143	.065353	-.010444	-.018566	-.043444	-.000127	-.043444
13 14	-.041405	.016708	.065654	-.134546	-.068339	-.190838	.004739	.173934
14 15	.010265	-.002556	-.018174	.016269	.036939	.040735	-.022788	-.000576

	9	10	11	12	13	14	15	16
1 2	-.081138	-.156459	-.174626	-.193819	.210246	.139781	.011562	-.011564
1 12	.080798	.148662	.169118	.200042	-.169764	-.132696	-.007464	.015146
2 3	.070647	.135804	.139781	.210246	-.193819	-.174626	-.011564	.011562
3 13	-.064785	-.123795	-.132696	-.169764	.200042	.169118	.015146	-.007464
4 5	.039544	.055565	.096466	.090092	-.050399	-.079745	-.015362	-.005682
4 14	-.042400	-.150083	-.125301	-.124291	.054071	.143570	.031194	.011344
5 6	-.047549	-.058421	-.114578	-.106498	.044292	.113276	.036746	.007036
6 15	.035053	-.053862	.066994	.049655	-.051187	-.033941	-.026325	-.005300
7 15	.008958	.038314	-.007454	-.021383	.024353	-.000468	-.041726	.031554
7 16	-.013587	-.069539	-.000468	.024353	-.021383	-.007454	.031554	-.041726
8 9	.052023	.009485	.113276	.044292	-.106498	-.114578	.007036	.036746
8 16	-.001968	.069103	-.033941	-.051187	.049655	.066994	-.005300	-.026325
9 10	-.074851	-.019404	-.079745	-.050399	.090092	.096466	-.005682	-.015362
10 11	.064931	.182103	.143570	.054071	-.124291	-.125301	.011344	.031194
11 12	-.068339	-.134546	-.133156	-.105166	.108123	.148197	.005719	-.016608
11 16	.036939	.016269	.049494	.025112	-.030277	-.062986	-.020509	.000498
12 13	-.018566	-.010444	-.061945	.046798	.046798	-.061945	-.000260	-.000260
13 14	.066945	.100039	.148197	.108123	-.105166	-.133156	-.016608	.005719
14 15	-.042657	.021210	-.062986	-.030277	.025112	.049494	.000498	-.020509

Dicyclopent[e,g]azulen

Z=16

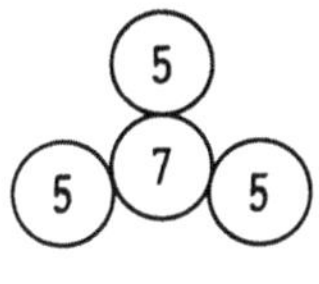

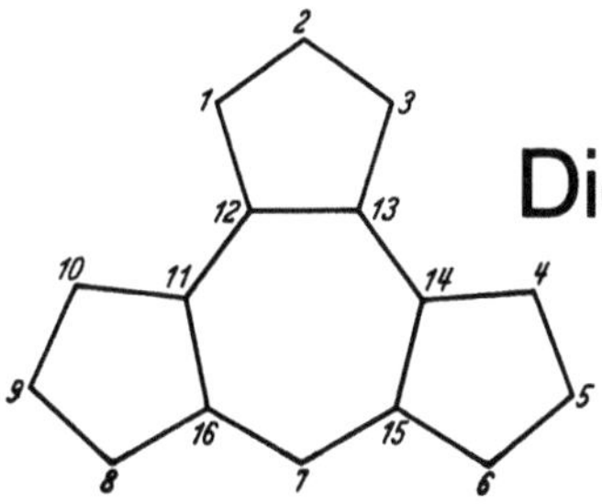

Bindungs- Bindungs Polarisierbarkeiten

	1 2	1 12	2 3	3 13	4 5	4 14	5 6	6 15
1 2	.849949							
1 12	-.687385	.732701						
2 3	-.700422	.534148	.849949					
3 13	.534148	-.429535	-.687385	.732701				
4 5	-.243977	.224004	.279771	-.272747	.450397			
4 14	.319663	-.297151	-.385447	.382517	-.361006	.661879		
5 6	.275507	-.254581	-.317560	.305722	-.451110	.275425	.602004	
6 15	-.173901	.156346	.178043	-.174788	.200202	-.091342	-.326892	.487994
7 15	.061537	-.054183	-.059248	.050857	-.126260	.098511	.160525	-.263558
7 16	-.059248	.050857	.061537	-.054183	.093929	-.078513	-.107628	.137943
8 9	-.317560	.305722	.275507	-.254581	.203265	-.248523	-.235243	.159413
8 16	.178043	-.174788	-.173901	.156346	-.133588	.104412	.159413	-.177305
9 10	.279771	-.272747	-.243977	.224004	-.173532	.215793	.203265	-.133588
10 11	-.385447	.382517	.319663	-.297151	.215793	-.320574	-.248523	.104412
11 12	.445311	-.498396	-.384946	.354832	-.203689	.271434	.243470	-.128807
11 16	-.127186	.138176	.119718	-.108259	.049670	-.032498	-.061631	.061369
12 13	.016426	-.102278	.016426	-.102278	.038813	-.059640	-.058616	-.002414
13 14	-.384946	.354832	.445311	-.498396	.247298	-.392236	-.256585	.165791
14 15	.119718	-.108259	-.127186	.138176	-.037232	-.062703	.093039	-.178916

	7 15	7 16	8 9	8 16	9 10	10 11	11 12	11 16
7 15	.378586							
7 16	-.245967	.378586						
8 9	-.107628	.160525	.602004					
8 16	.137943	-.263558	-.326892	.487994				
9 10	.093929	-.126260	-.451110	.200202	.450397			
10 11	-.078513	.098511	.275425	-.091342	-.361006	.661879		
11 12	.038387	-.030566	-.256585	.165791	.247298	-.392236	.528755	
11 16	.039210	-.096532	.093039	-.178916	-.037232	-.062703	-.180832	.375417
12 13	.002970	.002970	-.058616	-.002414	.038813	-.059640	-.045737	.005417
13 14	-.030566	.038387	.243470	-.128807	-.203689	.271434	-.266298	.092816
14 15	-.096532	.039210	-.061631	.061369	.049670	-.032498	.092816	-.089043

	12 13	13 14	14 15
12 13	.410117		
13 14	-.045737	.528755	
14 15	.005417	-.180832	.375417

Benz[e]-as-indacen

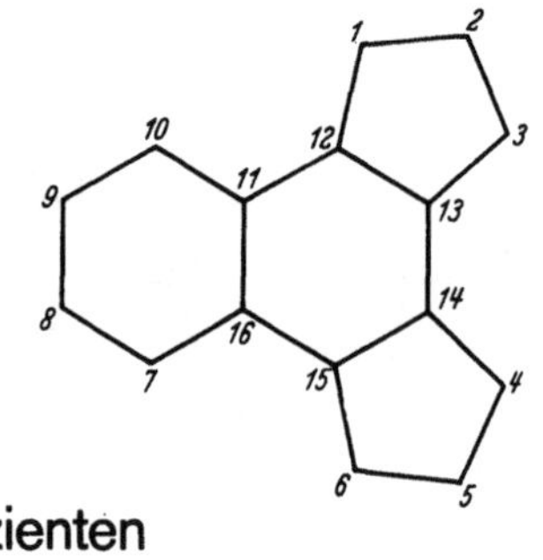

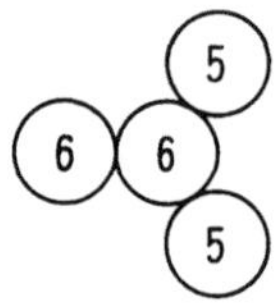

Z=16

Eigenwerte und Hückelkoeffizienten

	1	2	3	4	5	6	7	8
1	2.552036	1.961520	1.961198	1.240922	1.143186	1.000000	.618034	.350085
1	.195810	.106493	.344635	.032574	.051291	.408248	.214629	.291018
2	.154120	.170702	.312394	-.158646	.258521	.408248	-.214629	-.209273
3	.197509	.228342	.268032	-.229441	.244247	0	-.347277	-.364281
4	.197509	.228342	-.268032	-.229441	-.244247	0	.347277	-.364281
5	.154120	.170702	-.312394	-.158646	-.258521	.408248	.214629	-.209273
6	.195810	.106493	-.344635	.032574	-.051291	.408248	-.214629	.291018
7	.176247	-.335089	-.095470	-.117027	.444133	0	.347277	-.139686
8	.113559	-.348500	-.032240	-.485748	.207230	0	.214629	.214930
9	.113559	-.348500	.032240	-.485748	-.207230	0	-.214629	.214930
10	.176247	-.335089	.095470	-.117027	-.444133	0	-.347277	-.139686
11	.336231	-.308784	.154996	.340526	-.300496	0	0	-.263831
12	.345595	.038187	.363502	.199068	-.199886	0	.347277	.311154
13	.349930	.277195	.213270	-.126073	.020698	-.408248	0	.081744
14	.349930	.277195	-.213270	-.126073	-.020698	-.408248	0	.081744
15	.345595	.038187	-.363502	.199068	.199886	0	-.347277	.311154
16	.336231	-.308784	-.154996	.340526	.300496	0	0	-.263831

	9	10	11	12	13	14	15	16
9	.282393	-.906909	-1.000000	-1.453693	-1.618034	-1.743961	-1.923966	-2.462811
1	.373566	.173015	.213201	.089873	.347277	.399859	.075559	.145652
2	.287101	-.013678	-.213201	-.360128	-.347277	-.285654	-.202489	-.005160
3	-.292490	-.160610	0	.433643	.214629	.098310	.314023	-.132945
4	.292490	-.160610	0	.433643	-.214629	.098310	-.314023	.132945
5	-.287101	-.013678	.213201	-.360128	.347277	-.285654	.202489	.005160
6	-.373566	.173015	-.213201	.089873	-.347277	.399859	-.075559	-.145652
7	-.110882	.529292	0	.146454	-.214629	-.147803	.256907	.220609
8	-.086465	-.277565	-.426401	-.059687	.347277	.053865	-.278048	-.150812
9	.086465	-.277565	.426401	-.059687	-.347277	.053865	.278048	.150812
10	.110882	.529292	0	.146454	.214629	-.147803	-.256907	-.220609
11	-.055152	-.202454	-.426401	-.153212	0	.203898	.216232	.392507
12	-.181609	-.143230	0	.229481	-.214629	-.411685	.057116	-.353555
13	-.369698	.159337	.213201	-.270255	0	.114206	-.401681	.332579
14	.369698	.159337	-.213201	-.270255	0	.114206	.401681	-.332579
15	.181609	-.143230	0	.229481	.214629	-.411685	-.057116	.353555
16	.055152	-.202454	.426401	-.153212	0	.203898	-.216232	-.392507

TOTALE PI ELEKTRONEN ENERGIE 21.653960

Z=16

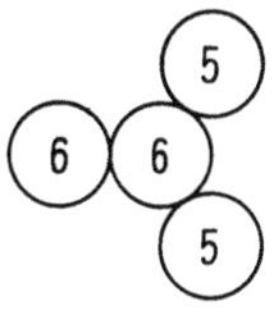

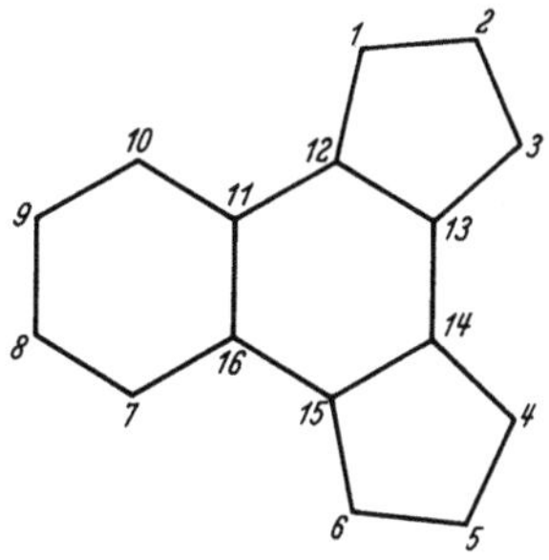

Benz[e]-as-indacen

allgemeine Bindungsordnungen

	1	2	3	4	5	6	7	8
1	.939141							
2	.447619	.998023						
3	-.040259	.806926	1.057185					
4	-.161720	-.078715	.048789	1.057185				
5	.148195	.156068	-.078715	.806926	.998023			
6	.269264	.148195	-.161720	-.040259	.447619	.939141		
7	.037553	.056438	-.003362	.147487	.014607	-.220100	1.007051	
8	.154864	-.024937	-.113108	.017139	-.014682	-.027469	.666535	1.013086
9	-.027469	-.014682	.017139	-.113108	-.024937	.154864	-.012071	.652888
10	-.220100	.014607	.147487	-.003362	.056438	.037553	-.300829	-.012071
11	.010541	-.057931	-.035947	.091459	.059128	-.141475	.022950	-.287182
12	.716664	-.099141	-.308073	-.020104	-.048524	-.041571	-.043049	.035021
13	.051233	.018903	.387553	.138678	-.268998	-.247014	-.078087	.038715
14	-.247014	-.268998	.138678	.387553	.018903	.051233	-.033415	.049061
15	-.041571	-.048524	-.020104	-.308073	-.099141	.716664	-.031535	-.050554
16	-.141475	.059128	.091459	-.035947	-.057931	.010541	.615981	-.018106

	9	10	11	12	13	14	15	16
9	1.013086							
10	.666535	1.007051						
11	-.018106	.615981	1.016571					
12	-.050554	-.031535	.413020	1.100057				
13	.049061	-.033415	-.011196	.410488	.868887			
14	.038715	-.078087	-.118541	.116941	.685237	.868887		
15	.035021	-.043049	-.052606	-.070702	.116941	.410488	1.100057	
16	-.287182	.022950	.559285	-.052606	-.118541	-.011196	.413020	1.016571

Atom- Atom Polarisierbarkeiten

	1	2	3	4	5	6	7	8
1	1.241669							
2	-.379908	.710769						
3	.721352	-.711267	1.191594					
4	-.600760	.289269	-.537536	1.191594				
5	.258812	-.218045	.289269	-.711267	.710769			
6	-.724097	.258812	-.600760	.721352	-.379908	1.241669		
7	.064964	-.041044	.064665	-.144397	.064965	-.168793	.461568	
8	-.152566	.063973	-.135196	.091411	-.051637	.097386	-.163472	.434116
9	.097386	-.051637	.091411	-.135196	.063973	-.152566	.037466	-.165433
10	-.168793	.064965	-.144397	.064665	-.041044	.064964	-.082794	.037466
11	.100108	-.044515	.082832	-.092386	.043557	-.105833	.012269	-.093865
12	-.596303	.229178	-.477770	.277311	-.155552	.295383	-.033114	.065438
13	-.119022	.150597	-.186079	.166956	-.209152	.067607	-.031147	.030313
14	.067607	-.209152	.166956	-.186079	.150597	-.119022	.025530	-.034806
15	.295383	-.155552	.277311	-.477770	.229178	-.596303	.077633	-.047722
16	-.105833	.043557	-.092386	.082832	-.044515	.100108	-.144299	.024593

	9	10	11	12	13	14	15	16
9	.434116							
10	-.163472	.461568						
11	.024593	-.144299	.365128					
12	-.047722	.077633	-.075101	.573115				
13	-.034806	.025530	-.021753	.063548	.485121			
14	.030313	-.031147	.016176	-.100725	-.303163	.485121		
15	.065438	-.033114	.046714	-.142034	-.100725	.063548	.573115	
16	-.093865	.012269	-.113627	.046714	.016176	-.021753	-.075101	.365128

Benz[e]-as-indacen

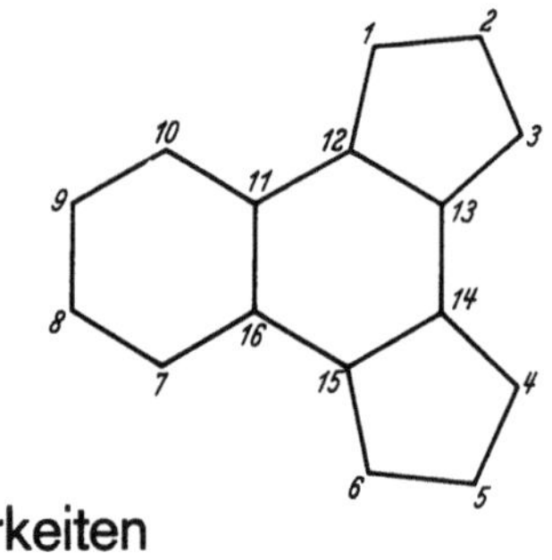

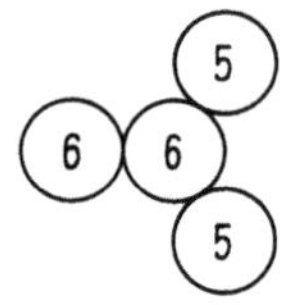

Z=16

Bindungs- Atom Polarisierbarkeiten

	1	2	3	4	5	6	7	8
1 2	.097710	.067833	.011131	-.041203	-.040386	-.106435	-.001162	.003277
1 12	.238937	-.133875	.233715	-.149258	.096724	-.137009	.018065	-.044090
2 3	-.163752	.065841	-.175749	.117729	-.034861	.162773	-.012419	.019106
3 13	.408598	-.230460	.411246	-.278791	.111388	-.353234	.030992	-.054658
4 5	.162773	-.034861	.117729	-.175749	.065841	-.163752	.021006	-.018222
4 14	-.353234	.111388	-.278791	.411246	-.230460	.408598	-.058501	.044479
5 6	-.106435	-.040386	-.041203	.011131	.067833	.097710	.001558	.002684
6 15	-.137009	.096724	-.149258	.233715	-.133875	.238937	-.046744	.024342
7 8	-.057008	.029698	-.049554	.012256	-.008223	.010830	.002434	.006082
7 16	.073911	-.043279	.068127	-.049751	.030787	-.056016	.005004	-.003985
8 9	.016196	-.007315	.014001	.014001	-.007315	.016196	-.000337	-.008080
9 10	.010830	-.008223	.012256	-.049554	.029698	-.057008	.008787	.001851
10 11	-.056016	.030787	-.049751	.068127	-.043279	.073911	-.001265	.006599
11 12	.078127	-.047373	.065413	-.096634	.060423	-.102259	.013009	-.002793
11 16	.002612	.001534	.005647	.005647	.001534	.002612	-.009013	-.006142
12 13	-.450216	.278901	-.405928	.330125	-.204078	.323289	-.040948	.069860
13 14	.012946	.006722	-.022521	-.022521	.006722	.012946	-.002981	-.002521
14 15	.323289	-.204078	.330125	-.405928	.278901	-.450216	.071873	-.053651
15 16	-.102259	.060423	-.096634	.065413	-.047373	.078127	.000643	.015863

	9	10	11	12	13	14	15	16
1 2	.002684	.001558	.000506	.038584	.050836	-.105490	.012513	.008044
1 12	.024342	-.046744	.024216	-.171736	-.079507	.088492	.071508	-.033780
2 3	-.018222	.021006	-.015559	.059068	.004327	.019522	-.059443	.010634
3 13	.044479	-.058501	.036867	-.165868	-.021530	.009291	.143676	-.033494
4 5	.019106	-.012419	.010634	-.059443	.019522	.004327	.059068	-.015559
4 14	-.054658	.030992	-.033494	.143676	.009291	-.021530	-.165868	.036867
5 6	.003277	-.001162	.008044	.012513	-.105490	.050836	.038584	.000506
6 15	-.044090	.018065	-.033780	.071508	.088492	-.079507	-.171736	.024216
7 8	.001851	.008787	.003806	.028779	.015202	-.009172	-.007645	.011878
7 16	.006599	-.001265	-.001074	-.038654	-.028139	.019564	.033417	-.015243
8 9	-.008080	-.000337	-.006142	-.005802	-.002521	-.002521	-.005802	-.006142
9 10	.006082	.002434	.011878	-.007645	-.009172	.015202	.028779	.003806
10 11	-.003985	.005004	-.015243	.033417	.019564	-.028139	-.038654	-.001074
11 12	.015863	.000643	.004215	-.057566	-.028487	.041326	.050430	.005663
11 16	-.006142	-.009013	-.001115	.006789	-.000313	-.000313	.006789	-.001115
12 13	-.053651	.071873	-.045791	.244297	.164434	-.168491	-.160358	.046682
13 14	-.002521	-.002981	-.000313	-.021990	.030658	.030658	-.021990	-.000313
14 15	.069860	-.040948	.046682	-.160358	-.168491	.164434	.244297	-.045791
15 16	-.002793	.013009	.005663	.050430	.041326	-.028487	-.057566	.004215

Z = 16

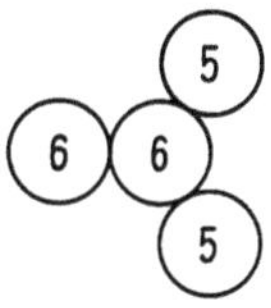

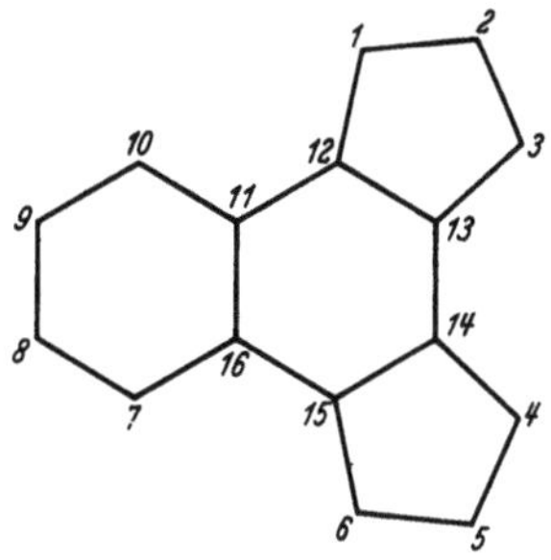

Benz[e]-as-indacen

Bindungs- Bindungs Polarisierbarkeiten

	1 2	1 12	2 3	3 13	4 5	4 14	5 6	6 15
1 2	.537262							
1 12	-.187928	.373516						
2 3	-.226653	-.017027	.233850					
3 13	.010362	.267728	-.316583	.864853				
4 5	.083758	.046166	-.078749	.155875	.233850			
4 14	-.133080	-.119405	.155875	-.323376	-.316583	.864853		
5 6	-.139664	.022915	.083758	-.133080	-.226653	.010362	.537262	
6 15	.022915	-.066522	.046166	-.119405	-.017027	.267728	-.187928	.373516
7 8	-.013949	-.029144	.029775	-.067578	-.003171	.000459	-.000204	-.010499
7 16	.009659	.040715	-.034665	.082482	.031315	-.051185	-.020445	.015185
8 9	.001812	.019938	-.007172	.022861	-.007172	.022861	.001812	.019938
9 10	-.000204	-.010499	-.003171	.000459	.029775	-.067578	-.013949	-.029144
10 11	-.020445	.015185	.031315	-.051185	-.034665	.082482	.009659	.040715
11 12	.050084	-.089649	-.056472	.081274	.044928	-.117259	-.006047	-.073719
11 16	-.012456	.030474	.007787	-.001936	.007787	-.001936	-.012456	.030474
12 13	.018088	-.432412	.190808	-.562952	-.124156	.313255	-.013787	.170357
13 14	.020274	.039310	.040385	-.105797	.040385	-.105797	.020274	.039310
14 15	-.013787	.170357	-.124156	.313255	.190808	-.562952	.018088	-.432412
15 16	-.006047	-.073719	.044928	-.117259	-.056472	.081274	.050084	-.089649

	7 8	7 16	8 9	9 10	10 11	11 12	11 16	12 13
7 8	.286252							
7 16	-.206709	.274044						
8 9	-.221288	.119162	.268683					
9 10	.128272	-.069042	-.221288	.286252				
10 11	-.069042	.077878	.119162	-.206709	.274044			
11 12	-.024877	.035429	-.015229	.036570	-.132343	.365866		
11 16	.103933	-.142817	-.069272	.103933	-.142817	-.089295	.251501	
12 13	.070402	-.097212	-.017545	-.014517	.073954	-.150635	.015985	.914659
13 14	.005316	-.005405	-.004493	.005316	-.005405	.019453	-.005577	-.099479
14 15	-.014517	.073954	-.017545	.070402	-.097212	.131541	.015985	-.386354
15 16	.036570	-.132343	-.015229	-.024877	.035429	-.009619	-.089295	.131541

	13 14	14 15	15 16
13 14	.181957		
14 15	-.099479	.914659	
15 16	.019453	-.150635	.365866

Dibenzheptafulven

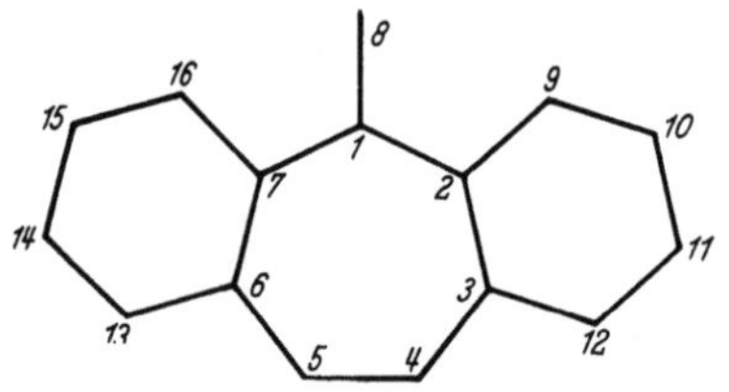

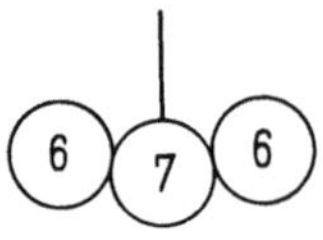

Z = 16

Eigenwerte und Hückelkoeffizienten

	1	2	3	4	5	6	7	8
1	2.431426	2.064077	1.618034	1.484388	1.155383	1.000000	.752760	.358147
1	.370377	0	.467629	.190369	0	0	-.248639	-.202021
2	.374108	.290711	.233815	.077167	.135466	.353553	.071569	.245860
3	.325985	.334590	-.233815	.138748	.391845	0	-.060192	.213305
4	.227734	.109199	-.378320	.286439	.181798	0	.243454	-.332326
5	.227734	-.109199	-.378320	.286439	-.181798	0	.243454	-.332326
6	.325985	-.334590	-.233815	.138748	-.391845	0	-.060192	.213305
7	.374108	-.290711	.233815	.077167	-.135466	-.353553	.071569	.245860
8	.152329	0	.289011	.128247	0	0	-.330303	-.564073
9	.213253	.265460	.144505	-.214571	-.235330	.353553	.362705	.076770
10	.144401	.257219	0	-.395673	-.407362	0	.201461	-.218365
11	.137849	.265460	-.144505	-.372762	-.235330	-.353553	-.211053	-.154977
12	.190766	.290711	-.233815	-.157650	.135466	-.353553	-.360333	.162861
13	.190766	-.290711	-.233815	-.157650	-.135466	.353553	-.360333	.162861
14	.137848	-.265460	-.144505	-.372762	.235330	.353553	-.211053	-.154977
15	.144401	-.257219	0	-.395673	.407362	0	.201461	-.218365
16	.213253	-.265460	.144505	-.214571	.235330	-.353553	.362705	.076770

	9	10	11	12	13	14	15	16
9	-.504284	-.618034	-1.000000	-1.134946	-1.504667	-1.540435	-2.210509	-2.351341
1	0	.355176	0	-.069738	0	-.445818	0	-.418930
2	.273821	.177588	.353553	.008851	.048679	.198671	.264175	.403440
3	-.217183	-.177588	0	.385604	.204174	.089696	-.381643	-.287086
4	-.438120	.109756	0	-.180615	-.404571	-.035307	.315275	.085663
5	.438120	.109756	0	-.180615	.404571	-.035307	-.315275	.085663
6	.217183	-.177588	0	.385604	-.204174	.089696	.381643	-.287086
7	-.273821	.177588	-.353553	.008851	-.048679	.198671	-.264175	.403440
8	0	-.574698	0	.061446	0	.289410	0	.178166
9	.079099	-.287344	-.353553	-.325912	-.277419	.050081	-.202318	-.242610
10	-.313709	0	0	.361041	.368745	-.275818	.183051	.167018
11	.079099	.287344	.353553	-.083850	-.277419	.374799	-.202318	-.150106
12	.273821	-.177588	-.353553	-.265876	.048679	-.301535	.264175	.185933
13	-.273821	-.177588	.353553	-.265876	-.048679	-.301535	-.264175	.185933
14	-.079099	.287344	-.353553	-.083850	.277419	.374799	.202318	-.150106
15	.313709	0	0	.361041	-.368745	-.275818	-.183051	.167018
16	-.079099	-.287344	.353553	-.325912	.277419	.050081	.202318	-.242610

TOTALE PI ELEKTRONEN ENERGIE 21.728430

Z=16 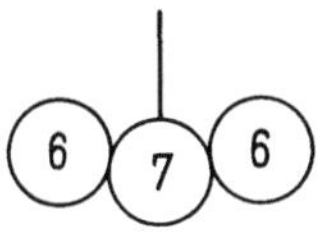 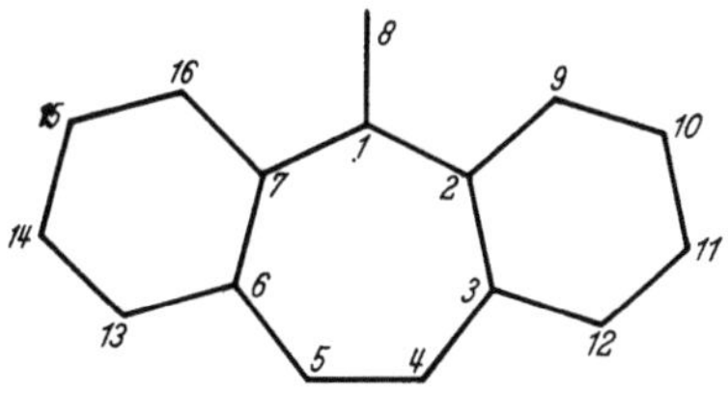

Dibenzheptafulven

allgemeine Bindungsordnungen

	1	2	3	4	5	6	7	8
1	.989461							
2	.390253	.988028						
3	.019372	.552954	.989603					
4	-.062865	.021869	.449340	.983444				
5	-.062865	-.203621	.018247	.803544	.983444			
6	.019372	-.048449	-.072370	.018247	.449340	.989603		
7	.390253	.076572	-.048449	-.203621	.021869	.552954	.988028	
8	.824128	-.055726	-.201124	.138259	.138259	-.201124	-.055726	1.100914
9	.000040	.624270	-.005781	-.037142	.018037	.007790	-.056901	-.232752
10	-.055635	.007625	-.280181	-.009613	.174268	.014059	-.070745	.055766
11	-.007394	-.287794	.006516	-.068771	-.013591	.020086	.031035	.177117
12	-.024007	-.006703	.603523	.002537	-.222953	.002119	.081841	-.063160
13	-.024007	.081841	.002119	-.222953	.002537	.603523	-.006703	-.063160
14	-.007394	.031035	.020086	-.013591	-.068771	.006516	-.287794	.177117
15	-.055635	-.070745	.014059	.174268	-.009613	-.280181	.007625	.055766
16	.000040	-.056901	.007790	.018037	-.037142	-.005781	.624270	-.232752

	9	10	11	12	13	14	15	16
9	1.001393							
10	.672293	.995569						
11	.001801	.645732	.996491					
12	-.314355	.002723	.679906	1.000284				
13	.004473	-.075647	-.001266	.088828	1.000284			
14	-.001596	-.010852	-.006905	-.001266	.679906	.996491		
15	.015710	.067146	-.010852	-.075647	.002723	.645732	.995569	
16	-.002003	.015710	-.001596	.004473	-.314355	.001801	.672293	1.001393

Atom- Atom Polarisierbarkeiten

	1	2	3	4	5	6	7	8
1	.348876							
2	-.029507	.371657						
3	.008097	-.102695	.347347					
4	.000089	.020306	-.045774	.479886				
5	.000089	-.054591	.025306	-.322619	.479886			
6	.008097	.001558	-.002799	.025306	-.045774	.347347		
7	-.029507	-.007181	.001558	-.054591	.020306	-.102695	.371657	
8	-.340569	.024974	-.051440	-.031617	-.031617	-.051440	.024974	.718141
9	.012831	-.136576	.002948	-.000195	.000057	.001090	-.001956	-.065953
10	-.001532	.015039	-.076445	.014982	-.051810	.002336	-.010654	-.003009
11	.005688	-.080365	.010391	-.002769	.002973	.000253	-.000441	-.052333
12	.000180	.002550	-.123953	.027221	-.061446	.003782	-.012120	-.009409
13	.000180	-.012120	.003782	-.061446	.027221	-.123953	.002550	-.009409
14	.005688	-.000441	.000253	.002973	-.002769	.010391	-.080365	-.052333
15	-.001532	-.010654	.002336	-.051810	.014982	-.076445	.015039	-.003009
16	.012831	-.001956	.001090	.000057	-.000195	.002948	-.136576	-.065953

	9	10	11	12	13	14	15	16
9	.424079							
10	-.160756	.416877						
11	.015823	-.142552	.407516					
12	-.093860	.019899	-.166596	.438333				
13	.000022	-.011789	.000583	-.013395	.438333			
14	.000980	.000281	.000569	.000583	-.166596	.407516		
15	-.000209	-.010654	.000281	-.011789	.019899	-.142552	.416877	
16	.001676	-.000209	.000980	.000022	-.093860	.015823	-.160756	.424079

Dibenzheptafulven

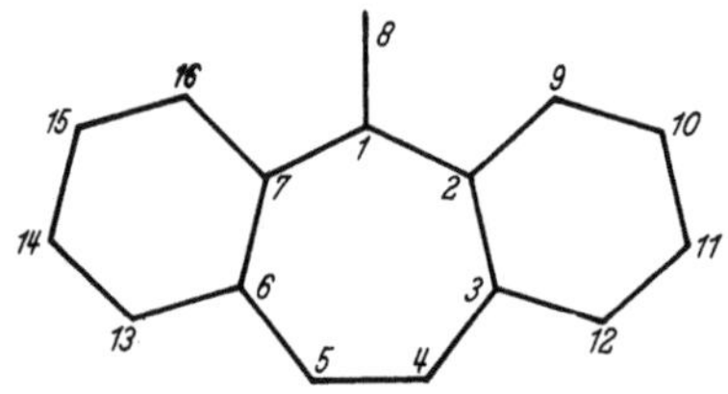

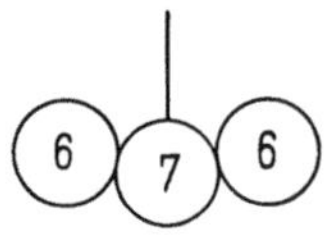

Z = 16

Bindungs- Atom Polarisierbarkeiten

	1	2	3	4	5	6	7	8
1 2	-.002846	-.003269	-.005119	-.006084	-.007123	-.003830	-.004943	.040715
1 7	-.002846	-.004943	-.003830	-.007123	-.006084	-.005119	-.003269	.040715
1 8	.011678	.006083	.006527	.009956	.009956	.006527	.006083	-.069752
2 3	-.000962	.003020	.002486	-.001449	.001048	-.000755	-.000221	-.013134
2 9	.001679	.006725	.001816	.003483	.003314	.002067	.002495	-.021499
3 4	-.003340	-.006047	-.001844	-.003086	-.009592	-.003116	-.004758	.041573
3 12	.001879	.002210	.005294	.002017	.004754	.001704	.002460	-.021912
4 5	.000089	.001998	-.000674	.010254	.010254	-.000674	.001998	-.031617
5 6	-.003340	-.004758	-.003116	-.009592	-.003086	-.001844	-.006047	.041573
6 7	-.000962	-.000221	-.000755	.001048	-.001449	.002486	.003020	-.013134
6 13	.001879	.002460	.001704	.004754	.002017	.005294	.002210	-.021912
7 16	.001679	.002495	.002067	.003314	.003483	.001816	.006725	-.021499
9 10	-.001585	-.003906	-.001489	-.002968	-.002797	-.001728	-.002048	.021952
10 11	.000950	.002818	.002187	.001560	.002530	.001008	.001425	-.019133
11 12	-.001659	-.001995	-.002961	-.002355	-.003464	-.001573	-.002049	.022122
13 14	-.001659	-.002049	-.001573	-.003464	-.002355	-.002961	-.001995	.022122
14 15	.000950	.001425	.001008	.002530	.001560	.002187	.002818	-.019133
15 16	-.001585	-.002048	-.001728	-.002797	-.002968	-.001489	-.003906	.021952

	9	10	11	12	13	14	15	16
1 2	-.001055	-.001550	-.002430	.000086	-.000075	-.001268	-.001904	.000695
1 7	.000695	-.001904	-.001268	-.000075	.000086	-.002430	-.001550	-.001055
1 8	.000454	.002819	.002988	.000210	.000210	.002988	.002819	.000454
2 3	.001818	.002687	.002294	.002256	.000535	-.000057	.000337	.000097
2 9	.002057	-.002225	.000960	-.002126	-.000048	.000701	.000945	-.000345
3 4	.000480	-.003323	-.001001	-.002365	-.000738	-.001140	-.002183	.000481
3 12	-.001970	.001334	-.002067	.002443	.000333	.000633	.001127	-.000239
4 5	.000036	.001916	.000207	.002028	.002028	.000207	.001916	.000036
5 6	.000481	-.002183	-.001140	-.000738	-.002365	-.001001	-.003323	.000480
6 7	.000097	.000337	-.000057	.000535	.002256	.002294	.002687	.001818
6 13	-.000239	.001127	.000633	.000333	.002443	-.002067	.001334	-.001970
7 16	-.000345	.000945	.000701	-.000048	-.002126	.000960	-.002225	.002057
9 10	-.002554	-.000260	-.001212	-.000166	.000003	-.000640	-.000840	.000238
10 11	.000070	.003079	.002553	-.000239	.000195	.000420	.000709	-.000132
11 12	-.000322	-.001739	-.000330	-.002157	-.000173	-.000610	-.000929	.000193
13 14	.000193	-.000929	-.000610	-.000173	-.002157	-.000330	-.001739	-.000322
14 15	-.000132	.000709	.000420	.000195	-.000239	.002553	.003079	.000070
15 16	.000238	-.000840	-.000640	.000003	-.000166	-.001212	-.000260	-.002554

Z=16 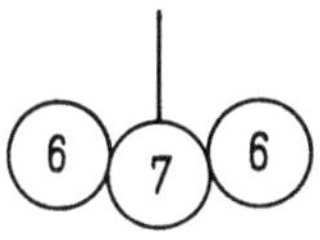 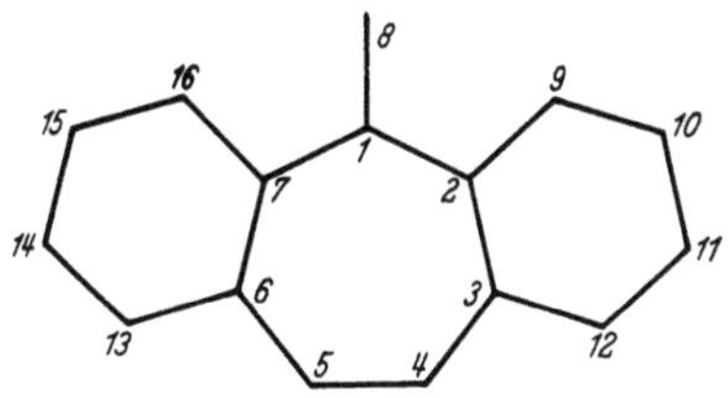 Dibenzheptafulven

Bindungs- Bindungs Polarisierbarkeiten

	1 2	1 7	1 8	2 3	2 9	3 4	3 12	4 5
1 2	.330201							
1 7	-.057974	.330201						
1 8	-.134684	-.134684	.142991					
2 3	-.083279	.008626	.034856	.256135				
2 9	-.100820	.013321	.040815	-.145161	.259930			
3 4	.026365	.002883	-.019734	-.107802	.012338	.356753		
3 12	.005930	-.003782	.001072	-.134438	.096275	-.123778	.264427	
4 5	-.013207	-.013207	.019913	.045965	-.005650	-.168670	.053136	.157267
5 6	.002883	.026365	-.019734	-.015897	.002626	.051651	-.019372	-.168670
6 7	.008626	-.083279	.034856	.003518	-.003725	-.015897	.006998	.045965
6 13	-.003782	.005930	.001072	.006998	-.000219	-.019372	.007725	.053136
7 16	.013321	-.100820	.040815	-.003725	-.003751	.002626	-.000219	-.005650
9 10	.028089	-.003672	-.015152	.102123	-.205228	-.008083	-.078089	.004123
10 11	-.018437	.001327	.012088	-.065947	.121791	-.023087	.119871	.013978
11 12	-.002818	.001932	-.000713	.097809	-.082563	.033635	-.195622	-.018266
13 14	.001932	-.002818	-.000713	-.002825	-.000109	.007364	-.003084	-.018266
14 15	.001327	-.018437	.012088	.001553	-.000951	-.005608	.002618	.013978
15 16	-.003672	.028089	-.015152	.001490	.001080	-.001584	.000332	.004123

	5 6	6 7	6 13	7 16	9 10	10 11	11 12	13 14
5 6	.356753							
6 7	-.107802	.256135						
6 13	-.123778	-.134438	.264427					
7 16	.012338	-.145161	.096275	.259930				
9 10	-.001584	.001490	.000332	.001080	.259591			
10 11	-.005608	.001553	.002618	-.000951	-.211647	.269438		
11 12	.007364	-.002825	-.003084	-.000109	.126499	-.216931	.255524	
13 14	.033635	.097809	-.195622	-.082563	.000002	-.001162	.001328	.255524
14 15	-.023087	-.065947	.119871	.121791	.000382	.000724	-.001162	-.216931
15 16	-.008083	.102123	-.078089	-.205228	-.000257	.000382	.000002	.126499

	14 15	15 16
14 15	.269438	
15 16	-.211647	.259591

Fluoranthen

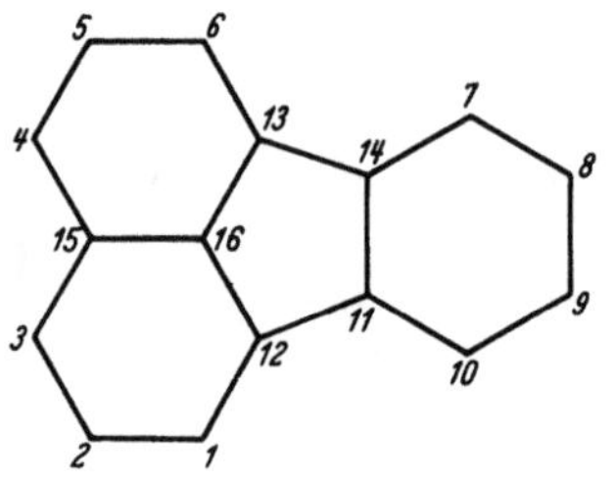

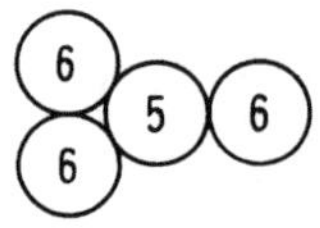

Z=16

Eigenwerte und Hückelkoeffizienten

	1	2	3	4	5	6	7	8
1	2,568774	2,000000	1,713765	1,464704	1,141129	1,000000	,743648	,618034
1	,196465	,099015	,406579	,084722	,073616	,408248	,185576	,214629
2	,140242	,198030	,359724	-,145199	,278004	,408248	-,056397	-,214629
3	,163784	,297044	,209903	-,297396	,243622	0	-,227516	-,347277
4	,163784	,297044	-,209903	-,297396	-,243622	0	-,227516	,347277
5	,140242	,198030	-,359724	-,145199	-,278004	,408248	-,056397	,214629
6	,196465	,099015	-,406579	,084722	-,073616	,408248	,185576	-,214629
7	,179538	-,297044	-,127155	-,204110	,437621	0	-,088742	,347277
8	,114445	-,297044	-,046856	-,439227	,204388	0	,346171	,214629
9	,114445	-,297044	,046856	-,439227	-,204388	0	,346171	-,214629
10	,179538	-,297044	,127155	-,204110	-,437621	0	-,088742	-,347277
11	,346749	-,297044	,171059	,140266	-,294993	0	-,412163	0
12	,364432	0	,337058	,269292	-,193998	0	,194401	,347277
13	,364432	0	-,337058	,269292	,193998	0	,194401	-,347277
14	,346749	-,297044	-,171059	,140266	,294993	0	-,412163	0
15	,280483	,396059	0	-,290398	0	-,408248	-,112794	0
16	,392929	,198030	0	,169445	0	-,408248	,371152	0

	9	10	11	12	13	14	15	16
9	-,370865	-,904587	-1,000000	-1,215676	-1,496679	-1,618034	-2,268353	-2,375859
1	,348436	,112771	,408248	,121995	,098398	,347277	,162225	,232913
2	,149830	,046757	-,408248	-,310350	,193788	-,347277	-,088769	-,209236
3	-,404003	-,155067	0	,255290	-,388436	,214629	,039134	,264203
4	,404003	-,155067	0	-,255290	-,388436	-,214629	-,039134	,264203
5	-,149830	,046757	-,408248	,310350	,193788	,347277	,088769	-,209236
6	-,348436	,112771	,408248	-,121995	,098398	-,347277	-,162225	,232913
7	-,124950	,536808	0	,093246	-,196380	-,214629	,318349	-,057160
8	-,198605	-,281850	0	-,432344	,078656	,347277	-,250994	,016932
9	,198605	-,281850	0	,432344	,078656	-,347277	,250994	,016932
10	,124950	,536808	0	-,093246	-,196380	,214629	-,318349	-,057160
11	-,244945	-,203739	0	-,318987	,215261	0	,471134	,118871
12	-,279053	-,148768	0	,162044	-,341058	-,214629	-,279215	-,344133
13	,279053	-,148768	0	-,162044	-,341058	,214629	,279215	-,344133
14	,244945	-,203739	0	,318987	,215261	0	-,471134	,118871
15	0	,093514	,408248	0	,387576	0	0	-,418473
16	0	,225542	-,408248	0	,196795	0	0	,465826

TOTALE PI ELEKTRONEN ENERGIE 22,500106

Z=16 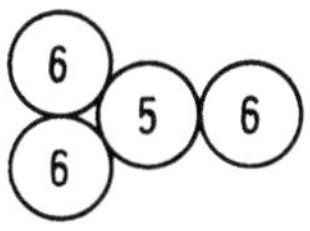 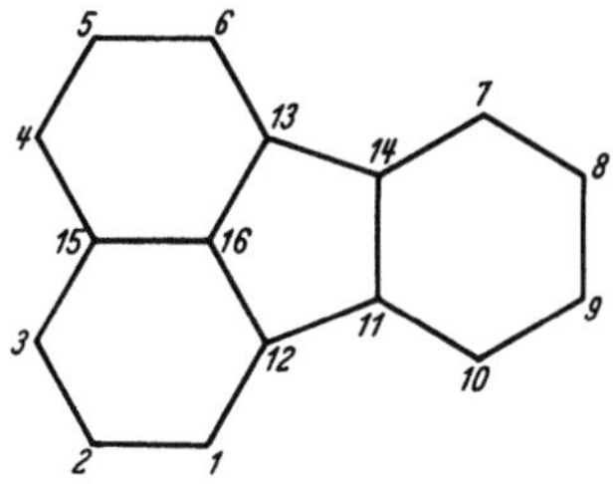

Fluoranthen

allgemeine Bindungsordnungen

	1	2	3	4	5	6	7	8
1	,946954							
2	,623431	1,005133						
3	,045826	,711152	,958560					
4	-,069138	-,159930	,062513	,958560				
5	,140806	-,005879	-,159930	,711152	1.005133			
6	,079787	,140806	-,069138	,045826	,623431	,946954		
7	,054306	,004761	-,037231	,125478	-,000775	-,165905	,996573	
8	,124325	-,009243	-,104407	,033903	,015157	-,043920	,675303	1.008245
9	-,043920	,015157	,033903	-,104407	-,009243	,124325	-,004449	,648104
10	-,165905	-,000775	,125478	-,037231	,004761	,054306	-,316552	-,004449
11	,043881	-,055584	-,030691	,113154	,026318	-,147449	,015180	-,289353
12	,655568	-,012353	-,323483	,064973	,016528	-,133612	-,027885	,019629
13	-,133612	,016528	,064973	-,323483	-,012353	,655568	,000736	-,056738
14	-,147449	,026318	,113154	-,030691	-,055584	,043881	,618565	-,016120
15	-,235762	-,000746	,551223	,551223	-,000746	-,235762	,003986	,005914
16	,026741	-,235762	-,023312	-,023312	-,235762	,026741	-,111599	,080405

	9	10	11	12	13	14	15	16
9	1,008245							
10	,675303	,996573						
11	-,016120	,618565	1,028610					
12	-,056738	,000736	,397798	1.029930				
13	,019629	-,027885	-,061742	-,057449	1.029930			
14	-,289353	,015180	,563481	-,061742	,397798	1.028610		
15	,005914	,003986	-,029266	,004175	,004175	-,029266	,998507	
16	,080405	-,111599	-,103568	,521956	,521956	-,103568	,528475	1.053483

Atom- Atom Polarisierbarkeiten

	1	2	3	4	5	6	7	8
1	,439611							
2	-,121491	,399460						
3	,025156	-,201273	,462325					
4	,000958	-,028217	,023900	,462325				
5	-,027391	,000079	-,028217	-,201273	,399460			
6	-,010001	-,027391	,000958	,025156	-,121491	,439611		
7	-,005121	,000669	-,004324	-,024971	,001639	-,030317	,426997	
8	-,023878	,000887	-,021061	-,002395	,000226	-,002261	-,162868	,409872
9	-,002261	,000226	-,002395	-,021061	,000887	-,023878	,016380	-,144124
10	-,030317	,001639	-,024971	-,004324	,000669	-,005121	-,094735	,016380
11	,011971	-,001422	,004816	-,020721	,000527	-,023692	,002834	-,080983
12	-,169477	,012264	-,115400	-,016254	,003737	-,020323	,001901	,006896
13	-,020323	,003737	-,016254	-,115400	,012264	-,169477	,014977	-,000604
14	-,023692	,000527	-,020721	,004816	-,001422	,011971	-,132560	,011603
15	-,047206	,007512	-,087241	-,087241	,007512	-,047206	,000225	,000096
16	,003463	-,047206	,004701	,004701	-,047206	,003463	-,010727	-,007787

	9	10	11	12	13	14	15	16
9	,409872							
10	-,162868	,426997						
11	,011603	-,132560	,360050					
12	-,000604	,014977	-,030405	,366036				
13	,006896	,001901	,008126	,012865	,366036			
14	-,080983	,002834	-,107910	,008126	-,030405	,360050		
15	,000096	,000225	-,000215	,002913	,002913	-,000215	,328334	
16	-,007787	-,010727	-,002020	-,077252	-,077252	-,002020	-,080501	,354156

Fluoranthen

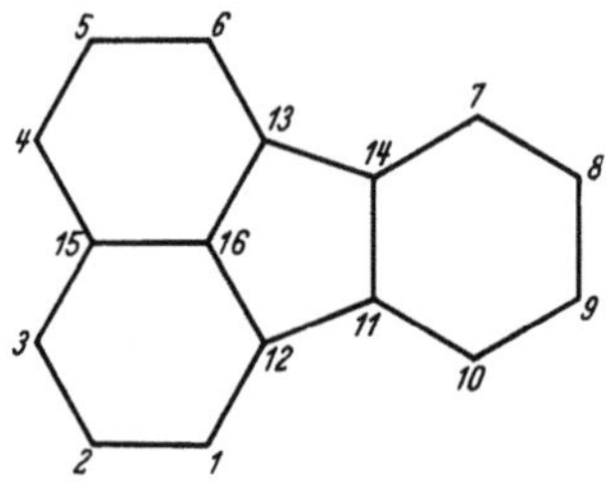

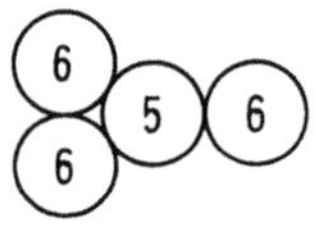

Z=16

Bindungs- Atom Polarisierbarkeiten

	1	2	3	4	5	6	7	8
1 2	.023538	.002099	-.024882	-.015292	.000928	-.017345	-.000183	.001889
1 12	.017685	.002517	.020606	.009809	-.003349	.014378	.000535	-.004124
2 3	-.018922	-.004970	.020847	.013336	-.000967	.014924	.000068	-.001546
3 15	.014646	.000936	.014698	-.020315	-.000989	-.020407	-.000064	.000144
4 5	.014924	-.000967	.013336	.020847	-.004970	-.018922	-.000384	-.001173
4 15	-.020407	-.000989	-.020315	.014698	.000936	.014646	-.000290	.000331
5 6	-.017345	.000928	-.015292	-.024882	.002099	.023538	.000327	.001476
6 13	.014378	-.003349	.009809	.020606	.002517	.017685	-.000923	-.002975
7 8	-.011411	.000851	-.009544	-.008985	.000812	-.010674	.005718	.001040
7 14	.011763	-.000966	.009548	.008310	-.000868	.010079	-.005102	.004670
8 9	.009176	-.000508	.008142	.008142	-.000508	.009176	-.000008	-.005684
9 10	-.010674	.000812	-.008985	-.009544	.000851	-.011411	.000706	.002767
10 11	.010079	-.000868	.008310	.009548	-.000966	.011763	.004488	-.002070
11 12	-.018733	.001526	-.015719	-.017928	.001737	-.021943	-.001358	.005609
11 14	.004851	.000340	.005939	.005939	.000340	.004851	-.004218	-.005064
12 16	-.010392	-.002242	-.010958	.005745	.002952	.002154	-.000297	.000628
13 14	-.021943	.001737	-.017928	-.015719	.001526	-.018733	.002515	.002678
13 16	.002154	.002952	.005745	-.010958	-.002242	-.010392	-.001981	.001963
15 16	.006633	.000163	.006642	.006642	.000163	.006633	.000451	-.000559

	9	10	11	12	13	14	15	16
1 2	.001476	.000327	.003552	.007854	.004929	.004314	.000163	.006633
1 12	-.002975	-.000923	-.007356	-.019294	-.010340	-.009643	.000710	-.008239
2 3	-.001173	-.000384	-.002555	-.006053	-.003589	-.003203	-.000052	-.005760
3 15	.000331	-.000290	.001085	-.000018	.001214	.000762	.001077	.007189
4 5	-.001546	.000068	-.003203	-.003589	-.006053	-.002555	-.000052	-.005760
4 15	.000144	-.000064	.000762	.001214	-.000018	.001085	.001077	.007189
5 6	.001889	-.000183	.004314	.004929	.007854	.003552	.000163	.006633
6 13	-.004124	.000535	-.009643	-.010340	-.019294	-.007356	.000710	-.008239
7 8	.002767	.000706	.003539	.004321	.003874	.007348	-.000180	.009819
7 14	-.002070	.004488	-.004627	-.005440	-.004263	-.014154	.000277	-.011645
8 9	-.005684	-.000008	-.005064	-.002208	-.002208	-.005064	.000096	-.007787
9 10	.001040	.005718	.007348	.003874	.004321	.003539	-.000180	.009819
10 11	.004670	-.005102	-.014154	-.004263	-.005440	-.004627	.000277	-.011645
11 12	.002678	.002515	.007030	.007420	.010291	.013622	-.000611	.023865
11 14	-.005064	-.004218	-.004851	.004121	.004121	-.004851	-.000215	-.002020
12 16	.001963	-.001981	.007603	-.000700	.009486	.004993	-.000508	-.008445
13 14	.005609	-.001358	.013622	.010291	.007420	.007030	-.000611	.023865
13 16	.000628	-.000297	.004993	.009486	-.000700	.007603	-.000508	-.008445
15 16	-.000559	.000451	-.002396	-.001605	-.001605	-.002396	-.001630	-.017025

Z=16

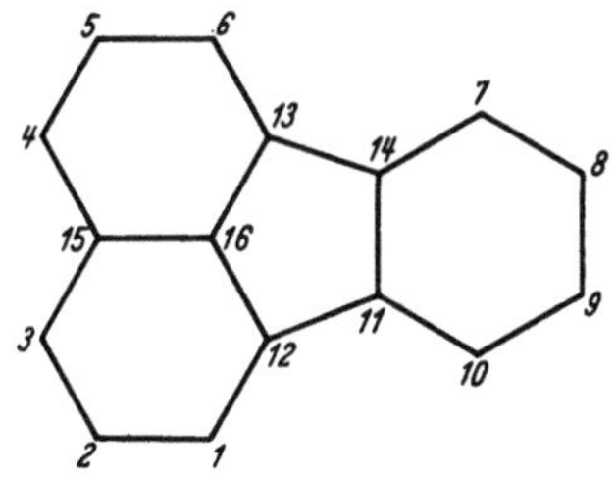

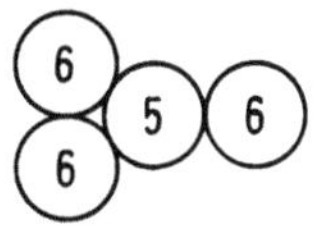

Fluoranthen

Bindungs- Bindungs Polarisierbarkeiten

	1 2	1 12	2 3	3 15	4 5	4 15	5 6	6 13
1 2	.299445							
1 12	-.197257	.235610						
2 3	-.224516	.121226	.227601					
3 15	.109637	-.064357	-.179294	.295736				
4 5	.027353	-.012078	-.028346	.057729	.227601			
4 15	-.043856	.019501	.057729	-.146396	-.179294	.295736		
5 6	-.026695	.020051	.027353	-.043856	-.224516	.109637	.299445	
6 13	.020051	-.012560	-.012078	.019501	.121226	-.064357	-.197257	.235610
7 8	.000819	-.000774	-.000664	.000474	-.003305	-.000847	.004080	-.011193
7 14	-.001820	.002238	.001258	-.000769	.007778	.002491	-.010300	.031650
8 9	-.003924	.009689	.003194	.000475	.003194	.000475	-.003924	.009689
9 10	.004080	-.011193	-.003305	-.000847	-.000664	.000474	.000819	-.000774
10 11	-.010300	.031650	.007778	.002491	.001258	-.000769	-.001820	.002238
11 12	.029864	-.109908	-.020392	-.006933	-.006074	.000225	.008931	-.019787
11 14	-.010262	.029594	.007605	.001847	.007605	.001847	-.010262	.029594
12 16	.095205	-.145912	-.064867	.088555	.020011	-.019515	-.035262	.044325
13 14	.008931	-.019787	-.006074	.000225	-.020392	-.006933	.029864	-.109908
13 16	-.035262	.044325	.020011	-.019515	-.064867	.088555	.095205	-.145912
15 16	-.041495	.059944	.065782	-.114704	.065782	-.114704	-.041495	.059944

	7 8	7 14	8 9	9 10	10 11	11 12	11 14	12 16
7 8	.255459							
7 14	-.200716	.259338						
8 9	-.213064	.121877	.265747					
9 10	.126868	-.081790	-.213064	.255459				
10 11	-.081790	.099775	.121877	-.200716	.259338			
11 12	-.005129	.009398	-.018462	.028183	-.103596	.332532		
11 14	.103415	-.146531	-.069380	.103415	-.146531	-.087249	.252140	
12 16	.004731	-.010348	.002591	-.007009	.022324	-.079683	.012596	.283012
13 14	.028183	-.103596	-.018462	-.005129	.009398	.020708	-.087249	.017597
13 16	-.007009	.022324	.002591	.004731	-.010348	.017597	.012596	-.122982
15 16	.000462	-.002256	-.001118	.000462	-.002256	.009774	-.004793	-.105370

	13 14	13 16	15 16
13 14	.332532		
13 16	-.079683	.283012	
15 16	.009774	-.105370	.261639

Cyclopenta[a]phenalen

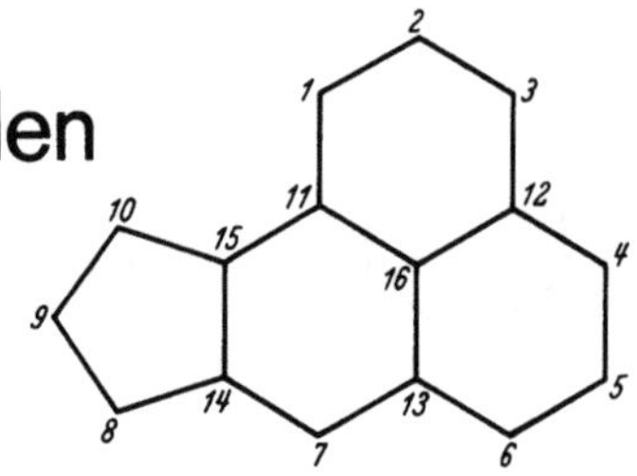

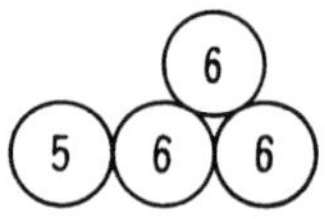

Z=16

Eigenwerte und Hückelkoeffizienten

	1	2	3	4	5	6	7	8
1	2.530460	2.080434	1,749035	1,417342	1,124343	1.000000	.770542	,432840
1	.203955	.060145	.387973	.192637	,016216	,408248	.028842	,278082
2	.148579	.146645	.375167	-,042274	.350301	,408248	.110093	-,113863
3	.172019	,244940	,268206	-,252554	,377643	0	,055990	-,327366
4	.167889	,278417	-,107086	-,415629	-,179397	0	-,316654	,134448
5	,138128	,216291	-,281231	-,273407	-,276002	,408248	-,177044	,086029
6	.181639	,171563	-,384798	,028118	-,130925	,408248	.180234	-,097212
7	,246316	-,110690	-,303638	,195123	,390447	0	-,145878	-,139108
8	.176903	-,324363	-,079497	-,280650	,233188	0	,121458	,526063
9	.145856	-,303898	,000236	-,361073	-,048014	0	,521916	,159807
10	.192181	-,307876	,079911	-,231114	-,287173	0	,280700	-,456893
11	,367522	-,021517	,303412	,315307	-,332069	0	-,087870	,234228
12	.286708	.362936	,093935	-,315681	,074299	-,408248	-,066951	-,027834
13	.321503	,140635	-,391794	,313259	,128798	0	.315922	-,128106
14	.301790	-,370919	-,139280	-,036704	,310198	0	-,428327	,067895
15	,340449	-,336618	,139530	,033506	-,274866	0	-,305625	-,357568
16	.385595	,231708	.003175	,220755	-,114709	-,408248	,209075	,180870

	9	10	11	12	13	14	15	16
9	-,115349	-,940955	-1,000000	-1,221564	-1,590363	-1,809708	-1,930051	-2,497005
1	,306712	.115160	.408248	,223153	,236497	,308603	,000358	,217019
2	,039542	,329384	-,408248	-,046542	-,323089	-,263091	,140127	-,165198
3	-,311273	-,425096	0	-,166299	,277332	,167515	-,270811	,195481
4	,405854	,199967	0	-,446899	-,054799	-,101103	-,323813	,192486
5	-,043178	-,258772	-,408248	,296229	,205119	,223029	,242424	-,157721
6	-,400874	,043526	,408248	,085036	-,271415	-,302514	-,144079	,201343
7	,484721	-,407167	0	,095530	-,053930	-,290705	,218984	,241846
8	-,264049	,113566	0	-,186531	,395038	-,294115	,250419	,099281
9	,175789	-,272170	0	-,055551	-,487492	,330605	-,025016	,010952
10	,243772	,142534	0	,254390	,380252	-,304184	-,202136	-,126628
11	-,074921	-,437745	0	-,226054	-,053027	-,295390	-,140818	-,376700
12	-,003637	,070612	,408248	,249687	-,117969	-,040062	,382552	-,322919
13	,089419	,217816	0	-,400106	,226530	,324434	,035654	-,345034
14	-,145331	,165310	0	,283411	-,140761	,201658	-,458305	-,258857
15	-,203908	,138052	0	-,255203	-,117246	,219879	,415149	,305240
16	-,094162	,158686	-,408248	,308189	-,034919	,006089	-,143720	,418362

TOTALE PI ELEKTRONEN ENERGIE 22,209993

Cyclopenta[a]phenalen

Z=16

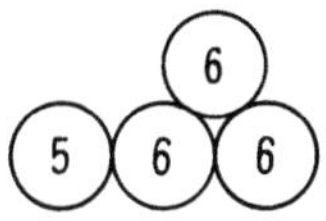

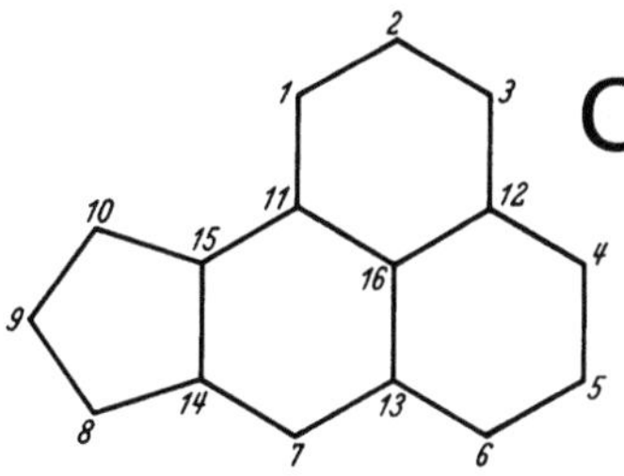

allgemeine Bindungsordnungen

	1	2	3	4	5	6	7	8
1	.955877							
2	.640787	1.001161						
3	.043851	.697008	.956443					
4	-.090558	-.139689	.087664	.880892				
5	.120820	-.002027	-.143890	.688606	1.002586			
6	.092399	.116619	-.089132	.122253	.650513	.874058		
7	-.146390	.069509	.138726	-.161205	-.103556	.168376	.792546	
8	.170476	-.008167	-.153628	.109972	.025519	-.121192	.098011	1.134924
9	.001439	.029806	.001364	-.090486	-.024665	.097860	-.236147	.723911
10	-.232906	.010970	.188575	-.129496	-.018145	.154888	-.154920	-.161712
11	.618670	-.001433	-.294613	.022117	.003868	-.079905	-.174232	-.011009
12	-.238392	-.000866	.553118	.548917	.000559	-.232867	-.034047	.017352
13	-.084106	.005294	.027642	-.270960	-.006275	.589251	.531470	-.088996
14	-.020616	-.012958	.007821	.133357	.013445	-.161336	.649352	.502202
15	-.005852	-.074137	.002432	.065165	.050057	-.065997	.144586	-.280805
16	.048275	-.242593	-.045281	.031696	-.228666	-.033543	.021986	.049284

	9	10	11	12	13	14	15	16
9	1.088483							
10	.584675	1.123064						
11	-.092236	-.015383	.999732					
12	.005141	-.007175	.002435	.999693				
13	.058362	.050008	-.011010	-.000981	1.015165			
14	-.115271	-.141569	.031192	.000487	-.032259	1.067401		
15	-.127131	.657972	.439285	-.024080	-.136411	.456612	1.093243	
16	.099299	-.078018	.538764	.528740	.505144	-.181952	-.071849	1.014732

Atom- Atom Polarisierbarkeiten

	1	2	3	4	5	6	7	8
1	.477774							
2	-.134492	.396089						
3	.045522	-.186530	.492986					
4	.005280	-.019967	.032386	.475363				
5	-.020016	.000162	-.021618	-.178241	.394917			
6	-.011625	-.018392	.004696	.017225	-.141480	.464875		
7	-.043264	-.004108	-.050609	-.037621	-.007321	-.014395	.477678	
8	-.074516	.001146	-.071235	-.034825	.000198	-.034037	.038711	.513828
9	.008799	-.000937	.006379	-.016365	-.000613	-.015410	-.073045	-.228386
10	-.089561	.002523	-.082206	-.047910	.001333	-.049877	-.008872	.049138
11	-.138366	.009696	-.091241	-.006446	.002063	-.007644	-.018837	.007040
12	-.048379	.007368	-.088337	-.085844	.007654	-.045733	-.000557	-.000184
13	-.008914	.001861	-.007562	-.073898	.008424	-.116068	-.072924	-.002423
14	-.001685	-.000131	-.001852	-.030525	.000399	-.032747	-.162717	-.057662
15	.034264	-.003710	.022216	-.002954	-.002344	.001719	-.036079	-.113868
16	-.000820	-.050576	-.002996	.004344	-.043516	-.001106	.013958	.007076

	9	10	11	12	13	14	15	16
9	.418565							
10	-.098126	.487937						
11	-.005877	.019174	.348436					
12	.000123	.000069	.003157	.328380				
13	-.002027	.004726	.006118	.002735	.333036			
14	.007769	.001675	.001089	.000589	.007318	.341375		
15	.014548	-.189420	-.042545	-.000205	-.012108	-.045425	.383259	
16	-.015395	-.000604	-.085818	-.080835	-.068294	-.027471	-.007347	.359399

Cyclopenta[a]phenalen

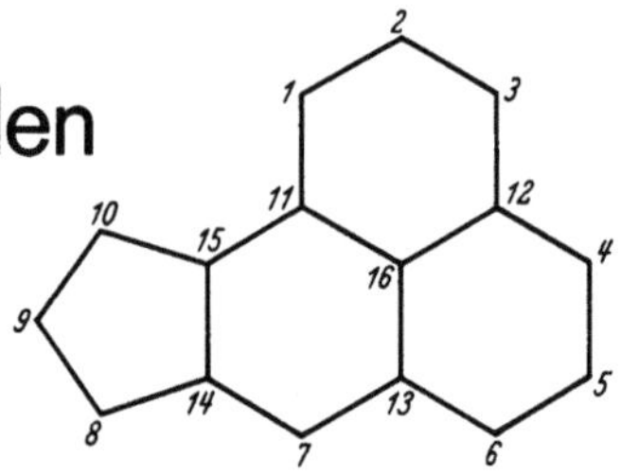

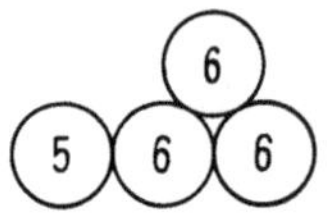

Z=16

Bindungs- Atom Polarisierbarkeiten

	1	2	3	4	5	6	7	8
1 2	.018328	-.000068	-.026391	-.019696	.000389	-.020359	.017407	.006104
1 11	.024895	.000406	.024401	.010796	-.001072	.012244	-.034694	-.010761
2 3	-.017989	-.001031	.025845	.018699	-.000401	.019303	-.016124	-.005767
3 12	.015998	.000485	.016150	-.027922	-.000202	-.027870	.001514	.001322
4 5	.021514	-.000368	.020921	.062670	-.003324	-.054316	-.022502	-.008457
4 12	-.030413	-.000629	-.030143	.037896	.000335	.038154	-.001675	-.000023
5 6	-.022197	.000356	-.021523	-.065659	.001297	.057282	.024037	.009097
6 13	.014082	-.001412	.012955	.049497	.001669	.047405	-.051987	-.019221
7 13	-.022134	.000463	-.021470	-.067203	.000792	-.069270	.071389	.024775
7 14	.004847	.000820	.006860	.043025	.000742	.041320	.080438	-.037426
8 9	.006508	.000309	.007132	.023680	.000365	.022740	.022614	-.066810
8 14	-.011165	.000029	-.011577	-.032160	.000275	-.032864	-.035265	.006024
9 10	-.004883	-.000367	-.006169	-.028469	-.000054	-.028582	-.040362	.074953
10 15	-.001503	.000882	.000541	.019574	.000812	.017779	.023937	-.030272
11 15	-.000698	-.000479	-.002575	-.007743	-.000080	-.007700	.030970	.002411
11 16	-.023992	.000037	-.022177	-.003877	.001297	-.005737	.010012	.008086
12 16	.015086	.000224	.014654	-.010140	-.000177	-.010509	.000139	-.001446
13 16	.006986	.001158	.007748	.012977	-.002008	.015724	-.010469	-.001719
14 15	.006730	-.000815	.004819	-.015946	-.000657	-.014745	-.069380	.049132

	9	10	11	12	13	14	15	16
1 2	.000073	.007148	.000994	.000003	.001400	.000637	-.001769	.015799
1 11	.001552	-.013534	-.000790	.000668	-.002465	-.000225	.006298	-.017719
2 3	-.000131	-.006633	-.001029	.000076	-.001190	-.000604	.001357	-.014380
3 12	.001094	.001005	.000678	.000585	.000424	.000706	.001428	.014605
4 5	-.003966	-.008811	-.001344	-.000107	-.003831	-.004058	-.003243	.009224
4 12	-.000823	-.000084	.000520	-.000059	-.000897	-.001021	-.000872	-.010263
5 6	.004276	.009569	.001490	.000064	.004285	.004419	.003318	-.010111
6 13	-.010119	-.020372	-.002682	-.000289	-.010426	-.010708	-.007983	.009589
7 13	.018662	.026589	.001464	-.000037	.004700	.020524	.016007	-.005251
7 14	-.036409	-.043013	.004824	.000015	.004233	-.044731	-.030479	.004933
8 9	-.036978	.028350	.001179	.000024	.002328	.014368	-.020160	-.005646
8 14	.045121	.016330	-.001443	-.000172	.001506	.003363	.041432	.010566
9 10	-.008009	-.011315	-.003314	-.000102	.000286	.004924	.044437	.007028
10 15	.025044	-.046332	.004523	-.000007	.004246	.017469	-.033191	-.003502
11 15	-.011347	.008502	-.005275	-.000255	-.000323	-.006375	-.021379	.022347
11 16	.007660	.006241	.004046	-.000568	.003566	.005499	.009847	.000060
12 16	-.000349	-.001030	-.001353	-.000353	.000508	.000313	-.000665	-.004903
13 16	-.005929	-.001685	.001996	.000361	-.005715	-.006711	-.006735	-.005978
14 15	.010580	.049076	-.004482	.000154	-.002635	.002213	.002354	-.016398

Z=16 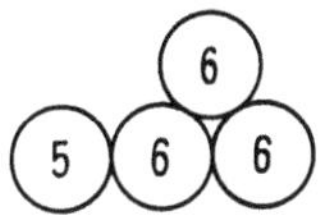

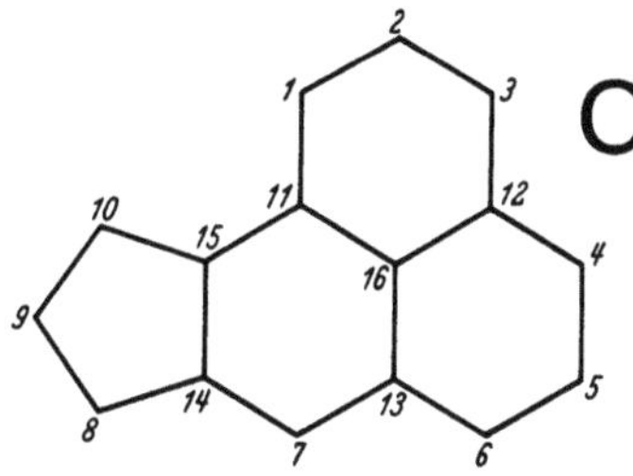

Cyclopenta[a]phenalen

Bindungs- Bindungs Polarisierbarkeiten

	1 2	1 11	2 3	3 12	4 5	4 12	5 6	6 13
1 2	.296218							
1 11	-.190548	.266353						
2 3	-.236407	.118361	.248363					
3 12	.109185	-.055006	-.177664	.300860				
4 5	.020623	-.000454	-.022438	.055776	.264197			
4 12	-.042339	.005780	.054935	-.155034	-.176193	.309303		
5 6	-.019261	.005619	.020595	-.042636	-.247068	.107401	.299627	
6 13	.005972	.002589	-.001240	.007310	.115996	-.046977	-.185910	.289189
7 13	.015268	-.028097	-.011490	.003771	-.043024	-.011996	.055866	-.176749
7 14	-.006138	.007768	.005930	-.002229	.024614	.007112	-.027824	.073583
8 9	-.010339	.023210	.009307	.000649	.011364	.001677	-.012324	.027880
8 14	.006832	-.014929	-.006252	-.000254	-.012100	-.003178	.013164	-.032282
9 10	.013105	-.030324	-.011382	-.000604	-.012144	-.000985	.013454	-.029578
10 15	-.021510	.055221	.017687	.002001	.013690	.000003	-.015841	.033976
11 15	.037178	-.127519	-.026796	-.007701	-.006620	.002387	.009529	-.017693
11 16	.089303	-.144092	-.061382	.079811	.006726	-.006329	-.017892	.020468
12 16	-.042529	.065122	.067131	-.112517	.064478	-.117673	-.040482	.054114
13 16	-.024049	.031212	.012625	-.009438	-.046825	.073743	.071852	-.110659
14 15	-.000563	.009733	.000118	.003720	-.010597	-.001638	.012132	-.029990

	7 13	7 14	8 9	8 14	9 10	10 15	11 15	11 16
7 13	.355939							
7 14	-.183671	.294236						
8 9	-.043220	.098473	.228835					
8 14	.064040	-.188130	-.172969	.348574				
9 10	.041094	-.081006	-.226862	.077260	.350118			
10 15	-.040989	.075010	.091976	-.012542	-.192081	.240828		
11 15	-.001402	.022940	-.034352	.020152	.050675	-.130183	.324511	
11 16	.047928	-.022336	.003001	.000569	-.004224	.017753	-.085871	.268135
12 16	.011354	-.006047	-.002624	.004066	.001798	-.002451	.007901	-.110764
13 16	-.116492	.052820	.008699	-.019709	-.003858	-.005490	.034043	-.111633
14 15	.061870	-.145104	-.002382	-.072312	.045543	-.127058	-.071179	.030830

	12 16	13 16	14 15
12 16	.261865		
13 16	-.099816	.277223	
14 15	-.002925	-.014250	.314052

Dicyclopenta[ef,kl]heptalen

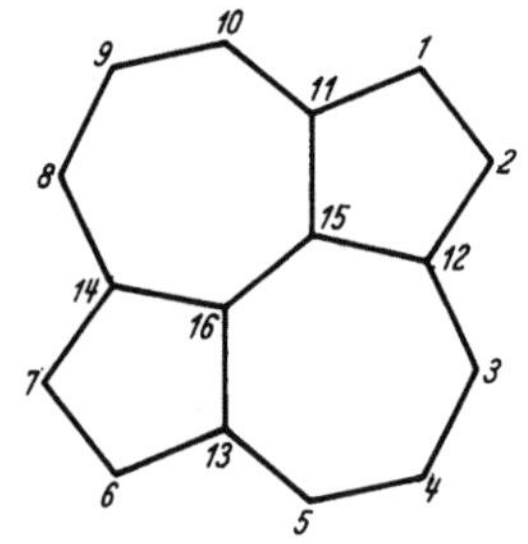

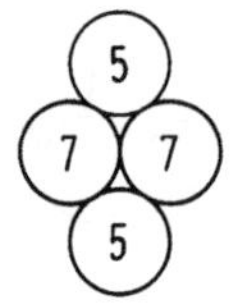

Z = 16

Eigenwerte und Hückelkoeffizienten

	1	2	3	4	5	6	7	8
1	2.532089	2.069628	1.801938	1.347296	1.246980	1.000000	.582772	.445042
1	.198234	.306913	.084105	.122734	.163993	.408248	.370054	.235657
2	.198234	.306913	-.084105	.122734	-.163993	.408248	.370054	-.235657
3	.174324	.158619	-.340534	-.310773	-.295505	0	-.264935	.084105
4	.137692	0	-.377964	-.461329	0	0	0	.377964
5	.174324	-.158619	-.340534	-.310773	.295505	0	.264935	.084105
6	.198234	-.306913	-.084105	.122734	.163993	.408248	-.370054	-.235657
7	.198234	-.306913	.084105	.122734	-.163993	.408248	-.370054	.235657
8	.174324	-.158619	.340534	-.310773	-.295505	0	.264935	-.084105
9	.137692	0	.377964	-.461329	0	0	0	-.377964
10	.174324	.158619	.340534	-.310773	.295505	0	-.264935	-.084105
11	.303712	.328283	.235657	.042625	.368488	0	-.154397	.340534
12	.303712	.328283	-.235657	.042625	-.368488	0	-.154397	-.340534
13	.303712	-.328283	-.235657	.042625	.368488	0	.154397	-.340534
14	.303712	-.328283	.235657	.042625	-.368488	0	.154397	.340534
15	.396468	.213891	0	.245468	0	-.408248	-.195097	0
16	.396468	-.213891	0	.245468	0	-.408248	.195097	0

	9	10	11	12	13	14	15	16
9	-.361989	-.445042	-.879385	-1.246980	-1.801938	-2.000000	-2.000000	-2.290411
1	.097822	.295505	.138452	.340534	.368488	.099015	.267261	.096414
2	.097822	-.295505	.138452	-.340534	-.368488	.099015	-.267261	.096414
3	.368056	.368488	-.186536	.235657	-.163993	.297044	-.267261	.138508
4	0	0	.424242	-.377964	0	-.297044	.267261	0
5	-.368056	-.368488	-.186536	.235657	.163993	.297044	-.267261	-.138508
6	-.097822	.295505	.138452	-.340534	.368488	.099015	-.267261	-.096414
7	-.097822	-.295505	.138452	.340534	-.368488	.099015	.267261	-.096414
8	-.368056	.368488	-.186536	-.235657	-.163993	.297044	.267261	-.138508
9	0	0	.424242	.377964	0	-.297044	-.267261	0
10	.368056	-.368488	-.186536	-.235657	.163993	.297044	.267261	.138508
11	-.133232	.163993	-.260205	-.084105	-.295505	-.297044	-.267261	-.317240
12	-.133232	-.163993	-.260205	.084105	.295505	-.297044	.267261	-.317240
13	.133232	.163993	-.260205	.084105	-.295505	-.297044	.267261	.317240
14	.133232	-.163993	-.260205	-.084105	.295505	-.297044	-.267261	.317240
15	-.417649	0	.276904	0	0	.198030	0	.491688
16	.417649	0	.276904	0	0	.198030	0	-.491688

TOTALE PI ELEKTRONEN ENERGIE 22.051489

Z=16 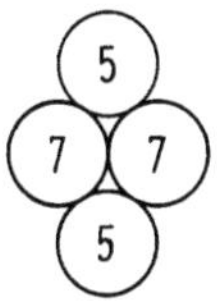 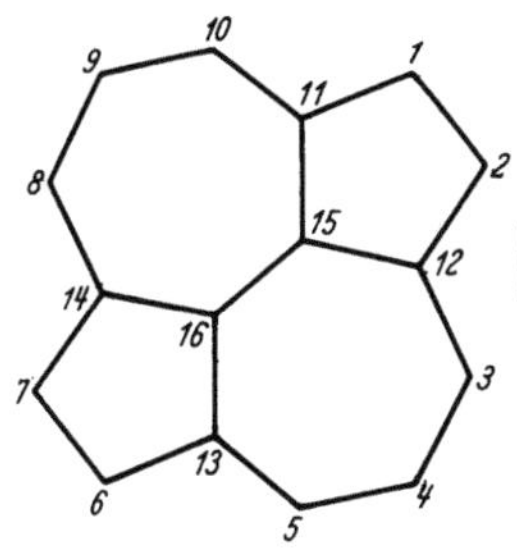

Dicyclopenta[ef,kl]heptalen

allgemeine Bindungsordnungen

	1	2	3	4	5	6	7	8
1	1.083328							
2	.725322	1.083328						
3	-.220449	.008676	.865360					
4	.055912	-.173213	.655741	1.034995				
5	.170825	.012265	.134665	.655741	.865360			
6	-.091645	.051212	.012265	-.173213	.008676	1.083328		
7	.051212	-.091645	.170825	.055912	-.220449	.725322	1.083328	
8	.012265	.170825	-.008192	.013746	.023919	-.220449	.008676	.865360
9	-.173213	.055912	.013746	-.107862	.013746	.055912	-.173213	.655741
10	.008676	-.220449	.023919	.013746	-.008192	.170825	.012265	.134665
11	.539111	-.102883	-.055648	.123589	.008004	-.035643	.122917	-.221121
12	-.102883	.539111	.586347	-.034971	-.221121	.122917	-.035643	.008004
13	-.035643	.122917	-.221121	-.034971	.586347	.539111	-.102883	-.055648
14	.122917	-.035643	.008004	.123589	-.055648	-.102883	.539111	.586347
15	-.128992	-.128992	.156889	-.117302	-.185572	-.102791	-.102791	-.185572
16	-.102791	-.102791	-.185572	-.117302	.156889	-.128992	-.128992	.156889

	9	10	11	12	13	14	15	16
9	1.034995							
10	.655741	.865360						
11	-.034971	.586347	1.065895					
12	.123589	-.055648	-.163230	1.065895				
13	.123589	.008004	-.146528	-.003671	1.065895			
14	-.034971	-.221121	-.003671	-.146528	-.163230	1.065895		
15	-.117302	.156889	.462429	.462429	.061073	.061073	.935841	
16	-.117302	-.185572	.061073	.061073	.462429	.462429	.600593	.935841

Atom- Atom Polarisierbarkeiten

	1	2	3	4	5	6	7	8
1	.452489							
2	-.213656	.452489						
3	-.057004	.019793	.454544					
4	-.002409	-.030647	-.149748	.418176				
5	-.049852	.002823	.014448	-.149748	.454544			
6	-.019784	-.002381	.002823	-.030647	.019793	.452489		
7	-.002381	-.019784	-.049852	-.002409	-.057004	-.213656	.452489	
8	.002823	-.049852	.001471	.000317	.001689	-.057004	.019793	.454544
9	-.030647	-.002409	.000317	-.019822	.000317	-.002409	-.030647	-.149748
10	.019793	-.057004	.001689	.000317	.001471	-.049852	.002823	.014448
11	-.079791	.015405	-.000516	-.021166	.000249	-.003924	-.022831	-.058561
12	.015405	-.079791	-.111493	.015728	-.058561	-.022831	-.003924	.000249
13	-.003924	-.022831	-.058561	.015728	-.111493	-.079791	.015405	-.000516
14	-.022831	-.003924	.000249	-.021166	-.000516	.015405	-.079791	-.111493
15	-.001467	-.001467	-.026141	-.011252	-.042019	-.006766	-.006766	-.042019
16	-.006766	-.006766	-.042019	-.011252	-.026141	-.001467	-.001467	-.026141

	9	10	11	12	13	14	15	16
9	.418176							
10	-.149748	.454544						
11	.015728	-.111493	.357080					
12	-.021166	-.000516	-.020595	.357080				
13	-.021166	.000249	-.023699	-.002727	.357080			
14	.015728	-.058561	-.002727	-.023699	-.020595	.357080		
15	-.011252	-.026141	-.047934	-.047934	.004774	.004774	.392012	
16	-.011252	-.042019	.004774	.004774	-.047934	-.047934	-.130405	.392012

Dicyclopenta[ef,kl]heptalen

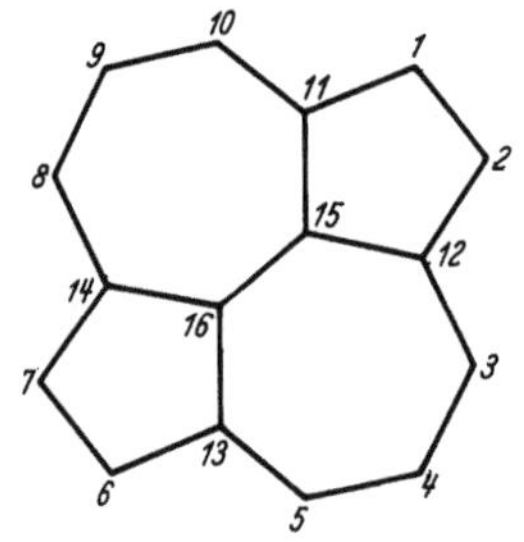

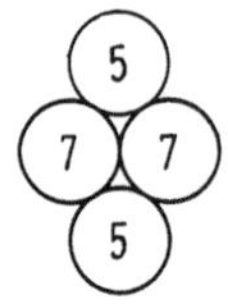

Z=16

Bindungs- Atom Polarisierbarkeiten

	1	2	3	4	5	6	7	8
1 2	-.037413	-.037413	-.006428	.010902	-.003485	.011091	.011091	-.003485
1 11	-.006236	.043355	-.004673	-.008355	-.001640	-.009502	-.013076	.004339
2 12	.043355	-.006236	.004612	-.005811	.004339	-.013076	-.009502	-.001640
3 4	.021333	.005442	.060961	-.015709	-.060236	-.000351	-.018787	.001026
3 12	-.032433	-.007258	.032555	.016434	.037659	.001204	.013662	-.000586
4 5	-.018787	-.000351	-.060236	-.015709	.060961	.005442	.021333	-.001384
5 13	.013662	.001204	.037659	.016434	.032555	-.007258	-.032433	.002707
6 7	.011091	.011091	-.003485	.010902	-.006428	-.037413	-.037413	-.006428
6 13	-.009502	-.013076	.004339	-.005811	.004612	-.006236	.043355	-.004673
7 14	-.013076	-.009502	-.001640	-.008355	-.004673	.043355	-.006236	.004612
8 9	-.000351	-.018787	.001026	.002225	-.001384	.021333	.005442	.060961
8 14	.001204	.013662	-.000586	-.002583	.002707	-.032433	-.007258	.032555
9 10	.005442	.021333	-.001384	.002225	.001026	-.018787	-.000351	-.060236
10 11	-.007258	-.032433	.002707	-.002583	-.000586	.013662	.001204	.037659
11 15	.027183	.006253	-.000497	.017108	.002401	-.004430	.016412	-.050425
12 15	.006253	.027183	-.053223	-.008585	-.050425	.016412	-.004430	.002401
13 16	-.004430	.016412	-.050425	-.008585	-.053223	.027183	.006253	-.000497
14 16	.016412	-.004430	.002401	.017108	-.000497	.006253	.027183	-.053223
15 16	-.016450	-.016450	.036317	-.011252	.036317	-.016450	-.016450	.036317

	9	10	11	12	13	14	15	16
1 2	.010902	-.006428	.019033	.019033	.010417	.010417	-.001467	-.006766
1 11	-.005811	.004612	-.005344	-.001859	-.010687	-.005876	.018453	.002299
2 12	-.008355	-.004673	-.001859	-.005344	-.005876	-.010687	.018453	.002299
3 4	.002225	-.001384	.005936	.022687	-.020648	.000234	.018179	-.020908
3 12	-.002583	.002707	-.008398	-.038743	.012220	-.000058	-.035582	.009201
4 5	.002225	.001026	.000234	-.020648	.022687	.005936	-.020908	.018179
5 13	-.002583	-.000586	-.000058	.012220	-.038743	-.008398	.009201	-.035582
6 7	.010902	-.003485	.010417	.010417	.019033	.019033	-.006766	-.001467
6 13	-.008355	-.001640	-.010687	-.005876	-.005344	-.001859	.002299	.018453
7 14	-.005811	.004339	-.005876	-.010687	-.001859	-.005344	.002299	.018453
8 9	-.015709	-.060236	-.020648	.000234	.005936	.022687	-.020908	.018179
8 14	.016434	.037659	.012220	-.000058	-.008398	-.038743	.009201	-.035582
9 10	-.015709	.060961	.022687	.005936	.000234	-.020648	.018179	-.020908
10 11	.016434	.032555	-.038743	-.008398	-.000058	.012220	-.035582	.009201
11 15	-.008585	-.053223	.000846	.025705	.017126	-.007142	.028231	-.016964
12 15	.017108	-.000497	.025705	.000846	-.007142	.017126	.028231	-.016964
13 16	.017108	.002401	.017126	-.007142	.000846	.025705	-.016964	.028231
14 16	-.008585	-.050425	-.007142	.017126	.025705	.000846	-.016964	.028231
15 16	-.011252	.036317	-.015448	-.015448	-.015448	-.015448	.002414	.002414

Z=16

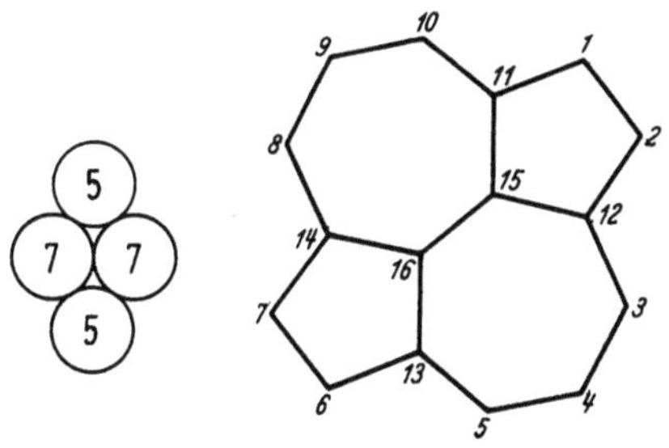

Dicyclopenta[ef,kl]heptalen

Bindungs- Bindungs Polarisierbarkeiten

	1 2	1 11	2 12	3 4	3 12	4 5	5 13	6 7
1 2	.238833							
1 11	-.199503	.320352						
2 12	-.199503	.089987	.320352					
3 4	-.053655	.045617	.078396	.317220				
3 12	.083741	-.056151	-.157290	-.222824	.324336			
4 5	.043289	-.037023	-.052488	-.260473	.130417	.317220		
5 13	-.035964	.039200	.042396	.130417	-.078098	-.222824	.324336	
6 7	-.022164	.024789	.024789	.043289	-.035964	-.053655	.083741	.238833
6 13	.024789	-.025250	-.028259	-.052488	.042396	.078396	-.157290	-.199503
7 14	.024789	-.028259	-.025250	-.037023	.039200	.045617	-.056151	-.199503
8 9	.043289	-.052488	-.037023	.000698	-.000993	.000569	-.000428	-.053655
8 14	-.035964	.042396	.039200	-.000993	.000562	-.000428	-.001097	.083741
9 10	-.053655	.078396	.045617	.000569	-.000428	.000698	-.000993	.043289
10 11	.083741	-.157290	-.056151	-.000428	-.001097	-.000993	.000562	-.035964
11 15	.033436	-.101150	.002229	-.044367	.059212	.040369	-.042474	.011982
12 15	.033436	.002229	-.101150	.067448	-.147670	-.049043	.027677	.011982
13 16	.011982	-.014878	-.010935	-.049043	.027677	.067448	-.147670	.033436
14 16	.011982	-.010935	-.014878	.040369	-.042474	-.044367	.059212	.033436
15 16	-.032899	.039959	.039959	-.002729	.035446	-.002729	.035446	-.032899

	6 13	7 14	8 9	8 14	9 10	10 11	11 15	12 15
6 13	.320352							
7 14	.089987	.320352						
8 9	.045617	.078396	.317220					
8 14	-.056151	-.157290	-.222824	.324336				
9 10	-.037023	-.052488	-.260473	.130417	.317220			
10 11	.039200	.042396	.130417	-.078098	-.222824	.324336		
11 15	-.014878	-.010935	-.049043	.027677	.067448	-.147670	.344853	
12 15	-.010935	-.014878	.040369	-.042474	-.044367	.059212	-.113246	.344853
13 16	-.101150	.002229	-.044367	.059212	.040369	-.042474	.068702	-.010516
14 16	.002229	-.101150	.067448	-.147670	-.049043	.027677	-.010516	.068702
15 16	.039959	.039959	-.002729	.035446	-.002729	.035446	-.121629	-.121629

	13 16	14 16	15 16
13 16	.344853		
14 16	-.113246	.344853	
15 16	-.121629	-.121629	.261608

Cyclohept[fg]acenaphthylen

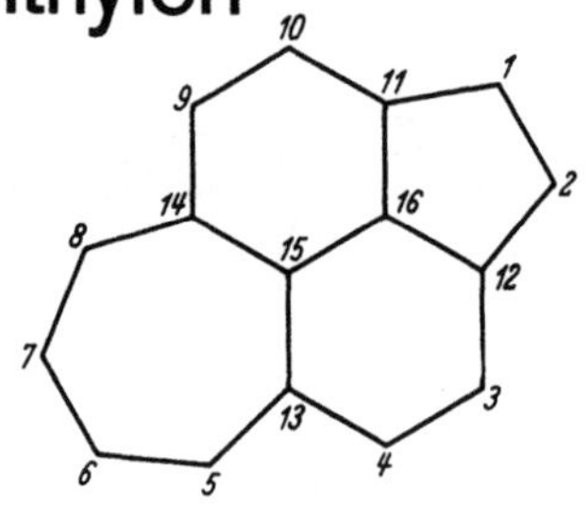

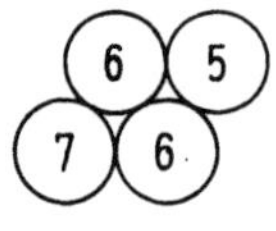

Z=16

Eigenwerte und Hückelkoeffizienten

	1	2	3	4	5	6	7	8
1	2.540176	2.000000	1.801938	1.423132	1.246980	1.000000	.668591	.445042
1	.209105	.297044	-.084105	-.268053	-.163993	0	-.504334	.235657
2	.209105	.297044	.084105	-.268053	.163993	0	-.504334	-.235657
3	.202993	.099015	.340534	.035546	.295505	.408248	.205361	.084105
4	.193581	-.099015	.377964	.164009	0	.408248	-.029838	.377964
5	.152697	-.297044	.235657	-.210446	-.368488	0	-.061126	-.340534
6	.099143	-.297044	.084105	-.497352	-.163993	0	.184442	-.235657
7	.099143	-.297044	-.084105	-.497352	.163993	0	.184442	.235657
8	.152697	-.297044	-.235657	-.210446	.368488	0	-.061126	.340534
9	.193581	-.099015	-.377964	.164009	0	.408248	-.029838	-.377964
10	.202993	.099015	-.340534	.035546	-.295505	.408248	.205361	-.084105
11	.322058	.297044	-.235657	-.113422	-.368488	0	.167141	.340534
12	.322058	.297044	.235657	-.113422	.368488	0	.167141	-.340534
13	.288736	-.297044	.340534	.197860	-.295505	0	-.225311	.084105
14	.288736	-.297044	-.340534	.197860	.295505	0	-.225311	-.084105
15	.387161	-.198030	0	.328018	0	-.408248	-.059677	0
16	.405987	.198030	0	.071093	0	-.408248	.410722	0

	9	10	11	12	13	14	15	16
9	-.445042	-.502985	-1.000000	-1.246980	-1.678308	-1.801938	-2.000000	-2.450607
1	.295505	-.115678	0	.340534	.146627	-.368488	-.267261	.083387
2	-.295505	-.115678	0	-.340534	.146627	.368488	.267261	.083387
3	.368488	.009409	.408248	.235657	.170822	.163993	.267261	.207247
4	0	-.178595	-.408248	-.377964	.106021	0	-.267261	-.220144
5	.163993	.495333	0	.084105	.267260	.295505	-.267261	-.153758
6	.295505	-.329566	0	-.340534	-.099787	-.368488	.267261	.044560
7	-.295505	-.329566	0	.340534	-.099787	.368488	-.267261	.044560
8	-.163993	.495333	0	-.084105	.267260	-.295505	.267261	-.153758
9	0	-.178595	-.408248	.377964	.106021	0	.267261	-.220144
10	-.368488	.009409	.408248	-.235657	.170822	-.163993	-.267261	.207247
11	.163993	.173862	0	-.084105	-.392712	.295505	.267261	-.287736
12	-.163993	.173862	0	.084105	-.392712	-.295505	-.267261	-.287736
13	-.368488	.080421	0	.235657	-.348757	-.163993	.267261	.332241
14	.368488	.080421	0	-.235657	-.348757	.163993	-.267261	.332241
15	0	-.357189	.408248	0	.212042	0	0	-.440289
16	0	.018819	-.408248	0	.341643	0	0	.414493

TOTALE PI ELEKTRONEN ENERGIE 22.251718

Cyclohept[fg]acenaphthylen

Z = 16

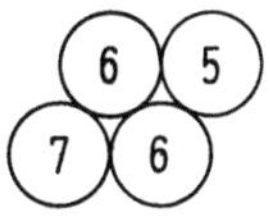

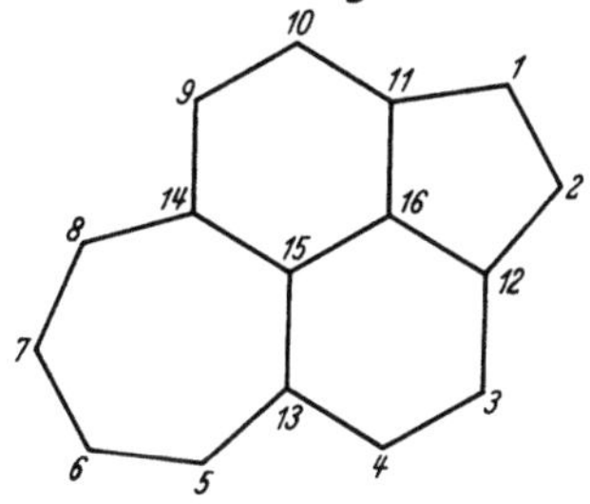

allgemeine Bindungsordnungen

	1	2	3	4	5	6	7	8
1	1.095335							
2	.737329	1.095335						
3	-.197043	.032082	.942948					
4	.078867	-.150258	.712718	1.054895				
5	-.017414	.141146	-.151460	-.026720	.933714			
6	-.125844	.017013	-.057456	-.191502	.714528	.937889		
7	.017013	-.125844	.101103	.037623	.072534	.579883	.937889	
8	.141146	-.017414	.077665	.131840	-.295411	.072534	.714528	.933714
9	-.150258	.078867	.070724	-.087962	.131840	.037623	-.191502	-.026720
10	.032082	-.197043	.101507	.070724	.077665	.101103	-.057456	-.151460
11	.524372	-.117622	-.070837	.097966	-.122239	-.017414	.141146	.020618
12	-.117622	.524372	.571157	-.060594	.020618	.141146	-.017414	-.122239
13	.144751	-.013809	.051354	.569955	.529913	.068359	-.160766	-.112081
14	-.013809	.144751	-.091503	-.072039	-.112081	-.160766	.068359	.529913
15	-.071391	-.071391	-.216557	-.033067	.105120	-.153879	-.153879	.105120
16	-.164961	-.164961	.044455	-.216557	-.073794	.043647	.043647	-.073794

	9	10	11	12	13	14	15	16
9	1.054895							
10	.712718	.942948						
11	-.060594	.571157	1.080078					
12	.097966	-.070837	-.149048	1.080078				
13	-.072039	-.091503	.003871	-.225254	.943755			
14	.569955	.051354	-.225254	.003871	.102314	.943755		
15	-.033067	-.216557	.037372	.037372	.497917	.497917	.933867	
16	-.216557	.044455	.500320	.500320	-.040149	-.040149	.566885	1.088909

Atom- Atom Polarisierbarkeiten

	1	2	3	4	5	6	7	8
1	.451998							
2	-.226930	.451990						
3	-.042065	.021795	.432625					
4	-.005489	-.023362	-.196489	.434501				
5	-.000512	-.033877	-.024472	.024772	.480268			
6	-.031547	-.000895	-.003896	-.041789	-.209063	.434157		
7	-.000895	-.031547	-.017194	.003043	.032309	-.095932	.434157	
8	-.033877	-.000512	-.008776	-.030967	-.115809	.032309	-.209063	.480268
9	-.023362	-.005489	-.004858	-.015570	-.030967	.003043	-.041789	.024772
10	.021795	-.042065	-.017180	-.004858	-.008776	-.017194	-.003896	-.024472
11	-.071710	.011199	-.000350	-.013606	-.030587	-.000512	-.033877	.006594
12	.011199	-.071710	-.099250	.010298	.006594	-.033877	-.000512	-.030587
13	-.034736	.005158	.010417	-.099552	-.075724	.014011	-.024059	-.007214
14	.005158	-.034736	-.012583	-.003556	-.007214	-.024059	.014011	-.075724
15	-.002844	-.002844	-.038969	.001593	-.002834	-.022634	-.022634	-.002834
16	-.016184	-.016184	.001247	-.038969	-.004108	-.002122	-.002122	-.004108

	9	10	11	12	13	14	15	16
9	.434501							
10	-.196489	.432625						
11	.010298	-.099250	.348236					
12	-.013606	-.000350	-.013447	.348236				
13	-.003556	-.012583	-.001297	-.048385	.348631			
14	-.099552	.010417	-.048385	-.001297	-.007362	.348631		
15	.001593	-.038969	.002941	.002941	-.065731	-.065731	.359316	
16	-.038969	.001247	-.066247	-.066247	.001982	.001982	-.102359	.351162

Cyclohept[fg]acenaphthylen

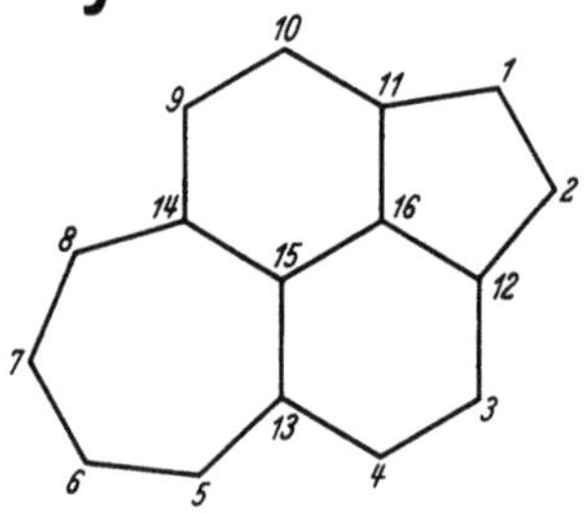

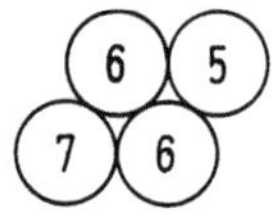

Z=16

Bindungs- Atom Polarisierbarkeiten

	1	2	3	4	5	6	7	8
1 2	-.044296	-.044296	.002043	.013004	.006600	.005953	.005953	.006600
1 11	-.007111	.052051	-.009908	-.008784	-.006297	-.006640	-.006094	-.006961
2 12	.052051	-.007111	-.006015	-.009316	-.006961	-.006094	-.006640	-.006297
3 4	.022794	.010600	.033239	-.025570	-.007796	-.017783	-.008691	-.017482
3 12	-.030658	-.014571	.009286	.029883	.006364	.015290	.005879	.016484
4 13	-.018574	-.006912	-.028926	-.016461	.010730	.020743	.011013	.021284
5 6	-.006640	-.006094	-.011977	-.005096	.033653	.031997	-.017618	.024628
5 13	.006942	.005733	.010545	.008029	.009838	-.035495	.005095	-.034504
6 7	.005953	.005953	.009484	.008056	-.037151	.012283	.012283	-.037151
7 8	-.006094	-.006640	-.012296	-.005734	.024628	-.017618	.031997	.033653
8 14	.005733	.006942	.011298	.009536	-.034504	.005095	-.035495	.009838
9 10	.010600	.022794	-.008358	.008590	-.017482	-.008691	-.017783	-.007796
9 14	-.006912	-.018574	.007266	-.006535	.021284	.011013	.020743	.010730
10 11	-.014571	-.030658	.005797	-.009681	.016484	.005879	.015290	.006364
11 16	.035108	-.002136	.000408	.023632	-.009999	.001064	-.009557	.001624
12 16	-.002136	.035108	-.012956	-.014593	.001624	-.009557	.001064	-.009999
13 15	.010475	.000980	.014265	.010990	-.025970	.006422	-.023340	.006326
14 15	.000980	.010475	-.023449	-.001978	.006326	-.023340	.006422	-.025970
15 16	-.013644	-.013644	.010252	-.007971	.008629	.009480	.009480	.008629

	9	10	11	12	13	14	15	16
1 2	.013004	.002043	.020971	.020971	.005240	.005240	-.002844	-.016184
1 11	-.009316	-.006015	-.007545	-.001714	-.006397	-.005440	.000655	.035513
2 12	-.008784	-.009908	-.001714	-.007545	-.005440	-.006397	.000655	.035513
3 4	.008590	-.008358	.011183	.024982	-.019507	-.008483	-.007971	.010252
3 12	-.009681	.005797	-.014885	-.034666	.015390	.003598	.009039	-.012547
4 13	-.006535	.007266	-.006016	-.019008	.022064	.009505	.009012	-.009184
5 6	-.005734	-.012296	-.006297	-.006961	-.015484	-.014386	.015196	.003109
5 13	.009536	.011298	.006485	.007988	.010083	.007493	-.026211	-.002855
6 7	.008056	.009484	.006600	.006600	.007154	.007154	-.022634	-.002122
7 8	-.005096	-.011977	-.006961	-.006297	-.014386	-.015484	.015196	.003109
8 14	.008029	.010545	.007988	.006485	.007493	.010083	-.026211	-.002855
9 10	-.025570	.033239	.024982	.011183	-.008483	-.019507	-.007971	.010252
9 14	-.016461	-.028926	-.019008	-.006016	.009505	.022064	.009012	-.009184
10 11	.029883	.009286	-.034666	-.014885	.003598	.015390	.009039	-.012547
11 16	-.014593	-.012956	-.010936	.032024	.002743	-.011308	-.011899	-.013220
12 16	.023632	.000408	.032024	-.010936	-.011308	.002743	-.011899	-.013220
13 15	-.001978	-.023449	-.000524	.009662	.012700	-.025702	.014934	.014211
14 15	.010990	.014265	.009662	-.000524	-.025702	.012700	.014934	.014211
15 16	-.007971	.010252	-.011343	-.011343	.010737	.010737	.019969	-.032252

Cycloheept[fg]acenaphthylen

Z = 16

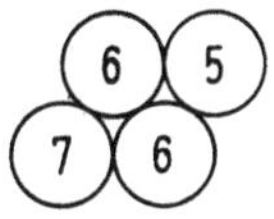

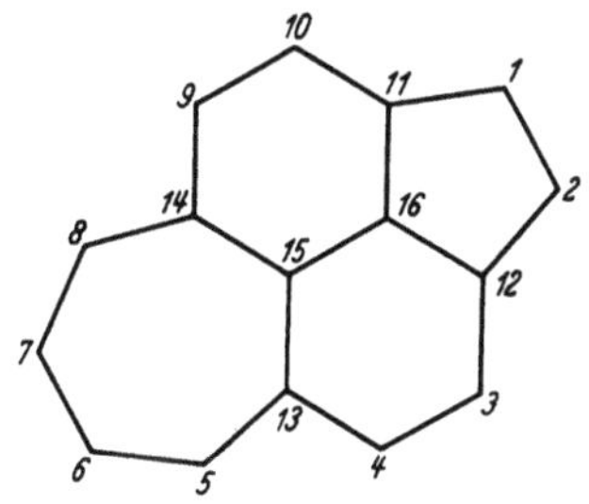

Bindungs- Bindungs Polarisierbarkeiten

	1 2	1 11	2 12	3 4	3 12	4 13	5 6	5 13
1 2	.225068							
1 11	-.191682	.322551						
2 12	-.191682	.080800	.322551					
3 4	-.047037	.039368	.069365	.251151				
3 12	.078202	-.052493	-.152571	-.211655	.304068			
4 13	.036941	-.029952	-.047886	-.209660	.117459	.302264		
5 6	.034633	-.031675	-.037102	-.044852	.036588	.075589	.246609	
5 13	-.038154	.034734	.047792	.069078	-.048718	-.153866	-.194431	.328672
6 7	-.032442	.034633	.034633	.035954	-.029661	-.048674	-.222243	.093031
7 8	.034633	-.037102	-.031675	-.030987	.027519	.039912	.114412	-.057115
8 14	-.038154	.047792	.034734	.031751	-.025996	-.036024	-.057115	.035365
9 10	-.047037	.069365	.039368	.013732	-.016702	-.014070	-.030987	.031751
9 14	.036941	-.047886	-.029952	-.014070	.020294	.016336	.039912	-.036024
10 11	.078202	-.152571	-.052493	-.016702	.022747	.020294	.027519	-.025996
11 16	.032973	-.100787	.007712	-.022367	.030362	.008064	.007215	-.007250
12 16	.032973	.007712	-.100787	.071354	-.117715	-.038780	.011204	-.017401
13 15	.011455	-.007451	-.016964	.069337	-.037654	-.113170	.042950	-.111370
14 15	.011455	-.016964	-.007451	-.020963	.006939	.026848	.002192	.019042
15 16	-.027287	.031608	.031608	-.032798	.048987	.048374	-.020418	.030859

	6 7	7 8	8 14	9 10	9 14	10 11	11 16	12 16
6 7	.338225							
7 8	-.222243	.246609						
8 14	.093031	-.194431	.328672					
9 10	.035954	-.044852	.069078	.251151				
9 14	-.048674	.075589	-.153866	-.209660	.302264			
10 11	-.029661	.036588	-.048718	-.211655	.117459	.304068		
11 16	-.008493	.011204	-.017401	.071354	-.038780	-.117715	.283151	
12 16	-.008493	.007215	-.007250	-.022367	.008064	.030362	-.092959	.283151
13 15	-.016919	.002192	.019042	-.020963	.026848	.006939	.001514	.072477
14 15	-.016919	.042950	-.111370	.069337	-.113170	-.037654	.072477	.001514
15 16	.018960	-.020418	.030859	-.032798	.048374	.048987	-.120275	-.120275

	13 15	14 15	15 16
13 15	.288136		
14 15	-.098284	.288136	
15 16	-.118117	-.118117	.271885

Naphth[2,1,8cde]azulen

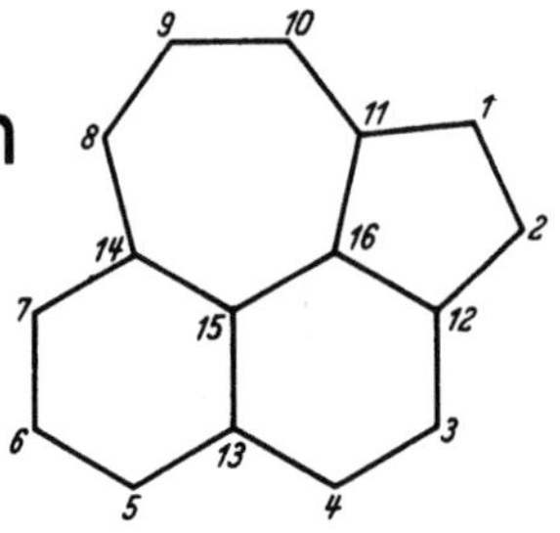

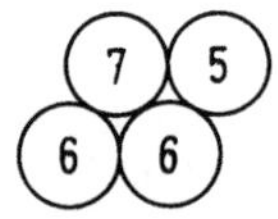

Z=16

Eigenwerte und Hückelkoeffizienten

	1	2	3	4	5	6	7	8
1	2,533017	2,034261	1,804129	1,273251	1,256305	1,146655	,651385	,410872
1	,203802	,307651	,077521	,321535	,028489	,048119	,512091	,212989
2	,207763	,295436	-,088656	,194807	-,222638	,244422	,437647	-,229466
3	,206202	,097448	-,323339	-,267460	-,041943	,391742	-,216082	,256513
4	,199847	-,095110	-,345877	-,267046	,255498	,217044	,086261	,412664
5	,170622	-,287651	-,175882	,342400	,304710	,086266	,000646	-,375701
6	,132174	-,294232	-,016646	,508517	,019883	,241785	-,271850	-,067404
7	,164176	-,310893	,145850	,305070	-,279731	,190978	-,177726	,348007
8	,164932	-,168048	,379591	-,290234	-,082486	,250009	,188950	-,188872
9	,134088	-,003648	,405053	-,249454	,267683	,309473	-,033004	-,287992
10	,174716	,160627	,351176	-,027383	,418778	,104850	-,210448	,070544
11	,308471	,330406	,228514	,214588	,258430	-,189246	-,104079	,316977
12	,322464	,293344	-,237468	-,073497	-,308191	,232149	-,227014	-,307270
13	,300015	-,290926	-,300668	-,072556	,362926	-,142868	,272271	-,086961
14	,283686	-,338206	,279779	-,120087	-,371311	-,022800	,156082	,210390
15	,389474	-,209058	-,020684	-,167737	-,104262	-,467130	,090446	-,072692
16	,402844	,203854	-,016428	-,020928	-,122600	-,369970	-,369439	-,153296

	9	10	11	12	13	14	15	16
9	-,281538	-,728733	-,931598	-1,265767	-1,576818	-1,856341	-2,029265	-2,439814
1	,176872	,068294	,338119	,267443	,034916	,390421	,257779	,042400
2	-,322994	,070313	-,132129	-,328828	,101476	-,460950	-,048807	,101161
3	,130170	-,314235	,426918	,155607	-,076546	-,349905	,077241	,218566
4	,049289	,348527	-,182689	-,345738	,315623	,184284	,001994	-,244045
5	,239625	-,390817	-,064042	,108747	,442316	-,095390	,125893	-,227713
6	,076583	,224549	,316387	-,419665	-,276317	,169266	-,174183	,178719
7	-,261186	,227180	-,230703	,422451	-,006614	-,218825	,227570	-,208327
8	,510404	,058719	-,160669	-,156836	-,351646	-,117637	,319013	-,148033
9	-,140648	,347313	,251143	,313577	,267736	-,018573	-,359746	,031612
10	-,470807	-,311817	-,073296	-,240079	-,070525	,152115	,411006	,070906
11	,273198	-,120081	-,182861	-,009693	-,156531	-,263805	-,474295	-,204609
12	-,085937	-,119534	-,215027	,148776	-,194924	,465259	-,158737	-,289214
13	-,144047	,060252	-,256725	,282017	-,421135	,007811	-,081288	,376859
14	-,003050	-,390103	-,101464	-,115059	,286746	,236948	-,287616	,329561
15	-,248360	-,001618	,485896	-,119977	-,093886	-,103394	,037067	-,447707
16	,217019	,331030	-,094470	-,015095	,282430	-,052825	,293685	,385903

TOTALE PI ELEKTRONEN ENERGIE 22,219748

Z=16

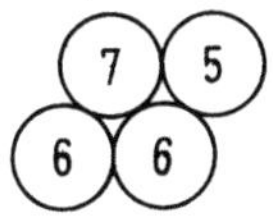

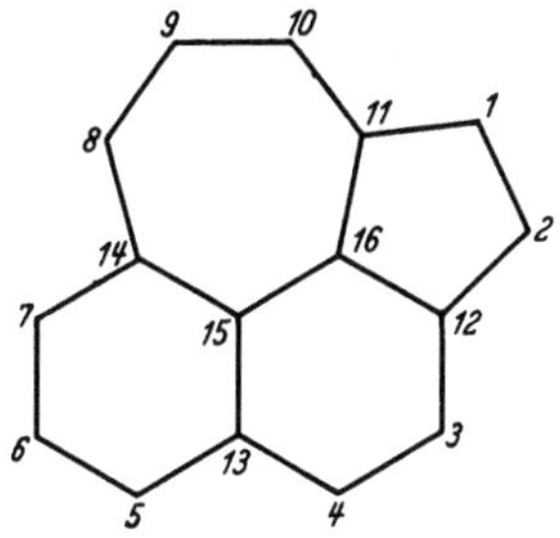

Naphth[2,1,8cde]azulen

allgemeine Bindungsordnungen

	1	2	3	4	5	6	7	8
1	1.112614							
2	.739317	1.059514						
3	-.154846	-.000293	.991619					
4	.097161	-.137419	.753447	1.060098				
5	-.048242	.145000	-.206111	-.055104	1.002940			
6	-.085470	-.015529	.006584	-.138696	.672593	1.000422		
7	.063080	-.119838	.178046	.057448	-.006759	.662703	1.010732	
8	-.031538	.199863	-.030711	-.066591	-.044289	-.124980	.035310	.848902
9	-.156650	.019922	.012614	-.064936	.167428	-.012531	-.208020	.704663
10	.055353	-.257222	.065067	.092399	.044951	.084387	-.027116	.163313
11	.527399	-.077662	-.033307	.081319	-.131723	.030367	.134181	-.256700
12	-.130761	.513818	.531245	-.072862	.057305	.110632	-.062709	.067361
13	.098746	.024591	-.004383	.520633	.588047	-.004240	-.267488	.015029
14	.099813	.015900	-.011845	.049254	-.277379	.003552	.601763	.518723
15	-.070185	-.092776	-.210645	-.001110	.056191	-.213338	-.053339	.125665
16	-.212637	-.096679	.029115	-.268724	-.012200	.003541	-.060140	-.182425

	9	10	11	12	13	14	15	16
9	.991489							
10	.606189	.832069						
11	.003892	.627971	1.032992					
12	.099291	-.113092	-.141984	1.093303				
13	.013193	-.048683	-.045857	-.183942	1.008267			
14	.020725	-.158226	-.054542	-.112564	.001591	.989151		
15	-.136146	-.170014	.078699	.013997	.511807	.487473	.933009	
16	-.078268	.149463	.423133	.556017	-.021768	.014593	.562932	1.032880

Atom- Atom Polarisierbarkeiten

	1	2	3	4	5	6	7	8
1	.439774							
2	-.230662	.478125						
3	-.021081	.025831	.438640					
4	-.009494	-.016581	-.242763	.443777				
5	-.008018	-.040412	-.055002	.018188	.472468			
6	-.012874	.001103	.000366	-.019025	-.161212	.398862		
7	-.008433	-.036909	-.051386	.000031	.038540	-.153048	.467646	
8	-.000312	-.076512	-.006909	-.009994	.016097	-.014828	.036388	.474259
9	-.021420	.005731	.003454	-.008436	-.048832	.001034	-.054442	-.201786
10	.016723	-.088431	-.008572	-.012553	.000697	-.011109	.007880	.007711
11	-.070385	.029569	.006333	-.004433	-.039427	-.000863	-.039022	-.091488
12	.004449	-.065746	-.074210	.007588	-.004101	-.016381	-.009058	-.009323
13	-.014279	.008089	.013505	-.070419	-.114100	.008960	-.070430	-.006040
14	-.013250	-.000162	.002997	-.010525	-.076224	.009960	-.122867	-.069859
15	-.002860	-.003006	-.034716	.007472	-.000758	-.035668	-.004775	-.011984
16	-.047878	.009971	.003516	-.072834	.002097	.004721	-.000116	-.035420

	9	10	11	12	13	14	15	16
9	.423422							
10	-.110858	.444253						
11	.024372	-.151270	.375701					
12	-.011705	-.011191	-.008211	.338850				
13	.001120	-.006046	.001348	-.026547	.336939			
14	.017030	-.022817	.000436	-.013856	.002590	.345251		
15	-.015144	-.033102	.004822	.002275	-.070195	-.060105	.360474	
16	-.003540	-.021315	-.037485	-.102834	.005503	.011401	-.102731	.386944

Naphth[2,1,8cde]azulen

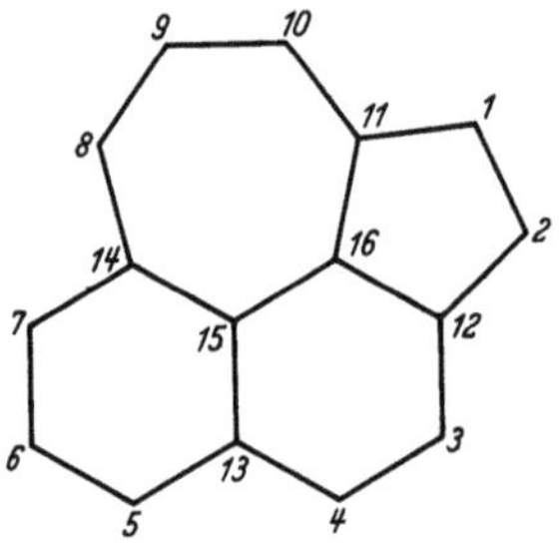

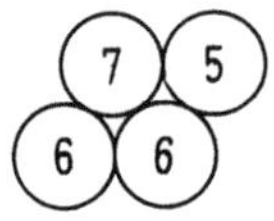

Z=16

Bindungs- Atom Polarisierbarkeiten

	1	2	3	4	5	6	7	8
1 2	-.059105	-.026254	-.006422	.012930	.018225	-.000888	.017894	.014960
1 11	-.005926	.029929	.001187	-.007021	-.017922	.002284	-.018874	-.015873
2 12	.062781	.005863	.005965	-.007966	-.020578	.001577	-.019183	-.027630
3 4	.020025	.006159	.012304	-.029022	-.020031	.000861	-.020050	-.008078
3 12	-.025260	-.006616	-.009578	.040630	.020930	-.000695	.021505	.007569
4 13	-.014116	-.001194	-.000696	-.018404	.024918	-.000278	.023553	.008096
5 6	-.009653	.003356	.001419	-.010625	.002412	.002138	.005202	-.004952
5 13	.009955	-.005710	-.000520	.015512	-.004930	.001034	-.003931	.001161
6 7	.011048	-.002667	-.001253	.011208	.000760	-.002607	-.008298	.002947
7 14	-.012029	.001377	.002708	-.007704	.000510	-.000489	.001967	-.005547
8 9	-.012311	-.010755	-.000711	-.010425	.017618	-.000707	.017875	.079438
8 14	.011398	-.001915	.000202	.010443	-.021409	-.001298	-.020475	.029982
9 10	.018022	.012419	-.000061	.012918	-.017096	.000115	-.015810	-.088593
10 11	-.023531	-.030930	-.000105	-.014802	.014959	-.002280	.014816	.058811
11 16	.046852	.018382	-.003237	.027659	.002227	-.000058	.004985	-.058523
12 16	-.017796	.013958	-.005618	-.025424	.002176	.000058	-.001379	.019872
13 15	.004894	.009598	.001766	.000990	-.022506	-.000362	-.021108	-.009959
14 15	.004311	.000582	-.003783	-.001507	.023898	.001331	.023132	-.028670
15 16	-.009558	-.015584	.006433	.000611	-.004160	.000264	-.001821	.024989

	9	10	11	12	13	14	15	16
1 2	-.000810	.012905	.005282	.022472	-.002089	-.001537	-.004940	-.002623
1 11	.006522	-.018415	.012113	-.002747	.002822	.005216	.004586	.022121
2 12	.002475	-.031416	.012100	-.009267	.004783	.001581	-.000464	.019379
3 4	.003485	-.010536	.007944	.023448	.002114	.002098	.001673	.007604
3 12	-.004257	.010370	-.010098	-.032680	-.001564	-.002971	.002743	-.010026
4 13	-.000992	.008651	-.002108	-.016209	-.004016	-.000866	-.001578	-.004758
5 6	.002312	-.005546	.003295	-.010743	.002206	.002042	.014215	.002924
5 13	-.001790	.003409	-.004032	.013271	-.004724	.000958	-.016982	-.002681
6 7	-.002904	.003382	-.003349	.011683	-.001812	-.002498	-.012981	-.002660
7 14	.004969	-.004375	.004276	-.010741	.000325	.007122	.013184	.004446
8 9	-.004386	-.056308	-.011923	-.011865	-.001565	-.002695	.015257	-.006536
8 14	-.004770	.026525	-.003662	.011676	.000862	-.001539	-.028896	-.007126
9 10	.007472	.059966	.010764	.016737	.002100	-.001136	-.021556	.003737
10 11	-.003814	.058779	-.033086	-.021284	-.003520	-.003778	.010349	-.020587
11 16	-.003867	-.062686	.006560	.039996	.002515	-.004226	-.022975	.006395
12 16	.006654	.016499	.013964	-.022920	-.004113	.004189	-.003106	.002987
13 15	.003318	-.013481	.007957	.002043	.003240	-.000135	.024238	.009509
14 15	-.004031	-.027064	-.003402	.001864	-.001231	.000400	.013750	.000416
15 16	-.005586	.029338	-.012594	-.004735	.003667	-.002226	.013484	-.022522

Z = 16

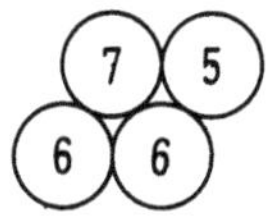

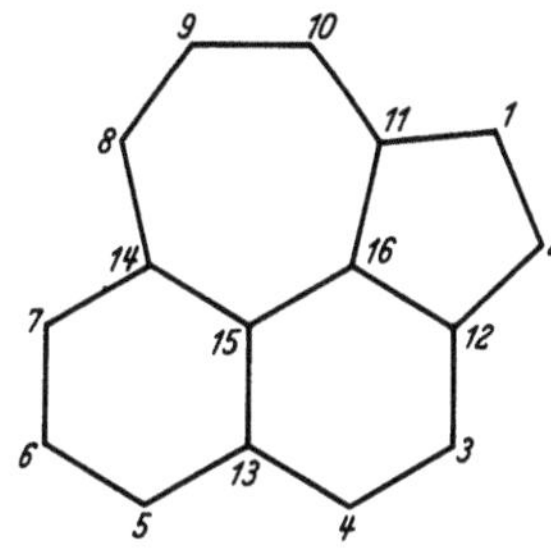

Naphth[2,1,8cde]azulen

Bindungs- Bindungs Polarisierbarkeiten

	1 2	1 11	2 12	3 4	3 12	4 13	5 6	5 13
1 2	.231413							
1 11	-.206493	.340049						
2 12	-.193262	.086849	.335746					
3 4	-.032414	.025583	.055060	.203319				
3 12	.059024	-.037969	-.134707	-.195943	.318223			
4 13	.020237	-.013463	-.033074	-.184889	.095442	.315193		
5 6	.023172	-.021615	-.027073	-.034897	.030934	.058659	.268152	
5 13	-.024004	.022752	.034075	.066362	-.044048	-.145389	-.188881	.277829
6 7	-.020063	.020791	.023167	.031907	-.028637	-.044460	-.232907	.116915
7 14	.022527	-.022552	-.021954	-.016916	.025448	.021363	.119285	-.065300
8 9	.051495	-.061450	-.041423	-.008563	.009319	.011149	.031278	-.010986
8 14	-.038304	.044689	.036590	.008191	-.008349	-.009783	-.047166	.012674
9 10	-.063057	.087170	.049292	.010924	-.013496	-.013455	-.026472	.015964
10 11	.101044	-.174860	-.067132	-.011979	.015165	.017454	.020306	-.012003
11 16	.018056	-.087717	.017238	-.010894	.017957	-.011251	.001384	-.006250
12 16	.055608	-.012440	-.124686	.073153	-.119967	-.034772	.003911	-.002586
13 15	.012328	-.014209	-.016976	.055645	-.026531	-.106449	.070166	-.124587
14 15	.016429	-.020289	-.015195	.010174	-.022312	-.010944	-.042470	.067535
15 16	-.033735	.045176	.037465	-.043823	.060446	.068432	-.005766	.009928

	6 7	7 14	8 9	8 14	9 10	10 11	11 16	12 16
6 7	.274589							
7 14	-.192703	.274011						
8 9	-.035801	.073890	.266916					
8 14	.060496	-.159257	-.191001	.344830				
9 10	.029387	-.048313	-.251156	.098638	.350297			
10 11	-.021185	.033099	.120894	-.052817	-.213664	.291257		
11 16	.001280	-.007065	-.024972	-.005273	.041404	-.126800	.343532	
12 16	.003327	-.000587	.034788	-.029859	-.036847	.057904	-.095632	.263460
13 15	-.045172	.058481	-.000631	-.000418	-.002988	-.005473	.023750	.054103
14 15	.068570	-.109574	.046955	-.118009	-.026396	.010459	.021726	.041521
15 16	-.009502	.016116	-.020702	.054128	.012769	.018332	-.110472	-.130399

	13 15	14 15	15 16
13 15	.282773		
14 15	-.090960	.296233	
15 16	-.122851	-.123453	.277912

Cyclohepta[def]fluoren

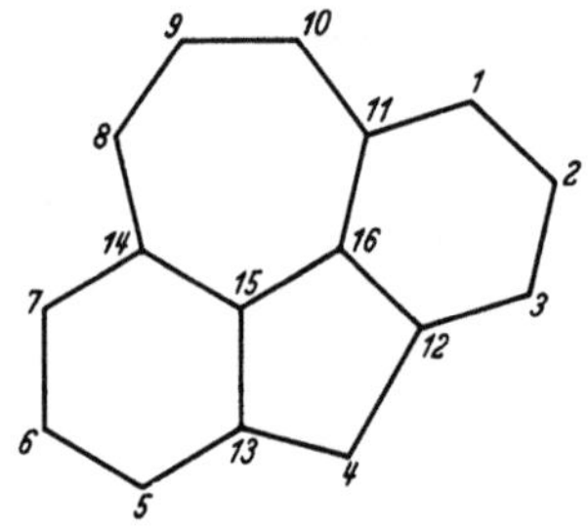

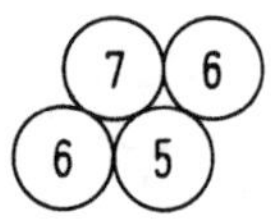

Z = 16

Eigenwerte und Hückelkoeffizienten

	1	2	3	4	5	6	7	8
1	2.546190	1.988829	1.808981	1.345105	1.252760	1.082365	.796164	.176076
1	.166385	.322278	.137152	.348547	.126026	.159773	.325702	.305277
2	.137707	.294447	-.020949	.457427	-.206035	-.033029	.364582	-.109595
3	.184243	.263327	-.175049	.266741	-.384139	-.195522	-.035435	-.324574
4	.260319	0	-.326937	-.146655	0	-.330014	0	.595717
5	.184243	-.263327	-.175049	.266741	.384139	-.195522	.035435	-.324574
6	.137707	-.294447	-.020949	.457427	.206035	-.033029	-.364582	-.109595
7	.166385	-.322278	.137152	.348547	-.126026	.159773	-.325702	.305277
8	.162401	-.174228	.382514	-.080448	-.290491	-.269076	.132221	-.014607
9	.127564	0	.422906	-.119616	0	-.497200	0	-.165919
10	.162401	.174228	.382514	-.080448	.290491	-.269076	-.132221	-.014607
11	.285941	.346509	.269056	.011405	.363915	.205962	-.105269	.163347
12	.331411	.229265	-.295712	-.098633	-.275198	-.178598	-.392794	.052446
13	.331411	-.229265	-.295712	-.098633	.275198	-.178598	.392794	.052446
14	.285941	-.346509	.269056	.011405	-.363915	.205962	.105269	.163347
15	.399273	-.192642	-.032950	-.252758	-.039382	.332228	.277293	-.261909
16	.399273	.192642	-.032950	-.252758	.039382	.332228	-.277293	-.261909

	9	10	11	12	13	14	15	16
9	-.132329	-.667218	-1.211474	-1.267493	-1.330515	-1.806270	-2.217735	-2.363435
1	.270801	.152725	.326255	.354276	.221845	.117100	.225278	.212559
2	-.104452	.250397	-.081492	-.385002	-.438824	.045586	-.212728	-.166772
3	-.256979	-.319794	-.227530	.133711	.362017	-.199441	.246497	.181595
4	0	.110981	0	-.340080	0	-.348407	.301151	0
5	.256979	-.319794	.227530	.133711	-.362017	-.199441	.246497	-.181595
6	.104452	.250397	.081492	-.385002	.438824	.045586	-.212728	.166772
7	-.270801	.152725	-.326255	.354276	-.221845	.117100	.225278	-.212559
8	.518538	-.151181	-.258988	-.206299	.107970	.367804	.218007	-.141996
9	0	.453168	0	.325522	0	-.407252	-.196603	0
10	-.518538	-.151181	.258988	-.206299	-.107970	.367804	.218007	.141996
11	.068618	-.352297	-.313758	-.064040	.143655	-.257101	-.286878	-.335598
12	.138458	-.037024	.357138	.215524	-.042845	.314659	-.333937	-.262416
13	-.138458	-.037024	-.357138	.215524	.042845	.314659	-.333937	.262416
14	-.068618	-.352297	.313758	-.064040	-.143655	-.257101	-.286878	.335598
15	-.238657	.233516	.205134	-.066807	.305011	-.020510	.192935	-.438609
16	.238657	.233516	-.205134	-.066807	-.305011	-.020510	.192935	.438609

TOTALE PI ELEKTRONEN ENERGIE 21.992939

Z = 16 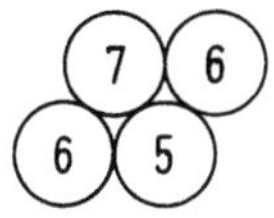 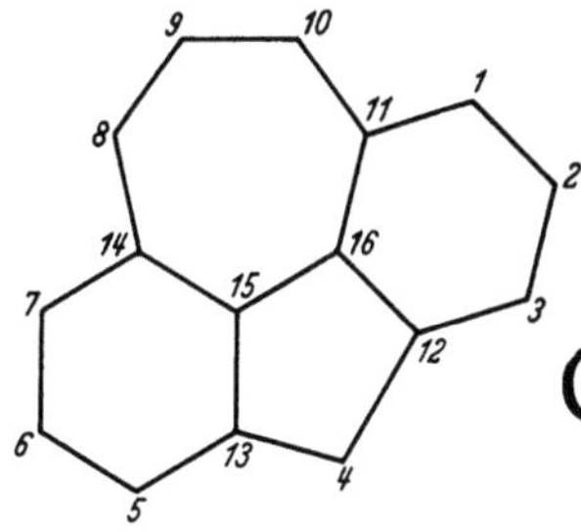 Cycloheptа[def]fluoren

allgemeine Bindungsordnungen

	1	2	3	4	5	6	7	8
1	1.025057							
2	.656826	1.007626						
3	-.011589	.673691	.994950					
4	.152977	-.157550	-.125512	1.319899				
5	-.111235	.098640	.122313	-.125512	.994950			
6	-.093866	-.040651	.098640	-.157550	.673691	1.007626		
7	.121747	-.093866	-.111235	.152977	-.011589	.656826	1.025057	
8	-.091402	.089590	.119759	.018226	-.124340	-.137433	.107376	.768002
9	-.185110	-.022806	.137267	-.044544	.137267	-.022806	-.185110	.656630
10	.107376	-.137433	-.124340	.018226	.119759	.089590	-.091402	.239112
11	.588950	.005843	-.258961	.028275	-.079686	.051164	.095955	-.178745
12	-.242095	-.024265	.568833	.575198	-.151185	.051730	.112821	-.032009
13	.112821	.051730	-.151185	.575198	.568833	-.024265	-.242095	.015740
14	.095955	.051164	-.079686	.028275	-.258961	.005843	.588950	.541273
15	-.059580	.020545	-.026929	-.227768	.154774	-.189403	-.152651	.137342
16	-.152651	-.189403	.154774	-.227768	-.026929	.020545	-.059580	-.189328

	9	10	11	12	13	14	15	16
9	.968333							
10	.656630	.768002						
11	.038781	.541273	.973940					
12	.018226	.015740	.013003	1.048476				
13	.018226	-.032009	-.069568	-.081858	1.048476			
14	.038781	-.178745	-.080399	-.069568	.013003	.973940		
15	-.108992	-.189328	.035580	-.096642	.472347	.476677	1.037832	
16	-.108992	.137342	.476677	.472347	-.096642	.035580	.575619	1.037832

Atom- Atom Polarisierbarkeiten

	1	2	3	4	5	6	7	8
1	.528680							
2	-.143207	.405269						
3	.085748	-.157900	.536123					
4	-.025490	-.027523	.009977	.403952				
5	-.068251	-.023894	-.065823	.009977	.536123			
6	-.023571	-.002340	-.023894	-.027523	-.157900	.405269		
7	-.069198	-.023571	-.068251	-.025490	.085748	-.143207	.528680	
8	-.012665	-.013888	-.026993	-.000235	-.010906	-.019672	.016797	.437353
9	-.039100	.002230	-.032647	-.006599	-.032647	.002230	-.039100	-.150233
10	.016797	-.019672	-.010906	-.000235	-.026993	-.013888	-.012665	-.041185
11	-.107956	.012987	-.059816	-.005643	-.021997	-.002346	-.022628	-.033596
12	-.050344	.010865	-.094565	-.102833	-.028096	-.001545	-.024894	-.002217
13	-.024894	-.001545	-.028096	-.102833	-.094565	.010865	-.050344	-.004037
14	-.022628	-.002346	-.021997	-.005643	-.059816	.012987	-.107956	-.082924
15	.031568	.012084	.035652	-.046930	-.076611	-.027550	-.075490	-.015149
16	-.075490	-.027550	-.076611	-.046930	.035652	.012084	.031568	-.040451

	9	10	11	12	13	14	15	16
9	.419334							
10	-.150233	.437353						
11	.017500	-.082924	.347541					
12	-.000235	-.004037	.001847	.337845				
13	-.000235	-.002217	-.003400	.006095	.337845			
14	.017500	-.033596	-.001917	-.003400	.001847	.347541		
15	-.003883	-.040451	.018381	.008838	-.053324	-.056032	.430161	
16	-.003883	-.015149	-.056032	-.053324	.008838	.018381	-.141266	.430161

Cycloheptal[def]fluoren

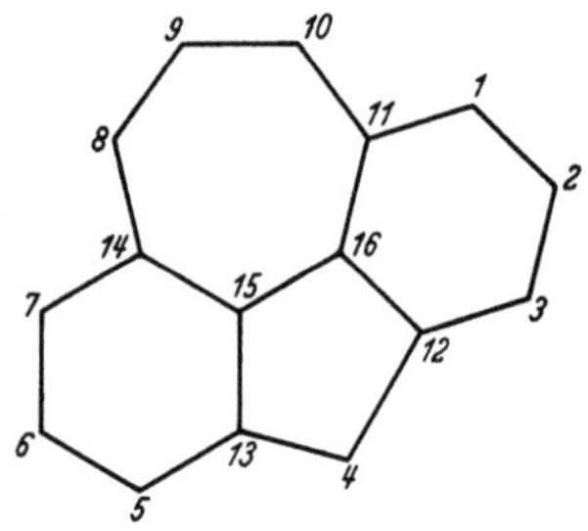

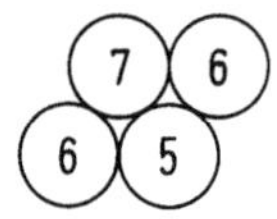

Z = 16

Bindungs- Atom Polarisierbarkeiten

	1	2	3	4	5	6	7	8
1 2	-.034064	-.013352	-.013747	.031290	.039509	-.004647	.039252	.015416
1 11	.019484	.002584	.016198	-.010778	-.038566	.005195	-.039612	-.023803
2 3	.023296	.008450	.027267	-.024417	-.040388	.004877	-.038704	-.019636
3 12	-.020845	.005070	-.028352	.041327	.043342	-.005757	.039646	.008665
4 12	.070643	.001976	.072889	-.097787	-.055980	.004897	-.050131	-.000235
4 13	-.050131	.004897	-.055980	-.097787	.072889	.001976	.070643	.000349
5 6	-.038704	.004877	-.040388	-.024417	.027267	.008450	.023296	-.020935
5 13	.039646	-.005757	.043342	.041327	-.028352	.005070	-.020845	.006047
6 7	.039252	-.004647	.039509	.031290	-.013747	-.013352	-.034064	.016442
7 14	-.039612	.005195	-.038566	-.010778	.016198	.002584	.019484	-.029416
8 9	-.051329	-.001641	-.051361	.001242	.054347	.000263	.056703	.104596
8 14	.042942	-.002579	.040390	-.001129	-.069235	-.004755	-.069677	.062371
9 10	.056703	.000263	.054347	.001242	-.051361	-.001641	-.051329	-.108629
10 11	-.069677	-.004755	-.069235	-.001129	.040390	-.002579	.042942	.054211
11 16	.063085	.001494	.062548	.013666	-.001162	-.003995	-.001134	-.038541
12 16	-.056128	-.004249	-.057435	.070052	.008437	.003091	.010014	-.009643
13 15	.010014	.003091	.008437	.070052	-.057435	-.004249	-.056128	-.007691
14 15	-.001134	-.003995	-.001162	.013666	.062548	.001494	.063085	-.039325
15 16	-.003443	.003079	-.008701	-.046930	-.008701	.003079	-.003443	.029756

	9	10	11	12	13	14	15	16
1 2	-.007106	.016442	-.008155	-.010102	-.006337	-.005846	-.018260	-.020294
1 11	.012480	-.029416	.021047	.003772	.005867	.008042	.023697	.023808
2 3	.005728	-.020935	.007477	.012898	.008568	.004467	.020435	.020617
3 12	-.002741	.006047	.002034	-.025796	-.012768	-.003806	-.021861	-.024204
4 12	.001242	.000349	.000254	-.003344	.016935	.001504	.012451	.024337
4 13	.001242	-.000235	.001504	.016935	-.003344	.000254	.024337	.012451
5 6	.005728	-.019636	.004467	.008568	.012898	.007477	.020617	.020435
5 13	-.002741	.008665	-.003806	-.012768	-.025796	.002034	-.024204	-.021861
6 7	-.007106	.015416	-.005846	-.006337	-.010102	-.008155	-.020294	-.018260
7 14	.012480	-.023803	.008042	.005867	.003772	.021047	.023808	.023697
8 9	.009438	-.108629	-.000748	-.000235	.000349	-.005483	-.007603	.000091
8 14	-.013471	.054211	-.007384	-.000977	-.001644	-.000887	-.009657	-.018519
9 10	.009438	.104596	-.005483	.000349	-.000235	-.000748	.000091	-.007603
10 11	-.013471	.062371	-.000887	-.001644	-.000977	-.007384	-.018519	-.009657
11 16	-.005241	-.039325	-.003971	-.002576	-.005559	-.005211	-.010988	-.023089
12 16	.001612	-.007691	-.002735	.001385	.006927	.001632	.023415	.011314
13 15	.001612	-.009643	.001632	.006927	.001385	-.002735	.011314	.023415
14 15	-.005241	-.038541	-.005211	-.005559	-.002576	-.003971	-.023089	-.010988
15 16	-.003883	.029756	-.002231	.012638	.012638	-.002231	-.005691	-.005691

Z = 16 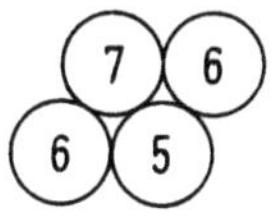 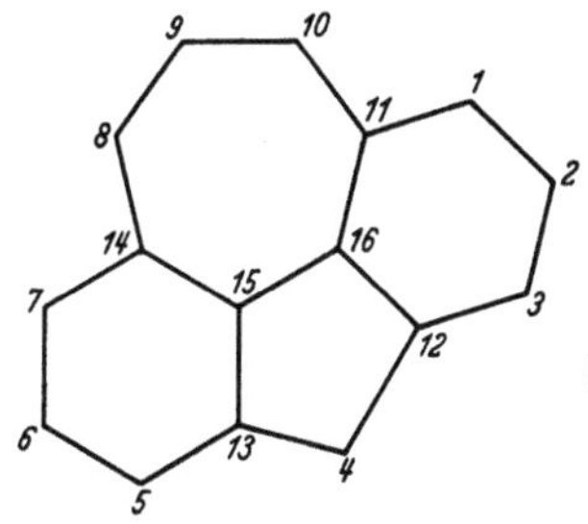 Cyclohepta[def]fluoren

Bindungs- Bindungs Polarisierbarkeiten

	1 2	1 11	2 3	3 12	4 12	4 13	5 6	5 13
1 2	.304803							
1 11	-.204067	.307429						
2 3	-.254716	.126416	.292281					
3 12	.121195	-.063770	-.198745	.314094				
4 12	-.062704	.028209	.079657	-.181426	.328645			
4 13	.031779	-.015375	-.039647	.070816	-.164777	.328645		
5 6	.019109	-.017289	-.018877	.022333	-.039647	.079657	.292281	
5 13	-.020510	.019683	.022333	-.027280	.070816	-.181426	-.198745	.314094
6 7	-.018230	.018156	.019109	-.020510	.031779	-.062704	-.254716	.121195
7 14	.018156	-.016343	-.017289	.019683	-.015375	.028209	.126416	-.063770
8 9	.040819	-.062554	-.036126	.022935	-.029472	.028532	.041487	-.022504
8 14	-.026374	.037583	.021915	-.013805	.031309	-.030335	-.065309	.029952
9 10	-.048363	.085551	.041487	-.022504	.028532	-.029472	-.036126	.022935
10 11	.079947	-.180471	-.065309	.029952	-.030335	.031309	.021915	-.013805
11 16	.058339	-.112581	-.030610	.042034	.006679	-.021875	-.003193	-.006552
12 16	-.031240	.044774	.057896	-.108734	-.124840	.028038	.014386	-.031184
13 15	-.007794	-.004543	.014386	-.031184	.028038	-.124840	.057896	-.108734
14 15	.008390	-.020210	-.003193	-.006552	-.021875	.006679	-.030610	.042034
15 16	-.008537	.029404	-.010968	.031469	.036788	.036788	-.010968	.031469

	6 7	7 14	8 9	8 14	9 10	10 11	11 16	12 16
6 7	.304803							
7 14	-.204067	.307429						
8 9	-.048363	.085551	.334857					
8 14	.079947	-.180471	-.202455	.354117				
9 10	.040819	-.062554	-.279159	.111116	.334857			
10 11	-.026374	.037583	.111116	-.045884	-.202455	.354117		
11 16	.008390	-.020210	-.022252	-.004224	.044557	-.127185	.325423	
12 16	-.007794	-.004543	.008373	-.021997	-.007831	.002743	-.075979	.318588
13 15	-.031240	.044774	-.007831	.002743	.008373	-.021997	.037844	.028089
14 15	.058339	-.112581	.044557	-.127185	-.022252	-.004224	.039255	.037844
15 16	-.008537	.029404	-.007512	.049358	-.007512	.049358	-.137861	-.126589

	13 15	14 15	15 16
13 15	.318588		
14 15	-.075979	.325423	
15 16	-.126589	-.137861	.288895

Cycloheptl[bc]acenaphthylen

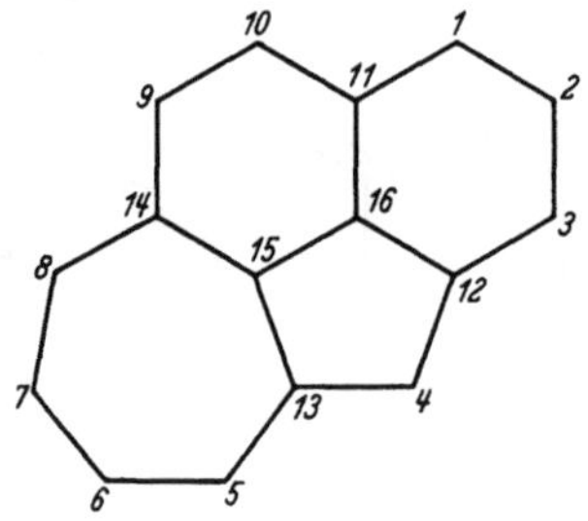

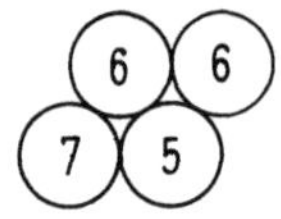

Z = 16

Eigenwerte und Hückelkoeffizienten

	1	2	3	4	5	6	7	8
1	2.551/22	1,955508	1,803228	1,468566	1,250/18	,917546	,826751	,329102
1	.172632	.305904	.160135	,315288	.156069	,210505	.308188	,295420
2	.139818	.296203	-.003468	,378472	-,184813	,413870	,204513	-,067452
3	.184143	.273323	-.166389	,240522	-,387218	,169240	-,139107	-,317619
4	.255217	.007431	-.356252	-,108225	-,038153	,069711	-,312612	,539544
5	.167075	-.266879	-.249814	,219941	,370038	,183883	-,061200	-,264255
6	.105151	-,298133	-,104637	,456684	,211044	-,153826	-,111665	-,301608
7	.101242	-,316123	.061129	,450729	-.106081	-,325026	-,031119	,164995
8	,153191	-.320048	,214867	,205242	-,343722	-,144400	,085937	,355909
9	,188671	-,107538	,391124	-,116482	-.044291	,278699	-,425770	-,167011
10	,191778	,099441	,378960	-,021744	,268422	,063186	-,454173	-,007098
11	.300692	,301995	.292228	,084550	,380011	-.220722	,050282	,164675
12	.330065	,238283	-,296569	-,025249	-,299488	-,258585	-,319520	-,037077
13	.321178	-.223751	-,345834	-,133686	,251769	,322547	,061067	,214642
14	.289658	-,309733	.326325	-,149318	-,323818	,192532	.102167	-,047865
15	,397265	-,178099	-.017552	-,308043	-.016992	,042358	.424300	-,204650
16	.402874	.185210	-.012141	-,169377	,050796	-,476214	,187555	-,234127

	9	10	11	12	13	14	15	16
9	-.404836	-,504141	-1.078441	-1,272650	-1.463237	-1,868653	-2,098541	-2,412642
1	.365892	,117084	.020537	,357269	,351802	,143613	.164441	,231450
2	-.112521	,167324	-.316167	-,501401	-,088271	-,151424	-,212241	-,172779
3	-,320339	-,201439	.320430	,280839	-,222640	,139346	,280956	,185403
4	.156627	,226016	.133183	-,309485	-.201868	-,057437	,407694	,040427
5	.200280	-,489524	-,200374	-,014562	,097708	-,345215	,302311	-,074454
6	.224534	.294963	.330324	-,231342	-,024305	,428792	-,156206	,002632
7	-,291179	,340821	-,155861	,308980	-,062145	-,456049	,025493	,068103
8	-.106654	-.466785	-,162237	-,161881	,115237	,423405	,102707	-,166940
9	.204477	.232175	-,384921	,286872	-,237235	,204400	,109570	-,247478
10	-.417136	-,011553	.084290	-,262126	,453606	-,046804	,011091	,262412
11	-.035605	-,226351	,294019	,046722	-,426498	-,116939	-,132845	-,385628
12	.242206	-,065770	-.029398	,143991	,414046	-,108965	-,377357	-,274533
13	-.305615	-,048174	-,114232	,249875	-,118666	,216295	-,478206	,176998
14	.334357	-,105496	,330824	-,102962	-.106475	-.335148	-.241028	,334663
15	-,233182	,287795	,190384	,006044	,277795	-,001529	,293531	-,393005
16	,065659	,008581	-,421909	-,154604	-,181340	,121710	,103249	,436520

TOTALE PI ELEKTRONEN EVERGIE 22,206284

Cycloheptʼ[bc]acenaphthylen

Z=16

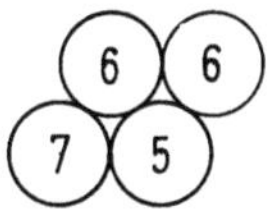

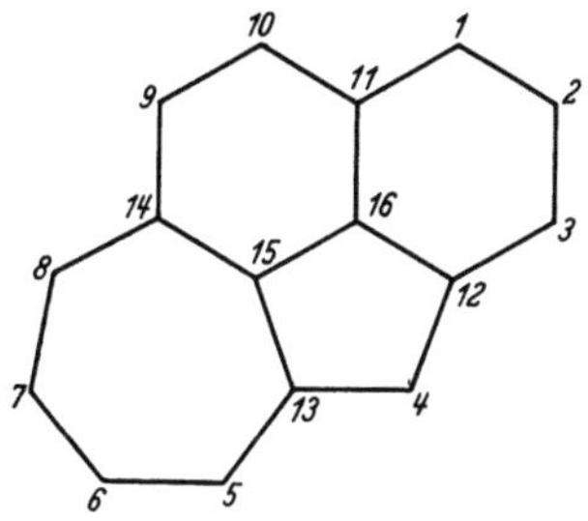

allgemeine Bindungsordnungen

	1	2	3	4	5	6	7	8
1	.998705							
2	.669798	1.004715						
3	.006160	.665789	.985926					
4	.053861	-.132527	-.038076	1.197936				
5	-.047848	.082883	.065139	-.037788	.908473			
6	-.137551	-.011123	.137411	-.268249	.720121	.982175		
7	.053700	-.083023	-.063058	.066144	.088855	.571515	.924328	
8	.150492	.001765	-.123989	.212342	-.301160	.031007	.723544	.974483
9	-.206439	-.006391	.177690	-.030541	.083888	.006950	-.151377	.004804
10	.060962	-.138276	-.067204	.098691	.093334	.081442	-.069409	-.136855
11	.589468	.000149	-.268351	.017948	-.062654	.016975	.095964	-.012524
12	-.272360	-.012630	.595216	.535352	-.137864	.013204	.096446	.010043
13	.157781	.028414	-.192392	.655154	.524768	.015152	-.152354	-.064815
14	-.064458	.109526	.074866	-.120916	-.122662	-.148931	.081163	.516436
15	-.018525	.015033	-.053939	-.199604	.160303	-.079457	-.204661	.028426
16	-.065645	-.210405	.068198	-.186473	-.069438	.089420	.020161	-.101672

	9	10	11	12	13	14	15	16
9	1.005028							
10	.753044	.946235						
11	.002895	.521305	.993872					
12	.014053	.047615	.007005	1.028677				
13	-.036278	-.060207	-.040927	-.055291	1.015836			
14	.530958	.061689	-.183998	-.109765	.091962	.926551		
15	-.021593	-.269230	.012644	-.064361	.412125	.554611	1.017464	
16	-.209299	-.010430	.508989	.483331	-.129635	.005785	.571819	1.089597

Atom- Atom Polarisierbarkeiten

	1	2	3	4	5	6	7	8
1	.474979							
2	-.158730	.398607						
3	.040559	-.155396	.472683					
4	.016979	-.016758	.040029	.479481				
5	-.006943	-.011664	-.004366	.027217	.474899			
6	-.041627	-.000089	-.040964	-.102732	-.216602	.447820		
7	-.008447	-.012396	-.009167	-.003947	.028213	-.090432	.429999	
8	-.042591	.001698	-.038400	-.085509	-.123914	.045304	-.220360	.498588
9	-.055311	.000442	-.051456	-.007261	-.011697	.008362	-.021126	.027724
10	.018615	-.018692	-.000350	-.014365	-.012101	-.010183	-.005802	-.018258
11	-.115131	.009184	-.071072	-.006381	-.010064	.003199	-.014014	.009808
12	-.073228	.009417	-.118293	-.077457	-.016424	.001818	-.012398	-.000006
13	-.045861	.000050	-.049647	-.175234	-.069670	.024957	-.017718	.004218
14	-.004335	-.015851	-.010190	-.015251	-.010948	-.018821	.009544	-.068847
15	.003311	.004671	.002677	-.032939	-.035221	-.001762	-.051910	.019514
16	-.002238	-.034492	-.006647	-.025871	-.000714	-.008245	-.000037	-.008968

	9	10	11	12	13	14	15	16
9	.439609							
10	-.242750	.444112						
11	.013837	-.070888	.337737					
12	.002768	-.009222	.002481	.340722				
13	.002640	-.003173	.000375	.011174	.361189			
14	-.074829	.008839	-.026714	-.011976	-.002369	.340761		
15	.003583	-.072523	.006563	.008365	-.035383	-.101502	.392022	
16	-.034532	.006742	-.068919	-.057741	-.005546	.002491	-.109465	.354183

Cyclohept[bc]acenaphthylen

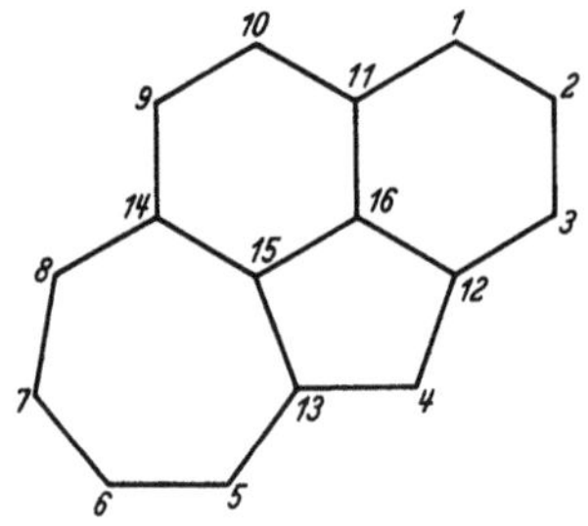

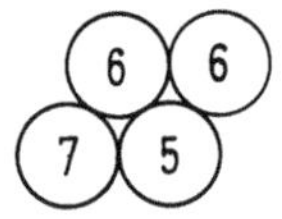

Z=16

Bindungs- Atom Polarisierbarkeiten

	1	2	3	4	5	6	7	8
1 2	-.004057	-.004746	-.006172	.006153	.010632	-.001714	.009909	-.001791
1 11	.005685	.000796	.004889	-.000798	-.009526	.002961	-.010402	.005043
2 3	.000108	.002369	.011784	-.003357	-.012415	.001655	-.011251	.001707
3 12	-.001391	.003243	-.005427	.006357	.015697	-.001093	.012088	.000927
4 12	.024143	.000647	.024003	-.040261	-.018204	-.000137	-.014332	-.001737
4 13	-.018788	.002149	-.021003	-.080913	.020376	.012347	.017848	.015562
5 6	-.017803	.000800	-.019088	-.014369	.056352	.012620	-.018950	.004681
5 13	.018909	-.002583	.022371	.016540	.001381	-.008474	.003777	-.010856
6 7	.019049	-.000858	.019651	.026579	-.052206	-.004207	.012137	-.012969
7 8	-.019543	-.000483	-.018813	-.023063	.037032	-.002606	.042705	.010449
8 14	.022795	.000399	.021446	.036887	-.043207	-.005681	-.045225	.000521
9 10	.021279	-.000564	.021871	.009083	-.013946	-.004024	-.015524	-.001664
9 14	-.022300	.000380	-.023399	-.008427	.015839	.004702	.018248	.000914
10 11	-.027581	-.000935	-.026795	-.009724	.011095	.001237	.011854	-.000063
11 16	.025447	.000201	.024800	.010860	-.002014	-.005232	-.001763	-.006458
12 16	-.026175	-.002196	-.026899	.042875	-.003569	.001948	-.001128	.000877
13 15	-.000277	.001559	-.004716	.084498	-.035485	-.006953	-.030378	-.009735
14 15	-.003895	-.002522	.000523	-.029597	.019958	-.005402	.017552	-.004673
15 16	.004395	.002344	.000975	-.029324	.002208	.008054	.002836	.009265

	9	10	11	12	13	14	15	16
1 2	-.001207	.010024	-.001180	-.004249	-.003496	.010748	-.003768	-.015086
1 11	.000186	-.016325	.004731	.000826	.003339	-.014148	.003990	.018753
2 3	.001023	-.011523	.001243	.005943	.004621	-.012490	.005149	.015436
3 12	-.002551	.006598	.001651	-.014265	-.007969	.011061	-.008366	-.016559
4 12	.000378	-.011459	-.001462	-.000075	.008948	-.014394	.007283	.036660
4 13	.000279	.010818	.001800	.009046	.011177	.013258	.018293	-.012250
5 6	.002413	-.011098	.000389	.003574	.004876	-.014889	.003244	.007247
5 13	-.000520	.008247	-.000833	-.009651	-.018604	.007480	-.016563	-.010622
6 7	-.001736	.008311	-.001423	-.002857	-.007956	.008508	-.007546	-.002477
7 8	.004460	-.011982	.001111	-.000514	-.000798	-.017933	-.002445	.002423
8 14	-.005210	.010254	-.002590	.000580	-.004231	.014695	-.002697	.001261
9 10	-.008111	.029139	-.001360	-.002684	-.005185	-.019259	-.006196	-.002854
9 14	.006307	-.036829	.001039	.003691	.006564	.024906	.007812	.000553
10 11	.000421	.015711	.002788	.000928	.001787	.014087	.001161	.004028
11 16	-.000929	.002043	-.003825	-.002308	-.006505	.000721	-.006488	-.028551
12 16	.003181	.003105	-.000742	.002132	.008174	-.000965	.010965	-.011582
13 15	.001620	-.022464	-.002346	.009757	.003225	-.029045	.003527	.037213
14 15	.004549	.021402	.002211	-.008570	-.010641	.017940	-.016499	-.002337
15 16	-.004553	-.003973	-.001202	.008695	.012673	-.000279	.009142	-.021257

Cyclohept[bc]acenaphthylen

Z = 16

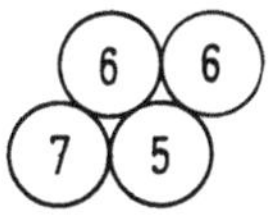

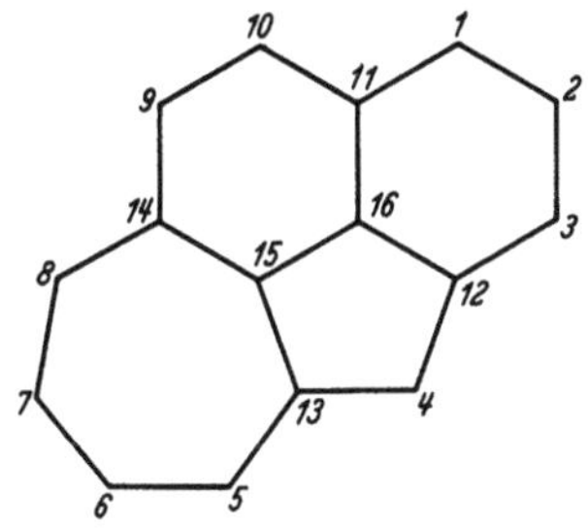

Bindungs- Bindungs Polarisierbarkeiten

	1 2	1 11	2 3	3 12	4 12	4 13	5 6	5 13
1 2	.271321							
1 11	-.189375	.278190						
2 3	-.234371	.117276	.273979					
3 12	.118454	-.064544	-.191436	.277613				
4 12	-.048629	.013459	.062866	-.164291	.339144			
4 13	.030448	-.010885	-.034945	.070812	-.176089	.263391		
5 6	.022111	-.017935	-.021331	.028751	-.054739	.098532	.249417	
5 13	-.023769	.019477	.024828	-.034774	.079276	-.180488	-.204212	.347927
6 7	-.022727	.023895	.022042	-.024226	.044229	-.062764	-.228035	.099989
7 8	.024550	-.025308	-.021661	.024605	-.040220	.056132	.119963	-.062633
8 14	-.029306	.036772	.025286	-.024388	.040604	-.047300	-.060709	.039716
9 10	-.035175	.067298	.031968	-.016313	.007156	-.006174	-.016967	.016645
9 14	.030953	-.044730	-.028480	.024454	-.006932	.006142	.023519	-.021537
10 11	.059675	-.147191	-.045398	.021822	-.011343	.014086	.011268	-.008323
11 16	.069178	-.123884	-.044283	.056912	.000703	-.004593	.009791	-.013678
12 16	-.041421	.065617	.066844	-.107654	-.116449	.039938	.021140	-.030636
13 15	-.003034	-.004298	.006191	-.017716	.022328	-.112513	.028250	-.097172
14 15	.006879	-.005242	.000009	.004498	-.039480	.054564	.022681	.000217
15 16	-.005761	.011409	-.009384	.017422	.048407	.001707	-.031495	.049148

	6 7	7 8	8 14	9 10	9 14	10 11	11 16	12 16
6 7	.352950							
7 8	-.228765	.245324						
8 14	.095128	-.195936	.341242					
9 10	.022729	-.031018	.054323	.203491				
9 14	-.035033	.057437	-.135310	-.194958	.317247			
10 11	-.015832	.021766	-.034293	-.185457	.095490	.315476		
11 16	-.012840	.011984	-.019438	.054882	-.025690	-.105067	.283218	
12 16	-.016798	.015172	-.015816	.010167	-.022020	-.010043	-.089746	.293838
13 15	-.010750	-.008502	.023279	-.010857	.016616	-.010679	.020282	.014526
14 15	-.033619	.064923	-.133509	.072227	-.117459	-.033375	.056091	.042839
15 16	.030428	-.027812	.039655	-.043965	.060292	.0[illegible]7420	-.123820	-.119500

	13 15	14 15	15 16
13 15	.340467		
14 15	-.098010	.269774	
15 16	-.098408	-.134007	.268264

Dibenz[a,e]azulen

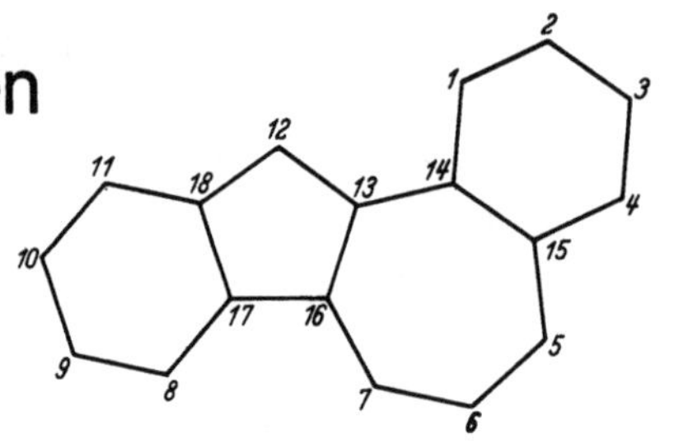

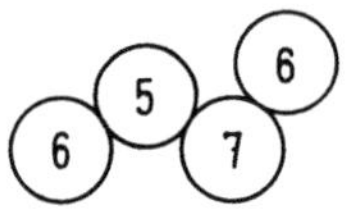

Z=18

Eigenwerte und Hückelkoeffizienten

	1	2	3	4	5	6	7	8
1	2,514222	2.159486	1,703959	1,564777	1,288090	1,149965	1,000000	,692746
1	.166087	.264102	.190441	.219190	.171750	.209218	.316228	.374363
2	.103195	.238478	.282417	.126839	.393755	-.140631	.316228	.158820
3	.093369	.250887	.290785	-.020715	.335441	-.370939	0	-.264341
4	.131555	.303310	.213070	-.159254	.038323	-.285936	-.316228	-.341941
5	.150909	.237504	-.132000	-.414413	-.234291	-.046849	0	.260447
6	.142031	.108780	-.297200	-.419982	-.015711	-.095998	.316228	.152961
7	.206188	-.002594	-.374415	-.242765	.214054	-.063545	.316228	-.154484
8	.189094	-.225700	.169361	-.208199	.279658	.269806	-.316228	.189119
9	.122288	-.194572	.303855	-.283802	.090988	.407415	0	-.175565
10	.118365	-.194477	.348396	-.235888	-.162458	.198708	.316228	-.310742
11	.175308	-.225397	.289797	-.085310	-.300248	-.178908	.316228	-.039700
12	.282137	-.112922	-.026759	.287521	-.257893	-.189042	0	-.070664
13	.386955	.048411	-.191003	.347509	-.107901	.187054	0	-.332192
14	.314384	.331847	.042087	.216144	-.172525	.381224	0	.100519
15	.237389	.404105	.072276	-.228481	-.286077	.042123	-.316228	.027463
16	.376371	-.114382	-.340789	.040109	.291432	.022923	0	-.259979
17	.353137	-.292823	-.015271	-.041982	.269237	-.097148	-.316228	.306577
18	.322399	-.292265	.145406	.102397	-.224289	-.404446	0	.283240

	9	10	11	12	13	14	15	16
9	.368001	-.297712	-.684737	-1,000000	-1,098703	-1,324737	-1,507150	-1,965930
1	.096983	.165508	.211350	.316228	.358849	.177544	.255075	.060892
2	-.143775	-.264281	.172915	-.316228	-.024408	-.203399	-.456085	-.120974
3	-.149893	-.086828	-.329751	0	-.332032	.091907	.432314	.176934
4	.088615	.290131	.052878	.316228	.389213	.081647	-.195477	-.226867
5	-.200919	-.505274	.063756	0	.085681	.215190	.331364	-.303370
6	-.256441	.149973	-.337199	.316228	.001459	-.085002	-.361714	.327334
7	.106548	.460625	.167137	-.316228	-.087284	-.102584	.213794	-.340146
8	-.225969	.142206	-.288340	-.316228	.353864	-.182803	.151821	-.065460
9	-.298851	.102843	.229704	0	-.229199	.496865	-.180859	.127205
10	.115992	-.172823	.131053	.316228	-.102042	-.475413	.120760	-.184616
11	.341536	-.051391	-.319441	-.316228	.341313	.132932	-.001145	.235738
12	-.553664	.140564	.291671	0	.118180	-.274744	.228507	.310934
13	-.213443	-.229970	-.287398	0	.143115	.064650	-.225359	-.332447
14	.179465	.215008	-.317633	0	-.369861	-.031800	.071649	.001264
15	.182503	.000452	.293543	-.316228	-.095597	-.200068	-.137701	.269070
16	.295651	-.287107	.222754	0	.094440	.220899	.039495	.341370
17	.215694	-.145179	-.032267	.316228	-.159592	-.254699	-.047959	.001484
18	.009694	.188123	.087680	0	-.272960	.299313	-.119035	-.278828

	17	18
17	-2,240754	-2,321521
1	.089887	.293807
2	-.078445	-.213083
3	.085889	.200868
4	-.114011	-.253237
5	-.143011	-.176258
6	.150870	.022159
7	-.195052	.124815
8	.319351	-.110104
9	-.253275	.064245
10	.248176	-.039042
11	-.302826	.026393
12	-.199245	-.166151
13	.016075	.407952
14	-.122969	-.468997
15	.169582	.387028
16	.286193	-.311921
17	-.462312	.191363
18	.430383	-.022229

TOTALE PI ELEKTRONEN ENERGIE 24.882488

Z = 18 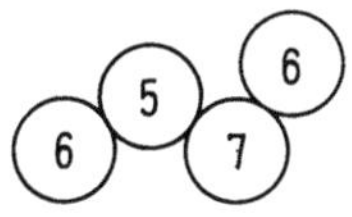 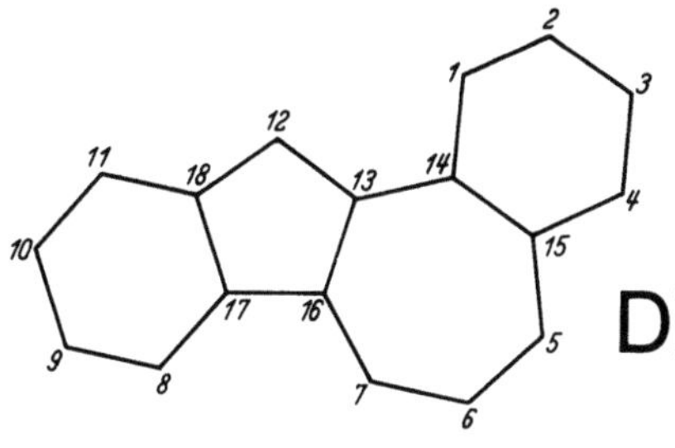 Dibenz[a,e]azulen

allgemeine Bindungsordnungen

	1	2	3	4	5	6	7	8
1	1.008941							
2	.690850	.968166						
3	-.001776	.625553	.998215					
4	-.330065	.028274	.699325	.976136				
5	-.000418	-.066088	-.112132	.054633	.867264			
6	.026547	.143743	-.017649	-.185885	.720173	.990680		
7	-.029973	.074985	.069989	-.052276	.143422	.588039	.853434	
8	.023561	.043621	-.015605	-.050921	.110703	-.008015	-.167738	.993118
9	-.058519	.019302	.054875	-.024893	.047319	.068663	-.060569	.694568
10	-.016936	-.047265	.010014	.043748	-.104087	-.005235	.129385	-.004813
11	.070683	-.026224	-.058392	.027041	-.060421	-.043366	.077119	-.332117
12	-.178066	.049032	.139119	-.058707	.124507	.136721	-.185161	.006128
13	-.015217	-.098502	-.000477	.013212	-.152047	-.082588	.120810	-.073508
14	.600823	.039000	-.264768	-.035058	.087626	-.174134	-.123660	-.040515
15	-.005009	-.256293	.006194	.578718	.504964	.020006	-.144811	.017615
16	-.075222	-.103727	.040359	.111064	-.276944	.006176	.656697	.005259
17	.061624	-.011346	-.062175	.026903	-.037719	-.125699	.057813	.594686
18	.020659	.059555	-.009197	-.041003	.121858	.021933	-.154201	.019530

	9	10	11	12	13	14	15	16
9	1.040171							
10	.622376	1.009492						
11	-.035492	.701703	1.026354					
12	.088259	-.119438	-.064816	1.179038				
13	.139480	.042073	-.177705	.685700	1.023727			
14	-.012677	.059428	.029947	-.043590	.446037	.949/15		
15	-.062048	-.007867	.061137	-.166911	.017776	.526633	.989516	
16	-.107017	.021785	.018549	-.170112	.430464	.120161	-.052520	1.025882
17	-.051867	-.259925	.050209	-.142237	-.168608	-.019655	.081315	.460457
18	-.252790	-.018630	.575130	.516863	-.058392	-.105314	.004434	-.072162

	17	18
17	1.069773	
18	.521487	1.030377

Dibenz[a,e]azulen

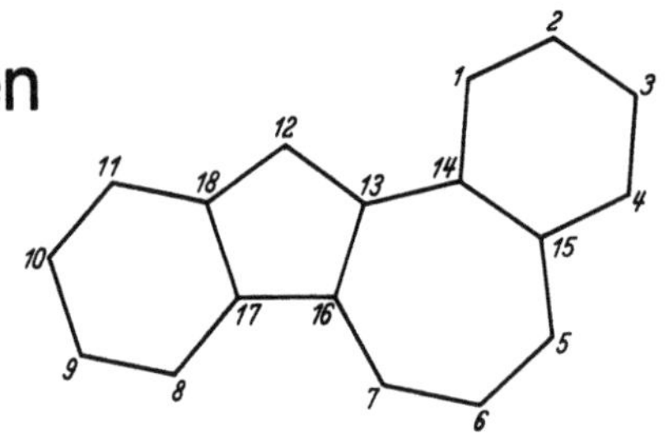

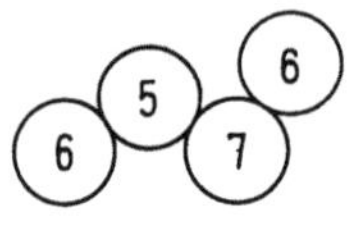

Z=18

Atom- Atom Polarisierbarkeiten

	1	2	3	4	5	6	7	8
1	.430359							
2	-.179000	.416981						
3	.017392	-.125331	.408491					
4	-.109329	.020372	-.186493	.445179				
5	-.002031	.009412	-.010239	.028611	.485230			
6	-.000261	-.032961	.001199	-.039113	-.220233	.426518		
7	-.000140	-.005231	-.006187	.002218	.018013	-.100356	.445415	
8	-.000600	-.005379	-.000125	-.005975	-.025087	.005443	-.033405	.434068
9	-.007064	-.001617	-.006708	-.001598	-.007199	-.006816	-.007088	-.182212
10	.000134	-.005364	-.000112	-.005303	-.023237	.002115	-.027162	.018502
11	-.008298	-.001443	-.007091	-.002077	-.007996	-.004657	-.010440	-.110714
12	-.037661	-.006137	-.031865	-.007986	-.034284	-.024147	-.044125	.000315
13	.018062	-.007215	.007728	-.003462	-.018950	-.004259	-.004612	-.003367
14	-.116734	.011924	-.062720	-.000381	.009335	-.035479	-.011575	-.004824
15	.002734	-.058608	.009929	-.104206	-.063305	.016862	-.017584	.000748
16	-.003285	-.023133	-.001574	-.024900	-.110659	.028362	-.177990	.022246
17	-.006567	-.001455	-.007043	-.000608	-.003897	-.012725	.005953	-.111910
18	.002289	-.005815	.000751	-.004946	-.023484	.000508	-.025703	.002279

	9	10	11	12	13	14	15	16
9	.414800							
10	-.122888	.409718						
11	.019300	-.188458	.445288					
12	.003786	-.010924	.025699	.474896				
13	-.031624	-.000374	-.037566	-.204293	.379059			
14	-.000797	-.005835	.000737	.007691	-.041050	.362948		
15	-.007115	.000002	-.006884	-.033337	.008695	-.083363	.342693	
16	-.007821	.009207	-.001490	-.008614	-.040556	-.019231	.001006	.397366
17	.009459	-.059844	-.001932	-.001040	-.028947	-.001878	-.008554	-.045501
18	-.056797	.009822	-.101981	-.067974	.012731	-.008767	.000289	.006567

	17	18
17	.356898	
18	-.080410	.340642

Z=18 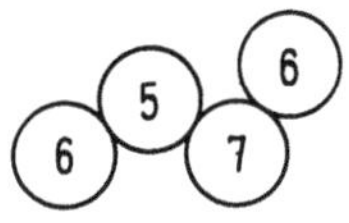 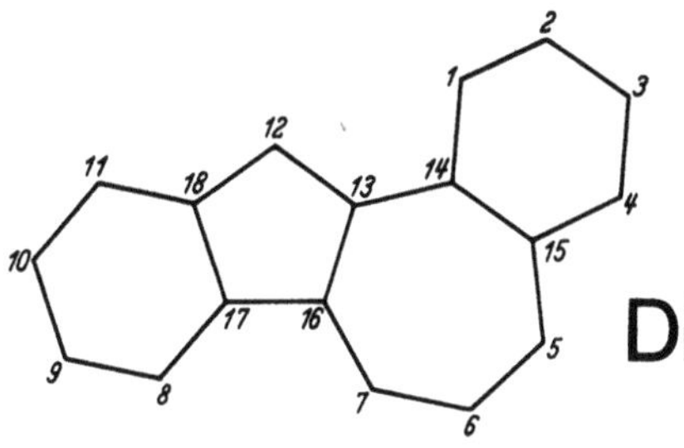 Dibenz[a,e]azulen

Bindungs- Atom Polarisierbarkeiten

	1	2	3	4	5	6	7	8
1 2	-.009051	.011584	-.000543	.011896	-.000606	-.003987	.001726	-.000947
1 14	.004073	-.017614	.000764	-.016523	.000206	.004789	-.002759	.000880
2 3	.003021	.015322	.003115	-.013824	-.005635	.002194	-.006240	.000528
3 4	-.002800	-.012750	-.002115	.009991	.003357	-.003109	.003870	-.000782
4 15	-.001827	.010822	-.001717	.012128	-.008435	.002880	-.007291	.000589
5 6	-.001276	.017314	-.000666	.017537	.075198	-.002755	-.043018	-.000905
5 15	.000876	-.023556	-.001613	-.022616	.020887	-.005363	.017863	-.000927
6 7	.002078	-.019107	-.000248	-.017766	-.083316	.006516	.045434	.000187
7 16	-.003112	.014593	-.002122	.014345	.058161	-.004101	.059820	-.001899
8 9	.001356	-.003072	.001156	-.003209	-.013198	.003063	-.015849	.010541
8 17	-.001423	.002653	-.001410	.003016	.011367	-.003781	.014136	-.008089
9 10	-.000969	.003114	-.000613	.002969	.012861	-.001234	.014141	-.001269
10 11	.001391	-.003752	.000688	-.003407	-.015684	.001493	-.017962	.002046
11 18	-.001523	.004130	-.000379	.003408	.016859	-.000267	.018863	.006096
12 13	-.001606	.008850	.001887	.005597	.033750	.009854	.029662	.001970
12 18	.002844	-.007839	.000666	-.006437	-.031745	-.000008	-.034917	-.001798
13 14	.001801	.000972	-.001096	.003456	.005760	-.008679	.010425	-.001191
13 16	.002390	-.012416	-.000874	-.009861	-.051140	-.003921	-.054368	-.002925
14 15	.001210	.013506	.002598	.012875	-.016351	-.001137	-.015019	-.000280
16 17	.002589	-.005280	.002499	-.005886	-.021898	.006438	-.026237	.003592
17 18	-.000042	.002527	.000024	.002310	.009605	.001114	.007719	-.005415

	9	10	11	12	13	14	15	16
1 2	.003187	-.001334	.003884	.015158	-.006072	-.017917	-.001155	-.006301
1 14	-.002799	.001756	-.004016	-.013920	.008657	.025000	.001414	.008168
2 3	-.003144	.000696	-.003506	-.014147	.003478	.014780	.001927	.003197
3 4	.003687	-.000621	.003815	.016699	-.003561	-.012514	-.002659	-.003694
4 15	-.003927	.000183	-.003815	-.017539	.002754	.012321	.005046	.002293
5 6	-.007767	-.002381	-.006290	-.031193	-.005566	.018346	-.002335	-.010505
5 15	.007430	-.000442	.007465	.033198	-.006064	-.028731	-.001565	-.004371
6 7	.009596	.002640	.007515	.041040	.002821	-.023373	-.001286	.008921
7 16	-.011303	-.006461	-.006614	-.046294	-.017101	.016019	-.003161	-.029705
8 9	-.013258	.003283	-.013232	.002370	.007684	-.003705	.001669	.007823
8 17	.022531	-.002507	.021373	-.002198	-.009831	.003113	-.002287	-.009056
9 10	-.018825	-.006598	.016241	.006998	-.004287	.003745	-.000666	-.003489
10 11	.015510	.001076	-.009075	-.002860	.006263	-.005035	.000618	.006007
11 18	-.012501	.006090	-.016247	.009663	-.006595	.006096	.000102	-.005128
12 13	-.019009	.002426	-.020841	-.084314	.004751	.013453	.005855	.016974
12 18	.028377	.001712	.027645	-.026736	.012970	-.011625	-.000326	.008558
13 14	.005339	-.003258	.008006	.025878	-.018076	-.004037	-.004356	-.015407
13 16	.017067	.002808	.012504	.076156	.004265	-.017849	-.003824	.004697
14 15	-.002500	.000211	-.002930	-.010130	.000986	.015938	.002470	-.000727
16 17	-.001429	.006172	-.005011	-.004330	.019101	-.006136	.004179	.015201
17 18	-.016259	-.005452	-.016872	.026501	.003424	.002111	.000341	.006544

	17	18
1 2	.003008	-.002530
1 14	-.001884	.003809
2 3	-.003110	.001348
3 4	.004223	-.001036
4 15	-.004782	.000318
5 6	-.009505	-.004232
5 15	.008579	-.001049
6 7	.013277	.005071
7 16	-.017658	-.013406
8 9	.022311	.004267
8 17	-.032223	-.005384
9 10	-.017469	-.004651
10 11	.015682	.007000
11 18	-.016191	-.012475
12 13	-.017638	.008380
12 18	.037611	.001049
13 14	.002536	-.008075
13 16	.027796	.009494
14 15	-.001564	.000847
16 17	.002552	.013885
17 18	-.015550	-.002630

Dibenz[a,e]azulen

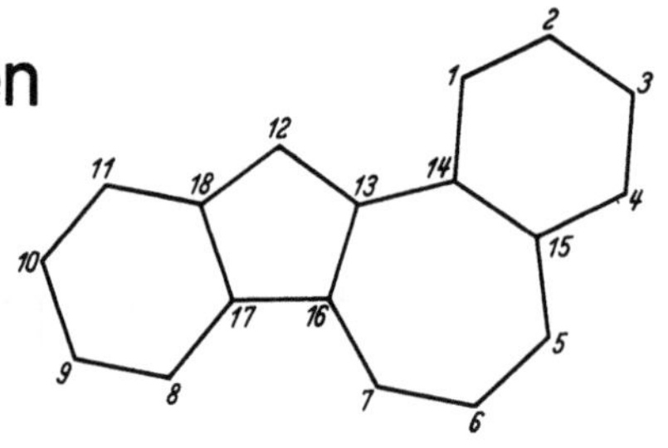

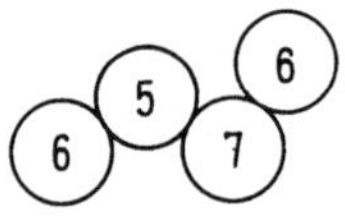

Z=18

Bindungs- Bindungs Polarisierbarkeiten

	1 2	1 14	2 3	3 4	4 15	5 6	5 15	6 7
1 2	.246478							
1 14	-.204488	.280983						
2 3	-.212398	.119304	.288520					
3 4	.126364	-.080117	-.217909	.239966				
4 15	-.074023	.090953	.115922	-.191664	.283933			
5 6	-.004406	.002420	.022932	-.027792	.062888	.249157		
5 15	.005492	-.001487	-.038261	.050861	-.145952	-.185795	.347803	
6 7	.006829	-.005034	-.017588	.020830	-.038522	-.243357	.092458	.356777
7 16	-.001714	-.002538	.010609	-.012912	.023647	.119259	-.051011	-.214110
8 9	.005974	-.006219	-.005963	.006350	-.007011	-.015755	.014110	.019698
8 17	-.006277	.007026	.006612	-.006893	.008213	.022107	-.017148	-.029983
9 10	-.006303	.007528	.006344	-.005932	.006615	.016260	-.014205	-.018972
10 11	.006765	-.008007	-.006375	.006023	-.006296	-.012888	.013349	.014493
11 18	-.008033	.011099	.007520	-.006146	.006586	.015329	-.015363	-.016940
12 13	-.023114	.046378	.021172	-.010792	.012359	.047284	-.041159	-.051111
12 18	.016777	-.025060	-.015919	.012346	-.013748	-.036504	.033561	.042210
13 14	.048850	-.127890	-.035112	.012431	-.007953	-.029214	.056986	.021821
13 16	-.012758	.026821	.006249	-.001823	-.002657	-.028860	-.000710	.047176
14 15	.083163	-.124343	-.048639	.078629	-.113344	.054117	-.123944	-.031284
16 17	.013602	-.017348	-.014306	.013754	-.016811	-.050300	.037107	.072371
17 18	-.006781	.010020	.007287	-.005574	.006863	.023119	-.016691	-.027763

	7 16	8 9	8 17	9 10	10 11	11 18	12 13	12 18
7 16	.270167							
8 9	-.026221	.244336						
8 17	.049542	-.202938	.285057					
9 10	.024936	-.213164	.117998	.290792				
10 11	-.015232	.126451	-.078622	-.217446	.238980			
11 18	.019119	-.073613	.088997	.114798	-.191354	.285361		
12 13	.078833	-.002304	-.003595	.020811	-.027000	.060286	.239203	
12 18	-.056668	.006877	-.001484	-.038717	.052920	-.148464	-.174334	.343005
13 14	.002235	.012829	-.015734	-.016135	.016651	-.024724	-.141008	.060420
13 16	-.135776	-.010440	.024767	.001395	.004537	-.015164	-.132734	.032419
14 15	.018304	-.005817	.007339	.007378	-.006802	.009602	.042830	-.022595
16 17	-.147644	.052339	-.133991	-.036732	.012956	-.006974	-.009753	.054841
17 18	.047174	.080480	-.120994	-.047251	.076898	-.111923	.047747	-.121883

	13 14	13 16	14 15	16 17	17 18
13 14	.333388				
13 16	-.086031	.347087			
14 15	-.099764	.011735	.270372		
16 17	.042204	-.078186	-.018230	.331544	
17 18	-.024249	.002952	.011293	-.100445	.269722

Cyclohepta[a]cyclopenta[f] naphthalin

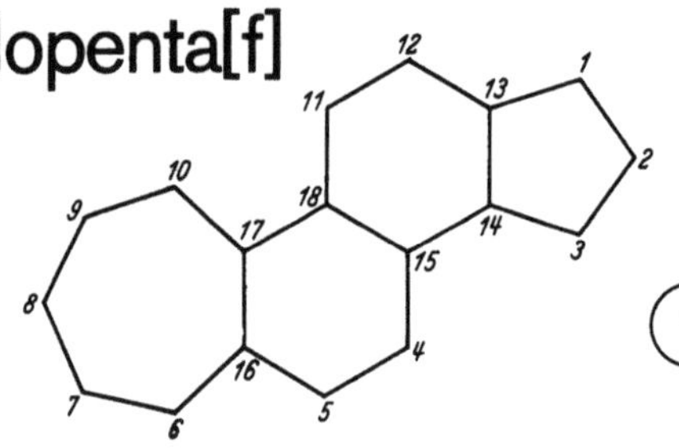

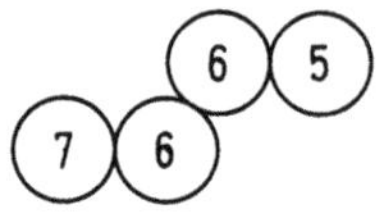

Z=18

Eigenwerte und Hückelkoeffizienten

	1	2	3	4	5	6	7	8
1	2,503421	2,168548	1,716119	1,551545	1,314629	1,234853	,896998	,637935
1	,177136	,274409	,263167	,039740	,177341	,208945	,140695	,297735
2	,150163	,244374	,259831	,137932	-,008105	,338017	-,186596	,487506
3	,198787	,255529	,182734	,174268	-,187996	,208456	-,308071	,013262
4	,228658	-,060144	-,232776	,324879	-,202829	-,180507	,338742	,270580
5	,194598	-,195914	-,117206	,396554	,100852	,005090	,389078	,193904
6	,136208	-,264455	,242479	,237771	,283621	-,177671	-,279999	-,141084
7	,082483	-,208780	,384486	,078520	,037445	-,406190	-,261418	,056879
8	,070282	-,188294	,417345	-,115944	-,234395	-,323914	,045507	,177369
9	,093463	-,199545	,331728	-,258412	-,345587	,006204	,302238	,056271
10	,163696	-,244428	,151940	-,284994	-,219924	,331575	,225600	-,141472
11	,231408	,031700	-,170836	-,374502	,256796	-,200471	-,106823	,292135
12	,209589	,176337	,012213	-,290533	,378844	-,227130	,229628	-,008520
13	,293282	,350694	,191795	-,076273	,241243	-,080001	,312799	-,297570
14	,347483	,309752	,053763	,132452	-,239040	-,080604	-,089743	-,479045
15	,377828	,065488	-,282265	,107510	-,367496	-,227990	-,085227	-,021292
16	,258503	-,364704	,031636	,290392	,335411	,186792	,010260	-,146882
17	,316336	-,330509	-,070981	-,183768	,056469	,403242	-,099876	-,146521
18	,369723	-,107593	-,305388	-,290524	-,041252	-,020423	-,325448	,194883

	9	10	11	12	13	14	15	16
9	,343271	-,273616	-,513599	-,894138	-1,304427	-1,359450	-1,718041	-1,829962
1	,497586	,030768	,141/12	,183317	,074034	,243799	,457753	,043617
2	-,049198	-,122607	,004048	-,238153	,208032	-,219528	-,526739	,007393
3	-,514474	,002779	-,143790	,029624	-,345396	,054639	,447206	-,057146
4	,029060	-,282058	-,251910	-,108466	-,337089	,398399	-,152046	,079543
5	-,240760	,227483	-,055390	,390107	,106048	-,401409	,033686	-,112077
6	,068693	-,446728	,306156	,012025	-,276794	,014988	-,098739	-,309617
7	,135285	-,097583	-,437600	,229591	,162300	-,167673	,075464	,441034
8	-,022253	,473428	-,081405	-,217312	,065085	,212955	-,030912	-,497459
9	-,142924	-,031955	,479409	-,035284	-,247199	-,121828	-,022357	,469297
10	-,026809	-,464685	-,164819	,248861	,257368	-,047335	,069321	-,361336
11	-,321152	-,063882	,165198	,338282	,199223	,433986	-,135450	,052820
12	-,294659	-,183859	-,172054	-,461364	,080787	-,236921	,230000	,018793
13	,220004	,114189	-,076831	,074242	-,304604	-,111904	-,259699	-,087210
14	-,127406	,121847	,069803	,211665	,242513	,145250	-,241579	,097182
15	,250735	-,150307	,184770	-,293123	,333660	-,140194	,227536	-,033483
16	-,111705	,219815	,280358	-,240344	,198757	,147297	,094173	,125554
17	,133722	,159100	-,394758	-,187232	-,088518	,186178	-,096740	,191935
18	,184417	,201338	,087209	,158894	-,340659	-,353062	,002709	-,115452

	17	18
17	-2,015111	-2,458973
1	,226425	,095313
2	-,030738	,016858
3	-,164485	-,136767
4	-,045852	,251321
5	,232237	-,220475
6	,292661	-,140017
7	-,167612	,053477
8	,045096	,008517
9	,076738	-,074421
10	-,199732	,174483
11	-,116288	-,247958
12	,268879	,203007
13	-,425534	-,251230
14	,362193	,319449
15	-,139841	-,397518
16	-,422132	,290820
17	,325744	-,354627
18	-,034547	,406716

TOTALE PI ELEKTRONEN ENERGIE 24,734636

Cyclohepta[a]cyclopenta[f] naphthalin

Z=18

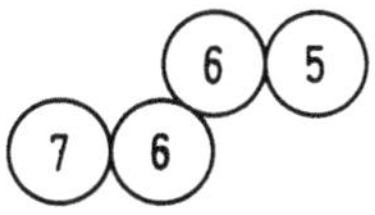

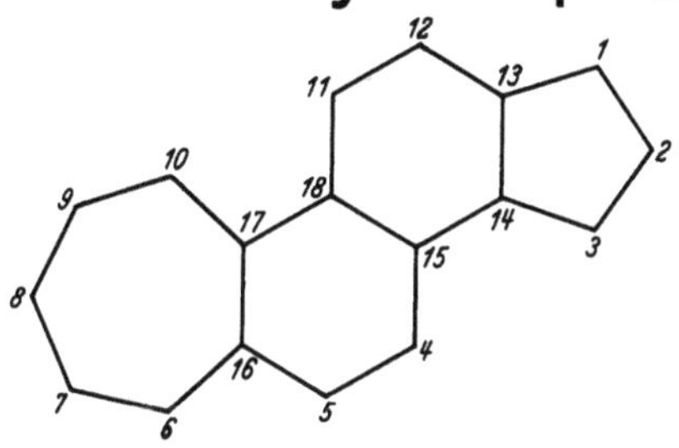

allgemeine Bindungsordnungen

	1	2	3	4	5	6	7	8
1	1.217308							
2	.662245	1.116054						
3	-.249654	.650118	1.214271					
4	.089290	.023736	-.142101	.956319				
5	-.045505	.080531	.049969	.736574	1.008771			
6	-.018451	-.061279	.007874	-.177255	.038096	.837702		
7	.061728	.008695	-.066068	-.072158	-.157036	.671202	.921314	
8	.009789	.056940	-.003521	.122703	-.024318	.169548	.628888	.843803
9	-.066002	-.002427	.061208	.109260	.088042	-.234012	.092037	.636916
10	-.005716	-.061734	.002122	-.107417	-.009552	-.220640	-.225984	.167803
11	-.188699	.109515	.139122	-.026532	.055231	-.064497	.019038	.082527
12	-.039876	-.149370	.000990	-.057675	.170559	-.039473	-.063156	.041154
13	.573154	-.148400	-.211716	-.052222	-.058804	.055444	-.017357	-.061213
14	-.223842	-.151437	.592219	-.018694	-.136983	.080860	-.004342	-.061800
15	.017019	-.133341	-.044927	.542870	.001066	-.056735	.102484	.061420
16	-.067563	-.019272	.085648	.053519	.540771	.560990	.085936	-.191698
17	.084976	-.001167	-.066190	-.209605	-.059926	.143560	-.144874	-.202423
18	.072936	.099793	-.097929	.055228	-.247778	.007823	.081185	-.031175

	9	10	11	12	13	14	15	16
9	.919569							
10	.660476	.841571						
11	-.009058	-.137720	1.060035					
12	.084469	-.043712	.742480	.988635				
13	.006500	.080708	-.076455	.533824	1.101990			
14	.001028	.056752	-.206454	.076776	.491955	1.109066		
15	-.072756	-.090794	-.057678	-.249313	.071725	.485530	.991786	
16	-.143129	.135533	-.050688	.054102	.040293	.010925	-.191057	.933422
17	.089805	.580109	.004512	-.141481	.000824	-.008992	.061256	.493046
18	-.139662	.039165	.538184	-.005055	-.186497	-.071787	.554511	-.058857

	17	18
17	.926464	
18	.491257	1.011923

Cyclohepta[a]cyclopenta[f] naphthalin

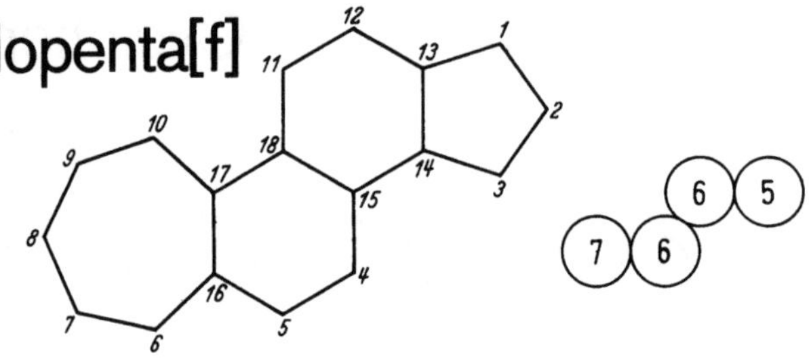

Z = 18

Atom- Atom Polarisierbarkeiten

	1	2	3	4	5	6	7	8
1	.415075							
2	-.154343	.401408						
3	-.036690	-.144640	.409466					
4	-.012933	.003403	-.019811	.443171				
5	-.005226	-.011526	-.001266	-.225339	.450676			
6	-.000274	-.008005	.001130	-.038021	.026386	.449243		
7	-.009199	-.000028	-.009785	-.006103	-.022684	-.162202	.421841	
8	-.000067	-.007834	.000099	-.026132	.005344	-.004213	-.130600	.425076
9	-.009792	.000102	-.009330	-.016459	-.012050	-.061307	.016373	-.137166
10	.001064	-.008299	.000112	-.013876	-.001521	-.054953	-.055699	-.005477
11	-.042640	-.014037	-.026311	-.000394	-.002884	-.008886	.000898	-.011409
12	.024747	-.019177	.004043	-.001853	-.047687	-.005721	-.009687	-.003681
13	-.102283	-.004133	-.037523	-.000976	-.008896	-.006837	-.000220	-.007961
14	-.045486	-.003154	-.114479	.017643	-.018335	-.010056	.001103	-.008334
15	-.000238	-.016938	.014597	-.080855	.020880	.003029	-.015471	-.004294
16	-.009288	.000476	-.011674	.012792	-.079136	-.095276	.009628	-.039193
17	-.011771	.001013	-.009801	-.035722	-.004972	-.020389	-.016699	-.045360
18	-.000656	-.014290	-.008139	.001466	-.061767	-.003648	-.011466	.001201

	9	10	11	12	13	14	15	16
9	.424458							
10	-.153524	.440934						
11	.004674	-.018105	.438106					
12	-.012569	.000752	-.231216	.452272				
13	.001143	-.009966	.007200	-.074229	.338488			
14	.000109	-.007782	-.034293	-.006447	-.061700	.352381		
15	-.010684	-.008345	-.000068	-.062089	-.008183	-.058100	.362010	
16	-.016647	-.015034	-.001401	-.008107	-.001500	.004201	-.028957	.349204
17	.011808	-.106752	.018869	-.020122	.004512	-.000189	-.005169	-.063315
18	-.019138	.016472	-.078104	.020770	-.026937	-.007084	-.101126	-.006775

	17	18
17	.365475	
18	-.061414	.360634

Cyclohepta[a]cyclopenta[f] naphthalin

Z=18

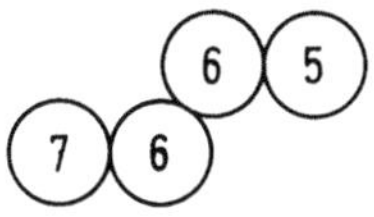

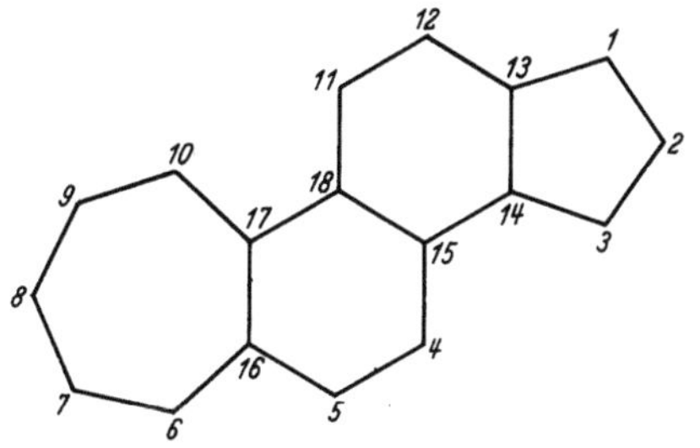

Bindungs- Atom Polarisierbarkeiten

	1	2	3	4	5	6	7	8
1 2	-.082662	-.037374	.090879	-.000988	.009572	-.000812	-.000458	-.000926
1 13	-.054089	.051437	-.040218	.002569	-.008035	.000559	.001428	.001021
2 3	.096725	-.033336	-.074771	.002719	-.010057	-.000492	.000544	-.000096
3 14	-.046064	.049444	-.061684	-.001935	.012628	.000180	.000262	.000058
4 5	.008775	-.002462	.010338	.020005	-.013215	.005444	-.016769	.003640
4 15	-.007194	.004193	-.009554	.017845	.003762	-.012057	.012864	-.011185
5 16	-.007239	.001977	-.007766	-.029457	.008128	-.008013	.020220	-.004227
6 7	.001545	.000917	.001209	-.017176	.014111	.074329	.033286	-.063699
6 16	-.001799	-.002222	-.001521	.010562	-.016680	.042740	-.037021	.033996
7 8	-.000576	-.000831	-.000403	.013271	-.010660	-.078063	.023650	.055687
8 9	.000671	-.000191	.000365	-.020816	.010072	.048360	-.031663	.060256
9 10	.000105	.000166	.000311	.018295	-.007874	-.060827	.018098	-.067093
10 17	.000103	-.001200	-.000309	-.027939	.008164	.036490	-.031095	.038335
11 12	-.005548	.020828	-.001742	.000619	-.019180	-.007083	.001027	-.007177
11 18	.015268	-.015249	.014439	-.000663	.021764	.005681	-.001701	.005922
12 13	.007828	-.026623	.000747	-.003809	.020189	.006231	-.001136	.005835
13 14	.065793	-.003666	.066282	.002229	-.011908	-.008303	-.000526	-.008184
14 15	.007393	-.023032	.013505	.002741	-.002796	.006755	.000421	.007117
15 18	.000385	.015935	-.001107	-.016830	-.001284	.001181	-.013413	.001414
16 17	.010650	.000901	.010626	.014386	.015447	-.044905	.006170	-.042251
17 18	-.010071	.000388	-.009628	.014373	-.022147	-.007394	.015812	-.008441

	9	10	11	12	13	14	15	16
1 2	-.000274	-.001188	.024536	-.017139	.037763	-.019475	.010324	-.000480
1 13	.001050	.001395	-.014815	.019420	-.018231	.046598	-.009740	.002092
2 3	.000250	.000154	-.018957	.011344	-.016616	.042221	-.013228	.001137
3 14	.000426	-.000152	.031655	-.012338	.043427	-.024117	.016072	.000202
4 5	-.015495	.002660	.000271	.020444	-.001604	-.005117	-.002852	-.019423
4 15	.012974	-.012304	-.000315	-.023634	.002595	.008152	.006607	.014914
5 16	.017693	-.002369	.002313	-.019436	.001850	.003041	.002535	.026317
6 7	.020207	-.057110	.000098	-.007831	.000470	.001212	.010983	-.023334
6 16	-.032674	.032774	-.001501	.006978	-.001983	-.002580	-.015104	.013156
7 8	-.033772	.044113	-.000773	.007722	-.000703	-.001054	-.011112	.012702
8 9	.026935	-.072871	-.000483	-.009064	-.000625	.000045	.008457	-.025185
9 10	.030908	.067413	-.000261	.009579	.000368	-.000057	-.009628	.016765
10 17	-.036367	.048568	-.000967	-.011777	-.001823	-.000906	.007845	-.032110
11 12	.001444	-.007991	-.025104	.017796	.026121	.017304	-.019538	.001245
11 18	-.002188	.006763	-.022002	-.003047	-.018158	-.016309	.022554	-.001634
12 13	-.000929	.005793	.039853	-.013738	-.037973	-.020716	.024616	-.001770
13 14	-.000377	-.008642	-.017075	-.017533	-.012826	-.013852	-.016204	-.000131
14 15	-.000062	.007830	-.013586	.026459	-.018572	-.033578	-.007037	.000784
15 18	-.014083	.002691	.016917	.002253	.014650	.018257	.004392	-.013498
16 17	.006561	-.045750	-.001200	.011933	.000325	.000393	.014769	.012873
17 18	.017773	-.011776	.001395	.001611	.001546	.000541	-.024712	.015376

	17	18
1 2	.000091	-.011387
1 13	.000591	.016970
2 3	-.000002	.012461
3 14	.000692	-.008757
4 5	-.014542	.019905
4 15	.015362	-.023025
5 16	.016006	-.021572
6 7	.018377	-.007594
6 16	-.034186	.007063
7 8	-.027490	.008293
8 9	.015134	-.009398
9 10	-.027167	.010900
10 17	.018209	-.013221
11 12	.002813	.004166
11 18	-.003585	-.007856
12 13	-.001046	-.003350
13 14	.000504	-.015582
14 15	-.001168	.026827
15 18	-.016292	-.001567
16 17	.014319	.014753
17 18	.023382	.001973

Cyclohepta[a]cyclopenta[f] naphthalin

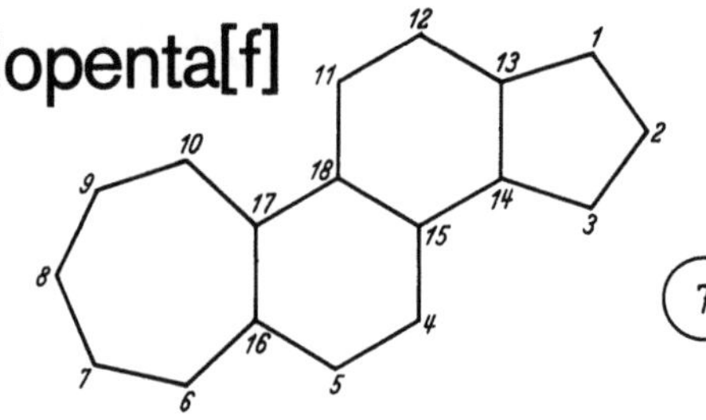

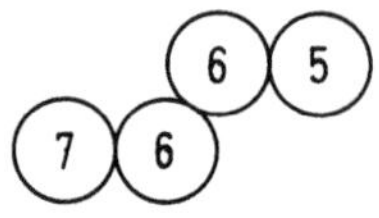

Z=18

Bindungs- Bindungs Polarisierbarkeiten

	1 2	1 13	2 3	3 14	4 5	4 15	5 16	6 7
1 2	.261975							
1 13	-.161145	.277005						
2 3	-.207369	.066914	.269254					
3 14	.068654	.008605	-.165774	.271677				
4 5	-.014642	.010752	.018655	-.028554	.225730			
4 15	.020120	-.014032	-.026931	.048757	-.201303	.320993		
5 16	.011767	-.008366	-.013608	.019982	-.201887	.102129	.322333	
6 7	.010362	-.010162	-.010520	.012108	-.036428	.023536	.064986	.278957
6 16	-.011420	.011441	.012270	-.014460	.065789	-.040891	-.150135	-.182489
7 8	-.009763	.010376	.009946	-.010420	.028213	-.017326	-.041739	-.223733
8 9	.009910	-.010483	-.009466	.009901	-.018044	.008218	.025785	.093980
9 10	-.010392	.012082	.009907	-.009446	.019107	-.004422	-.025096	-.049152
10 17	.011770	-.014038	-.010433	.009953	-.016860	-.006981	.025027	.010472
11 12	-.033542	.065130	.029931	-.020399	.015301	-.017557	-.003980	-.010215
11 18	.018490	-.037708	-.012326	-.002508	-.017053	.021436	.000214	.012596
12 13	.060539	-.148237	-.044341	.031449	-.003738	.000317	.003035	.008693
13 14	.018762	-.098525	.025103	-.107512	-.006153	.016002	.005145	.002692
14 15	-.036805	.023439	.053296	-.132689	.053438	-.125557	-.033278	-.016820
15 18	.006743	-.001839	-.006637	.021336	.074290	-.129621	-.038629	.002794
16 17	.001930	-.004750	-.001157	-.000566	.065015	-.031963	-.111228	.037707
17 18	-.015945	.023541	.013285	-.010095	-.031628	.055076	.047543	-.019365

	6 16	7 8	8 9	9 10	10 17	11 12	11 18	12 13
6 16	.302598							
7 8	.084491	.299848						
8 9	-.031431	-.199911	.294743					
9 10	.010220	.093020	-.222379	.285588				
10 17	.032431	-.032748	.087002	-.188619	.298764			
11 12	.008224	.011852	-.015623	.020381	-.030413	.219272		
11 18	-.010441	-.014517	.020509	-.028888	.050296	-.199363	.321200	
12 13	-.006586	-.009293	.012417	-.014721	.020969	-.198767	.099344	.324589
13 14	-.006192	-.002110	-.000235	.000329	-.002502	.066428	-.034260	-.114811
14 15	.024829	.013955	-.010228	.009658	-.007506	-.029297	.052226	.045281
15 18	-.001399	-.001764	.006450	-.008898	.021852	.072319	-.126271	-.036362
16 17	-.114097	-.010382	-.014534	.043015	-.122657	-.003913	.013223	.003684
17 18	.017249	.022004	-.036580	.058707	-.135778	.054231	-.126198	-.033461

	13 14	14 15	15 18	16 17	17 18
13 14	.283552				
14 15	-.096958	.308554			
15 18	.048961	-.104965	.260470		
16 17	.004269	-.003844	.049881	.293788	
17 18	-.001986	.013270	-.108711	-.093423	.308263

Pleiaden

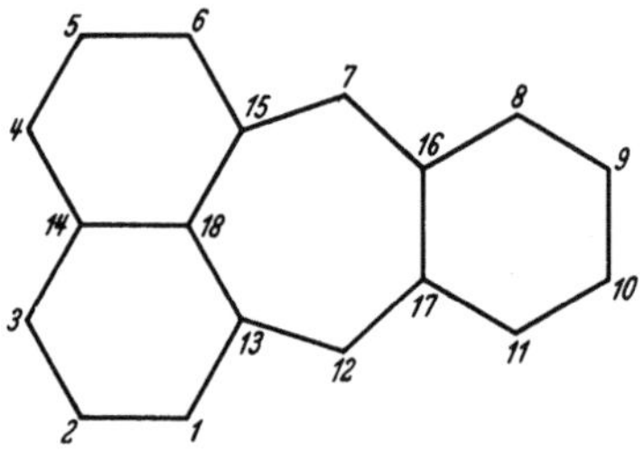

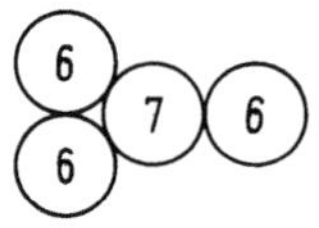

Z = 18

Eigenwerte und Hückelkoeffizienten

	1	2	3	4	5	6	7	8
1	2.481507	2.145435	1.788637	1.539570	1.282263	1.144842	1.000000	.856813
1	.199686	.111600	.374196	.070049	.159748	.125027	.408248	.070648
2	.156916	.149374	.304335	-.171258	.317976	-.084729	.408248	-.227676
3	.189703	.208872	.170149	-.333714	.247980	-.222028	0	-.265724
4	.189703	.208872	-.170149	-.333714	-.247980	-.222028	0	.265724
5	.156916	.149374	-.304335	-.171258	-.317976	-.084729	.408248	.227676
6	.199686	.111600	-.374196	.070049	-.159748	.125027	.408248	-.070648
7	.241195	-.141589	-.278595	.219553	.304819	-.114211	0	-.176292
8	.143879	-.309514	-.093242	-.187765	.329015	.062268	0	.430971
9	.097117	-.270215	-.033437	-.347990	.144162	.429906	0	.232102
10	.097117	-.270215	.033437	-.347990	-.144162	.429906	0	-.232102
11	.143879	-.309514	.093242	-.187765	-.329015	.062268	0	-.430971
12	.241195	-.141589	.278595	.219553	-.304819	-.114211	0	.176292
13	.338606	.090056	.364966	.279104	-.113137	.227865	0	.288208
14	.313833	.298747	0	-.342517	0	-.169458	-.408248	0
15	.338606	.090056	-.364966	.279104	.113137	.227865	0	-.288208
16	.259921	-.393827	-.133340	.058913	.277722	-.358619	0	.137159
17	.259921	-.393827	.133340	.058913	-.277722	-.358619	0	-.137159
18	.399372	.223199	0	.140098	0	.250054	-.408248	0

	9	10	11	12	13	14	15	16
9	.131492	-.232019	-.749470	-1.000000	-1.078777	-1.332281	-1.588898	-1.707292
1	.367948	.164201	.151638	.408248	.100022	.157122	.060278	.370399
2	-.049234	.012931	.259296	-.408248	.058762	-.270114	.201462	-.330251
3	-.374422	-.167202	-.345973	0	-.163413	.202745	-.380382	.193436
4	.374422	-.167202	.345973	0	-.163413	-.202745	-.380382	-.193436
5	.049234	.012931	-.259296	-.408248	.058762	.270114	.201462	.330251
6	-.367948	.164201	-.151638	.408248	.100022	-.157122	.060278	-.370399
7	.355112	-.480764	-.127873	0	-.120273	.238102	.291447	-.145422
8	-.191826	.280468	.058449	0	-.495899	-.152893	.137898	.183510
9	-.169534	-.227649	.233302	0	.238553	.460133	-.053265	-.259455
10	.169534	-.227649	-.233302	0	.238553	-.460133	-.053265	.259455
11	.191826	.280468	-.058449	0	-.495899	.152893	.137898	-.183510
12	-.355112	-.480764	.127873	0	-.120273	-.238102	.291447	.145422
13	.097616	-.051029	-.372945	0	-.166663	.060783	-.297238	-.302128
14	0	.025863	0	.408248	.117524	0	.402925	0
15	-.097616	-.051029	.372945	0	-.166663	-.060783	-.297238	.302128
16	.144310	.162575	-.277108	0	.296411	-.256436	-.165841	-.053851
17	-.144310	.162575	.277108	0	.296411	.256436	-.165841	.053851
18	0	.328403	0	-.408248	.200043	0	.120556	0

	17	18
17	-2.270162	-2.411660
1	.095937	.230649
2	-.052434	-.197524
3	.023097	.245711
4	-.023097	.245711
5	.052434	-.197524
6	-.095937	.230649
7	-.279454	.173173
8	-.316312	.027807
9	.249033	-.008150
10	-.249033	-.008150
11	.316312	.027807
12	.279454	.173173
13	-.165359	-.358724
14	0	-.395048
15	.165359	-.358724
16	.469047	-.058909
17	-.469047	-.058909
18	0	.461299

TOTALE PI ELEKTRONEN ENERGIE 24.741118

Z=18 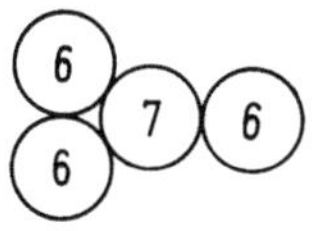 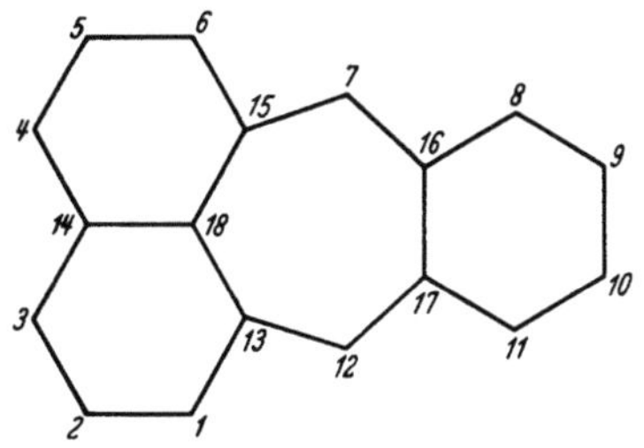 Pleiaden

allgemeine Bindungsordnungen

	1	2	3	4	5	6	7	8
1	1.090907							
2	.645115	.996198						
3	-.086404	.692996	1.083044					
4	.126625	-.145273	-.121941	1.083044				
5	.123208	.004243	-.145273	.692996	.996198			
6	-.132770	.123208	.126625	-.086404	.645115	1.09090/		
7	.192231	.047135	-.179317	.052404	-.092037	-.058383	.934368	
8	-.067289	-.018422	.069018	-.023097	.031320	.022575	.024722	.990222
9	-.033708	-.021573	.029046	-.098403	.013761	.108149	-.223364	.745636
10	.108149	.013761	-.098403	.029046	-.021573	-.033708	-.031912	.013238
11	.022575	.031320	-.023097	.069018	-.018422	-.067289	.096041	-.367690
12	-.058383	-.092037	.052404	-.179317	.047135	.192231	-.376488	.096041
13	.600960	.008304	-.279558	.036804	-.010388	-.098138	-.096272	.033716
14	-.231677	.000441	.547724	.547724	.000441	-.231677	-.044902	.012897
15	-.098138	-.010388	.036804	-.279558	.008304	.600960	.512961	-.103205
16	.049001	.023301	-.034571	.142619	-.014283	-.180035	.642430	.522272
17	-.180035	-.014283	.142619	-.034571	.023301	.049001	.046953	-.018674
18	-.041863	-.231677	.040221	.040221	-.231677	-.041863	.133848	-.044714

	9	10	11	12	13	14	15	16
9	.985757							
10	.567701	.985757						
11	.013238	.745636	.990222					
12	-.031912	-.223364	.024722	.934368				
13	.062433	-.024893	-.103205	.512961	.982357			
14	-.007812	-.007812	.012897	-.044902	-.002083	1.000883		
15	-.024893	.062433	.033716	-.096272	.027986	-.002083	.982357	
16	.017703	-.189756	-.018674	.046953	-.078395	.009019	.027476	.978567
17	-.189756	.017703	.522272	.642430	.027476	.009019	-.078395	.440379
18	.074442	.074442	-.044714	.133848	.502822	.536646	.502822	-.131034

	17	18
17	.978567	
18	-.131034	.916275

Pleiaden

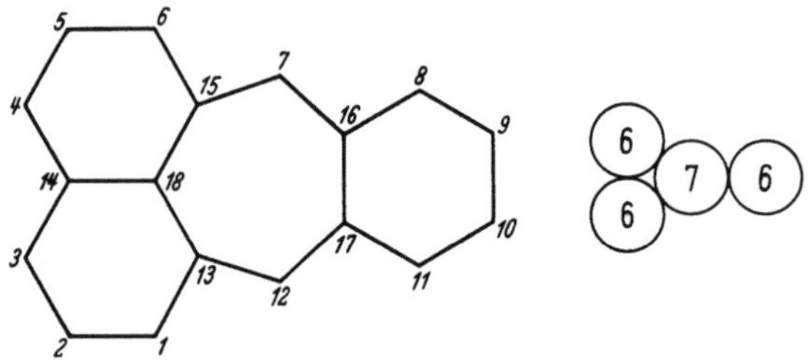

Z = 18

Atom- Atom Polarisierbarkeiten

	1	2	3	4	5	6	7	8
1	.485900							
2	-.137361	.395821						
3	.043995	-.182563	.499364					
4	-.036474	-.021557	-.009616	.499364				
5	-.020021	.000113	-.021557	-.182563	.395821			
6	-.052377	-.020021	-.036474	.043995	-.137361	.485900		
7	-.116484	-.001222	-.115921	.061729	-.005891	.083282	.716074	
8	-.025558	-.000314	-.025669	.015737	-.001061	.019110	.084698	.471448
9	.009915	-.000497	.008179	-.031461	.000091	-.032237	-.098305	-.251030
10	-.032237	.000091	-.031461	.008179	-.000497	.009915	.046890	.033923
11	.019110	-.001061	.015737	-.025669	-.000314	-.025558	-.077309	-.164428
12	.083282	-.005891	.061729	-.115921	-.001222	-.116484	-.358687	-.077309
13	-.125235	.009105	-.081015	-.006503	.002222	-.008444	-.000125	-.000409
14	-.045401	.007622	-.085274	-.085274	.007622	-.045401	-.000944	-.000131
15	-.008444	.002222	-.006503	-.081015	.009105	-.125235	-.068709	-.008340
16	.004996	-.000133	.003670	-.041742	.001047	-.045834	-.179738	-.074380
17	-.045834	.001047	-.041742	.003670	-.000133	.004996	.038061	.005380
18	-.001771	-.045401	.005118	.005118	-.045401	-.001771	-.007398	-.001666

	9	10	11	12	13	14	15	16
9	.428330							
10	-.093151	.428330						
11	.033923	-.251030	.471448					
12	.046890	-.098305	.084698	.716074				
13	-.004019	.001757	-.008340	-.068709	.338747			
14	-.000013	-.000013	-.000131	-.000944	.002630	.327599		
15	.001757	-.004019	-.000409	-.000125	.007905	.002630	.338747	
16	.016681	-.026799	.005380	.038061	-.003178	.000177	.011756	.349936
17	-.026799	.016681	-.074380	-.179738	.011756	.000177	-.003178	-.043452
18	-.008253	-.008253	-.001666	-.007398	-.068147	-.084930	-.068147	-.016449

	17	18
17	.349936	
18	-.016449	.372864

Z=18 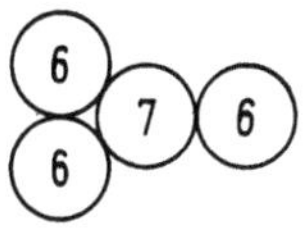

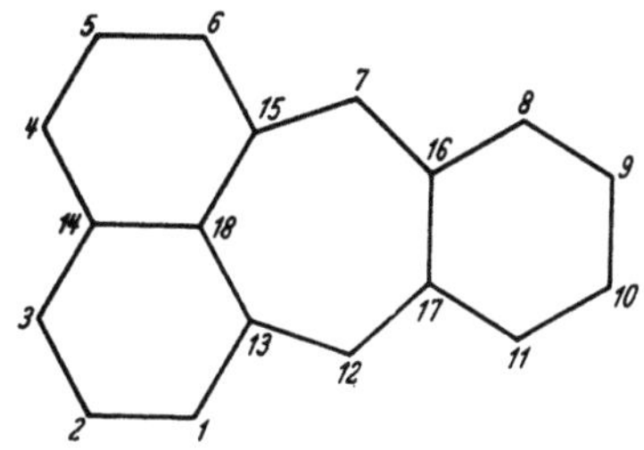

Pleiaden

Bindungs- Atom Polarisierbarkeiten

	1	2	3	4	5	6	7	8
1 2	-,042261	-,001243	,046170	,028196	-,000662	,029528	-,013126	-,002342
1 13	-,033859	-,002183	-,036103	-,015544	,002419	-,018374	,026207	,004596
2 3	,038835	,003974	-,042976	-,026646	,000699	-,027771	,011942	,002275
3 14	-,028767	-,000780	-,028759	,040377	,000850	,040423	-,001545	-,000158
4 5	-,027771	,000699	-,026646	-,042976	,003974	,038835	,008382	,001478
4 14	,040423	,000850	,040377	-,028759	-,000780	-,028767	-,003325	-,000557
5 6	,029528	-,000662	,028196	,046170	-,001243	-,042261	-,009374	-,001509
6 15	-,018374	,002419	-,015544	-,036103	-,002183	-,033859	,016272	,002417
7 15	,029793	-,000676	,028202	,019167	-,000369	,019424	-,003410	,000458
7 16	-,016711	-,000508	-,017805	-,014110	-,000623	-,012525	,032864	-,005984
8 9	-,005182	-,000422	-,006054	-,004944	-,000451	-,003951	,009163	,004693
8 16	,007436	,000356	,008171	,005864	,000419	,004858	-,014689	,003753
9 10	,007035	,000196	,007469	,007469	,000196	,007035	-,010594	-,007492
10 11	-,003951	-,000451	-,004944	-,006054	-,000422	-,005182	,004626	,005662
11 17	,004858	,000419	,005864	,008171	,000356	,007436	-,005018	-,008922
12 13	,019424	-,000369	,019167	,028202	-,000676	,029793	-,027104	-,004641
12 17	-,012525	-,000623	-,014110	-,017805	-,000508	-,016711	,016572	,004249
13 18	,020781	,001798	,021229	-,011017	-,002306	-,008622	-,005487	-,000138
14 18	-,012284	-,000120	-,012318	-,012318	-,000120	-,012284	,005273	,000719
15 18	-,008622	-,002306	-,011017	,021229	,001798	,020781	-,017202	-,002716
16 17	,012195	-,000369	,011430	,011430	-,000369	,012195	-,020428	,004161

	9	10	11	12	13	14	15	16
1 2	-,002320	-,003089	-,001509	-,009374	-,005002	-,000120	-,003043	-,003271
1 13	,004172	,006173	,002417	,016272	,011349	-,000509	,005841	,006190
2 3	,002094	,002834	,001478	,008382	,004249	,000070	,002480	,002750
3 14	-,000679	-,000309	-,000557	-,003325	,000046	-,000771	-,000839	-,000953
4 5	,002834	,002094	,002275	,011942	,002480	,000070	,004249	,003675
4 14	-,000309	-,000679	-,000158	-,001545	-,000839	-,000771	,000046	-,000491
5 6	-,003089	-,002320	-,002342	-,013126	-,003043	-,000120	-,005002	-,004247
6 15	,006173	,004172	,004596	,026207	,005841	-,000509	,011349	,008775
7 15	-,006395	-,001754	-,004641	-,027104	-,003564	,000310	-,000378	-,010062
7 16	,004964	-,004214	,004249	,016572	-,002819	,000093	-,003961	,007809
8 9	,006771	-,003220	,005662	,004626	-,001965	,000077	-,002236	-,004606
8 16	-,009570	,001391	-,008922	-,005018	,001782	-,000074	,002395	,006536
9 10	,003950	,003950	-,007492	-,010594	,000978	-,000013	,000978	,002590
10 11	-,003220	,006771	,004693	,009163	-,002236	,000077	-,001965	-,002823
11 17	,001391	-,009570	,003753	-,014689	,002395	-,000074	,001782	,002312
12 13	-,001754	-,006395	,000458	-,003410	-,000378	,000310	-,003564	-,003901
12 17	-,004214	,004964	-,005984	,032864	-,003961	,000093	-,002819	-,004973
13 18	-,003406	-,001035	-,002716	-,017202	,001026	,000336	-,005366	-,005226
14 18	,001052	,001052	,000719	,005273	,000930	,001012	,000930	,001639
15 18	-,001035	-,003406	-,000138	-,005487	-,005366	,000336	,001026	-,002179
16 17	,002590	,002590	,004161	-,020428	-,001899	,000177	-,001899	,000456

	17	18
1 2	-,004247	-,012284
1 13	,008775	,012160
2 3	,003675	,011655
3 14	-,000491	-,013761
4 5	,002750	,011655
4 14	-,000953	-,013761
5 6	-,003271	-,012284
6 15	,006190	,012160
7 15	-,003901	-,035099
7 16	-,004973	,017682
8 9	-,002823	,004864
8 16	,002312	-,006999
9 10	,002590	-,008253
10 11	-,004606	,004864
11 17	,006536	-,006999
12 13	-,010062	-,035099
12 17	,007809	,017682
13 18	-,002179	,019529
14 18	,001639	,029207
15 18	-,005226	,019529
16 17	,000456	-,016449

Pleiaden

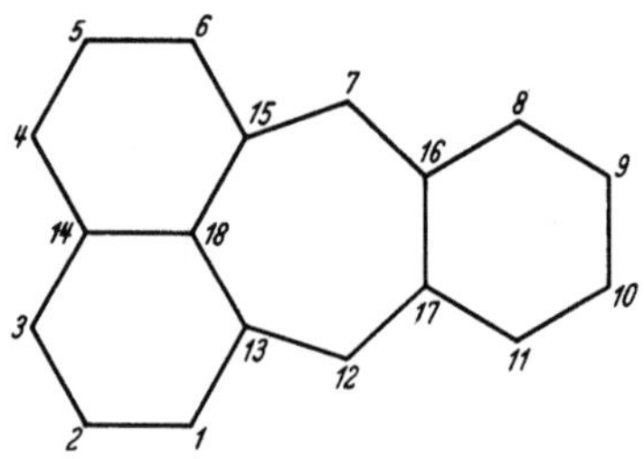

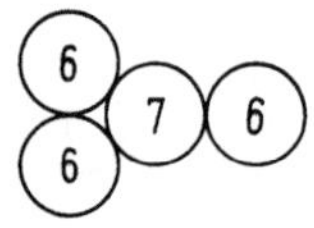

Z = 18

Bindungs- Bindungs Polarisierbarkeiten

	1 2	1 13	2 3	3 14	4 5	4 14	5 6	6 15
1 2	.300633							
1 13	-.188500	.280729						
2 3	-.243689	.117126	.258110					
3 14	.107538	-.050181	-.176519	.307414				
4 5	.020735	-.001400	-.022484	.055101	.258110			
4 14	-.041834	.010409	.055101	-.149919	-.176519	.307414		
5 6	-.019412	.006939	.020735	-.041834	-.243689	.107538	.300633	
6 15	.006939	.003741	-.001400	.010409	.117126	-.050181	-.188500	.280729
7 15	.012723	-.024913	-.009652	.001037	-.038389	-.013332	.050604	-.167113
7 16	-.012570	.027261	.010932	.000800	.020994	.005831	-.024895	.067186
8 9	-.004586	.009620	.004320	.000359	.006674	.001537	-.007257	.017322
8 16	.004795	-.009599	-.004332	-.000005	-.009674	-.002676	.011003	-.028132
9 10	.006461	-.014786	-.005917	-.000988	-.005917	-.000988	.006461	-.014786
10 11	-.007257	.017322	.006674	.001537	.004320	.000359	-.004586	.009620
11 17	.011003	-.028132	-.009674	-.002676	-.004332	-.000005	.004795	-.009599
12 13	.050604	-.167113	-.038389	-.013332	-.009652	.001037	.012723	-.024913
12 17	-.024895	.067186	.020994	.005831	.010932	.000800	-.012570	.027261
13 18	.077179	-.116008	-.051014	.078288	.011242	-.010438	-.023355	.028847
14 18	-.041670	.053824	.065704	-.120977	.065704	-.120977	-.041670	.053824
15 18	-.023355	.028847	.011242	-.010438	-.051014	.078288	.077179	-.116008
16 17	.009157	-.022370	-.007869	-.001444	-.007869	-.001444	.009157	-.022370

	7 15	7 16	8 9	8 16	9 10	10 11	11 17	12 13
7 15	.369292							
7 16	-.170404	.276705						
8 9	-.030958	.075605	.197354					
8 16	.060212	-.178431	-.180884	.327291				
9 10	.022872	-.053841	-.206760	.093817	.335179			
10 11	-.010065	.021087	.114068	-.053807	-.206760	.197354		
11 17	.006469	-.013105	-.053807	.056982	.093817	-.180884	.327291	
12 13	.006001	-.031190	-.010065	.006469	.022872	-.030958	.060212	.369292
12 17	-.031190	.082372	.021087	-.013105	-.053841	.075605	-.178431	-.170404
13 18	.032446	-.004702	-.000240	.004126	-.004441	.008639	-.017078	-.124123
14 18	.016184	-.007649	-.002003	.002955	.002105	-.002003	.002955	.016184
15 18	-.124123	.040254	.008639	-.017078	-.004441	-.000240	.004126	.032446
16 17	.042297	-.132239	.039977	-.069926	-.010118	.039977	-.069926	.042297

	12 17	13 18	14 18	15 18	16 17
12 17	.276705				
13 18	.040254	.292183			
14 18	-.007649	-.103320	.268523		
15 18	-.004702	-.111078	-.103320	.292183	
16 17	-.132239	-.007404	.003278	-.007404	.306484

Benzo[4,5]cyclohepta[1,2,3-de] naphthalin

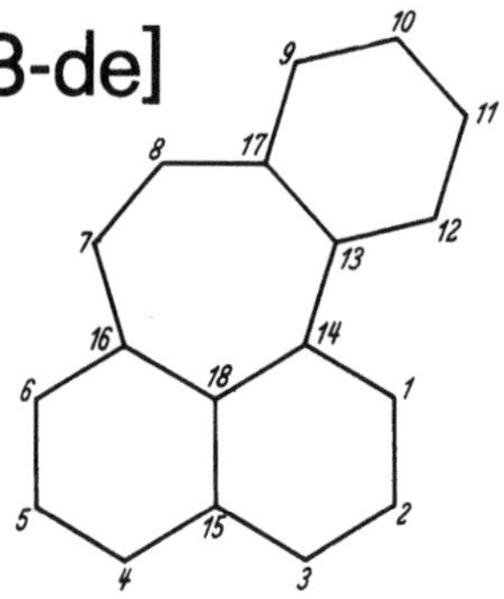

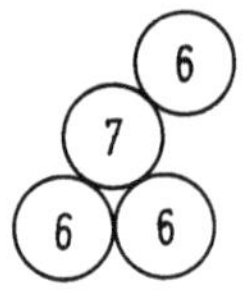

Z=18

Eigenwerte und Hückelkoeffizienten

	1	2	3	4	5	6	7	8
1	2,498536	2,120178	1,789789	1,525239	1,323384	1,115555	1,000000	,817164
1	,213609	,032247	,350024	,211620	,028830	,122228	,408248	,148254
2	,160025	,108995	,345773	,032426	,296376	,233689	,408248	-,134587
3	,186220	,198841	,268836	-,162162	,363389	,138465	0	-,258234
4	,180297	,243458	-,041903	-,388104	,054919	-,351517	0	-,022366
5	,145227	,203590	-,210386	-,312188	-,111849	-,312913	,408248	,058155
6	,182557	,188189	-,334643	-,088058	-,202937	,002445	,408248	,069888
7	,198069	,005667	-,376169	,235804	,169650	,224996	0	-,288884
8	,183984	-,183390	-,284708	,181779	,381227	-,064645	0	-,235021
9	,145798	-,314173	-,091030	-,226218	,258371	,088687	0	,471569
10	,102661	-,271617	-,029525	-,386489	,007064	,396047	0	,288514
11	,110705	-,261703	,038187	-,363269	-,249023	,353125	0	-,235805
12	,173939	-,283240	,097871	-,167584	-,336616	-,002117	0	-,481206
13	,323887	-,338817	,136982	,107664	-,196450	-,355486	0	-,157419
14	,373683	-,040626	,280697	,290345	-,258222	-,097337	0	,255735
15	,305252	,312585	,135387	-,279762	,184527	-,079224	-,408248	-,076432
16	,310899	,195404	-,388554	,177878	-,156715	,315641	0	-,001045
17	,261621	-,394485	-,133399	,041452	,334860	-,297112	0	,096834
18	,396166	,220435	,015382	,123562	-,174107	,124674	-,408248	,218142

	9	10	11	12	13	14	15	16
9	,313776	-,495647	-,623919	-1,000000	-1,067743	-1,356965	-1,575936	-1,707614
1	,321003	,059409	,281016	,408248	,078136	,058325	,259350	,306523
2	-,114690	,092084	,194537	-,408248	-,181949	-,264905	-,058510	-,381505
3	-,356990	-,105050	-,402391	0	,116139	,301142	-,167143	,344940
4	,382566	,347259	,130613	0	-,278939	,016628	-,445666	,019639
5	,117365	-,132101	-,138014	-,408248	,239892	,121171	,380425	,173985
6	-,345739	-,281784	-,044503	,408248	,022796	-,181052	-,153860	-,316738
7	,299610	,369458	-,295444	0	,158404	,134823	,265773	-,299538
8	,319860	-,454887	,018552	0	,095097	-,307461	-,280889	,144615
9	-,153703	,303056	,091098	0	,466718	,111934	-,184945	-,180454
10	,151017	-,006214	-,340706	0	-,238392	-,434282	,114572	,255554
11	,201088	-,299976	,121475	0	-,212177	,477371	,004388	-,255933
12	-,087920	,154896	,264915	0	,464942	-,213494	-,121486	,181482
13	-,228676	,223202	-,286761	0	-,284262	-,187667	,187067	-,053968
14	,215413	-,121530	-,369868	0	,098520	,185761	-,350209	-,141918
15	,002675	-,040017	,056523	,408248	,057943	-,143734	,321916	-,207520
16	-,225850	,271766	,165781	0	-,264232	,124511	-,137952	,366881
17	-,199245	-,143995	,283868	0	-,259943	,282391	,176890	,052591
18	-,024736	-,222375	,236513	-,408248	,100932	-,122728	,105490	-,010215

	17	18
17	-2,230601	-2,445195
1	,032644	,240030
2	,028333	-,188348
3	-,095844	,220519
4	-,153583	,209953
5	,157124	-,162514
6	-,196898	,187425
7	-,268050	,108353
8	,315835	,030833
9	,300482	,111361
10	-,233802	-,088553
11	,221038	,105168
12	-,259245	-,168604
13	,357234	,307101
14	-,101149	-,398572
15	,185457	-,350863
16	,282078	-,295778
17	-,436452	-,183746
18	-,164254	,427456

TOTALE PI ELEKTRONEN ENERGIE 25,007239

Benzo[4,5]cyclohepta[1,2,3-de] naphthalin

Z=18

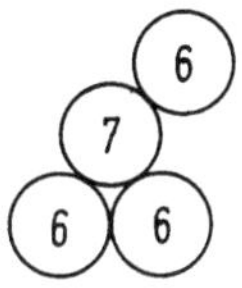

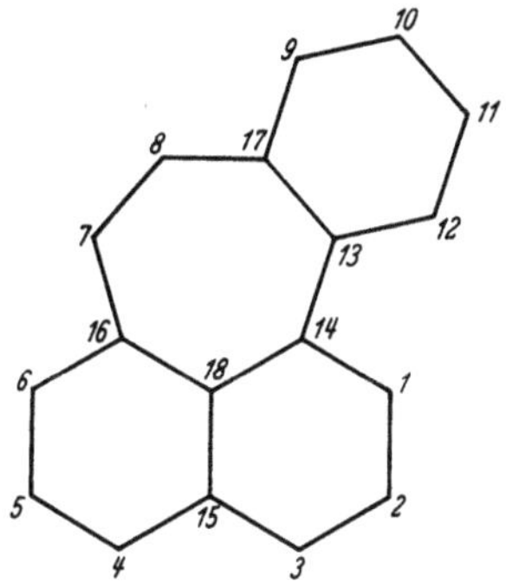

allgemeine Bindungsordnungen

	1	2	3	4	5	6	7	8
1	1.042857							
2	.625188	.996963						
3	-.039011	.709852	1.036271					
4	.055346	-.156843	-.051715	1.035193				
5	.138746	.003334	-.158591	.706355	.997023			
6	-.060422	.136998	.055406	-.037813	.629614	1.04151/		
7	.092928	.034536	-.081820	.025292	-.071144	-.030623	.977988	
8	.086245	.019458	-.064272	.202379	-.012012	-.252385	.798444	.977285
9	-.039721	.003477	.032313	-.089849	-.000559	.103515	-.220990	.004018
10	.121820	.005155	-.102329	.032217	-.007472	-.041947	-.018056	-.071124
11	.034546	.016013	-.029475	.080060	-.009171	-.088868	.171985	-.013137
12	-.165425	-.000084	.125185	-.034546	-.001336	.051061	.023203	-.035205
13	-.033735	-.056253	.027971	-.082816	.025686	.094208	-.200514	.028475
14	.651851	.006882	-.320729	.059523	-.008410	-.126732	-.076771	-.068572
15	-.236066	.000297	.551261	.549512	.000357	-.233389	-.036608	.007445
16	-.128480	-.008351	.062200	-.310131	.006681	.636960	.455719	.024362
17	-.142042	-.012563	.108724	-.029859	.021138	.042973	.023659	.452739
18	-.017566	-.237814	.016395	.017533	-.231641	-.018905	.062304	-.166140

	9	10	11	12	13	14	15	16
9	1.000090							
10	.680426	.995020						
11	.003868	.644300	.993834					
12	-.314440	.002682	.673730	1.001494				
13	-.009031	-.285010	.010341	.620807	.984182			
14	-.023699	-.010329	-.059619	.000895	.400637	.984673		
15	.002918	-.002317	.006842	-.001420	-.030567	-.001528	1.000654	
16	.001585	.022119	.018284	.006676	-.058384	.023291	-.001670	.985307
17	.602606	.008938	-.278314	-.007865	.549476	.025352	.008575	-.075800
18	.063794	.079872	-.054322	-.114364	.060473	.525119	.530546	.508480

	17	18
17	.986120	
18	-.099069	.963529

Benzo[4,5]cyclohepta[1,2,3-de]naphthalin

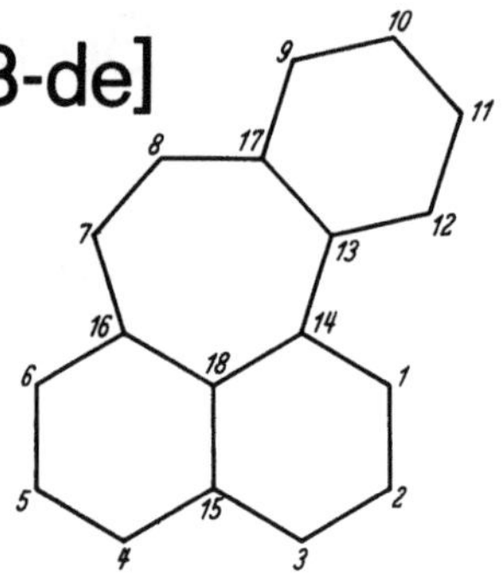

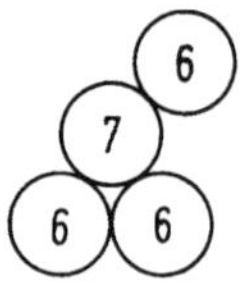

Z=18

Atom- Atom Polarisierbarkeiten

	1	2	3	4	5	6	7	8
1	.444558							
2	-.122884	.398993						
3	.028156	-.199971	.466263					
4	.005316	-.027170	.028163	.476505				
5	-.026794	.000108	-.027723	-.196917	.398239			
6	-.005863	-.026253	.005058	.034654	-.125841	.458482		
7	-.013948	-.000698	-.014039	.016548	-.003165	.029289	.477555	
8	-.011727	.001164	-.010928	-.077643	.003338	-.088283	-.315779	.483832
9	-.003773	.000297	-.003438	-.018282	.000651	-.020161	-.060134	.028282
10	-.023229	.000887	-.020483	-.002839	.000331	-.003133	.002904	-.002702
11	-.000697	-.000013	-.001197	-.016293	.000369	-.017475	-.050475	.015505
12	-.030053	.001600	-.024773	-.004061	.000634	-.004829	-.000246	.000363
13	.014163	-.001692	.006533	-.015674	-.000098	-.016412	-.052735	.020226
14	-.166733	.012010	-.113333	-.015702	.003610	-.019692	-.001114	.001737
15	-.047351	.007458	-.087288	-.086315	.007633	-.046281	-.000624	.000413
16	-.020119	.003478	-.016033	-.107139	.011158	-.157071	-.047484	.027832
17	-.023012	.000845	-.019849	.000271	-.000041	.001236	.025047	-.046460
18	.003989	-.048159	.004882	.006577	-.045493	.002577	.009100	-.029170

	9	10	11	12	13	14	15	16
9	.439104							
10	-.167042	.408660						
11	.020236	-.141353	.417049					
12	-.093934	.016489	-.161852	.426391				
13	.002514	-.078636	.014903	-.134113	.369400			
14	.000633	.006761	-.001535	.014861	-.031734	.364400		
15	.000060	.000114	.000009	.000249	-.000394	.002971	.328105	
16	.004404	.000725	.002620	.002002	.001117	.012928	.002691	.352874
17	-.123086	.010723	-.075190	.002760	-.100547	.009030	.000109	-.002662
18	-.006329	-.008176	-.004609	-.011488	.003182	-.079098	-.081560	-.071320

	17	18
17	.348130	
18	-.007303	.362399

Benzo[4,5]cyclohepta[1,2,3-de] naphthalin

Z = 18

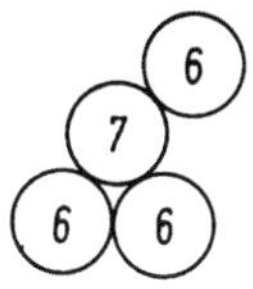

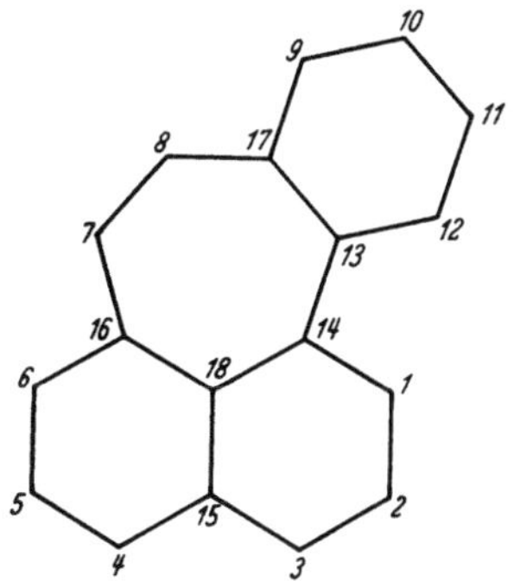

Bindungs- Atom Polarisierbarkeiten

	1	2	3	4	5	6	7	8
1 2	-.018449	-.001233	.021789	.013068	-.000626	.014366	-.003873	-.004213
1 14	-.017294	-.001415	-.018531	-.008972	.002139	-.011756	.008101	.008518
2 3	.015801	.003231	-.019132	-.011831	.000641	-.012896	.003171	.003430
3 15	-.012543	-.000573	-.012508	.016911	.000636	.016973	-.000616	-.000865
4 5	-.012954	.000631	-.011891	-.018354	.003108	.015678	.002511	.004216
4 15	.017050	.000606	.016970	-.012209	-.000588	-.012217	-.000946	-.000472
5 6	.014466	-.000616	.013167	.020874	-.001142	-.018270	-.003125	-.005057
6 16	-.011857	.002086	-.009090	-.017413	-.001450	-.016047	.005957	.010790
7 8	-.012844	.000174	-.012526	-.010417	.000074	-.010303	.014041	.014692
7 16	.017072	-.000876	.015080	.011982	-.000688	.013135	-.003777	-.013574
8 17	.017149	-.000957	.015090	.014161	-.000914	.016036	-.012923	-.004168
9 10	.009293	-.000528	.008170	.007793	-.000510	.008836	-.004775	-.003293
9 17	-.009169	.000546	-.007979	-.007330	.000515	-.008384	.006450	.002743
10 11	-.007840	.000343	-.007156	-.007193	.000347	-.007899	.003532	.002202
11 12	.009006	-.000525	.007934	.008203	-.000539	.009336	-.003842	-.004112
12 13	-.008517	.000537	-.007453	-.008193	.000581	-.009452	.004437	.004679
13 14	.015928	-.000930	.014148	.015577	-.001036	.017837	-.009482	-.008046
13 17	-.005033	-.000096	-.005387	-.005670	-.000067	-.005447	.001695	-.001774
14 18	.007862	.001491	.008525	-.004962	-.001734	-.003133	-.002938	-.004964
15 18	-.004935	-.000071	-.004950	-.005219	-.000093	-.005214	.001815	.001566
16 18	-.002192	-.001824	-.004271	.009193	.001346	.008822	-.005412	-.002299

	9	10	11	12	13	14	15	16
1 2	-.000188	-.001269	-.001192	-.000292	-.002413	-.004868	-.000081	-.002973
1 14	.000312	.002722	.002358	.000782	.004792	.011363	-.000347	.005996
2 3	.000207	.001084	.001010	.000304	.001924	.004014	.000043	.002360
3 15	-.000015	-.000069	-.000232	.000176	-.000617	.000127	-.000530	-.000641
4 5	.000388	.000808	.001164	-.000009	.002195	.002349	.000038	.003721
4 15	.000075	-.000207	-.000154	.000019	-.000481	-.000706	-.000555	.000040
5 6	-.000383	-.000970	-.001356	.000052	-.002717	-.002980	-.000082	-.004513
6 16	.000835	.001907	.002792	-.000168	.005654	.005928	-.000375	.010423
7 8	.002934	.000300	.002796	.000054	.003000	.000246	.000004	-.000779
7 16	-.001260	-.001544	-.003106	.000541	-.006350	-.004565	.000249	-.002452
8 17	-.003484	-.001390	-.004706	.000513	-.008140	-.004738	.000225	-.004303
9 10	-.002831	-.000344	-.002482	-.000378	-.002788	-.002484	.000092	-.002296
9 17	.003375	-.002873	.001927	-.002724	.003023	.002719	-.000115	.002397
10 11	-.000386	.003608	.004290	.000016	.003899	.001437	-.000057	.001491
11 12	-.000168	-.001800	-.000236	-.003338	-.005315	-.002348	.000101	-.002493
12 13	-.002933	.001438	-.003086	.002872	.008922	.002369	-.000136	.002851
13 14	.000012	-.003553	-.002069	-.001853	-.004067	-.003924	.000272	-.005172
13 17	.003156	.003225	.003740	.002588	.004218	-.001234	.000060	-.000891
14 18	-.000088	-.000216	-.001200	.001092	-.003515	.001429	.000201	-.004300
15 18	-.000083	.000312	.000430	-.000231	.001293	.000705	.000742	.000727
16 18	.000526	-.001169	-.000688	-.000015	-.002517	-.004839	.000252	.000807

	17	18
1 2	-.002586	-.004964
1 14	.005534	.005699
2 3	.002080	.004561
3 15	-.000355	-.005257
4 5	.001704	.004696
4 15	-.000543	-.005684
5 6	-.002171	-.005177
6 16	.004375	.005652
7 8	-.000797	.009352
7 16	-.003982	-.015887
8 17	-.002402	-.015049
9 10	-.004131	-.007345
9 17	.007179	.007700
10 11	.003093	.006272
11 12	-.002132	-.007730
12 13	.002509	.008575
13 14	-.006943	-.016697
13 17	.003534	.003383
14 18	-.001844	.008294
15 18	.001068	.012137
16 18	-.003190	.007469

Benzo[4,5]cyclohepta[1,2,3-de] naphthalin

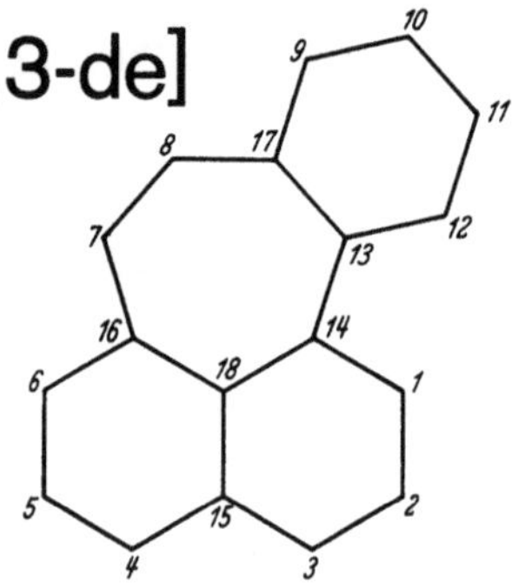

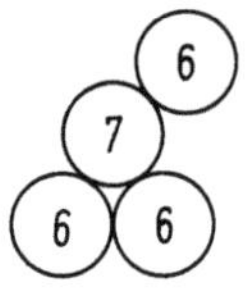

Z=18

Bindungs- Bindungs Polarisierbarkeiten

	1 2	1 14	2 3	3 15	4 5	4 15	5 6	6 16
1 2	.298867							
1 14	-.196134	.237830						
2 3	-.225554	.120671	.229357					
3 15	.109567	-.063383	-.178982	.296130				
4 5	.026814	-.011391	-.027918	.057431	.234992			
4 15	-.043417	.017725	.057011	-.146628	-.178533	.299354		
5 6	-.026072	.019137	.026801	-.043499	-.229779	.108891	.300403	
6 16	.019250	-.012836	-.011782	.018464	.119108	-.060440	-.193031	.245289
7 8	-.007834	.016441	.006060	-.000434	.017386	.005229	-.021887	.062416
7 16	.008465	-.016643	-.005612	.001029	-.026808	-.009570	.037947	-.134994
8 17	.006804	-.016325	-.005492	-.000501	-.008123	-.001816	.009869	-.025447
9 10	.000757	-.001007	-.000747	.000177	-.001692	-.000295	.001899	-.004559
9 17	-.001124	.001310	.001049	-.000350	.003406	.000828	-.003943	.010021
10 11	-.003804	.009705	.003192	.000720	.001911	.000080	-.002267	.004979
11 12	.004404	-.012150	-.003592	-.001075	-.000782	.000330	.001033	-.001712
12 13	-.010551	.032526	.008005	.002788	.001334	-.000548	-.002017	.003463
13 14	.029759	-.110467	-.020507	-.007628	-.004186	.000533	.006402	-.012758
13 17	-.009320	.027745	.007129	.002064	.003857	.000428	-.004857	.011253
14 18	.094967	-.145842	-.064772	.088324	.017369	-.017744	-.031728	.038042
15 18	-.041921	.060914	.066324	-.115114	.065215	-.117181	-.041210	.056273
16 18	-.033922	.042173	.019360	-.019100	-.059612	.085763	.087908	-.131000

	7 8	7 16	8 17	9 10	9 17	10 11	11 12	12 13
7 8	.164852							
7 16	-.174449	.358717						
8 17	-.170957	.054787	.357785					
9 10	-.019320	.008432	.035259	.256079				
9 17	.054453	-.021056	-.126030	-.196263	.266170			
10 11	.014663	-.006234	-.024278	-.217194	.119700	.271330		
11 12	.003502	-.001373	-.006987	.126645	-.077923	-.212551	.259763	
12 13	-.005272	.002881	.011228	-.081916	.095194	.121445	-.204796	.262317
13 14	-.013876	.002392	.028832	-.002343	.005661	-.020292	.030589	-.106291
13 17	.046221	-.016418	-.108611	.096323	-.132613	-.064311	.100094	-.141951
14 18	-.011490	.027708	-.001144	.001842	-.003940	.004743	-.008082	.023724
15 18	-.005850	.012042	.002728	.000105	-.000500	-.000914	.000901	-.002889
16 18	.040148	-.101242	-.011582	-.002183	.005950	-.000624	.003760	-.008674

	13 14	13 17	14 18	15 18	16 18
13 14	.335134				
13 17	-.087304	.257694			
14 18	-.084856	.016907	.284846		
15 18	.010193	-.003108	-.107228	.263284	
16 18	.021014	-.001221	-.121644	-.102061	.286789

Tribenztropylium-Kation

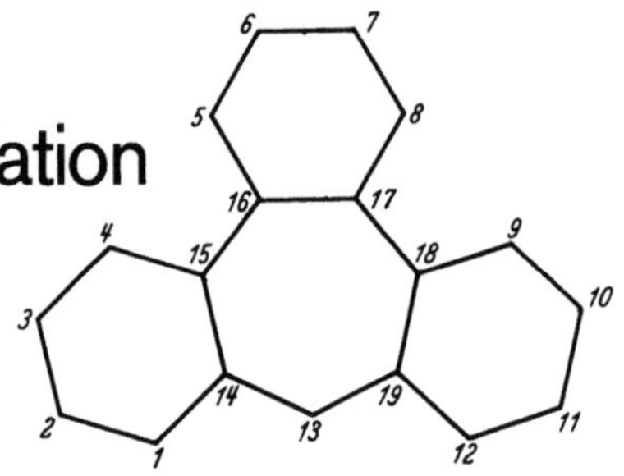

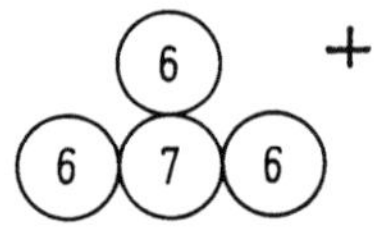

Z=19

Eigenwerte und Hückelkoeffizienten

	1	2	3	4	5	6	7	8
1	2.490504	2.081123	1.971756	1.414214	1.326315	1.288975	1.000000	.824293
1	.164933	.256731	.226283	0	.223763	.222065	-.353553	.101525
2	.114061	.246724	.182566	.288675	.215127	.344560	0	.246332
3	.119135	.256731	.133692	.408248	.061564	.222065	.353553	.101525
4	.182646	.287566	.081043	.288675	-.133475	-.058324	.353553	-.162646
5	.196101	.077451	-.311004	0	.152241	-.312746	0	.474748
6	.131567	.025137	-.320043	0	.466547	-.136632	0	.260237
7	.131567	-.025137	-.320043	0	.466547	.136632	0	-.260237
8	.196101	-.077451	-.311004	0	.152241	.312746	0	-.474748
9	.182646	-.287566	.081043	.288675	-.133475	.058324	-.353553	.162646
10	.119135	-.256731	.133692	.408248	.061564	-.222065	-.353553	-.101525
11	.114061	-.246724	.182566	.288675	.215127	-.344560	0	-.246332
12	.164933	-.256731	.226283	0	.223763	-.222065	.353553	-.101525
13	.238270	0	.267385	-.408248	.123127	0	0	0
14	.296707	.287566	.263609	-.288675	.081653	-.058324	-.353553	-.162646
15	.335746	.341728	.026104	0	-.238593	-.297243	0	-.235593
16	.356823	.136047	-.293180	0	-.264627	-.266490	0	.131095
17	.356823	-.136047	-.293180	0	-.264627	.266490	0	-.131095
18	.335746	-.341728	.026104	0	-.238593	.297243	0	.235593
19	.296707	-.287566	.263609	-.288675	.081653	.058324	.353553	.162646

	9	10	11	12	13	14	15	16
9	.719105	-.085783	-.610320	-.850982	-1.000000	-1.272571	-1.334516	-1.414214
1	-.294682	-.299008	.092663	-.237859	-.353553	.274048	.191809	0
2	-.279356	.050925	-.303652	.234795	0	-.266275	-.287458	-.288675
3	.093796	.294640	.092663	.038052	.353553	.064806	.191809	.408248
4	.346805	-.076200	.247098	-.267177	-.353553	.183805	.031486	-.288675
5	-.070660	.151088	.108798	-.445596	0	-.334874	.150509	0
6	.251554	-.139151	.279199	.240735	0	.147355	-.449930	0
7	.251554	-.139151	-.279199	.240735	0	.147355	.449930	0
8	-.070660	.151088	-.108798	-.445596	0	-.334874	-.150509	0
9	.346805	-.076200	-.247098	-.267177	.353553	.183805	-.031486	-.288675
10	.093796	.294640	-.092663	.038052	-.353553	.064806	-.191809	.408248
11	-.279356	.050925	.303652	.234795	0	-.266275	.287458	-.288675
12	-.294682	-.299008	-.092663	-.237859	.353553	.274048	-.191809	0
13	.187591	.589279	0	.076105	0	.129612	0	-.408248
14	.067449	-.025275	.247098	-.032382	.353553	-[illegible]82470	.031486	.288675
15	.155593	-.288103	-.243472	.189311	0	-.298711	-.233828	0
16	-.302366	.126190	-.345601	.138459	0	.278797	.249074	0
17	-.302366	.126190	.345601	.138459	0	.278797	-.249074	0
18	.155593	-.288103	.243472	.189311	0	-.298711	.233828	0
19	.067449	-.025275	-.247098	-.032382	-.353553	-.082470	-.031486	.288675

Z=19

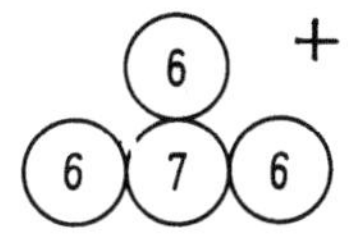

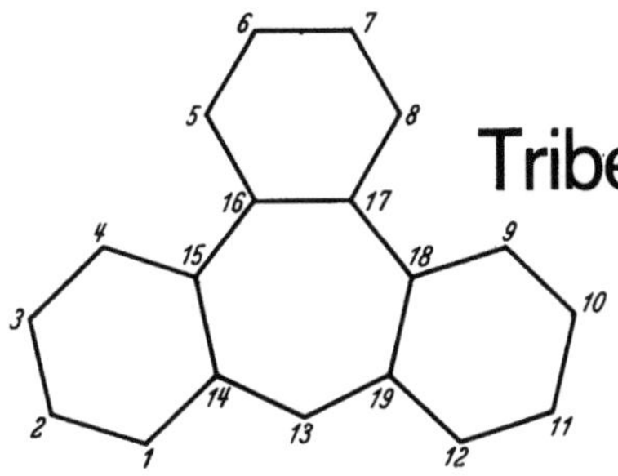

Tribenztropylium-Kation

Eigenwerte und Hückelkoeffizienten

	17	18	19
17	-1.855304	-2.298343	-2.394250
1	.252923	.252192	.122972
2	-.272649	-.184523	-.102722
3	.252923	.171906	.122972
4	-.196601	-.210576	-.191702
5	-.270679	.055919	.251095
6	.316471	-.016954	-.180093
7	-.316471	-.016954	.180093
8	.270679	.055919	-.251095
9	.196601	-.210576	.191702
10	-.252923	.171906	-.122972
11	.272649	-.184523	.102722
12	-.252923	.252192	-.122972
13	0	.343812	0
14	-.196601	-.395099	-.191702
15	.111831	.312070	.336012
16	.185721	-.111568	-.421092
17	-.185721	-.111568	.421092
18	-.111831	.312070	-.336012
19	.196601	-.395099	.191702

TOTALE PI ELEKTRONEN ENERGIE 26.232567

allgemeine Bindungsordnungen

	1	2	3	4	5	6	7	8
1	.931691							
2	.710896	.988534						
3	.073137	.615509	.923704					
4	-.328476	.008307	.688240	.997799				
5	.030980	.092748	-.033677	-.141832	.985087			
6	-.035840	.019801	.055474	-.008136	.693625	.975412		
7	-.045972	-.073115	.045342	.100380	.020726	.627319	.975412	
8	.036448	-.020431	-.028209	.004979	-.331690	.020726	.693625	.985087
9	-.005927	-.034845	.010789	.047601	.004979	.100380	-.008136	-.141832
10	.071013	-.043952	-.078420	.010789	-.028209	.045342	.055474	-.033677
11	.051435	.027438	-.043952	-.034845	-.020431	-.073115	.019801	.092748
12	-.070433	.051435	.071013	-.005927	.036448	-.045972	-.035840	.030980
13	.144150	-.135551	-.154715	-.008078	-.061886	.100815	.100815	-.061886
14	.552689	.016293	-.233089	-.015470	-.105674	-.034793	.073722	.041138
15	-.080300	-.255745	.082402	.606338	.035970	-.096926	-.048499	.005644
16	.022915	-.022498	-.104558	.010429	.596699	.030401	-.265385	-.027772
17	.066679	.081354	-.060793	-.122945	-.027772	-.265385	.030401	.596699
18	-.071525	.048815	.091176	-.009359	.005644	-.048499	-.096926	.035970
19	-.124762	-.026859	.089460	.034332	.041138	.073722	-.034793	-.105674

	9	10	11	12	13	14	15	16
9	.997799							
10	.688240	.923704						
11	.008307	.615509	.988534					
12	-.328476	.073137	.710896	.931691				
13	-.008078	-.154715	-.135551	.144150	.690570			
14	.034332	.089460	-.026859	-.124762	.563478	.979247		
15	-.009359	.091176	.048815	-.071525	.173578	.502873	.910357	
16	-.122945	-.060793	.081354	.066679	-.165351	.039857	.446119	.962884
17	.010429	-.104558	-.022498	.022915	-.165351	-.093517	.066843	.536037
18	.606338	.082402	-.255745	-.080300	.173578	-.112824	-.132187	.066843
19	-.015470	-.233089	.016293	.552689	.563478	.029050	-.112824	-.093517

	17	18	19
17	.962884		
18	.446119	.910357	
19	.039857	.502873	.979247

Tribenztropylium-Kation

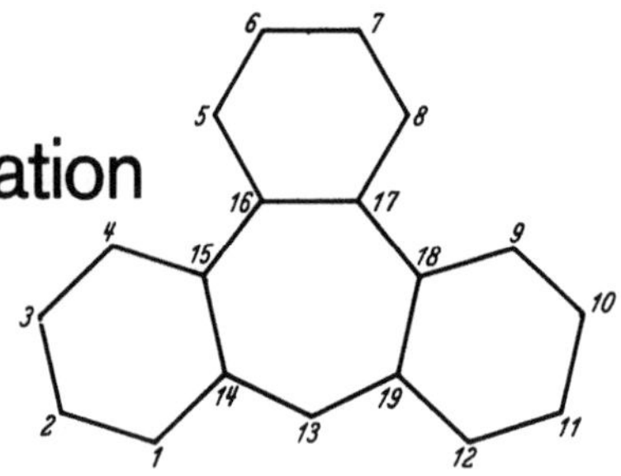

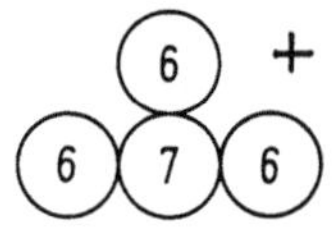

Z = 19

Atom- Atom Polarisierbarkeiten

	1	2	3	4	5	6	7	8
1	.457311							
2	-.199595	.406213						
3	.016573	-.117730	.421550					
4	-.109240	.016537	-.177510	.426536				
5	-.003571	-.010800	.000335	-.018324	.431986			
6	-.004365	.000036	-.005809	.001760	-.182503	.411988		
7	-.006102	-.008386	-.003335	-.012925	.017310	-.126029	.411988	
8	-.001675	-.000903	-.002716	-.000106	-.110963	.017310	-.182503	.431986
9	-.001037	-.001976	-.000291	-.003085	-.000106	-.012925	.001760	-.018324
10	-.007607	-.003671	-.012416	-.000291	-.002716	-.003335	-.005809	.000335
11	-.004378	-.001354	-.003671	-.001976	-.000903	-.008386	.000036	-.010800
12	-.001871	-.004378	-.007607	-.001037	-.001675	-.006102	-.004365	-.003571
13	.008146	-.019413	-.025344	-.003042	-.005485	-.018620	-.018620	-.005485
14	-.087083	.008452	-.044177	.002233	-.009515	-.001360	-.006886	-.002350
15	-.016401	-.056063	.004391	-.120381	.015863	-.008449	.004399	-.003517
16	-.007001	.005014	-.010812	.014744	-.113725	.010705	-.061430	.000660
17	-.009152	-.008668	-.006121	-.013951	.000660	-.061430	.010705	-.113725
18	-.008924	-.002989	-.014670	.001482	-.003517	.004399	-.008449	.015863
19	-.014029	-.000326	-.010639	-.001425	-.002350	-.006886	-.001360	-.009515

	9	10	11	12	13	14	15	16
9	.426536							
10	-.177510	.421550						
11	.016537	-.117730	.406213					
12	-.109240	.016573	-.199595	.457311				
13	-.003042	-.025344	-.019413	.008146	.440435			
14	-.001425	-.010639	-.000326	-.014029	-.095394	.335348		
15	.001482	-.014670	-.002989	-.008924	-.027674	-.068508	.369778	
16	-.013951	-.006121	-.008668	-.009152	-.033392	.005404	-.042861	.359406
17	.014744	-.010812	.005014	-.007001	-.033392	-.007069	.004555	-.086305
18	-.120381	.004391	-.056063	-.016401	-.027674	-.011303	-.018729	.004555
19	.002233	-.044177	.008452	-.087083	-.095394	.008626	-.011303	-.007069

	17	18	19
17	.359406		
18	-.042861	.369778	
19	.005404	-.068508	.335348

Z = 19 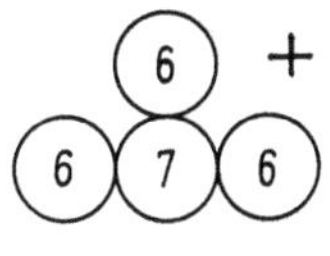 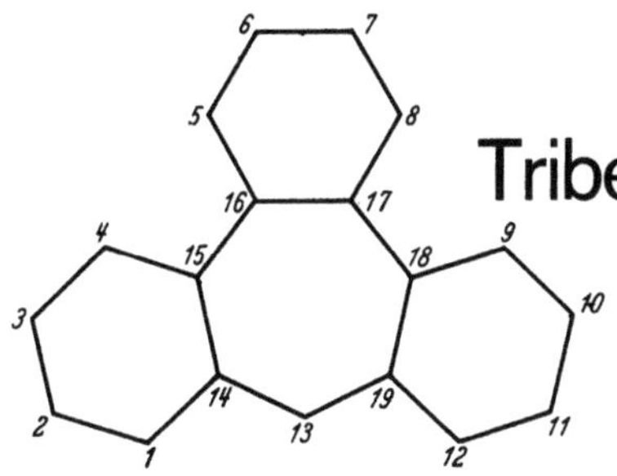 Tribenztropylium-Kation

Bindungs- Atom Polarisierbarkeiten

	1	2	3	4	5	6	7	8
1 2	.037424	.003187	-.028697	.001895	-.006053	.000975	-.007127	.002153
1 14	.025009	-.007784	.022736	-.007188	.005045	-.002284	.005938	-.003291
2 3	-.042021	.006426	.030999	-.002370	.006665	-.001411	.007233	-.002146
3 4	.036060	-.004124	.036746	-.003109	-.007836	-.000216	-.009011	.001148
4 15	-.041353	.003650	-.042225	.006195	.008746	.000152	.009845	-.001260
5 6	.004091	-.003288	.003111	-.002231	.004240	.009261	-.009680	.008655
5 16	-.005099	.003901	-.004281	.003141	.010957	-.014563	.008794	-.013918
6 7	-.005400	.002852	-.004738	.002167	-.009541	.012689	.012689	-.009541
7 8	.004211	-.002746	.002960	-.001333	.008655	-.009680	.009261	.004240
8 17	-.005348	.002754	-.003958	.001221	-.013918	.008794	-.014563	.010957
9 10	.003221	-.002977	.002028	-.001608	.001148	-.009011	-.000216	-.007836
9 18	-.003455	.003178	-.002171	.001726	-.001260	.009845	.000152	.008746
10 11	-.008152	.002260	-.007340	.001464	-.002146	.007233	-.001411	.006665
11 12	.007808	-.002474	.006622	-.001263	.002153	-.007127	.000975	-.006053
12 19	-.012811	.002130	-.011553	.001030	-.003291	.005938	-.002284	.005045
13 14	-.047889	.001209	-.047117	.001967	-.010806	.005052	-.012116	.006686
13 19	.026432	-.004125	.024137	-.002253	.006686	-.012116	.005052	-.010806
14 15	.025284	.005600	.024987	.005549	.006437	-.003622	.005648	-.003094
15 16	.011511	-.007713	.010095	-.006563	-.016745	.001254	-.018362	.003595
16 17	-.007839	.002608	-.008229	.003224	.010362	.011550	.011550	.010362
17 18	.011913	-.005813	.009547	-.003313	.003595	-.018362	.001254	-.016745
18 19	-.013597	.001290	-.013659	.001652	-.003094	.005648	-.003622	.006437

	9	10	11	12	13	14	15	16
1 2	-.001263	.006622	-.002474	.007808	.027364	-.005609	-.028301	-.000308
1 14	.001030	-.011553	.002130	-.012811	-.048821	.008013	.023742	-.001119
2 3	.001464	-.007340	.002260	-.008152	-.030280	.004634	.029837	-.000897
3 4	-.001608	.002028	-.002977	.003221	.007300	-.004028	-.036980	-.001519
4 15	.001726	-.002171	.003178	-.003455	-.007586	.004356	.042161	.001320
5 6	-.001333	.002960	-.002746	.004211	.011556	-.004480	.001680	-.013309
5 16	.001221	-.003958	.002754	-.005348	-.015677	.005156	-.003242	.017883
6 7	.002167	-.004738	.002852	-.005400	-.018620	.003627	-.003896	.011550
7 8	-.002231	.003111	-.003288	.004091	.011556	-.004156	.001026	-.009568
8 17	.003141	-.004281	.003901	-.005099	-.015677	.004457	-.001786	.009607
9 10	-.003109	.036746	-.004124	.036060	.007300	-.004312	.000131	-.010914
9 18	.006195	-.042225	.003650	-.041353	-.007586	.004740	-.000066	.012047
10 11	-.002370	.030999	.006426	-.042021	-.030280	.003237	-.006414	.008275
11 12	.001895	-.028697	.003187	.037424	.027364	-.003941	.005070	-.008726
12 19	-.007188	.022736	-.007784	.025009	-.048821	.003965	-.010209	.007452
13 14	-.002253	.024137	-.004125	.026432	.102629	.003363	-.049994	.003387
13 19	.001967	-.047117	.001209	-.047889	.102629	-.007688	.021929	-.014804
14 15	.001652	-.013659	.001290	-.013597	-.058132	.004653	.025114	-.005265
15 16	-.003313	.009547	-.005813	.011913	.037653	-.010147	.008645	-.000264
16 17	.003224	-.008229	.002608	-.007839	-.033392	.001995	-.009612	.012637
17 18	-.006563	.010095	-.007713	.011511	.037653	-.008942	.005977	-.022328
18 19	.005549	.024987	.005600	.025284	-.058132	.001108	-.014813	.004861

	17	18	19
1 2	-.008726	.005070	-.003941
1 14	.007452	-.010209	.003965
2 3	.008275	-.006414	.003237
3 4	-.010914	.000131	-.004312
4 15	.012047	-.000066	.004740
5 6	-.009568	.001026	-.004156
5 16	.009607	-.001786	.004457
6 7	.011550	-.003896	.003627
7 8	-.013309	.001680	-.004480
8 17	.017883	-.003242	.005156
9 10	-.001519	-.036980	-.004028
9 18	.001320	.042161	.004356
10 11	-.000897	.029837	.004634
11 12	-.000308	-.028301	-.005609
12 19	-.001119	.023742	.008013
13 14	-.014804	.021929	-.007688
13 19	.003387	-.049994	.003363
14 15	.004861	-.014813	.001108
15 16	-.022328	.005977	-.008942
16 17	.012637	-.009612	.001995
17 18	-.000264	.008645	-.010147
18 19	-.005265	.025114	.004653

Tribenztropylium-Kation

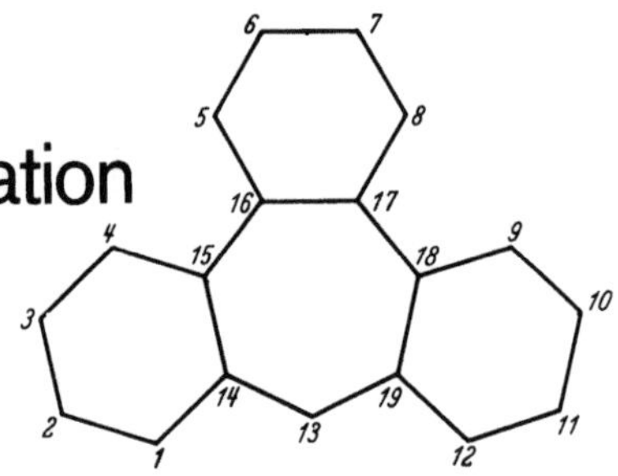

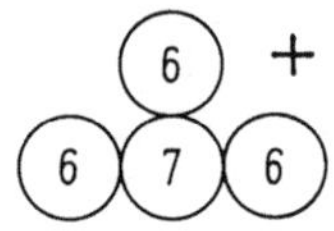

Z=19

Bindungs- Bindungs Polarisierbarkeiten

	1 2	1 14	2 3	3 4	4 15	5 6	5 16	6 7
1 2	.233488							
1 14	-.179933	.300303						
2 3	-.222910	.105883	.301830					
3 4	.122686	-.059003	-.207609	.255000				
4 15	-.077672	.075409	.116081	-.214769	.287357			
5 6	.006089	-.003779	-.008772	.012454	-.018755	.239316		
5 16	-.007701	.004738	.014974	-.021299	.040965	-.198477	.279945	
6 7	-.004914	.002163	.007060	-.010717	.015213	-.211870	.116982	.285958
7 8	.003354	-.000723	-.003086	.005613	-.004851	.123923	-.075731	-.211870
8 17	-.002326	-.001143	.002030	-.005076	.003786	-.075731	.090623	.116982
9 10	.005218	-.003854	-.005658	.007791	-.009021	.005613	-.005076	-.010717
9 18	-.005722	.004452	.006646	-.009021	.011336	-.004851	.003786	.015213
10 11	-.000228	-.005091	.001031	-.005658	.006646	-.003086	.002030	.007060
11 12	-.000384	.006537	-.000228	.005218	-.005722	.003354	-.002326	-.004914
12 19	.006537	-.019685	-.005091	-.003854	.004452	-.000723	-.001143	.002163
13 14	.053846	-.165018	-.040696	-.005590	.010542	.011598	-.021392	-.007063
13 19	-.015982	.050919	.011578	.009214	-.011577	.000545	.003991	-.007063
14 15	.067008	-.093261	-.038454	.078890	-.120315	-.010734	.027264	.007242
15 16	.013071	-.004630	-.033638	.051233	-.127252	.043161	-.123384	-.031712
16 17	-.005024	.001017	.011388	-.017750	.034373	.085270	-.125903	-.050725
17 18	.005936	.001911	-.008772	.016907	-.022724	.004917	-.000015	-.031712
18 19	.005563	-.017214	-.003589	-.004659	.006497	.000540	-.002852	.007242

	7 8	8 17	9 10	9 18	10 11	11 12	12 19	13 14
7 8	.239316							
8 17	-.198477	.279945						
9 10	.012454	-.021299	.255000					
9 18	-.018755	.040965	-.214769	.287357				
10 11	-.008772	.014974	-.207609	.116081	.301830			
11 12	.006089	-.007701	.122686	-.077672	-.222910	.233488		
12 19	-.003779	.004738	-.059003	.075409	.105883	-.179933	.300303	
13 14	.000545	.003991	.009214	-.011577	.011578	-.015982	.050919	.337331
13 19	.011598	-.021392	-.005590	.010542	-.040696	.053846	-.165018	-.155429
14 15	.000540	-.002852	-.004659	.006497	-.003589	.005563	-.017214	-.143569
15 16	.004917	-.000015	.016907	-.022724	-.008772	.005936	.001911	.047604
16 17	.085270	-.125903	-.017750	.034373	.011388	-.005024	.001017	-.011416
17 18	.043161	-.123384	.051233	-.127252	-.033638	.013071	-.004630	-.002723
18 19	-.010734	.027264	.078890	-.120315	-.038454	.067008	-.093261	.043288

	13 19	14 15	15 16	16 17	17 18	18 19
13 19	.337331					
14 15	.043288	.286615				
15 16	-.002723	-.090927	.325037			
16 17	-.011416	.020602	-.103745	.273101		
17 18	.047604	-.004725	.044470	-.103745	.325037	
18 19	-.143569	-.013210	-.004725	.020602	-.090927	.286615

Dicyclopent[b,i]anthracen

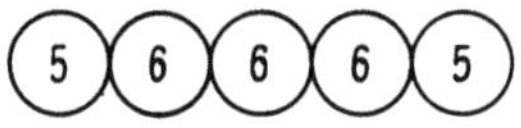

Z = 20

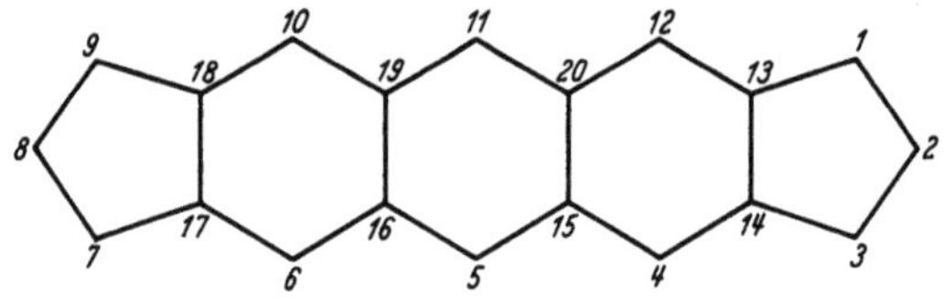

Eigenwerte und Hückelkoeffizienten

	1	2	3	4	5	6	7	8
1	2,504688	2,322596	2.000000	1,544964	1.466732	1.193527	,923908	,777484
1	,137714	,226462	,250000	,220175	,109439	,211541	,200021	,301775
2	,109965	,195008	,250000	,285023	0	0	,432989	0
3	,137714	,226462	,250000	,220175	-,109439	-,211541	,200021	-,301775
4	,215836	,211280	0	-,190126	-,286514	-,342280	-,181136	-,115268
5	,244052	0	-,250000	0	-,354151	0	,174985	,373014
6	,215836	-,211280	0	,190126	-,286514	,342280	-,181136	-,115268
7	,137714	-,226462	,250000	-,220175	-,109439	,211541	,200021	-,301775
8	,109965	-,195008	,250000	-,285023	0	0	,432989	0
9	,137714	-,226462	,250000	-,220175	,109439	-,211541	,200021	,301775
10	,215836	-,211280	0	,190126	,286514	-,342280	-,181136	,115268
11	,244052	0	-,250000	0	,354151	0	,174985	-,373014
12	,215836	,211280	0	-,190126	,286514	,342280	-,181136	,115268
13	,234966	,330972	,250000	,055140	,160517	,252480	-,248188	,234625
14	,234966	,330972	,250000	,055140	-,160517	-,252480	-,248188	-,234625
15	,305637	,159747	-,250000	-,348878	-,259722	-,156041	,080835	,145006
16	,305637	-,159747	-,250000	,348878	-,259722	,156041	,080835	,145006
17	,234966	-,330972	,250000	-,055140	-,160517	,252480	-,248188	-,234625
18	,234966	-,330972	,250000	-,055140	,160517	-,252480	-,248188	,234625
19	,305637	-,159747	-,250000	,348878	,259722	-,156041	,080835	-,145006
20	,305637	,159747	-,250000	-,348878	,259722	,156041	,080835	-,145006

	9	10	11	12	13	14	15	16
9	,729304	,294963	,000000	-,377519	-,901635	-1,294963	-1.330765	-1,695230
1	,145273	,383850	,316228	,039664	,109466	,183196	,156386	,342273
2	,398389	0	0	-,210130	-,242816	0	-,235032	-,403807
3	,145273	-,383850	-,316228	,039664	,109466	-,183196	,156386	,342273
4	-,066111	,237232	,316228	-,308495	-,383526	,113222	-,219127	,133230
5	0	0	-,316228	,416897	0	0	-,397799	0
6	,066111	-,237232	,316228	-,308495	,383526	-,113222	-,219127	-,133230
7	-,145273	,383850	-,316228	,039664	-,109466	,183196	,156386	-,342273
8	-,398389	0	0	-,210130	,242816	0	-,235032	,403807
9	-,145273	-,383850	,316228	,039664	-,109466	-,183196	,156386	-,342273
10	,066111	,237232	-,316228	-,308495	,383526	,113222	-,219127	-,133230
11	0	0	,316228	,416897	0	0	-,397799	0
12	-,066111	-,237232	-,316228	-,308495	-,383526	-,113222	-,219127	,133230
13	-,292441	,113222	0	,195156	,144118	-,237232	,026919	-,176424
14	-,292441	-,113222	0	,195156	,144118	,237232	,026919	-,176424
15	,244226	,183196	0	-,078693	,201682	-,383850	,264688	-,049432
16	-,244226	-,183196	0	-,078693	-,201682	,383850	,264688	,049432
17	,292441	,113222	0	,195156	-,144118	-,237232	,026919	,176424
18	,292441	-,113222	0	,195156	-,144118	,237232	,026919	,176424
19	-,244226	,183196	0	-,078693	-,201682	-,383850	,264688	,049432
20	,244226	-,183196	0	-,078693	,201682	,383850	,264688	-,049432

Z = 20 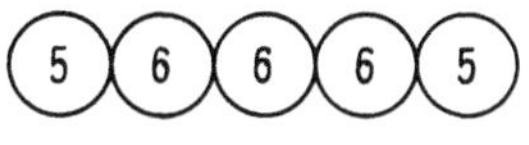 Dicyclopent[b,i]anthracen

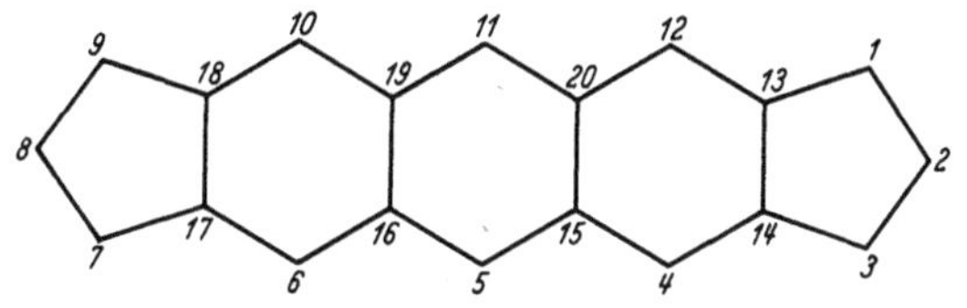

Eigenwerte und Hückelkoeffizienten

	17	18	19	20
17	-1.720312	-1.777484	-2.193527	-2.466732
1	.320151	.199584	.156041	.084389
2	-.372201	0	0	0
3	.320151	-.199584	-.156041	-.084389
4	.165584	-.076234	-.252480	-.220933
5	.123580	.246699	0	-.273088
6	.165584	-.076234	.252480	-.220933
7	.320151	-.199584	.156041	-.084389
8	-.372201	0	0	0
9	.320151	.199584	-.156041	.084389
10	.165584	.076234	-.252480	.220933
11	.123580	-.246699	0	.273088
12	.165584	.076234	.252480	.220933
13	-.178559	-.354757	-.342280	-.208165
14	-.178559	.354757	.342280	.208165
15	-.106298	-.219252	.211541	.336818
16	-.106298	-.219252	-.211541	.336818
17	-.178559	.354757	-.342280	.208165
18	-.178559	-.354757	.342280	-.208165
19	-.106298	.219252	.211541	-.336818
20	-.106298	.219252	-.211541	-.336818

TOTALE PI ELEKTRONEN ENERGIE 27.516334

allgemeine Bindungsordnungen

	1	2	3	4	5	6	7	8
1	1.074951							
2	.658086	1.080104						
3	-.105590	.658086	1.074951					
4	-.115221	-.188045	.074719	.866731				
5	.159837	.080208	-.135397	.158904	.834487			
6	-.175370	-.030737	.163814	-.167641	.158904	.866731		
7	.179305	-.001083	-.176877	.163814	-.135397	.074719	1.074951	
8	-.001083	-.031817	-.001083	-.030737	.080208	-.188045	.658086	1.080104
9	-.176877	-.001083	.179305	-.175370	.159837	-.115221	-.105590	.658086
10	.163814	-.030737	-.175370	.144591	-.074987	-.208517	-.115221	-.188045
11	-.135397	.080208	.159837	-.074987	-.223763	-.074987	.159837	.080208
12	.074719	-.188045	-.115221	-.208517	-.074987	.144591	-.175370	-.030737
13	.550130	-.110744	-.190832	.083708	-.035829	.006832	.018211	.034245
14	-.190832	-.110744	.550130	.614084	-.158513	.060736	-.015786	.034245
15	.086495	.070242	-.124091	.579661	.594613	-.143562	.045785	-.045801
16	-.042116	-.045801	.045785	-.143562	.594613	.579661	-.124091	.070242
17	.018211	.034245	-.015786	.060736	-.158513	.614084	.550130	-.110744
18	-.015786	.034245	.018211	.006832	-.035829	.083708	-.190832	-.110744
19	.045785	-.045801	-.042116	.013119	.010332	-.038616	.086495	.070242
20	-.124091	.070242	.086495	-.038616	.010332	.013119	-.042116	-.045801

	9	10	11	12	13	14	15	16
9	1.074951							
10	.074719	.866731						
11	-.135397	.158904	.834487					
12	.163814	-.167641	.158904	.866731				
13	-.015786	.060736	-.158513	.614084	1.069581			
14	.018211	.006832	-.035829	.083708	.440062	1.069581		
15	-.042116	.013119	.010332	-.038616	-.149717	-.044424	1.031442	
16	.086495	-.038616	.010332	.013119	.076053	.032102	-.027720	1.031442
17	-.190832	.083708	-.035829	.006832	-.046096	-.029097	.032102	-.044424
18	.550130	.614084	-.158513	.060736	-.029097	-.046096	.076053	-.149717
19	-.124091	.579661	.594613	-.143562	.032102	.076053	-.150011	.445874
20	.045785	-.143562	.594613	.579661	-.044424	-.149717	.445874	-.150011

	17	18	19	20
17	1.069581			
18	.440062	1.069581		
19	-.149717	-.044424	1.031442	
20	.076053	.032102	-.027720	1.031442

Dicyclopent[b,i]anthracen

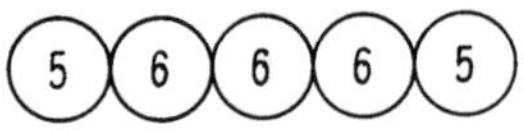

Z = 20

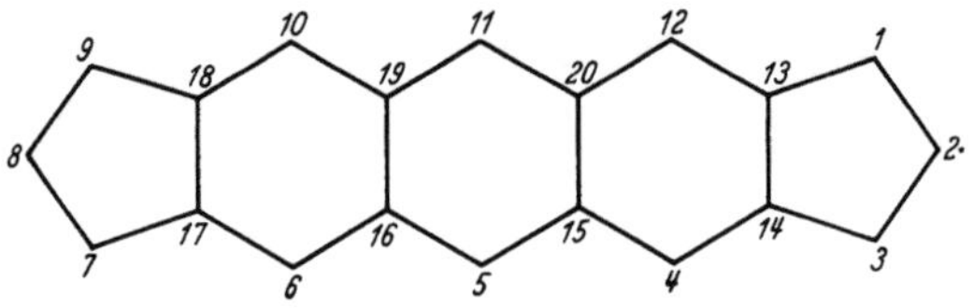

Atom- Atom Polarisierbarkeiten

	1	2	3	4	5	6	7	8
1	.634051							
2	-.151075	.408493						
3	.159851	-.151075	.634051					
4	.054411	-.036897	.098223	.547000				
5	-.050219	-.009635	-.036135	.002591	.495535			
6	-.124184	-.001566	-.119044	-.093210	.002591	.547000		
7	-.161126	.000032	-.160891	-.119044	-.036135	.098223	.634051	
8	.000032	-.002466	.000032	-.001566	-.009635	-.036897	-.151075	.408493
9	-.160891	.000032	-.161126	-.124184	-.050219	.054411	.159851	-.151075
10	-.119044	-.001566	-.124184	-.070629	-.003706	.005617	.054411	-.036897
11	-.036135	-.009635	-.050219	-.003706	-.030213	-.003706	-.050219	-.009635
12	.098223	-.036897	.054411	.005617	-.003706	-.070629	-.124184	-.001566
13	-.086629	.006949	-.028817	-.007883	.002236	.002938	-.000193	-.002599
14	-.028817	.006949	-.086629	-.126626	-.028690	-.007849	-.000707	-.002599
15	-.007330	-.004653	-.014879	-.103535	-.115235	-.023414	-.003571	-.003570
16	-.001768	-.003570	-.003571	-.023414	-.115235	-.103535	-.014879	-.004653
17	-.000193	-.002599	-.000707	-.007849	-.028690	-.126626	-.086629	.006949
18	-.000707	-.002599	-.000193	.002938	.002236	-.007883	-.028817	.006949
19	-.003571	-.003570	-.001768	.005234	.006131	.002529	-.007330	-.004653
20	-.014879	-.004653	-.007330	.002529	.006131	.005234	-.001768	-.003570

	9	10	11	12	13	14	15	16
9	.634051							
10	.098223	.547000						
11	-.036135	.002591	.495535					
12	-.119044	-.093210	.002591	.547000				
13	-.000707	-.007849	-.028690	-.126626	.342532			
14	-.000193	.002938	.002236	-.007883	-.040833	.342532		
15	-.001768	.005234	.006131	.002529	-.015038	.005379	.335312	
16	-.007330	.002529	.006131	.005234	-.006357	-.002156	.005434	.335312
17	-.028817	-.007883	.002236	.002938	-.003399	-.002259	-.002156	.005379
18	-.086629	-.126626	-.028690	-.007849	-.002259	-.003399	-.006357	-.015038
19	-.014879	-.103535	-.115235	-.023414	-.002156	-.006357	-.014837	-.043675
20	-.003571	-.023414	-.115235	-.103535	.005379	-.015038	-.043675	-.014837

	17	18	19	20
17	.342532			
18	-.040833	.342532		
19	-.015038	.005379	.335312	
20	-.006357	-.002156	.005434	.335312

Z = 20  Dicyclopent[b,i]anthracen

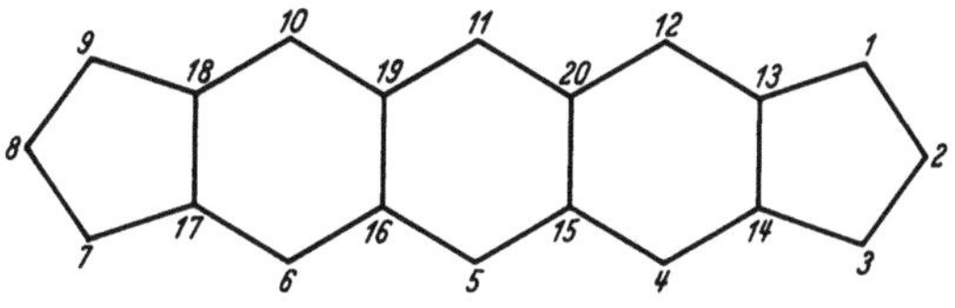

Bindungs- Atom Polarisierbarkeiten

	1	2	3	4	5	6	7	8
1 2	-.011536	-.021448	.024515	-.018884	-.021639	-.013071	.000934	-.000105
1 13	.015047	.034427	.029114	.010640	.005037	-.005567	-.020219	.000112
2 3	.024515	-.021448	-.011536	.011313	.018772	.012458	-.000926	-.000105
3 14	.029114	.034427	.015047	-.015360	-.034641	-.031082	-.018277	.000112
4 14	-.056551	-.024132	-.047856	.031551	.038364	.031348	.017915	.002246
4 15	.048307	.016561	.043808	.074046	-.064260	-.054033	-.036539	-.002859
5 15	-.053993	-.009387	-.050681	-.078827	.065522	.052931	.034812	.006521
5 16	.037391	.006521	.034812	.052931	.065522	-.078827	-.050681	-.009387
6 16	-.038671	-.002859	-.036539	-.054033	-.064260	.074046	.043808	.016561
6 17	.020033	.002246	.017915	.031348	.038364	.031551	-.047856	-.024132
7 8	.000934	-.000105	-.000926	.012458	.018772	.011313	-.011536	-.021448
7 17	-.020219	.000112	-.018277	-.031082	-.034641	-.015360	.015047	.034427
8 9	-.000926	-.000105	.000934	-.013071	-.021639	-.018884	.024515	-.021448
9 18	-.018277	.000112	-.020219	-.005567	.005037	.010640	.029114	.034427
10 18	.017915	.002246	.020033	.005872	.000396	.016113	-.056551	-.024132
10 19	-.036539	-.002859	-.038671	-.018407	-.003203	.008591	.048307	.016561
11 19	.034812	.006521	.037391	.016538	.006507	-.019345	-.053993	-.009387
11 20	-.050681	-.009387	-.053993	-.019345	.006507	.016538	.037391	.006521
12 13	-.047856	-.024132	-.056551	.016113	.000396	.005872	.020033	.002246
12 20	.043808	.016561	.048307	.008591	-.003203	-.018407	-.038671	-.002859
13 14	.048548	.006949	.048548	-.030988	-.007208	-.000579	.000528	-.002599
15 20	.011430	-.004653	.011430	.012360	-.003647	.002384	.002866	-.003570
16 19	.002866	-.003570	.002866	.002384	-.003647	.012360	.011430	-.004653
17 18	.000528	-.002599	.000528	-.000579	-.007208	-.030988	.048548	.006949

	9	10	11	12	13	14	15	16
1 2	-.000926	.012458	.018772	.011313	.022191	-.004946	-.005712	-.003981
1 13	-.018277	-.031082	-.034641	-.015360	-.006452	.026057	.011456	.005567
2 3	.000934	-.013071	-.021639	-.018884	-.004946	.022191	.008232	.004073
3 14	-.020219	-.005567	.005037	.010640	.026057	-.006452	-.003675	-.002933
4 14	.020033	.005872	.000396	.016113	-.015546	-.036113	.012844	.007081
4 15	-.038671	-.018407	-.003203	.008591	.011311	.021316	-.005265	-.005798
5 15	.037391	.016538	.006507	-.019345	-.005032	-.012147	-.014212	.011826
5 16	-.053993	-.019345	.006507	.016538	.003256	.008662	.011826	-.014212
6 16	.048307	.008591	-.003203	-.018407	-.000109	-.004514	-.005798	-.005265
6 17	-.056551	.016113	.000396	.005872	-.000166	.004201	.007081	.012844
7 8	.024515	-.018884	-.021639	-.013071	-.002022	.001781	.004073	.008232
7 17	.029114	.010640	.005037	-.005567	.002364	-.001615	-.002933	-.003675
8 9	-.011536	.011313	.018772	.012458	.001781	-.002022	-.003981	-.005712
9 18	.015047	-.015360	-.034641	-.031082	-.001615	.002364	.005567	.011456
10 18	-.047856	.031551	.038364	.031348	.004201	-.000166	-.002419	-.005177
10 19	.043808	.074046	-.064260	-.054033	-.004514	-.000109	.002935	.006783
11 19	-.050681	-.078827	.065522	.052931	.008662	.003256	.000669	-.001012
11 20	.034812	.052931	.065522	-.078827	-.012147	-.005032	-.001012	.000669
12 13	.017915	.031348	.038364	.031551	-.036113	-.015546	-.005177	-.002419
12 20	-.036539	-.054033	-.064260	.074046	.021316	.011311	.006783	.002935
13 14	.000528	-.000579	-.007208	-.030988	-.000223	-.000223	-.005789	-.003762
15 20	.002866	.002384	-.003647	.012360	-.005789	-.005789	-.006932	-.004798
16 19	.011430	.012360	-.003647	.002384	-.003762	-.003762	-.004798	-.006932
17 18	.048548	-.030988	-.007208	-.000579	-.002702	-.002702	-.003762	-.005789

Dicyclopent[b,i]anthracen

5 6 6 6 5

Z = 20

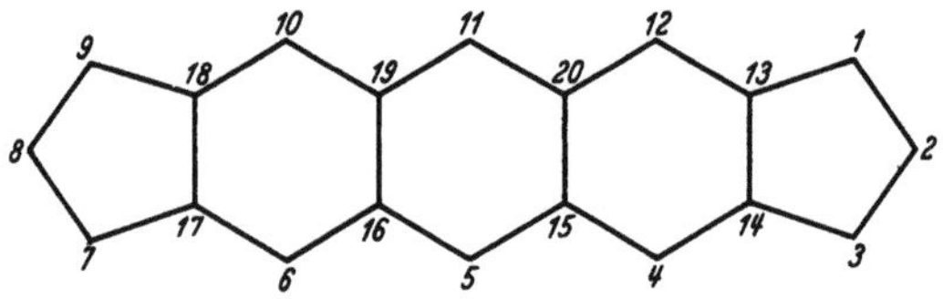

Bindungs- Atom Polarisierbarkeiten

	17	18	19	20
1 2	-.002022	.001781	.004073	.008232
1 13	.002364	-.001615	-.002933	-.003675
2 3	.001781	-.002022	-.003981	-.005712
3 14	-.001615	.002364	.005567	.011456
4 14	.004201	-.000166	-.002419	-.005177
4 15	-.004514	-.000109	.002935	.006783
5 15	.008662	.003256	.000669	-.001012
5 16	-.012147	-.005032	-.001012	.000669
6 16	.021316	.011311	.006783	.002935
6 17	-.036113	-.015546	-.005177	-.002419
7 8	.022191	-.004946	-.005712	-.003981
7 17	-.006452	.026057	.011456	.005567
8 9	-.004946	.022191	.008232	.004073
9 18	.026057	-.006452	-.003675	-.002933
10 18	-.015546	-.036113	.012844	.007081
10 19	.011311	.021316	-.005265	-.005798
11 19	-.005032	-.012147	-.014212	.011826
11 20	.003256	.008662	.011826	-.014212
12 13	-.000166	.004201	.007081	.012844
12 20	-.000109	-.004514	-.005798	-.005265
13 14	-.002702	-.002702	-.003762	-.005789
15 20	-.003762	-.003762	-.004798	-.006932
16 19	-.005789	-.005789	-.006932	-.004798
17 18	-.000223	-.000223	-.005789	-.003762

Z = 20 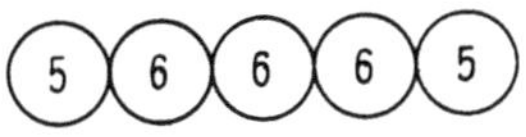 Dicyclopent[b,i]anthracen

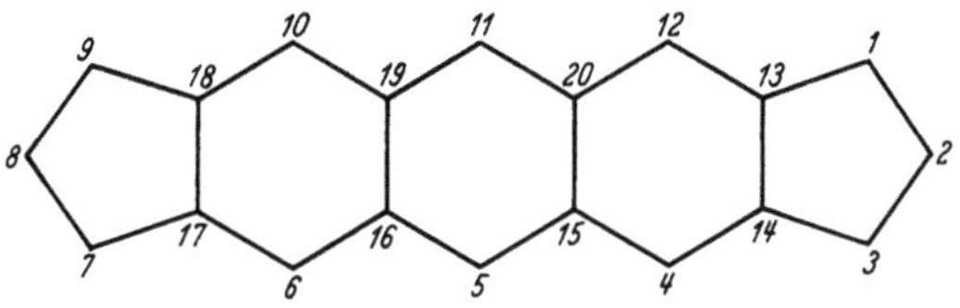

Bindungs- Bindungs Polarisierbarkeiten

	1 2	1 13	2 3	3 14	4 14	4 15	5 15	5 16
1 2	.320625							
1 13	-.194180	.341560						
2 3	-.266838	.102967	.320625					
3 14	.102967	-.022323	-.194180	.341560				
4 14	-.080750	.052886	.100773	-.210021	.323098			
4 15	.045359	-.030248	-.048542	.082795	-.197963	.334857		
5 15	-.039678	.032433	.039124	-.054875	.096875	-.217209	.328243	
5 16	.026124	-.022246	-.024511	.031377	-.050542	.090451	-.194571	.328243
6 16	-.024020	.021770	.023010	-.027055	.035486	-.055710	.090451	-.217209
6 17	.018842	-.017941	-.017908	.019590	-.024581	.035486	-.050542	.096875
7 8	.017689	-.017930	-.017563	.017791	-.017908	.023010	-.024511	.039124
7 17	-.017930	.017240	.017791	-.019040	.019590	-.027055	.031377	-.054875
8 9	-.017563	.017791	.017689	-.017930	.018842	-.024020	.026124	-.039678
9 18	.017791	-.019040	-.017930	.017240	-.017941	.021770	-.022246	.032433
10 18	-.017908	.019590	.018842	-.017941	.014758	-.017655	.010873	-.015071
10 19	.023010	-.027055	-.024020	.021770	-.017655	.019349	-.008473	.012064
11 19	-.024511	.031377	.026124	-.022246	.010873	-.008473	-.023638	.048161
11 20	.039124	-.054875	-.039678	.032433	-.015071	.012064	.048161	-.023638
12 13	.100773	-.210021	-.080750	.052886	.021969	-.011330	-.015071	.010873
12 20	-.048542	.082795	.045359	-.030248	-.011330	.042793	.012064	-.008473
13 14	.017245	-.086666	.017245	-.086666	-.111661	.056362	-.028688	.017408
15 20	.002520	-.014753	.002520	-.014753	.042427	-.096105	-.101822	.048189
16 19	.000092	-.002902	.000092	-.002902	.012470	-.022147	.048189	-.101822
17 18	-.000241	-.000229	-.000241	-.000229	.005375	-.007840	.017408	-.028688

	6 16	6 17	7 8	7 17	8 9	9 18	10 18	10 19
6 16	.334857							
6 17	-.197963	.323098						
7 8	-.048542	.100773	.320625					
7 17	.082795	-.210021	-.194180	.341560				
8 9	.045359	-.080750	-.266838	.102967	.320625			
9 18	-.030248	.052886	.102967	-.022323	-.194180	.341560		
10 18	-.011330	.021969	-.080750	.052886	.100773	-.210021	.323098	
10 19	.042793	-.011330	.045359	-.030248	-.048542	.082795	-.197963	.334857
11 19	.012064	-.015071	-.039678	.032433	.039124	-.054875	.096875	-.217209
11 20	-.008473	.010873	.026124	-.022246	-.024511	.031377	-.050542	.090451
12 13	-.017655	.014758	.018842	-.017941	-.017908	.019590	-.024581	.035486
12 20	.019349	-.017655	-.024020	.021770	.023010	-.027055	.035486	-.055710
13 14	-.007840	.005375	-.000241	-.000229	-.000241	-.000229	.005375	-.007840
15 20	-.022147	.012470	.000092	-.002902	.000092	-.002902	.012470	-.022147
16 19	-.096105	.042427	.002520	-.014753	.002520	-.014753	.042427	-.096105
17 18	.056362	-.111661	.017245	-.086666	.017245	-.086666	-.111661	.056362

	11 19	11 20	12 13	12 20	13 14	15 20	16 19	17 18
11 19	.328243							
11 20	-.194571	.328243						
12 13	-.050542	.096875	.323098					
12 20	.090451	-.217209	-.197963	.334857				
13 14	.017408	-.028688	-.111661	.056362	.301699			
15 20	.048189	-.101822	.042427	-.096105	-.009659	.291637		
16 19	-.101822	.048189	.012470	-.022147	-.008513	-.009403	.291637	
17 18	-.028688	.017408	.005375	-.007840	-.005658	-.008513	-.009659	.301699

Dicyclohepta[a,c]naphthalin

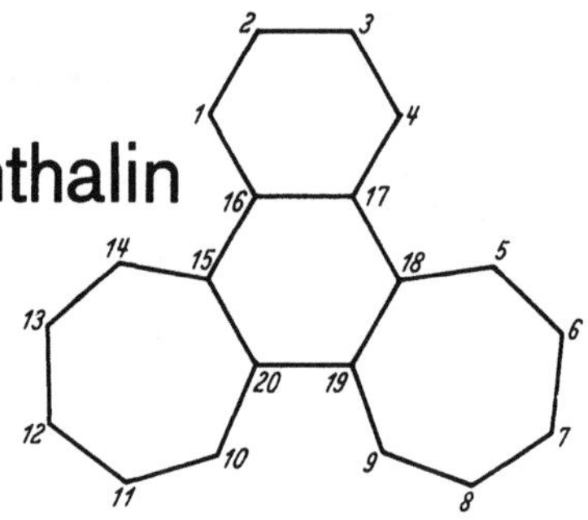

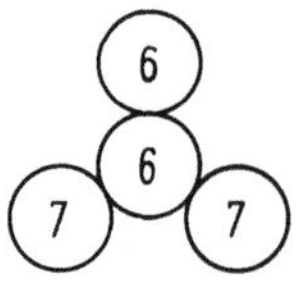

Z = 20

Eigenwerte und Hückelkoeffizienten

	1	2	3	4	5	6	7	8
1	2.521873	1.975358	1.975215	1.521747	1.425371	1.388228	1.114015	.881790
1	.187813	.309975	.079077	.086732	.228933	.147000	.202932	.040264
2	.123409	.317806	.026579	.166234	.094391	.378643	.095994	-.340618
3	.123409	.317806	-.026578	.166234	-.094391	.378643	-.095994	-.340618
4	.187813	.309975	-.079076	.086732	-.228933	.147000	-.202932	.040264
5	.177566	-.071644	-.301739	.172339	-.186656	-.277508	.255907	-.271006
6	.102605	-.118797	-.289443	.366858	.067513	-.170470	.357134	-.154245
7	.081190	-.163022	-.269973	.385926	.282887	.040857	.141946	.134994
8	.102147	-.203229	-.243813	.220424	.335706	.227189	-.199004	.273281
9	.176411	-.238429	-.211609	-.050496	.195619	.274533	-.363639	.105983
10	.176411	-.238430	.211609	-.050496	-.195619	.274533	.363639	.105983
11	.102147	-.203230	.243812	.220424	-.335706	.227189	.199004	.273281
12	.081190	-.163022	.269973	.385926	-.282887	.040857	-.141946	.134994
13	.102605	-.118797	.289443	.366858	-.067513	-.170470	-.357134	-.154245
14	.177566	-.071645	.301739	.172339	.186656	-.277508	-.255907	-.271006
15	.345195	-.022727	.306556	-.104602	.333567	-.214775	.072050	-.084726
16	.350232	.294505	.129615	-.034250	.231924	-.174574	.130076	.376122
17	.350232	.294505	-.129615	-.034250	-.231924	-.174574	-.130076	.376122
18	.345195	-.022726	-.306556	-.104602	-.333567	-.214775	-.072050	-.084726
19	.342740	-.267754	-.174161	-.297267	-.056877	.153926	-.206096	-.179827
20	.342740	-.267754	.174160	-.297267	.056877	.153926	.206096	-.179827

	9	10	11	12	13	14	15	16
9	.841864	-.202765	-.267261	-.485838	-.710603	-1.033797	-1.152222	-1.707561
1	.474599	.078520	.130713	.262684	.007172	.492294	.070232	.101167
2	.257673	-.065283	.178389	-.176792	.024782	-.242056	-.461381	-.037365
3	-.257673	-.065283	-.178389	-.176792	-.024782	-.242056	.461381	-.037365
4	-.474599	.078520	-.130713	.262684	-.007172	.492294	-.070232	.101167
5	.120604	-.335568	-.230777	.106563	-.369843	.141559	.046852	-.092181
6	-.111754	.205932	-.225345	.283970	.246993	-.196820	-.182131	-.107990
7	-.214685	.293812	.291003	-.244527	.194329	.061912	.163003	.276580
8	-.068982	-.265507	.147572	-.165170	-.385083	.132815	-.005685	-.364287
9	.156612	-.239977	-.330443	.324773	.079313	-.199216	-.156453	.345463
10	-.156612	-.239977	.330443	.324773	-.079313	-.199216	.156453	.345463
11	.068982	-.265507	-.147572	-.165170	.385083	.132815	.005685	-.364287
12	.214685	.293812	-.291003	-.244527	-.194329	.061912	-.163003	.276580
13	.111754	.205932	.225345	.283970	-.246993	-.196820	.182131	-.107990
14	-.120604	-.335568	.230777	.106563	.369843	.141559	-.046852	-.092181
15	-.213286	-.137891	-.287023	-.335743	-.015819	.050476	-.128146	.265394
16	.141874	.049362	-.213324	.049170	-.029878	-.266875	.380458	-.135384
17	-.141874	.049362	.213324	.049170	.029878	-.266875	-.380458	-.135384
18	.213286	-.137891	.287023	-.335743	.015819	.050476	.128146	.265394
19	.200828	.314166	-.059257	.007383	.328723	.073134	.185953	-.225612
20	-.200828	.314166	.059257	.007383	-.328723	.073134	-.185953	-.225612

Dicyclohepta[a,c]naphthalin

Z = 20 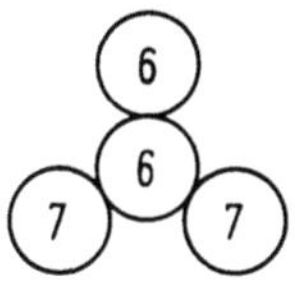

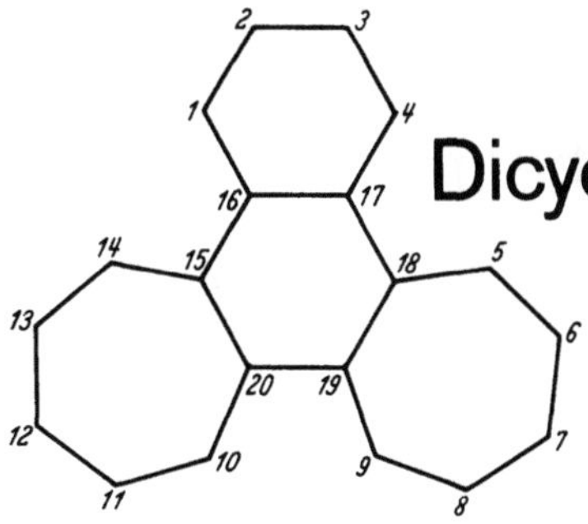

Eigenwerte und Hückelkoeffizienten

	17	18	19	20
17	-1.763238	-1.859037	-1.963000	-2.500140
1	.217836	.100663	.254850	.201099
2	-.285410	-.035209	-.264641	-.134053
3	.285410	-.035209	.264641	.134053
4	-.217836	.100663	-.254850	-.201099
5	-.267658	-.361502	.045150	.167821
6	.329430	.338344	-.116568	-.067540
7	-.313205	-.267491	.183674	.001038
8	.222825	.158932	-.243983	.064944
9	-.079689	-.027970	.295266	-.163407
10	.079689	-.027970	-.295266	.163407
11	-.222825	.158932	.243983	-.064944
12	.313205	-.267491	-.183674	-.001038
13	-.329430	.338344	.116568	.067540
14	.267658	-.361502	-.045150	-.167821
15	-.142515	.333702	-.027939	.352036
16	-.098686	-.151927	-.235628	-.368722
17	.098686	-.151927	.235628	.368722
18	.142515	.333702	.027939	-.352036
19	-.082315	-.106935	-.335623	.343596
20	.082315	-.106935	.335623	-.343596

TOTALE PI ELEKTRONEN ENERGIE 26.885394

Dicyclohepta[a,c]naphthalin

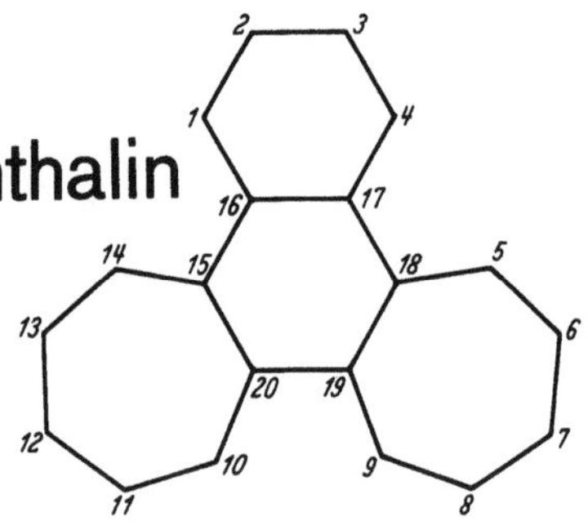

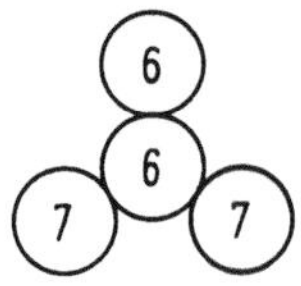

Z = 20

allgemeine Bindungsordnungen

	1	2	3	4	5	6	7	8
1	.986730							
2	.676820	.985488						
3	.014890	.644582	.985488					
4	-.313625	.014890	.676820	.986730				
5	-.018776	.133872	.013858	-.189087	1.070689			
6	.022337	.029212	.012547	-.025677	.525215	.965707		
7	.006059	-.098988	-.010323	.124740	-.029636	.747843	1.014950	
8	-.033379	-.033476	.013206	.028815	-.051332	.019606	.484016	1.027238
9	.018420	.078814	.005662	-.095915	-.063013	-.315160	.031894	.778440
10	-.095915	.005662	.078814	.018420	.124317	-.023502	-.077015	.063138
11	.028815	.013206	-.033476	-.033379	.142028	-.099883	-.105391	.161220
12	.124740	-.010323	-.098988	.006059	-.186003	.060139	.138353	-.105391
13	-.025677	.012547	.029212	.022337	-.085383	.052232	.060139	-.099883
14	-.189087	.013858	.133872	-.018776	.247008	-.085383	-.186003	.142028
15	.033814	-.067762	-.034130	-.022195	.023367	.008772	-.003494	.038197
16	.609058	.016133	-.281388	-.019240	-.133730	-.041929	.087946	.057955
17	-.019240	-.281388	.016133	.609058	-.005722	-.076894	.013461	.015619
18	-.022195	-.034130	-.067762	.033814	.671556	.075346	-.273960	-.112256
19	.044684	.057559	-.030307	-.062100	-.071894	-.050725	-.020735	-.046314
20	-.062100	-.030307	.057559	.044684	-.210482	.147184	.145027	-.248429

	9	10	11	12	13	14	15	16
9	.949029							
10	-.010193	.949029						
11	.063138	.778440	1.027238					
12	-.077015	.031894	.484016	1.014950				
13	-.023502	-.315160	.019606	.747843	.965707			
14	.124317	-.063013	-.051332	-.029636	.525215	1.070689		
15	-.044952	.191933	-.112256	-.273960	.075346	.671556	.917727	
16	-.067509	-.038947	.015619	.013461	-.076894	-.005722	.425633	.985172
17	-.038947	-.067509	.057955	.087946	-.041929	-.133730	.040798	.554625
18	.191933	-.044952	.038197	-.003494	.008772	.023367	-.105976	.040798
19	.438490	-.090006	-.248429	.145027	.147184	-.210482	-.071395	-.123434
20	-.090006	.438490	-.046314	-.020735	-.050725	-.071894	.448786	.012890

	17	18	19	20
17	.985172			
18	.425633	.917727		
19	.012890	.448786	1.097271	
20	-.123434	-.071395	.631774	1.097271

Dicyclohepta[a,c]naphthalin

Z = 20

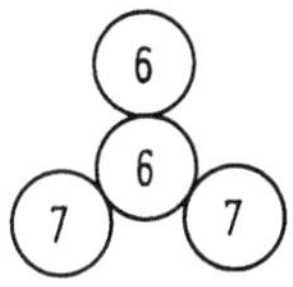

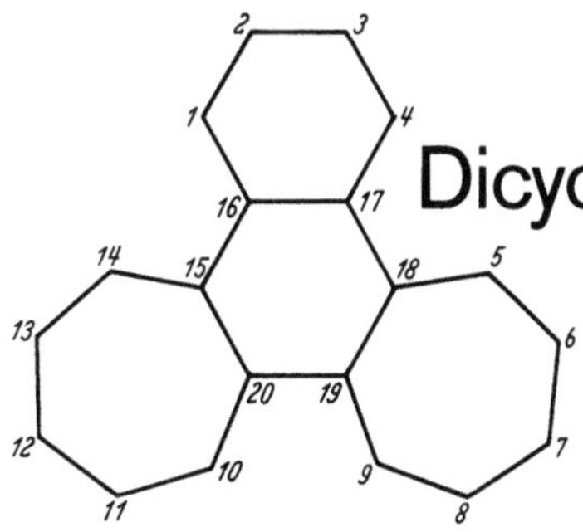

Atom- Atom Polarisierbarkeiten

	1	2	3	4	5	6	7	8
1	.445594							
2	-.167766	.420528						
3	.026180	-.148114	.420528					
4	-.093047	.026180	-.167766	.445594				
5	.035415	-.082236	.048547	-.093427	.904880			
6	-.018152	.033462	-.023660	.037376	-.254865	.611557		
7	.036649	-.079046	.048137	-.086190	.456409	-.502529	.955827	
8	-.017119	.026420	-.021164	.027845	-.134785	.173629	-.239619	.597052
9	.033025	-.067516	.043165	-.072724	.363207	-.374466	.466968	-.495494
10	-.072724	.043165	-.067516	.033025	-.336191	.167238	-.335942	.145099
11	.027845	-.021164	.026420	-.017119	.087967	-.109791	.124408	-.139561
12	-.086190	.048137	-.079046	.036649	-.424042	.170637	-.404309	.124408
13	.037376	-.023660	.033462	-.018152	.153596	-.102162	.170637	-.109791
14	-.093427	.048547	-.082236	.035415	-.462392	.153596	-.424042	.087967
15	.047071	-.023005	.034182	-.015060	.161316	-.077882	.160917	-.069552
16	-.132142	.017530	-.081940	.007456	-.066693	.026038	-.063356	.019498
17	.007456	-.081940	.017530	-.132142	.061506	-.027198	.051277	-.020182
18	-.015060	.034182	-.023005	.047071	-.374093	.143152	-.311907	.096742
19	-.010452	.009914	-.013616	.009467	-.028046	.068306	-.063875	.098546
20	.009467	-.013616	.009914	-.010452	-.016071	-.094284	.039588	-.149938

	9	10	11	12	13	14	15	16
9	.903128							
10	-.296116	.903128						
11	.145099	-.495494	.597052					
12	-.335942	.466968	-.239619	.955827				
13	.167238	-.374466	.173629	-.502529	.611557			
14	-.336191	.363207	-.134785	.456409	-.254865	.904880		
15	.142990	-.251962	.096742	-.311907	.143152	-.374093	.481706	
16	-.052234	.043291	-.020182	.051277	-.027198	.061506	-.058684	.359776
17	.043291	-.052234	.019498	-.063356	.026038	-.066693	.028815	-.105761
18	-.251962	.142990	-.069552	.160917	-.077882	.161316	-.073481	.028815
19	-.120933	.095467	-.149938	.039588	-.094284	-.016071	-.039988	.001694
20	.095467	-.120933	.098546	-.063875	.068306	-.028046	-.001277	-.008689

	17	18	19	20
17	.359776			
18	-.058684	.481706		
19	-.008689	-.001277	.444937	
20	.001694	-.039988	-.220749	.444937

Dicyclohepta[a,c]naphthalin

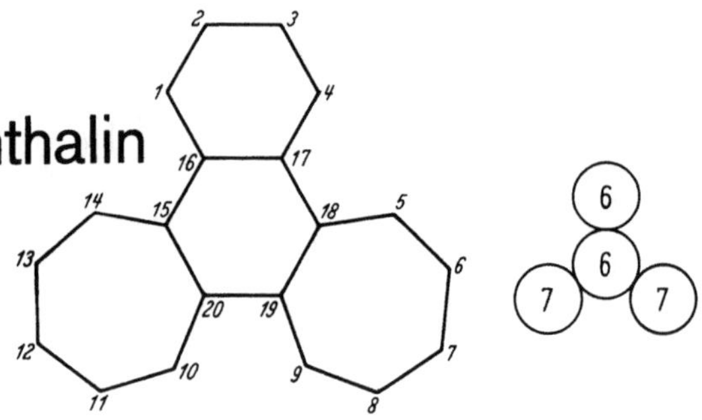

Z = 20

Bindungs- Atom Polarisierbarkeiten

	1	2	3	4	5	6	7	8
1 2	.004060	.002837	-.005676	.001338	.021344	-.014281	.022049	-.012908
1 16	.002955	-.003616	.002174	-.004447	-.028323	.018296	-.029696	.017218
2 3	-.004839	.006967	.006967	-.004839	-.006714	.004502	-.007993	.004553
3 4	.001338	-.005676	.002837	.004060	-.003076	.000434	-.002039	.000172
4 17	-.004447	.002174	-.003616	.002955	.019390	-.011155	.017157	-.008898
5 6	.003858	-.018077	.005311	-.019706	.001025	-.081521	.099366	-.083465
5 18	-.010837	.032708	-.015100	.036020	-.181033	.102332	-.202191	.099916
6 7	.000157	.008299	-.000374	.008986	.019785	.050873	-.021486	.036501
7 8	-.007804	.005758	-.009657	.006132	-.122611	.027007	-.127067	-.013895
8 9	.012114	-.014113	.014383	-.014858	.139062	-.073971	.149674	-.067057
9 19	-.019655	.025880	-.023701	.027100	-.236269	.133387	-.266095	.143088
10 11	-.014858	.014383	-.014113	.012114	-.146044	.046965	-.130126	.021975
10 20	.027100	-.023701	.025880	-.019655	.225765	-.081450	.205884	-.047914
11 12	.006132	-.009657	.005758	-.007804	.141672	-.018763	.113700	.017228
12 13	.008986	-.000374	.008299	.000157	-.036348	-.012855	-.017984	-.033654
13 14	-.019706	.005311	-.018077	.003858	.011152	.036319	-.013633	.061856
14 15	.036020	-.015100	.032708	-.010837	.109184	-.061515	.118958	-.066228
15 16	-.010666	-.004803	-.008239	-.004950	.040878	-.025738	.044357	-.025216
15 20	-.036698	.024243	-.034069	.018815	-.183790	.102887	-.198452	.107031
16 17	.008272	.005909	.005909	.008272	-.001804	-.001413	-.004209	.000105
17 18	-.004950	-.008239	-.004803	-.010666	-.027752	.018825	-.022410	.014138
18 19	.018815	-.034069	.024243	-.036698	.261565	-.167021	.272277	-.152542
19 20	.004652	.002957	.002957	.004652	-.017060	.007856	-.000040	-.012006

	9	10	11	12	13	14	15	16
1 2	.018844	-.002242	.000172	-.002039	.000434	-.003076	.002607	-.008419
1 16	-.026384	.014485	-.008898	.017157	-.011155	.019390	-.013950	.008979
2 3	-.007077	-.007077	.004553	-.007993	.004502	-.006714	.001734	.005909
3 4	-.002242	.018844	-.012908	.022049	-.014281	.021344	-.011333	-.006065
4 17	.014485	-.026384	.017218	-.029696	.018296	-.028323	.014362	.004940
5 6	.082599	-.037013	.061856	-.013633	.036319	.011152	.015125	-.016576
5 18	-.179806	.116733	-.066228	.118958	-.061515	.109184	-.048853	.027327
6 7	-.023184	.002527	-.033654	-.017984	-.012855	-.036348	.000510	.007722
7 8	-.093237	.073232	.017228	.113700	-.018763	.141672	-.035648	.002730
8 9	.169269	-.099170	.021975	-.130126	.046965	-.146044	.051234	-.010623
9 19	-.251540	.162404	-.047914	.205884	-.081450	.225765	-.084783	.019434
10 11	-.099170	.169269	-.067057	.149674	-.073971	.139062	-.050157	.013458
10 20	.162404	-.251540	.143088	-.266095	.133387	-.236269	.087362	-.021584
11 12	.073232	-.093237	-.013895	-.127067	.027007	-.122611	.011669	-.008113
12 13	.002527	-.023184	.036501	-.021486	.050873	.019785	.036007	-.001349
13 14	-.037013	.082599	-.083465	.099366	-.081521	.001025	-.081871	.007606
14 15	.116733	-.179806	.099916	-.202191	.102332	-.181033	.134651	-.017773
15 16	.040329	-.017477	.014138	-.022410	.018825	-.027752	.026225	.000704
15 20	-.190611	.234488	-.152542	.272277	-.167021	.261565	-.129337	.024263
16 17	-.005134	-.005134	.000105	-.004209	-.001413	-.001804	-.005080	.002613
17 18	-.017477	.040329	-.025216	.044357	-.025738	.040878	-.017879	-.010119
18 19	.234488	-.190611	.107031	-.198452	.102887	-.183790	.079770	-.025806
19 20	.017965	.017965	-.012006	-.000040	.007856	-.017060	.017635	.000741

Dicyclohepta[a,c]naphthalin

Z = 20

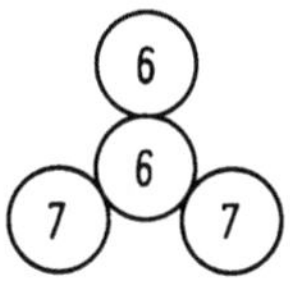

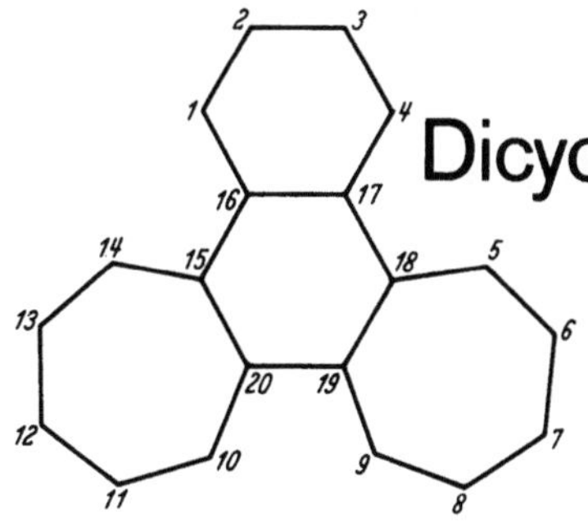

Bindungs- Atom Polarisierbarkeiten

	17	18	19	20
1 2	-.006065	-.011333	-.008190	.000542
1 16	.004940	.014362	.012002	-.005487
2 3	.005909	.001734	.002957	.002957
3 4	-.008419	.002607	.000542	-.008190
4 17	.008979	-.013950	-.005487	.012002
5 6	.007606	-.081871	-.052653	.080300
5 18	-.017773	.134651	.060890	-.055385
6 7	-.001349	.036007	.026875	-.051008
7 8	-.008113	.011669	-.020733	.058400
8 9	.013458	-.050157	-.000727	-.011289
9 19	-.021584	.087362	.001640	.001047
10 11	-.010623	.051234	-.011289	-.000727
10 20	.019434	-.084783	.001047	.001640
11 12	.002730	-.035648	.058400	-.020733
12 13	.007722	.000510	-.051008	.026875
13 14	-.016576	.015125	.080300	-.052653
14 15	.027327	-.048853	-.055385	.060890
15 16	-.010119	-.017879	-.018373	.008166
15 20	-.025806	.079770	.086381	-.093395
16 17	.002613	-.005080	.000741	.000741
17 18	.000704	.026225	.008166	-.018373
18 19	.024263	-.129337	-.093395	.086381
19 20	.000741	.017635	-.022699	-.022699

Dicyclohepta[a,c]naphthalin

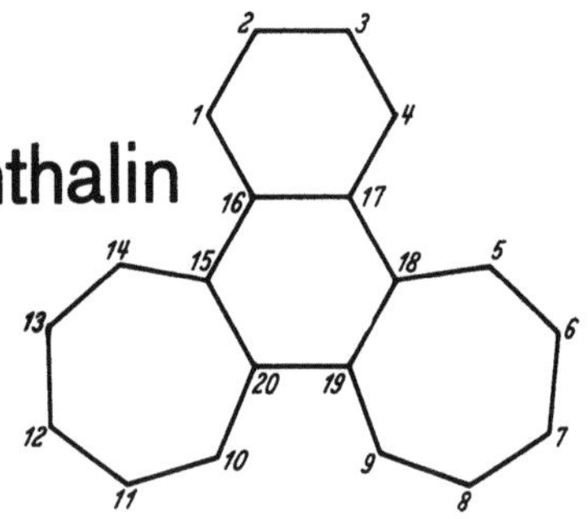

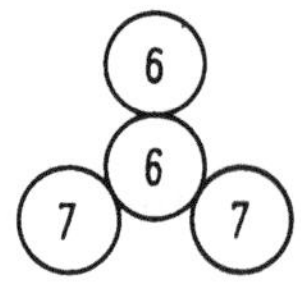

Z = 20

Bindungs- Bindungs Polarisierbarkeiten

	1 2	1 16	2 3	3 4	4 17	5 6	5 18	6 7
1 2	.265347							
1 16	-.200963	.268834						
2 3	-.217379	.119755	.272414					
3 4	.128301	-.076486	-.217379	.265347				
4 17	-.076486	.090853	.119755	-.200963	.268834			
5 6	.007259	-.009427	-.009466	.009266	-.016736	.520268		
5 18	-.021878	.025894	.021111	-.020001	.031919	-.294864	.428154	
6 7	-.000768	.001069	.004940	-.005962	.012964	-.274930	.128607	.247568
7 8	-.013588	.015955	.003678	.000293	-.012353	.058065	.035773	-.213439
8 9	.019252	-.024135	-.006103	.000131	.014741	.019458	-.112024	.081295
9 19	-.032751	.041202	.012887	-.003762	-.018121	-.127790	.248701	.017896
10 11	.000131	.014741	-.006103	.019252	-.024135	.016088	.068437	-.026611
10 20	-.003762	-.018121	.012887	-.032751	.041202	-.011353	-.112198	.031845
11 12	.000293	-.012353	.003678	-.013588	.015955	-.059654	-.031524	.055928
12 13	-.005962	.012964	.004940	-.000768	.001069	.043824	-.003745	-.032292
13 14	.009266	-.016736	-.009466	.007259	-.009427	-.066374	.029755	.043824
14 15	-.020001	.031919	.021111	-.021878	.025894	.029755	-.050934	-.003745
15 16	.036149	-.122110	-.021865	-.008072	.013051	.022501	-.054966	-.007022
15 20	-.000833	.034146	-.009709	.035376	-.044251	-.054454	.112505	.007771
16 17	.097891	-.138213	-.064410	.097891	-.138213	-.015672	.032029	.010028
17 18	-.008072	.013051	-.021865	.036149	-.122110	.045989	-.113341	-.029871
18 19	.035376	-.044251	-.009709	-.000833	.034146	.165806	-.392330	-.057433
19 20	.003178	-.007588	-.003702	.003178	-.007588	.002441	.044920	.008337

	7 8	8 9	9 19	10 11	10 20	11 12	12 13	13 14
7 8	.509561							
8 9	-.278876	.292236						
9 19	.136011	-.341222	.701407					
10 11	.094526	-.083367	.123975	.292236				
10 20	-.133570	.123975	-.182632	-.341222	.701407			
11 12	-.124749	.094526	-.133570	-.278876	.136011	.509561		
12 13	.055928	-.026611	.031845	.081295	.017896	-.213439	.247568	
13 14	-.059654	.016088	-.011353	.019458	-.127790	.058065	-.274930	.520268
14 15	-.031524	.068437	-.112198	-.112024	.248701	.035773	.128607	-.294864
15 16	-.021377	.034681	-.062659	-.026254	.033200	.023087	-.029871	.045989
15 20	.066567	-.125308	.211797	.206651	-.409567	-.110378	-.057433	.165806
16 17	-.003582	.002694	-.000911	.002694	-.000911	-.003582	.010028	-.015672
17 18	.023087	-.026254	.033200	.034681	-.062659	-.021377	-.007022	.022501
18 19	-.110378	.206651	-.409567	-.125308	.211797	.066567	.007771	-.054454
19 20	.003647	.049734	-.122385	.049734	-.122385	.003647	.008337	.002441

	14 15	15 16	15 20	16 17	17 18	18 19	19 20
14 15	.428154						
15 16	-.113341	.342176					
15 20	-.392330	-.096106	.688834				
16 17	.032029	-.092968	.017400	.254014			
17 18	-.054966	.023719	.057981	-.092968	.342176		
18 19	.112505	.057981	-.191360	.017400	-.096106	.688834	
19 20	.044920	.024077	-.113107	-.006995	.024077	-.113107	.224188

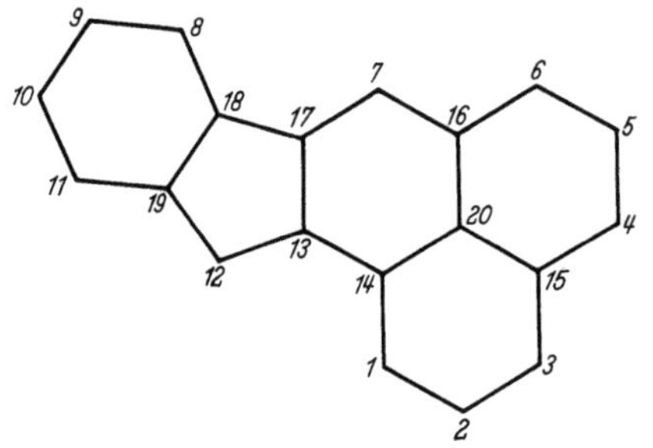

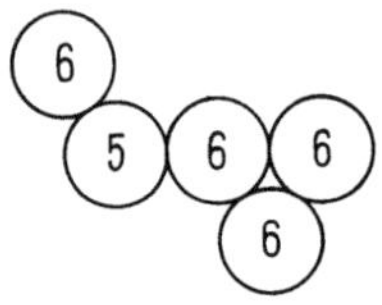

Z = 20

Eigenwerte und Hückelkoeffizienten

	1	2	3	4	5	6	7	8
1	2.577664	2.259556	1.769843	1.732051	1.335488	1.256497	1.000000	1.000000
1	.173679	.134954	.320279	.209453	.192837	.033750	.133559	.385783
2	.119731	.155953	.201019	.324451	.090594	-.212407	-.139231	.480224
3	.134948	.217429	.035494	.352513	-.071851	-.300638	-.272790	.094440
4	.130548	.227802	-.269753	.143059	-.347208	-.094136	.272790	-.094440
5	.108389	.179389	-.339220	-.038333	-.277143	.047063	.406349	.291343
6	.148842	.177538	-.330613	-.209453	-.022913	.153270	.133559	.385783
7	.238206	.011067	-.094280	-.352513	.182244	-.157444	-.272790	.094440
8	.145698	-.235475	-.194221	.143059	.269142	-.294573	.272790	-.094440
9	.089764	-.187216	-.240425	.247786	.406080	.003245	.272790	-.094440
10	.085684	-.187549	-.231294	.286119	.273174	.298650	0	0
11	.131100	-.236563	-.168929	.247786	-.041260	.372008	-.272790	.094440
12	.233313	-.202600	.152455	0	-.350504	.213434	0	0
13	.349156	-.110808	.337505	-.143059	-.139818	.099403	.272790	-.094440
14	.327954	.148984	.365823	.038333	.166938	.254813	.272790	-.094440
15	.228120	.335342	-.138201	.286119	-.186549	-.165344	-.133559	-.385783
16	.275276	.221768	-.245912	-.324451	.246543	.145521	-.272790	.094440
17	.338740	-.196762	.079053	-.286119	-.003159	-.343348	0	0
18	.285795	-.344853	-.103315	0	-.046645	-.373375	0	0
19	.252247	-.346978	-.067683	.143059	-.328276	.168776	-.272790	.094440
20	.322521	.312492	-.010334	0	.169924	.187020	-.133559	-.385783

	9	10	11	12	13	14	15	16
9	.712001	.374162	-.168720	-.835162	-1.000000	-1.000000	-1.275137	-1.347388
1	.131452	.261877	.292491	.150965	.276718	.300156	.166493	.141237
2	-.037881	-.106691	.055281	.154335	-.064476	-.495825	.070601	-.156414
3	-.158423	-.301797	-.301818	-.279859	-.212242	.195670	-.256520	.069514
4	-.157234	.251847	.379320	-.005330	.212242	-.195670	-.346936	-.209234
5	-.037035	.100461	-.059640	-.074942	-.488961	-.104486	.185895	.219167
6	.130866	-.214258	-.369257	.067919	.276718	.300156	.109895	-.086069
7	-.300472	.099055	.425450	-.302018	-.212242	.195670	.029445	.169949
8	.297915	-.179403	.084478	-.438605	.212242	-.195670	.157695	.261370
9	-.143482	-.282436	.180441	.124072	-.212242	.195670	.114073	-.502451
10	-.400074	.073726	-.114922	.334985	0	0	-.303153	.415626
11	-.141372	.310021	-.161052	-.403838	.212242	-.195670	.272489	-.057559
12	-.001040	-.509515	.331772	.159695	0	0	.099165	.362790
13	-.300159	-.232913	-.198071	-.135657	.212242	-.195670	-.082141	-.150746
14	.131475	.204676	-.104630	-.280415	-.212242	.195670	-.282903	-.033887
15	-.074916	-.006230	-.004359	.079393	.276718	.300156	.256497	.062752
16	.130211	-.180629	.121941	.018219	.212242	-.195670	-.326026	-.103199
17	-.344148	.217692	-.193723	.234015	0	0	.288479	-.125789
18	.355598	.215310	-.194694	.242234	0	0	-.315155	.150284
19	.299418	.042272	.142094	.002285	-.212242	.195670	-.044308	-.338072
20	.262317	.047618	-.076767	.218884	-.276718	-.300156	.276388	.055168

	17	18	19	20
17	-1.732051	-1.936766	-2.217523	-2.504515
1	.372529	.046188	.078483	.211132
2	-.390797	.096834	-.075033	-.159592
3	.304351	-.233734	.087905	.188569
4	-.068177	-.317474	.074300	.185972
5	.254442	.259019	-.044865	-.153089
6	-.372529	-.184185	.025188	.197442
7	-.304351	.132951	-.104487	.249043
8	-.068177	-.039501	.336833	-.077216
9	.118087	-.025874	-.275854	.040282
10	-.136355	.089613	.274880	-.023671
11	.118087	-.147685	-.333699	.019001
12	0	-.335109	-.226602	-.112205
13	.068177	.452610	.037390	.304938
14	-.254442	-.186290	-.099004	-.369191
15	-.136355	.355853	-.119898	-.312681
16	.390797	.097705	-.010991	-.341407
17	.136355	-.355199	.242693	-.282326
18	0	.102378	-.471080	.153108
19	-.068177	.196418	.465105	-.023918
20	0	-.137997	.103671	.408574

TOTALE PI ELEKTRONEN ENERGIE 28.034523

Z = 20

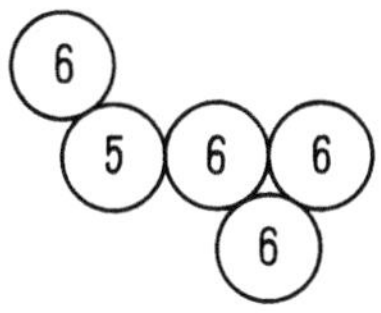

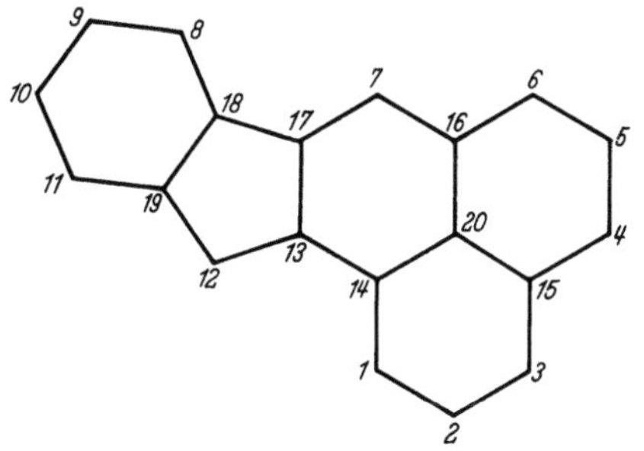

allgemeine Bindungsordnungen

	1	2	3	4	5	6	7	8
1	.971354							
2	.636458	1.000952						
3	.028246	.700913	.972140					
4	-.055726	-.144719	.053643	.926134				
5	.125224	-.001519	-.147885	.694580	1.001910			
6	.057131	.122058	-.054768	.076169	.644039	.921130		
7	-.089787	.062042	.084440	-.101954	-.093746	.107146	.862898	
8	-.009151	-.000862	.009668	-.072346	-.000454	.080475	-.190421	.996693
9	-.098372	.003899	.089409	-.074326	-.007825	.081282	-.080147	.677804
10	.009790	-.008102	-.009695	.060595	.007411	-.065282	.139117	-.008731
11	.111684	-.003804	-.098202	.081045	.003138	-.090995	.095241	-.317388
12	-.263891	.008594	.215595	-.166739	-.013470	.196259	-.217355	-.028037
13	-.000479	-.069880	-.001506	.039777	.046881	-.040521	.086418	-.080536
14	.627866	-.001352	-.302772	.031626	.002923	-.090257	-.160984	.005570
15	-.238317	-.000566	.553028	.549861	.000392	-.233903	-.031704	-.001316
16	-.093424	.003881	.036040	-.284445	-.004612	.604001	.507841	.001169
17	-.005518	-.009228	-.005702	.158995	.009804	-.189906	.700746	-.003780
18	.103090	-.003382	-.091586	.072556	.015954	-.080567	.077535	.615305
19	-.003816	.021584	.005225	-.058123	-.017361	.063745	-.153295	.024564
20	.028485	-.241494	-.026522	.020443	-.230737	-.021739	.017359	.071324

	9	10	11	12	13	14	15	16
9	1.021824							
10	.635578	1.014377						
11	-.016178	.689627	1.005218					
12	.049266	-.092856	-.022383	1.093476				
13	.142445	.052220	-.181670	.689150	1.051343			
14	-.003260	.021413	.009778	-.012890	.428337	1.000711		
15	-.003926	-.000691	-.000666	-.004876	-.022999	.001571	.999827	
16	.023018	-.017123	-.004675	.036694	-.130785	-.008052	-.000731	1.011149
17	-.074322	.032218	-.009503	-.103571	.453192	.022042	.000576	-.023746
18	-.033861	-.275162	.032011	-.105239	-.168693	-.015103	.012572	-.061640
19	-.263338	-.025337	.584947	.496133	-.074328	-.070711	.004223	.042058
20	-.017090	-.055492	.020689	-.067632	-.041000	.537609	.527779	.510577

	17	18	19	20
17	1.050597			
18	.418670	1.051338		
19	-.086636	.533219	1.040183	
20	-.195424	.022513	.059929	1.006746

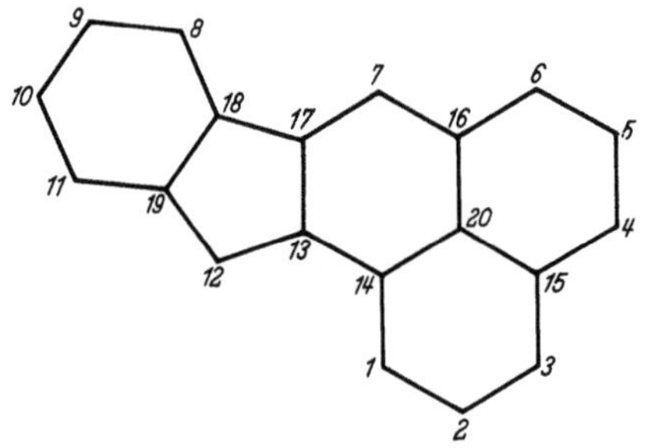

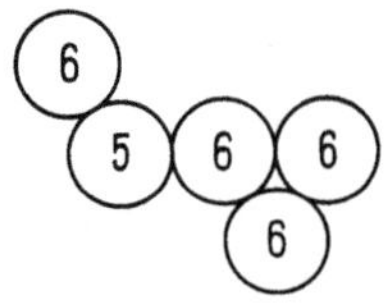

Z = 20

Atom- Atom Polarisierbarkeiten

	1	2	3	4	5	6	7	8
1	.471846							
2	-.131213	.396602						
3	.043942	-.190871	.487871					
4	.019494	-.022451	.045088	.492238				
5	-.022127	.000160	-.023595	-.184899	.395537			
6	.004420	-.021009	.019026	.040741	-.136525	.480959		
7	-.002509	-.003441	-.008973	.004581	-.006026	.024246	.488032	
8	-.002043	.000070	-.001989	-.012730	.000250	-.013555	-.044722	.428727
9	-.026184	.000583	-.024775	-.019282	.000423	-.020010	-.013113	-.164703
10	-.000548	-.000043	-.000715	-.009600	.000066	-.009897	-.032460	.017175
11	-.028774	.000806	-.026833	-.022387	.000651	-.023651	-.021418	-.095423
12	-.121206	.004007	-.110691	-.086978	.002914	-.092478	-.074659	.006854
13	.027615	-.003257	.016756	.004587	-.002052	.008802	.000713	-.004452
14	-.147055	.010129	-.098752	-.010072	.002327	-.011695	-.016922	.000210
15	-.048282	.007371	-.088262	-.086420	.007626	-.046298	-.000476	.000089
16	-.012546	.002152	-.010781	-.086379	.008977	-.130092	-.064836	.001982
17	-.006805	.000170	-.006573	-.048957	.001032	-.052996	-.219816	.017069
18	-.025588	.000555	-.024161	-.015791	.000235	-.015814	.008267	-.128187
19	.003629	-.000430	.002379	-.006252	-.000263	-.005858	-.026486	.002097
20	.003934	-.049869	.001910	.005470	-.044712	.001684	.010017	-.006719

	9	10	11	12	13	14	15	16
9	.424858							
10	-.133567	.408087						
11	.025804	-.174755	.453341					
12	.028142	-.002342	.049090	.585953				
13	-.036555	-.001117	-.042393	-.221116	.371570			
14	.003062	-.000344	.004382	.026234	-.039690	.351278		
15	-.000007	.000049	.000010	.000085	-.000215	.003177	.328456	
16	.001516	.000700	.002752	.012437	-.011167	.007049	.002780	.336630
17	.000833	.006465	.006151	.027671	-.046701	.002044	.000679	.011517
18	.017465	-.071083	.002693	.026811	-.032949	.002997	-.000103	-.000420
19	-.064964	.009206	-.109736	-.059424	.011299	-.003200	.000043	-.000894
20	.000473	-.005274	-.000308	-.001305	.000321	-.085160	-.080302	-.071376

	17	18	19	20
17	.369539			
18	-.031974	.373099		
19	.003655	-.089239	.339375	
20	-.033003	.003189	-.004918	.355950

Z = 20

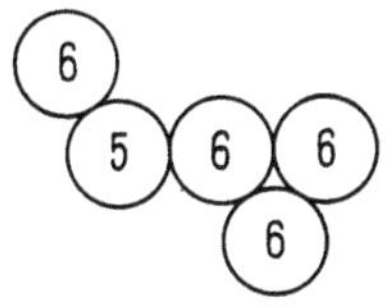

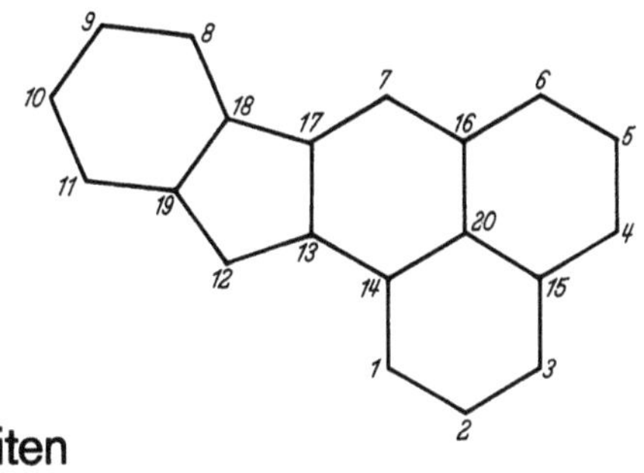

Bindungs- Atom Polarisierbarkeiten

	1	2	3	4	5	6	7	8
1 2	.011663	.000052	-.017148	-.013069	.000320	-.013632	.008171	.000153
1 14	.016240	.000332	.015945	.008526	-.000867	.009704	-.016443	-.000341
2 3	-.011278	-.000925	.016579	.012303	-.000327	.012814	-.007401	-.000144
3 15	.010075	.000356	.010154	-.017151	-.000155	-.017155	.000737	-.000002
4 5	.013910	-.000314	.013406	.040121	-.002495	-.032049	-.010625	-.000447
4 15	-.018453	-.000452	-.018254	.023579	.000245	.023798	-.000875	-.000153
5 6	-.014457	.000308	-.013887	-.042371	.001001	.034153	.011571	.000452
6 16	.010529	-.001126	.009546	.034120	.001103	.032879	-.025451	-.001065
7 16	-.016211	.000453	-.015538	-.047262	.000760	-.049235	.036729	.001882
7 17	.007939	.000317	.008874	.035761	.000186	.035355	.069063	-.004126
8 9	-.006558	.000194	-.006338	-.015701	.000342	-.016559	-.026069	.008844
8 18	.006369	-.000185	.006192	.015101	-.000337	.015946	.023825	-.008927
9 10	.005250	-.000095	.005170	.013504	-.000190	.013984	.021752	.000459
10 11	-.005320	.000119	-.005262	-.014781	.000274	-.015508	-.026006	.000684
11 19	.003800	-.000023	.003974	.013216	-.000191	.013779	.023868	.007983
12 13	.001048	.000534	.002344	.016310	.000450	.015337	.024514	.000073
12 19	-.007207	-.000012	-.007656	-.025177	.000286	-.026045	-.043643	-.001491
13 14	-.001975	-.000249	-.003039	-.005976	-.000010	-.006021	.015218	.000437
13 17	.003139	-.000505	.001919	-.012413	-.000377	-.011756	-.047599	-.002404
14 20	-.014602	-.000071	-.013527	-.003317	.000999	-.004739	.005070	.000065
15 20	.008799	.000149	.008513	-.006571	-.000121	-.006823	.000131	.000171
16 20	.004757	.000841	.005309	.009364	-.001510	.011491	-.005550	-.000811
17 18	-.011316	.000257	-.011156	-.028119	.000536	-.029467	-.043006	.006474
18 19	.003859	.000036	.003878	.010001	.000077	.009750	.012020	-.007766

	9	10	11	12	13	14	15	16
1 2	.001505	.000310	.001435	.006678	-.000742	.001036	-.000002	.001184
1 14	-.002813	-.000381	-.002955	-.012836	.002954	-.001373	.000424	-.002109
2 3	-.001406	-.000286	-.001339	-.006156	.000523	-.001024	.000054	-.001016
3 15	.000239	.000194	.000051	.000844	.000702	.000404	.000359	.000333
4 5	-.002093	-.001076	-.001524	-.008526	-.001679	-.001121	-.000069	-.003079
4 15	-.000104	-.000201	-.000042	-.000342	-.000399	.000355	-.000073	-.000699
5 6	.002244	.001160	.001607	.009262	.001742	.001242	.000039	.003433
6 16	-.004819	-.002684	-.003336	-.019970	-.004182	-.002298	-.000219	-.008298
7 16	.006519	.004595	.003899	.027160	.008294	.001471	-.000009	.004432
7 17	-.010836	-.008849	-.006037	-.046288	-.016161	.002373	.000001	.001297
8 9	-.000949	.005281	-.000890	.015473	.008826	.000368	-.000032	.001854
8 18	.010253	-.004138	.009557	-.016891	-.010721	-.000208	.000048	-.001848
9 10	-.013671	-.009524	.003271	-.006933	-.007188	-.000118	.000018	-.001006
10 11	.009429	.000137	.005467	.011121	.009666	.000024	-.000024	.001580
11 19	-.007048	.008600	-.011782	-.006887	-.012396	.000544	.000029	-.001256
12 13	-.008253	.001689	-.011002	-.042646	-.018768	.002902	-.000010	.002386
12 19	.016793	.002499	.015236	.007918	.025084	-.001369	-.000060	.001931
13 14	.001564	-.001075	.003289	.008922	-.011070	-.003136	-.000157	-.000050
13 17	.008326	.001864	.004983	.040040	.002601	-.002893	.000104	-.001471
14 20	.001499	.001362	.000234	.005447	.004989	.002421	-.000370	.002780
15 20	-.000149	0	-.000004	-.000572	-.000366	-.000861	-.000197	.000393
16 20	-.000851	-.001336	-.000240	-.002873	-.003248	.001447	.000254	-.004440
17 18	.005952	.010136	.001175	.027241	.022649	-.000057	-.000098	.002938
18 19	-.011330	-.008277	-.011053	.010814	-.001111	-.000129	-.000010	.000733

	17	18	19	20
1 2	.001008	.001713	.000241	.009125
1 14	-.001247	-.002801	.000211	-.010171
2 3	-.000929	-.001595	-.000240	-.008208
3 15	.000566	.000509	.000436	.008504
4 5	-.003867	-.002882	-.001677	.006087
4 15	-.000903	-.000135	-.000283	-.006610
5 6	.004212	.003158	.001849	-.006719
6 16	-.010080	-.006929	-.004366	.006648
7 16	.018680	.010143	.007944	-.004706
7 17	-.040222	-.017304	-.015698	.004358
8 9	.006869	.017188	.006028	.001828
8 18	-.006926	-.027406	-.007301	-.002403
9 10	-.003427	-.012312	-.007613	-.001330
10 11	.006577	.010033	.010435	.001356
11 19	-.006456	-.010354	-.018034	-.001366
12 13	.010317	-.005049	.008721	-.000898
12 19	.010676	.026214	.003124	.002900
13 14	-.003796	-.000973	-.004292	.012390
13 17	.002568	.016840	.007149	-.010116
14 20	.004466	.003381	.003126	.000788
15 20	.000343	-.000434	-.000194	-.002206
16 20	-.005836	-.001391	-.002170	-.003209
17 18	.010794	.010946	.019381	.004731
18 19	.006613	-.010557	-.006777	-.000772

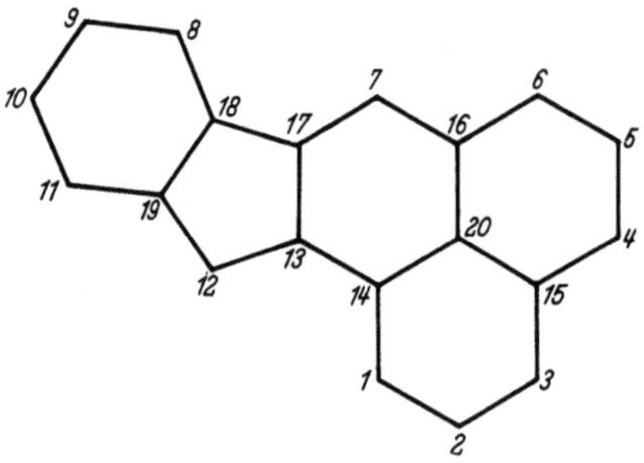

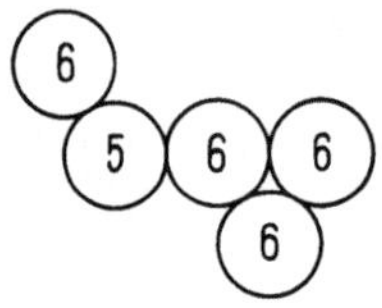

Z = 20

Bindungs- Bindungs Polarisierbarkeiten

	1 2	1 14	2 3	3 15	4 5	4 15	5 6	6 16
1 2	.296590							
1 14	-.191363	.256314						
2 3	-.232794	.118670	.241729					
3 15	.109483	-.057744	-.178096	.299062				
4 5	.022835	-.004361	-.024514	.056337	.253001			
4 15	-.042896	.009059	.055640	-.153150	-.177085	.305239		
5 6	-.021603	.009928	.022808	-.043109	-.240672	.108174	.299207	
6 16	.010195	-.002709	-.005005	.010333	.116467	-.051926	-.187014	.272035
7 16	.012883	-.023951	-.009209	.003195	-.036523	-.010462	.049018	-.160707
7 17	-.004728	.005142	.004438	-.002036	.021409	.006449	-.024802	.067304
8 9	.000753	-.001266	-.000730	.000183	-.002286	-.000595	.002421	-.005764
8 18	-.000811	.001488	.000778	-.000096	.003056	.001043	-.003299	.008349
9 10	-.002251	.004727	.002048	-.000046	.002966	.000413	-.003199	.007171
10 11	.002438	-.005142	-.002195	.000082	-.002675	-.000158	.002896	-.006206
11 19	-.004542	.010191	.003972	.000103	.003831	.000033	-.004268	.009037
12 13	-.022006	.056382	.017876	.001771	.013332	-.000501	-.015799	.033803
12 19	.010169	-.023766	-.008684	-.000423	-.008511	-.000336	.009621	-.020936
13 14	.034824	-.121425	-.024649	-.006989	-.006038	.002317	.008944	-.016701
13 17	.000966	.005960	-.001161	.003366	-.010407	-.001257	.012172	-.030017
14 20	.091168	-.145827	-.062786	.082064	.010429	-.009648	-.022089	.025637
15 20	-.042242	.064641	.066841	-.112386	.064808	-.116233	-.040761	.056203
16 20	-.026330	.033192	.014473	-.012013	-.052386	.077553	.078128	-.119889
17 18	.003454	-.007661	-.003120	-.000155	-.007395	-.002292	.008159	-.020789
18 19	-.004170	.009530	.003669	.000262	.004384	.000620	-.004860	.011131

	7 16	7 17	8 9	8 18	9 10	10 11	11 19	12 13
7 16	.351185							
7 17	-.176058	.234130						
8 9	.010557	-.023851	.262050					
8 18	-.017558	.047024	-.209342	.272582				
9 10	-.010906	.022136	-.213500	.120909	.282096			
10 11	.008067	-.013446	.127708	-.081739	-.221642	.253768		
11 19	-.010871	.017439	-.073707	.089518	.116978	-.192987	.279127	
12 13	-.040112	.070239	.004863	-.011841	.015251	-.022119	.056784	.231529
12 19	.027804	-.052076	-.003961	.010081	-.032743	.046522	-.146543	-.166182
13 14	-.000945	.024170	-.000441	-.000179	-.005327	.006099	-.015373	-.132347
13 17	.061130	-.145402	-.004910	.018744	-.003742	.010525	-.022073	-.146723
14 20	.043181	-.021033	.001636	-.001510	-.000578	.000505	.000933	.016878
15 20	.010311	-.005570	.000457	-.001093	-.000403	.000075	-.000148	-.001660
16 20	-.107233	.049612	-.003639	.006490	.002325	-.000798	-.000292	-.007974
17 18	.045087	-.143269	.041299	-.118843	-.027063	.004886	.000979	.005965
18 19	-.017884	.042783	.092065	-.133753	-.055619	.085536	-.118121	.042590

	12 19	13 14	13 17	14 20	15 20	16 20	17 18	18 19
12 19	.361898							
13 14	.041177	.321973						
13 17	.046071	-.063802	.323846					
14 20	-.003518	-.081243	.028611	.268362				
15 20	.000886	.007159	-.002943	-.109712	.261017			
16 20	-.000602	.032786	-.011989	-.113372	-.101176	.274557		
17 18	.036196	.011038	-.065849	.000550	.002953	-.014716	.339334	
18 19	-.122143	-.015027	-.001117	.001364	-.001023	.003323	-.088748	.265207

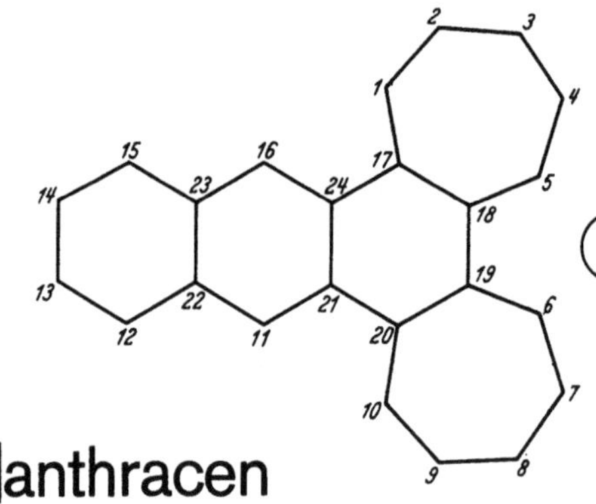

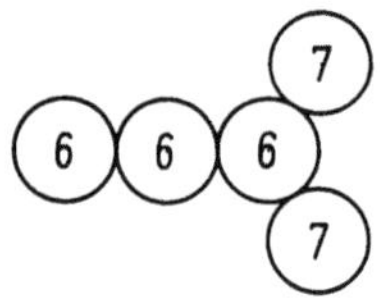

Z = 24

Dicyclohept[a,c]anthracen

Eigenwerte und Hückelkoeffizienten

	1	2	3	4	5	6	7	8
1	2.550672	2.217655	1.976376	1.752443	1.503190	1.461716	1.274390	1.219552
1	.160538	.106772	.301209	.004546	.235527	.133945	.237281	.261371
2	.090312	.091225	.288299	.125321	.382176	-.085518	.107967	.149144
3	.069817	.095534	.268578	.215072	.338956	-.258949	-.099689	-.079482
4	.087770	.120637	.242512	.251581	.127339	-.292991	-.235009	-.246076
5	.154055	.171996	.210716	.225809	-.147541	-.169322	-.199805	-.220621
6	.154055	.171996	-.210716	.225809	-.147541	.169322	-.199805	.220621
7	.087770	.120637	-.242512	.251581	.127339	.292991	-.235009	.246076
8	.069817	.095534	-.268578	.215072	.338956	.258949	-.099689	.079482
9	.090312	.091225	-.288299	.125321	.382176	.085518	.107967	-.149144
10	.160538	.106772	-.301209	.004546	.235527	-.133945	.237281	-.261371
11	.221059	-.200068	-.084694	-.149266	.064013	-.289210	-.186160	.239614
12	.113059	-.285673	-.021815	.219062	-.051473	-.180945	.112802	.338985
13	.072910	-.234609	-.007329	.291134	-.102294	-.073504	.411103	.152727
14	.072910	-.234609	.007329	.291134	-.102294	.073504	.411103	-.152727
15	.113059	-.285673	.021815	.219062	-.051473	.180945	.112802	-.338985
16	.221059	-.200068	.084694	-.149266	.064013	.289210	-.186160	-.239614
17	.319168	.145558	.307003	-.117354	-.028134	.281308	.194421	.169612
18	.305173	.260792	.173943	.144136	-.349121	.045491	-.019620	-.022982
19	.305173	.260792	-.173943	.144136	-.349121	-.045491	-.019620	.022982
20	.319168	.145558	-.307003	-.117354	-.028134	-.281308	.194421	-.169612
21	.348383	-.044766	-.131602	-.354339	.071304	-.231756	.030108	.031539
22	.215467	-.398915	-.035785	.092759	.024920	-.190987	-.267348	.260683
23	.215467	-.398915	.035785	.092759	.024920	.190987	-.267348	-.260683
24	.348383	-.044766	.131602	-.354339	.071304	.231756	.030108	-.031539

	9	10	11	12	13	14	15	16
9	1.059804	.901428	.565437	-.192428	-.295128	-.390582	-.710841	-.760115
1	.122833	.259108	.135209	.309455	.218882	.178245	.370399	.070411
2	.340097	.144139	-.015025	-.225490	.231225	.191731	-.244786	-.253600
3	.237603	-.129177	-.143705	-.266065	-.287123	-.253132	-.196395	.122354
4	-.088284	-.260583	-.066231	.276688	-.146487	-.092863	.384392	.160596
5	-.331167	-.105720	.106255	.212822	.330355	.289402	-.076847	-.244426
6	.331167	-.105720	-.106255	.212822	-.330355	.289402	.076847	-.244426
7	.088284	-.260583	.066231	.276688	.146487	-.092863	-.384392	.160596
8	-.237603	-.129177	.143705	-.266065	.287123	-.253132	.196395	.122354
9	-.340097	.144139	.015025	-.225490	-.231225	.191731	.244786	-.253600
10	-.122833	.259108	-.135209	.309455	-.218882	.178245	-.370399	.070411
11	-.039743	-.055541	.419899	-.137626	-.168547	.339215	-.010563	.235883
12	-.217191	.026589	-.376644	.077731	.076334	-.232839	.004789	-.356259
13	-.105442	-.269744	-.240600	-.065187	.108295	.167440	.016563	.202407
14	.105442	-.269744	.240600	-.065187	-.108295	.167440	-.016563	.202407
15	.217191	.026589	.376644	.077731	-.076334	-.232839	-.004789	-.356259
16	.039743	-.055541	-.419899	-.137626	.168547	.339215	.010563	.235883
17	-.209918	.089428	.091477	.165942	-.295823	-.261351	-.018508	.200079
18	-.262688	.165284	.126311	-.317641	.048990	-.020173	-.329766	.025195
19	.262688	.165284	-.126311	-.317641	-.048990	-.020173	.329766	.025195
20	.209918	.089428	-.091477	.165942	.295823	-.261351	.018508	.200079
21	.082617	-.343779	.209796	-.023746	.180566	-.055994	.027476	-.247689
22	-.124737	.293712	.027631	.050229	-.130823	-.076497	-.019968	.068391
23	.124737	.293712	-.027631	.050229	.130823	-.076497	.019968	.068391
24	-.082617	-.343779	-.209796	-.023746	-.180566	-.055994	-.027476	-.247689

Z = 24

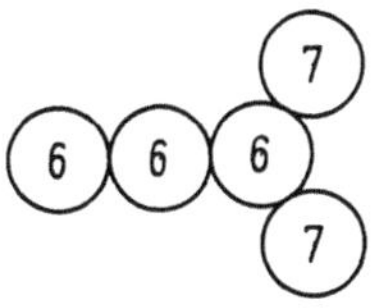

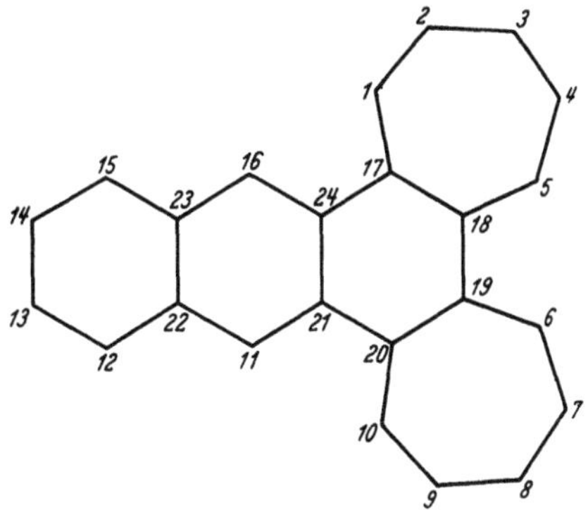

Dicyclohept[a,c]anthracen

Eigenwerte und Hückelkoeffizienten

	17	18	19	20	21	22	23	24
17	-1.101825	-1.284483	-1.576990	-1.710779	-1.861392	-1.868134	-2.195300	-2.534667
1	.024994	.122988	.176342	.080933	.360176	.204314	.093553	.149418
2	-.138737	-.108585	-.239825	.117270	-.334459	-.277249	-.028848	-.059884
3	.127870	.016487	.201860	-.281555	.262383	.313624	-.030223	.002367
4	-.002153	.087407	-.078506	.364409	-.153939	-.308643	.095196	.053885
5	-.125498	-.128760	-.078057	-.341868	.024158	.262962	-.178761	-.138946
6	.125498	-.128760	.078057	-.341868	.024158	-.262962	.178761	.138946
7	.002153	.087407	.078506	.364409	-.153939	.308643	-.095196	-.053885
8	-.127870	.016487	-.201860	-.281555	.262383	-.313624	.030223	-.002367
9	.138737	-.108585	.239825	.117270	-.334459	.277249	.028848	.059884
10	-.024994	.122988	-.176342	.080933	.360176	-.204314	-.093553	-.149418
11	.081878	.363575	-.221517	-.113234	-.111045	.046092	-.180424	.234316
12	-.043372	.389108	.203209	-.042932	-.033385	-.121869	-.289120	.123985
13	.425950	-.170326	-.352188	.015837	.011667	.140380	.241881	-.080790
14	-.425950	-.170326	.352188	.015837	.011667	-.140380	-.241881	.080790
15	.043372	.389108	-.203209	-.042932	-.033385	.121869	.289120	-.123985
16	-.081878	.363575	.221517	-.113234	-.111045	-.046092	.180424	-.234316
17	.111198	-.049391	-.038265	-.255728	-.335969	-.104436	-.176528	-.318842
18	.140430	.077983	.201601	.220452	.108972	-.182606	.297239	.298298
19	-.140430	.077983	-.201601	.220452	.108972	.182606	-.297239	-.298298
20	-.111198	-.049391	.038265	-.255728	-.335969	.104436	.176528	.318842
21	.287945	-.137529	.317600	.136109	.156223	-.173393	.003259	-.360442
22	-.378161	-.329476	.031730	.057609	.050475	.087287	.392825	-.233472
23	.378161	-.329476	-.031730	.057609	.050475	-.087287	-.392825	.233472
24	-.287945	-.137529	-.317600	.136109	.156223	.173393	-.003259	.360442

TOTALE PI ELEKTRONEN ENERGIE 32.580471

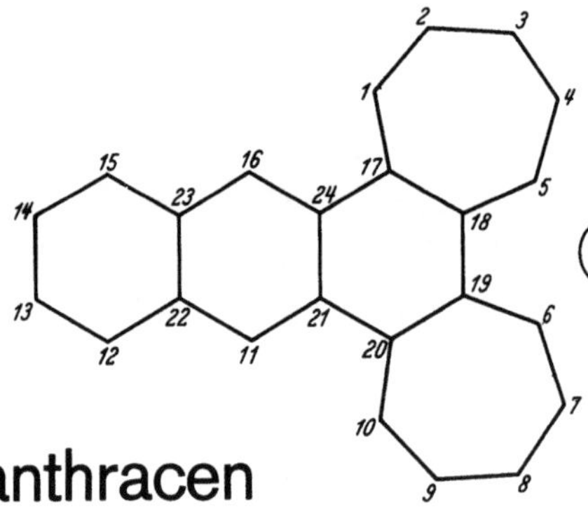

Dicyclohept[a,c]anthracen

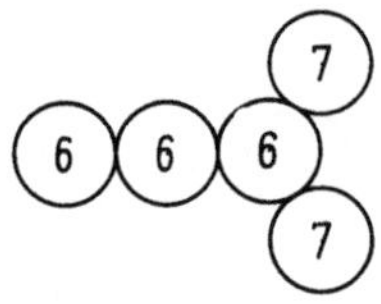

Z=24

allgemeine Bindungsordnungen

	1	2	3	4	5	6	7	8
1	1.044441							
2	.524235	.980172						
3	-.004092	.745631	.990351					
4	-.059735	.006087	.494996	1.037688				
5	-.085513	-.310370	.053424	.765764	.930344			
6	.087229	-.022769	-.042652	.056964	-.040482	.930344		
7	.141523	-.110877	-.101415	.168128	.056964	.765/64	1.037688	
8	-.144869	.062877	.099903	-.101415	-.042652	.053424	.494996	.990351
9	-.092200	.065911	.062877	-.110877	-.022769	-.310370	.006087	.745631
10	.203032	-.092200	-.144869	.141523	.087229	-.085513	-.059735	-.004092
11	-.044712	.053253	.023158	-.066119	.012619	-.131531	.010154	.169902
12	.028839	-.036099	-.017038	.041031	-.000607	.066752	.007315	-.083332
13	-.092502	-.005035	.072546	.002751	-.058444	-.004687	-.026929	.014754
14	-.022030	.016143	.014754	-.026929	-.004687	-.058444	.002751	.072546
15	.108082	-.002241	-.083332	.007315	.066752	-.000607	.041031	-.017038
16	-.245798	-.011655	.169902	.010154	-.131531	.012619	-.066119	.023158
17	.682687	.060177	-.281131	-.095693	.195497	-.040012	.053238	-.013554
18	-.055137	-.038176	-.039602	-.053920	.458411	-.079329	-.251262	.135611
19	-.204303	.155454	.135611	-.251262	-.079329	.458411	-.053920	-.039602
20	.038417	-.007748	-.013554	.053238	-.040012	.195497	-.095693	-.281131
21	-.093746	-.038390	.054748	.056173	-.039607	-.037544	.028022	.008178
22	.093375	.016837	-.067614	-.020396	.052875	.006753	.010349	-.009680
23	.012621	.008607	-.009680	.010349	.006753	.052875	-.020396	-.067614
24	.001953	-.084503	.008178	.028022	-.037544	-.039607	.056173	.054748

	9	10	11	12	13	14	15	16
9	.980172							
10	.524235	1.044441						
11	-.011655	-.245798	.996157					
12	-.002241	.108082	-.002275	1.003326				
13	.016143	-.022030	-.155780	.714389	.998771			
14	-.005035	-.092502	-.002328	-.000626	.607618	.998/71		
15	-.036099	.028839	.054192	-.345315	-.000626	.714389	1.003326	
16	.053253	-.044712	-.308343	.054192	-.002328	-.155780	-.002275	.996157
17	-.007748	.038417	-.053623	.036972	.011844	-.000563	-.007168	.026229
18	.155454	-.204303	.079387	-.046600	-.008046	.035237	-.005250	-.040945
19	-.038176	-.055137	-.040945	-.005250	.035237	-.008046	-.046600	.079387
20	.060177	.682687	.026229	-.007168	-.000563	.011844	.036972	-.053623
21	-.084503	.001953	.661441	-.156343	-.008531	.136957	.009516	-.020714
22	.008607	.012621	.558046	.558609	.003928	-.238544	-.002954	.008890
23	.016837	.093375	.008890	-.002954	-.238544	.003928	.558609	.558046
24	-.038390	-.093746	-.020714	.009516	.136957	-.008531	-.156343	.661441

	17	18	19	20	21	22	23	24
17	.931080							
18	.431047	1.100433						
19	-.084945	.629179	1.100433					
20	-.087269	-.084945	.431047	.931080				
21	.034049	-.121110	-.003663	.427646	.993067			
22	-.020088	.039161	-.022253	-.052948	.008604	.994169		
23	-.052948	-.022253	.039161	-.020088	-.202135	.506030	.994169	
24	.427646	-.003663	-.121110	.034049	.501609	-.202135	.008604	.993067

Z = 24

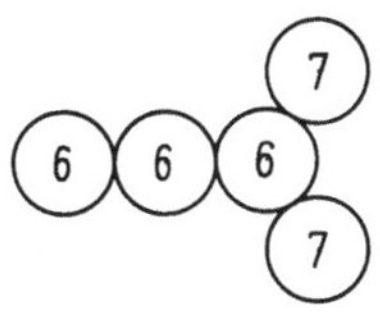

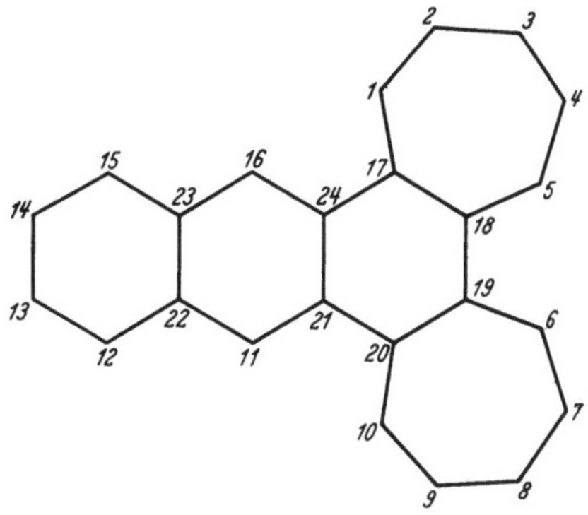

Dicyclohept[a, c]anthracen

Atom- Atom Polarisierbarkeiten

	1	2	3	4	5	6	7	8
1	.740651							
2	-.185636	.589663						
3	.283371	-.418997	.753415					
4	-.065376	.142696	-.160938	.563582				
5	.199420	-.289258	.276619	-.395862	.711305			
6	-.115367	.077277	-.112938	.067999	-.100045	.711305		
7	.006446	-.083747	.041388	-.115671	.067999	-.395862	.563582	
8	-.167994	.070413	-.147856	.041388	-.112938	.276619	-.160938	.753415
9	.053345	-.070871	.070413	-.083747	.077277	-.289258	.142696	-.418997
10	-.205686	.053345	-.167994	.006446	-.115367	.199420	-.065376	.283371
11	.009563	-.019397	.015261	-.023618	.017100	-.121149	.043473	-.150281
12	-.002868	-.004370	-.000547	-.006539	.001162	-.035192	.011371	-.043511
13	-.040316	.016340	-.036977	.011318	-.030275	.007502	-.007509	.007379
14	.006144	-.006756	.007379	-.007509	.007502	-.030275	.011318	-.036977
15	-.048305	.017952	-.043511	.011371	-.035192	.001162	-.006539	-.000547
16	-.169323	.066838	-.150281	.043473	-.121149	.017100	-.023618	.015261
17	-.343326	.136429	-.268310	.081314	-.204083	.070478	-.048414	.079202
18	.022291	.042876	-.008952	.074279	-.072721	.057736	-.135690	.004134
19	-.048268	-.083080	.004134	-.135690	.057736	-.072721	.074279	-.008952
20	.079102	-.051753	.079202	-.048414	.070478	-.204083	.081314	-.268310
21	-.016166	.005322	-.013257	.001996	-.008311	.010377	-.004936	.015091
22	-.030775	.013170	-.027998	.009261	-.022642	.010868	-.006822	.012285
23	.012940	-.007726	.012285	-.006822	.010868	-.022642	.009261	-.027998
24	.026133	-.010730	.015091	-.004936	.010377	-.008311	.001996	-.013257

	9	10	11	12	13	14	15	16
9	.589663							
10	-.185636	.740651						
11	.066838	-.169323	.554848					
12	.017952	-.048305	.053780	.458364				
13	-.006756	.006144	-.023148	-.199985	.415551			
14	.016340	-.040316	.024328	.025663	-.113054	.415551		
15	-.004370	-.002868	-.006427	-.118771	.025663	-.199985	.458364	
16	-.019397	.009563	-.084590	-.006427	.024328	-.023148	.053780	.554848
17	-.051753	.079102	-.013154	-.002223	.018192	-.005211	.021220	.086592
18	-.083080	-.048268	-.021931	-.007453	.003030	-.006876	.001516	.008004
19	.042876	.022291	.008004	.001516	-.006876	.003030	-.007453	-.021931
20	.136429	-.343326	.086592	.021220	-.005211	.018192	-.002223	-.013154
21	-.010730	.026133	-.177141	-.029516	.000518	-.027765	.002786	.006942
22	-.007726	.012940	-.091646	-.092221	.011272	-.049366	.004113	.015073
23	.013170	-.030775	.015073	.004113	-.049366	.011272	-.092221	-.091646
24	.005322	-.016166	.006942	.002786	-.027765	.000518	-.029516	-.177141

	17	18	19	20	21	22	23	24
17	.491554							
18	-.016413	.432559						
19	-.031706	-.205493	.432559					
20	-.051306	-.031706	-.016413	.491554				
21	.010011	-.006599	.001361	-.044889	.353990			
22	.015477	.002161	-.004764	-.008783	.008080	.336140		
23	-.008783	-.004764	.002161	.015477	-.036092	-.072005	.336140	
24	-.044889	.001361	-.006599	.010011	-.067204	-.036092	.008080	.353990

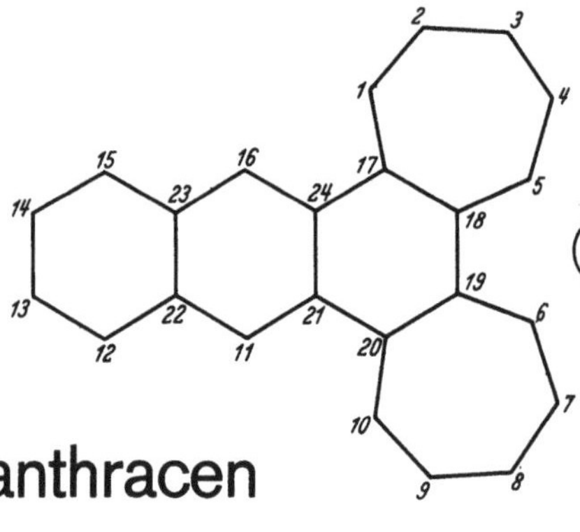

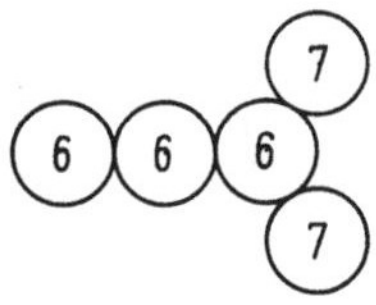

Z = 24

Dicyclohept[a,c]anthracen

Bindungs- Atom Polarisierbarkeiten

	1	2	3	4	5	6	7	8
1 2	-.028836	-.060321	.036014	-.060961	.023628	-.012774	.054861	.010680
1 17	-.093031	.066469	-.104316	.061606	-.086904	.041593	-.043066	.034563
2 3	.034983	.022564	.022398	.023048	.016361	-.002444	-.031165	-.020748
3 4	-.103285	.035849	-.104565	-.018616	-.092615	.027633	.031343	.057497
4 5	.103929	-.073762	.108997	-.062902	.145440	-.037865	.003544	-.057319
5 18	-.167205	.113751	-.185251	.115728	-.167787	.057048	-.013776	.082509
6 7	-.072390	.022033	-.057319	.003544	-.037865	.145440	-.062902	.108997
6 19	.101209	-.037250	.082509	-.013776	.057048	-.167787	.115728	-.185251
7 8	.084185	.001663	.057497	.031343	.027633	-.092615	-.018616	-.104565
8 9	-.038942	-.011731	-.020748	-.031165	-.002444	.016361	.023048	.022398
9 10	.035557	.029412	.010680	.054861	-.012774	.023628	-.060961	.036014
10 20	.023035	-.032798	.034563	-.043066	.041593	-.086904	.061606	-.104316
11 21	-.027834	.022475	-.028248	.020754	-.024560	.018664	-.012765	.023108
11 22	.028144	-.017036	.026300	-.013220	.020811	.001687	.001158	.003679
12 13	.019682	-.009152	.017502	-.005805	.013203	.006364	-.000936	.009479
12 22	-.018226	.010653	-.016858	.008113	-.013309	.000027	-.001557	-.001169
13 14	-.012086	.005125	-.010726	.002940	-.007906	-.007906	.002940	-.010726
14 15	.011319	-.003524	.009479	-.000936	.006364	.013203	-.005805	.017502
15 23	-.001820	-.000543	-.001169	-.001557	.000027	-.013309	.008113	-.016858
16 23	.004339	-.000347	.003679	.001158	.001687	.020811	-.013220	.026300
16 24	.026496	-.016504	.023108	-.012765	.018664	-.024560	.020754	-.028248
17 18	.167945	-.131717	.165281	-.111824	.130257	-.086500	.076704	-.081680
17 24	-.029386	.022620	-.023512	.016921	-.017258	.027625	-.021596	.030628
18 19	-.005827	-.000485	.011867	-.018475	.025868	.025868	-.018475	.011867
19 20	-.066386	.065757	-.081680	.076704	-.086500	.130257	-.111824	.165281
20 21	.028883	-.022387	.030628	-.021596	.027625	-.017258	.016921	-.023512
21 24	.000355	-.003294	-.001230	-.002047	-.002317	-.002317	-.002047	-.001230
22 23	-.004808	.002482	-.004879	.001991	-.003970	-.003970	.001991	-.004879

	9	10	11	12	13	14	15	16
1 2	.029412	.035557	.009704	.004109	-.003648	.002390	-.002068	-.015986
1 17	-.032798	.023035	-.009394	-.002654	.011244	-.003157	.011567	.046821
2 3	-.011731	-.038942	-.004265	-.002608	-.000378	-.000788	-.001998	-.000865
3 4	.001663	.084185	.002316	.003252	.007154	-.000459	.010308	.027653
4 5	.022033	-.072390	.005217	-.000944	-.010019	.002464	-.012801	-.039261
5 18	-.037250	.101209	-.008966	.000837	.015316	-.004006	.019191	.059612
6 7	-.073762	.103929	-.039261	-.012801	.002464	-.010019	-.000944	.005217
6 19	.113751	-.167205	.059612	.019191	-.004006	.015316	.000837	-.008966
7 8	.035849	-.103285	.027653	.010308	-.000459	.007154	.003252	.002316
8 9	.022564	.034983	-.000865	-.001998	-.000788	-.000378	-.002608	-.004265
9 10	-.060321	-.028836	-.015986	-.002068	.002390	-.003648	.004109	.009704
10 20	.066469	-.093031	.046821	.011567	-.003157	.011244	-.002654	-.009394
11 21	-.016504	.026496	-.007713	-.002984	.000034	-.002371	-.001293	-.004727
11 22	-.000347	.004339	-.005930	-.001700	-.002711	-.001105	-.002518	-.008658
12 13	-.003524	.011319	-.009401	-.007479	-.003704	-.001714	-.005389	-.010200
12 22	-.000543	-.001820	.004718	.001687	.000213	.000314	.000829	.006389
13 14	.005125	-.012086	.006724	.003988	.003068	.003068	.003988	.006724
14 15	-.009152	.019682	-.010200	-.005389	-.001714	-.003704	-.007479	-.009401
15 23	.010653	-.018226	.006389	.000829	.000314	.000213	.001687	.004718
16 23	-.017036	.028144	-.008658	-.002518	-.001105	-.002711	-.001700	-.005930
16 24	.022475	-.027834	-.004727	-.001293	-.002371	.000034	-.002984	-.007713
17 18	.065757	-.066386	.017862	.003821	-.016117	.006480	-.017772	-.063715
17 24	-.022387	.028883	-.005301	-.000427	.000366	-.002243	.001338	-.002995
18 19	-.000485	-.005827	.000048	-.001704	-.000307	-.000307	-.001704	.000048
19 20	-.131717	.167945	-.063715	-.017772	.006480	-.016117	.003821	.017862
20 21	.022620	-.029386	-.002995	.001338	-.002243	.000366	-.000427	-.005301
21 24	-.003294	.000355	.010484	.002025	.001997	.001997	.002025	.010484
22 23	.002482	-.004808	-.000170	.001386	.001691	.001691	.001386	-.000170

Z = 24

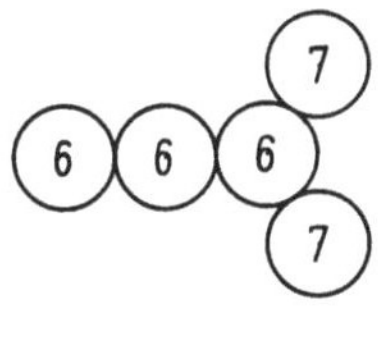

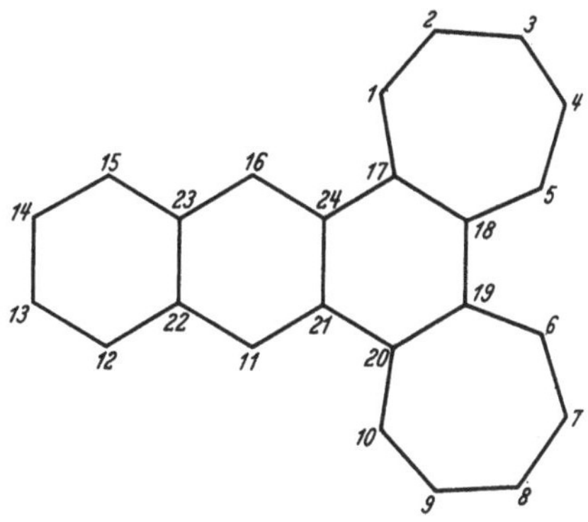

Dicyclohept[a,c]anthracen

Bindungs- Atom Polarisierbarkeiten

	17	18	19	20	21	22	23	24
1 2	-.056824	-.039673	.073909	.007656	-.005727	-.005359	.001140	.003118
1 17	.102352	.034586	-.044914	-.022123	.007131	.010469	-.003429	-.005652
2 3	.014195	.021222	-.045887	.002917	.002520	.001458	.000453	-.000297
3 4	.023258	-.029325	.058584	-.019405	-.001370	.003105	-.002821	-.001337
4 5	-.056554	.014754	-.014130	.031449	-.001518	-.006220	.004412	.003446
5 18	.082650	-.026416	.010546	-.048731	.002267	.009752	-.006669	-.004357
6 7	.031449	-.014130	.014754	-.056554	.003446	.004412	-.006220	-.001518
6 19	-.048731	.010546	-.026416	.082650	-.004357	-.006669	.009752	.002267
7 8	-.019405	.058584	-.029325	.023258	-.001337	-.002821	.003105	-.001370
8 9	.002917	-.045887	.021222	.014195	-.000297	.000453	.001458	.002520
9 10	.007656	.073909	-.039673	-.056824	.003118	.001140	-.005359	-.005727
10 20	-.022123	-.044914	.034586	.102352	-.005652	-.003429	.010469	.007131
11 21	.019854	.015365	-.007350	-.020124	.004762	-.000104	-.000335	.005398
11 22	-.016687	-.006421	.003294	.000235	-.004987	-.001279	-.002104	-.004942
12 13	-.010000	-.000801	.002474	-.004413	-.002209	-.002498	-.000792	-.002005
12 22	.010741	.003756	-.002759	-.000454	.002589	.003870	.000488	.002310
13 14	.005493	-.000307	-.000307	.005493	.001997	.001691	.001691	.001997
14 15	-.004413	.002474	-.000801	-.010000	-.002005	-.000792	-.002498	-.002209
15 23	-.000454	-.002759	.003756	.010741	.002310	.000488	.003870	.002589
16 23	.000235	.003294	-.006421	-.016687	-.004942	-.002104	-.001279	-.004987
16 24	-.020124	-.007350	.015365	.019854	.005398	-.000335	-.000104	.004762
17 18	-.114731	-.063425	.073992	.048223	-.003748	-.012418	.007204	.006504
17 24	.029912	.009497	-.016846	-.017846	-.006857	-.002297	-.002294	.003455
18 19	.012739	-.023592	-.023592	.012739	-.000948	.000815	.000815	-.000948
19 20	.048223	.073992	-.063425	-.114731	.006504	.007204	-.012418	-.003748
20 21	-.017846	-.016846	.009497	.029912	.003455	-.002294	-.002297	-.006857
21 24	-.005481	-.000948	-.000948	-.005481	-.001407	.001863	.001863	-.001407
22 23	.001700	.000815	.000815	.001700	.001863	.001899	.001899	.001863

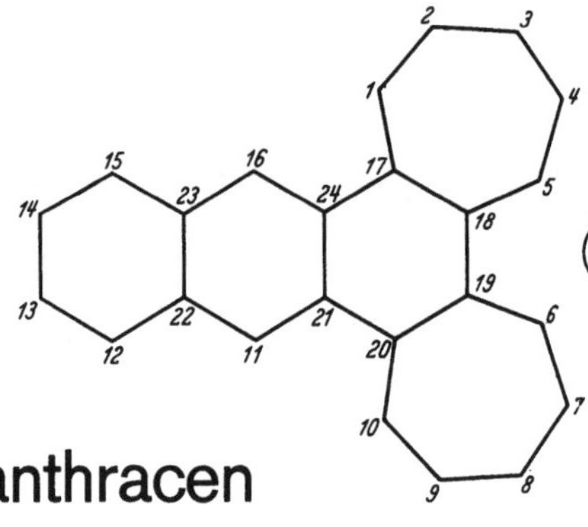

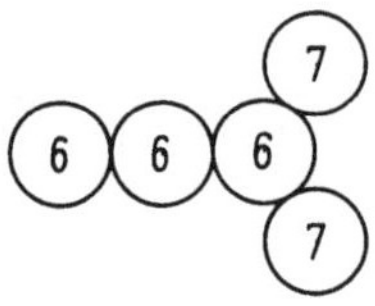

Z=24

Dicyclohept[a,c]anthracen

Bindungs- Bindungs Polarisierbarkeiten

	1 2	1 17	2 3	3 4	4 5	5 18	6 7	6 19
1 2	.486083							
1 17	-.247977	.329154						
2 3	-.252022	.099803	.240756					
3 4	.069375	.018925	-.228946	.506239				
4 5	-.003645	-.075958	.103553	-.284856	.307159			
5 18	-.073465	.169197	-.026266	.148934	-.339473	.646088		
6 7	.023749	.022941	-.023212	.054821	-.036832	.047694	.307159	
6 19	-.024974	-.037764	.026845	-.069744	.047694	-.057357	-.339473	.646088
7 8	-.065019	.006455	.051826	-.090053	.054821	-.069744	-.284856	.148934
8 9	.044565	-.009331	-.032004	.051826	-.023212	.026845	.103553	-.026266
9 10	-.066140	.025991	.044565	-.065019	.023749	-.024974	-.003645	-.073465
10 20	.025991	-.014625	-.009331	.006455	.022941	-.037764	-.075958	.169197
11 21	-.005490	.019155	-.003847	.018577	-.028235	.043699	.025443	-.030971
11 22	-.001697	-.013856	.008057	-.022809	.027681	-.040879	.004988	-.009535
12 13	-.005126	-.004987	.007898	-.017121	.018475	-.026017	.010977	-.015674
12 22	.002407	.006562	-.005974	.014709	-.017470	.025193	-.002453	.004488
13 14	.002174	.005738	-.004173	.010802	-.011390	.016527	-.011390	.016527
14 15	-.003797	-.004270	.005021	-.011460	.010977	-.015674	.018475	-.026017
15 23	-.000742	.006268	.000027	.003346	-.002453	.004488	-.017470	.025193
16 23	.004559	-.017184	-.001700	-.005575	.004988	-.009535	.027681	-.040879
16 24	-.023746	.037506	.020595	-.022259	.025443	-.030971	-.028235	.043699
17 18	.100808	-.285984	-.012079	-.108206	.182369	-.339041	-.064637	.106813
17 24	.049862	-.112915	-.035000	.031776	-.035463	.045339	.029148	-.048181
18 19	.006517	.032068	.009717	-.006549	.063744	-.142259	.063744	-.142259
19 20	-.041528	.048458	.008256	.015891	-.064637	.106813	.182369	-.339041
20 21	.013559	-.034917	-.000704	-.017447	.029148	-.048181	-.035463	.045339
21 24	-.011047	.022162	.007392	-.004942	.005168	-.006628	.005168	-.006628
22 23	-.003232	.009385	.000947	.003312	-.004287	.007409	-.004287	.007409

	7 8	8 9	9 10	10 20	11 21	11 22	12 13	12 22
7 8	.506239							
8 9	-.228946	.240756						
9 10	.069375	-.252022	.486083					
10 20	.018925	.099803	-.247977	.329154				
11 21	-.022259	.020595	-.023746	.037506	.251536			
11 22	-.005575	-.001700	.004559	-.017184	-.175933	.319130		
12 13	-.011460	.005021	-.003797	-.004270	-.029077	.066240	.235405	
12 22	.003346	.000027	-.000742	.006268	.060447	-.160280	-.190045	.295153
13 14	.010802	-.004173	.002174	.005738	.026034	-.047775	-.218467	.112814
14 15	-.017121	.007898	-.005126	-.004987	-.009453	.021155	.130339	-.073566
15 23	.014709	-.005974	.002407	.006562	.010573	-.017381	-.073566	.087240
16 23	-.022809	.008057	-.001697	-.013856	-.046620	.085770	.021155	-.017381
16 24	.018577	-.003847	-.005490	.019155	.069507	-.046620	-.009453	.010573
17 18	.015891	.008256	-.041528	.048458	-.051288	.039481	.021018	-.024375
17 24	-.017447	-.000704	.013559	-.034917	.026748	-.020075	-.013257	.015159
18 19	-.006549	.009717	.006517	.032068	-.005657	.005672	.004720	-.002837
19 20	-.108206	-.012079	.100808	-.285984	.045694	.000680	.008798	.000418
20 21	.031776	-.035000	.049862	-.112915	-.141023	.030893	-.001672	-.010975
21 24	-.004942	.007392	-.011047	.022162	-.140863	.084311	.028902	-.036194
22 23	.003312	.000947	-.003232	.009385	.058945	-.117317	.065039	-.102510

Z = 24

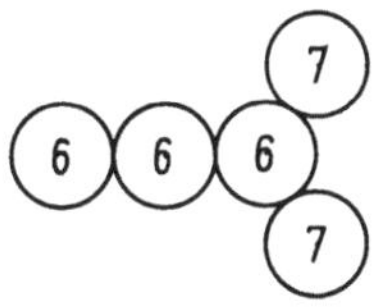

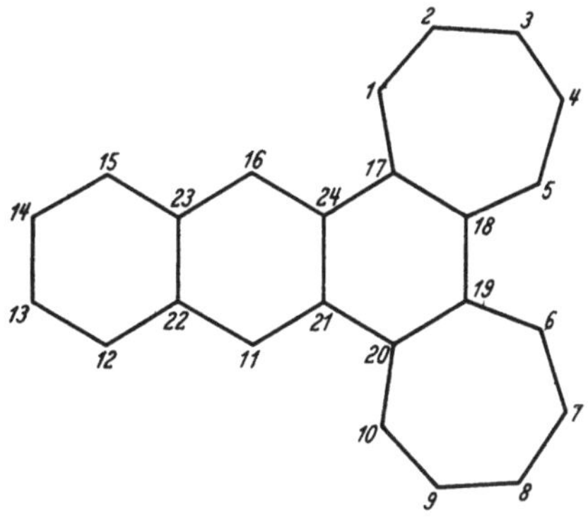

Dicyclohept[a,c]anthracen

Bindungs- Bindungs Polarisierbarkeiten

	13 14	14 15	15 23	16 23	16 24	17 18	17 24	18 19
13 14	.302497							
14 15	-.218467	.235405						
15 23	.112814	-.190045	.295153					
16 23	-.047775	.066240	-.160280	.319130				
16 24	.026034	-.029077	.060447	-.175933	.251536			
17 18	-.011807	.008798	.000418	.000680	.045694	.599292		
17 24	.002868	-.001672	-.010975	.030893	-.141023	-.105155	.346740	
18 19	-.003846	.004720	-.002837	.005672	-.005657	-.093597	.020772	.227066
19 20	-.011807	.021018	-.024375	.039481	-.051288	-.104193	.046746	-.093597
20 21	.002868	-.013257	.015159	-.020075	.026748	.046746	.011149	.020772
21 24	-.027247	.028902	-.036194	.084311	-.140863	.021743	-.083147	-.005239
22 23	-.038094	.065039	-.102510	-.117317	.058945	-.004574	-.010828	-.002604

	19 20	20 21	21 24	22 23
19 20	.599292			
20 21	-.105155	.346740		
21 24	.021743	-.083147	.286787	
22 23	-.004574	-.010828	-.028012	.264135

MIX
Papier aus verantwortungsvollen Quellen
Paper from responsible sources
FSC® C105338

If you have any concerns about our products,
you can contact us on
ProductSafety@springernature.com

In case Publisher is established outside the EU,
the EU authorized representative is:
Springer Nature Customer Service Center GmbH
Europaplatz 3, 69115 Heidelberg, Germany

Printed by Libri Plureos GmbH
in Hamburg, Germany